Pearson

UNIX/Linux 系统管理技术手册（第5版）

[美] 埃薇·内梅特（Evi Nemeth）加思·斯奈德（Garth Snyder）
特伦特·R.海恩（Trent R.Hein）本·惠利（Ben Whaley）等 著
丹·麦金（Dan Mackin）
门佳 译

人民邮电出版社
北京

图书在版编目（CIP）数据

UNIX/Linux 系统管理技术手册 ：第5版 / （美）埃薇·内梅特 (Evi Nemeth) 等著 ；门佳译. -- 北京 ：人民邮电出版社，2020.9（2023.9重印）
ISBN 978-7-115-53276-3

Ⅰ. ①U… Ⅱ. ①埃… ②门… Ⅲ. ①UNIX操作系统－技术手册②Linux操作系统－技术手册 Ⅳ. ①TP316.8-62

中国版本图书馆CIP数据核字(2020)第088791号

版权声明

◆ 著　　[美] 埃薇·内梅特（Evi Nemeth）
[美] 加思·斯奈德（Garth Snyder）
[美] 特伦特·R.海恩（Trent R.Hein）
[美] 本·惠利（Ben Whaley）
[美] 丹·麦金（Dan Mackin） 等
译　　门 佳
责任编辑　武晓燕
责任印制　王 郁　焦志炜

◆ 人民邮电出版社出版发行　　北京市丰台区成寿寺路 11 号
邮编 100164　　电子邮件 315@ptpress.com.cn
网址 https://www.ptpress.com.cn
北京盛通印刷股份有限公司印刷

◆ 开本：787×1092 1/16
印张：51.75　　2020 年 9 月第 1 版
字数：1440 千字　　2023 年 9 月北京第 5 次印刷

著作权合同登记号　图字：01-2017-7977 号

定价：189.80 元

读者服务热线：(010)81055410　印装质量热线：(010)81055316
反盗版热线：(010)81055315
广告经营许可证：京东市监广登字 20170147 号

内容提要

本书延续了《UNIX 系统管理技术手册》前几版的讲解风格，以当前主流的 Linux 发行版本为例，把 Linux 系统管理技术分为 4 个部分分别进行介绍。第一部分（基础管理）对 UNIX 和 Linux 系统进行了简介，涵盖了运行单机系统所需的大部分知识和技术。第二部分（连网）讲解了 UNIX 系统上使用的协议和服务器的相关技术。第三部分（存储）讲解了如何解决数据存储和管理的问题。第四部分（运维）介绍了系统管理员在工作中经常碰到的问题。

本书适用范围广泛，无论是 Linux 的初学者还是具有丰富经验的 Linux 专业技术人员都能从本书中获益。

致敬 Evi

每个领域都有一位开疆拓土的“勇士”。对于系统管理，这个人就是 Evi Nemeth。

如今你看到的已经是本书的第 5 版了，在过去近 30 年间，Evi 一直是本书的作者之一。尽管 Evi 不能身体力行地和我们共同编写这一版，但她在精神上从未曾远离，并在某些情况下，以文字和示例的形式延续至今。我们竭力保持 Eiv 那非凡的风格、技术深度以及对细节的关注。

作为一位富有成就的数学家和密码学家，Evi 的职业生涯（最近）是作为计算机科学教授在科罗拉多大学博尔德分校度过的。系统管理如何出现、Evi 如何投身其中，详见本书的附录“系统管理简史”。

Evi 期待着退休后能航游世界。2001 年，愿望终于成真：她买了一艘帆船（名为 Wonderland），开始扬帆远航。多年来，Evi 与我们分享着惊奇的岛屿、酷炫的新面孔和其他帆船冒险的故事。我们在编写本书其中两版时，Evi 都尽可能在靠近海岸线的场所停泊，以便可以接入当地的 Wi-Fi 网络，上传章节草稿。

没有人会拒绝一场充满乐趣的冒险。2013 年 6 月，Evi 签约成为了著名的双桅纵帆船 Nina 的船员，开始了横跨塔斯曼海的航行。此后不久，Nina 消失在了一场暴风雨中，从那时起我们就再也没有听到过 Evi 的消息。她实现了自己的梦想。

Evi 教会我们的远不止系统管理。即使在她 70 多岁的时候，还在围着我们所有人跑来跑去。她一直擅长于搭建网络、配置服务器、调试内核、分割木材、煎鸡肉、烘烤乳蛋饼，偶尔喝上一杯葡萄酒。只要 Evi 在你身边，没什么事情是做不到的。

我们无法在此将 Evi 的智慧一一道来，但下面这些教诲，我们始终谨记在心：

- 发送信息时要保守，接受信息时要灵活；[①]
- 对你的雇员要宽容，但开除要尽早；
- 别含糊其辞；
- 本科是不为人知的超级武器；
- 红墨水千万别用太多；
- 你没法真正理解某件事，除非你把它实现了；
- 寿司不能少；
- 要愿意尝试两次；
- 坚持使用 sudo。

我们确信会有些读者留言询问其中一些指导原则的确切含义。我们把这作为练习留给读者，就像 Evi 所希望的那样。你现在可以听到她在你身后说：“自己试试。看看它是怎么工作的。”

一帆风顺，Evi。我们想念你。

---

① 这条原则也被称为 Postel 法则（Postel’s Law），以此纪念 Jon Postel，他从 1969 年起担任 RFC 系列的编辑，直至 1998 年去世。

序

1942 年，温斯顿 · 丘吉尔这样描述了第二次世界大战的早期战争：“这不是结束，这甚至不是结束的开始。但，这可能是开始的结束。”（This is not the end—it is not even the beginning of the end—but it is, perhaps, the end of the beginning.）在我准备为《UNIX/Linux 系统管理技术手册》的第 5 版写序时，这段话便浮现在我的脑海中。Evi Nemeth 消失在茫茫大海，这对于 UNIX 社区是一种莫大的悲伤，但我很高兴看到她的遗产以图书的形式和对系统管理领域的诸多贡献得以传承。

Internet 最初是通过 UNIX 才诞生于世。与当时复杂的专有操作系统截然不同，UNIX 保留其极简、工具驱动以及可移植性等特性，在那些想要与他人分享工作的人群中得到了广泛使用。我们今天所谓的开源软件在 UNIX 和 Internet 的早期就已经无处不在了，只是没有名头而已。开源就是技术圈和学术界做事的方式，因为这么做的好处显然超过了成本。

UNIX、Linux 和 Internet 的详细历史可以在其他地方找到。我之所以提出这些观点只是为了提醒我们所有人，现代世界在很大程度上要归功于开源软件和 Internet，而后者的原始基础正是 UNIX。

早期的 UNIX 和 Internet 公司都在努力雇用非常优秀的人才，拿出最具创新性的功能，但同时往往牺牲了软件的可移植性。到头来，系统管理员必须所有的事情都要知道一些，因为没有哪两款 UNIX 风格的操作系统（当时或现在）完全相同。作为一名从 20 世纪 80 年代中期就开始担任 UNIX 系统管理员的老兵，我不仅要了解 shell 脚本和 Sendmail 的配置，还要懂得内核设备驱动程序。另外，会用八进制调试器修复文件系统也很重要。真是快乐的时光啊！

本书的第一版以及后续版本就出自那个时代。用当时的话来说，我们称作者为“Evi 和船员们”（Evi and crew）或者“Evi 和她的后辈们”（Evi and her kids）。由于我在 Cron 和 BIND 上所做出的工作，每次编写这本书的新版时，Evi 都要和我待上一两个星期，以确保她没有遗漏，没有说错话，我还希望她对这些程序发表一些独到和实用的见解。说实话，与 Evi 共事很不轻松，尤其是当她对某事产生了好奇和/或在截止日期时。话虽如此，我甚是想念 Evi，和她有关的每一刻记忆和每一张照片，我都倍加珍惜。

在本书数个版本诞生的这几十年间，发生了太多的变化。目睹本书随着 UNIX 本身一同发展着实让人着迷。为了给那些对于 UNIX 管理员而言，或是作者认为很快就会变得重要的新主题腾出空间，每一版新书都省略了部分不再值得关注或相关的技术。

很难相信我们曾经在卡车般大小的计算机身上耗费了几十千瓦的电力，这些计算机的功能远比不上现在的 Android 智能手机。同样很难相信我们曾经使用像 rdist 这样早已过时的技术来运行成百上千台服务器和台式计算机。在当年，本书的各个版本帮助了像我这样的人（还有 Evi 本人）应对那些异构（有时还是专有）的计算机，这些可不是虚拟化形式，全都是实实在在的机器，每次需要修补或升级时，所有计算机都得进行维护而不是重新安装（或者像在 Docker 中那样重新构建）。

我们要么去适应，要么就退出。“Evi 的后辈们”继承了 Evi 的遗产，他们都得以适应。话题重新回到本书，通过它可以了解现代 UNIX 和 Linux 计算机所需要的信息以及如何使其按照你的心意工作。Evi 的过世标志着一个时代的结束，但是也要清醒地意识到有多少系统管理方面的知识已经随她一起成为了历史。我认识数十位聪明且成功的技术专家，他们压根没在设备机架后面布过线，没听过调制解调器的嗡鸣声，也没见过 RS-232 电缆。这一版适用于那些把系统安置在云端或虚拟化数据中心的人们；那些主要采用自动化和配置源代码形式从事管理工作的人们；那些与开发人员、网络工程师、合规官员以及居住在现代蜂巢中的其他工作人员密切合作的人们。

你手中捧着的这本最新同时也是最好的著作，其诞生和演变紧紧跟随着 UNIX 和 Internet 社区的诞生和演变。Evi 会因她的后辈们而倍感骄傲，不仅因为本书，还因为他们各自所取得的成就。能够结识他们，实在荣幸。

Paul Vixie

La Honda, California

2017 年 6 月

前言

现代技术专家是在搜索引擎上搜索答案的艺术大师。如果其他系统管理员已经碰到过（可能也已经解决了）该问题，你有可能会在 Internet 上找到他们的文章。我们赞赏也鼓励这样开诚布公地分享想法和解决方案。

如果 Internet 上已经有了不错的信息，那这本书干嘛还要再出新版？下面来看看本书是如何帮助系统管理员成长的。

我们提供了恰当运用技术所需的原理、指南以及背景。就像盲人和大象一样，从多个角度理解特定的问题域很重要。有价值的观点包括相邻学科的背景，如安全性、合规性、DevOps、云计算、软件开发生命周期。

我们采用了实践法。我们的目的在于总结大家对于系统管理的观点，推荐经得起时间考验的方法。书中包含了许多战争故事和丰富的实用建议。

这不是一本有关如何在家里、车库或智能手机上运行 UNIX 或 Linux 的图书。相反，我们描述的是企业、政府机关和大学等生产环境的管理。这类环境的要求与一般业余爱好者的要求并不相同（而且远远多于后者）。

我们会教你如何成为一名专业人士。高效的系统管理离不开技术技能和“软”技能。除此之外，幽默感也不能少。

本书的组织形式

这本书分成了四大块：基础管理、连网、存储、运维。

第一部分（基础管理）从系统管理员的角度概述了 UNIX 和 Linux。其中各章涵盖了运行单机系统所需的大部分知识和技术。

第二部分（连网）描述了 UNIX 系统上所使用的协议和用于设置、扩展、维护网络及面向 Internet 的服务器的技术。另外还介绍了上层网络软件，包括域名系统、电子邮件、单点登录和 Web 托管。

第三部分（存储）解决了数据存储和管理的挑战。这部分还包括允许在网络上共享文件的子系统，例如网络文件系统和 Windows 友好的 SMB 协议。

第四部分（运维）讲述了系统管理员在管理生产环境时每天所要面对的重要主题。其中包括监控、安全、性能、与开发人员的互动以及组织系统管理团队的种种问题。

本书的贡献者

我们非常高兴 James Garnett、Fabrizio Branca、Adrian Mouat 担任这一版的撰稿人。这些贡献者在各个领域的深厚学识极大地丰富了本书的内容。

联系信息

请将建议、意见、错误报告发送至 ulsah@book.admin.com。我们会回复邮件，但请耐心些，有时候要等上几天，我们其中的某一位才能做出答复。由于采用这个别名电子邮件地址收到的邮件量巨大，所以我们很抱歉不能回答技术问题。

我们希望你喜欢这本书，祝愿你的系统管理之路好运不断！

致谢

无论是技术评审、提出建设性的提议，还是全方位的精神支持，许多人都以各种形式为本书的编写做出了贡献。尤其要感谢下列人士，感谢他们坚持不懈地与我们在一起：

Jason Carolan	Ned McClain	Dave Roth
Randy Else	Beth McElroy	Peter Sankauskas
Steve Gaede	Paul Nelson	Deepak Singh
Asif Khan	Tim O'Reilly	Paul Vixie
Sam Leathers	Madhuri Peri	

非常感谢 Pearson 出版公司的编辑 Mark Taub 在出版过程中所展现出的睿智、耐心以及对我们的悉心指导。毫不客气地说，没有他，本书断然难以成形。

在过去的 20 多年里，Mary Lou Nohr 作为我们的文字编辑，一直深居幕后，付出了不懈的劳动。当我们开始本书新一版的工作时，Mary Lou 正准备享受当之无愧的退休生活。经过一番死缠硬磨和苦苦哀求，她才同意再次加入我们的工作。

我们还拥有一支技术评审梦之队。三位敬业人士审阅了整本书：Jonathan Corbet、Pat Parseghian、Jennine Townsend，衷心感谢他们的付出。

本书中超赞的漫画和封面由 Lisa Haney 构思并执笔。

最后但同样重要的是，特别感谢 Laszlo Nemeth 愿意继续支持本系列作品。

（Garth Snyder）
（Trent R. Hein）
（Ben Whaley）
（Dan Mackin）
2017 年 7 月

资源与支持

本书由异步社区出品，社区（https://www.epubit.com/）为您提供相关资源和后续服务。

提交勘误

作者和编辑尽最大努力来确保书中内容的准确性，但难免会存在疏漏。欢迎您将发现的问题反馈给我们，帮助我们提升图书的质量。

当您发现错误时，请登录异步社区，按书名搜索，进入本书页面，单击“提交勘误”，输入勘误信息，单击“提交”按钮即可。本书的作者和编辑会对您提交的勘误进行审核，确认并接受后，您将获赠异步社区的 100 积分。积分可用于在异步社区兑换优惠券、样书或奖品。

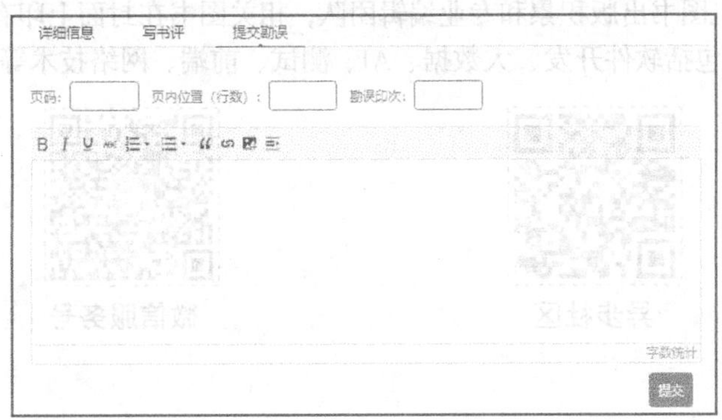

扫码关注本书

扫描下方二维码，您将会在异步社区微信服务号中看到本书信息及相关的服务提示。

与我们联系

我们的联系邮箱是 contact@epubit.com.cn。

如果您对本书有任何疑问或建议，请您发邮件给我们，并请在邮件标题中注明本书书名，以便我们更高效地做出反馈。

如果您有兴趣出版图书、录制教学视频，或者参与图书翻译、技术审校等工作，可以发邮件给我们；有意出版图书的作者也可以到异步社区在线投稿（直接访问 www.epubit.com/selfpublish/submission 即可）。

如果您在学校、培训机构或企业，想批量购买本书或异步社区出版的其他图书，也可以发邮件给我们。

如果您在网上发现有针对异步社区出品图书的各种形式的盗版行为，包括对图书全部或部分内容的非授权传播，请您将怀疑有侵权行为的链接发邮件给我们。您的这一举动是对作者权益的保护，也是我们持续为您提供有价值的内容的动力之源。

关于异步社区和异步图书

"异步社区"是人民邮电出版社旗下 IT 专业图书社区，致力于出版精品 IT 技术图书和相关学习产品，为作译者提供优质出版服务。异步社区创办于 2015 年 8 月，提供大量精品 IT 技术图书和电子书，以及高品质技术文章和视频课程。更多详情请访问异步社区官网 https://www.epubit.com。

"异步图书"是由异步社区编辑团队策划出版的精品 IT 专业图书的品牌，依托于人民邮电出版社近 30 年的计算机图书出版积累和专业编辑团队，相关图书在封面上印有异步图书的 LOGO。异步图书的出版领域包括软件开发、大数据、AI、测试、前端、网络技术等。

异步社区

微信服务号

目录

第一部分　基础管理

第二部分 连网

第三部分 存储

第四部分 运维

第一部分　基础管理

第1章 从哪入手

手册页、博客、杂志、图书和其他参考资料组成了一个浩瀚的知识库。本书旨在其中占据一席之地，解决 UNIX 和 Linux 系统管理员的需求。

首先，这是一本指南手册。它讲解了主要的管理系统，指出了各系统之间的差异，解释了彼此之间是如何协作的。在很多情况下，某个概念的实现不止一种，你必须在其中做出选择，我们在书中描述了时下最为流行的一些选项的优劣之处。

其次，这也是一本快速参考手册，总结了在各种常见的 UNIX 和 Linux 系统中执行日常任务所需要了解的知识。比如 ps 命令，它可以显示出进程的运行状态，该命令支持的命令行选项超过了 80 个。其实少数几种组合就能够满足系统管理员的大部分需要，我们在 4.3 节总结了这些选项。

最后，本书关注的是企业服务器和网络的管理，即事关紧要的、专业的系统管理。搭建单一系统不是什么难事，难的是在面对病毒猖獗、网络分区和恶意攻击的情况下保证基于云的分布式平台的流畅运行。本书讲解了能够帮助你从灾难中恢复的技术和经验，帮助你选择能够适应系统规模、复杂性和异构性增长的解决方案。

我们并不能保证这一切都完全客观，但透过字里行间，我们已经非常清晰地表达出了自己的倾向。在系统管理领域，有一个很有意思的现象，那就是理性的人们对于什么是最适合的解决方案有着大相径庭的认识。我们将主观意见提供给你作为原始参考，你可以针对所处的环境自行决定。

1.1 系统管理员的基本任务

下面各节总结了管理员需要完成的一些主要任务。这些职责未必由某个人来承担，在很多地方，是由一个团队的成员负责的。但至少得有一个人能够理解各个组成部分，确保每项任务都不出差错。

1.1.1 控制访问

系统管理员负责为新用户创建账户，删除不再活动的用户账户，还要处理在账户存在期间所有的相关事务（比如说忘记密码）。可以通过配置管理系统或集中式目录服务来实现账户增删过程的自动化。

1.1.2 添加硬件

和物理硬件（相对于云或托管系统）打交道的管理员必须安装并配置硬件，才能使其被操作系统所识别。从安装网卡这种简单的工作到配置特殊的外部存储阵列，硬件支持工作可谓是繁杂琐碎。

1.1.3 任务自动化

利用工具实现重复、耗时任务的自动化能够提高效率，降低人为错误的可能性，增进快速响应需求变化的能力。管理员力求降低手动保持系统平稳运行的工作量。熟悉脚本语言和自动化工具占据了工作的一大部分。

1.1.4 监督备份

备份数据并在需要时顺利恢复是一项重要的管理任务。尽管备份过程既耗时又无聊，但是现实生活中灾难发生的频率之高使其成为一件绝不能掉以轻心的工作。

操作系统和一些专门的软件都提供了良好的工具和技术来帮助备份。备份和恢复必须按计划定期执行和测试，以确保功能正常。

1.1.5 软件安装与升级

软件必须经过挑选、安装和配置，这个过程经常发生在不同的操作系统中。如果发布了补丁和安全更新，必须对其进行测试、评审，然后在不危及生产系统稳定性的前提下并入本地环境。

术语“软件交付”是指将更新版的软件（尤其是内部开发的软件）提交给下游用户的过程。“持续交付”将这一过程提升到了另一个层面，实现了在开发过程中以固定的节奏将软件自动发布给用户的功能。管理员需要帮助实现强健的交付系统，迎合企业需求。

1.1.6 监控

避开问题通常要比花时间写文档、打报告来得更快，组织内部的用户常常会选择最省力的方式。外部的用户更倾向于公开发出抱怨，而不是去寻求技术支持。管理员可以在故障公开之前，检测并修复存在的问题，以避免出现上述后果。

其中一些监控任务包括确保 Web 服务快速并正确地响应、收集并分析日志文件以及密切注意服务器资源（如磁盘空间）的可用性。这些任务很有可能实现自动化，有大量的开源及商业监控系统能够助系统管理员一臂之力。

1.1.7 排错

网络系统的故障方式总是出人意料，有时可谓是神奇。管理员的工作就是诊断问题，在必要的时候召集领域专家。查找问题源头通常要比解决问题更富有挑战性。

1.1.8 维护本地文档

管理员要选择供应商、编写脚本、部署软件，还要做出很多可能无法立刻被他人所知或理解的决策。详尽准确的文档是项目成员的福气，否则这帮人就得在半夜靠着逆向工程来解决问题了。在描述设计时，精心绘制的网络示意图胜过千言万语。

1.1.9 警惕系统安全

管理员是守护网络系统的第一道防线。管理员必须实现安全策略并设立规程，避免系统遭受破坏。这项工作既可能只包括对未授权访问进行粗略的检查，也可能涉及精心设计各种陷阱和审计程序，具体做法依赖于所处场景。系统管理员生性谨慎，经常是技术组织安全的主要捍卫者。

1.1.10 性能调优

作为通用操作系统，UNIX 和 Linux 能够很好地适应绝大部分计算任务。管理员可以根据用户需求、可用的基础设施以及所提供的服务来优化系统性能。当服务器的表现不能令人如意时，就该管理员出马，调查服务器的运行状况，找出需要改进的部分。

1.1.11 制定场地策略

出于法律和合规的原因，大多数站点需要制定相关的策略，用于管理计算机系统的合理使用、数据的管理与保留、网络与系统的隐私与安全以及其他监管领域。系统管理员通常能够帮助组织制定出既符合法律条文和意图，同时又能够促进发展和生产率的实用策略。

1.1.12 同供应商打交道

多数站点依靠第三方提供各种辅助服务以及与基础计算设施相关的产品。这些供应商包括软件开发者、云基础设施供应商、托管软件即服务（software-as-a-service，SaaS）商店、桌面支持人员、咨询人员、承包商、安全专家和平台/基础设施供应商。管理员可能需要辅助挑选供应商、协助合同谈判以及在书面工作敲定后实现解决方案。

1.1.13 乐于助人

尽管帮助他人解决各种问题很少包含在系统管理员的工作范畴内，但这些工作通常占据了大多数管理员的日常工作的一部分。系统管理员会遭受到各种问题的狂轰滥炸，从“我的软件昨天还好好的，今天就不行了！你动哪里了？”到“我把咖啡洒在键盘上了！我能用水把键盘洗干净吗？”，千奇百怪，无所不有。

在大多数情况下，作为管理员，你对此类事情的回应远比你所具备的实际技能更能够影响你在别人眼中的价值。要么对此愤愤不平，要么就欣然接受这样的事实：一张妥善处理的故障工单和深更半夜花 5 个小时调试问题相比，前者的绩效评定更高。这就看你怎么选了！

1.2 建议的知识背景

本书假定读者已经具备一定程度的 Linux 或者 UNIX 经验。你尤其应该从用户的角度对系统的风格有个一般性的概念，因为我们不会再复述这方面的内容。有一些不错的参考书可以帮助你迅速入门。

我们喜爱设计良好的图形界面。可惜 UNIX 和 Linux 上的用于系统管理的 GUI 工具相较于丰富的下层软件，依然显得比较粗糙。在现实中，管理员必须习惯使用命令行。

对于文本编辑，我们强烈推荐你学习 vi（如今所见更多的是其增强版 vim），它是所有系统中的标准配备，用起来简单、强大、高效。掌握 vim 可能是提升管理员效率的有效办法。vimtutor 命令是一个非常棒的交互式学习的开始。

除此之外，GNU 的 nano 是一个带有屏幕提示的"初学者编辑器"，简单易用。请谨慎地使用该编辑器。如果专业的管理员发现同伴用的是 nano，可能会面露痛苦之状。

尽管管理员通常并不被视为软件开发者，但如今两者之间的界线已经开始变得模糊。有能力的管理员多是通晓多种编程语言的程序员，如果有需要的话，他们并不介意再学习一门新语言。

对于新的脚本项目，我们推荐 Bash（也叫作 bash 或 sh）、Ruby 或 Python。Bash 是大多数 UNIX 和 Linux 系统的默认命令 shell。尽管作为编程语言，它的功能比较简陋，但是干起活来和管理工具箱里的强力胶带（duct tape）一样棒。Python 是一门灵活的语言，语法的可读性非常好，拥有庞大的开发者社区，很多常见任务有相应的代码库。Ruby 开发者用"令人愉悦""美不胜收"来形容 Ruby 语言。Ruby 和 Python 在很多方面很相似，就系统管理而言，两者在功能上没有差别。至于说选哪门语言，基本上就是个人的喜好问题了。

我们还推荐你学习 expect，这并不是一门编程语言，甚至算不上是驱动交互式程序执行的前端。作为一种高效的胶水技术（glue technology），它能够替代某些复杂的脚本，非常容易上手。

本书第 7 章总结了有关 Bash、Python 和 Ruby 脚本编程非常重要的知识，另外还复习了正则表达式（文本匹配模式）和一些在系统管理中用得上的 shell 惯用法。

1.3 Linux 发行版

Linux 发行版包含了 Linux 内核和各种软件包，前者是操作系统的核心，后者组成了系统中的所有命令。所有发行版选用的都是同一个内核谱系（same kernel lineage），而软件包的格式、类型和数量就千差万别了。除此之外，发行版在侧重点、支持程度以及流行性上也不尽相同。独立的 Linux 发行版的数量已经有数百种之多，但我们认为，源自 Debian 和 Red Hat 这一脉的发行版未来数年将在生产环境中占据优势地位。

总体而言，Linux 发行版之间的差异并不是那么显著。说实话，让人有些不明白的是为什么会有这么多不同的发行版，而且每种发行版在宣传的时候都将"易于安装""拥有大规模的软件仓库"作为自己的特色。这难免会让人觉得大家只是喜欢制作新的 Linux 发行版而已。

大多数主流发行版包含了一个相对轻松的安装过程、桌面环境以及某种形式的包管理机制。你可以很方便地搭建一个云实例或是本地虚拟机来试用一下。

通用操作系统的很多不安全性源自于其复杂性。实际上所有的主流发行版都囤积了大量用不上的软件包，安全漏洞和管理难题常常来自于此。因此，一种相对新式的最小化发行版越来越受到欢迎。CoreOS 作为其中的领头羊，选择将所有的软件都运行在容器中。Apline Linux 是另一种轻量级发行版，很多公共 Docker 镜像都以其作为基础。考虑到这种简化主义的趋势，预计接下来 Linux 发行版的规模将会收窄。

选用了某种发行版，就是投资了特定发行商的行事风格。不要只关注安装的软件，还要考虑到你所在的组织如何与厂商共事，这才是明智之举。下面是几个重要的问题。

- 该发行版 5 年后是否还存在？
- 该发行版是否会持续发布最新的安全补丁？
- 该发行版是否拥有活跃的社区和足够的文档？
- 如果出了问题，是否能得到厂商的支持？费用高不高？

表 1.1 列出了一些流行的发行版。

表 1.1 流行的通用 Linux 发行版

发行版	注释
Arch	针对无惧命令行的用户
CentOS	Red Hat Enterprise 的免费仿制版
CoreOS	主打容器的发行版
Debian	最有 GNU 范儿的发行版
Fedora	Red Hat Linux 的测试平台
Kali	针对渗透测试人员
Linux Mint	基于 Ubuntu，桌面环境友好
openSUSE	SUSE Linux Enterprise 的免费仿制版
openWRT	用于路由器和嵌入式设备的发行版
Oracle Linux	由 Oracle 支持的 RHEL 发行版
RancherOS	大小只有 20 MB，所有一切都包含在容器中
Red Hat Enterprise	可靠性高、更新缓慢的商业发行版
Slackware	古老且长寿的发行版
SUSE Linux Enterprise	在欧洲盛行的多语言发行版
Ubuntu	Debian 的精炼版

最有生命力的发行版未必是商业化程度最高的发行版。例如，我们认为 Debian Linux（好啦，好啦，应该是 Debian GNU/Linux！）会在相当长一段时间里保持活力，尽管 Debian 并不是一家公司，什么都不销售，也不提供企业级支持。Debian 得益于有一个坚定的贡献者团体，也归功于基于其的 Ubuntu 发行版的盛行。

1.4 本书中用到的示例系统

我们选择了 3 款流行的 Linux 发行版和一款 UNIX 变体作为本书中主要的示例系统：Debian GNU/Linux、Ubuntu Linux、Red Hat Enterprise Linux（及其双胞胎 CentOS）以及 FreeBSD。这些系统代表了整个市场，共同占据了目前大型站点所用系统的大部分份额。

除非特别指出，本书中的内容普遍适用于所有的示例系统。特定于某个系统的细节信息会以相应的 logo 标出。

Debian GNU/Linux 9.0 “Stretch”

Ubuntu® 17.04 “Zesty Zapus”

Red Hat® Enterprise Linux® 7.1 and CentOS® 7.1

FreeBSD® 11.0

大部分商标属于对应的软件发行商，都已经获得了其持有者慷慨的使用许可。不过，这些厂商并没有审阅或是资助过本书。

我们多次尝试获得 Red Hat 的许可，以便能够使用其著名的红色软呢帽 logo，可惜终未能成行，所以也只能被迫接受使用一个技术缩略词（至少还能放在书页的空白处）。

1.4.1 作为示例的 Linux 发行版

针对 Linux，但并不特定于任何发行版的信息在左侧用 Tux 企鹅标出。

Debian（读作 deb-ian，该名称是以已故的创始人 Ian Murdock 及其妻子 Debra 命名的）是历史非常悠久，也是广受好评的发行版。作为一个非商业项目，Debian 在世界范围拥有千名以上的贡献者。它致力于社区发展并敞开双手，因此绝不存在该发行版其中哪一部分是否自由或能否重新发布的问题。

Debian 同时维护了 3 条发布支线：稳定版（针对产品服务器）、不稳定版（其中的软件包可能存在 bug 或安全缺陷）和测试版（介于稳定版和不稳定版之间的版本）。

Ubuntu 基于 Debian，同时保留了 Debian 的自由与开源精神。Ubuntu 归属于 Canonial Ltd.，由企业家 Mark Shuttleworth 提供资助。

Canonial 提供了各种面向云、桌面以及裸机（bare metal）的 Ubuntu 版本，甚至还发布过针对手机和平板电脑的版本。Ubuntu 的版本号是以发布年份和月份来命名的，版本 16.10 表示是在 2016 年 10 月发布的。另外每次发布还伴有一个压头韵的代号，比如 Vivid Vervet 或 Wily Werewolf。

Ubuntu 每年发布两个版本：一次在 4 月；另一次在 10 月。在偶数年的 4 月发布的是长期支持版（LTS，long-term support），承诺提供长达 5 年的维护更新。推荐在生产环境中使用该版本。

RHEL

20 多年来，Red Hat 一直是 Linux 世界的主导力量，其发行版在包括北美在内的地区得到广泛使用。就使用数量而言，Red Hat 公司可谓是世界上最成功的开源软件公司之一。

Red Hat Enterprise Linux（常简写为 RHEL）适用于大型企业的生产环境，这类企业需要通过支持和咨询服务来保持系统平稳运行。说起来有些矛盾，RHEL 尽管是开源软件，但却还需要授权。如果你不购买授权，那就没法运行该系统了。

Red Hat 还赞助了 Fedora，后者是一个基于社区的发行版，其定位是作为那些不够稳定、尚不足以纳入 RHEL 的最新软件的孵化场。Fedora 用于对后期加入 RHEL 的软件和配置进行先期测试。

CentOS 其实和 Red Hat Enterprise Linux 一样，只不过不用付费。CentOS 项目由 Red Hat 所有，同时投入了公司优秀的开发人员，但其管理是和 Red Hat Enterprise Linux 团队分开的。CentOS 发行版缺少 Red Hat 的品牌以及一些专利工具，除此之外，其他方面都没什么分别。

对于那些想部署面向产品的发行版，但又没钱掏给 Red Hat 的站点来说，CentOS 是一个极好的选择。另一种混合方法也可以：一线服务器（first-line server）运行 Red Hat Enterprise Linux，享受 Red Hat 出色的技术支持；在非生产服务器上运行 CentOS。这种布置从风险和技术支持角度覆盖了重要的基础设施，同时也最小化了成本和管理的复杂性。

CentOS 追求的是与 Red Hat Enterprise Linux 达成完全的二进制兼容（甚至包括 bug）。我们不打算再令人厌烦地一遍遍重复“Red Hat 和 CentOS”，以后书中只会提及其中一种发行版。除非特别说明，本书适用于 Red Hat 的部分同样也适用于 CentOS。

其他流行的发行版也是 Red Hat 的衍生品。Oracle 向其企业级数据库软件用户发售了一款更名的定制版 CentOS。Amazon Web Services 所用的 Amazon Linux 最初也源自 CentOS，至今两者仍保留了很多相同之处。

1.4.2 作为示例的 UNIX 发行版

UNIX 热度的减弱已经有一段时间了，大多数依然屹立的 UNIX 发行版（例如，Solaris、HP-UNIX 和 AIX）也都变成了小众产品。BSD 的开源衍生版是这种趋势中的例外，仍旧享受着狂热的追随，尤其是在操作系统专家、自由软件布道师以及关注安全的管理员之间。一些世界级的操作系统权威用的就是各种 BSD 发行版。苹果的 macOS 就有 BSD 的血统。

FreeBSD 最初发布于 1993 年末，是应用非常广泛的 BSD 衍生版。据一些使用统计显示，在各种 BSD 变体中，FreeBSD 已经统治了 70%的市场份额，其用户包括一些大型的 Internet 公司，例如 WhatsApp、Google 和 Netflix。

Linux 只是一个内核，而 FreeBSD 则是一个完整的操作系统，其内核和用户态软件都在 BSD 授权许可之下，以此鼓励商业社区为 FreeBSD 添砖加瓦。

1.5 写法与印刷约定

在本书中，文件名、命令及其参数用粗体表示；占位符（例如，不应该按字面直接照搬的命令参数）用斜体来表示。例如，在下面的命令中：

```
cp file directory
```

你应该用实际的文件名和目录名来替换 *file* 和 *directory*。

节选自配置文件和终端会话中的内容以代码字体显示。有时候，我们使用 bash 的注释字符#和斜体字来给会话进行注释。例如：

```
$ grep Bob /pub/phonelist          # 查找 Bob 的电话号码
Bob Knowles 555-2834
Bob Smith 555-2311
```

我们使用$表示普通的、非特权用户的 shell 提示符，使用#表示 root 用户。如果命令针对的是某种发行版或是某一类发行版，我们会在提示符前面加上该发行版的名称。例如：

```
$ sudo su - root               # 切换到 root
# passwd                       # 修改 root 的密码
debian# dpkg -l                # 列出 Debian 和 Ubuntu 中已安装的软件包
```

这个约定在标准 UNIX 和 Linux shell 中均适用。

除了这些特殊情况，在不影响理解的前提下，我们尽量将特殊字体和格式约定降到最低，例如，像 daemon 组这种我们经常提到的一些词条就完全不使用特殊格式。

我们使用和手册页相同的约定来表示命令语法：

- 中括号（“[” 和 “]”）之间的任何内容是可选的；
- 省略号（“...”）后面的任何内容是可以重复的；
- 花括号（“{” 和 “}”）表示应该选择由竖线（“|”）隔开的各项中的一个。

例如，该规则：

```
bork [-x] {on | off } filename ...
```

可以匹配下面任何一条命令。

```
bork on /etc/passwd
bork -x off /etc/passwd /etc/smartd.conf
```

```
bork off /usr/lib/tmac
```

我们将 shell 风格的扩展匹配字符（globbing character）用于模式匹配：

- 星号（*）匹配零个或多个字符；
- 问号（?）匹配单个字符；
- 波浪线（~）表示当前用户的主目录；
- ~user 表示 user 用户的主目录。

举例来说，我们会采用模式**/etc/rc*.d** 来指代启动脚本目录**/etc/rc0.d**、**/etc/rc1.d** 等。

引号中的文本通常具有确切的技术含义。在这些情况下，我们忽略美式英语的一般规则，把标点符号放在引号之外，避免搞不清楚引号中包含什么、不包含什么。

1.6 单位

像 kilo-（千）、mega-（兆）和 giga-（吉）这样的度量前缀都定义为 10 的幂：一百万美金（one megabuck）就是$1 000 000。计算机的类型定义长期以来一直借用这些前缀，但却用其代表 2 的幂。例如，1MB 内存（one megabyte）实际上是 2^{20}，即 1 048 576B。这种借用的单位甚至进入了正式标准，像 JEDEC 固态技术协会的标准 100B.01，该标准认定这些前缀表示 2 的幂（尽管带有一些疑虑）。

为了避免混乱，国际电工委员会（International Electrotechnical Commission，IEC）明确地基于 2 的幂规定了一组数字前缀（分别是 kibi-、mebi-、gibi-等，对应的缩写为 Ki、Mi 和 Gi）。这类单位含义清晰，没有歧义，但只是刚开始得到广泛应用。原先代表了两种含义的 kilo-系列前缀仍在使用。

我们可以借助上下文来判断单位的当前含义。RAM 使用的是 2 的幂，而网络带宽则使用的是 10 的幂。存储空间通常以 10 的幂为单位，但是块和页的大小则以 2 的幂为单位。

在本书中，我们使用 IEC 单位表示 2 的幂，使用度量单位表示 10 的幂，对于粗略值以及确切的底数不清楚、未公开或无法确定的情况也使用度量单位。在命令输出和配置文件节选中，或是在具体描述不重要的场合，保留原始值及单位记法。我们把 bit（位）缩写为 b，把 byte（字节）缩写为 B。表 1.2 给出了一些例子。

表 1.2 单位释义举例

举例	含义
1 kB 文件	大小为 1 000 B 的文件
4 KiB SSD 页面	大小为 4 096 B 的 SSD 页面
8 KB 内存	本书中没有使用这种写法；参见 1.6 节
100 MB 的文件大小限制	名义上指 10^8 B；在上下文中会有歧义
100 MB 的文件分区	名义上指 10^8 B；在上下文中可能是 99 999 744 B[a]
1 GiB 的 RAM	1 073 741 824 B 内存
1 Gbit/s 以太网	每秒钟传输 1 000 000 000 bit 的网络
6 TB 硬盘	能存储 6 000 000 000 000 B 的硬盘

注：a. 也就是说，10^8 向下舍入（rounded down）到最近的磁盘块大小（512 B）的整倍数。

"8 KB 内存!"中的缩写 K 不属于任何标准。它是一个计算机行话，指的是度量缩写 k（kilo-），起初它表示的是 1 024 而不是 1 000。因为更大的度量前缀已经采用了大写，但 k 就不能以此类推了。后来人们也搞不清楚这种区别了，开始也用 K 代表 1 000。

大部分人并不把这当成什么大事，就像在美国使用英制单位一样，度量前缀在不久的将来有可能会被误用。Ubuntu 维护了一份有用的单位使用原则（units policy），尽管我们怀疑这套原则即使是在 Canonical 内部也没有被广泛采用。

1.7 手册页和其他联机文档

因为要用 man 命令来阅读，手册页（manual page）通常称为"man 手册页"（man page），它构成了传统的"联机"文档（当然，如今所有的文档都以各种形式在线存在）。特定程序的 man 手册页会在安装相应软件包时一并安装。即便是在 Google 时代，man 手册页仍旧是权威的参考资源，因为它可以通过命令行访问，通常包含了命令选项的完整细节，同时还包含了有用的示例以及相关的命令。

手册页准确描述了命令、驱动程序、文件格式或库函数。其内容并不涵盖一般性的话题，诸如"如何安装新设备？"或者"为什么系统这么慢？"。

1.7.1 手册页的组织

FreeBSD 和 Linux 将 man 手册页分成若干节。表 1.3 显示了所采用的基本结构。其他 UNIX 在各节的规定上略有区别。

表 1.3 手册页的各节

节	内容
1	用户级的命令和应用
2	系统调用和内核错误代码
3	库调用
4	设备驱动程序和网络协议
5	标准文件格式
6	游戏和演示
7	杂项文件和文档
8	系统管理命令
9	晦涩的内核规范和接口

对于大多数主题来说，各节确切的结构并不重要，只要有适合的页面，man 命令都能够找到。用户只需要知道当同名主题出现在不同节内时，各节的规定就行了。例如，passwd 既是命令也是配置文件，所以节 1 和节 5 都有关于它的内容。

1.7.2 man：阅读手册页

man *title* 命令会格式化特定的手册页，然后通过 more、less 或环境变量 PAGER 中指定的程序将其发送至终端。title 通常是命令、设备、文件名或库调用名。手册中的各节大致是按照数字顺序搜索的，不过通常会先搜索描述命令的那些节（节 1 和节 8）。

man section title 可以获取到特定节的手册页。因此在大多数系统中，man sync 可以输出 sync 命令的手册页，man 2 sync 则会输出 sync 系统调用的手册页。

man -k keyword 或 apropos keyword 会输出一份手册页清单，其单行概要中均包含指定的

keyword。例如：

```
$ man -k translate
objcopy (1)          - copy and translate object fles
dcgettext (3)        - translate message
tr (1)               - translate or delete characters
snmptranslate (1)    - translate SNMP OID values into useful information
tr (1p)              - translate characters
...
```

关键字数据库可能会过期。如果系统中增添了其他的手册页，你可能需要使用 makewhatis（Red Hat 和 FreeBSD）或者 mandb（Ubuntu）命令重建数据库。

1.7.3 手册页保存的位置

手册页的 nroff 输入（也就是 man 手册页的源代码）通常保存在/usr/share/man/下的多个目录中并使用 gzip 进行了压缩。man 命令知道如何就地解压缩。

如果目录可写，man 则会在/var/cache/man 或者/var/share/man 中维护格式化页面的缓存，但是这存在安全风险。大多数系统会在安装时预格式化手册页（参考 catman 命令），少数系统则完全不进行处理。

man 命令会在多个位置中搜索用户需要的手册页。在 Linux 系统上，可以使用 manpath 命令来确定默认的搜索路径。该搜索路径（在 Ubuntu 中）一般为：

```
ubuntu$ manpath
/usr/local/man:/usr/local/share/man:/usr/share/man
```

如果有必要，用户可以设置自己的环境变量 MANPATH 来覆盖默认路径。

```
$ export MANPATH=/home/share/localman:/usr/share/man
```

有些系统能让用户为手册页自定义一个系统级的默认搜索路径，如果用户想要维护一套平行的 man 手册页树（比如 OpenPKG 所创建的那样），这种功能就能派上用场了。但如果想要用手册页的形式发布本地文档，更简单的做法是使用系统的标准打包机制，将手册页放入标准的 man 目录下。参考第 6 章了解更多的细节。

1.8 其他权威文档

手册页只是官方文档的一小部分。剩下的大部分文档都散落在 Web 上。

1.8.1 特定系统指南

主流厂商都有自己专门的文档项目。其中许多还推出过像书本那样的手册，包括管理和安装指南。这些一般都可以在网上以 PDF 文件的形式下载到。表 1.4 给出了操作示例系统的文档。

表 1.4 操作系统厂商的专门文档

操作系统	注释
Debian	管理员手册的内容滞后于当前版本
Ubuntu	面向用户，参考 LTS 版的“服务器指南”
RHEL	包含针对管理员的全面文档
CentOS	包括各种技巧、HowTo 和 FAQ
FreeBSD	系统管理员可以参看 FreeBSD Handbook

这些文档尽管有用，却也不是那种可以放在床头睡前翻看的读物（不过某些厂商的文档倒是有助于催眠）。在求助于文档之前，我们通常都是先尝试用 Google。

1.8.2 特定软件包文档

UNIX 和 Linux 世界里重要的软件包大多数是由个人或者第三方来维护的，比如 Internet 系统联盟（Internet System Consortium）和 Apache 软件基金会（Apache Software Foundation）。这些组织会为自家软件编写文档。就文档质量而言，从令人尴尬到妙笔生花，水平不一。不过像 Pro Git 这样的高水平作品确实值得一看。

补充文档包括白皮书（技术报告）、设计原理和针对专题的图书或者小册子。这些补充材料不仅限于描述命令，也可以采用教程或规程的形式。许多软件既包含 man 手册页，也有长篇文章。例如，vi 的手册只告诉用户有关 vi 能够支持的命令行参数，而用户要深入学习才能掌握如何真正编辑文件。

大多数软件项目有用户和开发者邮件列表及 IRC 频道。如果你碰到了特定的配置问题或是 bug，这是你首先要去的地方。

1.8.3 图书

O'Reilly 出版的图书是技术圈的最爱。从 *UNIX in a Nutshell* 开始，现在已经有了讲述 UNIX 和 Linux 每个重要子系统和命令的专著。另外还出版了包括网络协议、编程语言、Microsoft Windows 及其他非 UNIX 技术主题的图书。这些书定价合理、时效性强、重点突出。

很多读者已经转向了 Safari Books Online，这是 O'Reilly 推出的一种订阅服务，用户可以不受限制地访问电子书、视频以及其他学习资料。其内容来自包括 O'Reilly 在内的多家出版社，各类资料浩瀚如海，你可以从中任意挑选。

1.8.4 RFC

请求评论（Request for Comment，RFC）文档描述了 Internet 协议和规程。其中大多数相对来说比较详尽而且技术性强，但是有些只属于概述性质。在软件中，“引用实现”（reference implementation）一词通常是指“符合 RFC 规范的可信任实现”。

RFC 的权威性毋庸置疑，其中不少对系统管理员颇有帮助。13.1.1 节给出了这些文档更为完整的描述。我们会在本书中引用各种 RFC。

1.9 其他信息源

前面几节讨论的资源都经过了同行们的认可，均出自权威之笔，不过 UNIX 和 Linux 管理圈里可不仅仅只有这些内容。Internet 上不计其数的博客、论坛以及新闻都是可用之材。

更不必说还有系统管理员最好的朋友搜索引擎了。除非你要找的是特定命令或文件格式的细节，否则对于任何系统管理问题，第一个应该查询的就是搜索引擎。养成这种习惯吧，不然等到去在线论坛提问的时候，别人给你丢下一个搜索链接，那可就既耽误时间又丢人了。

如果要想结识其他业内人士、紧跟技术趋势、参加培训课程、获取认证以及学习最新的服务与产品，参加业内会议是个挺不错的方法。系统管理相关的会议数量近几年剧增。表 1.5 着重列出了其中一些知名度高的会议。

表 1.5　　系统管理员相关的会议

会议	地点	时间	描述
LISA	不定	Q4（第 4 季度）	大型安装系统管理（Large Installation System Administration）
Monitorama	波特兰	6 月	监控工具和技术
OSCON	不定（美/英）	Q2（第 2 季度）或 Q3(第 3 季度)	历史悠久的 O'Reilly 开源软件会议
SCALE	帕萨迪纳市	1 月	南加州 Linux 博览会
DefCon	洛杉矶	7 月	历史最悠久，规模最大的黑客大会
Velocity	全球	不定	O'Reilly 举办的 Web 运维会议
BSDCan	渥太华	5 月/6 月	面向所有层面用户（从新人到大师级）的 BSD 会议
re:Invent	洛杉矶	Q4	AWS 云计算会议
VMWorld	不定（美/英）	Q3 或 Q4	虚拟化与云计算
LinuxCon	全球	不定	Linux 未来展望
RSA	旧金山	Q1 或 Q2	企业级加密以及信息安全
DevOpsDays	全球	不定	旨在讨论如何搭建起开发团队与运维团队之间的桥梁
QCon	全球	不定	软件开发者会议

聚会是另一种和喜好相投的人们结识并共事的方法。在美国的大部分城市区域和全世界范围内有能够赞助演讲人、讨论以及黑客日的 Linux 用户组或者 DevOps 聚会。

1.10 如何查找及安装软件

第 6 章详细讨论了软件的方方面面。对于没有耐性的读者，这一节算是一个快速的入门教程，教会你如何知道自己系统上安装过哪些软件、怎样获得和安装新软件。

现代操作系统将自身分成多个可以独立安装的软件包。默认安装的只包括一些基础软件包，用户可以根据需要进行增删。添加新软件时，多留神，记住：增加一个软件就增加一点被攻击的可能，只安装必要的软件。

附加软件通常是以预先编译好的软件包形式提供，这是一种主流的方式，各个系统间的区别仅仅在于程度的不同。大多数软件是由独立的小组开发，以源代码的形式发布。软件仓库收集这些源代码，根据目标平台的使用约定对其进行编译，然后再把编译结果打包。安装针对特定系统的二进制软件包通常要比获取并编译源代码更容易。不过，软件包有时要比最新版本落后一两个版本号。

两个系统使用相同格式的软件包不一定意味着这些软件包能够互换使用。例如，Red Hat 和 SUSE 都使用 RPM，但是两者的文件系统布局却不太一样。如果可能，最好是使用系统专用的软件包。

本书中的示例系统提供了优秀的软件包管理体系，其中包括用于访问和搜索托管软件仓库的工具。发行商替社区积极维护这些软件仓库，简化了为软件打补丁和升级的过程。生活真是美好。

如果没有适合于平台的软件包，管理员只能用传统方式安装软件了：下载源代码的 tar 归档，然后手动配置、编译、安装。取决于软件以及操作系统，这个过程耗时不一，有时甚至会是一场噩梦。

在本书中，我们假设可选软件都已经安装好了，不会再折磨人地一步步演示如何安装每个软件包。如果可能会造成困惑，我们会明确告诉你完成特定项目所需要的软件包名。除此之外，我们不会再重复安装操作，因为基本上都差不多。

1.10.1 判断软件是否已经安装

出于多种原因，要判断哪个软件包里有你需要的软件得有点技巧。先不要去查找软件包，更简单的做法是使用 shell 的 which 命令找出相关的二进制程序是否已经在搜索路径中。例如，下面的命令就说明 GNU 的 C 编译器已经安装过了。

```
ubuntu$ which gcc
/usr/bin/gcc
```

如果 which 没有找到指定的命令，那么试试 whereis。该命令会搜索除 shell 的搜索路径以外更大范围的系统目录。

另一种方法是使用威力强大的 locate 命令，它参照预先编译好的文件系统索引，以此定位匹配特定模式的文件名。

locate 是 FreeBSD 中基础系统的一部分。在 Linux 中，locate 包含在 mlocate 软件包中。在 Red Hat 和 CentOS 中，可以使用 yum 安装 mlocate 软件包。

locate 可以查找任何类型的文件，并不仅限于命令或者软件包。例如，如果不知道头文件 signal.h 的位置，可以试试：

```
freebsd$ locate signal.h
/usr/include/machine/signal.h
/usr/include/signal.h
/usr/include/sys/signal.h
...
```

locate 的数据库由 cron 定期执行 updatedb 命令（在 FreeBSD 中是 locate.updatedb）来更新。因此，locate 的执行结果未必总能够反映出文件系统新近的变化。

如果用户知道要查找的软件包名，那么也可以使用系统上的打包工具来直接检查软件包是否存在（以及已安装的版本）。例如下面的命令可以检查 Red Hat 系统中是否有 Python 解释器。

```
redhat$ rpm -q python
python-2.7.5-18.el7_1.1.x86_64
```

还可以找出特定的文件属于哪个软件包。

```
redhat$ rpm -qf /etc/httpd
httpd-2.4.6-31.el7.centos.x86_64

freebsd$ pkg which /usr/local/sbin/httpd
/usr/local/sbin/httpd was installed by package apache24-2.4.12

ubuntu$ dpkg-query -S /etc/apache2
apache2: /etc/apache2
```

1.10.2 添加新软件

如果需要安装额外的软件，首先要确定相关软件包的标准名称。例如，你需要把“我想装 locate”解读为“我需要安装 mlocate 软件包”，或者将“我要 named”解读为“我得安装 BIND”。在网上有各种针对特定系统的索引能够帮助进行这种解读，但是搜索引擎通常更有效。例如，搜索“locate command”，就能直接找到若干与之相关的讨论。

下面的例子展示了如何在每个示例系统中安装 tcpdump。tcpdump 是一个分组捕获工具，可以浏览系统在网络上收发的分组。

Debian 和 Ubuntu 使用了 Debian APT（Advance Package Tool）：

```
ubuntu# sudo apt-get install tcpdump
Reading package lists... Done
Building dependency tree
Reading state information... Done
The following NEW packages will be installed:
  tcpdump
0 upgraded, 1 newly installed, 0 to remove and 81 not upgraded.
Need to get 0 B/360 kB of archives.
After this operation, 1,179 kB of additional disk space will be used.
Selecting previously unselected package tcpdump.
(Reading database ... 63846 files and directories currently installed.)
Preparing to unpack .../tcpdump_4.6.2-4ubuntu1_amd64.deb ...
Unpacking tcpdump (4.6.2-4ubuntu1) ...
Processing triggers for man-db (2.7.0.2-5) ...
Setting up tcpdump (4.6.2-4ubuntu1) ...
```

在 Red Hat 和 CentOS 上：

```
redhat# sudo yum install tcpdump
Loaded plugins: fastestmirror
Determining fastest mirrors
 * base: mirrors.xmission.com
 * epel: linux.mirrors.es.net
 * extras: centos.arvixe.com
 * updates: repos.lax.quadranet.com
Resolving Dependencies
--> Running transaction check
---> Package tcpdump.x86_64 14:4.5.1-2.el7 will be installed
--> Finished Dependency Resolution
tcpdump-4.5.1-2.el7.x86_64.rpm                    | 387 kB 00:00
Running transaction check
Running transaction test
Transaction test succeeded
Running transaction
  Installing : 14:tcpdump-4.5.1-2.el7.x86_64  1/1
  Verifying : 14:tcpdump-4.5.1-2.el7.x86_64   1/1
Installed:
  tcpdump.x86_64 14:4.5.1-2.el7
Complete!
```

FreeBSD 的软件包管理器是 pkg：

```
freebsd# sudo pkg install -y tcpdump
Updating FreeBSD repository catalogue...
Fetching meta.txz:              100%    944 B    0.9kB/s    00:01
Fetching packagesite.txz:       100%    5 MiB    5.5MB/s    00:01
Processing entries: 100%
FreeBSD repository update completed. 24632 packages processed.
All repositories are up-to-date.
The following 2 package(s) will be affected (of 0 checked):

New packages to be INSTALLED:
    tcpdump: 4.7.4
    libsmi: 0.4.8_1

The process will require 17 MiB more space.
```

```
2 MiB to be downloaded.
Fetching tcpdump-4.7.4.txz:      100%    301 KiB  307.7kB/s     00:01
Fetching libsmi-0.4.8_1.txz:     100%      2 MiB    2.0MB/s     00:01
Checking integrity... done (0 conflicting)
[1/2] Installing libsmi-0.4.8_1...
[1/2] Extracting libsmi-0.4.8_1: 100%
[2/2] Installing tcpdump-4.7.4...
[2/2] Extracting tcpdump-4.7.4: 100%
```

1.10.3 从源代码构建软件

下面演示了如何从源代码构建 tcpdump。

第一件事就是找到代码。软件维护人员有时会在项目网站上维护一个已发布版本的索引，其中的版本能够以 tar 格式下载。对于开源项目，基本上可以在 Git 仓库中找到相应的源代码。

tcpdump 的源代码保存在 GitHub。将该仓库复制到/tmp 目录中，选择想要构建的标签版本并创建分支，然后解包、配置、构建、安装。

```
redhat$ cd /tmp
redhat$ git clone https://github.com/the-tcpdump-group/tcpdump.git
<status messages as repository is cloned>
redhat$ cd tcpdump
redhat$ git checkout tags/tcpdump-4.7.4 -b tcpdump-4.7.4
Switched to a new branch 'tcpdump-4.7.4'
redhat$ ./configure
checking build system type... x86_64-unknown-linux-gnu
checking host system type... x86_64-unknown-linux-gnu
checking for gcc... gcc
checking whether the C compiler works... yes
...
redhat$ make
<several pages of compilation output>
redhat$ sudo make install
<files are moved in to place>
```

configure/make/make install 命令序列适用于大多数用 C 语言编写的软件，可用于所有的 UNIX 和 Linux 系统。查看软件包的 INSTALL 和 README 文件中是否有特殊要求总是一种不错的做法。你必须拥有开发环境并要满足某些软件包的特定要求（对于 tcpdump，需要有 libpcap 及其库）。

构建配置也经常要微调，使用./configure --help 查看特定软件包可用的配置选项。另外一个有用的选项是--prefix=directory，可以将编译后的软件安装在默认位置/usr/local 之外。

1.10.4 通过 Web 脚本安装

跨平台软件逐渐开始提供一种由脚本驱动的快速安装方法。该脚本可以使用 curl、fetch 或 wget[①]从 Web 上下载。例如，要将一台机器设置为 Salt 客户端，可以执行下列命令。

```
$ curl -o /tmp/saltboot -sL https://bootstrap.saltstack.com
$ sudo sh /tmp/saltboot
```

bootstrap 脚本会检查本地环境，然后下载、安装、配置相应的软件版本。这种类型的安装常见于安装过程本身比较复杂的软件，不过软件商也非常乐于为用户提供方便（另一个很好的例子是 RVM，参见 7.7.3 节）。

这种安装方法非常好，但也存在几个问题，在这里值得提一下。一方面，脚本安装方式没有留下可供之后参考的记录。如果操作系统提供了软件的打包版本，通常就不要再使用 Web 方式了，

① 这些都是简单的 HTTP 客户端，可以将 URL 的内容下载到本地文件或是打印到标准输出。

优先选择安装软件包。软件包便于跟踪、更新和删除。另一方面，大多数操作系统层面的软件包过时了，你有可能用不上最新版。

如果启动脚本的 URL 不安全（也就是说并不是以 https:开头），一定要特别留意。非安全 HTTP 很容易被劫持，作为安装脚本的 URL 尤其会引发黑客的关注，因为他们知道你可能会以 root 身份运行其中的代码。相比之下，HTTPS 通过一条加密的信任链来验证服务器的身份。这并非万无一失，但也足够可靠。

少数软件商选择将安装脚本的 URL 以 HTTP 形式公开，该 URL 然后会再自动重定向到 HTTPS 链接。这种做法并不聪明，实际上也没比直接的 HTTP 链接安全到哪里。重定向前的 HTTP 依然会被截获，所以你可能根本就没法继续跳转。不过这意味着你可以尝试自己将非安全 URL 中的 http 替换成 https。这一招在多数情况下是管用的。

shell 允许在标准输入中直接书写脚本，这个特性使我们可以实现简洁的单行安装过程。

```
$ curl -L https://badvendor.com | sudo sh
```

但是这种方法有一个潜在的问题：即便是 curl 只输出了部分脚本（因为短暂的网络故障），root shell 仍旧会照样运行，然后失败。这种结果无法预测，可能会造成不良影响。

我们尚未发现由此引发过什么问题。但也不能说这不是一种故障。不仅如此，将 curl 的输出通过管道传入 shell 的做法会被系统管理员集体视为典型的菜鸟错误，如果你非得这么做，好歹悄悄地动手。

解决方法很简单：把脚本保存在临时文件中，等到成功下载后再单独运行脚本。

1.11 选择托管

操作系统和软件可以选择托管在私有数据中心、代管设施、云平台或是某几种方案的组合。初创公司会选择云。现有企业可能有自己的数据中心，在内部运行私有云。

对于新项目，实用的选择和我们的推荐是公有云服务提供商。这种设施比数据中心提供了更多的优势：

- 没有资金支出，起始运维成本低；
- 不用操心硬件的安装、安全和管理；
- 可以按需调整存储、带宽和计算力；
- 对于数据库、负载平衡、队列、监控等常见的辅助需求有现成的解决方案；
- 能够更便宜、更简单地实现高可用/冗余系统。

早期的云系统在内部安全和性能方面广受好评，不过也仅此而已。如今，我们大多数的管理工作是在云中完成的。第 9 章中会介绍相关的主题。

我们首选的云平台是该领域的领导者：Amazon Web Services（AWS）。作为一家位居前列的技术研究公司，Gartner 发现 AWS 的规模是所有竞争对手总和的 10 倍。AWS 的创新速度飞快，比其他供应商提供了更为广泛的服务。除此之外，卓越的客户服务和对社区的支持与参与也为其赢得了赞誉。

Google Cloud Platform（GCP）一直在积极改进和推广自家的产品。有些用户声称其技术不如其他供应商。GCP 的增长速度缓慢，部分原因是 Google 关闭了一些流行的服务①所招致的恶名。不过，GCP 实惠的价格以及一些独特的功能还是有吸引力的。

DigitalOcean 是一项较为简单的服务，高性能是其卖点。该服务的目标市场是开发人员，追

---

① 其中包括 Google Reader、Google Picasa、Google Code、Google Wave。——译者注

求的是简洁的 API、便宜的价格以及超快的启动速度。DigitalOcean 还是开源软件的坚定支持者，他们推出的 Internet 流行技术教程和指南是同类中最棒的。

1.12 专业及相邻学科

系统管理员不会凭空存在，构建并维护复杂的网络需要有一支专家团队。本节描述了一些在技能和服务领域方面和系统管理员有所重叠的角色。有些管理员会选择专于这些领域中的一个或多个。

无论是作为系统管理员还是相关领域的工作专家，组织的目标就是你的目标。不要让政治或等级妨碍了达成目标的过程。最好的管理员不仅能够解决问题，还会与他人自由地分享。

1.12.1 DevOps

与其说 DevOps 是一种特定职能，倒不如说是一种文化或者运维哲学。它旨在提高软件构建和交付的效率，尤其是在拥有大量关联服务和团队的大型站点中。践行 DevOps 的组织能够促进工程团队之间的整合，淡化或者抹去研发与运维之间的界线。工作在该领域中的专家能够找出效率低下的流程，将其替换为小巧的 shell 脚本或是又大又笨重的 Chef 仓库①。

1.12.2 网站可靠性工程师

网站可靠性工程师视正常运行时间（uptime）和正确性重于一切。他们的工作包括监控网络、部署产品软件、接报修电话、规划未来扩展、排查运行中断故障。单点故障可谓是网站可靠性工程师的劫数。

1.12.3 安全运维工程师

安全运维工程师关注的是信息安全程序的日常使用。他们负责安装、运行相关工具，查找安全缺陷，监控网络攻击。另外还要参与模拟攻击、测试防护与检测技术的有效性。

1.12.4 网络管理员

网络管理员负责网络的设计、安装、配置及运维。运行着数据中心的站点基本上都少不了网络管理员，因为其中的设施包括各种需要管理的物理交换机、路由器、防火墙以及其他设备。云平台也可以提供各种联网选择，不过这用不着专门的管理员，因为大多数工作是由服务供应商搞定的。

1.12.5 数据库管理员

数据库管理员（有时也称为 DBA）是数据库软件安装与管理方面的专家。他们负责管理数据库模式（schema）、执行安装和升级、配置集群、调校设置来优化性能以及帮助用户构思有效的查询。DBA 多擅长于一到多门查询语言，具备关系型和非关系型（NoSQL）数据库的经验。

1.12.6 网络运维中心（NOC）工程师

NOC（Network Operations Center）工程师负责实时监控大型站点运行状态、跟踪突发事件以及服务中断。他们要解决用户递上来的工单、执行日常升级、协调其他团队的工作。在大部分时

① 作者似乎对 Chef 有点意见。——译者注

间里，这些人都是在盯着显示各种图形和测量数据的监控墙。

1.12.7 数据中心技术员

数据中心技术员和硬件打交道。他们负责接收设备、跟踪设备库存及生命周期、在机架中安装服务器、铺设线缆、维持电力和空调以及处理数据中心的日常操作。和系统管理员一样，善待数据中心技术员吧，用咖啡、咖啡因软饮和酒精饮料贿赂他们，这样你才能得到最大的实惠。

1.12.8 架构师

系统架构师深耕于多个领域。他们依靠自身的经验设计分布式系统。其工作范围可能包括定义安全区及分割、消除单点故障、未来增长规划、保证多个网络与第三方之间的连通性以及站点层面的决策。优秀的架构师都是技术上的能手，通常更喜欢实现并测试自己的设计。

第 2 章　引导与系统管理守护进程

“引导”（booting）是“启动计算机”的标准说法。它是“bootstrapping”一词的简写，之所以使用这个词是因为计算机必须“自己把自己启动起来”（pull itself up by its own bootstraps）①。

引导过程包括如下几个粗略的任务：

- 查找、载入并执行引导代码；
- 查找、载入并执行操作系统内核；
- 运行启动脚本和系统守护进程；
- 维护进程卫生（process hygiene），管理系统状态变化。

最后一项任务中涉及的各种活动会一直持续到系统关闭，因此引导过程和正常操作之间的界线不免就有点模糊了。

2.1　引导过程概览

启动过程在近几年发生了很大的变化。现代 BIOS 的出现（UEFI）简化了早期引导阶段，至少从概念上来说如此。在后续阶段，现在大多数的 Linux 发行版都用系统管理守护进程（system manager daemon）systemd 替代了 UNIX 中传统的 init。systemd 通过添加依赖管理、并发启动进程支持以及全面的日志记录等特性简化了引导过程。

随着系统向云端迁移，引导管理也出现了变化。虚拟化、云实例、容器化的倾向降低了管理

① bootstrap 通常是指“鞋子后边的背带（拔靴带）”，pull oneself up by one's bootstraps 这个说法源起自 19 世纪早期的美国，喻指试图完成一些不可能的事情。早期的工程师借此形容启动计算机的矛盾过程：要载入操作系统，必须先运行程序；但是要运行程序，就得先载入操作系统！——译者注

员接触物理硬件的需要。取而代之的是，我们现在有了镜像管理、API 以及控制平面（control panels）。

在引导过程中，内核被载入内存并开始执行。经过各种初始化任务之后，用户就可以使用操作系统了。图 2.1 中显示了该过程的一般性概览。

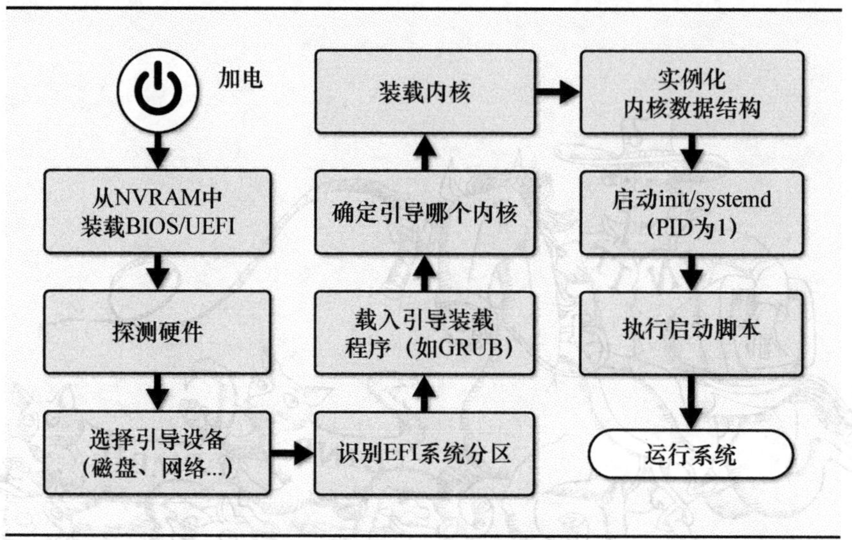

图 2.1　Linux 与 UNIX 的引导过程

对于引导过程中的大部分步骤，管理员基本上无法直接进行交互式控制。能做的要么是通过编辑系统启动脚本来修改引导配置，要么是改变传入内核的引导装载程序参数。

在系统引导完毕之前，必须检查并挂载文件系统，启动系统守护进程。相关过程由 init 依次运行的一系列 shell 脚本（有时也称为“init 脚本”）或是 systemd 负责解析的一组文件来控制。启动脚本严格的结构以及执行方式随系统而异。具体细节我们会在本章随后讲到。

2.2　系统固件

当机器加电后，CPU 会固定执行存储在 ROM 中的引导代码。在虚拟系统中，这个“ROM”未必实际存在，但概念还是一样的。

系统固件通常知晓主板上安装的所有设备，比如 SATA 控制器、网络接口卡、USB 控制器以及电源和温度传感器①。除了允许在硬件层面配置这些设备，固件还可以让你选择是将设备呈现给操作系统，还是将其禁用并隐藏。

对于物理硬件（相对于虚拟硬件），多数固件都提供了用户界面。不过这个界面一般都比较粗糙，而且不太容易访问到。你需要使用计算机和键盘，还必须在系统加电后迅速按下特定的键。至于到底是哪个键，不同的制造商有不同的规定，这就得看你能不能在加电瞬间瞥见那一行神秘的操作提示②。除了这种办法，也可以尝试这些键：Delete、Control、F6、F8 或 F11。先按几次键，然后按下不放，这样成功的概率最大。

在正常的引导过程中，系统固件会侦测硬件和磁盘，执行一些简单的健康检查，然后查找下一阶段的引导代码。你可以使用固件的用户界面指定引导设备，一般是通过设置一组可用设备的

① 虚拟系统会模拟出同样一组设备。

② 临时关闭显示器的电源管理特性能够提高成功率。

优先级来实现的（例如，先尝试从 DVD 驱动器启动，然后是 USB 设备，接着是硬盘。）。

在大多数情况下，系统的磁盘驱动器处于次启动优先级。要想从特定的驱动器启动，必须将其设置为最高启动优先级，同时确保将“硬盘”作为引导设备。

2.2.1 BIOS vs. UEFI

传统的 PC 固件叫作 BIOS（Basic Input/Output System）。在过去的 10 年间，BIOS 已经被另一种更为正式和现代的标准所替代，那就是“统一可扩展固件接口”（Unified Extensible Firmware Interface，UEFI）。你会经常看到将 UEFI 称作“UEFI BIOS”，不过为了避免混淆，我们在本章中用术语 BIOS 专门指代之前的传统标准。大多数实现了 UEFI 的系统会在操作系统不支持从 UEFI 引导的时候回退到传统的 BIOS 实现。

目前的 UEFI 是早先标准 EFI 的修订版。在一些比较旧的文档，甚至是某些标准术语中，仍会出现 EFI 这个词，比如“EFI 系统分区”。除了在严格的技术场合，你可以将这两个词视为同义。

如今新的 PC 硬件对于 UEFI 的支持相当普遍，但是有不少 BIOS 系统也仍旧存在。而且在虚拟化环境中，经常会采用 BIOS 作为其底层的引导机制，因此说 BIOS 将要绝迹尚为时过早。

尽管我们也很想忽略 BIOS，只讨论 UEFI，但是今后几年里你可能都会碰上这两种系统。UEFI 也内建了一些措施来适应陈旧的 BIOS 体系，所以了解一些 BIOS 的实用知识非常有助于解读 UEFI 文档。

2.2.2 传统 BIOS

传统 BIOS 认为引导设备是以主引导记录（Master Boot Record，MBR）作为起始。MBR 包括第一阶段的引导装载程序（也叫作“引导块”）和一个原始的磁盘分区表。可供引导装载程序使用的空间非常有限（不足 512 字节），所以除了载入并运行第二阶段的引导装载程序之外，也干不了什么别的事情了。

引导块和 BIOS 都没有复杂到能够读取任意类型的标准文件系统，所以第二阶段的引导装载程序必须放在一个容易找到的地方。在典型场景中，引导块从 MBR 中读取分区信息，识别出标注为“活动（active）”的磁盘分区[①]。然后读取并执行位于该分区起始位置上的第二阶段引导装载程序。分区上的这个区域被称为卷引导记录（volume boot record）。

也可以将第二阶段引导装载程序放在 MBR 与第一个磁盘分区之间的闲置区。由于历史原因，第一个磁盘分区是从第 64 个磁盘块开始的，因此这块闲置区至少有 32 KB，尽管仍不算大，但已经足以容纳一个文件系统驱动程序了。GRUB 引导装载程序采用的就是这种方案，详见 2.4 节。

要想促成一次成功的引导，引导链上的所有组成部分都必须正确安装，彼此之间相互兼容。MBR 引导块独立于操作系统，它假定第二阶段的引导过程始于某个特定位置，因此可以在此安装多种不同版本的装载程序。第二阶段引导装载程序普遍了解操作系统以及文件系统（可能支持多种操作系统和文件系统），另外还通常拥有自己的配置选项。

2.2.3 UEFI

UEFI 规范中包含了一个叫作 GUID 分区表（GUID Partition Table，GPT；其中 GUID 代表“globally unique identifier”，也就是全局唯一标识符）的现代磁盘分区方案。UEFI 能够理解文件分配表（File Allocation Table，FAT）文件系统，这种源自 MS-DOS 的文件系统既简单又有效。这些特性结合在一起形成了一个新的概念：EFI 系统分区（EFI System Partition，ESP）。在引导期间，

① 也就是常说的“活动分区”。——译者注

固件会通过查询 GPT 来识别 ESP，然后从 ESP 中的文件里直接读取并执行配置好的目标应用（the configured target application）。

ESP 只是一个普通的 FAT 文件系统，它可以由任何操作系统挂载、读取、写入以及维护。磁盘上不再需要有任何隐匿的（mystery meat）引导块①②③。

就技术上而言，其实完全用不着引导装载程序。UEFI 的引导目标可以是 UNIX 或 Linux 内核，经过配置后，UEFI 能够直接载入这些内核，从而实现无装载程序引导。不过在实践中，大多数系统还是使用了引导装载程序，部分原因在于这样更容易和传统 BIOS 保持兼容。

UEFI 将 ESP 中的载入路径保存为配置参数。在现代 Intel 系统中，UEFI 默认情况下会查找/efi/boot/bootx64.efi。在配置过的系统中（例如采用了 GRUB 引导装载程序的 Ubuntu），更为典型的路径是/efi/ubuntu/grubx64.efi。其他发行版也遵循类似的约定。

UEFI 定义了访问系统硬件的标准 API。从这方面来看，它就像是一个微型的自主操作系统。除此之外，其中甚至还包括了 UEFI 层面的扩展设备驱动程序，这种驱动程序存储在 ESP 中，采用了与处理器无关的语言编写。操作系统可以利用 UEFI 接口或是直接控制硬件。

因为 UEFI 拥有正式的 API，你可以在操作系统中检查、修改 UEFI 变量（包括引导菜单选项）。例如，efibootmgr -v 可以显示出引导选项的汇总信息。

```
$ efibootmgr -v
BootCurrent: 0004
BootOrder: 0000,0001,0002,0004,0003
Boot0000* EFI DVD/CDROM PciRoot(0x0)/Pci(0x1f,0x2)/Sata(1,0,0)
Boot0001* EFI Hard Drive PciRoot(0x0)/Pci(0x1f,0x2)/Sata(0,0,0)
Boot0002* EFI Network PciRoot(0x0)/Pci(0x5,0x0)/MAC(001c42fb5baf,0)
Boot0003* EFI Internal Shell MemoryMapped(11,0x7ed5d000,0x7f0dcfff)/
    FvFile(c57ad6b7-0515-40a8-9d21-551652854e37)
Boot0004* ubuntu HD(1,GPT,020c8d3e-fd8c-4880-9b61-
    ef4cffc3d76c,0x800,0x100000)/File(\EFI\ubuntu\shimx64.efi)
```

efibootmgr 可以修改引导顺序、选择下一个已配置的引导选项，甚至还能创建、删除引导项。例如，要想先尝试从系统硬盘引导，然后再尝试网络，同时忽略其他引导选项，可以使用下列命令。

```
$ sudo efibootmgr -o 0004,0002
```

这里的 Boot0004 和 Boot0002 取自上一个命令的输出。

能够从用户空间修改 UEFI 配置意味着固件的配置信息是以可读写方式挂载的——这简直就是天使与魔鬼的化身。在默认允许写访问的系统中（这类系统通常使用的是 systemd），rm -rf / 足以在固件层面上永久性地毁灭整个系统。除了删除文件，rm 还会删除掉变量以及其他可以通过/sys 访问的 UEFI 信息。

2.3 引导装载程序

大多数引导过程还包括执行引导装载程序，它不同于 BIOS/UEFI 代码和操作系统内核④。这

---

① 说实话，UEFI 还是得在每个磁盘的起始位置维护一个兼容的 MBR[3]，以此实现与 BIOS 系统的互操作性。BIOS 系统并不知道 GPT 的存在，但是能够识别被格式化过的硬盘。不要在 GTP 磁盘上运行针对 MBR 的系统管理工具。这类工具自认为了解磁盘布局，其实并非如此[4]。

② 这叫作 Protective MBR（简称 PMBR）。——译者注

③ 其实 PMBR 的存在就是为了避免旧式磁盘工具（例如 Microsoft MS-DOS FDISK 或是 Microsoft Windows NT Disk Administrator）在处理 GPT 磁盘时出现误操作。带有 PMBR 的 GPT 磁盘通常会被这类软件识别成只包含一个未知类型分区的磁盘。——译者注

④ 此处和 2.2.2 节中提到的那个位于 MBR 中的第一阶段引导装载程序可不是一回事。——译者注

个引导装载程序与 BIOS 系统中的初始化引导块分属不同的操作步骤。

引导装载程序的主要任务是识别并载入相应的操作系统内核。大多数引导装载程序会在引导期间提供一个界面，让用户在多个内核或操作系统中选择。

引导装载程序的另一项任务是处理内核配置参数。内核本身没有提供命令行接口，但是其启动选项的处理方式和 shell 惊人的相似。例如，参数 single 或-s 通常会使内核放弃正常的引导过程，进入单用户模式。

如果你想在每次引导的时候都使用这些选项，可以将其硬编码入引导装载程序的配置文件，或是通过引导装载程序的界面动态设置。

在接下来几节中，我们将讨论 GRUB（Linux 中主流的引导装载程序）以及 FreeBSD 所采用的引导装载程序。

2.4 GRUB

由 GNU 项目开发的 GRUB（GRand Unified Boot loader）是大多数 Linux 发行版默认的引导装载程序。GRUB 系列有两个主要分支：原先的 GRUB 现在叫作传统 GRUB（GRUB Legacy）；另一个全新的版本叫作 GRUB 2，这也是目前的标准。一定得知道你自己用的是哪个版本，因为两者的差异非常大。

从 9.10 版本开始，GRUB 2 就已经是 Ubuntu 默认的引导管理工具了，RHEL 7 也将它作为默认选项，我们用到的所有示例 Linux 发行版亦是如此。本书只讨论 GRUB 2，在后续部分我们简称其为 GRUB。

FreeBSD 拥有自己的引导装载程序（2.5 节中会详细讨论）。不过 GRUB 和 FreeBSD 也很搭。如果你打算在单台计算机上引导多个操作系统，这可能会是一个优势。除此之外，FreeBSD 的引导装载程序绝对够用了。

2.4.1 GRUB 配置

可以通过 GRUB 指定各种参数，例如内核引导参数（以 GRUB 菜单项的形式）和引导完成后进入的操作模式。

因为在引导期间需要此类配置信息，你大概认为这些信息是保存在某个不为人熟知的地方，比如系统的 NVRAM 或是保留给引导装载程序的磁盘块。其实 GRUB 理解大多数常用的文件系统，通常能够自己找到根文件系统。这种能力使其可以从普通的文本文件中读取配置信息。

GRUB 的配置文件叫作 grub.cfg，通常位于/boot/grub（在 Red Hat 和 CentOS 中是/boot/grub2），其中还有另外一些资源以及 GRUB 在引导期间需要访问的代码模块[①]。只需要简单地更新 grub.cfg 文件就可以修改引导配置了。

系统驱动程序比较简单。引导装载程序在遍历文件系统时无法处理像挂载点这样的高级特性。/boot 下的所有内容只能是简单的文件或目录。尽管你可以自己动手创建 grub.cfg 文件，不过这项工作通常都是利用 grub-mkconfig 实用工具（在 Red Hat 和 CentOS 中叫作 grub2-mkconfig，在 Debian 和 Ubuntu 中被包装成了 update-grub）来完成的。实际上，大多数发行版都会在内核升级之后自动重新生成 grub.cfg[②]。如果不想办法阻止这种行为，你自己手工编写的 grub.cfg 文件可就完了。

---

① 如果你不熟悉 UNIX 文件系统的约定（详见第 5 章），可能不明白为什么/boot/grub 没有采用更符合标准的命名方式，比如像/var/lib/grub 或/usr/local/etc/grub。原因在于引导期间使用的文件。

② 在 Red Hat 和 CentOS 中由 grubby 负责这项工作。——译者注

grub-mkconfig 在各种发行版中的配置方法不一。不过大多数情况下，都是在/etc/default/grub 中以 shell 变量赋值的形式来指定配置选项。表 2.1 展示了其中一些常用的选项。

表 2.1 /etc/default/grub 中的一些常用 GRUB 配置选项

shell 变量名	内容或功能
GRUB_BACKGROUND	背景图片[a]
GRUB_CMDLINE_LINUX	添加到菜单表项中的 Linux 内核参数[b]
GRUB_DEFAULT	默认菜单项的编号或标题
GRUB_DISABLE_RECOVERY	不生成恢复模式菜单项
GRUB_PRELOAD_MODULES	需要尽早装载的 GRUB 模块列表
GRUB_TIMEOUT	引导菜单在自动引导前显示的时长（秒）

注：a. 背景图片必须是.png、.tga、.jpg、jpeg 格式。

b. 表 2.3 列出了一些可用的选项。

配置好/etc/default/grub 之后，运行 update-grub 或 grub2-mkconfig，将配置转换成相应的 grub.cfg 文件。作为配置构建过程的一部分，这些命令会记录下系统的可引导内核，如果你修改了内核，即便 GRUB 配置没有发生变化，最好还是再运行一次命令。

如果想改变引导菜单中所列出的内核顺序（例如在创建了一个定制内核之后）、设置密码或是修改引导菜单项名称，都需要编辑/etc/grub.d/40_custom 文件。和之前一样，这还是通过执行 undate-grub 或 grub2-mkconfig 来实现。

下面是 Ubuntu 系统中一个调用了定制内核的 40_custom 文件。

```
#!/bin/sh
exec tail -n +3 $0

# This file provides an easy way to add custom menu entries. Just type
# the menu entries you want to add after this comment. Be careful not to
# change the 'exec tail' line above.

menuentry 'My Awesome Kernel' {
    set root='(hd0,msdos1)'
    linux   /awesome_kernel root=UUID=XXX-XXX-XXX ro quiet
    initrd  /initrd.img-awesome_kernel
}
```

在这个例子中，GRUB 从/awesome_kernel 装载内核。内核路径是相对于引导分区的，该分区在之前都是挂载在/boot，但随着 UEFI 的出现，如今的引导分区也可以是一个不挂载的 EFI 系统分区（ESP）。可以使用 gpart show 和 mount 命令检查磁盘，确定引导分区属于哪一种情况。

2.4.2 GRUB 命令行

GRUB 支持使用命令行在引导期间动态编辑配置文件。在出现 GRUB 引导画面时，按下 c 键就可以进入命令行模式。

你可以在命令行中引导没有出现在 grub.cfg 中的操作系统、显示系统信息、执行基本的文件系统检测。grub.cfg 能实现的功能，命令行一样都能搞定。

按下 Tab 键可以输出可用的命令列表。表 2.2 展示了其中一些常用的命令。

表 2.2 GRUB 命令

命令	功能
Boot	用指定的内核镜像引导系统
Help	获取命令的交互式帮助
Linux	加载 Linux 内核
reboot	重新引导系统
search	通过文件、文件系统卷标或 UUID 搜索设备
usb	测试是否支持 USB

GRUB 及其命令行选项的详细信息可以参考 GNU 官方手册。

2.4.3 Linux 内核选项

通常可以利用内核启动选项修改内核参数、要求内核探测特定设备、指定 init 或 systemd 进程的路径、选择特定的根设备（root device）。表 2.3 给出了几个例子。

表 2.3 引导期间的内核选项示例

选项	含义
debug	开启内核调试
init=/bin/bash	只启动 bash shell，可用于紧急恢复
root=/dev/foo	告诉内核将/dev/foo 作为根设备
single	引导进入单用户模式

在引导期间指定的内核选项效果并不会持久。编辑/etc/grub.d/40_custom 或/etc/defaults/grub 中相应的行（变量 GRUB_CMDLINE_LINUX）可以使修改一直有效。

安全补丁、bug 修复、新特性都会定期添加到 Linux 内核中。与其他软件包不同，新内核并不会替换老内核。相反，两者会并存，以便在出现问题时能够回退到旧的内核版本。

这种约定做法有助于管理员在内核补丁给系统造成问题的时候撤销此次升级，同时也意味着引导菜单中会挤满了老版本的内核。如果系统更新后无法引导，可以尝试选择其他版本的内核。

2.5 FreeBSD 引导过程

FreeBSD 的引导系统和 GRUB 很像，两者最终阶段的引导装载程序都采用了基于文件系统的配置文件、支持菜单显示、提供了类似于命令行的交互模式。不管用的是 BIOS 还是 UEFI 引导，最终都要用到装载程序，也算是殊途同归了。

2.5.1 BIOS 路线：boot0

和 GRUB 一样，MBR 的引导块中放不下完整的装载程序环境，要想让装载程序能够扎根并运行在 BIOS 系统中，需要借助一条逐渐复杂的引导链，其中以预备引导装载程序（preliminary boot loaders）作为链条的第一环。

GRUB 将所有的组成部分都纳入到自己的名下，但是在 FreeBSD 中，先期引导装载程序属于一个叫作 boot0 的独立系统，后者仅用于 BIOS 系统中。boot0 有自己的安排，这主要是因为它将引导链的后续部分放在了卷引导记录中（volume boot record ）（参见 2.2.2 节）[①]，而非第一个磁盘分区之前。

因此，MBR 中需要有一个指向分区的指针，这样引导过程才能继续进行。所有这些通常在安装 FreeBSD 时都已经自动设置好了，如果你需要调整配置的话，可以使用 boot0cfg 命令。

2.5.2　UEFI 路线

在 UEFI 系统中，FreeBSD 会创建一个 EFI 系统分区，将引导代码放在该分区中的/boot/bootx64.efi[②]。这是 UEFI 系统在引导期间检查的默认路径（至少在现代 PC 平台上如此），因此除了确保设备引导优先级设置正确外，在固件层面不需要进行其他任何配置。

在默认情况下，FreeBSD 在引导完成之后就不会再继续挂载 EFI 系统分区了。你可以使用 gpart 检查分区表来确认其存在。

```
$ gpart show
=>        40  134217648  ada0  GPT (64G)
          40       1600     1  efi (800K)
        1640  127924664     2  freebsd-ufs (61G)
   127926304    6291383     3  freebsd-swap (3.0G)
   134217687          1        - free -  (512B)
```

如果你好奇 ESP 里面都有些什么内容，可以把它挂载到系统中（使用 mount 命令的-t msdos 选项），其实整个文件系统就是/boot/boot1.efifat 的镜像，里面也没什么用户能用的东西。

如果 ESP 分区遭到损坏或删除，你可以先使用 gpart 建立该分区，然后使用 dd 写入文件系统镜像。

```
$ sudo dd if=/boot/boot1.efifat of=/dev/ada0p1
```

只要第一阶段的 UEFI 引导装载程序找到了类型为 freebsd-ufs[③]的分区，它就会从/boot/loader.efi 中载入 UEFI 版的装载程序。接下来的引导过程就和 BIOS 系统中一样了：装载程序决定要载入的内核、需要设置的内核参数等。

2.5.3　装载程序配置

装载程序实际上是一个脚本环境，采用 Forth 作为脚本语言[④]。一些用于控制装载程序操作的 Forth 代码保存在/boot。因为装载程序本身是作为一种自足程序（self-contained）来设计的，所以你也没必要再去学习 Forth。

Forth 脚本执行/boot/loader.conf 来获取配置变量的值，因此你可以将自定义配置放在此处。不要把这个文件与/boot/defaults/loader.conf 搞混了，该文件中包含的是默认配置，不应该修改。好在 loader.conf 中的变量赋值语法和标准 shell 中的差不多。

引导装载程序操作以及控制其操作的配置变量的各种细节信息都包含在 loader 和 loader.conf 的手册页中。其中一些值得关注的选项包括使用密码保护引导菜单、修改引导画面（splash screen）、传递内核参数。

---

① 卷引导记录简称 VBR，指的是分区的第一个扇区；MBR 指的是硬盘的第一个扇区。——译者注

② 别把 EFI 系统分区中的/boot 目录和 FreeBSD 根文件系统中的/boot 目录搞混了。尽管两者都和引导过程有关，但并不是一回事，作用也各不相同。

③ 在 FreeBSD 10.1 中，已经可以使用 ZFS 作为 UEFI 系统的根分区了。

④ 如果你是一位编程语言历史学家的话，这是一件值得注意，也很有意思的事情；否则就无所谓了。

2.5.4 装载程序命令

装载程序理解各种交互式命令。如果需要定位并加载其他内核，可以使用下列命令。

```
Type '?' for a list of commands, 'help' for more detailed help.
OK ls
/
 d .snap
 d dev
...
d rescue
l home
...
OK unload
OK load /boot/kernel/kernel.old
/boot/kernel/kernel.old text=0xf8f898 data=0x124 ... b077]
OK boot
```

在这里，我们列出了根文件系统中内容（默认操作），卸载了默认内核（/boot/kernel/kernel），然后载入另一个比较旧的内核（/boot/kernel/kernel.old），接着继续引导。

可以使用 man loader 查看所有可用的命令。

2.6 系统管理守护进程

一旦内核被加载并完成了初始化过程，它就会在用户空间创建“自发”（spontaneous）进程。称为自发进程的原因在于其是由内核自主启动的，而在正常情况下，仅在现有进程发出请求时才会创建新进程。

大多数自发进程其实就是内核实现的一部分，在文件系统中未必有对应的程序。它们既不能配置，也无须管理。在 ps 命令的输出中，自发进程的进程 ID 值（PID）较低，进程名两边有中括号（例如 FreeBSD 下的[pagedaemon]或 Linux 下的[kdump]）。

这其中的一个例外就是系统管理守护进程（system management deamon）。它的进程 ID 是 1，通常以 init 为名。系统给 init 赋予了一些特权，但是在大部分时候，它和其他守护进程一样，只是一个用户级的程序。

2.6.1 init 的职责

init 的功能有很多，但其首要任务是确保系统在任何时刻都运行着正确的服务和守护进程。为了实现这个目标，init 定义了系统操作模式的概念。其中一些常用模式包括[①]：

- 单用户模式，在该模式中只挂载最少数量的文件系统，不运行任何服务，在控制台中启动 root shell；
- 多用户模式，在该模式中挂载所有定制的文件系统，启动所有配置好的网络服务以及窗口系统和控制台的图形化登录管理器；
- 服务器模式，类似于多用户模式，除了不启用图形化用户界面。

每种模式都有与之相关的一组系统服务，初始化守护进程负责根据需要启动或停止服务，将系统带入当前指定的操作模式。另外，还有一些标志性任务会在特定模式启用或结束时运行。

举例来说，从引导到进入多用户模式的过程中，init 通常有一堆活儿得干。其中包括：

① 对于这些模式名或描述不要太死扣字眼，我们只是举了几个大多数系统所定义的常用操作模式的例子。

- 设置计算机名；
- 设置时区；
- 使用 fsck 检查磁盘；
- 挂载文件系统；
- 删除/tmp 目录中的陈旧文件；
- 配置网络接口；
- 配置分组过滤器；
- 启动其他守护进程和网络服务。

init 本身基本上对这些任务一无所知。它只是简单地执行一组需要在特定环境下运行的命令或脚本。

2.6.2 init 的实现

目前普遍使用的系统管理方法有 3 种，彼此之间截然不同。

- 一种采用了 AT&T System V UNIX 中如 init 形式，我们称其为“传统 init”。在 systemd 出现之前，这种 init 在 Linux 中占据着主流地位。
- 另一种 init 变体源自 BSD UNIX，应用于包括 FreeBSD、OpenBSD、NetBSD 在内的大部分基于 BSD 的系统中。和 SysV init 一样，这种方式也是久经考验，称之为“传统”亦不为过。为了避免混淆，在此使用“BSD init”来指代。相较于 SysV 形式的 init，这种 init 变体非常简单。在 2.8 节中，我们会对其单独展开讨论。
- 新近的一位竞争对手叫作 systemd，其目标是要一劳永逸地解决所有与守护进程及状态相关的问题。因此，systemd 插手的范围比以往所有的 init 版本都要大得多。这也引发了一些争议，我们随后会细说。尽管如此，本书中涉及的所有 Linux 示例系统现在也都已经采用了 systemd。

尽管这些实现都是当今的主流，但绝非唯一的选择。例如苹果的 macOS，使用的是 launchd。在采用 systemd 之前，Ubuntu 一直采用另一个叫作 Upstart 的现代 init 变体。

在 Linux 系统中，理论上可以使用任何一种你偏好的变体来替换系统默认的 init。但在实践中，如果替换掉作为系统操作根基的 init，很多附加软件有可能因此无法正常工作。如果你实在受不了 systemd，可以选择没有使用它的发行版。

2.6.3 传统 init

在传统 init 的世界中，系统模式（例如单用户或多用户）叫作“运行级”（run level）。大多数运行级都使用单个字母或数字表示。

传统 init 出现在 20 世纪 80 年代早期，反 systemd 阵营的长者们经常引用一个原则：如果没坏，就别修理（If it ain’t broke, don’t fix it）。这其实也说明了传统 init 的确存在一些值得注意的缺点。

首先，传统 init 自身并没有强大到能够满足处理现代系统的需求。采用这种 init 的大部分系统实际上都有一套标准化的、固定不变的 init 配置。该配置指向另一层 shell 脚本，由其负责改变运行级、修改配置。

而第二层脚本中又包括第三层针对特定守护进程和系统的脚本，这些脚本交叉链接（cross-linked）到特定运行级的目录，目录中指明了需要在某运行级下运行的服务。这一切着实是有些煞费苦心，而且也不够美观。

说地更具体些，这种 init 系统缺少一个能够描述服务之间依赖关系的通用模型，因而所有的启动脚本和卸载脚本只能以串行方式运行，由系统管理员负责维护。后面的操作必须等到之前的操作全部结束之后才能执行，所以根本无法实现并行操作，系统需要花费大量的时间来改变状态。

2.6.4 systemd vs. 全世界

在 Linux 圈子中，几乎没有什么问题能比从传统 init 迁移到 systemd 争论得更激烈了。大部分抱怨都集中在 systemd 不断扩张的控制范围。

systemd 吸收了所有那些先前通过胶带、shell 脚本奇技、管理员辛勤汗水所实现的 init 特性，正式形成了一套有关如何配置、访问、管理服务的统一理论。

和包管理系统非常相像的是，systemd 也定义了一个强健的依赖模型，不仅适用于服务之间，还包括各种“目标”（target）（systemd 中表示操作模式的术语，对应于传统 init 的运行级）。systemd 除了以并行方式管理进程，还负责管理网络连接（networkd）、内核日志记录（journald）、用户登录（logind）。

反 systemd 阵营认为 UNIX 的哲学[①]是保持各个系统组成部分的小巧、简单、模块化。像 init 这种基础组件，不应该大一统的控制操作系统如此多的子系统。systemd 在滋生复杂性的同时也引入了安全隐患，模糊了操作系统平台与运行在其上的服务之间的界线。

systemd 亦受到了来自诸多方面的批评，包括给内核强加新标准和职责、自身的代码质量、据传不回应开发者的 bug 报告、基本特性的功能设计、看别人笑话。我们无法在此公平地讨论这些问题，不过你可以到 Internet 上头号反 systemd 网站 without-systemd，仔细阅读其中的 Arguments against systemd 一节。

2.6.5 init 的结局

上面提到的对于 systemd 架构所持的反对意见都在理。systemd 的确暴露出了一个过度工程化的软件项目的大部分缺点。

不过在实践中，很多管理员倒是挺喜欢 systemd，我们自己也是如此。先抛开阵营上的争论，尝试一下 systemd，看看合不合你的胃口。一旦用习惯，你也许就能品味出它的诸多优点了。

起码记住一点：systemd 所取代的传统 init 并非什么国家宝藏。不说别的，单凭 systemd 消除了 Linux 发行版之间一些不必要的差异，就不能说它没有贡献。

这场争论其实已经无关紧要了，大局已定，systemd 笑到了最后。在 Red Hat、Debian、Ubuntu 转换阵营之时，一切都已成定局。至于很多其他的 Linux 发行版，不管是主动为之，还是半推半就、哭天喊地，或是由其上游发行版拍板，如今也都纷纷采用了 systemd。

如果发行版的目标是小型化安装或者用不到 systemd 那些高级的进程管理功能，传统 init 还是有用武之地的。考虑到还有大量压根就蔑视 systemd 的恢复失地运动者（revanchist），一些 Linux 发行版坚持永久保留传统 init，以示抗议。

尽管如此，我们也并不认为值得在本书中详细讨论传统 init。对于 Linux，我们基本上只关注 systemd。幸好 FreeBSD 采用的 init 系统比较简单，2.8 节会对其展开讨论。

2.7 systemd 详解

在系统服务配置及控制方面，Linux 发行版的表现各不相同。systemd 的目标在于实现系统管理方面的标准化，相比前人做出的修改，它的改变将进一步深入到了普通的系统操作。

---

① 就是那句常说的“keep simple, keep stupid”。——译者注

systemd 并非单个守护进程，而是多种程序、守护进程、库、技术以及内核组件的结合。在 systemd 博客上的一篇博文提到，完整构建该项目会生成 69 个不同的库（0pointer.de/blog）。姑且把它当成一顿丰盛的自助餐吧，你也只能照单全收了。

由于 systemd 严重依赖于 Linux 内核的特性，所以它仅适用于 Linux 系统。在今后 5 年内，你都不会看到出现 BSD 或其他 UNIX 变体的移植版。

2.7.1 单元和单元文件

systemd 所管理的实体通常称作单元（unit）。具体来说，一个单元可以是“服务、套接字、设备、挂载点、自动挂载点、交换文件或分区、启动目标、受监视的文件系统路径、由 systemd 控制和监督的计时器、资源管理分片、外部创建的一组进程、进入另一个宇宙的虫洞。”①好了，这只是其中一部分，不过已经不少了。

在 systemd 中，单元的行为由单元文件定义并配置。就服务而言，其单元文件指定了守护进程对应的可执行文件的位置、告诉 systemd 如何启动和停止该服务、声明该服务所依赖的其他单元。

我们很快就会详细探究单元文件的语法，在这里先给出一个取自 Ubuntu 系统的示例文件作为开胃菜。这个单元文件名为 rsync.service，负责处理启动用于文件系统同步的 rsync 守护进程。

```
[Unit]
Description=fast remote fle copy program daemon
ConditionPathExists=/etc/rsyncd.conf

[Service]
ExecStart=/usr/bin/rsync --daemon --no-detach

[Install]
WantedBy=multi-user.target
```

如果你意识到这就是 MS-DOS 所使用的.ini 文件格式，也就不难理解 systemd 极其厌恶者的苦闷了。

单元文件可以出现在多个位置。软件包在安装过程中将/usr/lib/systemd/system 作为存放其单元文件的主要位置，在有些系统中，这个位置是/lib/systemd/system。你可以把目录中的内容视为库存（stock），不要修改其中的内容。本地单元文件以及自定义配置可以放在/etc/systemd/system。除此之外，/run/systemd/system 中的单元目录可以作为过渡单元（transient units）的暂存区。

Systemd 以一种宏观角度（a telescopic view）看待这些目录，所以目录之间都是平等的关系。如果有什么冲突，则/etc 中的文件拥有最高的优先级。

按照惯例，单元文件在命名时会加上一个后缀，这个后缀会根据所配置的单元类型发生变化。例如，服务单元的后缀是.service，计时器单元的后缀是.timer。在单元文件中，有些区块（section）（例如[Unit]）适用于所有单元，而有些区块（例如[Service]）则仅出现在特定单元类型中。

2.7.2 systemctl：管理 systemd

systemctl 是一个通用命令，用于检查 systemd 的状态并修改其配置。和 Git 以及其他一些复杂软件一样，systemctl 的首个参数通常是一个子命令，随后是针对该子命令的参数。子命令本身也可以作为顶层命令，不过出于一致性和清晰性的考虑，将它们一并归于 systemctl。

运行 systemctl 时如果不使用任何参数，会默认调用 list-units 子命令，显示出所有已装载且处于活动状态的服务、套接字、目标、挂载点、设备。如果只想显示服务，使用--type=service 限定

---

① 大部分内容引自 systemd.unit 手册页。

选项。

```
$ systemctl list-units --type=service
UNIT                        LOAD   ACTIVE  SUB     DESCRIPTION
accounts-daemon.service     loaded active  running Accounts Service
...
wpa_supplicant.service      loaded active  running WPA supplicant
```

有时还需要查看所有已安装的单元文件，不管其是否处于活动状态。

```
$ systemctl list-unit-files --type=service
UNIT FILE                          STATE
...
cron.service                       enabled
cryptdisks-early.service           masked
cryptdisks.service                 masked
cups-browsed.service               enabled
cups.service                       disabled
...
wpa_supplicant.service             disabled
x11-common.service                 masked

188 unit files listed.
```

对于作用在特定单元上的子命令（例如 systemctl status），systemctl 可以接受不带单元类型后缀的单元名（例如，不用再写成 cpus.service，直接用 cups 就行了）。但是，可以使用这种简单名称的默认单元类型依据子命令的不同而各异。

表 2.4 中列出了常用到的一些 systemctl 子命令。阅读 systemctl 的手册页可获取完整的子命令列表。

表 2.4　常用的 systemctl 子命令

子命令	功能
list-unit-file *[pattern]*	显示已安装的单元，可以选择匹配指定的 *pattern*
enable *unit*	允许在引导时激活 *unit*
disable *unit*	不允许在引导时激活 *unit*
isolate *target*	将操作模式修改为 *target*
start *unit*	立即激活 *unit*
stop *unit*	立即关闭 *unit*
restart *unit*	立即重启 *unit*（如果 unit 尚未运行，则启动）
status *unit*	显示 *unit* 的状态以及最近的日志条目
kill *pattern*	向匹配 *pattern* 的单元发送信号
reboot	重新引导计算机
daemon-reload	重新装载单元文件和 systemd 配置

2.7.3 单元状态

在上面的 systemctl list-unit-files 命令输出中，我们看到 cups.service 是 disabled 状态。可以使用 systemctl stauts 进一步查看详细信息。

```
$ sudo systemctl status -l cups
cups.service - CUPS Scheduler
   Loaded: loaded (/lib/systemd/system/cups.service; disabled; vendor
```

```
     preset: enabled)
   Active: inactive (dead) since Sat 2016-12-12 00:51:40 MST; 4s ago
     Docs: man:cupsd(8)
 Main PID: 10081 (code=exited, status=0/SUCCESS)

Dec 12 00:44:39 ulsah systemd[1]: Started CUPS Scheduler.
Dec 12 00:44:45 ulsah systemd[1]: Started CUPS Scheduler.
Dec 12 00:51:40 ulsah systemd[1]: Stopping CUPS Scheduler...
Dec 12 00:51:40 ulsah systemd[1]: Stopped CUPS Scheduler.
```

在这里，systemctl 显示出服务当前处于 inactive（dead）状态以及对应的进程是什么时候挂掉的。（就在几秒钟之前，当时我们为了演示，禁止了该服务。）另外还可以从中看出（在 Loaded 区域）该服务在系统启动时默认是 enabled 状态，但目前却是 disabled 状态。

末尾 4 行是最近的日志条目。默认情况下，日志条目会被压缩，使得每条日志只占一行。但这样会丧失可读性，因此我们使用-l 选项要求显示完整的条目。在本例中倒是看不出什么差别，不过应该养成这个好习惯。

表 2.5 中显示了在检查单元时最常遇到的状态。

表 2.5　单元文件状态

状态	含义
bad	systemd 出现问题，通常是因为错误的单元文件
disabled	单元文件存在，但没有设置成自主启动
enabled	已安装且可运行，能够自主启动
indirect	单元文件被禁止，但是其中的 Also 设置列出了其他能够允许的单元文件
linked	单元文件可以通过符号链接使用
masked	完全禁止①
static	依赖于其他单元，不需要安装

enabled 和 disabled 状态仅适用于存放在 systemd 的 system 目录下的单元文件（不能是符号链接），而且这些单元文件中还得有[Install]区块。其实可以将 enabled 状态的单元文件视为“已安装（installed）”，也就是说[Install]区块中的指令都已经执行过了，单元也都已准备完毕，只待激活。在大多数情况下，这种状态会使得单元在系统引导完毕后自动激活。

与此类似，disabled 状态多少有点命名不当，这种状态唯一禁止的就是正常的激活途径。你可以执行 systemctl start 来手动激活 disabled 状态的单元，systemd 不会对此介意。

很多单元并不需要安装，因此也没有真正意义上的允许或禁止，它们本就是可用的。这种单元的状态会显示为 static。要想变成活动状态，只能通过手动激活（systemctl start）或将其指定为其他活动单元的依赖。

状态为 linked 的单元文件是通过 systemctl link 命令创建的。该命令会在 systemd 的 system 目录中创建一个符号链接，指向文件系统中其他位置上的单元文件。这类单元文件可以被命令找到，也可以被指定作为依赖，但是它们并不是 systemd 生态系统中的真正公民，身上有一些出了名的怪癖。例如，在 linked 状态的单元文件上运行 systemctl diable 会删除该链接以及其他所有对其有引用的文件。

可惜 linked 状态的单元文件的准确行为没有详细公开。将本地单元文件放入单独的仓库并将其链接到 systemd，这种方法固然有一定的吸引力，但并非是目前最好的方法。所以还是制作副

① 可看作 disabled 的强化版。——译者注

本吧。

masked 状态意味着“管理性冻结”（administratively blocked）。systemd 知道这些单元，但是 systemctl mask 禁止激活单元或是执行单元配置指令。根据经验，使用 systemctl disable 关闭状态为 enabled 或 linked 的单元，对 static 状态的单元保留 systemctl mask。

回到 cups 服务那个例子，我们可以使用下列命令重新启用并启动该服务。

```
$ sudo systemctl enable cups
Synchronizing state of cups.service with SysV init with /lib/systemd/
    systemd-sysv-install...
Executing /lib/systemd/systemd-sysv-install enable cups
insserv: warning: current start runlevel(s) (empty) of script 'cups'
    overrides LSB defaults (2 3 4 5).
insserv: warning: current stop runlevel(s) (1 2 3 4 5) of script 'cups'
    overrides LSB defaults (1).
Created symlink from /etc/systemd/system/sockets.target.wants/cups.socket
    to /lib/systemd/system/cups.socket.
Created symlink from /etc/systemd/system/multi-user.target.wants/cups.
    path to /lib/systemd/system/cups.path.
$ sudo systemctl start cups
```

2.7.4 目标（target）

单元文件能够以多种方式声明自身与其他单元之间的关系。在 2.7.1 节的例子中，配置项 WantedBy 表示如果系统拥有单元 multi-user.target，在启用当前单元时[①]，multi-user.target 依赖于 rsync.service。

因为单元直接支持依赖管理，所以不需要其他额外机制就可以实现 init 运行级的效果。为了清晰起见，systemd 定义了另外一类单元（.target 类型）作为常见操作模式的一种熟知标记（well-known marker）。除了管理其他单元的依赖关系之外，目标也就没有什么别的特别功能了。

传统 init 定义了至少 7 个数字形式的运行级，但是经常用到的并不多。可能是在历史延续性方面的考虑有所欠缺，systemd 在定义目标时直接模仿了 init 运行级（例如 runlevel0.target），对于常用目标，systemd 也定义了容易记忆的写法，比如 poweroff.target 和 graphical.target。表 2.6 中列出了 init 运行级与 systemd 目标之间的映射关系。

作为日常用途的 multi-user.target 和 graphical.target 以及用于访问单用户模式的 rescue.target，这几个目标尤其需要留意。systemctl isolate 命令可以修改系统的当前操作模式。

```
$ sudo systemctl isolate multi-user.target
```

这个子命令之所以叫作 isolate，是因为它会激活指定的目标及其依赖，同时停止其他单元。

在传统 init 下，telinit 命令可以在系统引导完毕后改变运行级。有些发行版现在将 telinit 定义成 systemctl 命令的符号链接，后者知道如何进行相应的处理。

表 2.6　init 运行级与 systemd 目标之间的映射

运行级	目标	描述
0	poweroff.target	系统挂起
emergency	emergency.target	用于系统恢复的极简 shell（bare-bones shell）
1, s, single	rescue.target	单用户模式
2	multi-user.target[a]	多用户模式（命令行）

① 也就是包含 WantedBy 的单元。——译者注

续表

运行级	目标	描述
3	multi-user.target[a]	能够联网的多用户模式
4	multi-user.target[a]	init 一般不使用该模式
5	graphical.target	能够联网并具备 GUI 的多用户模式
6	reboot.target	重新引导系统

注：a. 默认情况下，multi-user.target 会映射到 runlevel3.target，也就是能够联网的多用户模式。

要想知道系统默认进入哪种目标，可以使用 get-default 子命令。

```
$ systemctl get-default
graphical.target
```

大多数 Linux 发行版会默认进入 graphical.target，不过这种方式并不适合于不需要 GUI 的服务器。修改起来也很简单。

```
$ sudo systemctl set-default multi-user.target
```

systemctl list-units 命令可以查看系统中所有可用的目标。

```
$ systemctl list-units --type=target
```

2.7.5 单元之间的依赖

Linux 软件包一般都自带了单元文件，所以管理员并不需要特别了解整个配置语言。但是他们需要实实在在地搞清楚 systemd 的依赖系统，这样才能够诊断并修复依赖性问题。

首先，并非所有的依赖关系都写在明面上（explicit）。systemd 接管了先前 inetd 的功能，还将该思想扩展到了 D-Bus[①]进程间通信系统领域。也就是说，systemd 知道特定服务会使用哪个网络端口或 IPC 连接，它可以在不启动服务的情况下侦听连接上的请求。如果客户端出现，systemd 只需要启动实际的服务并将连接转交给该服务。因此服务只会在用到时才运行，用不到时就保持休眠。

其次，systemd 对大多数单元的正常行为做出了一些假设。具体的假设视单元类型而定。例如，systemd 认为普通服务属于附加性质（add-on），不应该在系统初始化的早期阶段运行。个别单元可以在其单元文件中使用下列配置取消这种假设。

```
DefaultDependencies=false
```

该配置项的默认值是 true。参考 systemd.unit-type 的手册页来查看应用于各种单元的具体假设（例如，man systemd.service）。

第三种依赖是在单元文件的[Unit]区块中明确声明的。表 2.7 给出了可用的选项。

表 2.7 单元文件的[Unit]一节中明确声明的依赖

选项	含义
Wants	应该尽可能和该单元共同激活，但并不做要求
Requires	严格依赖，只要任何先决条件不满足，就终止服务
Requisite	类似于 Requires，但是必须已经激活
BindsTo	类似于 Requires，但是绑定的更为紧密

① D-Bus 是 Desktop Bus 的缩写，是一种进程间通信（IPC）和远程过程调用（RPC）机制。——译者注

续表

选项	含义
PartOf	类似于 Requires，但是只影响启动与停止
Conflicts	排斥，不能与此类单元共同激活

除了 Conflicts，表 2.7 中的其他选项都传递了这样一种基本思想：所配置的单元都依赖于别的单元。这些选项之间的严格区别很细微，对其感兴趣的主要是服务开发人员。尽可能优先使用限制最少的 Wants。

你可以在/etc/systemd/system 下创建 unit-file.wants 或 unit-file.requires 目录，然后在其中添加指向其他单元文件的符号链接，以此扩展单元的 Wants 或 Require。不过更好的办法是让 systemctl 为你代劳。例如，下列命令会将 my.local.service 指定为标准多用户目标的依赖，确保只要系统进入多用户模式就启动该服务。

```
$ sudo systemctl add-wants multi-user.target my.local.service
```

在大多数情况下，托单元文件中[Install]区块的福，这种临时起意的依赖（ad hoc dependency）都能够自动得到处理。仅在单元被 systemctl enable 命令启用或 systemctl disable 命令禁止时，才会去读取[Install]中所包含的 WantedBy 或 RequiredBy 选项。在启用单元时，这相当于让 systemctl 为所有的 WantedBy 或 RequiredBy 执行 add-wants 或 add-requires 子命令。

[Install]本身并不会影响正常的操作，如果某个应该启动的单元没有启动，看一下该单元是不是没被正确启用，有没有建立符号链接。

2.7.6 执行顺序

你可能会很自然地推测：如果单元 A 严格依赖于（require）单元 B，那么单元 B 应该在单元 A 之前启动或配置。但事实并非如此。在 systemd 中，单元被激活（或停止）的顺序与被激活的单元完全是两个问题。

当系统过渡到一个新状态，systemd 首先会跟踪上一节中所描述的各种依赖信息，识别出会受到影响的单元，然后利用单元文件中的 Before 和 After 配置项对后续的各种工作事项进行排序。对于没有 Before 或 After 限制的单元，完全可以按照并行方式自由调整。

听起来也许令人惊讶，但这确实是一个值得称道的设计特性。systemd 的主要设计目标之一就是促进并行化，除非明确要求，否则单元之间并不会获得串行依赖关系。

在实践中，After 配置项出现的频率通常要高于 Wants 或 Requires。通过目标定义（尤其是 WantedBy 和 RequiredBy 配置项中所描述的反向依赖），可以从整体上建立起每种操作模式下所需运行的服务梗概，单独的安装包只需要关心跟自身有直接关系的依赖就行了。

2.7.7 一个更复杂的单元文件示例

现在来仔细观察几个单元文件中用到的指令（directive）。下面是 Nginx Web 服务器的单元文件 nginx.service。

```
[Unit]
Description=The nginx HTTP and reverse proxy server
After=network.target remote-fs.target nss-lookup.target

[Service]
Type=forking
PIDFile=/run/nginx.pid
ExecStartPre=/usr/bin/rm -f /run/nginx.pid
```

```
ExecStartPre=/usr/sbin/nginx -t
ExecStart=/usr/sbin/nginx
ExecReload=/bin/kill -s HUP $MAINPID
KillMode=process
KillSignal=SIGQUIT
TimeoutStopSec=5
PrivateTmp=true

[Install]
WantedBy=multi-user.target
```

该服务的类型是 forking，意思是当实际的守护进程运行在后台时，就终止启动该服务的进程①。因为 systemd 并不直接启动守护进程，所以守护进程会将自己的 PID（进程 ID）记录在 PIDFile 中，这样 systemd 就知道谁是守护进程了。

以 Exec 开头的配置项指定了在各种情况下运行的命令。ExecStartPre 是需要在服务启动前执行的命令，在本例中有两个这样的命令：一个用来删除已有的 PID 文件，另一个检查 Nginx 配置文件的语法。ExecStart 是启动该服务的命令。ExecReload 告诉 systemd 如何使服务重新读取其配置文件。（systemd 会自动设置好环境变量 MAINPID）

终止服务是通过 KillMode 和 KillSignal 来完成的，在这里表示该服务的守护进程会将 QUIT 信号解读为清理现场并退出。下面这一行也可以实现相同的效果。

```
ExecStop=/bin/kill -s HUP $MAINPID
```

如果守护进程没有在 TimeoutStopSec 指定的时间内终止，systemd 会先发送 TERM 信号，然后再发送无法捕获的 KILL 信号。

PrivateTmp 配置项可以增加安全性。它能够将服务的/tmp 目录放到真正的/tmp 之外的其他地方，由系统进程和用户共享。

2.7.8 本地服务与定制

从上面的例子中可以看出，为自制服务（a home-grown service）创建单元文件并不难。在/usr/lib/systemd/system 中找一个和自己需求接近的例子，修改一下就行了。systemd.service 的手册页给出了全部的服务配置选项。对于各种单元常用的选项，可参阅 systemd.unit 的手册页。

将新的单元文件放入/etc/systemd/system，然后运行下列命令激活[Install]区块中所列出的依赖。

```
$ sudo systemctl enable custom.service
```

原则上只应该编辑自己所写的单元文件。你要做的是在/etc/systemd/system/unit-file.d 下创建一个配置目录，在其中添加一个或多个形如 xxx.conf 的配置文件。文件名中的 xxx 是什么无所谓，只要确保文件后缀是.conf 并将文件放在正确的位置就行了。例如，override.conf 就是一个标准的名字。

.conf 文件的格式和单元文件相同，systemd 实际上会将其与原始单元文件完全混合在一起。但是在设置特定选项值时，覆盖文件（override file）的优先级要高于原始单元文件。

有一点要记住：即便是在单个单元文件中，很多 systemd 选项也可以多次出现。在这种情况下，多个值形成了一个列表且同时都处于有效状态。如果你在 override.conf 文件中设置了一个选项值，该值并不会替换现有的值，而是被加入到列表中。这种处理方式未必合你心意。要想从列表中删除已有项，只需要在设置新值之前给列表分配一个空值就行了。

① 也就是说，如果设置为 Type=forking，由 ExecStart 所启动的进程（父进程）会调用 fork()生成一个子进程，这个子进程将作为该服务的主进程，随后父进程就会退出。——译者注

来看一个例子。假设你的站点将 Nginx 配置文件放在了非标准位置，例如/usr/local/www/nginx.conf。在运行 Nginx 守护进程时需要使用-c /usr/local/www/nginx.conf 选项，这样才能找到正确的配置文件。

你不能将该选项添加到/usr/lib/systemd/system/nginx.service 中，因为只要更新或刷新 Nginx 软件包，这个文件就会被替换掉。应该使用下面的命令序列。

```
$ sudo mkdir /etc/systemd/system/nginx.service.d
$ sudo cat > !$/override.conf ①
[Service]
ExecStart=
ExecStart=/usr/sbin/nginx -c /usr/local/www/nginx.conf
<Control-D>
$ sudo systemctl daemon-reload
$ sudo systemctl restart nginx.service
```

第一个 ExecStart=删除了当前的选项值，接下来的 ExecStart=设置了另一个启动命令。systemctl daemon-reload 可以使 systemd 重新解析单元文件，但它并不会自动重启守护进程，因此还需要明确地使用 systemctl restart 让修改立即生效。

systemctl 现在已经可以直接实现这种经常要用到的命令序列了。

```
$ sudo systemctl edit nginx.service
<edit the override file in the editor>
$ sudo systemctl restart nginx.service
```

如上所示，你还是需要手动重启服务。

关于覆盖文件的最后一件事是：它并不会修改单元文件中的[Install]区块。你所做出的任何改变都会被悄无声息地忽略。直接使用 systemctl add-wants 或 systemctl add-requires 添加依赖就行了。

2.7.9 有关服务与启动控制的注意事项

systemd 影响了系统架构的诸多方面，对于 Linux 发行版的构建团队而言，想将其纳入系统并非易事。目前的发行版基本上就是一个 Frankenstein 系统②：它采纳了 systemd 的大部分内容，但仍和旧的 init 机制保持着些许联系。这些遗留产物有时无法被完全转换。在某些情况下，只能用各种形式的拼凑来促进兼容性。

尽管可以使用，也应该使用 systemctl 管理服务和守护进程，但碰上传统 init 脚本或与其相关的助手命令（helper command）时也不用惊讶。如果你尝试在 CentOS 或 Red Hat 系统中用 systemctl 禁用网络，会产生以下输出。

```
$ sudo systemctl disable network
network.service is not a native service, redirecting to /sbin/chkconfg.
Executing /sbin/chkconfg network off
```

传统 init 脚本在 systemd 系统中经常还能继续发挥作用。例如，在系统初始化或执行 systemctl daemon-reload 命令时，init 脚本/etc/rc.d/init.d/my-old-service 会被自动映射到单元文件 my-old-service.service。Ubuntu 17.04 中的 Apache 2 就是这样一个例子：如果尝试禁用 apache2.service，会产生以下输出。

```
$ sudo systemctl disable apache2
```

① >和!$都是 shell 的元字符。>可以将输出重定向到文件，!$会被扩展成上一个命令行中最后一部分，这样可以避免重复输入。所有 shell 都能够识别这种记法。7.2 节会介绍其他一些方面的 shell 特性。

② Frankenstein（弗兰肯斯坦），玛丽·雪莱在小说《科学怪人》中创作的虚拟角色。现喻指丧失了控制的机构或产物，最终导致了其创建者的毁灭。——译者注

```
Synchronizing state of apache2.service with SysV service script with
    /lib/systemd/systemd-sysv-install.
Executing: /lib/systemd/systemd-sysv-install disable apache2
```

结果如你所愿，只是在实现上走了条弯路。

Red Hat 及其扩展版 CentOS 在引导阶段仍会运行/etc/rc.d/rc.local 脚本（如果其具备可执行权限）[①]。理论上，你可以利用该脚本实现特定站点的调校（site-specific tweak）或是在引导后执行特定任务（post-boot task)。（其实在这时就不该再用这种挖空心思的技巧了，你要做的就是按照 systemd 的方式，创建一组适合的单元文件。）

在 Red Hat 和 CentOS 的一些引导步骤中仍会使用/etc/sysconfig 目录下的配置文件。表 2.8 中列出了这些文件。

表 2.8 Red Hat 中/etc/sysconfig 目录下的文件与子目录

文件或目录	内容
console/	该目录在历史上一直用于定制键位映射
crond	传给守护进程 crond 的参数
init	用于处理启动脚本信息的配置文件
iptables-config	装载其他 iptables 模块，例如 NAT 助手
network-scripts/	附属脚本和网络配置文件
nfs	可选的 RPC 和 NFS 参数
ntpd	ntpd 的命令行参数
selinux	指向/etc/selinux/config 的符号链接[a]

注：a. 为 SELinux 设置参数或是允许将其完全禁用。参考 3.4.2 节。

表 2.8 中有几项值得多说两句。

- network-script 还包括其他一些与网络配置相关的内容。其中唯一你可能需要修改的就是名为 ifcfg-interface 的文件。例如，network-script/ifcfg-eth0 中含有网络接口 eth0 的配置信息，可用于设置 IP 地址和其他联网参数。有关配置网络接口的详情可参阅 13.10.3 节和 13.10.4 节。
- iptables-config 文件其实并不允许你修改 iptables（防火墙）规则。它只是提供了一种装载模块的方法，比如网络地址转换（NAT）模块（如果你打算转发分组或是将系统作为路由器使用)。有关 iptables 的配置详情可参阅 13.14 节。

2.7.10 systemd 日志

捕获内核生成的日志从来都不是件容易的事。这一点随着虚拟化和云系统的出现变得愈发重要，因为已经不可能只是站在系统控制台前就可以观察到系统的运行状况。极为关键的诊断信息经常就这样没了。

systemd 利用一个统一的日志框架（universal logging framework）来缓解这个问题，该框架包含了从引导初期到最终关机期间内核与服务的全部消息。这套机制叫作日志管理（the journal)，由 journald 守护进程负责。

journald 将捕获的系统消息保存在目录/run 中。rsyslog 能够处理这些消息并将其存储在传统日志文件或是转发到远程 syslog 服务器。你也可以使用 journalctl 命令直接访问这些日志。

① sudo chmod +x /etc/rc.d/rc.local 可以确保为该文件设置可执行权限。

如果不使用参数，journalctl 会显示出所有的日志项。

```
$ journalctl
-- Logs begin at Fri 2016-02-26 15:01:25 UTC, end at Fri 2016-02-26
   15:05:16 UTC. --
Feb 26 15:01:25 ubuntu systemd-journal[285]: Runtime journal is using
   4.6M (max allowed 37.0M, t
Feb 26 15:01:25 ubuntu systemd-journal[285]: Runtime journal is using
   4.6M (max allowed 37.0M, t
Feb 26 15:01:25 ubuntu kernel: Initializing cgroup subsys cpuset
Feb 26 15:01:25 ubuntu kernel: Initializing cgroup subsys cpu
Feb 26 15:01:25 ubuntu kernel: Linux version 3.19.0-43-generic (buildd@
   lcy01-02) (gcc version 4.
Feb 26 15:01:25 ubuntu kernel: Command line: BOOT_IMAGE=/boot/vmlinuz-
   3.19.0-43-generic root=UUI
Feb 26 15:01:25 ubuntu kernel: KERNEL supported cpus:
Feb 26 15:01:25 ubuntu kernel: Intel GenuineIntel
...
```

通过配置，journald 可以保存之前的引导消息。这需要编辑/etc/systemd/journald.conf 文件，配置其中的 Storage 属性。

```
[Journal]
Storage=persistent
```

配置好之后，就可以使用下列命令获得之前的引导列表了。

```
$ journalctl --list-boots
-1 a73415fade0e4e7f4bea60913883d180dc Fri 2016-02-26 15:01:25 UTC
   Fri 2016-02-26 15:05:16 UTC
0 0c563fa3830047ecaa2d2b053d4e661d Fri 2016-02-26 15:11:03 UTC Fri
   2016-02-26 15:12:28 UTC
```

你可以通过索引或长格式 ID 来读取某一次的引导消息。

```
$ journalctl -b -1
$ journalctl -b a73415fade0e4e7f4bea60913883d180dc
```

选项-u 可以限制只记录特定单元的日志。

```
$ journalctl -u ntp
-- Logs begin at Fri 2016-02-26 15:11:03 UTC, end at Fri 2016-02-26
   15:26:07 UTC. --
Feb 26 15:11:07 ub-test-1 systemd[1]: Stopped LSB: Start NTP daemon.
Feb 26 15:11:08 ub-test-1 systemd[1]: Starting LSB: Start NTP daemon...
Feb 26 15:11:08 ub-test-1 ntp[761]: * Starting NTP server ntpd
...
```

在第 10 章会更为详细地介绍系统日志。

2.8 FreeBSD init 与启动脚本

FreeBSD 采用了 BSD 风格的 init，这种 init 并不支持运行级的概念。FreeBSD 的 init 只需要执行/etc/rc 就可以将系统带入完全引导状态。这是一个 shell 脚本，不要去直接修改。rc 系统为管理员和软件包实现了一些标准化方法，可用于扩展启动系统以及修改配置。

/etc/rc 基本上就是一个包装程序，负责执行其他启动脚本，这些脚本大多数位于/usr/local/etc/rc.d 和/etc/rc.d。在此之前，rc 要先执行 3 个包含系统配置信息的文件。

- /etc/defaults/config。
- /etc/rc.conf。

- /etc/rc.conf.local。

这些文件本身都是脚本，不过通常包含的都只是shell变量定义。启动脚本然后会检查这些变量以确定该如何操作。（/etc/rc利用了一些shell技巧来确保文件中的变量全局可见。）

/etc/defaults/rc.conf列出了所有的配置变量及其默认设置。千万不要编辑这个文件，以免做出的改动被启动脚本在下次系统更新时重写掉。正确的做法是在/etc/rc.conf或/etc/rc.conf.local中重新设置变量，覆盖其默认值。rc.conf的手册页给出了一份全面的变量列表。

理论上，rc.conf文件可以通过设置local_startup变量的值来指定其他用于查找启动脚本的目录。该变量的默认值是/usr/local/etc/rc.d，我们建议不进行任何修改[①]。

/etc/rc.d中包含了很多不同的启动脚本，其数量单是在标准安装中就已经超过了150个。rcorder命令会读取这些脚本，从中查找以标准化方式编码好的依赖信息，/etc/rc则根据由此计算出的顺序依次执行脚本。

普通服务的FreeBSD启动脚本非常简单直观。例如，sshd启动脚本的起始部分如下。

```
#!/bin/sh
# PROVIDE: sshd
# REQUIRE: LOGIN FILESYSTEMS
# KEYWORD: shutdown
. /etc/rc.subr
name="sshd"
rcvar="sshd_enable"
command="/usr/sbin/${name}"
...
```

rcvar变量中包含的是应该定义在其中某个rc.conf脚本中的变量名，在本例中，这个名字是sshd_enable。如果你希望在引导时自动运行sshd（真正的守护进程，非启动脚本。两者的名字都是sshd），将下面这行加入到/etc/rc.conf中。

```
sshd_enable="YES"
```

如果该变量被设为NO或是将其注释掉，sshd脚本就不会启动相应的守护进程，或是在系统关闭时检查守护进程是否该被停止。

service命令为FreeBSD的rd.d系统提供了一个实时接口[②]。如果要手动停止sshd服务，可以执行下列命令。

```
$ sudo service sshd stop
```

注意，这种方法仅在/etc/rc.conf文件启用了该服务的情况下才有效。如果没有启用服务，可以根据需要使用子命令onestop、onestart或onerestart。（不过service还是挺贴心的，会在必要的时候提示你。）

2.9 重新引导与关机

UNIX与Linux主机在历史上一直对于关机方式这件事比较在意。不过现代系统已经不那么敏感了，尤其是在使用了一套强健的文件系统的情况下，但有可能的话，稳妥地关机总不是件坏事。

面向消费者的操作系统昔日教导很多系统管理员将重新引导系统作为排错的第一步。作为在过去形成的一种因地制宜的习惯，这种做法在如今更多地只是浪费时间并造成服务中断。把注意

① 在进行本地化定制时，你可以选择在/usr/local/etc/rc.d中创建标准的rc.d风格的脚本，也可以编辑系统范围的/etc/rc.local脚本。推荐采用前者。

② FreeBSD中的service版本源自Linux下的service命令，后者用于处理传统init服务。

力放在鉴别问题根源上，你也许会发现重新引导的次数少了很多。

也就是说，最好在修改了启动脚本或是做出了重大的配置变更之后重新引导。这样是为了确保系统能够成功引导。如果你在几周之后才发现当初惹了麻烦，估计也不大可能清晰地记得最近究竟做出过哪些修改了。

2.9.1 关闭实体系统

halt 命令会执行关闭系统所必需的操作。该命令会将关机事件写入日志、杀死不必要的进程、将已缓存的文件系统块写回磁盘，然后挂起内核。在大多数系统中，halt -p 会最后切断系统电源。

reboot 基本上和 halt 一样，只不过它所做的是重新引导系统。

shutdown 命令建立在 halt 和 reboot 之上，它能够实现定时关机以及向登录用户发出警告。该命令的历史可以追溯到分时共享时代，现在差不多已经过时了。和 halt 或 reboot 相比，shutdown 没有什么更多的技术价值，如果你用的不是多用户系统，就放心地忽略它吧。

2.9.2 关闭云系统

不管是通过服务器（使用之前介绍的 halt 或 reboot 命令）还是云供应商提供的 Web 控制台（或能够实现相同功能的 API），都能够实现云系统的挂起或重启。

一般而言，云控制台中的停用（powering down）就类似于关闭电源（turning off the power）。如果虚拟服务器自己能够关机（shutdown）自然是好事，但万一其失去响应的话，从控制台中杀死该虚拟服务器就行了。要不还能怎么办？

不管是哪种方法，确保弄清楚云供应商所谓的关机意味着什么。如果你想做的只是重新引导，结果却把系统给搞砸了，这可就难堪了。

在 AWS 系统中，Stop 和 Reboot 操作和你所想的并不一样。Terminate 会停用指定的实例并将其从配置清单中删除。如果底层的存储设备被设置为“delete on termination”（在停用时删除），不仅实例会被销毁，就连根磁盘（root disk）上的数据也保不住。如果这正是你想要的结果，那自然是皆大欢喜。要是觉得不合心意，可以启用“termination protection”（停用保护）。

2.10 系统无法引导的应对策略

从设备故障到内核升级失败，导致系统无法引导的原因千奇百怪。解决方法基本上有 3 种，大体按照可取性的顺序排列：

- 不调试，只是将系统恢复到已知的良好状态；
- 使系统足以运行一个 shell，然后进行交互式调试；
- 引导另一个系统镜像，挂载故障系统的文件系统并以此展开检查。

云端最常用的就是第一种方法，不过对于物理服务器也管用，只要你能够访问到整个引导盘的近期镜像。如果站点备份了文件系统，恢复整个系统可能会得不偿失。我们会在 2.10.4 节讨论如何恢复整个系统。

剩下的两种方法重点在于设法进入系统，找出问题所在，然后采取必要的手段。引导故障系统进入 shell 是目前为止更为可取的方法，但如果问题发生在引导阶段的一开始，这种法子可能就不好使了。

“引导到 shell”（boot to shell）这种做法通常叫作单用户模式或救援模式。采用了 systemd 的系统甚至还有紧急模式（emergency mode）这种更为原始的方法，这种模式与单用户模式相仿，但是在启动 shell 之前会做极少的准备工作。

因为单用户模式、救援模式和紧急模式都不配置网络或启动网络相关的服务，一般需要你亲自动手，利用控制台完成网络配置。因此，单用户模式通常在云托管（cloud-hosted）系统中无法使用。我们会在2.10.4节讲到一些可用于恢复受损的云端镜像的方法。

2.10.1 单用户模式

单用户模式（在采用了systemd的系统中叫作rescue.target）只启动了最小数量的进程、守护进程和服务。根文件系统会被挂载（大多数情况下还包括/usr），但并不初始化网络。

在引导期间，你可以通过引导装载程序的命令行解释器传递内核参数（通常是single或-s）来请求进入单用户模式。有时候，单用户模式可能已经作为引导菜单选项被自动设置好了。

如果系统处于运行状态，你可以使用shutdown（FreeBSD）、telinit（传统init）或systemctl（systemd）命令将其带入单用户模式。

在启动单用户的root shell之前，正常的系统都会提示输入root密码。不幸的是，这实际上意味着不可能通过单用户模式重置遗忘的root密码。如果想重置密码，你只能通过其他引导设备来访问磁盘。

在单用户shell中执行命令和在完全引导的系统中差不多。只是有时仅挂载了根分区，必须手动挂载其他文件系统才能使用不在/bin、/sbin或/etc下的程序。

你可以通过查看/etc/fstab找出可用的文件系统。在Linux下，fdisk -l（字母L的小写形式）命令能够列出本地系统的磁盘分区。FreeBSD下类似的操作是先执行camcontrol devlist找出磁盘设备，然后对所有磁盘执行fdisk -s device。

在很多单用户环境中，文件系统的根目录一开始就是以只读模式挂载的。如果/etc是根文件系统的一部分（通常如此），则无法编辑任何重要的配置文件。要解决这个问题，必须在单用户会话中以读/写模式重新挂载。在Linux下，使用下列命令来实现。

```
# mount -o rw,remount /
```

在FreeBSD系统中，重复执行现有的挂载也可以实现remount选项的效果，不过需要明确指定源设备。例如：

```
# mount -o rw /dev/gpt/rootfs /
```

Red Hat和CentOS的单用户模式比正常的要略为激进。系统会在显示shell提示符之前尝试挂载所有的本地文件系统。尽管这种默认行为通常的确有用，但如果文件系统有问题的话，可就麻烦了。这时可以在引导装载程序（一般是GRUB）中添加内核参数systemd.unit=emergency.target，引导系统进入紧急模式。在该模式下，不挂载任何本地文件系统，仅启动少数必需的服务。

fsck命令会在正常的引导过程中检查并修复文件系统。取决于根文件系统的类型，你可能需要在进入单用户或紧急模式时手动执行fsck。关于fsck的更多细节可参考20.10.4节。

单用户模式仅仅是正常引导流程中的一步而已，你可以使用exit或<Control-D>终止单用户shell，继续执行余下的引导步骤。也可以在提示密码时键入<Control-D>，完全绕过单用户模式。

2.10.2 FreeBSD中的单用户模式

FreeBSD在引导菜单中就包含有单用户选项。

```
1. Boot Multi User [Enter]
2. Boot Single User
3. Escape to loader prompt
4. Reboot

Options
5. Kernel: default/kernel (1 of 2)
6. Configure Boot Options...
```

FreeBSD 的单用户模式有一个不错的特性，它会询问你使用哪个程序作为 shell。按<Enter>表示选用/bin/sh。

如果选择了选项 3：Escape to loader prompt，你会被带入到一个引导期间的命令行环境，这是由 FreeBSD 最终阶段的引导装载程序 loader 所实现的。

2.10.3 GRUB 的单用户环境

在使用了 systemd 的系统中，在已有的 Linux 内核项末尾加上 systemd.unit=rescue.target 就可以进入救援模式。出现 GRUB 启动画面时，选中需要的内核并按下 e 键，编辑引导选项。对于紧急模式，与此类似，只需要添加 systemd.unit=emergency.target 就行了。

下面给出了一个典型的配置示例。

```
linux16 /vmlinuz-3.10.0-229.el7.x86_64 root=/dev/mapper/rhel_rhel-root
    ro crashkernel=auto rd.lvm.lv=rhel_rhel/swap rd.lvm.lv=rhel_rhel/root
    rhgb quiet LANG=en_US.UTF-8 systemd.unit=rescue.target
```

修改完成后，按下<Control-X>启动系统。

2.10.4 云系统恢复

由于云系统的天性，在出现引导故障时，你就别想着接上显示器或是插入 U 盘来解决了。云供应商也在竭尽所能促进问题的解决，但这些基本的限制仍旧存在。

备份对于所有系统都是必不可少的，但就云服务器而言，生成快照尤其容易。备份是要额外掏钱的，不过也不贵。别多虑了，放手制作快照吧，这样你就总能找到合适的系统镜像，在短时间内完成回退操作。

从哲学的角度来看，如果云服务器需要调试引导阶段故障，你就有可能出岔子。宠物和物理服务器出毛病的时候都要接受兽医的照看，但牛的结局就是安乐死[①]（Pets and physical servers receive veterinary care when they're sick, but cattle get euthanized.）。你的云服务器就像是牛，如果出现问题，就用正常的备份将其替换掉。接纳这种方法不仅有助于避免致命性故障，还能够促进规模调整以及系统迁移。

也就是说，恢复云系统或设备是少不了的，因此我们接下来会简要讨论这一过程。

在 AWS 中不存在单用户模式和紧急模式。但 EC2 的文件系统可以挂接（attached）到其他使用了弹性块存储（Elastic Block Storage，EBS）设备的虚拟服务器中。对于大多数 EC2 实例而言均是如此，可以在需要时采用这种方法。在概念上，这就像是从 USB 设备引导，然后你就可以在实体系统的引导盘上随意浏览了。

具体做法如下。

（1）在与故障实例相同的可用区（availability zone）中运行一个新实例。这个恢复实例

① 这句话的意思是说物理服务器和宠物一样，如同家庭的一员，生了病或出了问题，总是想着赶紧医治；但云服务器却和家畜一样，仅仅是一种工具，并没有感情联系，因此出了问题就叫它自生自灭好了。——译者注

（recovery instance）最好运行自同一个基础镜像（base image），使用和故障系统一样的实例类型。

（2）停止故障实例。（但注意不要选择 terminate[①]，否则会删除引导盘镜像。）

（3）使用 AWS Web 控制台或 CLI，将卷从故障系统分离（detach），然后挂接其到恢复实例。

（4）登录到恢复系统。创建挂载点并挂载卷，接着执行必要的修复操作。然后卸载该卷。（不会卸载？只要确保当前没有位于卷内就行了。）

（5）在 AWS 控制台中，将卷从恢复实例中分离，然后重新把它挂接到故障系统。启动故障实例，祈祷一切顺利吧。

DigitalOcean 的 Droplets[②]提供了具备 VNC 功能的控制台，而且可以通过 Web 访问，只是该 Web 应用在有些浏览器中不太好用。DigitalOcean 不像 Amazon 那样能够将存储设备脱离并迁移到恢复系统中。不过大多数系统镜像都可以从其他恢复内核（recovery kernel）[③]中引导。

要访问恢复内核，先切断 Droplet 的电源，然后挂载恢复内核并重新引导。如果一切顺利，就可以从虚拟终端中进入类似于单用户的模式。

Google Compute Engine（GCP，Google 计算引擎）实例中的引导问题首先应该检查该实例的串口信息。

```
$ gcloud compute instances get-serial-port-output instance
```

通过 GCP Web 控制台也可以查看同样的信息。

Google Compute Engine 同样提供了类似于上面所描述的 AWS 中的磁盘恢复处理。你可以使用 CLI 从故障实例中删除磁盘，然后引导另一个新实例，将该磁盘作为附加文件系统挂载。接下来再执行文件系统检查，修改引导参数，选择必要的新内核。Google 在 Google 云网站中详尽地描述了这一过程。

---

① 参见 2.9.2 节。——译者注

② Droplets 是 DigitalOcean 推出的云服务器。——译者注

③ 所有的现代发行版中都无法使用恢复内核。如果你运行的是近期发行版，recovery 标签会提示你“The kernel for this Droplet is managed internally and cannot be changed from the control panel”（该 Droplet 的内核由内部管理，无法从控制面板中更改），你需要给 DigitalOcean 提交一份支持工单（support ticket），请求为你的实例设置恢复镜像（recovery ISO），以便继续执行恢复操作。

第 3 章 访问控制与超级权限

本章的主题是“访问控制”和“安全”不同，我们在此关注的是内核及其委托（delegate）在制订安全决策时涉及的机制细节。第 27 章讨论了“如何设置系统或网络来将未许可访问降到最低”这类更为一般的问题。

访问控制是一个活跃的研究领域，长期以来也一直是操作系统设计的主要挑战之一。在过去 10 年间，UNIX 和 Linux 见识了该领域中如寒武纪生命大爆发一般出现的各种新选项。这种现象背后的主要驱动力之一就是各种内核 API 的出现，使得第三方模块能够增强或替换传统的 UNIX 访问控制系统。这种模块化的方法催生出了各种新的前沿应用，访问控制如今就像 UNIX 其他方面一样，充满了变化与新的尝试。

尽管如此，传统系统沿用的仍旧是 UNIX 和 Linux 标准，这对于大部分安装已经足够了。即便是那些勇于尝试新事物的管理员，全面了解基础知识也是必不可少的。

3.1 标准 UNIX 访问控制

数十年来，标准 UNIX 访问控制模型大体上没有变过。加上少数增强功能，它仍然是通用发行版的默认选择。这种方法遵循了以下几点原则。

- 访问控制决策依赖于执行操作的用户，在某些情况下依赖于用户的 UNIX 组成员关系。
- 对象（例如文件和进程）都有属主。属主对于其对象拥有广泛的控制权（但未必是不受限制的）。
- 你创建的对象属于你自己。
- 特殊用户 root 可以视为所有对象的属主。

- 只有 root 用户才能执行某些敏感的管理操作。①

某些系统调用（例如 settimeofday）仅限于 root 使用，其实现只是简单地检查当前用户的身份，如果非 root 用户，则拒绝操作。其他系统调用（例如 kill）采用的是另一种实现方法，涉及所有权匹配以及对 root 用户的特殊处理。最后，文件系统配合内核的 VFS 层也拥有了自己的访问控制系统，比起内核中其他的访问控制要更为复杂。例如，文件系统利用了 UNIX 组来实现访问控制。

内核与文件系统之间的紧密关联把事情搞得更复杂了。例如，多数设备的控制和通信都是通过/dev 下的设备文件完成的。因为设备文件属于文件系统对象，所以就要服从文件系统的访问控制语义。内核利用这一点作为设备访问控制的主要手段。

3.1.1 文件系统访问控制

在标准模型中，每个文件都有属主和组，后者有时也称为“属组”（group owner）。属主可以设置文件的权限。更重要的是，属主能够将权限严格设为其他人都无权访问。我们会在第 5 章详细讨论文件权限。

尽管文件属主总是单个用户，但属组可以是多个用户，只要这些用户都属于某个组。组在传统上都定义在文件/etc/group 中，但如今这些信息通常都保存在网络数据库系统（例如 LDAP），详细信息参见第 15 章。

文件属主可以指定属组成员能够对文件执行何种操作。这种方案使得文件得以在同一项目的成员之间共享。

ls-l 命令会显示出文件的所有权。

```
$ ls -l ~garth/todo
-rw-r-----  1  garth  staff  1259  May  29  19:55  /Users/garth/todo
```

该文件属于用户 garth 和组 staff。第一列中的字母和连字符是文件权限的符号表示。5.5.4 节详细讲解了如何解读此类信息。在本例中，这表示 garth 能够读写该文件，staff 组成员只能读该文件。

内核和文件系统以数字形式跟踪属主及组，它们并不使用文本名称。在最基本的情况下，用户标识号（User Identification Number，UID）会在/etc/passwd 文件中被映射为用户名，组标识号（Group Identification Number，GID）会在/etc/group 文件中被映射为组名（第 17 章中描述了一些更复杂的选项）。

UID 和 GID 所对应的文本名仅仅是为了方便系统的人类用户（human user）使用。如果命令（例如 ls）需要以人类可读的格式显示所有权信息，必须在相应的文件或数据库中查找每个名字。

3.1.2 进程所有权

进程的属主可以向该进程发送信号（见 4.2.1 节），还可以减小（降低）该进程的调度优先级。进程实际上有多个与之关联的标识：一个真实的（real）UID、一个有效的（effective）UID、一个已保存的（saved）UID；一个真实的（real）GID、一个有效的（effective）UID、一个已保存的（saved）UID；②在 Linux 下，还有一个仅用于决定文件访问权限的“文件系统 UID”。概括来说，real UID/GID 用于记账（accounting）（现在差不多已经不再使用了），effective UID/GID 用于

---

① 记住，我们在这里描述的是访问控制系统最初的设计。如今这些结论并非全部正确。例如，承担了相应能力（capabilities）（见 3.3.5 节）的 Linux 进程就可以执行某些之前只能由 root 完成的操作。

② 考虑到译文的清晰性，以后在涉及这 6 种权限时，全部都采用英文原文。——译者注

决定访问权限。real 权限和 effective 权限通常都是相同的。

saved UID/GID 就像是那些目前尚未用到，但以备进程使用的 ID 的停车位（parking spot）。这类 ID 使得程序能够重复进入和离开特权操作模式，降低了误操作的风险。

文件系统 UID 一般是作为网络文件系统（Network File System，NFS）的实现细节来讲解的，通常和 effective UID 一样。

3.1.3 root 账户

root 账户是 UNIX 中全能的管理用户。该账户也叫作超级用户账户（superuser account），尽管其真正的用户名是 root。

root 账户的决定性特征是其 UID 为 0。你完全可以修改该账户的用户名，也可以创建其他 UID 为 0 的账户，不过这可都不是什么好主意。[①]这样的修改有可能无意中破坏系统的安全性。当其他人不得不同这种奇怪的系统配置方式打交道时，也会产生困惑。

传统 UNIX 允许超级用户（也就是 effective UID 为 0 的任何进程）对所有文件和进程执行任何正当（valid）的操作。[②]

下面就是一些受限操作：

- 创建设备文件；
- 设置系统时钟；
- 提高资源使用限额以及进程优先级；
- 设置系统主机名；
- 配置网络接口；
- 打开特权网络端口（编号小于 1 024 的端口）；
- 关闭系统。

能够展现超级用户威力的一个例子就是：root 能够改变自己所拥有进程的 UID 和 GID。login 程序及其 GUI 版本就是一个实例。这个在你登录系统时提示输入密码的进程一开始就是以 root 身份运行的。如果你输入的用户名和密码没有问题，登录程序会将自己的 UID 和 GID 更改为你所输入用户的 UID 和 GID，然后启动相应的 shell 或 GUI 环境。一旦 root 进程更改了其所有权，变成了一个普通的用户进程，它就再也无法返回到之前的特权状态了。

3.1.4 setuid 和 setgid

传统 UNIX 访问控制包括一套由内核和文件系统配合实现的身份替换系统（identity substitution system）。该方案允许特别标注的可执行文件在运行时提升权限（通常是以 root 权限）。这样就可以让开发人员和管理员为非特权用户设计出一种结构化的方法来执行特权操作。

如果内核运行的可执行文件设置了 setuid 或 setgid 权限位，它会将对应进程的 effective UID 或 GID 更改为该可执行文件（包含程序镜像）的 UID 或 GID，而不是使用运行该命令的用户的 UID 或 GID。因此用户权限仅在执行特定命令时才提升。

例如，用户必须能够修改自己的密码。但是因为密码被保存在受保护的/etc/master.passwd 或/etc/passwd 文件中（传统上），所以需要使用设置过 setuid 的 passwd 命令来调解这种矛盾，实现该文件的访问。passwd 命令会检查命令是谁执行的并据此调整行为：用户只能修改自己的密码，root 可以修改任何密码。

---

① 我们忠实的技术评审之一 Jennine Townsend 这样说过：“我甚至都害怕提及这种不良做法会刺激到某些人的好奇心！”。

② 这里的关键词是“正当”。某些操作（例如执行未设置执行权限的文件）对于超级用户也是禁止的。

设置过 setuid 的程序，尤其是那些在运行时提权到 root 的程序，有可能会出现安全问题。和系统一并发行的 setuid 命令在理论上是安全的，但是安全漏洞绝非不存在，以前有过，以后也会有。

减少 setuid 问题的最稳妥的办法就是尽可能降低 setuid 程序的数量。在安装需要 setuid 权限的软件之前要三思而行，别在自制的软件上设置 setuid。不要在那些设计时没有明确考虑过 setuid 相关事宜的程序上使用 setuid。

通过指定 mount 命令的 nosuid 选项，就可以在特定的文件系统上禁止执行 setuid 和 setgid 程序。对于包含用户主目录或是从不足以完全信任的管理域中挂载的文件系统，使用该选项是个不错的主意。

3.2 管理 root 账户

系统管理免不了要用到 root，同时它也是系统安全的关键所在。因此，root 账户的正确管理是一项重要的技能。

3.2.1 root 账户登录

root 无非就是另一个用户而已，大多数系统允许直接以 root 账户登录。不过这可不是个好主意，所以 Ubuntu 默认是禁止这种做法的。

首先，使用 root 登录不会留下任何操作记录。当你凌晨三点发现自己昨晚上出了差错，但是死活想不起来究竟修改过什么，那可真够呛了。如果是非授权访问，需要找出入侵者对系统做了什么手脚时，就更是雪上加霜。使用 root 登录的另一个问题在于无法记录执行操作的主体是谁。如果不止一个人以 root 身份访问，你根本分不清是究竟是谁在什么时候登录的。

因此，除系统控制台之外，多数系统都允许禁止 root 通过终端、窗口系统以及网络途径登录。建议启用这些特性。请参阅 17.3.4 节了解如何在特定系统中实现此类策略。

如果 root 设置了密码（在没有禁用 root 账户的情况下，参阅 3.2.4 节），该密码必须具有足够的强度。27.4 节讨论了有关密码选择方面的一些话题。

3.2.2 su：替换用户身份

一种访问 root 账户较好的方式是使用 su 命令。如果调用该命令时不加参数，su 会提示输入 root 密码，然后启动一个 root shell。root 权限会一直持续到 shell 退出（按下<Control-D>组合键或输入 exit 命令）。su 不会记录 root 执行过的命令，但是会创建一条日志，记录谁在什么时候替换成 root。

su 命令也可以替换成其他用户身份。有时候，重现或调试用户故障的唯一方法就是使用 su 变成该用户，这样才能还原问题场景。

如果你知道别人的密码，可以执行 su - username 直接访问其账户。就像替换成 root 一样，也需要输入 username 的密码。选项-（连字符）可以使 su 生成登录 shell（shell in login mode）。

登录 shell 的具体表现视 shell 的种类而异，但其在启动时所读取的文件或者文件数量通常会有变化。例如，bash 如果作为登录 shell，会读取~/.bash_profile；作为非登录 shell，会读取~/.bashrc。在诊断用户所碰到的问题时，通过启动登录 shell，有助于尽可能忠实地再现用户的登录环境。

在某些系统中，root 密码允许 su 或 login 命令使用任何用户登录。在另外一些系统中，你必须先明确地使用 su 替换成 root，然后才能再用 su 切换到其他用户（这时候 root 无须输入任何密码）。

使用 su 时，要养成输入命令完整路径的习惯（例如/bin/su 或/usr/bin/su），不要依赖 shell 帮助你查找命令。这种警惕性多少能够帮助你避开那些打着 su 的旗号，偷偷安插到 shell 搜索路径、企图窃取密码的恶意程序。[①]

在多数系统中，要想使用 su，你必须是 wheel 组的成员。

我们认为 su 在很大程度上可以被下一节要介绍的 sudo 所替代。su 最好还是用作不时之需。如果 sudo 出现损坏或误配置的情况，也可以把 su 拉出来救急。

3.2.3 sudo：受限版的 su

如果不采用 3.4 节中描述的某种高级访问控制系统，在不给予用户充分的系统使用权的情况下，很难让他再去执行别的任务（例如备份）。如果多名管理员都是用 root 账户，你无法清楚地知道究竟谁用了 root 或是用 root 做了什么。

对于该问题，最广泛采用的解决方案是使用一个叫作 sudo 的程序，该程序目前由 Todd Miller 负责维护。它可以运行在本书中所有的示例系统上，从 sudo 官网处可以获得其源代码。推荐使用 sudo 作为访问 root 账户的主要方式。

sudo 以 root 身份（或是其他受限用户）执行以参数形式出现的命令行。它会去查询文件 /etc/sudoers（在 FreeBSD 上是/usr/local/etc/sudoers），该文件中列出了被授权使用 sudo 的用户以及被允许在每台主机上运行的命令。如果允许执行给出的命令，sudo 会提示输入相应用户的密码并执行该命令。

随后的 sudo 命令不需要输入密码就可以执行，除非在 5 分钟内（该时长可以配置）没有用过 sudo。这种超时机制作为一种适度的保护手段，是为了避免拥有 sudo 权限的用户有事离开终端所造成的安全隐患。

sudo 保留了一份日志，其中包括：所运行过的命令、在哪台主机上运行的、是谁运行的、运行时所在的目录以及是什么时候运行的。这些信息会由 syslog 记录或是写入指定的文件中。我们推荐使用 syslog 将日志转发到安全的中央主机。

用户 randy 在执行 sudo /bin/cat /etc/sudoers 时会生成如下日志项。

```
Dec 7 10:57:19 tigger sudo: randy: TTY=ttyp0 ; PWD=/tigger/users/randy;
    USER=root ; COMMAND=/bin/cat /etc/sudoers
```

1. 配置示例

文件 sudoers 的设计目的就是为了使单个版本的文件可以同时用在不同主机上。下面是一个典型的配置。

```
# Define aliases for machines in CS & Physics departments
Host_Alias CS = tigger, anchor, piper, moet, sigi
Host_Alias PHYSICS = eprince, pprince, icarus

# Define collections of commands
Cmnd_Alias DUMP = /sbin/dump, /sbin/restore
Cmnd_Alias WATCHDOG = /usr/local/bin/watchdog
Cmnd_Alias SHELLS = /bin/sh, /bin/dash, /bin/bash

# Permissions
mark, ed    PHYSICS = ALL
herb        CS = /usr/sbin/tcpdump : PHYSICS = (operator) DUMP
lynda       ALL = (ALL) ALL, !SHELLS
```

① 出于同样的原因，不要把（当前目录）放进 shell 的搜索路径中（可以输入 echo $PATH 查看当前搜索路径）。尽管用起来方便，但这样做难免会误运行那些由入侵者作为陷阱留下的特殊版本的系统命令。自然，这个建议要对 root 用户重复强调。

```
%wheel      ALL, !PHYSICS = NOPASSWD: WATCHDOG
```

前两部分分别定义了主机组和命令组，文件中随后出现的权限说明部分会引用到这两者。权限说明中可以直接使用列表项的内容，但是别名能够让 sudoers 文件更易于阅读和理解，也方便日后更新该文件。另外还可以为用户集合及其能够运行的命令定义别名。

每一行权限说明包括如下信息：

- 该行所适用的用户；
- 需要注意该行的主机；
- 特定用户可以运行的命令；
- 能够以自己的身份执行命令的用户。

第一行权限适用于 PHYSICS 组所有主机上（eprince、pprince、icarus）的用户 mark 和 ed。内建命令的别名 ALL 允许这两名用户运行所有命令。因为没有在括号中指定用户列表，所以 sudo 会以 root 身份执行命令。

第二行权限允许 herb 在主机组 CS 中的主机上运行 tcpdump，在主机组 PHYSICS 中的主机上运行和 dump 相关的命令。但这些 dump 命令只能以 operator 身份运行，不能使用 root。herb 实际上运行的命令行类似于下面这样：

```
ubuntu$ sudo -u operator /usr/sbin/dump 0u /dev/sda1
```

用户 lynda 可以以任何身份在任何主机上运行除了几个常见 shell 之外的命令。这是不是说 lynda 真就得不到 root shell 了？当然不是。

```
ubuntu$ cp -p /bin/sh /tmp/sh
ubuntu$ sudo /tmp/sh
```

一般而言，任何这种尝试允许“除…之外的所有命令”的做法都注定会失败，至少在技术层面上如此。但是 sudoers 文件仍旧值得依照这种方式设置，以此表明强烈不鼓励使用 root shell。

最后一行权限允许组 wheel 中的所有用户在 eprince、pprince、icarus 之外的主机上以 root 身份执行本地命令 watchdog，而且在运行该命令时不需要密码。

注意，sudoers 文件中的命令都是以完整路径出现的，这是为了避免用户以 root 身份运行他们自己的程序和脚本。尽管在上面的示例中没有展示出来，其实还可以给每个许可的命令指定参数。

要想手动修改 sudoers 文件，请使用 visduo 命令，它可以检查是否有别的用户也在编辑 sudoers，接着为该文件调用编辑器（vi 或是在环境变量 EDITOR 中指定的其他编辑器），然后在应用修改结果之前验证文件语法。最后一步尤为重要，因为无效的 sudoers 文件会让你无法再次使用 sudo 命令对其做出修正。

2. sudo 的优劣

sudo 的优点如下。

- 拥有命令日志，因此显著提高了安全审计能力。
- 用户无须使用不受限制的 root 权限就可以执行特定任务。
- 可以只有一两个人知道真正的 root 密码。[①]
- sudo 要比 su 或以 root 登录来得更快。
- 不需要更改 root 密码就可以收回特权。
- 可以维护一个规范列表，其中包含了拥有 root 权限的所有用户。
- 降低了把 root shell 暴露给别人（being left unattended）的机会。
- 只用单个文件就可以控制整个网络的访问控制。

① 如果你正确采用了密码保险库系统，甚至可以没一个人知道 root 密码。

sudo 也不是完美无缺。最糟糕的地方就是 sudo 用户的个人账户所存在的任何安全缺陷都等同于 root 账户本身的缺陷。除了告诫 sudo 用户保护好自己的账户，你对此没什么太多的对策。你也可以定期运行密码破解程序，检验 sudo 用户密码的安全性，确保他们选用了过硬的密码。27.4 节中有关密码选择的所有结论都适用于此。

sudo 的命令日志机制很容易就会被一些小花招搞定，例如在许可的程序中使用 shell 转义字符，或是执行 sudo sh 和 sudo su。（这种命令会被记录在日志中，至少你还能知道有人运行过。）

3. sudo vs. 高级访问控制

如果你将 sudo 视为 root 权限的一种细分，它要优于 3.4 节中提及的很多访问控制系统。

- 你可以决定如何具体地细分权限。比起那些现成的系统，sudo 在划分权限时的粒度可粗可细。
- 配置简单，易于设置、维护和理解。
- sudo 可以运行在所有的 UNIX 和 Linux 系统上。你不需要操心为不同的平台设计不同的解决方案。
- 你可以在站点中共享单个配置文件。
- 你可以无偿享用一致的、高质量的日志功能。

如果 root 账户被渗透，系统极易遭受重创，因此基于 sudo 的访问控制系统的主要缺点在于潜在的攻击面会扩散至所有的管理员账户。

对于抱有良好初衷的管理员而言，他们只是使用 root 权限做些普通应用，sudo 确实是件不错的工具。另外它也能够很好地允许非管理员执行一些特定操作。先不谈配置语法，sudo 并非定义有限自治域（limited domains of autonomy）或处置某些违规操作的安全方式。

别去尝试这类配置。如果你需要这方面的功能，可以使用 3.4 节中介绍的某种现成的访问控制系统，效果要好得多。

4. 典型设置

sudo 的配置系统这些年来已经积累了大量的特性。它自身也进行了扩展以适应各种罕见的情况以及边界条件。目前的 sudo 文档也因此给人留下了一种过分复杂的感觉。

由于 sudo 的可靠性和安全性非常重要，你自然会好奇如果不使用 sudo 的高级特性，也不事无巨细地为所有选项设置正确的值,是不是系统就会面临更多的风险？答案是不会。90%的 sudoers 文件类似于下面这样。

```
User_Alias  ADMINS = alice, bob, charles
ADMINS      ALL = (ALL) ALL
```

这是一份挺不错的配置，已经可以应对很多情况了。我们会在下面讲到一些额外的配置，但这只是为了解决特定场景下的问题。目前的内容已经能够满足一般的系统强健性需求了。

5. 环境管理

很多命令都会查询环境变量的值并据此更改自身的行为。如果命令是以 root 身份运行，这种机制可谓是一把双刃剑：在方便使用的同时也有可能被攻击。

例如，很多命令都会运行由环境变量 EDITOR 指定的文本编辑器程序。如果该变量指向的并非编辑器，而是一个恶意程序，那最终有可能你会以 root 身份运行这个程序。[①]

为了将这种风险降到最低，sudo 的默认行为是只给要运行的命令传递一个净化过的（sanitized）最小环境。如果需要额外的环境变量，可以将其添加到 sudoers 文件的 env_keep 列表

① 要说清楚的是，该例中的场景是账户已经受到了危害，但是攻击者尚不知道密码，无法直接执行 sudo。可惜这种场景已是司空见惯，所需要的就是一个临时无人在旁的终端窗口。

中，实现白名单的效果。例如，下面的两行配置保留了 X Window 和 SSH 密钥转发需要用到的一些环境变量。

```
Defaults      env_keep += "SSH_AUTH_SOCK"
Defaults      env_keep += "DISPLAY XAUTHORIZATION XAUTHORITY"
```

可以为不同的用户或组设置不同的 env_keep 列表，但这样很快就会导致配置开始变得复杂，难以管理。我们建议坚持使用单个通用列表（a single universal list），对于把特殊情况写入 sudoers 文件中的做法持相对保留态度。

如果你需要保留某个没有在 sudoers 文件中列出的环境变量，可以直接在 sudo 命令行中设置。例如，下列命令可以使用 emacs 编辑系统密码文件。

```
$ sudo EDITOR=emacs vipw
```

这个特性可能会有一些限制，不过对于能够运行 ALL 种类[①]命令的用户而言不是什么问题。

6. 无须密码的 sudo

令人沮丧的是经常会看到将 sudo 设置成不需要输入密码就能够以 root 身份执行命令。在 sudoers 文件中使用 NOPASSWD 关键字是可以实现这种效果的，这种做法仅作为参考。例如：

```
ansible        ALL = (ALL) NOPASSWD: ALL            # Don't do this
```

这么做有时候是因为懒，但更多是因为需要让 sudo 可以在无人值守的情况下运行。最常见的情况就是通过 Ansible 这类系统实现远程配置或是在缺乏 cron 的情况下执行命令。

毫无疑问，这么做很危险，最好别这么干。或者，至少也要将无密码执行限制在某些特定的命令。

在涉及远程执行时，一个不错的方法是使用授权（利用 ssh-agent 和 SSH 密钥转发）来代替手动输入密码。你需要在实际运行 sudo 的服务器上借助 PAM 来配置这种授权形式。

大部分系统中默认并没有安装能够实现基于 SSH 认证的 PAM 模块，不过可以自己安装。请自行查找 pam_ssh_agent_auth 软件包。

SSH 密钥转发也有自身的一系列安全问题要考虑，不过肯定比没有认证要强多了。

7. 优先级

一个 sudo 命令可能会匹配到 sudoers 文件中的多条规则。考虑下面的配置。

```
User_Alias      ADMINS = alice, bob, charles
User_Alias      MYSQL_ADMINS = alice, bob

%wheel          ALL = (ALL) ALL
MYSQL_ADMINS    ALL = (mysql) NOPASSWD: ALL
ADMINS          ALL = (ALL) NOPASSWD: /usr/sbin/logrotate
```

在这里，管理员可以和其他用户一样不用提供密码就可以执行 logrotate 命令。MySQL 管理员不需要密码就能够以 mysql 的身份执行所有命令。wheel 组的用户可以执行所有用户（under any UID）的命令，但必须先用密码通过认证。

如果用户 alice 属于 wheel 组，那么最后 3 行中的条件她都可以满足。问题是究竟哪一行能够决定 sudo 命令的行为呢？

规则就是：sudo 的行为总是服从所匹配到的最后一行。是否匹配是由包括用户、主机、目标用户和命令在内的 4 元组决定的。配置行中的每个元素都必须匹配，否则直接忽略该行。

因此，NOPASSWD 这种例外必须放在更为一般的规则之后。如果将最后 3 行的顺序颠倒过来，可怜的 alice 不管使用 sudo 执行什么命令都得输入密码了。

---

① 也就是所有的命令。——译者注

8. 无须控制终端的 sudo

除了无密码认证所引发的问题，sudo 的无值守运行经常也会发生在没有控制终端的情况下。这本身没有什么问题，但 sudo 能够检查出这种不寻常的情况并拒绝执行（如果 sudoers 文件中启用了 requiretty 选项）。

该选项并非默认，但是有些发行版将其加入了默认的 sudoers 文件，所以有必要进行检查并移除。查找下面这行：

```
Defaults     requiretty
```

将选项值取反：

```
Defaults    !requiretty
```

requiretty 选项的确可以提供一点象征意义上的攻击保护。不过这很容易就能够被搞定，所以基本上没什么真正的安全价值。以我们所见，显然应该禁止该选项，因为这是一个常见的问题源。

9. 站点范围的 sudo 配置

在匹配规则时，sudoers 文件以当前主机作为匹配依据，你可以在管理域内（一个站点区域，其中的主机名和用户账户能够保证在名字上是等价的）使用一个主 sudoers 文件（master sudoers file）。这种方法会使得 sudoers 的初始化设置有点复杂，但得到的好处不止一点。你应该这样做。

主要的好处在于不会再搞不清楚谁在哪些主机上拥有什么权限了。所有的一切都已经记录在了一个权威文件中。如果管理员离职，也不用再去追查该用户都在哪些主机上拥有 sudo 权限。如果需要做出变动，只用修改主 sudoers 文件，然后重新分发就行了。

这种方法的一个很自然的推论就是：以用户账户的形式表示 sudo 权限要比用 UNIX 组更好。例如：

```
%wheel          ALL = ALL
```

一眼看上去感觉还不错，但这样就只能到每台主机上去清查特权用户了。单看这行的话，你没法知道到底都有哪些用户。该方法的思路是将所有的相关信息集中在一处，如果在网络上共享 sudoers 文件，最好避免在文件中出现分组。当然，如果站点内的组成员关系紧密协调，采用组的形式也没问题。

最好是通过第 23 章中介绍的大型配置管理系统来分发 sudoers 文件。但如果你尚未达到那种组织级别，那就自己动手吧。不过一定得小心：如果使用了伪造的 sudoers 文件，离灾难可就不远了。所以还必须对该文件应用某种文件的完整性监控，参见 28.8 节。

在缺乏配置管理系统的情况下，最好的办法是在每台主机上借助 cron 运行一个“拉取”脚本（“pull” script）。使用 scp 从已知的中央仓库中复制当前的 sudoers 文件，在应用该文件前执行 visudo -c -f newsudoers，验证该文件的格式是否符合本地 sudo 命令的要求。scp 会检查远程服务器的密钥，确保 sudoers 文件的来源可靠。

在共享 sudoers 文件时，主机名规则有点棘手。默认情况下，sudo 使用 hostname 命令的输出来匹配主机名。取决于站点所采用的约定，主机名未必会包含在域名中（例如，主机名 anchor 和域名 anchor.cs.colorado.edu）。不管是哪种情况，sudoers 文件中指定的主机名必须和主机返回的名字一致。（你可以在 sudoers 文件中开启 fqdn 选项，尝试将本地主机名规格化成对应的完全限定形式。）

云端的主机名匹配更麻烦，通常这种环境下的实例名默认都是由算法生成的。sudo 能够理解主机名中出现的一些简单的模式匹配字符（通配符），因此可以考虑选择一种命名方案，将 sudo 能够识别的主机安全类别（security classification）以某种标识的形式融入名字中。

或者，你也可以使用云供应商所提供的虚拟联网（virtual networking）特性，按照 IP 地址分段划分主机，在 sudoers 文件中依据 IP 地址进行匹配，不再使用主机名。

3.2.4 禁用 root 账户

如果站点实现了 sudo 应用的标准化，你实际能够用到 root 密码的机会少之又少。管理团队的大部分成员则根本就没机会用到 root。

这样就产生了一个疑问：root 密码究竟还有没有必要存在？如果你的答案是否定的，可以将 root 加密后的密码设置成*或是其他随意的固定字符串，这样就能够彻底禁用 root 登录。在 Linux 中，passwd -l 会在加密后的密码之前加上一个!来锁定某个账户，实现同样的效果。

*和!只是一种习惯用法，没有任何软件会直接去检查它们。选用这两个符号的原因在于密码散列算法不会生成这种形式。因此，root 密码的验证结果永远不可能与之相符。

锁定 root 账户的主要效果就是 root 无法登录，哪怕通过控制台也不行。所有用户均不能再成功地执行 su，因为无法通过 root 密码验证。但 root 账户仍旧存在，并没有消失，所有需要以 root 身份运行的软件不会受到任何影响。特别是 sudo，一切照常。

禁用 root 账户的最大好处就是不用再记录和管理 root 密码，也不用担心密码遭受意外，后者才是我们选择使用无密码方式更喜闻乐见的效果。使用密码越少，出现风险的概率就越低。

在实体计算机上确切拥有 root 密码尤为有用（相对于云或虚拟实例，参见第 9 章和第 24 章）。如果硬件或配置问题影响了 sudo 或引导过程，就需要动手修复。在这种情况下，有一个传统的 root 账户作为紧急备用那是再好不过了。

Ubuntu 默认锁定了 root 账户，所有的管理操作都被导向 sudo 或其 GUI 形式。如果你觉得有必要的话，也可以在 Ubuntu 上设置 root 密码，然后使用 sudo passwd -u root 解锁 root 账户。

3.2.5 root 之外的系统账户

root 是内核眼中唯一的特殊用户，不过大多数系统还定义了其他一些伪用户（pseudo-user）。这些伪用户的一个特征是 UID 值较低，通常小于 100。大多数情况下，UID 值在 10 以下的是系统账户，在 10～100 之间的是与特定软件相关联的伪用户。

惯常的做法是将这些特殊用户在 shadow 或 master.passwd 中经过加密的密码字段替换成星号，使其无法登录。对应的 shell 也应该设为/bin/false 或/bin/nologin，防止使用 SSH 密钥文件来替代密码实施远程入侵。

和伪用户一样，多数系统也定义了各种与系统相关的组，这些组同样采用值较低的 GID。

属于操作系统，但不需要由 root 拥有的文件或进程有时会被分配给用户 bin 或 daemon。这样做有助于避免与 root 所有权相关的安全风险。不过也不是非得如此，目前的发行版还是经常选择只使用 root 账户。

定义伪账户以及伪用户组的主要优点在于使用其访问特定资源时能够提供比 root 账户更高的安全性。例如，数据库通常会精心设计一套自己的访问控制系统。从内核的观点来看，它们是以伪用户的身份（如 mysql）运行，拥有与数据库相关的所有资源。

网络文件系统（Network File System，NFS）使用名为 nobody 的账户代表其他系统中的 root 用户。为了剥夺远程 root 用户的至高权限，值为 0 的远程 UID 必须被映射到值为 0 的本地 UID 之外。nobody 账户就像是远程 root 的另一个化身。在 NFSv4 中，也可以将 nobody 账户映射到远程系统中无效的用户身上。

既然打算用 nobody 账户表示一个普通的、没什么权限的用户，那它就不该拥有任何文件。如果 nobody 有了自己的文件，远程 root 就能够控制这些文件。

3.3 标准访问控制模型的扩展

前面描述了传统访问控制模型的主要概念。尽管该模型用几页纸就可以总结完，但由于其简单、可预测、能够满足一般站点的需求，因而经受住了时间的考验。所有的 UNIX 和 Linux 变体仍然继续支持这个模型，它如今仍旧是应用最为广泛的默认方案。

现代操作系统在实现该模型时对其做出了多处重要的调整。当前的访问控制系统包含了 3 个软件层：

- 目前已经描述过的标准模型；
- 在该基本模型的基础上，通过概化和微调所形成的扩展；
- 实现其他方法的内核扩展。

上述分类并非架构层次，也不是历史产物。早期的 UNIX 衍生版全都采用标准模型，但其缺陷在当时就已经是众所周知了。随着时间的推移，社区开始着手解决一些迫在眉睫的问题。考虑到保持兼容性以及提高使用率，通常也只是对传统系统做一些修缮。其中的一些成果（例如 PAM）如今已被视为 UNIX 标准。

在过去 10 年间，访问控制系统的模块化工作已经取得了长足的进步。这种演进为更彻底的改变埋下了伏笔。我们会从 3.4 节开始回顾 Linux 和 FreeBSD 中一些常见的插接式选项（pluggable options）。

现在来看一些多数系统自带的普通扩展。首先，考虑一下这些扩展试图解决什么样的问题。

3.3.1 标准模型的缺点

标准模型尽管优雅，但也有一些显而易见的缺点。

首先，root 账户就是一个潜在的单点故障。如果它出现了问题，就会损害整个系统的完整性，攻击者便可以趁机为所欲为。

细化 root 账户权限的唯一方法就是使用 setuid 程序。可惜持续不断的安全更新证明了编写出安全软件的困难程度。每一个 setuid 程序都是潜在的攻击目标。

标准模型在网络应用方面的安全性更是不值一提。只要是非特权用户能够亲身接触到的计算机，就无法保证它还能正确代表运行在其中的进程的所有权。谁敢说别人不会用选定的 UID 重新格式化硬盘，然后装上自己修改过的操作系统？

在标准模型中，定义组是一种特权操作。对于普通用户而言，无法去表示只有 alice 和 bob 能够访问某个文件。

因为很多访问控制规则都是硬编码在单独的命令或守护进程中（典型的例子就是 passwd），除非修改源代码并重新编译，否则你无法重新定义系统的行为。这种做法在现实中既不实用，也容易引入错误。

标准模型基本上不支持审计或日志功能。你可以看出某个用户属于哪个组，但未必知道这种组成员关系允许用户执行哪些操作。除此之外，也没有切实的方法能够跟踪提权操作或是查看被提权的用户都做了什么。

3.3.2 PAM：插接式认证模块

在传统上，用户账户的安全都是通过保存在/etc/shadow 或/etc/master.passwd 文件或相同功能的网络数据库中的密码（加密形式）来保护。包括 login、sudo、su 在内的很多程序都要验证账户。

这些程序绝不应该对密码的加密或验证方式做出任何硬性假设。甚至最好完全不假设是否使用密码。如果你想使用生物识别、网络身份系统或某种两步认证，又该怎么办？插接式认证模块（Pluggable Authentication Module，PAM）可以派上用场！

PAM将各种特定的认证方法库包装在了一起。管理员可以指定系统要使用的认证方法以及每种方法对应的上下文信息。需要进行用户认证的程序不用自己实现认证过程，简单地调用PAM系统即可。PAM然后会再去调用系统管理员所指定的认证库。

严格来说，PAM是一种认证技术，并非访问控制技术。也就是说，它解决的不是"用户X是否有权限执行Y操作"这种问题，而是要帮助回答问题的前提"我怎么知道你的确是用户X？"。

在多数系统中，PAM是访问控制链上的重要一环，配置PAM通常是管理员的任务。有关PAM的详细信息请参阅17.3.4节。

3.3.3 Kerberos：网络加密认证

和PAM一样，Kerberos和访问控制无关，它只负责处理认证。但两者的不同之处在于：PAM是一个认证框架，而Kerberos是一种具体的认证方法。PAM和Kerberos可以搭配使用，前者作为包装程序（wrapper），后者作为实际的实现。

Kerberos利用可信的第三方（服务器）负责全网范围的认证。你不用在自己使用的机器上自我认证，但需要向Kerberos服务提供你的个人凭证（credential）。Kerberos随后会为你发放加密凭证，你可以在使用其他服务时将其作为身份证明。

Kerberos是一项已经广泛应用了数十年的成熟技术。作为Windows采用的标准认证系统，在微软的Active Directory（活动目录）系统中也有它的身影。有关Kerberos的详细内容请参阅第17.3节。

3.3.4 文件系统访问控制列表

文件系统访问控制对于UNIX和Linux至关重要，因此最初就被作为进一步改进的目标。最常见的新功能就是加入了对于访问控制列表（Access Control List，ACL）的支持。ACL是传统的"用户/组/其他人"（user/group/other）权限模型的一般化形式，它允许一次性设置多个用户和组的权限。

作为文件系统实现的一部分，你所使用的文件系统必须明确支持ACL才行。目前所有主流UNIX和Linux文件系统在这方面都没有问题。

一般有两种ACL支持方式：一种是从未被正式采纳，但已被广泛实现的早期POSIX标准草案；另一种是根据微软Windows ACL所修改而成的NFSv4实现标准。这两种ACL标准会在5.6节详述。

3.3.5 Linux能力系统

能力系统（capability system）将root账户的权力划分成了若干种（约30种）独立的权限。

Linux版本的能力系统源自现已作废的POSIX 1003.1e草案，该草案一路跌跌撞撞，却始终未被正式确立为标准。除了这种行尸走肉般的境地，Linux的能力系统还激怒了一帮理论家，因为它没有遵从学院派关于能力系统的概念。没关系，东西已经摆在这里了，既然Linux称其为能力，我们也照办。

能力可以从父进程中继承。另外也可以通过设置可执行文件的属性来启用或禁止，这类似于setuid程序。进程还可以放弃自己不打算再使用的能力。

传统的 root 可谓是全知全能的代表，因此传统模型和能力模型之间的映射非常直接。只不过能力模型要更为细化。

例如，名为 CAP_NET_BIND_SERVICE 的 Linux 能力控制着进程是否能够绑定特权网络端口（编号在 1 024 以下）。一些传统上需要以 root 身份运行的守护进程就是为了获得这种特殊权力。在能力系统的世界里，这样的进程在理论上可以作为非特权用户运行，然后从其对应的可执行文件中获取端口绑定能力。只要守护进程不去特意检查自身是否以 root 身份在运行，它甚至都不会意识到自己具备了这种能力。

该系统在现实中是否达到了预期效果？嗯……没有。能力如今更像是一种促成技术（enabling technology），并非面向用户的系统。如 AppArmor（见第 3.4.5 节）和 Docker（见第 25 章）这样的高层系统都广泛利用了能力，但它自身却很少发挥过作用。

管理员只用浏览一下手册页 capabilities(7)，知道每种能力可以做什么就行了。

3.3.6 Linux 名字空间

Linux 可以将进程隔离在层次化的子空间（partition）（名字空间），在其中的进程只能看到部分系统文件、网络端口以及其他进程。这种方案的效果类似于抢占式访问控制（preemptive access control）。再也不用根据可能难以捉摸的标准制定访问控制决策，凡是子空间中不可见的对象，内核统统认为其不存在。

子空间内部使用的是普通的访问控制规则，被囚陷的进程（jailed process）在大多数情况下甚至意识不到自己已经被限制了。因为这种限制无法取消，在子空间中以 root 身份运行的进程无须担心会危害到系统的其他部分。

这一妙招正是软件容器化及其最负盛名的实现 Docker 的基础之一。完整的容器系统要复杂得多，其中还包括了多种扩展（例如写时复制的文件系统访问）。我们会在第 25 章详述。

作为访问控制的一种形式，名字空间这种方法相对来说比较粗糙。正确配置进程所处的活动环境也并非易事。这种技术目前并没有用在操作系统自身的组件中，而是主要用于扩展服务。

3.4 现代访问控制

考虑到现有的众多计算环境以及在推进标准模型方面所取得的各种成果，内核维护人员并不愿意在有关访问控制的激烈争讨中扮演和事佬。在 Linux 世界，这种局面于 2001 年进入到了关键阶段，当时美国国家安全局（U.S. National Security Agency）提议将其开发的安全增强型 Linux 系统（Security-Enhanced Linux，SELinux）作为标准装置纳入内核。

出于多种原因，内核维护人员抵制了这个建议。他们不打算采用 SELinux 或其他系统，而是选择开发出了 Linux 安全模块 API（Linux Security Module API），这是一个内核级别的接口，允许访问控制系统以可装载内核模块的形式将自身添加到 Linux 系统中。

基于 LSM 的系统只有在用户将其装载并启用之后才能发挥作用。这种方法降低了将附加系统纳入内核的门槛，目前 Linux 已经配备了 SELinux 以及其他 4 种系统（AppArmor、Smack、TOMOYO、Yama）。

BSD 这边的进展基本上和 Linux 不相上下，这很大程度上要归功于 Robert Watson 在 TrustedBSD 中所做出的贡献。相关代码在从版本 5 开始就加入了 FreeBSD。另外，苹果公司的 macOS 和 iOS 操作系统中使用的应用程序沙盒技术也源于此。

当同时启用了多个访问控制模块时，某个操作必须经过所有模块的一致许可才能够执行。可惜的是，尽管 LSM 系统明确要求各活动模块应该相互配合，但目前没有一个模块做到了这点。所以说，Linux 系统现在实际上只能够选用一个 LSM 附加模块。

3.4.1 各自为政的生态系统

访问控制本来就是内核层面要考虑的事情。除了文件系统访问控制列表（见 5.6 节），各个系统之间关于其他访问控制机制并没有达成统一的标准。这就造成了内核各有各的实现，没有任何一种能够跨平台操作。

因为 Linux 发行版共享同一个内核谱系（kernel lineage），所有的发行版在理论上应该都能兼容彼此的安全特性。可现实并非如此：这些系统都需要以额外命令形式提供用户层支持、修改用户层组件、给出守护进程和服务的保障配置（securement profiles）。因此，每种发行版只会主动支持（如果有的话）一到两种访问控制机制。

3.4.2 强制访问控制

标准 UNIX 模型属于“自主访问控制”（discretionary access control），因为它允许受控实体的所有者设置其权限。例如，你可以允许别的用户查看你个人主目录的内容，或是编写一个 setuid 程序，使别人能够向你自己的进程发送信号。

自主访问控制并不会为用户数据安全提供特别的保证。让用户设置权限的缺点就是用户能够设置权限。你不知道他们会对自己的文件做些什么。哪怕用户完全没有恶意，也接受过最好的培训，犯错也是在所难免的。

强制访问模型（Mandatory Access Control，MAC）允许管理员制定访问控制策略，取代或补充传统模型的自主权限。例如，你可以编写一条规则：用户的主目录只有他自己才能访问。这样的话，即便是用户保存了一份敏感文档的私人副本，但没设置好文档权限，也不会有别人能够进入该用户的主目录中查看。

MAC 的这种能力使其成为了一种实现安全模型的促成技术，例如国防部（Department of Defense）的“多级安全”（multilevel security）系统。在这种模型中，安全策略是根据受控资源的敏感性来控制访问的。用户被分配到一个层次化结构的安全分类中。他们只能够读写相同或更低分类级别的内容，不能访问更高级别的内容。例如，分类为“机密”（secret）的用户可以读写“机密”级别的对象，但无法读取分类为“顶级机密”（top secret）的对象。

除非你处理的是政府部门的敏感数据，否则不大可能会碰到或需要部署这种事无巨细的“异类”（foreign）安全模型。更常见的情况是用 MAC 保护个别服务，以免干涉到普通用户。

一个完善的 MAC 策略依赖于最小化权限原则（仅在必要时允许），这很像设计恰当的防火墙只允许识别的服务和客户通过。对于有缺陷的软件，MAC 可以将危害限制在该软件所需的少数资源范围内，防止损害到整个系统的安全。

遗憾的是，MAC 已经变成了某种和“高级访问控制”同义的时髦词。就连 FreeBSD 中普通的安全 API 也被冠之 MAC 接口，其实这些 API 并没有提供什么 MAC 特性。

目前可用的 MAC 系统实现形式不一，有些大规模替换了标准模型，有些则是作为解决特定领域及用例的轻量级扩展。这些实现的共同之处在于一般都会向访问控制系统中添加一些由管理员编写的（或是厂商提供）集中式策略以及其他的文件权限、访问控制列表和进程属性。

不管应用范围有多广，MAC 在潜在上严重背离了标准模型，对于那些本来要和标准 UNIX 安全模型打交道的程序，MAC 可能会让其大吃一惊。在转向全面部署 MAC 之前，确保你理解了相应模块的日志记录方式，知道怎么样排查和解决 MAC 相关的问题。

3.4.3 基于角色的访问控制

另一个常被访问控制系统提及的特性是基于角色的访问控制（Role-Based Access Control，RBAC），这是在 1992 年由 David Ferraiolo 和 Rick Kuhn 提出的理论模型，其基本思路是为访问控制添加一个间接层。权限不再直接赋予用户，而是分配给称为“角色”的中间构造，然后再将角色赋予用户。在做出访问控制决定时，系统枚举出当前用户的所有角色，检查这些角色是否拥有相应的权限。

角色的概念类似于 UNIX 组，但适用面要更广，可用于文件系统之外的场景。角色之间也有层次化的关系，这极大地简化了管理任务。例如，你可以定义一个“高级管理员”角色，该角色拥有“管理员”的所有权限加上额外的 X、Y、Z 权限。

包括 Solaris、HP-UNIX、AIX 在内的很多 UNIX 变体都内建了某种形式的 RBAC 系统。Linux 和 FreeBSD 并没有特别的原生 RBAC 功能。但它们内建了一些更为全面的 MAC 选项。

3.4.4 SELinux：安全增强型 Linux

SELinux 是 Linux 中最古老的 MAC 实现之一，它是美国国家安全局的产品。取决于个人观点，有些人觉得 SELinux 用起来挺舒服，而有些人则对其充满怀疑。[①]

SELinux 采用的是一种大包大揽的方法（maximalist approach），它实现了 MAC 和 RBAC 中你能想象得到的所有特性。尽管 SELinux 已经在少数发行版中扎下了根，但却以难以管理和排错而“闻名”。下面这段不具名的引言取自 SELinux 在维基百科上的旧版页面，宣泄出了很多系统管理员感同身受的挫败感。

> 有意思的是，尽管 SELinux 的初衷是帮助创建有针对性的访问控制策略，以此专门适应组织机构的数据管理实践与规则，可是其对应的支持工具却寥寥无几、难以使用，软件厂商基本上就靠着“咨询”过日子了，典型的做法就是不断地修改安全策略样板。

尽管 SELinux 管理起来非常复杂，不过其采用率却正在缓慢增长，尤其是在对安全有强制要求的环境中，例如政府、金融、医疗部门。除此之外，SELinux 也是安卓平台的标准组成部分。

我们普遍对于 SELinux 的观点是：弊大于利。其中的弊端不仅体现在所浪费的时间以及带给系统管理员的愤怒，还反映在安全漏洞上，这实在是够讽刺了。复杂模型让人难以理解，SELinux 真算不上是一个公平的竞技场，关注于其的黑客对于该系统的认识远比普通的系统管理员全面得多。

具体来说，设计 SELinux 策略不是一件轻松的活儿。要保护某个守护进程，相应的策略必须仔细挑出该进程需要访问的所有文件、目录以及其他对象。像 sendmail 和 httpd 这种复杂的软件，想完成这项任务绝非易事。一个公司至少得花上三个工作日的时间来编写策略。

好在很多一般性的策略一行就能搞定，大多数启用了 SELinux 的发行版自带了一些合理的默认策略。它们很容易在特定的环境中装备和配置。在 SELinux Policy Editor 官网可以找到一款成熟的策略编辑器，能够简化 SELinux 的策略应用。

SELinux 在 Red Hat（因此也包括 CentOS）和 Fedora 中得到了良好的支持。Red Hat 默认启用了 SELinux。

① 如果你的态度倾向于怀疑，那么应当指出的是 SELinux 作为 Linux 内核的组成部分，其基础代码是开放的，可供任何人检查。

Debian和SUSE Linux也提供了有限的SELinux支持，不过你必须安装另外一些软件包，默认的SELinux配置不算太激进。

Ubuntu从Debian那里继承了一些SELinux支持。但是在过去的几次发布版中，Ubuntu将重点放在了AppArmor身上（见3.4.5节）。一些残留的SELinux相关的软件包仍旧可用，但版本已经陈旧了。

/etc/selinux/config负责SELinux的顶层控制。其中值得注意的行是：

```
SELINUX=enforcing
SELINUXTYPE=targeted
```

第一行有3种取值：enforcing、permissive、disabled。enforcing能够确保应用所加载的策略并禁止违规。permissive允许出现违规，但是会通过syslog将其记录下来，这对于调试和策略编写非常重要。disabled会完全关闭SELinux。

SELINUXTYPE指明了要应用的策略数据库名称。这实际上就是/etc/selinux下的某个子目录名。一次只能激活一种策略，可用的策略视系统而定。

Red Hat的默认策略是targeted，该策略为Red Hat要明确保护的几个守护进程进行了额外的安全设置，但对于系统其余部分没有进行处理。曾经还有一种叫作strict的策略，可以将MAC应用于整个系统，现在该策略已经被合并入targeted。使用semodule -d删除掉unconfined和unconfineuser模块就可以实现全系统范围的MAC。

Red Hat还定义了一种mls策略，可以实现DoD形式的多级安全。你必须使用yum install selinux-policy-mls单独配置此策略。

如果你想编写自己的SELinux策略，可以考虑实用工具audit2allow。它可以从违规日志中构建策略定义。这种做法的思路是以permissive方式保护某个子系统，记录下出现的违规，然后从违规记录中构建出相应的策略来允许该子系统的所有实际操作。可惜这种特别的方法很难保证完整覆盖到所有的代码路径，因而自动生成的策略未必完美。

3.4.5 AppArmor

AppArmor是Ubuntu发行版的发行商Canonical公司的产品。除了Debian和Ubuntu之外，SUSE发行版也加入了对其的支持。Ubuntu和SUSE默认启用了AppArmor，只不过所保护的服务并不多。

AppArmor实现了某种形式的MAC，其目的是作为传统UNIX访问控制系统的补充。尽管可以进行各种配置，AppArmor并非一个面向用户的系统。它的主要目的是服务保障（service securement），也就是限制个别受损或失控程序所造成的破坏。

受保护的程序仍旧受限于标准模型，但除此之外，内核还会通过针对特定任务所设计的AppArmor配置来过滤这些程序的行为。在默认情况下，AppArmor会拒绝所有的请求，因此在配置中必须明确写清楚允许进程执行的所有操作。

没有相应配置的程序（例如用户shell）不会受到特别的限制，可以照常运行，就好像AppArmor不存在一样。

这种服务保障的作用其实就相当于Red Hat的targeted环境中的SELinux配置。只不过AppArmor是专门用来保障服务的，因此避开了SELinux中一些令人费解的微妙差异。

AppArmor的配置保存在/etc/assarmor.d文件中，其内容相对来说比较好懂，不需要对系统有特别深入的了解也能看明白。例如，下面的是守护进程cpus-browsed（Ubuntu打印系统的组成部分）的配置。

```
#include <tunables/global>

/usr/sbin/cups-browsed {

    #include <abstractions/base>
    #include <abstractions/nameservice>
    #include <abstractions/cups-client>
    #include <abstractions/dbus>
    #include <abstractions/p11-kit>

    /etc/cups/cups-browsed.conf r,
    /etc/cups/lpoptions r,
    /{var/,}run/cups/certs/* r,
    /var/cache/cups/* rw,
    /tmp/** rw,

    # Site-specific additions and overrides. See local/README.
    #include <local/usr.sbin.cups-browsed>
}
```

其中大部分内容都是模板。例如，该守护进程需要查询主机名，因此配置中就加入了abstractions/nameservice，以便于进程访问名字解析库、/etc/nsswitch.conf、/etc/hosts、LDAP 使用的网络端口等。

特定守护进程的配置信息（在本例中）包括该进程能够访问的文件列表以及每个文件的权限。其中的模式匹配语法有点怪异：**可以匹配路径中的多个子路径，{var/,}表示在该位置上，不管有没有 var/都可以匹配。

即便是像本例这样简单的配置，背后的细节也是相当复杂。如果将所有的#include 指令扩展开，内容长度接近 750 行。（我们当初选这个例子就是因为它简洁。哎！）

AppArmor 通过路径指定文件和程序，这不仅使其配置易读性好，而且还能够独立于文件系统实现。这种方法只能说是某种程度上折中的结果。例如，AppArmor 无法识别指向同一目标的硬链接。

第 4 章　进程控制

进程是运行程序的一种抽象，通过它可以管理和监控内存、处理器时间、I/O 资源。

这种做法遵循了 UNIX 的设计哲学：将尽可能多的工作放在进程上下文中完成，而不是交给内核专门处理。系统进程和用户进程都遵循相同的规则，两者可以使用同一组工具来控制。

4.1　进程的组成

进程包括一个地址空间以及一组内核数据结构。地址空间是一系列内存页，由内核标记为进程所有。①这些页中含有进程运行时用到的代码、库、变量、栈以及内核所需的各种额外信息。进程的虚拟地址空间随机分布在物理内存中，进程的页表负责对其进行跟踪。

内核的内部数据结构记录了每个进程的各种信息。其中一些较为重要的信息如下：

- 进程地址空间映射；
- 进程的当前状态（睡眠、停止、可运行等）；
- 进程的执行优先级；
- 进程占用的资源信息（CPU、内存等）；
- 进程打开的文件和网络端口信息；
- 进程的信号掩码（记录了哪些信号被屏蔽）；
- 进程的属主。

“线程”是进程中的执行上下文。进程至少有一个线程，而有些进程可以有多个。每个线程都有自己的栈和 CPU 上下文，但只能在所属进程的地址空间内操作。

① 页是内存管理的单位。通常大小是 4 KiB 或 8 KiB。

现代计算机硬件包括多 CPU 和多核单 CPU。进程的多个线程可以同时运行在不同的核心之上。像 BIND 和 Apache 这样的多线程应用从这种体系结构上获益匪浅，因为它们可以将请求交给不同的线程来处理。

很多与进程相关的参数会直接影响进程的执行，比如获得的处理器时间、能够访问的文件等。在接下来的各节中，我们将讨论系统管理员最感兴趣的那些参数的含义及意义。这些属性适用于所有版本的 UNIX 和 Linux。

4.1.1 PID：进程的 ID 号

内核会为每个进程分配一个唯一的 ID 号。大多数处理进程的命令和系统调用都需要指定 PID 来标识操作目标。PID 是按照进程的创建顺序分配的。

Linux 现在定义了进程“名字空间”的概念，可以进一步限制进程所能够感知到的资源以及相互影响的能力。容器实现就是利用这种特性实现了进程隔离。它的一个副作用就是取决于观察者所在的名字空间，同一个进程可能会有不同的 PID。这就像是进程 ID 的相对论。更详细的信息请参阅第 25 章。

4.1.2 PPID：父 PID

UNIX 和 Linux 中没有任何系统调用能够直接创建出运行特定程序的新进程。要想实现这一点，需要分成两步走。首先，已有的进程必须自我复制，创建出一个新的进程。这个复制体然后再把自己的内容替换成另一个程序。

进程复制完之后，原先的进程叫作父进程，复制出的副本叫作子进程。进程的 PPID 属性就是其父进程的 PID。①

当你面对无法识别（同时有可能行为失常）的进程时，进程的 PID 是一种很有用的信息。跟踪到该进程的源头（不管是 shell 还是其他程序），也许能够更好地了解其目的与意义。

4.1.3 UID 与 EUID：real user ID 与 effective user ID

进程的 UID 是创建该进程的用户身份编号，或者说得更准确些，就是其父进程的 PID。通常只允许创建者（也就是属主）和超级用户对进程进行操作。

EUID 是“effective” user ID（“有效的”用户 ID）②，这是另一个能够决定进程在特定时刻有权限访问哪些资源和文件的 UID。大多数进程的 UID 和 EUID 是相同的，常见的例外情况是设置了 setuid 的程序。

为什么既要有 UID，还要有 EUID？一方面是因为有必要维持身份与权限之间的差别，另一方面是因为 setuid 程序可能不想一直以扩展权限运行。在大多数系统中，可以设置或重置 effective UID 来启用或限制额外的权限。

多数系统还保留着一种“saved UID”（保存的 UID），这个值和进程刚开始执行时的 EUID 相同。这个 saved UID 可以留作 real UID（真实 UID）或 effective UID 使用，除非进程将其删除掉。谨慎编写的 setuid 程序因此可以在其大部分执行时间里放弃特殊权限，仅在需要额外权限的时候再使用。

---

① 至少最开始如此。如果原先的进程挂了，init 或 systemd（PID 为 1）就会变成新的父进程。可参阅 4.2 节。

② 考虑到译文的清晰性，本章中和 ID 相关的术语只在首次出现的时候注明相应的中文，其余情况下均使用原文。——译者注

Linux 还定义了一个非标准的进程参数 FSUID，用于决定文件系统权限。不过该参数很少在内核以外用到，也无法移植到其他的 UNIX 系统。

4.1.4 GID 与 EGID：real group ID 与 effective group ID

GID 是进程的组标识编号。EGID 与 GID 之间的关系和 EUID 与 UID 的关系一样，setgid 程序可以利用 EGID 实现“升级”。内核还为每个进程维护了一个 saved GID，其作用和 saved UID 相同。

进程的 GID 属性差不多已经作废了。出于确定访问权限的目的，一个进程可以同时是多个组的成员。GID 和 EGID 是与完整的组列表分开保存的。确定访问权限时一般只考虑 EGID 和作为补充的组列表，GID 并不考虑在内。

GID 唯一发挥作用的时刻就是在进程创建新文件时。取决于文件系统权限的设置，新文件可能默认会采用创建该文件进程的 GID。详见 5.5.3 节。

4.1.5 友善度

进程的调度优先级决定了能够获得的 CPU 时间。内核使用了一种动态算法来计算进程优先级，该算法会考虑进程最近已消耗的 CPU 时间以及等待运行的时间长度。除此之外，内核还会注意一个通常称作“友善值”（nice value）或“友善度”（niceness）的设置值，之所以这么叫是因为该值指定了你向系统其他用户所表现出的友善程度。我们会在 4.5 节详细讨论。

4.1.6 控制终端

大多数非守护进程都有与之关联的控制终端。控制终端决定了默认的标准输入、标准输出和标准错误输出。它还能够向进程发送信号，以响应键盘事件（例如<Control-C>），我们会在 4.2 节讨论这个话题。

当然，真正的终端如今基本上只能在计算机博物馆中找到了。不过它们现在仍以伪终端的形式广泛应用于 UNIX 和 Linux 系统中。当你启动一个 shell 命令时，终端窗口通常就会变成该进程的控制终端。

4.2 进程的生命周期

进程可以通过 fork 系统调用来创建一个新进程。[①]fork 会生成一个原进程的副本，该副本基本上和父进程一模一样。新进程拥有自己的 PID 以及统计信息。

fork 可以返回两个不同的值，这算是一个独特的特性。对于子进程，返回值是 0；对于父进程，返回值是新创建的子进程的 PID。除此之外，父子进程没有任何差别，两者必须各自检查返回值，确定自己究竟是什么身份。

fork 调用结束后，子进程一般会使用 exec 系统调用中的某个调用来执行新程序。这些调用会改变进程当前所执行的程序，将内存布局重置为初始状态。各种 exec 调用的差别仅在于为新程序指定命令行参数和环境的形式。

内核会在系统引导过程中自行创建一系列进程。其中最值得注意的就是 init 或 systemd，这两个进程的 PID 总是 1。该进程会执行系统启动脚本，不过具体的执行方式在 UNIX 和 Linux 上略

---

① 从技术上来说，Linux 系统用的是 clone，这是 fork 的一个超集，不但能够处理线程，还包含了一些额外的特性。出于向后兼容的需要，内核仍保留了 fork，但背后实际调用的是 clone。

有差异。系统中所有其他的进程都是这个元始进程（primordial process）的后代。关于系统引导以及 init 守护进程的相关内容详见第 2 章。

init（或 systemd）在进程管理中还扮演着另一个重要角色。当进程完成后会调用名为_exit 的例程，提醒内核它已经结束了。该进程会提供一个退出码（整数），表明退出的原因。习惯上使用 0 表示正常或“顺利”终止。

在死亡进程（death process）完全消失之前，内核要求该进程的死讯得到其父进程的确认，父进程采用的方法是调用 wait。它会接收到子进程退出码的副本（如果子进程并非自愿退出，则接收到的是一个表明其终止原因的提示），如果需要的话，还可以得到子进程所使用资源的汇总信息。

如果父进程的生存期比其子进程要久，而且能够尽职尽责地调用 wait 来处理死去的进程，那么这个方案还是不错的。但如果父进程在其子进程之前挂了，内核会意识到以后不会再有 wait 了，因此就会做出相应的调整，让这些孤儿进程成为 init 或 systemd 的子进程，后者会在子进程结束后调用 wait 清理它们。

4.2.1 信号

信号是进程级的中断请求。一共大概有 30 种不同的信号，使用方式各异。

- 可以作为一种通信手段在进程间发送。
- 可以在按下组合键（如<Control-C>和<Control-Z>）时由终端驱动程序发送，用于杀死、中断或挂起进程。①
- 可以由管理员发送（使用 kill），实现各种目的。
- 当进程出现错误时，例如除以 0，可以由内核发送。
- 可以由内核发送，提醒进程出现了值得注意的情况，例如子进程死亡或是 I/O 通道中的数据可用。

当接收到信号时，会出现两种情况。如果收到信号的进程已经为信号指派了信号处理程序，则使用投递该信号的上下文信息调用信号处理程序。否则，内核会代表进程执行默认操作。每个信号的默认操作各不相同。很多信号会终止进程，有些还会生成内存转储（core dump）（如果内存转储特性没有被禁用）。②

指定信号处理程序叫作捕获信号。处理程序执行完毕后，进程会从接收到信号的位置继续往下运行。

如果不想接收信号，程序可以请求忽略或阻塞信号。被忽略的信号会直接丢弃，对进程没有任何影响。被阻塞的信号会排队等待投递，不过内核并不要求对其做出什么反应，直到明确解除信号的阻塞。对于刚解除阻塞的信号，不管其在阻塞期间被接收到了多少次，也只会调用一次相应的信号处理程序。

表 4.1 列出了一些管理员应该熟悉的信号。信号名大写的惯例是沿用了 C 语言的传统。因此，你可能还会看到以 SIG 为前缀的信号名（例如 SIGHUP）。

---

① 可以使用 stty 命令将<Control-C>和<Control-Z>的功能重新分配给其他组合键，不过在实践中极少这么做。在本章中我们按照惯常的绑定方式来指代它们。

② core dump 中的“core”指的磁芯内存（ magnetic-core memory）中的磁环（magneticring），在现代集成电路问世之前，计算机系统使用的就是这种内存。“dump”是指读出内存中的所有内容并以八进制或十六进制的形式记录下来（打印在纸上或写入磁盘文件中）。——译者注

表 4.1 每个管理员都应该知道的信号[a]

#[b]	名称	描述	默认处理方式	能否被捕获？	能否被阻塞？	是否会生成内存转储？
1	HUP	挂起	终止进程	能	能	否
2	INT	中断	终止进程	能	能	否
3	QUIT	退出	终止进程	能	能	是
9	KILL	杀死	终止进程	不能	不能	否
10	BUS	总线错误	终止进程	能	能	是
11	SEGV	段错误	终止进程	能	能	是
15	TERM	软件终止	终止进程	能	能	否
17	STOP	停止	停止进程	不能	不能	否
18	TSTP	键盘停止	停止进程	能	能	否
19	CONT	停止后继续	忽略该信号	能	不能	否
28	WINCH	窗口变动	忽略该信号	能	能	否
30	USR1	用户自定义#1	终止进程	能	能	否
31	USR2	用户自定义#2	终止进程	能	能	否

注：a. bash 的内建命令 kill -l 也可以输出信号名及其编号的列表。

b. 在有些系统上可能会不一样。

没有显示在表 4.1 中的其他信号大多报告的都是一些如“illegal instruction”（非法指令）之类的晦涩错误。这种信号的默认处理方式就是终止进程并生成内存转储。通常也可以捕获或阻塞此类信号，有些足够聪明的程序会在继续执行之前尝试解决导致错误的任何问题。

BUS 和 SEGV 信号也属于错误信号。我们之所以将其也放入表 4.1 中，是因为它们很常见：如果某个程序崩溃了，最终原因通常就是其中的一个。这两个信号本身并没有特定的诊断值，都表明有错误使用或访问内存的企图。

KILL 和 STOP 信号不能被捕获、阻塞或忽略。KILL 信号会杀死接收到该信号的进程，STOP 信号会挂起进程，直到接收到 CONT 信号。CONT 信号可以被捕获或忽略，但是不能被阻塞。

TSTP 是 STOP 的“软”版本（soft version），最好的描述方法是将其理解为请求停止。在键盘上按下<Control-Z>时，终端驱动程序会生成该信号。捕获到 TSTP 信号的程序通常会清除状态信息，然后给自己发送 STOP 来完成停止操作。或者是忽略 TSTP 信号，避免自己被输入的组合键停止。

KILL、INT、TERM、HUP、QUIT 信号听起来好像意思都差不多，但实际上用法千差万别。选用这种含糊的术语实在让人遗憾。下面我们来为你逐一解释。

- KILL 信号无法被阻塞，它会在内核层面上终止进程。进程实际上根本没机会接收或处理该信号。
- INT 信号是在用户按下<Control-C>时由终端驱动程序发送的。其作用是请求终止当前操作。简单的程序应该退出（如果捕获了该信号）或是允许自己被终止（这是没有捕获该信号时的默认操作）。采用交互式命令行的程序（如 shell）应该停止当前操作、清理现场并等待用户再次输入。
- TERM 信号请求完全终止运行。接收到该信号的进程应该清除状态信息并退出。
- HUP 有两种常见的解释。第一种，很多守护进程将其理解为请求重置。如果守护进程不需要重启就能够重新读取自己的配置文件并做出相应的调整，那么 HUP 信号通常可以触发这种操作。

第二种，终端驱动程序有时在尝试“清除”（也就是杀死）依附于某个终端的进程时也会产生 HUP 信号。这种行为很大程度上是有线终端和调制解调器时代的遗留产物，因此叫作“挂断”（hangup）。

C shell 家族中的 shell（tcsh 等）通常会让后台进程不受 HUP 信号的影响，以便其能够在用户登出之后继续运行。使用 Bourne 风格（Bourne-ish）shell（ksh、bash 等）的用户可以使用 nohup 命令模拟这种行为。

- QUIT 类似于 TERM，不同之处在于如果没有捕获该信号的话，默认会生成内存转储。少数程序会吞食掉（cannibalize）QUIT 信号并将其解释为其他含义。

信号 USR1 和 USR2 并没有预设含义，可供程序根据需要自行使用。例如，Apache Web 服务器将 HUP 信号解释为请求立即重启。USR1 信号则表示要开始一次更为平稳的转换，允许结束已有的客户端会话。

4.2.2 kill：发送信号

顾名思义，kill 命令最常见的用法就是终止进程。kill 可以发送任意信号，如果不指定的话，默认发送的是 TERM 信号。普通用户可以对自己的进程使用 kill，而 root 用户可以对所有进程使用。该命令的语法如下：

```
kill [-signal] pid
```

其中，signal 是要发送的信号的编号或名称（如表 4.1 中所示），pid 是目标进程的 ID。

不加信号编号的 kill 命令未必能够终止进程，因为 TERM 信号可以被捕获、阻塞或忽略。下列命令：

```
$ kill -9 pid
```

能够“保证”杀死指定进程，因为编号为 9 的信号 KILL 无法被捕获。仅在普通请求失败的情况下才使用 kill -9，毕竟还是要先礼后兵。我们给“保证”一词加上引号是因为进程偶尔会变得很难缠，哪怕是 KILL 也拿它们没有办法，这通常是因为某些恶化的 I/O 虚锁（vapor lock）（例如等待已经消失的存储卷）。解决此类进程的唯一方法就是重启。

killall 命令会按照名字杀死所有进程。例如，下列命令将杀死全部的 Apache Web 服务器继承。

```
$ sudo killall httpd
```

pkill 命令会依据名字（或其他属性，例如 EUID）搜索进程并发送指定信号。例如，下列命令将向用户 ben 的所有进程发送 TERM 信号。

```
$ sudo pkill -u ben
```

4.2.3 进程与线程状态

上一节中讲到过，被 STOP 信号挂起的进程可以使用 CONT 信号恢复工作。这种挂起或可运行状态适用于整个进程并由该进程所有的线程所继承。[①]

即便在名义上已经是可运行状态，线程有时候也必须等待内核为其完成某些后台工作才能够继续运行。例如，当线程从文件中读取数据时，内核必须请求相应的磁盘块，然后将其中的数据传入进程的地址空间。在此期间，发出读取请求的线程会停止运行，进入短期睡眠状态。同一进程中的其他线程则继续运行。

---

① 也可以使用类似的方法管理个别进程。不过关注这些功能的主要是开发人员，系统管理并不需要了解这些。

有时你会看到整个进程都被描述为“睡眠”状态（例如下一节中 ps 命令的输出）。因为睡眠是线程层面的属性，这种习惯性的描述方法多少有点迷惑性。当进程所有的线程全都睡着的时候，该进程才应该叫作“睡眠”。当然了，对于单线程的进程而言，这种区分就没什么意义了，其实这也是最常见的情况。

交互式 shell 和系统守护进程的大部分时间都是在睡眠中度过的，它们要等待终端输入或网络连接。因为睡眠线程只有在请求得到满足时才能解除阻塞，在没有接收到信号或是 I/O 请求响应的情况下，其所属进程通常并不会占用 CPU 时间。

有些操作会使得进程或线程进入一种不可中断的睡眠状态。这种状态通常转瞬即逝，无法通过 ps 的输出观察到（在 STAT 一栏中以 D 表示，详见表 4.2）。但碰上少数恶化的情况，该状态会一直持续下去。最常见的原因与服务器上以 hard 选项挂载的 NFS 文件系统有关。因为无法唤醒处于不可中断睡眠状态的进程来响应信号，也就无法杀死这种进程。要想解决这个问题，要么排除故障根源，要么重新引导系统。

平日里，你可能偶尔会碰到“僵尸”（zombie）进程，这种进程已经运行完毕，但是状态信息尚未被父进程（init 或 systemd）收回。如果你发现系统中有僵尸进程出没，使用 ps 命令检查其 PPID，搞清楚它们来自何处。

4.3　ps：监视进程

ps 命令是系统管理员监视进程时的主要工具。尽管不同的 ps 版本在参数和显示格式方面各不相同，但所传递的信息都是一样的。之所以出现如此之多的 ps 版本，部分原因要归咎于不同的 UNIX 发展历史。不过，出于一些别的原因，厂商也倾向于定制 ps 命令。该命令与内核处理进程的方式密切相关，因此也能够反映出厂商对于底层内核所做出的改动。

ps 能够显示出进程的 PID、UID、优先级以及控制终端。它还会告诉你进程占用了多少内存、耗费了多少 CPU 时间、当前是什么状态（运行、停止、睡眠等）。僵尸进程在 ps 输出中会以<exiting>或<defunct>示人。

ps 的实现在这些年里已经变的复杂得令人绝望。有些厂商已经放弃了再去尝试定义有意义的输出显示，转而使其 ps 命令变成完全可配置的。只需要略进行一点定制工作，几乎可以产生你想要的任何输出。

举例来说，Linux 中的 ps 就是一个形态极其多样的版本，该版本能够理解多种历史背景的选项集。Linux 版本的 ps 命令有一个独特之处：它所接受的命令行选项带不带连字符都可以，但是意义可能不一样。例如，ps -a 并不等同于 ps a。

可别被吓住了，这种复杂性主要是针对开发人员的，系统管理员没那么多麻烦。尽管用到 ps 的时候不少，但其实你只需要知道少数几种用法就行了。

ps aux 可以列出运行在系统中的所有进程。a 选项表示显示所有进程，x 选项表示将没有控制终端的进程也显示出来，u 表示选择“面向用户”的输出格式。下面是在 Red Hat 上运行 ps aux 的输出结果。

```
redhat$ ps aux
  USER    PID %CPU %MEM    VSZ    RSS  TTY STAT TIME   COMMAND
  root      1  0.1  0.2   3356    560  ?   S    0:00   init [5]
  root      2    0    0      0      0  ?   SN   0:00   [ksoftirqd/0]
  root      3    0    0      0      0  ?   S<   0:00   [events/0]
  root      4    0    0      0      0  ?   S<   0:00   [khelper]
  root      5    0    0      0      0  ?   S<   0:00   [kacpid]
```

```
  root    18    0   0     0     0  ?  S<   0:00  [kblockd/0]
  root    28    0   0     0     0  ?  S    0:00  [pdflush]
...
  root   196    0   0     0     0  ?  S    0:00  [kjournald]
  root  1050    0 0.1  2652   448  ?  S<s  0:00  udevd
  root  1472    0 0.3  3048  1008  ?  S<s  0:00  /sbin/dhclient -1
  root  1646    0 0.3  3012  1012  ?  S<s  0:00  /sbin/dhclient -1
  root  1733    0   0     0     0  ?  S    0:00  [kjournald]
  root  2124    0 0.3  3004  1008  ?  Ss   0:00  /sbin/dhclient -1
  root  2182    0 0.2  2264   596  ?  Ss   0:00  rsyslog -m 0
  root  2186    0 0.1  2952   484  ?  Ss   0:00  klogd -x
  root  2519  0.0 0.0 17036   380  ?  Ss   0:00  /usr/sbin/atd
  root  2384    0 0.6  4080  1660  ?  Ss   0:00  /usr/sbin/sshd
  root  2419    0 1.1  7776  3004  ?  Ss   0:00  sendmail: accept
...
```

中括号中的命令名并非真正的命令，而是以进程方式调度的内核线程。表 4.2 列出了每一列的具体含义。

表 4.2　　ps aux 命令输出详解

字段	内容
USER	进程属主的用户名
PID	进程 ID
%CPU	进程占用的 CPU 百分比
%MEM	进程占用的物理内存百分比
VSZ	进程占用的虚拟内存大小
RSS	驻留集大小（内存页面数）[①]
TTY	控制终端 ID
STAT	进程当前状态： R = 可运行；D = 不可中断睡眠； S = 睡眠（<20 s）；T = 被跟踪或停止； Z = 僵尸。 其他标志： W = 进程被交换出； <= 进程高于普通优先级； N = 进程低于普通优先级； L = 某些页面被锁定在内存中； s = 进程为会话的控制进程（session leader）
TIME	进程消耗的 CPU 时间
COMMAND	命令名及参数 [a]

注：a. 程序可以修改该信息，因此未必能够准确描述实际的命令行。

另一组有用的选项是 lax，用户可以从中获得更详细的技术信息。a 和 x 选项的作用和之前讲过的一样（显示所有进程），l 选项表示选择“长格式”输出。ps lax 的运行速度要比 ps aux 略快，因为前者不需要将每个 UID 转换成对应的用户名，在系统已经过载的情况下，执行效率就显得更重要了。

下面展示一个缩减过的例子，ps lax 在输出中包含了父进程 ID（PPID）、友善度（NI）以及

① 这里指的是进程所使用的未被交换出去的物理内存页面数。——译者注

进程等待的资源类型（WCHAN，wait channel 的缩写）。

```
redhat$ ps lax
  F  UID   PID PPID PRI  NI  VSZ  RSS WCHAN  STAT TIME COMMAND
  4    0     1    0  16   0 3356  560 select S    0:00 init [5]
  1    0     2    1  34  19    0    0 ksofti SN   0:00 [ksoftirqd/0
  1    0     3    1   5 -10    0    0 worker S<   0:00 [events/0]
  1    0     4    3   5 -10    0    0 worker S<   0:00 [khelper]
  5    0  2186    1  16   0 2952  484 syslog Ss   0:00 klogd -x
  5   32  2207    1  15   0 2824  580 -      Ss   0:00 portmap
  5   29  2227    1  18   0 2100  760 select Ss   0:00 rpc.statd
  1    0  2260    1  16   0 5668 1084 -      Ss   0:00 rpc.idmapd
  1    0  2336    1  21   0 3268  556 select Ss   0:00 acpid
  5    0  2384    1  17   0 4080 1660 select Ss   0:00 sshd
  1    0  2399    1  15   0 2780  828 select Ss   0:00 xinetd -sta
  5    0  2419    1  16   0 7776 3004 select Ss   0:00 sendmail: a
...
```

如果命令参数较多，在输出时可能会被截断。加上 w 可以在输出中显示更多的内容。加上两个 ww 则不再限制输出列宽，这对于那些命令行参数奇长的进程（例如有些 Java 程序）尤其方便。

管理员经常需要识别某个进程的 PID。你可以使用 grep 命令过滤 ps 的输出，找出需要的 PID。

```
$ ps aux | grep sshd
root      6811  0.0 0.0  78056 1340 ?     Ss 16:04 0:00 /usr/sbin/sshd
bwhaley 13961  0.0 0.0 110408  868 pts/1 S+ 20:37 0:00 grep /usr/sbin/sshd
```

注意，ps 的输出中还包含了 grep 命令本身，这是因为在运行 ps 时，grep 也是一个活跃进程。你可以使用 grep -v 从输出中删除这一行。

```
$ ps aux | grep -v grep | grep sshd
root      6811  0.0 0.0  78056 1340 ?       Ss 16:04 0:00 /usr/sbin/sshd
```

也可以使用 pidof 命令确定进程的 PID。

```
$ pidof /usr/sbin/sshd
6811
```

或是用 pgrep 实用工具。

```
$ pgrep sshd
6811
```

pidof 和 pgrep 会显示出匹配指定字符串的所有进程。我们经常发现能够提供最大灵活性的就是简单的 grep，尽管该命令有点啰唆。

4.4 使用 top 动态监视进程

像 ps 这样的命令只能显示出当时的系统状态快照。这种有限的样本经常不足以反映出系统的全局情况。作为 ps 命令的实时版本，top 命令能够定时更新，给出进程及其占用资源的交互形式汇总。例如：

```
redhat$ top
top - 20:07:43 up  1:59,   3 users,  load average: 0.45, 0.16, 0.09
Tasks: 251 total,   1 running, 250 sleeping,    0 stopped,    0 zombie
%Cpu(s):  0.7 us, 1.2 sy, 0.0 ni, 98.0 id, 0.0 wa, 0.0 hi, 0.2 si, 0.0 st
KiB Mem :  1013672 total,  128304 free,  547176 used,  338192 buff/cache
KiB Swap:  2097148 total, 2089188 free,     7960 used.  242556 avail Mem

  PID  USER  PR  NI    VIRT   RES   SHR S %CPU %MEM    TIME+  COMMAND
 2731  root  20   0  193316 34848 15184 S  1.7  3.4  0:30.39  Xorg
```

```
25721  ulsah 20   0  619412 27216 17636 S  1.0  2.7  0:03.67  konsole
25296  ulsah 20   0  260724  6068  3268 S  0.7  0.6  0:17.78  prlcc
  747  root  20   0    4372   604   504 S  0.3  0.1  0:02.68  rngd
  846  root  20   0  141744   384   192 S  0.3  0.0  0:01.74  prltoolsd
 1647  root  20   0  177436  3656  2632 S  0.3  0.4  0:04.47  cupsd
10246  ulsah 20   0  130156  1936  1256 R  0.3  0.2  0:00.10  top
    1  root  20   0   59620  5472  3348 S  0.0  0.5  0:02.09  systemd
    2  root  20   0       0     0     0 S  0.0  0.0  0:00.02  kthreadd
    3  root  20   0       0     0     0 S  0.0  0.0  0:00.03  ksoftirqd/0
    5  root   0 -20       0     0     0 S  0.0  0.0  0:00.00  kworker/0:+
    7  root  rt   0       0     0     0 S  0.0  0.0  0:00.20  migration/0
    8  root  20   0       0     0     0 S  0.0  0.0  0:00.00  rcu_bh
    9  root  20   0       0     0     0 S  0.0  0.0  0:00.00  rcuob/0
...
```

在默认情况下，根据系统的不同，top 会每隔 1～2 s 更新一次显示内容。CPU 占用率最高的进程会出现在输出顶部。top 还能够从键盘接受输入，向进程发送信号，重新调整进程的友善度（详见下一节），然后你就可以观察到所进行的操作是如何影响系统的整体表现了。

在分析系统健康情况时，首先要注意的就是 top 输出中最上面的几行汇总信息。它总结了系统负载、内存占用、进程数量以及 CPU 的使用方式。

在多核系统中，CPU 占用率是所有处理核心的平均值。在 Linux 中，在 top 运行时按下数字键 1 可以在单个的处理核心之间切换显示。在 FreeBSD 中，top -P 能够实现相同的效果。①

root 用户可以使用带有-q 选项的 top 命令，这样可以将该命令的权限尽可能地提升至最高。当视图跟踪某个已经将系统拖垮的进程时，该选项就有用武之地了。

htop 也是我们的心头好，这是一个开源、跨平台、交互式的进程查看工具，提供了更多的特性，界面也比 top 的更漂亮。目前在本书的示例系统中尚没有现成的软件包可用，不过你可以从其开发者网站下载二进制或源代码版本。

4.5 nice 与 renice：修改调度优先级

进程的“友善度”是一个数字形式的暗示，告诉内核该进程在和其他进程竞争 CPU 时应该如何处理。②这个陌生的术语源自于它决定了你对待系统的其他用户的友善程度。友善度越高，意味着进程的优先级越低：毕竟你要谦让别的进程嘛。友善度越低（可以是负值），意味着进程的优先级越高：你已经不打算再让步了。

如今手动设置优先级的情况已经极为罕见了。在当初开发 UNIX 所使用的那些处理能力低下的系统中，其性能会明显受到 CPU 上所运行进程的影响。如今桌面级 CPU 的处理能力都是供大于求的，调度程序能够出色地管理大部分工作任务。增加的调度分类在需要快速响应时可以给予开发人员更多的控制权。

可允许的友善值范围视系统而定。在 Linux 中，这个范围是−20～+19；在 FreeBSD 中，是−20～+20。

除非用户进行了特别处理，否则新创建的进程会继承父进程的友善值。进程的属主只能增加而不能降低友善值，哪怕是想退回到其默认友善值也不行。这种限制是为了避免较低优先级的进程生成高优先级的子进程。不过超级用户可以无视此规定来任意设置友善值。

---

① 在 FreeBSD 系统中，你可以通过设置 TOP 环境变量来为 top 命令传递额外的选项。我们推荐使用-H 显示多线程进程的所有线程，而不是仅显示汇总信息；另外再加上-P 显示 CPU 的所有处理核心。把 export TOP="-HP"添加到 shell 初始化文件中，以便修改效果能够在多个 shell 会话之间持续生效。

② nice 只能够管理 CPU 的调度优先级。ionice 可以设置 I/O 优先级。

I/O 性能还是跟不上日益提升的 CPU 速度。即便是配备上目前的高性能 SSD，磁盘带宽仍旧是大多数系统的主要瓶颈。遗憾的是，进程的友善度并不能影响对于其内存或 I/O 的管理。高友善度的进程仍然不合比例地霸占着这些资源。

进程的友善度可以在创建进程时用 nice 命令来设置，随后还能用 renice 命令调整。nice 使用命令行作为参数，renice 使用 PID 或（有时候）用户名作为参数。

请看下面几个例子。

```
$ nice -n 5 ~/bin/longtask        // 降低 5 个优先级（提升友善度）
$ sudo renice -5 8829             // 将友善度设置为-5
$ sudo renice 5 -u boggs          // 将 boggs 的进程优先级设置为 5
```

可惜在如何指定所需的优先级方面，各个系统之间的差异不小。实际上，甚至是同一个系统中的 nice 和 renice 也经常不一致。更复杂的是，C shell 和其他常见的 shell（并非 bash）还内建了某种版本的 nice。如果想使用操作系统版本的 nice，必须输入其完整路径，否则你运行的将会是该命令的 shell 版本。为了避免出现歧义，我们建议你使用带有完整路径的系统版本（/usr/bin/nice）。

表 4.3 总结出了 nice 的各种不同之处。prio 是一个绝对的友善值，incr 是一个相对的友善值增量，需要将其与 shell 的当前友善值相加。只有 shell 版本的 nice 才能够理解加号（实际上，必须使用加号）。除此之外，都用不到这个符号。

表 4.3 nice 和 renice 命令中表示优先级的写法

系统	取值范围	操作系统版 nice	csh 版 nice	renice
Linux	−20～19	**-n** *incr*	+*incr* 或-*incr*	*prio* 或**-n** *prio*
FreeBSD	−20～20	**-n** *incr*	+*incr* 或-*incr*	*incr* 或**-n** *incr*

4.6 /proc 文件系统

Linux 版本的 ps 和 top 命令都会从/proc 目录中读取进程的状态信息，该目录是一个伪文件系统，内核将各种系统状态信息都暴露于此。

尽管名字叫作/proc（对应的底层文件系统名也是“proc”），但其中的信息并不仅限于进程信息，还包括各种由内核生成的状态及统计信息。你甚至可以通过写入/proc 下相关的文件来修改某些参数。11.4 节中给出了几个例子。

尽管这当中有很多信息通过前端命令（如 vmstat 和 ps）访问是最简单的，但有些更隐蔽的宝贵信息只能从/proc 中直接读取。多看看，熟悉该目录中的所有内容还是值得的。man proc 给出了全面、详细的解释。

因为/proc 下的文件内容是由内核动态创建的（在读取的时候），在使用 ls -l 时，所列出的文件大多数显示的都是 0 字节。你只能使用 cat 或 less 命令查看其中到底有些什么。不过要小心，少数文件链接到或包含的是二进制数据，直接浏览的话，会把终端仿真程序给搞乱的。

特定进程的信息被划分到以 PID 为名的子目录中。例如，/proc/1 目录中总是包含 init 的信息。表 4.4 列出了与进程相关的一些有用的文件。

表 4.4 Linux 系统中/proc 目录下的进程信息文件（数字编号的子目录）

文件	内容
cgroup	进程所属的控制组
cmd	进程所执行的命令或程序

续表

文件	内容
cmdline [a]	进程完整的命令行（以 null 分隔）
cwd	进程当前目录的符号链接
environ	进程的环境变量（以 null 分隔）
exe	指向所执行文件的符号链接
fd	子目录，其中包含指向每个已打开的文件描述符的链接
fdinfo	子目录，其中包含每个已打开的文件描述符的更多信息
maps	内存映射信息（共享段、库等）
ns	子目录，其中包含了指向进程所使用的每个名字空间的链接
root	指向进程根目录（由 chroot 设置）的符号链接
stat	一般性的进程状态信息（最好还是使用 ps 命令来解读）
statm	内存占用信息

注：a. 如果进程已经被交换出内存，那么该文件可能无法使用。

包含在文件 cmdline 和 environ 中的各个组成部分之间的分隔符是 null 字符，而非换行符。你可以使用 tr "\000" "\n"提高文件内容的可读性。

fd 子目录以符号链接的形式描述了进程打开的文件。连接到管道或网络套接字的文件描述符没有相关联的文件名。内核对此提供了一句普通的描述信息作为链接目标。①

maps 文件在确定某个程序链接到或是依赖哪些库时很有用。

FreeBSD 包含了一个功能类似但实现却不同的/proc。不过由于其代码疏于维护以及一系列的安全问题，现在已经被废弃不用了。出于兼容性的考虑，其中的文件还可以访问，不过默认是不挂载的。可以使用下面的命令②来挂载。

```
freebsd$ sudo mount -t procfs proc /proc
```

proc 文件系统的布局和 Linux 版本上的类似，但并不完全相同。进程信息包括进程状态、指向所执行文件的符号链接、进程虚拟内存的细节以及其他低层信息。可以参考 man procfs。

4.7 strace 与 truss：跟踪信号和系统调用

有时很难搞明白进程究竟在做什么。第一步一般是基于从文件系统、日志、工具（如 ps）中收集到的间接数据做出有根据的猜测。

如果这些信息源尚不足以做出结论，你可以使用 strace（Linux 平台，通常是一个可选的包）或 truss（FreeBSD）命令从更低层一窥进程的究竟。这些命令能够显示出进程所发出的每一次系统调用以及接收到的每一个信号。你可以将 strace 或 truss 附着在运行的进程上，监视一会儿，然后在不影响进程的情况下从中分离出来。③④

尽管系统调用发生在相对较低的抽象层面，但通常还是可以通过跟踪调用发现进程的大量活

---

① 例如 socket:[53727]。——译者注

② 要想在引导时自动挂载/proc 文件系统，可以将 proc /proc procfs rw 0 0 添加到/etc/fstab 中。

③ strace 通常会中断系统调用。被监视的进程必须随后重新发起调用。这是 UNIX 软件卫生（software hygiene）的一条标准规则，但并非总是能够被注意到。

④ 软件卫生是一组规则和规程，用于将受欺诈（cheating）的风险降到最低。

动信息。例如，下面的日志是使用 strace 跟踪 top 命令执行（其运行时的 PID 是 5 810）所得到的。

```
redhat$ sudo strace -p 5810
gettimeofday( {1116193814, 213881}, {300, 0} )        = 0
open("/proc", O_RDONLY|O_NONBLOCK|O_LARGEFILE|O_DIRECTORY) = 7
fstat64(7, {st_mode=S_IFDIR|0555, st_size=0, ...} ) = 0
fcntl64(7, F_SETFD, FD_CLOEXEC)                        = 0
getdents64(7, /* 36 entries */, 1024)                  = 1016
getdents64(7, /* 39 entries */, 1024)                  = 1016
stat64("/proc/1", {st_mode=S_IFDIR|0555, st_size=0, ...} ) = 0
open("/proc/1/stat", O_RDONLY)                         = 8
read(8, "1 (init) S 0 0 0 0 -1 4194560 73"..., 1023)= 191
close(8)                                               = 0
...
```

strace 不仅能够显示出进程发出的每个系统调用，还能解析出调用参数，显示内核返回的结果码。

在上面的例子中，top 首先检查了当前时间，然后打开/proc 目录并获得其信息，接着读取目录内容，生成正在运行的进程清单。之后取得代表 init 进程的目录信息，再打开/proc/1/stat 读取 init 的相关状态。

系统调用输出经常能揭示出一些进程没有报告的错误。例如，在 strace 或 truss 的输出中经常可以很清楚地发现文件系统权限错误或套接字冲突。注意哪些返回错误提示的系统调用，检查非 0 的返回值。

strace 的妙用多多，其中大多数都已经在手册页中写明了。例如，选项-f 可以跟踪衍生出的（forked）进程。该进程有助于跟踪拥有众多子进程的守护进程（例如 httpd）。选项-e trace=file 可以只显示出文件相关的操作。该特性在定位某些难以查找的配置文件时尤为方便。

下面是一个在 FreeBSD 中使用 truss 的类似例子。在本例中，我们要看看 cp 是如何复制文件的。

```
freebsd$ truss cp /etc/passwd /tmp/pw
...
lstat("/etc/passwd",{ mode=-rw-r--r-- ,inode=13576,size=2380,
    blksize=4096 }) = 0 (0x0)
umask(0x1ff)                                    = 18 (0x12)
umask(0x12)                                     = 511 (0x1ff)
fstatat(AT_FDCWD,"/etc/passwd",{ mode=-rw-r--r-- ,inode=13576,
    size=2380,blksize=4096 },0x0)               = 0 (0x0)
stat("/tmp/pw",0x7ffffffe440)         ERR#2 'No such file or directory'
openat(AT_FDCWD,"/etc/passwd",O_RDONLY,00)      = 3 (0x3)
openat(AT_FDCWD,"/tmp/pw",O_WRONLY|O_CREAT,0100644) = 4 (0x4)
mmap(0x0,2380,PROT_READ,MAP_SHARED,3,0x0)       = 34366304256
   (0x800643000)
write(4,"# $FreeBSD: releng/11.0/etc/mast"...,2380) = 2380 (0x94c)
close(4)                                        = 0 (0x0)
close(3)                                        = 0 (0x0)
...
```

分配完内存并打开所依赖的库（这里没有显示出来）之后，cp 使用 lsstat 系统调用以检查/etc/passwd 文件的当前状态，然后在指定路径/tmp/pw 上调用 stat。由于该文件并不存在，stat 因此执行失败，truss 解析错误并输出“No such file or directory”。

cp 然后调用 openat（使用了 O_RDONLY 选项）读取/etc/passwd 的内容，接着再对/tmp/pw 调用带有 O_WRONLY 选项的 openat 来创建新的目标文件。随后将/etc/passwd 的内容映射到内存中（使用 mmap）并使用 write 将数据写出。最后，cp 关闭这两个文件句柄，完成清理工作。

系统调用跟踪是管理员手中一件威力强大的调试工具。如果诸如检查日志、配置进程输出排错信息这类传统方法都用尽时，可以求助于这种手段。别被密密麻麻的跟踪信息吓到了，把注意力放在能读懂的部分通常就足够解决问题了。

4.8 失控进程

“失控”（runaway）指的是那些明显占用了比正常预期更多的 CPU、磁盘、网络资源的进程。有时候是因为程序自身的 bug 才导致了这种失常的行为，也可能是由于程序无法妥善处理上游故障，导致陷入了困境。如果进程不停地重复尝试某个失败操作，那么就拖垮了 CPU。在另一类情况中，并不存在什么 bug，纯粹就是程序实现上的低效所带来的对于系统资源的贪得无厌。

所有这些都值得系统管理员深入调查，这不仅是因为失控进程很有可能无法正常工作，而且这种进程通常会干扰系统中其他进程的正常操作。

在系统负载繁重时，非正常行为和正常行为之间的界线往往很模糊。诊断过程的第一步通常是确定要观察的现象。一般而言，系统进程应该总是运行得有条不紊，如果这些进程中出现了明显的行为异常，那自然就是要怀疑的目标。用户进程（如 Web 服务器或数据库）值得注意的表现之一就是过载。

可以通过查看 ps 或 top 的输出来找出过多占用 CPU 的进程。另外还要检查 uptime 命令所报告的系统平均负载。在传统上，这些值给出了在过去的 1 分钟、5 分钟、15 分钟内，系统中可运行进程的平均数量。Linux 下的平均负载还考虑到了由磁盘操作和其他形式的 I/O 所引发的系统繁忙情况。

对于计算密集型（CPU bound）系统，平均负载应该低于系统可用的 CPU 处理核心的总数量。如果不能满足这一要求，系统就会过载。在 Linux 下，使用 top 或 ps 检查总的 CPU 使用率，确定高平均负载是和 CPU 负载有关，还是和 I/O 有关。如果 CPU 使用率接近 100%，这时可能就已经达到了系统瓶颈。

占用系统物理内存过多的进程会引发严重的性能问题。可以使用 top 检查进程的内存使用情况。VIRT 列显示了分配给每个进程的虚拟内存大小，RES 列显示了目前被映射到内存页面中的部分（也就是“驻留集”）。

这两个数字中都包含了共享资源（例如库），因此有可能会造成误导。测定进程内存占用情况更直接的方式是查看 DATA 列，这一列默认并不显示。要想显示出该列，可以在运行 top 时按下 F 键，从中选中 DATA 并按下空格键。DATA 值指明了进程的数据段以及栈所占用的内存，相对来说，这个值对于单个进程要更为具体（模块会共享内存段）。观察该值随时间增长的同时也要注意内存占用的绝对大小。在 FreeBSD 中，默认显示的 SIZE 列可以实现相同的功能。

在终止某个看似失控的进程之前，一定要切实搞明白来龙去脉。排除问题并避免重现的最好办法就是现场调查。只要杀死了失常进程，大多数故障现象就会消失。

也别忘记出现黑客的可能性。恶意软件一般不会在各种环境下测试，所以要比正常软件更容易进入某种恶化状态。如果你怀疑情况不正常，可以使用 strace 或 truss 跟踪其系统调用，了解进程的所作所为（例如破解密码）及其数据的存放地点。

失控进程产生的输出会塞满整个文件系统，造成大量的问题。如果文件系统被填满，大量消息会出现在控制台中，任何向文件系统写入的操作都会导致错误。

在这种情况下，第一件事就是确定哪个文件系统已满，是哪个文件所为。df -h 命令会以易读的单位显示出文件系统的磁盘使用情况。查找那些使用率在 100%或是更多的文件系统。[①]在

① 大部分文件系统实现会保留一部分（大概 5%）存储空间以备不时之需，但是以 root 身份运行的进程可以占用这部分空间，导致出现使用率超过 100%的报告。

已确定的文件系统上使用 du -h 命令，找出占用空间最多的目录。重复利用 du 命令，直到发现罪魁祸首。

df 和 du 报告磁盘使用情况的方式略有不同。df 是根据已挂载文件系统元数据中的磁盘总块数来报告此文件系统的磁盘空间。如果文件已从中删除，但仍被正在运行的进程引用，df 会报告这部分空间，但 du 就不会。这种不一致性会一直持续到打开的文件描述符被关闭或该文件被截断。如果你不知道哪个进程在使用某个文件，可以使用 fuser 和 lsof 命令（详见 5.2 节）来获取更多的相关信息。

4.9 周期性进程

让脚本或命令能够在没有用户干预的情况下自动执行经常还是挺有用的。常见的用例包括调度备份、数据库维护操作或是批量执行夜间作业。在 UNIX 和 Linux 中，实现这一目标的方法不止一种。

4.9.1 cron：命令调度

传统的 cron 守护进程可以按照预先确定的调度方案执行程序。它在系统引导时启动，只要不关机，就一直保持运行。cron 有多种实现，不过好在对于管理员而言，各种版本的语法和功能基本上一样。

由于名字不够清晰，Red Hat 已经将 cron 更名为 crond。别担心，它还是那个我们熟知并喜爱的 cron。

cron 在每次被调用时都会读取包含命令行及其执行时间的配置文件。其中的命令行由 sh 负责执行，因此你在 shell 中手动输入的绝大部分命令都可以通过 cron 完成。如果有需要，你甚至可以配置 cron 使用其他的 shell。

cron 的配置文件叫作 crontab，这是“cron table”的简写。单个用户的 crontab 保存在 /var/spool/cron（Linux）或/var/cron/tabs（FreeBSD）之下。每个用户只能有一个 crontab 文件。该文件是纯文本类型，以其所属用户的登录名作为文件名。cron 使用文件名（以及文件所有权）决定使用哪个 UID 来运行配置文件中所包含的命令。crontab 命令负责在配置文件目录中传递 crontab 文件。

cron 尝试将花在重新解析配置文件和计时方面的时间降低到最少。crontab 命令会在 crontab 文件发生变化时提醒 cron，以此提高 cron 的执行效率。因此，不要直接编辑 crontab 文件，这会导致 cron 注意不到你做出的改动。如果你发现 cron 似乎对修改过的 crontab 文件没有反应，可以向 cron 进程发送 HUP 信号，强制其重新载入配置文件，这招在大多数系统中都管用。

cron 一般都是默默无闻地工作，不过大多数版本会保存一个日志文件（通常是/var/log/cron），其中列出了执行过的命令及其时间。如果不知道为什么 cron 作业有问题，可以查看这个 cron 日志文件。

1. crontab 的文件格式

系统中所有的 crontab 文件都采用相似的格式。在每行的第一列中用井字号（#）表示注释。非注释行包含 6 个字段，用于描述一条命令。

```
minute hour dom month weekday command
```

前 5 个字段告诉 cron 什么时候执行命令。这些字段之间以空白字符分隔，但是在 command 字段中的空白字符会被传给 shell。表示时间的各个字段的含义如表 4.5 所示。crontab 文件中的一个条目（entry）俗称“cron 作业”（cron job）。

表 4.5 crontab 文件中的时间规范

字段	描述	取值范围
minute	分钟	0～59
hour	小时	0～23
dom	月份中的天	1～31
month	月份	1～12
weekday	星期中的天	0～6

与时间相关的各个字段中可以包含：

- 星号，可以匹配任何内容；
- 单个整数，表示精确匹配；
- 以连字符分隔的两个整数，表示取值范围；
- 取值范围之后跟上一个斜线以及一个步进值，例如：1-10/2；
- 由逗号分隔的整数或取值范围列表，可以匹配任意的列表项。

比如下面的时间规范：

```
45 10 * * 1-5
```

表示“星期一至星期五的上午 10 点 45 分”。提示：千万不要在每个字段中都使用星号，除非你打算每分钟执行一次命令，这种写法仅在测试时用得上。cron 作业最小的调整粒度是 1 分钟。

crontab 文件中的时间范围可以包含一个步进值。例如，序列 0,3,6,9,12,15,18 可以写成更简洁的形式：0-18/3。你也可以使用 3 个字母的文本助记符表示月份和天，不过这种写法不能和时间范围搭配使用。就我们所知，该特性仅适用于英文名称。

注意，weekday 和 dom 字段有一个潜在的歧义。某一天既可以属于星期，也可以属于月份。如果同时指定了 weekday 和 dom，只要这天能够满足其中一个条件就可以了。

例如：

```
0,30 * 13 * 5
```

表示“星期五每隔半小时”，也可以表示“每个月 13 号每隔半小时”，但不表示“既是 13 号又是星期五的那天每隔半小时”。

command 是要执行的 sh 命令行。它可以是任何有效的、未加引号引用的 shell 命令。command 能够一直延续到行尾，其中允许出现空格或制表符。

百分号（%）表示 command 字段中的换行。只有第一个百分号之前的内容才被视为命令，行中余下的部分作为命令的标准输入。如果命令中含有具有特殊含义的百分号（例如：date +\%s），可以使用反斜线（\）作为转义字符。

尽管要调用 sh 来执行 command，但该 shell 并非作为登录 shell，因此不会去读取~/.profile 或~/.bash_profile。这样的结果就是命令的环境变量设置可能会和你预想的有出入。如果命令在 shell 中一切正常，但放进 crontab 文件中就有毛病，那有可能是环境惹的祸。如果有需要，完全可以把命令放进脚本，在脚本中设置好适合的环境变量。

我们建议使用命令的完整路径，这样即便是 PATH 没有设置好，也能够确保作业可以正常执行。例如，下面的命令每分钟都会将日期和系统运行时长（uptime）写入用户主目录下的文件中。

```
* * * * * echo $(/bin/date) - $(/usr/bin/uptime) >> ~/uptime.log
```

另外，你也可以在crontab文件的顶部明确地设置环境变量。

```
PATH=/bin:/usr/bin
* * * * * echo $(date) - $(uptime) >> ~/uptime.log
```

接下来看几个crontab条目的例子。

```
*/10 * * * 1,3,5 echo ruok | /usr/bin/nc localhost 2181 |
    mail -s "TCP port 2181 status" ben@admin.com
```

该行会在周一、周三、周五，每10分钟将端口2 181的连通性检查结果通过邮件发送出去。因为corn通过sh执行command，其中特殊shell字符（例如管道和重定向）的功能不会有任何影响。

```
0 4 * * Sun (/usr/bin/mysqlcheck -u maintenance --optimize
    --all-databases)
```

该条目会在周日上午4点钟运行mysqlcheck维护程序。因为输出既没有被保存到文件中，也没有被丢弃，所以会通过email发送给crontab的属主。

```
20 1 * * * find /tmp -mtime +7 -type f -exec rm -f { } ';'
```

该命令在每天上午1:20运行。它会删除/tmp目录下修改时间在7天以前的所有文件。行尾的;标记了find命令的子命令参数结束位置。

cron并不会尝试为那些在系统关机时没有运行的命令进行弥补。不过在涉及时制调整时（例如转换入或转换出夏令时），它还是蛮聪明的。

如果cron作业是一个脚本，确保为其设置可执行权限（使用chomd +x），否则cron无法执行该脚本。或者也可以在命令部分直接使用shell来调用脚本。

2. 管理crontab

crontab filename会将filename作为你的crontab文件，替换先前的版本。crontab -e会生成现有crontab文件的副本并调用编辑器（环境变量EDITOR中指定的）打开，然后将其重新提交到crontab目录中。crontab -l会在标准输出中列出crontab文件的当前内容，crontab -r会删除现有的crontab文件。

root用户可以使用username参数来编辑或浏览其他用户的crontab文件。例如，crontab -r jsmith和crontab -e jsmith会分别删除和编辑用户jsmith的crontab文件。Linux允许在命令行中同时出现username和filename参数，为了避免混淆，一定要在用户名前加上-u（例如crontab -u jsmith crontab.new）。

如果不使用任何命令行参数，那么大多数crontab版本会尝试从标准输入中获取crontab文件的内容。如果你不小心进入了该模式，注意不要使用<Control-D>退出，这样会把现有的crontab文件内容全部清空。一定得用<Control-C>。在FreeBSD中，要想让crontab使用标准输入，必须用连字符作为filename参数。这招还是挺聪明的。

很多站点都经历过某种难以捉摸、却又不断出现的网络故障，其原因在于管理员在数百台机器上配置cron同时运行相同的命令，从而造成了延迟或负载过量。使用NTP进行时钟同步更是火上浇油。这个问题很容易通过随机延时脚本来解决。

cron可以利用syslog的“cron”功能记录自身的各种活动，大多数提交的信息都属于“info”级别。默认的syslog配置通常会将cron的日志数据发送到自有文件中。

3. 其他的crontab文件

除了要查找特定用户的crontab文件，cron还受到/etc/crontab以及/etc/cron.d目录下的系统crontab条目的制约。这些文件的格式与个人用户的crontab文件略有不同：前者允许以任意用户身份运行命令。在命令名之前会多出一个 username 字段。而普通的 crontab 文件中并没有该字段，因为 crontab 文件名已经提供了相同的信息。

一般来说，/etc/crontab 是一个由系统管理员手动维护的文件，而/etc/cron.d 就像是个仓库，软件包可以将自己需要的 crontab 条目安装进去。/etc/cron.d 中的文件习惯上和放置它的软件包同名，不过 cron 对此并不介意，也不进行强制要求。

Linux 发行版还预先安装了一些 crontab 表项，用于运行一些熟知目录中的脚本，这样一来，软件包不需要编辑 crontab 文件也可以设置周期性作业。例如，/etc/cron.hourly、/etc/cron.daily 和/etc/cron.weekly 目录下的脚本能够每小时、每天、每周自动运行。

4. cron 访问控制

有两个配置文件指定了哪些用户可以提交 crontab 文件。在 Linux 中，文件是/etc/cron.{allow, deny}；在 FreeBSD 中，文件是/var/cron/{allow,deny}。很多安全标准中规定 crontab 文件只能由服务账户或有正当业务需求的用户访问。allow 和 deny 文件即体现了这种要求。

如果 cron.allow 文件存在，那么该文件中包含的是可以提交 crontab 文件的用户列表，每个用户占一行。没有列入其中的用户将无法调用 crontab 命令。如果 cron.allow 文件不存在，那就检查 cron.deny 文件。该文件中同样包含了一个列表，不过含义正好相反：列表之外的用户都可以访问 crontab。

如果既没有 cron.allow，也没有 cron.deny，那么系统的默认行为（似乎是随机的，没有既定的约定）要么是允许所有用户提交 crontab 文件，要么是仅允许 root 访问 crontab 文件。在实践中，默认的操作系统安装中通常都会包含一份初始配置，因此关于 crontab 在没有配置文件情况下的行为方式也就没有讨论的意义了。大多数默认配置允许所有用户访问 cron。

值得一提的是：在大多数系统中，实现访问控制的是 crontab，而不是 cron。如果用户通过其他手段，偷偷地将 crontab 文件放入适合的目录中，cron 会不假思索地执行该文件中包含的命令。因此，确保/var/spool/cron 和/var/cron/tabs 的所有权归属于 root 至关重要。各种发行版的默认权限设置都没有问题。

4.9.2 systemd 计时器

依照复制其他所有 Linux 子系统功能的使命，systemd 也加入了计时器的概念，能够根据定义好的计划激活特定的 systemd 服务。计时器的功能要比 crontab 条目更强大，但是在设置和管理方面也更复杂。有些 Linux 发行版（比如 CoreOS）已经完全抛弃了 cron，转身投入 systemd 计时器的怀抱，不过本书中的示例系统默认还都继续包含并运行着 cron。

究竟是选择 systemd 计时器还是 crontab 条目，我们也没有什么好的建议。你喜欢哪个就用哪个好了。可惜这两种系统具体用哪个，你说的都不算，因为软件包会根据自己的选择将作业添加到其中一种系统。如果想搞明白某个作业是如何执行的，你只能挨个系统检查。

1. systemd 计时器的结构

一个 systemd 计时器由两个文件组成：

- 计时器单元，描述了调度方案以及要激活的单元；
- 服务单元，指定了运行细节。

相较于 crontab 条目，systemd 计时器可以使用绝对日期（“每周三上午 10 点”）和相对日期（“系统引导后 30 s”）。这种能力使得我们能够编写出功能更强大的表达式，不用再遭受和 cron 作业同样的限制。表 4.6 中描述了时间表达式选项。

表 4.6 systemd 计时器类型

类型	时间基点（time basis）
OnActiveSec	相对于计时器被激活的时间
OnBootSec	相对于系统引导的时间
OnStartupSec	相对于 systemd 启动的时间
OnUnitActiveSec	相对于指定单元最近一次活动的时间
OnUnitInactiveSec	相对于指定单元最近一次不活动的时间
OnCalendar	特定的日期和时间

顾名思义，这些计时器的值以秒为单位。例如，OnActiveSec=30 表示在计时器被激活后的 30 s。其实取值可以是任意有效的 systemd 时间表达式，我们随后会详述表达式的写法。

2. systemd 计时器示例

Red Hat 和 CentOS 中包含了预定义的 systemd 计时器，负责每天清理一次系统产生的临时文件。接下来，我们将详细查看一个示例。首先，使用 systemctl 命令罗列出所有已定义的计时器。（为了提高可读性，我们调整了输出中一些字段的位置。通常每个计时器都会产生一整行长的输出。）

```
redhat$ systemctl list-timers
NEXT        Sun 2017-06-18 10:24:33 UTC
LEFT        18h left
LAST        Sat 2017-06-17 00:45:29 UTC
PASSED      15h ago
UNIT        systemd-tmpfiles-clean.timer
ACTIVATES   systemd-tmpfiles-clean.service
```

输出中列出了计时器单元的名称及其激活的服务单元的名称。由于是默认的系统计时器，因此对应的单元文件位于标准的 systemd 单元目录/usr/lib/systemd/system 中。下面是计时器单元文件。

```
redhat$ cat /usr/lib/systemd/system/systemd-tmpfiles-clean.timer
[Unit]
Description=Daily Cleanup of Temporary Directories
[Timer]
OnBootSec=15min
OnUnitActiveSec=1d
```

该计时器首先会在引导后 15 分钟时被激活，此后每天触发一次。注意，选用某种触发器（在这里是 OnBootSec）来实现初始激活（initial activation）是少不了的。目前靠单条规则无法实现“每 *X* 分钟”的效果。

敏锐的用户应该已经注意到计时器并没有指定要运行哪个单元。在默认情况下，systemd 会查找和计时器同名的服务单元。你也可以使用 Unit 选项明确指定目标单元。

在这种情况下，相应服务单元中的内容应该也在意料之中。

```
redhat$ cat /usr/lib/systemd/system/systemd-tmpfiles-clean.service
[Unit]
Description=Cleanup of Temporary Directories
DefaultDependencies=no
Conflicts=shutdown.target
After=systemd-readahead-collect.service systemd-readahead-replay.service
    local-fs.target time-sync.target
Before=shutdown.target

[Service]
Type=simple
```

```
ExecStart=/usr/bin/systemd-tmpfiles --clean
IOSchedulingClass=idle
```

像其他服务一样，你可以使用 systemctl start systemd-tmpfiles-clean 直接运行（也就是说不借助计时器）目标服务。这种功能极大地方便了调试调度任务，在使用 cron 的日子里，这可是不少管理工作的痛苦之源。

要想创建自己的计时器，只需要把.timer 和.service 文件放到/etc/systemd/system 中就行了。如果想在系统引导时运行计时器，将下面两行添加到计时器单元文件的末尾。

```
[Install]
WantedBy=multi-user.target
```

别忘了在引导时使用 systemctl enable 启用计时器。（你也可以使用 systemctl start 立即启动计时器。）

计时器的 AccuracySec 选项会在指定的时间窗口中挑选一段随机时长，延迟激活计时器。如果计时器运行在一大批联网主机中，你希望避免所有的计时器在同一刻触发，这个特性就能发挥作用了。（回忆一下使用 cron 时，需要利用随机延迟脚本才能实现该特性。）

AccuracySec 的默认值是 60 s。如果你希望计时器严格按照安排好的时间启动，可以这样设置：AccuracySec=1ns。（1 ns 差不多足够接近了。注意，实际上是无法获得纳秒级的精确度的。）

3. systemd 时间表达式

可以灵活地指定计时器的日期、时间以及间隔。具体的语法请参考权威的 systemd.time 手册页。

你可以使用时间段表达式来代替出现在 OnActiveSec 和 OnBootSec 中的相对时间。例如，以下写法全都有效。

```
OnBootSec=2h 1m
OnStartupSec=1week 2days 3hours
OnActiveSec=1hr20m30sec10msec
```

时间表达式中的空格是可选的。最小的粒度是纳秒，但如果计时器触发得过于频繁（超过每两秒一次），systemd 会临时将其禁用。

除了按照周期性间隔触发，也可以利用 OnCalendar 选项在特定的时间激活计时器。该特性最接近于传统 cron 作业的语法，但语法更具表达性和灵活性。表 4.7 中展示了一些可以作为 OnCalendar 选项值的时间写法。

表 4.7　　systemd 时间与日期写法示例

时间规格	含义
2017/7/4	2017 年 7 月 4 日 00:00:00（午夜）
Fri-Mon *-7-4	每年的 7 月 4 日，但这一天必须是在周五至周一之间
Mon-Wed *-*-* 12:00:00	每周一、周二、周三的 12:00:00（中午）
Mon 17:00:00	每周一下午 5:00
weekly	每周一 00:00:00（午夜）
monthly	每个月第一天的 00:00:00（午夜）
*:0/10	从整点开始，每 10 分钟
--* 11/12:10:0	每天 11:10 和 23:10

在时间表达式中，星号作为一个占位符，能够匹配任何合理的值。和 crontab 文件中一样，斜线表示步进值。但两者在严格的语法上略有不同：crontab 文件要求步进对象是一个范围（例

如：9-17/2 表示“上午 9 点至下午 5 点之间每两小时”。)，但是 systemd 时间表达式只采用一个起始值（例如，9/2 表示“从上午 9 点开始每两小时”。)。

4. 临时计时器

你可以在不创建特定任务计时器和服务单元文件的情况下，依据正常的 systemd 计时器类型，使用 systemd-run 命令安排命令执行。例如，每 10 分钟拉取一次 Git 仓库。

```
$ systemd-run --on-calendar '*:0/10' /bin/sh -c "cd /app && git pull"
Running timer as unit run-8823.timer.
Will run service as unit run-8823.service.
```

systemd 会返回一个临时单元标识符，你可以使用 systemctl 将其列出。（和之前一样，我们调整了以下命令输出的显示方式……）

```
$ systemctl list-timers run-8823.timer
NEXT        Sat 2017-06-17 20:40:07 UTC
LEFT        9min left
LAST        Sat 2017-06-17 20:30:07 UTC
PASSED      18s ago

$ systemctl list-units run-8823.timer
UNIT        run-8823.timer
LOAD        loaded
ACTIVE      active
SUB         waiting
DESCRIPTION /bin/sh -c "cd /app && git pull"
```

要想取消或删除某个临时计时器，只需要执行 systemctl stop 把它停止就行了。

```
$ sudo systemctl stop run-8823.timer
```

systemd-run 会在/run/systemd/system 的子目录中创建计时器和单元文件。但是临时计时器只能保留到下一次系统重启。要想永久生效，需要将其从/run 中取出，进行一些必要的调整，然后放入/etc/systemd/system。确保在启动永久计时器之前先停用对应的临时版本。

4.9.3 任务调度的常见用途

在本节中，我们来看一些通过 cron 或 systemd 实现自动化的常见任务。

1. 发送邮件

下面的 crontab 条目实现了一个简单的电子邮件提醒工具。你可以利用它自动地将每日报表或命令执行结果通过电子邮件发送给指定用户。（为了便于在书中显示，我们将该条目的内容进行了折行处理。这实际上是内容颇长的一整行。）

```
30 4 25 * * /usr/bin/mail -s "Time to do the TPS reports"
   ben@admin.com%TPS reports are due at the end of the month! Get
   busy!%%Sincerely,%cron%
```

注意，字符%用于分隔输入中的命令以及标示输入行的结束。该条目会在每个月的第 25 天的上午 4:30 发送电子邮件。

2. 清理文件系统

当程序崩溃时，内核可能会生成一个包含该程序地址空间映像的文件（名字一般为 core.pid、core 或 program.core）。core 文件对于开发人员很有用处，但就管理员而言，它们只是浪费存储空间。用户通常对其并不了解，因此也不大会禁止生成或自行删除此类文件。你可以利用 cron 作业清理由失常和崩溃进程落下的 core 文件或其他残留。

3. 轮替日志文件

各种系统默认的日志文件的管理水平各不相同，你可能需要调整默认管理方式以符合自己的本地策略。“轮替”（rotate）日志文件意味着将其按照大小或日期划分成多个段，保证总是存在日志的多个旧版本。因为日志轮替属于一种日常性的重复操作，非常适合于设计成可调度任务。详见 10.5 节。

4. 运行批量作业

一些需要长期执行的计算任务最好是以批量作业的形式运行。例如，消息能够累积在队列或数据库中。你可以利用 cron 作业一次性地将所有已排队的消息以 ETL（extract、transform、load，提取、转换、装载）的方式转入其他位置（例如数据仓库）。

有些数据库得益于日常维护。例如，开源的分布式数据库 Cassandra 具有一种修复功能，可以使集群中的节点保持同步。这种维护任务就很适合通过 cron 或 systemd 来执行。

5. 备份与镜像

你可以利用调度任务自动将目录备份到远程系统。我们建议一星期执行一次完整备份，每晚执行增量差异备份。把备份工作放到后半夜来做，因为这时的系统负载可能会比较低。

镜像是对其他系统的文件系统或目录执行逐字节的复制。这可以作为一种备份形式，或是让文件可以在多个位置访问。Web 站点和软件仓库经常需要做镜像，这既可以提供更好的冗余性，也可以为距离主站较远的用户提供更快的访问速度。可以定期使用 rsync 命令维护镜像，保持其处于最新状态。

第 5 章　文件系统

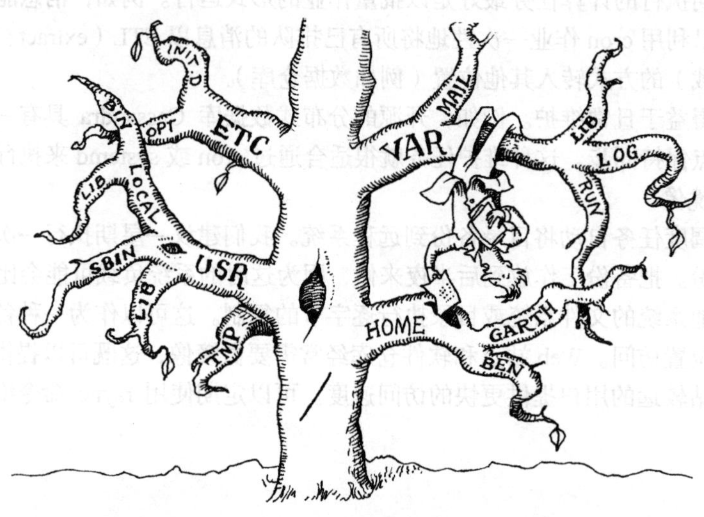

快速测试：你认为下列哪些项内容可以在“文件系统”内找到？

- 进程
- 音频设备
- 内核数据结构和调校参数
- 进程间通信通道

如果你用的系统是 UNIX 或 Linux，答案是：全都能找到，而且还不止于此！当然，还可以从中找到一些文件。①

文件系统的基本用途就是描述和组织系统的存储资源。不过程序员们实在不愿意在管理其他类型的对象时再重新造轮子。事实已经证明将这些对象映射入文件系统的名字空间里非常方便。这种统一化既有优点（一致的编程接口、便于在 shell 中访问），也有缺点（文件系统的实现有可能会失控），但不管你喜不喜欢，UNIX（还有 Linux）就是这样做的。

文件系统可以认为由以下 4 个主要部分组成。

- 名字空间：为对象命名并按照层次化方式对其进行组织的方法。
- API②：一组用于导航并处理对象的系统调用。
- 安全模型：用于保护、隐藏和共享对象的方案。
- 实现：将逻辑模型与硬件联系在一起的软件。

现代内核定义了一个能够适应多种不同的后端文件系统的抽象接口。文件树的有些部分由传统的基于磁盘的实现来处理，其他部分则由内核中的驱动程序负责。例如，网络文件系统由驱动

① 可能更准确的说法应该是这些实体都在文件系统中描述。在大多数情况下，文件系统作为一个汇集点，将客户与其要寻找的驱动程序联系起来。

② 应用程序编程接口（Application Programming Interface，API）是一个一般性术语，用于描述库、操作系统或软件包允许程序员调用的一组例程。

程序处理，将请求的操作转发到服务器或其他计算机。

可惜这种体系上的界线并不清晰，存在着大量的特殊情况。例如，“设备文件”定义了程序与内核中的驱动程序通信的方式。设备文件实际上并非数据文件，但却是通过文件系统来处理的，其属性信息都保存在磁盘上。

另一个加剧复杂性的因素是内核支持不止一种类型的基于磁盘的文件系统。目前主要的标准是 ext4、XFS、UFS 文件系统以及 Oracle 的 ZFS 和 Btrfs。但除此之外，还有很多其他可用的文件系统，其中包括 Vertias 的 VxFS 和 IBM 的 JFS。

包括 Microsoft Windows 采用的 FAT 和 NTFS 文件系统以及老式 CD-ROM 采用的 ISO 9660 文件系统在内的“外来”文件系统也得到了广泛的支持。

文件系统是一个内容丰富的话题，我们会从几个不同的角度展开讨论。本章将告诉你在系统中的什么地方查找文件、文件都有哪些属性、权限位的含义以及一些用于查看和设置文件属性的基本命令。在第 20 章中会涉及如磁盘分区这类更具技术性的文件系统知识。

在第 21 章中，我们讲述了 NFS，这是一种文件共享系统，常用于 UNIX 和 Linux 系统之间的远程文件访问。第 22 章讲述了 Windows 世界的模拟系统 SMB。

尽管有如此之多不同的文件系统实现，但奇怪的是这章读起来感觉好像就只有一种文件系统似的。底层的代码我们并不清楚，因为大多数现代文件系统要么试图以一种更快、更可靠的方法实现传统文件系统的功能，要么在标准文件系统语义之上以软件层的形式增添额外的特性。无论怎样，现有的太多软件所依赖的就是本章所描述的模型。

5.1 路径名

文件系统表现为单个统一的层次结构：以/目录为起点，向下延伸出任意多个子目录。/也叫作根目录。这种单一层次系统与 Windows 所使用的不同，后者保留了特定分区名字空间（partition-specific namespace）的概念。

图形用户界面经常称目录为“文件夹”，即便在 Linux 系统中也是如此。文件夹和目录其实都是一个东西：“文件夹”只是从 Windows 和 macOS 世界中流传出来的一个名词而已。特别值得一提的是，“文件夹”这个词容易引发一些技术专家的不悦。别在讨论技术的时候使用它，除非你打算被人笑话。

路径名是由找到该文件所必须经过的一系列目录以及文件名所组成。路径名可以是绝对形式（例如/tmp/foo），也可以是相对形式（例如，book4/filesystem）。相对路径以当前目录作为起点。你可能习惯了把当前目录作为 shell 的一个特性，但其实每个进程都有自己的当前目录。

文件名（filename）、路径名（pathname）、路径（path）这 3 个术语基本上可以交换使用，或者说至少在本书中，我们会交换使用这几个词。文件名和路径可以指绝对路径和相对路径，路径名通常意味着绝对路径。

文件系统的深度不受限制。但是路径名中的每一部分（也就是每个目录）的长度决不能超过 255 个字符。在将路径作为系统调用参数传入内核时，对于其总长度也是有限制的（在 Linux 中是 4 095 字节，在 BSD 中是 1 024 字节）。要想访问路径名超过该限制的文件，你必须先使用 cd 命令切换到某个中间目录，然后再使用相对路径访问。

5.2 文件系统的挂载与卸载

文件系统是由一些更小的块（chunk）组成的，这些块也叫作文件系统，每个块都包括一个目录及其子目录和文件。通常根据上下文就能够清晰地判断出所讨论的是哪一种文件系统，但为了清晰，我们使用术语“文件树”来指代整体结构（overall layout），保留“文件系统”一词用于文件树中的分支。

有些文件系统存在于磁盘分区或是基于物理磁盘的逻辑卷中，但是正如我们之前提到的，文件系统没有固定的形式，只要遵循适当的 API 就行：网络文件服务器、内核组件、基于内存的磁盘仿真器等都没问题。大多数内核都有一个精巧的“环回”（loop）文件系统，允许像挂载独立设备那样挂载文件。无论是挂载保存在磁盘中的 DVD-ROM 镜像，还是在不希望重新分区的情况下开发文件系统镜像，该特性都非常有用。Linux 系统甚至可以将文件树已有的部分作为文件系统。你可以利用这个技巧复制、移动或隐藏部分文件树。

在大多数情况下，mount 命令可以将文件系统附着到文件树中。[①]mount 会将现有文件树中的某个目录（称为挂载点）映射为新增文件系统的根目录。只要挂载点上还挂载有其他文件系统，那该挂载点先前的内容就暂时无法访问。不过一般挂载点都是空目录。

例如：

```
$ sudo mount /dev/sda4 /users
```

该命令会将磁盘分区/dev/sda4 中的文件系统挂载到/users 下。你可以使用 ls /users 查看文件系统的内容。

在有些系统中，mount 只是一个包装程序，负责调用特定文件系统的命令，例如 mount.ntfs 或 mount_smbfs。如果需要的话，你完全可以直接调用这些助手命令（helper command），它们有时能够提供一些 mount 包装程序无法使用的额外选项。不过，通用的 mount 命令已经足以应付日常应用了。

不加任何参数的 mount 命令可以查看目前所有已挂载的文件系统。在 Linux 系统中，至少会有 30 种，其中大多数都描述了各种内核接口。

/etc/fstab 文件中列出了系统正常挂载的文件系统。该文件中的信息使得系统在引导时能够根据指定的选项自动检查（使用 fsck 命令）和挂载（使用 mount 命令）文件系统。fstab 文件还记录了磁盘文件系统的布局，允许使用像 mount /usr 这种简短的命令。相关的讨论参见 20.10.6 节。

umount 命令用于卸载文件系统。如果要卸载的文件系统处于使用中，umount 会提示错误。该文件系统中不能有打开的文件，也不能有进程的当前目录。如果其中包含有可执行程序，那么这些程序绝不能处于运行状态，这样才能够成功卸载。

Linux 有一个“惰性”（lazy）卸载选项（umount -l），可以先从文件树中删除文件系统，然后等到其中被引用到的文件全部关闭之后才会真正地完成卸载操作。该选项是否有用尚存争议。首先，无法保证现有的文件引用会自行关闭。其次，这种“半卸载”的状态给使用该文件系统的程序传达了不一致的语义：程序可以通过已有的文件句柄进行读写，但是却无法打开新的文件或是执行其他文件系统操作。

umount -f 可以强制卸载处于繁忙状态的文件系统，本书中所有的示例系统均支持该选项。但最好别在以非 NFS 类型挂载的文件系统上使用，而且在某些类型的文件系统上该选项可能无法正常工作（例如像 XFS 或 ext4 这种日志文件系统）。

考虑到 umount -f 的实际情况，如果要卸载的文件系统显示正处于繁忙状态，可以使用 fuser 命令找出哪些进程引用了其中的文件。fuser -c mountpoint 会打印出使用着该文件系统中文件或目

① 我们之所以说“在大多数情况下”，是因为 ZFS 采用了一种截然不同的方法来实现挂载和卸载，更不用说还有文件系统管理的很多其他方面。详见 20.12 节。

录的所有进程的 PID，还有各种表示活动性质的字母代码。例如：

```
freebsd$ fuser -c /usr/home
/usr/home: 15897c 87787c 67124x 11201x 11199x 11198x 972x
```

具体的字母代码视系统而异。本例取自 FreeBSD 系统，c 表示进程的当前目录在该文件系统中，x 表示该程序正在执行。不过这些细节通常并不重要——PID 才是我们需要的东西。

要想进一步检查这些惹麻烦的进程，使用 fuser 返回的 PID 列表作为 ps 命令的参数。例如：

```
nutrient:~$ ps up "87787 11201"
USER    PID  %CPU  %MEM STARTED     TIME COMMAND
fnd   11201   0.0   0.2 14Jul16 2:32.49 ruby: slave_audiochannelbackend
fnd   87787   0.0   0.0 Thu07PM 0:00.93 -bash (bash)
```

这里的引号强制 shell 将 PID 列表作为单个参数传给 ps。

在 Linux 系统中，你可以使用-v 选项来避免这些烦琐的步骤。该选项可以生成可读性更好的输出结果，其中还包括命令名。

```
$ fuser -cv /usr
          USER PID  ACCESS   COMMAND
/usr      root 444  ....m   atd
          root 499  ....m   sshd
          root 520  ....m   lpd
...
```

ACCESS 列的字母代码的含义和 fuser -c 输出中的一样。

fuser 的另一种更完善的替代品是 lsof。相较于 fuser，lsof 要更为复杂高深，其输出也相应详细得多。本书所有的示例 Linux 系统中都已经默认安装了该工具，在 FreeBSD 中也有可用的软件包。

如果脚本需要在 Linux 下查找进程的文件系统使用情况，也可以直接读取/proc 中的文件。不过 lsof -F（该选项会格式化 lsof 的输出，使其更易于解析）是一个更简单、也更具备可移植性的解决方案。可以使用其他命令行选项输出你需要的信息。

5.3 文件树的组织

UNIX 文件系统压根就没好好组织过。各种不兼容的命名约定同时在使用，不同类型的文件随机散落在名字空间中。很多时候，文件是依据功能而不是按照其被修改的可能性划分的，这给操作系统升级造成了不小的困难。例如，/etc 目录中既包含了一些从来不用定制的文件，也包含了一些完全本地性质的文件。那怎么知道哪些文件需要在升级过程中保留呢？嗯，不知道也得知道……或者就相信所安装的软件能够做出正确的决定。

只要是思维正常的系统管理员，都可能会想要改进这种默认的组织形式。可惜文件树中存在着很多隐藏的依赖性，所以这种试图做出改进的努力结果往往是自找麻烦。就让操作系统以及系统软件包选择文件的存放地点吧。如果可以自己选择，除非你有特别的令人信服的理由，否则总是应该选择默认的位置。

根文件系统至少要包括根目录以及文件和子目录的一个最小集。含有操作系统内核的文件通常存放在/boot 目录下，但是具体的名字以及位置视系统而异。在 BSD 和其他一些 UNIX 系统中，内核并非单个文件，而是一系列组件。

/etc 目录中存放了关键的系统文件以及配置文件，/sbin 和/bin 目录中存放了重要的实用工具，/tmp 目录有时用于存放临时文件，这些目录都是根文件系统的组成部分。/dev 目录也曾经是根文件系统的传统组成，但如今已经成为了一个单独挂载的虚拟文件系统。（该主题的详细信息请参阅 11.3.5 节。）

有些系统将共享库以及其他少量的零碎文件（如 C 预处理器）放在了/lib 或/lib64 目录中。其他系统则将其移入了/usr/lib，有时候会将/lib 留作符号链接。

/usr 和/var 目录也非常重要。大多数标准，但并非系统必不可少的程序保存在/usr 中，除此之外还包括各种额外的内容（例如在线手册）以及大部分库文件。FreeBSD 在/usr/local 目录下存放了大量的本地配置文件。/var 中包含了假脱机目录、日志文件、记账信息以及其他各种快速增长或变化的内容（这些内容在每台主机上都不一样）。系统要想顺利进入多用户模式，/usr 和/var 都必须保证可用。

过去的一种标准做法是划分磁盘分区，为文件树中的某些部分配置独立的分区，其中最常见的部分是/usr、/var 和/tmp。这种方法现在也不鲜见，不过今后的长期趋势是使用一个大的根文件系统。大容量硬盘和日渐复杂的文件系统的实现降低了分区的价值。

使用分区的大多数原因都是为了避免部分文件树耗尽所有可用的磁盘空间，导致整个系统挂起。因此，/var（其中包含有日志文件，会在系统出现问题时增长）、/tmp 以及用户主目录是分配独立分区的最佳候选。专门的文件系统也可以用来保存如源代码库和数据库这类体积庞大的对象。

表 5.1 列出了一些比较重要的标准目录。

在多数系统中，hier 手册页描述了文件系统结构的一般性指导原则。不过别指望实际的文件系统会在各个方面都遵循这套主旨。

对于 Linux 系统，文件系统层次标准（filesystem hierarchy standard）试图对标准目录进行编纂、合理化并加以解释说明。当你面对某些不常见的情况，需要决定文件存放位置时，该标准可以作为极好的参考资料。尽管称之为“标准”，但它并非只是一份规范文档，其中更多反映了现实世界的实践。只是最近并没有太多更新，因此并不能描述出当前发行版中准确的文件系统结构。

表 5.1　标准目录及其内容

路径名	内容
/bin	核心操作系统命令
/boot	引导装载程序、内核以及内核所需要的文件
/compat	FreeBSD 中用于实现 Linux 二进制兼容的文件及库
/dev	磁盘、打印机、伪终端等设备项
/etc	关键的启动文件及配置文件
/home	用户默认的主目录
/lib	库、共享库以及/bin 和/sbin 要用到的一些命令
/media	用于可移除设备文件系统的挂载点
/mnt	可移动设备的临时挂载点
/opt	可选的软件包（由于兼容性原因，很少使用）
/proc	有关所有运行进程的信息
/root	超级用户的主目录（有时候是/）
/run	运行程序的汇集处（PID、套接字等）
/sbin	核心操作系统命令 [a]
/srv	Web 或其他服务器需要用到的文件
/sys	另一种不同的内核接口（Linux）

续表

路径名	内容
/tmp	临时文件，系统重启后可能会消失
/usr	另一个层次结构，包含了次要的文件及命令
/usr/bin	大部分命令与可执行文件
/usr/include	编译 C 程序时需要用到的头文件
/usr/lib	库以及标准程序的支持文件
/usr/local	本地软件或配置数据，是/usr 的镜像结构
/usr/sbin	不太必需的系统管理与修复命令
/usr/share	可以在多个系统之间共享的内容
/usr/share/man	在线手册页
/usr/src	非本地软件的源代码（并未被广泛使用）
/usr/tmp	更大的临时空间（其中的内容在重启之后会被保留）
/var	系统特定的数据以及少数配置文件
/var/adm	包含各种内容：日志、设置记录、陌生的管理信息
/var/log	系统日志文件
/var/run	和/run 功能一样；现在通常作为一个符号链接
/var/spool	供打印机、邮件等使用的假脱机（存储）目录
/var/tmp	更大的临时空间（其中的内容在重启之后会被保留）

注：a. /sbin 的独特之处最初在于其中的文件都是静态链接的，因此对其系统的其他部分基本上没有什么依赖。如今，所有的二进制程序都已经是动态链接，/bin 和/sbin 之间也不存在什么真正的差异了。

5.4 文件类型

大多数的文件系统实现定义了 7 种文件类型。哪怕开发人员为文件树添加了全新的好东西（例如/proc 下的进程信息），也必须使其看起来像下列 7 种类型中的一种。

- 普通文件。
- 目录。
- 字符设备文件。
- 块设备文件。
- 本地域套接字。
- 具名管道（FIFO）。
- 符号链接。

你可以使用 file 命令确定文件的类型。file 不仅知道标准文件类型，还对常见的普通文件格式略知一二。

```
$ file /usr/include
/usr/include: directory
$ file /bin/sh
/bin/sh: ELF 64-bit LSB executable, x86-64, version 1 (FreeBSD),
    dynamically linked, interpreter /libexec/ld-elf.so.1, for FreeBSD 11.0
    (1100122), FreeBSD-style, stripped
```

关于/bin/sh 的这一堆信息就是表明“该文件是一个可执行命令”。

另一种判断文件类型的方法是 ls -ld。选项-l 表示输出详细信息，选项-d 强制 ls 显示目录信息，而非该目录下的内容。

ls 输出中的第一个字母指明了类型。例如，下列输出中在圆圈中的 d 表明/usr/include 是一个目录。

```
$ ls -ld /usr/include
drwxr-xr-x    27 root      root              4096  Jul 15 20:57  /usr/include
```

表 5.2 显示了 ls 用于描述各种文件类型的代码。

表 5.2　　ls 使用的文件类型编码

文件类型	符号	创建途径	删除方法
普通文件	-	编辑器、cp 等	rm
目录	d	mkdir	rmdir，rm -r
字符设备文件	c	mknod	rm
块设备文件	b	mknod	rm
本地域套接字	s	socket 系统调用	rm
具名管道	p	mknod	rm
符号链接	l	ln -s	rm

如表 5.2 所示，rm 可谓是删除文件的通用工具。但是你该如何删除名为-f 的文件呢？在大多数文件系统中，这都是一个合法的文件名，但是 rm -f 是无法删除该文件的，因为 rm 会认为-f 是一个选项。有两种解决方法，要么使用不以斜线开头的路径名引用该文件（例如./-f），要么使用参数--，告诉 rm 之后出现的是文件名，而非选项（也就是 rm -- -f）。

包含控制字符或 Unicode 字符的文件名也存在类似的问题，因为想从键盘上输入这些字符非常困难，甚至是无法做到。对付这种情况，可以利用 shell 的扩展匹配功能（shell globbing）（模式匹配）识别要删除的文件。如果使用模式匹配，最好养成搭配 rm 的-i 选项的习惯，这样可以让 rm 确认要删除的每个文件。该选项能够帮助你避免误删那些被模式无意间匹配到的“无辜”文件。要删除下例中名为 foo<Control-D>bar 的文件，可以这样做：

```
$ ls
foo?bar      foose    kde-root

$ rm -i foo*
rm: remove 'foo\004bar'? y
rm: remove 'foose'? n
```

注意，ls 将控制字符显示为问号，这种处理方式略带欺骗性。如果你忘了?是 shell 的一个模式匹配字符，尝试执行 rm foo?bar，结果可能会删除多个文件（尽管在本例中不会如此）。-i 才是你的好助手！

ls -b 可以将控制字符显示为八进制数字，如果你想确切知道是哪种控制字符，该选项就能发挥作用了。<Control-A>是 1（八进制\001），<Control-B>是 2，剩下的按照字母顺序以此类推。man ascii 和 ASCII 的维基百科页面都包含了一张编排美观的表格，其中列出了控制字符及其对应的八进制值。

要想删除大多数命名古怪的文件，还是得靠 rm -i *。

删除古怪名字文件的其他方法是选用另一种文件系统界面，例如 emacs 的 dired 模式①或者如

① dired mode 是 Emacs 文件管理模式，相当于一个简单的文件管理器。——译者注

Nautilus 这类的可视化工具。

5.4.1 普通文件

普通文件就是由一系列字节组成的，文件系统不会对其内容强加任何结构。文本文件、数据文件、可执行程序、共享库都是以普通文件形式存储的。既可以顺序访问，也可以随机访问。

5.4.2 目录

目录中包含了对其他文件的具名引用（named reference）。你可以使用 mkdir 创建目录，使用 rmdir 删除目录（如果是空目录的话）。rm -r 可以以递归形式删除非空目录以及其中的所有内容。

特殊的目录项.和..引用的是目录本身及其父目录，这两项是无法删除的。因为根目录并没有父目录，因此路径/..等同于/.（两者均等同于/）。

5.4.3 硬链接

文件名并没有保存在文件自身中，而是在其父目录内。实际上，一个文件在同一时间内可以被多个目录（或是一个目录中的多个目录项）引用，而且在引用时能够采用不同的名字。这种形式造成了一种错觉，好像一个文件可以同时出现在多处。

这些多出来的引用（称作“链接”或“硬链接”，以便同随后讨论的符号链接进行区分）和原始文件没有什么分别：就文件系统看来，所有的文件链接都是平等的。文件系统维护着指向每个文件的链接计数，在最后一个链接被删除之后才会释放文件的数据块。硬链接不能跨文件系统存在。

你可以使用 ln 创建硬链接，使用 rm 将其删除。ln 的语法很容易记忆，因为它和 cp 的语法一模一样。cp oldfile newfile 会创建 oldfile 的副本 newfile，ln oldfile newfile 会为 oldfile 创建另一个名为 newfile 的引用。

对于大多数的文件系统实现，从技术上来说，目录和文件都可以创建硬链接。但是目录链接经常会导致多种恶果，例如文件系统环路（filesystem loop）、目录出现多个父目录，引发歧义。在大部分时间里，符号链接（参见 5.4.6 节）是一种更好的选择。

ls -l 可以查看特定文件存在多少链接。详情参看 5.5.4 节中 ls 的输出样例。另外注意 5.5.4 节中有关 ls -i 的注释，该命令尤其有助于识别硬链接。

硬链接并非另一种文件类型。文件系统并没有定义一种叫作硬链接的独立“事物”（thing），它只是允许多个目录项指向同一个文件而已。除了文件内容，硬链接还共享文件的底层属性（例如所有权和权限）。

5.4.4 字符设备文件与块设备文件

设备文件使得程序能够与系统硬件和周边设备进行通信。内核中包含了（或载入）每一种系统设备的驱动程序。驱动程序负责管理与每种设备相关的繁杂细节，以便内核能够保持相对的抽象性和硬件无关性。

设备驱动程序代表了一种标准的通信接口，它看起来就像是普通的文件。当文件系统接收到涉及字符或块设备文件的请求时，会简单地将请求转交给相应的设备驱动程序。区分出设备文件（device file）与设备驱动程序（device driver）很重要。设备文件只是与驱动程序通信的汇集点（rendezvous point）。两者并不是一回事。

字符设备和块设备之间的区别很微妙，没必要在此详述。在过去，有少数类型的硬件是由块设备和字符设备文件来描述的，这种情况在今天已经很少见了。FreeBSD 在实践中已经完全放弃了块设备，尽管在手册页和头文件中还能瞥见其身影。

设备文件的特征是采用了两个数字，分别称为主设备号和次设备号。主设备号告诉内核文件指向的是哪个驱动程序，次设备号通常告诉设备驱动程序要寻址哪个物理单元。第一个串口（/dev/tty0）的主设备号是4，次设备号是0。

设备驱动程序可以按照自己喜欢的方式解释传入的次设备号。例如，磁带设备驱动程序使用次设备号来决定设备文件关闭时是否应该回卷磁带。

很久以前，/dev是一个普通的目录，其中的设备文件使用mknod命令创建、使用rm命令删除。可惜这种粗糙的系统难以应对过去数十年涌现出来的不计其数的设备驱动程序以及设备类型。它还容易引发各种配置不匹配的问题：设备文件没有指向实际的设备、由于没有设备文件导致的设备无法访问等。

如今，/dev目录是作为一种特殊的文件系统类型正常挂载的，其内容自动由内核及用户级守护进程共同负责维护。这一基本系统存在不同的版本。第11章详细叙述了该方面采用的不同方法。

5.4.5 本地域套接字

套接字是进程之间的连接，允许其安全、妥善地（hygienically）进行通信。UNIX定义了多种套接字，大多数都涉及网络。

本地域套接字只能从本机访问，需要通过文件系统对象而非网络端口来引用。有时候也称其为“UNIX域套接字”。syslog和X Window系统都是采用了本地域套接字的标准工具，除此之外，还包括很多数据库和应用服务器，不一而足。

socket系统调用可以创建本地域套接字，用完之后使用rm命令或unlink系统调用删除。

5.4.6 具名管道

和本地域套接字类似，具名管道能够让同一台主机中的两个进程之间进行通信。这也称为“FIFO文件”（和在财务会计中一样，FIFO是“first in, first out”的缩写）。可以使用mknod创建具名管道，使用rm删除。

具名管道和本地域套接字的用户类似，它们的存在其实是由于历史的人为的因素。如果把UNIX和Linux放在如今设计，两者很有可能不复存在，取而代之的是网络套接字。

5.4.7 符号链接

符号链接或者“软”链接是通过名字来指向文件的。如果内核在查找路径名的过程中碰到了符号链接，它会转而去查找该链接中所保存的路径名。硬链接和符号链接的区别在于前者是直接引用，后者是通过名字引用。符号链接与其所指向的文件是两回事。

可以使用ls -s创建符号链接，使用rm将其删除。因为符号链接中可以包含任意的路径，因此可以引用其他文件系统中的文件，甚至是不存在的文件。多个符号链接也可能会形成环路。

符号链接既可以包含绝对路径，也可以包含相对路径。例如：

```
$ sudo ln -s archived/secure /var/data/secure
```

该命令利用相对路径将/var/data/secure链接到/var/data/archived/secure，为目标archived/secure创建了符号链接/var/data/secure，这可以从ls的输出中看出来。

```
$ ls -l /var/data/secure
lrwxrwxrwx 1 root root 18 Aug 3 12:54 /var/data/secure -> archived/secure
```

就算把整个/var/data目录移动到别处，符号链接依然可以正常工作。

ls 输出中所显示的符号链接的文件权限 lrwxrwxrwx 是虚设的（dummy value）。链接的创建、删除、跟随（follow）权限由其所在的目录控制，而链接目标的读、写、执行权限是由目标自身的权限所授予的。所以符号链接不需要（也没有）自己的权限信息。

一个常见的错误是认为 ln -s 的第一个参数是相对于当前目录来解释的。其实 ln 并不会将该参数作为文件名解析：它就是一个作为符号链接目标的字符串字面量。

5.5 文件属性

在传统的 UNIX 和 Linux 文件系统模型中，每个文件都有 9 个权限位，控制着谁能够读、写、执行文件。另外还有 3 个影响可执行程序操作的权限位，这些位共同组成了文件的"模式"(mode)。和 12 个模式位保存在一起的还有 4 个文件类型信息位。这些文件类型位是在创建文件时设定的，无法更改，不过 12 个模式位可以由文件属主和超级用户使用 chmod（change mode）命令修改。ls -l（对于目录，使用 ls -ld）命令能够查看这些位的设置情况。5.5.4 节给出了一个例子。

5.5.1 权限位

9 个权限位决定了谁可以对文件执行哪些操作。传统 UNIX 不允许用户设置权限（不过现在所有的系统都支持某种形式的访问控制列表，参见 5.6 节），而是通过 3 组权限定义了文件属主、文件属组以及其他人（依此顺序）的访问方式。[①]每组权限包含 3 位：读取位、写入位、执行位（也依此顺序）。

用 8 进制数（以 8 为基数的计数方法）的形式讨论文件权限很方便，因为 8 进制数的每一个数位都代表了 3 个模式位。高 3 位（8 进制值 400，200，100）控制着属主的权限，次 3 位（40，20，10）控制着组权限，末 3 位（4，2，1）控制着其他人的权限。每个 3 位组中，最高位是读取位，中间的是写入位，最低的是执行位。

尽管用户可以被划归进这 3 种权限分类中的两种，但只有最具体的权限才有效。例如，文件属主的访问权总是由属主权限位决定的，绝非是组权限位能够左右。尽管也有可能出现"其他人"和"组"权限比属主访问权更大的情况，但这种配置极其罕见。

对于普通文件，读取位允许打开并读取该文件，写入位允许修改或截断文件的内容，但是文件的删除或重命名（或者删除及重建）是由其父目录的权限所控制的，文件名和数据存储空间之间的映射实际上是保存在目录中的。

执行位允许文件被执行。有两种类型的可执行文件：二进制文件和脚本。前者由 CPU 直接执行，后者必须由 shell 或其他程序解释执行。作为约定，脚本的开头都类似于下面。

```
#!/usr/bin/perl
```

该行指定了相应的解释器。对于没有指定解释器的非二进制可执行文件，全都假设为 sh 脚本。[②③]

目录的执行位（谈及目录时，通常也称为"搜索位"或"扫描位"）控制着是否允许进入该目

① 如果你把属主视为"用户"（the user），把除此之外的人视为"其他人"（other），那可以通过 Hugo 这个名字来记忆权限位的次序。u、g、o 也是 chmod 所使用的助记代码。

② 内核理解#!（"shebang"）语法并能够直接对其操作。但如果没有完整正确地指定解释器，内核会拒绝执行该文件。shell 然后会再尝试调用/bin/sh 来执行脚本，这通常是一个指向 Almquist shell 或 bash 的链接，参见 7.3 节。Sven Mascheck 在 Google 维护了一个极其详细的页面，其中罗列了 shebang 的发展史、实现以及跨平台行为。

③ Almquist shell（也称为 A shell、ash 和 sh）是一个轻量级的 UNIX shell，最初是由 Kenneth Almquist 于 20 世纪 80 年代末编写的。——译者注

录，或是该目录能否作为路径名的一部分出现，但这和能不能列出目录内容无关。读取位和执行位共同决定了目录内容的列出。写入位和执行位结合起来允许在目录中创建、删除、重命名文件。

像访问控制列表（参见5.6节）、SELinux（参见3.4.4节）以及个别文件系统（参见5.5.8节）所定义的“额外”权限位复杂化或颠覆了传统的9位权限模型。如果你碰到难以解释的系统行为，可以检查一下是不是这些因素中的哪个在捣鬼。

5.5.2 setuid与setgid位

八进制值为4000和2000的位分别对应setuid及setgid位。如果可执行文件设置了这两个位，那么程序便可以访问原本没有权限访问的文件和进程。3.1.4节介绍了可执行文件的setuid/setgid机制。

如果在目录上设置setgid位，那么其中新创建的文件获得的则是该目录的属组权限，而不再是创建该文件的用户的默认属组。这种规则有助于多个用户之间共享文件目录，只要这些用户都属于同一个组。目录的setgid位和可执行文件的setgid位的含义完全不同，两者并不存在什么歧义。

5.5.3 粘滞位

八进制值为1000的位叫作粘滞位（sticky bit）。这个修饰位对于早期UNIX系统中的可执行文件非常重要。但如今粘滞位的意义已经过时了，即便是在普通文件上设置了该位，现代操作系统也会悄无声息地将其忽略。

如果粘滞位设置在目录上，除非你是该目录、该文件的属主或者是超级用户，否则文件系统不允许删除或重命名其中的文件。只有目录的写权限是不够的。这种规则为像/tmp这样的目录增添了一点隐私性和安全性。

5.5.4 ls：列出及检查文件

文件系统为每个文件维护了约40种不同的信息，但是其中大部分内容仅对文件系统有用。系统管理员最感兴趣的是链接数、属主、属组、模式、大小、最后一次访问时间、最后一次修改时间和类型。你可以使用ls -l（对于目录来说是ls -ld，不使用选项-d的话，ls会列出该目录中的内容）检查所有这些信息。

每个文件还维护了一个属性变动时间（attribute change time）。该时间的惯用名称（ctime，“change time”的缩写）使得一些用户认为这是文件的创建时间。可惜这并不是，它只是记录了文件属性（属主、模式等）最后一次变动的时间（和文件内容被修改的时间是两回事）。

考虑下面的例子：

```
$ ls -l /usr/bin/gzip
-rwxr-xr-x  4 root   wheel    37432 Nov 11  2016 /usr/bin/gzip
```

第一个字段指定了文件的类型和模式。首个字符是连字符，表明这是一个普通文件。（5.4节中的表5.2中列出了其他字符代码的含义。）

字段中接下来的9个字符是3组权限位。次序为“属主-属组-其他人”，每组中权限位的次序为“读取-写入-执行”。尽管这些位只有两种取值，但ls会将其以符号形式显示出来：r、w、x分别表示读、写、执行。在这个例子中，属主拥有文件的所有权限，其他人只有读取和执行权限。

如果设置了setuid位，原本代表属主执行权限的x会替换成s；如果设置了setgid位，属组的x位也会替换成s。如果文件启用了粘滞位，最后一个权限字符（也就是“其他人”的执行权限）会显示为t。如果设置了setuid/setgid或粘滞位，但没有设置相应的执行位，那么这些位会显示为

S 或 T。

下一个字段是文件的链接数。在本例中，这个数字是 4，表明/usr/bin/gzip 只是该文件的 4 个名字中的一个（系统中的其他名字分别是 gunzip、gzcat 和 zcat，都位于/usr/bin）。每生成文件的一个硬链接，该文件的链接数就会加 1。符号链接并不会影响链接数。

所有目录至少都有两个硬链接：一个来自父目录，另一个来自该目录内部的特殊文件。

随后两个字段是文件的属主和属组。在本例中，文件的属主是 root，属组是 wheel。文件系统实际保存的是用户和组的 ID 值，而非字符串名字。要是无法确定对应的名字，ls 会在字段中显示数字。如果/etc/passwd 或/etc/group 中保存的文件属主和属组信息被删除，就会出现这种情况。这也意味着 LDAP 数据库（如果你使用的话）出现了问题，参见第 17 章。

接下来的字段是以字节为单位的文件大小。该文件大小为 37 432 字节。然后是文件最后一次修改的日期：2016 年 11 月 11 日。最后一个字段是文件名：/usr/bin/gzip。

对于设备文件，ls 的输出略有不同。例如：

```
$ ls -l /dev/tty0
crw--w----. 1 root tty 4, 0 Aug  3 15:12 /dev/tty0
```

大多数字段一样，但是在文件大小字段中显示的不再是字节数，而是主设备号和从设备号。/dev/tty0 是该系统（Red Hat）中的第一个虚拟控制台，由设备驱动程序 4（终端驱动程序）负责控制。模式尾部的点号表明缺少访问控制列表（ACL，我们会在 5.6 节讨论）。有些系统会默认显示出这个点号，有些则不会。

ls 的-i 选项有助于分析硬链接。该选项可以使 ls 显示出每个文件的“索引节点号”（inode number）。简单地说，索引节点号是一个与文件内容相关联的整数。目录项指向的就是索引节点，指向同一个文件的多个硬链接的目录表项的索引节点号都一样。要想理清复杂的链接网络，需要使用 ls -li 显示出链接数和索引节点号，还需要利用 find 查找匹配结果。①

其他重要的 ls 选项包括：-a，显示出所有的目录项（包括以点号起始的文件）；-t，按照修改时间排列文件（或者是-tr，按照时间逆序排列）；-F，以区分目录和可执行文件的方式显示文件名；-R，以递归方式列出文件②；-h，以方便用户阅读的形式显示文件大小（例如，8K 或 53M）。

如今大多数版本的 ls 在终端程序支持的情况下（大部分都支持）会以不同的颜色显示文件。ls 根据有限的抽象调色板（red、blue 等）来指定颜色，然后由终端程序负责将这些请求映射为具体的颜色。你可能需要通过调校 ls（LSCOLORS 或 LS_COLORS 环境变量）以及终端仿真器才能呈现出可读性好且不突兀的色彩。或者也可以删除掉默认的色彩化配置（通常是/etc/profile.d/colorls*），完全回归原始的状态。

5.5.5 chmod：改变权限

chmod 命令可以改变文件权限。只有文件属主和超级用户才能执行这种操作。要想在早期的 UNIX 系统中使用该命令，你还得会点八进制记法，不过现在的版本既可以接受八进制记法，也可以接受助记符。八进制语法对于管理员更为方便，但是只能指定权限位的绝对值。助记符语法可以只修改部分权限位。

chmod 的第一个参数是要分配的权限，后续参数是要改变权限的文件名。如果使用的是八进制，第 1 位对应的是属主，第 2 位对应的是属组，第 3 位对应的是其他人。如果你想启用 setuid、setgid 或粘滞位，得用到 4 个八进制数位，由 3 个特殊位来形成第 1 位。

---

① 试试 find mountpoint -xdev -inum inode -print。

② 也就是列出所有子目录中的内容。——译者注

表 5.3 演示了 3 个权限位的 8 种可能的组合，其中 r、w、x 分别表示读取、写入、执行。

表 5.3　　chmod 中的权限编码

八进制	二进制	权限	八进制	二进制	权限
0	000	---	4	100	r--
1	001	--x	5	101	r-x
2	010	-w-	6	110	rw-
3	011	-wx	7	111	rwx

例如，chmod 711 myprog 可以为文件用户（属主）分配所有权限，为其他人分配可执行权限。①

在助记符语法中，你需要将设置目标（u、g、o 分别代表用户、组、其他人，a 代表全部）、操作符（+、-、=分别表示添加、移除、设置）以及权限结合起来使用。chmod 的手册页中给出了详细的用法，不过这种语法最好还是通过例子来学习。表 5.4 中给出了一些操作示例。

助记符语法中最难的部分是要记住 o 到底代表的是“owner”（属主）还是“other”（其他人）。正确的答案是“other”。类比 UID 和 GID 就能够记住 u 和 g，那剩下的就只有一种可能了。或只是记住名字 Hugo 中的字母顺序。

表 5.4　　chmod 助记符语法示例

写法	含义
u+w	为文件属主添加写入权限
ug=rw,o=r	给属主和属组赋予“读取/写入”权限，为其他人赋予读取权限
a-x	移除所有分类（属主/属组/其他人）的执行权限
ug=srx,o=	设置 setuid/setgid，只给属主和属组赋予“读取/执行”权限
g=u	使属组和属主拥有相同的权限

在 Linux 系统中，还可以从已有文件中复制权限。例如，chmod --reference=filea fileb 会使得 fileb 获得和 filea 相同的权限。

chmod 的-R 选项能够以递归的方式更新目录内所有文件的权限。不过，该功能可不像看起来那么简单，因为目录下的文件和子目录未必都有相同的属性，比如说，有些是可执行文件，而有些是文本文件。这时候，助记符语法就格外有用了，因为它能够保留未明确设置的权限位上的权限。例如：

```
$ chmod -R g+w mydir
```

该命令为 mydir 及其所有内容添加了组写入权限，同时不会扰乱目录以及程序的可执行权限。

如果你想调整执行限位，可要谨慎使用 chmod -R。它可不会去管执行权限对于目录和普通文件而言有不同的含义。因此，chmod -R a-x 的结果可能会出乎你的意料。使用 find 命令只找出普通文件。

```
$ find mydir -type f -exec chmod a-x {} ';'
```

5.5.6 chown 与 chgrp：改变所有权及组

chown 命令可以改变文件的属主，chgrp 命令可以改变文件的属组。这两个命令的语法和

① 如果 myprog 是 shell 脚本，则读取权限和执行权限都需要启用。因为脚本是由解释器运行的，它必须能够像文本文件那样被打开并读取。二进制文件由内核直接执行，因此并不需要读取权限。

chomd 一样，只不过第一个参数是新的属主或属组。

要想改变文件的属组，你要么必须是超级用户，要么是该文件的属主，同时又是目标属组的成员。SysV 谱系中的老系统允许用户使用 chown 放弃自己的文件，不过这种做法并不常见；chown 如今是一种特权操作。

和 chmod 一样，chown 和 chgrp 也提供了递归选项-R，允许改变目录以及其中所有文件的设置。例如，下列命令：

```
$ sudo chown -R matt ~matt/restore
$ sudo chgrp -R staff ~matt/restore
```

可以在恢复用户 matt 的备份之后重新设置文件的属主和属组。不要像下面这样在点号文件上使用 chown。

```
$ sudo chown -R matt ~matt/.*
```

因为命令中模式可以匹配~matt/..，结果不但会导致父目录的所有权发生变化，还有可能会牵连到其他用户的主目录。

chown 可以使用下列语法一次性改变文件的属主和属组。

```
chown user:group file ...
```

例如：

```
$ sudo chown -R matt:staff ~matt/restore
```

你也可以忽略 user 或 group，这样就省得用 chgrp 命令了。如果没在冒号后面指定 group，那么 Linux 版本的 chown 会使用用户的默认组。

有些系统也接受 user.group 这种写法，其效果和 user:group 一样。这只是出于对系统之间历史变化的一种认可，并没有什么不同。

5.5.7 umask：分配默认权限

你可以使用内建的 shell 命令 umask 影响来新建文件的默认权限。每个进程都有自己的 umask 属性，shell 内建的 umask 命令设置的是 shell 自己的 umask，这个值会被你所运行的命令继承。

umask 是以一个 3 位数的八进制值来指定的，代表了要被剥夺的权限。在创建文件时，最终的权限是由创建该文件的程序所请求设置的权限减去被 umask 禁止的权限得到的。因此，umask 值中单独的数位所允许的权限如表 5.5 所示。

表 5.5 umask 的权限编码

八进制	二进制	权限	八进制	二进制	十进制
0	000	rwx	4	100	-wx
1	001	rw-	5	101	-w-
2	010	r-x	6	110	--x
3	011	r--	7	111	---

例如，umask 027 允许属主所有的权限，但是禁用了属组的写入权限以及其他人的所有权限。umask 的默认值通常是 022，该值禁用了属组以及其他人的写权限，但允许其拥有读取权限。

在标准访问控制模型中，你无法强迫用户使用某个特定的 umask 值，因为用户总是能够按照自己的需要重新设置该值。不过你倒是可以在新用户的样本启动文件中放入一个适合的默认值。如果你想对用户创建的文件权限拥有更多的控制权，需要借助像 SELinux 这种强制性访问控制系统，参见 3.4.2 节。

5.5.8 Linux 中的额外标志

Linux 定义了一组可以在文件上设置的补充标志，以此请求一些特殊的处理。例如，a 标志可以使文件只能够追加（append-only），i 标志可以使文件不可变动，也不可删除。

这些标志都只有两种取值，因此对于特定的文件而言，它们要么存在，要么不存在。因为底层的文件系统实现必须支持相应的特性，所以并不是所有的标志都能用在所有的文件系统中。另外，有些标志是实验性的，有些尚未实现或者只能读取。

Linux 命令 lsattr 和 chattr 可以查看及改变文件属性。表 5.6 中列出了一些比较主流的标志。

表 5.6 Linux 文件属性标志

标志	文件系统[a]	含义
A	XBE	从不更新访问时间（st_atime；出于性能考虑）
a	XBE	只有在追加模式中才允许写操作 b
C	B	禁止以写时复制的方式更新
c	B	压缩内容
D	BE	强制目录更新被同步写入
d	XBE	不做备份；备份工具应该忽略此类文件
I	XBE	使文件不可变动、不可删除[b]
j	E	为数据以及元数据变化保留日志记录
S	XBE	强制同步写入变化（不进行缓冲）
X	B	避免数据压缩

注：a. X = XFS，B = Btrfs，E = ext3 和 ext4。

b. 只能由 root 用户设置。

从这堆特性大杂烩中你也能够猜到，每个管理员设置的值都不一样。主要是要记住：如果某个文件看起来行为怪异，就使用 lsattr 检查一下，看看是不是启用了某些标志。

放弃维护最后的访问时间（last-access time）（A 标志）在有些情况下能够提升性能。但这依赖于文件系统的实现以及文件访问模式，你得自己去进行性能测试。另外，现代内核默认会使用 realtime 选项挂载文件系统，该选项可以实现尽可能少地更新 st_atime，这使得 A 标志基本上算是过时了。

不可改变（immutable）和仅限追加（append-only）标志（i 和 a）多被认为能让系统更好地抵抗黑客或恶意代码的篡改。可惜这两个标志会造成其他软件的混乱，也只能应付那些不知道怎么用 chattr -ia 的黑客。现实世界的经验告诉我们，这些标志用的更多的恰恰是黑客。

有时候我们会看到管理员利用 i（immutable）标志阻止配置管理系统（如 Ansible 或 Salt）进行更改。可想而知，一旦忘记了之前的操作细节，这种技巧的结果就是造成困惑，没人能搞清楚到底为什么配置管理系统失效了。千万别这么做——只用想想要是你母亲知道你都干了些什么之后会觉得有多丢人吧。还是在配置管理系统（如 Mom）中解决这种问题吧。

管理员可能会对“不备份”标志（d）感兴趣，但这只是一个建议标志，先确保你使用的备份系统会把该标志当回事。

影响日志记录和写同步的标志（D、j、S）主要是为了支持数据库。管理员一般用不着它们。这些标志会明显降低文件系统的性能。另外，乱设置写同步会把 ext*文件系统上的 fsck 搞乱，这是目前已经确认的。

5.6 访问控制列表

传统的 9 位长度的“属主/属组/其他人”访问控制系统已经足够强大，能够满足绝大部分管理需求。尽管这种系统的限制显而易见，但它很好地遵循了 UNIX 的简洁性和可预测性的传统（有些人可能会称其为“先前的传统”）。

访问控制列表，也称为 ACL，是用于控制文件访问的一种更强大，同时也更复杂的方法。每个文件或目录都可以拥有与之关联的 ACL，该 ACL 列出了应用于其上的权限规则。ACL 中的每条规则称为访问控制表项或 ACE。

访问控制表项给出了规则的应用对象（用户或组），指定了一组应用于这些实体上的权限。ACL 不限长度，可以包含对多个用户或组的权限设置。尽管在实际中，大多数操作系统会限制单条 ACL 的长度，不过上限足够高（一般至少 32 项），所以极少出现不够用的情况。

更复杂的 ACL 系统可以让管理员指定部分权限或否定权限（negative permission）。其中多数还拥有继承特性，允许访问规范散布到新创建的文件系统实体中。

5.6.1 警示说明

ACL 已经得到了广泛的支持，本章剩余部分都将讨论这一主题。但这并不代表我们对 ACL 持积极态度。ACL 的确有自己的市场，但它仍处于 UNIX 和 Linux 管理的主流之外。

ACL 主要是为了促进与 Windows 之间的兼容性，满足少数要求具备 ACL 层面灵活性的企业的需要。它们并非新一代访问控制的耀眼接班人，也无意取代传统模型。

ACL 的复杂性造成了一些潜在的问题。其本身用起来不仅乏味烦人，而且在同不支持 ACL 的备份系统、网络文件服务对等端（peers）甚至是像文本编辑器这种简单的程序打交道时，结果也是出人意料。

随着访问控制表项数量的增加，ACL 开始逐渐变得难以维护。现实世界中的 ACL 经常出现的情况是：其中的表项有些功能不够完善，有些纯粹是在给先前的表项搞出的麻烦擦屁股。重构并简化这些复杂的 ACL 不是没有可能，但既要冒风险，又得花时间，所以极少有人做到过。

在过去，当我们把本章的副本交给专业管理员审阅后，收到的反馈经常都是诸如“这部分看起来写得不错，不过我实在无法发表评论，因为我自己从没用过 ACL”。

5.6.2 ACL 的类型

作为 UNIX 和 Linux 主导标准的有两种 ACL：POSIX ACL 和 NFSv4 ACL。

POSIX 版本可以追溯到 20 世纪 90 年代中期所制定的规范。遗憾的是，实际的标准并没有发布过，而且最初的实现也是各式各样。如今，我们面对的情形要好多了。系统间基本上已经达成了一个 POSIX ACL 的通用框架以及用于管理 ACL 的通用命令集（getfacl 和 setfacl）。

大致而言，POSIX ACL 模型只是简单地扩展了 UNIX 传统的 rwx 权限系统，使其能够适应多个组及用户的权限。

随着 POSIX ACL 成为焦点，UNIX 和 Linux 与 Windows 共享文件系统的场景也变得日益普遍，后者有自己的一套 ACL 约定。接下来的故事就变得精彩起来了，因为 Windows 有各种不同的 ACL 设计，而在 UNIX 传统模型或 POSIX ACL 中都无法找到与之相当的部分。Windows 的 ACL 在语义方面也更为复杂，例如，它允许否定权限（“deny”表项），还建立了一套繁复的继承机制。

NFS（一套通用的文件共享协议）第 4 版的设计者希望以头等实体（first-class entity）的形式将 ACL 融入进来。由于 UNIX 与 Windows 之间的分歧以及 UNIX ACL 各种实现的不一致，NFSv4

两端经常连接不同类型的系统，这一点显而易见。这些系统可能理解 NFSv4 ACL、POSIX ACL、Windows ACL 或是压根对 ACL 一无所知。NFSv4 标准必须在不造成过多诧异或安全问题的前提下实现与各种系统的交互操作。

鉴于这种约束，我们说 NFSv4 ACL 是所有先前系统的合集或许也不会让人觉得意外了。作为 POSIX ACL 的严格超集，所有 POSIX ACL 都可以在不损失任何信息的情况下使用 NFSv4 ACL 来描述。同时，NFSv4 ACL 能够接受 Windows 系统中所有的权限位，同时也具备大部分 Windows 的语义特性。

5.6.3 ACL 实现

在理论上，维护并强制实施 ACL 的职责应该分属于操作系统的多个不同部分。ACL 可以由内核来代替文件系统实现，也可以由单独的文件系统来实现，或是交由 NFS 和 SMB 服务器这种更高一层的软件。

在实践中，ACL 的支持既依赖于操作系统，也依赖于文件系统。在一个操作系统中支持 ACL 的文件系统到了另一个操作系统中可能就不支持了，或者实现方式会发生变化，需要另一套命令来管理。

文件服务守护进程负责在本机的原生 ACL 方案（scheme）（或多种方案）和相应的文件协议规范之间映射：NFS 使用 NFSv4，SMB 使用 Windows ACL。具体的映射细节依赖于文件服务器的实现。这种规则通常都很复杂，可以通过配置选项进行一定程度的调整。

ACL 的实现是针对文件系统的，而操作系统又支持多种文件系统实现，因而有些系统也就支持多种类型的 ACL。即便是特定的文件系统，也可能会提供多种 ACL 选项，就像 ZFS 的各种移植版那样。如果有多种 ACL 系统可用，其操作命令可能相同，也可能不同，这要取决于具体的系统。欢迎来到系统管理员的“地狱”。

5.6.4 Linux ACL 支持

Linux 的标准是 POSIX 风格的 ACL。NFSv4 ACL 并没有在文件系统层面上获得支持，不过 Linux 系统仍然可以挂载并在网络上共享 NFSv4 文件系统。

这种标准化的优势之一就是几乎所有的 Linux 文件系统现在加入了 POSIX ACL 支持，其中包括 XFS、Btrfs、ext*系列。即便是原生 ACL 系统为 NFSv4 的 ZFS，如今也采用 POSIX ACL 移植到了 Linux 中。可以统一使用标准的 getfacl 和 setfacl 命令，无须关心底层的文件系统类型。（不过你得确保使用正确的 mount 选项挂载文件系统。文件系统通常支持 acl 选项、noacl 选项，或是两者都支持。）

Linux 有一个命令族（nfs4_getfacl、nfs4_setfacl、nfs4_editfacl），用于处理从 NFS 服务器上所挂载的文件的 NFSv4 ACL。不过这些命令不能用于本地文件。而且，在发行版默认安装的软件中极少能见到它们的身影，你需要单独安装。

5.6.5 FreeBSD ACL 支持

FreeBSD 同时支持 POSIX ACL 和 NFSv4 ACL。其原生的 getfacl 和 setfacl 命令经过扩展，已经能够处理 NFSv4 风格的 ACL。NFSv4 ACL 的支持是最近（2017 年）才加入的。

在文件系统层面，UFS 和 ZFS 均支持 NFSv4 风格的 ACL，另外 UFS 也支持 POSIX ACL。这里可能会造成困惑的是 ZFS，它在 BSD（以及 Solaris）上只支持 NFSv4，在 Linux 中只支持 POSIX。

对于 UFS，需要使用 mount 选项 acls 或 nfsv4acls 来指定究竟采用哪种 ACL。这两个选项是互斥的，只能选用其中一个。

5.6.6 POSIX ACL

POSIX ACL 是标准的 9 位 UNIX 权限模型最为直观的扩展。该 ACL 系统只处理读取、写入和执行权限。像 setuid 以及粘滞位这种修饰性权限专门由传统模型位来处理。

ACL 能够根据用户和组的任意组合独立地设置 rwx 权限位。表 5.7 展示了 ACL 中的表项。

表 5.7　　可以出现在 POSIX ACL 中的表项

格式	示例	权限的设置对象
user::perms	user::rw-	文件属主
user:username:perms	user:trent:rw-	指定的用户
group::perms	group::r-x	文件属组
group:groupname:perms	group:staff:rw-	指定的组
other::perms	other::---	其他人
mask::perms	mask::rwx	除属主和其他人之外的所有人[a]

注：a. mask 部分不太好理解，本节随后会进行解释。

用户和组可以通过名字或 UID/GID 来标识。ACL 中能够包含的条目数量视文件系统实现而定，不过通常至少会有 32 项。这方面的限制可能是出于实践中的可管理性考虑的。

1. 传统模型与 ACL 之间的交互

带有 ACL 的文件仍保留其原先的权限模式位，但是两套权限之间的一致性会被自动强制施加，绝不会出现冲突。下面的例子演示了 ACL 条目是如何自动更新以响应标准 chmod 命令所做出的改动的。

```
$ touch example
$ ls -l example
-rw-rw-r-- 1 garth garth    0 Jun 14 15:57 example
$ getfacl example
# file: example
# owner: garth
# group: garth
user::rw-
group::rw-
other::r--
$ chmod 640 example
$ ls -l example
-rw-r----- 1 garth garth    0 Jun 14 15:57 example
$ getfacl --omit-header example ①
user::rw-
group::r--
other::---
```

这种强制的一致性允许对 ACL 一无所知的旧软件在 ACL 世界里运行正常。不过事情也并非一帆风顺。尽管上例中的 ACL 表项 group::对应着传统权限模式位里的中间一组权限，但是情况并非总是如此。

要想知道为什么，假设一个遗留程序（legacy program）清除了传统模式里全部 3 组权限中的写入位（例如，chmod ugo-w file）。这种做法的目的显然是为了让所有人都无法对该文件执行写操作。但如果最终的 ACL 看起来是这样呢？

① 这个例子取自 Linux 系统。FreeBSD 版本的 getfacl 不使用--omit-header，而是用-q 来消除类似于注释的输出行。

```
user::r--
group::r--
group:staff:rw-
other::r--
```

在遗留程序看来，文件已经不能修改，但其实 staff 组中的任何成员都有写入权限。这可不妙。为了减少歧义和误解，会强制采用以下规则。

- ACL 表项 user::和 other::在定义上等同于传统模式中的“属主”和“其他人”权限位。只要传统权限模式发生了变化，对应的 ACL 表项也会随之改变，反之亦然。
- 在所有情况下，如果没有以其他方式给出文件属主和用户的有效访问权限，那么其权限就是在 ACL 表项 user::和 other::中分别指定的那些。
- 如果文件没有明确定义相应的 ACL，或是其 ACL 只包含一个 user::、一个 group::以及一个 other::表项，那么这些表项等同于传统权限位中的 3 组权限。这种情况在之前 getfacl 的例子中已经演示过了。（这种 ACL 称为“最小化”ACL，实际上不需要作为一个逻辑上独立的 ACL 实现。）
- 在更复杂的 ACL 中，传统的组权限位对应的 ACL 表项不再是 group::，而是一个名为 mask 的特殊表项。它限制了 ACL 能够授予所有的具名用户、所有的具名组以及默认组的访问权限。

换句话说，mask 规定了 ACL 能够为单个组和用户所分配的最高访问权限。它在概念上和 umask 类似，不同之处在于 ACL mask 始终有效，而且指定的是允许的权限，而不是拒绝的权限。针对具名用户、具名组以及默认组的 ACL 表项中可以包含 mask 中没有的权限位，但是这些权限位会被文件系统直接忽略。

所以说，传统权限模式位绝不会降低 ACL 所允许的访问权限。而且，从传统权限模式中组权限部分清除一位，ACL mask 中相应的位也会被清除，使得除文件属主以及属于“other”类用户之外的所有人都失去了该权限。

如果扩展上例中的 ACL，加入某个特定用户和组的表项，setfacl 会自动提供适合的 mask。

```
$ ls -l example
-rw-r-----       1 garth garth         0 Jun 14 15:57 example
$ setfacl -m user::r,user:trent:rw,group:admin:rw example
$ ls -l example
-r--rw----+      1 garth garth         0 Jun 14 15:57 example
$ getfacl --omit-header example
user::r--
user:trent:rw-
group::r--
group:admin:rw-
mask::rw-
other::---
```

setfacl 的-m 选项表示“modify”（修改）：它可以添加尚未存在的表项，调整已有的表项。要注意的是，setfacl 会自动生成一个 mask，使 ACL 中授予的所有权限生效。如果你想手动设置 mask，可以将其包含在交给 setfacl 的 ACL 表项清单中，或是使用-n 选项阻止 setfacl 重新生成它。

注意，在执行过 setfacl 命令之后，ls -l 在文件模式尾部显示了一个+，表示该文件现在已经真正有了一个与之关联的 ACL。之前的 ls -l 没有显示+的原因在于当时的 ACL 只是“最小化”的 ACL。

如果你使用传统的 chmod 命令操作带有 ACL 的文件，对于“属组”权限所做出的设置只会影响到 mask，这点要留意。继续前面的例子：

```
$ chmod 770 example
```

```
$ ls -l example
-rwxrwx---+ 1 garth  staff   0 Jun 14 15:57 example
$ getfacl --omit-header example
user::rwx
user:trent:rw-
group::r--
group:admin:rw-
mask::rwx
other::---
```

本例中 ls 的输出有误导性。尽管表面上看拥有组权限，但实际上组成员也无法执行该文件。要想授予权，必须编辑 ACL 本身。

setfacl -bn 可以完全删除一个 ACL，返回到标准的 UNIX 权限系统。（严格来说，只有在 FreeBSD 上才需要用到-n。如果不使用该选项，FreeBSD 的 setfacl 会留下一个残缺的 mask 表项，这个表项会扰乱随后组模式的变动。不过为了以防万一，你也可以在 Linux 中加入-n。）

2．POSIX 访问判定

当进程试图访问某个文件时，该进程的 effective UID 会与文件属主的 UID 进行比较。如果两者相同，则由 ACL 的 user::权限决定能否访问。否则，如果存在能够匹配特定用户的 ACL 表项，由该表项配合 ACL mask 共同决定权限。

如果没有特定用户的 ACL 表项，那么文件系统会尝试查找有效的组相关表项，看看是否能够授权所请求的访问。这些表项要同 ACL mask 一起处理。如果找不到此类表项，那就选用 other::表项。

3．POSIX ACL 继承

除了在表 5.7 中列出的 ACL 表项类型，目录的 ACL 还可以包含 default 表项，这种表项会传递到该目录内新创建的文件或子目录的 ACL 中。子目录既可以接受主动设置的 ACL 表项（active ACL entry），也可以接受 default 表项的副本。因此，起初的 default 表项最终会向下传递给多层目录。

default 表项一旦被复制到新的子目录中，父目录与子目录的 ACL 之间就不再有任何关联。如果父目录的 default 表项发生了改变，那么这些变化不会再反映到子目录的 ACL 中。

你可以使用 setfacl -dm 命令设置 default 表项。也可以在普通的访问控制表项清单中加入 default 表项，只需要把 default::写在表项前面就行了。

只要目录中存在 default 表项，那么 user::、group::、other::以及 mask::也都必须设置该项。如果你没有指定，setfacl 会从当前的 ACL 中复制，将缺失的 default 表项补上。

5.6.7 NFSv4 ACL

在本节中，我们会讨论 NFSv4 ACL 的特点，简要回顾在 FreeBSD 下用于设置和检查 NFSv4 ACL 的命令语法。Linux 并不支持这些命令（除非通过 NFS 服务的守护进程）。

从结构上来看，NFSv4 ACL 和 Windows ACL 类似。两者的主要不同在于如何表明访问控制表项所指向的实体。

在这两种访问控制系统中，ACL 都是以字符串形式保存实体。在 Windows ACL 中，字符串中通常含有 Windows 安全标识符（Windows Security Identifier，SID）；在 NFSv4 中，字符串的形式通常为 user:username 或 group:groupname，也可以是 owner@、group@或 everyone@这种特殊标记。后者较为常见，因为它们能够对应于文件中的模式位。

像 Samba 这种在 UNIX 和 Windows 之间共享文件的系统必须采用某种方法实现 Windows 和 NFSv4 标识符的相互映射。

NFSv4 和 Windows 的权限模型的粒度要比 UNIX 传统的“读取-写入-执行”模型更细。对于

NFSv4，主要的改进如下。

- NFSv4 会区分在目录下创建文件和创建子目录这两种不同的权限。
- NFSv4 有单独的“追加”权限位。
- NFSv4 对数据、文件属性、扩展属性以及 ACL 有单独的读取和写入权限。
- NFSv4 通过标准 ACL 系统来控制用户修改文件所有权的能力。在传统的 UNIX 中，这种能力通常只保留给 root。

表 5.8 中显示了 NFSv4 系统中可以设置的各种权限。另外还给出了用于描述这些权限的单字母编码以及更详细的规范名称。

表 5.8 NFSv4 文件权限

编码	规范名	权限
r	read_data	读取数据（文件）或列出目录内容（目录）
w	write_data	写入数据（文件）或创建文件（目录）
x	execute	作为程序执行
p	append_data	追加数据（文件）或创建子目录（目录）
D	delete_child	删除目录中的内容
d	delete	删除
a	read_attributes	读取非扩展属性
A	write_attributes	写入非扩展属性
R	read_xattr	读取具名（扩展）属性
W	write_acl	写入具名（扩展）属性
c	read_acl	读取访问控制列表
C	write_acl	写入访问控制列表
o	write_owner	改变所有权
s	synchronize	允许请求同步 I/O（通常会被忽略）

尽管 NFSv4 的权限模型非常详尽，但各种权限基本上都能顾名思义。（“synchronize”权限允许客户端将其对文件做出的修改指定为同步形式——也就是说，write 调用应该等到数据被实际写入磁盘之后才返回。）

扩展属性是一块命名过的数据，随文件一同保存，大多数现代操作系统都支持这种属性。扩展属性目前主要用于保存 ACL 自身。不过，NFSv4 权限模型是将 ACL 与其他扩展属性区别对待的。

在 FreeBSD 实现中，文件属主总是拥有 read_acl、write_acl、read_attributes 以及 write_attributes 权限，即便是文件的 ACL 指定了其他权限。

1. NFSv4 的权限实体

除了 user:username 和 group:groupname 这种普通的指定方式，NFSv4 还定义了一些特殊的实体，可以在 ACL 中为其分配权限。其中最重要的就是 owner@、group@、everyone@，这三者分别对应于 9 位权限模型中的传统分类。

NFSv4 与 POSIX 之间存在着一些差异。首先，NFSv4 并没有 default 表项，该表项在 POSIX 中用于控制 ACL 的继承。取而代之的是任何单独的访问控制表项（ACE）都可以被标记为可继承（参见后文中“NFSv4 中的 ACL 继承”部分）。NFSv4 也不使用 mask 来实现文件模式中指定的权限与其 ACL 之间的一致性。文件权限模式需要与 owner@、group@以及 everyone@中指定的设置相一致，当文件权限模式或ACL发生变化时，实现NFSv4 ACL的文件系统必须保持这种一致。

2. NFSv4的访问判定

NFSv4系统和POSIX的不同之处在于NFSv4的ACE只指定部分权限。每个ACE要么是“允许”（allow）ACE，要么是“拒绝”（deny）ACE，它的作用更像是一个mask，而不是所有可能权限的权威说明。多个ACE可以应用于某个特定场景。

在决定是否允许某种操作时，文件系统会按照顺序读取ACL，处理其中的ACE，直到所有请求的权限都被授予或是某些权限被拒绝。只有ACE的实体字符串与当前用户标识相符时，才考虑该ACE。

这种迭代求值的过程（iterative evaluation process）意味着owner@、group@以及everyone@并非是对应的传统权限模式位的精确模拟。一个ACL中可以包含这些元素的多个副本，它们的优先级并非依据约定，而是按照其出现在该ACL中的次序来决定的。特别要指出的是，everyone@的确会应用到所有人，而不仅仅是那些未被特别指定的用户。

有可能文件系统翻遍ACL的表项都没有能找到某个权限问询的权威答案。NFSv4标准将这种结果视为未定义（undefined），但在实际的实现中会拒绝访问，这样处理既因为Windows一直就是这么做的，另外也因为这是唯一合理的选择。

3. NFSv4中的ACL继承

和POSIX ACL一样，NFSv4 ACL允许新创建的对象继承其所在目录的访问控制表项。不过NFSv4系统的功能要更强大一点，同时也导致了更多的困惑。下面是一些要点。

- 你可以将任何ACE标记为可继承。新子目录的继承（dir_inherit或d）和新文件的继承（file_inherit或f）可以分开标记。
- 要想为新文件和新目录应用不同的访问控制表项，可以在父目录上创建另外的访问控制表项并做相应的标志。你也可以启用d标志和f标志，将单个ACE应用于所有新的子实体（任何类型）。
- 从访问判定的角度而言，访问控制表项无论是否能够继承，对于父（源）目录的效果是一样的。如果你希望表项应用于目录内容而非目录本身，启用ACE的inherit_only（i）标志即可。
- 新的子目录通常会继承每个ACE的两个副本：一个关闭了继承标志，该ACE只应用于子目录本身；另一个开启了inherit_only标志，这使得子目录会向下传递该ACE。找到父目录的ACE副本，启用其no_propagate（n）标志就可以阻止创建第二个ACE。最终的结果就是该ACE只会传递给原先目录的直接子对象[①]。
- 不要把访问控制表项的传递和真正的继承搞混了。在ACE上设置继承相关的标志只是表示该ACE会被复制到新的实体，这并不会在父子之间创建持续的关联。如果你随后改变了父目录的ACE表项，那么其子对象的ACE并不会发生变化。

表5.9总结了各种继承标志。

表5.9　NFSv4 ACE的继承标志

编码	规范名	含义
f	file_inherit	将该ACE传递给新文件
d	dir_inherit	将该ACE传递给新子目录
I	inherit_only	传递，但不应用于当前目录
n	no_propagate	传递给新子目录，但是会关闭继承

① 这里的“对象”包括文件和目录。——译者注

4. 查看 NFSv4 ACL

FreeBSD 扩展了用于 POSIX ACL 的标准 setfacl 和 getfacl 命令，使其也能够处理 NFSv4 ACL。例如，下面是新目录的 ACL。

```
freebsd$ mkdir example
freebsd$ ls -ld example
drwxr-xr-x 2 garth staff 2 Aug 16 18:52 example/
$ getfacl -q example
          owner@:rwxp--aARWcCos:------:allow
          group@:r-x---a-R-c--s:------:allow
       everyone@:r-x---a-R-c--s:------:allow
```

-v 选项可以显示出权限的规范名：

```
freebsd$ getfacl -qv example
     owner@:read_data/write_data/execute/append_data/read_attributes/
          write_attributes/read_xattr/write_xattr/read_acl/write_acl/
          write_owner/synchronize::allow
     group@:read_data/execute/read_attributes/read_xattr/read_acl/
          synchronize::allow
     everyone@:read_data/execute/read_attributes/read_xattr/read_acl/
          synchronize::allow
```

新目录的 ACL 看起来挺复杂的，但其实这只是将 9 位的权限模式转换成了 ACL 而已。文件系统未必会保存实际的 ACL，因为 ACL 和权限模式是等价的（和 POSIX ACL 一样，这种 ACL 叫作“最小化 ACL”（minimal）或“无足轻重的 ACL”（trivial））。如果目录真有 ACL，ls 会在权限模式位末尾加上一个+（例如 drwxr-xr-x+），以表明 ACL 的存在。

每句都代表一个访问控制表项，其格式为：

entity : permissions : inheritance_flags : type

entity 可以是关键字 owner@、group@或 everyone@，也可以是 user:username 或 group:groupname 这种形式。permissions 和 inheritance_flags 在详细输出[①]中显示为以斜线分隔的选项列表；在简要输出中，显示为 ls 风格的权限位图（bitmap）。ACE 的 type 不是 allow 就是 deny。

不管使用哪一种输出格式，entity 字段中出现的冒号分隔符使得脚本在解析 getfacl 输出时比较棘手。如果你需要编程来处理 ACL，最好还是通过相应模块的 API 来解决，不要去解析命令输出。

5. ACL 与权限模式的交互

权限模式和 ACL 必须保持一致，只要你调整了其中一个，另一个也会自动更新。对于特定的 ACL，系统很容易就能确定适合的权限模式。但是，要想用一系列访问控制表项模拟传统的权限模式的行为就没那么简单了，尤其是在已经有 ACL 的情况下。系统经常得为 owner@、group@和 everyone@生成多个看似不一致的表项集，其最终效果取决于求值次序。

通常来说，一旦决定应用 ACL，最好要避免再使用文件或目录的权限模式。

6. 设置 NFSv4 ACL

因为权限系统强制文件权限模式与 ACL 的一致性，是所有文件至少都有一个无足轻重的 ACL，所以，ACL 总是要更新。

你可以使用 setfacl 命令修改 ACL，做法和在 POSIX ACL 中差不多。主要的不同在于访问控制表项的次序对于 NFSv4 ACL 至关重要，因此你可能需要在已有 ACL 中的某个特定位置上插入新的表项。-a 选项可以实现这一操作。

```
setfacl -a position entries file ...
```

① 也就是带有-v 选项的输出。——译者注

其中，position 是现有访问控制表项的索引（编号从 0 开始），新表项会插入到该索引对应的表项之前，例如：

```
$ setfacl -a 0 user:ben:full_set::deny ben_keep_out
```

该命令会为文件 ben_keep_out 添加一个访问控制表项，拒绝用户 ben 的所有权限。full_set 是一个简写，代表了所有可能的权限。（不用这种写法的话，就只能像表 5.8 中那样，写成 rwxpDdaARWcCos 了。）

因为新的访问控制表项被插入到了索引为 0 的位置，所以该表项会首先被问询，其优先级比之后的表项都高。即便是 everyone@权限授予了其他用户访问权，Ben 也会被拒绝访问文件。

你也可以使用像 write_data 这样的长名字标识权限。多个长名字之间要用斜线分隔。在单个命令中不能混用单字母编码和长名字。

和在 POSIX ACL 中一样，你可以使用-m 选项向现有的 ACL 尾部增添新表项。

如果需要对现有的 ACL 进行复杂的改动，最好的方法是将该 ACL 导出到文本文件中，在文本编辑器中编辑访问控制表项，然后再重新载入整个 ACL，例如：

```
$ getfacl -q file > /tmp/file.acl
$ vi /tmp/file.acl                    # Make any required changes
$ setfacl -b -M /tmp/file.acl file
```

setfacl 的-b 选项会在添加文件 file.acl 中包含的访问控制表项之前删除现有的 ACL。如果你想删除表项的话，只需要简单地将其从文本文件中移除就行了。

第 6 章 软件的安装与管理

软件的安装、配置和管理占据了多数系统管理员工作的很大一部分。管理员要回应用户的安装和配置请求、更新软件以解决安全问题、监督向新的软件发布版过渡，这些新发布版在带来新特性的同时也可能造成不兼容。管理员通常要负责以下任务：

- 自动批量安装操作系统；
- 维护自定义操作系统配置；
- 给系统和应用程序打补丁，保持其处于最新状态；
- 跟踪软件授权；
- 管理附加软件包。

配置现有的发行版或软件包，使其符合自己的需要（以及在安全、文件放置和网络拓扑方面的本地规定），这一过程通常叫作“本地化”。本章研讨的一些技术和软件有助于减少软件安装时的麻烦事，使这些任务收放自如。我们还讨论每种示例操作系统的安装过程，包括使用公用工具（特定平台）进行自动化部署的一些选项。

6.1 操作系统安装

Linux 发行版和 FreeBSD 的基本安装过程都很直观。对于物理主机，安装操作系统通常就是从外部 USB 设备或光盘引导，回答几个基础问题，选择配置磁盘分区，然后告诉安装程序要装哪些软件包。包括本书所有的示例发行版在内的大多数系统在安装介质中都含有一个“live”选项，可以让用户在不进行实际磁盘安装的情况下运行操作系统。

多亏了有 GUI 界面全程指导安装，从本地介质上安装基本的操作系统简单得不值一提。

6.1.1 网络安装

如果需要在多台计算机上安装操作系统，很快你就会发现交互式安装的局限性。这种安装方式耗时长、容易出错，还要在数百台机器上一遍又一遍地重复枯燥的标准安装过程。你可以利用一份本地备忘录将人为错误降至最低，但是即便如此，也无法消除所有可能的变数。

为了缓解此类文件，你可以使用网络安装选项来简化部署。网络安装适合机器数量在 10 台以上的站点。最常见的方法是不借助物理介质，而是通过 DHCP 和 TFTP 引导系统，然后使用 HTTP、NFS 或 FTP 从网络服务器中接收操作系统安装文件。

你可以利用预引导执行环境（Preboot eXecution Environment，PXE）实现完全自动化安装。该方案是 Intel 制定的一项标准，能够从网络接口引导系统。这种方法在虚拟化环境中的效果尤为出色。

PXE 就像是网络 ROM 中的一个微型操作系统。它通过标准 API 将自身的网络功能提供给系统 BIOS 使用。在 PXE 和系统 BIOS 的配合下，单个引导装载程序不用再为各种网卡提供专门的驱动程序就能够通过网络引导任意一台启用了 PXE 的 PC。

PXE 协议的对外（网络）部分直观易懂，和其他体系中使用的网络引导过程类似。一台主机广播一条启用了 PXE 标志的“发现”（discover）请求，DHCP 服务器或代理返回一个包含 PXE 选项（引导服务器的名字和引导文件）的 DHCP 分组作为响应。客户端通过 TFTP（或者是组播 TFTP）下载属于自己的引导文件并执行。图 6.1 中展示了 PXE 的引导过程。

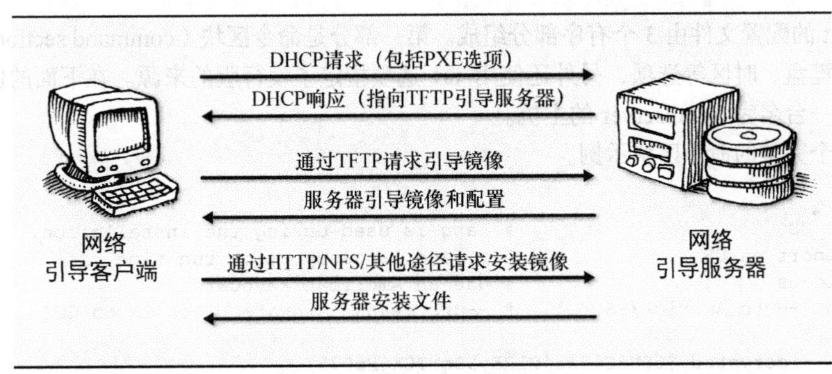

图 6.1 PXE 的引导及安装过程

DHCP、TFTP 和文件服务器可以位于不同的主机。TFTP 所提供的引导文件中包含了一份菜单，其中的菜单项指向了可用的操作系统引导镜像，随后可以使用 HTTP、FTP、NFS 或其他网络协议从文件服务器中获取这些镜像。

PXE 引导多是和无人值守安装工具配合使用，例如 Red Hat 的 kickstar 或 Debian 的 preseeding 系统，随后我们会对其展开讨论。你也可以使用 PXE 引导无盘系统（例如瘦客户机）。

6.5 节中介绍的 Cobbler 包含了一些辅助功能，大大简化了网络引导过程。但是你仍旧需要了解一些 Cobbler 的支撑工具，那就从 PXE 开始吧。

6.1.2 设置 PXE

使用非常广泛的 PXE 引导系统是 H.Peter Anvin 的 PXELINUX，这是通用引导装载程序 SYSLINUX 的一部分。另一种选择是 iPXE，它支持包括无线网络在内的其他自举模式。

PXELINUX 提供了一个引导文件，你可以把这个文件放在 TFTP 服务器的 tftpboot 目录下。

要想从网络引导，PC 会从 TFTP 服务器下载 PXE 引导装载程序及其配置。配置文件中列出了一个或多个操作系统引导选项。系统无须用户干预就可以引导并进入特定操作系统的安装过程，或者是显示出一个定制的引导菜单。

PXELINUX 使用 PXE AIP 完成下载，在引导过程中始终不会受到硬件的影响。尽管名字叫作 PXELINUX，但其并不仅限于引导 Linux。你也可以使用 PXE 安装 FreeBSD 以及其他操作系统，甚至是 Windows。

在 DHCP 这边，最好使用 ISC（the Internet Systems Consortium）的 DHCP 服务器来提供 PXE 信息。或者也可以试试 Dnsmasq，这是一款支持 DNS、DHCP 以及网络引导的轻量级服务器。要么就干脆用下面要讲到的 Cobbler。

6.1.3 kickstart：Red Hat 和 CentOS 的自动化安装程序

kickstart 是由 Red Hat 开发的一款自动化安装工具。该工具其实只是 Red Hat 标准安装程序 Anaconda 的一个脚本化接口，依赖于基础发行版和 RPM 软件包。Kickstart 的用法灵活，而且能够非常聪明地自动检测系统硬件，在裸机和虚拟机上效果很好。kickstart 可以通过光盘、本地硬盘、NFS、FTP 或 HTTP 进行安装。

1. 建立 kickstart 配置文件

kickstart 的行为由一个名为 ks.cfg 的配置文件控制，该文件的格式很直观。如果偏好可视化界面，Red Hat 有一个方便的 GUI 工具 system-config-kickstart，可以让用户使用鼠标完成 ks.cfg 的配置。

kickstart 的配置文件由 3 个有序部分组成。第一部分是命令区块（command section），其中指定了语言、键盘、时区等选项，另外还使用 url 选项指定了发行版的来源。在下面的例子中，发行版来源是一台名为 installserver 的主机。

来看一个完整的命令区块示例。

```
text
lang en_US                          # lang is used during the installation...
langsupport en_US                   # ...and langsupport at run time
keyboard us                         # Use an American keyboard
timezone --utc America/EST          # --utc means hardware clock is on GMT
mouse
rootpw --iscrypted $6$NaCl$X5jRlREy9DqNTCXjHp075/
reboot                              # Reboot after installation. Always wise.
bootloader --location=mbr           # Install default boot loader in the MBR
install                             # Install a new system, don't upgrade
url --url http://installserver/redhat
clearpart --all -initlabel          # Clear all existing partitions
part / --fstype ext3 --size 4096
part swap --size 1024
part /var --fstype ext3 -size 1 --grow
network --bootproto dhcp
auth --useshadow --enablemd5
firewall --disabled
xconfig --defaultdesktop=GNOME --startxonboot --resolution 1280x1024
    --depth 24
```

kickstart 默认使用图形模式，这恰巧和无人值守安装的目标相冲突。本例中顶部的 text 关键字可以解决这个矛盾。

rootpw 选项可以设置新机器的 root 密码。在默认情况下，密码是以明文形式指定的，这会引发严重的安全问题。应该坚持使用--iscrypted 选项指定经过散列处理后的密码。可以使用 openssl passwd -1 命令对密码进行加密。不过这个选项为所有的系统设置的 root 密码都是相同的。可以考虑通过引导后操作（postboot process）再修改密码。

clearpart 和 part 指令给出了一份磁盘分区及其大小的清单。你可以加入--grow 选项来扩展某个分区，使其能够占据磁盘剩余的所有空间。该特性能够方便地适应硬盘大小不同的系统。kickstart 也支持高级分区选项（例如 LVM），可是 system-config-kickstart 工具并不支持。完整的磁盘布局选项清单请参考 Red Hat 的在线文档。

第二个区块中列出了要安装的软件包，该区块以%package 指令开始。安装列表中可以包含单个软件包、软件包合集（例如@ GNOME）或者表示全部安装的@ Everything。在选择单个软件包时，只需要给出软件包的名字就行了，不用加版本号或.rpm 扩展名，例如：

```
%packages
@ Networked Workstation
@ X Window System
@ GNOME
mylocalpackage
```

在 kickstart 配置文件的第三个区块中，你可以指定由 kickstart 执行的任意命令。命令分为两类：一类由%pre 引入，在安装开始前执行；另一类由%post 引入，在安装结束后执行。这两类命令在一定程度上受限于系统解析主机名的能力，如果想要访问网络，那么最为稳妥的方法就是使用 IP 地址。除此之外，因为安装后执行的命令运行在囚牢环境中（chrooted environment），所以无法访问安装介质。

ks.cfg 文件很容易通过编程生成。一种选择是使用 Python 库 pykickstart，它能够读写 kickstart 配置。

假设你想在服务器和客户机上安装不同的软件包，而且两处的地理位置也不一样，这两处地理位置要求略微不同的定制化。你可以使用 pykickstart 编写一个脚本，将一组主参数转换成 4 个配置文件，分别对应于每个办公地点内的服务器和客户机。

那么改变软件包就只需要改动主配置文件就行了，再也不用修改所有的配置文件了。有时候你可能需要为特定主机生成单独的配置文件。在这种情况下，你肯定希望能够自动生成最终的 ks.cfg 文件。

2. 架设 kickstart 服务器

kickstart 要求安装文件（叫作安装树）的布局与其在发行版介质上一样，软件包需要保存在服务器的 ReaHat/RPMS 目录下。如果你通过 FTP、NFS 或 HTTP 进行网络安装，那么可以选择复制发行版的内容（不要改动安装树），或者干脆使用发行版的 ISO 镜像。另外还可以在该目录中加入你自己的软件包。不过这里要注意几个问题。

首先，如果你告诉 kickstart 要安装所有的软件包（在 ks.cfg 的%packages 区块中使用@ everything），那么它会在安装好所有的基础软件包之后按照字母顺序安装附加软件包。如果你的软件包依赖于基础软件包之外的包，那么你可能需要将其改成 zzmypackage.rpm 这样的名字，确保最后再安装。

如果你不想安装所有的软件包，那么要么将需要的包单独列在 ks.cfg 文件的%packages 区块内，要么将其添加到一个或多个软件包合集中。软件包合集由特定的指令项（例如@ GNOME）指定，代表了预先定义的一组软件包，具体的内容会在服务器上的 RedHat/base/comps 文件中列出。软件包合集是以 0 或 1 开头的行，行首的数字指明了是否默认选择该合集。

通常最好不要乱动标准软件包合集。把它们留给 Red Hat 处理，在 ks.cfg 文件中把你需要补充加入的包全部明确列出就行了。

3. 指定 kickstart 要使用的配置文件

有两种方法可以让 kickstart 使用创建好的配置文件。官方认可的方法是从外部介质（USB 或 DVD）引导，在 boot:提示符处输入 linux inst.ks，要求进行 kickstart 安装。也可以选择 PXE 引导。

如果你没有指定其他参数，那么系统会使用 DHCP 确定自己的网络地址，然后获取 DHCP 引导服务器以及引导文件这两个选项，尝试通过 NFS 挂载引导服务器并使用引导文件选项所指定的值作为 kickstart 的配置文件。如果未指定引导文件，那么系统会查找名为/kickstart/host_ip_address-kickstart 的文件。

另外也可以指定路径作为 inst.ks 选项的参数，[①]让 kickstart 去获取自己的配置文件。路径的形式多有种，例如：

```
boot: linux inst.ks=http:server:/path
```

告诉 kickstart 不再使用 NFS，而是通过 HTTP 下载文件。

要想完全不使用引导介质，需要借助于 PXE。更多信息详见 6.1.1 节。

6.1.4 自动安装 Debian 和 Ubuntu

Debian 和 Ubuntu 使用 debian-installer 实现“预设安装”（preseeding），这是推荐选用的自动安装方法。和 Red Hat 的 kickstart 一样，预配置文件负责回答安装程序提出的问题。

Debian 安装程序中所有的交互部分都是使用 debconf 工具来决定要提出的问题以及要使用的默认回答。只要给 debconf 提供一个包含预先填好答案的数据库，就可以完全实现自动安装，数据库可以手动生成（就是一个文本文件）。也可以先在示例系统上完成交互式安装，然后使用下列命名将 debconf 接收到的问题答案转储出来。

```
$ sudo debconf-get-selections --installer > preseed.cfg
$ sudo debconf-get-selections >> preseed.cfg
```

使该配置文件在网络上可用，然后使用下面的内核参数在安装时将其传给内核。

```
preseed/url=http://host/path/to/preseed
```

预设文件（通常名为 preseed.cfg）的语法很简单，和 Red Hat 的 ks.cfg 相仿。出于简洁性的考虑，下面的样例进行了删减。

```
d-i debian-installer/locale string en_US
d-i console-setup/ask_detect boolean false
d-i console-setup/layoutcode string us
d-i netcfg/choose_interface select auto
d-i netcfg/get_hostname string unassigned-hostname
d-i netcfg/get_domain string unassigned-domain
...
d-i partman-auto/disk string /dev/sda
d-i partman-auto/method string lvm
d-i partman-auto/choose_recipe select atomic
...
d-i passwd/user-fullname string Daffy Duck
d-i passwd/username string dduck
d-i passwd/user-password-crypted password $6$/mkq9/$G//i6tN.
x6670.951VSM/
d-i user-setup/encrypt-home boolean false
tasksel tasksel/first multiselect ubuntu-desktop
d-i grub-installer/only_debian boolean true
```

① 该选项在 RHEL 7 之前是 ks。目前这两种选项都能够接受，但未来的版本可能不再支持 ks。

```
d-i grub-installer/with_other_os boolean true
d-i finish-install/reboot_in_progress note
xserver-xorg xserver-xorg/autodetect_monitor boolean true
...
```

这个列表中的一些选项能够直接禁止通常需要用户参与交互的对话框。例如，console-setup/ask_detect 可以禁止手动选择键盘映射。

该配置尝试识别出实际连接在网络上的接口（choose_interface select auto）并通过 DHCUP 获得网络配置信息。系统的主机名和域名假定会由 DHCP 提供且不会被覆盖。

预设安装不能使用现有的分区：只能利用当前的剩余空间或是重新分区整个磁盘。上面的配置中含有 partman*的行就表明了会使用 partman-auto 软件包来划分磁盘分区。除非系统只有一块磁盘，否则你必须指定要安装到哪个磁盘中。在本例中，使用的磁盘是/dev/sda。

可用的分区选项如下。

- tomic：将所有的系统文件安装到一个分区。
- home：为/home 创建独立的分区。
- multi：为/home、/usr、/var 以及/tmp 创建独立的分区。

你可以使用 passwd 系列指令创建用户。和 kickstart 配置一样，我们强烈建议使用加密过的（经过散列处理）密码。预设文件经常保存在 HTTP 服务器上，会被一些好奇心强的用户发现。（当然，即便是经过散列处理的密码也逃不过暴力攻击。选择足够长的复杂密码吧。）

任务选择（tasksel）选项指定了要安装的 Ubuntu 系统类型。可用的选项值包括 standard、ubuntu-desktop、dns-server、lamp-server、kubuntu-desktop、edubuntu-desktop 以及 xubuntu-desktop。

前文中显示的预设文件示例取自 Ubuntu 安装文档。这份指南中包含了预设文件的语法及用法的详细资料。

尽管 Ubuntu 并不属于 Red Hat 谱系中的一员，但其底层安装程序兼容于 kickstart 的配置文件。Ubuntu 也有用于创建这些文件的 system-config-kickstart 工具，但是，Ubuntu 安装程序的 kickstart 功能缺失了一些 Red Hat Anaconda 所支持的重要特性，例如 LVM 和防火墙配置。我们建议坚持使用 Debian 的安装程序，除非你有非常好的理由选择 kickstart（例如，维护与 Red Hat 系统的兼容性）。

6.1.5 用开源的 Linux 预配置服务器 Cobbler 实现网络引导

目前为网络添加网络引导服务简单的方法就是使用 Cobbler，这个项目最初是由成果颇丰的开源软件开发者 Michael DeHaan 创建的。Cobbler 对 kickstart 进行了改进，移除了其中一些非常乏味的、重复性的管理元素。Cobbler 拥有包括 DHCP、DNS 和 TFTP 在内的所有重要的网络引导特性，能够帮助你管理用于构建物理主机及虚拟机的操作系统镜像。除此之外，还可以通过命令行和 Web 界面进行管理。

模板可能是 Cobbler 最为引人瞩目和有用的特性。经常会碰到的一种情况是需要为不同的主机准备不同的 kickstart 和预设设置。例如，你可能在两处数据中心都拥有 Web 服务器，除了网络配置之外，两者的其他配置都一样。你可以使用 Cobbler 的“脚本片段”（snippet）功能在两种主机间共享部分配置。

脚本片段就是一组 shell 命令而已。例如，下面的脚本片段可以将一个公钥添加到 root 用户已授权的 SSH 密钥中。

```
mkdir -p --mode=700 /root/.ssh
cat >> /root/.ssh/authorized_keys << EOF
ssh-rsa AAAAB3NzaC1yc2EAAAADAQABAAABAQDKErzVdarNkL4bzAZotSzU/
```

```
... Rooy2R6TCzc1Bt/oqUK1RlkuV
EOF
chmod 600 /root/.ssh/authorized_keys
```

你需要将该脚本片段保存到 Cobbler 的相应目录中，然后在 kickstart 配置模板中引用。例如，如果你将上面的脚本片段保存为 root_pubkey_snippet，那么可以像这样来引用：

```
%post
SNIPPET::root_pubkey_snippet
$kickstart_done
```

可以利用 Cobbler 模板来定制磁盘分区、根据条件安装软件包、定制时区、添加特定的软件仓库、实现其他种类的本地化需求。

Cobbler 还能够在各种 hypervisor 下创建新的虚拟机。当预配置主机（provision machine）引导完毕后，它还能将其与配置管理系统集成在一起。

本书中用到的示例在 Linux 发行版的标准软件仓库中都能找到 Cobbler 软件包。你可以从位于 GitHub 的 Cobbler GitHub 项目处获得软件包及其文档。

6.1.6 reeBSD 自动化安装

FreeBSD 的 bsdinstall 工具是一个基于文本的安装程序，当你使用 FreeBSD 安装 CD/DVD 引导计算时，该程序就会启动。相较于 Red Hat 的 kickstart 或 Debian 的 preseed，bsdinstall 的自动化能力还比较初级，文档也有限。最佳的信息源就是 bsdinstall 的手册页了。

生成定制的无人值守安装镜像是件挺乏味的事情，涉及下列步骤。

（1）下载最新的安装 ISO（CD 镜像）。

（2）将 ISO 镜像解包到本地目录。

（3）在目录中进行必要的编辑。

（4）依照定制好的内容生成新的 ISO 镜像，将其刻录成光盘，也可以生成用于网络引导的 PXE 引导镜像。

tar 命令的 FreeBSD 版本可以理解包括 ISO 在内的很多格式，你只用把 CD 镜像提取到一个临时目录里就行了。提取之前先创建一个子目录，因为 ISO 文件会被解包到当前目录中。

```
freebsd$ sudo mkdir FreeBSD
freebsd$ sudo tar xpCf FreeBSD FreeBSD-11.0.iso
```

只要提取镜像中的内容，你就可以按照所需的安装设置进行定制了。例如，你可以通过编辑 /etc/resolv.conf 来定制 DNS 解析器以加入自己的名字服务器。

bsdinstall 通常需要用户选择各种设置，例如所用的终端类型、键盘映射、分区形式。你可以把一个名为 installerconfig 的文件放在系统镜像的/etc 目录下就可以绕过这些交互式问题了。

该文件的格式在 bsdinstall 的手册页中有所描述。它分为两部分：

- 用于处理某些安装设置的先期部分（the preamble）；
- 一个在安装完成之后执行的 shell 脚本。

你可以去参考对应的手册页，我们就不在这里啰唆了。其中一些选项支持直接使用 ZFS 作为根文件系统以及其他定制的分区方案。

完成定制之后，就可以使用 mkisofs 命令创建新的 ISO 文件了。可以生成 PXE 镜像或是将 ISO 刻成光盘来实现无人值守安装。

mfsBSD 项目（mfsbsd.vx.sk）是一组脚本，可以生成适用于 PXE 的 ISO 镜像。基本的 FreeBSD 11 镜像的大小仅为 47 MiB。

6.2 软件包管理

之前，UNIX 和 Linux 的软件资源（源代码、构建文件、文档以及配置模板）均采用压缩过的归档文件形式发布，通常是以 gzip 压缩的 tar 归档（.tar.gz 或.tgz 文件）。这对于开发人员来说没什么问题，但最终用户和管理员就觉得不方便了。只要软件有新版本发布，就必须在每个系统上手动编译并构建源代码，这个过程既无趣又容易出错。

打包系统（packaging system）的出现简化并推进了软件管理工作。软件包中含有运行软件所需要的全部文件，包括预编译好的二进制文件、依赖信息、可由管理员定制的配置文件模板等。可能最重要的就是打包系统力图使安装过程尽可能地原子化（atomic）。如果在安装过程中发生了错误，可以撤销（backed out）或是重新安装软件包。要想升级到新版本的软件，只用更新软件包就行了，非常简单。

软件包安装程序通常知道配置文件的存在，不会覆盖系统管理员所做的本地定制内容。安装程序会在做出修改前先备份已有的配置文件，或是用其他名字提供样例配置文件。如果你发现安装了新的软件包之后系统出现了问题，理论上可以撤销该软件进行的改动，将系统恢复到之前的状态。当然，理论不等于实践，没做好测试之前别在生产系统上这么干。

打包系统定义了一种依赖模型，软件包维护工具借此可以确保应用程序所依赖的库以及下层的基础支持资源都已妥善安装。但是这个依赖模型有时候表现得并不完美。倒霉的系统管理员会发现自己陷入了软件包依赖地狱（package dependency hell），这是由于其所依赖的其他软件之间版本不兼容所造成的一种无法更新软件包的状态。好在近年来新版本的打包系统似乎已经有所好转。

软件包可以在安装过程中的不同时刻运行脚本，所以它们能做的绝不仅是生成新文件而已。软件包经常会添加新用户和组、执行健全性检查、根据环境定制设置等。

令人困惑的是，软件包的版本并非总是和它所安装的软件版本直接对应。例如，考虑 docker-engine 的 RPM 包：

```
$ rpm -qa | grep -i docker
docker-engine-1.13.0-1.el7.centos.x86_64
$ docker version | grep Version
Version:      1.13.1
```

软件包声明自己的版本是 1.13.0，但是 docker 二进制程序报告的版本却是 1.13.1。在这种情况下，发行版的维护人员会将软件的新改动向后移植（backported change），增加软件包的次版本号。要注意的是，软件包的版本号字符串未必就准确描述了实际安装的软件版本。

你可以创建软件包来促进自己的本地化设置或软件的发行。例如，生成一个软件包，将其安装好之后，读取主机的本地化信息（或是从中央数据库中读取）并使用这些信息设置本地配置文件。

另外可以把本地应用连同其依赖关系捆绑（bundle）成软件包，或是为没有依照包格式发布的第三方应用创建软件包。还可以为软件包设定版本，然后利用依赖机制在本地化软件包有新版本时自动更新。你不妨关注一下 fpm，这是目前为多个平台构建软件包最简单的方法。

利用依赖机制创建软件包组也是一种方法。例如，创建一个软件包，该软件包什么都不安装，但却依赖很多其他包。安装这种带有依赖关系的软件包的结果就是一次性地把其他所有的包都给装好了。

6.3 Linux 软件包管理系统

Linux 系统中有两种常见的软件包格式。Red Hat、CentOS、SUSE、Amazon Linux 以及其他一些发行版使用的是 RPM，这是"RPM Package Manager"的递归缩写。Debian 和 Ubuntu 使用的是另一种同样流行的.deb 格式。这两种格式在功能上相仿。

RPM 和.deb 都是一种双层（dual-layer）的全能配置管理工具。下层的工具负责安装、卸载、查询软件包：RPM 用的是 rpm 命令，.deb 用的是 dpkg 命令。

这些命令的上层还有对应的系统，负责从 Internet 上查找并下载软件包、分析软件包之间的依赖关系、更新系统中所有的软件包。RPM 使用的是 yum，APT（Advanced Package Tool）尽管源自.deb 世界，但能够很好地处理.deb 和 RPM 格式的软件包。

在接下来的内容中，我们将学习低层命令 rpm 和 dpkg。6.4 节会讨论建立在低层机制之上的更为全面的更新系统 APT 和 yum。日常的管理活动更多地涉及高层工具，但偶尔也需要使用 rpm 和 dpkg 深入一下底层。

6.3.1 rpm：管理 RPM 软件包

rpm 命令可以完成软件包的安装、验证及状态查询。该命令也能够用来构建软件包，不过这项功能现在被转交给了另一个命令 rpmbuild。rpm 选项之间的关系非常复杂，只能选用特定的选项组合。最好是把 rpm 想象成恰好采用了相同名字的多个不同的命令。

用户告知 rpm 进入的模式（例如-i 或-q）指定了你希望访问 rpm 的哪一种特性。rpm --help 按照模式列出了所有的命令选项，如果你需要频繁地和 RPM 软件包打交道，那么有必要花时间略为详细地阅读一下手册页。

常用的选项是-i（install）、-U（upgrade）、-e（erase）和-q（query）。-q 选项稍有点麻烦：你必须提供另外一个命令行选项来提出特定的问题。例如，rpm -qa 可以列出系统中已经安装的所有软件包。

来看一个例子。由于最近的安全修正，我们需要安装 OpenSSH 的新版本。下载好软件包之后，就可以执行 rpm -U，用新版本替换旧版本。

```
redhat$ sudo rpm -U openssh-6.6.1p1-33.el7_2.x86_64.rpm
error: failed dependencies:
openssh = 6.6.1p1-23 is needed by openssh-clients-6.6.1p1-23
openssh = 6.6.1p1-23 is needed by openssh-server-6.6.1p1-23
```

哦！事情似乎没那么简单。我们在这里看到目前安装的 6.61p1-23 版的 OpenSSH 需要其他一些软件包。rpm 不允许我们升级到 6.6.1p1-33 版，因为这样可能会影响到其他软件包的操作。这种冲突从来都没消停过，这也是开发像 APT 和 yum 这种系统的主要动力。在现实中，我们可不会去尝试手动解决这种依赖性问题，不过考虑到这个例子的目的，我们还是继续使用 rpm 单干。

--force 选项能够强制升级，不过这通常可不是什么好主意。这里给出的依赖信息是为了节省时间和避免麻烦，并不只是给你添堵的。再也没什么可以像远程系统上的 SSH 故障那样更能搞砸系统管理员的清晨了。

相反，我们也可以找到所依赖的那些软件包的更新版。如果够机灵，可以在升级之前确定 OpenSSH 都要依赖哪些软件包。

```
redhat$ rpm -q --whatrequires openssh
openssh-server-6.6.1p1-23.el7_2.x86_64
```

```
openssh-clients-6.6.1p1-23.el7_2.x86_64
```

假设我们已经得到了所有软件包的更新版。我们可以一次安装一个，不过 rpm 还是很聪明的，可以一次性搞定。如果在命令行中列出多个 RPM 软件包，那么 rpm 会在安装前先依据依赖关系对其排序。

```
redhat$ sudo rpm -U openssh-*
...
redhat$ rpm -q openssh
openssh-6.6.1p1-33.el7_3
```

酷啊！看起来没问题了。注意，即便没有指定软件包的全称或版本号，rpm 也能明白我们的所指。（可惜 rpm 在完成安装之后并不会重启 sshd。所以你还得手动重启守护进程来完成升级过程。）

6.3.2 dpkg：管理.deb 软件包

就像 RPM 软件包有一个能够大包大揽的 rpm 命令，Debian 软件包也有 dpkg 命令。有用的选项包括--install、--remove 和-l，其中-l 选项可以列出系统中已经安装的软件包。使用 dpkg --install 安装软件包时，在安装前会将先前的版本（如果系统中有的话）删除。

dpkg -l | grep package 是一种很方便的用法，可以确定某个软件包是否已经安装。例如，要想搜索 HTTP 服务器，可以这样：

```
ubuntu$ dpkg -l | grep -i http
ii lighttpd 1.4.35-4+deb8u1  amd64      fast webserver with minimal
    memory footprint
```

结果找到了 lighttpd，这是一款卓越的、开源的轻量级 Web 服务器。开头的 ii 表示该软件已安装。

假设 Ubuntu 安全团队最近针对 nvi 的潜在安全问题发布了修正补丁。得到该补丁之后，我们可以执行 dpkg 来安装。你可以看到，输出信息可是比 rpm 啰唆多了，不过可以告诉我们究竟执行了哪些操作。

```
ubuntu$ sudo dpkg --install ./nvi_1.81.6-12_amd64.deb
(Reading database ... 24368 files and directories currently installed.)
Preparing to replace nvi 1.79-14 (using ./nvi_1.81.6-12_amd64.deb) ...
Unpacking replacement nvi ...
Setting up nvi (1.81.6-12) ...
Checking available versions of ex, updating links in /etc/alternatives ...
(You may modify the symlinks there yourself if desired - see 'man ln'.)
Leaving ex (/usr/bin/ex) pointing to /usr/bin/nex.
Leaving ex.1.gz (/usr/share/man/man1/ex.1.gz) pointing to /usr/share/
    man/man1/nex.1.gz.
...
```

现在使用 dpkg -l 来验证是否安装成功。-l 选项能够接受一个可选的匹配模式前缀，这样我们就可以只搜索 nvi 了。

```
ubuntu$ dpkg -l nvi
    Name   Version        Description
ii  nvi    1.81.6-12      4.4BSD re-implementation of vi.
```

看来安装过程一切顺利。

6.4 Linux高层软件包管理系统

像APT和yum这样的基础软件包（metapackage）管理系统有一些共同的目标：

- 简化软件包的定位与下载；
- 实现系统更新或升级过程的自动化；
- 促进软件包之间依赖关系的管理。

显然，此类系统包含的不仅仅是客户端命令。它们要求发行版的维护人员以一种认可的方式组织其所提供的内容，以便客户端能够访问及分析这些软件。

因为没有任何一个供应方能够涵盖整个“Linux软件世界”，所以系统都允许存在多个软件仓库。仓库可以架设在本地网络中，这些系统于是便为创建自有的内部软件发行系统奠定了很好的基础。

RHEL Red Hat Network与Red Hat Enterprise Linux密切相关。作为一项付费的商业服务，Red Hat Network提供了比APT和yum更为吸引人的GUI、全站范围的系统管理以及自动化能力。Red Hat Network是Red Hat Satellite Server新推出的托管版，后者不仅价格昂贵，而且还是Red Hat专有的。客户端可以引用yum和APT仓库，这使得像CentOS这样的发行版能够使其客户端GUI适用于非专有用途。

APT的文档化程度要优于Red Hat Network，可移植性要好得多，还不用花钱，另外在用途方面也具有更高的灵活性。APT源自Debian和dpkg，不过经过扩展后，如今也能够处理RPM了，在我们使用的所有示例发行版中都有可用的APT版本。它是目前我们接触到的最符合软件发行通用标准的工具。

yum类似于APT，但只能用于RPM。它默认包含在Red Hat Enterprise Linux和CentOS中。如果你将其指向格式适合的仓库，那么yum可以运行在任何基于RPM的系统中。

我们喜欢ATP，如果你运行的是Debian或Ubuntu，还想要建立自己的自动化软件包发行网络，那么APT是你的不二之选，参见6.4.3节。

6.4.1 软件包仓库

Linux 发行方所维护的软件仓库需要与其选择的软件包管理系统携手工作。软件包管理系统的默认配置通常指向一个或多个由发行方控制的知名Web或FTP服务器。

不过，这样仓库中应该包含什么内容就不是那么显而易见了。应该只包括正式的、主流发布版软件包，正式发布版加上现有的安全更新，所有最新的正式发布版软件包，属于第三方，但尚未得到发行方官方支持的有用软件，源代码，还是针对多种硬件体系的二进制文件？当你执行apt upgrade或yum upgrade更新系统时，究竟都做了些什么？

一般而言，软件包管理系统必须解决上述所有问题，同时必须有助于站点在搭建自己的软件“世界”时有多样化的选择。下面这些概念能够帮助你理清这个过程的脉络。

- “发布”（release）就是对全部软件包所做的一次快照，这个快照本身是自洽的（self-consistent）。在Internet时代之前，冠名的操作系统发布或多或少都不会有什么变动，在某个特定时期内就是那个样子了。如今，发布是一个更为模糊的概念，它随着软件包的更新在不断演变。有些发布，例如Red Hat Enterprise Linux，有意放慢了演进速度，默认只有安全更新才会被并入发布。其他发布，例如测试版，变化频繁且幅度巨大。但是不管怎样，发布就是一条基线、一个目标，就是“我的系统更新完毕之后看起来的样子”。
- “组件”（component）是某次发布中的软件子集。发行版对自身的划分不尽相同，但都会区分核心（core）软件和额外（extra）软件，前者由发行方保障，后者由更为广泛的社区提供。另一种在 Linux 世界常见的区分是发布中自由、开源那部分与受到某些限制性授权协议影响的部分。

从管理的角度来说，尤为值得注意的是只包含安全修正的那些稳定的组件。有些发布允许你将安全组件与不变的基线组件结合起来，创建一个相对稳定的发行版本，尽管主线的发行版演进速度要快得多。

- "体系"（architecture）代表了一类硬件。理想的情况是：特定体系类别的机器相似到全都可以执行同样的二进制代码。每种体系都有对应的发布版，例如，"Ubuntu Xenial Xerus for x86_64"（针对 x86_64 体系的 Ubuntu Xenial Xerus）。将发布版细分就得到了组件，因此每一种组件也有其对应的特定体系的版本。
- 单独的软件包构成了组件，进而间接地组成了发布。软件包通常针对特定的体系，版本号独立于主发布和其他软件包。软件包与发布之间的对应关系是由网络上的软件仓库暗中决定的。

组件并不是由发行方维护的（例如 Ubuntu 的"universe"和"multiverse"），这就产生了一个问题：组件与核心的操作系统发布之间的关系是怎样的？是否真的可以说成特定发布的"某个组件"，或者说组件完全就是异类？

从软件包管理的角度来说，答案显而易见：额外软件也是真正的组件。它们与特定的发布相关联，与其共同演进。从管理角度上讲，这种分离的控制权值得注意，但除了多个软件仓库可能需要由管理员手动添加之外，它并不会影响到软件包发行系统。

6.4.2 RHN：Red Hat 网络

随着 Red Hat 与消费类 Linux 业务渐行渐远，Red Hat Network 已经成为了 Red Hat Enterprise Linux 的系统管理平台。你可以通过订阅的方式来购买 Red Hat Network 的访问权。简单来说，你可以把 Red Hat Network 当作是一个光鲜亮丽的 Web 门户和邮件列表来使用。照这样的话，Red Hat Network 和各个 UNIX 厂商运营多年的补丁通知邮件列表没有太多差别。但如果你愿意掏钱的话，Red Hat Network 有大把的特性可供使用，可以到其他网查阅最新的价格和特性。

可以通过 Web 界面或命令行界面在 Red Hat Network 下载最新的软件包。完成注册之后，你的系统无须干预就可以获得所有的补丁和 bug 修正。

自动注册的不利一面是 Red Hat 负责决定哪些更新是你要用到的。你可能得考虑一下究竟有多信任 Red Hat（以及软件包的维护人员）不会把事情搞砸。

也许一种合理的折中办法是为单位里的一台机器注册自动更新功能。你可以定期取得这台机器的快照，然后进行测试，作为内部发行的候选。

6.4.3 APT：高级软件包工具

APT 是最成熟的软件包管理系统之一。单凭一条 apt 命令就可以升级整个系统内的所有软件，甚至还可以（像 Red Hat Network 那样）在无须人工干预的情况下持续保持系统处于最新状态。

在 Ubuntu 系统（以及 Debian 软件包的所有管理工作）中使用 APT 的第一条规则就是忽略 dselect，它是 Debian 软件包系统的前端。dselect 的初衷不差，但是用户界面实在够呛，让新手望而生怯。有些文档会劝你选用 dselect，一定得坚持立场，紧抓 APT 不放手。

如果你使用 APT 管理来自标准仓库镜像中的 Ubuntu 安装，那么查看可用软件包最简单的方法就是访问 Package Ubuntu 网站上的主列表。该网站的搜索界面非常美观。如果你搭建了自己的 APT 服务器（参见 6.4.6 节），那么自然知道哪些软件包可用，也能够以任何想要的方式将其列出。

发行版通常会包含一些空壳软件包（dummy package），其存在只是为了宣明所依赖的其他软件包。APT 会根据需要下载并升级这些软件包，所以如果要将多个软件包以整体的形式安装或升级，空壳软件包可以让这个过程简单不少。例如，安装 gnome-desktop-environment 软件包会获取并安装用于运行 GNOME UI 所必需的所有软件包。

APT 包含一组低阶命令（例如 apt-get 和 apt-cache），这些命令被包装成了全能的 apt 命令，用以满足大部分需要。包装命令是后期添加到系统中的，所以你偶尔还会在网上和文档中看到那些低阶命令。基本上，看起来相似的命令实际上就是同一个命令。例如，apt install 和 apt-get install 之间就没什么差别。

只要设置好/et/apt/sources.list 文件（随后会详述），知道所需的软件包名字，剩下唯一的任务就是执行 apt update 来刷新 APT 的软件包信息缓存了。然后只需要以特权用户身份执行 apt install packagename 进行安装就行了。该命令还可以更新已安装的软件包。

假设你想安装修正了安全 bug 的新版本 sudo。首先，执行 apt update 总是一个明智之举。

```
debian$ sudo apt update
Get:1 http://http.us.debian.org stable/main Packages [824kB]
Get:2 http://non-us.debian.org stable/non-US/main Release [102B]
...
```

现在就可以获取软件包了。注意，这里是用 sudo 来获取新的 sudo 软件包——APT 甚至可以更新正在使用中的软件包!

```
debian$ sudo apt install sudo
Reading Package Lists... Done
Building Dependency Tree... Done
1 packages upgraded, 0 newly installed, 0 to remove and 191 not upgraded.
Need to get 0B/122kB of archives. After unpacking 131kB will be used.
(Reading database ... 24359 files and directories currently installed.)
Preparing to replace sudo 1.6.2p2-2 (using .../sudo_1.8.10p3-1+deb8u3_
    amd64.deb) ...
Unpacking replacement sudo ...
Setting up sudo (1.8.10p3-1+deb8u3) ...
Installing new version of config file /etc/pam.d/sudo ...
```

6.4.4 软件仓库配置

APT 的配置方法简单直观，基本上需要知道的所有内容可以在 Ubuntu 社区的包管理文档中找到。

最重要的配置文件是/etc/apt/sources.list，该文件告诉 APT 从哪里获取软件包。文件的每一行都指定了如下信息。

- 软件包的类型，目前使用 deb 或 deb-src 表示 Debian 类型的软件包，使用 rpm 或 rpm-src 表示 RPM。
- 指向可以从中获取到软件包的文件、HTTP 服务器或 FTP 服务器的 URL。
- “发行版”（实际上就是一个发布名），可以让你获取软件包的多个版本。①
- 一个可能的组件清单（某次发布内的软件包分类）。

除非你打算搭建自己的 APT 仓库或缓存，否则默认配置的效果通常就已经很好了。源代码包可以从以 deb-src 起始的条目中下载。

在 Ubuntu 系统中，基本上可以肯定要添加“universe”组件，通过它可以访问到更多的 Linux 开源软件。“multiverse”组件包含有非开源内容，例如一些 VMware 工具等。

在编辑 sources.list 文件时，你可能想重新定位个别条目，使其指向离你最近的镜像。Ubuntu

① 发行方使用 distribution 字段来识别主发布，不过你也可以将其用于内部发行系统。

镜像的完整清单可以在 launchpad.net/ubuntu/+archivemirrors 处找到，这是一份定期变化的动态（而且很长）清单，所以记得在各次发布之间关注一下。

一定要确保将 ubuntu security notices 网址作为源加入，以便能够访问最新的安全补丁。

6.4.5 /etc/apt/sources.list 文件示例

下面的例子使用 archive.ubuntu 网站作为 Ubuntu 的"main"组件的软件包源（这些软件 Ubuntu 团队提供完全支持）。除此之外，该 sources.list 文件包括了未被支持、但属于开源的"universe"软件包以及来自"multiverse"组件中属于非自由软件、未被支持的软件包。还有一个软件仓库，它负责各个组件中软件包的更新或 bug 修正。结尾的 6 行用于安全更新。

```
# General format: type uri distribution [ components ]
deb http://archive.ubuntu.com/ubuntu xenial main restricted
deb-src http://archive.ubuntu.com/ubuntu xenial main restricted
deb http://archive.ubuntu.com/ubuntu xenial-updates main restricted
deb-src http://archive.ubuntu.com/ubuntu xenial-updates main restricted
deb http://archive.ubuntu.com/ubuntu xenial universe
deb-src http://archive.ubuntu.com/ubuntu xenial universe
deb http://archive.ubuntu.com/ubuntu xenial-updates universe
deb-src http://archive.ubuntu.com/ubuntu xenial-updates universe
deb http://archive.ubuntu.com/ubuntu xenial multiverse
deb-src http://archive.ubuntu.com/ubuntu xenial multiverse
deb http://archive.ubuntu.com/ubuntu xenial-updates multiverse
deb-src http://archive.ubuntu.com/ubuntu xenial-updates multiverse
deb http://archive.ubuntu.com/ubuntu xenial-backports main restricted
    universe multiverse
deb-src http://archive.ubuntu.com/ubuntu xenial-backports main restricted
    universe multiverse
deb http://security.ubuntu.com/ubuntu xenial-security main restricted
deb-src http://security.ubuntu.com/ubuntu xenial-security main restricted
deb http://security.ubuntu.com/ubuntu xenial-security universe
deb-src http://security.ubuntu.com/ubuntu xenial-security universe
deb http://security.ubuntu.com/ubuntu xenial-security multiverse
deb-src http://security.ubuntu.com/ubuntu xenial-security multiverse
```

distribution 和 components 字段帮助 APT 在 Ubuntu 仓库的文件系统层次结构中导航，该结构的布局是标准化的。根发行版（root distribution）是给每个发行起的暂定名（working title），例如 trusty、xenial 或 yakkety。可用组件通常叫作 main、universe、multiverse、restricted。如果你完全不介意在自己的环境中使用未被支持（如果选用了 multiverse 仓库，还会存在受限许可）的软件，还可以加入 universe 和 multiverse 仓库。

编辑过 sources.list 文件后，执行 apt-get update，强制 APT 应用你所做出的改动。

6.4.6 创建本地仓库镜像

如果你打算在大量主机上使用 APT，那么可能需要把软件包缓存在本地，为每台主机都下载一个软件包显然是对外部网络带宽的滥用。仓库镜像很容易配置，进行本地管理也挺方便的，只需要保证使用最新的安全补丁更新就行了。

最适宜完成这项任务的工具就是 apt-mirror 软件包，它用起来非常方便。你也可以使用 sudo apt install apt-mirror 从 universe 组件中安装。

安装好之后，apt-mirror 会在/etc/apt 目录中放入一个名为 mirror.list 的文件。它是 sources.list 的影子版本（shadow version），仅作为镜像操作的源使用。mirros.list 默认会包含用于运行 Ubuntu 的所有仓库。

要想真正映射 mirror.list 中的仓库，只需要以 root 身份执行 apt-mirror 就行了。

```
ubuntu$ sudo apt-mirror
Downloading 162 index files using 20 threads...
Begin time: Sun Feb 5 22:34:58 2017
[20]... [19]... [18]... [17]... [16]... [15]... [14]...
```

apt-mirror 默认会将其仓库副本放入/var/spool/apt-mirror。这个位置可以随意改动，只需要取消 mirror.list 中的 set base_path 指令的注释就行了，但是要注意必须在新的镜像目录下创建 mirror、skel 和 var 子目录。

apt-mirror 在第一次运行时要花很长时间，因为要对数 GB 的数据进行镜像（目前对于每种 Ubuntu 发布，大小大约是 40 GB）。随后再运行就会快了，而且这应该由 cron 自动执行。你可以运行镜像目录下 var 子目录中的 clean.sh 脚本来清理过时的文件。

要想使用镜像，需要使用 Web 服务器将基目录（base directory）通过 HTTP 共享出去。我们喜欢使用符号链接将其链接到 Web 的根目录。例如：

```
ln -s /var/spool/apt-mirror/us.archive.ubuntu.com/ubuntu /var/www/ubuntu
```

客户机编辑自己的 sources.list 文件就可以使用本地镜像了，这就像是你选择非本地镜像一样。

6.4.7 APT 自动化

可以使用 cron 定期调度运行 APT。即便是你没有自动安装软件包，也可能想定期运行 apt update，保持软件包处于最新状态。

apt upgrade 会下载并安装本地主机目前已安装软件包的最新版。注意，apt upgrade 与低阶命令 apt-get upgrade 略有不同，不过通常你所需要的就是 apt upgrade。（apt upgrade 等同于 apt-get dist-upgrade --with-new-pkgs。）apt upgrade 有可能会删除一些在它看来势必与升级后的系统无法兼容的软件包，所以如果出现意料之外的结果，也要有个心理准备。

要是你确定铤而走险的话，那么给 apt upgrade 加上-y 选项，让主机以无人值守的方式执行升级操作。对于 APT 提出的任何确认性问题，它都会热情洋溢地回答“Yes!”。要注意有些更新，例如内核相关的软件包，可能需要重新引导系统之后才能生效。

直接从发行版镜像站点执行自动化升级未必是个好主意。但如果有自己的 APT 服务器、软件包以及发布控制系统，那么这可谓是保持客户端同步的完美方法。下面的单行脚本可以让主机与其 APT 服务器保持同步更新。

```
# apt update && apt upgrade -y
```

如果你想定期运行该脚本的话，把它放进 cron 作业里就行了。你也可以在系统启动脚本中引用，使得主机在每次引导时更新系统。cron 的更多信息参见 4.9 节，启动脚本的更多信息参见第 2 章。

如果你在多个主机上通过 cron 进行更新，那么选用随机时间是一个不错的主意，这样可以确保所有人不会同时开始更新。

如果你不是非常信得过软件包的来源，那么可以只选择自动下载全部有更新的软件包，但并不进行安装。apt 的--download-only 选项可以启用这种行为，然后你就可以手动查看这些软件包，从中选择那些想要更新的。下载好的软件包都保存在/var/cache/apt，该目录的体积会随着时间变得相当庞大。可以使用 apt-get autoclean 清理目录中未使用的文件。

6.4.8 yum：用于 RPM 的发布管理

yum 是一个基于 RPM 的元软件包管理程序（metapackage manager）。说它是 APT 的复本也许多少有点不公平，但是两者在设计目标和实现上都很相似，尽管在实际中，yum 要更为简洁，运行速度也更慢。

在服务器端，yum-arch 命令会从大量软件包中（通常是整个发布）编译生成一个软件包头部信息数据库。这个数据库连同软件包通过 HTTP 对外共享。客户端使用 yum 命令获取并安装软件包，yum 会分析出其中的依赖限制，执行所需的额外操作，以完成所请求的软件包的安装。如果所请求的软件包依赖于其他软件包，那么 yum 会下载并安装这些软件包。

apt 和 yum 之间的相似性还体现在两者所能够接受的命令行选项上。例如，yum install foo 会下载并安装最新版的 foo 软件包（如果还依赖其他软件包的话，也会一并安装）。但这两者至少存在一个值得警惕的差异：apt update 会刷新 APT 的软件包信息缓存，而 yum update 则会更新系统中所有的软件包（这一效果类似于 apt upgrade）。更让人困惑的是，除了能够删除过时的软件包，yum upgrade 和 yum update 没什么两样。

yum 无法匹配部分软件包名称，除非使用通配符（例如*和?）明确要求进行模式匹配。例如，yum update 'lib*'会更新所有名称以 lib 起始的软件包。记得把通配符放进引号中，避免被 shell 干扰。

和 APT 不同，yum 默认在每次运行时都会比对网络软件仓库，验证其软件包信息缓存。-C 选项可以取消验证过程，yum makecache 命令会更新本地缓存（需要花费一段时间）。遗憾的是，-C 选项并不能给 yum 迟缓的性能表现带来多大的改善。

yum 的配置文件是/etc/yum.conf。该文件中包含了一般的选项以及指向软件包仓库的链接。一次可以启动多个仓库，每个仓库可以关联多个 URL。

作为 yum 的接替者，DNF（Dandified Yum）正在积极开发中，它已经成为了 Fedora 的默认软件包管理程序，最终将完全取代 yum。DNF 提供的新特性包括更好的依赖解析以及改善过的 API。

6.5 FreeBSD 软件管理

FreeBSD 在多个发布中都采用了打包机制，但目前正在全面向另一种完全以软件包为中心的发行模式过渡，在这种模式中，大多数核心操作系统元素都以软件包的形式定义。FreeBSD 最近的发布已经将软件划归为 3 类：

- “基准系统”（base system），包括一组核心软件和实用工具；
- 由 pkg 命令管理的一组二进制软件包；
- 一个独立的“ports”系统，负责下载源代码、应用特定的 FreeBSD 补丁，然后构建并安装。

在 FreeBSD 11 中，这 3 部分之间的界线已经变得越发模糊。基准系统已经实现了打包化（packagized），不过按照一个整体（one unit）管理基准系统的旧方案也还在用。很多软件包既能够以二进制软件包安装，也能够以 ports 安装，两者的效果差不多，不同之处在于之后的更新。不过，这种交叉覆盖面（cross-coverage）并不完整，有些软件就只能选择其中一种安装形式。

FreeBSD 12 项目定义的其中一部分目标是要更果断地将系统转向统一的软件包管理。基准系统和 ports 可能还会以某种形式继续共存（最终具体会怎样，现在下结论还为时过早），不过未来的方向已经是显而易见了。

所以，尽可能使用 pkg 管理附加软件。除非你要使用的软件没有打包版或是需要定制编译期选项，否则应该避免使用 ports。

另一个 UNIX 大型机时代的独特遗留产物是 FreeBSD，它坚持认为附加软件包是“本地的”（local），哪怕这些软件包都是由 FreeBSD 编译并作为官方软件仓库的一部分发布的。软件包将二进制文件安装在/usr/local 目录，大多数配置文件都存放在/usr/local/etc，而不是在/etc。

6.5.1 基准系统

基准系统作为单个单元更新，在功能上与其他附加软件包截然不同（至少在理论上）。基准系统在 Subversion 仓库中维护。你可以在 svnweb.freebsd 网站中浏览到包括所有源代码分支在内的源代码树。

其中定义了一些开发分支。

- CURRENT 分支仅用于当前的活跃开发。这里是接收新特性和修正的第一站，但是尚未经过用户社区的广泛测试。
- STABLE 分支会定期更新相关的改进，以备下一次的主发布（major release）。该分支中包含新的特性，但维持了软件包的兼容性并经过了一些测试。其中可能会存在 bug 或是一些不尽如人意的改动，因此仅推荐给敢于冒险的用户。
- 当发布目标已经实现时，就会从 STABLE 中衍生（forked）出 RELEASE 分支。该分支基本上不会变化。唯一的更新就是安全问题以及严重 bug 的修正。官方的 ISO 镜像就是从 RELEASE 分支中生成的，该分支是唯一推荐在生产系统上应用的分支。

uname -r 命令可以查看系统的当前分支。

```
$ uname -r
11.0-RELEASE
```

执行 freebsd-update 命令能够保持系统使用最新的软件包更新。获取更新和安装更新是两种不同的操作，不过你可以将这两者合并成一条命令。

```
$ sudo freebsd-update fetch install
```

该命令会检索并安装最新的基准二进制软件。这只适用于 RELEASE 分支，STABLE 和 CURRENT 分支并没有构建相应的软件。你可以使用同样的工具升级不同的系统发布，例如：

```
$ sudo freebsd-update -r 11.1-RELEASE upgrade
```

6.5.2 pkg：FreeBSD 软件包管理程序

pkg 不但使用方法直观，而且运行速度也快。对于尚未被加入基准系统中的软件，pkg 是最简单的安装方法。pkg help 可以快速参考可用的子命令，pkg help command 可以显示出指定子命令的手册页。表 6.1 列出了一些常用到的子命令。

表 6.1 pkg 子命令示例

命令	用途
pkg install -y package	直接安装，不询问任何 "are you sure?" 之类的问题
pkg backup	创建本地软件包数据库的备份
pkg info	列出所有已安装的软件包
pkg info package	显示指定软件包的扩展信息
pkg search -i package	搜索软件包仓库（区分字母大小写）
pkg audit -F	显示软件包已知的安全缺陷
pkg whick file	显示名为 file 的软件包
pkg autoremove	删除未使用过的软件包
pkg delete package	卸载指定的软件包（效果和 remove 子命令一样）
pkg clean -ay	从/etc/cache/pkg 中删除缓存的软件包

续表

命令	用途
pkg update	更新软件包编目的本地副本
pkg upgrade	将软件包升级到最新版

当使用 pkg install 安装软件包时，pkg 会查询本地的软件包编目（catalog），然后从位于 pkg.FreeBSD 网站上的仓库中下载所请求的软件包。安装好之后，该软件包会被注册到 SQLite 数据库/var/db/pkg/local.sqlite。可要小心别把这个文件给删掉了，否则系统就无法跟踪到底安装了哪些软件。pkg backup 子命令可以为该数据库创建备份。

子命令 pkg version 可用于比较软件包的版本，不过命令语法比较怪异。它使用=、<和>分别表示 3 种状态的软件包：和当前版本一致，比可用的最新版本陈旧，比当前版本要新。下面的命令列出了有更新的软件包。

```
freebsd$ pkg version -vIL=
dri-11.2.2,2                    <  needs updating (index has 13.0.4,2)
gbm-11.2.2                      <  needs updating (index has 13.0.4)
harfbuzz-1.4.1                  <  needs updating (index has 1.4.2)
libEGL-11.2.2                   <  needs updating (index has 13.0.4_1)
```

该命令将所有已安装的软件包与索引（-I）进行比较，查找那些非（-L）当前版本（=）的软件包并输出其详细信息（-v）。

如果要查找软件包，pkg search 的速度可是要比 Google 快。例如，pkg search dns 可以找出所有名字中包含“dns”的软件包。搜索名称时可以使用正则表达式，所以也可以像 pkg search ^apache 这样搜索。详细信息可参见 pkg help search。

6.5.3 Ports Collection

FreeBSD ports 就是 FreeBSD 能够从源代码构建的所有软件的合集（collection）。ports 树初始化完毕之后，你会在/usr/ports 下的分类子目录中找到所有可用的软件。portsnap 实用工具可以初始化 ports 树。

```
freebsd$ portsnap fetch extract
```

只需要一条命令 portsnap fetch update 就可以更新整个 ports 树。

下载 ports 的元数据得花上些时间。下载内容包括指向所有 ports 源代码的链接以及相关的 FreeBSD 兼容性补丁。元数据安装完成之后，就可以搜索、构建并安装所需要的任何软件了。

例如，FreeBSD 基准系统中并没有 zsh shell。可以使用 whereis 搜索 zsh，然后从 ports 树中构建并安装。

```
freebsd$ whereis zsh
bash: /usr/ports/shells/zsh
freebsd$ cd /usr/ports/shells/zsh
freebsd$ make install clean
```

要想删除通过 ports 系统安装的软件，可以在相应的目录下执行 make deinstall。

更新 ports 的方法不止一种，我们更喜欢使用 portmaster 工具。先从 Ports Collection 中安装 portmaster。

```
freebsd$ cd /usr/ports/ports-mgmt/portmaster
freebsd$ make install clean
```

执行 portmaster -L 查看全部有可用更新的 ports，使用 portmaster -a 实现一次性更新。

你也可以通过 portmaster 安装 ports。实际上，这比基于 make 的典型安装过程多少要方便一些，因为你不需要离开当前目录。要想安装 zsh：

```
freebsd$ portmaster shells/zsh
```

如果需要释放部分磁盘空间，可以使用 protmaster -c 清理 ports 的工作目录。

6.6 软件的本地化与配置

让系统适应于本地（或云端）环境是系统管理员的主战场之一。以结构化、可重现（reproducible）的方式解决本地化问题有助于避免形成无法从重大意外中恢复的雪花系统（snowflake system）①。

我们在本书中不止一次谈到了这些问题。尤其是在第 23 章和第 26 章讨论了用于将此类任务结构化的工具。配置管理系统就是指能够以可重现的方式安装与配置软件的常用工具。它们是实现正常的本地化功能的关键所在。

先把实现问题放一边，你怎么才能知道本地环境设计的是否合理？以下是需要考虑的几个点。

- 非管理员不应该拥有 root 权限。任何在正常操作过程中所需要的 root 权限都值得怀疑，说明你的本地配置可能存在问题。
- 系统应该促进工作，不能妨碍到用户。用户并不会去故意破坏系统。因此要设计好内部安全机制，抵御无意中造成的错误以及管理权限的大面积传播。
- 将行为不当的用户视为一种学习机会。在处罚这些没有遵循正确规程的用户之前，先坐下来跟他们面对面地聊聊。用户对待低效的管理规程的方式经常就是琢磨出另一套变通之道，因此应该考虑这种不服从规则的行为是不是说明系统架构上出现了问题。
- 以客户为中心。与用户交谈，询问他们觉得在当前配置环境中处理哪些任务时有困难。想办法简化这些任务。
- 你喜欢什么是你自己的事。让你的用户喜欢才是最重要的。尽可能提供多种选择。
- 如果管理决定影响了系统的用户体验，要留意做出这些决定的原因。把你的初衷公之于众。
- 要确保本地文档处于最新状态并且易于访问。该主题更详细的信息参见 31.3 节。

6.6.1 组织本地化配置

如果你的站点有上千台计算机，每台计算机都有自己的一套配置，那么你大部分的工作时间都将花费在搞清楚为什么某个问题在这台机器上有，在那台机器上却没有。显然，解决方法就是让所有计算机的配置都一模一样……对吧？可是现实世界中的种种约束以及各种各样的用户需求使得这种方法基本上不可能实现。

多种配置和无数种配置之间所反映出的管理能力上的差异是巨大的。窍门在于将配置划分成多个可管理的部分。一部分本地化配置应用于所有受管理的主机，一部分应用于少数主机，其他的针对特定的主机。哪怕是有配置管理工具的协助，也尽量别允许在系统之间出现过多的变化。

但是在设计本地化系统时，一定要使用版本控制系统保存所有的原始数据。这样你就能知道哪些改动经过了全面测试，已经可以进行部署。此外，还能够找出有问题的改动的源头。参与本地化过程的人越多，这一考虑就越发显得重要。

6.6.2 结构化更新

除了执行初始化安装，你还需要继续开展更新。这一直都是最重要的安全任务之一。记住，

① 这里用“雪花系统”喻指传统的系统架构，其中每个系统的配置皆不相同，各自就像是一片“独一无二的雪花”。——译者注

不同的主机对于并发、稳定性和持续运行时间有不同的要求。

不要一股脑地放出新的软件发布。应该根据一个能够接纳其他组需求的渐进式计划分阶段实施，这样能够有时间在问题造成的破坏尚且有限的时候发现它们，这有时候也称为“金丝雀”（canary）发布过程，这一名称取自典故“矿井中的金丝雀”（canary in the coal mine）[①]。另外，除非你对要做出的改动有一定的信心，否则绝不要更新关键的服务器。如果你不想在终端前待上一个漫长的周末的话，就别在周五的时候进行改动。

把基准操作系统发布与本地化发布区分开通常是有好处的。取决于环境对于稳定性的需求，你可以选择使用仅修正了 bug 的小型本地发布（minor local release）。比起冒着引发重大服务故障的风险，把各种改动堆积成“大号”（horse pill）发布，我们发现一点点地添加新特性的确会使操作更为流畅。这一原则与持续集成和部署的理念紧密相关，参见第 26 章。

6.6.3 限制范围

指定随时要用到的最大发布数量通常是个不错的主意。有些管理员认为软件没出毛病就没必要去修理。他们觉得无缘无故地升级系统既费时又费钱，而那些“前沿的东西”（cutting edge）常常意味着“惨重的代价”（bleeding edge）。将这些原则应用于实践的管理员必须要收集大量的活跃发布（active release）。

相比之下，拥护“精练”（lean and mean）的人士则指出，各种发布本身就很复杂，再要去理解（更不要说管理了）过去数年累积下来的那些发布更是困难。他们手中的王牌是安全补丁，这些补丁通常必须依照严格的安排统一应用。给过时的操作系统打补丁往往不可行，所以管理员就要面对两种选择，要么不更新某些计算机，要么直接将这些计算机升级到较新的内部发布，这可都不怎么样。

无法说哪一种观点是正确的，但是我们倾向于支持赞成限制发布数量的一方。根据自己的安排进行升级要好过紧急情况下的被迫升级。

6.6.4 测试

在大面积应用改动之前应该先对其进行测试，这一点很重要。至少你也得测试自己的本地配置改动。不过说真的，厂商发布的软件也得测试一下。有一家主要的 UNIX 厂商曾经发布过一款会执行 rm -rf /的补丁。想象一下，如果不先测试就在单位中全面应用这个补丁会是什么后果。

如果你采用的服务能够自动打补丁，例如本章介绍过的大部分打包系统，那么测试更是一个切实的问题。绝不要将承担着关键任务的系统与由厂商提供支持的更新服务直接相连，而是应该将大部分系统指向由你控制的内部镜像，然后先在非关键系统上测试更新。

如果预见到某次更新可能会造成用户可见的问题或变化，那就应该提前通知到用户，如果用户在意所做出的变动或因此耗费的时间，那么让他们和管理员沟通。要保证用户能够方便地上报 bug。

如果你所在的单位在地理位置上是分散的，那么应该确保其他地点的办事处也能够帮助参与测试。在多语言环境下，跨国参与尤为重要。要是美国办事处那边没人会说日语，那最好让东京办事处的人员来测试可能会影响到 Unicode 支持的部分。随位置发生变化的系统参数数量多得惊人。所安装的新版本软件是否会破坏 UTF-8 编码，出现某些语言文字的渲染错误？

① 早期在地底下进行采矿的矿井中，时常会看见隧道中挂着金丝雀的鸟笼。由于金丝雀是一种十分敏感的鸟类，只要当环境空气中有毒气体的含量有偏高的现象时，很容易就会出现紧张不安、甚至是气绝身亡的情形。因此在空气流通不良的矿坑中，人们为了预防有毒气体可能带来的生命威胁，时常在固定的距离放置金丝雀，作为侦测环境中是否安全的简易警报器。——译者注

第 7 章　脚本编程与 shell

可伸缩的系统管理要求管理性改动应该是结构化的、可重现的、能够在多台计算机上复制的。在现实世界中，这意味着改动应该是由软件来协调解决，而不是靠管理员翻着备忘清单，或者更糟糕的是凭着记忆来操作。

脚本标准化了管理方面的诸多琐事，节省了管理员的时间，让他们可以将注意力放在更为重要、更值得关注的任务上。脚本还可以作为一种低成本的文档，其中记录了完成特定任务所需要执行的步骤。

除了脚本之外，系统管理员的主要选择就是第 23 章介绍的配置管理系统。这类系统提供了一种结构化的管理方法，能够很好地扩展到云环境以及网络环境中。但比起纯粹的脚本编程，其缺点在于太复杂、太正式、欠缺灵活性。在实践中，大多数管理员会将脚本和配置管理系统结合起来使用。这两种方法各有所长，相互配合的效果还是不错的。

本章将简要介绍作为脚本编程语言的 sh、Python 以及 Ruby。我们讲述了一些 shell 的基本技巧，讨论了可以视为一种通用技术的正则表达式。

7.1　脚本化的哲学

本章包含了各式各样的脚本趣闻和语言特点。这些信息固然有用，但是比此类细节更为重要的是如何将脚本化（或者说得更宽泛一些就是自动化）的思想融入你个人的系统管理思维模型之中。

7.1.1　编写微型脚本

系统管理员新手通常非得等到异常复杂或乏味的苦差事砸到头上时才愿意去学习脚本。例如，也许是要将某种备份操作自动化，使其能够定期执行，并且将备份后的数据保存在两个不同的数据中心；抑或希望使用单条命令来创建、初始化以及部署某台云服务器的配置。

以上都是实施脚本化的绝佳对象，但同时也给人们留下了一种印象：脚本化就是一种重型武器，只有在面对大型猎物时才会拿出来使用。毕竟，单是一个百行代码的脚本可能都需要好几天编写和调试。你可不想在每个微不足道的任务上花上数天的时间……是吗？

实际上，效率的最大化就是通过在这里少敲几次键盘，在那里少输入几条命令来实现的。作为站点正规程序（formal procedure）组成部分的大型脚本仅仅是能看到的冰山一角而已。水面以下还隐藏着大量小型的自动化脚本，这些简短脚本对于系统管理员也同样有帮助。一般而言，对于每一件杂务，都要问自己一个问题：我应该怎么样才能避免以后还要处理同样的问题？

大多数管理员会在~/bin 目录下保存一些供个人使用的小脚本（也叫作 scriptlet），用这些快而糙（quick-and-dirty）的脚本来解决日常工作中的痛点。这种脚本通常都非常短，一眼就能看明白怎么回事，所以除了简单的用法说明就用不着其他文档了。别忘了根据自己需要随时对其更新。

对于 shell 脚本，你也可以在 shell 配置文件中（例如 bash_profile）定义函数，用不着将其放入单独的脚本文件里。shell 函数用起来和独立的脚本差不多，不过它们不会受到搜索路径的限制，可以在 shell 环境中自由使用。

来看个简单的示例，下面是一个简单的 Bash 函数，能够根据标准化命名规范备份文件。

```
function backup () {
    newname=$1.`date +%Y-%m-%d.%H%M.bak`;
    mv $1 $newname;
    echo "Backed up $1 to $newname.";
    cp -p $newname $1;
}
```

除了语法类似于函数，shell 函数用起来和其他脚本或命令一样。

```
$ backup afile
Backed up afile to afile.2017-02-05.1454.bak.
```

shell 函数的主要劣势在于它们是保存在内存中的，每次启动一个新 shell，就得重新解析这些函数。不过对于现代的计算机硬件来说，这些开销都可以忽略不计。

在更小的范围内还可以使用别名，这其实就是小脚本的一种极短形式。别名可以通过 shell 函数或 shell 内建的别名功能（通常称为 alias）来定义。大部分时候是用别名来设置个别命令的默认参数，例如：

```
alias ls='ls -Fh'
```

上述别名可以使 ls 命令为目录和可执行文件加上标记，并在长格式输出中使用易读的文件大小单位（例如，2.4 MB）。

7.1.2　学好少数工具

系统管理员都会接触到大量软件。他们不可能样样精通，因此往往擅长于略读文档和动手实验，对于新软件的学习只是点到为止，只要能够完成本地环境的配置就行。懒惰是一种“美德”。也就是说，有些有价值的主题应该仔细学习，因为它们能够提升你的能力和效率。特别是 shell、文本编辑器、脚本语言，都应该全面了解。[①]先从头到尾读完手册，然后定期阅读相关图书和博客。毕竟学无止境啊。

像这类促成技术足以回报你先期的学习投入。这样说有几个原因。首先，作为工具，它们非

① 尽管本章尚未讲完，不过这份名单大概应该是 Bash、vim 和 Python。

常抽象。如果不了解细节，你很难想象其所能够实现的所有功能。压根就不知道的特性，自然谈不上使用。

其次，这些技术都是“干货”（made of meat），其中的大部分特性可能对于多数管理员都很重要。对比一下普通的服务器守护进程，你在后者中所面对的主要挑战通常是找出与应用场景无关的那 80%的特性。

shell 或编辑器是你离不开的工具。对这些工具的技艺每精进一步，所换来的不仅是效率的提升，还有更多的工作乐趣。没人喜欢把时间浪费在重复性的繁枝末节上。

7.1.3 全面自动化

shell 脚本可不是系统管理员从自动化中获益的唯一途径。只需要留心观察，你会发现那里还有整个可编程系统的世界。挖空心思地充分利用这些技术，将其与现有的工具恰当配合，将它们共同运用到你的工作流程之中。

例如，本书是我们在 Adobe InDesign 中完成的，从外观上来看，InDesign 属于 GUI（图形用户界面）应用程序。但其实它也可以通过 JavaScript 实现脚本化，所以我们创建了一个 InDesign 脚本库，实现并施行了很多我们自己的规范。

这种可以进行脚本化的场景处处都有。

- Microsoft Office 应用都可以使用 Visual Basic 或 C#来编程。如果你的工作涉及数据分析或报表，那么可以自动生成这些 TPS 报表。
- 大多数 Adobe 应用都可以实现脚本化。
- 如果你的工作涉及数据库打磨（database wrangling），那么你可以利用 SQL 存储过程实现很多日常任务的自动化。有些数据库甚至还支持其他语言，例如，PostgreSQL 就支持 Python。
- PowerShell 是 Microsoft Windows 系统的主流脚本化工具。像 AutoHotKey 这样的第三方附加工具为 Windows 应用的自动化做出了重要贡献。
- 在 macOS 系统中，有些应用可以通过 AppleScript 控制。在系统层面，可以利用 Automator、Service 系统、Folder Actions 实现各种杂务的自动化并将传统脚本语言与 GUI 联系在一起。

尤其是在系统管理员的世界中，有些子系统拥有自己的自动化方法。很多其他别的子系统与通用自动化系统（例如第 23 章中要讲到的 Ansible、Salt、Chef、Puppet）配合起来也是相得益彰。除此之外，还可以依靠通用脚本语言。

7.1.4 不要过早优化

“写脚本”（scripting）和“编程”（programming）之间并没有什么真正的区别。语言开发者有时候发现自己的成果被划归到“脚本语言”分类时，会觉得受到了冒犯，原因不仅在于这种标签暗示了某种程度的不完备性，还因为过去一些脚本语言由于不良设计而落下的坏名声。

但是我们还是喜欢“脚本化”这个术语，它能够将软件的运用形象化成一种无所不在的胶水，把各种命令、库以及配置文件粘合成更具功能性的整体。

管理脚本应该把重点放在程序员的效率和代码的清晰性上，而不是去强调计算效率。这并不是给粗心大意找借口，而是要认识到：一个脚本到底是运行了半秒钟还是两秒钟，这极少会有什么关系。哪怕是通过 cron 定期运行的脚本，优化所带来的投资回报也是低得令人不可思议。

7.1.5 拣选正确的脚本语言

长久以来，管理脚本的标准语言都是由 sh shell 所定义的。shell 脚本通常用于轻量级任务，例如自动化一系列命令或组合多种过滤器来处理数据。

shell 总是可用的，因此 shell 脚本的移植性相对较好，也基本上不依赖其调用的命令。不管是否选择 shell，你可能都无法避开它：大多数环境中都包含了现有 sh 脚本的大量补充，管理员经常需要阅读、理解、调校这些脚本。

sh 作为一门编程语言，的确不太优雅。本身的语法怪异，还缺乏现代语言所具备的高级文本处理特性，而这些特性恰恰是系统管理员经常要用到的。

设计于 20 世纪 80 年代末的 Perl 可谓是从事脚本编写的系统管理员的一大福音。其自由的语法、丰富的第三方模块库以及内建的正则表达式支持，使它成为管理员多年来的心头好。Perl 允许（有些人会说是鼓励）“不管三七二十一，先把事搞定”（get it done and damn the torpedoes）的编程风格。至于这到底算是优点还是缺点，意见不一。

如今，Perl 被称为 Perl 5，以此与重新设计且互不兼容的 Perl 6 区分，后者从酝酿到最终成型，经历了 15 年的时间。遗憾的是，相较于新生的语言，Perl 5 已现老态，而 Perl 6 的使用率尚不足以让我们推荐其作为一种妥当的选择。也许世界已经完全把 Perl 抛在了身后。我们建议目前避免在新工作中使用 Perl。

JavaScript 和 PHP 是非常著名的 Web 开发语言，不过也可以将其作为通用的脚本工具使用。可惜这两种语言的设计缺陷限制了它们的吸引力，另外两者还缺乏系统管理员所依赖的大量第三方库。

如果你来自于 Web 开发领域，那可能会试图将自己现有的 PHP 或 JavaScript 技巧运用到系统管理方面。我们不建议这么做。代码就是代码，但是和其他系统管理员共处在同一个生态圈子里会为你带来各种长期利益。（至少，避开 PHP 意味着在当地的系统管理员线下聚会时你不会遭到嘲笑。）

Python 和 Ruby 作为通用型现代编程语言，非常适合于管理工作。相较于 shell，这些语言吸收了几十年来语言设计方面的发展成果，其文本处理功能之强大，让 sh 只能望而生叹。

Python 和 Ruby 的主要缺点在于语言环境有点不好配置，尤其是在使用由 C 语言编译而成的第三方库时。shell 没有模块结构，也没有第三方库，所以自然也就不存在此类问题。

如果没有了外部限制，那么对于系统管理员来说，Python 是使用范围最为全面的脚本语言。这门语言设计精良、应用广泛，还有大量其他软件包的支持。表 7.1 列出了其他语言的一些注意信息。

表 7.1　　脚本语言备忘单

语言	设计者	应用场景
Bourne shell	Stephen Bourne	简单的命令序列，可移植脚本
bash	Brian Fox	类似于 Bourne shell；设计更为出色，但是可移植性不如前者
C shell	Bill Joy	别拿来写脚本，参见 7.2 节脚注
JavaScript	Brendan Eich	Web 开发，应用程序脚本
Perl	Larry Wall	快速解决问题，单行脚本，文本处理
PHP	Rasmus Lerdorf	别用，否则活该你倒霉
Python	Guido van Rossum	通用型脚本语言，数据打磨
Ruby	“Matz” Matsumoto	通用型脚本语言，Web 开发

7.1.6 遵循最佳实践

尽管本章中的代码片段基本上没什么注释，也很少输出用法信息，但这样做只是为了突出某些知识点。现实中的脚本应该不会这么简陋。关于编码最佳实践的图书有不少，下面给出了一些基本的准则。

- 如果运行时使用的参数有问题，脚本应该打印出用法信息并退出。作为补充，还可以实现--help 选项功能。
- 验证输入，对派生值（derived value）进行合理性检查。例如，在生成的路径上执行 rm -rf 之前，脚本应该再次检查该路径是否符合期望。
- 返回有意义的退出码：0 代表成功，非 0 代表失败。没必要为每一种失败形式都分配一个唯一的退出码，考虑调用方真正想知道什么。
- 为变量、脚本和函数选择合适的命名规范。这些要符合的规范包括语言本身、站点的基础代码、当前项目中定义的其他变量和函数，其中最后一处尤为重要。可以使用混合大小写或下画线提高长名字的可读性。①
- 给变量命名时，不仅要能够反映其所存储的值，还要保持简洁。number_of_lines_of_input 这个名字就太长了，可以试试 n_lines。
- 考虑编写一套编码风格指南，以便你和你的同事能够按照同样的规范编写代码。指南可以让大家更容易阅读彼此的代码。②
- 每个脚本开头都加上一段注释，说明该脚本的用途以及所接受的参数。别忘了加上你的名字和编写日期。如果脚本要求系统中安装非标准工具、库或模块，也要在此注明。
- 应该保证当一两个月后再阅读脚本时，当时写下的注释有助于你理解代码意图。下面是一些有用的注释书写建议：所选择的算法、用到的 Web 参考页面、为什么不使用其他更为显而易见的处理方法、不常见的代码流程、开发过程中出现的问题。
- 不要堆砌带有无用注释的代码，要假定代码阅读人员的理解能力不差并且熟悉该语言。
- 以 root 身份运行脚本没有问题，但是不要为脚本设置 setuid，完全确保 setuid 脚本的安全性不是件容易事。应该使用 sudo 实现相应的访问控制策略。
- 自己不明白的地方就不要写代码。管理员经常会浏览脚本，将其视为如何处理特定过程的权威文档。不要去散布那些不成熟的脚本，搞出些误导他人的例子。
- 可以随意改造已有脚本中的代码以满足自己的需要。但如果你不理解代码的含义，可别陷入到这种“复制，粘贴，然后祈祷”的编程方式中。花点时间把代码缕清。这些时间绝不会白费。
- 通过 bash 选项，使用-x 选项以在执行命令之前回显命令，使用-n 选项可以在不执行命令的情况下检查命令的语法。
- 记住，在 Python 中，除非你在命令行中明确使用-0 选项关闭，否则会一直处于调试模式（debug mode）。在打印诊断输出之前，可以测试特殊变量__debug__。

Tom Christiansen③提出了以下 5 条生成有用错误信息的黄金法则。

- 错误信息应该进入 STDERR，而不是 STDOUT（参见 7.2.2 节）。
- 包括发生该错误的程序名。
- 说明哪个函数或操作未成功。
- 如果系统调用失败，要包括函数 perror()的输出。
- 使用 0 以外的代码退出。

---

① 脚本自身的命名也很重要。在模拟空格时，连字符要比下画线更为常用，例如 system-config-printer。

② 另一方面，风格指南的出炉会占据一个爱争吵的团队数周的注意力。不要为此争吵。涵盖达成共识的地方，避免在括号和逗号的放置问题上长时间的谈判。主要目标是确保所有人同意一致的命名规范。

③ *Programming Perl* 以及 *Perl Cookbook* 的作者。——译者注

7.2 shell 基础

UNIX 总是为用户提供 shell 选择权，不过有些版本的 Bourne shell（sh）已经成为了所有 UNIX 和 Linux 系统的标配。最初的 Bourne shell 的代码算是逃不出 AT&T 的许可地狱了，所以如今的 sh 差不多是以 Almquist shell（称为 ash，dash，或者干脆就是 sh）或 Bourne-again shell（bash）的形式出现的。

Almquist shell 原原本本地重新实现了最初的 Bourne shell。在现代标准中，它仅作为登录 shell 使用。其存在只是为了有效地运行 sh 脚本。

bash 致力于交互方面的可用性（interactive usability）。多年来，它吸收了其他 shell 所探索出的大部分有用特性。bash 仍旧能够运行为最初的 Bourne shell 所设计的脚本，但它并没有为脚本化特别进行优化。有些系统（例如 Debian 谱系）包含了 bash 和 dash，其他系统则依赖于 bash 实现脚本化和交互使用。

Bourne shell 拥有各种分支，其中值得一提的就是 ksh（Korn shell）及其加强版 zsh。zsh 广泛兼容于 sh、ksh、bash，除此之外，其自身还有很多引人注目的特性，其中包括拼写纠正以及增强型扩展匹配（enhanced globbing）。尽管并没有系统使用 zsh 作为默认 shell（就我们所知），但它确实有一批狂热的粉丝。

在历史上，BSD 衍生系统更喜欢 C shell（csh）作为交互式 shell。如今非常常见的是其加强版 tcsh。尽管 csh 以前被广泛用作登录 shell，但并不推荐将它作为脚本编程语言。①

tcsh 是一个精致且广泛可用的 shell，但它并非衍生自 sh。shell 可不简单，除非你是个 shell 鉴赏家，否则学习一种 shell 用来编写脚本，再学习另一种特性和语法都不同的 shell 用于日常工作，这么做实在没什么太大的价值。坚持使用 sh 的现代版本，用其兼顾两种用途。

在 sh 的诸多版本中，bash 差不多就是如今的通用标准。要想轻松地在不同的系统之间切换，那就将你个人的环境标准化成 bash。

FreeBSD 将 tcsh 保留作为 root 的默认 shell，在基准系统中也没有加入 bash。不过这不难处理：先执行 sudo pkg install bash 安装好 bash，然后使用 chsh 修改你个人或其他用户所使用的 shell。可以执行 adduser -C 将 bash 设置为新用户的默认 shell。②

在学习 shell 脚本编程细节之前，我们应该先回顾一些 shell 的基本特性和语法。

不管你具体使用哪种平台，本节中的内容均适用于 sh 谱系中主要的交互式 shell（包括 bash 和 ksh，但不包括 csh 和 tcsh）。大胆地动手尝试你所不熟悉的知识点吧！

7.2.1 命令编辑

我们注意太多人都用方向键来编辑命令行。但你肯定不会在文字编辑器里这么做，对吧？

如果你喜欢 emacs，那么在编辑命令历史时可以使用所有的 emacs 基本命令。<Control-E>能够转至行尾，<Control-A>能够返回行首。<Control-P>能够逐条向后翻阅最近执行过的命令并将其重新调出来进行编辑。<Control-R>能够逐步搜索命令历史，从中找出之前执行过的命令。

如果你喜欢 vi/vim，可以使用 vi 模式的 shell 命令行编辑。

```
$ set -o vi
```

和在 vi 里一样，编辑操作是分模式的，不过一开始处于输入模式。按<Esc>键离开输入模式，

① 详细的原因请参看 Tom Christiansen 所写的经典痛诉“Csh Programming Considered Harmful”。这篇文章在网上广为流传。

② 修改默认 shell 看似专横，但是标准 FreeBSD 把新用户的 shell 降成了 Almquist sh。这已经是只能进不能退了。

按"I"键重新进入输入模式。在编辑模式下，"w"会向前进一个单词，"fX"会在本行中查找一个 X 等。用组合键<Esc-K>可以遍历命令历史记录。下面的命令可以重新返回到 emacs 编辑模式：

```
$ set -o emacs
```

7.2.2 管道与重定向

每个进程都至少有 3 个可用的通道：标准输入（STDIN）、标准输出（STDOUT）、标准错误（STDERR）。进程最初是从其父进程处继承的这 3 个通道，因此没必要知道这些通道通向哪里。它们可能连接到终端窗口、文件、网络连接或是其他进程的通道。

在 UNIX 和 Linux 的统一 I/O 模型中，每个通道都以一个叫作文件描述符的整数来命名。分配给某个信道的具体数字通常并不重要，但要保证 STDIN、STDOUT、STDERR 分别对应于文件描述符 0、1、2，所以保险的做法是用数字来引用对应的通道。在交互式终端窗口里，STDIN 通常从键盘读取输入，STDOUT 和 STDERR 把各自的输出写到屏幕上。

很多传统的 UNIX 命令会接收来自 STDIN 的输入，将自己的输出写入 STDOUT，将错误消息写入 STDERR。有了这种约定，用户就能把命令像积木一样搭建起来，创建出复合管道。

shell 将符号<、>和>>解释为一种指令，可以将命令输入或输出的指向调整为文件。符号<将命令的 STDIN 和已有文件的内容联系起来；符号>和>>会重定向 STDOUT：>能够替换文件的现有内容，而>>则是为文件追加内容。例如：

```
$ grep bash /etc/passwd > /tmp/bash-users
```

该命令将/etc/passwd 中包含单词 bash 的行复制到/tmp/bash-users（如果该文件不存在，则自动创建）。下面的命令会排序文件内容并将其输出到终端。

```
$ sort < /tmp/bash-users ①
root:x:0:0:root:/root:/bin/bash
...
```

要想把 STDOUT 和 STDERR 都重定向到相同的位置，可以用符号>&。如果只是重定向 STDERR 的话，则用 2>。

find 命令演示了为什么需要分开处理 STDOUT 和 STDERR，因为该命令会在这两个通道中都产生输出，特别是以非特权用户身份的时候，例如：

```
$ find / -name core
```

这通常会导致出现大量"permission denied"这样的错误信息，使得真正有价值的结果被淹没在混乱的输出中。要想消除所有错误信息，可以这样做：

```
$ find / -name core 2> /dev/null
```

在这个版本的命令里，只有真正的匹配结果（该用户拥有文件父目录读取权限的地方）才会出现在终端窗口内。要想保存所匹配的路径清单，可以使用：

```
$ find / -name core > /tmp/corefles 2> /dev/null
```

该命令会将所匹配的路径保存到文件/tmp/corefiles，消除错误信息，什么都不向终端窗口内发送。

可以使用符号|将一个命令的 STDOUT 连接到另一个命令的 STDIN，该符号通常叫作管道，例如：

```
$ find / -name core 2> /dev/null | less
```

① 说实话，sort 命令其实可以接受文件名作为参数，所以在这种情况下，符号<并不是必须的。这里只是为了演示<的用法而已。

第一个命令执行的 find 操作和前面例子中的一样，但是它不再将查找到的文件清单保存到文件中，而是发送给了 less 分页程序。再看另一个例子。

```
$ ps -ef | grep httpd
```

该命令执行 ps 产生一份进程清单，然后通过管道将清单交给 grep 命令，由后者在其中找出包含单词 httpd 的行。grep 的输出并没有被重定向，所以查找到的匹配的结果都出现在了终端窗口。

```
$ cut -d: -f7 < /etc/passwd | sort -u
```

其中，cut 命令从/etc/passwd 文件里把每个用户的 shell 所在的路径选取出来。然后将这份清单发送给 sort -u 进行排序。

要让第二个命令仅在前一个命令成功完成后才执行，可以在两个命令之间加上符号&&，例如：

```
$ mkdir foo && cd foo
```

该命令会尝试创建目录 foo，如果创建成功，则执行 cd。在这里，如果 mkdir 命令产生的退出码为 0，就认为该命令得以顺利执行。如果你习惯了其他编程语言中的短路求值（short-circuit evaluation），那么上述命令中表示“逻辑与”符号的用法可能会造成困惑。别想太多了，把它当作 shell 的习惯用法就行了。

相反，符号||表明，只有前一条命令执行失败（产生了一个非 0 的退出码）时，才执行接下来的命令，例如：

```
$ cd foo || echo "No such directory"
```

在脚本中，你可以用反斜线把一条命令分成好几行，这样有助于把错误处理代码和命令管道的其他部分区分开来。

```
cp --preserve --recursive /etc/* /spare/backup \
    || echo "Did NOT make backup"
```

要想将多条命令合并在一行里，实现相反的效果，可以用分号作为语句分隔符。

```
$ mkdir foo; cd foo; touch afile
```

7.2.3 变量与引用

变量名在赋值时没有标记，但在引用其值时要在名字之前加一个符号$，例如：

```
$ etcdir='/etc'
$ echo $etcdir
/etc
```

等号两边不能有空白字符，否则 shell 会将变量名误认为是命令名，将行中其余的部分视为命令参数。

引用变量时，可以将该变量的名字放进花括号内，以便解析器和阅读代码的用户能清楚变量名的起止位置，例如，用${etcdir}代替$etcdir。通常并不需要花括号，但如果想要在双引号引用的字符串里扩展变量，那么它们就能派上用场了。因为人们经常想要在变量内容之后跟上一些文字或标点符号，例如：

```
$ echo "Saved ${rev}th version of mdadm.conf."
Saved 8th version of mdadm.conf.
```

并没有标准的 shell 变量命名规范，但如果变量名的所有字母都是大写，那么通常表示该变量是环境变量，或者是从全局配置文件里读取的变量。本地变量名则多半采用小写字母，各个部分之间用下画线分隔。变量名区分大小写。

对于单引号和双引号内的字符串，shell 采用的处理方式差不多，除了会对双引号内的字符串进行扩展匹配处理（对*和?这类文件名匹配元字符执行扩展操作）以及变量扩展，例如：

```
$ mylang="Pennsylvania Dutch"
$ echo "I speak ${mylang}."
I speak Pennsylvania Dutch.
$ echo 'I speak ${mylang}.'
I speak ${mylang}.
```

反引号（backquote）也叫作反撇号（backtick），对它的处理和双引号类似，但是它还能将其中的字符串内容作为 shell 命令来执行，并使用该命令的输出来替换这个字符串，例如：

```
$ echo "There are 'wc -l < /etc/passwd' lines in the passwd fle."
There are 28 lines in the passwd fle.
```

7.2.4 环境变量

当 UNIX 进程启动时，它会接收到一个命令行参数列表以及一组“环境变量”。在大多数 shell 中，可以使用 printenv 命令显示出当前的环境变量。

```
$ printenv
EDITOR=vi
USER=garth
ENV=/home/garth/.bashrc
LSCOLORS=exfxgxgxdxgxgxbxbxcxcx
PWD=/mega/Documents/Projects/Code/spl
HOME=/home/garth
... <total of about 50>
```

环境变量名依据约定全部采用大写字母，不过这并非技术上的强制要求。

你所运行的程序可以查询这些变量并依此改变自身的行为。例如，vipw 会检查 EDITOR 环境变量来决定为用户调用哪个文本编辑器。

环境变量会被自动导入 sh 的变量名字空间（variable namespace），因此可以使用标准语法来设置及读取这些变量。export varname 将一个普通的 shell 变量升级为环境变量。你可以把该命令与赋值语句放在一起使用。

```
$ export EDITOR=nano
$ vipw
<starts the nano editor>
```

尽管称为“环境”变量，但这些值并非存在于时空之外的抽象缥缈之地。shell 会将环境变量的当前值传给用户所运行的程序，然后就没什么联系了。而且，每个 shell 或程序，包括每个终端窗口，都有一份自己的环境变量副本，可以自行修改。

用于在登录时设置环境变量的命令应该放入~/.profile 或者~/.bash_profile 这两个文件里。其他像 PWD（表示当前工作目录）这样的环境变量由 shell 自动维护。

7.2.5 常用的过滤命令

任何从 STDIN 读取、向 STDOUT 写入的正常命令都可以作为处理数据的过滤器（也就是管道的一个环节）。在本节中，我们简要回顾一些使用较为广泛的过滤器命令（包括前文中已经用到过的一些），不过过滤器命令的具体数量可是数不胜数。过滤器命令都是团队作战，单独出现时可能很难体现出其功效。

大多数过滤器命令在命令行上都可以接受一个或者多个文件名。只有不指定文件时，它们才从标准输入中读取数据。

1. cut：把行划分成字段

cut 命令会打印出输入行中选定的部分。该命令最常见的用法是提取分隔的若干字段，如 7.2.5 节里的例子所示，但是它也能返回由列边界所限定的部分。默认的分隔符是<Tab>，但是可以用-d 选项改变这个限定符。-f 选项指定输出里包括哪些字段。

参考随后介绍 uniq 命令一节的内容，了解 cut 的用法。

2. sort：排序行

sort 命令用于对输入行进行排序。很简单，是不是？或许未必，关于具体按照每行的哪部分排序（关键字）以及排序的方法，都有一些微妙之处。表 7.2 给出了一些比较常见的选项，其他选项可以参考手册页。

表 7.2　　排序选项

选项	含义
-b	忽略前导空白字符
-f	不区分大小写排序
-h	依据“用户可读”（human readable）的数字（例如，2 MB）排序
-k	指定作为排序键的列
-n	按照整数比较字段
-r	按照逆序排序
-t	设置字段分隔符（默认是空白字符）
-u	只输出不重复的记录

下面的命令演示了数值排序和默认的字典排序之间的不同之处。这两条命令都用了选项-t:和-k3,3，对/etc/group 文件的内容按照由冒号分隔的第三个字段（组 ID）进行排序。第一条命令按照数值排序，而第二条命令则按照字母排序。

```
$ sort -t: -k3,3 -n /etc/group①
root:x:0:
bin:x:1:daemon
daemon:x:2:
...
$ sort -t: -k3,3 /etc/group
root:x:0:
bin:x:1:daemon
users:x:100:
...
```

-h 选项也颇为有用，它不仅可以实现数值排序，而且能够理解像 M（mega）和 G（giga）这样的后缀。例如，下列命令在保证结果易读性的同时按照大小对/usr 的子目录进行正确的排序。

```
$ du -sh /usr/* | sort -h
16K      /usr/locale
128K     /usr/local
648K     /usr/games
15M      /usr/sbin
20M      /usr/include
117M     /usr/src
126M     /usr/bin
845M     /usr/share
```

① sort 命令也可以使用-k3（而不是-k3,3）来指定关键字，但结果可能并不是你所期望的那样。如果没有指出终止字段编号，那么排序关键字会一直延续到行尾。

```
1.7G      /usr/lib
```

3. uniq：打印出不重复的行

uniq 命令在思路上和 sort -u 类似，但它有一些 sort 无法实现的选项：-c，累计每行出现的次数；-d，只显示重复行；-u，只显示不重复的行。该命令的输入必须先排好序，因此通常把它放在 sort 命令之后运行。

例如，下面的命令显示出有 20 名用户使用/bin/bash 作为自己的登录 shell，12 名用户使用/bin/false 作为登录 shell（这些用户要么是伪用户，要么就是账号被禁用了）。

```
$ cut -d: -f7 /etc/passwd | sort | uniq -c
  20 /bin/bash
  12 /bin/false
```

4. wc：统计行数、单词数和字符数

另一种常见操作是统计文件的行数、单词数和字符数，wc（word count）命令可以轻松地完成这些功能。如果不适用选项，它会显示全部 3 种统计结果。

```
$ wc /etc/passwd
 32  77 2003 /etc/passwd
```

在脚本编程中，经常会给 wc 命令加上-l、-w 或者-c 选项，让它只输出单个统计数字。这种形式最常出现在反引号内，以便结果能够被保存或是进行进一步处理。

5. tee：将输入复制到两个地方

命令管道一般都是线性的，但是为数据流引出一条分支，然后将其副本发送给文件或者终端窗口也往往很有帮助。tee 命令就能够实现这一操作，该命令会把自己的标准输入发送到标准输出以及在命令行上指定的文件中。你可以把 tee 想象成是水管上接的一个三通夹具（tee fixture）。

设备/dev/tty 指代的就是当前终端，例如：

```
$ find / -name core | tee /dev/tty | wc -l
```

该命令可以打印出名为 core 的文件路径以及所查找到的 core 文件数量。

一种常见的习惯用法是把 tee 命令作为需要耗时很长的命令管道的最后一环。这样一来，管道的输出既可以保存到文件中，又能够显示在终端窗口以供查看。你可以先预览一部分最终结果，确定一切按预期工作，然后让命令继续运行，执行结果自然会被保存下来。

6. head 和 tail：读取文件的起始和结尾部分

预览文件起始或者结尾的几行内容是一项常见的管理操作。这两条命令默认显示 10 行内容，但你可以使用选项-n numlines 指定具体要显示的行数。

对于交互式的应用场合，head 命令已经或多或少地被 less 命令所取代，后者能够分页显示文件内容，但是 head 命令仍然大量应用于脚本中。

tail 还有一个挺不错的选项-f，该选项对系统管理员特别有用。tail -f 命令在打印出指定行数后并不会立即退出，而是等着有新行被追加到文件末尾，然后再将其打印出来，这一特点非常适合监视日志文件。不过要注意，写文件的那个程序可能会缓冲自身的输出。从逻辑上来说，即便新行是定期被追加的，但它们也许只能按照 1 KiB 或者 4 KiB 的块来显示。[①]

head 和 tail 可在命令行中接受多个文件名。tail -f 也接受多个文件，这个特性非常方便：当出现新输出时，tail 会打印出新出现的输出的文件名。

键入<Control-C>即可停止监视。

① 参见 1.6 节对这些计量单位的介绍。

7. grep: 搜索文本

grep 命令会搜索输入文本并打印出匹配指定模式的行。其名称源于 ed 编辑器的 g/regular-expression/p 这条命令，ed 是最早的 UNIX 版本上自带的编辑器，在现在的系统中仍能找到。

“正则表达式”是用于匹配文本的模式，它采用一种标准的、能准确描述特征的模式匹配语言来编写。尽管在不同的实现中存在些许差异，但正则表达式仍旧是大多数程序进行模式匹配时要遵循的通用标准。“正则表达式”这个奇怪的名字起源于计算理论研究。我们会在 7.4 节中详细讨论正则表达式的语法。

和大多数过滤器一样，grep 命令的选项众多，这其中包括：打印匹配行数的-c 选项、匹配时忽略大小写的-i 选项，还有打印非匹配行（可不是匹配行）的-v 选项。另一个有用的选项是-l（小写字母 L），该选项会使 grep 只打印出进行匹配的文件名，而不是匹配到的每一行，例如：

```
$ sudo grep -l mdadm /var/log/*
/var/log/auth.log
/var/log/syslog.0
```

该命令表明 mdadm 日志项出现在两个不同的日志文件中。

grep 传统上是一个相当基础的正则表达式引擎，但是有些版本的 grep 能够选择其他的正则表达式方言（dialect）。例如，Linux 上的 grep -P 命令可以采用 Perl 风格的表达式，但是手册页中模糊地警告说该特性尚处在“实验初级阶段”。如果想要发挥正则表达式的全部威力，那就只能用 Ruby、Python 或 Perl 了。

如果你使用 grep 过滤 tail -f 的输出，记得加上--line-buffered 选项，确保能够在第一时间看到所匹配的每一行。

```
$ tail -f /var/log/messages | grep --line-buffered ZFS
May 8 00:44:00 nutrient ZFS: vdev state changed, pool_
    guid=10151087465118396807 vdev_guid=7163376375690181882
...
```

7.3 sh 脚本编程

sh 特别适合编写简单的脚本，用于自动执行那些以往需要在命令行手动输入的操作。你掌握的技巧同样能够运用于 sh 脚本编程，反之亦然，这让用户在 sh 衍生版本上投入的学习时间成本得到了最大的回报。不过，一旦 sh 脚本超过了 50 行或是需要使用 sh 不具备的特性，就该换用 Python 或 Ruby 了。

在脚本编程中，只使用最初 Bourne shell 能够理解的方言还是有一定价值的，Bourne shell 同时符合 IEEE 和 POSIX 两种标准。sh 的兼容 shell 经常会在此基础上补充一些额外的语言特性。如果确实需要这些扩展功能，也愿意使用特定的解释器，那么自然没什么问题。但是更常见的情况是脚本编写人员使用扩展时粗心大意，结果惊讶地发现自己的脚本无法运行在其他系统上。

尤其是不要假设系统的 sh 版本一定是 bash，甚至能不能用 bash 都不一定。Ubuntu 就在 2006 年的时候将默认的脚本解释器由 bash 替换成了 dash，为此，Ubuntu 还编制了一份一目了然的清单，供 bash 爱好者查阅。

7.3.1 执行脚本

sh 脚本的注释以一个井字符（#）开头，一直延续到行尾。和在命令行中一样，你可以把逻辑上的一行拆分成多个物理行并在行尾用反斜线转义换行符，还可以用分号分隔语句的办法在一行中书写多条语句。

sh 脚本可以只包含一系列的命令行。例如，下面的 helloworld 脚本就只有一条 echo 命令。

```
#!/bin/sh
echo "Hello, world!"
```

第一行叫作“shebang”[①]语句，它声明该文本文件是一个由/bin/sh 解释的脚本（sh 本身可能是指向 dash 或 bash 的链接）。内核会查找该语句来决定如何执行脚本。对于派生出来（spawned）执行该脚本的 shell 而言，shebang 行就是一个注释而已。

在理论上，如果系统的 sh 位于其他位置，那么你需要相应地修改 shebang 行的内容。但是相当多的现有脚本认为只要通过链接，系统肯定就能支持/bin/sh 这种写法。

如果你的脚本需要用到 bash 或其他解释器，但其路径在各个系统中可能并不相同，那么可以使用/usr/bin/env 在 PATH 环境变量中搜索特定命令，[②]例如：

```
#!/usr/bin/env ruby
```

该语句是启动 Ruby 脚本的惯用写法。和/bin/sh 一样，/usr/bin/env 也是一个广泛依赖的路径，所有系统都必须支持。

要想让脚本能够运行，只需要设置其执行位即可（参考 5.5.5 节）。

```
$ chmod +x helloworld
$ ./helloworld ③
Hello, world!
```

还可以把 shell 当作解释程序直接调用。

```
$ sh helloworld
Hello, world!
$ source helloworld
Hello, world!
```

第一条命令会在 shell 的新实例中运行 helloworld 脚本，而第二条命令则使用现有的登录 shell 读取并执行文件内容。当脚本设置环境变量或者只对当前 shell 进行定制时，后一种形式就能够发挥作用了。在脚本编程中，这种做法常用来引入其内容为一系列变量赋值语句的配置文件。[④]

如果你是 Windows 用户，可能习惯于通过文件扩展名来判断文件类型及其是否能够执行。但在 UNIX 和 Linux 中，文件的权限位决定了该文件是否可以执行，如果可以，由谁执行。如果愿意，可以给 shell 脚本加上.sh 后缀，提醒自己这是什么文件，但在运行该命令时，必须得输入.sh，因为 UNIX 不会对扩展名进行特殊处理。

7.3.2 从命令到脚本

在我们开始介绍 sh 的脚本编程特性之前，先来谈谈方法论（methodology）。大多数人都采用和编写 Python 或 Ruby 脚本一样的方法来写 sh 脚本：使用文本编辑器。不过，把常规的 shell 命令行当作一种交互式的脚本开发环境会更有效率。

例如，假定在目录层次结构中散布着很多后缀名为.log 和.LOG 的日志文件，现在你想把它们都改为大写形式。首先，找出所有这些文件。

---

① shebang 这个词其实是两个字符名称（sharp-bang）的简写。在 UNIX 的行话里，用 sharp 或 hash（有时候是 mesh）来称呼字符“#”，用 bang 来称呼惊叹号“!”，因而 shebang 合起来就代表了这两个字符。——译者注

② 路径搜索存在安全隐患，尤其是用 sudo 执行脚本的时候。3.2.3 节中详细讲述了 sudo 处理环境变量的相关信息。

③ 如果 shell 不需要./前缀就能执行 helloworld，那就说明当前目录（.）处于搜索路径中。这可不是什么好事，因为它给了其他用户设置陷阱的可乘之机，等着你切换到他们拥有写权限的目录中执行某些命令。

④ “点号”（dot）命令是 source 命令的同义词，例如，.hellworld。

```
$ find . -name '*log'
.do-not-touch/important.log
admin.com-log/
foo.log
genius/spew.log
leather_flog
...
```

哎呀，看起来我们要在搜索模式中加入点号，另外还要排除目录。键入<Control-P>重新调出这条命令，然后修改。

```
$ find . -type f -name '*.log'
.do-not-touch/important.log
foo.log
genius/spew.log
...
```

好了，这次看上去好些了。不过.do-not-touch 目录看上去不太安全，你或许不应该让它掺和进来。

```
$ find . -type f -name '*.log' | grep -v .do-not-touch
foo.log
genius/spew.log
...
```

好了，这就是需要重命名的文件清单。接着来生成一些新的文件名。

```
$ find . -type f -name '*.log' | grep -v .do-not-touch | while read fname
> do
> echo mv $fname 'echo $fname | sed s/.log/.LOG/'
> done
mv foo.log foo.LOG
mv genius/spew.log genius/spew.LOG
...
```

好，这些就是可以执行重命名操作的命令。那么在现实中该怎么做呢？你可以重新调出这条命令，把 echo 编辑掉，这会使得 sh 执行 mv 命令，而不仅仅将其打印出来。不过，用管道把这些命令都传给另一个 sh 实例更不容易出错，而且也不用做那么多的编辑工作。

当键入<Control-P>时，你会发现 bash 考虑周到地把这个迷你脚本压缩了一行。我们只要添加一个管道，把这个紧凑的命令行的输出传给 sh -x 就行了。

```
$ find . -type f -name '*.log' | grep -v .do-not-touch | while read fname;
    do echo mv $fname 'echo $fname | sed s/.log/.LOG/'; done | sh -x
+ mv foo.log foo.LOG
+ mv genius/spew.log genius/spew.LOG
...
```

sh 的-x 选项会在执行每条命令之前将其打印出来。

实际的重命名工作已经完成，但是应该把脚本保存下来以备后用。bash 的内置命令 fc 非常类似于<Control-P>，但它并不会在命令行中返回上一条执行过的命令，而是把该命令送到用户选择的编辑器里。添加上 shebang 行和用法说明之后，把文件保存到合适的位置（或许是~/bin 或/usr/local/bin），设置可执行权限，这样就得到了一个脚本。

上述方法总结如下。

（1）像管道一样开发脚本（或是脚本的组成部分），一次一步，全部在命令行上完成。在这个过程中使用 bash，即便是最终的解释器可能是 dash 或其他 sh 变体。

（2）把输出发送到标准输出，检查并确保结果正确。

（3）在每一步中，通过 shell 的 history 命令调出命令管道，用 shell 的编辑功能对其做出调整。

（4）在得到正确输出之前，实际上不执行任何操作，因此如果命令不正确，也没什么需要撤销的。

（5）一旦输出正确，就真正执行命令并验证命令是否按照预期要求工作。

（6）用 fc 命令获取工作结果，进行整理并保存下来。

在上面的例子中，命令行被打印出来并通过管道交由子 shell 执行。这种技术并非万能药，但还是经常能派上用场的。你也可以把输出重定向到文件中。无论怎样，都要预先看到正确的结果，然后再执行可能会有破坏性的操作。

7.3.3 输入与输出

echo 命令尽管粗糙，但易于使用。要想更好地控制输出，可以选用 printf 命令。后者用起来多少有点不太方便，因为你必须要在需要的位置明确写上换行符（使用\n），不过这也让用户可以在输出中使用制表符以及更好的数字格式。比较下面两条命令的输出：

```
$ echo "\taa\tbb\tcc\n"
\taa\tbb\tcc\n
$ printf "\taa\tbb\tcc\n"
        aa bb cc
```

有些系统带有操作系统级别的 printf 和 echo 命令，它们通常分别位于/usr/bin 和/bin 目录下。虽然它们和 shell 的内置命令相似，但是在细节上还是稍有不同，特别是 printf。

要么坚持采用 sh 的语法，要么用完整路径名调用外部的 printf 命令。

可以使用 read 命令提示输入。下面是一个例子。

```
#!/bin/sh

echo -n "Enter your name: "
read user_name

if [ -n "$user_name" ]; then
    echo "Hello $user_name!"
    exit 0
else
    echo "Greetings, nameless one!"
    exit 1
fi
```

echo 命令的-n 选项可以取消通常的换行符，但也可以在这里用 printf 命令。我们简要介绍一下 if 语句的语法，它的作用在这里很明显。if 语句里的-n 判断其字符串参数是否为空，不为空的话则返回真（true）。下面是这个脚本运行后的结果。

```
$ sh readexample
Enter your name: Ron
Hello Ron!
```

7.3.4 文件名中的空格

文件和目录在命名时除了对长度上有要求以及不能包含斜线和空字符（null），就没有什么别的限制了，尤其是允许空格存在。不幸的是，UNIX 长期以来都是用空白字符来分隔命令行参数，所以如果文件名中出现了空格，以前的遗留软件可能会无法工作。

文件名中的空格主要出现在与 Mac 和 PC 共享的文件系统中，但如今这已经融入了 UNIX 文化，现在一些标准软件包中也可以发现其身影。对此，没有第二条路可走：管理脚本必须能够处理文件名中的空格（还包括省略号、星号以及其他各种危险的标点符号）。

在 shell 和脚本中，引号内含有空格的文件名会被视为一个整体，例如：

```
$ less "My spacey file"
```

该命令会将 My spacey file 视为 less 命令的单个参数。你也可以使用反斜线转义空格。

```
$ less My\ spacey\ file
```

大多数 shell 的文件名补全特性（通常是按<Tab>键）一般会添加上反斜线。

在编写脚本时，一件挺有用的工具是 find 命令的-print0 选项。该选项与 xargs -0 搭配使用，使得 find/xargs 在面对包含空白字符的文件时也能正常工作，例如：

```
$ find /home -type f -size +1M -print0 | xargs -0 ls -l
```

该命令会以长格式打印出/home 目录下大小超过 1 MB 的所有文件。

7.3.5 命令行参数与函数

脚本的命令行参数会成为名字为数字的变量。$1 是第一个命令行参数，$2 是第二个，以此类推。$0 是所调用的脚本名。这个名字看上去很奇怪，例如../bin/example.sh，所以每次执行脚本时，这个值可能都不一样。

变量$#包含了命令行参数的个数，变量$*包含了全部的参数。这两个变量都没有把$0 统计在内。下面的例子演示了参数的用法。

```
#!/bin/sh

show_usage() {
    echo "Usage: $0 source_dir dest_dir" 1>&2
    exit 1
}

# Main program starts here

if [ $# -ne 2 ]; then
    show_usage
else # There are two arguments
    if [ -d $1 ]; then
        source_dir=$1
    else
        echo 'Invalid source directory' 1>&2
        show_usage
    fi
    if [ -d $2 ]; then
        dest_dir=$2
    else
        echo 'Invalid destination directory' 1>&2
        show_usage
    fi
fi

printf "Source directory is ${source_dir}\n"
printf "Destination directory is ${dest_dir}\n"
```

如果调用脚本时不带参数或者参数不正确，该脚本会输出一段简短用法说明，提醒用户使用方法。上例中的脚本接受两个参数并验证其均为目录，然后显示出来。如果参数无效，那么脚本在输出用法说明后使用非 0 的返回码退出。如果调用这个脚本的程序检查该返回码，就会知道脚本执行失败。

我们创建了一个单独的 show_usage 函数，用它输出用法说明。如果以后更新脚本，使其能够接受更多的参数，那么只在一处修改用法说明就行了。用于输出错误信息的那些行中出现的 1>&2 写法可以使输入进入 STDERR。

```
$ mkdir aaa bbb
$ sh showusage aaa bbb
Source directory is aaa
Destination directory is bbb
$ sh showusage foo bar
Invalid source directory
Usage: showusage source_dir dest_dir
```

sh 函数的参数的处理方法与命令行参数一样。第一个参数称为$1，以此类推。正如在上面的例子看到的，$0 包含的仍旧是脚本名。

要想让上例中的脚本更健壮，我们可以编写 show_usage 函数，该函数以一个出错码作为参数。这样一来，对于不同的失败情形都能够返回更为确切的出错码。下面的代码片段展示了该函数。

```
show_usage() {
    echo "Usage: $0 source_dir dest_dir" 1>&2
    if [ $# -eq 0 ]; then
        exit 99 # Exit with arbitrary nonzero return code
    else
        exit $1
    fi
}
```

这个版本的函数参数是可选的。在函数内部，$#表明传入了多少个参数。如果没有提供更具体的出错码，该脚本就返回代码 99。如果指定了出错码，例如：

```
show_usage 5
```

这使得脚本在输出用法说明之后以该出错码退出。（shell 变量$?包含了上一条命令的退出码，不管这个命令是在脚本中还是在命令行上执行的。）

函数和命令在 sh 中很像。你可以在自己的~/.bash_profile 文件（对于原始的 sh 是~/.profile）里定义有用函数，然后在命令行上像普通命令一样使用。例如，如果你的站点统一使用 7988 作为 SSH 协议的网络端口（一种“隐藏式安全性”），就可以在~/.bash_profile 文件里定义。

```
ssh() {
    /usr/bin/ssh -p 7988 $*
}
```

以此确保运行 ssh 时总是使用了选项-p 7988。

和许多别的 shell 一样，bash 也有别名机制，甚至能够更加简洁地实现上面这个例子的功能，不过采用函数的方式更为通用，功能也更强大。

7.3.6 控制流程

我们在本章里已经见识过一些 if-then 和 if-then-else 的形式，其效果和期望中的一样。一条 if 语句的结束标记是 fi。可以使用 elif 关键字将多个 if 语句串起来，这个关键字表示“else if”，例如：

```
if [ $base -eq 1 ] && [ $dm -eq 1 ]; then
    installDMBase
elif [ $base -ne 1 ] && [ $dm -eq 1 ]; then
    installBase
elif [ $base -eq 1 ] && [ $dm -ne 1 ]; then
    installDM
else
    echo '==> Installing nothing'
fi
```

用[]做比较的奇特语法以及像命令行选项一样的整数比较操作符（例如，-eq）都是延续自原始 Bourne shell 的/bin/test。方括号实际上是调用 test 的一种快捷方式，并非是 if 语句的语法要求。[①]

表 7.3 给出了 sh 的数值和字符串比较运算符。sh 使用文字运算符（textual operator）进行数值比较，使用符号运算符（symbolic operator）进行字符串比较。

表 7.3　基本的 sh 比较运算符

字符串	数值	为真的条件
x = y	x -eq y	*x* 等于 *y*
x != y	x -ne y	*x* 不等于 *y*
x <[a] y	x -lt y	*x* 小于 *y*
n/a	x -le y	*x* 小于或等于 *y*
x >[a] y	x -gt y	*x* 大于 *y*
n/a	x -ge y	*x* 大于或等于 *y*
-n x	n/a	*x* 不为空
-z x	n/a	*x* 为空

注：a. 必须使用反斜线转义或双中括号，避免被 shell 解释为输入/输出重定向符。

sh 的亮眼之处在于拥有可以对文件属性求值的选项（仍旧是/bin/test 遗留下来的特性）。表 7.4 展示了 sh 的众多文件测试与文件比较操作符中的部分。

表 7.4　sh 的文件求值操作符

操作符	为真的条件
-d file	file 存在且为目录
-e file	file 存在
-f file	file 存在且为普通文件
-r file	用户对 file 有读权限
-s file	file 存在且不为空
-w file	用户对 file 有写权限
file1 -nt file2	file1 比 file2 新
file2 -ot file2	file1 比 file2 旧

elif 固然可用，但是为了更清晰，case 语句是一种更好的选择。下面的例子展示了 case 的语法，该函数为脚本集中记录日志。特别值得注意的是，每一选择条件之后有个右括号，对应的条件语句块之后有两个分号（除了最后一个条件）。case 语句以 esac 结尾。

```
# The log level is set in the global variable LOG_LEVEL. The choices
# are, from most to least severe, Error, Warning, Info, and Debug.

logMsg() {
    message_level=$1
    message_itself=$2
    if [ $message_level -le $LOG_LEVEL ]; then
        case $message_level in
            0) message_level_text="Error" ;;
```

① 在实际中，这些操作如今都已经内置于 shell 中，不再需要真地执行/bin/test。

```
            1) message_level_text="Warning" ;;
            2) message_level_text="Info" ;;
            3) message_level_text="Debug" ;;
            *) message_level_text="Other"
        esac
        echo "${message_level_text}: $message_itself"
    fi
}
```

这个函数演示了许多管理应用经常采取的“日志级”（log level）范例（paradigm）。脚本代码产生详尽程度不同的日志消息，但是只有那些设置过全局阈值$LOG_LEVEL 的消息才会被真正记录到日志里或是采取相应的操作。为了阐明每则消息的重要性，在消息文字之前用一个标签说明其关联的日志级别。

7.3.7　循环

sh 的 for...in 结构可以很容易对一组值或者文件执行若干操作，尤其是和文件名扩展匹配功能（对诸如*和?这种简单的模式匹配字符进行扩展，形成文件名或者文件名的列表）配合起来使用时。在下面的 for 循环中，*.sh 模式会返回当前目录下能够匹配的文件名列表。for 语句则遍历该列表，将每个文件依次赋值给变量 script。

```
#!/bin/sh

suffix=BACKUP--'date +%Y-%m-%d-%H%M'

for script in *.sh; do
    newname="$script.$suffix"
    echo "Copying $script to $newname..."
    cp -p $script $newname
done
```

输出如下。

```
$ sh forexample
Copying rhel.sh to rhel.sh.BACKUP--2017-01-28-2228...
Copying sles.sh to sles.sh.BACKUP--2017-01-28-2228...
...
```

在这种上下文中对文件名进行扩展并没有什么神奇之处，其做法和在命令行上一样。也就是说，先扩展，然后再由解释器处理扩展后的结果。①你也可以使用静态文件名，就像下面这样。

```
for script in rhel.sh sles.sh; do
```

实际上，任何以空白字符分隔的列表，包括变量内容在内，都可以作为 for...in 的处理目标。你也可以完全忽略列表（以及关键字 in），在这种情况下，循环会隐式地遍历脚本的命令行参数（如果该循环在所有函数之外）或是传入函数的参数。

```
#!/bin/sh

for file; do
    newname="${file}.backup"
    echo "Copying $file to $newname..."
    cp -p $file $newname
done
```

bash（非原始的 sh）也拥有在传统编程语言常见的 for 循环，可以在其中指定起始、增量和

① 说得更准确些，for...in 中的文件名扩展多了一点玄机，它维持了每个文件名的不可分割性（atomicity）。包含空格的文件名在 for 循环中只会被处理一次。

终止子句，例如：

```
# bash-specific
for (( i=0 ; i < $CPU_COUNT ; i++ )); do
    CPU_LIST="$CPU_LIST $i"
done
```

接下来的例子演示了 sh 的 while 循环,这种循环有助于处理命令行参数以及读取文件中的各行。

```
#!/bin/sh
exec 0<$1
counter=1
while read line; do
    echo "$counter: $line"
    counter=$((counter + 1))
done
```

输出如下。

```
$ sh whileexample /etc/passwd
1: root:x:0:0:Superuser:/root:/bin/bash
2: bin:x:1:1:bin:/bin:/bin/bash
3: daemon:x:2:2:Daemon:/sbin:/bin/bash
...
```

这个脚本片段有两个值得注意的特性。exec 语句将该脚本的标准输入重新定义为第一个命令行参数所指定的文件。[①]这个文件必须事先存在，否则脚本就会出错。

同一条语句就能访问两个函数，这也是 shell 的奇特之处。

while 子句里的 read 语句是 shell 的内置命令，不过它用起来就像外部命令一样。你也可以把外部命令放进 while，在这种形式中，如果外部命令返回一个非 0 的退出状态，while 循环就会结束。

表达式$((counter++))就是个丑小鸭。$((···))这样的写法会强制进行数值计算。在双括号内可以选择使用$标识变量名。该表达式会被算术运算的结果所替换。

$((...))用法在双引号内也可以正常工作。在 bash 中，它支持 C 语言的后置递增运算符++，整个循环体被压缩到一行里。

```
while read line; do
    echo "$((counter++)): $line"
done
```

7.3.8 算术运算

所有 sh 变量的值都是字符串，所以 sh 在赋值时并不会去区分数字 1 和字符串 “1”。不同之处在于如何使用变量。下面几行代码演示出了其中的差异。

```
#!/bin/sh

a=1
b=$((2))

c=$a+$b
d=$((a + b))

echo "$a + $b = $c \t(plus sign as string literal)"
echo "$a + $b = $d \t(plus sign as arithmetic addition)"
```

① 依赖于调用方式，exec 还有另一种更熟悉的含义：停止当前脚本并把控制权转交给另一个脚本或者表达式。同一条语句完成两种功能，这也是 shell 的另一个奇异之处。

该脚本会生成如下输出。

```
1 + 2 = 1+2 (plus sign as string literal)
1 + 2 = 3 (plus sign as arithmetic addition)
```

注意给$c 赋值的语句，其中的加号并不是字符串拼接运算符。它就是一个字面意义上的字符而已。这行代码等价于：

```
c="$a+$b"
```

可以将表达式放入$((...))里强制进行数值计算，就像上例中给$d 赋值那样。但即便如此，$d 得到的也不是数值，最终结果还是字符串“3”。

sh 还有常见的算术、逻辑和关系运算符，详情参见手册页。

7.4 正则表达式

就像我们在之前提到过的那样，正则表达式是解析及处理文本的标准模式。例如，正则表达式：

```
I sent you a che(que|ck) for the gr[ae]y-colou?red alumini?um.
```

可以匹配符合美语或英语拼写习惯的句子。

大多数现代编程语言支持正则表达式，尽管在支持程度方面有所不同。像 grep 和 vi 这些 UNIX 命令也用到了正则表达式。鉴于应用面之广，正则表达式通常都采用“regex”作为名称缩写。要想驾驭其威力，我们得花上整本书的篇幅。

shell 在解释 wc -l *.pl 命令时所执行的文件名匹配和扩展与正则表达式匹配并不是一回事。前者叫作“shell 扩展匹配”（shell globbing），和正则表达式属于不同的系统，采用的是不同的语法，而且更为简单。

正则表达式本身并非脚本编程语言，但其作用之大，只要是讨论到脚本编程，就绕不开它，所以，也就有了本节。

7.4.1 匹配过程

对正则表达式进行求值的代码会尝试用给定的文本字符串去匹配给定的模式。要匹配的“文本字符串”可以很长，可以包括换行符。有时用正则表达式去匹配整个文件或文档的内容也挺方便。

整个搜索模式必须和一段连续的搜索文本匹配，才算是匹配成功。不过，这个模式可以在任意位置上匹配。成功匹配一次之后，会返回所匹配的文本，以及该模式里所有特别限定的子模式所匹配的结果列表。

7.4.2 普通字符

一般而言，正则表达式中出现的字符只匹配它们自己，因此下列模式：

```
I am the walrus
```

能够匹配字符串“I am the walrus”，并且只匹配这个字符串。因为它能够从待搜索文本中的任意位置开始匹配，所以该模式也能匹配成功下列字符串。

```
I am the egg man. I am the walrus. Koo koo ka-choo!
```

不过，实际匹配的部分仅限于“I am the walrus”。匹配是区分大小写的。

7.4.3 特殊字符

表 7.5 给出了在正则表达式中常见的一些特殊符号的含义。它们只是一些基本的特殊字符，剩下的还多着呢。

表 7.5 正则表达式中常见的特殊字符

符号	作用
.	匹配任意字符
[chars]	匹配指定集合中的任意字符
[^chars]	匹配不在指定集合中的任意字符
^	匹配行首
$	匹配行尾
\w	匹配任意“单词”（word）字符（和[A-Za-z0-9_]一样）
\s	匹配任意空白字符（和[\f\t\n\r]一样）[a]
\d	匹配任意数字（和[0-9]一样）
|	匹配左边或右边的内容
(expr)	限制范围，为元素分组，捕获匹配内容
?	允许匹配之前的元素 0 次或 1 次
*	允许匹配之前的元素 0 次、1 次或多次
+	允许匹配之前的元素 1 次或多次
{n}	匹配之前的元素 *n* 次
{min,}	匹配之前的元素至少 min 次（注意逗号）
{min,max}	匹配之前的元素至少 min 次，至多 max 次

注：a. 也就是说，可以是：空格、换页符、制表符、换行符或回车。

许多特殊结构，如+和|，都会影响其左边或者右边内容的匹配。一般而言，内容可以是单个字符、括号中的子模式或者是中括号内的字符类。不过，对于字符|而言，内容的范围可以从其左右两边无限制地扩展。如果想要限制这个竖线的作用范围，可以把|以及两边的内容放入它们自己的括号内，例如：

```
I am the (walrus|egg man)\.
```

上面的正则表达式可以匹配“I am the walrus.”或“I am the egg man.”。这个例子也演示了特殊字符的转义（在这里是点号）。下列模式：

```
(I am the (walrus|egg man)\. ?){1,2}
```

可以匹配如下内容。

- I am the walrus.
- I am the egg man.
- I am the walrus. I am the egg man.
- I am the egg man. I am the walrus.
- I am the egg man. I am the egg man.
- I am the walrus. I am the walrus.

它还能匹配“I am the walrus. I am the egg man. I am the walrus.”，即使重复次数已经明确限制

为最多两次。这是因为该模式不需要匹配整个搜索文本。本例中的正则表达式匹配两个句子之后就终止了，然后宣告匹配成功。它并不关心还能再匹配一次。

一种常见的错误就是混淆了正则表达式中的元字符*（表示零次或者多次的量词）和 shell 中的扩展匹配字符*。正则表达式中的星号需要有东西去修饰，否则，并不会产生预期的效果。如果任何字符序列（包括完全没有字符）都可以接受，那么可以使用.*。

7.4.4 正则表达式示例

在美国，邮政编码可以是 5 个数字，或者是 5 个数字后面加一个连字符，再跟上另外 4 个数字。要匹配常规的邮政编码，就必须匹配一个有 5 位的数字。下面的正则表达式就能符合要求。

```
^\d{5}$
```

^和$匹配搜索文本的开头和结尾，但并不对应文本中实际的字符，这叫作“零宽度断言”（zero-width assertion）。这两个字符确保了正则表达式所匹配的文本只由 5 个数字组成，不会匹配到更长字符串中的 5 个数字。\d 可以匹配一个数字，量词{5}表示必须匹配 5 个数字。

要想既匹配 5 位数字的邮政编码，也能匹配多出 4 位数字的扩展形式邮政编码，需要加上可选的连字符和另外 4 位数字。

```
^\d{5}(-\d{4})?$
```

用括号将连字符和额外的数字划归在一起，这样括号中的内容称为一个可选的单元。例如，上面的正则表达式就不会匹配后跟连字符的 5 位数字。如果出现了连字符，也必须出现另外 4 位数字，否则就无法匹配。

下面演示正则表达式匹配的一个经典例子。

```
M[ou]'?am+[ae]r ([AEae]l[- ])?[GKQ]h?[aeu]+([dtz][dhz]?){1,2}af[iy]
```

它可以匹配媒体中出现的 Moammar Gadhafi 名字的不同拼法，包括：

- Muammar al-Kaddafi （BBC）；
- Moammar Gadhafi（美联社）；
- Muammar al-Qadhafi （卡塔尔半岛电视台）；
- Mu’ammar Al-Qadhafi （美国国务院）。

能看出这些名字是怎样匹配该模式的吗？[①]

这个正则表达式也展现了达到可读性的极限的速度能有多快。许多正则表达式系统都支持 x 选项，它可以忽略模式里的空白并允许添加支持注释，这使得模式能够拉开空间，分散成多行显示。于是就可以用空白字符分隔逻辑组，理清相互之间的关系，就像之前在过程式语言中所做的那样。例如，下面是匹配 Gadhafi 正则表达式的另一个可读性更好的版本。

```
M [ou] '? a m+ [ae] r         # First name: Mu'ammar, Moamar, etc.
\s                            # Whitespace; can't use a literal space here
(                             # Group for optional last name prefix
    [AEae] l                  #   Al, El, al, or el
    [-\s]                     #   Followed by either a dash or whitespace
)?
[GKQ] h? [aeu]+               # Initial syllable of last name: Kha, Qua, etc.
(                             # Group for consonants at start of 2nd syllable
    [dtz] [dhz]?              #   dd, dh, etc.
){1,2}                        # Group might occur twice, as in Quadhdhafi
af [iy]                       # Final afi or afy
```

① 注意，该正则表达式在对匹配内容的设计上没有什么限制。很多并不合法的拼写也能够匹配，例如：Mo’ammer el Qhuuuzzthaf。

这样做多少有点儿帮助，但是仍然很容易折磨到以后阅读这段代码的人。所以还是友善些吧：如果可以，使用层次化匹配或者多个小规模匹配，不要企图用一个大型的正则表达式覆盖所有可能的情况。

7.4.5 捕获

匹配成功之后，每一对括号都变成了一个“捕获组”，记录下了其所匹配的实际文本。如何使用这些匹配结果则取决于具体实现和上下文环境。在大多数情况下，可以通过列表、数组或一系列编号的变量来访问。

括号可以嵌套，怎样知道匹配的具体对应关系呢？这很简单：匹配的顺序和左括号的顺序一样。有多少个左括号，就有多少次捕获，不管每个括号代表的捕获分组在实际匹配过程中扮演什么角色（或者不扮演什么角色）。如果捕获分组没有用到（例如，当使用 Mu(')?ammar 匹配 Muammar 时），其对应的捕获内容就为空。

如果一个捕获组匹配了不止一次，那么只返回最后一次匹配的内容，例如，模式：

```
(I am the (walrus|egg man)\. ?){1,2}
```

对下列文本进行匹配的话：

```
I am the egg man. I am the walrus.
```

可以得到两个结果，分别对应每对括号。

```
I am the walrus.
walrus
```

这两个捕获分组实际上都匹配了两次。但是，实际被捕获到的只有最后一次匹配的文本。

7.4.6 贪婪、惰性以及灾难性回溯

正则表达式从左到右进行匹配。模式中的每一部分都要匹配尽可能长的字符串，然后再由下一部分接着匹配，这一特点称为“贪婪匹配”（greediness）。

如果正则表达式引擎发现无法完成匹配，那么它就从候选的匹配结果那里退回一点儿，让某个贪心的子模式放弃部分已匹配的文本。例如，考虑用正则表达式 a*aa 是如何匹配输入文本“aaaaaa”的。

首先，正则表达式引擎把整个输入都分配给其中的 a*部分，因为 a*是贪婪的。在没有更多可匹配的 a 之后，引擎会继续尝试匹配正则表达式接下来的部分。但是，接下来是一个 a，已经没有输入文本能匹配它了，这就到了该回溯（backtrack）的时候。a*不得不放弃一个它已经匹配过的 a。

引擎现在能够匹配 a*a 了，但它仍然不能匹配模式中最后那个 a，所以还得回溯，让 a*再次腾出一个 a。现在该模式里的第二个和第三个 a 都有对应的匹配了，整个匹配过程也就结束了。

这个简单的例子演示了一些要点。首先，在处理整个文件时，贪婪匹配加上回溯会让如 <img.*></tr>这种看起来很简单的模式产生巨大的开销。[①]正则表达式中.*的部分一开始就匹配了从起始的<img 到结尾的所有输入内容，只有通过反复回溯它才能收缩到与局部标签相匹配。

而且，该模式所匹配的></tr>是输入中出现的最后一处，这也许并不是想要的结果。更可能的情况是，你想要匹配紧跟<img>的</tr>标签。这种模式更好的写法是<img[^>]*></tr>，让一开

---

① 虽然这一节选用了 HTML 片段作为要匹配的文本样例，但是正则表达式确实不适合做这项工作。我们的外部评审人无一例外地对此表示吃惊。Ruby 和 Python 都拥有优秀的库，能够正确地解析 HTML 文档。用户随后可以用 XPath 或 CSS 选择器访问自己感兴趣的部分。参考 XPath 的维基百科页面以及语言的模块库了解详情。

始的子模式只匹配到当前标签的结尾，因为它不能超过右尖括号形成的边界。

你也可以借助惰性（和贪婪正好相反）量词：用*?来代替*，用+?来代替+。这两种量词会尽可能少地匹配输入字符。如果匹配失败，它们就尝试再多匹配一些。在许多情况下，惰性量词比贪婪量词更有效，也更接近用户想要的效果。

不过要注意，它们得到的匹配结果和贪婪量词的不一样。在 HTML 那个例子中，惰性模式是<img.*?></tr>。但即便如此，*?的匹配范围最终也会扩展到包括不想要的>，因为<img>之后的标签未必就是</tr>。这可能又不如你所愿了。

包含多个量词的模式会导致正则表达式引擎的计算量呈指数增长，特别是在文本的多个部分能够匹配多处量词，而搜索文本并不匹配整个模式的时候。这种情况可没有听上去那么少见，尤其是对 HTML 进行模式匹配时。你经常会需要匹配某些后面跟着其他标签的标签，其间可能还会被更多的标签隔开，这种模式可能会要求正则表达式引擎尝试大量可能的组合。

正则表达式大师 Jan Goyvaerts 把这种现象称为“灾难性回溯”（catastrophic backtracking），他在自己的博客里描述了该现象。一些关键要点如下。

- 进行模式匹配时，如果可以逐行匹配，而不是一次处理整个文件，造成性能下降的风险就会小很多。
- 即便是正则表达式的写法默认采用了贪婪量词，但可能未必符合实际需要。可以换用惰性量词。
- 所有出现.*的地方本身就值得怀疑，应该仔细检查。

7.5 Python 编程

Python 和 Ruby 都是面向对象的解释型语言。两者被广泛用作通用脚本编程语言，拥有数量众多的库和第三方模块。我们会在 7.6 节详细讨论 Ruby。

Python 的语法直观，非常容易理解，哪怕你阅读的是别人写的代码。

我们建议所有的系统管理员熟练掌握 Python，这是现代系统管理和通用脚本编程的首选语言。另外，Python 还被作为胶水语言大量用于其他系统（例如，PostgreSQL 数据库以及 Apple Xcode 开发环境）。它与 REST API 之间有着清晰的接口，在机器学习、数据分析和数值计算方面也有不少优秀的库。

7.5.1 Python 3 的磨难

在 2008 年发布 Python 3 时，Python 正在顺利地成为世界级的默认脚本编程语言。在这次发布中，为了给这门语言带来一批适度但却根本的改动和修正，尤其是在国家化文本处理方面，开发者选择了放弃向后兼容 Python 2。[①]

可惜，Python 3 的首秀可以说就是一场灾难。新版本的更新合情合理，但对于手边有现存基础代码（base code）要维护的普通 Python 程序员而言，这些新东西并不是必需的。长期以来，脚本编写人员都避免使用 Python 3，因为他们爱用的库并不支持；而库作者不支持 Python 3 的原因则是其客户仍在使用 Python 2。

在最好的情况下，也很难让大量彼此依赖的用户群体跨过这种断层。对于 Python 3，这种障碍在 10 年以内都会存在。不过，在 2017 年的时候，情况看起来终于有了变化。

兼容性库（compatibility library）使得相同的 Python 代码能够运行在不同的语言版本之下，

① Python 3 做出的具体改动与这里的简要讨论无关。

这在一定程度上简化了语言的过渡。但即使是现在，Python 3 的使用率普遍也要比 Python 2 低。

在本书撰写期间，据 py3readiness 网站报告，在使用率最高的 360 个 Python 库中，只有 17 个仍无法兼容 Python 3。但是那些尚未移植的软件所带来的长尾效应更为明显[①]：PyPI 中存储的库只有 25%多一点是运行在 Python 3 下的。当然，其中不少项目已经陈旧，无人维护，但有 25%仍钟情于 Python 2。

7.5.2 Python 2 还是 Python 3

针对 Python 这种过渡缓慢的现状，普遍的解决方法是将 Python 2 和 Python 3 视为两种不同的语言。你不必非得让系统在两者中选一个，可以在没有冲突的情况下同时运行两种版本的 Python。

本书所有的示例系统默认安装的都是 Python 2，它通常位于/usr/bin/python2，另外还有一个指向其的符号链接/usr/bin/python。Python 3 通常是以独立的软件包形式安装的，对应的可执行文件是 python3。

RHEL

尽管 Fedora 项目正在推进 Python 3 成为系统的默认选项，但 Red Hat 和 CentOS 远没有这么积极，甚至都没有为 Python 3 定义预构建的软件包。不过，你可以从 Fedora 的企业 Linux 扩展软件包（Extra Packages for Enterprise Linux，EPEL）仓库中找到。访问该仓库的具体方法可以参看 FAQ。设置方法很简单，不过具体的命令在各版本上有所不同。

如果是新编写的脚本或是刚接触 Python 的新手，应该直接选用 Python 3。我们在本章中使用的也是 Python 3 的语法，其实在这些简单的例子中，唯一在 Python 2 和 Python 3 中不同的也就是 print 语句了。

对于现有软件，沿用它们选用的 Python 版本即可。如果你的选择涉及的不是简单的选用新代码还是旧代码的问题，那么可以去查询 Python 的维基页面，其中包含了大量相关的问题、解决方案以及建议。

7.5.3 Python 快速入门

如果想获得更为全面的 Python 入门知识，Mark Pilgrim 所著的 *Dive Into Python* 是一个不错的起点。7.9 节给出了一份完整的参考资料。

先用一个简单的“hello, world!”脚本作为开始。

```
#!/usr/bin/python3
print("Hello, world!")
```

要运行该脚本，只需要设置其执行位或是直接调用 python3 解释器。

```
$ chmod +x helloworld
$ ./helloworld
Hello, world!
```

Python 最离经叛道之处就是缩进在逻辑上是有意义的。Python 不使用花括号、中括号或是 begin 和 end 来界定代码块。处于同一缩进级的语句自动形成代码块。具体的缩进风格（空格或制表符、缩进深度）并不重要。

Python 的代码分块最好用例子来演示。考虑下面这条简单的 if-then-else 语句：

```
import sys

a = sys.argv[1]
```

① 此处的意思是说那些影响力虽然不足、但数量更多的库所累积的效应会更大。——译者注

```
if a == "1":
    print('a is one')
    print('This is still the then clause of the if statement.')
else:
    print('a is', a)
    print('This is still the else clause of the if statement.')

print('This is after the if statement.')
```

第 1 行导入 sys 模块，该模块包含数组 argv。if 语句的两条分支各包含两行，每条分支中的语句缩进深度都一样。（行尾的冒号通常作为一种提示，表明会有后续语句出现以及与缩进块之间的关联。）最后的 print 语句不属于 if 语句。

```
$ python3 blockexample 1
a is one
This is still the then clause of the if statement.
This is after the if statement.

$ python3 blockexample 2
a is 2
This is still the else clause of the if statement.
This is after the if statement.
```

Python 的缩进约定降低了代码格式化上的灵活性，但也减少了各种凌乱堆砌的花括号和分号。对于习惯使用传统分隔符的用户，这需要一个调整的过程，不过大多数人最终会发现自己还是蛮喜欢缩进的。

Python 的 print 函数能够接受任意数量的参数。它会在每对参数之间插入空格，自动提供换行符。你可以在参数列表末尾加入 end=或 sep=选项来消除或修改这些字符。

例如：

```
print("one", "two", "three", sep="-", end="!\n")
```

该语句会生成：

```
one-two-three!
```

Python 的注释用一个井字符（#）开头，一直持续到行尾，这一点和 sh、Perl、Ruby 中的用法一样。

你可以在行尾使用反斜线，将长代码行拆分成多行来写。这样做的时候，只有第一行代码的缩进才重要。不过，如果愿意的话，也可以缩进后续代码行。对于那些含有不配对的括号、中括号或花括号的代码行，即便是没有用反斜线，也自动被视为续行，不过你也可以加入反斜线，让代码的结构更清晰。

有些剪切-粘贴操作会把制表符转换为空格，除非你知道自己要找什么，否则这会把人搞疯。黄金法则就是：绝不要混用制表符和空格；缩进要么用制表符，要么用空格。不少软件沿用了传统的假设，认为制表符应该等于 8 个空格的长度，这样的缩进距离过大了，不利于代码的可读性。大多数 Python 社区似乎更偏向于采用长度为 4 个空格的缩进。

不管你对缩进问题有什么样的不满，大多数编辑器都有一些避免混淆的选项，要么只允许使用空格，要么用不同的方式显示空格和制表符。在万不得已的情况下，还可以用 expand 命令把制表符转换成空格。

7.5.4 对象、字符串、数字、列表、字典、元组与文件

Python 中所有的数据类型都是对象，比起在大多数语言中，这一点使这些数据类型更为强大

和灵活。

在 Python 里，列表出现在方括号中，索引从 0 开始。列表与数组类似，但前者能够保存任意类型的对象。①

Python 还拥有“元组”（tuple），它实质上就是不可修改的列表（immutable list）。元组比数组更快，有助于描述不变的数据。除了用括号而不是方括号做分隔符之外，元组的语法和列表一样。因为(thing)看上去是一个简单的代数表达式，对于只包含单个元素的元组，需要用一个额外的逗号来消除歧义：(thing,)。

下面是 Python 中的一些基本的变量和数据类型处理。

```
name = 'Gwen'
rating = 10
characters = [ 'SpongeBob', 'Patrick', 'Squidward' ]
elements = ( 'lithium', 'carbon', 'boron' )
print("name:\t%s\nrating:\t%d" % (name, rating))
print("characters:\t%s" % characters)
print("hero:\t%s" % characters[0])
print("elements:\t%s" % (elements, ))
```

这个例子会生成如下输出。

```
$ python3 objects
name:         Gwen
rating:       10
characters:   ['SpongeBob', 'Patrick', 'Squidward']
hero:         SpongeBob
elements:     ('lithium', 'carbon', 'boron')
```

注意，列表和元组默认的字符串转换结果与其在源代码中出现的形式一样。

Python 中的变量没有语法标记（syntactically marked），也不会进行类型声明，但是它们所指的对象的确有支撑类型。在大多数情况下，Python 不会替你自动转换类型，但是个别函数或者操作符可以实现类型转换。例如，如果不明确地把数值转换成字符串，那么就不能把字符串和数字拼接起来（使用操作符+）。但是，格式化操作符和语句会把所有东西都强制转换（coerce）为字符串形式。

每个对象都有对应的字符串描述，在上面的输出中也可以看到。字典、列表以及元组的字符串描述是这样形成的：以递归的方式将其组成元素字符串化，然后使用标点符号将这些字符串组合起来。

字符串格式化操作符%很像 C 语言里的 sprintf 函数，但它可以出现在任何字符串可以出现的地方。%是一个双目操作符，左边是字符串，右边是要插入的数值。如果要插的值不止一个，那必须用元组来表示这些值。

Python 字典（也称为散列或关联数组）描述了一组“键/值”对。你可以将散列想象成下标（键）可以是任意值（不必只是数字）的数组。不过在实践中，最常用的键还是数字和字符串。

字典字面量（literal）放在花括号内，键与值之间都用冒号分隔。字典用起来很像列表，区别在于可以使用整数之外的对象作为下标（键）。

```
ordinal = { 1 : 'first', 2 : 'second', 3 : 'third' }
print("The ordinal dictionary contains", ordinal)
print("The ordinal of 1 is", ordinal[1])

$ python3 dictionary
The ordinal array contains {1: 'first', 2: 'second', 3: 'third'}
```

① array 模块实现了一种同类的（homogeneous）、更为有效的数组类型，不过在大多数场合中，还是应该坚持使用列表。

```
The ordinal of 1 is first
```

Python 将打开的文件作为拥有相关方法的对象来处理。顾名思义，readline 方法读取一行，因此下面的例子从/etc/passwd 文件读取并打印两行内容。

```
f = open('/etc/passwd', 'r')
print(f.readline(), end="")
print(f.readline(), end="")
f.close()

$ python3 fileio
root:x:0:0:root:/root:/bin/bash
daemon:x:1:1:daemon:/usr/sbin:/usr/sbin/nologin
```

print 语句在行尾输出的换行符被 end=""取消了,因为原始文件中的每一行都已经有换行符了,所以 Python 并不会自动将其剥离。

7.5.5 输入验证示例

下面的脚本片段展现了在 Python 中进行输入验证的一般方法，另外还演示了函数定义、命令行参数的使用以及其他一些具有 Python 风格的用法。

```
import sys
import os

def show_usage(message, code = 1):
    print(message)
    print("%s: source_dir dest_dir" % sys.argv[0])
    sys.exit(code)

if len(sys.argv) != 3:
    show_usage("2 args required; you supplied %d" % (len(sys.argv) - 1))
elif not os.path.isdir(sys.argv[1]):
    show_usage("Invalid source directory")
elif not os.path.isdir(sys.argv[2]):
    show_usage("Invalid destination directory")

source, dest = sys.argv[1:3]

print("Source directory is", source)
print("Destination directory is", dest)
```

除了导入 sys 模块，为了使用 os.path.isdir 这个方法，我们还导入了 os 模块。注意，import 命令并不能让你快速访问模块所定义的任何符号，必须使用以模块名作为起始的完整名称（fully qualified name）。

函数 show_usage 给退出码提供了默认值，避免调用程序没有明确指定该参数。因为所有的数据类型都是对象，所以函数的参数实际上是通过引用传递的。

sys.argv 列表包含了出现在命令行中第一个位置上的脚本名，所以列表长度比实际的命令行参数的个数多出一个。sys.argv[1:3]这种形式表示一个列表切片（list slice）。有意思的是，列表切片并不包括指定范围里最后的那个元素，所以该切片只有 sys.argv[1]和 sys.argv[2]。可以简单地用 sys.argv[1:]指定从第二个开始的所有元素。

和 sh 一样，Python 也有专门的“else if”条件，其关键字是 elif。不过 Python 并没有 case 或者 switch 语句。

soure 和 dest 变量的平行赋值语句（parallel assignment）与其他一些语言中不太一样，因为这两个变量本身不在列表里。这两种形式的平行赋值在 Python 里都可以使用。

Python 在比较数值和字符串时用的是同样的运算符。"不相等"的比较运算符是!=，不过没有！这样的单目运算符，该功能对应的运算符是 not。另外，布尔运算符 and 和 or 可别写错了。

7.5.6 循环

下面的代码片段使用 for…in 结构从 1 循环到 10。

```
for counter in range(1, 10):
    print(counter, end=" ")
print()                          # Add final newline
```

和前面例子里的列表切片一样，这个数值范围并不包括其右端的值，所以输出的只有 1～9。

```
1 2 3 4 5 6 7 8 9
```

这是 Python 里唯一的 for 循环类型，但功能足够强大。Python 的 for 循环有几项有别于其他语言的特性。

- 并不仅针对数值范围。任何对象都支持 Python 的迭代模型，常用的那些对象更不例外。字符串（按逐个字符）、列表、文件（按字符、行或块）、列表切片，都可以进行迭代。
- 迭代器可以产生多个值，循环变量也可以有多个。每次迭代开始的赋值和普通的 Python 多重赋值（multiple assignment）一样。这个特性在迭代字典时尤其好用。
- for 和 while 循环都可以在末尾加上 else 子句，仅当循环正常结束后才执行 else 子句，这跟通过 break 语句退出正好相反。这一特性乍看起来似乎反直觉，但它能够非常优雅地处理某些用例。

下面的脚本示例可以使用正则表达式作为命令行参数，用其匹配一个列表，该列表中是白雪公主故事里 7 个小矮人的名字及其衣服的颜色。

该脚本打印第一个匹配的结果，在正则表达式所匹配到的部分两边加下画线。

```
import sys
import re

suits = {
    'Bashful':'yellow', 'Sneezy':'brown', 'Doc':'orange', 'Grumpy':'red',
    'Dopey':'green', 'Happy':'blue', 'Sleepy':'taupe'
}
pattern = re.compile("(%s)" % sys.argv[1])

for dwarf, color in suits.items():
    if pattern.search(dwarf) or pattern.search(color):
        print("%s's dwarf suit is %s." %
            (pattern.sub(r"_\1_", dwarf), pattern.sub(r"_\1_", color)))
        break
else:
    print("No dwarves or dwarf suits matched the pattern.")
```

下面是一些输出样例。

```
$ python3 dwarfsearch '[aeiou]{2}'
Sl_ee_py's dwarf suit is t_au_pe.

$ python3 dwarfsearch 'ga|gu'
No dwarves or dwarf suits matched the pattern.
```

suits 的赋值语句展示了 Python 的字典字面量书写语法。suits.items()方法是"键/值"对的迭代器，注意，我们在每次迭代中都提取一个小矮人的名字和一种衣服的颜色。如果只想通过键进行迭代，把代码改成 for dwarf in suits 就行了。

Python 通过 re 模块实现对正则表达式的处理。因为 Python 语言本身没有内建任何正则表达式的相关特性，所以用 Python 处理正则表达式要比 Perl 麻烦点。在本例中，将第一个命令行参数放入括号内（形成捕获分组），编译生成正则表达式 pattern。然后使用正则表达式对象的 search 和 sub 方法测试及修改字符串。你也可以像函数那样直接调用 re.search 等方法，把正则表达式作为第一个参数。

替换字符串里的\1 是一个反向引用（back-reference），引用的是第一个捕获分组匹配到的内容。替换字符串前面那个看起来挺奇怪的前缀 r（r"_\1_"）屏蔽了（suppress）字符串常量中正常的转义序列替换操作（r 代表“raw”）。如果没有这个前缀，替换模式就会变成两个下画线包围着的字符 1。

有一点要注意的是，字典并没有确定的迭代顺序。如果你再运行一次上面的例子，可能会得到不同的输出。

```
$ python3 dwarfsearch '[aeiou]{2}'
Dopey's dwarf suit is gr_ee_n.
```

7.6 Ruby 编程

Ruby 由日本开发人员 Yukihiro Matsumoto 设计并维护，拥有很多与 Python 相同的特性，其中就包括“万物皆对象”（everything's an object）的做法。尽管最初在 20 世纪 90 年代中期就已经发布，但直到十年后，伴随着 Rails Web 开发平台的出现，Ruby 才广为人知。

在很多人的印象里，Ruby 仍旧与 Web 紧密相关，但这门语言本身完全不是针对 Web 的。它也可以很好地用作通用脚本编程工具。如果仅考虑流行程度的话，Python 可能更适合作为主力脚本编程语言。

尽管在很多方面，Ruby 粗略地等同于 Python，但前者的设计理念要更为宽松（permissive）。例如，其他软件可以随意修改 Ruby 的类，一些修改了标准库的扩展也基本上不会在 Ruby 社区引发什么不满。

Ruby 对于喜欢尝试语法糖的用户很有吸引力，语法糖是一种特性，它并不会真正改变基本的语言，但允许以更为精确、清晰的形式编写代码。例如，在 Rails 环境中：

```
due_date = 7.days.from_now
```

该行代码不用引用任何与时间相关的类，也不需要进行任何显式的日期与时间计算，就可以创建一个 Time 对象。Rails 将 days 定义为 Fixnum（描述整数的 Ruby 类）的扩展。该方法会返回一个用起来就像数字一样的 Duration 对象。作为值使用的话，它等于 604 800，这是 7 天时间的总秒数。如果在调试器中查看，它会将自身描述为“7 days”。[①]

开发人员可以使用 Ruby 轻松地创建“领域特定语言”（domain-specific languages）（也称为 DSL），这种迷你语言实际上还是 Ruby，但是可以读取特定的配置系统。例如，Chef 和 Puppet 就可以用 Ruby DSL 来配置。

7.6.1 安装 Ruby

一些系统默认已经安装了 Ruby，但有些系统并没有，不过总是能够以软件包的形式（通常有多种版本）获取 Ruby。

截至目前（版本 2.3），Ruby 都保持了相对不错的向后兼容性。如果没有特别的要求，最好还是安装最新版。

① 这种多态形式在 Ruby 和 Python 中很常见。通常称之为“鸭子类型”（duck typing）。如果一个东西走起来像鸭子，叫起来也像鸭子，那它究竟是不是鸭子，你也就不用关心了。

可惜，大多数系统中的软件包都要比 Ruby 主干落后了几个发布版。如果你使用的软件包仓库中没有包含最新发布（请先确认最新版本是多少），可以通过 RVM 来安装，别尝试自己动手。

7.6.2 Ruby 快速入门

因为 Ruby 和 Python 非常相似，所以用 Ruby 将 Python 一节中的例子改写后，你会发现有些地方惊人的相似。

```
#!/usr/bin/env ruby

print "Hello, world!\n\n"

name = 'Gwen'
rating = 10
characters = [ 'SpongeBob', 'Patrick', 'Squidward' ]
elements = { 3 => 'lithium', 7 => 'carbon', 5 => 'boron' }

print "Name:\t", name, "\nRating:\t", rating, "\n"
print "Characters:\t#{characters}\n"
print "Elements:\t#{elements}\n\n"

element_names = elements.values.sort!.map(&:upcase).join(', ')
print "Element names:\t", element_names, "\n\n"

elements.each do |key, value|
    print "Atomic number #{key} is #{value}.\n"
end
```

输出如下。

```
Hello, world!

Name:           Gwen
Rating:         10
Characters:     ["SpongeBob", "Patrick", "Squidward"]
Elements:       {3=>"lithium", 7=>"carbon", 5=>"boron"}

Element names: BORON, CARBON, LITHIUM

Atomic number 3 is lithium.
Atomic number 7 is carbon.
Atomic number 5 is boron.
```

和 Python 一样，Ruby 也使用中括号界定数组，花括号界定字典字面量。（Ruby 将字典称作“散列”。）每个散列键和对应的值之间以=>操作符分隔，“键/值”对之间用逗号分隔。Ruby 中没有元组。

Ruby 的 print 是一个函数（或者说得再准确些，是一个全局方法），就像 Python 3 中的一样。但如果想输出换行符的话，必须明确指定。[1]除此之外，在函数调用时，出现在参数两边的括号在 Ruby 中是可选的。开发人员一般不需要使用括号，除非它有助于代码的清晰性或避免歧义。（注意，有些 print 调用会包括多个以逗号分隔的参数。）

有时候，我们在带有双引号的字符串中使用#{}来实现变量插值。花括号内可以包含任意的 Ruby 代码，代码所生成的值会被自动转为字符串类型，插入到字符串内相应的位置上。你也可以使用+运算符拼接字符串，但插值通常更为有效。

① 还有另外一个 puts 函数可以自动帮你加上换行符，不过这种做法可能有点自作聪明了。如果你尝试额外再添加一个换行符的话，puts 就不会主动插入换行符了。

下面计算 element_names 的这行代码演示了 Ruby 的另外一些设计哲学。

```
element_names = elements.values.sort!.map(&:upcase).join(', ')
```

这是一系列的方法调用，每个方法都是在前一个方法返回的结果上操作的，这很像 shell 中的管道。例如，elements 的 values 方法会生成一个字符串数组，sort!接着将其按照字符顺序排序。[①] 该数组的 map 方法在每个数组元素上调用 upcase 方法，然后将结果重新组合成一个新的数组。最后，join 方法将数组元素拼接起来，彼此之间用逗号分隔，形成一个字符串。

7.6.3　代码块

在 7.6.1 节的代码中，do 和 end 之间就是一个代码块（block），在其他语言中它也常叫作 lambda 函数、闭包或者匿名函数。[②]

```
elements.each do |key, value|
    print "Atomic number #{key} is #{value}.\n"
end
```

这个代码块可以接受两个参数，分别是 key 和 value。它会打印出这两个参数的值。

each 看起来像是一种语法特性，但它其实只是散列所定义的方法。each 可以接受代码块作为参数，对散列中包含的每一个“键/值”对调用一次该代码块。这种与代码块结合使用的迭代函数是 Ruby 代码的一个显著特征。each 是通用迭代器的标准名称，不过很多类都定义了更为具体的版本，例如 each_line 或 each_character。

Ruby 还有另一种代码块语法，使用花括号代替 do...end 作为分隔符。两者的效果一模一样，只不过花括号作为表达式的一部分，看起来更舒服一些。例如：

```
characters.map {|c| c.reverse} # ["boBegnopS", "kcirtaP", "drawdiuqS"]
```

这种形式在功能上和 characters.map(&:reverse)一样，但并没有只告诉 map 去调用哪个方法，而是明确地加入了一个调用 reverse 方法的 block。

block 的值是执行完毕前所求得的最后一个表达式的值。Ruby 中一个很方便的地方就是几乎所有的一切都是表达式（也就是“一段能够产生值的代码”），其中包括控制结构，例如 case（等同于大多数语言中的 switch）和 if-else。这些表达式的值就是某种条件或活动分支产生的值。

代码块的用法可不仅限于迭代。它可以替另一部分代码执行设置（setup）和收尾（takedown）工作，因此常用于代表多步骤操作（multi-step operation），例如数据库事务或文件系统操作。

例如，下面的代码打开/etc/passwd 文件并打印出定义了 root 用户的那一行。

```
open '/etc/passwd', 'r' do |file|
    file.each_line do |line|
        print line if line.start_with? 'root:'
    end
end
```

open 函数打开文件，将返回的 IO 对象传给外围的代码库。代码块执行完毕后，open 函数自动关闭文件。不用再去单独执行 close 操作（如果你想用的话也可以用），不管外围代码块最终如何结束，文件都会被关闭。

① sort!末尾的惊叹号是提醒你在使用该方法时要注意。这个符号对于 Ruby 并没有什么特殊意义，它仅仅就是方法名的一部分而已。在这个例子中，要注意的地方是 sort!在排序数组时是就地（in place）进行的。还有另外一个 sort 方法（没有!），可以返回一个经过排序的全新数组。

② 这种通用类型在 Ruby 中实际上有 3 种表现形式，分别是代码块（block）、过程（proc）和 lambda。它们之间的区别很微妙，不过目前对于我们而言并不重要。

要是你用过 Perl 的话，这里出现的后缀 if 结构（postfix if）你应该不会感到陌生。这是一种表达简单条件很不错的方法，不会干扰到程序主干。在这里，你一眼就能看出来内部代码块是一个循环，负责打印出某些符合条件的行。

如果 print 的结构不够清晰，可以把括号加上。if 的优先级最低，在其左右两侧各有一个方法调用。

```
print(line) if line.start_with?('root:')
```

和在 7.6.2 节中看到的 sort!一样，start_with?中的问号只是命名约定而已，表示方法返回的是布尔值。

具名函数的定义语法和代码块略有不同。

```
def show_usage(msg = nil)
    STDERR.puts msg if msg
    STDERR.puts "Usage: #{$0} filename ..."
    exit 1
end
```

函数定义中括号仍然是可选的，不过在实践中，除非函数不使用参数，否则都会把括号加上。这里，参数 msg 的默认值是 nil。

全局变量$0 很神奇，其中包含的是被调用的当前程序名。（传统来讲，这应该是 argv 数组的第一个参数。不过 Ruby 的约定是 ARGV 中只包含实际的命令行参数。）

和 C 语言一样，你可以把非布尔类型值当作布尔类型，就像 if msg 这样。不过这个约定在 Ruby 中有点不一样：除了 nil 和 false 之外均为真。尤其是说，0 也为真。（在实践中，这往往就是你想要的结果。）

7.6.4 符号与参数散列

Ruby 广泛使用了一种不常见的数据类型 symbol，采用冒号的形式表示，例如，:example。你可以把 symbol 想象成不可修改的字符串。通常将其作为标号（label）或者众所周知的散列键。在内部，因为 Ruby 是以数字的形式来实现 symbol 的，所以在进行散列和比较操作时速度非常快。

由于 symbol 经常用作散列键，所以 Ruby 2.0 专门定义了另一种散列字面量语法，以减少各种凌乱的标点符号。标准形式的散列：

```
h = { :animal => 'cat', :vegetable => 'carrot', :mineral => 'zeolite' }
```

在 Ruby 2.0 中可以改写为：

```
h = { animal: 'cat', vegetable: 'carrot', mineral: 'zeolite' }
```

在散列字面量之外，symbol 仍旧保留其:前缀。例如，下列代码可以从散列中取回特定的值。

```
healthy_snack = h[:vegetable]    # 'carrot'
```

在处理函数调用参数时，Ruby 有一种奇特但却颇为有用的惯例。如果被调用的函数请求这种做法，Ruby 会将函数调用尾部形似散列的对偶（pair）收集起来，形成一个新的散列，然后将这个散列作为参数传给该函数。例如，Rails 表达式：

```
file_field_tag :upload, accept: 'application/pdf', id: 'commentpdf'
```

file_field_tag 只接受两个参数：符号:upload 以及包含键:accept 和:id 的散列。因为散列并没有内在的顺序，所以参数出现的先后顺序并不重要。

这种灵活的参数处理方法作为一种 Ruby 标准也体现在其他方面。包括标准库在内的 Ruby 库通常会尽可能地接受各种形式的输入。标量、数组和散列都是有效的参数，很多函数在调用时还可以选用代码块。

7.6.5 Ruby 的正则表达式

和 Python 不同，Ruby 并没有语言方面的语法糖来帮助你处理正则表达式。Ruby 支持传统的正则表达式字面量记法/.../，其中可以包含变量插值#{}，颇似双引号字符串。

Ruby 还定义了=~操作符（及其反义操作符!~）来测试字符串与正则表达式之间的匹配关系。如果匹配，表达式的值为首次匹配的索引；如果不匹配，则值为 nil。

```
"Hermann Hesse" =~ /H[aeiou]/   # => 0
```

要想访问匹配到的各个部分，需要调用正则表达式的 match 方法。该方法返回 nil（如果没有匹配）或一个对象（可以作为包含各匹配部分的数组来访问）。

```
if m = /(^H\w*)\s/.match("Heinrich Hoffmeyer headed this heist")
  puts m[0]   # 'Heinrich'
end
```

下面是 7.5.6 节那个 7 个小矮人例子的 Ruby 版。

```
suits = {
    Bashful: 'yellow', Sneezy: 'brown', Doc: 'orange', Grumpy: 'red',
    Dopey: 'green', Happy: 'blue', Sleepy: 'taupe'
}

abort "Usage: #{$0} pattern" unless ARGV.size == 1
pat = /(#{ARGV[0]})/

matches = suits.lazy.select {|dwarf, color| pat =~ dwarf || pat =~ color}

if matches.any?
    dwarf, color = matches.first
    print "%s\'s dwarf suit is %s.\n" %
        [ dwarf.to_s.sub(pat, '_\1_'), color.sub(pat, '_\1_') ]
else
    print "No dwarves or dwarf suits matched the pattern.\n"
end
```

在数据合集（collection）上调用 select 方法会创建一个新的合集，其中只包含被相应的代码块求值为真的那些元素。在这个例子中，matches 是一个新的散列，只包含那些键或值匹配搜索模式的那些项。因为我们使用了 lazy 方法，所以直到从结果中提取数值的时候才会进行过滤。实际上，这段代码只要找到匹配的散列项后，就不会继续往下检查了。

你有没有注意到模式匹配操作符=~被用在了描述小矮人名字的 symbol 上？这么做没有问题，因为=~足够聪明，会在匹配之前将 symbol 转换成字符串。不过在模式替换时，我们就只能显示转换了（使用 to_s 方法）。sub 方法是定义在字符串上的，因此需要一个真正的字符串才能调用。

另外还要注意 dwarf 和 color 的平行赋值。matches.first 会返回一个包含两个元素的数组，Ruby 自动将其拆开，完成赋值操作。

应用于字符串的%操作符和 Python 中的同名操作符作用差不多，这就是 sprintf 的 Ruby 版。因为需要填入两个字符串，所以我们传入了一个包含两个元素的数组。

7.6.6 将 Ruby 作为过滤器

不用写脚本也可以使用 Ruby，只需要把单独的表达式放在命令行中就行了。这是执行快速文本转换最简单的方法（不过说实话，Perl 在这方面仍旧更胜一筹）。

使用命令行选项-p 和-e 循环读取 STDIN，针对每一行（通过变量$_描述）执行一个简单的表达式，然后打印出结果。例如，下列命令将/etc/passwd 文件中的内容全部转换成大写。

```
$ ruby -pe '$_.tr!("a-z", "A-Z")' /etc/passwd
NOBODY:*:-2:-2:UNPRIVILEGED USER:/VAR/EMPTY:/USR/BIN/FALSE
ROOT:*:0:0:SYSTEM ADMINISTRATOR:/VAR/ROOT:/BIN/SH
...
```

ruby -a 可以启用自动分割模式（autosplit mode），该模式会将输入行分割成多个字段，保存在名为$F 的数组中。空白字符作为默认的分隔符，不过-F 选项能够用来设置其他的分隔符模式。

在配合-p 或其非自动打印版-n 时，自动分割用起来非常方便。下面的命令使用 ruby -ane 生成了一份只包含用户名和 shell 的 passwd 文件。

```
$ ruby -F: -ane 'print $F[0], ":", $F[-1]' /etc/passwd
nobody:/usr/bin/false
root:/bin/sh
...
```

真正的勇士敢于使用-i 和-pe 就地编辑文件。Ruby 读取文件，逐行编辑，然后将结果保存到原始文件中。你可以给-i 提供一个后缀模式，告诉 Ruby 如何备份文件的原始版本。例如，-i.bak 会将 passwd 备份为 passwd.bak。要小心，如果你没有提供模式，Ruby 不会保留任何备份。要注意-i 和后缀之间没有空格。

7.7 Python 和 Ruby 的库与环境管理

语言也有与操作系统一样的打包与版本控制问题，两者对此的解决方法也类似。Python 和 Ruby 在这方面差不多，所以我们将其放在本节中一块讨论。

7.7.1 查找及安装软件包

最基本的需求是要有某种简单、标准的方法来发现、获取、安装、更新、分发各种附加软件。Ruby 和 Python 为此都提供了集中化的软件仓库。

在 Ruby 中，软件包叫作“gem”，用于处理软件包的命令也是 gem。gem search regex 可以显示匹配指定名称的 gem，gem install gem-name 可以下载并安装指定的 gem。你可以使用--user-install 选项安装一份私有副本，不再去修改系统的 gem 集合。

同样的功能在 Python 中叫作 pip（要么是 pip2 或 pip3，这取决于安装的是哪个版本的 Python）。不过并非所有的系统默认都包括 pip。对于这些系统，语言通常提供了单独的（操作系统层面）软件包。和 gem 一样，pip search 和 pip install 是最常用的命令。--user 选项可以将软件包安装到个人主目录中。

gem 和 pip 都理解软件包之间的依赖关系，至少在基本层面上如此。在安装软件包时，隐含要求了要一并安装所依赖的其他软件包（如果还没有安装）。

在基本的 Ruby 或 Python 环境中，一个软件包同时只能安装一个版本。如果你重新安装或是升级软件包，其旧版本会被删除。

在安装 gem 或 pip 软件包时，你经常可以选择是通过标准语言机制（gem 或 pip）或是保存在厂商标准仓库中的操作系统层面的（OS-level）软件包来完成。操作系统软件包基本上都能正常安装及运行，但有可能不是最新的。两种选择没有明显的优劣之分。

7.7.2　创建可重现的环境

程序、库和语言在共同演进的过程中形成了错综复杂的依赖关系。生产级服务器可能依赖数十上百个组件，每个组件都有自己需要的安装环境。你怎么才分辨得出哪种库版本的组合能够创建出一套和谐的环境？你怎么保证在开发环境中测试过的配置和在云端部署时是一样的？说得更实在些，你能确定管理这一堆东西不是件大麻烦事？

Python 和 Ruby 都有表示软件包彼此之间依赖关系的标准方法。在这两种系统中，软件包开发人员可以在项目的根目录下创建一个文本文件，在其中列出依赖关系。在 Ruby 中，该文件叫作 Gemfile；在 Python 中，该文件叫作 requirements.txt。这两种文件格式都能够灵活地表示所依赖版本的规格（version specification），因此软件包能够声明自己兼容于“发布版为 3 或更高的 simplejson”或者“Rails 3，不包括 Rails 4”。你也可以指定所依赖的具体版本。

因为两种文件格式允许指定每个软件包的来源，所以各种依赖不需要通过语言的标准软件包库来散发。无论是 Web URL、本地文件，还是 GitHub 仓库，所有常见的源都支持。

你可以使用 pip install -r requirements.txt 批量安装 Python 的依赖。尽管 pip 会进行细致的工作，逐个解析版本规格，可惜它单凭自己是无法搞定软件包之间复杂的依赖关系的。开发人员有时不得不仔细调整 requirements.txt 文件中软件包的顺序以达成满意的结果。尽管不常见，有时候软件包新版本的发布也会扰乱版本之间的均衡。

pip freeze 能够以 requirements.txt 的格式打印出 Python 当前的软件包清单，指出每个软件包的准确版本号。该特性有助于将当前环境复制到生产服务器。

在 Ruby 中，gem install -g Gemfile 的功能等同于 pip -r。在大多数情况下，最好还是用 Bundler 管理依赖。执行 gem install bundler 安装 Bundler（如果尚未安装的话），然后在要设置的项目根目录下执行 bundle install。[①]

Bundler 有一些挺不错的技巧。

- 它可以实现真正递归式的依赖管理，如果有一组能够彼此相互兼容、满足所有约束的 gem，Bundler 无须帮助就可以将其找出。
- 它会在文件 Gemfile.lock 中记录下版本计算（version calculation）的结果。维护该上下文信息使得 Bundler 能够保守且有效地更新 Gemfile。在迁移到新版本的 Gemfile 时，Bundler 只需修改必须要修改的软件包。
- 由于 Gemfile.lock 的这种黏性（sticky），所以在部署服务器上执行 bundle install 会自动重现开发环境中的软件包环境。[②]
- 在部署模式下（bundle install --deployment），Bundler 会在本地项目目录中安装缺失的 gem，以将项目与系统软件包环境未来的变化隔离开。你随后可以在这种混合的 gem 环境中使用 bundle exec 执行特定的命令。[③]

7.7.3　多重环境

pip 和 bundle 分别为 Python 和 Ruby 处理依赖管理，但如果同一个服务器上的两个程序出现了需求冲突，该怎么办？在理想情况下，生产环境中的每个程序都有自己的一套库环境，独立于系统和其他所有程序。

---

① Ruby gem 可以包含 shell 级别的命令。不过这些命令通常没有对应的手册页，详情参见 bundle help，或是查阅完整的文档。

② 或者至少来说，这是其默认行为。如果有需要，很容易在 Gemfile 中指定开发环境和部署环境之间的不同需求。

③ 有些软件包（例如 Rails）能够感知到 Bundler（Bundler-aware），不需要 bundle exec 命令就可以使用本地安装的软件包。

1. virtualenv：Python 虚拟环境

Python 的 virtualenv 软件包可以创建出一套存在于特定目录中的虚拟环境。[①]安装好 virtualenv 之后，只需要执行 virtualenv 命令并指定要设置新环境的路径名即可。

```
$ virtualenv myproject
New python executable in /home/ulsah/myproject/bin/python
Installing setuptools, pip, wheel...done.
```

每套虚拟环境都有自己的/bin 目录，包含了 Python 和 PIP 的二进制文件。当你执行其中某个二进制文件时，会自动进入相应的虚拟环境。在虚拟环境中安装软件包就像往常一样，只不过运行的是 pip 在虚拟环境下的副本。

要从 cron 或系统启动脚本中启动某个虚拟化 Python 程序，要明确地写出相应 Python 副本的路径。（也可以将路径放在脚本的 shebang 行。）

在 shell 中进行交互性工作时，你可以使用 source 执行虚拟环境的 bin/activate 脚本，将 Python 和 pip 在虚拟环境中的版本设置成默认的。这个脚本会重新设置 shell 的 PATH 变量。执行 deactivate 可以离开该虚拟环境。

虚拟环境与特定版本的 Python 联系在一起。在创建虚拟环境时，你可以使用 virtualenv 命令的--python 选项设置与之关联的 Python 二进制文件。该二进制文件必须事先已经安装好并运行正常。

2. RVM：Ruby 环境管理程序

在 Ruby 中，情况类似，只不过可配置性更好，也更复杂。我们在 7.7.2 节中看到过，Bundler 可以替特定的应用缓存 Ruby gem 的本地副本。在向生产环境迁移项目时，这是一种合理的方法，但对于交互式应用，就不是那么好了。它另外还假定你要使用的是系统安装的 Ruby 版本。

如果想要更为通用的解决方案，可以研究一下 RVM，这是一款既复杂又颇不赏心悦目的环境虚拟化程序，其中还用到了一点匪夷所思的 shell 技巧。RVM 完美地体现了所谓“丑陋的奇招”（unsightly hack）。不过在实践中，用起来还是蛮不错的。

RVM 负责管理 Ruby 版本和多个 gem 合集，允许你在之间动态切换。例如：

```
$ rvm ruby-2.3.0@ulsah
```

该命令会激活 2.3.0 版本的 Ruby 以及名为 ulsah 的 gem 合集。对 ruby 或 gem 的引用现在会被解析到指定版本。这种神奇的效果对于通过 gem 安装的程序（如 bundle 和 rails）也同样有效。在最好的情况下，gem 管理不会有任何变化，仅根据需要使用 gem 或 bundle，所有新安装的 gem 都会自动保存到正确的位置。

RVM 的安装过程涉及从网上下载一个 Bash 脚本并在本地运行。目前，要用到的命令如下。

```
$ curl -o /tmp/install -sSL https://get.rvm.io
$ sudo bash /tmp/install stable
```

不过要检查 rvm.io 的当前版本以及加密签名。[②]确保使用 sudo 安装，否则，RVM 会在你的主目录下设置一套私有环境。（这样做也很好，但生产系统中不该有任何东西引用到个人目录。）另外还得向 rvm 组中添加授权的 RVM 用户。

完成 RVM 的初始安装后，在安装 gem 或修改 RVM 配置时不要用 sudo。RVM 会通过 rvm 组的成员关系实施访问控制。

在幕后，RMV 通过控制 shell 环境变量和搜索路径来实现这套“魔法”。因此，它必须在登

① 和其他 Python 相关的命令一样，virtualenv 的数字后缀版本号对应着特定的 Python 版本。

② 参看 1.10.4 节的注释，了解为什么例子中的命令并不完全符合 RVM 的推荐。

录期间运行一些 shell 启动代码来进入你所在的环境中。在系统层面安装好 RVM 之后，RVM 会在/etc/profile.d 中放入一个名为 rvm.sh 的小脚本，其中包含一些相应的命令。有些 shell 会自动运行该脚本。如果没有自动运行，只需要使用 source 命令就行了，你可以将该命令加入 shell 的启动文件。

```
source /etc/profile.d/rvm.sh
```

RVM 无论如何都不会修改系统原始的 Ruby 安装。特别是以 shebang 行：

```
#!/usr/bin/ruby
```

起始的脚本会继续运行在系统默认的 Ruby 下，只会使用系统安装好的 gem。下面这种写法更为灵活。

```
#!/usr/bin/env ruby
```

它能够根据执行该命令的用户的 RVM 上下文定位 Ruby 命令。

rvm install 会安装新版本的 Ruby。RVM 的这种特性使得安装不同版本的 Ruby 变得轻松异常，相较于操作系统原生的 Ruby 软件包（往往还不是最新的），推荐使用这种方法。如果有现成的二进制文件可用，rvm install 会自动下载；如果没有，它会安装必要的操作系统软件包，然后从源代码构建 Ruby。

接下来，我们展示如何部署一个与 Ruby 2.2.1 兼容的 Rails 应用。

```
$ rvm install ruby-2.2.1
Searching for binary rubies, this might take some time.
No binary rubies available for: ubuntu/15.10/x86_64/ruby-2.2.1.
Continuing with compilation. Please read 'rvm help mount' to get more
    information on binary rubies.
Checking requirements for ubuntu.
Installing required packages: gawk, libreadline6-dev, zlib1g-dev,
    libncurses5-dev, automake, libtool, bison, libffi-dev................
Requirements installation successful.
Installing Ruby from source to: /usr/local/rvm/rubies/ruby-2.2.1, this
    may take a while depending on your cpu(s)...
...
```

如果你按照上述方法安装了 RVM，那么 Ruby 就已经好好地躺在/usr/local/rvm 下面了，系统中所有的用户均可访问。

通过 rvm list known 可以知道 RVM 能够下载和构建哪些 Ruby 版本。rvm list 可以显示出目前已安装且可用的 Ruby 版本。

```
$ cd myproject.rails
$ rvm ruby-2.2.1@myproject --create --default --ruby-version
ruby-2.2.1 - #gemset created /usr/local/rvm/gems/ruby-2.2.1@myproject
ruby-2.2.1 - #generating myproject wrappers.........
$ gem install bundler
Fetching: bundler-1.11.2.gem (100%)
Successfully installed bundler-1.11.2
1 gem installed
$ bundle
Fetching gem metadata from https://rubygems.org/..........
Fetching version metadata from https://rubygems.org/...
Fetching dependency metadata from https://rubygems.org/..
Resolving dependencies......
...
```

ruby-2.2.1@myproject 一行指定了 Ruby 的版本以及 gem 合集。如果 gem 合集不存在的话，

--create 选项可以新建。--default 使命令行中给出的 Ruby 版本与 gem 合集成为 RVM 的默认配置，--ruby-version 会将 Ruby 解释器和 gem 合集的名字分别写入当前目录下的.ruby-version 和.ruby-gemset。

如果.*-version 文件已经存在，RVM 会自动读取并根据该文件处理目录下的脚本。项目可以利用这种特性指定自己的需求，你也就不用去记忆具体的运行环境了。

要在所要求的环境中（由.ruby-version 和.ruby-gemset 描述）运行软件包，执行下列命令。

```
rvm in /path/to/dir do startup-cmd startup-arg ...
```

在运行启动脚本或 cron 中的作业时，这种语法非常方便。它不需要当前用户去设置 RVM，也不依赖于当前用户的 RVM 配置。

另外，你也可以在命令中明确指明环境。

```
rvm ruby-2.2.1@myproject do startup-cmd startup-arg ...
```

第三种选择是从 RVM 专门为此维护的包装程序中运行 Ruby 二进制文件，例如：

```
/usr/local/rvm/wrappers/ruby-2.2.1@myproject/ruby ...
```

该命令会自动将你带入采用 myproject gem 合集的 Ruby 2.2.1 环境。

7.8 使用 Git 实现版本控制

生活中难免出错。跟踪配置和代码的变更很重要，如果这些变更造成了问题，你可以轻松地将其恢复到已知的良好状态。版本控制系统就是能够跟踪、归档、授权访问文件多个修订版本的软件工具。

版本控制系统解决了多个问题。首先，它定义了一种有组织的方式来跟踪文件的修改历史，以便于理解变更在上下文中的含义，同时使得早期版本得以恢复。其次，它将版本化的概念从单个文件的层面扩展开来。相关的多组文件能够共同实现版本化，关注到文件之间的相互依赖关系。最后，版本控制系统可以协调多位编辑人员的活动，避免出现的竞态条件（race condition）造成他人做出的变更永久性丢失[①]，多个不兼容的变更同时生效。

目前最流行的版本控制系统就是由“大神”Linus Torvalds 编写的 Git。由于对当时所用的版本控制系统的失望，Linus 创建了 Git 来管理 Linux 内核源代码。Git 如今的普及率和影响力同 Linux 不相上下。很难说究竟 Linus 的哪一项发明对于世界的影响更为深远。

大多数现代软件的开发都离不开 Git 的协助，系统管理员也因此每天都少不了要用到它。你可以在 GitHub、GitLab 或其他社会化开发站点上查找、下载、贡献开源项目。也可以用 Git 跟踪脚本、配置管理代码、模板以及其他需要密切关注的文本文件的变更。我们就是用 Git 来跟踪本书的内容的。由于非常适合于协作和贡献，Git 成为了那些拥抱 DevOps 站点必不可少的工具。

Git 的特色在于它并没有明显的中央仓库。要想访问某个仓库，只用复制该仓库（包括完整的历史记录），然后带着它就行了，就像寄居蟹拖着自己的壳一样。你对仓库做出的提交都是本地操作，所以执行速度非常快，也不必担心与中央服务器之间的通信问题。Git 采用了一种智能压缩系统，可以降低存储整个历史记录的成本，在大多数情况下，这套系统非常有效。

Git 对开发者来说简直太棒了，因为他们可以把自己的源代码积累在便携式计算机中，不用

① 举例来说，假设系统管理员 Alice 和 Bob 都在编辑同一个文件，各自做出了一些变更。Alice 先保存了文件。当 Bob 随后保存时，会覆盖掉 Alice 的版本。如果 Alice 退出编辑器，她之前所做的变更就全没了，而且无法恢复。

连接到网络就可以工作，同时仍能享受到版本控制带来的所有好处。当需要合并多名开发人员的工作成果时，可以选择任何适合组织工作流程的方式将变更从仓库的一个副本并入另一个。总是可以把仓库的两份副本调整回共同的祖先状态，无论分叉之后做过多少次变更和迭代。

Git 使用本地仓库可谓是版本控制上的一次巨大的飞跃，或者应该说得再准确些，是一次巨大的后退，但选择的却是一种不错的方式。早期的版本控制系统（如 RCS 和 CVS）用的都是本地仓库，但是无法解决协作、变更合并以及独立开发方面的问题。现在我们绕了一个圈，又回到了原点，将文件加入版本控制再次成为一种快速、简单的本地操作。同时，在必要时，Git 所有的高级协作特性都可供使用。

Git 包括数百种特性，其高级用法很难掌握。不过大多数 Git 用户用到的只是少量的简单命令。如果碰到特殊情况，最好的解决方法就是用 Google 搜索你想要完成的操作（例如，git undo last commit）。最靠前的结果肯定是 StackOverflow 上的讨论，其中的问题和你碰到的一模一样。说到底，别慌（don't panic）。哪怕是你搞砸了整个仓库，删掉了自己过去几个小时的工作，Git 也有很大可能已经暂存好了备份。你只需要拜托 reflog 这位“小精灵”帮你载入备份就行了。

在使用 Git 之前，先设置你的名字和电子邮件地址。

```
$ git config --global user.name "John Q. Ulsah"
$ git config --global user.email "ulsah@admin.com"
```

上述命令会创建初始的 Git 配置文件~/.gitconfig（如果该文件尚不存在）。git 命令随后会查看该文件中的配置信息。高级 Git 用户会在其中设置大量的定制配置以匹配所需的工作流程。

7.8.1 一个简单的 Git 示例

假定你有一个简单的样例仓库，用于维护一些 shell 脚本。在实践中，你可以用 Git 跟踪配置管理代码、基础设施模板、临时脚本、文档、静态站点以及其他任何工作期间要用到的东西。

下面的命令会创建一个新的 Git 仓库并生成基础配置。

```
$ pwd
/home/bwhaley
$ mkdir scripts && cd scripts
$ git init
Initialized empty Git repository in /home/bwhaley/scripts/.git/
$ cat > super-script.sh << EOF
> #!/bin/sh
> echo "Hello, world"
> EOF
$ chmod +x super-script.sh
$ git add .
$ git commit -m "Initial commit"
[master (root-commit) 9a4d90c] super-script.sh
 1 file changed, 0 insertions(+), 0 deletions(-)
 create mode 100755 super-script.sh
```

其中，git init 通过在/home/bwhaley/scripts 中生成.git 目录来创建仓库的基础结构。编写完“hello, world!”脚本之后，命令 git add .会将该脚本复制到 Git 的“索引”（index），这是一块暂存区，用于接下来的提交操作。

索引并不仅仅是待提交文件的列表，它是一棵实实在在的文件树，每一处都与当前工作目录和仓库内容无异。索引中的文件是有内容的。取决于你执行的命令，其内容可能与仓库和工作目录中的不一样。git add 的意思其实就是“从工作目录复制到索引”。

git commit 会把索引中的内容放入仓库。每次提交都要有一条日志信息。-m 选项可以让你把该信息写在命令行中。如果你什么都没写，Git 会为你启动一个编辑器。

现在来做一次变更，然后将其放入仓库。

```
$ vi super-script.sh
$ git commit super-script.sh -m "Made the script more super"
[master 67514f1] Made the script more super
 1 file changed, 1 insertions(+), 0 deletions(-)
```

在 git commit 命令行中给被修改的文件命名会绕过 Git 正常使用的索引，创建出一个修订版本，其中只包括对该命名文件做出的改动。现有的索引保持不变，Git 会忽略任何其他可能已经被修改的文件。

如果变更涉及多个文件，你有两种选择。如果你确切知道改动的是哪些文件，那就可以像上面那样把它们都在命令行中列出。你要是懒的话，执行 git commit -a，让 Git 在提交之前将所有被改动过的文件加入索引。不过后一种选择有两个问题。

第一，有些被修改过的文件你可能并不想提交。例如，如果 super-script.sh 有一个配置文件，你修改了该配置文件进行调试，那么可能并不想将这个改动过的文件提交回仓库。

第二，git commit -a 只挑选针对目前处于版本控制管理下那些文件所做出的变更。在工作目录下创建的新文件它是不会管的。

git status 可以概览 Git 的状态。该命令可以一次性显示出新文件、修改过的文件以及暂存文件。例如，假设你添加了 more-scripts/another-script.sh。Git 会显示如下内容。

```
$ git status
On branch master
Changes not staged for commit:
  (use "git add <file>..." to update what will be committed)
  (use "git checkout -- <file>..." to discard changes in working directory)

    modified: super-script.sh

Untracked files:
  (use "git add <file>..." to include in what will be committed)

    more-scripts/
    tmpfile

no changes added to commit (use "git add" and/or "git commit -a")
```

another-script.sh 的名字并没有出现，这是因为 Git 尚没有看到其所在目录 more-scripts 下的内容。你可以看到 super-script.sh 已经被修改，另外还有一个不该出现在仓库中的 tmpfile。你可以执行 git diff super-script.sh 来查看对脚本所做的变更。Git 还会很有帮助地提示下一步操作中可能要用到的命令。

如果你只想跟踪 super-script.sh 的变更：

```
$ git commit super-script.sh -m "The most super change yet"
Created commit 6f7853c: The most super change yet
 1 files changed, 1 insertions(+), 0 deletions(-)
```

要想从 Git 中清除 tmpfile，请创建或编辑文件.gitignore，然后把该文件的名字写进去。这样 Git 从此就会永远忽略 tmpfile 了。

```
$ echo tmpfile >> .gitignore
```

最后，提交所有未决（outstanding）的变更。

```
$ git add .
$ sudo git commit -m "Ignore tmpfile; Add another-script.sh to the repo"
Created commit 32978e6: Ignore tmpfile; add another-script.sh to the repo
```

```
2 files changed, 2 insertions(+), 0 deletions(-)
create mode 100644 .gitignore
create mode 100755 more-scripts/another-script.sh
```

注意，文件.gitignore 现在已经成为了受管文件之一，这通常也是我们想要的结果。重新添加已经处于版本管理之下的文件也没问题，git add .就是一种简单的表达方式："我想让新仓库的镜像看起来就像工作目录一样，但不要包含.gitignore 中列出的任何内容"。在这种情况下，你不能只执行 git commit -a，因为这样并不会提交 another-script.sh 和.gitignore，这些新出现的文件必须明确添加。

7.8.2 告诫

为了试图让你觉得 Git 既管理文件权限，也管理文件内容，在向仓库中添加新文件时，Git 会显示出文件的模式。但这不是真的，Git 并不会去跟踪模式、所有者或者修改时间。

Git 的确会跟踪可执行位。如果你提交的脚本设置了可执行位，那么之后任何复制操作的副本也都带有可执行位。但是别指望 Git 跟踪所有权或只读状态。所以得出的一个推论就是：如果所有权和权限很重要，那就别指望靠 Git 去恢复复杂的文件层级关系。

另一个推论是：千万不要把纯文本密码或其他私密信息放进 Git 仓库。否则，不仅能够访问该仓库的人可以查看，搞不好全世界的人都能看到。

7.8.3 Git 社会化编程

GitHub 和 GitLab 这类社会化开发站点的出现及迅速增长可谓是计算历史上近来最重要的趋势之一。使用各种开发语言、数量庞大的开发者社区默默构建并管理着数百万的开源软件项目。软件的创建和发布从未像如今这样简单。

GitHub 和 GitLab 本质上只是 Git 仓库的托管，同时添加了大量与用户沟通和工作流程相关的特性。任何人都可以新建仓库，通过 git 命令和 Web 界面都可以访问到仓库。Web 界面更为友好，提供了支持协作和继承的多种特性。

新手多少会有些害怕社会化编程，其实只要理解了一些基本术语和方法，社会化编程并不复杂。

- "master"是分配给新仓库第一条分支的默认名称。大多数软件项目用其作为开发主线，不过也有些项目可能完全没有该分支。master 分支通常包含的是当前可使用的（functional）代码，前沿开发（bleeding-edge development）是在别的分支上开展的。最近的提交称为 master 分支的尖端（tip）或头部（head）。
- 在 GitHub 中，派生（fork）是特定时间点上的仓库快照。如果用户没有权限修改主仓库，但是又想做出变更，或是为了之后与主项目合并，或是为了创建另一条完全独立的开发路径，那么就可以执行派生操作。
- 合并请求（pull request）是请求将分支的变更合并入另一条分支。请求由目标项目的维护人员审核，如果接受的话，就会合并来自其他用户或开发人员的代码。每个合并请求也是一个讨论议题，每个人都可以对此发表意见。
- 提交人员或维护人员都是对仓库有写入权限的人。对于大型开源项目，这种众人都渴求的地位只能授予那些长期为项目做出贡献、值得信任的开发者。

在查找或更新软件时，少不了访问 GitHub 或 GitLab 仓库。一定要确保你查看的是主干（trunk）仓库，而不是其他什么人的派生分支。注意"forked from"这样的提示，然后跟着查找。

在评估这些站点上的新软件时要留心。在为你的站点挑选新软件之前，先考虑以下几个问题。

- 有多少共享者参与到了开发过程中？
- 提交历史是否能够表明最近的开发过程是否规律？
- 软件采用哪种授权？是否与你所在单位的需求有冲突？
- 软件用的是哪一种语言编写的？你知不知道如何管理？
- 文档是否足以让用户有效地使用该软件？

大多数项目有一种特定的分支策略，以此来跟踪软件的变更。有些维护人员坚决贯彻所选定的策略，而有些对此比较宽松。其中应用最为广泛的就是由 Vincent Driessen 开发的 Git Flow 模型。在为项目做贡献前，先把项目的开发实践搞清楚，这样才能帮助到维护人员。

归根结底，别忘了开源开发人员通常都是无偿服务的。在为项目贡献代码或是为用户提供支持时，他们会由衷感激你的耐心和好意。

第 8 章 用户管理

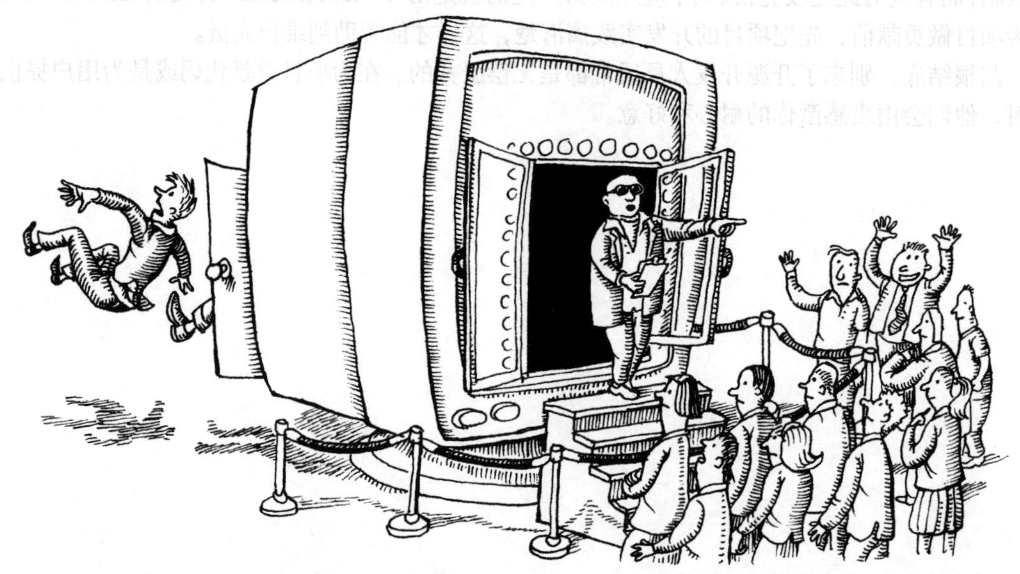

现代计算环境横跨了物理硬件、云系统以及虚拟主机。与这种混合基础设施所带来的灵活性伴随而至的还有对于集中化和结构化账户管理日益增长的需求。系统管理员必须理解 UNIX 和 Linux 所采用的传统账户模型以及如何扩展该模型来融入 LDAP 和 Microsoft Active Directory 这类目录服务。

账户卫生（account hygiene）是系统安全的决定性因素。使用不频繁的账户以及密码容易被猜出的账户是攻击者的首选目标。即便你用的是系统的自动化工具来添加/删除账户，搞清楚这些工具都做出了哪些改动也是很重要的。因此，我们先来讨论采用平面文件（flat file）的账户管理，在这种系统中，你可以修改该文件来添加单机用户。随后，我们会讲述示例操作系统中自带的更高层面的用户管理命令以及控制其行为的配置文件。

大多数操作系统还会提供一个简单的可用于添加/删除用户的 GUI 工具，但是这种工具通常并不支持如批量模式或高级本地化这样的高级特性。GUI 工具非常好上手，我们觉得没必要去细述它们的操作方法，所以在这一章中只关注命令行。

本章把重点放在了用户的添加和删除。很多与用户管理相关的主题都分散在其他章节中，在此我们仅作援引。

- 第 17 章中讲到了用于密码加密和强密码强制实施的可插入式身份认证模块（Pluggable Authentication Module，PAM），参见 17.3.4 节。
- 第 27 章中讲到了用于管理密码的密码保险箱，参见 27.4.2 节。
- 第 17 章中讲到了 OpenLDAP 和 Active Directory 这类目录的服务，参见 17.2 节。
- 第 31 章中主要讲到了策略和规章。

8.1 账户机制

一个用户其实就是一个数字。具体来说，是一个称之为用户 ID（user ID）或 UID 的 32 位无符号二进制整数。有关用户账户管理的几乎一切内容是围绕这个数字展开的。

系统定义了一个 API（通过 C 标准库），可以实现 UID 数字和更为全面的用户信息之间的映射。例如，getpwuid()接受 UID 作为参数，返回包含与之关联的登录名和主目录在内的相关记录。与此类似的还有 getpwnam()可以通过登录名查找同样的信息。

传统来讲，这些库调用是直接从文本文件/etc/passwd 中获取信息的。随着时间的推移，它们也开始支持其他的信息源，例如网络信息数据库（如 LDAP）和带有读保护的文件（加密过的密码可以更安全地保存在其中）。

这类抽象层（通常在 nsswitch.conf 文件中配置）使得高层进程无须直接了解底层所采用的账户管理方法就能够正常工作。例如，当你以“dotty”登录时，登录进程（Windows 服务器、login、getty 等）会对 dotty 调用 getpwname()，然后对比由库函数返回的加密密码记录来验证你所提供的登录密码。

我们先从/etc/passwd 文件开始，所有系统仍支持它。其他的实现方法无论是在形式或理念上都模仿了该模型。

8.2 /etc/passwd 文件

/etc/passwd 是一份系统能够识别的用户清单。该文件可以被一种或多种目录服务扩展或代替，因此只有在单机系统中它才具备完整性和权威性。

在历史上，每个用户加密后的密码同样被保存在/etc/passwd 文件中，而这个文件是所有用户都可以读取的。随着处理器的运算能力越来越强大，破解这些完全暴露在外的密码日渐可行。为此，UNIX 和 Linux 将密码转移到了另一个不再是每个用户都可读取的文件中（在 FreeBSD 中是/etc/master.passwd，在 Linux 中是/etc/shadow）。passwd 文件如今只在密码字段先前的位置上显示了一个形式上的内容（在 Linux 中是 x，在 FreeBSD 中是*）。

系统在登录时查询/etc/passwd 来确定用户的 UID 和主目录。该文件中的每一行都描述了一个用户，包含了由冒号分隔的 7 个字段。

- 登录名。
- 加密密码的预留位置。
- UID（user ID，用户 ID）数字。
- 默认的 GID（group ID，组 ID）数字。
- 可选的“GECOS”信息：全名、办公室、分机号、家庭电话。
- 主目录。
- 登录 shell。

例如，下面全都是有效的/etc/passwd 条目。

```
root:x:0:0:The System,,x6096,:/:/bin/sh
jl:!:100:0:Jim Lane,ECOT8-3,,:/staff/jl:/bin/sh
dotty:x:101:20:: /home/dotty:/bin/tcsh
```

如果用户账户通过目录服务（如 LDAP）共享，那么你可能会在 passwd 文件中看到一些以+或–开头的特殊表项。这些表项告诉系统如何将目录服务的数据与 passwd 文件内容集成在一起。

这种集成也可以在/etc/nsswitch.conf 文件中设置。

接下来将详细讨论/etc/passwd 中的各个字段。

8.2.1 登录名

登录名（也称为“用户名”）必须是唯一的，取决于具体的操作系统，可能还会有字符集方面的限制。所有的 UNIX 和 Linux 目前都将登录名的长度限制在 32 个字符。

登录名绝不能包含冒号或换行符，因为在 passwd 文件中，这两种字符分别被作为字段分隔符和条目分隔符。依据系统的不同，也许存在其他的字符限制。Ubuntu 对此可能是最为宽松的，它允许登录名以数字和其他特殊字符[①]作为起始（或者完全由数字和其他特殊字符组成）。我们建议坚持使用字母数字字符作为登录名，采用小写形式，登录名以字母起始，这么做的原因有很多，我们就不再逐一列出了。

登录名区分大小写。我们并没有察觉到混用大小写的登录名会引发什么问题，不过登录名在传统上一直都是采用小写，这样也易于输入。如果登录名 john 和 John 指的是不同的人，肯定会造成困惑。

登录名应该便于记忆，随机的一串字母并算不上好名字。因为登录名经常用作电子邮件地址，所以建立一套标准的命名方法还是有用的。用户应该能够有根据地猜测出彼此的登录名。姓、名、姓名的首字母，或者是这 3 种方法的组合都可以作为合理的命名方案。记住，有些电子邮件系统并不区分地址的大小写，这也是另一个将登录名标准化为小写的好理由。[②]

因为任何固定的登录名命名方案最终都会出现重名，所以有时候不得不做些例外。可以选择一种标准方法来处理冲突，比如在名字末尾加上数字。

在大型站点中，常见的做法是采用全名电子邮件寻址方案（例如 John.Q.Public@mysite.com），从而向外部隐藏登录名。这个主意不错，不过上面提到的命名建议依然适用。对于明智的管理员，最好的做法就是让登录名与用户的真名之间有一种清晰且可以预测的对应关系。

最后，用户在所有主机上使用相同的登录名。这条规则主要是为了方便，不管对你还是用户都是如此。

8.2.2 加密密码

在历史上，系统会使用 DES 加密用户密码。但这些加密过的密码随着处理器计算能力的不断增强，已经变得不堪一击。系统因此选择隐藏密码，而使用基于 MD5 的加密。如今，MD5 被发现存在重大的缺陷，加盐的基于 SHA-512（salted SHA-512-based）的密码散列已经成为了当前的标准。最新的指南可以参考 Guide to Cryptography 文档。

我们的示例系统支持各种加密算法，不过默认使用的都是 SHA-512。除非你是从非常陈旧的版本升级系统，否则不需要更改系统的加密算法。

在 FreeBSD 中，默认加密算法可以通过/etc/login.conf 文件修改。

在 Debian 和 Ubuntu 中，先前默认是通过/etc/login.defs 管理，但是这种做法已经被可插入式身份认证模块（PAM）取代了。默认的密码策略，包括使用的散列算法，都可以在/etc/pam.d/common-passwd 中找到。

---

① 由于一些遗憾的原因，允许的字符集合中甚至包括 Unicode 表情字符。这实在是让我们遗憾。

② RFC5321 要求邮件地址的本地部分（也就是@符号之前的部分）应该区分大小写。地址的剩余部分根据 DNS 标准，处理时不区分大小写。可惜这种区分很细微，在实现上并不统一。别忘了很多遗留的电子邮件系统比 IETF 机构出现得还早。

在 Red Hat 和 CentOS 中，密码算法仍是通过/etc/login.defs 文件或 authconfig 命令设置的，例如：

```
$ sudo authconfig --passalgo=sha512 --update
```

修改密码算法并不会更新已有的密码，用户必须在新算法生效前手动更新自己的密码。下列命令可以使用户密码失效并强制更新。

```
$ chage -d 0 username
```

密码质量是另一个重要的问题。在理论上，密码越长越安全，包含字符类型（例如，大写字母、符号、数字）越多也越安全。

多数系统允许你对用户施加密码构造标准，但是要记住，如果用户觉得这些标准太过分或是成为一种负担，那么他们可是很擅长绕过这些要求的。表 8.1 展示了本书示例系统采用的默认标准。

表 8.1 密码质量标准

系统	默认要求	在哪里设置
Red Hat CentOS	8 个字符以上，强制要求具备一定的复杂性	/etc/login.defs /etc/security/pwquality.conf /etc/pam.d/system-auth
Debian Ubuntu	6 个字符以上，强制要求具备一定的复杂性	/etc/login.defs /etc/pam.d/common-passwd
FreeBSD	没有限制	/etc/login.conf

密码质量要求尚存争议，但是我们建议你把密码长度放在复杂性的前面优先考虑。12 个字符是一个确保安全的密码（future-proof password）的最小长度，这可要比任何系统的默认要求都长得多。你所在的站点可能也有面向组织范围的密码质量标准。如果确实如此，服从这些要求。

如果你不想使用系统工具添加用户，打算手动修改/etc/passwd（执行 vipw 命令，参见 8.6.1 节）来创建新用户，那么记得在加密密码字段中写上*（FreeBSD）或 x（Linux）。这种方法可以避免在设置好真正的密码之前出现未经授权使用该账户的情况。

未加密的密码不管有多长，经过加密后的长度都是固定的（SHA-512 加密后的长度是 86 个字符，MD5 加密后的长度是 34 个字符，DES 加密后的长度是 13 个字符）。密码在加密时会随机加“盐”（salt），因此特定的密码会产生很多不同的加密形式。如果两个用户恰巧选择了相同的密码，那么单看加密后的密码是无法察觉这一点的。

shadow 密码文件中 MD5 密码字段总是以1或$md5$开头。blowfish 密码以2开头，SHA-256 密码字段以5开头，SHA-512 密码以6开头。

8.2.3 用户 ID（user ID，UID）值

按照定义，root 的 UID 为 0。大多数系统还定义了一些伪用户（例如 bin 和 daemon）作为命令或配置文件的属主。这些伪用户通常会被放在/etc/passwd 文件的起始位置，并给予其较低的 UID 和一个假 shell（例如/bin/false），这样可以避免有人用这些用户登录。

为了有足够的空间容纳以后要添加的非人类用户（nonhuman users），我们建议为真实用户分配的 UID 应该从 1 000 开始。（新 UID 的范围可以在 useradd 的配置文件中指定）在我们选用的 Linux 示例系统中，UID 默认范围是 1 000 以上（包括 1 000），FreeBSD 则是从 1 001 开始，每添加一个用户，UID 值加 1。

不要回收重用 UID，哪怕用户离开了组织，账户也已经被删除。如果文件随后从备份中被恢复，这种小心的做法能够避免困惑，因为用户可能不是按照登录名，而是根据 UID 来识别的。

UID 应该在整个组织范围内保持唯一。也就是说，在被授权使用的所有主机上，特定的 UID

引用的是相同的登录名和相同的用户。如果不能保证 UID 的唯一性，那么在 NFS 这样的系统中会引发安全问题，当用户更换工作组时，也会造成混乱。

如果多组计算机分由不同的人或组织管理，那么 UID 的唯一性很难维持。这个问题兼有技术和政治两方面的原因。最好的解决方法就是配备一个中央数据库或目录服务器，每个用户一份记录，强制保证唯一性。

另一种更简单的方案是为组织内的每个组分配各自的 UID 范围并自行负责管理。这种方法确保了 UID 空间的独立，但无法解决随之而来的登录名唯一性的问题。不管你采用什么方案，方法的一致性是首要目标。如果一致性无法实现，UID 的唯一性就是第二目标。

轻量级目录访问协议（Lightweight Directory Access Protocol，LDAP）是一种流行的账户信息管理和分发系统，在大型站点中效果很不错。8.11.1 节简要讲述了 LDAP，更全面的内容参见第 17.2 节。

8.2.4 默认的 GID（group ID）值

和 UID 一样，组 ID 值也是一个 32 位二进制整数。值为 0 的 GID 保留给 root、system 或 wheel 组。系统同样也保留了一些用于管理的预定义组。可惜厂商之间的对比并不一致。例如，在 Red Hat 和 CentOS 中，bin 组的 GID 是 1；在 Ubuntu 和 Debian 中，这个值是 2；在 FreeBSD 中，这个值是 7。

在早期，计算机用起来很昂贵，分组是为了记账，以便于根据 CPU 的使用秒数、登录了多少分钟、耗费了多少 KB 的磁盘空间向相应的部分收取费用。如今，分组主要用于共享文件。

文件/etc/group 定义了组，/etc/passwd 中的 GID 字段给出了登录时的默认（或者说“effective”）GID。在确定访问权限时，默认的 GID 并不会被特别对待，只是在创建新文件和目录时才用得上。新文件的属组通常是用户的存放组（effective group），如果要和某个项目组中的其他成员共享文件，必须手动更改文件的属组。

为了利于合作，可以设置目录的 setgid 位（02000）或是使用 grpid 选项挂载文件系统。这两种方法都可以使新创建的文件默认属于其父目录所在的组。

8.2.5 GECOS 字段

GECOS 字段有时用于记录用户的个人信息。该字段是很久以前的遗留产物，那时候一些早期的计算机使用通用电气综合操作系统（General Electric Comprehensive Operating System，GECOS）实现各种服务。它并没有明确定义的语法。尽管你可以使用各种自己习惯的格式，不过按照惯例，GECOS 中的各项使用逗号分隔，采用如下顺序：

- 全名（经常只使用这一项）；
- 办公室房间号和楼名；
- 办公室电话分机号；
- 家庭电话号码。

chfn 命令可以让用户更改自己的 GECOS 信息。chfn 有助于保持电话号码这类信息的更新，但也会被误用。例如，用户可能会留下不雅或错误的信息。一些系统会限制 chfn 能够修改的字段，多数大学干脆完全禁用该命令。大部分系统中的 chfn 只能理解 passwd 文件，如果你用的是 LDAP 或其他目录服务保存登录信息，chfn 可能应付不过来。

8.2.6 主目录

用户主目录是其登录期间的默认目录。登录 shell 会在主目录中查找特定用户的定制内容，例如 shell 别名和环境变量，还有 SSH 密钥、服务器指纹以及其他程序状态信息。

要注意的是，如果主目录是通过网络文件系统挂载的，此时如果服务器或网络出现了问题，那么可能会造成主目录不可用。如果登录时出现主目录丢失的情况，那么系统会打印出如"no home directory"这样的信息，然后将用户置入/目录。[①]不过也有可能会完全禁止用户登录，具体的处理方法依赖于系统配置。关于主目录更详细的信息参见 8.6.3 节。

8.2.7 登录 shell

登录 shell 通常是一个命令解释器，但也可以是其他任何程序。FreeBSD 和 Linux 的默认登录 shell 分别是兼容 sh 的 Bourne shell 和 bash（GNU "Bourne again" shell）。

有些系统允许用户使用 chsh 命令修改自己的 shell，不过和 chfn 一样，如果你使用了 LDAP 或其他目录服务管理登录信息，那么这个命令可能就不管用了。如果你用的是/etc/passwd 文件，那么系统管理员总是可以使用 vipw 修改 passwd 文件，进而更改用户的 shell。

8.3 Linux 的/etc/shadow 文件

在 Linux 中，shadow 密码文件只能由超级用户读取，以此保护加密密码的安全，避免遭到窥探或密码破解工具的破坏。该文件中还包含了一些原先/etc/passwd 中没有提供的账户信息。所有的系统如今默认都采用了 shadow 密码。

shadow 文件并非 passwd 文件的超集，passwd 文件也不是从 shadow 文件中生成的。你必须同时维护这两个文件，或是借助 useradd 这样的工具替你维护。和/etc/passwd 一样，/etc/shadow 文件中每行都对应着一个用户，包含了由冒号分隔的 9 个字段：

- 登录名；
- 加密密码；
- 最后一次更改密码的日期；
- 密码更改的最小间隔天数；
- 密码更改的最大间隔天数；
- 提前多少天通知用户密码将要过期；
- 密码过期后多少天禁用该账户；
- 账户过期日期；
- 备用的保留字段，目前值为空。

只有登录名和密码字段必须指定值。/etc/shadow 中的绝对日期字段指定的是从 1970 年 1 月 1 日起始的天数（不是秒数），这并非 UNIX 或 Linux 系统中计算时间的标准方法。[②]

一个典型的 shadow 条目类似于下面这样。

```
millert:$6$iTEFbMTM$CXmxPwErbEef9RUBvf1zv8EgXQdaZg2eOd5uXyvt4sFzi6G4l
    IqavLilTQgniAHm3Czw/LoaGzoFzaMm.YwOl/:16971:0:180:14:::
```

下面是每个字段更为完整的描述。

- 登录名和/etc/passwd 中的一样。该字段将用户在 passwd 和 shadow 文件中的条目联系在一起。

① 只有从控制台或终端登录时才会出现该信息，如果是通过 xdm、gdm 或 kdm 这类显示管理器（display manager）登录的，是看不到信息的。不仅看不到，而且登录信息还会立刻被注销，因为显示管理器无法写入相应的目录（例如~/.gnome）。

② 命令 expr `date+%s` / 86400 可以将日期在秒数和天数之间转换。

- 加密密码在概念和使用上与/etc/passwd 中的一样。
- 最后一次修改字段记录了用户最后一次修改密码的时间。该字段由 passwd 命令负责填入。
- 第 4 个字段设置了两次密码修改操作之间必须间隔的天数。其思路是通过阻止用户在完成所要求的密码修改操作之后立刻又将密码恢复成自己熟悉的形式，强制用户做出实实在在的改动。但是，如果在遭遇了安全入侵之后，这种特性多少有些危险。我们建议将该字段设为 0。
- 第 5 个字段指定了 login 应该在距离密码过期之前多少天开始提醒用户。
- 第 6 个字段用于设置密码到期前的天数。登录之前会警告用户即将到期。
- 第 8 个字段指定了还有多少天（从 1970 年 1 月 1 日起）用户的账户就要过期。到期之后，用户将无法登录，除非有管理员重置该字段。如果字段留空，则账户永不过期。

你可以使用 usermod 设置过期字段。该命令可以接受 yyyy-mm-dd 这种格式。

- 第 9 个字段保留以后使用。[①]

再来看一下 shadow 文件中的这一行：

```
millert:$6$iTEFbMTM$CXmxPwErbEef9RUBvf1zv8EgXQdaZg2eOd5uXyvt4sFzi6G41
    IqavLilTQgniAHm3Czw/LoaGzoFzaMm.YwOl/:17336:0:180:14:::
```

在这个例子中，用户 millert 最后一次修改密码的时间是 2017 年 6 月 9 日。密码必须在 180 天内再次更改，在这个时间段内的最后两周，millert 会接收到需要更改密码的通知信息。该账户不会过期。

pwconv 命令可用于协调 shadow 文件和 passwd 文件中的内容，挑选出 passwd 中新添加的内容，删除其中已经不存在的用户。

8.4 FreeBSD 的/etc/master.passwd 文件与/etc/login.conf 文件

PAM 的采用以及 FreeBSD 和 Linux 之间相似的用户管理命令使得账户管理在不同平台上保持了相对的一致性，至少在最上层如此。不过，在底层实现方面还是存在少许不同。

8.4.1 /etc/master.passwd 文件

在 FreeBSD 中，“真正的”密码文件是/etc/master.passwd，这个文件只能由 root 读取。/etc/passwd 文件只是处于向后兼容才存在的，其中并没有包含任何密码（使用*作为占位符）。

vipw 命令可以编辑密码文件。该命令会调用编辑器，打开/etc/master.passwd 文件的副本，然后保存新版本并根据改动重新生成/etc/passwd 文件。（vipw 是所有 UNIX 和 Linux 系统中的标准命令，它在 FreeBSD 中尤为重要，因为两个密码文件需要保持同步。参见 8.6.1 节。）

除了包含 passwd 文件的所有字段，master.passwd 文件中还有 3 个额外的字段。可惜它们挤在了默认 GID 字段和 GECOS 字段之间，使得文件格式无法直接兼容。多出的这 3 个字段分别是：

- 登录类别；
- 密码修改时间；
- 过期时间。

登录类别（如果指定的话）应用的是/etc/login.conf 文件中的条目。类别决定了资源使用限制

① 按照目前的情况来看，估计没机会用了。

以及对其他各种设置的控制。在下一节中会详述。

密码修改时间字段用于实现密码老化。该字段中包含的是多久之后强制用户修改自己的密码，时间按照从 UNIX 元年开始的秒数来计算。如果把字段留空，则表明密码永不过期。

账户过期时间给出了用户账户过期的日期和时间点（和上个字段一样，也是以秒数指定）。在此之后，用户将无法登录，除非有系统管理员将该字段重置。如果把字段留空，则表明账户永不过期。

8.4.2 /etc/login.conf 文件

FreeBSD 的/etc/login.conf 文件为用户和用户所在的组设置相关的参数。其格式是由冒号分隔的“键/值”以及布尔标志组成的。

当用户登录时，/etc/master.passwd 中的登录类别字段决定了应用/etc/login.conf 中的哪个条目。如果用户的 master.passwd 条目并没有指定登录类别，则使用 default 类别。

login.conf 条目可以设置如下任何内容：

- 资源限制（最大进程数量、最大文件大小、打开文件数量等）；
- 会话记账限制（什么时候允许登录，允许多久）；
- 默认的环境变量；
- 默认路径（PATH、MANPATH 等）；
- “message of the day”（每日信息）文件的位置；
- 基于主机和 TTY 的访问控制；
- 默认的 umask；
- 账户控制（多数情况下会被 PAM 模块 pam_passwdqc 替代）。

下面的例子覆盖了其中一些默认值，这是特别针对系统管理员的设置。

```
sysadmin:\
    :ignorenologin:\
    :requirehome@:\
    :maxproc=unlimited:\
    :openfiles=unlimited:\
    :tc=default:
```

在 sysadmin 登录分类中的用户允许登录系统（即便是/var/run/nologin 存在），而且也不需要有可用的主目录（该选项允许在 NFS 出现故障时也能够登录）。sysadmin 用户可以启动任意数量的进程，打开任意数量的文件。[①]最后一行引入了 default 条目的内容。

尽管 FreeBSD 选用的默认值已经很合理了，不过你可能还想更新/etc/login.conf 文件，设置闲置超时和密码过期提醒。例如，要想将闲置超时设置为 15 分钟，那么要在距离密码过期还有 7 天时发出提醒，可以将下列设置加入到 default 类别定义中。

```
:warnpassword=7d:\
:idletime=15m:\
```

在修改/etc/login.conf 文件时，一定要记得还要执行下列命令，将所做出的改动编译进该文件的散列化版本（hashed version），系统在日常操作时所引用的就是这个版本。

```
$ cap_mkdb /etc/login.conf
```

① 在内核所支持的进程以及打开文件数量上依然存在技术上的限制，但是不再有人为限制。

8.5 /etc/group 文件

/etc/group 文件中包含了 UNIX 中各个组的名称以及每个组的成员列表。以下取自 FreeBSD 系统中的部分 group 文件。

```
wheel:*:0:root
sys:*:3:root,bin
operator:*:5:root
bin:*:7:root
ftp:*:14:dan
staff:*:20:dan,ben,trent
nobody:*:65534:lpd
```

每一行都描述了一个组，其中包含了 4 个字段：

- 组名；
- 加密后的密码或占位符；
- GID 数值；
- 组成员列表，彼此之间以逗号分隔（千万别添加空格）。

和/etc/passwd 一样，字段之间以冒号分隔。考虑到兼容性，组名长度应该限制在 8 个字符，尽管很多系统实际上并不要求这么做。

可以设置组密码，任何用户都可以使用 newgrp 命令加入。不过这种特性极少被用到。组密码用 gpasswd 命令设置，在 Linux 下会以加密形式保存在/etc/gshadow 文件中。

与用户名和 UID 一样，在通过网络文件系统共享文件的多台主机中，组名和 GID 也应该保持一致。在异构环境中很难保持一致性，这是因为不同的操作系统对于标准系统组采用了不同的 GID。

如果用户默认属于/etc/passwd 中的某个组，但是在/etc/group 中用户却没有出现在这个组中，则以/etc/passwd 为准。在登录时所授予的组成员关系是在 passwd 和 group 文件中查找结果的合集（union）。

有些陈旧的系统会限制用户所属组的数量，当前的 Linux 和 FreeBSD 内核并没有此限制。

和 UID 差不多，我们也建议本地组的 GID 取值范围从 1 000 开始（包括 1 000），从而最小化可能造成的 GID 冲突。

UNIX 的传统做法是将新用户加入到能够代表其分类的组，例如“students”或“finance”。但是这种约定增加了由于权限设置不够严谨而造成的用户读取到他人文件的可能性，即便这并非文件属主的本意。

为了避免这种情况，系统工具（如 useradd 和 adduser）现在默认会将用户划归到自己的个人组（组名和用户名相同，其中的组员只有该用户）。如果个人组的 GID 和该用户的 UID 相同，那么这种约定要容易维护得多。

如果想让用户通过组机制共享文件，那么可以专门创建独立的组。个人组的理念并不是阻止使用组——它只是为每个用户建立了一个更为严格的默认组，避免文件无意中被共享。可以通过在默认启动文件中（例如/etc/profile 或/etc/bashrc）（参见 8.6.3 节）设置用户默认的 umask，限制访问新创建的文件和目录。

组成员关系也可以作为其他上下文或权限的一种标记（marker）。例如，不用把每位系统管理员的用户名都写入 sudoers 文件，你可以配置 suido，使得在 admin 组中的所有成员都拥有 sudo 权限。

Linux 提供了 groupadd、groupmod、groupdel 命令来创建、修改、删除组。

FreeBSD 使用 pw 命令实现所有和组相关的功能。下面的命令可以将用户 dan 添加到 staff 组，然后验证改动是否顺利。

```
$ sudo pw groupmod staff -m dan
$ pw groupshow staff
staff:*:20:dan,evi,garth,trent,ben
```

8.6 手动添加用户

在公司、政府或教育站点上为新用户创建账户之前，重要的是要让用户在本地用户协议和政策声明上签名并注明日期。（什么！这些东西你还没有？31.9.2 节详细说明了为什么需要它们以及在其中写入什么内容。）

用户并没有什么特别的理由想要去签写一份政策协议，所以要趁你尚有影响力的时候获得他们的签名。我们发现当把账户发放出去之后，想再要到签过名的协议得付出更多的努力。如果规程允许，把纸面工作放在账户创建之前。

按部就班地来说，添加一个用户需要 5 个步骤，还有另外几步用来为新用户建立可用的环境并将该用户纳入本地管理系统中。

系统所需的步骤如下。

- 编辑 paswd 和 shadow 文件（在 FreeBSD 中是 master.passwd 文件），定义用户的账户。
- 将用户添加到/etc/group 文件（不一定非得做，但做了更好）。
- 设置初始密码。
- 创建用户主目录，使用 chown 和 chmod 设置主目录。
- 配置角色和权限（如果使用了 RBAC，参见 8.6.5 节）。

用户要做的：

- 将默认的启动文件复制到用户主目录。

你要做的：

- 让新用户在政策协议上签字；
- 验证账户设置是否正确；
- 记录下用户的联系信息和账户状态。

迫切需要能用脚本或工具完成这份操作清单，好在所有的示例系统至少也以 adduser 或 useradd 的形式提供了部分现成的解决方案。我们将在 8.7 节中讨论这些工具。

8.6.1 编辑 passwd 和 group 文件

手动维护 passwd 和 group 文件既容易出错，效率也低，因此我们推荐在日常工作中使用略高级一些的工具，如 useradd、adduser、usermod、pw、chsh。

如果你必须手动更改，那么可以用 vipw 命令来编辑 passwd 和 shadow 文件（或是 FreeBSD 中的 master.passwd 文件）。尽管这个命令名听起来是主打 vi 的，不过实际上它调用的是定义在 EDITOR 环境变量中的编辑器。[①]更重要的是，vipw 会锁定文件，避免编辑会话（或是编辑操作与用户修改密码）之间出现冲突。

---

① 如果你初次执行 vipw（或 vigr），那么 Ubuntu 和 Debian 会让你在 vim.basic、vim.tiny、nano 和 ed 中选择其一。如果你随后改变了主意，那么可以执行 select-editor。

运行 vipw 编辑完 passwd 文件之后，书中的这些 Linux 示例系统会提醒你接着编辑 shadow 文件。也可以直接执行 vipw -s 编辑该文件。

在 FreeBSD 中，vipw 编辑的是 master.passwd，而非/etc/passwd。修改完之后，vipw 会执行 pwd_mkdb 来生成最后的 passwd 文件以及 master.passwd 的两个散列版本（一个包含了加密过的密码，只能由 root 读取；另一个不包含密码，所有用户都可以读取）。

例如，执行 vipw，加入定义了名为 whitney 账户的这行。

```
whitney:*:1003:1003::0:0:Whitney Sather, AMATH 3-27, x7919,:
    /home/staff/whitney:/bin/sh
```

注意加密密码字段中出现的星号。这可以在使用 passwd 命令设置真正的密码之前禁用该账户（参见下一节）。

接下来，使用 vigr 编辑/etc/group。为新的个人组（如果用了的话）添加一行，然后将用户的登录名添加到每个有成员关系的组中。

和 vipw 一样，vigr 会确保对/etc/group 文件所进行改动的正常性和原子性。编辑会话结束之后，vigr 会提醒你还要执行 vigr -s，以编辑组的 shadow 文件（gshadow）。除非你打算设置组密码，这种做法并不常见，否则你完全可以跳过这一步。

在 FreeBSD 中，使用 pw groupmod 修改/etc/group 文件。

8.6.2 设置密码

下列命令可以设置新用户的密码。

```
$ sudo passwd newusername
```

接下来会提示你输入实际的密码。

一些能够自动添加新用户的系统并不要求设置初始密码。这类系统会强制用户在初次登录的时候设置密码。尽管这种特性很方便，但存在一个巨大的漏洞：只要能够猜出登录名（或是在/etc/passwd 中查找）就可以在真正的用户登录前劫持账户。

FreeBSD 的 pw 命令有一项功能可以生成并设置随机的用户密码。

```
$ sudo pw usermod raphael -w random
    Password for 'raphael' is: 1n3tcYu1s
```

我们通常并不喜欢一直使用随机密码。不过在账户被实际投入使用之前，这可以作为一种不错的过渡密码。

8.6.3 创建主目录并放置启动文件

useradd 和 adduser 会为新用户创建主目录，不过你可能要再检查一下新用户的权限和启动文件。

主目录没有什么神奇的地方。如果创建新用户时忘了设置主目录，只需要简单地用 mkdir 建立一个就行了。你还得设置新目录的所有权和权限，不过这项工作最好安排在放置好启动文件之后。

启动文件传统上是以点号开头，以字母 rc 结尾（“run command”的缩写，这是 CTSS 操作系统的遗留产物）。起始的点号会使得 ls 在输出目录内容列表时隐藏这些“让人提不起兴趣”的文件，除非使用-a 选项。

我们建议你为系统中每种常用的 shell 都保留一份默认的启动文件，这样即便是用户更改了 shell，也能够继续拥有一个合理的默认环境。表 8.2 列出了各种启动文件。

表 8.2 常见的启动文件及其用法

所属的 shell	文件名	典型用法
所有 shell	.login_conf	设置特定用户的默认登录项（FreeBSD）
sh	.profile	设置搜索路径、终端类型以及环境
bash[a]	.bashrc .bash_profile	设置终端类型（如果需要） 设置 biff 和 mesg 选项 设置环境变量 设置命令别名 设置搜索路径 设置控制权限的 umask 设置用于文件名搜索的 CDPATH 设置 PS1（提示符）和 HISTCONTROL 变量
csh/tcsh	.login .cshrc	由 csh 的"登录"实例读取 由 csh 的所有实例读取
vi/vim	.vimrc/.viminfo	设置 vi/vim 编辑器选项
emacs	.emacs	设置 emacs 编辑器选项和键位绑定
Git	.gitconfig	为 Git 设置用户、编辑器、色彩以及别名选项
GNOME	.gconf .gconfpath	通过 gconf 设置的 GNOME 用户配置 通过 gconf 设置的其他用户配置的路径
KDE	.kde/	配置文件目录

注：a. 在模拟 sh 时，bash 也会读取.profile 或/etc/profile。.bash_profile 由登录 shell 读取，.bashrc 由交互式的非登录 shell 读取。

样例启动文件通常保存在/etc/skel 中。如果你想定制系统的启动文件样例，那么可以把修改后的副本放在/usr/local/etc/skel。

表 8.2 中对应于 GNOME 和 KDE 窗口环境的启动文件只是冰山一角而已。特定的配置可以通过 gconf 查看，这是一个保存 GNOME 应用程序偏好设置的工具，其方式类似于 Windows 的注册表。

确保为新用户的 umask 设置一个合理的默认值，我们建议使用 077、027 或 022，具体用哪个值，取决于严格程度和站点的规模。如果你没有把新用户划归到单独的组中，那么我们建议采用 umask 077，这种设置赋予属主全部的访问权，但不给其他人任何权限。

取决于用户使用的 shell，/etc 可能会包含系统范围的启动文件，这些文件会先于用户的启动文件处理。例如，bash 和 sh 会在处理~/.profile 和~/.bash_profile 之前先读取/etc/profile。在放置站点范围的默认配置时，这些文件是一个很好的选择，不过要记住，用户可以在自己的启动文件中覆盖你所做出的设置。其他 shell 的相关细节，请参看相应的手册页。

作为惯例，Linux 还会在/etc/profile.d 目录下保存一些启动文件的片段（fragment）。尽管目录名沿用的是 sh 的习惯，但/etc/profile.d 实际上包含了多种 shell 片段。具体的 shell 是通过文件名后缀来区分的（*.sh、*.csh 等）。profile.d 并不会给 shell 本身带来什么魔法，其中的那些片段会被/etc 中默认的启动脚本执行（例如，对于 sh 或 bash 就是/etc/profile）。

将默认的启动文件分成多个片段有助于实现模块化，允许软件包在 shell 层面加入自己的默认设置（shell-level default）。例如，colorls.*片段可以告诉 shell 如何正确地给 ls 命令的输出加上颜色，避免在暗色背景中无法阅读。

8.6.4 设置主目录的权限及所有权

创建好用户主目录并设置好合理的默认环境之后，就可以将主目录交给用户了，同时要确保权限没有问题。下列命令会设置好正确的权限。

```
$ sudo chown -R newuser:newgroup ~newuser
```

注意，你不能使用下列命令修改点号文件的所有权。

```
$ sudo chown newuser:newgroup ~newuser/.*
```

因为这样的话，newuser 不仅会拥有他/她自己的文件，还会拥有父目录“..”。这是一种危险的常见错误。

8.6.5 配置角色与管理权限

基于角色的访问控制（Role-based Access Control，RBAC）允许为单独的用户量身定制系统权限，在本书的很多示例系统中都可以使用。RBAC 在传统上并非 UNIX 或 Linux 访问控制模型的组成部分，但如果你所在的站点需要用到，那么角色配置必须成为用户添加过程的一部分。3.4.3 节详细讲述过 RBAC。

如《萨班斯-奥克斯利法案》（Sarbanes-Oxley Act，SOX）、《健康保险便利和责任法案》（Health Insurance Portability and Accountability Act，HIPAA）以及《金融服务法现代化法案》（Gramm-Leach-Bliley Act，GLBA）[①]在美国的立法使得企业领域内系统管理的诸多方面变得复杂起来，其中就包括用户管理。要想实现 SOX、HIPAA 和 GLBA 的某些要求，那角色可能是唯一可行的选项。

8.6.6 尾声

要验证新账户配置是否正确，可以先注销，然后再以新用户身份登录并执行下列命令。

```
$ pwd         # To verify the home directory
$ ls -la      # To check owner/group of startup files
```

你得告诉新用户他们的登录名和初始密码。很多站点会通过电子邮件发送这些信息，不过这种选择通常并不安全。更好的办法是亲自通过电话或短信告知。（如果你要给校园的 CS-1 主机添加 500 个新用户，还是把如何通知的问题甩给教员吧！）要是必须用电子邮件分发账户密码，请确保密码在没有使用或修改的情况下会在一定时间后过期。

如果站点要求用户签署书面的政策协议或相关的使用协议，务必确保这一步在新账户发放之前完成。这样可以避免出现疏漏，加强日后可能施加处罚的法律基础。此刻也是向用户推荐其他一些针对本地习惯说明的好时机。

提醒用户立刻更改自己的密码。你可以采用让密码在短期内过期的办法来强制用户修改。另一种做法是用脚本检查新用户，确保其加密密码和之前是不一样的。[②]

要是你熟悉用户的情况，那么在这种环境中相对容易跟踪谁出于什么原因使用了系统。但如果你管理的用户数量众多且不固定，那就需要一种更为正式的方法来跟踪账户变化了。维护一个联系信息和账户状态的数据库，这样有助于你在记忆已经模糊的时候回忆起这些账户都是谁的以

① 亦称《格雷姆-里奇-比利雷法案》。——译者注

② 因为相同的密码在加密后会有多种形式，所以这种方法只能验证用户重新设置过密码，但是否修改成不同的密码就不得而知了。

及他们为什么要创建账户。

8.7 用脚本添加用户：useradd、adduser、newusers

我们的示例系统中都带有 useradd 或 adduser 脚本，能够实现上述的基本流程。不过这些脚本都是可配置的，你可能想要针对所处的环境进行定制化。遗憾的是，哪些内容可以定制、在哪里实现定制、默认行为应该怎样，每种系统对此都有自己的理解。因此，我们接下来将讨论不同厂商在这些方面的细节。

表 8.3 总结了与用户管理相关的命令和配置文件。

表 8.3　　用户管理命令和配置文件

系统	命令	配置文件
所有 Linux	useradd、usermod、userdel	/etc/login.defs /etc/default/useradd
Debian/Ubuntu[a]	adduser、deluser	/etc/adduser.conf /etc/deluser.conf
FreeBSD	adduser、rmuser	/etc/login.conf

注：a. 在标准的 Linux 版本基础上增加了更多特性。

8.7.1 Linux 中的 useradd

大多数 Linux 发行版中都包含一个基本的 useradd，它可以从/etc/login.defs 和/etc/default/useradd 中读取配置参数。

login.defs 文件处理的问题包括密码老化、加密算法的选择、邮件存储文件（spool file）的位置以及 UID 和 GID 的首选范围。该文件需要手动维护。其中的注释很好地解释了各个参数的用途。

/etc/default/useradd 文件中的参数包括主目录的位置以及新用户的默认 shell。你可以通过 useradd 命令来设置这些默认值。useradd -D 会打印出参数的当前值，-D 选项配合其他选项可以设置特定的参数，例如：

```
$ sudo useradd -D -s /bin/bash
```

该命令将 bash 设置为默认 shell。

典型的默认配置是将新用户划归到单独的组，选用 SHA-512 算法加密密码，生成新用户的主目录并使用来自/etc/skel 中的启动文件。

useradd 命令的基本形式是以新账户名作为参数。

```
$ sudo useradd hilbert
```

该命令会在/etc/passwd 中创建类似于下面的条目，同时在 shadow 文件中也会创建相应的条目。

```
hilbert:x:1005:20::/home/hilbert:/bin/sh
```

useradd 默认会禁用新账户。必须为新账户设置真正的密码才能够使用。

来看一个更真实的例子。我们将 hilbert 的主要组指定为“hilbert”，还将其添加到“faculty”组。另外重设默认的主目录位置和 shell，并要求 useradd 创建主目录（如果尚不存在）。

```
$ sudo useradd -c "David Hilbert" -d /home/math/hilbert -g hilbert
    -G faculty -m -s /bin/tcsh hilbert
```

该命令会创建如下 passwd 条目。

```
hilbert:x:1005:30:David Hilbert:/home/math/hilbert:/bin/tcsh
```

分配的 UID 比系统当前最高的 UID 多 1，对应的 shadow 条目为：

```
hilbert:!:14322:0:99999:7:0::
```

passwd 和 shadow 文件中的密码占位符的具体形式取决于操作系统。useradd 还会在/etc/group 中将 hilbert 添加到相应的组中，然后创建拥有适合权限的主目录/home/math/hilbert 并从/etc/skel 目录中生成启动文件。

8.7.2 Debian 和 Ubuntu 中的 adduser

除了 useradd 系列命令外，Debian 谱系还以 adduser 和 deluser 的形式提供了这些命令更为高级的包装程序。这些附加命令通过/etc/adduser.conf 配置，其中可以指定的选项包括：

- 定位主目录的规则，即依照组、依照用户名等；
- 新的主目录的权限设置；
- 系统用户和普通用户的 UID/GID 取值范围；
- 选择是否为每个用户创建单独的组；
- 磁盘配额（可惜只能指定布尔值）；
- 基于正则表达式的用户名和组名匹配。

其他典型的 useradd 参数（例如密码规则）是以 PAM 模块参数的形式设置的，后者负责常规的密码认证（关于 PAM 的讨论参见 17.3.4 节）。adduser 和 deluser 对应的双胞胎命令是 addgroup 和 delgroup。

8.7.3 FreeBSD 中的 adduser

FreeBSD 包括 adduser 和 rmuser 两个 shell 脚本，即可以直接拿来用，也可以进行修改。这些脚本建立在 pw 命令所提供的功能之上。

如果你喜欢，adduser 可以采用交互式方式使用。它默认会创建用户、组条目以及主目录。你可以使用-f 选项为该脚本指定一个包含待创建账户列表的文件，或是采用交互方式逐个输入。

例如，创建新用户“raphael”的过程如下。

```
$ sudo adduser
Username: raphael
Full name: Raphael Dobbins
Uid (Leave empty for default): <return>
Login group [raphael]: <return>
Login group is raphael. Invite raphael into other groups? []: <return>
Login class [default]: <return>
Shell (sh csh tcsh bash rbash nologin) [sh]: bash
Home directory [/home/raphael]: <return>
Home directory permissions (Leave empty for default): <return>
Use password-based authentication? [yes]: <return>
Use an empty password? (yes/no) [no]: <return>
Use a random password? (yes/no) [no]: yes
Lock out the account after creation? [no]: <return>
Username      : raphael
Password      : <random>
Full Name     : Raphael Dobbins
Uid           : 1004
Class         :
Groups        : raphael
Home          : /home/raphael
Home Mode     :
```

```
Shell          : /usr/local/bin/bash
Locked         : no
OK? (yes/no) : yes
adduser: INFO: Successfully added (raphael) to the user database.
adduser: INFO: Password for (raphael) is: RSCAds5fy0vxOt
Add another user? (yes/no): no
Goodbye!
```

8.7.4 Linux 中的 newusers：批量添加用户

Linux 的 newusers 命令可以根据文本文件的内容一次性创建多个账户。该命令的功能相当有限，不过在需要一次添加大量用户时（例如创建某类用户）还是很方便的。newusers 需要接受形如/etc/passwd 的输入文件，除了密码字段包含的是明文形式的初始密码。哎呀！你最好保护好这个文件。

newusers 遵从/etc/login.defs 文件中设置的密码老化参数，但是它并不会和 useradd 一样去把默认的启动文件复制到用户主目录中。唯一提供的启动文件就是.xauth。

在大学里，用户真正需要的是一个批处理 adduser 脚本，可以利用入学或注册数据中的学生清单生成 newusers 的输入，包括根据当地规则创建具有唯一性的用户名，使用随机产生的强密码，每个用户的 UID 和 GID 都逐一递增。可能用 Python 编写自己的 useradd 包装程序要比单纯用 newusers 效果更好。

8.8 安全删除用户的账户及其文件

如果用户离职，那么必须从系统中删除该用户的登录账户和文件。尽量别手动干这些杂务，让 userdel 或 rmuser 帮你处理。这些工具能够确保删除之前由你或 useradd 程序所添加的所有与该登录账户相关的内容。清理完这些残留之后，使用下列备忘清单验证所有系统内的用户数据是否都已不存在。

- 从所有本地数据库或电话清单中删除该用户。
- 从邮件别名数据库中删除该用户，或是添加转发地址。
- 删除该用户的 crontab 文件以及所有尚未执行的 at 作业或打印作业。
- 杀死所有属于该用户的运行进程。
- 从 passwd、shadow、group、gshadow 文件中删除该用户。
- 删除该用户的主目录。
- 删除该用户的邮件存储文件（如果邮件保存在本地）。
- 清理包括共享日历、房间预留系统中的相关条目。
- 删除由该用户运作的所有邮件列表或转移其所有权。

在删除用户主目录之前，确保转移其他用户还要使用的文件。通常无法肯定哪些文件还用得着，所以最好的办法还是在删除之前备份该用户的主目录。

清除完用户的所有信息之后，你也许还想验证一下该用户曾经的 UID 不再拥有系统中的任何文件。要找到这些已成为孤儿的文件，可以利用 find 命令的-nouser 选项。如果稍不注意，find 就会“溜进”网络服务器，所以通常最好是用-xdev 个别地检查文件系统。

```
$ sudo find filesystem -xdev -nouser
```

如果所在组织为用户分配了单独的工作站，那么一般最简单也最有效的方法是在将系统转交给新用户之前，用主镜像模板给整个系统重做镜像。不过在重装之前，最好是给系统硬盘上的文件制作备份，以防以后还用得着。[①]

尽管书中所有的示例系统都带有能够自动删除用户的命令，但这些命令所做的工作未必如你希望的那样全面，除非你丝毫不差地扩展命令的工作范围，使其能够覆盖到所有存放用户相关信息的位置。

Debian 和 Ubuntu 的 deluser 是一个 Perl 脚本，其中会调用惯常的 userdel，它执行的操作和 adduser 相反。另外还会运行脚本/usr/local/sbin/deluser.local（如果存在的话）以简化本地操作。配置文件/etc/deluser.conf 可以设置的选项包括：

- 是否删除用户主目录和邮件存储文件；
- 是否备份用户文件，备份到哪里；
- 是否删除系统中用户所拥有的全部文件；
- 如果所属组中已经没有其他成员，是否删除该组。

Red Hat 支持 userdel.local 脚本，但不支持使用前期或后期脚本（pre- and post-execution script）自动化某些对执行顺序敏感的操作，例如备份要被删除的用户文件。

FreeBSD 的 rmuser 脚本可以出色地完成删除用户文件和进程的工作，还能实现其他厂商的 userdel 程序没有实现过的功能。

8.9 禁止登录

偶尔必须临时禁止用户登录。一种直截了当的方法就是在/etc/shadow 或/etc/master.passwd 文件中的用户加密密码字段前放上一个星号或其他字符。这可以阻止大多数通过密码控制的访问，因为密码无法再被解密成任何有意义的内容。

FreeBSD 可以使用 pw 命令锁定账户。

```
$ sudo pw lock someuser
```

这条简单的命令会在加密后的密码前面放置字符串*LOCKED*，使得该账户无法使用。执行下列命令解锁。

```
$ sudo pw unlock someuser
```

在本书所有的 Linux 发行版中，usermod L user 和 usermod -U user 命令可以非常方便地锁定和解锁密码。它们所做的也是像上面那样对密码做点细小的改动，无非用起来更方便而已。-L 选项会在/etc/shadow 文件中已加密过的密码前放置!，-U 选项会将该符号移除。

可惜修改用户密码只能让用户无法登录，它并不会提醒用户此账户已被暂停使用，或是解释账户无法使用的原因。另外，像 ssh 这种不需要检查系统密码的命令可能还能继续工作。

另一种禁止登录的方法是将用户的 shell 替换成其他程序，由其输出原因并提供解决方法。然后该程序退出，终止登录会话。

这种方法有利也有弊。所有只检查密码但并不理会 shell 的访问并不会被禁止。为了促成这种“禁用 shell”的技巧，很多不用登录就可以访问系统的守护进程（如 ftpd）会检查/etc/shells 中是否列出了用户的登录 shell，如果没有的话，则拒绝访问。这正是你希望看到的结果。但这并不是一种普遍的行为，所以如果你打算通过修改 shell 来禁用账户的话，可能需要进行全面的测试。

① 想想授权密钥！

另外还存在另一个问题，如果用户通过窗口系统或终端仿真器登录的话，那么有可能根本看不到你精心编写的账户停用解释说明，因为这两种方式在注销后不显示任何输出信息。

8.10 使用 PAM 降低风险

第 17.3.4 节讲述了可插入式认证模块（Pluggable Authentication Module，PAM）。PAM 通过标准库例程实现了系统认证的集中化管理。这样一来，像 login、sudo、passwd、su 这样的程序就不用再花费心思提供自己的认证代码了。组织机构可以轻松地将其认证方式从密码扩展到其他形式，例如 Kerberos、一次性密码、ID dongles 或指纹识别器。PAM 降低了编写安全软件的内在风险，允许管理员制定全站范围的安全策略，并定义向系统添加新认证方法的简单途径。

添加和删除用户不涉及调整 PAM 配置，但是相关工具需要在 PAM 的规则和约束下操作。另外，很多的 PAM 配置参数和 useradd 或 usermod 中用到的差不多。如果你修改了之前讲过的某个参数，但对 useradd 似乎没有效果，那么可以检查一下系统的 PAM 配置，确保没有覆盖你所设置的参数。

8.11 集中式账户管理

对于所有的中大型企业（公司、教育机构、政府部门），采用某种形式的集中式账户关系是必不可少的。用户需要全站范围内的单一登录名、UID 和密码一起带来的便捷性和安全性。管理员需要通过集中式系统使所进行的改动（例如废除账户）能够立刻全面生效。

这种集中化的方法不止一种，大部分（包括 Microsoft Active Directory 系统）都涉及轻量级目录访问协议（Lightweight Directory Access Protocol，LDAP）。选择范围从基于开源软件的纯粹 LDAP 安装到昂贵且复杂的商业化身份管理系统。

8.11.1 LDAP 与 Active Directory

LDAP 是一种通用的、类似于数据库的仓库，可以保存用户管理数据以及其他类型的数据。它采用了层次化的客户端/服务器模型，支持多服务器以及多个并发客户端。作为站点范围的登录数据仓库，LDAP 的一大优势在于能够跨系统强制保证 UID 和 GID 的唯一性。它和 Windows 也配合得很好，不过反过来的效果就大打折扣了。

Microsoft Active Directory 使用的是 LDAP 和 Kerberos，能够管理包括用户信息在内的多种数据。在和 UNIX 或 Linux 的 LDAP 仓库打交道时，它显得有点自负，老想自己说了算。如果你需要在包含 Windows 桌面、UNIX、Linux 系统的站点内部署单一的认证系统，可能最简单的方法就是让 Active Directory 掌控，将 UNIX LDAP 数据作为辅助服务器。

第 17 章中详述了如何将 UNIX 或 Linux 与 LDAP、Kerberos、Active Directory 集成在一起。

8.11.2 应用程序级别的单一登录系统

应用程序级别的单一登录系统（Single Sign-on System，SSO）在用户便利性和安全性之间达成了平衡。其思路是用户只登录一次（通过登录提示符、Web 页面或对话框）并在登录时取得认证。用户然后获得认证凭证（通常都是暗中获得，所以不用主动进行管理），该凭证可用于访问其他应用程序。用户再也不需要记忆一堆登录名和密码，现在只要记住一对就行了。

因为用户无须记忆，甚至都不用跟凭证打交道，所以这种方案使得凭证变得更为复杂。从理论上来说，安全性得以增强。但是，账户被攻破所造成的影响也更大了，因为单一登录可以让攻击者访问到多个应用程序。这类单一登录系统使得不注销就离开计算机的行为成为一种重大的安全隐患。除此之外，认证服务器成为了关键的瓶颈。如果它停机了，整个企业都要停工了。

尽管应用程序级别的 SSO 从思路上来说并不复杂，但这意味着非常复杂的后端实现，因为用户想要访问的各种应用和主机都必须理解认证过程和 SSO 凭证。

现有的开源 SSO 系统包括：

- JOSSO，使用 Java 编写的开源 SSO 服务器；
- CAS，来自耶鲁大学的中央认证服务（central authentication service）（同样是用 Java 编写的）；
- Shibboleth，一种采用 Apache 2 许可证的开源 SSO。

另外还有大量的商业系统可用，其中大多数都和身份管理软件集成在一起，下一节我们会讲到。

8.11.3 身份管理系统

“身份管理”（identity management）（有时也叫作 IAM，即“identity and access management”）是用户管理领域的一个常见的时髦词。说白了，它指的就是识别系统用户、认证其身份、根据已认证的身份授予权限。该领域的标准化工作是由万维网联盟（World Wide Web Consortium）和国际开放标准组织（The Open Group）共同领导的。

商业化的身份管理系统将一些关键的 UNIX 概念组合成一套既友好又逻辑模糊的 GUI，其中还充满了各式营销术语。所有这类系统的基础就是一个用户认证数据库和认证数据，后者通常以 LDAP 格式存放。以 UNIX 组这样的概念实现控制，通过 sudo 这样的工具强制实施有限的管理权。大多数这样的系统在设计时着眼于满足强制责任（mandate accountability）、跟踪和审计尾迹（audit trails）方面的制度要求。

该领域有很多商业化系统：Oracle 的 Identity Management、Courion、Avatier Identity Management Suite（AIMS）、VMware Identity Manager、SailPoint 的 IdentityIQ，不一而足。在评估身份管理系统时，请考虑以下方面的功能。

监督：

- 实现安全的 Web 管理界面，从企业内外部均可访问；
- 允许招聘经理可以通过某种界面请求根据角色提供账户；
- 与人事数据库协作，自动删除离职或解聘的雇员访问权限。

账户管理：

- 生成全局唯一的用户 ID；
- 能够在整个企业内的所有类型的硬件和操作系统上创建、改动和删除用户账户；
- 支持工作流程引擎，例如，在用户获得特定权限之前逐级审批；
- 易于查看拥有特定权限的所有用户以及授予特定用户的所有权限；
- 支持基于角色的访问控制，包括基于角色提供用户账户，在根据角色提供账户的过程中，允许出现例外情况，包括例外的审批流程；
- 可配置记录所有改动和管理操作的日志功能，可配置基于日志数据（按用户、按天等）生成的报表。

易用性：

- 可以让用户修改（和重置）自己的密码，强制要求选择强密码；
- 允许用户在一次操作中实现密码的全局修改。

还要考虑在授权和认证实际发生的位置如何实现系统。该系统是否要求在每一处都安装定制的代理程序？它本身是否符合底层系统？

第9章 云计算

云计算是一种从共享资源池中租借计算资源的行为。云服务的用户按需获取资源并根据其消耗来计量付费。相较于运行着传统数据中心的行业，选择拥抱云的行业享受到了更快的市场占有速度、更高的灵活性以及更低的资本和运维成本。

云实现了“效用计算”（utility computing），这个概念是由已故计算机科学家 John McCarthy 首次提出的，他在 1961 年于麻省理工学院的一次座谈中对此做出了描述。自 McCarthy 富有先见之明的评论之后，众多技术进步促成了云计算的开花结果。在此仅列出几种。

- 虚拟化软件能够可靠地按需分配 CPU、内存、存储空间以及网络资源。
- 强健的安全层能够隔离用户和虚拟机，即便是两者共享底层硬件。
- 标准化的硬件组件可以搭建电力、存储、冷却能力各异的数据中心。
- 连接万物的、可靠的全球网络。

云供应商正是利用了各式各样的创新提供了数不胜数的服务，范围从托管私有服务器到全面管理的应用程序。位居前列的云供应商富有竞争力、盈利能力强、增长迅速。

本章介绍了转向云端的动机，其中穿插了一些主要的云供应商的相关背景，讲解了部分最为重要的云服务并给出了几个控制成本的窍门。9.4 节简单地展示了如何通过命令行创建云服务器。

本书其他章节也包含了与云服务器管理相关的内容。表 9.1 中列出了具体的位置。

表 9.1 本书中与云相关的其他内容

章节	标题
2.10.4	云系统的恢复（与引导相关的问题）
13.15	云联网（云平台的 TCP/IP 联网）
19.3	云环境中的主机托管
24.6	Packer（使用 Packer 构建云环境的操作系统镜像）

续表

章节	标题
25.4	容器集群与管理（尤其是有关 AWS ECS 一节）
26.4	CI/CD 实践（使用云服务的 CI/CD 管道实践）
28.7.3	商业化应用程序监控工具（云环境中的监控工具）

除此之外，第 23 章中的内容也可以广泛应用于云系统的管理。

9.1 云

从私有数据中心服务器过渡到如今已经无处不在的云环境，这种趋势迅速而剧烈。让我们看看原因在哪里。

云供应商创建了技术先进的基础设施，绝大多数商业机构对此都望尘莫及。前者将其数据中心安放在电力价格低廉、网络接入密集的地区；设计出定制的服务器机架，在达成能效最大化的同时将维护成本降至最低；采用定制硬件和精心调校的软件，为内部网络搭设了专门的网络基础设施；积极主动地实现自动化，既能够快速扩展，又降低了人为错误的可能性。

所有这些工程上的努力（还不算上规模经济效应）所带来的结果就是云供应商运行分布式计算服务的成本要远低于选用小型数据中心的成本。节省下来的成本体现在云服务的价格以及供应商的利润上。

建立在硬件基础之上的管理特性简化并方便了基础设施的配置。云供应商提供了可用于控制资源配给和释放的 API 以及面向用户的工具。因此，系统（或者是分布在虚拟网络中的一组系统）的整个生命周期都可以实现自动化。这种概念被称为“基础设施即代码”（infrastructure as code），这与过去人工采购服务器并进行配给的过程形成了鲜明的对比。

伸缩性（elasticity）是采用云的另一个主要驱动力。因为云系统资源的请求和释放都是可编程的，任何有周期性需求的企业优化运营成本的方法就是在高峰使用期增加更多的资源，在不需要的时候丢弃多余的资源。在某些云平台中内建的自动伸缩特性简化了这一过程。

云供应商存在于全球范围内。通过一些规划设计和工程工作，企业可以在多个地区发布服务，从而进入新的市场。另外，灾难恢复在云环境中更易于实现，因为冗余系统可以运行在其他地理位置。

所有这些特点与强调敏捷性和可重复性的 DevOps 系统管理方法相得益彰。在云环境中，你不用再受制于缓慢的采购和配给过程，几乎所有一切可以自动完成。

尽管如此，当你发现自己无法掌控硬件时，思想上还是有个坎得迈过去。业界有个比喻恰如其分地契合了这种情绪：应该把服务器视为家畜，而不是宠物。宠物有名字，有人爱，有人照顾。如果宠物病了，有人会带它去看兽医，给它治疗，恢复健康。相反，家畜就是被大量放牧、贩卖、看管的商品。生病的家畜直接就被杀掉了。

云服务器就是畜群中的一员，就像家畜那样对待就行了，否则就会忽略云计算的一个基本事实：云系统是短暂的（ephemeral），任何时候都可能出故障。对此做好计划，这样就能更顺利地运行一套可容错的（resilient）基础设施。

抛开所有这些优势，云并非是快速降低成本或提高性能的灵丹妙药。不经过精心规划就直接将现有的企业应用从数据中心迁移到云环境中（也就是所谓的“平移”），这种做法不大可能会成功。云环境的操作流程并不相同，需要接受培训和测试。此外，大多数企业软件都是针对静态环境设计的，但是云环境中的各个系统应该被视为短期存在且不可靠的。如果某个系统即便是面对不可预测的事件也能保证可靠性，那么我们称其为云原生（cloud native）。

9.2 云平台的选择

究竟挑选哪一家云供应商，其中涉及多种影响因素。成本、过去的经验、与现有技术的兼容性、安全、合规要求、内部政治，这些全都可能发挥作用。选择的过程也会受到名气、供应商规模、特性，当然还有市场化的左右。

幸运的是，云供应商的数量还不少。我们仅将注意力放在 3 家主要的公有云供应商：Amazon Web Services（AWS）、Google Cloud Platform（GCP）以及 DigitalOcean（DO）。在本节中，我们还会提到少数可供考虑的选择。表 9.2 列出了该领域中的主要厂商。

表 9.2　使用较多的云平台

供应商	值得注意的地方
Amazon Web Services	业界巨头。创新速度快。价格昂贵。使用复杂
DigitalOcean	简单可靠。API 很值得称赞。非常适合于开发
Google Cloud Platform	技术上很烦琐，改进速度快。强调性能。广泛的大数据服务
IBM Softlayer	更像是托管服务。拥有全球私有网络
Microsoft Azure	在规模上位居次位，但差距颇大。有过运行中断的前科。可能值得 Microsoft 商店考虑
OpenStack	用于构建私有云的模块化 DIY 开源平台。拥有与 AWS 兼容的 API
Rackspace	公有云和私有云均运行的是 OpenStack。提供 AWS 和 Azure 的代管服务。提供热诚支持
VMware vCloud Air	为公有云、私有云、混合云提供各种充满流行术语的服务。采用了 VMware 技术。很可能会失败

9.2.1 公有云、私有云与混合云

在公有云中，厂商控制着所有的物理硬件，允许通过 Internet 访问系统。这种设置减轻了用户安装和维护硬件的负担，代价是降低了对平台功能和特性的控制。AWS、GCP 以及 DO 都是公有云供应商。

私有云平台也类似，不过是居于组织自有的数据中心或是由厂商替某家客户代为管理。私有云中的服务器都是单租户（single-tenant），不像公有云中那样需要与其他客户共享。

私有云和公有云一样提供了灵活性和可编程控制、适合于那些已经在硬件和工程师方面投入了大量资本、尤其是重视全面控制所在环境的组织。

OpenStack 是一种可用于创建私有云的开源系统，在同类系统中处于领先地位。它接收到来自多家企业（如 AT&T、IBM、Intel）的资金和工程上的支持。Rackspace 是 OpenStack 最大的贡献者之一。

公有云和私有云的结合被称为混合云。如果企业刚从本地服务器迁移到公有云，为了增添临时资源处理高峰负载并考虑到各种组织特定的应用场景，混合云可助一臂之力。管理员要注意：运维两种不同的云所带来的复杂性将会高得不像样。

VMware 的 vSphere Air cloud（基于 vSphere 虚拟化技术）是一种无缝的混合云，针对那些已经在本地数据中心使用了 VMware 虚拟化技术的客户。用户可以几乎没有阻碍地将应用程序移入和移出 vCloud Air 基础设施。

"公有云"这个术语起得有点不好，言外之意好像它采用的是和公共卫生间一样的安全和卫生标准。实际上，公有云的客户之间被不止一层的软硬件虚拟化相互隔离。私有云并没有比公有云多出什么实际的安全优势。

另外，私有云的运维复杂，且花销不菲，绝非易事。只有那些最庞大、最专注的组织才有足够的财力去实现一个强健、安全的私有云。即便最终得以实现，私有云的功能通常也达不到商业化的公有云的水平。

对于大多数组织，相较于私有云或混合云，我们推荐使用公有云。公有云提供了最高的价值和最简单的管理。在本书的余下部分中，我们将云的讨论范围限制在公有云。接下来的几节中会给出每种示例平台的概览。

9.2.2 Amazon Web Services

AWS 提供了多种服务，其范围包括虚拟服务器、代管数据库（database）和数据仓库（data warehouse）(RDS 和 Redshift)、用于响应事件的无服务函数(serverless functions)(Lambda)。AWS 每年会发布数以百计的更新和新特性。它还拥有最广泛，也是最活跃的用户社区。AWS 是目前规模最大的云计算业务。

对于大部分用户而言，AWS 的能力是无限的。不过新用户在能够获得的计算力方面会有所限制。这种限制对于 Amazon 和用户而言都是一种保护，因为一旦没有管理好服务，费用将会不受控制地迅速飙升。要想提升限制，可以在 AWS 的技术支持站点上填写一份表单。服务限制文档逐条列出了每种服务的限制。

AWS 在线文档内容权威、全面、结构清晰，是研究特定服务的首选参考。其中的白皮书所讨论的安全、迁移路线、架构方面的知识对于想要构建强健的云环境的用户可谓是无价之宝。

9.2.3 Google Cloud Platform

如果说 AWS 是云计算领域的霸主，那么 Google 将会是那个把其推下王位的后来者。它用上了一些坏招（例如更低廉的价格）来竞争客户，直接解决了客户的 AWS 痛点。

对于工程师的渴求使得 Google 明着从 AWS 挖人。之前在拉斯维加斯召开 AWS re:Invent 会议时，Google 同时办起了派对，试图把技术人员和用户吸引过来。随着云计算大战的揭幕，用户最终将从这场竞争中获益，得到更实惠的价格、更好的功能。

Google 运行着世界上非常先进的全球网络，其云平台也从这一优势中获益。Google 的数据中心就是技术上的奇迹，拥有大量能够提高能效和降低运维成本的创新。[①]对于自己的运维，Google 相对比较透明，另外它在开源方面的贡献也推动了云计算行业的发展。

抛开技术上的所长，Google 在某种程度上只算是公有云的跟随者，而非领导者。GCP 在 2011 年或 2012 年[②]推出时就已经在竞赛中迟到了。它的很多特性（经常连带名字）和其对手 AWS 都一样。要是你熟悉 AWS 的话，就会发现尽管 GCP 的 Web 界面看起来并不一样，但是背后的功能却出奇地相似。

随着产品质量的不断完善以及客户信任度的积累，我们期望 GCP 在未来几年中能够继续获得市场份额。它雇用了业界非常聪明的一群员工，这些人肯定能够研发出一些创新技术。作为消费者，得到实惠的还是我们。

---

① 在 Google 官网上可以查看到有关 Google 数据中心运维的照片和实际情况。

② Google 早在 2008 就发布过包括 App Engine（这是第一款"平台即服务"产品）在内的其他云产品。但是直到 2012 年，Google 的相关战略和 GCP 品牌才出台。

9.2.4 DigitalOcean

DigitalOcean 是另一种公有云。尽管 AWS 和 GCP 竞相服务于大型企业和专注增长的创业公司，但 DigitalOcean 迎合的却是那些有着简单需求的小型客户。极简化才是关键。我们喜欢用 DigitalOcean 做一些实验和概念证明性质的项目。

DigitalOcean 在南美洲、欧洲、亚洲都拥有数据中心。每个地域内的数据中心不止一处，但彼此之间没有直接相连，所以不能作为可用区（参见 9.3.2 节）。所以，要想在 DigitalOcean 构建一个全球范围的高可用产品服务要比在 AWS 或 Google 上难得多。

DigitalOcean 的服务器叫作 droplets。从命令行或 Web 控制台中很容易创建，启动速度也很快。除了 Red Hat，DigitalOcean 为我们用到的所有示例操作系统都提供了镜像。另外还有很多流行的开源应用镜像，例如 Cassandra、Drupal、Django、GitLab。

DigitalOcean 也提供负载均衡和块存储服务。在第 26 章中就包含了一个例子，其中使用 HashiCorp 的 Terraform 基础设施调配工具配给了带有两个 droplets 的 DigitalOcean 负载均衡器。

9.3 云服务基础

云服务大致可以划分为 3 类。

- 基础设施即服务（Infrastructure-as-a-Service，IaaS），在这种服务模式中，用户请求的是原始的计算、内存、网络、存储资源。这些资源通常是以虚拟私有服务器（Virtual Private Server，VPS）的形式获取。IaaS 用户负责管理硬件之外的所有一切：操作系统、联网、存储系统以及用户自己的软件。
- 平台即服务（Platform-as-a-Service，PaaS），在这种模式中，开发者按照厂商指定的格式提交打包好的应用程序。然后厂商代替用户运行代码。PaaS 用户负责自己的代码，厂商负责管理操作系统和网络。
- 软件即服务（Software-as-a-Service，SaaS），这是范围最广的一类，在这种模式中，厂商托管软件，用户以订阅的形式支付访问费用。无论是操作系统还是应用程序，用户都不用维护。几乎所有的托管 Web 应用（想想 WordPress）属于此类。

表 9.3 展示了这些抽象模式如何被划分到完整部署过程中的各层。

表 9.3 你负责管理哪一层？

层	本地[a]	IaaS	PaaS	SaaS
应用程序	✔	✔	✔	
数据库	✔	✔	✔	
应用程序运行时	✔	✔	✔	
操作系统	✔	✔		
虚拟网络、存储、服务器	✔	✔		
虚拟化平台	✔			
物理服务器	✔			
存储系统	✔			
物理网络	✔			

续表

层	本地[a]	IaaS	PaaS	SaaS
电源、场地、制冷	✔			

注：a. Local：本地服务器和网络。

IaaS：Infrastructure-as-a-Service（例如，虚拟服务器）。

PaaS：Platform-as-a-Service（例如，Google App Engine）。

SaaS：Software-as-a-Service （例如，大多数基于 Web 的服务）。

其中，IaaS 与系统管理最为密切。除了定义虚拟机，IaaS 还能够虚拟各种虚拟机所使用的各种硬件，例如磁盘（现在使用更为一般性的术语“块存储设备”来描述）和网络。虚拟服务器可以居于虚拟网络中，后者的拓扑结构、路由、寻址等其他特征都能够由用户指定。在多数情况下，这种网络都是组织私有的。

IaaS 还可以包含其他核心服务，例如数据库、队列、“键/值”存储、计算集群。这些特性加起来完全可以替代（在很多时候，还要优于）传统数据中心。

PaaS 是一片尚未完全成为现实的应许之地。目前实现的如 AWS Elastic Beanstalk、Google App Engine、Heroku 都受到环境上的限制或是存在一些细微的差异，使其无法（或不足以）应用于繁忙的生产环境。我们再一次看到商业发展超越了服务能力。不过该领域中的新型服务已经得到了大量关注。我们期望在接下来的几年内出现大幅度的改进。

云供应商在具体的特性和实现细节上普遍存在着差异，但从概念上来说，很多服务都很相似。下面几节概括地描述了云服务，不过考虑到 AWS 是该领域的领头羊，我们有时候默认采用其术语和惯例。

9.3.1 访问云

大多数云供应商都采用了某种形式的 Web GUI 作为主要访问界面。系统管理员新手应该使用这种界面创建账户并为其配置初始资源。

云供应商也定义了一组 API，能够访问和 Web 控制台一样的底层功能。多数情况下，这些 API 还会有一个能够移植到大部分系统中的标准命令行包装程序。

就算是管理员老手也会经常使用 Web 控制台，但熟悉命令行工具同样很重要，因为这种工具更容易实现自动化和可重复化。凡事都得通过浏览器发起请求是一个既乏味又迟缓的过程，利用脚本就可以避免这些麻烦。

云供应商为很多流行的编程语言维护了一组软件开发工具包（Software Development Kit，SDK），帮助开发者使用厂商的 API。第三方工具可以使用 SDK 简化或自动化特定的任务。如果你要编写自己的工具，免不了要用到这些 SDK。

有些云供应商允许用户通过 Web 浏览器访问控制台会话，如果你不小心被防火墙规则或错误的 SSH 配置挡在了外面，这种特性就尤其管用了。不过这并非系统真正的控制台，因此无法在其中调试系统引导或 BIOS 问题。

9.3.2 地域与可用区

云供应商要在世界各地维护数据中心。一些标准术语描述了和地理相关的特性。

“地域”（region）是云供应商维护数据中心的地理位置。大部分时间，地域是以目的服务所在的领土（territory）命名的，尽管其中的数据中心本身要更为集中。例如，Amazon 的 us-east-1

地域就是由位于北弗吉尼亚的数据中心提供服务的。①

一些供应商还提供了"可用区"(availability zone)(或者简称为"区"),它是地域内一组数据中心的集合。地域内的各个区之间通过高带宽、低延迟、带有冗余的线路互联,因此区间通信(inter-zone communication)的速度很快,但价格未必便宜。闲谈一句,我们体验过低于 1ms 的区间延迟。

不同区在电力和冷却设备方面的设计都是彼此独立的,而且在地理位置上也是分散的,如果某个区发生自然灾害,影响到同地域中其他区的可能性也比较低。

地域和区是构建高可用网络服务的基础。取决于可用性要求,你可以部署在多个区和地域,以此降低数据中心或地理范围内出现故障所造成的影响。可用区和地域极少会出现运行中断的情况。云供应商的多数服务知道如何利用区来实现内建冗余,如图 9.1 所示。

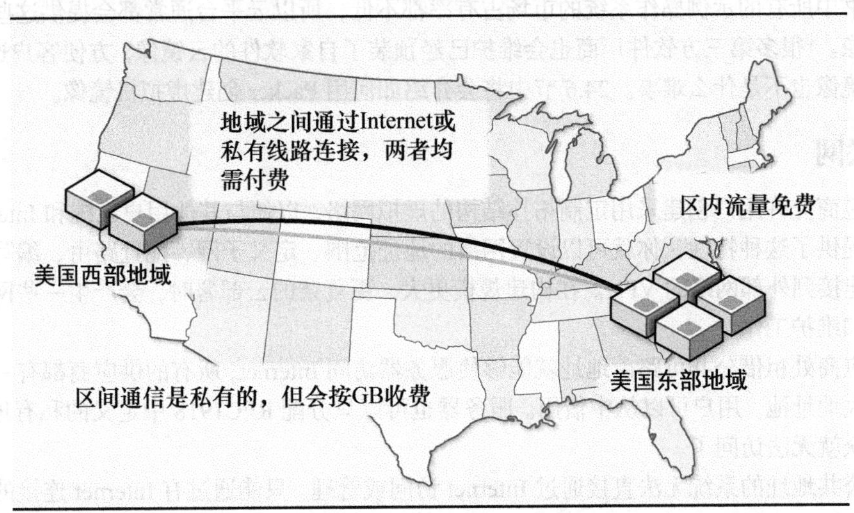

图 9.1 分布在多个地域和区之间的服务器

多地域部署更为复杂,原因在于地域之间的距离以及它所带来的更高的延迟。有些云供应商的地域间网络要比其他同行更快、更可靠。如果你的站点服务的是全球的客户,那么云供应商的网络质量至关重要。

选择在地理位置上接近用户基础群体(user base)的地域。如果开发人员和用户处于不同的地域,可以考虑让开发系统靠近开发人员,生产系统靠近用户。

对于要向全球范围内的用户基础群体交付服务的站点,让其运行在多个地域能够大幅提高最终用户端的性能。利用基于地理位置的 DNS 解析,通过源 IP 地址确定客户端位置,然后将请求路由到客户端的地域服务器。

大多数云平台在北美洲、南美洲、欧洲、亚太国家有相应的地域。只有 AWS 和 Azure 在中国有直属的地域。尤其以 AWS 和 vCloud 为代表的一些云平台拥有符合严格的美国联邦国际武器贸易条例(International Traffic in Arms Regulations,ITAR)要求的地域。

9.3.3 虚拟私有服务器

云计算的旗舰级服务就是虚拟私有服务器,这是运行在供应商硬件上的一台虚拟机。虚拟私

① 光纤信号传播 1 000km 需要耗时 5 ms,所以从性能角度来说,美国东海岸的地域面积很合适。数据中心可用的网络连通性要比其所在的具体位置更为重要。

有服务器有时也被称为实例（instance）。你可以根据需求创建任意数量的实例，运行偏好的操作系统和应用程序，在不用时关闭实例。你只需要根据实际情况付费，通常不存在前期开销。

因为实例都是虚拟机，所以其CPU运算能力、内存、磁盘空间、网络设置都可以在创建实例时定制，甚至在创建之后再调整。公有云平台定义的预设配置叫作实例类型，其范围从拥有512 MiB内存的单CPU节点到拥有多个CPU核心和数TiB内存的大型系统。一些实例类型的各项配置比较平均，适合一般用途，另外一些专门用于CPU/内存/磁盘/网络密集型应用。为了迎合市场需求，各个云供应商在实例配置方面的竞争颇为激烈。

实例是从“镜像”（image）创建的，所谓镜像就是包含（至少）根文件系统和引导程序的操作系统被保存下来的状态快照。镜像中也可以包含其他文件系统的磁盘卷以及别的特定设置，使用你自己的软件和设置创建定制镜像很容易。

因为书中所有的示例操作系统的市场占有率都不低，所以云平台通常都会提供这些操作系统的官方镜像。[①]很多第三方软件厂商也会维护已经预装了自家软件的云镜像，方便客户选用。创建个人定制镜像也不是什么难事。24.6节中将会介绍如何用Packer创建虚拟机镜像。

9.3.4 联网

云供应商允许用户创建采用定制拓扑结构的虚拟网络，以便与其他用户系统和Internet隔离。如果平台提供了这种特性，你就可以设置网络的地址范围、定义子网、配置路由、编写防火墙规则、搭建连接到外部网络的VPN。在构建规模更大、更复杂的云部署时，会产生一些网络相关的运维费用和维护工作。

从供应商处租借公共可路由地址就能够使服务器访问Internet，所有的供应商都有一个包含此类地址的大地址池，用户可以从中借用。服务器也可以只分配RFC1918中定义的私有地址，这样的话，公众就无法访问了。

没有公共地址的系统无法直接通过Internet访问或管理。只能通过有Internet连接的跳转服务器或堡垒主机，或是通过VPN连接到云网络。虚拟环境对外暴露的痕迹越少就越安全。

尽管一切听起来都挺不错，但比起传统网络，你对于虚拟网络的控制权就没有那么大了，你只能接受所选的供应商给你造好的轮子。尤其令人抓狂的就是新特性已经发布，但却没法把它应用到你的私有网络中。（对，说的就是你，Amazon！）

13.15节详细介绍了云环境下的TCP/IP联网。

9.3.5 存储

数据存储是云计算的重要组成部分。云供应商拥有这个星球上规模最大、技术最先进的存储系统，私有数据中心在存储容量与功能方面很难与之匹敌。云供应商按照用户存储的数据量收费，因此也颇有动力为用户提供尽可能多的途径来保存数据。[②]

下面是一些在云环境下最重要的数据存储方式。

- “对象存储”（object stores）包含的是平面命名空间（flat namespace）中的离散对象（discrete objects）（其实就是文件）集合。对象存储能够容纳的数据量没有上限，同时还具备惊人的高可靠性，只是性能相对较低。这种存储方式是针对以读取操作为主的访问模式设计的。对象存储中的文件可以在网络上通过HTTPS访问。AWS S3和Google Cloud Storage采用

---

① 就目前来说，如果你用的是Google Compute Engine，只能自己构建FreeBSD镜像。

② 例如，AWS Snowmobile可以提供上门服务，Snowmobile装载在一个由卡车运输的13.7米长的海运集装箱中，能够将100 PiB的数据从数据中心迁移到云环境。

的就是这种方式。

- 块存储设备就是虚拟硬盘。你可以根据所选择的容量请求此类设备，然后将其附着到虚拟服务器上。磁盘卷（volume）可以在节点之间移动并制定对应的 I/O 配置。例如 AWS EBS 和 Google 永久性本地存储（Google persistent disk）。
- 临时性存储（ephemeral storage）是从主机服务器（host server）硬盘中所创建的 VPS 的本地磁盘空间。这种存储方式速度快、容量大，但如果删除 VPS，数据也随之丢失。临时性存储最适合用于临时文件，例如 AWS 上的实例存储卷（instance store volume）和 GCP 上的本地 SSD（local SSD）。

除了这些原始存储设备，云供应商通常还提供了各种可通过网络访问的独立式数据库服务。关系数据库（如 MySQL、PostgreSQL、Oracle）以服务的形式运行在 AWS Relational Database Service 中。这些数据库服务内建了多区冗余和数据加密功能。

如 AWS Redshift 和 GCP BigQuery 这类分布式分析数据库（distributed analytics database）提供了惊人的 ROI，在构建你自己代价昂贵的数据仓库之前，值得再考察一下这两者。云供应商还提供普通的内存数据库和 NoSQL 数据库（如 Redis 和 memcached）。

9.3.6 身份与授权

管理员、开发人员和其他技术人员都需要去管理云服务。最理想的情况是，访问控制应该遵循最小权限原则：每位当事人只能够访问与其相关的内容，仅此而已。依赖于具体的上下文，这种访问控制规则会变得非常复杂。

AWS 在这方面一枝独秀。其对应的服务叫作身份与访问管理（Identity and Access Management，IAM）。除了用户和组之外，AWS 还定义了系统的各种角色。例如，可以为服务器分配策略，允许其软件启动或停止别的服务器、保存和检索采用对象存储形式的数据、处理队列，所有这些操作均采用了自动密钥轮替。IAM 还拥有用于密钥管理的 API，可以帮助用户安全地存放密钥。

其他云平台在授权方面的特性较少。Azure 的服务基于 Microsoft Active Directory，这也在意料之中。它和那些已引入目录服务的站点配合得很好。Google 的访问控制服务也叫作 IAM，和 Amazon 的服务比起来，还是相对比较粗糙，也不够完善。

9.3.7 自动化

云供应商提供的 API 和命令行工具是实现定制自动化的基础工具，但如果想将较大范围的资源精心组织在一起，这些工具常常就显得笨拙和不实用了。例如，要是你想创建一个新网络，运行若干 VPS 实例，提供数据库，配置防火墙，最后将所有这些相互连接起来，该怎么办？如果用原始的云 API 实现的话，就得编写一个很复杂的脚本。

AWS CloudFormation 是首个能够解决此类问题的服务。它接受 JSON 或 YAML 格式的模板，在其中描述所需资源以及相关的配置细节。然后将模板提交给 CloudFormation，由后者负责检查错误，解决资源之间的依赖关系，根据指定的要求创建或更新云配置。

CloudFormation 功能强大，但其语法要求非常严格，如果手写的话容易出错。一份完整的模板烦琐得让人难以忍受，光是让人阅读都是一种挑战。与其手写，我们优先选择使用由 Mark Peek 创建的 Python 库 Troposphere 来自动生成。

也有旨在解决此类问题的第三方服务。来自开源公司 HashiCorp 的 Terraform 是一款搭建和修改基础设施的工具，它也可用于云环境之外（cloud-agnostic）。和 CloudFormation 一样，用户在模板中描述资源，然后让 Terraform 调用相应的 API 完成配置。你可以将配置文件检入到版本控制系统，用其管理基础设施。

9.3.8 无服务器函数

在云出现之后，最具创新的特性之一就是云函数服务，有时也称为“函数即服务”（functions-as-a- service）或是“无服务器”（serverless）特性。云函数是一种执行模型，不需要任何长期存在的基础设施。当事件发生时（如接收到新的 HTTP 请求或是某个对象已经被上传到存储位置），相应的函数被执行作为响应。

考虑传统的 Web 服务器，操作系统的网络栈将 HTTP 请求转发给 Web 服务器，由后者负责接下来的处理步骤。响应完成之后，Web 服务器继续等待随后的请求。

和无服务器模型对比一下。当 HTTP 请求到达时，云函数会被触发来处理 HTTP 响应。处理完成之后，云函数就终止了，只需要为函数执行的这段时间付出成本。既不用维护服务器，也不用管理操作系统。

AWS 在 2014 年的一次会议中引入了云函数服务 Lambda。Google 紧随其后推出了自家的 Cloud Functions 服务。像 OpenStack、Mesos、Kubernetes 这些项目也实现了云函数。

业界对无服务器函数寄予厚望。一个包含各种工具的庞大的生态系统正在形成，以支持这种更为简洁、强大的云应用。在我们日常的管理工作中，已经见识过不少此类短生命期（short-lived）的无服务器函数。我们预料在以后几年该领域会快速发展。

9.4 云：各种平台上的 VPS 快速入门

云可作为学习 UNIX 和 Linux 绝佳的沙盒。本节将介绍如何在 AWS、GCP、DigitalOcean 上搭建并运行虚拟服务器。身为系统管理员，我们广泛依赖命令行（并非 Web GUI）同云打交道，所以接下来会演示相关工具的用法。

9.4.1 Amazon Web Services

要先在 Amazon 注册账户后才能使用 AWS。创建好账户之后，立刻按照 *AWS Trusted Advisor* 中的指南，根据其所建议的最佳实践配置账户。然后进入 EC2、VPC 等服务各自的控制台。

每种 AWS 服务都有专门的用户界面。登入 Web 控制台后，你会在屏幕顶部看到各种服务的列表。在 Amazon 内部，每种服务都是由独立的团队负责管理，其用户界面也能反映出这一事实。尽管这种独立性有助于 AWS 服务的增长，但也在一定程度上导致了用户体验的碎片化。有些服务的界面要比其他界面更为精致，也更符合操作直觉。

为了保护账户，先为 root 用户启用多重认证（Multifactor Authentication，MFA），然后创建日常使用的特权 IAM 用户。我们通常还会配置别名，这样用户不用输入账号就可以访问 Web 控制台了。该选项可以在 IAM 的登录页面找到。

在下一节中，我们将介绍用 Python 编写的官方 aws 命令行工具。Amazon 的 Lightsail 快速启动服务也许能帮到新手用户，该服务能够尽可能简单地启动一个 EC2 实例。

1. aws：控制 AWS 子系统

aws 是 AWS 服务的统一命令行接口。它负责管理实例、提供存储、编辑 DNS 记录、执行 Web 控制台中显示的其他多数任务。该工具依赖于出色的 Boto 库，这是用 Python 编写的 ASW API SDK，可以运行在带有 Python 解释器的任何系统。用 pip 来安装。

```
$ pip install awscli
```

要想使用 aws，首先要使用一对叫作“访问密钥 ID”（access key ID）和“私密访问密钥”（secret

access key）的字符串来完成AWS API认证。在IAM Web控制台中就可以生成这些凭证，然后复制-粘贴就行了。

运行aws configure，设置API凭证和默认地域。

```
$ aws configure
AWS Access Key ID: AKIAIOSFODNN7EXAMPLE
AWS Secret Access Key: wJalrXUtnFEMI/K7MDENG/bPxRfiCYEXAMPLEKEY
Default region name [us-east-1]: <return>
Default output format [None]: <return>
```

这些设置被保存在~/.aws/config。设置好环境之后，我们建议你配置bash shell的自动补全特性，这样可以更方便地输入子命令。详细的信息请参看AWS CLI文档。

aws的第一个参数给出了你想要处理的特定服务名。例如，ec2指明要控制Elastic Compute Cloud。你可以在任意命令的末尾加上关键字help，查看相关的操作方法。例如，aws help、aws ec2 help、aws ec2 describe-instances help都会生成对应的帮助页面。

2. 创建EC2实例

aws ec2 run-instances命令可以创建并运行EC2实例。尽管你可以用一条命令创建多个实例（--count选项），但生成的所有实例只能全都共享相同的配置。下面这条完整的命令演示了一个最小化的例子（minimal example）。

```
$ aws ec2 run-instances --image-id ami-d440a6e7
    --instance-type t2.nano --associate-public-ip-address
    --key-name admin-key
# output shown on page 285
```

这个例子指定了如下配置细节。

- 基础系统镜像是CentOS7的Amazon特供版本，名为ami-d440a6e7。（AWS称自家的镜像为AMI，也就是Amazon Machine Images的缩写。）可惜和其他AWS对象一样，镜像名并不好记，你必须在EC2的Web控制台或命令行（aws ec2 describe-image）中搜索ID才能找出具体的镜像。
- 该实例的类型是t2.nano，这是目前最小配置的实例类型。它拥有一个CPU核心和512 MiB的内存。在EC2的Web控制台中可以找到可用实例类型的详细信息。
- 还可以分配一对预先配置好的密钥来控制SSH访问。ssh-keygen命令（参见27.7.3节）能够生成密钥对，然后将公钥上传到AWS EC2控制台。

aws ec2 run-instances命令的输出如下所示。输出采用的格式是JSON，能够很容易被其他软件解读。例如，启动实例之后，可以用脚本提取实例的IP地址、配置DNS、更新库存系统（inventory system）或是协调多个服务器运行。

```
$ aws ec2 run-instances ... # Same command as above
{
    "OwnerId": "188238000000",
    "ReservationId": "r-83a02346",
    "Instances": [
        ...
        "PrivateIpAddress": "10.0.0.27",
        "InstanceId": "i-c4f60303",
        "ImageId": "ami-d440a6e7",
        "PrivateDnsName": "ip-10-0-0-27.us-west-2.compute.internal",
        "KeyName": "admin-key",
        "SecurityGroups": [
            {
                "GroupName": "default",
                "GroupId": "sg-9eb477fb"
```

```
        }
    ],
    "SubnetId": "subnet-ef67938a",
    "InstanceType": "t2.nano",
    ...
}
```

在默认情况下，处于 VPC 子网中的 EC2 实例并没有公有 IP 地址，因此只能够被同一 VPC 内的其他系统访问。如果想从 Internet 直接访问实例，可以像示例中那样使用--associate-public-ip-address 选项。所分配的 IP 地址可以通过 aws ec2 describe-instances 命令或在 Web 控制台中查找实例来获知。

EC2 中的防火墙叫作“安全组”（security group）。因为我们并没有指定安全组，所以 AWS 假定采用不允许任何访问的“默认”（default）组。要想连接到该实例，我们需要调整安全组设置，允许来自你所在 IP 地址的 SSH 连接。在实践中，安全组中的配置结构应该在网络设计过程中仔细规划。我们会在 13.15.1 节中讨论安全组。

aws configure 命令会设置默认地域，除非你有其他要求，否则不需要为实例指定地域。AMI、密钥对、子网都是针对地域的，如果在指定地域中不存在这些信息，那么 aws 会输出错误提示。（在上面的例子中，AMI、密钥对、子网均出自 us-east-1 地域。）

注意输出中的 InstanceId 字段，这是新实例的唯一标识符。你可以使用 aws ec2 describe-instances --instance-id id 显示出已有实例的详细信息，或是用 aws ec2 describe-instances 输出默认地域中的所有实例。

只要实例处于运行状态，且默认的安全组也允许 TCP 端口 22 上的流量，那你就可以使用 SSH 登录了。大多数 AMI 都配有一个拥有 sudo 权限的非 root 账户。在 Ubuntu 中，这个账户名是 ubuntu；在 CentOS 中是 centos。FreeBSD 和 Amazon Linux 中用的都是 ec2-user。如果这些都不是，你选用的 AMI 的文档中应该会指明所使用的账户名。

正确配置的镜像只允许 SSH 的公钥认证，不能使用密码。只要用 SSH 私钥登录之后，就可以获得完整的 sudo 访问权限，不需要再输入密码。我们建议首次引导后禁用默认用户，然后创建个人具名账户。

3. 查看控制台日志

如果无法访问实例控制台，那么调试底层问题（例如启动故障或磁盘错误）可不是件容易事。EC2 允许你检索实例的控制台输出，该功能在实例出现错误或被挂起时很有帮助。通过 Web 界面或 aws ec2 get-console-output 命令都可以看到输出。

```
$ aws ec2 get-console-output --instance-id i-c4f60303
{
    "InstanceId": "i-c4f60303",
    "Timestamp": "2015-12-21T00:01:45.000Z",
    "Output": "[ 0.000000] Initializing cgroup subsys cpuset\r\n[
        0.000000] Initializing cgroup subsys cpu\r\n[ 0.000000]
        Initializing cgroup subsys cpuacct\r\n[ 0.000000] Linux version
        4.1.7-15.23.amzn1.x86_64 (mockbuild@gobi-build-60006)
        (gcc version 4.8.3 20140911 (Red Hat 4.8.3-9)) #1 SMP Mon Sep
        14 23:20:33 UTC 2015\r\n
    ...
}
```

完整的日志肯定要比这里显示的长得多。在 JSON 格式输出中，日志内容很麻烦地被拼接成了一行。要想获得更好的可读性，得用 sed 命令整理一下。

```
$ aws ec2 get-console-output --instance-id i-c4f60303 | sed
    's/\\r\\n/\\n/g'
```

```
{
    "InstanceId": "i-c4f60303",
    "Timestamp": "2015-12-21T00:01:45.000Z",
    "Output": "[ 0.000000] Initializing cgroup subsys cpuset
         [ 0.000000] Initializing cgroup subsys cpu
         [ 0.000000] Initializing cgroup subsys cpuacct
         [ 0.000000] Linux version 4.1.7-15.23.amzn1.x86_64
              (mockbuild@gobi-build-60006) (gcc version 4.8.3 20140911
              (Red Hat 4.8.3-9)) #1 SMP Mon Sep 14 23:20:33 UTC 2015
    ...
}
```

上面的日志输出直接取自Linux引导过程。这个例子中只显示了实例首次初始化时的几行日志。多数情况下，你最感兴趣的信息都在日志末尾附近。

4. 实例的停止与终止

使用实例完成工作后，你可以选择“停止”（stop）该实例，将其关闭，留待后用；或是选择“终止”（terminate）该实例，将其完全删除。默认情况下，终止行为还会释放实例的根磁盘（root disk）。一旦终止，实例就再也无法恢复，哪怕是AWS也做不到。

```
$ aws ec2 stop-instances --instance-id i-c4f60303
{
    "StoppingInstances": [
        {
            "InstanceId": "i-c4f60303",
            "CurrentState": {
                "Code": 64,
                "Name": "stopping"
            },
            "PreviousState": {
                "Code": 16,
                "Name": "running"
            }
        }
    ]
}
```

注意，虚拟机并不会立刻更改状态，它得花点时间才能重置。所以在此期间会出现一些过渡性状态，例如“启动”（starting）和“停止”（stopping）。确保处理实例的相关脚本注意到这些状态。

9.4.2 Google Cloud Platform

使用GCP前，要先在Google Cloud处建立账户。如果你有Google账户，直接用该账户登录就行了。

GCP服务是在被称为“项目”（project）的独立空间中操作的。每个项目都有自己的用户、记账明细、API凭证，你可以借此实现不同应用或业务之间的完全隔离。创建好账户之后，就可以生成项目，根据需要启动各种GCP服务了。Google Compute Engine（VPS服务）可能会是你想要启用的首批服务之一。

1. 设置gcloud

gcloud是一个用Python编写的应用程序，也是CGP的命令行工具。它是Google Cloud SDK的组件之一，后者包含了各种用于和GCP交互的库和工具。

你要做的第一件事就是执行gcloud init，完成环境设置。该命令会启动一个小型的本地Web服务器，然后在浏览器中显示Google的认证页面。完成身份认证之后，gcloud会要求你（返回shell中）选择项目的配置文件、默认区以及其他默认设置。这些设置都被保存在~/.config/gcloud/。

gcloud help 可以获得一般性的帮助信息，gcloud -h 可以获得快速用法总结。每条子命令也有相应的帮助，例如，gcloud help compute 会显示出 Compute Engine 服务的手册页。

2. 在 GCE 上运行实例

和能够立即返回的 aws 命令不同，gcloud compute 的操作是同步的。例如，当你执行 create 子命令生成一个新实例后，gcloud 会调用必要的 API，然后一直等到实例启动并运行起来之后才返回。这样就避免了创建实例后再去轮询（poll）实例的状态。[①]

要生成实例，得先知道要引导的镜像名或别名。

```
$ gcloud compute images list --regexp 'debian.*'
NAME                         PROJECT       ALIAS       DEPRECATED STATUS
debian-7-wheezy-v20160119 debian-cloud  debian-7              READY
debian-8-jessie-v20160119 debian-cloud  debian-8              READY
```

然后指定实例名和镜像名，创建并引导实例。

```
$ gcloud compute instances create ulsah -image debian-8
# waits for instance to launch...
NAME  ZONE          MACHINE_TYPE  INTERNAL_IP EXTERNAL_IP    STATUS
ulsah us-central1-f n1-standard-1 10.100.0.4  104.197.65.218 RUNNING
```

输出中通常会包含一列，显示该实例是否“可抢占”（preemptible），不过在本例中，这一列是空白的，考虑到页面篇幅，我们就将其删除了。可抢占实例的花费比标准实例低，但只能运行 24 小时，之后如果 Google 需要将资源作为他用，可以随时终止实例。这种实例适用于能够接受中断的长期操作，例如批处理作业。

可抢占实例在概念上类似于 EC2 的“现价实例”（spot instances），两者都可以为闲置资源（otherwise-spare capacity）提供折扣。不过我们发现 Google 的可抢占实例比 AWS 的现价实例更合理，也更易于管理。对于大多数任务而言，使用期长的（long-lived）标准实例仍旧是最合适的选择。

gcloud 使用公有 IP 地址和私有 IP 地址初始化实例。你可以使用 SSH 通过公有 IP 登录，不过 gcloud 有一个蛮有用的包装程序，能够简化 SSH 登录。

```
$ gcloud compute ssh ulsah
Last login: Mon Jan 25 03:33:48 2016
ulsah:~$
```

看，多省事！

9.4.3 DigitalOcean

按照所宣传的 55 s 引导时间，DigitalOcean 的虚拟服务器（droplet）进入 root shell 的速度是最快的。其入门级价格只需要每月 5 美元，你也不用担心破产。

创建好用户之后，可以通过 DigitalOcean 的网站管理 droplet。不过我们发现 tugboat 用起来更方便，这是一个用 Ruby 编写的命令行工具，使用了 DigitalOcean 公开的 API。假设你已经在本地系统中安装好了 Ruby 及其库管理程序 gem，只用执行 gem install tugboat 就行了。

有几个一次性设置需要完成。首先，生成一对用于控制访问 droplet 的密钥。

```
$ ssh-keygen -t rsa -b 2048 -f ~/.ssh/id_rsa_do
Generating public/private rsa key pair.
Enter passphrase (empty for no passphrase): <return>
Enter same passphrase again: <return>
Your identification has been saved in /Users/ben/.ssh/id_rsa_do.
Your public key has been saved in /Users/ben/.ssh/id_rsa_do.pub.
```

① 要想在 AWS EC2 中轮询事件或状态，请使用 aws ec2 wait 命令以查看详细说明。

将公钥文件的内容复制粘贴到 DigitalOcean 的 Web 控制台中（目前位于 Settings → Security）。同时可以为公钥分配一个简称。

接下来，输入从网站上得到的访问令牌（access token），将 tugboat 连接到 DigitalOcean 的 API。tugboat 会将次令牌保存在~/.tugboat 中，以备后用。

```
$ tugboat authorize
Note: You can get your Access Token from https://cloud.digitalocean.com/
    settings/tokens/new
Enter your access token: e9dff1a9a7ffdd8faf3…f37b015b3d459c2795b64
Enter your SSH key path (defaults to ~/.ssh/id_rsa): ~/.ssh/id_rsa_do
Enter your SSH user (optional, defaults to root):
Enter your SSH port number (optional, defaults to 22):
Enter your default region (optional, defaults to nyc1): sfo1
...
Authentication with DigitalOcean was successful.
```

在创建并启动 droplet 之前，首先找出要作为基准（baseline）的系统镜像名，例如：

```
$ tugboat images | grep -i ubuntu
16.04.1 x64 (slug: , id: 21669205, distro: Ubuntu)
16.04.1 x64 (slug: , id: 22601368, distro: Ubuntu)
16.04.2 x64 (slug: ubuntu-16-04-x64, id: 23754420, distro: Ubuntu)
16.04.2 x32 (slug: ubuntu-16-04-x32, id: 23754441, distro: Ubuntu)
...
```

另外还需要之前粘贴到 Web 控制台中的 SSH 密钥的数字 ID。

```
$ tugboat keys
SSH Keys:
Name: id_rsa_do, (id: 1587367), fingerprint:
    bc:32:3f:4d:7d:b0:34:ac:2e:3f:01:f1:e1:ea:2e:da
```

输出中显示名为 id_rsa_do 的密钥的数字 ID 为 1587367。像下面这样创建并启动一个 droplet。

```
$ tugboat create -i ubuntu-16-04-x64 -k 1587367 ulsah-ubuntu
queueing creation of droplet 'ulsah-ubuntu'...Droplet created!
```

选项-k 的参数就是 SSH 密钥 ID，最后一个参数是根据需要分配给 droplet 的简称。

droplet 完成引导之后，就能使用 tugboat ssh 登录了。

```
$ tugboat ssh ulsah-ubuntu
Droplet fuzzy name provided. Finding droplet ID...done, 23754420
    (ubuntu-16-04-x64)
Executing SSH on Droplet (ubuntu-16-04-x64)...
This droplet has a private IP, checking if you asked to use the Private IP...
You didn't! Using public IP for ssh...
Attempting SSH: root@45.55.1.165
Welcome to Ubuntu 16.04 ((GNU/Linux 4.4.0-28-generic x86_64)
root@ulsah-ubuntu:~#
```

你可以根据需要创建多个 droplet，但是要记住，每个 droplet 都是要付费的。tugboat snapshot droplet-name snapshot-name 会记住系统的当前状态，使 droplet 进入休眠。tugboat destroy droplet-name 会关闭 droplet。[①]随后可以使用快照作为源镜像，重新创建 droplet。

9.5 成本控制

刚接触云的新手经常会天真地以为在云环境中运行大规模系统要比在数据中心中便宜得多。

① 保留镜像。——译者注

这种期望或许源自云平台低廉的每实例每小时价格所带来的反向价签休克效应（inverse sticker shock）①。也可能是云厂商的市场营销人员的妙语给人们所留下的印象，他们展示的都是那些节省了大量成本的用例。

不管这些论断从何而来，我们的职责就是把希望和乐观情绪扑灭。从我们的经验来看，云服务的新客户常常会惊讶于成本的快速攀升。

云价目表一般由以下几部分组成。

- 计算资源，这包括虚拟私有服务、负载均衡以及其他所有需要耗费 CPU 周期来执行个人服务的项目。价格按照使用的小时数计费。
- Internet 数据传输（包括入站和出站）以及区间和地域间的流量。价格按照每 GiB 或 TiB 计费。
- 各种存储：块存储卷、对象存储、磁盘快照，有时候还包括各种持久存储之间来往的 I/O。价格按照每月每 GiB 或 TiB 计费。

对于计算资源，这种“现收现付”（pay-as-you-go）的模型（也称为“按需付费”）是最昂贵的。在 AWS 和 DigitalOcean 中，最小的计费增量是一小时，在 GCP 中是一分钟。每小时价位从不足一美分（DigitalOcean 中包含 512 MiB 内存和单个 CPU 核心的最小 droplet 类型，或者 AWS 中的 t2.nano 实例）到数美元（AWS 中包含 32 个处理核心、104 GiB 内存以及 8 × 800 GB 本地 SSD 的 i2.8xlarge 实例）。

你会发现提前支付更长期限可以省下不少的虚拟服务器开支。在 AWS 中，这叫作“预留实例价格”（reserved instance pricing）。可惜的是，准确决定购买哪些服务的过程既烦琐又费时间，令人难以忍受。预留 EC2 实例是和特定的实例族（instance family）关联在一起的。如果你之后需要做出改动，那么先前的投资就都泡汤了。好的方面是，如果保留了实例，就能保证该实例随时可用。如果是按需实例，那么所需的服务取决于当前容量和需求，你想要的实例类型可能在需要时未必可用。AWS 还在继续调整其价格结构，运气好的话，现有系统以后会得以简化。

对于那些能够忍受中断，但耗时长的简单工作，AWS 还提供了现货价格（spot pricing）。现货市场就是一场拍卖会。如果你的出价超过了当前市场价，就可以获准使用所请求的实例类型，直至市场价高于你的最高出价，这时实例会被终止。相较于 EC2 的按需价格和预留价格，现货价格的折扣力度不小，只是使用场景会有所限制。

相比之下，GCP 的价格非常简单。持续使用（sustained use）会自动应用折扣，不需要提前付费。在当月的第一周支付全额底价，之后的递增价格每周按照基准率（base rate）的 20%下跌，最大折扣可以达到 60%。运行一整个月的实例可获得 30%的净折扣。这大抵相当于预留 EC2 实例一年的折扣，但却可以随时更改实例。②

网络流量更是难以可靠预测。引发高昂的数据传输费用的元凶通常包括：

- 没有使用 CDN 分发，而是直接从云端获取并提供大体积媒体文件（视频、图像、PDF 以及其他长篇文档）的站点；
- 数据库集群产生的用于容错备份的区间或地域间流量，例如 Cassandra、MongoDB、Riak；
- 跨多个区的 MapReduce 或数据仓库集群；
- 区间或地域间传输的磁盘镜像和卷快照备份（或是通过其他自动化过程）。

如果多区之间的复制对于可用性非常重要，那么可以将集群限制在两个区，不要涉及 3 个或

① 价签休克是指由于出乎意料的高价而感到惊讶和沮丧。——译者注

② 对于挑剔和节俭的用户来说，因为折扣方案是与账单周期联系在一起的，所以切换时机会造成结果上的差异。如果是在账单周期的起始或截止日切换示例类型，则不会受到任何处罚。最糟糕的情况就是在账单周期中途切换，这会以实例月基准率的约 20%作为处罚。

以上的区，这样能够节省传输开支。一些软件还提供了如压缩之类的调节选项，可以帮助减少需要复制的数据量。

AWS 中一个重要的开支来源就是为 EBS[①]卷所配给的 IOPS。EBS 是按照每月的 GiB 和 IOPS 来报价的。数量为 5 000 IOPS、容量为 200 GiB 的 EBS 的价格是每月几百美元。这种类型的集群也许会让你破产。

防止高额账单的最好办法就是测量、监视并避免过度配给。利用自动伸缩特性丢弃不需要的资源，在低需求期时降低成本，使用更多、更小的实例进行更为细致的控制。在把钱砸到预留实例或高带宽卷之前仔细观察使用模式。云的用法非常灵活，你可以根据需要对基础设施做出改动。

随着环境的扩展，搞明白钱都花在了什么地方可不是件容易的事。大型的云账户可能会得益于一些分析使用情况并提供跟踪及报告的第三方服务。我们用过的两家分别是 Cloudabiliy 和 CloudHealth。两者都能分析 AWS 的账单，根据用户定义的标签、服务或地理位置生成相应的报告。

① 弹性块存储（Elastic Block Store，EBS）；每秒完成的 I/O 操作数量（I/O Per Second，IOPS）。该指标以给定时间间隔内 IOPS 平均值的形式报告。——译者注

第10章 日志

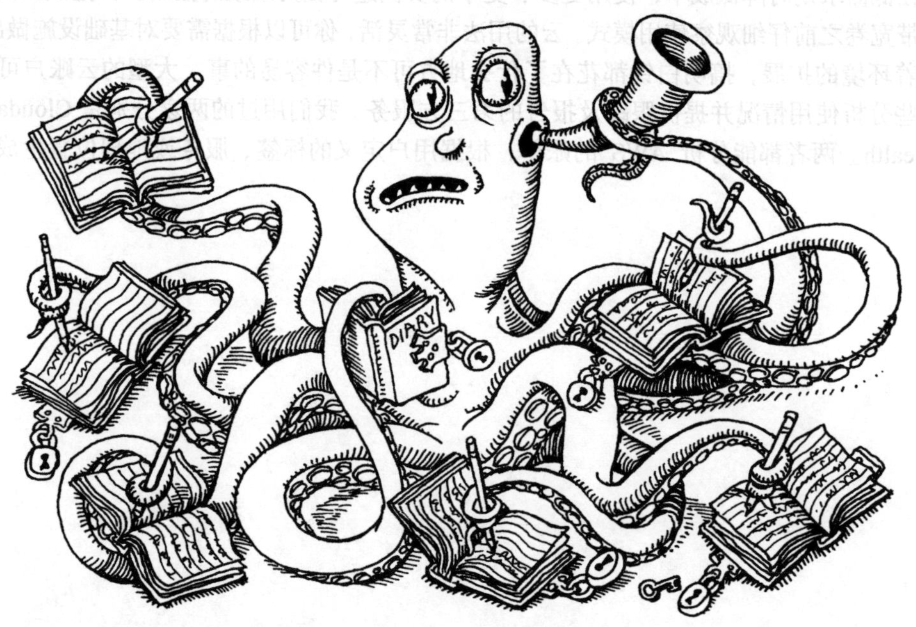

系统守护进程、内核、定制应用都会产生操作数据，这些数据都会被作为日志记录下来，最终保存在容量有限的磁盘中。此类数据能发挥作用的时间是有限的，在最终被丢弃前也许还需要进行汇总、过滤、搜索、分析、压缩、归档处理。根据监管留存规则（regulatory retention rule）或站点安全策略访问和审计日志，日志的访问和审计可能需要被严密管理。

一条日志消息通常就是一行带有若干属性的文本，其中包括时间戳、事件类型和严重程度、进程名及其ID（PID）。消息内容可以是关于新进程启动的无关紧要的提示，也可以是重要的错误或栈跟踪。系统管理员的职责就是从源源不断的消息洪流中收集有用的、具备可操作性的信息。

这项任务一般称为日志管理，可以被划分成几个主要的子任务。

- 从各种源头收集日志。
- 为消息的查询、分析、过滤、监视提供结构化接口。
- 管理消息的保留和过期，以便信息在发挥作用或合法期间可以尽可能久地留存，但这也不是无期限的。

UNIX在历史上是通过一个集成的，但又有些简陋的系统syslog来管理日志的，它为应用程序提供了一个可以提交日志消息的标准化接口。syslog将消息分类，然后将其存入文件或转发到网络中的其他主机。遗憾的是，syslog只能够完成日志管理中的第一项子任务（消息收集），而且其常用配置（stock configuration）在操作系统间也是大相径庭。

大概是因为syslog的不足，所以很多应用程序、网络守护进程、启动脚本以及带有日志记录功能的程序都完全绕过了 syslog，直接写入自己专门的日志文件。这种无组织、无纪律的做法导致在 syslog 之外产生的日志在各种流派（flavor）的 UNIX 甚至是 Linux 发行版之间都存在着显著的差异。

作为另一次尝试，Linux 的 systemd journal 试图为混乱的日志记录理清思路。journal 收集消息，将其以索引过的压缩二进制格式保存，并提供了用于日志浏览及过滤的命令行接口。journal 可以独立存在，也可以与 syslog 守护进程并存，具体的结合程度视配置而定。

各种第三方工具（包括专有的和开源的）解决了一个更为复杂的问题：组织和审查大型网络中产生的消息。这些工具包含了一些辅助功能，例如图形化界面、查询语言、数据可视化、报警、自动化异常检测，其处理规模能够提升至每天数 TB 的消息量。你可以以云服务的形式认购此类产品，或是自己将其安装到私有网络中。

图 10.1 描绘了采用上述所有日志管理服务的站点架构。管理员和其他感兴趣的群体可以利用集中式日志集群的 GUI 查看网络中各个系统的日志消息。系统管理员也可以登录单独的节点，通过 systemd journal 或是由 syslog 创建的纯文本文件来读取日志。如果这幅图示在带给你答案的同时又使你产生了更多的疑问，那么这一章就是为你准备的。

在排查问题和错误时，有经验的管理员会立刻求助于日志。日志文件中经常含有重要的提示，直指那些令人烦乱的配置错误、软件 bug、安全问题的源头。如果守护进程崩溃或无法启动，系统长期饱受引导错误的折磨，那么首先应该查看的就是日志。

随着像 PCI DSS、COBIT、ISO 27001 这类正规的 IT 标准被采用，加之业界制度的日益成熟，制定一套定义明确、覆盖全站的日志记录策略就显得愈发重要起来。如今，这些外部标准可能会需要你在整个企业范围内维护一个牢固的集中式日志活动记录库，还包括由 NTP 验证的时间戳以及严格的留存计划。[①]即便是没有监管或强制性要求的站点你也能够从集中式日志记录中获益。

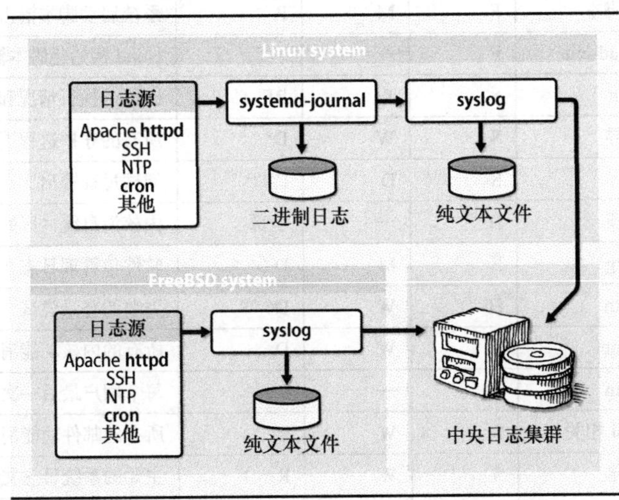

图 10.1　采用集中式日志记录的站点日志架构

本章讲述了包括 syslog、systemd journal、logrotate 在内的 Linux 和 FreeBSD 原生日志管理软件。另外还介绍了一些用于在网络中实现日志集中化及分析的工具。最后就如何在站点范围内制定合理的日志管理策略给出了一些建议。

① 当然了，就算是没有规定，准确的系统时间也是必不可少的。我们强烈推荐在所有系统中启用 NTP。

10.1 日志位置

UNIX 经常因为其所表现出的不一致性饱受指责，事实也的确如此。只用看一眼日志文件的目录，你肯定能发现一些文件名类似于 maillog，另一些文件名类似于 cron.log，还有一些使用的则是特定发行版或守护进程的命名规范。这些文件大部分默认位于/var/log，但就有那么一些不守规矩的应用程序将自己的日志文件放到了文件系统的其他地方。

表 10.1 中编制了本书示例系统中一些较为常见的日志文件的信息。其中包含以下几列：

- 被归档、汇总或截断的日志文件；
- 创建该日志文件的程序；
- 如何指定文件名；
- 我们认为合理的清理频率；
- 使用了该日志文件的系统（在本书的示例系统范围内）；
- 文件内容说明。

除非特别说明，表 10.1 中的文件名均是相对于/var/log。很多文件都是由 syslog 维护的，其他的则是由应用程序直接写入。

表 10.1 日志文件

文件	程序	出处[a]	频率[a]	系统[a]	内容
apache2/*	httpd	F	D	D	Apache HTTP 服务器日志（v2）
apt*	APT	F	M	D	Aptitude 软件包安装
auth.log	sudo 等[b]	S	M	DF	授权
boot.log	rc 脚本	F	M	R	系统启动脚本输出
cloud-init.log	cloud-init	F	—	—	cloud 初始化脚本输出
cron, cron/log	cron	S	W	RF	cron 的执行情况和出现的错误
daemon.log	各异	S	W	D*	所有的守护进程消息
debug*	各异	S	D	F, D*	调试过程输出
dmesg	内核	H	—	全部	内核消息缓冲区的转储
dpkg.log	dpkg	F	M	D	软件包管理日志
faillog[c]	login	H	W	D*	失败的登录尝试
kern.log	kernel	S	W	D	所有的内核功能消息
lastlog	login	H	—	R	每个用户最后一次登录的时间（二进制）
mail*	mail 相关	S	W	RF	所有的邮件功能消息
messages	各异	S	W	R	主要的系统日志文件
samba/*	smdb 等	F	W	—	Samba（Windows/SMB 文件共享）
secure	sshd 等[b]	S	M	R	私有授权消息
syslog*	各异	S	W	D	主要的系统日志文件
wtmp	login	H	M	RD	登录记录（二进制）
xen/*	Xen	F	1m	RD	Xen 虚拟机信息

续表

文件	程序	出处[a]	频率[a]	系统[a]	内容
Xorg.n.log	Xorg	F	W	R	X Window 服务器错误
yum.log	yum	F	M	R	软件包管理日志

注：a. 出处：F = 配置文件，H = 硬链接（hardwired），S = Syslog。

频率：D = 每天，M = 每月，NNm = 根据大小（以 MB 为单位，例如，1 m），W = 每周。

系统：D = Debian 和 Ubuntu（D* = 仅 Debian），R = Red Hat 和 CentOS，F = FreeBSD。

b. passwd、sshd、login、shutdown 也会向授权日志写入。

c. 必须使用 faillog 工具读取的二进制文件。

尽管对于日志文件的所有权和模式尚未有明确的约定，不过一般都是归 root 所有。权限较低的进程（例如 httpd）有时候也得写入日志，在这种情况下，应该正确设置日志的所有权和模式。你可能需要使用 sudo 来查看拥有严格权限的日志文件。

日志文件会迅速增长，尤其是像 Web、数据库、DNS 服务器这种繁忙的服务。失控的日志文件会填满磁盘，造成系统超载。有鉴于此，最好是把/var/log 挂载到单独的磁盘分区。（注意，这个建议无论是对于物理服务器，还是基于云的实例和私有虚拟机都适用。）

10.1.1 不用管理的文件

大多数日志都是文本文件，当值得关注的时间发生时，文件内就会被写入若干行。但是表 10.1 列出的少数日志文件的使用场景却大不一样。

wtmp（有时也叫作 wtmpx）包含了用户登录和注销以及系统重新引导或关机的记录。这个日志文件很普通，新记录只是被简单地添加到文件结尾。不过 wtmp 文件采用的是二进制格式。要使用 last 命令才能读取其中的信息。

lastlog 的内容类似于 wtmp，但它只记录了每个用户最后一次的登录时间。这是个由 UID 索引的稀疏二进制文件。如果 UID 是按照某种数字顺序分配的，那么该文件会小一些，不过在实际中这显然也不会有什么影响。lastlog 不需要轮替（rotated），因为其大小是固定的，除非有新用户登录。

最后，有些应用程序（尤其是数据库）会创建二进制事务日志。不要去管这些文件。也不要去查看这些文件，否则倒霉的就是终端窗口。

10.1.2 如何查看 sysytemd journal 中的日志

对于运行了 systemd 的 Linux 发行版，查看日志最快、最简单的方法就是使用 journalctl 命令，该命令会打印出 systemd journal 中的消息。你可以查看所有的消息，或是用-u 选项选择查看特定服务单元的日志。也可以按照时间段、进程 ID，甚至是可执行文件的路径等条件进行过滤。

例如，下面的输出显示了 SSH 守护进程的日志。

```
$ journalctl -u ssh
-- Logs begin at Sat 2016-08-27 23:18:17 UTC, end at Sat 2016-08-27
    23:33:20 UTC. --
Aug 27 23:18:24 uxenial sshd[2230]: Server listening on 0.0.0.0 port 22.
Aug 27 23:18:24 uxenial sshd[2230]: Server listening on :: port 22.
Aug 27 23:18:24 uxenial systemd[1]: Starting Secure Shell server...
Aug 27 23:18:24 uxenial systemd[1]: Started OpenBSD Secure Shell server.
Aug 27 23:18:28 uxenial sshd[2326]: Accepted publickey for bwhaley from
    10.0.2.2 port 60341 ssh2: RSA SHA256:aaRfGdl0untn758+UCpxL7gkSwcs
    zkAYe/wukrdBATc
```

```
Aug 27 23:18:28 uxenial sshd[2326]: pam_unix(sshd:session): session
    opened for user bwhaley by (uid=0)
Aug 27 23:18:34 uxenial sshd[2480]: Did not receive identification string
    from 10.0.2.2
```

journalctl -f 会在出现新消息时将其打印出来。该功能和我们钟爱的 tail -f 一样，都可以用于跟踪有新内容出现的纯文本文件。

下一节将介绍守护进程 systemd-journald 及其配置。

10.2 systemd journal

依照替换所有 Linux 子系统的目标，systemd 包含了一个叫作 systemd-journald 的日志记录守护进程。它复制了 syslog 的大部分功能，但仍能与 syslog 和平共处（取决于如何配置）。如果你觉得 syslog 已经"够用"了，对于切换到 systemd 抱有戒心，不妨花点时间了解一下 systemd。稍微上手之后，你也许会喜出望外。

syslog 通常会将日志消息保存为纯文本文件，而 systemd journal 的做法是将消息保存为二进制格式。所有的消息属性都会被自动索引，这使得日志搜索起来更容易、更快。你可以使用 journalctl 命令查看保存在 journal 中的消息。

journal 从以下几处地方收集并索引消息。

- 通过套接字/dev/log，从那些按照 syslog 规范提交消息的软件处获取。
- 通过设备文件/dev/kmsg，收集由 Linux kernel 产生的消息。systemd journal 守护进程取代了传统的 klogd 进程，后者之前负责侦听/dev/kmsg，将内核消息转发给 syslog。
- UNIX 套接字/run/systemd/journal/stdout 为通过标准输出写入日志消息的软件服务。
- UNIX 套接字/run/systemd/journal/socket 为通过 systemd journal API 提交日志消息的软件服务。
- 内核守护进程 auditd 的审计消息。

艺高人胆大的管理员能用 systemd-journal-remote 实用工具（以及相关工具 systemd-journal-gateway 和 systemd-journal-upload）将序列化的日志消息通过网络发送到远端的 journal。可惜该特性并没有预装在标准发行版中。在撰写本书时，Debian 和 Ubuntu 已经有了对应的软件版，但 Red Hat 和 CentOS 上仍旧没有。我们预计这种疏忽很快就会被纠正。在此期间，如果你需要在系统间转发日志消息，我们建议坚持使用 syslog。

10.2.1 配置 systemd journal

systemd journal 默认的配置文件是/etc/sysytemd/journald.conf，但此文件并不能直接编辑。你能做的是将定制好的配置放入目录/etc/systemd/journald.conf.d。其下所有以扩展名.conf 结尾的文件内容都会被自动并入 journal 的配置。要想加入自己的配置，只用在该目录下创建新的.conf 文件并在文件中写入所需的配置即可。

默认的 journald.conf 中包含的所有选项都处于注释状态，而且都已经设置好了默认值，因此你一眼就能看出来哪些选项可用。其中包括日志的最大容量、消息的留存期以及各种速率限制设置。

Storage 选项控制着是否将日志保存到磁盘。可取的选项值多少有些让人犯晕。

- volatile：只将日志保存在内存中。
- persistent：将日志保存在/var/log/journal/，如果该目录不存在则自动创建。

- auto：将日志保存在/var/log/journal/，但并不会自动创建目录。这也是默认的选项值。
- none：丢弃所有的日志数据。

大多数 Linux 发行版（包括本书中所有的示例系统）默认选用的都是 auto，而且也没有创建/var/log/journal 目录。所以一旦重启，日志就都没了，这实在是不幸啊。

可以通过创建/var/log/journal 目录或是使用 persistent 选项值并重启 systemd-journald 来修改这种行为。

```
# mkdir /etc/systemd/journald.conf.d/
# cat << END > /etc/systemd/journald.conf.d/storage.conf
[Journal]
Storage=persistent
END
# systemctl restart systemd-journald
```

这一系列命令先是建立了定制配置目录 journald.conf.d，然后生成配置文件，将 Storage 选项设置为 persistent，接着重启 journal 服务，使新设置生效。systemd-journald 会在所创建的目录中保存日志。我们建议在所有系统中都这样修改。每次系统重新引导后都要丢失所有的日志数据，这可着实很碍事。

systemd-journald 中最出色的选项之一就是 Seal，它可以启用前向安全密封（Forward Secure Sealing，FSS），以增加日志消息的完整性。启用 FSS 之后，只有通过密钥对才能修改提交给 journal 服务的消息。journalctl-setup-keys 命令可以生成密钥对。该选项完整的描述可参看 journald.conf 和 journalctl 的手册页。

10.2.2 添加更多的 journalctl 过滤选项

我们在 10.1.2 节中简要展示了 journalctl 搜索日志的基本用法。在本节中，我们给出了另外一些使用 journalctl 过滤消息及收集日志信息的方法。

要想让普通用户无须 sudo 权限就能够读取日志，那可以将其添加到 systemd-journal 组。

--disk-usage 选项可以显示日志所占用的磁盘空间。

```
# journalctl --disk-usage
Journals take up 4.0M on disk.
```

--list-boots 选项可以显示出一个带有数字标识符的系统引导顺序表。最近的引导总是 0。行尾的日期分别显示了在引导期间，第一条消息和最后一条消息产生的时间戳。

```
# journalctl --list-boots
-1 ce0... Sun 2016-11-13 18:54:42 UTC—Mon 2016-11-14 00:09:31
 0 844... Mon 2016-11-14 00:09:38 UTC—Mon 2016-11-14 00:12:56
```

你可以使用-b 选项限制仅显示特定的引导会话。例如，查看当前会话期间由 SSH 产生的日志。

```
# journalctl -b 0 -u ssh
```

显示自昨日午夜开始，直至现在的所有信息。

```
# journalctl --since=yesterday --until=now
```

显示特定程序最近的 100 条日志。

```
# journalctl -n 100 /usr/sbin/sshd
```

你可以使用 journalctl --help 快速查看这些选项的用法。

10.2.3 与 syslog 共存

在本书所有的 Linux 示例系统中，syslog 和 systemd journal 默认都是启用的。两者均收集并保存日志消息。为什么非得同时运行？它们是怎么在一块工作的？

遗憾的是，journal 服务缺少很多 syslog 具有的特性。我们会在 10.3.2 节讲到，rsyslog 能够从各种输入插件（input plug-ins）中接收消息，然后根据过滤器和规则，将其转发到各处，这些功能在使用 systemd journal 时都无法实现。systemd 宇宙（systemd universe）[①]中的确有一款远程数据流工具（remote streaming tool）systemd-journal-remote，但相较于 syslog，该工具相对较新，尚未经受长期的考验。管理员可能还会发现，把某些日志文件像 syslog 那样保存成纯文本格式要比 journal 服务采用的二进制格式更方便。

我们期望 journal 服务的新特性能够逐步接过 syslog 肩上的担子。但就目前而言，Linux 发行版仍需要运行这两种系统才能实现全部的相关功能。

systemd journal 和 syslog 之间的交互机制有些令人费解。首先，systemd-journald 负责从/dev/log 处收集日志消息，这个日志记录套接字（logging socket）先前是由 syslog 控制的。[②]为了让 syslog 介入日志记录过程，它现在必须通过 systemd 访问消息流。syslog 采用了下列两种方法检索来自 journal 服务的日志消息。

- systemd journal 能够将消息转发到其他套接字（通常是/run/systemd/journal/syslog），syslog 守护进程可以从中读取。在这种操作模式下，systemd-journald 模拟了原始的消息提交程序并遵循标准的 syslog API，因此只能转发基本消息参数，有些针对 systemd 的元数据会丢失掉。
- 在另一种方法中，syslog 能够直接通过 journal 服务的 API 处理消息，其手段和 journalctl 命令一样。这种方法需要获得 syslogd 一方的明确支持，但作为一种更为完善的集成形式，它能够保留每条消息的元数据。[③]

Debian 和 Ubuntu 默认采用的是前者，Red Hat 和 CentOS 采用的则是后者。要想知道系统到底采用的是哪种方法，可以检查/etc/systemd/journald.conf 中的 ForwardToSyslog 选项。如果值为 yes，就表明使用的是套接字转发。

10.3 syslog

syslog（最初由 Eric Allman 编写）是一套全面的日志记录系统，也是 IETF 标准的日志记录协议。[④]它有两个重要的功能：将程序员从各种写入日志文件的枯燥方法中解脱出来，赋予管理员控制日志记录的权力。在 syslog 出现之前，每个程序都可以拥有自己的日志记录策略。系统管理员无法做到统一控制该保存哪些信息或是保存到哪里。

syslog 用法灵活。它允许管理员按照源（“功能”）和重要性（“安全级别”）对消息进行分类并将其引向不同的目的地：日志文件、用户终端，甚至是其他机器。它能够接受各种信息源的消息，检查消息属性，甚至是更改消息内容。集中记录整个网络的日志是其最有价值的特性之一。

---

① 此处显然是套用了“漫威电影宇宙”（Marvel Cinematic Universe，MCU）的叫法。——译者注

② 说得再具体点，journal 服务将/dev/log 链接到了/run/systemd/journal/dev-log。

③ 参看 man systemd.journal-fields，了解可用元数据的梗概。

④ RFC5424 是 syslog 规范的最新版本，但作为上一版的 RFC3164 可能更好地反映了现实中的基本安装情况。

在 Linux 系统中，最初的 syslog 守护进程（syslogd）已经被更新的实现 rsyslog（rsyslogd）所替代。rsyslog 是一个开源项目，在扩展了原先的 syslog 功能的同时保持了 API 的向后兼容性。这是现代 UNIX 和 Linux 系统管理员最为合理的选择，也是本章中唯一要讲述的 syslog 版本。

rsyslog 也可用于 FreeBSD，相较于标准的 FreeBSD syslog，我们建议优先选用 rsyslog，除非你的需求非常简单。关于如何在 FreeBSD 系统上切换到 rsyslog，可参看相关介绍。如果你仍打算坚持使用传统的 syslog，10.7 节描述了相关的配置信息。

10.3.1 读取 syslog 消息

你可以使用普通的 UNIX 和 Linux 文本处理工具（如 grep、less、cat、awk）来读取 syslog 的纯文本消息。下面的片段展示了取自 Debian 主机/var/log/syslog 中的典型事件。

```
jessie# cat /var/log/syslog
Jul 16 19:43:01 jessie networking[244]: bound to 10.0.2.15 -- renewal in
    42093 seconds.
Jul 16 19:43:01 jessie rpcbind[397]: Starting rpcbind daemon....
Jul 16 19:43:01 jessie nfs-common[412]: Starting NFS common utilities:
    statd idmapd.
Jul 16 19:43:01 jessie cron[436]: (CRON) INFO (pidfile fd = 3)
Jul 16 19:43:01 jessie cron[436]: (CRON) INFO (Running @reboot jobs)
Jul 16 19:43:01 jessie acpid: starting up with netlink and the input layer
Jul 16 19:43:01 jessie docker[486]: time="2016-07-
    16T19:43:01.972678480Z" level=info msg="Daemon has completed
    initialization"
Jul 16 19:43:01 jessie docker[486]: time="2016-07-
    16T19:43:01.972896608Z" level=info msg="Docker daemon"
    commit=c3959b1 execdriver=native-0.2 graphdriver=aufs
    version=1.10.2
Jul 16 19:43:01 jessie docker[486]: time="2016-07-
    16T19:43:01.979505644Z" level=info msg="API listen on /var/run/
    docker.sock"
```

该例中包含了来自多个守护进程及子系统的日志记录：联网、NFS、cron、Docker、acpid（电源管理守护进程）。每一项都包含了以空格分隔的若干字段。

- 时间戳。
- 系统的主机名，在本例中是 jessie。
- 进程名及其 PID（中括号内）。
- 具体的消息内容。

有些守护进程在消息内容中添加了有关消息的元数据。在上面的输出中，Docker 进程就加入了自己的时间戳、日志级别以及守护进程配置的相关信息。这些额外信息的内容与格式完全取决于发送进程。

10.3.2 rsyslog 架构

把日志消息和 rsyslog 分别想象成事件流和处理事件流的引擎。提交的日志消息“事件”作为输入，由过滤器处理，然后被转发到输出目标。在 rsyslog 中，每个阶段都是一个模块，可以独立配置。rsyslog 默认的配置文件是/etc/rsyslog.conf。

rsyslogd 进程通常从引导时就开始持续运行。知晓 syslog（syslog aware）的程序会将日志记录写入特殊文件/dev/log，这是一个 UNIX 域套接字。在没有使用 systemd 系统的常用配置中，rsyslogd 直接从该套接字读取消息，查询其配置文件，了解如何将消息引向相应的目标。也可以（常见做法）配置 rsyslogd 在网络套接字上侦听消息。

如果你修改了/etc/rsyslog.conf或者其中包含的文件，那么必须重启rsyslogd守护进程才能使改动生效。TERM信号会终止该守护进程。HUP信号会使rsyslogd关闭所有打开的日志文件，这有助于日志轮替（更名并重启）。

按照长期以来的约定，rsyslogd会将自己的进程ID写入/var/run/syslogd.pid，因为很容易通过脚本向rsyslogd发送信号。[①]例如，下列命令可以发送HUP信号。

```
$ sudo kill -HUP '/bin/cat /var/run/syslogd.pid'
```

压缩或轮替rsyslogd已经打开以进行写入的日志文件可不是一种好做法，会导致不可预测的后果，进行这种操作之前一定要先发送HUP信号。10.5节中讲述了如何使用logrotate实用工具完成正确的日志轮替操作。

10.3.3 rsyslog版本

Red Hat和CentOS使用的都是rsyslog版本7，而Debian和Ubuntu均已更新到了版本8。通过ports安装的FreeBSD用户可以选择这两个版本中的任意一个。如你所料，rsyslog项目推荐使用最新版本，我们自然也遵循这一建议。不过就算你使用的操作系统没有选用最新版也不会影响日志记录功能。

rsyslog 8主要重写了核心引擎，尽管对于模块开发人员而言，底层实现发生了很大改动，但面向用户的部分基本上没有变化。除了少数例外，随后几节中的配置均适用于两个版本。

10.3.4 rsyslog配置

/etc/rsyslog.conf中的设置控制着rsyslogd的行为。书中所有的Linux示例系统都包含了一套简单的配置，默认可适用于大多数站点。空行和以#起始的行会被忽略。rsyslog配置文件中的各行按照出现的先后顺序，自上而下处理，顺序在这里非常重要。

配置文件的顶部是用于配置守护进程自身的全局属性。这些指定了要载入哪些输入模块、默认的消息格式、文件的所有权和权限、用于维护rsyslog状态的工作目录等设置。下面的示例配置取自主机Jessie所安装的Debian系统默认采用的rsyslog.conf。

```
# Support local system logging
$ModLoad imuxsock

# Support kernel logging
$ModLoad imklog

# Write messages in the traditional time stamp format
$ActionFileDefaultTemplate RSYSLOG_TraditionalFileFormat

# New log files are owned by root:adm
$FileOwner root
$FileGroup adm

# Default permissions for new files and directories
$FileCreateMode 0640
$DirCreateMode 0755
$Umask 0022

# Location in which to store rsyslog working files
$WorkDirectory /var/spool/rsyslog
```

① 在现代Linux系统中，/var/run是指向/run的符号链接。

大多数发行版使用遗留指令（legacy directive）$IncludeConfig 以包含来自配置目录中的额外文件（通常是/etc/rsyslog.d/*.conf）。考虑到顺序的重要性，发行版通过在文件名前放置数字来组织文件。例如，默认的 Ubuntu 配置包含如下文件。

```
20-ufw.conf
21-cloudinit.conf
50-default.conf
```

rsyslogd 按照字典顺序将这些文件的内容插入到/etc/rsyslog.conf，从而形成最终的配置。

过滤器，有时也称为“选择器”（selector），构成了 rsyslog 的大部分配置。它们定义了 rsyslog 如何归类和处理消息。过滤器由表达式（expression）和“操作”（action）组成，前者用于选择特定的消息，后者用于将所选的消息引向指定的目的地。

rsyslog 理解 3 种配置语法。

- 使用原始 syslog 配置文件格式的行。这种格式如今叫作“sysklogd 格式”，是以内核日志记录守护进程 sysklogd 命名的。其形式简单且有效，但存在一些限制。可用于构建简单的过滤器。
- 遗留的 rsyslog 指令，这些指令均以$符号开头。其语法源自 rsyslog 的古老版本，着实应该被废弃掉了。但是并非所有的选项都已经转换成了新的语法，所以对于某些特性而言，这种旧语法仍旧是不二的选择。
- 以 rsyslog 的主要作者 Rainer Gerhards 命名的 RainerScript。这种脚本语法支持表达式和函数。你可以用它完成 rsyslog 的绝大部分配置。

很多现实中的配置混合了这 3 种格式，有时候会让人搞不明白。尽管在 2008 年它们就已经出现，但 RainerScript 的使用率仍旧比其他两种略低。好在这 3 种语法都不是特别复杂。另外，很多站点并不需要对其标准发行版中的基础配置做大的改动。

要想从传统的 syslog 配置迁移至 rsyslog，很简单，只需要从现有的 syslog.conf 文件入手，在其中添加你想要使用的 rsyslog 特性所对应的选项即可。

1. 模块

rsyslog 模块拓展了核心处理引擎的能力。所有的输入（源）和输出（目标）都可以通过模块配置，模块甚至可以解析并修改消息。尽管多数模块是 Rainer Gerhards 编写的，但第三方也贡献了其中一些。如果你是名 C 程序员，那么完全可以自己编写模块。

模块名采用了一种可预测的命名前缀。以 im 开头的是输入模块（input module），om*是输出模块（output module），mm*是消息修改模块（message modifier）等。大多数模块都有额外的配置选项，用于定义自身的行为。rsyslog 模块文档是最全面的参考资料。

下面的列表简要描述了一些较为常见（或值得注意）的输入和输出模块，另外还包括几个新奇的模块。

- imjournal 模块是和 systemd journal 集成在一起的，在 10.2.3 节中有过描述。
- imuxsock 模块从 UNIX 域套接字读取消息。如果 systemd 不存在，该模块则为默认。
- imklog 模块知道如何在 Linux 和 BSD 系统中读取内核消息。
- imfile 模块可以将纯文本文件转换成 syslog 消息格式。在导入不具备原生 syslog 支持的软件产生的日志文件时，它能够派上用场。该模块有两种模式：轮询模式和提醒模式（inotify）。在轮询模式中，模块每隔一段时间（可配置）就会检查文件是否有更新；在提醒模式中，模块使用的是 Linux 文件系统的事件接口。imfile 模块非常聪明，只要 rsyslog 重启，它也会跟着恢复运行。
- imtcp 和 imudp 模块可以分别在网络上接收 TCP 和 UDP 形式的日志消息。可以利用这两个模块实现网络的集中式日志记录。配合 rsyslog 的网络流驱动（network stream driver），imtcp 模块还能够通过 TLS 接受相互认证过的 syslog 消息。对于流量极高的 Linux 站点，也可以参考 imptcp 模块。

- 如果 immark 模块存在，rsyslog 会定期生成时间戳消息。这些时间戳可以帮助你弄清楚自己的机器是在凌晨 3:00～3:20 之间死机的，而不仅仅只是"昨晚的某个时刻"。在调试那些似乎带有出现规律的问题时，时间戳也能帮上大忙。MarkMessagePeriod 选项可用于配置生成间隔。
- omfile 模块可以将消息写入文件。这是最常用的输出模块，也是唯一一个在默认安装中已经配置好的模块。
- omfwd 模块可以通过 TCP 或 UDP 连接将日志消息转发给远程 syslog 服务器。如果站点需要集中记录日志，这个模块就是为此准备的。
- omkafka 模块是 Apache Kafka 数据流引擎的生产者实现（producer implementation），能够处理拥有多个潜在消费者的消息可能会使高流量站点的用户受益。
- 类似于 omkafka，omelasticsearch 模块可以直接向 Elasticsearch 集群写入。有关 ELK 日志管理栈（Elasticsearch 是其组件之一）的更多信息，请查看 10.6 节。
- ommysql 会将消息发送到 MySQL 数据库。rsyslog 的源代码包中包含了一个示例。该模块与遗留指令$MainMsgQueueSize 配合使用能够获得更高的可靠性。

模块的载入和配置可以通过遗留或 RainerScript 配置格式实现。我们接下来会在针对特定格式的小节中展示一些例子。

2. sysklogd 语法

sysklogd 的语法采用的是传统的 syslog 配置格式。只要你见过 syslogd，比如在标准的 FreeBSD 上安装的版本，就不难理解这种语法。（不过要注意，传统的 syslogd 的配置文件是/etc/syslog.conf，可不是/etc/rsyslog.conf。）

该格式主要是为了将特定类型的消息引向指定的目标或网络地址，其基本形式为：

```
selector    action
```

selector（选择器）与 action（操作）之间由一到多个空格或制表符分隔，例如：

```
auth.*      /var/log/auth.log
```

该行可以将与认证相关的消息保存到文件/var/log/auth.log 中。

选择器采用以下语法标识发送日志消息的源程序（"设施"）以及消息的优先级（"严重性"）。

```
facility.severity
```

设施名和严重级别必须从一组已定义好的值中选择，程序不能自己去定义。设施可以针对内核、常用工具组、本地编写的程序来定义。其余的都归类到普通设施"user"。

选择器可以包含特殊关键字*和 none，分别表示"所有"或"什么都没有"。选择器中如果出现多个设施，彼此之间要用逗号分隔。分号能够将多个选择器组合起来。

一般而言，选择器之间是"或"（OR）的关系。匹配某个选择器的消息交由 action 处理。但是，严重级别为 none 的选择器会排除所列出的所有设施，无论同行中的其他选择器如何定义。

下面是一些选择器的写法及组合的例子。

```
# Apply action to everything from facility.level
facility.level                          action

# Everything from facility1.level and facility2.level
facility1, facility2.level              action
```

```
# Only facility1.level1 and facility2.level2
facility1.level1; facility2.level2    action
# All facilities with severity level
*.level                               action
# All facilities except badfacility
*.level;badfacility.none              action
```

表 10.2 列出了有效的设施名，这些名称是在标准库中的 syslog.h 内定义的。

表 10.2　　syslog 设施名称

设施	使用该设施的程序
*	除“mark”的所有设施
auth	与安全和授权相关的命令
authpriv	敏感/私有的授权消息
cron	cron 守护进程
daemon	系统守护进程
ftp	FTP 守护进程 ftpd（已废弃）
kern	内核
local0-7	8 种本地消息
lpr	行式打印机假脱机系统
mail	sendmail、postfix 以及其他和邮件相关的软件
mark	定期产生的时间戳
news	Usenet 新闻系统（已废弃）
syslog	syslogd 的内部消息
user	用户进程（如果没有指定的话，此为默认值）

不要把 auth 和 authpriv 之间的区别太当回事。所有与授权相关的消息都是敏感消息，绝不能让所有人都能读取。sudo 日志使用的是 authpriv。

表 10.3 依据重要性的先后顺序列出了有效的严重级别。

表 10.3　　syslog 严重级别（严重性递减）

级别	大致含义
emerg	恐慌（panic）状况；系统不可用
alert	紧急状况；应立即采取行动
crit	临界状况（critical condition）
err	其他错误状况
warning	警告消息
notice	应该调查的事项
info	信息类消息
debug	仅用于调试

消息的严重级别指定了其重要性。各种重要性之间的区别有时候模糊不清。notice 和 warning、warning 和 err 的差别一目了然，而 alert 与 crit 的差别就得靠猜了。

级别给出了消息必须被记录的最低程度的重要性（minimum importance）。例如，级别为 warning 的 SSH 消息能够匹配选择器 auth.warning，也可以匹配选择器 auth.info、auth.notice、auth.debug、*.warning、*.notice、*.info、*.debug。如果配置将 auth.info 消息导向特定的文件，那么 auth.warning 消息也会同往。

这种格式还允许字符=和!出现在级别之前，分别表明“仅适用于该级别”以及“除此级别以及更高级别”。表 10.4 展示了一些例子。

表 10.4　级别限定符示例

选择器	含义
auth.info	与授权相关的消息，级别为 info 以上（包括 info）
auth.=info	仅限级别为 info 的消息
auth.info;auth.!err	仅限级别为 info、notice、warning 的消息
auth.debug;auth.!=warning	除 warning 之外的所有级别

action 字段描述了如何处理消息。表 10.5 给出了一些例子。

表 10.5　常见操作

操作	含义
filename	将消息追加到本地主机上的文件
@hostname	将消息转发到 hostname 上的 rsyslogd
@ipaddress	将消息转发到 ipaddress 上的 UDP 端口 514
@@ipaddress	将消息转发到 ipaddress 上的 TCP 端口 514
|fifoname	将消息写入命名管道 fifoname [a]
user1,user2,...	将消息写在指定 user 的屏幕上（如果已登录）
*	将消息写在所有已登录用户的屏幕上
~	丢弃消息
^program;template	根据 template 指定的规格格式化消息，将其作为首个参数发送给 program [b]

注：a. 详情参看 man mkfifo。

b. 有关模板的详情可以参看 man 5 rsyslog.conf。

如果 action 字段指定的是 filename（或 fifoname），名称应该采用绝对路径。如果指定的文件名不存在，当消息首次被导向该文件时，rsyslogd 会自动创建文件。文件的所有权和权限由 10.7 节中介绍的全局配置指令来指定。

下面是几个使用传统语法的配置示例。

```
# Kernel messages to kern.log
kern.*                                  -/var/log/kern.log

# Cron messages to cron.log
cron.*                                  /var/log/cron.log

# Auth messages to auth.log
auth,authpriv.*                         /var/log/auth.log

# All other messages to syslog
*.*;auth,authpriv,cron,kern.none        -/var/log/syslog
```

你可以在 filename 前加上一个连字符，告诉文件系统写入每条日志记录之后不要同步。同步有助于在出现系统崩溃时尽可能多地保留日志信息，但对于繁忙的日志文件，这种行为会急剧降低 I/O 性能。我们建议将加入连字符（禁止同步）作为不二之选。仅在调查造成内核恐慌的原因时才临时删除连字符。

3. 遗留指令

尽管 rsyslog 称这些指令为“遗留”（legacy），但其仍在被广泛使用，在大部分 rsyslog 配置中你都会发现它们的身影。遗留指令能够配置包括守护进程全局选项、模块、过滤、规则在内的 rsyslog 的方方面面。

但在实践中，这些指令多用于配置模块和 rsyslogd 守护进程本身。rsyslog 的文档针对使用遗留格式来编写消息处理规则提出了警告，声明这种写法“极难成功”。在实际的消息过滤和处理中，应该坚持采用 sysklogd 或 RainerScript 格式。

守护进程本身和模块配置都很简单。例如，下面的选项在标准的 syslog 端口（TCP/UDP 514）上启用了日志记录。另外还允许向客户端发送保活分组（keep-live packets），避免 TCP 连接关闭，这样降低了重建超时连接所带来的成本。

```
$ModLoad imudp
$UDPServerRun 514
$ModLoad imtcp
$InputTCPServerRun 514
$InputTCPServerKeepAlive on
```

要想让这些选项生效，可以将其放入一个新文件中，然后将该文件包含在主配置文件中（例如/etc/rsyslog.d/10-network-inputs.conf），接着重启 rsyslogd。任何修改模块行为的选项必须出现在该模块被载入之后。

表 10.6 展示了一些常见的遗留指令。

表 10.6　　rsyslog 遗留配置选项

选项	目的
$MainMsgQueueSize	消息队列大小[a]
$MaxMessageSize	默认为 8 kB；必须出现在任何输入模块载入之前
$LocalHostName	覆盖本地主机名
$WorkDirectory	指定将 rsyslog 的工作文件保存到哪里
$ModLoad	载入模块
$MaxOpenFiles	修改 rsyslogd 默认的系统 nofile 限制
$IncludeConfig	包括额外的配置文件
$UMASK	设置由 rsyslogd 创建的新文件的 umask

注：a. 对于速度缓慢的输出（例如数据库插入操作），能够用到该选项。

4. RainerScript

RainerScript 是一种带有过滤和控制流功能的事件流处理语言。理论上，你也可以通过 RainerScript 设置基本的 rsyslogd 选项。但因为有些遗留选项仍没有对应的 RainerScript 语法，所以为什么还要使用多种选项语法，自寻烦恼吗？

在表达力和可读性方面，RainerScript 都要优于 rsyslogd 的遗留指令，不过其语法并不常见，和我们之前碰到过的配置系统都不一样。在实践中，感觉还是有些笨拙。尽管如此，在需要时，我们还是推荐用它来实现过滤和规则的编写。在本节中我们只讨论其功能的一个子集。

在书中的示例发行版中，只有 Ubuntu 在默认的配置文件中用到了 RainerScript。不过，你可以在任何运行着 rsyslog 7 或更高版本的系统中使用 RainerScript。

你可以使用 global()配置对象设置守护进程全局参数，例如：

```
global(
    workDirectory="/var/spool/rsyslog"
    maxMessageSize="8192"
)
```

大多数遗留指令在 RainerScript 中有同名的对应，例如上面的 workDirectory 和 maxMessageSize。该配置等价的遗留语法如下。

```
$WorkDirectory /var/spool/rsyslog
$MaxMessageSize 8192
```

也可以通过 RainerScript 载入模块并设置其操作参数。例如，要想载入 UDP 和 TCP 模块，然后应用与“遗留指令”一节中相同的配置，可以这样使用 RainerScript：

```
module(load="imudp")
input(type="imudp" port="514")
module(load="imtcp" KeepAlive="on")
input(type="imtcp" port="514")
```

在 RainerScript 中，每个模块都有“模块参数”和“输入参数”。模块只载入一次，模块参数（例如上面 imtcp 模块中的 KeepAlive 选项）统一（globally）应用于该模块。相较之下，输入参数可以多次应用于同一个模块。例如，我们让 rsyslog 同时侦听 TCP 端口 514 和 1514。

```
module(load="imtcp" KeepAlive="on")
input(type="imtcp" port="514")
input(type="imtcp" port="1514")
```

RainerScript 的大部分益处与其过滤能力有关。你可以使用表达式选择匹配某些特征的消息，然后对匹配的消息执行特定的处理。例如，下面几行可以将与认证相关的消息写入 /var/log/auth.log。

```
if $syslogfacility-text == 'auth' then {
    action(type="omfile" file="/var/log/auth.log")
}
```

在这个例子中，$syslogfacility-text 是一个消息属性，也就是消息元数据的一部分。在属性之前加上$符号表明此为变量。在这个例子中，处理方法是使用输出模块 omfile 将匹配的消息写入文件 auth.log。

表 10.7 列出了一些常用到的属性。

表 10.7 常用的 rsyslog 消息属性

属性	含义
$msg	消息的文本内容，不包括元数据
$rawmsg	所接收到的完整消息，包括元数据
$hostname	消息中的主机名
$syslogfacility	设施（数字形式）；参见 RFC3164
$syslogfacility-text	设施（文本形式）
$syslogseverity	严重性（数字形式）；参见 RFC3164

续表

属性	含义
$syslogseverity-text	严重性（文本形式）
$timegenerated	rsyslogd 接收到消息的时间
$timereported	消息自身的时间戳

特定的过滤器中可以包含多个其他的过滤器以及相应的处理方法。下面的片段用于处理严重级别为 crit 的内核消息。它将消息记录在文件中，然后发送电子邮件，提醒管理员出现了问题。

```
module(load="ommail")

if $syslogseverity-text == 'crit' and $syslogfacility-text == 'kern' then {
    action(type="omfile" file="/var/log/kern-crit.log")
    action(type="ommail"
        server="smtp.admin.com"
        port="25"
        mailfrom="rsyslog@admin.com"
        mailto="ben@admin.com"
        subject.text="Critical kernel error"
        action.execonlyonceeveryinterval="3600"
    )
}
```

在这里，我们指定每小时（3 600 s）只发送一封电子邮件。

过滤器表达式支持正则表达式、函数以及其他复杂的技术。完整的细节请参看 RainerScript 的相关文档。

10.3.5 配置文件示例

在本节中，我们展示了 3 个 rsyslog 配置文件示例。第一个配置虽然简单，但功能完备，可用于将日志消息写入文件。第二个配置是一个日志记录客户端（logging client），能够将 syslog 消息和 httpd 访问及错误日志转发到中央日志服务器。最后一个配置是一个可以从各种日志记录客户端接收日志消息的日志服务器。

这些例子都广泛地依赖于 RainerScript，因为后者是 rsyslog 最新版建议使用的语法。少数选项仅在 rsyslog 8 中才能使用，其中就包括一些 Linux 才有的设置，例如 inotify。

1. rsyslog 基础配置

下面的文件可作为一个通用的 RainerScript rsyslog.conf 文件，用于所有的 Linux 系统。

```
module(load="imuxsock")                    # Local system logging
module(load="imklog")                      # Kernel logging
module(load="immark" interval="3600")      # Hourly mark messages

# Set global rsyslogd parameters
global(
    workDirectory = "/var/spool/rsyslog"
    maxMessageSize = "8192"
)

# The output file module does not need to be explicitly loaded,
# but we can load it ourselves to override default parameter values.

module(load="builtin:omfile"
    # Use traditional timestamp format
```

```
    template="RSYSLOG_TraditionalFileFormat"

    # Set the default permissions for all log files.
    fileOwner="root"
    fileGroup="adm"
    dirOwner="root"
    dirGroup="adm"
    fileCreateMode="0640"
    dirCreateMode="0755"
)

# Include files from /etc/rsyslog.d; there's no RainerScript equivalent
$IncludeConfig /etc/rsyslog.d/*.conf
```

例子开头是 rsyslogd 的几个默认的日志收集选项。新日志文件默认的权限 0640 要比 omfile 默认的权限 0644 更为严格。

2. 网络日志记录客户端

该日志记录客户端会将系统日志和 Apache 访问及错误日志通过 TCP 转发到远程服务器。

```
# Send all syslog messages to the server; this is sysklogd syntax
*.*              @@logs.admin.com

# imfile reads messages from a file
# inotify is more efficient than polling
# It's the default, but noted here for illustration
module(load="imfile" mode="inotify")

# Import Apache logs through the imfile module
input(type="imfile"
    Tag="apache-access"
    File="/var/log/apache2/access.log"
    Severity="info"
)
input(type="imfile"
    Tag="apache-error"
    File="/var/log/apache2/error.log"
    Severity="info"
)

# Send Apache logs to the central log host
if $programname contains 'apache' then {
    action(type="omfwd"
        Target="logs.admin.com"
        Port="514"
        Protocol="tcp"
    )
}
```

Apache httpd 默认不会将消息写入 syslog，因此访问及错误日志是使用 imfile 从文本文件读取的。[①]消息被做上标记，随后用于过滤器表达式。

文件末尾的 if 语句是一个用于搜索 Apache 消息的过滤器表达式，然后搜索到的消息转发给中央日志服务器 logs.admin.com。日志通过 TCP 发送，尽管 TCP 要比 UDP 可靠得多，但仍有可能丢弃消息。你可以使用非标准输出模块：可靠的事件记录协议（Reliable Event Logging Protocol，RELP）来保证日志的传递。

在现实场景中，你可能会将该配置中与 Apache 相关的部分放入/etc/rsyslog.d/55-apache.conf，

① httpd 可以利用 mod_syslog 直接写入 syslog，我们在这里使用 imfile 只是为了演示。

作为服务器配置管理设置的一部分。

3. 中央日志记录服务器

对应的中央日志记录服务器的配置很简单：在 TCP 端口 514 上侦听传入的日志，依据日志类型过滤，然后将其写入站点日志目录内的文件。

```
# Load the TCP input module and listen on port 514
# Do not accept more than 500 simultaneous clients
module(load="imtcp" MaxSessions="500")
input(type="imtcp" port="514")

# Save to different files based on the type of message
if $programname == 'apache-access' then {
    action(type="omfile" file="/var/log/site/apache/access.log")
} else if $programname == 'apache-error' then {
    action(type="omfile" file="/var/log/site/apache/error.log")
} else {
    # Everything else goes to a site-wide syslog file
    action(type="omfile" file="/var/log/site/syslog")
}
```

中央日志记录服务器在写出（writes out）消息时会为每个消息生成时间戳。Apache 消息包含着另一个时间戳，这是 httpd 在记录该消息时生成的。在站点的日志文件中，这两种时间戳你都会发现。

10.3.6 syslog 消息安全

rsyslog 可以通过 TLS（运行在 TCP 之上的加密及认证层）发送和接收日志消息。有关 TLS 的一般信息参见 27.6.4 节。

本节中的例子假设数字证书认证机构（Certificate Authority）、公共证书以及密钥都已经设置完毕。有关公钥基础设施（Public Key Infrastructure）和生成证书的具体细节参见 27.6.3 节。

该配置引入了一个新的选项：网络流驱动，作为工作在网络和 rsyslog 之间的模块，它通常实现了一些增强基础网络能力的特性。TLS 是由 gtls 网络流驱动启用的。

下面的例子启用了日志服务器上的 gtls 驱动。gtls 驱动需要 CA 证书、公共证书以及服务器的私钥。imtcp 模块用于启用 gtls。

```
global(
    defaultNetstreamDriver="gtls"
    defaultNetstreamDriverCAFile="/etc/ssl/ca/admin.com.pem"
    defaultNetstreamDriverCertFile="/etc/ssl/certs/server.com.pem"
    defaultNetstreamDriverKeyFile="/etc/ssl/private/server.com.key"
)
module(
    load="imtcp"
    streamDriver.name="gtls"
    streamDriver.mode="1"
    streamDriver.authMode="x509/name"
)
input(type="imtcp" port="6514")
```

日志服务器在端口 6514 上侦听 TLS 版的 syslog。authMode 选项告诉 syslog 要执行哪种类型的验证。默认的 x509/name 会检查证书是否为受信的权威机构签发，另外还会通过 DNS 验证证书与特定客户绑定的证书主体名称（subject name）。

TLS 连接的客户端配置也类似。要使用客户端证书和私钥，还要用到日志转发输出模块的 gtls 网络流驱动。

```
global(
    defaultNetstreamDriver="gtls"
    defaultNetstreamDriverCAFile="/etc/ssl/ca/admin.com.pem"
    defaultNetstreamDriverCertFile="/etc/ssl/certs/client.com.pem"
    defaultNetstreamDriverKeyFile="/etc/ssl/private/client.com.key"
)

*.*      action(type="omfwd"
             Protocol="tcp"
             Target="logs.admin.com"
             Port="6514"
             StreamDriverMode="1"
             StreamDriver="gtls"
             StreamDriverAuthMode="x509/name"
         )
```

在这里，我们使用某种拼凑出来的（Frankenstein version）sysklogd 语法来转发所有的日志消息：action 部分没有用标准的 sysklogd 原生选项，而是采用了 RainerScript。如果你需要在哪些消息会被转发（或是需要将不同类别的消息发送到不同的目标）的问题上较真的话，可以使用 RainerScript 的过滤表达式，本章之前的一些例子中已经演示过了。

10.3.7 调试 syslog 配置

如果想从 shell 脚本或命令行中提交日志记录，那么 logger 命令可以派上用场。你也可以用该命令测试 rsyslog 配置文件的变更。例如，如果添加了以下行：

```
local5.warning     /tmp/evi.log
```

希望验证修改效果，可以执行命令：

```
$ logger -p local5.warning "test message"
```

包含“test message”的这行应该会被写入/tmp/evi.log。如果没有，那是不是你忘了重启 rsyslogd？

10.4 内核与引导期间的日志记录

内核和系统启动脚本在日志记录方面面临着一些特殊的挑战。对内核而言，如何在不依赖任何特定文件系统或文件系统组织结构的情况下创建永久的引导过程及内核操作记录，这是个问题。对启动脚本而言，难点在于既要记录下连贯准确的启动过程，还不能将系统守护进程一直与启动日志文件捆绑在一起，也不能干扰到程序自身的日志记录或是在启动脚本中塞满了仅用于在引导期间捕获消息的辅助代码。

内核在引导期间记录日志的方法是将日志记录保存在有限大小的内部缓冲区。该缓冲区足够容纳内核在引导期间的全部活动所产生的消息。系统在运行期间，用户进程可以访问内核的日志缓冲区并处理其中的内容。

在 Linux 系统中，systemd-journald 能够通过读取设备文件/dev/kmsg 从内核缓冲区中获取内核消息。journalctl -k 或 journalctl –dmesg 命令可以查看这些消息。你也可以使用传统的 dmesg 命令。

在 FreeBSD 和较老的 Linux 系统中，dmesg 命令是浏览内核缓冲区的最佳方法，其输出甚至包含有 init 启动之前产生的消息。

另一个与内核日志记录相关的问题是如何正确管理系统的控制台。在系统引导时，所有的输出都会进入控制台，这一点很重要。一旦系统开始正常运行，出现在控制台中的消息与其说是帮助，可能更多的还是干扰，尤其是控制台用于登录时。

在 Linux 中，dmesg 可以通过命令行选项设置内核控制台的日志记录级别，例如：

```
ubuntu$ sudo dmesg -n 2
```

级别 7 的输出最为繁杂，其中还包括调试信息。级别 1 只包括恐慌（panic）消息。级别数字越小，严重程度越高。不管是否被转发到控制台，所有的内核消息都会持续进入中央缓冲区（进而进入 syslog）。

10.5 日志文件的管理与轮替

Erik Troan 编写的实用工具 logrotate 实现了各种日志管理策略，是本书中所有示例 Linux 发行版的标准应用。它也可以运行于 FreeBSD，不过只能通过 ports collection 自行安装。FreeBSD 默认使用的是另一种日志轮替工具 newsyslog，详见 10.5.2 节。

10.5.1 logrotate：跨平台的日志管理工具

logrotate 配置包含了一系列针对被管理的日志文件组的规范。出现在日志文件规范之外的选项（例如下面例子中的 errors、rotate、weekly）应用于后续规范。它们可以在特定文件的规范中被覆盖，也可以随后在文件中重新指定，并修改默认行为。

下面这个例子多少有些刻意，其中演示了如何处理多个不同的日志文件。

```
# Global options
errors errors@book.admin.com
rotate 5
weekly

# Logfile rotation definitions and options
/var/log/messages {
    postrotate
        /bin/kill -HUP 'cat /var/run/syslogd.pid'
    endscript
}

/var/log/samba/*.log {
    notifempty
    copytruncate
    sharedscripts
    postrotate
        /bin/kill -HUP 'cat /var/lock/samba/*.pid'
    endscript
}
```

该配置每周轮替一次/var/log/messages。它保留了此文件的 5 个版本，每次文件被重置时都会提醒 rsyslog。Samba①的日志文件（有可能会是多个）同样会每周轮替，不过并非是被移动，然后重新记录；而是先复制，再被截断。只有在所有的日志文件都被轮替之后，系统才会向 Samba 守护进程发送 HUP 信号。

表 10.8 列出了比较有用的 logrotate.conf 选项。

---

① 有关 Samba 的详细内容参见本书第 22 章。——译者注

表 10.8 logrotate 选项

选项	含义
compress	压缩日志文件的所有非当前版本
daily、weekly、monthly	依据特定的调度计划轮替日志文件
delaycompress	压缩除当前和最近版本之外的其他所有版本
endscript	prerotate 或 postrotate 脚本的结束标记
errors emailaddr	将错误提醒发送至指定的 emailaddr
missingok	如果日志文件不存在，那么不发出抱怨信息
notifempty	如果日志文件为空，那么不执行轮替操作
olddir dir	指定要被放入 dir 中的旧版本日志文件
postrotate	引入在日志文件被轮替后运行的脚本
prerotate	引入在做出任何改动之前运行的脚本
rotate n	在轮替方案中包括 *n* 个版本的日志文件
sharedscripts	为整个日志组仅运行一次的脚本
size logsize	如果日志文件大小>logsize（例如，100 K，4 M），则进行轮替

logrotate 通常由 cron 每天运行一次。其标准配置文件是/etc/logrotate.conf，不过可以在 logrotate 的命令行中指定多个配置文件（或是包含配置文件的目录）。

Linux 发行版用到了这种特性，它定义了目录/etc/logrotate.d 作为 logrotate 配置文件的标准放置地点。知晓 logrotate（logrotate-aware）的软件包在安装过程中会顺便执行日志管理指令，这极大简化了管理工作。

delaycompress 选项值得进一步解释。有些应用程序会在上一个日志文件已经被轮替之后继续向其写入一点内容。可以用 delaycompress 将压缩操作向后推迟一个轮替周期。该选项会导致出现 3 种类型的日志文件：活跃的日志文件。之前已经被轮替但尚未被压缩的日志文件、已经被压缩并轮替的日志文件。

除了 logrotate，Ubuntu 还有一个更简单的程序 savelog，可用于管理单个文件的轮替。它用起来要比 logrotate 简单得多，也不用（或者说不需要）配置文件。比起 logrotate，有些软件版更喜欢按照自己的一套方法使用 savelog。

10.5.2 newsyslog：FreeBSD 中的日志管理

logrotate 对应于 FreeBSD 中的 newsyslog，这个命令的名字会让人产生误导，之所以这样命名是因为起初是打算用它来轮替 syslog 管理的文件。其语法和实现与 logrotate 完全不同，但除了奇特的日期格式，newsyslog 的配置语法实际上要更简单一些。

newsyslog 的主要配置文件是/etc/newsyslog.conf，其格式和语法参见 man newsyslog。默认的/etc/newsyslog.conf 中包含了标准日志文件的示例。

和 logrotate 一样，newsyslog 也是由 cron 运行的。在标准 FreeBSD 配置中，/etc/crontab 中有一行配置，用于每小时运行一次 newsyslog。

10.6 管理大规模日志

捕获日志消息，将其保存到磁盘，然后再转发到中央服务器，这是一回事。处理成百上千台服务器中的日志数据又完全是另一回事。如果不使用专门为此规模设计的工具，那么这种数据量大得根本无法有效管理。好在有多种商业及开源工具可以满足我们的需求。

10.6.1 ELK 工具栈

由 Elasticsearch、Logstash、Kibana 所组成的令人敬畏的“ELK”工具栈，可谓是开源领域毫无疑问的引领者，同时也的确是我们乐于使用的优秀软件族之一。这三者的组合可以帮助你归类、搜索、分析、可视化全球网络范围内日志记录客户端所产生的大量日志数据。ELK 是由 Elastic 研发的，该公司还提供 ELK 的培训、支持以及企业附加服务。

Elasticsearch 是一种可伸缩的数据库兼搜索引擎，提供了用于数据查询的 RESTful API。它既可以安装在处理少量数据的单个节点上，也可以安装在每秒索引数千事件的集群内的几十个节点上。搜索和分析日志数据是 Elasticsearch 最流行的应用之一。

如果说 Elasticsearch 是 ELK 工具栈的英雄，那么 Logstash 就是它的亲密伙伴和值得信任的搭档。Logstash 从包括队列系统（例如 RabbitMQ 和 AWS SQS）在内的多个来源接收数据。它也能从 TCP/UDP 套接字或传统的 syslog 中直接读取数据。Logstash 可以解析消息，向其中加入额外的字段后，还可以过滤不需要或不一致的数据。消息处理完毕之后，有数量众多的目标可供 Logstash 写入，其中当然也包括 Elasticsearch。

将日志记录发送给 Logstash 的方法不止一种。你可以将 syslog 配置成 Logstash 的输入并使用 rsyslog 的 omfwd 输出模块（参见 10.3.4 节）。也可以使用专门的日志托运工具（log shipper）。Elasticsearch 自己的这种工具叫作 Filebeat，它可以将日志送至 Logstash，或是直接交给 Elasticsearch。

ELK 的最后一名成员 Kibana 是 Elasticsearch 的图像化前端。用户可以通过其呈现的搜索界面在所有已经由 Elasticsearch 索引过的数据中查找需要的内容。Kibana 能够创建可视化输出，有助于用户对应用产生新的认识。例如，它可以在地图上标绘出日志事件，从地理位置上查看系统的运行状况。其他的一些插件能够添加报警和系统监视界面。

当然了，ELK 也会带来额外的运维负担。构建带有特定配置的大规模 ELK 并非易事，其管理同样需要时间和专业知识。我们所知的很多管理员（包括上市公司！）都因为软件 bug 或操作失误意外弄丢过数据。如果打算部署 ELK，那就得准备好一笔不菲的管理费用。

我们至少了解到有一种叫作 logz.io 的服务提供了产品级的“ELK 即服务”（ELK-as-a-service）。你可以将网络中的日志消息通过加密信道发送到 logz.io 提供的端点（endpoint）。在这里，消息被接收、索引，并通过 Kibana 处理完毕。这不是一个便宜的解决方案，不过值得一试。和很多云服务一样，你也许会发现在本地复制这种服务的代价是极其高昂的。

10.6.2 Graylog

Graylog 正在努力追赶 ELK 的领头地位。Graylog 在某些方面和 ELK 类似：它将数据保留在 Elasticsearch 中，直接或是像 ELK 工具栈那样通过 Logstash 接收日志消息。真正的不同在于 Graylog UI，很多用户反映这套 UI 非常棒，用起来也很简单。

Graylog 开源产品也具备 ELK 的一些企业特性，其中包括基于角色的访问控制以及 LDAP 集成。在选择新的日志记录基础设施时，Graylog 绝对值得入围最终的评选。

10.6.3 日志记录即服务

市面上有一些商业日志管理产品可供选用。Splunk 是最为成熟和值得信赖的。它提供了托管版本和内部部署（on-premise）版本。一些大型公司网络都依赖于 Splunk，将其作为日志管理工具和商业分析系统。但如果选择 Splunk 的话，那么费用可不低。

其他的 SaaS 选择包括 Sumo Logic、Loggly、Papertrail，所有这些产品都原生集成了 syslog，

并配备有合理的搜索界面。如果用的是 AWS，那么 Amazon CloudWatch Logs 服务能够从 AWS 服务以及你的自有应用中收集日志数据。

10.7 日志记录策略

多年来，日志管理已经从系统管理员的琐事变成了一件令人生畏的企业管理难题。IT 标准、法令、安全事故处理规定都可能会对日志数据处理有所要求。多数站点最终得采取某种全面的结构化方法管理日志。

单个系统的日志数据对于存储的影响来说微不足道，但对于涵盖数百台服务器、几十种应用的中央日志登记系统而言，情况就完全不同了。很大程度上多亏了 Web 服务承担的都是关键性任务，应用程序和守护进程的日志已经变得和操作系统日志一样重要了。

在设计日志记录策略的时候，记住下列问题。

- 涉及多少系统和应用？
- 可用的存储基础设施是什么类型？
- 日志要被留存多长时间？
- 哪种类型的事件重要？

这些问题的答案取决于商业需求以及可用标准或法规。例如，支付卡行业安全标准委员会（Payment Card Industry Security Standards Council）的一项标准要求日志必须留存在易于访问的介质中（例如，本地挂载的硬盘）达 3 个月时间，归档到长期介质中留存至少一年时间。标准还包括关于必须包含哪类数据的指南。

当然，就像我们的一位审稿人提到过的，你不会因为那些不属于自己的日志数据被传唤。出于此原因，有些站点并不收集（或是故意销毁）敏感的日志数据。至于能不能用这种方法摆脱责任，就得看你所适用的合规要求（compliance requirement）了。

无论上述问题的答案是什么，都要确保从信息安全与合规部门（如果有这个部门的话）获取信息。

对于大部分应用，考虑得到以下信息：

- 用户名或用户 ID；
- 事件成功或失败；
- 网络事件的源地址；
- 日期和时间（来自权威信息源，例如 NTP）；
- 添加、修改或删除的敏感数据；
- 事件详情。

日志服务器应该仔细考虑其存储策略。例如，基于云的系统也许能够立刻访问 90 天内的数据，时长为一年的旧数据会被转存到对象存储服务，再过 3 年的数据被保存到归档存储方案中。因为存储要求会随着时间发展，所以成功的实现必须能够轻松适应这些变化。

限制只有受信的系统管理员和解决合规及安全问题的人员才拥有中央日志服务器的 shell 访问权。除了满足可审核性要求，这些日志仓库系统在组织的日常业务中并没有扮演什么真正的角色，从而应用管理人员、最终用户以及用户服务部也就没有必要去访问。访问中央服务器中日志文件的行为本身也应该记录在日志中。

集中式管理得花工夫打造，对于小型站点，这就不一定划算了。我们建议将 20 台服务器作为考虑采用集中式的一个合理的门槛。在此规模以下，只需要确保日志的正确轮替，注意多进行归档，别把磁盘给塞满就行了。将日志文件也纳入监视方案中，如果日志文件停止增长，就发出警报。

第 11 章　驱动程序与内核

作为 UNIX 或 Linux 系统的“中央政府”，内核负责执行规则、共享资源、提供用户进程所依赖的核心服务。

至于内核到底做了什么，我们通常并不会考虑太多。这是件好事，因为即便是一条简单的命令（例如 cat /etc/passwd）也涉及一系列复杂的底层操作。如果把系统看作一架班机，我们希望命令就像“抬升到海拔 10 km”这样，而不用去操心飞机控制翼面所需的数千个细小的内部操作。

内核在抽象的高层接口之下隐藏了系统的硬件细节。这类似于程序员使用的 API：一个定义良好的接口提供了与系统交互所需的各种有用功能。内核提供的接口包括以下 5 种基本功能：

- 硬件设备的管理与抽象；
- 进程和线程（以及之间的通信方式）；
- 内存管理（虚拟内存和内存空间保护）；
- I/O 设施（文件系统、网络接口、串口等）；
- 内务管理（housekeeping）功能（启动、关机、定时器、多任务等）。

只有硬件驱动程序了解系统硬件特定的功能和通信协议。用户程序以及内核别的部分很大程度上并不知道此类信息。例如，磁盘文件系统与网络文件系统大不相同，但是内核的 VFS 层使两者在用户进程和内核其余部分看起来是一样的。你不需要知道所写入的数据是保存到了磁盘设备 #8 中第 3 829 块，还是被封装到 TCP 分组发往了以太网接口 e1000e。你只用知道这些数据会进入你所指定的文件描述符就够了。

内核通过进程（及其轻量级同类：线程）机制实现了 CPU 分时和内存保护。内核流畅地切换系统进程，给每个可运行的线程一小片工作时间。除非明确要求，内核会阻止进程之间读写彼此的内存空间。

内存管理系统为每个进程定义了地址空间，创建了一种假象：进程拥有一块无限的连续内存区域。实际上，不同进程的内存页面全都混乱地堆放在系统的物理内存中。只有内核的记账（bookkeeping）和内存保护机制才能分清楚它们。

位于硬件设备驱动程序与大部分内核之间的是 I/O 设施，它包括文件系统服务、联网子系统以及其他各种负责数据进出系统的服务。

11.1　内核相关的日常事务

几乎所有的内核功能都是用 C 语言编写的，另外还有少量的汇编语言代码用于获取无法通过 C 编译器指令访问的 CPU 特性（例如，很多 CPU 所定义的原子“读-修改-写”指令）。好在就算你不是 C 程序员，也没碰过内核代码，这都不妨碍你成为一名卓有成效的系统管理员。

在某一时刻，不可避免地要进行一些调校（tweak）。具体的调校形式有多种。

很多内核行为（例如网络分组转发）是由用户空间可访问的调校参数所控制或影响的。根据环境和工作负载正确地设置这些值是一项常见的管理任务。

另一项与内核相关的常见任务是安装新设备的驱动程序。新型号和类型的硬件（显卡、无线设备、专业声卡等）不断地上市，厂商发行的内核不可能总是配备好适合的驱动程序。

有时候，你甚至可能得从源代码构建新版本的内核。系统管理员并不需要经常构建内核，但在某些情况下确实有必要。这活儿其实比听起来要更容易。

内核是个棘手的家伙。哪怕是细小的修改都很容易使其变得不稳定。就算内核能够引导起来，它也未必就会像预期的那样运行。还有更糟的，如果没有制订一个有组织的评估计划，你甚至可能都意识不到系统性能已经受到了影响。对于内核的改动要谨慎，尤其是在生产系统中，一定要做好备用方案，以便能够恢复到已知的正常配置。

11.2　内核版本编号

在深入内核的各种相关问题之前，有必要占用点篇幅，讨论一下内核版本及其与发行版之间的关系。

Linux 和 FreeBSD 的内核一直处于持续不断的开发过程中。在此期间，缺陷被修改、新特性被添加、过时的特性被移除。

有的旧内核会得以继续支持一段时间。一些发行版也同样把重点放在了稳定性上，选择运行更旧、也更经受考验的内核。另一些发行版则尝试提供最新的设备支持和特性，不过稳定性就要略差一点。作为管理员，如何做出适应用户需求的选择，就是你的责任了。没有一劳永逸的解决方案。

11.2.1　Linux 内核版本

Linux 内核与基于内核的发行版之间彼此是独立开发的，因而内核有自己的版本化方案。有些内核发布版成为了某种流行标杆，从而经常会发现多种毫不相关的发行版全都采用的是相同的内核。你可以使用 uname -r 查看系统运行的是哪种内核。

Linux 内核版本遵循的是语义化版本管理（semantic versioning）规则，其中包含了 3 部分内容：主版本（major version）、次版本（minor version）以及补丁号（patch level）。目前，版本号与其是否为稳定状态或开发状态之间并没有可预测的关系。当开发人员认为某个版本的内核已经达到稳定，该版本就被冠以稳定版（stable）。另外，内核的主版本号的增长一直以来有些让人摸不着头脑。

多个稳定版本的内核可以同时处于长期维护状态。主流发行版采用的内核通常落后于最新的内核版本，而且这个差距还不小。有些发行版的内核甚至都过时了。

你可以通过内核源代码树来编译、安装新版的内核。但是我们并不推荐这么做。不同的发行版有不同的目标，厂商在选择内核版本时也是有针对性的。你根本不知道发行版会在什么时候出于一些细微但具体的考虑而避开某个新版本的内核。如果你需要较新的内核，那就安装一个针对该内核设计的发行版，别非要把新内核硬装到现有系统中。

11.2.2 FreeBSD 内核版本

FreeBSD 采用的版本与发布管理方法非常直观。项目维护着两个主要的产品版本，在本书撰写期间分别是版本 10 和 11。内核并没有单独的版本化方案，它作为完整的操作系统的一部分发布并采用同样的版本号。

较旧的两个主发布版（FreeBSD 10）可以视为维护版。颠覆性的新特性不会再加入其中，维护的重点放在了稳定性和安全更新上。

开发活动集中在较新的版本（目前是 FreeBSD 11）。作为一般用途的稳定版也是从此生成。不过，内核代码比起之前的主版本总是要新一些，经过的实践检验也要少一些。

一般来说，每 4 个月推出一个小版本（dot release）[①]。大版本会明确获得长达 5 年的支持，小版本会在下一个大版本推出之后继续享受 3 个月的支持。旧的小版本的生命期并不长，FreeBSD 希望用户通过打补丁的方式升级到最新版本。

11.3 设备及其驱动程序

设备驱动程序是一个抽象层，负责管理系统与特定类型硬件的交互，这使得内核的其余部分无须了解具体的细节。设备所理解的硬件命令和内核所定义（及使用）的固定编程接口之间的翻译由驱动程序完成。驱动程序层有助于大部分内核保持设备的独立性。

考虑到新硬件令人惊讶的研发速度，主流发行版要想完全跟上最新硬件的步伐是根本不可能的。所以偶尔你也得为新硬件自己动手安装设备驱动程序。

设备驱动程序是系统特定的，经常还针对特定版本范围的内核。其他操作系统（例如 Windows）的驱动程序是无法用于 UNIX 和 Linux 系统的，在购买新硬件时别忘了这一点。除此之外，设备的兼容性和功能在不同的 Linux 发行版中的表现也不尽相同，所以最好还是留意一些其他站点上与你感兴趣的硬件设备相关的使用经验。

关注 FreeBSD 和 Linux 市场的硬件厂商经常会发布相应的产品驱动程序。在最好的情况下，厂商会为你提供驱动程序及其安装指南。偶尔你会发现只有在一些语焉不详的 Web 页面上才能找到自己需要的驱动程序。购买硬件的时候留个心吧。

11.3.1 设备文件与设备编号

大多数情况下，设备驱动程序属于内核的一部分，并非用户进程。但通过/dev 目录中的“设

① 这里的 dot 指的是大版本后的点号。例如 Windows 3.1.1，其中 3 是大版本，后面的两个 1 都是小版本。——译者注

备文件”，无论是从内核还是用户空间，我们都可以访问驱动程序。内核会将文件操作映射为相应的驱动程序代码调用。

大多数非网络设备在/dev 中有一个或多个对应的文件。复杂的服务器有可能支持数百种设备。/dev 中的每个文件都有与之关联的主设备号和次设备号。内核利用这些编号把对设备文件的引用映射到对应的驱动程序中。

主设备号标识了与该文件关联的驱动程序（也就是设备类型）。次设备号通常标识了指定设备类型的某个实例。次设备号有时也叫作单元号。

ls -l 命令可以查看设备文件的主设备号和次设备号。

```
linux$ ls -l /dev/sda
brw-rw---- 1 root disk 8, 0 Jul 13 01:38 /dev/sda
```

这个例子中显示了 Linux 系统中第一块 SCSI/SATA/SAS 磁盘。其主设备号为 8，次设备号为 0。

驱动程序有时使用次设备号选择或启用设备特定的某些特性。例如，磁带设备在/dev 中有一个文件，关闭该文件时会自动倒带（rewind）；而关闭另一个文件时，磁带则不会倒回。驱动程序可以根据需要自行解释次设备号。阅读驱动程序的手册页来了解具体的规则。

设备文件实际上有两种类型：块设备文件和字符设备文件。块设备一次读/写一个块（若干字节，通常是 512 的倍数）；字符设备一次读/写一个字节。在上例中 ls 输出的起始位置上的字母 b 表明/dev/sda 是一个块设备；如果是字符设备的话，ls 会在同样的位置上显示字母 c。

在传统设置上，某些设备要么作为块设备，要么作为字符设备，不管处于哪种模式，均有单独的设备文件可供访问。磁盘和磁带同时拥有两种模式，但其他大多数设备就不是这样了。不过像这样并存的访问模式已经不再使用了。FreeBSD 将之前所有的双模式设备描述成字符设备，Linux 则将其描述为块设备。

实现一种抽象的设备驱动程序有时也很方便，哪怕是不控制任何设备。这种虚幻的设备叫作伪设备（pseudo-device）。例如，通过网络登录的用户会得到一个伪终端（PTY），在高层软件眼里，伪终端从各方面来看都像是一个串行接口。这样一来，在人们使用物理终端的日子里所编写的那些程序如今仍旧可以在窗口和网络的环境下继续发挥作用。/dev/zero、/dev/null、/dev/urandom 都属于伪设备。

当程序操作设备文件时，内核会拦截对于该设备文件的引用，在表格中查找对应的功能名称，然后将控制转移到驱动程序适合的部分。

如果要执行的操作在文件系统模型中无法直接模拟（例如，弹出 DVD 光盘），程序则使用 ioctl 系统调用将消息直接从用户空间传给驱动程序。标准的 ioctl 请求类型是由一个中央机构注册的，其方式类似于 IANA 所维护的网络协议编号。

FreeBSD 仍在继续使用从前的 ioctl 系统。传统的 Linux 设备也在用 ioctl，但是如今的联网代码使用的是更为灵活的 Netlink 套接字系统（RFC3549）。这种套接字提供了比 ioctl 更为灵活的消息系统，而且无须中央机构。

11.3.2 设备文件管理的难题

设备文件多年以来一直都是一个棘手的问题。当系统只支持少数类型设备时，手动维护设备文件还管得过来。随着可用设备数量的增长，/dev 目录下设备文件的数量越积越多，其中有些文件与当前系统还毫不相干。Red Hat Enterprise Linux 版本 3 中包含了超过 18 000 个设备文件，每个文件都对应着一种能够安装到系统中的硬件！静态设备文件的创建迅速成为了一个迫在眉睫的问题，堵死了向前发展的道路。

USB、FireWire、Thunderbolt 以及其他设备接口又带来了另一些麻烦。在理想状态下，一开始被识别为/dev/sda 的设备会一直作为/dev/sda，哪怕是出现了间歇性断开，也不管其他设备和总线如何。像数码相机、打印机、扫描仪（更别提那些可移动存储设备）这类短时设备（transient device）的出现更是忙中添乱，使得持久性标识问题愈加棘手。

网络接口也存在同样的问题。尽管也是设备，但网络接口在/dev 并没有设备文件。对于此类设备，如今的方式是使用一种相对简单的可预测网络接口命名系统（Predictable Network Interface Names System，PNINS），即便是在系统重启、更换硬件、修改驱动程序的情况下，该系统为接口分配的名称也能够保持不变。现代系统也采用了类似的方法处理其他设备的名称。

11.3.3 手动创建设备文件

现代系统都会自动管理设备文件。不过在极少数情况下，你可能仍需要使用 mknod 命令手动创建设备文件。具体做法如下。

```
mknod filename type major minor
```

其中，filename 是要创建的设备文件，type 是 c（字符设备）或 b（块设备），major 和 minor 分别是主设备号和次设备号。如果你创建的设备文件所引用到的驱动程序已经存在于内核中，那么请查看该驱动程序的文档，找出相应的主设备号和次设备号。

11.3.4 现代设备文件管理

Linux 和 FreeBSD 都实现了设备文件的自动管理。在经典的 UNIX 方式中，各个系统在概念上或多或少都有共同之处，但是在实现及配置文件的格式上，则是完全独立的。可谓是一派百花齐放的场面！

如果检测到新的设备，那么两种系统都会自动创建相应的设备文件。当设备消失时（例如，拔掉 U 盘），其设备文件也会被删除。由于架构方面的原因，Linux 和 FreeBSD 在“创建设备文件”的方法上各不相同。

在 FreeBSD 中，内核采用一种可挂载到/dev 的专用文件系统（devfs）来创建设备。在 Linux 中，有一个运行在用户空间的守护进程 udev 负责此项工作。两种系统侦听内核产生的底层事件流，了解设备的出现及消失。

但对于新发现的设备，我们要做的可远不止为其创建设备文件那么简单。如果是可移动存储设备，我们希望能够自动挂载文件系统；如果是一个集线器或通信设备，我们希望设置相应的内核子系统。

Linux 和 FreeBSD 将这种高级步骤都留给了用户空间的守护进程：udevd（Linux）和 devd（FreeBSD）。两个平台在概念上的主要差异在于 Linux 将大部分的决策交给了 udevd，而 FreeBSD 的 devfs 文件系统本身能够略做配置。

表 11.1 总结了 Linux 和 FreeBSD 平台上设备文件管理系统的各个组成部分。

表 11.1 自动化设备管理概要

组成部分	Linux	FreeBSD
/dev 文件系统	udev/devtmpfs	devfs
/dev 文件系统配置文件	—	/etc/devfs.conf /etc/devfs.rules
设备管理程序守护进程	udevd	devd
守护进程配置文件	/etc/udev/udev.conf /etc/udev/rules.d /lib/udev/rules.d	/etc/devd.conf
文件系统自动挂载	udevd	autofs

11.3.5　Linux 设备管理

Linux 系统管理员应该理解 udevd 的工作方式，知道如何使用 udevadm 命令。在深入这些细节之前，我们先来回顾一下 sysfs 的底层技术，udevd 正是从这个设备信息仓库中获取原始数据的。

1．sysfs：通往设备内部的窗口

Linux 内核 2.6 版中加入了 sysfs。它是由内核实现的一个虚拟的内存文件系统，采用良好的组织形式以提供系统中可用设备及其配置和状态的详细信息。无论是从内核还是用户空间都可以访问 sysfs 的设备信息。

sysfs 通常被挂载到/sys 目录，其中的内容包括设备使用的 IRQ[①]以及排队等待写入磁盘控制器的数据块数，可以说是应有尽有。sysfs 的指导原则之一就是/sys 中的每个文件只能描述底层设备的一种属性。这种约定为可能成为一团麻的数据施加了某些结构。

表 11.2 展示了/sys 的子目录，其中每个子目录都是 sysfs 注册过的子系统。具体的目录在不同的发行版中略有不同。

表 11.2　/sys 的子目录

目录	包含的内容
block	有关块设备（例如硬盘）的信息
bus	内核所知的各种总线：PCI-E、SCSI、USB 等
class	按照设备功能类型[a]组织成的目录树
dev	按照字符设备和块设备划分的设备信息
devices	所有已发现设备的分层次表达模型
fireware	特定平台子系统（例如 ACPI）的接口
fs	内核所知的部分文件系统
kernel	内核的内部信息，例如缓冲区和虚拟内存状态
module	内核加载的动态模块
power	系统电源状态的少许细节信息；最近已经不再使用了

注：a. 例如，声卡、显卡、输入设备、网络接口。

设备配置信息之前都在/proc 文件系统中（如果可用的话）。/proc 源自 System V UNIX，经历了一段时间的有序却也多少有些随意的发展。它收集了各种形式的无关信息，其中不少信息跟进程都没什么关系。尽管出于向后兼容性的考虑，/proc 中这些多余的杂项仍得以支持，但在反映内核内部数据结构方面，/sys 所采用的方式更具可预测性和组织性。我们期待所有与设备相关的信息以后能够逐渐被移入/sys。

2．udevadm：探究设备

udevadm 命令可以查询设备信息、触发事件、控制 udevd 守护进程、监视 udev 和内核事件。管理员主要用该命令建立及测试规则，下一节中我们会详述。

udevadm 要求使用以下 6 个命令中的其中一个作为其首个参数：info、trigger、settle、control、monitor、test。系统管理员最感兴趣的是 info 和 control，前者可以输出设备特定的信息，后者可以启动/停止 udevd 守护进程，或是强制其重新载入规则文件。monitor 可以显示出发生过的事件。

① Interrupt ReQuest（中断请求）。——译者注

下列命令显示了设备 sdb 的所有 udev 属性。由于篇幅所限，这里只截取了部分输出，实际输出中会列出设备树中作为 sdb 祖先的所有父设备，例如 USB 总线。

```
linux$ udevadm info -a -n sdb
...
looking at device '/devices/pci0000:00/0000:00:11.0/0000:02:03.0/
    usb1/1-1/1-1:1.0/host6/target6:0:0/6:0:0:0/block/sdb':
    KERNEL=="sdb"
    SUBSYSTEM=="block"
    DRIVER==""
    ATTR{range}=="16"
    ATTR{ext_range}=="256"
    ATTR{removable}=="1"
    ATTR{ro}=="0"
    ATTR{size}=="1974271"
    ATTR{capability}=="53"
    ATTR{stat}=="  71  986  1561  860 1 0 1 12 0 592 872"
...
```

udevadm 输出的所有路径（例如/devices/pci0000:00/...），即便看起来是绝对路径的形式，也都是相对于/sys 的。

在编写规则时，你可以将这种格式化输出再反馈给 udev。例如，如果 ATTR{size}=="1974271" 子句是该设备所独有的，那么你可以将其复制成一条规则，以作为识别标准。

其他的选项和语法请参看 udevadm 的手册页。

3. 规则与持久性名称

udevd 依赖于一套规则来指导设备管理。默认规则位于目录/lib/udev/rules.d，本地规则位于目录/etc/udev/rules.d。你不用去编辑或删除默认规则，只需要在本地规则目录中创建一个同名的新文件就可以忽略或覆盖掉默认规则文件了。

udevd 的主配置文件是/etc/udev/udev.conf，其默认行为已经很合理了。本书采用的示例发行版中的 udev.conf 文件中除了一行用于启用错误日志的配置之外，其他部分全都是注释。

遗憾的是，由于发行商和开发人员之间的政治纷争，导致发行版之间缺乏规则协同。默认规则目录中的很多文件名在不同的发行版中都是相同的，但是文件内容却大相径庭。

规则文件的名称都遵循 nn-descripton.rules 这样的模式，其中 nn 通常是两位数字。文件按照词典顺序处理，所以数字越小，越早被处理。两个规则目录中的文件在被守护进程 udevd 解析之前会先合并。后缀.rules 是强制性的，没有该后缀的文件会被忽略。

规则采用下列形式。

```
match_clause, [match_clause, ...] assign_clause, [ assign_clause, ... ]
```

match_clause 定义了规则应用的条件，assign_clause 告诉 udevd 当某个设备符合所有的 match_clause 时应该怎么处理。每个子句（clause）都是由一个键、一个操作符和一个值组成。例如，之前的 ATTR{size}=="1974271"就可以作为规则的一部分，它能够匹配所有 size 属性为 1974271 的设备。

大多数匹配键[①]引用的都是设备属性（udevd 从/sys 文件系统中获取），但有些键引用的是像操作处理这种依赖于具体上下文的属性（例如，设备的添加或删除）。所有的 match_clause 按照顺序进行匹配。

表 11.3 给出了 udevd 使用的匹配键。

---

① 即 match_clause 中出现的键。——译者注

表 11.3 udevd 用到的匹配键

匹配键	作用
ACTION	匹配事件类型，例如，add 或 remove
ATTR{filename}	匹配设备的 sysfs 值[a]
DEVPATH	匹配特定的设备路径
DRIVER	匹配设备使用的驱动程序
ENV{key}	匹配环境变量的值
KERNEL	匹配设备的内核名称
PROGRAM	执行外部命令；如果返回码为 0，则匹配
RESULT	匹配上一个 PROGRAM 调用的输出
SUBSYSTEM	匹配特定的子系统
TEST{omask}	测试文件是否存在；omask 可选

注：a. filename 是 sysfs 树的叶子（a leaf），对应于某个特定属性。

assign_clause 指定了 udevd 在处理匹配事件时所采取的处理方法，其格式和 match_clause 类似。

assign_clause 中最重要的键就是 NAME，它指明了 udevd 应该如何命名新设备。可选的 SYMLINK 键可以为/dev 下的设备文件产生符号链接。

接下来用一个 USB 闪存的配置样例将所有这些组成部分应用在一起。假设我们希望设备名称在多次插入设备时保持不变，另外还能够自动挂载和拆卸设备。

我们先插入闪存，查看内核是如何识别该设备的。实现这项任务的方法有好几种。执行 lsusb 命令，可以直接检查 USB 总线。

```
ubuntu$ lsusb
Bus 001 Device 007: ID 1307:0163 Transcend, Inc. USB Flash Drive
Bus 001 Device 001: ID 1d6b:0002 Linux Foundation 2.0 root hub
Bus 002 Device 001: ID 1d6b:0001 Linux Foundation 1.1 root hub
```

我们也可以执行 dmesg 或 journalctl 来检查内核日志项。在这个例子中，闪存插入操作留下了大量可供审计的踪迹。

```
Aug 9 19:50:03 ubuntu kernel: [42689.253554] scsi 8:0:0:0: Direct-
    Access    Ut163     USB2FlashStorage 0.00 PQ: 0 ANSI: 2
Aug 9 19:50:03 ubuntu kernel: [42689.292226] sd 8:0:0:0: [sdb] 1974271
    512-byte hardware sectors: (1.01 GB/963 MiB)
...
Aug 9 19:50:03 ubuntu kernel: [42689.304749] sd 8:0:0:0: [sdb] 1974271
    512-byte hardware sectors: (1.01 GB/963 MiB)
Aug 9 19:50:03 ubuntu kernel: [42689.307182] sdb: sdb1
Aug 9 19:50:03 ubuntu kernel: [42689.427785] sd 8:0:0:0: [sdb] Attached
    SCSI removable disk
Aug 9 19:50:03 ubuntu kernel: [42689.428405] sd 8:0:0:0: Attached scsi
    generic sg3 type 0
```

上面的日志消息表明设备被识别为 sdb，这就给了我们一种在/sys 中找出该设备的简单方法。使用 udevadm 检查/sys 文件系统，根据设备特征设定搜索规则。

```
ubuntu$ udevadm info -a -p /block/sdb/sdb1
looking at device '/devices/pci0000:00/0000:00:11.0/0000:02:03.0/
     usb1/1-1/1-1:1.0/host30/target30:0:0/30:0:0:0/block/sdb/sdb1':
     KERNEL=="sdb1"
     SUBSYSTEM=="block"
     DRIVER==""
     ATTR{partition}=="1"
```

```
    ATTR{start}=="63"
    ATTR{size}=="1974208"
    ATTR{stat}=="  71  792  1857  808 0 0 0 0 0 512 808"

looking at parent device '/devices/pci0000:00/0000:00:11.0/0000:02:03
    .0/usb1/1-1/1-1:1.0/host30/target30:0:0/30:0:0:0/block/sdb':
    KERNELS=="sdb"
    SUBSYSTEMS=="block"
    DRIVERS==""
    ATTRS{scsi_level}=="3"
    ATTRS{vendor}=="Ut163 "
    ATTRS{model}=="USB2FlashStorage"
...
```

udevadm 的输出给出了一些匹配条件。其中一个就是 size 字段，这个字段有可能是该设备唯一的。但如果分区大小发生改变的话，就无法识别设备了。所以我们换另一种办法，使用两个值的组合：设备的内核名称 sd 跟上另一个字母，以及 model 属性的内容 USB2FlashStorage。要想设定针对于这个闪存设备的规则，另一种不错的选择就是设备的序列号（输出中并没有显示出来）。

接下来将该设备的相关规则放入文件/etc/udev/rules.d/10-local.rules。因为我们的目标不止一个，所以需要一系列规则。

首先，处理在/dev 中所创建的设备符号链接。下面的规则利用 ATTRS 和 KERNEL 匹配键以及从 udevadm 输出中获得的信息来识别设备。

```
ATTRS{model}=="USB2FlashStorage", KERNEL=="sd[a-z]1",
    SYMLINK+="ate-flash%n"
```

（由于页面宽度的原因，这条规则被折叠显示了。在原始文件中，它其实是一行。）

在触发了规则时，udevd 会将/dev/ate-flashN 设置为设备的符号链接（N 是从 0 开始，按顺序接下来的整数）。我们预计符合规则的设备在系统中只会出现一个。如果出现了不止一个副本，它们在/dev 中的名称也会各不相同，但具体的名称依赖于设备的插入顺序。

接下来，我们使用 ACTION 键在 USB 总线上出现设备时执行命令。RUN 键可以创建相应的挂载点目录并挂载设备。

```
ACTION=="add", ATTRS{model}=="USB2FlashStorage", KERNEL=="sd[a-z]1",
    RUN+="/bin/mkdir -p /mnt/ate-flash%n"
ACTION=="add", ATTRS{model}=="USB2FlashStorage", KERNEL=="sd[a-z]1",
    PROGRAM=="/lib/udev/vol_id -t %N", RESULT=="vfat",
    RUN+="/bin/mount vfat /dev/%k /mnt/ate-flash%n"
```

PROGRAM 和 RUN 这两个键虽然看起来相似，但是 PROGRAM 键出现在 match_clause 中，只在规则匹配阶段发挥作用；而 RUN 键出现在 assign_clause 中，作为触发规则后相应处理操作的一部分。上面的第二条规则用于在使用 mount 命令的-t vfat 选项挂载闪存时，验证其是否采用了 Windows 文件系统。

当设备被移除时，使用类似的规则完成清理工作。

```
ACTION=="remove", ATTRS{model}=="USB2FlashStorage",
    KERNEL=="sd[a-z]1", RUN+="/bin/umount -l /mnt/ate-flash%n"
ACTION=="remove", ATTRS{model}=="USB2FlashStorage",
    KERNEL=="sd[a-z]1", RUN+="/bin/rmdir /mnt/ate-flash%n"
```

好了，现在各种规则已经就位，必须让 udevd 知道我们所做出的改动。udevadm 的 control 命令是少数需要 root 权限的命令之一。

```
ubuntu$ sudo udevadm control --reload-rules
```

重新载入规则之后，规则中出现的拼写错误会被悄无声息地忽略掉，哪怕是使用了--debug 选项也一样，所以一定要再三检查规则语法。

就是这样了！现在如果在USB接口中插入闪存，udevd会创建名为/dev/ate-flash1的符号链接，然后将设备挂载到/mnt/ate-flash1。

```
ubuntu$ ls -l /dev/ate*
lrwxrwxrwx 1 root root 4 2009-08-09 21:22 /dev/ate-flash1 -> sdb1

ubuntu$ mount | grep ate
/dev/sdb1 on /mnt/ate-flash1 type vfat (rw)
```

11.3.6 FreeBSD设备管理

我们在11.3.4节中简要提到过，FreeBSD实现了名为devfs的自管理（self-managing）/dev文件系统，其用户层面的设备管理守护进程叫作devd。

1. devfs：自动化设备文件配置

和Linux的udev文件系统不同，devfs本身就能够实现一定程度上的配置。但是该配置系统不仅奇特，而且效果颇为差强人意，它被划分成引导时部分（/etc/devfs.conf）和动态部分（/etc/devfs.rules）。这两个配置文件采用的语法不同，功能也不太一样。

静态（不可移动）设备在/etc/devfs.conf中配置。其中每行都是以操作开头的一条规则。可能的操作包括link、own、perm。link可以为特定设备设置符号链接。own和perm分别可以更改设备文件的所有权和权限。

每种操作都可以接收两个参数，具体的解释依赖于特定的操作。例如，假设我们希望DVD-ROM设备/dev/cd0也可以通过/dev/dvd访问，那么可以像这样实现。

```
link cd0 dvd
```

下面两行配置可以设置设备的所有权和权限。

```
own cd0 root:sysadmin
perm cd0 0660
```

/etc/devfs.conf指定了为内置设备所采用的操作，/etc/devfs.rules包含了针对可移动设备的规则。devfs.rules中的规则还拥有可以使设备隐藏或无法访问的选项，这种选项能够在jail(8)环境中发挥作用。

2. devd：更高层面的设备管理

守护进程devd运行在后台，留意着与设备相关的内核事件，根据定义在/etc/devd.conf中的规则做出处理。devd的配置在devd.conf手册页中有详述，不过默认的devd.conf文件中包含了不少有用的例子以及富有启发的注释。

/etc/devd.conf的格式从概念上来说很简单，是由包含“子语句”组的“语句”组成的。语句实际上就是规则，子语句则给出了规则的细节。表11.4列出了可用的语句类型。

表11.4 /etc/devd.conf的语句类型

语句	特指
attach	设备接入时要做什么
detach	设备移除时要做什么
nomatch	如果其他语句不匹配设备时做什么
notify	如何响应某个设备的内核事件
options	devd自身的配置选项

尽管概念上很简单，但是子语句的配置语言既丰富又复杂。正因为如此，很多常见的配置语句都已经包含在标准发行版的配置文件中了。很多时候，你根本不需要去修改默认的/etc/devd.conf。

可移动设备（例如 USB 硬盘和 U 盘）的自动挂载现在是由 autofs 的 FreeBSD 实现来处理的，devd 已经不再负责此项工作了。有关 autofs 的一般性信息可参见 21.7 节。尽管在大多数类 UNIX 操作系统中都可以找到 autofs，但像 FreeBSD 这样为 autofs 分配额外工作的却不多见。

11.4 Linux 内核配置

你可以使用下列 3 种基本方法中的任意一种来配置 Linux 内核。最终有可能需要将所有方法全都尝试一遍。

- 修改可调整的（动态）内核配置参数。
- 重新构建内核（编译源代码，可能做出修改和添加）。
- 将新的驱动程序和模块动态加载到现有内核中。

不同的方法适用于不同的场景，弄懂了哪种任务需要哪种方法就算是成功了一半。其中，修改可调整参数是最简单，也是最常见的内核调校方式，而从源代码构建内核则是最难，也是最不常用到的。幸运的是，只要稍加练习，这些方法就能习惯成自然了。

11.4.1 调整 Linux 内核参数

很多内核模块和驱动程序并非是按照万能型来设计的。为了提高灵活性，系统管理员利用一些特殊的钩子（hook）来动态调节系统参数（例如内部表格大小或是内核在特定情况下的行为方式）。可以通过一种用途广泛的“内核-用户空间”接口来访问这些钩子，该接口以/proc 文件系统（也称为 procfs）中的文件作为表现形式。有时候，大型的用户级应用程序（尤其是像数据库这种作为基础设施的应用）可能需要系统管理员调整内核参数以适应其要求。

你可以通过/proc/sys 中的特殊文件在运行期间查看和设置内核选项。这些文件模仿了标准的 Linux 文件，但它们其实就是进入内核的后门。如果/proc/sys 中的某个文件包含了想要修改的值，你可以尝试写入该文件。可惜并非所有的文件都是可写的（不管这些文件所显示的是什么权限），而且相关的文档也不多。如果你安装了内核源代码树，那么你可以在子目录 Documentation/sysctl（或者到 Kerne 网站在线阅读）找到其中一些值及其含义。

例如，要想修改系统一次性能够打开的文件最大数量，可以这么做：

```
linux# cat /proc/sys/fs/file-max
34916
linux# echo 32768 > /proc/sys/fs/file-max
```

一旦习惯了这种非正统的接口，你会发现它颇有用处。不过要注意的是，系统重启之后，所做出的改动就失效了。

修改参数一劳永逸的方法是使用 sysctl 命令。sysctl 可以在命令行或是通过配置文件中的一系列 variable=value 来设置变量。在默认情况下，/etc/sysctl.conf 会在引导期间被读取，其内容用于设置参数的初始值。

例如：

```
linux# sysctl net.ipv4.ip_forward=0
```

该命令会关闭 IP 转发功能。（或者，你也可以手动编辑/etc/sysctl.conf。）sysctl 所用到的变量名可以通过将/proc/sys 目录结构中的斜线替换成点号来生成。

表 11.5 列出了一些 Linux 内核 3.10.0 及更高版本中常用到的一些可调整的参数。这些参数的默认值在不同的发行版中差异很大。

表 11.5 一些可调整的内核参数在/proc/sys 中所对应的文件

文件	功能
cdrom/autoclose	挂载时自动关闭 CD-ROM
cdrom/autoeject	卸载时自动弹出 CD-ROM
fs/file-max	设置能够打开的文件最大数量
kernel/ctrl-alt-del	按下<Control-Alt-Delete>时重启系统；对于不安全的终端，这么做也许能增强安全性
kernel/panic	如果发生内核恐慌，在重新引导之前需要等待的秒数：如果设置为 0，表示不自动重新引导系统
kernel/panic_on_oops	决定了出现 oops 或 bug 后，内核的行为：如果设置为 1，表示按照恐慌处理
kernel/printk_ratelimit	设置内核消息之间最少间隔的秒数
kernel/printk_ratelimit_burst	在 printk_ratelimit 达到之前，可以连续发送的消息数量
kernel/shmmax	设置共享内存的最大数量
net/ip*/conf/default/rp_filter	允许 IP 源路由验证 [a]
net/ip*/icmp_echo_ignore_all	如果设置为 1，则忽略 ICMP ping [b]
net/ip*/ip_forward	如果设置为 1，则允许 IP 转发 [c]
net/ip*/ip_local_port_range	设置建立连接时使用的本地端口范围 [d]
net/ip*/tcp_syncookies	抵御 SYN 泛洪攻击；如果你怀疑遭受到拒绝服务（DoS）攻击，可将其启用
tcp_fin_timeout	设置等待最后一个 TCP FIN 分组的秒数 [e]
vm/overcommit_memory	控制内存超额（overcommit）行为，也就是说，如果物理内存无法满足虚拟内存分配请求，内核该如何应对
vm/overcommit_ratio	定义了如果出现超额，可以使用多少物理内存（百分比）

注：a. 这种反欺骗机制可以使内核丢弃来自那些“不可能”路径上的分组。

b. 相关变量 icmp_echo_ignore_broadcasts 可以忽略 ICMP 广播 ping。将该值设为 1 基本上错不了。

c. 如果你想将 Linux 主机作为网络路由器使用，必须将该值设为 1。

d. 对于向外发起连接较多的服务器，可以将该范围扩大到 1 024～65 000。

e. 对于高流量的服务器，可以尝试降低该值（～20），以提高服务器性能。

注意，/proc/sys/net 有两个用于 IP 联网的子目录：ipv4 和 ipv6。管理员过去只用关心 IPv4 就够了，因为这是唯一的选择。但在本书撰写之时（2017 年），IPv4 地址块已全部分配完毕，IPv6 如今几乎无处不在，哪怕是在小型组织中也不例外。

一般来说，如果你打算支持两种协议，那么修改了 IPv4 参数的同时也应该修改 IPv6 参数。很容易出现只修改了一个 IP 版本的情况，结果就是几个月或几年之后，用户反映出现了怪异的网络行为。

11.4.2 构建定制内核

考虑到 Linux 的快速演变，你指不定什么时候就需要构建一个定制内核。内核补丁、设备驱动程序、新特性源源不断地出现，这可谓是好坏参半。一方面，这样使我们有资格置身于活跃且充满生气的软件生态环境；另一方面，单单是跟上持续涌现的新事物本身就已经算得上是一项工作了。

1. 如果没出事，那就别动它

在计划升级内核和打补丁时，仔细衡量站点的需求和风险。新发布的内核也许是最新的、最好的，但它也和当前版本一样稳定吗？是否可以等到月底连同另一批补丁一块升级？克制住攀比之心（这里指的是内核高手社区）的诱惑，不要让它影响到用户的最佳利益。

有一条不错的经验是这么说的：只有当升级或打补丁所带来的预期收益（通常指的是可靠性和性能）超过了安装所花费的功夫和时间，这时候才动手。如果在量化具体收益时遇到了麻烦，这就很好地表明了补丁应该推迟再打。（当然，和安全相关的补丁应该及时应用。）

2. 准备构建内核

如果你采用的发行版一开始使用的就是“稳定”（stable）内核，那你不大用得着构建自己的内核。习惯上用版本号的第二部分表明内核是稳定版（偶数）还是开发版（奇数）。但如今，内核开发人员不再沿用这套方案了。打开 Kernel 网站，看看某个内核版本的官方说法。如果你不打算依赖特定发行版或供应商来提供内核，那么 Kernel 网站也是获得 Linux 内核源代码的最佳来源。

每种发行版都有自己的一套配置和构建定制内核的方法。不过，发行版也支持传统的做法，这正是我们要在此讲述的。采用发行商推荐的做法一般来说是最安全的。

3. 配置内核选项

大多数发行版都将内核源代码安装在/usr/src/kernels 目录下以版本号命名的子目录中。不管任何时候，在构建内核之前都要先安装内核源代码包。软件包安装的技巧请参看第 6 章。

内核配置围绕着内核源代码根目录下的.config 文件。所有的内核配置信息均在此文件中指定，不过其格式有些让人费解。得按照 kernel_src_dir/Documentation/Configure.help 中的指南解读各种选项的含义。通常不建议手动编辑.config 文件，因为修改选项的效果未必总是明显。选项之间经常相互依赖，所以启用某个选项可不是简单地将 n 改成 y 这么简单。

为了避免直接编辑.config 文件，Linux 提供了几种 make 目标（target），帮助大家通过用户界面配置内核。如果你用的是 KDE，make xconfig 提供了最漂亮的配置界面。如果你用的是 GNOME，make gconfig 可能是最好的选择。这些命令能够启动图形用户界面，用户可以在其中挑选要添加到内核的设备（或是编译成可装载模块）。

要是没有使用 KDE 或 GNOME，还可以通过 make menuconfig 调用另一种基于终端的界面。最后，最简陋的 make config 会提示你答复每一个可用的配置选项，这意味着会出现大量的提问，而且如果你改变主意的话，就只能从头开始。如果环境支持的话，我们推荐 make xconfig 或 make gconfig；否则的话，就用 make menuconfig。别考虑 make config，这是最缺乏灵活性，也是最令人头疼的选择。

如果需要把现有的内核配置迁移到新的内核版本（或树），可以使用 make oldconfig 目标去读取先前的配置文件，这样就只会询问新版本内核才有的问题。

单就可以启用的选项而言，这些工具用起来很直观。遗憾的是，如果你想维护多个内核版本，以适应所在环境中的多种架构或硬件配置，它们可就没那么好用了。

上面讲到的各种配置界面最终都会生成.config 文件，其内容类似于这样：

```
# Automatically generated make config: don't edit
# Code maturity level options

CONFIG_EXPERIMENTAL=y

# Processor type and features
# CONFIG_M386 is not set
# CONFIG_M486 is not set
```

```
# CONFIG_M586 is not set
# CONFIG_M586TSC is not set
CONFIG_M686=y
CONFIG_X86_WP_WORKS_OK=y
CONFIG_X86_INVLPG=y
CONFIG_X86_BSWAP=y
CONFIG_X86_POPAD_OK=y
CONFIG_X86_TSC=y
CONFIG_X86_GOOD_APIC=y
...
```

如你所见，文件内容含义模糊，也没有描述各种 CONFIG 标签的含义。每行都指定了一个内核配置选项。y 值会将该选项编译进内核，m 值允许该选项作为可装载模块。

并不是所有选项都可以配置成模块。你得知道哪些能，哪些不能。从.config 文件中是看不出来的。CONFIG 标签也很难反映出有意义的信息。

选项的层次结构丰富，所以，如果打算仔细检查每一种可能性，这可不是一时半会的事情。

4. 构建内核的二进制文件

设置适合的.config 文件是 Linux 内核配置过程中最重要的部分，但是要想得到最后的内核，还有另外几步操作也是不可或缺的。

下面概括了整个过程：

（1）将目录切换到（cd）内核源代码目录的顶层；

（2）执行 make xconfig、make gconfig 或 make menuconfig；

（3）执行 make clean；

（4）执行 make；

（5）执行 make modules_install；

（6）执行 make install。

如果 make install 没有帮你完成的话，你还得更新、配置、安装 GURB 引导装载程序的配置文件。GRUB 更新程序会扫描引导目录，查看是否有可用的内核，然后自动将其加入引导菜单。

make clean 这一步并不是非得执行，不过拥有一个干净的构建环境总是件好事。实际上，很多问题都是源于跳过了该环节。

11.4.3 添加 Linux 设备驱动程序

在 Linux 系统中，设备驱动程序通常以 3 种形式发布：

- 针对特定内核版本的补丁；
- 可装载的内核模块；
- 安装脚本或者是可安装驱动程序的软件包。

最常见的形式就是安装脚本或软件包。要是你足够幸运，能够得到采用这种形式的设备驱动程序，那就只需要按照安装新软件的方法搞定就行了。

如果得到的是特定内核版本的补丁，在大多数情况下，你可以按照下面的方法安装补丁。

```
linux# cd kernel_src_dir ; patch -p1 < patch_file
```

11.5 FreeBSD 内核配置

在 Linux 中用到的 3 种修改内核参数的方法在 FreeBSD 中同样适用：动态调整内核参数、从源代码构建全新的内核、动态装载模块。

11.5.1 调整 FreeBSD 内核参数

和 Linux 一样，很多 FreeBSD 参数都能够使用 sysctl 命令动态更改。你可以修改命令添加到 /etc/sysctl.conf 中，使其在引导期间自动设置参数值。大量参数都可以通过这种方法改动，sysctl -a 命令可以查看所有这些参数。要注意的是，该命令输出的参数并非全都可以改变，其中有不少是只读的。

接下来概述几个比较常见或值得关注的参数。

net.inet.ip.forwarding 和 net.inet6.ip6.forwarding 分别控制着 IPv4 和 IPv6 的 IP 分组转发功能。

kern.maxfiles 可以设置系统能够打开的文件描述符的最大数量。在诸如数据库或 Web 服务器这样的系统中，你可能需要增加这个值。

net.inet.tcp.mssdflt 可以设置默认的 TCP 最大分段大小（maximum segment size），这是能够在 IPv4 上传输的 TCP 分组的载荷大小（payload）。某些载荷大小对于长距离网络链接来说过大，有可能会被途中的路由器丢弃。修改该参数有助于调试长距离连通性问题。

net.inet.udp.blackhole 控制着分组抵达已关闭的 UPD 端口时是否会返回 ICMP “端口不可达”（port unreachable）分组。启用该选项（也就是禁用“端口不可达”分组）可能会减缓端口扫描器和潜在的攻击者。

net.inet.tcp.blackhole 在概念上类似于 udp.blackhole。当分组抵达已关闭的端口时，TCP 通常会发送一个 RST（重置连接）作为响应。将该参数设置为 1 的话，如果有 SYN（建立连接）抵达已关闭的端口，不产生 RST。设置为 2 的话，不管抵达已关闭端口的是哪种分段，均不产生 RST。

kern.ipc.nmbclusters 控制着系统可用的 mbuf cluster 数量。mbuf 是用于网络分组的内部存储结构，mbuf cluster 可以认为是 mbuf 的“载荷”。对于网络负载较大的服务器，可能需要增加该值（在 FreeBSD 10 中的默认值目前是 253 052）。

kern.maxvnodes 可以设置 vnode 的最大数量，vnode 用于跟踪文件的内核数据结构。增加可用的 vnode 数量能够在繁忙的服务器上提高磁盘吞吐量。如果你觉得服务器的性能欠佳，检查一下 vfs.numvnodes 的值，如果该值接近于 kern.maxnodes 的值，则增加后者。

11.5.2 构建 FreeBSD 内核

FreeBSD 服务器上的内核源代码采用的是压缩形式的归档文件。只需下载后安装就行了。安装好内核源代码树之后，内核的配置和构建过程和在 Linux 系统中差不多。不过在 FreeBSD 中，内核源代码总是位于/usr/src/sys。该目录下包含了一组子目录，各自对应着所支持的一种架构。在每个架构目录中，都有一个子目录 conf，其中包含着名为 GENERIC 的配置文件，用于所谓的“通用内核（generic kernel）”，这种内核支持所有可能的设备和选项。

GENERIC 文件相当于 Linux 的.config 文件。制作定制内核的第一步是在相同目录下将 GENERIC 文件复制成另一个不同名的全新文件，例如 MYCUSTIOM。第二步是编辑配置文件，通过注释掉用不着的功能和设备来修改其中的参数。最后一步是构建并安装内核。这一步必须在 /usr/scr 目录的顶层执行。

FreeBSD 的内核配置文件必须手动编辑，并没有 Linux 中那样专门的用户界面来帮助完成这项工作。一般格式信息可参看 config(5)手册页，配置文件的用法可参看 config(8)手册页。

配置文件包含了一些内部注释，描述了各个选项的作用。尽管如此，你还是需要一些广泛的技术背景来对选项的设置与否做出明智的判断。一般来说，你可以保留 GENERIC 配置文件中所有选项的启用状态，只修改针对特定设备的那些配置行。除非你十分确定用不着某些选项，否则最好将其启用。

在构建过程的最后一步，FreeBSD有一个高度自动化的make bulidkernel目标，可以实现配置文件解析、生成构建目录、复制相关源代码文件及编译。该目标能够以构建变量KERNCONF的形式接受定制的配置文件名。还有一个类似的安装目标make installkernel，负责安装内核和引导装载程序。

下面总结了整个构建过程。

（1）将目录切换到（cd）与所用架构相对应的/usr/src/sys/arch/conf。

（2）复制通用配置：cp GENERIC MYCUSTOM。

（3）编辑配置文件MYCUSTOM。

（4）将目录切换到/usr/src。

（5）执行make buildkernel KERNCONF=MYCUSTOM。

（6）执行make installkernel KERNCONF=MYCUSTOM。

注意，这些步骤不能实现交叉编译。也就是说，如果构建机器采用的是AMD64架构，你不能切换到/usr/src/sys/sparc/conf，接着执行正常的步骤，最后得到一个支持SPARC的内核。

11.6 可装载内核模块

可装载内核模块（Loadable Kernel Modules，LKM）可用于Linux和FreeBSD。LKM允许在内核运行的同时将设备驱动程序或其他任何内核组件链接到内核或从内核移除。由于无须更新内核二进制文件，这种功能有助于驱动程序的安装。另外也使得内核能够保持更小的体积，因为驱动程序只会在需要时载入。

可装载的驱动程序固然方便，但并非100%安全。在装载或卸载模块时，随时都有可能造成内核恐慌。如果你不想把系统搞崩溃，就别去尝试没经过测试的模块。

和设备与驱动程序管理其他方面一样，可装载模块的实现同样依赖于操作系统。

11.6.1 可装载的Linux内核模块

在Linux中，几乎一切都可以构建成可装载内核模块。根文件系统类型以及PS/2鼠标驱动程序是例外。

可装载内核模块按照惯例都保存在/lib/modules/version之下，其中version是Linux内核版本号（和uname -r返回的一样）。

你可以使用lsmod命令检查当前装载的模块。

```
redhat$ lsmod
Module              Size    Used by
ipmi_devintf        13064   2
ipmi_si             36648   1
ipmi_msghandler     31848   2 ipmi_devintf,ipmi_si
iptable_filter      6721    0
ip_tables           21441   1 iptable_filter
...
```

这台机器上已装载的模块包括智能平台管理接口模块（Intelligent Platform Management Interface module）和iptables防火墙。

作为一个手动装载内核模块的例子，下面演示了如何插入一个模块，实现向USB设备输出声音。

```
redhat$ sudo modprobe snd-usb-audio
```

我们可以在装载模块时向其传递参数。例如：

```
redhat$ sudo modprobe snd-usb-audio nrpacks=8 async_unlink=1
```

modprobe 是另一个更加原始的命令 insmod 的半自动化包装程序。modprobe 理解依赖关系、选项以及安装和删除过程。另外还会检查运行内核的版本号，从/lib/modules 中选择适合的模块版本。它通过查询文件/etc/modprobe.conf 了解如何处理各个模块。

只要可装载内核模块被手动插入内核，模块就会一直处于活动状态，直到你明确将其移除或是重启系统。modprobe -r snd-usb-audio 可以将之前装载的音频模块移除。只有当模块的当前引用数量为 0（在 lsmod 输出中的“Used by”一列）时才会被真正移除。

可以执行 modprobe -c 动态生成对应于当前所有已安装模块的/etc/modprobe.conf 文件。该命令生成的长文件内容类似于下面这样。

```
#This file was generated by: modprobe -c
path[pcmcia]=/lib/modules/preferred
path[pcmcia]=/lib/modules/default
path[pcmcia]=/lib/modules/2.6.6
path[misc]=/lib/modules/2.6.6
...
# Aliases
alias block-major-1 rd
alias block-major-2 floppy
...
alias char-major-4 serial
alias char-major-5 serial
alias char-major-6 lp
...
alias dos msdos
alias plip0 plip
alias ppp0 ppp
options ne io=x0340 irq=9
```

path 语句指明在哪里可以找到特定的模块。你可以修改或添加这种类型的条目以确保模块保留在非标准位置。

alias 语句提供了模块名与块-主设备编号、字符-主设备编号、文件系统、网络设备、网络协议之间的映射关系。

options 语句并不是动态生成的，必须由管理员手动添加。该语句指定了装载模块时要传入的模块参数。例如，你可以像下面这样给 USB 音频模块传递额外的选项。

```
options snd-usb-audio nrpacks=8 async_unlink=1
```

modprobe 也能理解 install 和 remove 语句。这些语句允许在插入或移除特定模块时执行某些命令。

11.6.2 可装载的 FreeBSD 内核模块

FreeBSD 的内核模块位于/boot/kernel（作为发行版组成部分的标准模块）或/boot/modules（移植的、专有的以及定制模块）。所有内核模块都采用.ko 作为文件扩展名，不过在装载、卸载或是浏览模块状态时，也可以不指定该扩展名。

例如，要想装载名为 foo.ko 的模块，可以在相应的目录中执行 kldload foo。要想卸载该模块，可以在任何位置执行 kldunload foo。要想浏览该模块的状态，可以在任何位置执行 kldstat -m foo。不带任何参数的 kldstat 会显示出目前所有已装载的模块状态。

在文件/boot/defaults/loader.conf（系统默认）或/boot/loader.conf 中列出的模块会在引导期间自

动装载。如果需要在/boot/loader.conf中添加新条目，可以采用下列形式。

```
zfs_load="YES"
```

正确的变量名是在模块基础名称（basename）之后跟上_load。这一行可以确保模块/boot/kernel/zfs.ko会在引导期间装载，该模块实现了ZFS文件系统。

11.7 引导

现在我们已经掌握了一些内核的基本知识，是时候学习内核装载和初始化过程了。你肯定见过密密麻麻的引导消息，但你是否知道这些消息究竟代表什么含义？

下面的消息和注解取自引导过程中的一些关键阶段。这几乎肯定不会和你在自己所用的系统和内核中见到的完全一样。不过也应该能够让你对引导过程中的某些主题有一个概念，感受到Linux和FreeBSD内核启动的来龙去脉。

11.7.1 Linux引导消息

我们要检查的首个引导记录取自运行着内核3.10.0的CentOS 7主机。

```
Feb 14 17:18:57 localhost kernel: Initializing cgroup subsys cpuset
Feb 14 17:18:57 localhost kernel: Initializing cgroup subsys cpu
Feb 14 17:18:57 localhost kernel: Initializing cgroup subsys cpuacct
Feb 14 17:18:57 localhost kernel: Linux version 3.10.0-327.el7.x86_64
    (builder@kbuilder.dev.centos.org) (gcc version 4.8.3 20140911 (Red
    Hat 4.8.3-9) (GCC) ) #1 SMP Thu Nov 19 22:10:57 UTC 2015
Feb 14 17:18:57 localhost kernel: Command line: BOOT_IMAGE=/
    vmlinuz-3.10.0-327.el7.x86_64 root=/dev/mapper/centos-root ro
    crashkernel=auto rd.lvm.lv=centos/root rd.lvm.lv=centos/swap rhgb
    quiet LANG=en_US.UTF-8
```

这些初始化消息表明顶层控制组（cgroup）是在Linux 3.10.0内核上启动的。另外还告诉了我们谁在哪里、使用了哪种编译器（gcc）构建的内核。要注意的是，尽管该日志来自CentOS系统，但CentOS只是Red Hat的复制版，引导消息也提醒了我们这一点。

在GRUB引导配置中设置并传入内核的参数以“命令行”的形式在上面列出。

```
Feb 14 17:18:57 localhost kernel: e820: BIOS-provided physical RAM map:
Feb 14 17:18:57 localhost kernel: BIOS-e820: [mem 0x0000000000000000-
    0x000000000009fbff] usable
Feb 14 17:18:57 localhost kernel: BIOS-e820: [mem 0x000000000009fc00-
    0x000000000009ffff] reserved
...
Feb 14 17:18:57 localhost kernel: Hypervisor detected: KVM
Feb 14 17:18:57 localhost kernel: AGP: No AGP bridge found
Feb 14 17:18:57 localhost kernel: x86 PAT enabled: cpu 0, old
    0x7040600070406, new 0x7010600070106
Feb 14 17:18:57 localhost kernel: CPU MTRRs all blank - virtualized
    system.
Feb 14 17:18:57 localhost kernel: e820: last_pfn = 0xdfff0 max_arch_pfn
    = 0x400000000
Feb 14 17:18:57 localhost kernel: found SMP MP-table at [mem 0x0009fff0-
    0x0009ffff] mapped at [ffff88000009fff0]
Feb 14 17:18:57 localhost kernel: init_memory_mapping: [mem
    0x00000000-0x000fffff]
...
```

这些消息描述了内核已经检测到的处理器，显示了 RAM 是如何被映射的。注意，内核知道自己是在 hypervisor 中而不是在裸硬件（bare hardware）上引导的。

```
Feb 14 17:18:57 localhost kernel: ACPI: bus type PCI registered
Feb 14 17:18:57 localhost kernel: acpiphp: ACPI Hot Plug PCI Controller
    Driver version: 0.5
...
Feb 14 17:18:57 localhost kernel: PCI host bridge to bus 0000:00
Feb 14 17:18:57 localhost kernel: pci_bus 0000:00: root bus resource [bus
    00-ff]
Feb 14 17:18:57 localhost kernel: pci_bus 0000:00: root bus resource [io
    0x0000-0xffff]
Feb 14 17:18:57 localhost kernel: pci_bus 0000:00: root bus resource
    [mem 0x00000000-0xffffffff]
...
Feb 14 17:18:57 localhost kernel: SCSI subsystem initialized
Feb 14 17:18:57 localhost kernel: ACPI: bus type USB registered
Feb 14 17:18:57 localhost kernel: usbcore: registered new interface driver
    usbfs
Feb 14 17:18:57 localhost kernel: PCI: Using ACPI for IRQ routing
```

在这里，内核初始化了包括 PCI 总线和 USB 子系统在内的各种系统数据总线。

```
Feb 14 17:18:57 localhost kernel: Non-volatile memory driver v1.3
Feb 14 17:18:57 localhost kernel: Linux agpgart interface v0.103
Feb 14 17:18:57 localhost kernel: crash memory driver: version 1.1
Feb 14 17:18:57 localhost kernel: rdac: device handler registered
Feb 14 17:18:57 localhost kernel: hp_sw: device handler registered
Feb 14 17:18:57 localhost kernel: emc: device handler registered
Feb 14 17:18:57 localhost kernel: alua: device handler registered
Feb 14 17:18:57 localhost kernel: libphy: Fixed MDIO Bus: probed
...
Feb 14 17:18:57 localhost kernel: usbserial: USB Serial support
    registered for generic
Feb 14 17:18:57 localhost kernel: i8042: PNP: PS/2 Controller
    [PNP0303:PS2K,PNP0f03:PS2M] at 0x60,0x64 irq 1,12
Feb 14 17:18:57 localhost kernel: serio: i8042 KBD port 0x60,0x64 irq 1
Feb 14 17:18:57 localhost kernel: serio: i8042 AUX port 0x60,0x64 irq 12
Feb 14 17:18:57 localhost kernel: mousedev: PS/2 mouse device common for
    all mice
Feb 14 17:18:57 localhost kernel: input: AT Translated Set 2 keyboard as /
    devices/platform/i8042/serio0/input/input2
Feb 14 17:18:57 localhost kernel: rtc_cmos rtc_cmos: rtc core: registered
    rtc_cmos as rtc0
Feb 14 17:18:57 localhost kernel: rtc_cmos rtc_cmos: alarms up to one
    day, 114 bytes nvram
Feb 14 17:18:57 localhost kernel: cpuidle: using governor menu
Feb 14 17:18:57 localhost kernel: usbhid: USB HID core driver
```

这些消息指明了内核发现的各种设备，其中包括电源按钮、USB hub、鼠标以及实时钟（Real-Time Clock，RTC）芯片。有些“设备”属于元设备（metadevice），并非真实的硬件。例如，USB 人体学接口设备（USB Human Interface Device，USBHID）驱动程序管理着键盘、鼠标、平板设备、游戏手柄以及其他遵循 USB 报告标准的输入设备。

```
Feb 14 17:18:57 localhost kernel: drop_monitor: Initializing network drop
    monitor service
Feb 14 17:18:57 localhost kernel: TCP: cubic registered
Feb 14 17:18:57 localhost kernel: Initializing XFRM netlink socket
Feb 14 17:18:57 localhost kernel: NET: Registered protocol family 10
Feb 14 17:18:57 localhost kernel: NET: Registered protocol family 17
```

内核在该阶段会初始化各种网络驱动程序和设施。

drop monitor 是 Red Hat 内核的子系统，全面实现了对于网络分组丢失的监视。TCP cubic 是一种网络拥塞控制算法，专门为称作“长肥管道”（long fat pipe）的高延迟、高带宽连接进行了优化。

在 11.3.2 节提到过，Netlink 套接字是内核与用户级进程之间通信的一种现代方法。XFRM Netlink 套接字是用户级 IPsec 进程与内核的 IPsec 例程之间的通信连接。

最后两行表明注册了另外两种网络协议。

```
Feb 14 17:18:57 localhost kernel: Loading compiled-in X.509 certificates
Feb 14 17:18:57 localhost kernel: Loaded X.509 cert 'CentOS Linux kpatch
    signing key: ea0413152cde1d98ebdca3fe6f0230904c9ef717'
Feb 14 17:18:57 localhost kernel: Loaded X.509 cert 'CentOS Linux Driver
    update signing key: 7f421ee0ab69461574bb358861dbe77762a4201b'
Feb 14 17:18:57 localhost kernel: Loaded X.509 cert 'CentOS Linux kernel
    signing key: 79ad886a113ca0223526336c0f825b8a94296ab3'
Feb 14 17:18:57 localhost kernel: registered taskstats version 1
Feb 14 17:18:57 localhost kernel: Key type trusted registered
Feb 14 17:18:57 localhost kernel: Key type encrypted registered
```

和其他操作系统一样，CentOS 也提供了一种引入和验证更新的方法。验证部分使用的是已安装到内核的 X.509 证书。

```
Feb 14 17:18:57 localhost kernel: IMA: No TPM chip found, activating
    TPM-bypass!
Feb 14 17:18:57 localhost kernel: rtc_cmos rtc_cmos: setting system clock
    to 2017-02-14 22:18:57 UTC (1487110737)
```

在这里，内核报告在系统中找不到受信平台模块（Trusted Platform Module，TPM）。TRM 芯片是一种加密硬件设备，能够提供安全的签名操作。如果恰当运用，能够极大地增加攻破系统的难度。

例如，TRM 可以用于签名内核代码，使得系统拒绝执行任何当前签名与 TPM 签名不一致的代码。这一举措有助于避免恶意注入的代码的执行。指望着使用 TPM 的管理员看到这条消息会不高兴的！

最后一条消息显示出内核将带有备用电池的实时时钟设置成了当前时间。这也是我们之前在设备识别时提到的那个 RTC。

```
Feb 14 17:18:57 localhost kernel: e1000: Intel(R) PRO/1000 Network
    Driver - version 7.3.21-k8-NAPI
Feb 14 17:18:57 localhost kernel: e1000: Copyright (c) 1999-2006 Intel
    Corporation.
Feb 14 17:18:58 localhost kernel: e1000 0000:00:03.0 eth0:
    (PCI:33MHz:32-bit) 08:00:27:d0:ae:6f
Feb 14 17:18:58 localhost kernel: e1000 0000:00:03.0 eth0: Intel(R)
    PRO/1000 Network Connection
```

内核现在发现了一个吉比特以太网接口并将其初始化。如果你希望主机通过 DHCP 获取 IP 地址，可能会对该接口的 MAC 地址（08:00:27:d0:ae:6f）感兴趣。在 DHCP 服务器配置中，特定的 IP 地址经常固定分配给特定的 MAC，以便服务器实现 IP 地址的连贯性。

```
Feb 14 17:18:58 localhost kernel: scsi host0: ata_piix
Feb 14 17:18:58 localhost kernel: ata1: PATA max UDMA/33 cmd 0x1f0 ctl
    0x3f6 bmdma 0xd000 irq 14
Feb 14 17:18:58 localhost kernel: ahci 0000:00:0d.0: flags: 64bit ncq
    stag only ccc
Feb 14 17:18:58 localhost kernel: scsi host2: ahci
Feb 14 17:18:58 localhost kernel: ata3: SATA max UDMA/133 abar
    m8192@0xf0806000 port 0xf0806100 irq 21
Feb 14 17:18:58 localhost kernel: ata2.00: ATAPI: VBOX CD-ROM, 1.0, max
    UDMA/133
```

```
Feb 14 17:18:58 localhost kernel: ata2.00: configured for UDMA/33
Feb 14 17:18:58 localhost kernel: scsi 1:0:0:0: CD-ROM VBOX
    CD-ROM          1.0 PQ: 0 ANSI: 5
Feb 14 17:18:58 localhost kernel: tsc: Refined TSC clocksource
    calibration: 3399.654 MHz
Feb 14 17:18:58 localhost kernel: ata3: SATA link up 3.0 Gbps (SStatus
    123 SControl 300)
Feb 14 17:18:58 localhost kernel: ata3.00: ATA-6: VBOX HARDDISK, 1.0,
    max UDMA/133
Feb 14 17:18:58 localhost kernel: ata3.00: 16777216 sectors, multi 128:
    LBA48 NCQ (depth 31/32)
Feb 14 17:18:58 localhost kernel: ata3.00: configured for UDMA/133
Feb 14 17:18:58 localhost kernel: scsi 2:0:0:0: Direct-Access ATA
    VBOX HARDDISK     1.0 PQ: 0 ANSI: 5
Feb 14 17:18:58 localhost kernel: sr 1:0:0:0: [sr0] scsi3-mmc drive:
    32x/32x xa/form2 tray
Feb 14 17:18:58 localhost kernel: cdrom: Uniform CD-ROM driver Revision:
    3.20
Feb 14 17:18:58 localhost kernel: sd 2:0:0:0: [sda] 16777216 512-byte
    logical blocks: (8.58 GB/8.00 GiB)
Feb 14 17:18:58 localhost kernel: sd 2:0:0:0: [sda] Attached SCSI disk
Feb 14 17:18:58 localhost kernel: SGI XFS with ACLs, security attributes,
    no debug enabled
Feb 14 17:18:58 localhost kernel: XFS (dm-0): Mounting V4 Filesystem
Feb 14 17:18:59 localhost kernel: XFS (dm-0): Ending clean mount
```

内核在这里识别并初始化了各种设备（硬盘驱动器、基于 SCSI 的虚拟 CD-ROM、ATA 硬盘）。另外还挂载了一个文件系统（XFS），作为设备映射器（device-mapper）子系统（dm-0 文件系统）的组成部分。

如你所见，Linux 内核引导消息多得简直就像一场灾难。但是，你也可以放心地看到内核在启动时所做的一切操作，如果碰到了问题，这可是最有用的功能。

11.7.2 FreeBSD 引导消息

以下的日志取自 FreeBSD 10.3-RELEASE 系统，采用发布时的内核。大部分输出看起来很熟悉，事件的顺序也和 Linux 八九不离十。有一处值得注意的差异是 FreeBSD 内核生成的引导消息要远少于 Linux。相较于 Linux，FreeBSD 简直是沉默寡言到家了。

```
Sep 25 12:48:36 bucephalus kernel: FreeBSD 10.3-RELEASE #0 r297264: Fri
    Mar 25 02:10:02 UTC 2016
Sep 25 12:48:36 bucephalus kernel: root@releng1.nyi.freebsd.org:/usr/obj/
    usr/src/sys/GENERIC amd64
Sep 25 12:48:36 bucephalus kernel: FreeBSD clang version 3.4.1 (tags/
    RELEASE_34/dot1-final 208032) 20140512
```

上面的初始化消息给出了操作系统的发布版、内核的构建时间、构建者的名字、用到的配置文件以及生成代码的编译器（Clang 3.4.1）。①

```
Sep 25 12:48:36 bucephalus kernel: real memory = 4831838208 (4608 MB)
Sep 25 12:48:36 bucephalus kernel: avail memory = 4116848640 (3926 MB)
```

以上是系统的内存总量以及可用的用户空间内存量。余下的内存保留给内核本身使用。

4 608 MB 的总内存量可能看起来有点奇怪。但这个 FreeBSD 实例其实是运行在 hypervisor 之下。“真实内存”（real memory）量是在配置虚拟机时所设置的一个任意值。在裸系统中，总内存

① 好吧，这其实是一个编译器前端。不过咱们就别在这挑剔了吧。

量会是 2 的幂，因为实际的 RAM 芯片就是这样制造出来的（例如，8 192 MB）。

```
Sep 25 12:48:36 bucephalus kernel: vgapci0: <VGA-compatible display>
    mem 0xe0000000-0xe0ffffff irq 18 at device 2.0 on pci0
Sep 25 12:48:36 bucephalus kernel: vgapci0: Boot video device
```

这是在 PCI 总线上发现的默认显卡。在输出中显示了该显卡的帧缓冲区被映射到的内存区间。

```
Sep 25 12:48:36 bucephalus kernel: em0: <Intel(R) PRO/1000 Legacy
    Network Connection 1.1.0> port 0xd010-0xd017 mem 0xf0000000-
    0xf001ffff irq 19 at device 3.0 on pci0
Sep 25 12:48:36 bucephalus kernel: em0: Ethernet address:
    08:00:27:b5:49:fc
```

以上是以太网接口及其硬件（MAC）地址。

```
Sep 25 12:48:36 bucephalus kernel: usbus0: 12Mbps Full Speed USB v1.0
Sep 25 12:48:36 bucephalus kernel: ugen0.1: <Apple> at usbus0
Sep 25 12:48:36 bucephalus kernel: uhub0: <Apple OHCI root HUB, class
    9/0, rev 1.00/1.00, addr 1> on usbus0
Sep 25 12:48:36 bucephalus kernel: ada0 at ata0 bus 0 scbus0 tgt 0 lun 0
Sep 25 12:48:36 bucephalus kernel: cd0 at ata1 bus 0 scbus1 tgt 0 lun 0
Sep 25 12:48:36 bucephalus kernel: cd0: <VBOX CD-ROM 1.0> Removable
    CD-ROM SCSI device
Sep 25 12:48:36 bucephalus kernel: cd0: Serial Number VB2-01700376
Sep 25 12:48:36 bucephalus kernel: cd0: 33.300MB/s transfers (UDMA2,
    ATAPI 12bytes, PIO 65534bytes)
Sep 25 12:48:36 bucephalus kernel: cd0: Attempt to query device size
    failed: NOT READY, Medium not present
Sep 25 12:48:36 bucephalus kernel: ada0: <VBOX HARDDISK 1.0> ATA-6
    device
Sep 25 12:48:36 bucephalus kernel: ada0: Serial Number
    VBcf309b40-154c5085
Sep 25 12:48:36 bucephalus kernel: ada0: 33.300MB/s transfers (UDMA2,
    PIO 65536bytes)
Sep 25 12:48:36 bucephalus kernel: ada0: 4108MB (8413280 512 byte
    sectors)
Sep 25 12:48:36 bucephalus kernel: ada0: Previously was known as ad0
```

如上所示，内核初始化了 USB 总线、USB hub、CD-ROM 驱动器（实际上是 DVD-ROM 驱动器，但被虚拟化成了 CD-ROM）以及 ada 磁盘驱动程序。

```
Sep 25 12:48:36 bucephalus kernel: random: unblocking device.
Sep 25 12:48:36 bucephalus kernel: Timecounter "TSC-low" frequency
    1700040409 Hz quality 1000
Sep 25 12:48:36 bucephalus kernel: Root mount waiting for: usbus0
Sep 25 12:48:36 bucephalus kernel: uhub0: 12 ports with 12 removable,
    self powered
Sep 25 12:48:36 bucephalus kernel: Trying to mount root from ufs:/dev/
    ada0p2 [rw]...
```

FreeBSD 引导日志的最后一部分消息显示了各种杂项信息。伪设备“random”用于生成随机数。内核设置好随机数生成器种子并将生成器置于非阻塞模式。然后又出现了几个设备，接着内核挂载了根文件系统。

至此，内核引导消息就结束了。根文件系统挂载完成后，内核就转入多用户模式，初始化用户级启动脚本。这些脚本依次启动各种系统服务，将剩下的一切安排妥当。

11.8 在云中引导其他内核

云实例的引导不同于传统硬件。大多数云供应商都避开了 GRUB，要么用的是修改过的开源引导装载程序，要么采用某种完全不使用引导装载程序的方案。所以说，要想在云实例中引导内核，通常需要同云供应商提供的 Web 控制台或 API 打交道。

本节简要描述在我们用到的示例云平台中与引导和内核选择相关的一些具体事项。云系统更多的介绍请参见第 9 章。

在 AWS 中，你需要从一个以 PV-GRUB 作为引导装载程序的基础 Amazon 机器镜像（Amazon Machine Image，AMI）开始。PV-GRUB 使用的是传统 GRUB 的修改版，你可以在 AMI 的 menu.lst 文件中指定内核。

编译完新内核后，修改/boot/grub/menu.lst，将其添加到引导列表中。

```
default 0
fallback 1
timeout 0
hiddenmenu

title My Linux Kernel
root (hd0)
kernel /boot/my-vmlinuz-4.3 root=LABEL=/ console=hvc0
initrd /boot/my-initrd.img-4.3

title Amazon Linux
root (hd0)
kernel /boot/vmlinuz-4.1.10-17.31.amzn1.x86 root=LABEL=/ console=hvc0
initrd /boot/initramfs-4.1.10-17.31.amzn1.x86.img
```

这里默认使用的是定制内核，备用项指向标准的 Amazon Linux 内核。如果定制内核无法装载或是出现故障，备用项能够确保系统正常引导。该过程的更多细节参见 Amazon EC2 的 User Guide for Linux Instances。

DigitalOcean 以前利用 QEMU（Quick Emulator）的一个特性绕过了引导装载程序，直接将内核和 RAM 盘装载入 droplet。不过好在 DigitalOcean 如今也允许 droplet 使用自己的引导装载程序了。包括 CoreOS、FreeBSD、Fedora、Ubuntu、Debian、CentOS 在内的大多数现代操作系统都能支持。可以通过操作系统各自的引导装载程序（通常是 GRUB）修改引导选项（包括选择内核）。

在引导管理方面，Google Cloud Platform（GCP）是非常灵活的平台。Google 允许你将完整的系统磁盘镜像上传到 Compute Engine 账户。注意，为了正常引导 GCP 镜像，必须使用 MBR 分区方案并包含相应的引导装载程序。UEFI 和 GPT 不适用于此！

镜像构建教程的内容极为详尽，不仅列出了所需的内核参数，还包括推荐的内核安全设置。

11.9 内核错误

内核崩溃（又叫作内核恐慌）是一件哪怕在正确配置的系统中也会发生的倒霉事。其成因各异。特权用户输入的错误命令肯定会把系统搞崩，但更常见的原因是有故障的硬件。物理内存故障和硬盘错误（坏扇区）都是造成内核恐慌的罪魁祸首。

内核实现中的 bug 也有可能导致系统崩溃。但是这种崩溃在“稳定版”的内核中极其罕见。不过设备驱动程序就是另一回事了。它们的来源各种各样，代码质量常常有所欠缺，够不上典范。

如果硬件是引发崩溃的起因，记住，崩溃可能会发生在硬件故障出现很久之后。例如，就算经常拔出可热交换（hot-swappable）的硬盘，也不会立马有什么问题。在重启或执行一些依赖于特定驱动器的操作之前，系统基本上可以继续正常运行。

尽管在叫法上既有“恐慌”（panic），又有“崩溃”（crash），但内核恐慌通常是一种相对结构化的事件。用户空间的程序依赖于内核为其监督多种不良操作，但内核还必须监视自身。因此，内核包含了辅助的合理性检查（sanity-checking）代码，尝试验证重要的数据结构以及所传递的不变量（invariant）。这些检查都必须通过，如果失败，那就有足够的理由进入恐慌状态并挂起系统，内核会主动采取这种做法。

或者最起码来说，在传统上都是这么做的。Linux 通过“oops”系统在一定程度上放宽了该规则，参见下一节。

11.9.1 Linux 内核错误

Linux 有 4 种不同的内核故障：软死锁、硬死锁、恐慌以及声名狼藉的 Linux “oops”。除了某些无须恐慌就能够恢复的软死锁，每种故障通常都提供了完整的栈跟踪。

如果系统处于内核模式超过数秒，就会发生软死锁，这使得用户级任务无法运行。该间隔是可以配置的，不过通常都是 10s 左右，对于进程而言，这段时间已经长到足以错过多个 CPU 周期！在软死锁期间，只有内核在运行，但它仍能处理中断（例如网络接口和键盘中断）。数据依旧能够进出系统，尽管形式上可能并不完善。

硬死锁和软死锁一样，但是复杂的地方在于大多数处理器中断都不会被处理。硬死锁的症状很明显，检测速度相对较快。但即便是配置正确的系统，如果碰到了某些极端情况（例如高 CPU 负载），也会出现软死锁。

在这两种情况中，栈跟踪和 CPU 寄存器快照（“墓碑”[①]）通常都会被转储（dump）到控制台。栈跟踪显示了导致死锁的一系列函数调用。大多数时候，这可以告诉你大量问题成因的相关信息。

软死锁或硬死锁几乎都是由硬件故障造成的，最为常见的就是内存损坏。软死锁的另一种常见原因是内核自旋锁持有的时间过长，不过这种情况一般只发生在非标准内核模块中。如果你使用了任何罕见的模块，尝试将其卸载，然后再看看问题是否会重现。

当发生死锁时，系统的通常表现是卡住了，所以在控制台中仍能看到墓碑信息。但在有些环境中，让系统恐慌并重启更为可取。例如，自动化测试工具要求系统不能挂起，所以这些系统经常会配置成在遇到锁死后，重新引导进入安全内核。

要想在出现软锁死和硬锁死时自动触发恐慌，可以使用 sysctl 配置。

```
linux$ sudo sysctl kernel.softlockup_panic=1
linux$ sudo sysctl kernel.nmi_watchdog=1
```

你可以像其他内核参数那样，将上面两行放入/etc/sysctl.conf，以便在引导期间设置这些参数。

Linux 的“oops”系统是传统 UNIX 为保证内核完整性所采用的“只要反常就恐慌”（panic after any anomaly）方法的一种泛化（generalization）。oops 什么都不代表，它就是英文单词 oops，和句子“Oops!我又把你的 SAN 清零了。”里没什么两样。Linux 内核中的 oops 会导致恐慌，但并非总是。如果内核能够通过比较温和的手段（例如杀死个别进程）修复或解决反常情况，那就选择此做法。

如果出现了 oops，内核会在内核消息缓冲区中生成可使用 dmesg 名称查看的墓碑。造成 oops 的原因会在顶部列出。看起来类似于“unable to handle kernel paging request at virtual address 0x0000000000000.”。

你不大可能会去调试内核的 oops。但如果能出色地捕获到包括完整墓碑在内的可用上下文以及诊断信息，可能会极大地提高内核或模块开发人员的兴趣。

① 这里用“墓碑”（tombstone）一词来比喻死锁发生时的现场信息。——译者注

最有价值的信息位于墓碑的起始部分。如果发生了全面的内核恐慌，这会产生一个问题。在物理系统中，你可以进入控制台，向上翻看历史记录，查看完整的转储信息。但是在虚拟机中，依赖于 hypervisor，控制台可能是一个窗口，该窗口在 Linux 实例恐慌时会被冻结住。如果墓碑信息已经向下滚动，消失不见，那你就看不到崩溃的原因了。

一种将信息丢失的可能性降至最低的方法是提高终端屏幕分辨率。我们发现 1 280 × 1 024 的分辨率足以显示大多数内核恐慌的所有内容。

修改/etc/grub2/grub.cfg，加入 vga=795 作为待引导内核的启动参数，这样就可以修改控制台的分辨率。在 GRUB 的引导菜单界面上将这一句添加到内核“命令行”，也能够实现同样的效果。后一种方法不必进行任何永久性修改就完成了各种测试。

要想进行永久性改动，找到含有相应内核引导命令的菜单项，然后修改就行了。例如，如果引导命令如下：

```
linux16 /vmlinuz-3.10.0-229.el7.x86_64 root=/dev/mapper/centosroot
ro rd.lvm.lv=centos/root rd.lvm.lv=centos/swap crashkernel=auto
biosdevname=0 net.ifnames=0 LANG=en_US.UTF-8
```

只用在末尾加上 vga=795 就行了。

```
linux16 /vmlinuz-3.10.0-229.el7.x86_64 root=/dev/mapper/centosroot
ro rd.lvm.lv=centos/root rd.lvm.lv=centos/swap crashkernel=auto
biosdevname=0 net.ifnames=0 LANG=en_US.UTF-8 vgz=795
```

将 vga 引导参数设置为其他值就可以实现不同的分辨率。表 11.6 列出的所有可能的值。

表 11.6 VGA 模式值

	色深（位）			
分别率	8	15	16	24
640 × 480	769	784	785	786
800 × 600	771	787	788	789
1 024 × 768	773	790	791	792
1 280 × 1 024	775	793	884	795
1 400 × 1 050	834	—	—	—
1 600 × 1 200	884	—	—	—

11.9.2 FreeBSD 内核恐慌

当出现内核恐慌时，FreeBSD 并不会泄露那么多信息。如果运行的是产品发布版的一般内核，在碰到普通的恐慌时，最好的做法就是启用内核调试功能。在内核配置中启用 makeoptions DEBUG=-g，重新构建内核，然后使用新内核引导。一旦系统再次恐慌，你就可以使用 kgdb 从位于/var/crash 中的崩溃转储文件中生成栈跟踪。

当然，如果你使用了一些不常见的内核模块，只要不装载这些模块就不会出现内核恐慌，那么问题在哪里就很明显了。

要特别注意的是：崩溃转储文件的大小和真实（物理）内存大小一样，在启用转储之前，你必须确保/var/crash 的存储空间至少和内存相同。有几种方法可以克服这个问题：更多的信息可参见 dumpon 和 savecore 手册页以及/etc/rc.conf 中的 dumpdev 变量。

第 12 章 打印

打印是一个必须存在的“恶魔”。没人想跟它打交道，但每个人又都离不开它。不管怎么说，UNIX 和 Linux 系统中的打印功能多少也要进行一些配置，偶尔还得让系统管理员精心照顾一番。

很久以前，有 3 种常见的打印系统：BSD、System V、通用 UNIX 打印系统（the Common UNIX Printing System，CUPS）。如今，Linux 和 FreeBSD 都采用了 CUPS，这是一种现代化的、复杂的、支持网络及安全功能的打印系统。CUPS 包括了一套基于浏览器的 GUI 以及 shell 层面的命令，后者使得打印系统可以通过脚本控制。

在开始本章之前，先表明一个广泛的观点：系统管理员往往比用户还不重视打印。管理员习惯于在线阅读文档，但是用户经常需要纸质文档，他们希望打印系统随时都能工作。满足这些需求是系统管理员赢取用户满意度最简单的方法之一。

打印功能依赖于以下几部分。

- 一个负责收集和调度作业的打印“假脱机程序”（spooler）。“spool”一词最初是“Simultaneous Peripheral Operation On-Line”（外部设备联机并行操作）的缩写。如今它只是一个普通的术语。
- 能够与假脱机程序交互的用户层面实用工具（命令行界面或 GUI）。这些工具能够将打印作业发送给假脱机程序、查询作业状态（挂起及完成）、删除或重新调度作业以及配置打印系统其他组成部分。
- 与打印设备本身交互的后端。（这些通常都藏身幕后，不为人所见。）
- 一种能让假脱机程序通信并传输打印作业的网络协议。

现代环境中经常采用的都是网络打印机，大大降低了在 UNIX 或 Linux 端必需的配置工作量。

12.1 CUPS 打印

CUPS 由 Michael Sweet 编写，目前已被 Linux、FreeBSD、macOS 作为默认的打印系统采用。Michael 从 2007 年起就在 Apple 公司工作，负责 CUPS 的开发及其生态系统。

就像较新的邮件传输系统都会包含一个名为 sendmail 的命令，以便老脚本（还有老系统管理员！）仍旧能够像当初在 sendmail 辉煌之时那样工作，CUPS 也提供了能够和遗留的 UNIX 打印系统向后兼容的传统命令（例如 lp 和 lpr）。

CUPS 服务器同时也是 Web 服务器，CUPS 客户端也是 Web 客户端。客户端可以是命令（例如 lpr 和 lpq 的 CUPS 版本），也可以是拥有 GUI 的应用程序。但在表面之下，这些全都是 Web 应用，哪怕是它们只和本地系统中的 CUPS 守护进程打交道。CUPS 服务器也可以作为其他 CUPS 服务器的客户端。

CUPS 服务器在端口 631 上通过 Web 界面提供了自身所有的功能。对于管理员而言，Web 浏览器通常是管理系统最方便的方式，只用浏览 http://printhost:631 就行了。如果需要与守护进程之间的安全通信（并且系统能够提供），改用 https://printhost:443 即可。脚本可以使用单独的命令控制打印系统，用户一般是通过 GNOME 或 KDE 界面来访问。这些方法尽管形式不同，但殊途同归。

HTTP 是 CUPS 服务器与客户端之间一切交互活动的底层协议。它实际上是 HTTP 的增强版本：Internet Printing Protocol（Internet 打印协议）。客户端使用 HTTP/IPP POST 提交打印作业，使用 HTTP/IPP GET 请求状态信息。CUPS 配置文件和 Apache Web 服务器的配置文件也非常相似。

12.1.1 打印系统界面

CUPS 打印多是通过 GUI 完成的，其管理则是借助 Web 浏览器实现。作为系统管理员，你（还有一些铁杆的终端用户）可能还想使用 shell 命令。CUPS 包括了一些与遗留的 BSD 和 System V 打印系统中基础的 shell 打印命令效果相似的命令。遗憾的是，CUPS 并没有仿真出所有的细节。在仿真旧界面方面，它有时候好得过头了，lpr --help 和 lp --help 连简要的用法总结都不给出，只是打印出错误消息。

如果想在 CUPS 下用默认打印机打印文件 foo.pdf 和/tmp/testprint.ps，下面给出了具体的做法。

```
$ lpr foo.pdf /tmp/testprint.ps
```

lpr 命令将文件副本传给 CUPS 服务器 cupsd，后者将文件保存在打印队列。当打印机可用时，CUPS 依次处理每个文件。

CUPS 在打印时会检查待打印文档以及打印机的 PostScript 打印机描述（PostScript Printer Description，PPD）文件，查看怎样才能够正确打印文档。（不用理会 PPD 的名字，就算是非 PostScript 打印机也能够使用这种文件。）

为了准备在特定打印机上打印作业，CUPS 会将其传给一系列过滤器。例如，其中一个过滤器可能会重新格式化作业，使得能够在一页纸上打印出两张缩小页面（也叫作“2-up printing”）①，另一个过滤器可能会将作业从 PostScript 转换成 PCL②。过滤器也可以完成如打印机初始化这类针

① 2-up printing 表示在一张纸上打印两页（奇偶页并排），而 4-up printing 表示在一张纸上打印 4 页。——译者注

② 打印机命令语言（Printer Command Language，PCL）是 HP 公司于 20 世纪 70 年代针对其打印机产品推出的一种打印机页面描述语言。——译者注

对打印机的操作。有些过滤器会执行栅格化（rasterization）处理，将抽象指令（例如，在页面上绘制一条线）转换成位图图像。这种过滤器对于那些没有配备栅格器（rasterizer）或不理解打印作业最初提交时所采用语言的打印机来说非常有用。

打印流程的最后一个阶段是由后端将主机的打印作业通过适合的协议（例如以太网）传给打印机。后端也会向 CUPS 服务器返回状态信息。传输完打印作业之后，CUPS 守护进程继续处理打印队列以及客户端请求，而打印机则开始打印作业。

12.1.2 打印队列

cupsd 对于打印系统的集中控制，使它很容易就能理解用户命令所进行的操作。例如，lpq 命令向服务器请求作业状态，然后重新将其格式化并显示。其他 CUPS 客户端要求服务器挂起、取消或调整作业优先级。另外也可以将作业从一个队列移动到另一个队列。

大多数改动都要求使用作业号标识出作业，作业号可以通过 lpq 命令获得。例如，要删除某个打印作业，只需要执行 lprm jobid 就行了。

lpstat -t 可以汇总出打印服务器的整体状态。

12.1.3 多打印机与队列

CUPS 服务器为每台打印机维护了一个单独的队列。命令行客户端能够接收用于指定队列的选项（通常是-P printer 或-p printer）。也可以通过环境变量 PRINTER 来设置默认打印机。

```
$ export PRINTER=printer_name
```

或是告诉 CUPS 为你的账户使用特定的默认打印机。

```
$ lpoptions -d printer_name
```

如果是以 root 身份执行，lpoptions 会在/etc/cups/lpoptions 中设置系统范围的默认打印机，不过该命令更多是由非 root 用户使用的。在这种情况下，lpoptions 可以让每个用户定义自己的打印机实例和默认打印机，这些信息被保存在~/.cups/lpoptions。命令 lpoptions -l 可以列出当前设置。

12.1.4 打印机实例

如果你只有一台打印机，但是又想满足多种用途，比如说，既能打印草稿，又能打印最终产品成果，CUPS 允许你为不同的使用场景设置不同的“打印机实例”。

例如，如果你已经有了一台名为 Phaser_6120 的打印机，下列命令：

```
$ lpoptions -p Phaser_6120/2up -o number-up=2 -o job-sheets=standard
```

可以创建出另一个名为 Phaser_6120/2up 的实例，可以实现双页打印并添加标题页。创建好实例之后，下例命令：

```
$ lpr -P Phaser_6120/2up biglisting.ps
```

会将 PostScript 文件 biglisting.ps 按照带有标题页的双页形式打印。

12.1.5 浏览网络打印机

在 CUPS 看来，包含多台机器的网络和单台机器没有太大的不同。每台机器都运行 cupsd，所有的 CUPS 守护进程彼此之间相互通信。

如果你使用的是命令行，可以通过编辑/etc/cups/cupsd.conf 文件（参见 12.2 节）使 CUPS 守护进程能够从远程系统接收打印作业。默认情况下，按照这种方法设置的服务器每隔 30 s 会广播一次有关其所服务的打印机的信息。因此，本地网络上的计算机能够自动获知可用的打印机。打开浏览器，单击 CUPS GUI 中相应的复选框可以实现相同的配置效果。

如果有人接上了一台新打印机，假设你正在用自己的便携式计算机工作或是刚安装好一台工作站，你可以告诉 cupsd 重新确定可用的打印服务。在 CUPS GUI 的 Administration 标签下菜单击 Find New Printers 按钮即可。

因为广播无法跨越子网，要想让打印机可用于多个子网有点棘手。一种解决方案是在每个子网中安置一台从服务器，负责轮询其他子网的打印服务器信息，然后将信息中继到本地子网。

例如，假设打印服务器 allie（192.168.1.5）和 jj（192.168.2.14）位于不同的子网，我们希望第 3 个子网 192.168.3 中的用户可以访问到这两台服务器。于是我们安置了一台从服务器（copeland，192.168.3.10）并将以下几行添加到其 cupsd.conf 文件中。

```
BrowsePoll allie
BrowsePoll jj
BrowseRelay 127.0.0.1 192.168.3.255
```

前两行告诉从服务器的 cupsd 轮询 allie、jj 上的 cupsd，获取其所服务的打印机信息。第三行告诉 copeland 将该信息中继到自己所在的子网。就这么简单！

12.1.6 过滤器

每台打印机不需要使用专门的打印工具，CUPS 利用过滤器链将每个待打印的文件转换成目标打印机能够理解的形式。

CUPS 的过滤器方案设计优雅。给定一份文档和目标打印机，CUPS 使用.types 文件判断出该文档的 MIME 类型[①]。它查询打印机的 PPD 文件，了解打印机能够处理的 MIME 类型。然后根据.convs 文件推断出什么样的过滤器链能够将一种格式转换成另一种，以及备选的过滤器链的成本。链上的最后一个过滤器将可打印格式交给后端，后端通过硬件或打印机能够理解的协议将数据传输给打印机。

我们来看一个具体点的例子。CUPS 使用/usr/share/cups/mime/mime.types 中的规则判断输入的数据类型。例如，下列规则：

```
application/pdf                pdf string (0,%PDF)
```

表示“如果文件的扩展名为.pdf 或者以%PDF 开头，则其 MIME 类型为 application/pdf”。

CUPS 通过查找文件 mime.convs（通常位于/etc/cups 或/usr/share/cups/mime）中的规则了解如何转换数据类型。例如：

```
application/pdf                application/postscript 33 pdftops
```

表示“运行过滤器 pdftops，将类型为 application/pdf 的文件转换为 application/postscript 类型”。数字 33 是转换成本。当 CUPS 找到可用于转换类型的多个过滤器链时，会从中挑选总成本最低的那个。（成本由 mime.convs 文件的创建者决定，这可以是发行版的维护人员或是其他什么人。如果你打算花时间调整成本，就因为觉得自己可以做得更好，那你大概真的是太闲了。）

CUPS 处理流程中的最后一部分是直接和打印机对话的过滤器。在非 PostScript 打印机的 PPD 中，你可能会看到这样一行：

```
*cupsFilter: "application/vnd.cups-postscript 0 foomatic-rip"
```

---

① 多用途 Internet 邮件扩展（Multipurpose Internet Mail Extensions，MIME）。——译者注

或者甚至是：

```
*cupsFilter: "application/vnd.cups-postscript foomatic-rip"
```

被引用的字符串所采用的格式和 mime.convs 中的行相同，但只有一种 MIME 类型，而不是两种。该行表明过滤器 foomatic-rip 会将类型为 application/vnd.cups-postscript 的数据转换成打印机的原生数据格式。过滤器的成本为 0（或者是忽略成本），因为只有这种方法才能完成这一步，那为什么还非得装作有成本？（部分非 PostScript 打印机的 PPD，例如 Gutenprint 项目中的那些，会略有不同。）

要想找出系统可用的过滤器，可以尝试执行 locate pstops。pstops 是一个流行的过滤器，能够以各种方式协助处理 PostScript 打印作业，例如添加用于设置副本数量的 PostScript 命令。不管在哪里找到 pstops，其他过滤器也应该就在附近。

lpinfo -v 可以要求 CUPS 给出可用的后端列表。如果系统中缺少所需网络协议对应的后端，可以从网络或所用的 Linux 发行版供应商处获取。

12.2 CUPS 服务器管理

cupsd 从引导期间开始并持续运行。本书中所有的示例系统默认都采用这种方式。

CUPS 配置文件 cupsd.conf 通常位于/etc/cups。该文件的格式类似于 Apache 的配置文件。如果你熟悉其中任何一种，另一种也不会陌生。你可以使用文本编辑器或者 CUPS 的 Web GUI 浏览及编辑 cupsd.conf。

默认的配置文件中包含了很好的注释。这些注释加上 cupsd.conf 手册页已经足够，我们也就不在此再赘述配置细节了。

CUPS 仅在启动时才读取其配置文件。如果你修改了 cupsd.conf 的内容，必须重启 cupsd 才能让改动生效。如果你是通过 Web GUI 进行的修改，cupsd 会自动重启。

12.2.1 设置网络打印服务器

如果你碰到了网络打印方面的麻烦，再检查一遍基于浏览器的 CUPS GUI，确保勾选了所有正确的选项。可能的问题包括打印机没有公开、CUPS 服务器没有向网络中广播打印机或是 CUPS 服务器不接受网络打印作业。

如果你直接编辑 cupsd.conf，则需要做出几处改动。首先，将

```
<Location />
Order Deny,Allow
Deny From All
Allow From 127.0.0.1
</Location>
```

改为

```
<Location />
Order Deny,Allow
Deny From All
Allow From 127.0.0.1
Allow From netaddress
</Location>
```

你想从哪个网络接受打印作业，就使用该网络的地址（例如，192.168.0.0）替换掉 netaddress。然后，查找关键字 BrowseAddress，将其设置为网络广播地址并加上 CUPS 的端口号。例如：

```
BrowseAddress 192.168.0.255:631
```

这些步骤告诉服务器接受指定子网中所有主机的请求，并且向该网络中的所有 CUPS 守护进程广播其所服务的打印机信息。就是这样了！重启过 cupsd 之后，它就又作为服务器运行了。

12.2.2 自动配置打印机

没有打印机也可以使用 CUPS（例如，将文件转换成 PDF 或传真格式），但是 CUPS 扮演的典型角色还是管理真实的打印机。在本节中，我们来考察几种打印机的管理方法。

有时候，添加打印机非常简单。CUPS 能够自动检测到接入系统的 USB 打印机并作出相应的处理。

即便是你得自己动手做些配置工作，添加打印机通常也就是接入硬件，在浏览器中输入 localhost:631/admin，进入 CUPS 的 Web 界面，然后回答几个问题而已。KDE 和 GNMOE 都有自己的打印机配置小部件（widget），你可能更喜欢 CUPS 界面。（我们喜欢 CUPS GUI。）

如果别人添加了一台打印机，网络上运行的一个或多个 CUPS 服务器知道了这个情况，你的 CUPS 也会得知这台打印机的存在。你不需要明确地将这台打印机添加到本地打印机名目中，也不用复制 PPD 到自己的机器。太神奇了。

12.2.3 配置网络打印机

网络打印机，也就是那种主要硬件为以太网接口或 Wi-Fi 无线电（Wi-Fi radio）的打印机，本身得经过一番配置才能加入 TCP/IP 网络。说具体点，需要知道设备的 IP 地址和子网掩码。这些信息通常可以通过两种途径获得。

其中一种是借助 BOOTP 或 DHCP 服务器，这种方法非常适合于拥有大量打印机的环境。关于 DHCP 的更多信息参见 13.7 节。

另一种是利用打印机的控制台为其分配静态 IP 地址，控制台通常位于打印机前面板上，由一组按钮和一个单行显示屏组成。从中找到能够设置 IP 地址的菜单即可。（如果菜单有打印选项，可以利用它将菜单打印出来，放在打印机下面以供后续参考。）

配置好之后，网络打印机一般都有 Web 控制台，可以使用浏览器访问。但在此之前，打印机必须拥有 IP 地址、开机并接入网络，所以这种界面在最用得着的时候反而没法用。

12.2.4 打印机配置示例

接下来，我们从命令行中添加并口打印机 groucho 和网络打印机 fezmo。

```
$ sudo lpadmin -p groucho -E -v parallel:/dev/lp0 -m pxlcolor.ppd
$ sudo lpadmin -p fezmo -E -v socket://192.168.0.12 -m laserjet.ppd
```

groucho 安装在接口/dev/lp0，fezmo 的 IP 地址为 192.168.0.12。我们以统一资源定位符（universal resource indicator，URI）的形式指定每个设备并从/usr/share/cups/model 中为其选择相应的 PPD。

只要将 cupsd 配置成网络服务器，网络中的其他客户端立刻就能使用新的打印机。不要求重启。

CUPS 能接受各种形式的打印机 URI。

有些类型可以带有选项（例如，serial），有些则不可以。lpinfo -v 可以列出系统目前识别的设备以及 CUPS 能够理解的 URI 类型。

12.2.5 停止服务

用 lpadmin -x 可以轻松地删除打印机。

```
$ sudo lpadmin -x fezmo
```

很好，但如果不想删除，只是打算临时禁用某台打印机，该怎么办？你可以在任意一端阻塞打印队列。如果禁用的是队尾（出口或打印机一侧），用户仍旧可以提交打印作业，但只有在重新启用之后才能打印作业。如果禁用的是队首（入口），已经进入队列的打印作业仍会被打印，但是队列将拒收提交的新作业。

cupsdisable 和 cupsenable 命令控制着作业的输出，reject 和 accept 命令控制着作业的提交。例如：

```
$ sudo cupsdisable groucho
$ sudo reject corbet
```

该用哪个？接受在可预期的将来都没指望打印的作业可不是什么好主意，所以可以使用 reject 延长停工时间（downtime）。对于无须用户了解的短暂中断（例如，更换墨盒），使用 cupsdisable。

管理员偶尔得靠助记法帮助他们记住哪个命令控制打印队列的哪一端。不妨这样记忆：如果 CUPS“拒绝”（reject）了一个打印作业，就意味着你不能再“接纳”（inject）它。另一种直观的记法是：接受（accepting）和拒绝（rejecting）是你可以对打印作业执行的操作，而禁止（disabling）和启用（enabling）是你可以对打印机执行的操作。“接受”（accept）打印机或队列是没什么意义的。

CUPS 如果碰到了麻烦（例如，有人弄掉了电线），它自己有时也会临时禁用打印机。一旦修复了问题，记得使用 cupsenable 重新启用打印队列。你要是忘了，lpstat 会告诉你。

12.2.6　其他配置任务

如今的打印机可配置性强，CUPS 允许你通过其 Web 界面以及 lpadmin 和 lpoptions 命令调校大量特性。根据经验，lpadmin 用于系统范围的任务，lpoptions 用于用户层面的任务。

表 12.1 列出了 CUPS 的各个命令并根据命令的出处进行了分类。

表 12.1　　CUPS 命令行工具及其出处

	命令	功能
CUPS	cups-config	打印 API、编译器、目录以及链接信息
	cupsdisable[a]	停止打印机打印
	cupsenable[a]	重新启动打印机打印
	lpinfo	显示可用的设备或驱动程序
	lpoptions	显示或设置打印机选择及默认值
	lppasswd	添加、更改或删除摘要密码
System V	accept、reject	接受或拒绝队列提交
	cancel	取消打印作业
	lp	将打印作业加入队列等待打印
	lpadmin	配置打印机
	lpmove	将已有的打印作业移入另一个队列
	lpstat	打印状态信息

续表

	命令	功能
BSD	lpc	作为一般性的打印机控制程序
	lpq	显示打印队列
	lpr	将打印作业加入队列等待打印
	lprm	取消打印作业

注：a. 它们实际上就是 System V 中的 disable 和 enable 命令，只不过换了名字而已。

12.3 故障排除技巧

打印机综合了机械设备的所有小毛病以及外部操作系统的所有通信怪癖。它（以及驱动软件）似乎专门就是为了给你和你的用户添乱。下一节给出了一些处理打印机故障的一般性技巧。

12.3.1 重启打印守护进程

修改完配置文件一定要记得重启守护进程。

你怎样重启其他守护进程，也就怎样重启 cupsd，一般是用 systemctl restart org.cups.cupsd.service 或是其他类似命令。理论上，你也可以向 cupsd 发送 HUP 信号。或者用 CUPS GUI 也行。

12.3.2 日志文件

CUPS 维护了 3 种日志文件：页面日志、访问日志、错误日志。页面日志记录了 CUPS 所打印的页面。另外两种日志类似于 Apache 的访问日志和错误日志，不用意外，因为 CUPS 服务器就是一个 Web 服务器。

cupsd.conf 文件指定了日志记录级别以及日志文件的位置。两者一般都保存在/var/log 下面。

下面是从日志文件中摘出的日志片段，对应于单个打印作业。

```
I [21/June/2017:18:59:08] Adding start banner page "none" to job 24.
I [21/June/2017:18:59:08] Adding end banner page "none" to job 24.
I [21/June/2017:18:59:08] Job 24 queued on 'Phaser_6120' by 'jsh'.
I [21/June/2017:18:59:08] Started filter /usr/libexec/cups/filter/pstops
    (PID 19985) for job 24.
I [21/June/2017:18:59:08] Started backend /usr/libexec/cups/backend/usb
    (PID 19986) for job 24.
```

12.3.3 直接打印连接

在 CUPS 下，要想验证本地打印机的物理连接，可以直接运行打印机的后端。例如，下面是执行 USB 打印机后端时的输出。

```
$ /usr/lib/cups/backend/usb
direct usb "Unknown" "USB Printer (usb)"
direct usb://XEROX/Phaser%206120?serial=YGG210547 "XEROX Phaser
    6120" "Phaser 6120"
```

如果 Phaser 6120 的 USB 线缆断开，这台打印机就从后端输出中消失了。

```
$ /usr/lib/cups/backend/usb
direct usb "Unknown" "USB Printer (usb)"
```

12.3.4 网络打印故障

跟踪网络打印故障时，先尝试连接打印机守护进程。你可以使用 Web 浏览器（hostname:631）或 telnet 命令（telnet hostname 631）连接 cupsd。

如果在排除网络打印机连接故障时碰到了麻烦，记住：在某台机器上肯定有该作业的队列，有途径知道该作业发送到了哪里，有办法将该作业发送到存放打印队列的那台机器。在打印服务器上，肯定有地方放置打印队列，拥有足够的权限才能打印作业，输出到打印设备上的方式。

任何或者所有这些前提条件在某个时刻都会出问题。要准备好在多处检查问题，其中包括：

- 发送打印作业的机器上的系统日志文件，这是针对名称解析和权限问题；
- 打印服务器上的系统日志文件，这是针对权限问题；
- 发送打印作业的机器上的日志文件，这是针对丢失的过滤器、未知打印机、缺失的目录等问题；
- 打印服务器上的打印守护进程日志文件，这是针对有误的设备名称、错误的格式等问题；
- 负责打印的机器上的打印机日志文件，这是针对打印作业传输时发生的错误；
- 发送打印作业的机器上的打印机日志文件，这是针对打印作业预处理或排队错误。

CUPS 日志文件的位置是在文件/etc/cups/cupsd.conf 中指定的。有关日志管理的一般性信息可参见第 10 章。

第二部分　连网

第二部分　连网

第 13 章 TCP/IP 连网

很难用语言表达网络对于现代计算的重要性，尽管仍有人在这方面不断地做出尝试。在很多站点，大部分计算机的主要用途就是使用 Web 和电子邮件。截止到 2017 年，Internet world stats 网站估算出 Internet 用户已经超过了 37 亿，或者说略少于全球人口的 1/2。在北美洲，Internet 的覆盖率接近 90%。

传输控制协议/Internet 协议（Transmission Control Protocol/Internet Protocol，TCP/IP）是 Internet 的连网系统。TCP/IP 并不依赖于任何特定硬件或操作系统，所以只要是能理解 TCP/IP 的设备，不管彼此之间存在多少差异，都可以相互交换数据（互操作）。

TCP/IP 可以工作在各种规模或拓扑结构的网络中，无论这些网络是否连接到外部世界。本章介绍了 Internet 环境下的 TCP/IP 协议，不过在 TCP/IP 层面上，独立网络（stand-alone network）也没有太大差别。

13.1 TCP/IP 与 Internet 的关系

TCP/IP 与 Internet 的共同历史可以追溯到几十年前。Internet 在技术上的成功很大程度上归功于 TCP/IP 优雅灵活的设计及其协议族的开放与非专有性。反过来，Internet 的影响力也帮助 TCP/IP 战胜了一些曾经由于政治或商业因素获得青睐的协议族竞争对手。

现代 Internet 的前身是美国国防部于 1969 年建立的一个研究型网络 ARPANET（阿帕网）。20 世纪 80 年代末，该网络不再作为研究项目，人们将其转变为商业化的 Internet。如今的 Internet 是由众多 Internet 服务器供应商（Internet Service Provider，ISP）所拥有的私有网络组成的集合，私有网络之间通过大量对等点（peering point）相互连接。

13.1.1 谁负责管理 Internet

Internet 和 Internet 协议是长期协作和开放的成果。随着 Internet 演变成一种公共设施和全球经济的推动力量，其具体结构也已经发生了改变。目前的 Internet 管理大致可划分为行政、技术、政治 3 个方面，但彼此之间的界线往往模糊不清，主要的参与者如下。

- Internet 名称与数字地址分配机构（Internet Corporation for Assigned Names and Number，ICANN）：如果有一个组织敢说自己负责管理 Internet，那可能就是这家了。它是唯一有实际强制力的组织。ICANN 控制着 Internet 地址和域名的分配，另外还有一些琐碎的事项，例如分配协议端口号。作为一个非营利机构，其总部设在加利福尼亚州。
- Internet 协会（Internet Society，ISOC）：ISOC 是一家代表 Internet 用户的开放会员制组织。尽管具有教育和政策制定职能，但其最为知名之处就是作为 Internet 技术发展的主管机构。具体来说，它是 Internet 工程任务组（Internet Engineering Task Force，IETF）的上级单位，负责监督绝大多数的技术工作。ISOC 是一个国际性非营利组织，在华盛顿特区和日内瓦设有办事处。
- Internet 治理论坛（Internet Governance Forum，IGF）：IGF 是由联合国于 2006 年设立的一个较新的组织，旨在开展与 Internet 相关的国际性和政策性讨论。IGF 目前每年都会召开一系列会议。随着各国政府试图对 Internet 的运作施加更多的控制，其重要性可能会越来越大。

在这些团体中，ICANN 的工作最为艰巨，它不仅要树立自身在 Internet 管理事务中的权威性、修正之前的错误、展望未来的发展，同时还要兼顾用户、政府以及商业利益的平衡。

13.1.2 网络标准与文档

如果看过这节的标题之后，你还没开始发呆，可能是已经喝过几杯咖啡了。但是，阅读 Internet 的权威技术文档是系统管理员一项极为重要的技能，而且这也并没有听起来那么枯燥。

Internet 社区的技术活动都已汇总成了请求评议（Request for Comment，RFC）文档。协议标准、修改提议以及信息公告通常均采用 RFC 形式。RFC 一开始先是作为 Internet 草案（Internet Draft），经过大量的电子邮件讨论和 IETF 会议之后，这些草案要么作废，要么被纳入 RFC 系列。鼓励所有人对草案或 RFC 提出自己的意见。除了 Internet 协议的标准化工作，RFC 有时只是对现有实践的某些方面做出陈述或解释。

RFC 采用的是顺序编号，目前大概已经到了 8 200。另外，RFC 还带有描述性的标题，但为了避免混淆，通常都是使用编号来引用。一旦发表，RFC 的内容就绝不会再改动。更新会以带有自身编号的全新 RFC 发表。更新内容可能只是扩展和澄清现有的 RFC，也可能完全取代旧的 RFC。

RFC 的可用来源很多，但 RFC 编辑器是 RFC 的分发中心，那里总是有最及时的信息。在阅读之前，先使用 RFC 编辑器查询该 RFC 的状态，也许它已经不是相关主题的最新文档了。

RFC2026 详细描述了 Internet 标准化过程。另一个有用的元 RFC（meta-RFC）是 RFC5540：40 Years of RFCs（RFC 的 40 载），其中记述了 RFC 系统的一些文化和技术背景。

不要被 RFC 中大量技术上的细枝末节给吓跑了。大多数 RFC 的内容是简介、总结以及原理阐述，抛开技术细节不谈，这些信息对于系统管理员也是有益的。有些 RFC 专门是概括或一般性的介绍。如果要学习某个主题，RFC 未必是最循序渐进的方式，但绝对权威、准确，而且免费。

并非所有的 RFC 文章都充满了枯燥的技术细节。以下是一些我们喜欢的内容（一般在 4 月 1 日写的）。

- RFC1149——“Standard for Transmission of IP Datagrams on Avian Carriers[①]”。
- RFC1925——“The Twelve Networking Truths”。
- RFC3251——“Electricity over IP”。
- RFC4041——“Requirements for Morality Sections in Routing Area Drafts”。
- RFC6214——“Adaptation of RFC1149 for IPv6”。
- RFC6921——“Design Considerations for Faster-Than-Light Communication”。
- RFC7511——“Scenic Routing for IPv6”。

除了已经分配到的编号，RFC 还可以获得供你参考（For Your Information，FYI）编号、当前最佳实践（Best Current Practice，BCP）编号或者标准（Standard，STD）编号。FYI、STD、BCP 都是 RFC 的子系列，其中包含了特殊或重要的内容。

FYI 是旨在面向广大受众的介绍性或信息性文档。在开始研究某个不熟悉的领域时，这是个非常好的入手点。可惜该系列近来失去了活力，很多 FYI 没有更新。

BCP 记述了推荐的 Internet 站点规程。其中包含了管理方面的建议，对于系统管理而言，这常常是最有价值的 RFC 系列。

STD 记述的 Internet 协议已经通过了 IETF 的评议和测试，正式被采纳为标准。

RFC、FYI、BCP、STD 在各自的系列中都是按照顺序进行编号的，所以一篇文档可以有多种不同的标识数字。例如，RFC1713（Tools for DNS Debugging）同时也是 FYI27。

13.2 连网基础

现在我们已经有了一点网络背景知识，接着来看看 TCP/IP 协议本身。TCP/IP 是一个协议“族”（suite），也就是一系列旨在共同流畅协作的网络协议。它包含多个组成部分，每部分由一个标准 RFC 或一系列 RFC 所定义。

- Internet 协议（Internet Protocol，IP），负责为数据分组在机器之间选择路由（RFC791）。
- Internet 控制消息协议（Internet Control Message Protocol，ICMP），为 IP 提供了多种低层支持，其中包括错误消息、路由协助、调试帮助（RFC792）。
- 地址解析协议（Address Resolution Protocol，ARP），负责将 IP 地址转换为硬件地址（RFC862）[②]。
- 用户数据报协议（User Datagram Protocol，UDP），实现了无验证的单向数据投递（RFC768）。
- 传输控制协议（Transmission Control Protocol，TCP），实现了具备全双工、流量控制、错误纠正的可靠会话（RFC793）。

这些协议被组织成了一种“层级化”（hierarchy）或“栈式”（stack）的结构，高层协议需要利用之下的低层协议。TCP/IP 习惯上被描述成一个 5 层系统（如图 13.1 所示），但是实际上，TCP/IP 只存在于其中的三层。

① 一批来自位于挪威西南部的卑尔根市（Bergen Linux User Group，BLUG）的 Linux 狂热爱好者们还真实现了 RFC1149 中的信鸽 Internet 协议（Carrier Pigeon Internet Protocol，CPIP）。

② 这实际上多少算是个善意的谎言。ARP 其实并不属于 TCP/IP，它也可以用于其他协议族。但对于运行在局域网通信介质上的 TCP/IP，ARP 是不可分割的一部分。

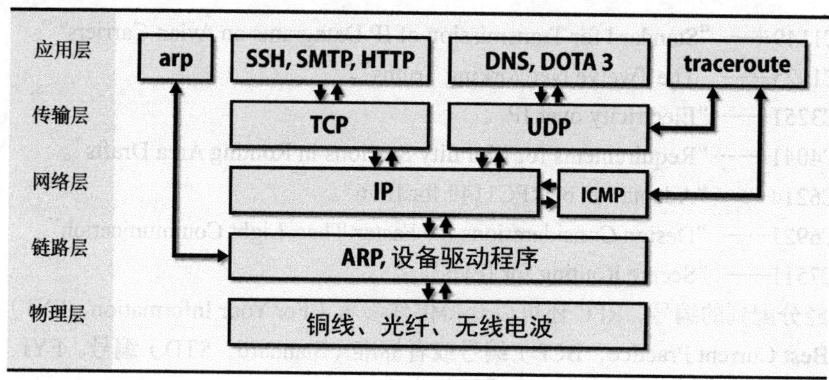

图 13.1 TCP/IP 分层模型

13.2.1 IPv4 与 IPv6

在过去近 50 年间广泛使用的 TCP/IP 版本是协议版本 4，也称为 IPv4。它使用了长度为 4 字节的 IP 地址。IPv6 将 IP 地址空间扩展到 16 字节并吸取了 IPv4 在现实应用中的一些教训。它去掉了 IP 中那些被证明没什么价值的特性，使协议有可能变得更快，也更易于实现。IPv6 还在其基础协议中集成了安全和身份认证功能。

操作系统和网络设备很久之前就已经支持 IPv6 了。Google 公布了其用户的 IPv6 使用统计。截止到 2017 年 3 月，全球范围内使用 IPv6 连接 Google 站点的用户百分比已经提升到了 14%。在美国，这个数量超过了 30%。

数据看似还不错，但实际上却有点靠不住，因为大多数移动设备在接入运营商的数据网络时，默认使用的是 IPv6，而且其中手机的数量相当庞大。家庭和企业网络仍压倒性地留守着 IPv4。

IPv6 的开发和部署在很大程度上是考虑到全球范围内 4 字节长度的 IPv4 地址空间接近枯竭。的确，这方面的顾忌不无道理：目前也就只有非洲还剩下一些 IPv4 地址可供分配。亚太地区是第一个耗尽地址的区域（2011 年 4 月 19 日）。

我们已经熬过了 IPv4 的末日，也用光了所有了 IPv4 地址，那全球是如何继续显著依赖 IPv4 的呢？

最重要的是，我们已经学会了更有效地利用现有的 IPv4 地址。网络地址转换（Network Address Translation，NAT；参见 13.4.6 节）可以让整个网络的机器隐藏在单个 IPv4 地址之后。无类域间路由（Classless Inter-Domain Routing，CIDR；参见 13.4.4 节）可以灵活地划分网络，提高了骨干网的路由效率。IPv4 地址的竞争仍旧存在，但就像广播频谱一样，它现在倾向于以经济而非技术方式重新分配。

限制采用 IPv6 的深层次原因在于设备要想在 Internet 上正常使用，就必须支持 IPv4。据统计截至 2017 年，一些仍无法通过 IPv6 访问的主要站点：Amazon、Reddit、eBay、IMDB、Hotmail、Tumblr、MSN、Apple、The NewYork Times、Twitter、Pinterest、Bing①、WordPress、Dropbox、Craigslist、Stack Overflow。我们可以继续列举，不过你应该已经明白目前的情形了。②

你现在不是要在 IPv4 和 IPv6 之间选择，而是选择究竟是仅支持 IPv4，还是两者兼顾。如果上面列出的所有服务均加入了 IPv6 支持，那么你自然可以考虑采用 IPv6，放弃 IPv4。在此之前，

① 作为 2012 年 World IPv6 Launch 市场营销活动中（宣传口号："This time it is for real"）展示的主要站点之一，Microsoft Bing 竟然出现在这个列表中，这着实耐人寻味。我们不知道幕后的来龙去脉，但是 Bing 毫无疑问曾经支持过 IPv6，可随后又觉得犯不着这么费事。

② 这些站点主要的网址在 DNS 中没有与任何 IPv6 地址关联（AAAA 记录）。

要求 IPv6 通过提供更好的性能、安全性或特性来证明其实现上的成效，也不是没有道理。或者是建立无法通过 IPv4 访问的纯 IPv6 服务。

可惜的是，这种服务并不存在，IPv6 实际上也没能提供任何好处。没错，IPv6 是一个优雅且设计精良的协议，对 IPv4 做出了改进。相较于 IPv4，它也的确更容易管理，不需要那么多的技巧（例如，降低了 NAT 的使用）。但归根结底，它只是一个具有更大地址空间的 IPv4 清理版本（cleaned-up version）。你必须将其连同 IPv4 一同管理的事实抹杀了任何潜在的效率收益。IPv6 存在的原因仍旧是长期以来对于 IPv4 地址枯竭的恐惧。时至今日，地址不足所引发的后果只不过还没严重到迫使大面积迁移到 IPv6 而已。

在本书过去几版中，IPv6 看上去总是离主流技术差那么一点儿。2017 年出现了一种似曾相识的神秘感，IPv6 隐隐透出要拨云见日的迹象，但它仍然没有解决眼前的问题，也没给用户提供什么特别的转换动力。IPv6 是连网的未来，而且显然一直都是。

支持在网络中部署 IPv6 的观点在很大程度上仍是体现在态度上：这项工作迟早得完成。从工程角度来说，IPv6 非常出色。你得学习 IPv6 的专业知识，这样当 IPv6 最终到来时，才不至于陷入窘境。所有冷静的人都在这么做。

我们要说：行，去吧，如果你愿意，那就支持 IPv6 吧。这是一条负责且有远见的路。同时也体现了公德心：你对于 IPv6 的采用推动了 IPv6 的普及。但如果你不想这么做，也没事。在真正需要转向 IPv6 之前，你还有数年的准备时间。

当然，如果你所在的组织在 Internet 上提供了公共服务，上面的话就不适用了。在这种情况下，你的任务就是一门心思地实现 IPv6。继续拒绝采用 IPv6 只会把事情搞砸。你是想成为 Google，还是 Microsoft Bing？

在无须与外部的 IPv4 世界直接连接的数据中心，对于 IPv6 也有争论。在这种受限环境中，你也许确实可以不管 IPv4，选择迁移到 IPv6，以此简化基础设施。面向 Internet 的服务器可以使用 IPv4，这并不妨碍其在 IPv6 上处理所有的内部及后端流量。

需要注意以下两点。

- IPv6 已经整装待发很久了。实现上的 bug 并不是主要问题。它应该会和 IPv4 一样可靠。
- 从硬件角度来说，采购的所有新设备都必须支持 IPv6。如今很怀疑你是否还能找到不支持 IPv6 的企业级网络设备，不过不少消费级设备仍只支持 IPv4。

在本书中，我们把注意力放在 TCP/IP 的主流版本 IPv4 身上。针对 IPv6 的内容会明确标出。好在对于系统管理员而言，IPv4 和 IPv6 非常相似。只要理解了 IPv4，也差不多明白了 IPv6。两者的主要差异在于寻址方案。除了更长的地址，IPv6 还引入了一些额外的寻址概念以及新的记法。不过也就这些了。

13.2.2 分组与封装

TCP/IP 支持各种物理网络和传输系统，其中包括以太网、令牌环、多协议标签交换（Multiprotocol Label Switching，MPLS）、无线以太网、基于串行线路的系统。TCP/IP 体系中的链路层负责管理硬件，高层协议并不知道或是在意所使用的特定硬件。

数据以分组的形式在网络上传输，链路层限制了数据的最大长度。每个分组都是由头部（header）和载荷（payload）组成。头部指明了分组从哪里来，要去往何处。另外还包括校验和、协议特定的信息或其他处理说明。载荷就是要传输的数据。

原始数据单元的名称依赖于具体的协议层。在链路层，它叫作帧（frame）；在 IP 层，它叫作分组（packet）；[①]在 TCP 层，它叫作段（segment）。在本书中，我们使用“分组”作为一个涵盖各种情况的通用术语。

为了发送分组，在其沿着协议栈向下传递（从 TCP 或 UDP 到 IP，从 IP 到以太网，再从以太网到物理线路）的过程中，每种协议都会添加自己的头部信息。协议最终生成的分组成为下一层协议分组的载荷。这种嵌套的过程叫作封装（encapsulation）。在接收端的机器中，分组会沿着协议栈向上完成解封装的过程。

例如，在以太网上传输的 UDP 分组包含了三层包裹或封套。在以太网线路上，它使用一个简单的头部封装成帧，头部中包含源硬件地址和目的硬件地址、帧的长度、帧的校验和（CRC）。以太网帧的载荷是 IP 分组，IP 分组的载荷是 UDP 分组，UDP 分组的载荷是要传输的数据。图 13.2 展示了该帧的结构。

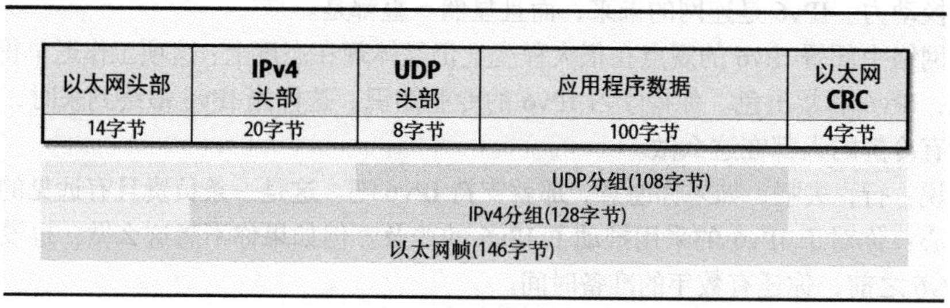

以太网头部	IPv4 头部	UDP 头部	应用程序数据	以太网 CRC
14字节	20字节	8字节	100字节	4字节

UDP分组(108字节)

IPv4分组(128字节)

以太网帧(146字节)

图 13.2 一个典型的网络分组

13.2.3 以太网成帧

链路层的主要工作之一就是为分组添加头部，在帧之间加入定界符。头部包含了分组的链路层寻址信息和校验和，定界符可以确保接收方知道上一个分组从哪里结束，接下来的分组从哪里开始。添加这些额外信息的过程叫作成帧（framing）。

链路层分为两部分：介质访问控制（Media Access Control，MAC）子层和逻辑链路控制（Logical Link Control，LLC）子层。MAC 子层处理传输介质并将分组送入线路。LLC 负责成帧操作。

如今，以太网成帧采用的单一标准是 DIX Ethernet II。在遥远的过去，还用过基于 IEEE 802.2 的几个略有不同的标准。你可能会在一些网络文档中看到有关成帧选择的陈旧内容，现在你可以直接忽略这个问题了。

13.2.4 最大传输单元

网络上分组的大小受到硬件规范和协议约定的限制。例如，标准以太网帧的载荷传统上是 1 500 字节。这个大小限制与链路层协议相关，被称为最大传输单元（Maximum Transfer Unit，MTU）。表 13.1 展示了一些典型的 MTU 值。

表 13.1 各种类型网络的 MTU

网络类型	最大传输单元
以太网	1 500 字节（采用 IEEE 802.2 标准成帧时，这个值是 1 492）[a]
IPv6（所有硬件）	在 IP 层至少是 1 280 字节

① 这里的叙述并不准确。IP 层的端到端（end-to-end）协议数据单元（Protocol Data Unit，PDU）叫作 datagram（通常译作“数据报”）；在 IP 层与数据链路层之间传递的数据单元叫作 packet（通常译作“分组”）。一个分组的大小既可能等于数据报，也可能小于数据报（在发生 IP 分片时）。参见 RFC1122 的 1.3.3 节 Terminology。——译者注

续表

网络类型	最大传输单元
令牌环	可配置 [b]
点对点 WAN 链接（T1，T3）	可配置，通常是 1 500 字节或 4 500 字节

注：a. 有关“巨型”（jumbo）以太网帧的一些评论，参见 14.1.8 节。

b. 常见值是 552/1 064/2 088/4 508/8 232。有时采用 1 500 来匹配以太网。

为了符合特定网络链路的 MTU 要求，IPv4 将分组进行切分。如果分组要经过多个网络，中途某个网络的 MTU 可能小于起始网络。在这种情况下，将分组转发到更小 MTU 网络的 IPv4 路由器会对分组再进行进一步的切分，这个过程称为分片（fragmentation）。

对于繁忙的路由器而言，分片尚处于传输过程中的分组并不是一件受欢迎的事情，因此，IPv6 很大程度上移除了该功能。分组仍可以被分片，但这项工作只能够发送分组的源主机自己来做。所有的 IPv6 网络都要求在 IP 层支持最小为 1 280 字节的 MTU，所以 IPv6 发送方也可以选择让自己只发送这种大小的分组。

IPv4 发送方可以通过设置“不分片”（do not fragment）标志来发现传输路径上 MTU 值最小的链路。如果设置过该标志的分组途径一个必须将分组分片才能转发的路由器，那么这个路由器会向发送方返回一条 ICMP 错误消息。ICMP 分组中包含了要求较小分组的网络的 MTU，该 MTU 随后就会成为与目标主机进行通信时所使用的分组大小。

IPv6 路径 MTU 探测（path MTU discovery）的工作原理也差不多，不过因为中途的路由器不允许分片 IPv6 分组，所有的 IPv6 分组就像已经启用了“不分片”标志一样。只要有 IPv6 分组大到无法适应下游链路，都会向发送方返回 ICMP 消息。

TCP 协议会自动探测路径 MTU，即便对于 IPv4 也是如此。UDP 可就没这功能了，它倒是也乐于把这种额外的活儿交给 IP 层去干。

IPv4 分片问题会很隐蔽。尽管路径 MTU 探测应该能够自动解决 MTU 冲突，但管理员偶尔还是得介入其中。如果为虚拟私有网络采用了隧道技术，你应该注意一下隧道中传输的分组大小。这些分组开始都是 1 500 字节，但如果加上了隧道头部，就变成了 1 540 字节左右，必须进行分片。可以将链路 MTU 设为较小的值，以此避免分片，提高隧道网络的整体性能。参考 ifconfig 或 ip-link 手册页了解如何设置接口的 MTU。

13.3 分组寻址

就像信件或电子邮件，网络分组也必须设置正确的地址，才能被送达目的地。多种寻址方案可以结合使用。

- 硬件使用介质访问控制（Media Access Control，MAC）地址。
- 软件使用 IPv4 和 IPv6 网络地址。
- 人们使用主机名。

13.3.1 硬件（MAC）寻址

每台主机的网络接口通常都有一个链路层的 MAC 地址，以此区分物理网络中的其他主机，除此之外，还有一个或多个 IP 地址，用于在 Internet 上标识该接口。后半句要再重复一遍：IP 地址标识的是网络接口，不是机器。（这一区别对于用户无关紧要，但管理员必须要清楚。）

最底层的寻址由网络硬件负责。例如，以太网设备在制造时都分配有一个长度为 6 字节的硬件地址，该地址是唯一的。硬件地址习惯上写成一系列由冒号分隔的两位十六进制数字，例如：00:50:8d:9a:3b:df。

令牌环接口也采用了类似的地址，长度也是 6 字节。一些点对点网络（例如 PPP）完全不需要硬件地址，目的地的标识在建立链接时就已经指定好了。

6 字节长的以太网地址被划分为两部分。前 3 个字节标明了该硬件的厂商，后 3 个字节是厂商分配的唯一序列号。系统管理员有时可以通过在供应商 ID 表中查找 3 字节标识符来识别危害网络的机器品牌。这个 3 字节的代码实际上是 IEEE 组织唯一标识符（IEEE Organizationally Unique Identifier，OUI），所以你可以直接到 IEEE 的数据库中查找。

当然，芯片组厂商、组件以及系统之间的关系非常复杂，所以 MAC 地址中嵌入的供应商 ID 也会产生误导。

理论上，所分配的以太网硬件地址是永久性的、不可改变。但是，很多网络接口允许你覆盖并设置新的硬件地址。如果你需要更换故障机器或网卡，而且出于某些原因，还必须使用之前的旧 MAC 地址（例如，交换机要过滤 MAC 地址，或者 DHCP 服务器根据 MAC 地址分配 IP 地址，或者 MAC 地址还要作为软件授权密钥），该功能就很方便了。如果你需要潜入的无线网络采用了基于 MAC 的访问控制机制，可修改的 MAC 地址就能帮上忙了。但为了简单起见，一般还是建议保留 MAC 地址的唯一性。

13.3.2 IP 寻址

从硬件再往上一级，使用的是 Internet 寻址（更常见的叫法是"IP 寻址"）。IP 寻址独立于硬件。在特定的网络环境中，一个 IP 地址标识了一个特定且唯一的目的地。但如果说 IP 地址是全球唯一，也不能说是特别准确，因为其中还掺杂了一些特殊情况：NAT 使用单个接口的 IP 地址处理多台机器的流量；IP 私有地址空间是多个站点可以同时使用的地址，只要这些地址不暴露在 Internet 上就行；任播（anycast）寻址可以在多台机器之间共享单个 IP 地址。

IP 地址到硬件地址的映射是由 TCP/IP 模型中的链路层实现的。在像以太网这种支持广播的网络中（也就是说，这种网络允许将分组发往"该物理网络中的所有主机"），发送方使用 ARP 协议完成映射，无须系统管理员的协助。在 IPv6 中，接口的 MAC 地址通常被用作 IP 地址的一部分，这使得 IP 地址与硬件地址之间的转换可以自动完成。

13.3.3 主机名"寻址"

IP 地址是一系列数字，不便于人们记忆。操作系统可以将一个 IP 地址与一个或多个主机名关联起来，这样用户就不用再记忆 4.31.198.49，只需要直接输入 rfc-editor.org 就行了。这种映射关系的设置方法有好几种，既可以通过静态文件（/etc/hosts）、LDAP 数据库系统，也可以通过全球范围的域名系统。记住，主机名其实就是 IP 地址的便捷记法而已，其本身引用的是网络接口，而不是计算机。

13.3.4 端口

IP 地址标识出了机器的网络接口，但尚不足以指定进程或服务，它们中的不少可能会同时使用网络。TCP 和 UDP 使用端口的概念扩展了 IP 地址，端口是一个 16 位二进制的数字，指定了一条特定的信道。有效端口范围为 1～65 535。

标准服务（例如 SMTP、SSH、HTTP）将自己与定义在/etc/services 中的"熟知"（well-known）端口关联在一起。以下是 services 文件中的一些典型条目。

```
...
smtp          25/udp                       # Simple Mail Transfer
smtp          25/tcp                       # Simple Mail Transfer
...
domain        53/udp                       # Domain Name Server
domain        53/tcp                       # Domain Name Server
...
http          80/udp       www www-http    # World Wide Web HTTP
http          80/tcp       www www-http    # World Wide Web HTTP
...
kerberos      88/udp                       # Kerberos
kerberos      88/tcp                       # Kerberos
...
```

services 文件是基础设施的一部分。你永远不需要修改该文件，尽管在添加非标准服务时确实也可以这么做。可以在网上找到已分配端口的完整列表。

虽然 TCP 和 UDP 都有端口，而且这两种协议端口的取值范围也一样，但它们的端口空间是彼此完全独立的、毫不相关。在配置防火墙时，必须分别配置。

为了避免假扮系统服务，UNIX 系统不允许程序绑定 1 024 以下的端口号，除非程序以 root 身份运行或是具备相应的 Linux 能力（Linux capability）。任何程序都可以同运行在低端口号上的服务器通信，刚才讲到的限制仅适用于负责侦听端口的程序。

特权端口系统如今就像对抗不法行为的防波堤一样麻烦。在很多时候，更安全的方式是在非特权端口上以普通用户身份运行标准服务，通过负载均衡器或其他类型的网络装置将网络流量转发到这些高编号端口。这种做法限制了 root 特权不必要的蔓延，为基础设施增添了一层抽象。

13.3.5 地址类型

IP 层定义了好几种类型的地址，其中一些直接对应着链路层地址：

- 单播，指向单个网络接口的地址；
- 多播，指向一组主机的地址；
- 广播，指向本地子网中所有主机的地址；
- 任播，指向一组主机中任意之一的地址。

多播寻址有助于实现像视频会议这类应用，因为同一批分组必须发送给所有的参与者。Internet 组管理协议（Internet Group Managment Protocol，IGMP）能够构建并管理主机组，这组主机可以被视为一个多播目标。

多播在如今的 Internet 上并没有被广泛应用，不过它在 IPv6 中的情况要稍好一点。IPv6 的广播地址其实就是多播地址的一种特殊形式。

任播地址使得分组能够被发送到多个目标中的距离最近的那个（以网络路由的角度），从而在网络层实现负载均衡。你可能以为其实现方式类似于多播地址，但其实更像是单播地址。

任播的大部分实现并不是通过 IP，而是在路由层面上处理的。任播寻址的新颖之处在于放宽了 IP 地址只能标识唯一目标的传统要求。任播寻址是在 IPv6 中正式描述的，不过相同的技巧也可以应用于 IPv4，例如，就像根 DNS 名称服务器所做的那样。

13.4 IP 地址：残酷的细节

除了多播地址，Internet 地址都是由网络部分和主机部分组成。网络部分标识了地址所指向的逻辑网络，主机部分标识了该网络中的节点。IPv4 地址长度是 4 字节，网络和主机部分的边界可以根据需要设置。IPv6 地址长度是 16 字节，网络和主机部分各自均固定为 8 字节。

IPv4 地址以十进制数字形式书写，每个字节对应一个数字，数字之间以点号分隔。例如，209.85.171.147。最左边的字节最为重要，它始终属于网络部分。

如果地址的第一个字节是 127，则表示“环回网络”（loopback network）。这是一个没有真实硬件接口的虚构网络，其中只有一台主机。环回地址 127.0.0.1 总是指向当前主机，对应的符号名称是“localhost”。（这是另一处小小违背了 IP 地址唯一性的地方，因为每台主机都认为 127.0.0.1 是其他机器。）

IPv6 地址及其对应的文本形式有点复杂。我们会在 13.4.7 节讨论。

接口的 IP 地址和其他参数可以使用 ip address（Linux）或 ifconfig（FreeBSD）命令设置。配置网络接口的相关细节参见 13.9.2 节。

13.4.1 IPv4 地址分类

历史上，依赖于最左边字节的最高几位，IP 地址都有固定的“分类”（class）。类别决定了地址中的哪些字节属于网络部分，哪些字节属于主机部分。现在是使用明确的掩码来标识出网络部分，主机与网络部分的边界可以落在任意两个连续的二进制数位之间，不再只局限于字节之间。但如果没有明确指定如何划分，仍默认使用传统的分类。

A、B、C 类都表示普通的 IP 地址。D 类和 E 类分别用于组播和研究之用。表 13.2 描述了各类地址的特点。地址中网络部分用 N 表示，主机部分用 H 表示。

表 13.2 IPv4 地址的传统分类

分类	第一个字节[a]	格式	注解
A	1～127	N.H.H.H	历史非常久远的网络，要么就是保留给 DoD（美国国防部）
B	128～191	N.N.H.H	大型站点，通常会划分子网，这类地址很难获得
C	192～223	N.N.N.H	这类地址容易获得，通常都是成批申请
D	224～239	—	多播地址，非永久分配
E	240～255	—	实验地址

注：a. 0 是一个特殊值，不用于普通 IP 地址的第一个字节。127 保留用于环回地址。

在单个物理网络中连接数千台计算机可不多见，所以 A 类和 B 类地址其实浪费非常严重（分别允许网络中包含 16 777 214 和 65 534 台主机）。例如，127 个 A 类地址就消耗了多达一半的地址空间。当初谁也料不到 IPv4 地址竟会变得如此珍贵！

13.4.2 IPv4 子网划分

为了更好地利用地址，你可以重新分配主机部分和网络部分，这需要明确指定一个长度为 4 字节（32 位）的“子网掩码”（subnet mask）或“网络掩码”（netmask），其中值为 1 的位对应网络部分，值为 0 的位对应主机部分。为 1 的为必须从最左边开始，而且要连续。网络部分至少得有 8 位，主机部分至少得有 2 位。所以说，IPv4 的子网掩码其实只有 22 种可取的值。

例如，4 字节的 B 类地址通常解释为 N.N.H.H。其隐含的网络掩码因此就是十进制记法的 255.255.0.0。但如果使用网络掩码 255.255.255.0，那么地址就可以解释为 N.N.N.H。利用掩码就可以将单个 B 类网络变成 256 个类似于 C 类的网络，其中每个网络都能够支持 254 台主机。

网络掩码可以在设置每个网络接口时通过 ip 或 ipconfig 命令分配。默认情况下，这些命令使用地址的固有分类来推断哪些位属于网络部分。如果你明确指定了掩码，那就按照掩码设置。

没有在字节边界结束的网络掩码理解起来很麻烦，通常将其写作/XX，其中 XX 是地址中网络部分所占的二进制位数。这种写法有时也叫作无类域间路由（Classless Inter-Domain Routing,

CIDR；参见 13.4.4 节）。例如，网络地址 128.138.243.0/26 是指前 3 个字节为 128.138.243 的 4 个网络中的第一个网络，其余 3 个网络的第 4 个字节分别是 64、128、192。这些网络相应的网络掩码是 255.255.255.192 或二进制形式的 0xffffffc0（26 个 1，然后是 6 个 0）。图 13.3 按照二进制位更为详细地分解了这些数字。

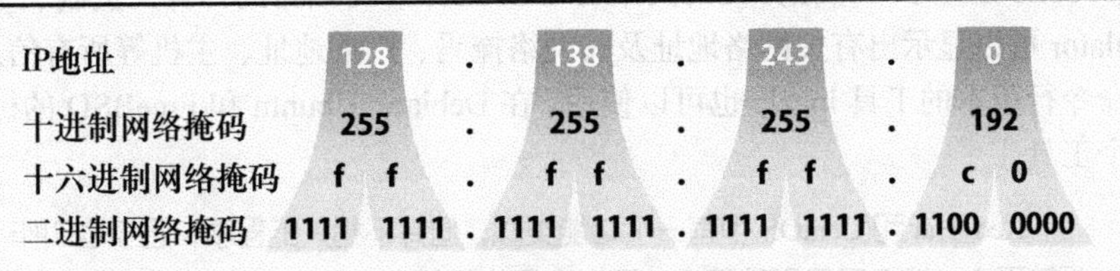

图 13.3 网络掩码进制转换

一个 A/26 网络还剩下 6 位（32−26=6）能够为主机编号。2^6 是 64，所以该网络可以有 64 个主机地址。但是，真正能够容纳的只有 62 台，因为全 0 和全 1 的主机地址是保留的（它们分别对应着网络地址和广播地址）。

在 128.138.243.0/26 这个例子中，通过划分子网额外得到的那两位网络地址可以按值写成 00、01、10、11。因此，网络 128.138.243.0/24 就被划分成了 4 个/26 网络。

- 128.138.243.0/26（十进制 0 对应二进制 **00**000000）。
- 128.138.243.64/26（十进制 64 对应二进制 **01**000000）。
- 128.138.243.128/26（十进制 128 对应二进制 **10**000000）。
- 128.138.243.192/26（十进制 192 对应二进制 **11**000000）。

每个地址最后一个字节中以粗体显示的位就是该字节中属于网络部分的位。

13.4.3 子网计算的技巧与工具

完全在脑子里折腾这些二进制位可是够让人头晕的，不过有些小技巧可以简化这个过程。每个网络中的主机数量加上网络掩码中最后一个字节的值总是等于 256。

网络掩码最后一个字节 ＝256－ 网络可容纳的主机数

例如，256 − 64 = 192，这是先前的例子中网络掩码最后一个字节的值。另一个算术上的事实就是网络地址的最后一个字节（和网络掩码相反）必须能够被每个网络中的主机数量整除。观察 128.138.243.0/26 这个例子，可以看到网络地址的最后一个字节分别是 0、64、128、192，全都可以被 64 整除。①

给定一个 IP 地址（例如，128.138.243.100），如果没有对应的网络掩码，我们无从得知其网络地址和广播地址。表 13.3 展示了/16（B 类地址的默认掩码）、/24（一个符合现实情况的值）、/26（一个适合于小型网络的合理值）的各种可能情况。

表 13.3 IPv4 地址解读示例

IP 地址	网络掩码	网络地址	广播地址
128.138.243.100/16	255.255.0.0	128.138.0.0	128.138.255.255
128.138.243.100/24	255.255.255.0	128.138.243.0	128.138.243.255
128.138.243.100/26	255.255.255.192	128.138.243.64	128.138.243.127

网络地址和广播地址从每个网络中借走了两个主机地址，所以有意义的最小网络包含 4 台主

① 当然，0 认为是可以被任何数整除。

机：两台真实主机（通常在点对点链路的两端）以及网络地址和广播地址。要想能够容纳这 4 个值，需要在主机部分占用两位，所以该网络应该是/30 网络，对应的网络掩码是 255.255.255.252 或 0xfffffffc。不过，/31 网络是一种特殊情况（参见 RFC3021），没有网络地址和广播地址，剩下的两个地址均用于主机，其网络掩码是 255.255.255.254。

Krischan Jodies 建立了一个很方便的网站 IP Calculator，可以帮助计算二进制、十六进制、掩码。IP Calculator 可以显示出有关网络地址及其网络掩码、广播地址、主机等所有信息。

有一个命令行版本的工具 ipcalc 也可以使用。在 Debian、Ubuntu 和 FreeBSD 的标准仓库中都可以找到这个工具。

Red Hat 和 CentOS 中有一个功能类似，但并不相关的程序，名字也叫作 ipcalc。不过相较而言，这个工具用处不大，因为它只能理解默认的 IP 地址分类。

下面是 ipcalc 的输出样例，为了调整格式，内容稍有欠缺。

```
$ ipcalc 24.8.175.69/28
Address:   24.8.175.69            00011000.00001000.10101111.0100 0101
Netmask:   255.255.255.240 = 28 11111111.11111111.11111111.1111 0000
Wildcard:  0.0.0.15               00000000.00000000.00000000.0000 1111
=>
Network:   24.8.175.64/28         00011000.00001000.10101111.0100 0000
HostMin:   24.8.175.65            00011000.00001000.10101111.0100 0001
HostMax:   24.8.175.78            00011000.00001000.10101111.0100 1110
Broadcast: 24.8.175.79            00011000.00001000.10101111.0100 1111
Hosts/Net: 14                      Class A
```

输出中既包含了易于理解的地址版本，还包含了“复制-粘贴”版本，颇为有用。

如果找不到专用 IP 地址计算器，标准实用工具 bc 可以作为一个很好的备用工具，因为它能够执行各种进制运算。使用 ibase 和 obase 指令设置输入和输出进制。记得先用 obase，否则是相对于新的 ibase 来解释它的。

13.4.4 CIDR：无类域间路由

就像子网划分，前者是一种直接的扩展，CIDR 则依赖于用明确的网络掩码定义地址中网络和主机部分的边界。但和子网划分不同的是，CIDR 允许网络部分比地址隐含的分类所规定的更小。出于路由的目的，可以通过简短的 CIDR 掩码聚合多个网络。因此，CIDR 有时也被称为超网（supernetting）。

CIDR 简化了路由信息并对路由过程施加了层次结构。尽管 CIDR 原本只是作为向 IPv6 过渡过程中的一种临时解决方案，但经过了二十多年，事实已经证明其完全有能力处理 Internet 的增长问题。

例如，假设某个站点获得了一个包含 8 个 C 类地址的地址块，具体是 192.144.0.0～192.144.7.0（按照 CIDR 的记法，就是 192.144.0.0/21）。在内部，站点可以这样使用这些地址。

- 1 个长度为/21 的网络，包含 2 046 台主机，网络掩码为 255.255.248.0。
- 8 个长度为/24 的网络，包含 254 台主机，网络掩码为 255.255.255.0。
- 16 个长度为/25 的网络，包含 126 台主机，网络掩码为 255.255.255.128。
- 32 个长度为/26 的网络，包含 62 台主机，网络掩码为 255.255.255.192。

其他用法就不再逐一列出了。但从 Internet 的观点来看，没必要为这些地址保留 32、16 甚至是 8 个路由表项。这些地址全都指向相同的组织，所有的分组进入的都是相同的 ISP。为 192.144.0.0/21 设置一个路由表项就够了。CIDR 可以很轻松地进一步细化地址，成倍增加可用的地址数量。

在网络内部，只要所有的地址不出现重叠，你可以混合搭配不同子网长度的区域。这种做法叫作变长子网划分（variable length subnetting）。例如，拥有 192.144.0.0/21 的 ISP 可以为点对点用户定义一些/30 网络，为大客户定义一些/24 网络，为小型客户定义一些/27 网络。

网络中所有的主机必须配置相同的网络掩码。你没法告诉一台主机它是/24，告诉同一网络中的另一台主机它是/25。

13.4.5 地址分配

正式分配地址的只有网络部分，站点还必须定义主机部分，这样才能形成完整的 IP 地址。你可以按照自己的需要，将分配到的地址空间进一步划分成子网。

在管理上，ICANN 将地址块委托给 5 个区域性 Internet 注册管理机构，这些区域性权威机构负责将分到的地址块再划分给本区域的各 ISP。接下来，这些 ISP 再划分得到的地址块并将其分配给客户。只有大型 ISP 才能与 ICANN 赞助的地址注册管理机构打交道。

表 13.4 列出了各个区域性 Internet 注册管理机构。

表 13.4　区域性 Internet 注册管理机构

名称	管理区域
ARIN	北美洲、加勒比海部分地区
APNIC	亚洲/太平洋地区，包括澳大利亚和新西兰
AfriNIC	非洲
LACNIC	中南美洲、加勒比海部分地区
RIPE NCC	欧洲及周边地区

这种从 ICANN 到区域注册管理机构，然后再到国家或地区 ISP 的委托管理允许在骨干路由表中进一步进行地址聚合。从 ISP 的地址块中获得地址空间的客户在骨干网上不需要拥有单独的路由表项，只用给聚合地址块设置一个路由表项，使其指向 ISP 就够了。

13.4.6 私有地址与网络地址转换（NAT）

缓和了 IPv4 地址危机的另一个因素是私有地址空间的使用（RFC1918）。这种地址可以在网站内部使用，但绝不能出现在 Internet 上（或者至少说，不能是故意的）。边界路由器（border router）负责在私有地址空间和 ISP 所分配的地址之间转换。

RFC1918 留出了 1 个 A 类网络，16 个 B 类网络，256 个 C 类网络，这些地址绝不会在 Internet 范围内分配，只能在站点内部使用。表 13.5 给出了可供选择的私有地址。（“CIDR 范围”列以更为紧凑的 CIDR 记法显示了每种地址范围，除此之外，没有添加任何额外信息。）

表 13.5　保留的私有 IP 地址

IP 分类	起始	结束	CIDR 范围
A 类	10.0.0.0	10.255.255.255	10.0.0.0/8
B 类	172.16.0.0	172.31.255.255	172.16.0.0/12
C 类	192.168.0.0	192.168.255.255	192.168.0.0/16

最初的想法是站点从私有地址中选择适合组织规模的地址分类。但现在已经普遍使用了 CIDR 和子网划分，可能最有意义的做法就是所有新建的私有网络全部都使用 A 类私有地址（当然了，肯定得划分子网）。

为了能让使用私有地址的主机接入 Internet，站点的边界路由器运行着一个叫作网络地址转换

（Network Address Translation，NAT）的系统。NAT 会拦截带有内部地址的分组，然后使用有效的外部地址以及可能不同的源端口号重写这些分组的源地址。NAT 还要维护一张记录了内部和外部地址/端口映射关系的表格，这样一来，当接收到来自 Internet 的应答分组时就知道如何执行相反的转换了。

很多普通的 NAT 网关实际上还会执行端口地址转换（Port Address Translation，PAT）：使用单个外部 IP 地址，将多个内部客户端的链接复用到该地址的端口空间。这其实就是与电缆调制解调器（cable modern）搭配使用的多数大众市场路由器的默认配置。在实践中，NAT 和 PAT 在实现上差不多，两者一般统称为 NAT。

使用 NAT 的站点仍需要从 ISP 那里申请一小部分地址空间，不过其中的大部分地址都是用作 NAT 映射，并不会分配给单个主机。如果站点随后想选择另一家 ISP，只用更新边界路由器及其 NAT 配置即可，内部主机的配置不需要修改。

使用 NAT 和 RFC1918 地址空间的大型组织必须建立某种形式的集中协调机制，使得所有主机无论其所在哪个部门或管理组，都能获得唯一的 IP 地址。如果一家公司收购或合并了另一家公司，而这两家公司使用的都是 RFC1918 地址空间，情况可就变得复杂了。合并后的组织中的某些部分通常必须重新设置地址。

由 UNIX 或 Linux 主机执行 NAT 操作也是可以的，不过大多数站点把这项任务交给路由器或网络连接设备来完成。①

错误的 NAT 配置会导致私有地址空间中的分组逃逸到 Internet。这些分组也能够到达其目的地，但是应答分组却无法返回到源主机。CAIDA②从 Internet 骨干网中收集操作数据，它发现骨干网中有 0.1%～0.2%的分组要么使用了私有地址，要么存在校验和错误。这听起来似乎是个极小的比例，但在繁忙的线路上，这意味着每分钟有数千个这样的分组。在 CAIDA 官网上还有其他一些值得注意的统计和网络测量工具。

NAT 引发的一个问题是 Internet 上的主机都无法向站点内部的主机发起连接。为了克服这种限制，NAT 实现运行预先配置外部可见的“隧道”，用于连接特定的内部主机和端口。③

另一个问题是有些应用程序将 IP 地址嵌到了分组的数据部分，NAT 会导致这些程序无法使用或出现异常。例如有些流媒体系统、路由协议、FTP 命令就会出现此类情况。NAT 有时还会破坏 VPN 连接。

NAT 隐藏了网络内部结构。由此带来的隐蔽性似乎是一种安全优势，但是安全专家们认为 NAT 并不能为安全性带来实质的帮助，也无法取代防火墙。可惜的是，NAT 还妨碍了测量 Internet 的规模和拓扑结构。RFC4864（Local Network Protection for IPv6）中很好地讨论了 IPv4 环境中 NAT 所带来的那些真实和虚假的好处。

13.4.7 IPv6 寻址

IPv6 地址长度为 128 位。这种长地址最初是为了解决 IP 地址枯竭的难题。但除此之外，如今也用于帮助解决路由、可移动性以及引用局部性问题。

---

① 当然，如今的很多路由器运行的就是嵌入式 Linux 内核。即便如此，这些专用系统通常还是要比执行分组转发的通用计算机要更可靠、更安全。

② Internet 数据分析联合协会（Cooperative Association for Internet Data Analysis，CAIDA），位于圣迭戈加利福尼亚大学（University of California, San Diego，UCSD）校园内的圣迭戈超级计算机中心（San Diego Supercomputer Center）。

③ 很多路由器也支持由微软公司推广的即插即用（Universal Plug and Play，UPnP）标准，该标准其中一个特性允许内部主机设置自己的动态 NAT 隧道。这既可以说是一个意外之喜，也可以说是一种安全风险，具体是什么取决于你自己的观点。如果需要的话，可以很方便地在路由器中禁用该特性。

IPv6 地址中网络部分与主机部分之间的边界固定在/64，所以也不会再有地址中网络部分“到底”有多长的争执或困惑。换句话说，真正的子网划分在 IPv6 的世界中已经不存在了，尽管“子网”这个术语还作为“局域网”的同义词保留。尽管网络部分长度总是 64 位，路由器在进行路由决策时也不需要处理所有的 64 位。可以通过其前缀来路由分组，就像在 CIDR 中一样。

1. IPv6 地址记法

IPv6 地址的标准记法是将 128 位地址划分成 8 组，每组 16 位，彼此之间用冒号分隔。例如：

```
2607:f8b0:000a:0806:0000:0000:0000:200e①
```

每组的 16 位使用 4 个十六进制数位描述。这和 IPv4 的记法不同，后者地址中的每个字节使用十进制数描述。

两种简化记法有助于减少记述 IPv6 地址时的输入量。首先，每组中的前导数字 0 不需要写出。上面第 3 组中的 000a 可以简单地写作 a，第 4 组中的 0806 可以写作 806。值为 0000 的组应该写作 0。采用了这种规则之后，上面的地址可以简化为：

```
2607:f8b0:a:806:0:0:0:200e
```

其次，你可以使用双冒号来替换任意数量的、连续的、值为 0 的 16 位组。

```
2607:f8b0:a:806::200e
```

::在地址中只能使用一次。但它可以作为第一部分或最后一部分出现。例如，IPv6 环回地址（类似于 IPv4 中的 127.0.0.1）是::1，相当于 0:0:0:0:0:0:0:1。

IPv6 地址的最初规范 RFC4912 记述了这些简化记法，但并没有强制要求使用。因此，一个特定的 IPv6 地址就出现了多种 RFC4912 兼容写法，上例中不同的地址写法也说明了这一点。

这种多态性不利于搜索和匹配，因为地址在进行比较之前必须先标准化（normalized）。这就产生了一个问题：我们没法指望数据处理软件（如电子表格）、脚本语言、数据库了解 IPv6 地址记法的细节。

RFC5952 更新了 RFC4921，对简化记法做出了强制性要求。另外还增加了几条规则，确保每个地址都只有一种文本描述。

- 十六进制数位 a～f 必须用小写字母。
- 单个 16 位组不能用::替换。（只能写作:0:）
- 如果可以用::替换多个连续多个组，那么::替换的必须是最长的 0 值序列。

你仍会在别处看到不符合 RFC5952 规范的地址，而且几乎所有的连网软件也都能接受这些地址。但我们强烈推荐在配置、记录保存以及软件中遵循 RFC5952 的规则。

2. IPv6 前缀

IPv4 地址的设计并没有像电话号码或邮政编码的那样按地理位置汇聚，但是之后以 CIDR 的形式添加了这种汇聚功能。（当然了，这里所谓的“地理”其实指的是路由空间，可不是物理位置。）CIDR 在技术上非常成功，现在在整个 IPv6 中都采用了网络地址的层级化次级分配（hierarchical subassignment）。

你所属的 IPv6 ISP 从表 13.4 中列出的区域注册机构中获得 IPv6 地址块前缀。然后 ISP 再把前缀分配给你，你可以将其放到地址中本地部分之前，这通常在边界路由器处完成。组织可以在所分配地址空间内的任意位置自由设置委托边界（delegation boundary）。

只要地址前缀采用文本形式描述，IPv6 就可以采用 CIDR 记法来描述前缀长度。一般模式为：

① 这是一个真实的 IPv6 地址，不要在你自己的系统上使用该地址，哪怕是做实验也不行。RFC3849 建议文档和示例中使用前缀块为 2001:db8::/32 的 IPv6 地址。但是我们想在这里展示一个能够在 Internet 骨干网上路由的真实例子。

```
Ipv6 地址/以十进制为单位的前缀长度
```

IPv6-address（IPv6 地址）在前面已经讲过了。它必须是一个 128 位的全长度地址。在大多数情况下，超出前缀的地址为都会被设置成 0。但有时也可以指定完整的主机地址以及前缀长度，其目的和含义通常在上下文中都很清晰。

上节中的 IPv6 地址指向 Google 的服务器。路由到北美 Internet 骨干的 32 位前缀是：

```
2607:f8b0::/32
```

在这个例子中，该地址前缀是由 ARIN①直接分配给 Google 的②。这之间没有涉及 ISP。Google 负责根据需要安排前缀中剩下的 32 位。在 Google 的基础设施中很有可能还用到了其他多个前缀分层。

3. 主机自动编号

机器的 64 位接口标识符（IPv6 地址中的主机部分）可以使用 RFC4291 中描述的“EUI-64 改进版”算法从该接口的 48 位 MAC（硬件）地址中自动产生。

具体来说，接口标识符就是在 MAC 地址的中间插入两个字节 0xFFFE，再对其中一位求反。该位是第一个字节的第 7 个最高有效位。也就是说，你可以使用 0x02 对第一个字节执行 XOR 操作。例如，对于 MAC 地址为 00:1b:21:30:e9:c7 的接口，自动生成的接口标识符是 021b:21ff:fe30:e9c7。因为执行了求反操作，所以带下画线的数位从 0 变成了 2。

这种方案可以实现主机自动编号，这对系统管理员来说是一个很不错的特性，如此一来，就只需要管理地址中的网络部分了。

IP 层可以看到 MAC 地址，其结果可以说是好坏参半。优点是主机地址配置能够完全自动化；劣势是接口卡厂商信息被编码在 MAC 地址的前半部分（参见 13.3.1 节），所以无可避免地会丧失一些隐私。窥视隐私者以及使用针对特定架构代码的黑客会从中得到线索。IPv6 标准中不要求站点使用 MAC 地址生成主机 ID，任何编号系统都可以使用。

虚拟服务区使用的是虚拟网络接口。与此类接口关联的 MAC 地址通常都是随机生成的，能够保证在特定的局部环境下地址的唯一性。

4. 无状态地址自动配置

利用上节中讲到的主机编号自动生成技术和其他一些简单的 IPv6 特性就能够实现 IPv6 接口的自动化网络配置。整个方案称为无状态地址自动配置（StateLess Address Auto Configuration，SLAAC）。

在接口的 SLAAC 配置过程中，会先为其分配一个属于“本地链路网络”（link-local network）的地址，其网络地址固定为 fe80::/64。地址的主机部分则如之前描述过的一样，根据该接口的 MAC 地址设定。

IPv6 并没有像 IPv4 那样的广播地址，不过本地链路网络大致上能够实现相同的效果：它表示“该物理网络”。路由器绝不会转发发往所在网络上该地址的分组。

一旦设置好接口的本地链路地址，IPv6 协议栈就会向“所有路由器”的多播地址发送 ICMP 路由器请求（ICMP Router Solicitation）分组。

接收到请求的路由器使用 ICMP 路由器通告（ICMP Router Advertisement）分组作为响应，通告分组列出了所在网络所使用的 IPv6 网络编号（其实就是前缀）。

---

① 美国 Internet 号码注册中心（American Registry for Internet Numbers，ARIN）负责美国与其他地区的 IP 地址资源分配与管理。——译者注

② 在这里，ARIN 分配的地址块前缀长度和骨干路由表项是相同的，不过未必总是这样。所分配的前缀决定了管理边界，而路由前缀与路由空间局部性（routing-space locality）相关。

如果来自某个网络的通告分组中设置了“autoconfiguration OK”（自动配置可用）标志，那么查询主机会为其接口分配另外一个地址。该地址是由路由器所通告的网络部分以及通过改进的EUI-64 算法自动生成的主机部分组合而成。路由器通告分组中的其他字段允许路由器将自己标识为默认网关，告知网络的 MTU。

最终的结果就是新主机成功接入了 IPv6 网络，其过程不需要任何网络服务器（除了路由器）和本地配置。可惜的是，系统没法找到像 DNS 这样的高层软件的配置，所以你可能还得运行传统的 DHCPv6 服务器。

你有时会发现 IPv6 网络自动配置和邻居发现协议（neighbor discovery protocol）联系到了一块。尽管 RFC4861 专门描述了邻居发现协议，但这个术语实际上很模糊。它涵盖了各种 ICMPv6 分组类型的用法及解释，其中一些与网络邻居发现的关系并不紧密。从技术角度而言，存在的联系就是之前讲过的 SLAAC 用到了其中一些在 RFC4861 中定义的 ICMPv6 分组类型。不妨称其为 SLAAC 或“IPv6 自动配置”，把“邻居发现”这个词留给 13.6 节中所描述的 IP-MAC 之间的映射过程，这样会更清晰。

5. IPv6 隧道化

为了方便 IPv4 到 IPv6 的过渡，人们提出了各种各样的方案，其中主要侧重于通过 IPv4 网络隧道化 IPv6 流量，以弥补 IPv6 支持方面的不足。常用的两种隧道化系统分别是 6to4 和 Teredo，后者得名于一种吃木头的船蛆家族，它可以用于处在 NAT 设备背后的系统。

13.5 路由选择

路由选择（routing）就是指导分组穿越横在源主机与目的主机之间网络迷宫的过程。在 TCP/IP 系统中，这就像是在陌生的国家问路一样。你询问的第一个人也许会将你指往正确的城市。距离目的地更近一些之后，下一个人可能会告诉你怎样到达正确的街道。就这样越来越近，最终会有人可以为你指出要找的那栋大楼。

路由选择信息采用了规则（路由）的形式，例如“要想到达网络 A，需要通过机器 C 发送分组”。另外还有默认路由，指明在没有明确的路由能够到达某个网络时该怎么样处理分组。

路由选择信息保存在一个内核表格中。每个表项都有多个参数，其中包括网络掩码。要想将分组送达特定的网络，内核会挑选最具体的匹配路由，也就是拥有最长掩码的那条路由。如果内核没有找到相关的路由，也没有默认路由，则向发送方返回“network unreachable”（网络无法到达）ICMP 错误。

“路由选择”一词常用于表示两种截然不同的事物。

- 作为分组转发过程的一部分，在路由表中查找网络地址。
- 建立最初的路由表。

在本节中，我们将学习分组转发功能以及如何从路由表中手动添加或删除路由。我们将更复杂的路由选择协议（routing protocol）留待第 15 章再讲，该协议负责路由表构建及维护。

13.5.1 路由表

你可以使用 ip route show（Linux）或 netstat -r（FreeBSD）命令检查路由表。尽管 netstat 在 Linux 中已经逐渐过时，但仍旧可用。为了避免显示两种不同版本的输出，我们在后面的例子中统一使用 netstat。ip 版本的内容差不多，不过格式有些不同。

使用 netstat -rn 来避免 DNS 查询，并以数字形式显示所有信息，这种方式通常更有帮助。下面是一个 IPv4 路由表的简短示例，以便于你更好地了解路由到底是什么样子。

```
redhat$ netstat -rn
Destination      Genmask          Gateway          Fl  MSS   Iface
132.236.227.0    255.255.255.0    132.236.227.93   U   1500  eth0
default          0.0.0.0          132.236.227.1    UG  1500  eth0
132.236.212.0    255.255.255.192  132.236.212.1    U   1500  eth1
132.236.220.64   255.255.255.192  132.236.212.6    UG  1500  eth1
127.0.0.1        255.255.255.255  127.0.0.1        U   3584  lo
```

这台主机有两个网络接口：位于网络 132.236.227.0/24 上的 132.236.227.93（eth0）和位于网络 132.236.212.0/26 上的 132.236.212.1（eth1）。

Destination（目的地）字段通常是网络地址，不过你也可以添加特定主机路由（相应的网络掩码是 255.255.255.255，因为所有的位都要查询）。

表项的 Gateway（网关）字段必须包含本地网络接口或相邻主机的完整 IP 地址。在 Linux 内核中，可以用 0.0.0.0 表示默认网关。

例如，表中第 4 项表示要想到达网络 132.236.220.64/26，必须将分组通过接口 eth1 发送到网关 132.236.212.6。第 2 项是默认路由，不是明确发往其余 3 个网络（或是发往该主机本身）的分组全都被发送到默认网关 132.236.227.1。

主机只能把分组送到能够通过直接相连的网络抵达的网关。本地主机的任务仅限于将分组向距离目的地更近的方向移动一跳（one hop），所以在本地路由表中包含非相邻网关的信息也没什么意义。分组抵达到的每个网络会查询自己的本地路由选择数据库，决定如何选择下一跳。[①]

路由表既可以静态配置，也可以动态配置，或是两者兼有。静态路由是通过 ip（Linux）或 route（FreeBSD）命令明确输入的。只要系统保持运行，静态路由就不会消失，它们一般是通过系统启动脚本在引导期间设置的。例如，Linux 命令：

```
ip route add 132.236.220.64/26 via 132.236.212.6 dev eth1
ip route add default via 132.236.227.1 dev eth0
```

可以添加之前 netstat -rn 所显示的第 4 条和第 2 条路由。（第 1 条和第 3 条路由是在配置接口 eth0 和 eth1 的时候自动添加的。）与此等价的 FreeBSD 命令形式类似于：

```
route add -net 132.236.220.64/26 gw 132.236.212.6 eth1
route add default gw 132.236.227.1 eth0
```

最后一条路由也是在引导期间添加的。该路由负责配置环回接口，避免发往本机自身的分组进入到网络中。这种分组会直接从内核的网络输出队列转入网络输入队列。

在一个稳定的局域网中，静态路由选择是一种有效的解决方案。它不但易于管理，而且可靠。但要求系统管理员准确了解在引导之时网络的拓扑结构，同时该拓扑结构还不能频繁变化。

局域网中大部分机器想离开网络只有一条出路，所以路由选择问题并不难。在系统引导期间添加的默认路由足以作为出口点。使用 DHCP（参见 13.7 节）获得 IP 地址的主机也可以通过 DHCP 得到默认路由。

对于更复杂的网络拓扑，就得靠动态路由了。动态路由是由负责维护和修改路由表的守护进程实现的。不同主机上的路由守护进程相互通信，从而发现网络拓扑并找出如何到达目的地。有多种可用的路由守护进程，详见第 15 章。

13.5.2 ICMP 重定向

尽管 IP 一般不负责管理路由选择信息，但它定义了一种简单的故障控制特性，叫作 ICMP 重定向。当路由器把分组转发到与自己处于相同网络中的另一台机器时，这显然就有问题了。因为

① IPv4 的源路由（source routing）特性是一个例外，参见 13.8.3 节。

发送方、路由器、下一跳路由器全都在同一个网络中，分组转发应该只需要单跳（one hop），而不是两跳。路由器这时应该能够得出结论：发送方的路由表不正确或不完整。

在这种情况下，路由器可以通过发送 ICMP 重定向分组提醒发送方出现的问题。重定向的意思其实就是“你不应该把属于主机 xxx 的分组发给我，应该发给主机 yyy”。

在理论上，重定向的接收方可以调整自己的路由表来修正问题。而在实际中，重定向中并没有包含认证信息，所以并不值得信任。专用路由器通常都会忽略重定向，但大多数 UNIX 和 Linux 系统默认会接受并做出相应调整。你得考虑一下所在网络中重定向的可能来源，如果会造成问题的话，就禁止接受。

在 Linux 中，/proc 目录树下的 accept_redirects 变量控制着是否接受 ICMP 重定向。参见 13.10.6 节了解如何检查和重新设置该变量。

在 FreeBSD 中，变量 net.inet.icmp.drop_redirect 和 net.inet6.icmp6.rediraccept 控制着是否接受 ICMP 重定向。在文件/etc/sysctl.conf 内分别将这两个变量从 1 改为 0 就可以忽略 ICMP 重定向。（重启或执行 sudo /etc/rc.d/sysctl reload 来激活新设置。）

13.6 IPv4 ARP 与 IPv6 邻居发现

尽管 IP 地址独立于硬件，但仍必须使用硬件地址在网络链路层传输数据。[①]IPv4 和 IPv6 各自采用了单独但却惊人相似的协议来发现与特定 IP 地址关联的硬件地址。

IPv4 使用的是 RFC826 所定义的地址解析协议（Address Resolution Protocol，ARP）。IPv6 则使用了部分 RFC4861 所定义的邻居发现协议（neighbor discovery protocol）。只要是支持广播或全节点多播的网络都可以使用这些协议，不过基本上都是在以太网环境下描述它们的。

如果主机 A 想向与其在同一个以太网中的主机 B 发送分组，可以通过 ARP 或 ND 来发现 B 的硬件地址。如果 B 和 A 不在同一个网络中，主机 A 使用路由选择系统确定能够到达 B 的下一条路由器，然后使用 ARP 或 ND 获得该路由器的硬件地址。这两种协议只能找出与发送主机处于相同局域网的主机的硬件地址。

每台机器在内存中维护了一个叫作 APR 或 ND 缓存的表格，其中包含着最近查询的结果。在正常情况下，主机所需的很多地址在引导结束后很快就会被发现，所以 ARP 或 ND 并不会占用太多的网络流量。

这两种协议在工作时会广播或多播“有谁知道 IP 地址 X 所对应的硬件地址？”这种形式的分组。被问询的机器如果发现这是自己的 IP 地址，就会回复“没错，该 IP 地址被分配给我其中的一个网络接口，对应的 MAC 地址是 08:00:20:00:fb:6a”。

在最初发出的查询中就包含了请求方的 IP 地址和 MAC 地址，所以被查找的机器无须再进行查询就可以直接回复。所以两台机器只需要交换一次分组就能够得知对方的地址映射。其他接收到请求方发出的广播的机器也会记录下其中的地址映射。

在 Linux 中，ip neigh 命令能够检查并处理 APR 或 ND 创建的缓存、添加或删除条目、清除（flush）或打印缓存。ip neigh show 可以显示出缓存中的内容。

在 FreeBSD 中，arp 命令可以处理 ARP 缓存，ndp 命令可以处理 ND 缓存。

---

① 点对点链路是一个例外，目的地的标识有时是隐含的。

这些命令通常只有在进行调试或涉及特定硬件时才用得上。例如，如果网络中的两台主机使用了相同的 IP 地址，一台的 ARP 或 ND 表项正确，另一台有错误。你可以利用缓存信息跟踪到出错的那台主机。

不正确的缓存条目表明所在的局域网中有人试图劫持网络流量。这种类型的统计通常称为 APR 欺骗或 ARP 缓存投毒。

13.7 DCHP：动态主机配置协议

当你将设备或计算机接入网络，它通常会获得自身在该网络中的 IP 地址、设置相应的默认路由并连接到本地 DNS 服务器。这一切神奇背后的始作俑者就是动态主机配置协议（Dynamic Host Configuration Protocol，DHCP）。

该协议可以让 DHCP 客户从拥有分发授权的中央服务器处“租借”（lease）各种网络及管理参数。这种租借模式对于那些随开随用的 PC 以及必须支持短时访客的访客（例如便携式计算机）尤其方便。

可租借的参数包括：

- IP 地址和网络掩码；
- 网关（默认路由）；
- DNS 名称服务器；
- syslog 主机；
- WINS 服务器、X 字体服务器、代理服务器、NTP 服务器；
- TFTP 服务器（用于装载引导镜像）。

除此之外还有很多，具体参见 RFC2132（IPv4）和 RFC3315（IPv6）。不过现实中极少用到其他一些稀奇古怪的参数。

客户端必须定期向 DHCP 服务器续租其租约。如果没有续租，之前获得的参数最终将会过期。DHCP 服务器有权将地址（或是租借的其他参数）分配给其他客户。租期是可配置的，不过一般都比较久（数小时或数天）。

即便你希望每台主机都使用永久性 IP 地址，DHCP 也能够为你节省时间和精力，因为它将配置信息全部集中在了 DHCP 服务器，不要求其分散到单独的主机。只要服务器启动并运行，客户端就可以在引导期间使用 DHCP 获得自己的网络配置。客户端无须知道自己接收的是静态配置。

13.7.1 DHCP 软件

ISC（Internet Systems Consortium，Internet 系统协会）维护着一个非常不错的 DHCP 开源参考实现。该软件的主版本 2、3、4 都很常用，所有这些版本都能很好地胜任基本服务。版本 3 支持备份 DHCP 服务器，版本 4 支持 IPv6。服务器、客户端、中继代理全都可以在 ISC 官网中找到。

各发行版都包含了某个版本的 ISC 软件，不过你可能需要自己安装服务器部分。服务器对应的软件包在 Red Hat 和 CentOS 中是 DHCP，在 Debian 和 Ubuntu 中是 isc-dhcp-server，在 FreeBSD 中是 isc-dhcp43-server。确保你安装的是所需的软件，因为很多系统打包了 DHCP 服务器和客户端的多个实现。

最好别动 DHCP 的客户端，原因在于这部分代码相对简单，而且预先已经配置过了，直接拿来就能用。修改客户端也不是件容易事。

如果要运行 DHCP 服务器的话，相较于厂商的特定实现，我们优先推荐使用 ISC 版本。在典型的异构网络环境中，统一采用一种实现能够大大简化管理工作。ISC 软件提供了一种可靠的开源解决方案，在多数系统中都能成功构建。

另一种选择是 Dnsmasq，这种服务器配合 DNS 转发器（DNS forwarder）实现了 DHCP 服务。它能够运行在所有的系统中。

大多数路由器中也内建了 DHCP 服务器。其配置过程通常要比基于 UNIX 或 Linux 的服务器更烦人，不过可靠性和可用性可能要更好。

在接下来几节中，我们会简要讨论 DHCP 协议，解释如何设置实现了该协议的 ISC 服务器，并回顾一些客户端配置问题。

13.7.2 DHCP 的工作方式

DHCP 是 BOOTP 协议（最初设计用于协助无盘工作站引导）的一种向后兼容扩展。DHCP 概括了可以提供的参数并为分配的值添加了租期的概念。

DHCP 客户端在与 DHCP 服务器交互时，首先会广播一条消息“帮帮忙！我是谁啊？”。[①]如果本地网络中部署了 DHCP 服务器，那么它就会同该客户端协商，提供 IP 地址和其他连网参数。如果本地没有 DHCP 服务器，其他子网中的服务器也可以通过专门作为中继代理（relay agent）的 DHCP 软件接收一开始的广播消息。

当客户端的租期过半时，它会尝试续约。服务器会跟踪已经分配出去的地址，这类信息在重启系统之后必须能够保留。客户端在重启之后也应该维持其租借状态，不过很多客户端并没有这么做。这样的目的是为了使网络配置最为稳定。在理论上，所有软件都应该为网络配置发生变化做好准备，但一些软件仍然会对网络的稳定性做出毫无根据的假设。

13.7.3 ISC 的 DHCP 软件

ISC 的服务器守护进程叫作 dhcpd，其配置文件为 dhcpd.conf，通常位于/etc 或/etc/dhcp3。配置文件的格式有点容易出错，多一个分号的话，就有可能导致一串神秘而毫无帮助的错误消息。

在设置新的 DHCP 服务器时，你还必须确保创建一个空的租借数据库文件。检查 dhcpd 手册页结尾的总结部分，找出你所在系统中租借文件的正确位置。该文件通常是在/var 下面的某个地方。

你需要下列信息来设置 dhcpd.conf 文件：

- 要使用 dhcpd 进行地址管理的子网和可以分配的地址范围；
- 要分配的静态地址列表（如果有的话）和接收方的 MAC（硬件）地址；
- 初始租期和最长租期（以 s 为单位）；
- 服务器应该传给 DHCP 客户端的其他选项：网络掩码、默认路由、DNS 域、名称服务器等。

dhcpd 手册页描述了配置过程，dhcpd.conf 手册页中包含了配置文件的准确语法。除了进行配置之外，还要确保 dhcpd 自动在引导期间启动（参见第 2 章）。如果无法实现自动启动，可以根据 dhcpd.conf 文件存在与否来启动 dhcpd 守护进程。

下面的 dhcpd.conf 文件取自一台 Linux 主机。该主机有两个接口，一个是内部接口，另一个用于连接 Internet。这台机器为内部网络执行 NAT 转换（参见 13.4.6 节），同时为该网络出租 10 个 IP 地址。

每个子网都必须声明，哪怕并没有为其提供 DHCP 服务，所以 dhcpd.conf 文件中为外部接口包含了一个空条目（dummy entry）。另外还包含了 host 条目，用于需要固定地址的特定主机。

---

① IPv4 客户端使用普通的全 1 广播地址向 DHCP 服务器发起会话。客户端尚不知道自己的子网掩码，所以也就没法使用子网广播地址。IPv6 采用的是多播地址而不是广播。

```
# global options

option domain-name "synack.net";
option domain-name-servers gw.synack.net;
option subnet-mask 255.255.255.0;
default-lease-time 600;
max-lease-time 7200;

subnet 192.168.1.0 netmask 255.255.255.0 {
    range 192.168.1.51 192.168.1.60;
    option broadcast-address 192.168.1.255;
    option routers gw.synack.net;
}

subnet 209.180.251.0 netmask 255.255.255.0 {
}

host gandalf {
    hardware ethernet 08:00:07:12:34:56;
    fixed-address gandalf.synack.net;
}
```

除非你像上面那样为主机 gandalf 分配静态 IP 地址，否则就得考虑 DHCP 配置如何同 DNS 打交道。一种简单的方法是为每个动态租借出的地址分配一个普通的名字，允许单独机器的名字随其 IP 地址变化。或者，你也可以配置 dhcpd，让它在租借 IP 地址时更新 DNS 数据库。动态更新的方法比较复杂，但好处是能够保留每台机器的主机名。

ISC 的 DHCP 中继代理是一个独立的守护进程，名字叫作 dhcrelay。这是个没有配置文件的简单程序，不过厂商经常会为其添加一些适用于站点的命令行启动参数。dhcrelay 侦听本地网络上的 DHCP 请求并将请求转发到一组指定的远程服务器。这对于 DHCP 服务集中化管理和提供备份 DHCP 服务器来说都很方便。

ISC 的 DHCP 客户端差不多也不需要配置。它在目录/var/lib/dhcp 或/var/lib/dhclient 中为每个连接保存了状态文件。这些文件以其所描述的接口命名。例如，dhclient-eth0.leases 包含了 dhclient 为接口 eth0 所设置的所有网络参数。

13.8 安全问题

我们为安全主题专门安排了一章(第 27 章)，但一些与 IP 连网相关的安全问题值得在此讨论。在本节中，我们简要介绍几个因导致安全问题而出名的连网特性，并推荐了几种降低其影响的方法。我们用到的示例系统在这些问题上具体的默认行为（以及修改默认行为的方法）存在很大的差异，从 13.10 节开始将讨论特定系统的内容。

13.8.1 IP 转发

启用 IP 转发的 UNIX 或 Linux 系统用起来就像路由器一样。也就是说，它能够在其中跟一个网络接口上接受第三方分组，在另一个接口上决定将其送至网关或目标主机，然后重传这些分组。

除非你的系统配备了多个网络接口，同时也的确打算将其作为路由器使用，否则最好还是把这个特性关闭掉。转发分组的主机会使得外部分组看起来像是来自内部网络，这种行为有时会不自主地损害网络安全。这种伎俩可以帮助入侵者避开网络扫描器和分组过滤器。

主机拥有对应多个子网的网络接口，只将这些接口用于自身的流量，不去转发第三方分组，这些是完全可以接受的。

13.8.2 ICMP 重定向

ICMP 重定向（参见 13.5.2 节）可以被用来恶意重新引导流量、篡改路由表。在默认情况下，大多数操作系统会侦听 ICMP 重定向，遵循重定向的指示。如果所有的流量被重定向到竞争对手的网络中达数小时，特别是还运行有备份线路时，那可就坏事了！我们建议你将路由器（以及用作路由器的主机）配置为忽略并记录 ICMP 重定向企图。

13.8.3 源路由

IPv4 的源路由机制允许你明确指定一系列网关，以便分组沿此路线抵达目的地。源路由绕过了网关通常用于决定如何转发分组的下一条路由选择算法。

在最初的 IP 规范中就包含了源路由，其本意主要是为了便于测试。但这会造成安全问题，因为在过滤分组时往往是根据源地址决定的。如果有个聪明的家伙让一个分组看起来像是从你所在的网络而非 Internet 发出的，这也许就能绕过防火墙。我们建议你既不要接受，也不要转发经过源路由的分组。

尽管 Internet 并不看好 IPv4 源路由，但不知怎么着它已经成功潜入了 IPv6。不过这项 IPv6 特性已经在 2007 年被 RFC5095 给废除了。如今要求符合 IPv6 规范的实现都必须拒绝经过源路由的分组，并向发送方返回错误消息。①Linux、FreeBSD 以及商业路由器都贯彻了 RFC5095。

13.8.4 广播 ping 与定向广播

发往网络广播地址（并非特定主机地址）的 ping 分组一般会被送至网络中的所有主机。这种分组已经被用于拒绝服务攻击，例如，所谓的 Smurf 攻击。（具体细节参见 Wikipedia 中的“Smurf attacks”词条。）

广播 ping 是“定向广播”（directed broadcast）的一种形式，这种分组会被发送到远程网络的广播地址。默认的处理方法逐渐在变化。例如，直到 Cisco iOS 的版本 11.x，默认都是选择转发定向广播，但从 iOS 12.0 开始，就不再这样处理了。通常可以设置 TCP/IP 栈忽略非本地产生的广播分组，但因为必须在每个接口上设置，对于大型站点而言，这项任务并不轻松。

13.8.5 IP 欺骗

IP 分组的源地址通常是由内核的 TCP/IP 实现负责填入，指明了发送该分组的主机的 IP 地址。然而，如果创建分组的软件使用了原始套接字（raw socket），它就可以填入任何想要的源地址。这就叫作 IP 欺骗（IP spoofing），往往和某种恶意网络行为联系在一起。被伪造的源 IP 地址（如果是真实的地址）所标识的机器常是这种做法的牺牲品。错误的以及返回的分组会扰乱或淹没受害者的网络连接。来自大量外部机器的分组欺骗被称为“分布式拒绝服务攻击”（distributed denial-of-service attack）。

通过阻止源地址不在特定地址空间的外出分组（outgoing packet），可以在边界路由器处拒绝 IP 欺骗。如果是大学站点，学校的学生们又热衷于实验，则有可能会搞出一些数字争斗（digital vendetta）。这种防范措施就尤为重要了。

如果在内部使用了私有地址空间，你可以同时过滤掉那些携带内部地址逃逸到 Internet 的分组。这种分组根本就没法应答（因为缺少骨干路由），而且总是表明你的站点存在某种内部配置错误。

① 尽管如此，IPv6 源路由可能会以“分段路由选择”（segment routing）的形式重返舞台，该特性现在已经被集成进了 Linux 内核。

除了检测带有伪造源地址的出站分组之外，还必须防止攻击者伪造外部分组的源地址，使得防火墙认为它们源自内部网络。有一种叫作“单播逆向路径转发”（unicast reverse path forwarding，uRPF）[①]的启发式方法可以帮助解决这个问题。对于进入某个接口的分组，如果源地址对应的接口与入接口不匹配，路由器则丢弃这些分组。这是一种快速的完整性检查，它使用普通的 IP 路由表作为一种验证网络分组来源的方法。专用路由器和 Linux 内核都实现了 uRPF。在 Linux 中，uRPF 是默认启用的。

如果你的站点有多条 Internet 连接，那么入站和出站路由不同是非常正常的事情。在这种情况下，你只能关闭 uRPF，以确保路由选择正常工作。如果站点只有一条 Internet 连接，启用 uRPF 通常是安全和适合的。

13.8.6 基于主机的防火墙

在传统上，网络分组过滤器或防火墙将本地网络连接到外部，根据站点策略控制网络流量。遗憾的是，微软以其在安全方面声名狼藉的 Windows 系统歪曲了人们对防火墙该如何发挥作用的认识。近几次 Windows 发布都自带了个人防火墙，如果你尝试关闭防火墙时，系统还会悻悻地抱怨。

我们的示例系统都包含了分组过滤软件，不过你可别想当然地认为所有的 UNIX 或 Linux 都需要有自己的防火墙。分组过滤特性主要是为了让机器可以作为网关使用。

但是，我们不推荐把工作站当作防火墙使用。即使是经过了细致的强化，大而全的操作系统也太过复杂，并不是完全靠得住。专用网络设备更具可预测性，也更可靠，哪怕是这些设备私底下运行的还是 Linux。

即便是由 Check Point（其产品可以运行在 UNIX、Linux 以及 Windows 平台）提供的复杂的软件解决方案也不如专用设备（例如 Cisco Adaptive Security Appliance 系列）安全。何况而言，纯软件解决方案和专用设备的价钱相差无几。

13.14 节将全面讨论了防火墙相关的问题。

13.8.7 虚拟私有网络

很多在不同地点都有办事机构的组织希望所有办公地点能够连接成一个大型的私有网络。这种组织可以通过在各个办公地址之间建立一系列安全的加密“隧道”（tunnel），把 Internet 当作一个私有网络来使用。包含此类隧道的网络被称为虚拟私有网络（virtual private network）或 VPN。

如果用户必须从家里或者其他场所连接私有网络，那么也要用到 VPN 设施。VPN 系统并不能根除与这种临时连接（ad hoc connection）相关的所有安全问题，但对于很多用途来说，已经足够安全了。

有些 VPN 系统用的是 IPsec 协议。该协议作为对 IP 一种相对较为低层的补充，由 IETF 在 1998 年完成了标准化。其他的 VPN 系统（例如 OpenVPN）则是通过使用传输层安全（Transport Layer Security，TLS），在 TCP 之上实现了 VPN 安全，TLS 的前身是安全套接字层（Secure Sockets Layer，SSL）。TLS 也处在 IETF 的标准制定过程中，在撰写本书之时（2017 年）仍尚未被完全接纳。

另外还有各种专有的 VPN 实现可用。这些系统之间或是同标准的 VPN 系统之间一般都无法彼此协作，但如果所有的终端节点（endpoint）均在控制之下，这倒也未必是什么重大缺陷。

---

① uRPF 技术会首先获取分组的源地址和入接口，然后以源地址为目的地址，在路由表中查找相对应的转发接口是否与入接口匹配，如果不匹配，则认为该源地址是伪装的，并将该分组丢弃。——译者注

就目前来看，基于 TLS 的 VPN 解决方案看起来已经成为了市场的赢家。它在安全性上与 IPsec 旗鼓相当，而且大大降低了复杂性。这两方面在其免费实现 OpenVPN 身上得到了体现。

对于家庭及大型组织用户，常见的做法是通过 Web 浏览器下载一个小的 Java 或可执行组件。由该组件实现到企业网络的 VPN 连接。这种机制对用户来说挺方便，但要注意的是基于浏览器的 VPN 系统在实现上大相径庭：有些是通过伪网络接口提供 VPN 服务，而有些只转发特定的端口。另外还有些不过是个华丽的 Web 代理罢了。

确保你理解所考虑选用方案的底层技术，别指望实现一些不可能的功能。真正的 VPN 服务（也就是通过网络接口实现完整的 IP 层连通性）要求管理员权限，还得在客户端安装软件（无论客户端使用的是 Windows 系统或 Linux 系统）。浏览器兼容性也得检查，因为在实现基于浏览器的 VPN 解决方案时，用到的那些怪招往往在不同的浏览器间没法通用。

13.9 基本的网络配置

只需要寥寥几步就可以把新机器添加到现有的局域网中，只不过每种系统的实现方法略有不同而已。安装有 GUI 的系统通常包括一个网络配置面板，但是这种可视化工具只能应付简单的场景。在典型的服务器中，你只需要直接在文本文件中输入网络配置就行了。

在将新机器连接到已接入 Internet 的网络之前，先做好安全工作（参见第 27 章），以免无意中给所在的本地网络招惹来没安好心的不速之客。

给本地网络添加新机器的步骤差不多像下面这样：

（1）为及其分配唯一的 IP 地址和主机名；

（2）配置网络接口和 IP 地址；

（3）设置默认路由以及可能更为复杂的路由选择配置；

（4）设置 DNS 服务器，以便机器能够访问 Internet。

如果你依赖 DHCP 进行基本配给，那么大部分配置工作可以由 DHCP 服务器来完成，无须再在新机器上忙乎了。新安装的操作系统一般默认选择通过 DHCP 配置，所以新机器可能完全不需要配置网络。DHCP 的一般性信息参见 13.7 节。

完成任何可能影响系统启动的改动后，一定要重新启动，看看机器是否一切正常。6 个月后，当电源出现故障，机器无法引导时，很难再回想起来当初到底做了什么改动才引发的这些问题。

关于物理网络的设计与搭建会在第 14 章中讲述。如果你处理的是现有网络并对其组建有了一般性的了解，除非打算扩展网络，否则可能并没有必要阅读过多有关物理连网方面的内容。

在本节中，我们回顾了手工网络配置所涉及的各种问题。这部分内容可以适用于任何的 UNIX 或 Linux 系统。在从 13.10 节开始的特定厂商部分中，我们讨论了各个厂商系统的独特之处。

完成基本的网络配置之后，使用 ping 和 traceroute 这类基本工具测试网络连通性还是有益的。13.12 节描述了这类工具。

13.9.1 主机名与 IP 地址分配

关于主机名与 IP 地址之间采用哪种方式最好维护，管理员都有一套自己切身的理论：通过 hosts 文件、LDAP、DNS 系统，或是综合运用这些方法。一方面是保持可伸缩性、一致性以及可维护性，另一方面是设计一套足够灵活的系统，允许机器在只有部分服务可用时也能引导和工作，这两种目标是彼此冲突的。

在设计寻址系统时的另一种考虑是未来对主机重新编号的可能性。除非你用的是 RFC1918 中规定的私有地址（参见 13.4.6 节），否则在更换 ISP 时，站点的 IP 地址可能会发生变化。如果必须访问网络上的每台主机才能重新配置其地址，这种过渡的工作量可就吓人了。要想加快重新分配地址的速度，你可以在配置文件中使用主机名，将地址映射限制在几个集中位置，例如 DNS 数据库和 DHCP 配置文件。

/etc/hosts 文件是一种将名称映射到 IP 地址的最古老，也是最简单的方法。文件中的每行以一个 IP 地址开头，随后是对应的各式符号名称。

下面这个典型的/etc/hosts 文件来自主机 lollipop。

```
127.0.0.1         localhost
::1               localhost ip6-localhost
ff02::1           ip6-allnodes
ff02::2           ip6-allrouters
192.108.21.48     lollipop.atrust.com lollipop loghost
192.108.21.254    chimchim-gw.atrust.com chimchim-gw
192.108.21.1      ns.atrust.com ns
192.225.33.5      licenses.atrust.com license-server
```

/etc/hosts 文件的最小版本仅包含前 3 行。localhost 通常是该文件中的第一行，在很多系统上这行并不是必需的，不过有了也无妨。你可以在文件中随意混用 IPv4 地址和 IPv6 地址。

因为/etc/hosts 只包含本地映射，在每个客户系统中都要维护该文件，所以最好将其保留用于在引导期间需要完成的映射（例如，主机本身、默认网关以及名称服务器）。本地网络中其余部分以及 Internet 上的映射可以通过 DNS 或 LDAP 查找。你也可以使用/etc/hosts 来指定不希望外界得知的映射关系，DNS 中进而也就不会再发布这些关系。[①]

hostname 命令会为机器分配主机名。该命令通常是由某个启动脚本在引导期间执行，从配置文件中获得要分配的名称。（当然，每个系统的做法略有不同。具体细节参见 13.10 节。）主机名应该是全限定的（fully qualified）：也就是说，既要包含主机名，也要包含 DNS 域名，例如 anchor.cs.colorado.edu。

在小型站点中，手动分配少量的主机名和 IP 地址不是什么难事。但如果涉及多个网络和不同的管理组，为了确保唯一性，最好还是采用一些中央协调机制。对于动态分配的连网参数，唯一性的问题由 DHCP 负责搞定。

13.9.2 网络接口与 IP 配置

网络接口就是一种能够被连接到网络上的硬件。实际的硬件种类繁多。它可以是带有有线以太网的相关信号硬件的 RJ-45 插孔（RJ-45 jack）、无线电广播，甚至连接虚拟网络的虚拟硬件。

每个系统至少有两个网络接口：一个是虚拟的环回接口，另一个是物理网卡。在配备多个以太网插孔的 PC 上，通常有单独的网络接口控制每个插孔。（这些接口的硬件彼此也互不相同。）

在多数系统中，可以使用 ip link show（Linux）或 ifconfig -a（FreeBSD）查看所有的网络接口，无论这些接口是否配置过或是正在使用。下面这个例子取自 Ubuntu 系统。

```
$ ip link show
1: lo: <LOOPBACK,UP,LOWER_UP> mtu 65536 qdisc noqueue state UNKNOWN
    mode DEFAULT group default qlen 1
    link/loopback 00:00:00:00:00:00 brd 00:00:00:00:00:00
2: enp0s5: <BROADCAST,MULTICAST,UP,LOWER_UP> mtu 1500 qdisc pfifo_fast
    state UP mode DEFAULT group default qlen 1000
```

① 你也可以使用分离式 DNS（split DNS）配置来实现相同的目标，参见 16.7 节。

```
link/ether 00:1c:42:b4:fa:54 brd ff:ff:ff:ff:ff:ff
```

接口的命名约定各不相同。Linux 当前版本试图确保接口名称不会随时间发生变化，所以名称有些随意（例如，enp0s5）。FreeBSD 和比较旧的 Linux 内核采用的是更为传统的“驱动程序 + 实例编号”的形式，名称类似于 em0 或 eth0。

网络硬件通常有针对其介质类型的可配置选项，这些选项与 TCP/IP 本身并没有什么关系。一个常见的例子就是现代以太网，网络接口卡在半双工或全双工模式下可能支持 10、100、1 000，甚至是 10 000 Mbit/s。大多数设备默认采用自动协商模式，其中接口卡及其上游连接（通常是交换机端口）会尝试猜测对端想使用的模式。

从历史上看，自动协商工作起来跟蒙着眼睛绑牛的牛仔差不多。现代网络设备协同工作的表现要更好，但自动协商仍旧是可能的故障源。高分组丢失率（尤其是对于比较大的分组）往往就是出错的自动协商一手造成的。

如果你是手动配置网络链路，在两端把自动协商都关闭掉。手动配置好链路的一端，然后让另一端自动适应这些设置，这种做法倒是符合直觉。但是可惜啊，以太网的自动协商的工作方式并非如此。自动协商的所有参与方要么同意自动配置网络，要么同意手动配置网络。

硬件选项（例如自动协商）具体的设置方法差异颇大，我们把相关细节的讨论推迟到 13.10 节。

除了接口硬件，每种网络协议也都有自己的配置。IPv4 和 IPv6 可能是仅有的在正常情况下你会去配置的协议，但重要的是要明白配置是按照“接口/协议”成对定义的。特别要注意，IPv4 和 IPv6 是两种完全不同的协议，需要分别配置。

IP 配置基本上就是设置接口的 IP 地址。IPv4 还要知道所在网络的子网掩码（网络掩码），以便能够区分地址中的网络部分和主机部分。在进出接口的网络流量这个层面，IPv6 并不使用网络掩码，IPv6 地址中的网络部分和主机部分长度都是固定的。

在 IPv4 中，你可以将广播地址设置为主机所在网络内的任意有效 IP 地址。有些站点会选择一个奇怪的网络地址，以此希望能够避免利用广播 ping 发动的拒绝服务攻击，但这种做法有风险，可能还得不偿失。没有正确配置每台机器的广播地址会导致广播风暴，这时分组会在机器之间来回穿梭，直至其 TTL 过期为止。①

避免广播 ping 的一种更好的办法是禁止边界路由器转发此类分组，同时让单个主机也不要对其做出响应。IPv6 就彻底不再有广播了，取而代之的是各种形式的多播。

你可以给一个接口分配多个 IP 地址。在过去，这么做有时候还是有用处的，它使得单台机器可以服务多个站点。不过对于该特性的需求已经被 HTTP Host 头部和 TLS 的 SNI 功能取代了，详见 19.1.6 节。

13.9.3 路由选择配置

本书对于路由的讨论分散在本章的若干节和第 15 章中。尽管路由选择的大部分基本信息可以在本节和与 ip route（Linux）和 route（FreeBSD）命令相关的节中找到，如果你需要了解更多信息的话，先阅读一下第 15 章的前几节也是有帮助的。

路由选择是在 IP 层完成的。当属于其他主机的分组到达后，该分组的目的 IP 地址会同内核

① 广播风暴之所以发生是因为不管 IP 广播地址被设置成什么，用来传输分组的链路层广播地址都是一样的。例如，假设机器 X 认为广播地址是 A1，机器 Y 认为广播地址是 A2。如果 X 向地址 A1 发送分组，Y 会接收到该分组（因为链路层的目的地址就是广播地址），然后发现分组并不是发给自己的，也不是发给广播地址的（因为 Y 认为的广播地址是 A2），接着可能会把分组再转发回网络。如果有两台机器都处于 Y 这种状态，那么这个分组就会不停地像这样兜圈子，直到其 TTL 过期为止。广播风暴会侵占带宽，尤其是在大型交换网络中。

路由表中的表项进行比较。如果地址匹配某一表项，这个分组就会被转发到与该路由表项相关联的下一跳网关（next-hop gateway）的IP地址。

有两种特殊情况。首先，分组的目的地可能是位于直接相连网络（directly connected network）中的主机。在这种情况下，路由表中的“下一跳网关”地址就是本地主机自己的某个网络接口，该分组被直接送往目的地。这种类型的路由是在配置网络接口时，通过ifconfig或ip address命令添加到路由表中的。

其次，可能没有路由能够匹配目的地址。在这种情况下，则使用默认路由（如果存在的话）。否则，ICMP消息“network unreachable”（网络不可达）或“host unreachable”（主机不可达）会返回给发送方。

很多局域网只有单个出口，因此所需要的就是一条指向出口的默认路由。Internet骨干网中的路由器没有默认路由。如果没有对应于目的地的路由表项，那么分组就无法抵达目标。

ip route（Linux）或route（FreeBSD）命令都可以添加或删除路由表项。下面是两个例子。

```
linux# ip route add 192.168.45.128/25 via zulu-gw.atrust.net
freebsd# route add -net 192.168.45.128/25 zulu-gw.atrust.net
```

上述命令添加了一条可通过网关zulu-gw.atrust.net抵达网络92.168.45.128/25的路由，其中该网关要么是相邻的主机，要么是本地主机的某个网络接口。显然，主机名zulu-gw.atrust.net必须能够被解析为IP地址。如果DNS在网关的另一侧的话，就只能使用网关的IP地址了！

目的网络在传统上都是用单独的IP地址和网络掩码指定的，不过所有与路由选择相关的命令如今都能理解CIDR记法（例如，128.138.176.0/20）。CIDR记法更清晰，让你不用再为一些系统特定的语法问题焦心。

下面给出一些实用技巧。

- 要想查看现有路由，可以使用netstat -nr或netstat -r（如果想查看名称）。数字形式通常更有利于调试，因为名称查询也有可能出问题。13.5.1节展示了netstat的输出。在Linux中，ip route show是查看路由的官方指定命令。但我们发现其输出不如netstat清晰。
- 设置系统默认路由时，使用关键字default而非地址或名称。该关键字等同于0.0.0.0/0，它可以匹配任意地址，而且没有真实的目的地具体。
- 使用ip route del（Linux）或route del（FreeBSD）删除路由表中的表项。
- 使用ip route flush（Linux）或route flush（FreeBSD）初始化路由表并重新开始。
- IPv6的路由设置类似于IPv4，只要-6选项告诉route当前设置的是IPv6路由表项即可。ip route通常可以自己识别IPv6路由（通过检查地址格式），但它也接受-6选项。
- /etc/networks文件将名称映射为网络号，这和将主机名映射为IP地址的hosts文件差不多。只要在networks文件中列出了相应的映射关系，像ip和route这种原本只接受网络号的命令也就能接受名称了。网络名也可以在DNS中列出，参见RFC1101。

13.9.4 DNS配置

要想将机器配置为DNS客户端，只需要设置/etc/resolv.conf文件就行了。DNS服务并非必须不可，但很难想象完全不用DNS的场景。

resolv.conf列出了应该搜索哪些DNS域来解析不完整的名称（也就是没有完全限定的，例如anchor，而非anchor.cs.colorado.edu）以及用于进行名称查找的名称服务器的IP地址。下面是一个resolv.conf文件的样例，更多的细节参见16.2节。

```
search cs.colorado.edu colorado.edu
nameserver 128.138.242.1
```

```
nameserver 128.138.243.151
nameserver 192.108.21.1
```

/etc/resolv.conf 应该把那些“距离最近的”（closet）、稳定的名称服务器放在最前面。服务器会按照出现的顺序依次访问，尝试访问下一个服务器之前的等待时间相当长。resolv.conf 中最多可以出现 3 个 nameserver 条目。你应该尽可能在其中包含多个条目。

如果本地主机是通过 DHCP 获取 DNS 服务器地址，那么 DHCP 客户端软件会在成功租借到相关参数之后将地址填入 resolv.conf 文件。因为多数系统默认采用 DHCP，所以 DHCP 服务器如果设置没问题的话，一般来说并不需要手动配置 resolv.conf。

不少站点用的是 Microsoft Active Directory DNS 服务器实现。该实现和标准 UNIX 及 Linux 的 resolv.conf 配合得很好，不用进行什么特别处理。

13.9.5 特定系统的网络配置

在早期的 UNIX 系统中，配置网络时需要编辑系统启动脚本，直接修改其中包含的命令。现代系统中的脚本不用你动手修改，它们涵盖了各种配置场景，通过重用其他系统文件的信息或是参考相关的配置文件就可以从中做出选择。

尽管将配置与实现分离是个不错的想法，但每个系统在实现时多少有点不同。/etc/hosts 和 /etc/resolv.conf 文件的格式及用法在 UNIX 和 Linux 系统中相对一致，不过你确切能够指靠的也就是这些了。

大多数系统提供了某种形式的 GUI 工具，可用于完成基本的配置，但是可视化界面和界面背后的配置文件之间有怎样的对应关系往往模糊不清。除此之外，GUI 通常无法完成高级配置，对于远程和自动化管理来说，也显得不太方便。

在接下来的部分中，我们将从示例系统中挑选出一部分存在差异的内容，描述其底层操作，讲述每种操作系统的网络配置细节。我们会特别介绍：

- 基本配置；
- DHCP 客户端配置；
- 动态的重新配置及调试；
- 安全、防火墙、过滤及 NAT 配置。

记住，多数网络配置是在引导期间完成的，因此接下来要讲到的内容和之前第 2 章中的内容多少会有些重复。

13.10 Linux 连网

Linux 开发人员特别喜欢研究，经常实现尚未被接纳为标准的特性和算法。其中一个例子就是 Linux 内核 2.6.13 中加入的可插入式拥塞控制算法（pluggable congestion-control algorithm）。针对有损网络（lossy network）、存在大量分组丢失的高速广域网、卫星链路等，有多种可供选择的算法。默认仍旧采用标准的 TCP “reno” 机制（慢启动、拥塞避免、快速重传、快速恢复）。但就用户所处的环境而言，也许某种改进算法更为适合（但也可能不适合）。[①]

13.10.1 NetworkManager

在 2004 年 NetworkManager 出现之前，Linux 对移动连网的支持相对较为随意。

① 如果考虑选用另一种拥塞控制算法，则可以在 LWN 网站上获得一些启示。

NetworkManager 由一项持续运行的服务和一个用于配置单个网络接口的系统托盘程序组成。除了各种有线网络，NetworkManager 还能够处理无线网络、无线宽带以及 VPN。它会不断评估可用的网络，只要条件成熟，就会切换到“更合适的”网络。优先级最高的是有线网络，然后是熟悉的无线网络。

该系统代表了 Linux 网络配置方面的重大变化。除了比传统的静态配置更为流畅之外，它还设计为由用户而不是系统管理员运行和管理。NetworkManager 被包括本书所有示例系统在内的各种 Linux 发行版广泛采用，但为了避免破坏已有的脚本和设置，它通常作为一种“平行宇宙”式的网络配置，与过去使用的传统网络配置互不相关。

Debian 和 Ubuntu 默认运行的都是 NetworkManager，但是静态配置的网络接口并不在 NetworkManager 的管理范围内。Red Hat 和 CentOS 默认不运行 NetworkManager。

NetworkManager 主要用于便携式计算机，这是因为其网络环境可能会频繁变化。对于服务器和桌面系统，NetworkManager 并非必需，而且还可能会使得管理复杂化。在这类环境中，应该将其忽略，或者干脆不进行配置。

13.10.2 ip：手动配置网络

和传统 UNIX 一样，Linux 系统先前也是使用相同的命令进行网络管理和状态检查：ifconfig、route、netstat。这些命令在大多数发行版中仍旧可用，但是活跃的开发活动已经转向 iproute2 软件包，其中包括命令 ip（用于包括路由选择在内的大部分日常网络配置）和 ss（用于检查网络套接字状态，大体上能够替代 netstat）。

如果你习惯了传统命令，那么花些工夫把阵营转换到 ip 还是值得的。那些遗留命令不会一直存在，尽管应对常见配置场景没有问题，但它们无法使用 Linux 网络栈的全部特性。ip 要更简洁、更规范。

你可以通过 ip 的第二个参数指定要配置或检查的对象种类。可用的选项有很多，不过常用的包括 ip link 可用于配置网络接口，ip address 用于绑定接口的网络地址，ip route 用于修改或打印路由表。[①]大多数对象都知道使用 list 或 show 输出当前状态的汇总信息，因此 ip link show 会打印出网络接口列表，ip route show 会显示出当前的路由表，ip address show 会列出所分配的全部 IP 地址。

ip 的手册页是按照子命令划分的。例如，要想了解有关接口配置的详细信息，可执行 man ip-link，也可以执行 ip link help 来查看简短的备忘单。

UNIX 的 ifconfig 命令混合了接口配置的概念和特定网络协议配置的概念。实际上，特定网络接口上可以运行多种协议（一个显著的例子就是同时使用 IPv4 和 IPv6），每种协议都支持多个地址，所以 ip link 和 ip address 之间的区别实际上很巧妙。系统管理员传统上所认为的“接口配置”其实大部分要针对 IPv4 和 IPv6 分别配置。

ip 可以接受选项-4 或-6，用于明确指定 IPv4 或 IPv6，不过很少需要这么做。ip 只需要查看给出的地址格式就能猜测出正确的模式。

接口的基本设置方法如下所示。

```
# ip address add 192.168.1.13/26 broadcast 192.168.1.63 dev enp0s5
```

在这个例子中，broadcast 子句是多余的，因为按照给定的网络掩码，这本来就是默认的广播地址。但如果需要明确设置的话，做法就是例子中这样。

当然，平时我们一般不用手动设置网络地址。接下来的部分从配置文件的角度描述了本书中

① ip 的参数可以简写，所以 ip ad 等同于 ip address。出于清晰性的考虑，我们选择使用全称。

的示例发行版是如何处理网络的静态配置的。

13.10.3 Debian 与 Ubuntu 网络配置

如表 13.6 所示，Debian 与 Ubuntu 的网络配置位于/etc/hostname 和/etc/network/interfaces，另外还需要文件/etc/network/options 的一些协助。

表 13.6　　/etc 中的 Ubuntu 网络配置文件

文件	设置内容
hostname	主机名
network/interfaces	IP 地址、网络掩码、默认路由

主机名在/etc/hostname 中设置。该文件中的主机名应该是全限定形式，这个值要在各种场合下使用，其中有些场合要求使用全限定名称。

IP 地址、网络掩码、默认路由在/etc/network/interfaces 中设置。每个接口对应着以 iface 关键字开头的行。iface 行后面可以用缩进行指定其他参数。例如：

```
auto lo enp0s5
iface lo inet loopback
iface enp0s5 inet static
    address 192.168.1.102
    netmask 255.255.255.0
    gateway 192.168.1.254
```

ifup 和 ifdown 命令会读取该文件，通过使用相应的参数调用低层命令（例如 ip）激活（up）或禁用（down）网络接口。auto 子句指定了要在引导期间或执行 ifup -a 时启用的接口。

iface 行中的关键字 inet 表示 IPv4 地址。要想配置 IPv6，需要使用 inet6。

关键字 static 被称为“方法（method）”，指定了直接分配给 enp0s5 的 IP 地址和网络掩码。address 和 netmask 行是静态配置要求的。gateway 行是默认网关的地址，用于设置默认路由。

要想让接口使用 DHCP，只用在 iface 行指定：

```
iface enp0s5 inet dhcp
```

13.10.4 Red Hat 与 CentOS 网络配置

Red Hat 与 CentOS 的网络配置是在/etc/sysconfig 中指定的。表 13.7 给出了所涉及的各种配置文件。

表 13.7　　/etc/sysconfig 中的 Red Hat 网络配置文件

文件	设置内容
network	主机名、默认路由
network-scripts/ifcfg-ifname	每个接口的参数：IP 地址、网络掩码等
network-scripts/route-ifname	每个接口的路由：ip route 的参数

主机名在文件/etc/sysconfig/network 内指定，其中还可以指定 DNS 域以及默认网关。（基本上，所有与接口无关的网络设置都在该文件中指定。）

下面的 network 文件取自一台拥有单个以太网接口的主机。

```
NETWORKING=yes
NETWORKING_IPV6=no
HOSTNAME=redhat.toadranch
```

```
DOMAINNAME=toadranch                    ### optional
GATEWAY=192.168.1.254
```

特定接口的数据保存在/etc/sysconfig/network-scripts/ifcfg-ifname 中，其中 ifname 是网络接口的名称。这些配置文件负责设置每个接口的 IP 地址、网络掩码、网络以及广播地址。除此之外，文件中还包含了一行，用于指定该接口是否应该在引导期间“激活”。

普通的机器有两个这样的文件，分别对应于以太网接口（eth0）和环回接口（lo）。例如：

```
DEVICE=eth0
IPADDR=192.168.1.13
NETMASK=255.255.255.0
NETWORK=192.168.1.0
BROADCAST=192.168.1.255
MTU=1500
ONBOOT=yes
```

和

```
DEVICE=lo
IPADDR=127.0.0.1
NETMASK=255.0.0.0
NETWORK=127.0.0.0
BROADCAST=127.255.255.255
ONBOOT=yes
NAME=loopback
```

以上分别是之前 network 文件中描述的主机 redhat.toadranch 的 ifcfg-eth0 和 ifcfg-lo 文件。

基于 DHCP 的 eth0 设置更简单。

```
DEVICE=eth0
BOOTPROTO=dhcp
ONBOOT=yes
```

修改过/etc/sysconfig 中的配置信息之后，在相应的接口上先执行 ifdown ifname，再执行 ifup ifname。如果你一次配置多个接口，可以使用命令 sysctl restart network 重置网络。

在配置相应接口时，network-scripts/route-ifname 中的各行会作为参数传给 ip route。例如：

```
default via 192.168.0.1
```

该行可以设置默认路由。这其实并非是特定接口的配置，不过出于清晰性考虑，你希望哪个接口传输被默认为路由处理的分组，就将这行放入该接口所对应的文件中。

13.10.5 Linux 网络硬件选项

ethtool 命令可以查询和设置网络接口的特定介质参数（media-specific parameter），例如链路速率和双工。该命令取代了陈旧的 mii-tools 命令，不过有些系统仍然保留了两者。如果默认没有安装 ethtool，则它通常包含在一个单独的可选软件包中（也叫作 ethtool）。

只需要给出接口的名字就可以查询到对应的状态。例如，接口 eth0（主板上一块普通的网络接口卡）启用了自动协商，当前正在全速运行。

```
# ethtool eth0
Settings for eth0:
        Supported ports: [ TP MII ]
        Supported link modes:   10baseT/Half 10baseT/Full
                                100baseT/Half 100baseT/Full
                                1000baseT/Half 1000baseT/Full
        Supports auto-negotiation: Yes
        Advertised link modes:  10baseT/Half 10baseT/Full
                                100baseT/Half 100baseT/Full
```

```
                              1000baseT/Half 1000baseT/Full
        Advertised auto-negotiation: Yes
        Speed: 1000Mb/s
        Duplex: Full
        Port: MII
        PHYAD: 0
        Transceiver: internal
        Auto-negotiation: on
        Supports Wake-on: pumbg
        Wake-on: g
        Current message level: 0x00000033 (51)
        Link detected: yes
```

要想将该接口锁定为 100 Mbit/s、全双工，可以使用命令：

```
# ethtool -s eth0 speed 100 duplex full
```

如果你想确定自动协商在你所处的环境是否可靠，不妨试试 ethtool -r。该命令可以强制立即重新协商链路参数。

另一个有用的选项是-k，它可以显示出哪些与协议相关的任务被分配给了网络接口而不是由内核来执行。大多数接口能够计算校验和，有些还能协助处理 TCP 分段。除非你相信这些任务由网络接口来做靠不住，否则更好的做法还是将其分担出去。你可以使用 ethtool -K 配合各种子选项，强制或禁止某些类型的任务分担（offloading）。（-k 选项显示当前值，-K 选项负责设置值。）

使用 ethtool 做出的改动都不是永久性的。如果你希望修改能够持续有效，必须让 ethtool 作为系统网络配置的一部分运行。最好的实现方法就是作为各个接口配置（per-interface configuration）的组成部分。如果你只是安排一些 ethtool 命令在引导期间运行，那么这种配置将无法正确处理重启接口，但不重新引导系统的情况。

在 Red Hat 和 CentOS 中，你可以在/etc/sysconfig/network-scripts 下面的接口配置文件中加入一行 ETHTOOL_OPTS=。ifup 命令会将整行作为参数传给 ethtool。

在 Debian 和 Ubuntu 中，可以直接在配置文件/etc/network/interfaces 中执行 ethtool 命令。

13.10.6 Linux 的 TCP/IP 选项

Linux 将所有可调整的内核参数都放入/proc 虚拟文件系统中。关于/proc 机制的一般性信息参见 11.4.1 节。

连网参数位于/proc/sys/net/ipv4 和/proc/sys/net/ipv6 目录下。我们在本书前几版中给出了完整的参数列表，但如今所涉及的参数实在是多得没法在此逐个列出了。

ipv4 目录中包含的参数数量要比 ipv6 目录中多得多，但这主要是因为不依赖于 IP 版本的协议（例如 TCP 和 UDP）将自身的参数都放到 ipv4 目录中。从 tcp_或 udp_前缀中可以看出参数属于哪种协议。

ipv4 和 ipv6 中的子目录 conf 包含了各个接口的参数设置。conf 中包括子目录 all 和 default，另外还有针对每个接口（包括环回接口在内）的子目录。每个子目录中的文件都是一样的。

```
ubuntu$ ls -F /proc/sys/net/ipv4/conf/default
accept_local           drop_gratuitous_arp                      proxy_arp
accept_redirects       drop_unicast_in_l2_multicast             proxy_arp_pvlan
accept_source_route    force_igmp_version                       route_localnet
arp_accept             forwarding                               rp_filter
arp_announce           igmpv2_unsolicited_report_interval       secure_redirects
```

```
arp_filter         igmpv3_unsolicited_report_interval  send_redirects
arp_ignore         ignore_routes_with_linkdown         shared_media
arp_notify         log_martians                        src_valid_mark
bootp_relay        mc_forwarding                       tag
disable_policy     medium_id
disable_xfrm       promote_secondaries
```

如果你修改了子目录 conf/enp0s5 中的参数，改动只会应用于该接口。如果你修改了子目录 conf/all 中的参数，那么你可能认为改动会应用于所有的接口，不过事实并非如此。每个参数都有自己的一套规则来决定如何通过子目录 all 来接受改动。有些值要和当前值执行或运算（OR），有些要执行与运算（AND），而有些是要选择两者中最大的或最小的。就我们目前所知，除了内核源代码，压根没有其他文档能说明这一过程，所以最好别做这种会导致全面崩溃的事情。把修改限制在单个接口中就行了。

如果你修改了子目录 conf/default 中的参数，那么新的值会体现在随后配置的任何接口上。另外，最好保持默认值不变，将其作为参考信息。如果你想要撤销其他改动的话，则可以借此进行健全检查（sanity check）。

/proc/sys/net/ipv4/neigh 和/proc/sys/net/ipv6/neigh 目录也包含了对应于各个接口的子目录。每个子目录中的文件控制着该接口的 ARP 表管理和 IPv6 邻居发现。下面是相关的参数列表，其中以 gc（garbage collection，垃圾回收）开头的参数决定了 ARP 表项超时和丢弃的处理方法。

```
ubuntu$ ls -F /proc/sys/net/ipv4/neigh/default
anycast_delay            gc_interval      locktime          retrans_time
app_solicit              gc_stale_time    mcast_resolicit   retrans_time_ms
base_reachable_time      gc_thresh1       mcast_solicit     ucast_solicit
base_reachable_time_ms   gc_thresh2       proxy_delay       unres_qlen
delay_first_probe_time   gc_thresh3       proxy_qlen        unres_qlen_bytes
```

cat 命令可以查看参数的值。把 echo 命令的输出重定向到相应的文件中，就可以设置参数的值，不过 sysctl 命令通常要更方便。

例如：

```
ubuntu$ cat /proc/sys/net/ipv4/icmp_echo_ignore_broadcasts
0
```

该命令会显示出参数值为 0，表明广播 ping 没有被忽略。要想将其设置为 1（同时避免陷入 Smurf 类型的拒绝服务式攻击），可以在/proc/sys/net 目录中执行：

```
ubuntu$ sudo sh -c "echo 1 > icmp_echo_ignore_broadcasts"①
```

或是

```
ubuntu$ sysctl net.ipv4.icmp_echo_ignore_broadcasts=1
```

sysctl 后面的参数名是相对于/proc/sys 的路径名。点号是传统的分隔符，不过如果你喜欢的话，sysctl 也可以接受斜线形式的分隔符。

你所登录系统时所在网络和你正在调试参数的网络通常都是同一个，这可得小心点！你可能会把系统搞得一塌糊涂，以致需要从控制台重启才能恢复。如果系统刚好位于阿拉斯加的巴罗角（Point Barrow, Alaska），又时逢一月份，那可能就麻烦了。②在考虑在生产机器上动手之前，先在

① 如果你采用 sudo echo 1 > icmp_echo_ignore_broadcasts 的形式，会得到一条“permissioned denied”消息，这是因为 shell 会试图在执行 sudo 之前打开输出文件。你希望的是将 sudo 应用于 echo 命令和重定向。所以必须创建一个 root 子 shell，然后在其中执行整个命令。

② 巴罗角属极地气候，气候寒冷且干燥。冬季严寒，一月份最为寒冷，平均气温约摄氏-27℃，而低温通常可降到-30℃，还常常伴着大风。——译者注

你自己的桌面系统中测试好参数调整的效果。

要想永久改变这些参数（或者说的更准确些，在每次系统引导时重设），可以把相应的参数放进/etc/sysctl.conf，sysctl 命令在系统引导期间会读取该文件。例如：

```
net.ipv4.ip_forward=0
```

/etc/sysctl.conf 文件中的这行会关闭主机的 IP 转发功能。

/proc 下的有些选项要比其他选项有更好的文档说明。你最好还是看看手册页中第 7 节的协议部分。例如，man 7 icmp 列出了 8 个可用选项中的 6 个。（你必须安装了 Linux 内核的手册页才能查看各个协议的手册页。）

你也可以浏览内核源代码包中的 ip-sysctl.txt 文件，其中有一些不错的注解。要是你没有安装内核源代码，搜索一下 ip-sysctl-txt 就行了。

13.10.7 安全相关的内核参数

表 13.8 列出了 Linux 对于各种棘手网络问题的默认行为。这些行为意义的简要描述参见 13.8 节。我们建议你验证一下这些参数的值，确定自己不会回应广播 ping、不侦听路由重定向、不接受经过源路由的分组。在当前发行版中，除了 accept_redirects，这些应该都是默认行为。

表 13.8 Linux 中安全相关的默认网络行为

特性	主机	网关	控制文件（/proc/sys/net/ipv4 中）
IP 转发	关闭	开启	ip_forward（系统范围） conf/interface/forwarding（各个接口）[a]
ICMP 重定向	服从（obeys）	忽略	conf/interface/accept_redirects
源路由	关闭	关闭	conf/interface/accept_source_route
广播 ping	忽略	忽略	icmp_echo_ignore_broadcasts

注：a. interface 既可以是特定接口，也可以是全部。

13.11 FreeBSD 连网

作为 BSD 谱系的直系后代，FreeBSD 在某种程度上仍可作为 TCP/IP 的参考实现。它少了很多像 Linux 网络栈那样的精心设计。从系统管理员的角度来看，FreeBSD 的网络配置简单而直接。

13.11.1 ifconfig：配置网络接口

ifconfig 可以启用或禁用网络接口、设置 IP 地址和子网掩码、设置其他选项和参数。它通常携带从配置文件中获得的命令行参数在引导期间运行，不过你也可以手动执行，随时做出修改。如果你是在远程登录的状态下使用 ifconfig，那可就要注意了：不少系统管理员因此再也无法远程进入系统，只能自己再去补窟窿。

ifconfig 命令多采用以下形式。

```
ifconfig interface [family] address options ...
```

例如：

```
ifconfig em0 192.168.1.13/26 up
```

该命令设置了接口 em0 的 IPv4 地址和网络掩码并启用了该接口。

interface 标识了所要应用命令的硬件接口。环回接口的名字是 lo0。真实接口的名称视其硬件驱动程序而定。ifconfig -a 可以列出系统所有的网络接口及其当前设置的汇总信息。

family 参数告诉 ifconfig 要配置哪种网络协议（地址族）。你可以在一个接口上设置并同时使用多种协议，但必须分别配置。这里用到的主要选项就是 inet（IPv4）和 inet6（IPv6）。如果忽略该参数的话，则默认使用 inet。

address 参数指定了接口的 IP 地址。这里也可以接受主机名，但是在引导期间必须将主机名解析为 IP 地址。对于机器的主要接口而言，这意味着主机名必须出现在本地的 hosts 文件中，因为其他名称解析方法都依赖于已经初始化好的网络。

关键字 up 可以启用接口，down 可以关闭接口。当 ifconfig 命令为接口分配 IP 地址时，up 参数是隐含的，不需要明确写出。

在划分过子网的网络中，你可以像上面的例子里那样指定 CIDR 风格的网络掩码，或是加入单独的 netmask 参数。掩码可以采用点分十进制写法或是以 0x 开头的 4 字节十六进制数。

broadcast 选项指定了接口的广播地址，以十六进制或点分十进制写法均可。默认广播地址的主机部分全部为 1。在上面的例子中，自动配置的广播地址为 192.168.1.61。

13.11.2 FreeBSD 网络硬件配置

FreeBSD 并没有像 Linux 中 ethtool 那样的专门命令。ifconfig 通过 media 和 mediaopt 子句将配置信息传给下层的网络接口驱动程序。这些选项的有效值依赖于具体的硬件，具体可参见特定驱动程序的手册页。

例如，名为 em0 的接口使用驱动程序“em”。man 4 em 表明这是某种基于 Intel 的有线以太网硬件的驱动程序。要想强制该接口采用 4 线对（four-pair cabling）的吉比特模式（典型配置），可使用下列命令。

```
# ifconfig em0 media 1000baseT mediaopt full-duplex
```

你可以将这些介质选项和其他接口配置子句配合使用。

13.11.3 FreeBSD 引导期间的网络配置

好在 FreeBSD 的静态配置系统非常简单。所有的网络参数和其他系统配置都在文件/etc/rc.conf 中。下面是一个典型的配置。

```
hostname="freebeer"
ifconfig_em0="inet 192.168.0.48 netmask 255.255.255.0"
defaultrouter="192.168.0.1"
```

每个网络接口都有自己的 ifconfig_*参数。参数值被作为一系列命令行参数传给 ifconfig。defaultrouter 子句表明了默认网关。

要想通过 DHCP 服务器获得系统的连网配置，可以这样写：

```
ifconfig_em0="DHCP"
```

这种写法蛮神奇的，值也不会传给 ifconfig，因为后者不知道如何解释 DHCP 参数。它会让启动脚本执行命令 dhclient em0。如果要修改 DHCP 系统的操作参数（例如超时等），可以在/etc/dhclient.conf 中设置。在默认情况下，该文件中除了注释之外什么都没有，你通常并不需要做出改动。

如果要修改网络配置，可以执行 service netif restart 重新执行初始化配置过程。如果改动了 defaultrouter 参数，也要执行 service routing restart。

13.11.4 FreeBSD 的 TCP/IP 配置

除了没有/proc 目录结构，FreeBSD 的内核级网络选项的控制方法和 Linux 类似（参见 13.10.6 节）。执行 sysctl -ad 可以列出可用的参数以及一行相关的描述。参数数量庞大（FreeBSD 11 中有 5 495 个参数），你得用 grep 进行一些模糊查找，例如，“redirect”或“^net”。

表 13.9 列出了和安全相关的参数。

表 13.9　　FreeBSD 中与安全相关的默认网络参数

参数	默认值	设置为 1 之后的效果
net.inet.ip.forwarding	0	可作为用于 IPv4 分组的路由器
net.inet6.ip.forwarding	0	可作为用于 IPv6 分组的路由器
net.inet.tcp.blackhole	0	对已关闭的 TCP 端口不发送 RST 分组
net.inet.udp.blackhole	0	禁止对已关闭的端口发出“unreachable”消息
net.inet.icmp.drop_redirect	0	忽略 IPv4 ICMP 重定向
net.inet6.icmp6.rediraccept	1	接受（服从）IPv6 ICMP 重定向
net.inet.ip.accept_sourceroute	0	允许源路由 IPv4 分组

blackhole 有助于抵御端口扫描器，但同时也会改变 UDP 和 TCP 的标准行为。你可能还想禁止接受 IPv4 和 IPv6 的 ICMP 重定向。

你可以使用 sysctl 动态设置参数。例如：

```
$ sudo sysctl net.inet.icmp.drop_redirect=1
```

要想在引导期间设置参数，可以将其放入/etc/sysctl.conf。

```
net.inet.icmp.drop_redirect=1
```

13.12 网络故障排除

有一些不错的工具可用于在 TCP/IP 层调试网络。其中大部分给出的是低层信息，所以你必须理解 TCP/IP 和路由选择的主要概念才能使用这些工具。

在本节中，我们先从一般性的故障排除策略讲起。然后介绍一些基本的工具，其中包括 ping、traceroute、tcpdump、Wireshark。本章中我们不打算讨论 arp、ndp、ss、netstat 命令，尽管这些也是很有用的调试工具。

在动手调试网络之前，先考虑以下原则。

- 一次只改动一处地方。每次改动都要测试，确保达到预期效果。如果没有达到，则撤销相应的改动。
- 记录下你参与之前的情况，将之后所做的每一处改动形成文档。
- 从系统或网络的一端开始，逐步排查关键组件，直至找出问题所在。例如，你可能首先查看客户端的网络配置，接着是物理连接，然后检查网络硬件，最后是服务器的物理连接和软件配置。
- 或是利用网络分层发现问题。从“顶层”（top）或“底层”（bottom）开始，逐步排查协议栈。

最后一点值得多说两句。13.2 节中已经讲到过，TCP/IP 体系架构定义了多个抽象层，网络的各个组成部分都工作在相应的层中。例如，HTTP 依赖于 TCP，TCP 依赖于 IP，IP 依赖于以太网协议，以太网协议依赖于网络线缆的完整性。如果一开始就能判断出哪个层出现问题，则能极大地减少故障排除的时间。

当你在协议栈中上下排查时，问自己一些像下面这样的问题。

- 有没有物理线路和链路指示灯？
- 接口是否配置正确？
- ARP 表中有没有显示其他主机？
- 本地机器上有没有安装防火墙？
- 你当前所在位置和目的地之间是否有防火墙？
- 如果有防火墙，则是否能够响应 ICMP ping？
- 本地地址（127.0.0.1）能否 ping 通？
- 能否 ping 通其他本地主机的 IP 地址？
- DNS 工作是否正常？①
- 能否 ping 通其他本地主机的主机名？
- 像 Web 和 SSH 这种高层服务是否能够工作？
- 你确定检查过防火墙吗？

一旦定位到问题所在，确定了解决方法，接下来就要回过头考虑随后的测试以及调整会对其他服务或主机造成什么样的影响。

13.12.1 ping：检查主机是否存活

ping 命令及其 IPv6 版本 ping6 的用法非常简单，但在很多情况下，它们是你排除故障时唯一需要的命令。两者会向目标主机发送 ICMP ECHO_REQUEST 分组，然后等着看对方是否有回应。

你可以使用 ping 检查单独主机的状态、测试网络分段。路由表、物理网络、网关全都要参与到处理 ping 的过程中，所以只要能 ping 成功，说明网络或多或少能够工作。如果连 ping 都不行，那就可以肯定网络也干不了什么别的事情了。

但这条规则并不适用于防火墙阻止 ICMP 回显请求（echo requests）的网络或主机。②在断定目标主机忽略了 ping 之前，先确定故障排除过程没有受到防火墙的干扰。为了便于调试，你可以考虑先短时间禁用防火墙。

如果网络状态有问题，有可能是 DNS 工作不正常。在 ping 的时候使用数字形式的 IP 地址，同时利用-n 选项避免 ping 反向查询 IP 地址（这也会触发 DNS 请求），这样可以简化问题。

如果你用 ping 检查 Internet 连通性，要留意防火墙。有些著名站点会响应 ping 分组，有些则不会。我们发现 Google 一直都坚持响应。

大多数版本的 ping 运行起来就不会停止，除非你提供一个分组发送数量作为参数。输入终止键（通常是<Control-C>）就可以退出 ping 命令。

下面是一个例子。

```
linux$ ping beast
PING beast (10.1.1.46): 56 bytes of data.
64 bytes from beast (10.1.1.46): icmp_seq=0 ttl=54 time=48.3ms
64 bytes from beast (10.1.1.46): icmp_seq=1 ttl=54 time=46.4ms
```

① 如果机器在引导期间挂起、引导速度非常缓慢或是在建立 SSH 连接时挂起，DNS 应该是最值得怀疑的地方。大多数系统采用在/etc/nsswitch.conf 中配置的方法完成名称解析。如果系统运行着名称服务缓存守护进程（name service caching daemon，nscd），那么这部分也值得考虑。如果 nscd 崩溃或没有正确配置，也会影响到名称查找。使用 getent 命令检查解析器和名称服务器是否工作正常（例如，getent hosts google.com）。

② 注意，近几年发布的 Windows 版本也默认阻止了 ping 请求。

```
64 bytes from beast (10.1.1.46): icmp_seq=2 ttl=54 time=88.7ms
^C
--- beast ping statistics ---
3 packets transmitted, 3 received, 0% packet loss, time 2026ms
rtt min/avg/max/mdev = 46.490/61.202/88.731/19.481 ms
```

输出中显示了主机的 IP 地址、每个响应分组的 ICMP 序列号以及分组的往返时间。可以从输出中得知的最明显的结果就是，服务器 beast 处于活跃状态，网络连通性也没有问题。

ICMP 序列号尤为重要。如果序列号中断，则表明分组出现了丢失。每个丢失的分组通常都伴随有相应的消息提醒。

尽管 IP 并不保证分组的投递，但正常网络极少会丢失分组。分组丢失问题要重点追查，因为这类问题往往会被高层协议所掩盖。网络可能看起来没问题，但是速率却比正常的要慢，这不仅是因为要重传分组，还在于检测和管理分组丢失所引发的协议开销。

要探明分组丢失的原因，先执行 traceroute 命令（参见 13.12.2 节），了解分组到达目标主机所途径的路线。然后按顺序 ping 途中的各个网关，看是哪条链路丢弃了分组。要想准确定位问题所在，你需要发送大量分组。故障一般位于最后一个能够 ping 通且没有分组丢失的网关与接下来那个网关之间的链路。

从 ping 报告的往返时间可以洞察出网络路径上的整体性能。往返时间上出现适度变化通常并不代表有问题。分组可能偶尔会原因不明地延迟数十毫秒或数百毫秒，但这只是 IP 的工作方式而已。你应该会发现大部分分组的往返时间相当一致，除了偶尔出现的例外。如今很多路由器实现了限速功能或低优先级响应 ICMP 分组，后者意味着如果路由器正在处理大量其他流量，可能会推迟响应 ping。

ping 命令能够发送任意大小的回显请求分组，通过使用大于网络 MTU（以太网通常是 1 500 字节）的分组，你可以强制分片。这种方法有助于识别介质错误或其他如网络拥塞或 VPN 带来的低层问题。-s 选项可以指定以字节为单位的分组大小。

```
$ ping -s 1500 cuinfo.cornell.edu
```

注意，即使像 ping 这样简单的命令也会产生惊人的效果。在 1998 年，一种叫作“死亡之 ping”（Ping of Death）的攻击导致大量 UNIX 和 Windows 系统崩溃。发动这种攻击的方法很简单，就是发送过大的 ping 分组而已。分片在重组时会填满接收方的缓冲区，进而使其崩溃。“死亡之 ping”的问题在很久之前就解决了，但是关于 ping 的几个注意事项还是要牢记。

首先，仅凭 ping 命令是很难区分是网络故障还是服务器故障。其次，在 ping 测试正常的环境中，一次失败的 ping 命令只能告诉你有些地方出错了。

另外还值得一提的是，成功的 ping 也不能对目标主机状态做出太多的保证。回显请求分组是由 IP 协议处理的，并不要求被探测主机上的服务器进程处于运行状态。有响应只能保证目标主机已经开机，没有发生内核恐慌。你还需要其他更高层的方法来验证各个服务（例如 HTTP 和 DNS）的可用性。

13.12.2 traceroute：跟踪 IP 分组

traceroute 最初由 Van Jacobson 编写，能够揭示分组从源头到达目的地所经过的一系列网关。所有的现代操作系统都包含了某种版本的 traceroute。[①]其语法非常简单。

```
traceroute hostname
```

大多数选项对于日常使用来说并不重要。hostname 可以使用域名或 IP 地址的形式。命令输出

---

① Windows 也自带有该工具，不过名字叫作 tracert（如果你能猜到原因的话，这算是一个额外的历史知识点）。

就是一个主机列表，以第一个网关作为开始，以目的地作为结束。例如，在主机 jaguar 上对主机 nubark 执行 traceroute 的结果如下。

```
$ traceroute nubark
traceroute to nubark (192.168.2.10), 30 hops max, 38 byte packets
 1 lab-gw (172.16.8.254) 0.840 ms 0.693 ms 0.671 ms
 2 dmz-gw (192.168.1.254) 4.642 ms 4.582 ms 4.674 ms
 3 nubark (192.168.2.10) 7.959 ms 5.949 ms 5.908 ms
```

从输出中可以看出 jaguar 和 nubark 之间的距离为 3 跳，另外还可以看到路径上都有哪些网关。抵达各个网关的往返时间也一并给出：每一跳都测量并显示 3 次。Internet 主机之间典型的 traceroute 结果经常是多于 15 跳，哪怕两个站点之间只是跨个城。

traceroute 的工作原理是将出站分组的存活时间（time-to-live）字段（TTL，但其实应该是"存活跳数"）人为设置为较低的值。当分组抵达网关时，其 TTL 会减少。如果网关将 TTL 减为 0，该分组会被丢弃，网关会向源主机返回 ICMP"time exceeded"（超时）消息。

前 3 个 traceroute 分组的 TTL 为 1。接收到这些分组的第一个网关（在本例中是 lab-gw）判定出 TTL 已经超时，然后发送回 ICMP 消息，提醒发送方（jaguar）分组已经被丢弃。包含 ICMP 消息的 IP 分组头部中的发送方地址指明了网关，traceroute 在 DNS 中查询该地址所对应的主机名。

要找出第 2 跳网关，traceroute 发送第二轮 TTL 字段为 2 的分组。第一个网关为这些分组选路并将其 TTL 减 1。在第二个网关处，和之前一样，分组被丢弃，然后生成 ICMP 错误消息。这个过程持续下去，直到 TTL 等于到达目标主机的跳数，分组成功抵达目的地。

大多数路由器选择"最接近"目的地的接口发送 ICMP 消息。如果从目标主机反向执行 traceroute，你可能会看到同一组路由器使用了与之前不同的 IP 地址。另外也许还会发现反向上的分组流采用了另一条完全不同的路径，这叫作非对称路由选择（asymmetric routing）。

对于 TTL 字段的每个值，traceroute 都会发送 3 个分组，有时候会出现一种有意思的现象。如果涉及的某个网关在多条路由上复用流量，分组可能会由不同的主机返回。在这种情况下，traceroute 简单地将其全部输出。

来看一个更有意思的例子，这是从一台位于瑞士的主机发送到圣迭戈超级计算机中心 CAIDA 官网。①

```
linux$ traceroute caida
traceroute to caida     (192.172.226.78), 30 hops max, 46 byte packets
 1  gw-oetiker.init7.net (213.144.138.193)  0.182 ms  0.170 ms
 2  r1zur1.core.init7.net (77.109.128.209)  0.527 ms  0.204 ms  0.202 ms
 3  r1fra1.core.init7.net (77.109.128.250)  18.27 ms  6.99 ms  16.59 ms
 4  r1ams1.core.init7.net (77.109.128.154)  19.54 ms  21.85 ms  13.51 ms
 5  r1lon1.core.init7.net (77.109.128.150)  19.16 ms  21.15 ms  24.86 ms
 6  r1lax1.ce.init7.net (82.197.168.69)  158.23 ms  158.22 ms  158.27 ms
 7  cenic.laap.net (198.32.146.32)  158.34 ms 158.30 ms  158.24 ms
 8  dc-lax-core2-ge.cenic.net (137.164.46.119) 158.60 ms * 158.71 ms
 9  dc-tus-agg1-core2-10ge.cenic.net (137.164.46.7) 159 ms 159 ms 159 ms
10  dc-sdsc2-tus-dc-ge.cenic.net (137.164.24.174) 161 ms 161 ms 161 ms
11  pinot.sdsc.edu (198.17.46.56)  161.559 ms 161.381 ms  161.439 ms
12  rommie.caida.org (192.172.226.78)  161.442 ms 161.445 ms  161.532 ms
```

从输出中可以看到分组在 init7 的网络中转了很长时间。有时候我们能从网关的名字猜出其所处的位置。init7 的 core 域覆盖了从苏黎世（zur）到法兰克福市（fra）、阿姆斯特丹（ams）、伦敦（lon），最后是洛杉矶（lax）。从这里开始，流量进入了 CENIC，由其将分组投递到位于圣迭戈超级计算机中心（sdsc）（所处位置在加利福尼亚州的拉荷亚）网络中的主机 CAIDA。

① 为了避免折行，在一些比较长的行中，我们删去了毫秒的小数部分。

在第 8 跳处，我们看到有个星号出现在其中一个往返时间的位置上。这个符号表示发出的探测分组（the probe）没有收到回应（ICMP 分组）。造成这种情况的原因可能是拥塞，但也不尽然。traceroute 依赖于低优先级的 ICMP 分组，而很多路由器会非常聪明地丢弃这类分组，优先服务"更实际的"（real）流量。有那么几个星号并不代表碰上了麻烦。

如果你发现在某个网关处所有的时间字段全变成了星号，也没有出现"time exceeded"消息。那可能纯粹就是因为网关挂掉了。网关或防火墙有时会被配置为默默地丢弃 TTL 超时的分组。在这种情况下，你仍旧可以看到后续的网关。另一种可能性是网关发出的 ICMP 分组返回得太慢了，traceroute 已经彻底放弃等待这些分组的到来。

有些防火墙会完全阻止 ICMP 的"time exceeded"消息。如果这种防火墙横在途中，其后所有网关发回的这类 ICMP 消息就都收不到了。不过仍然可以确定到达目的地的总跳数，因为探测分组最终还是能够到达目的地。

而有些防火墙可能会阻止出站方向的 UDP 数据报，traceroute 发送这种数据报来触发 ICMP 回应。该问题会使得 traceroute 报告无法获得任何有用的信息。如果你发现 traceroute 无法在防火墙下运行，确保防火墙开放 UDP 端口 333 434～33 534，另外还要允许 ICMP ECHO（类型 8）分组通过。

链路速率慢不一定就表示有问题。有些物理网络天生就具有高延迟，UMTS/EDGE/GPRS 无线网络就是一个明证。滞缓（Sluggishness）也是网络数据接收网络出现高负载的一个迹象。不一致的往返时间支持了这种假设。

除了星号或往返时间之外，你也许偶尔还会看到符号!N。这种符号表示当前网关返回了"network unreachable"（网络不可达）错误，意思就是它不知道如何为分组选择路由。其他的可能还包括表示"host unreachable"（主机不可达）错误的!H，表示"protocol unreachable"（协议不可达）错误的!P。返回这类错误消息的网关通常是你能够抵达的最后一跳。这样的主机往往存在路由选择问题（可能是受损的网络链路造成的）：要么是错误的静态路由，要么是动态路由选择协议出现了故障，无法生成到达目的地的可用路由。

如果 traceroute 不管用，或是运行速度缓慢，可能是因为在尝试通过 DNS 解析网关主机名的时候超时了。如果 DNS 出现故障，那么使用 traceroute -n 输出数字形式的 IP 地址。该选项会禁止查找主机名，这大概是在服务不完善的网络上确保 traceroute 正常工作的唯一方法了。

traceroute 需要 root 权限才能使用。如果想让普通用户也能用，必须以 setuid root 的形式安装。有些 Linux 发行版包含有 traceroute 命令，但是关闭了其 setuid 位。取决于所处的环境和需求，你可以选择开启 setuid 位，或是让有需要的用户通过 sudo 使用该命令。

近几年出现了一些类似于 traceroute 的新工具，它们可以绕过能够阻止 ICMP 的防火墙。我们尤其喜欢 mtr，该工具有着与 top 近似的界面，还能实时输出 traceroute 的结果。

在调试路由问题时，可以从外部视角来观察站点。一些基于 Web 的路由跟踪服务能够通过浏览器窗口实现反向 traceroute。Thomas Kernen 在 traceroute 官网维护了这类服务的一个清单。

13.12.3 分组嗅探器

tcpdump 和 Wireshark 都属于分组嗅探器（packet sniffer）。它们侦听网络流量，记录或打印符合条件的分组。例如，你可以检查来往于特定主机的所有分组，或是与某个网络连接相关的 TCP 分组。

分组嗅探器有助于解决现有问题和发现全新问题。偶尔嗅探一下网络，确保流量平稳有序，也是个不错的主意。

分组嗅探器能够拦截到本地机器一般无法接收到（或者至少说是不注意）的流量，因此底层硬件必须允许访问所有的分组。像以太网这种广播技术自然没有问题，其他大部分现代局域网也能做到。

由于分组嗅探器需要尽可能多地查看原始网络流量，所以会受到网络交换机的阻碍，后者本来就是设计用于限制传播“不必要的”分组。但在交换式网络中使用分组嗅探器还是能够获得有价值的信息。你可能会因此发现与广播或多播相关的问题。取决于交换机厂商，你也许会惊讶于能够查看到的流量之多。即便是看不到其他系统的网络流量，在排除本地主机故障时，分组嗅探器也能派上用场。

除了要访问所有的网络分组，接口硬件还必须把这些分组向上传给软件层。分组地址通常是由硬件来检查，只有广播/多播分组以及地址为本地主机的分组才会交给内核。在“混杂模式”（promiscuous mode）中，接口可以让内核读取到网络中的所有分组，哪怕是发给其他主机的。

分组嗅探器理解多种标准网络服务使用的分组格式，而且能够以可读的形式打印出分组。这种能力有助于跟踪两个程序之间的会话流。有些嗅探器除了分组头部，还能打印出分组内的 ASCII 内容，因此在检查高层协议时颇有帮助。

有些协议在网络上是以明文形式发送信息的（甚至是密码），所以注意不要侵犯他人隐私。另外，鉴于在网络分组中捕获的明文密码，加密安全问题可谓是重中之重。

嗅探器要从原始网络设备（raw network device）中读取数据，因此必须以 root 身份运行。尽管这种限制降低了普通用户侦听网络流量的概率，但真算不上是多大的障碍。有些站点选择将嗅探程序从多数主机中删除，借此减少滥用。如果没什么别的，你应该检查一下系统的网络接口，确保没有在不知情或未经同意的情况下进入混杂模式。

1. tcpdump：基于命令行的分组嗅探器

tcpdump 是由 Van Jacobson 编写的另一个神奇的网络工具，可以运行在多数系统中。tcpdump 很久以来一直都是业界标准的嗅探器，其他大多数网络分析工具都能够读写 tcpdump 格式（也成为 libpcap 格式）的跟踪文件。

tcpdump 默认选用找到的首个网络接口。如果没有选对，则可以使用-i 选项指定接口。如果 DNS 有问题或是不希望 tcpdump 进行名称查询，则可以使用-n 选项。该选项非常重要，因为缓慢的 DNS 服务会使得过滤器在把分组交给 tcpdump 处理之前就被丢弃掉。

-v 选项会增加分组相关的信息量，-vv 选项会显示更多。最后，tcpdump 可以使用-w 选项将分组保存到文件中，随后再使用-r 选项读取。

注意，在默认情况下，tcpdump -w 只保存分组头部。这样形成的文件个头会比较小，但是最有帮助的相关信息也可能没有留下来。所以，除非你确定只需要头部信息，否则最好使用-s 选项指定一个为 1 560（实际的值依赖于 MTU）倍数的值来捕获整个分组，以供后续检查。

下面来看一个例子，下列输出片段取自主机 nubark。过滤器 host bull 限制只显示与主机 bull 直接相关（无论是作为源主机还是目的主机）的分组。

```
$ sudo tcpdump host bull
12:35:23.519339 bull.41537 > nubark.domain:  A? atrust.     (28) (DF)
12:35:23.519961 nubark.domain > bull.41537:  A 66.77.122.161 (112) (DF)
```

第一个分组显示 bull 向 nubark 发送关于 atrust 的 DNS 查询请求。相应的应答内容是具有该名称主机的 IP 地址（66.77.122.61）。注意左边的时间戳和 tcpdump 对于应用层协议的理解能力（在本例中是 DNS）。bull 使用的端口号是随意选择的，以数字形式显示在输出（41 537）中，但因为 DNS 服务器采用的是熟知的端口号（53），所以 tcpdump 将其显示为符号名称 domain。

分组嗅探器能够产生如洪水般的数据量，这不仅是对于用户而言，对于底层的操作系统也是如此。为了避免在繁忙的网络中出现这种问题，tcpdump 允许用户指定复杂的过滤器。例如，下面的过滤器只捕获来自某一子网的入站 Web 流量。

```
$ sudo tcpdump src net 192.168.1.0/24 and dst port 80
```

tcpdump 的手册页中包含了多个高级过滤器示例和完整的操作原语（primitive）列表。

2. Wireshark 与 TShark：tcpdump 增强版

tcpdump 算得上是嗅探器界的元老了，不过一个名叫 Wireshark（前身是 Ethereal）开源新人已经迅速崛起。Wireshark 的发展势头正旺，它拥有比大多数商业嗅探产品更为丰富的功能。这款分析工具强大得令人难以置信，每位网络专家都理应将其收入自己的工具箱中。另外，它还是一件颇有价值的学习工具。

Wireshark 包括图形用户界面（wireshark）和命令行界面（tshark）。它以核心软件包的形式存在于大多数操作系统中。如果没有在你所用系统的核心仓库中找到，可以访问 Wireshark 官网，这里包含了源代码以及各种预编译好的二进制文件。

Wireshark 可以读写很多其他分组嗅探器使用的跟踪文件格式。其中一个很方便的特性是你可以点击 TCP 会话中的任意分组，要求 Wireshark 重组（拼合）数据流中所有分组的载荷。如果你想检查在完整的 TCP 分组交换期间传输的数据（例如通过网络传输电子邮件的连接），这项功能就有用武之地了。

Wireshark 的捕获过滤器在功能上和 tcpdump 一样，这是因为 Wireshark 在底层使用的也是同样的 libpcap 库。注意，关于 Wireshark 要提醒的重要一点是“显示过滤器”（display filter）功能，它影响的是你看到的内容，而不是嗅探器实际捕获到的内容。显示过滤器的语法比 libpcap 所支持的捕获语法更为强大。尽管看起来有些眼熟，但两者并不是一回事。

Wireshark 内置了大量网络协议的解析器（dissector），其中还包括了不少 SAN 实现协议。解析器将分组拆解成结构化的信息树，其中分组的各个部分都用简洁的英文进行了描述。

关于 Wireshark 的注意事项：尽管拥有很多漂亮的特性，但 Wireshark 多年来也需要不少安全更新。使用最新版本，也不要让它在敏感机器上无休止地运行，这有可能成为一种潜在的攻击途径。

13.13 网络监控

第 28 章介绍了几种通用平台，可以帮助构建对系统和网络的持续监督。这些系统能够从各种来源接收数据，以能够反映当前趋势的方式对其进行总结，并提醒管理员注意需要即刻关注的问题。

网络是计算环境的关键组成部分，所以它往往也是第一个能够从系统化监控中受益的基础设施部分。如果你尚未完全确定使用单一的监控平台来满足所有的管理需求，那么本节介绍的几款软件算得上是专注于网络的小规模监控的不错选择。

13.13.1 SmokePing：收集一段时间内的 ping 统计信息

就算是健康的网络偶尔也会丢弃分组。但是经常如此就不应该了，哪怕丢弃率并不高，因为这会严重恶化用户体验。即便是存在分组丢失的情况，高层协议往往也能正常工作，除非主动监控，否则你可能根本就注意不到有分组丢失。

Tobias Oetiker 编写的开源工具 SmokePing 可以帮助你更全面地了解网络行为。SmokePing 定期向目标主机发送多个 ping 分组。它通过 Web 前端显示所监控的每条链路的历史记录，如果出现差错就会报警。

图 13.4 显示了 SmokePing 的图形化输出。纵轴是 ping 分组的往返时间，横轴是时间（以周为单位）。灰色尖刺所在的黑线表示往返时间的中位数（median round trip time）。尖刺部分代表的

是单个分组的传输时间。由于图示中的灰色只出现在中位线以上，绝大多数分组的传输速率肯定接近中位速率，只有少数分组出现了延迟。这是一个典型的现象。

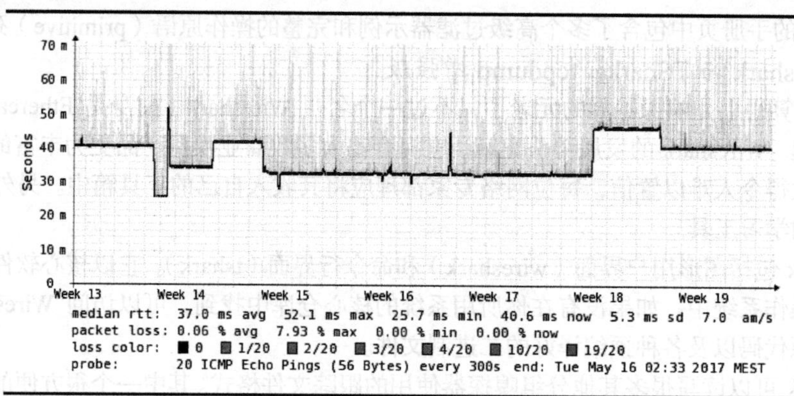

图 13.4 SmokePing 图形示例

阶梯状的中位线说明到达目的地的基线传输时间（baseline transit time）在监测期间发生过多次变化。最有可能解释这种现象的假设是主机可以通过多条路由到达，或者它实际上是使用同一个 DNS 名称但拥有多个 IP 地址的若干主机的集合。

13.13.2 iPerf：跟踪网络性能

基于 ping 的工具有助于验证可到达性（reachability），但确实尚不足以分析和跟踪网络性能。试试 iPerf 吧。最新版本 iPerf3 拥有广泛的特性，管理员可微调网络设置以获得最佳性能。

我们在这里只关注 iPerf 的吞吐量监控。在最基本的层面上，iPerf 在两台服务器之间打开一个连接（TCP 或 UDP），然后传输数据，记录下这一过程要花费多长时间。

在两台机器上安装好 iPerf 之后，先启动服务器端。

```
$ iperf -s
------------------------------------------------------------
Server listening on TCP port 5001
TCP window size: 85.3 KByte (default)
------------------------------------------------------------
```

然后，在你要测试的机器上传输一些数据。

```
$ iperf -c 10.211.55.11
------------------------------------------------------------
Client connecting to 10.211.55.11, TCP port 5001
TCP window size: 22.5 KByte (default)
------------------------------------------------------------
[  3] local 10.211.55.10 port 53862 connected with 10.211.55.11 port 5001
[ ID] Interval       Transfer     Bandwidth
[  3] 0.0-10.0 sec   4.13 GBytes  3.55 Gbits/sec
```

iPerf 会返回大量带宽跟踪的即时数据。这对于评估控制网络栈的内核参数的改动效果（例如修改最大传输单元）特别有帮助，更多细节参见 13.2.4 节。

13.13.3 Cacti：数据采集与绘制

Cacti 提供了一些引人注目的特性。它使用一个单独的软件包 RRDtool 作为其后端，以零维护、静态大小的数据库的形式存储监控数据。

Cacti 只存储足够创建所需图形的数据。例如，Cacti 可以一天每分钟一个样本，一周每小时一个样本，一年每周一个样本。这种整合方案能够在无须保存次要细节或耗费时间管理数据库的情况下维护重要的历史背景（historical context）。

Cacti 可以记录和绘制所有的 SNMP 变量（参见 28.9 节）以及很多其他性能指标。你可以随意采集所需的任何数据。如果结合 NET-SNMP 代理，Cacti 几乎可以生成所有系统或网络资源的历史回顾。

图 13.5 展示了 Cacti 所创建的图表示例。这些图表显示了在过去数星期内的设备平均负载和网络接口上一天的流量。

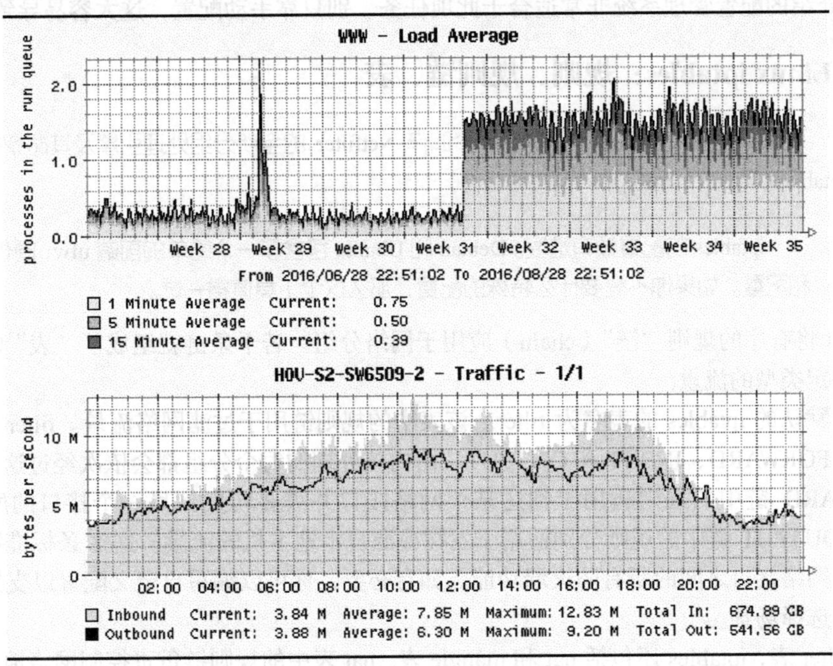

图 13.5 Cacti 图表示例

Cacti 的亮点不仅在于基于 Web 的配置，还在于 RRDtool 的其他内建特性，例如低维护成本和美观的图表。RRDtool 的主页提供了 RRDtool 和 Cacti 的最新版本以及其他数十种监控工具。

13.14 防火墙与 NAT

考虑到一个大而全的通用操作系统与生俱来的不安全性，我们不推荐使用 Linux、UNIX 或 Windows 系统作为防火墙。①但是，所有的操作系统都带有防火墙功能，对于那些没有预算购买高昂的防火墙设备的组织来说，经过加固的系统也可以作为一种可行的替代品。同样，对于精通安全技术，也愿意研究的家庭用户而言，Linux 或 UNIX 防火墙是个不错的选择。

如果你使用通用计算机作为防火墙，请确保应用了最新的安全配置和补丁。防火墙机器是将第 27 章的所有建议付诸实践的绝佳场所。（从 27.8 节开始的部分讨论了分组过滤防火墙。如果你不熟悉防火墙的基本概念，最好还是先阅读一下本节内容。）

微软在很大程度上成功地让全世界相信每台计算机都要有内建的防火墙。可惜，事实并非如此。特定于机器的防火墙（machine-specific firewall）在管理上如果不能和站点标准同步，带来的将是无休止的不一致行为和让人摸不着头脑的网络问题。

① 即便如此，很多消费级网络设备（例如 Linksys 的路由器产品）在内部使用的就是 Linux 和 iptables。

在对待特定于机器的防火墙的问题时，有两种主要的派别。一派认为这个问题毫无必要。该观点认为，防火墙归属于网关，网关可以通过一套一致的（并且一致地应用）规则来保护整个网络。

另一派认为，特定于机器的防火墙是"深度防御"安全计划的重要一环。尽管网关防火墙在理论上足以控制网络流量，但它们可能会遭到破坏、被绕道而过或是出现配置错误。因此，明智的做法是通过多个冗余防火墙系统实现相同的网络流量限制。

如果你选择实现特定于机器的防火墙，则需要一套能够以一致且易于升级的方式部署其系统。第23章中介绍的配置管理系统非常适合于此项任务。别只靠手动配置，这太容易导致混乱。

13.14.1 Linux iptables：规则、规则链、表

Linux 内核 2.4 版本中引入了一个叫作 Netfilter 的全新分组处理引擎及其命令行管理工具 iptables。[①]

iptables 的配置颇有难度。Debian 和 Ubuntu 包含了一个简单的前端 ufw，简化了常见操作和配置。如果你不需要什么特殊的配置，那么这个工具值得一试。

iptables 将有序的规则"链"（chain）应用于网络分组。若干条链就组成了"表"（table），可用于处理特定类型的流量。

例如，默认的 iptables 的表名为 filter。该表中的规则链用于过滤网络流量。filter 表中包含 3 条默认链：FORWARD、INPUT 和 OUTPUT。由内核处理的每个分组都会依次经过这些链。

FORWARD 链中的规则适用于到达某个网络接口并需要转发到另一个接口的所有分组。INPUT 和 OUTPUT 链中的规则分别适用于发往或源自本地主机的流量。这 3 条标准链通常就能够实现两个网络接口之间的所有防火墙功能。如有必要，你可以编写自定义配置以支持更复杂的记账或路由选择场景。

除了 filter 表，iptables 还包括 nat 和 mangle 表。nat 表中的规则链负责控制网络地址转换（在这里，"nat"是 iptables 的表名，"NAT"是一种地址转换方案的名称）。我们在 13.4.6 节已经讨论过 NAT，随后会给出一个 nat 表的实例。本节后续部分使用 nat 表的 PREROUTING 链实现反欺骗分组过滤（antispoofing packet filtering）。

mangle 表中的规则负责修改 NAT 和分组过滤之外的网络分组内容。尽管 mangle 表在对分组进行特别处理时（例如重置 IP 分组的 TTL 值）很方便，但在多数生产环境中通常用不上。我们在本节中只讨论 filter 和 nat 表，mangle 表就留给勇于尝鲜的用户吧。

1. iptables 规则的目标

组成链的每条规则都有一个决定如何处理所匹配分组的"target"（目标）子句。如果分组匹配某条规则，它的命运在大部分情况下就已经确定了，不会再去检查其他的规则。尽管内部定义了不少 iptables 的目标，也可以指定另一条规则链作为规则的目标。

filter 表中可用的规则目标包括 ACCEPT、DROP、REJECT、LOG、ULOG、REDIRECT、RETURN、MIRROR、QUEUE。如果规则的目标是 ACCEPT，允许按照正常方式继续处理匹配分组。DROP 和 REJECT 会丢弃匹配分组：DROP 是悄无声息地丢弃，REJECT 则会返回 ICMP 错误消息。LOG 给出了一种跟踪匹配分组的简单方法，ULOG 扩展了日志记录功能。[②]

① 从 2014 年的 3.13 内核版本开始，采用了另一个更新的系统 nftables。它改进了 Netfilter 系统，使用 nft 命令而非 iptables 命令进行配置。我们在本书中不会讨论 nftables，不过值得在运行当前内核版本的站点上对其开展评估。

② ULOG 为匹配分组提供用户空间的日志记录功能。——译者注

REDIRECT 将分组转交给代理服务器。例如，你可以利用该特性强制站点所有的 Web 流量通过 Web 缓存（例如 Squid）。RETURN 终止用户定义的规则链，这类似于子程序调用中的 return 语句。MIRROR 可以在发送分组之前交换分组的源 IP 地址和目的 IP 地址。最后，QUEUE 通过内核模块将分组交给本地的用户程序。

2. iptables 防火墙设置

在将 iptables 作为防火墙使用之前，必须启用 IP 转发并确保各种 iptables 模块都已经载入内核。关于启用 IP 转发的更多信息，可参见 13.10.6 节和 13.10.7 节。安装 iptables 的软件包通常都自带了能够满足这两项要求的启动脚本。

Linux 防火墙通常作为一系列包含在 rc 启动脚本中的 iptables 命令来实现。单独的 iptables 命令多采用下列形式之一。

```
iptables -F chain-name
iptables -P chain-name target
iptables -A chain-name -i interface -j target
```

第一种形式（-F）清除链中先前的所有规则。第二种形式（-P）设置链的默认策略（也称为目标）。我们推荐使用 DROP 作为默认的链目标。第三种形式（-A）将当前规则追加到链中。除非你使用-t 选项指定了表，否则命令都应用与 filter 表中的链。-i 选项将规则应用于指定的 interface，-j 选项标识出 target。iptables 还能接受很多其他子句，表 13.10 中列出了其中的一些。

表 13.10　　iptables 过滤器的命令行选项

子句	含义或可能的值
-p proto	依据协议匹配：tcp、udp、icmp
-s source-ip	匹配主机或源 IP 地址（可以使用 CIDR 写法）
-d dest-ip	匹配主机或目标 IP 地址
--sport port#	依据源端口匹配（注意选项有两个连字符）
--dport port#	依据目的端口匹配（注意选项有两个连字符）
--icmp-type type	依据 ICMP 类型匹配（注意选项有两个连字符）
!	否定子句
-t table	指定命令所应用的表（默认是 filter）

3. 一个完整的例子

接下来，我们将一个完整的例子拆开讲解。假设接口 eth1 连接的是 Internet，接口 eth0 连接的是内部网络。eth1 的 IP 地址是 128.138.101.4，eth0 的 IP 地址是 10.1.1.1，两个接口的网络掩码都是 255.255.255.0。这个例子使用无状态分组过滤来保护 IP 地址为 10.1.1.2 的 Web 服务器，这也是保护 Internet 服务器的标准方法。随后在例子中，我们将展示如何使用状态化过滤来保护桌面用户。

第一组规则负责初始化 filter 表。首先，清除表中所有的链，然后将 INPUT 和 FORWARD 链的默认目标设为 DROP。和其他网络防火墙一样，最安全的策略就是丢弃未经许可的所有分组。

```
iptables -F
iptables -P INPUT DROP
iptables -P FORWARD DROP
```

因为规则是按顺序评估的，我们将最频繁用到的规则放在最前面。[①]第一条规则允许所有发自

① 但是，为了性能而重排规则时一定要注意不能影响到功能。

受信网络的连接通过防火墙。FORWARD 链中剩下的 3 条规则允许通过防火墙与网络服务器 10.1.1.2 建立连接。具体来说，允许 SSH（端口 22）、HTTP（端口 80）和 HTTPS（端口 443）通过我们的 Web 服务器。

```
iptables -A FORWARD -i eth0 -p ANY -j ACCEPT
iptables -A FORWARD -d 10.1.1.2 -p tcp --dport 22 -j ACCEPT
iptables -A FORWARD -d 10.1.1.2 -p tcp --dport 80 -j ACCEPT
iptables -A FORWARD -d 10.1.1.2 -p tcp --dport 443 -j ACCEPT
```

唯一允许进入防火墙主机（10.1.1.1）的 TCP 流量就是 SSH，这对于管理防火墙本身很有用。下面列出的第二条规则允许环回流量，这种流量始终保持在主机内部。如果无法 ping 通默认路由，管理员就要开始紧张了，所以第三条规则允许来自内部 IP 地址的 ICMP ECHO_REQUEST 分组。

```
iptables -A INPUT -i eth0 -d 10.1.1.1 -p tcp --dport 22 -j ACCEPT
iptables -A INPUT -i lo -d 127.0.0.1 -p ANY -j ACCEPT
iptables -A INPUT -i eth0 -d 10.1.1.1 -p icmp --icmp-type 8 -j ACCEPT
```

要使任何 IP 主机在 Internet 上能够正常工作，必须允许某些类型的 ICMP 分组通过防火墙。以下 8 条规则允许向防火墙主机及其后面的网络发送最少量的 ICMP 分组。

```
iptables -A INPUT -p icmp --icmp-type 0 -j ACCEPT
iptables -A INPUT -p icmp --icmp-type 3 -j ACCEPT
iptables -A INPUT -p icmp --icmp-type 5 -j ACCEPT
iptables -A INPUT -p icmp --icmp-type 11 -j ACCEPT
iptables -A FORWARD -d 10.1.1.2 -p icmp --icmp-type 0 -j ACCEPT
iptables -A FORWARD -d 10.1.1.2 -p icmp --icmp-type 3 -j ACCEPT
iptables -A FORWARD -d 10.1.1.2 -p icmp --icmp-type 5 -j ACCEPT
iptables -A FORWARD -d 10.1.1.2 -p icmp --icmp-type 11 -j ACCEPT
```

我们接下来向 nat 表中的 PREROUTING 链加入了一些规则。尽管 nat 表并不用于分组过滤，但它的 PREROUTING 链对于防欺骗过滤特别有用。如果我们将 DROP 条目放入 PREROUTING 链中，那它们不需要在 INPUT 和 FORWARD 链中出现了，因为 PREROUTING 链会应用于进入防火墙主机的所有分组。更简洁的做法是将条目集中放在一处，而不是将其复制得到处都是。

```
iptables -t nat -A PREROUTING -i eth1 -s 10.0.0.0/8 -j DROP
iptables -t nat -A PREROUTING -i eth1 -s 172.16.0.0/12 -j DROP
iptables -t nat -A PREROUTING -i eth1 -s 192.168.0.0/16 -j DROP
iptables -t nat -A PREROUTING -i eth1 -s 127.0.0.0/8 -j DROP
iptables -t nat -A PREROUTING -i eth1 -s 224.0.0.0/4 -j DROP
```

最后，我们以一条规则禁止所有未明确允许的分组来结束 INPUT 和 FORWARD 链。尽管已经使用 iptables -P 命令强制了这种行为，但 LOG 目标可以让我们知道谁在 Internet 上想要通过防火墙。

```
iptables -A INPUT -i eth1 -j LOG
iptables -A FORWARD -i eth1 -j LOG
```

或者，我们可以使用 NAT 来伪装内部网络使用的私有地址。有关 NAT 的更多信息参见 13.4.6 节。Netfilter 为 Linux 防火墙带来的最强大特性之一是状态化分组过滤。对于连接 Internet 的客户端上的防火墙而言，不需要允许特定的传入服务（incoming service），而是需要允许客户端请求所对应的响应传入。下面这条简单的状态化 FORWARD 链对离开网络的流量不进行限制，但只允许与主机已发起的连接相关的流量传入。

```
iptables -A FORWARD -i eth0 -p ANY -j ACCEPT
iptables -A FORWARD -m state --state ESTABLISHED,RELATED -j ACCEPT
```

iptables 要想跟踪像 FTP 和 IRC 这种复杂的网络会话，一些内核模块必须事先载入。如果没有装载这些模块，iptables 会禁止此类连接。尽管状态化分组过滤能够提高站点的安全性，但同时也增加了网络的复杂性，造成性能的降低。在防火墙中使用状态化功能之前先确定自己是否真的需要。

iptables -L -v 可能是调试 iptables 规则最好的方法了。这些选项可以告诉你链中的各条规则都匹配了多少次。如果希望获得有关匹配分组的更多信息，我们通常会添加一些带有 LOG 目标的 iptables 规则。你还可以使用分组嗅探器（例如 tcpdump）解决更棘手的问题。

4. Linux NAT 与分组过滤

传统上，Linux 仅实现了一种有限形式的网络地址转换（NAT），或者更适合的叫法应该是端口地址转换（Port Address Translation，PAT）。并不像真正的 NAT 实现那样使用某个范围的 IP 地址，PAT 将所有的连接复用到单个地址。具体的细节和差异并不是特别重要。

除了分组过滤之外，iptables 也实现了 NAT。在 Linux 的早期版本中，这项功能有点混乱，不过 iptables 很清晰地区分了 NAT 和过滤特性。当然，如果你使用 NAT 实现本地主机访问 Internet，那必须也要用上全套的防火墙过滤器。

要使 NAT 工作，需要通过将内核变量/proc/sys/net/ipv4/ip_forward 设置为 1 来启用内核的 IP 转发功能。另外，还要插入相应的内核模块。

```
$ sudo modprobe iptable_nat
$ sudo modprobe ip_conntrack
$ sudo modprobe ip_conntrack_ftp
```

很多其他模块也可以跟踪连接，参阅/lib/modules 下的子目录 net/netfilter 获取更完整的列表并启用需要的模块。

使用 NAT 路由分组的 iptables 命令形式如下。

```
iptables -t nat -A POSTROUTING -o eth0 -j SNAT --to 128.138.101.4
```

这个例子中的主机和上一节中过滤示例里的一样，所以 eth1 是连接 Internet 的接口。该接口并没有直接出现在上面的命令行中，但是其 IP 地址出现在--to 选项参数的位置上。接口 eth0 连接着内部网络。

在 Internet 主机看来，所有内部网络主机的分组都携带 eth1 的 IP 地址。实现了 NAT 的主机接收传入的分组，查找其真实的目的地，使用相应的内部网络 IP 地址重写这些分组，然后将其发送出去。

13.14.2 UNIX 系统的 IPFilter

由 Darren Reed 编写的开源软件 IPFilter 在包括 Linux 和 FreeBSD 在内的各种系统中提供了 NAT 和状态化防火墙服务。你可以把 IPFilter 作为可装载的内核模块（推荐开发者使用这种方法）或是将其静态编译到内核中。

IPFilter 不但成熟而且功能完善。该软件拥有活跃的用户社区，开发工作一直以来都持续不断。它甚至可以实现对无状态协议（例如 UDP 和 ICMP）的状态化跟踪。

IPFilter 从配置文件（通常是/etc/ipf/ipf.conf 或/etc/ipf.conf）中读取过滤规则，不需要像 iptables 那样执行一系列命令。比如说，下面这条简单的规则就可以写入 ipf.conf。

```
block in all
```

这条规则可以在所有的网络接口上阻止所有的入站流量（例如，系统所接收的网络活动）。效果肯定安全，但并没什么实用价值！

表 13.11 展示了一些可以出现在 ipf 规则中的条件。

表13.11 常用的 ipf 条件

条件	含义或可能的值
on interface	在指定的 interface 上应用规则
proto protocol	依据协议选择分组：tcp、udp、icmp
from source-ip	依据源地址过滤：主机、网络、any
to dest-ip	依据目的地址过滤：主机、网络、any
port = port#	依据端口名称（/etc/services）或端口号过滤 [a]
flags flag-spec	依据 TCP 头部标志位过滤
icmp-type number	依据 ICMP 类型和代码过滤
keep state	保留与会话流相关细节信息；参见下文

注：a. 你可以使用任意的比较操作符：=、<、>、<=、>=等。

IPFilter 按照规则在配置文件中所出现的顺序依次评估，最后匹配规则才有效。例如，经过以下过滤器的入站分组总是会得以通过。

```
block in all
pass in all
```

block 规则可以匹配所有分组，但 pass 规则也是如此，而且 pass 是最后一条匹配的规则。要想强制匹配的规则立即生效并使 IPFilter 跳过剩下的规则，可以使用关键字 quick。

```
block in quick all
pass in all
```

工业级防火墙通常包含许多规则，所以为了维护防火墙的性能，灵活地运用 quick 很重要。否则，每个数据包都会根据每条规则进行评估，这种浪费的代价就太高了。

可能防火墙最常见的用途就是控制对于特定网络或主机的访问，较多的是针对特定接口。IPFilter 具有强大的语法在这种粒度级别上控制流量。在下面的规则中，入站流量允许进入 10.0.0.0/24 网络中的 TCP 端口 80/443 和 UDP 端口 53。

```
block out quick all
pass in quick proto tcp from any to 10.0.0.0/24 port = 80 keep state
pass in quick proto tcp from any to 10.0.0.0/24 port = 443 keep state
pass in quick proto udp from any to 10.0.0.0/24 port = 53 keep state
block in all
```

关键字 keep state 值得特别注意。IPFilter 可以通过记录新会话的第一个数据包来跟踪连接。例如，当新分组到达 10.0.0.10 上的端口 80 时，IPFilter 在状态表中创建一个条目并允许分组通过。即使第一条规则明确阻止了所有出站流量，它也允许来自 Web 服务器的回复通过。

keep state 对于没有提供服务但却必须发起连接的设备也有帮助。下面的规则允许 192.168.10.10 发起的所有会话。除了与已发起连接相关的分区，其他入站分组均会被拒绝。

```
block in quick all
pass out quick from 192.168.10.10/32 to any keep state
```

关键字 keep state 也适用于 UPD 和 ICMP 分组，但由于这些协议是无状态的，所以采用的机制略为单一：在过滤器看到入站分组后，IPFilter 允许在 60 s 的时间内响应 UDP 或 ICMP 分组。例如，如果有一个来自 10.0.0.10、端口为 32 000 的 UDP 分组要访问 192.168.10.10 的端口 53，那么从 192.168.10.10 发出的响应在 60 s 内是运行通过防火墙的。同样，在 ICMP 回显请求被记录在状态表之后，就能够允许 ICMP 回显回复（echo reply）（ping 的响应）了。

IPFilter 使用关键字 map（代替 pass 和 block）来提供 NAT 服务。在下面的规则中，来自网络

10.0.0.0/24 的流量被映射到接口 em0 的可路由地址。

```
map em0 10.0.0.0/24 -> 0/32
```

如果 em0 的地址发生更改，则过滤器必须重新加载，这种情况可能会出现在 em0 通过 DHCP 租用动态 IP 地址时。基于此原因，IPFilter 的 NAT 特性最适用于静态地址的 Internet 接口。

表 13.12 列出了 IPFilter 软件包中包含的命令行工具。

表 13.12　IPFilter 命令

命令	功能
ipf	管理规则和过滤器列表
ipfstat	获得分组过滤统计
ipmon	监控已记录的过滤器信息
ipnat	管理 NAT 规则

表 13.12 中列出的命令中，用得最多的就是 ipf。该命令接受规则文件，然后将正确解析后的规则添加到内核过滤器列表中。除非你使用-Fa 选项（清除全部现有规则），否则 ipf 会将规则添加到列表尾部。例如，下列命令可以清除内核现有的过滤器并从 ipf.conf 中装载新的规则。

```
$ sudo ipf -Fa -f /etc/ipf/ipf.conf
```

IPFilter 依赖于/dev 中的伪设备文件实现访问控制，默认只有 root 用户能够编辑过滤器列表。我们建议不要修改默认权限，使用 sudo 来维护过滤器。

加载规则文件时可以使用 ipf 的-v 选项来调试语法错误和其他配置问题。

13.15　云连网

Amazon Web Services 的软件定义网络技术虚拟私有云（Virtual Private Cloud，VPC）能够在更广泛的 AWS 网络中创建私有网络。VPC 于 2009 年首次被引入，它作为本地（on-premises）数据中心与云之间的桥梁，为企业组织开辟了大量混合型使用案例。如今，VPC 是 AWS 的核心特性，所有账户都默认包含了 VPC。较新的 AWS 账户的 EC2 实例必须在 VPC 中创建，大多数新的 AWS 服务都带有原生的 VPC 支持。①

VPC 的核心特性包括：

- 从 RFC1918 中选出的 IPv4 地址范围，以 CIDR 写法表示（例如，10.110.0.0/16 表示地址 10.110.0.0～10.110.255.255）②；
- 可以将 VPC 地址空间再划分成更小的子网；
- 通过路由表决定向哪里发送流量；
- 可用作 EC2 实例防火墙的安全组；
- 网络访问控制列表（Network Access Control List，NACL）实现子网之间的相互隔离。

你可以根据需要创建多个 VPC，其他 AWS 客户无法访问到你的 VPC 中的网络流量。③相同地域中的 VPC 可以结对(peered),在不同的网络之间创建私有路由。要想连接不同地域中的 VPC，既可以在 Internet 上使用软件 VPN 隧道，也可以在从电信公司租用的私有电路上使用昂贵的、定制的、与 AWS 数据中心直接相连的连接。

① 在支持 VPC 之前，老用户都在抱怨 AWS 的服务不够完整。

② VPC 最近也开始支持 IPv6 了。

③ 根据你的账户状态，AWS 最初可能会将 VPC 数量限制为 5 个。但是，你可以根据需要请求更高的限制。

VPC 的网络既可以小至/28，也可以大至/16。重要的是要提前规划，因为创建 VPC 之后，网络大小就不能更改了。选择一个足够大的地址空间以适应未来的发展，但也要确保它不会与其他想要连接到的网络发生冲突。

1. 子网与路由表

和传统网络一样，VPC 也会被划分成子网。公共子网用于必须在 Internet 上与客户直接通信的服务器。这和传统的 DMZ 类似。私有子网无法从 Internet 访问，适用于可信或敏感的系统。

VPC 的路由选择要比传统的硬件网络简单，因为云并没有模拟物理拓扑。所有可访问的目的地只用一个逻辑跳（one logical hop）就可以到达。

在物理网络世界中，每个设备都有自己的路由表，告诉它如何路由出站的网络分组。但是在 VPC 中，路由表也是通过 AWS 的 Web 控制台或命令行定义的抽象实体。每个 VPC 子网都有与之关联的 VPC 路由表。在子网中创建实例时，其路由表会根据 VPC 模板进行初始化。

最简单的路由表中只包含一个能够到达相同 VPC 中其他实例的默认静态路由。你可以向其中添加其他路由以访问 Internet、本地网络（通过 VPN 连接）或其他 VPN（通过对等连接）。

一个称为 Internet 网关（Internet Gateway）的组件将 VPC 连接到 Internet。这个实体对于管理员来说是透明的，由 AWS 负责管理。但如果有实例需要 Internet 连接，那就得创建 Internet 网关并将其附着到 VPC。在公共子网中的主机可以直接访问 Internet 网关。

私有子网中的实例即便是分配了公共 IP 地址也无法从 Internet 上访问，这一点给新用户带来了不少困惑。对于出站访问，它们必须通过公共子网上的 NAT 网关跳转。VPC 提供了可管理的 NAT 功能，节省了自己运行网关的开销，但同时也产生了额外的小时成本。对于具有高吞吐量的应用而言，NAT 网关是一个潜在的瓶颈，所以最好是将此类应用的服务器放置在公共子网，避免使用 NAT。

AWS 的 IPv6 实现并没有 NAT 功能，所有的 IPv6 实例都获得“公共”（也就是可路由的）IPv6 地址。要想让 IPv6 子网私有化，你可以将其通过仅允许出站连接但禁止入站连接的 Internet 网关（egress-only Internet Gateway，也叫作 eigw）[①]连接在一起。这种网关是状态化的，只要是由 AWS 服务器先发起的连接，外部主机就可以同私有 IPv6 网络中的服务器通信。

要想了解某个实例的网络路由选择，你会发现查看其子网的 VPC 路由表要比查看实际的路由表（在登录实例时使用 netstat -r 或 ip route show 显示）更有帮助。VPC 版本通过其 AWS 标识符来标识网关（目标），这使得路由表一目了然。

通过查看 VPC 路由表，你可以轻而易举地区分出公共子网和私有子网。如果默认网关（与地址 0.0.0.0/0 关联的目标）是 Internet 网关（名为 igw-something 的实体），那么该子网就是公共子网。如果默认网关是 NAT 设备（以实例 ID 为前缀的路由目标，i-something 或 nat-something），则该子网是私有子网。

表 13.13 展示了一个私有子网的路由表。

表 13.13　　私有子网的 VPC 路由表示例

目的地	目标	目标类型
10.110.0.0/16	local	本地 VPC 网络的内建路由
0.0.0.0/0	nat-a31ed812	通过 VPC NAT 网关的 Internet 访问
10.120.0.0/16	pcx-38c3e8b2	到另一个 VPC 的对等连接（peering connection）
192.168.0.0/16	vgw-1e513d90	到外部网络的 VPN 网关

VPC 是地域性的，但是子网被限制在单个可用区中。要构建高可用系统，需要为每个区至少

① 在 AWS 官方文档中称此类网关为“仅出口 Internet 网关”。——译者注

创建一个子网并在所有子网中平均分配实例。典型的设计会将负载均衡器或其他代理放入公共子网，将 Web、应用程序和数据库服务器限制在私有子网。

2. 安全组与 NACL

安全组是 EC2 实例的防火墙。安全组规则规定了 ICMP、UDP 和 TCP 流量允许哪些源地址（入口规则）以及实例可以访问其他系统的哪些端口（出口规则）。安全组默认拒绝所有连接，因此所添加的任何规则都允许额外的流量。

所有 EC2 实例至少属于一个安全组，但最多只能有 5 个。[①]实例归属的安全组越多，就越难以准确判断哪些流量允许，哪些流量不允许。我们更喜欢每个实例只属于一个安全组，即便是这样会导致不同组之间出现规则的重复。

向安全组中添加规则时，始终要谨记最小权限原则。开放端口会带来不必要的风险，尤其是对于拥有公共的可路由 IP 地址的系统。例如，Web 服务器可能只需要开放端口 22（SSH，用于管理和控制系统）、80（HTTP）和 443（HTTPS）。

另外，所有主机都应该接受用于实现路径 MTU 发现的 ICMP 分组。拒绝这些分组会大大降低网络带宽，所以 AWS 默认阻止此类分组的行为让人很是摸不着头脑。

大多数安全组有一定粒度的入站规则，但允许所有的出站流量，如表 13.14 所示。这种配置非常方便，因为你无须考虑系统拥有怎样的外部连通性。但如果攻击者能够检索工具并同外部控制系统通信，那他们就很容易在网络中安营扎寨了。最安全的网络既有入站限制，也有出站限制。

表 13.14 典型的安全组规则

方向	协议	端口	CIDR	注解
入口	TCP	22	10.110.0.0/16	来自内部网络的 SSH
入口	TCP	80	0.0.0.0/0	来自任意地点的 HTTP
入口	TCP	443	0.0.0.0/0	来自任意地点的 HTTPS
入口	ICMP	n/a [a]	0.0.0.0/0	允许路径 MTU 发现
出口	ALL	ALL	0.0.0.0/0	出站流量（全部允许）

注：a. 具体的步骤参见 AWS 官网，这条规则设置起来有点麻烦。

很像防火墙设备上的访问控制列表，NACL 可以控制子网间的流量。与安全组不同的是，NACL 是无状态的：它们并不区分新连接和已有连接。其在概念上类似于硬件防火墙的 NACL 类型。NACL 默认允许所有流量。在现实中，我们发现安全组的使用要比 NACL 更为频繁。

3. VPC 体系结构示例

图 13.6 描述了两个 VPC，每个都包含有公共子网和私有子网。网络 2 在其公共子网中托管了 Elastic 负载均衡（Elastic Load Balancer）。对于一些私有子网中的可自动伸缩的 EC2 实例，ELB 可作为其代理并保护这些实例免受 Internet 的影响。网络 2 中的服务器 2（Service 2）可能需要访问网络 1 中托管的服务器（Service 1），两者可以通过 VPC 对等连接进行私密通信。

像图 13.6 这样的体系结构图比单纯的文字能够更清晰地传达密集的技术细节。我们会为每个部署的应用都采用这样的图表。

4. 使用 Terraform 创建 VPC

VPC 由多种资源组成，每种资源均有自己的设置和选项。这些对象彼此之间的依赖关系很复杂。使用命令行或 Web 控制台创建和管理绝大部分对象不是不可能，但你必须记住所有的繁枝末节。哪怕你在初始设置期间一些顺利，但随着时间的推移，也很难跟踪所做过的工作。

① 安全组实际上是与网络接口关联的，一个实例可以有多个网络接口。准确地说，安全组的最大数量是网络接口数量的 5 倍。

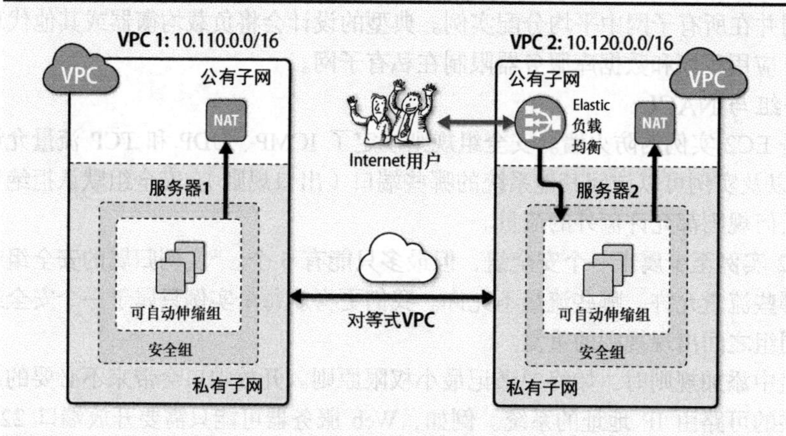

图 13.6 具有公共子网和私有子网的对等式 VPC

来自 HashiCorp 的工具 Terraform 可以创建和管理云资源。例如，Terraform 能够创建 VPC，启动实例，然后通过运行脚本或其他配置管理工具初始化这些实例。Terraform 配置采用 HashiCorp 配置语言描述（HashiCorp Configuration Language，HCL），其格式与 JSON 类似，但增加了变量插值和注释功能。配置文件可以通过版本控制系统跟踪，易于更新和修改。

下面的例子展示了具有一个公共子网的简单 VPC 的 Terraform 配置。配置内容相当易懂，哪怕是新手应该也能看明白。

```
# Specify the VPC address range as a variable
variable "vpc_cidr" {
    default = "10.110.0.0/16"
}

# The address range for a public subnet
variable "public_subnet_cidr" {
    default = "10.110.0.0/24"
}

# The VPC
resource "aws_vpc" "default" {
    cidr_block = "${var.vpc_cidr}"
    enable_dns_hostnames = true
}

# Internet gateway to connect the VPC to the Internet
resource "aws_internet_gateway" "default" {
    vpc_id = "${aws_vpc.default.id}"
}

# Public subnet
resource "aws_subnet" "public-us-west-2a" {
    vpc_id = "${aws_vpc.default.id}"
    cidr_block = "${var.public_subnet_cidr}"
    availability_zone = "us-west-2a"
}

# Route table for the public subnet
resource "aws_route_table" "public-us-west-2a" {
    vpc_id = "${aws_vpc.default.id}"
    route {
        cidr_block = "0.0.0.0/0"
        gateway_id = "${aws_internet_gateway.default.id}"
```

```
    }
}

# Associate the route table with the public subnet
resource "aws_route_table_association" "public-us-west-2-a" {
    subnet_id = "${aws_subnet.public-us-west-2a.id}"
    route_table_id = "${aws_route_table.public-us-west-2a.id}"
}
```

Terraform 文档可作为权威的语法参考。在 Terraform 的 GitHub 仓库和网上的其他地方，你都可以找到很多类似的示例配置。

运行 terraform apply，让 Terraform 创建此 VPC。它会检查.tf 文件的当前目录（默认情况下）并处理其中的各个同类型文件，将其组装成一个执行计划（execution plan），然后按照适合的顺序调用 API。你可以在配置文件中或是通过 AWS_ACCESS_KEY_ID 和 AWS_SECRET_ACCESS_KEY 环境变量设置 AWS API 凭证，就像我们所做的这样。

```
$ AWS_ACCESS_KEY_ID=AKIAIOSFODNN7EXAMPLE
$ AWS_SECRET_ACCESS_KEY=wJalrXUtnFEMI/K7MDENGbPxRfiCYEXAMPLEKEY
$ time terraform apply
aws_vpc.default: Creating...
  cidr_block:                 "" => "10.110.0.0/16"
  default_network_acl_id:     "" => "<computed>"
  default_security_group_id:  "" => "<computed>"
  dhcp_options_id:            "" => "<computed>"
  enable_dns_hostnames:       "" => "1"
  enable_dns_support:         "" => "<computed>"
  main_route_table_id:        "" => "<computed>"
aws_vpc.default: Creation complete
aws_internet_gateway.default: Creating...
  vpc_id: "" => "vpc-a9ebe3cc"
aws_subnet.public-us-west-2a: Creating...
  availability_zone:         "" => "us-west-2a"
  cidr_block:                "" => "10.110.0.0/24"
  map_public_ip_on_launch:   "" => "0"
  vpc_id:                    "" => "vpc-a9ebe3cc"
aws_subnet.public-us-west-2a: Creation complete
aws_route_table.public-us-west-2a: Creation complete
[snip]
Apply complete! Resources: 5 added, 0 changed, 0 destroyed.
real 0m4.530s
user 0m0.221s
sys 0m0.172s
```

time 测量需要多久来创建配置中的所有资源（大概 4.5 s）。<computed>值表示 Terraform 选择了默认值，因为我们并没有明确指定这些设置。

Terraform 创建的所有资源的状态都保存在名为 terraform.tfstate 的文件中。该文件必须保留，这样 Terraform 才知道哪些资源是在自己控制之下。Terraform 以后将能够自行发现受管理的资源。

清理 VPC 很简单。

```
$ terraform destroy -force
aws_vpc.default: Refreshing state... (ID: vpc-87ebe3e2)
aws_subnet.public-us-west-2a: Refreshing state... (ID: subnet-7c596a0b)
aws_internet_gateway.default: Refreshing state... (ID: igw-dc95edb9)
aws_route_table.public-us-west-2a: Refreshing state... (ID: rtb-2fc7214b)
aws_route_table_association.public-us-west-2-a: Refreshing state... (ID:
    rtbassoc-da479bbe)
aws_route_table_association.public-us-west-2-a: Destroying...
aws_route_table_association.public-us-west-2-a: Destruction complete
aws_subnet.public-us-west-2a: Destroying...
```

```
aws_route_table.public-us-west-2a: Destroying...
aws_route_table.public-us-west-2a: Destruction complete
aws_internet_gateway.default: Destroying...
aws_subnet.public-us-west-2a: Destruction complete
aws_internet_gateway.default: Destruction complete
aws_vpc.default: Destroying...
aws_vpc.default: Destruction complete
Apply complete! Resources: 0 added, 0 changed, 5 destroyed.
```

Terraform 与具体的云无关，因此可以管理 AWS、GCP、digitalOcean、Azure、Docker 以及其他供应商的云平台。

该怎样知道何时使用 Terraform，何时使用命令行？如果你正在为团队或项目构建基础设施，或是需要做出修改并随后重复构建，请使用 Terraform。如果你需要启用一个作为测试的快速实例，需要检查资源的详细信息，或是需要从 shell 脚本中访问 API，请使用命令行。

13.15.1　Google Cloud Platform 连网

在 Google Cloud Platform 上，连网是平台功能的一部分，并非是一种独特的服务。GCP 私有网络是全球性的：在 us-east1 地域的实例可以通过私有网络与 europe-west1 地域中的另一个实例通信，借此能够很容易地构建起全球网络服务。同一区（zone）内的实例之间的网络流量是免费的，但是区间或地域间的流量可是要支付费用的。

新项目的默认网络地址范围为 10.240.0.0/16。你可以为每个项目创建最多 5 个独立的网络，实例只能属于一个网络。许多站点使用这种网络架构来将生产系统与测试和开发系统隔离开。

网络可以通过子网按照地域划分，这个 GCP 相对较新的功能与 AWS 上的子网并不相同。全球网络不需要是单个 IPv4 前缀范围的一部分，每个地域可以有多个前缀。GCP 会为你配置所有的路由，因此在同一网络中不同 CIDR 块内的实例仍可以相互通信。图 13.7 演示了这种拓扑结构。

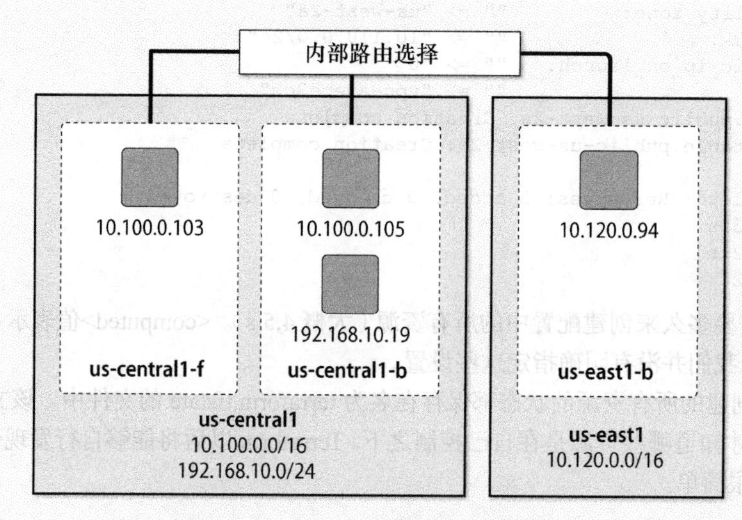

图 13.7　具有子网的多地域私有 GCP 网络

子网并没有公共或私有的概念，相反，不接受来自 Internet 的入站流量的实例可以没有公共的 Internet 地址。Google 提供了静态的外部地址，你可以借来用于 DNS 记录，无须担心地址被分配给其他客户。如果实例拥有外部地址，在执行 ip addr show 命令时，你仍旧看不到它，Google 会为你处理地址转换。

在默认情况下，GCP 网络中的防火墙规则适用于所有实例。要想将规则限制在较小的一组实例中，你可以标记实例，然后根据标记过滤规则。在默认情况下，除了下列内容，全局防火墙会拒绝其他所有流量。

- 0/0 的 ICMP 流量。
- 0/0 的 RDP（Windows 远程桌面，运行在 TCP 端口 3389）。
- 0/0 的 SSH（TCP 端口 22）。
- 内部网络的所有端口和协议（默认为 10.240.0.0/16）。

在涉及影响安全性的决策时，我们还是要回到最小特权原则。因此，我们建议缩小默认规则，完全阻止 RDP，只允许源地址为自己 IP 的 SSH，进一步限制 GCP 网络内的流量。你可能还想阻止 ICMP，但要注意，type 为 3、code 为 4 的 ICMP 分组不能阻止，这样才能使用路径 MTU 发现。

13.15.2 DigitalOcean 连网

DigitalOcean 没有私有网络，或者至少说，没有类似于 GCP 和 AWS 那样的私有网络。droplet 拥有可以通过相同地域中的内部网络通信的私有接口。但是，该网络是与同一地域中的其他所有 DigitalOcean 客户共享的。相较于使用 Internet 略有改进，但是防火墙和传输加密成为了硬性要求。

我们可以使用 tugboat 命令行来检查已启动的 DigitalOcean droplet。

```
$ tugboat info ulsah
Droplet fuzzy name provided. Finding droplet ID...done, 8857202
    (ulsah-ubuntu-15-10)
Name:               ulsah-ubuntu-15-10
ID:                 8857202
Status:             active
IP4:                45.55.1.165
IP6:                2604:A880:0001:0020:0000:0000:01EF:D001
Private IP:         10.134.131.213
Region:             San Francisco 1 - sfo1
Image:              14169855 - ubuntu-15-10-x64
Size:               512MB
Backups Active:     false
```

除了公共和私有 IPv4 地址，输出中还包括 IPv6 地址。

在实例中，我们可以通过查看本地接口地址来进一步研究。

```
# tugboat ssh ulsah-ubuntu-15-10
# ip address show eth0
2: eth0: <BROADCAST,MULTICAST,UP,LOWER_UP> mtu 1500 qdisc pfifo_fast
    state UP group default qlen 1000
    link/ether 04:01:87:26:d6:01 brd ff:ff:ff:ff:ff:ff
    inet 45.55.1.165/19 brd 45.55.31.255 scope global eth0
       valid_lft forever preferred_lft forever
    inet 10.12.0.8/16 scope global eth0
       valid_lft forever preferred_lft forever
    inet6 fe80::601:87ff:fe26:d601/64 scope link
       valid_lft forever preferred_lft forever
# ip address show eth1
3: eth1: <BROADCAST,MULTICAST,UP,LOWER_UP> mtu 1500 qdisc pfifo_fast
    state UP group default qlen 1000
    link/ether 04:01:87:26:d6:02 brd ff:ff:ff:ff:ff:ff
    inet 10.134.131.213/16 brd 10.134.255.255 scope global eth1
       valid_lft forever preferred_lft forever
    inet6 fe80::601:87ff:fe26:d602/64 scope link
       valid_lft forever preferred_lft forever
```

公共地址直接分配给了接口 eth0，不像其他云平台那样还需要供应商转换。每个接口也有一个 IPv6 地址，所以可以同时通过 IPv4 和 IPv6 处理流量。

第 14 章　物理连网

无论你的系统是居于数据中心、云端还是旧式导弹发射井中，它们的共同之处在于需要在网络上进行通信。快速可靠地移动数据的能力对于每种环境都至关重要。如果说 UNIX 技术在某个领域触及了人们的生活并影响了其他操作系统，那就是大规模分组数据传输的实际应用。

网络也在沿着服务器曾经走过的道路发展，网络的物理和逻辑视图逐渐被拥有单独配置的虚拟化层所分隔。这种设置在云端是司空见惯的，但如今即便是在物理数据中心也经常包含了一层软件定义网络（Software-Defined Networking，SDN）。

管理员与真实硬件打交道的次数比以前要少，但是熟悉传统网络仍旧是一项重要的技能。虚拟化网络在功能、术语、体系结构以及拓扑方面逼真地模拟了物理网络。

多年来，推广的各种链路层技术有不少，但是以太网显然是毫无疑问的赢家。从游戏机到电冰箱，以太网如今随处可见，全面理解这项技术是系统管理员成功的关键因素。

显然，网络的速率和可靠性直接影响着组织的生产力。但在今天，网络已经变得如此普及，以至其状态甚至会影响到人们基本的交往能力（例如打电话）。设计拙劣的网络会让个人和专业人员身处窘境，引发灾难性的社会效应。补救的代价也是不菲。

成功的网络至少归功于 4 种主要因素：

- 形成一种合理的网络设计；
- 选择高质量的硬件；
- 正确的安装和建档；
- 有效的持续运维。

本章的重点放在理解、安装、运行企业环境中的以太网。

14.1 以太网：连网技术中的瑞士军刀

以太网已经占据了全球95%以上的局域网（Local Area Network，LAN）市场，其身影以各种形式出现在每个地方。以太网最先出现在当时还在麻省理工学院（Massachusetts Institute of Technology，MIT）攻读博士学位的Bob Metcalfe的博士论文中，而现在则是以各种IEEE标准来描述。

以太网最初规定的速率是 3 Mbit/s（兆比特每秒），但几乎立刻攀升到了10 Mbit/s。在1994年完成100 Mbit/s标准的制定后，以太网已经站稳了脚跟，接下来就是不断地发展。于是便引发了一场竞赛，争相构建更快的以太网版本，时至今日，这场竞赛仍在继续。表14.1着重展示了各种以太网标准的演变。①

表 14.1 以太网的演变

年份/年	速度	通用名称	IEEE#	距离	介质[a]
1973	3 Mbit/s	Xerox（施乐）以太网	—	未确定	同轴电缆
1976	10 Mbit/s	以太网 1	—	500 m	RG-11 同轴电缆
1989	10 Mbit/s	10BASE-T	802.3	100 m	3类UTP
1994	100 Mbit/s	100BASE-TX	802.3u	100 m	5类UTP
1999	1 Gbit/s	1000BASE-T（“吉比特”）	802.3ab	100 m	5e类、6类UTP
2006	10 Gbit/s	10GBASE-T（“十吉比特”）	802.3an	100 m	6a类、7类、7a类UTP
2009	40 Gbit/s	40GBASE-CR4 40GBASE-SR4	P802.3ba	10 m 100 m	UTP MM 光纤
2009	100 Gbit/s	100GBASE-CR10 100GBASE-SR10	P802.3ba	10 m 100 m	UTP MM 光纤
2018[b]	200 Gbit/s	200GBASE-FR4 200GBASE-LR4	802.3bs[c]	2 km 10 km	CWDM 光纤 CWDM 光纤
2018[b]	400 Gbit/s	400GBASE-SR16 400GBASE-DR4 400GBASE-FR8 400GBASE-LR8	802.3bs	100 m 500 m 2 km 10 km	MM 光纤（16股） MM 光纤（4股） CWDM 光纤 CWDM 光纤
2020[b]	1 Tbit/s	TbE	TBD	TBD	TBD

注：a. MM = 多模式，SM = 单模式，UTP = 非屏蔽双绞线，CWDM = 粗波分复用。

b. 行业预测。

c. 我们姑且相信选择这几个字母纯粹是种不幸的巧合。

14.1.1 以太网工作方式

以太网采用的基础模型可以描述为一场彬彬有礼的晚宴，宴会中的客人（计算机）互不打断对方的发言，再开口说话之前会先等待大家都安静下来（网络线缆上没有流量出现）。如果有两位客人同时开始说话（出现冲突），那两人都停下来，稍等片刻，然后其中一个人再重新开始。

这套方案用技术行话来说就是CSMA/CD。

- 载波侦测（Carrier Sense）：你可以知道有没有人在讲话。

① 我们省略了一些不太流行的以太网标准。

- 多路访问（Multiple Access）：每个人都可以发言。
- 冲突检测（Collision Detection）：你知道什么时候打断了别人。

冲突发生之后的延迟是随机的。这个约定避免了出现两台主机同时在网络上发送数据，检测到冲突后，等待相同的时间，又再重新发送，进而导致网络中充满了冲突的情况。不过也并非总是如此！

如今，随着交换机的出现，CSMA/CD 已经不再那么重要，交换机通常将一个冲突域中的主机数量限制在两台。（沿用“晚宴”那个类比，你可以把交换式以太网想象成老电影中的画面，其中两个人坐在一张长长的正式餐桌的两端。）

14.1.2 以太网拓扑结构

以太网拓扑是一种没有环路的分支总线。分组只能采用一种路线在同一网络中的两台主机间移动。

网段中能够出现的分组有 3 种类型：单播、多播、广播。单播分组发往单个主机。多播分组发往一组主机。广播分组发往网段中的所有主机。

“广播域”（broadcast domain）就是一组主机，它们能够接收到发往硬件广播地址的分组。每个逻辑以太网段只有一个广播域。对于早期的以太网标准和介质（例如，10BASE5），物理网段和逻辑网段都是相同的，因为所有的分组都会经过一条粗大的线缆，主机被扎在线缆一侧。①

随着交换机的出现，如今的逻辑网段通常是由多个物理网段组成（可能数十上百），每个物理网段只连接两个设备：交换机端口和主机。②交换机负责将多播和广播分组发送到接收方所在的物理（或无线）网段。广播流量会转发到逻辑网络中的所有端口。

单个逻辑网段可以包含多个以不同速率运行的物理（或无线）网段。因此，交换机必须具备缓冲和时序调整功能，以便消除网段之间可能存在的时序冲突。

14.1.3 非屏蔽双绞线

在大多数办公环境中，非屏蔽双绞线（Unshielded Twisted Pair，UTP）一直以来都是以太网的首选线缆介质。如今，无线网络在很多场景中已经取代了 UTP。图 14.1 说明了 UTP 网络的一般“外形”。

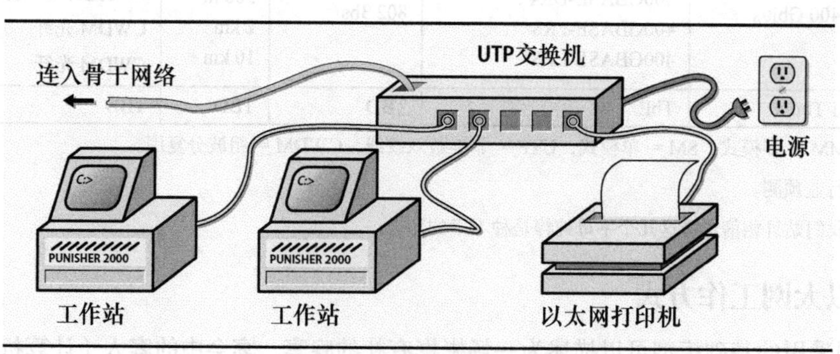

图 14.1 UTP 装置

UTP 线缆通常分为 8 类。大型线缆供应商 Anixter 首先引入了性能评估系统。这些标准由电

① 没开玩笑！连接一台新的计算机要用特殊的钻头在线缆的外部护套上钻一个深入到内部中心处导体的孔。接入外部导体的“插入式分接头”（vampire tap）要用螺丝刀拧紧。

② 无线网络是另一种常见类型的逻辑以太网网段。其行为与传统的多主机共享线缆的以太网差不多。

信行业协会（Telecommunications Industry Association）制定，如今被称为1类～8类，其中还包括一些像5e类和6a类这种为确保性能而出现的特别类型。国际标准化组织（International Organization for Standardization，ISO）也投身到了线缆分类这个令人兴奋的高利润领域。ISO推出的标准等同或接近于高标号的TIA分类。例如，TIA的5类线相当于ISO的D类线。对于本书读者中的那些极客，表14.2中列出了现有各种分类之间的差异。你可以把这些内容记下来，在派对上给你的朋友们露一手。

表 14.2　　UTP 线缆特点

参数	单位	5类[b] D类	5e类	6类 E类	6a类 EA类	7类 F类	7a类 FA类	8类 I类
频率范围	MHz	100	100	250	500	600	1 000	2 000
衰减	dB	24	24	21.7	18.4	20.8	60	50
NEXT[a]	dB	27.1	30.1	39.9	59	62.1	60.4	36.5
ELFEXT[a]	dB	17	17.4	23.2	43.1	46.0	35.1	—
回波损耗	dB	8	10	12	32	14.1	61.93	8
传输延迟	ns	548	548	548	548	504	534	548

注：a. NEXT = Near-end crosstalk（近端干扰），ELFEXT = Equal level far-end crosstalk（等效远端干扰）。

b. 包括额外的TIA和ISO要求TSB95及FDAM 2。

5类线缆能够支持100 Mbit/s，它是如今网络接线的“筹码”（table stake）。5e类、6类以及6a类布线支持1 Gbit/s，是目前用于数据布线的常用标准。对于新架设的网络，可以选择6a类线缆，因为特别能抵抗老旧的以太网信号标准（例如10BASE-T）所带来的干扰，这个问题给一些5/5e类线缆的安装造成了麻烦。7类和7a类线缆适用于10 Gbit/s，8类线缆适用于40 Gbit/s。

更快的标准要求使用多对UTP。多对导线能够比单对导线更快地在链路上传输数据。100BASE-T需要两对5类线，1000BASE-TX需要4对5e类或6/6a类线，10GBASE-TX需要4对6a/7/7a类线。所有这些标准都限制在长度为100 m内。

聚氯乙烯（PVC）外皮和特氟纶（teflon）外皮的线缆都可以使用。具体选择哪一种取决于线缆实际的安装环境。进入建筑物通风系统（回风区）的线缆通常要用特氟纶。①相比之下，PVC比较便宜，易于处理，但如果着火的话，会产生有毒烟雾，因此需要避开通风区。

建议采用TIA/EIA-568A RJ-45接线标准来接配线板和RJ-45墙壁插座上的4对UTP线缆。该标准与RJ-45（例如RS-232）的其他用途兼容，无论是否能够轻易接触到线缆对本身，这都是一种保持连线两端一致的便利方法。表14.3给出了接线分布关系。

表 14.3　　用于将4线对UTP连接到RJ-45插口的TIA/EIA-568A标准

线对	颜色	连到	线对	颜色	连到
1	白/蓝	5/4针	3	白/绿	1/2针
2	白/橙	3/6针	4	白/棕	7/8针

现有的楼宇布线未必适用于网络，这得看其安装方式和时间。

14.1.4 光纤

光纤用于铜缆不能胜任的场景。光纤传输信号的距离要比铜缆更远，也更抗电磁干扰。在光

① 请联系消防主管或当地消防部门，确定你所在地区的要求。

纤并不是绝对必要的情况下，铜缆通常是优先选择，因为后者更便宜，也更易于处理。

“多模”和“单模”是两种常见的光纤类型。多模光纤多见于楼宇或园区应用。它比单模光纤粗，能够承载多束光。这一特性使其能够使用比较便宜的电子器件（例如用 LED 作为光源）。

单模光纤多见于长途应用，例如城际或州际连接。它只能承载一束光纤，在端点处需要昂贵的精密电子元件。

提高光纤链路带宽的常见策略是粗波分复用（Coarse Wavelength Division Multiplexing，CWDM）。这是一种通过单光纤在多波长（多种颜色①）光上传输多路数据的方式。某些快速以太网标准从一开始就采用了这种方案。不过，它也可以通过使用 CWDM 多路复用器来扩展现有的暗光纤链路（dark fiber link）②的能力。

TIA-598C 建议对常见类型的光纤进行颜色编码，如表 14.4 所示。要记住的关键规则就是全部都得匹配。连接端点的光纤、光纤交叉连接线路以及端点电子设备必须是相同的类型和尺寸。注意，尽管 OM1 和 OM2 都是橙色，但两者不能互换，记得检查线缆上印刷的尺寸标号以确保匹配。如果没有遵守这条规则，等待你的将是数不清的、难以隔离的问题。

可用于光纤末端的连接器类型超过了 30 种，至于在哪里使用哪种连接器并没有规律可循。在特定情况下使用的连接器大多是由设备商或楼宇光纤厂商规定的。好消息是转换跳线可以轻而易举地得到。

表 14.4　　标准光纤属性

模式	ISO 名称 [a]	核心直径	包层直径	颜色
多模	OM1	62.5 μm	125 μm	橙色
多模	OM2	50 μm	125 μm	橙色
多模	OM3	50 μm[b]	125 μm	浅绿色
单模	OS1	8～10 μm	125 μm	黄色

注：a. 根据 ISO 11801。

b. OM3 为传输激光进行了优化。

14.1.5　以太网连接与扩展

以太网可以通过多种设备连接。下面列出的备选设备是按照大致的成本排列的，最便宜的先列出。设备在网络上移动数据涉及的逻辑越多，要用到的设备硬件及嵌入的软件也越多，成本也随之水涨船高。

1. 集线器

作为远古时代的设备，集线器也称为集中器或中继器。这种设备负责在物理层连接以太网网段，另外还需要使用外部电源。

集线器会调整以太网帧的时序并进行重传，但不对其做出任何解释，它并不知道帧要发往何处，所用到什么协议也不清楚。除了一些极为特殊的情况，企业网络中不应该再出现集线器，我们也不鼓励在家庭（消费者）网络中使用集线器。交换机显著提高了网络带宽的使用效率，而且如今也不贵。

2. 交换机

交换机在链路层连接以太网。它采用某种形式将两个物理网络相互连接，使其看上去像是一

① 不同波长的光线会呈现出不同的色彩。——译者注

② 暗光纤是指已经铺设但是没有投入使用的光缆。——译者注

个更大的物理网络。交换机是如今连接以太网设备的业界标准。

交换机通过硬件接收、再生、重传分组。交换机使用了一种动态学习算法。它会留意哪些源地址来自一个端口，哪些来自另一个端口。仅在必要时才在端口之间转发分组。刚开始时，所有的分组都会被转发，但在几秒钟之内，交换机就能够学习到大多数主机所在的位置，在转发分组时变得更具有选择性。

因为并非所有的分组都要在网络之间转发，所以连接交换机的每段线缆上的流量要比所有主机全都在同一线缆上的时间要少。考虑到大多数通信发生在本地，带宽的增长显然是惊人的。由于网络的逻辑模型不会受到交换机的影响，安装一台新交换机也不会对管理带来什么影响。

如果网络中存在环路，有时候会把交换机搞糊涂。这是因为一台主机发出的分组会出现在两个（或多个）交换机端口。单个以太网不会出现环路，但是如果使用路由器和交换机连接多个以太网时，拓扑结构中就会包含到达某台主机的多条路径。有些交换机可以通过保留备用路径，避免主要路径出现故障。交换机修剪其所看到的网络，直至剩下的部分只存在到达每个节点的单条路径。有些交换机还能够处理两个相同网络之间的重复链路，轮流为流量选择路径。

交换机必须扫描每个分组以决定是否应该转发。其性能通常是由分组扫描率和分组转发率来衡量的。很多供应商在引用性能数据时并没有提及分组大小，因此产品的实际性能可能低于宣传效果。

尽管以太网交换硬件的速度越来越快，但如果要连接单个逻辑网络中超过百台的主机，这仍不是一种合理的技术。“广播风暴”等问题常常困扰着大型交换网络，因为广播流量必须转发到交换网段中的所有端口。为解决此问题，可以使用路由器在交换网段之间隔离广播流量，由此创建出多个逻辑以太网。

挑选交换机不是件容易的事。交换机市场是计算机行业中竞争高度激烈的领域，它还受到了那些虚假的市场宣传的影响。在选择交换机供应商时，别相信厂商自己提供的数据，应该依靠独立评测。近年来，一个常见的现象是某家厂商拔得头筹几个月，然后在尝试改进产品时彻底搞砸了其性能或可靠性，从而将头把交椅拱手让与他人。

无论如何都要保证交换机背板速度充足——这才是真正有价值的数字。设计良好的交换机背板速度应该大于所有端口速度之和。

3. 支持 VLAN 的交换机

大型站点得益于交换机能够将其端口（通过软件配置）划分成称为虚拟局域网（Virtual Local Area Network，VLAN）的分组。VLAN 就是属于同一个逻辑网段的一组端口，就好像这些端口连接在自己专用的交换机上一样。这种划分提高了交换机的流量隔离能力，这种能力有利于安全和性能。

各个 VLAN 之间的流量由路由器处理，在某些情况下，也可以由三层路由模块或交换机中的路由软件层处理。有一种叫作“VLAN trunking”（由 IEEE 802.1Q 协议指定）的系统扩展允许物理上独立的交换机服务于同一逻辑 VLAN 中的端口。

要注意的是，单凭 VLAN 几乎提供不了什么额外的安全性，必须过滤 VLAN 之间的流量才能够获得潜在的安全优势。

4. 路由器

路由器（也称为“三层交换机”）负责在网络层引导流量（OSI 网络模型中的第三层）。它根据 TCP/IP 协议的头部信息将分组送往最终的目的地。除了在不同的地点之间移动分组，路由器还要执行其他功能，例如分组过滤（安全方面）、优先化（服务质量方面）以及发现网络的整体拓扑结构。有关路由实际的工作细节，可参见第 14 章。

路由器采用两种形式：固定配置和模块化。

- 固定配置路由器在出厂时就已经永久性地安装好网络接口了。这种路由器适合于小型的特殊应用。例如，带有T1和以太网接口的路由器就很适合于需要连入Internet的小型公司。
- 模块化路由器拥有插槽或总线式结构，用户可以向其中添加接口。尽管这种方法通常要更昂贵，但能够确保后期更大的灵活性。

根据可靠性需求和预期的流量负载，专用路由器未必比配置成路由器的UNIX或Linux系统便宜。但是，专用路由器能够实现出众的性能和可靠性。在设计网络时，建议在这方面多花些钱，省得以后为此困扰。

14.1.6 自动协商

随着各种以太网标准的推出，设备需要搞明白它们的邻居是如何配置的，并相应地调整自身的设置。例如，如果链路的一端认为网络运行在 1 Gbit/s，而另一端认为是 10 Mbit/s，那网络就没法正常工作了。IEEE标准的以太网自动协商机制旨在检测并解决此类问题。在有些情况下，确实有效。但在另一些情况下，自动协商容易被误用，反而使问题变得复杂化。

自动协商有两条“金科玉律”：

- 对于速率在1 Gbit/s或以上的所有接口，必须全部使用自动协商。这是标准要求的；
- 对于速率在100 Mbit/s或以下的接口，要么将链路两端都配置成自动协商模式，要么手动配置两端的速率和双工方式（全双工或半双工）。如果你只在一端配置了自动协商，那么该端不会“学习”得到（在大多数情况下）另一端是如何配置的。结果就是两端的配置不一致，导致网络性能低下。

设置网络接口自动协商的方法参见13.10节。

14.1.7 以太网供电

以太网供电（Power over Ethernet，PoE）是UTP以太网的一种扩展（IEEE 802.3af标准），它可以利用同一条UTP线缆承载以太网信号和传输设备电力。该能力对于IP语音电话（Voice over IP，VoIP）或无线接入点（仅列举这两个例子）这类除了网络连接之外还需要少量电力的设备尤为方便。

PoE的供电能力分为4类，范围为3.84～25.5 W。需求永无止境，业界目前正在制定更高的功率标准（802.3bt），可能会提供超过 100 W 以上的电力。在会议室里的网络接口上加上一个Easy-Bake烤箱岂不是很方便？[①]

PoE有两处地方对于系统管理员尤为重要。

- 你得留意基础设施中的PoE设备，以便能够相应规划支持PoE的交换机端口的可用性。这种端口要比非PoE端口更昂贵。
- 放置PoE交换机的数据机房的功率预算必须包括PoE设备的功率。注意，你不用为机房再额外加上一笔同样的制冷预算，因为PoE所消耗电力产生的大部分热量都会散发到机房之外（通常是在办公室里）。

14.1.8 巨型帧

以太网的标准分组大小为1 500字节（封装成帧后的大小是1 518），这个值是很早以前选定的，当时网络速率很慢，用作缓冲的内存也很少。如今，面对吉比特以太网的环境，1 500字节的

① 对此感到惊讶的人：没错，从PoE端口引导一个小型的Linux系统不是没有可能。也许最省事的选择就是带有Pi PoE Switch HAT板的（树莓派）Raspberry Pi。

分组就显得太小了。因为每个分组都有相应的开销，同时还会带来延迟，如果能使用更大的分组，网络吞吐量就会更高。

可惜的是，由于互操作性的考虑，各种类型以太网最初的 IEEE 标准都禁止大型分组。但正如高速公路上的车流速度经常莫名其妙地超出规定的时速限制，在如今的网络中也不乏见到特大号的以太网帧。在客户的怂恿下，大多数网络设备制造商都已经在自家的产品中加入了对大型帧的支持。

要想使用这种所谓的巨型帧（jumbo frame），你所要做的就是调高网络接口的 MTU。吞吐量的提升视流量模式而定，但基于 TCP 的大数据量（例如 NFSv4 或 SMB 服务）传输受益最多。保守的预计，可测的性能提升约为 10%。

但要注意以下几点。

- 子网中的所有设备必须都支持和使用巨型帧，包括交换机和路由器在内不能混搭。
- 因为巨型帧属于非标准帧，通常必须明确启用。设备可能默认会接受巨型帧，但未必能够生成这种帧。
- 既然巨型帧是一种违规形式，所以其到底可以有多大，或者说应该有多大，尚未达成共识。最常见的大小是 9 000 字节（封装成帧后是 9 018 字节）。你必须检查所用的设备以确定通用的最大尺寸。大于 9 k 的帧有时叫作“超巨型帧”，不过也别被这个夸张的名字吓到了。通常而言，越大越好，至少也得达到 64 k 左右。

我们赞成在吉比特以太网中使用巨型帧，但也要做好额外的调试准备，以防万一。最合理的方法就是先按照默认的 MTU 部署新网络，待底层网络的可靠性得以确认之后，再转而使用巨型帧。

14.2 无线：流动人员的以太网

无线网络是由无线接入点（Wireless Access Point，WAP 或 AP）和无线客户端组成的。WAP 可以连接到传统的有线网络（典型配置）或是通过无线方式连接到其他接入点，这种形式叫作“网状无线网络”（wireless mesh）。

14.2.1 无线标准

现今常见的无线标准是 IEEE 802.11g、IEEE 802.11n 和 IEEE 802.11ac。IEEE 802.11g 运行在 2.4 GHz 频段，以 54 Mbit/s 的速率提供类似于 LAN 的接入方式。操作范围为 100 m～40 km，具体取决于设备和地形。

IEEE 802.11n 提供了高达 600 Mbit/s[6] 的带宽，可以使用 5 GHz 和 2.4 GHz 的频带（尽管建议部署时采用 5 GHz）。其典型的操作范围接近于 802.11g 的两倍。作为 802.11n 的扩展，802.11ac 支持高达 1 Gbit/s 的多站点吞吐量。

IEEE 6.802.11n 的 600 Mbit/s 带宽在很大程度上是理论值。在实际中，对于经过优化的配置，400 Mbit/s 左右的带宽是一个更为符合现实的预期。造成理论和实际之间差异的大部分原因要归咎于环境以及客户端设备的功能。涉及无线时，“因人而异”（your mileage may vary）这个道理总是适用！

通用术语“Wi-Fi”涵盖了所有这些标准。在理论上，Wi-Fi 标签仅限于 IEEE 802.11 家族的以太网实现。但实际上，这是唯一你能买到的无线以太网硬件，因此所有的无线以太网都是 Wi-Fi。

如今常见的就是 IEEE 802.11g 和 IEEE 802.11n。其收发器价格低廉且已经内置于大多数便携式计算机中。桌面计算机广泛使用的是无线扩展卡，价格也很便宜。

14.2.2 无线客户端访问

如果你拥有合适的硬件和驱动程序，你可以将 UNIX 或 Linux 主机配置成连接无线网络的客户端。因为大多数基于 PC 的无线网卡仍是针对 Microsoft Windows 设计的，有可能厂商并没有为其配备 FreeBSD 或 Linux 驱动程序。

如果你想让 FreeBSD 或 Linux 系统拥有无线连接，可能要用到以下命令：

- ifconfig——配置无线网络接口；
- iwlist——列出无线接入点；
- iwconfig——配置无线连接参数；
- wpa_supplicant——认证无线网络（或者是 IEEE 802.1x 有线网络）。

遗憾的是，业界疯狂地争相销售低成本硬件往往意味着要想让无线适配器在 UNIX 或 Linux 正常工作可能需要数小时的反复尝试。要么提前考察，要么在 Internet 上看看你使用相同操作系统的那个幸运儿用的是什么适配器，买和他一样的就行了。

14.2.3 无线基础设施和 WAP

每个人都想随时随地都能使用无线，能够提供无线服务的产品也是琳琅满目。但是和很多事情一样，你花多少钱，办多少事。价格低廉的设备通常可以满足家庭用户的需求，但无法在企业环境中很好地扩展。

1. 无线拓扑结构

WAP 通常是由一个或多个无线电装置和某种嵌入式网络操作系统（大多是精简版的 Linux）组成的专用设备。单个 WAP 可以为多个客户端提供连接点，但客户端的数量也不是无上限的。一个不错的经验就是单个企业级 WAP 能够同时服务的客户端数量不超过 40 个。任何通过 WAP 所支持的无线标准进行通信的设备都可以作为客户端。

经过配置的 WAP 会宣告一个或多个“服务集标识符”（service set identifier），即 SSID。SSID 作为无线局域网的名称，必须在特定区域内保持唯一。当客户端想连接到无线局域网时，它会查看所宣告的 SSID 都有哪些，然后让用户从中选择。

你可以选择一些易于记忆的内容作为 SSID，例如“Third Floor Public”，或者是发挥你自己的创造性。我们喜欢的一部分 SSID 包括：

- FBI Surveillance Van；
- The Promised LAN；
- IP Freely；
- Get Off My LAN；
- Virus Distribution Center；
- Access Denied。

没谁比极客更会玩的了……在最简单的情况下，WAP 宣告单个 SSID，然后你的客户端连接该 SSID，看吧！你已经接入网络了。

然而，无线连网几乎没有哪个方面能真正称得上简单。如果你的房屋或建筑物大到单个 WAP 无法服务怎么办？或者说你需要为不同的用户组（例如雇员与访客）提供不同的网络？针对这些情况，你需要策略性地构建无线网络。

你可以使用多个 SSID 来划分用户或功能。通常可以将其映射到单独的 VLAN，然后像在有线网络中那样，根据需要进行路由或过滤。

分配给 802.11 的无线频谱被划分成多个称为信道（channel）的频段。WAP 会选择一个安静的信道来宣告 SSID。客户端和 WAP 然后使用该信息进行通信，进而形成单个广播域。附近的 WAP 可能会选择其他信道，以便实现可用带宽的最大化，同时将干扰降至最低。

在理论上，随着客户端在环境中移动，当信号变弱时，客户端会同 WAP 解除关联，然后连接到距离更近、信号更强的 WAP。但理论和现实往往存在着差距。很多客户端就是一定要使用信号弱的 WAP，对信号更好的 WAP 视而不见。

在大多数情况下，你应该让 WAP 自动选择其认为合适的信道。如果你非得插手这一过程，同时使用的是 802.11b/g/n，可以考虑选择信道 1、6、11。分配给这些信道的频谱不存在重叠，因此这些信道的组合最有可能创建出范围最广的无线环境。802.11a/ac 的默认信道互不重叠，所以选择你自己喜欢的信道号就行了。

有些带有多天线的 WAP 可以利用多入多出技术（Multiple-Input，Multiple-Output，MIMO）。这种技术通过多个发送器和接收器，利用传播延迟引发的信号偏移来增加可用带宽。该方法在有些情况下能够略微改进性能，但和数量炫目的天线相比，带来的提高可能并不如你预想的那么多。

如果你需要更大的物理覆盖范围，可以部署多个 WAP。如果是全开放区域，就按照网格结构部署。如果空间中包括墙壁和其他障碍物，你可能需要付费进行专业的无线勘探。勘探会考虑空间的物理特点，确定摆放 WAP 的最佳位置。

2. 廉价的无线设备

我们喜欢 Ubiquiti 为廉价、高性能的家庭网络而制造的产品。Google WiFi 是一款不错的云管理解决方案，很适合支持远程家庭成员。另一种选择是在商业 WAP 上运行精简版 Linux（如 OpenWrt 或 LEDE）。详细信息以及兼容硬件列表参见 OpenWrt 官网。

如今销售 WAP 的厂商有数十家，从家得宝（Home Depot）[①]乃至杂货店都可以买到。在处理大文件传输或多个活跃客户端时，便宜的 WAP 可能会表现不佳。

3. 昂贵的无线设备

大型无线设备意味着不菲的价格。大规模提供可靠的高密度无线接入（例如医院、体育场馆、学校、城市）是个难题，场地限制、用户密度、物理定律都是要考虑的复杂因素。在这种情况下，你需要企业级的无线设备，这种设备知晓每个 WAP 的位置和状况，能够主动调整 WAP 的信道、信号强度以及客户端的关联，以此获得最佳的效果。此类系统通常支持透明漫游，当客户端在 WAP 之间移动时，允许客户端与特定的 VLAN 和会话进行无缝关联。

Aerohive 和 Meraki（后者现在归思科所有）制造的大型无线平台是我们的最爱。下一代平台可以在云端管理，你可以一边通过浏览器监控网络，一边在沙滩上喝着马提尼。你甚至可以舒适地靠在沙滩椅上把某些用户踢出无线网络。

如果你要部署大规模无线网络，或许要投资购买一套无线网络分析工具。我们强烈推荐 AirMagnet 出品的分析产品。

14.2.4 无线安全

无线网络的安全在过去一直都是牵强附会。有线等效加密（Wired Equivalent Privacy，WEP）协议与传统的 802.11b 网络配合使用，用于加密无线分组。可惜该标准有一个致命的设计缺陷，使其也就是能够稍微挡一下窥视者。大楼或房子外面的人通常用不了一分钟就可以直接访问到你的网络，而且还不会被发现。

① 美国家得宝公司成立于 1978 年，是全球最大的家具建材零售商，美国第二大的零售商。家得宝销售各类建筑材料、家居用品和草坪花园产品，而且提供各类相关服务。——译者注

最近，受保护的 Wi-Fi 访问（Wi-Fi Protected Access，WPA）为无线安全带来了新的信心。今天，在新部署的无线网络中应该使用 WPA（尤其是 WPA2）来代替 WEP。没有 WPA2 的无线网络毫无安全性可言，绝不能出现在企业防火墙以内。就算在家里也别用 WEP！

要想记住 WEP 不安全、WPA 安全，只用知道 WEP 代表的是 Wired Equivalent Privacy。这个名字倒是挺准确的：WEP 能够给予你的保护就相当于让别人直接接入你的有线网络。（也就是说，毫无保护可言，至少在 IP 层面上如此。）

14.3 SDN：软件定义网络

和服务器虚拟化一样，将网络硬件与网络功能架构分离可以显著提高灵活性和可管理性。遵循这条路线的最佳成果就是软件定义网络（Software-Defined Networking，SDN）。

SDN 的主要理念是把网络管理组件（控制平面）与分组转发组件（数据平面）在物理上分离。数据平面可以通过控制平面编程，因此你就可以微调或动态配置数据路径以满足性能、安全以及可访问性目标。

如同这个行业中的其他很多事情，企业网络的 SDN 已经变成了某种市场噱头。最初的目标是实现一种独立于厂商的标准化方式来重新配置网络组件。尽管这种理想已经部分实现，但现在很多厂商所提供的专有企业 SDN 产品已经在一定程度上违背了 SDN 的初衷。如果你想了解企业 SDN 领域，请选择符合开放标准并能够与其他厂商产品互操作的产品。

对于大型的云供应商，SDN 增添了一层灵活性，降低了需要了解（或关心）特定资源所在物理位置的要求。尽管这些解决方案可能是专有的，但已经被紧密集成到了云供应商的平台中，使得虚拟基础设施的配置变得轻松自如。

SDN 及其 API 驱动的配置系统为系统管理员提供了一个诱人的机会，可以借此将网络拓扑管理与其他 DevOps 风格的工具集成起来以实现持续集成和部署。也许在某个理想的世界里，你总是拥有一套备用的生产环境，随时可以一键激活。当新环境被推升为生产环境，网络基础设施会神奇般地发生变化，消除了用户可见的停机时间以及所需要安排的维护时段。

14.4 网络测试与调试

网络调试的关键就是将其分解成多个组件，然后逐个测试，直到隔离出有问题的设备或线缆。交换机和集线器上的“指示灯”（idiot light）（例如，“链路状态”和“分组流量”）往往为追查问题根源提供了直接的线索。接线方案的规范文档对于发挥这些指示灯的作用至关重要。

和大多数任务一样，工欲善其事，必先利其器。市面上目前有两种主要的网络调试工具，不过很快就会合二为一了。

第一种工具是手持式线缆分析仪。该设备可以利用一种叫作“时域反射”（time domain reflectrometry）的时髦技术来测量包括长度在内的线缆电气特征。这种分析仪通常还能够指出一些简单的故障，例如线缆破损或接线错误。

我们喜欢的 LAN 线缆分析仪是 Fluke LanMeter。这种多合一的分析仪甚至还能执行 ping 测试。该产品的高端版有自己的 Web 服务器，可以显示出历史统计信息。对于 WAN（电信）线路，由 Viavi 生产的 T-BERD 线路分析仪的表现非常优秀。

另一种调试工具是网络嗅探器。嗅探器捕获网络上传输的信息并拆解网络分组来查找协议错误、配置错误以及其他一般问题。嗅探器工作在链路层而非物理层，所以无法诊断出可能影响网络接口的线缆错误或电气问题。

市面上也有商业嗅探器可用，但我们发现运行在便携式计算机上的免费嗅探器 Wireshark 通常是最好的选择。[①]详细信息参见 13.12.3 节。

14.5 楼宇布线

如果你承接了楼宇布线项目，我们能给你的最重要的建议就是"一开始就把活儿干对"。这可不是个该节省或偷工减料的地方。购买优质材料，选择有资质的布线承包商，另外还要安装一些富余连接（少量），省得以后出现故障。

14.5.1 UTP 布线选择

6a 类线的性价比是现今市场上最好的。这种线材的正常结构是每个护套中 4 对导线，这种结构适用于从 RS-232 到吉比特以太网的各种数据连接。

6a 类规范要求在连接处保持绞扭状态。这必须通过特殊培训和端接设备（termination equipment）才能做到。用户必须使用 6a 类插座和配线架。我们有幸使用了 Siemon 公司制造的部件。

14.5.2 到办公室的连接

多年来，关于每间办公室应该布多少连接的问题一直争论不休。一个连接显然不够用。那么两个或者 4 个呢？随着高带宽无线技术的出现，我们现在建议采用两个连接，理由如下。

- 通常需要有线连接来支持语音电话和其他专用设备。
- 大多数用户设备现在可以通过无线连网，相较于有线连接，用户更喜欢无线的方式。
- 网络布线预算最好花在核心基础设施上（光纤到机房等），而不是花费在个别的办公室。

如果你正在为整个楼宇布线，可以考虑在走廊、会议室、食堂还有天花板上（用于无线接入点）安装一些插座。但同时也别忘了安全性，为无法访问内部网络资源的"访客"VLAN 分配几个公共端口。另外还可以通过实施 802.1x 认证来保护公共端口。

14.5.3 布线标准

现代建筑通常需要一套庞大而复杂的布线基础设施来支持内部的所有活动。对于心理承受能力差的人而言，进入电信机房的体验可谓是惊悚了，你会发现机房墙面上密密麻麻地全都是颜色相同、没有任何标记的线缆。

为了增加可追溯性以及楼宇布线的标准化程度，电信行业协会于 1993 年 2 月发布了 TIA/EIA-606（商业电信基础设施管理标准），随后在 2012 年更新为 TIA/EIA-606-B。

EIA-606 规定了电信基础设施标识和文档的要求和准则。EIA-606 涵盖的条款包括：

- 终结点硬件；
- 线缆；
- 线缆走向；
- 设备空间；
- 基础设施颜色编码；
- 标签要求；
- 标准部件符号。

① 和很多流行的程序一样，Wireshark 往往是黑客的攻击目标，需确保与最新版本保持一致。

该标准特别指定了用于布线的颜色。表 14.5 显示了具体的细节信息。

表 14.5 EIA-606 颜色规范

终结类型	颜色	编码[a]	说明
分界点	橙色	150C	中心局终结点
网络连接	绿色	353C	也用于辅助电路终结点
常见设备[b]	紫色	264C	主要的交换/数据设备终结点
一级骨干	白色	—	线缆终结点
二级骨干	灰色	422C	线缆终结点
站	蓝色	291C	水平线缆终结点
楼宇间骨干	棕色	465C	园区线缆终结点
杂项	黄色	101C	维护、警报等
关键电话系统	红色	184C	—

注：a. 潘通配色系统（Pantone Matching System）颜色代码。

b. 用户级交换机（Private Branch eXchange，PBX）、主机、局域网、多路复用器等。

Pantone 公司出售的软件可以在纸上墨水、纺织染料和有色塑料的 Pantone 系统之间相互映射。你还可以为接线、施工人员制服、布线文档上色！再进一步发挥想象……

14.6 网络设计问题

本节讨论网络的逻辑和物理设计。讨论目标为中等规模的网络施工。这里提出的理念可以扩展到数百台主机，但对于只有 3 台主机的网络显然是杀鸡用牛刀，而对于几千台主机的网络又力不从心。另外我们还假设你有足够的预算，而且是从零开始，这种假设未必全部符合实际情况。

大多数网络设计包括下列规范：

- 采用的介质类型；
- 线缆的拓扑结构和路由选择；
- 交换机和路由器的使用情况。

网络设计中的另一个关键问题是拥塞控制。例如，像 NFS 和 SMB 这样的文件共享协议会大量地占用网络带宽，因此不适宜在骨干线路上提供文件服务。

下面提出的是在网络设计中必须考虑的典型问题。

14.6.1 网络结构与楼宇结构

网络结构通常要比楼宇结构更为灵活，但两者必须共存。如果你足够幸运，能够在建造楼宇之前确定网络结构，那就太让人羡慕了。对于我们大多数人而言，楼宇和物业管理部门都已经先有了，而且还有些不近人情。

在现有的楼宇中，网络必须利用楼宇结构，而不是跟它较劲。现代楼宇除了高压电线和水管或煤气管道之外，通常还包含了用于数据和电话线的公共设施管道。楼宇内部多采用了吊顶，这对于网络施工人员可谓是福音。很多校园和组织都有地下公共设施隧道，这同样有助于施工。

必须保持防火墙[①]的完整性。如果线缆穿过了防火墙，一定要使用不可燃物填充孔洞。在选择

① 这里所说的防火墙是一种用混凝土、砖块或防火材料制成的墙壁，可以阻止火焰蔓延。尽管与网络安全防火墙不同，但它的重要性未必低于前者。

线缆时，要考虑回风区的要求。如果你被发现违反了防火条例，可能会被罚款，同时还得纠正所造成的问题，哪怕是把整个网络拆了重建。

网络的逻辑设计必须符合楼宇的实际限制。在确定网络设计时，记住，绘制一个逻辑良好的解决方案不难，然后你会发现在具体的实施过程中存在很多困难，甚至根本无法完成。

14.6.2 扩展

很难去预测 10 年以后的需求，这一点在计算机和网络领域尤为明显。因此，在设计网络时要谨记日后的扩展和带宽的增长。在安装线缆时，尤其是在那些非常规、不易到达的位置，将线缆数量提高到实际需要的 3 ~ 4 倍。记住：安装的主要成本是人工，而不是材料。

即便是没打算用光纤，明智的做法是在布线时也备上一些，尤其是在以后很难安装线缆的情况下。多模光纤和单模光纤都别少。以后你用得着的往往都是当初没安装的。

14.6.3 拥塞

网络就像一根链条：其好坏是由最弱或最慢的一环决定的。和其他很多网络体系结构一样，以太网的性能会随着网络负载的增加呈现出非线性的下降。

过载的交换机、不匹配的接口、低速链路都会导致拥塞。通过创建子网和使用路由器这样的互联设备隔离本地流量有助于缓解拥塞。子网也可以用于分隔那些实验用的机器，如果无法在物理和逻辑上把机器与网络其他部分离开，则很难进行涉及多台机器的实验。

14.6.4 维护与文档

我们发现网络的可维护性与其文档质量高度相关。准确、完整、及时更新的文档必不可少。

线缆应该在终结点处贴上标签。最好在通信机房中贴上一份本地线缆图的副本，这样可以在出现更改时立即更新，让人每隔几周将变化输入到布线数据库中。

用交换机或路由器将各个主要人员中心连接起来有利于调试错误，因为这样可以逐个部分排查。与此类似，在不同的行政和管理区域之间设立结合部也是有帮助的。

14.7 管理问题

如果想让网络正常运行，有些事情要集中化，有些事情要分散化，有些事情要本地化，因此必须制定合理的基础规则和“好公民”准则并达成一致。

一个典型的环境包括：

- 楼宇之间的骨干网；
- 连接骨干网络的部分子网；
- 部门内的小组子网（group subnet）；
- 与外部世界（Internet 或现场办公室的 VPN）的连接。

网络设计和实施的几个方面必须要包括全站范围的控制、责任、维护以及融资。因为各个部门都试图将本部门的成本降到最低，所以对每个连接采用退单（chargeback）模式的网络正以奇特但又可预测的方式在增长。集中控制的主要目标是：

- 网络设计，包括子网、路由器、交换机等的使用；
- 骨干网络本身，包括其连接；
- 主机的 IP 地址、主机名、子域名；
- 协议，主要是为了确保各个协议之间的互操作；

- 到 Internet 的路由策略。

域名、IP 地址、网络名称在某种程度上已经由美国 Internet 号码注册管理机构（American Registry for Internet Number，ARIN）和 ICANN 等权威机构集中控制。不过，在网站内部使用这些项目时必须做好本地协调工作。

中心权威部门对网络的设计、容量以及预期增长有一个宏观的了解。该部门能够自行购买监控设备（以及雇佣设备操作人员）并保持骨干网络良好运行。它能够坚持正确的网络设计，即便这意味着告诉某个部门去购买路由器并建立一个连接到园区骨干网的子网。为了确保新的连接不会对现有网络造成负面影响，这种决定可能是必要的。

如果网络为多种类型的机器、操作系统、协议提供服务，那么应该采用一台三层设备作为网络之间的网关。

14.8 推荐厂商

在过去 30 多年间，我们在世界各地都架设过网络，也不止一次地碰到过有问题的产品，要么是不能完全符合规格或是言过其实、价格过高，要么就是无法满足需求。以下是一些我们至今仍旧信任、推荐、自己平时也在使用其产品的美国厂商。

14.8.1 线缆与连接器

```
AMP (part of Tyco)    Anixter           Black Box Corporation
(800) 522-6752        (800) 264-9837    (724) 746-5500
amp.com               anixter.com       blackbox.com

Belden Cable          Siemon            Newark Electronics
(800) 235-3361        (860) 945-4395    (800) 463-9275
(765) 983-5200        siemon.com        newark.com
belden.com
```

14.8.2 测试仪器

```
Fluke             Siemon            Viavi
(800) 443-5853    (860) 945-4395    (844) 468-4284
fluke.com         siemon.com        viavisolutions.com
```

14.8.3 路由器/交换机

```
Cisco Systems     Juniper Networks
(415) 326-1941    (408) 745-2000
cisco.com         juniper.net
```

第 15 章　IP 路由选择

世界范围内有超过 43 亿个 IP 地址可用，因此要将分组送到正确的位置并非易事。第 13 章简要介绍了 IP 分组转发。在本章，我们将更为详细地讲述转发过程，同时研究几种能让路由器自动发现有效路由的网络协议。路由协议不仅减轻了维护路由信息的日常管理负担，而且还能够在路由器、链路或网络出现故障时快速重定向网络流量。

重要的是要区分实际转发 IP 分组的过程和在背后驱动这一过程的路由表的管理，两者统称为“路由选择”（routing）。分组转发很简单，而路由计算就比较棘手了。因此，在实践中用得更多的是第二种含义。本章只描述单播路由选择、多播路由选择（将分组发送到订阅组）涉及的一系列截然不同的问题，超出了本书的范围。

在大多数情况下，所有你需要知道的关于路由选择的内容在第 13 章中都已经介绍过了。如果相应的网络基础设施已经就位，你只用设置一条静态默认路由就行了（参见 13.5 节），就足以到达 Internet 上的任何位置。如果你必须跟复杂的网络拓扑打交道，或是使用 UNIX 或 Linux 作为网路基础设施的一部分，那么本章有关动态路由选择协议以及相关工具的内容就派上用场了。①

IP 路由选择（不管是 IPv4 还是 IPv6）是一种“下一跳”（next hop）的路由选择。在任何时候，处理分组的系统只用决定分组到达其最终目的地的下一个主机或路由器即可。这种方法不同于很多一开始就需要决定分组完整路径的传统协议，这种老方法也叫作源路由。②

15.1　详解分组转发

在讨论路由表的管理之前，我们得先来看看路由表是怎么使用的。考虑图 15.1 中的网络。

① 我们不推荐在用于生产的基础设施中使用 UNIX 或 Linux 系统作为网络路由器。买台专用的路由器吧。

② IP 分组也可以使用源路由，至少是在理论上，不过现实中几乎从来没有出现过。由于安全方面的考量，该特性并未被广泛支持。

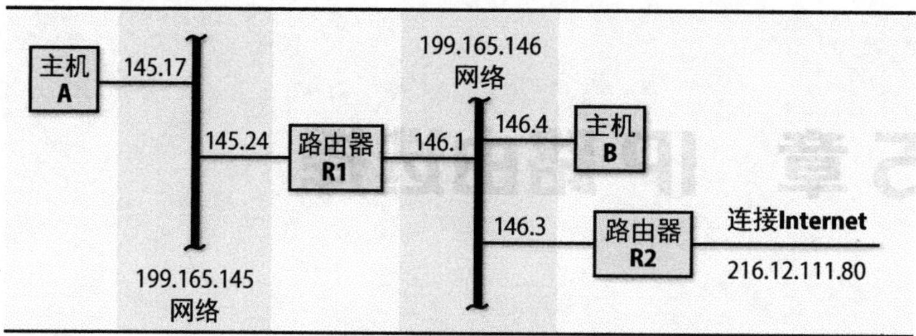

图 15.1 示例网络

出于简化的目的，我们在本例中采用 IPv4 的路由表，IPv6 的路由表会在本节的最后给出。

路由器 R1 连接了两个网络，R2 将其中一个网络连接到 Internet。让我们来看看这些主机和路由器的路由表，了解一些特定分组转发场景。首先，主机 A 的路由表如下。

```
A$ netstat -rn
Destination     Gateway          Genmask          Flags MSS Window irtt Iface
127.0.0.0       0.0.0.0          255.0.0.0        U     0   0      0    lo
199.165.145.0   0.0.0.0          255.255.255.0    U     0   0      0    eth0
0.0.0.0         199.165.145.24   0.0.0.0          UG    0   0      0    eth0
```

上例中使用了古老的 netstat 工具来查询路由表。这个工具随 FreeBSD 共同发布，可作为 net-tools 软件包的一部分用于 Linux。net-tool 已经不再处于主动维护状态，可以认为已经过时了。特性较少的 route 命令是在 Linux 上获取路由信息的官方推荐方式。

```
A$ ip route
default via 199.165.145.24 dev eth0 onlink
199.165.145.0/24 dev eth0  proto kernel  scope link  src 199.165.145.17
```

netstat -rn 的输出要略微容易阅读，所以我们在后续的例子以及图 15.1 的讲解中都选用该输出。

主机 A 的路由配置是这 4 台机器中最简单的。前两条路由使用标准的路由选择写法描述了该机器自己的网络接口。有了这些路由项，向直接相连的网络上转发就不需要作为特殊情况处理了。eth0 是主机 A 的以太网接口，lo 是环回接口，这是一个用软件仿真出来的虚拟接口。在配置网络接口时，通常会自动添加这两项。

主机 A 的默认路由会将除目的地为环回地址或网络 199.165.145 之外的所有分组转发至路由器 R1，该路由器在主机 A 所在网络中的地址为 199.165.145.24。网关的距离只能有一跳。

假设主机 A 上的某个进程向地址为 199.165.146.4 的主机 B 发送分组。IP 实现会查找可以到达目的网络的路由，但是无一能够匹配。因此选用默认路由，将分组转发都 R1。图 15.2 显示了以太网上发送的分组。以太网帧头部中的地址是网络 145 上 A 和 R1 接口的 MAC 地址。

以太网协议头部	IP头部	UDP头部和数据
从: A 到: R1 类型: IP	从: 199.165.145.17 到: 199.165.146.4 类型: UDP	1100101011010101110101011011010 1 01110110110111010100010100100010 010111110110101010100111010100 00

UDP分组
IP分组
以太网帧

图 15.2 以太网分组

以太网帧的目的地址是路由器R1，但是隐藏在帧中的IP分组完全不会出现和R1相关的信息。当R1检查接收到的分组时，它会从IP目的地址中发现自己并非分组的最终目标。R1然后使用自己的路由表将分组转发给主机B，这一过程不会重写分组的IP协议头部，头部中仍显示分组来自主机A。

下面是路由器R1的路由表。

```
R1$ netstat -rn
Destination     Gateway         Genmask         Flags MSS Window irtt Iface
127.0.0.0       0.0.0.0         255.0.0.0       U     0   0      0    lo
199.165.145.0   0.0.0.0         255.255.255.0   U     0   0      0    eth0
199.165.146.0   0.0.0.0         255.255.255.0   U     0   0      0    eth1
0.0.0.0         199.165.146.3   0.0.0.0         UG    0   0      0    eth1
```

除了显示了两个物理网络接口，这个表和主机A的差不多。本例中的默认路由指向R2，因为通过R2可以到达Internet。发往任意199.165网络的分组都可以直接投递。

和主机A一样，主机B也只有一个真实的网络接口。但是B还需要另外一条路由才能正常工作，因为它与两个不同的路由器直接相连。到网络199.165.145的流量必须经过R1，但是其他流量可以通过R2进入Internet。

```
B$ netstat -rn
Destination     Gateway         Genmask         Flags MSS Window irtt Iface
127.0.0.0       0.0.0.0         255.0.0.0       U     0   0      0    lo
199.165.145.0   199.165.146.1   255.255.255.0   U     0   0      0    eth0
199.165.146.0   0.0.0.0         255.255.255.0   U     0   0      0    eth0
0.0.0.0         199.165.146.3   0.0.0.0         UG    0   0      0    eth0
```

在理论上，你可以一开始只给主机B配置一个网关，然后依赖于ICMP重定向来减少额外的一跳。例如，下面是主机B的一种可能的初始配置。

```
B$ netstat -rn
Destination     Gateway         Genmask        Flags MSS Window irtt Iface
127.0.0.0       0.0.0.0         255.0.0.0      U     0   0      0    lo
199.165.146.0   0.0.0.0         255.255.255.0  U     0   0      0    eth0
0.0.0.0         199.165.146.3   0.0.0.0        UG    0   0      0    eth0
```

如果B向主机A（199.165.145.17）发送分组，路由表中并没有能够与之匹配的表项，该分组会被转发到R2进行投递。R2（假设这个路由器拥有关于网络的全部信息）再将分组发送到R1。因为R1和B位于同一个网络，R2还会给B发送一个ICMP重定向通知，B会将到达A的主机路由记录到自己的路由表中。

```
199.165.145.17  199.165.146.1 255.255.255.255 UGHD 0  0     0    eth0
```

这条路由会使得以后A的所有流量直接通过R1。不过这并不会影响到A所在网络中其他主机的路由，这些主机都必须借助R2的重定向来发送分组。

有些站点把ICMP重定向作为廉价的路由“协议”使用，觉得这是种动态的方法。可惜的是，系统和路由器处理重定向的方式并不相同。有些会一直保留，有些会稍等片刻（5～15 min）就将其从路由表中删除，还有一些干脆完全忽略（从安全角度来说，这可能才是正确的做法）。

重定向还有其他一些潜在的缺点：增加了网络负载、增加了R2的负载、造成路由表的混乱以及对额外服务器的依赖等。因此，我们不建议使用重定向。在正确配置的网络中，重定向绝不应该出现在路由表中。

如果你使用的是IPv6地址，套路还是一样的。下面是来自一台使用了IPv6的FreeBSD主机的路由表。

```
$ netstat -rn
```

```
Destination          Gateway              Flags  Netif Expire
default              2001:886b:4452::1    UGS      re0
2001:886b:4452::/64  link#1               U        re0
fe80::/10            ::1                  UGRS     lo0
fe80::%re0/64        link#1               U        re0
```

和 IPv4 一样，第一行是默认路由，在没有更具体的匹配项时使用。下一行是到主机所在的全球 IPv6 网络 2001:886b:4452::/64 的路由。最后两行比较特殊，代表的是到 IPv6 保留网络 fe80 的路由，这个网络也叫作本地链路单播网络（link-local unicast network）。它用于范围在本地广播域（通常是同一物理网段）的流量，多用于需要在单播网络上查找彼此的网络服务（例如 OSPF）。在一般情况下不要使用本地链路地址。

15.2 路由守护进程和路由协议

在像图 15.1 这种简单的网络中，手动配置路由合情合理。但终有一天，网络会变得复杂到难以再靠这种方法管理。如果计算机之间能够相互协作，共同研究出可行路线，而不是非得明确地告诉网络中的每台计算机如何到达对方以及其他网络，那可就太好了。这正是路由协议以及实现协议的守护进程所要做的工作。

路由协议相较于静态路由系统的一个主要优势在于其能够应对并适应网络状况的变化。如果链路断开，路由守护进程会发现这一情况并传播另一条能够到达该链路所在网络的路由（如果存在这样的路由）。

路由守护进程从 3 处来源收集信息：配置文件、现有的路由表以及其他系统中的路由守护进程。这些信息被合并用于计算最优路由，然后新的路由会被反馈到系统路由表中（也可能通过路由协议反馈到其他系统）。因为网络状况会随时间发生变化，路由守护进程之间必须定期互通有无，确保路由信息仍是最新的。

计算路由的具体方法取决于路由协议。常用的路由协议有两种：距离向量协议和链路状态协议。

15.2.1 距离向量协议

距离向量（也称为“闲谈式”）协议基于这样一种总体思想：如果路由器 X 距离网络 Y 有 5 跳，我紧挨着路由 X，那么我离网络 Y 就有 6 跳。你可以宣告自己距离已知网络有多远。如果你的邻居不知道到达每个网络的更好路线，那么就将你作为最佳网关。如果它们已经知道了一条更短的路线，则忽略你的宣告。随着时间的推移，每个人的路由表都会收敛到一个稳定状态。

这的确是一个优雅的想法。如果能够像声称的那样工作，路由选择就相对简单了。可惜基本算法无法很好地处理拓扑结构的变化。[①]在某些情况下，环路（例如，路由器 X 接收到路由器 Y 的信息，然后将信息发送给路由器 Z，而 Z 又将其发送给 Y）会导致路由完全无法收敛。现实世界中的距离向量协议要想避免这种问题，必须引入复杂的启发式算法或施加某种限制，例如 RIP（Routing Information Protocol，路由信息协议）认为距离超过 15 跳的网络都是不可达的。

即便是在正常情况下，所有路由器也得花费多个更新周期才能达到稳定状态。因此，为了保证路线不会长时间不畅通，周期时间必须缩短，故距离向量协议会比较“话痨”（talkative）。例如，RIP 要求路由器每隔 30 s 广播自己所有的路由信息。EIGRP 每隔 90 s 发送更新信息。

另外，边界网关协议（Border Gateway Protocol，BGP）一次性传输整个路由表，然后在路由

① 问题在于拓扑结构的变化可能会使最佳路线变长。一些 DV 协议（如 EIGRP）维护了多条可能的路线信息，这样一来就总能有备用路线可用。具体的细节并不重要。

发生变化时再传输变化信息。这种优化大大降低了那些“喋喋不休”（而且大多是不必要的）流量的可能。

表 15.1 列出了现在常用的距离向量协议。

表 15.1　　常用的距离向量路由协议

名称	全称	应用
RIP	Routing Information Protocol（路由信息协议）	内部 LAN（如果可行）
RIPng	Routing Information Protocol, next generation（下一代路由信息协议）	IPv6 LAN
EIGRP[a]	Enhanced Interior Gateway Routing Protocol（增强型内部网关路由协议）	WAN、公司 LAN
BGP	Border Gateway Protocol（边界网关协议）	Internet 骨干网路由

注：a. 该协议（EIGRP）是 Cisco（思科）公司的专有协议。

15.2.2　链路状态协议

链路状态协议以一种相对原生态的形式（unprocessed form）分发信息。在路由器之间交换的记录类似于“路由器 X 与路由器 Y 相邻，两者之间的链路已经建立”。一整套这种记录就构成了网络的连通图，每个路由器都可以据此计算自己的路由表。链路状态协议相较于距离向量协议的主要优势在于能够在灾难发生后迅速形成一个可行的路由方案。代价就是要在每个路由器中维护完整的网络地图，这需要耗费内存和 CPU，而距离向量路由系统则用不着这些。

在链路状态协议中，路由器之间的通信并不属于实际的路由计算算法，所以可以用一种避免传输环路的方式实现。对拓扑数据库的更新能够以较低的网络带宽和 CPU 时间成本在网络间高效传播。

链路状态协议通常要比距离向量协议更为复杂，不过这种复杂性一部分源于链路状态协议更易于实现一些高级特性，例如服务器类型路由和相同目的地的多重路由。

只有 OSPF 才是唯一真正的链路状态协议。

15.2.3　成本度量

为了确定到达某个网络的哪条路径最短，路由协议必须定义怎样才算是“最短”。跳数最少的路径？延迟最低的路径？中途的带宽最大的路径？经济成本最低的路径？

在路由选择过程中，可以用一个叫作成本度量（cost metric）的数字来描述链路质量。路径成本就是该路径中每条链路成本之和。在最简单的系统中，所有链路的成本都是 1，这样也就可以使用跳数作为路径指标。不过，之前提到的各种考虑都可以转换成数字成本度量。

路由协议设计人员花费了很长时间，力求使成本度量的定义更加灵活，有些协议甚至允许为不同类型的网络流量使用不同的度量。尽管如此，在 99%的情况下，所有这些费劲的活儿都可以放心忽略。大多数系统的默认度量用起来就已经很好了。

出于政治或经济原因，可能会出现到达目的地的最短路径并不适合作为默认路由的情况。为了处理这种情况，你可以人为提高关键链路的成本，使其看起来缺乏吸引力。路由配置的其他部分仍保留不变。

15.2.4　内部协议与外部协议

“自治系统”（Autonomous System，AS）是在单一实体管理控制下的一组网络。这个定义比较模糊，现实世界中的自治系统可以大如覆盖全球的企业网络，也可以小如一栋楼宇或单个学术部门的网络。这全都取决于你想如何管理路由选择。一般倾向于使自治系统尽可能的大。这可以简化管理并使路由选择尽可能高效。

自治系统内的路由选择和自治系统之间的路由选择多少有些不同。AS 之间的路由选择协议（“外部”协议）通常必须处理多个网络（例如整个 Internet）的路由，在面对相邻路由器处于他人控制的情况时，也必须能够处理得当。外部协议并不会揭示自治系统内部的拓扑结构，因此从某种意义上而言，可以将其视为次一级的路由层次结构，负责处理网络集合，而不是和单个主机或线缆打交道。

在实践中，中小型站点极少使用外部协议，除非它们连接了多家 ISP。如果使用的 ISP 不止一家，简单地将网络划分成本地域和 Internet 域会导致崩溃，路由器必须决定对于任何一个特定地址，通向 Internet 的哪条路由是最佳的。（但这并不是说每台路由器都得知道这些信息。多数主机仍可以保持一无所知状，通过内部网关进行路由分组，后者掌握的信息更多。）

尽管内部协议和外部协议的差别并不是非常大，但本章主要关注内部协议以及支持它们的守护进程。

15.3 协议巡礼

常用的路由协议就那么几种。在本节，我们介绍了其中主要的几个，并总结了它们各自主要的优劣之处。

15.3.1 RIP 与 RIPng：路由信息协议

RIP 是 Xerox（施乐）公司用于 IP 网络的一种古老的协议。其 IP 版本最初是在 RFC1058 中指定的，时间大约是在 1988 年。该协议有 3 个版本：RIP、RIPv2、仅限于 IPv6 的 RIPng（ng 代表“next generation”）。

所有版本的 RIP 均是使用跳数作为成本度量的距离向量协议。因为在 RIP 设计之时，计算机的价格昂贵，网络规模也不大，因此 RIPv1 认为任何距离为 15 跳或更远的主机都是不可达的。随后的 RIP 版本也沿用了这种跳数限制，很大程度上也是鼓励复杂站点的管理员改用更为高级的路由协议。

RIPv2 是 RIP 的一个小改动版本，它将网络掩码与下一条地址一同发布，因此对于子网以及 CIDR 的支持要比 RIPv1 更好。除此之外，多少也增加了一些安全特性。

RIPv2 可以在兼容模式下运行，该模式保留了其大部分新特性，同时又没有完全抛弃普通的 RIP 接收方。RIPv2 大部分内容和 RIP 相同，应该优先使用。

RIPng 是 RIP 的 IPv6 重写版。它仅支持 IPv6，RIP 仅支持 IPv4。如果你想使用 RIP 同时处理 IPv4 和 IPv6，则需要分别运行 RIP 和 RIPng 协议。

尽管 RIP 因为过度使用广播而声名在外，不过当网络频繁变化或是远程网络的拓扑结构未知时，它的效果的确不错。但如果链路出现故障，那么 RIP 要慢慢才能稳定下来。

起先认为随着更高级的路由协议（例如 OSPF）出现之后，RIP 就会被淘汰掉。然而 RIP 仍旧能够满足人们对于简单、容易实现的协议的需要，这种协议也不用太多配置，在不太复杂的网络中工作得很好。

RIP 在非 UNIX 平台上也得以广泛实现。各种常见设备，无论是打印机还是 SNMP 可管理的网络组件，都可以通过侦听 RIP 宣告来学习到网关地址。另外，所有的 UNIX 和 Linux 版本都有现成的 RIP 客户端可用，因此 RIP 可谓是一种事实上最通用的路由协议。RIP 常用于局域网路由选择，对于广域连接，则需要采用功能更为完善的其他路由协议。

有些站点运行的是被动式 RIP 守护进程（通常为 routed 或 Quagga 的 ripd），只负责在网络上侦听路由更新，但不发出任何广播。实际的路由计算由更高效的协议来完成（例如 OSPF，参见 15.3.2 节）。RIP 仅被作为一种分发机制使用。

15.3.2 OSPF：开放最短路径优先

OSPF（Open Shortest Path First）是非常流行的链路状态协议。"最短路径优先"指的是一种计算路线的数学算法；"开放"在这里是指"非专有"。RFC2328 定义了基本的协议（OSPF 版本 2），RFC5340 为其加入了 IPv6 支持（OSPF 版本 3）。OSPF 版本 1 已经过时，不再使用了。

OSPF 是一种工业级协议，适用于大型、复杂的拓扑结构。相较于 RIP，其优点包括能够管理到达单一目的地的多条路径以及将网络划分成仅共享高层路由选择信息的多个部分（"区域"）。OSPF 本身就很复杂，只有在路由协议的行为的确会产生差异的大型站点中才值得使用。要想有效地使用 OSPF，站点的 IP 寻址方案应该选择合理的分层结构。

OSPF 协议规范并没有强制任何特定的成本度量。Cisco 的 OSPF 实现默认选用的是和带宽相关的值。

15.3.3 EIGRP：增强型内部网关路由协议

EIGRP（Enhanced Interior Gateway Routing Protocol）是只能运行在 Cisco 路由器上的专用路由协议。其前身 IGRP 的诞生是为了解决在像 OSFP 这种健壮的标准出现之前 RIP 所存在的一些缺点。IGRP 现如今已经被 EIGRP 取代，后者能够接受 CIDR 掩码。尽管两者在底层协议设计方面大相径庭，但配置方法还是类似的。

EIGRP 支持 IPv6，但和其他路由协议一样，IPv6 和 IPv4 要分开配置，同时各自作为单独的路由域平行运行。

EIGRP 是一种距离向量协议，但它旨在避免在其他 DV 系统中出现的环路和收敛问题。它被普遍认为是最先进的距离向量协议。对大部分用途而言，EIGRP 和 OSPF 在功能上是等效的。

15.3.4 BGP：边界网关协议

BGP（Border Gateway Protocol）是一种外部路由协议，也就是说，这种协议管理自治系统之间的流量，而非单个网络之间。曾经还有几种其他的常用外部路由协议，但最终生存下来的只有 BGP。

BGP 如今是用于 Internet 骨干网路由选择的标准协议。在 2017 年中期，Internet 路由表包含了大概 660 000 个前缀。从这个数字中可以清楚地看到骨干网路由选择对于扩展的要求和本地路由极为不同。

15.4 路由协议多播协调

路由器之间需要相互交流来学习如何到达网络中的其他位置，但是要想到达网络中的其他位置就需要和路由器交流。这种"先有鸡还是先有蛋"的问题多是通过多播通信来解决的。这在网络中就相当于你和朋友约定好，如果走散的话，就在某个街角会合。该过程对于系统管理员通常是不可见的，但你偶尔会在跟踪分组或是调试网络时看到类似的多播流量。表 15.2 列出了各种路由协议协商好的多播地址。

表15.2 路由协议的多播地址

描述	IPv6	IPv4
该子网中的所有系统	ff02::1	224.0.0.1
该子网中的所有路由器	ff02::2	224.0.0.2
未分配	ff02::3	224.0.0.3
DVMRP 路由器	ff02::4	224.0.0.4
OSPF 路由器	ff02::5	224.0.0.5
OSPF DR 路由器	ff02::6	224.0.0.6
RIP 路由器	ff02::9	224.0.0.9
EIGRP 路由器	ff02::10	224.0.0.10

15.5 路由策略的选择标准

网络路由管理在本质上可以分为4个级别的复杂度：

- 无路由；
- 只有静态路由；
- 静态路由居多，但客户机会监听RIP更新；
- 全部使用动态路由。

整个网络的拓扑结构对于各个网络分段的路由需求有着显著影响。不同的网络可能需要截然不同的路由支持级别。在选择路由策略时，下面的经验能为你提供一些帮助。

- 单独的网络不需要路由。
- 如果网络只有一个出口，那么该网络上的客户机（非网关机器）应该有一条通向唯一网关的静态默认路由。除了网关自身外，不需要其他任何配置。
- 如果一侧是连接少量网络的网关，另一侧是连接Internet的网关，那么应该有一条静态路由指向前者，一条默认路由指向后者。但如果两侧都有多种路由选择的话，建议使用动态路由。
- 在跨越了政治或管理界限的网络位置上使用动态路由，即便是涉及的网络复杂程度并不足以使用路由协议。
- RIP的效果不错，也得到了广泛的支持。不要因为它是一种比较古老的协议，而且出了名的爱唠叨，就弃之不用。
- RIP的问题在于不能无限扩展，不断扩张的网络终会超出其能够承受的范围。这使得RIP像是一种适用区域较窄的过渡性协议。这个区域一边是简单到不需要任何路由协议的网络，另一边是复杂到没法用RIP的网络。如果你的网络规划以后要不断增长，那最好还是直接跳过“RIP区域”。
- 哪怕RIP不适合作为全局路由策略，它仍可作为向叶子网络分发路由的一种好方法。但别在不需要的地方使用RIP：只有一个网关的网络压根用不着动态更新。
- EIGRP和OSPF在功能上是等效的，但是EIGRP是Cisco公司的专有协议。尽管该公司生产的路由器不但性能优越，价格上也颇具竞争力，但如果统一采用EIGRP会限制未来网络扩展时的选择余地。
- 通过多家上游供应商连接到Internet的路由器必须使用BGP。不过大多数路由器只有一条上游路径，所以用一条简单的静态默认路由就够了。

对于本地结构相对稳定且拥有外部网络连接的中等规模站点来说，比较好的默认策略就是采用静态路由和动态路由相结合的方法。在没有连接外部网络的本地结构中，路由器可以使用静态路由，将所有未知分组转发到一台默认机器上，这台机器了解外部网络并采用动态路由。

如果网络太复杂，无法使用这种方法管理，那就得靠动态路由了。默认的静态路由仍可用于叶子网络，但对于拥有多台路由器的网络，其中的机器应该以被动模式运行 routed 或其他 RIP 接收端。

15.6 路由守护进程

你不应该在生产网络中使用 UNIX 或 Linux 系统作为路由器。专用路由器更简单、更可靠、更安全，也更快（即便也是悄悄地运行着 Linux 内核）。也就是说，用 6 美元的网卡和 20 美元的交换机就能搭建一个全新的子网。对于机器数量较少的测试及辅助网络，这也是一种合理的方法。

给这种子网做网关的系统不需要任何帮助就能管理自己的路由表。不管是网关，还是子网中的其他机器，静态路由就足够了。但如果你希望这个子网能够被站点中的其他系统访问到，就需要宣告该子网的存在并指明发往其的分组应该转发给哪个路由器。这通常需要在网关上运行路由守护进程。

UNIX 和 Linux 系统通过各种路由守护进程涉足大部分路由协议。值得注意的是 EIGRP，据我们所知，该协议并没有广泛可用的 UNIX 或 Linux 实现。

因为路由守护进程在生产系统中并不常见，我们不打算详细描述其用法和配置。不过，后续几节中将概述常用的软件选项并指出详细的配置信息。

15.6.1 routed：过时的 RIP 实现

长期以来，routed 都是标准的路由守护进程，目前仍存在于少数系统中。routed 只理解 RIP，对 RIPv2 的支持很糟糕。至于 RIPng 更是不支持，只有一些比较新的守护进程（如 Quagga）才实现了这种协议。

在能使用 routed 的环境下，最有用的就是其“安静”（quiet）模式（-q）。在该模式中，routed 只侦听路由更新，但不广播任何自己的信息。除了命令行选项，routed 一般不用配置。这是一种不需要太多配置工作就可以获得路由更新的简便方式。

routed 会将发现的路由添加到内核的路由表中。路由必须每 4 min 重新侦听，否则就会被移除。不过 routed 知道添加了哪些路由，不会删除由 route 或 ip 命令添加的静态路由。

15.6.2 Quagga：主流路由守护进程

Quagga 是 Zebra 的一个开发分支，后者是由 Kunihiro Ishiguro 和 Yoshinari Yoshikawa 发起的 GNU 项目，旨在采用一系列独立的守护进程（而不是像之前那样使用单个大包大揽的程序）实现多协议路由。在现实中，作为斑马（zebra）的一个亚种，斑驴（quagga）如今已经灭绝了（最后一次拍摄到斑驴是在 1870 年），但在数字世界中，Quagga 生存了下来，而 Zebra 已经不再进行开发了。

Quagga 目前实现了 RIP（所有版本）、OSPF（版本 2 和 3）以及 BGP。它可以运行在 Linux、FreeBSD，还有其他平台。Quagga 要么已经默认安装好了，要么通过系统的标准软件仓库以可选包的形式提供。

在 Quagga 系统中，核心的 zebra 守护进程充当了路由信息交流中心（clearing-house）。它负责管理内核路由表与各个路由协议守护进程（ripd、ripngd、ospfd、ospf6d、bgpd）之间的交互。

除此之外，它还控制着协议之间的路由信息流动。每个守护进程在目录/etc/quagga下都有自己的配置文件。

你可以通过命令行接口（vtysh）连接任意的Quagga守护进程，查询和修改其配置。命令语法类似于Cisco的IOS操作系统。更多详情参见15.7节。和在IOS里一样，你可以使用enable进入“超级用户”模式，使用config term输入配置命令，使用write将改动后的配置写入守护进程的配置文件。

Quagga官网上的官方文件包括HTML和PDF格式。文档内容尽管非常全面，但大部分只是罗列了各种选项，并没有提供太多有关系统的概述。真正实用的文档都在Quagga的官方文档中。在那里可以找到注释良好的配置示例、FAQ和使用技巧。

尽管配置文件的格式很简单，但你得理解所配置的协议，知道要启用或配置哪些选项。15.8节的推荐阅读中给出了一些有关路由协议的好书。

15.6.3 XORP：盒子中的路由器

可扩展的开放路由器平台（eXtensible Open Router Platform，XORP）项目的发起时间和Zebra差不多，但它的追求更长远。XORP并没有把重点只放在路由选择上，它的目标是仿真专用路由器的所有功能，包括分组过滤和流量管理。

值得注意的是，XORP不仅能够运行在多种操作系统下（Linxu、FreeBSD、macOS、Windows Server），它还可以作为live CD直接在PC硬件上运行。这种live CD其实还是基于Linux的，不过在将普通PC变成专用路由设备的这条道路上，XORP已经取得了长足的进步。

15.7 Cisco路由器

Cisco System公司生产的路由器已经是如今Internet路由的事实标准。Cisco已经占领了56%以上的路由器市场，可谓是众所周知，了解其产品使用方式的人员也相对容易找到。在Cisco之前，具备多个网络接口的UNIX主机经常被作为路由器使用。现在，专用路由器更受欢迎，可以将其放在数据通信机房和天花板上面，和网络线缆靠在一起。

大多数的Cisco路由器运行的操作系统都是Cisco IOS，它是专有操作系统，与UNIX没有任何关系。IOS的命令集相当庞大，完整的命令文档能够填满1.57 m长的书架。我们不可能在这里涵盖IOS的所有内容，但是知道一些基础知识也能够让你受益匪浅。

IOS默认定义了两级访问权限（用户级和特权级），每一级都有密码保护。用ssh登录Cisco路由器会默认进入用户模式。

系统会提示你输入用户级的访问密码。

```
$ ssh acme-gw.acme.com
Password: <password>
```

输入正确的密码之后，就会出现Cisco EXEC命令解释器的提示符。

```
acme-gw.acme.com>
```

在提示符处，你可以输入show interfaces这样的命令来查看路由器的网络接口，或是输入show ?来获得相关的帮助信息。

要想进入特权模式，输入enable，然后按照要求输入特权密码。一旦进入特权模式，提示符的结尾就会变成#：

```
acme-gw.acme.com#
```

要小心，在该提示符下，你可以为所欲为，甚至是清除路由器的配置信息以及操作系统。如果有疑问，可以参阅产品手册或 Cisco Press 出版的综合性图书。

show running 命令可以查看路由器的当前运行配置，show config 命令可以查看当前的永久性配置。两者在大部分时间里功能是一样的。

下面是一个典型的配置。

```
acme-gw.acme.com# show running
Current configuration:
version 12.4
hostname acme-gw
enable secret xxxxxxxx
ip subnet-zero

interface Ethernet0
    description Acme internal network
        ip address 192.108.21.254 255.255.255.0
        no ip directed-broadcast
interface Ethernet1
    description Acme backbone network
        ip address 192.225.33.254 255.255.255.0
        no ip directed-broadcast

ip classless
line con 0
transport input none

line aux 0
    transport input telnet
line vty 0 4
    password xxxxxxxx
    login

end
```

修改路由器配置的方法不止一种。Cisco 提供的图形化工具可以在 UNIX/Linux 和 Windows 某些版本下运行。真正的网络管理员绝对不会用这种工具，命令行提示符才是不二之选。你也可以使用 scp 上传或下载路由器配置文件，这样就可以使用你自己喜欢的编辑器来编辑了。

要想在命令行提示符下修改配置，输入 config term。

```
acme-gw.acme.com# config term
Enter configuration commands, one per line. End with CNTL/Z.
acme-gw(config)#
```

然后你就可以输入新的配置命令了。例如，如果你想修改上面配置中接口 Ethernet0 的 IP 地址，可以输入：

```
interface Ethernet0
ip address 192.225.40.253 255.255.255.0
```

配置命令输入结束后，按<Control-Z>快捷键就可以返回到普通的命令行提示符。如果你很满意新的配置，可以输入 write mem，将配置保存在非易失内存中。

下面是一些 Cisco 路由器的配置技巧。

- 使用 hostname 命令给路由器命名。这种举措有助于防止对错误路由器更改配置而导致的事故。主机名会一直出现在命令提示符中。
- 总是在手边保留一份路由器配置的备份。你可以每晚使用 scp 或 tftp 保存路由器的运行配置，以防万一。

- 可以经常在 NVRAM 或移动存储设备上保存配置副本。一定要这样做！
- 给路由器的 VTY（VTY 类似于 UNIX 系统中的 PTY）加上访问列表，控制对于命令行的访问。这种举措可以防止未授权人员入侵路由器。
- 在每个路由器接口上设置访问列表，控制通过网络（可能还有到外界）的流量。
- 保持路由器的物理安全。如果你能接触到路由器，很容易就可以重置特权密码。

如果你有多台路由器和路由器监控器（router wrangler），可以下载免费工具 RANCID。靠着这个名字，它实际上已经达到了市场宣传效果[①]，不过我们还是要介绍一下：RANCID 每晚都会登录到路由器上检索配置文件。它会指出配置文件之间的差异，让你了解到出现的改动。它还会自动对配置文件进行版本控制（参见 7.8 节）。

① rancid 这个词有“腐臭的；令人作呕的；讨厌的”之意。——译者注

第 16 章　DNS：域名系统

Internet 可以让我们即刻访问全球的资源，每台计算或站点都有自己独一无二的名称。但是，只要尝试过在拥挤的体育场寻找朋友或走失的孩子，那么就会知道光靠大呼小叫地喊名称是不够的。查找任何东西（或任何人）的关键是依靠一个能够沟通、更新、分发名称及其位置的有组织的系统。

用户和用户级程序喜欢按照名称引用资源，但是低层的网络软件只理解 IP 地址（例如 54.239.17.6）。名称与地址之间的映射是域名系统（Domain Name System，DNS）最广为人知，也可能是最重要的功能。DNS 还包括其他组成和特性，但无一例外地都支持这个主要目标。

回顾 Internet 的历史，DNS 经受了赞誉和批评。其最初的优雅性和简洁性促进了早期的采用，在几乎没有集中管理的情况下推动了 Internet 的快速增长。随着对于扩展功能需求的增长，DNS 系统自身也进行了扩充。有时候，这些功能是以一种如今看来很丑陋的方式加入的。怀疑论者认为 DNS 基础设施的薄弱印证了 Internet 已经处在崩溃的边缘。

说什么都行，但 DNS 的基本概念和协议到目前为止经历了从一个国家的几百台主机到全球网络的增长，支持超过 10 亿台主机的超过 30 亿用户。

16.1　DNS 架构

DNS 是一个分布式数据库。在该模型中，一个站点只保存自己所知的计算机数据，另一个站点保存另一组自己的计算机数据，当需要查找对方的数据时，站点之间相互协作，共享数据。从管理角度来看，为域所配置的 DNS 服务器负责答复来自外部的域名查询，另外还代表用户查询其他域的服务器。

16.1.1 查询与响应

DNS 查询由名称和记录类型组成。返回的答复包含一组响应查询的“资源记录”（resource record，RR）（或者是一个表示指定名称和记录类型不存在的响应）。

“有响应”（responsive）并不一定代表“一锤定音”（dispositive）。DNS 服务器是按照层级组织的，可能需要联系处于多个层的服务器才能答复某个特定的查询（参见 16.4.3 节）。[①]不知道如何答复的服务器会返回资源记录，帮助客户端找到其他能否满足查询的服务器。

常见的查询是 A 记录，它会返回与名称相关联的 IP 地址。图 16.1 演示了一个典型的场景。

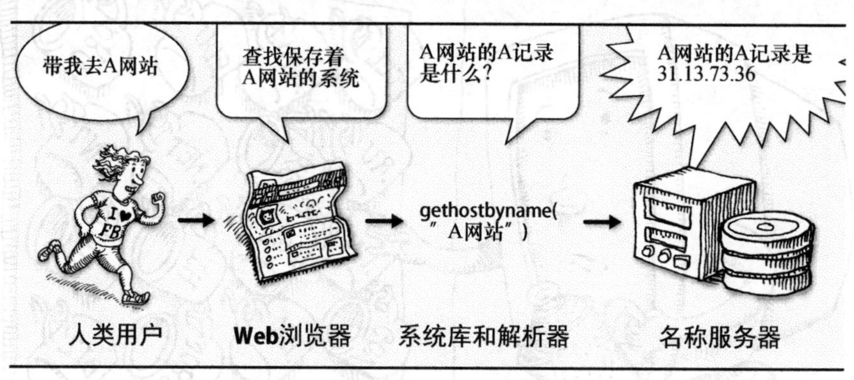

图 16.1 一次简单的名称查询

首先，用户在浏览器中输入想访问的站点名。浏览器然后会调用 DNS“解析器”（resolver）程序库来查找对应的地址。后者负责构建 A 记录查询并将其发送到名称服务器，由服务器返回包含 A 记录的响应。最后，浏览器使用从名称服务器处得到的 IP 地址与目标主机建立 TCP 连接。

16.1.2 DNS 服务供应商

多年前，每一位系统管理员的核心任务之一就是 DNS 服务器的设置和维护。如今，情形不一样了。如果组织独自维护 DNS 服务器，多半仅限于内部使用。[②]

每个组织依然需要面向外部的 DNS 服务器，但现在常见的做法是选择一家商业的“托管”（managed）DNS 服务供应商来实现该功能。这些服务提供了 GUI 管理界面、高可用性以及安全的 DNS 基础设施，一天的费用只用几美分（或美元）。主要的供应商包括 Amazon Route 53、CloudFlare、GoDaddy、DNS Made Easy、Rackspace。

当然，如果愿意，你还可以设置和维护自己的 DNS 服务器（内部或外部）。有大把可供选择的 DNS 实现，但是 Berkeley Internet Name Domain（BIND）系统仍旧统治着 Internet。超过 75% 的 DNS 服务器运行的都是某种形式的 BIND。[③]

不管你选择哪条路线，身为系统管理员，你得理解 DNS 的基本概念和架构。本章的前几节将注意力放在重要的基础知识方面。从 16.8 节开始，我们会展示一些具体的 BIND 配置。

---

① 名称服务器通常在 UDP 端口 53 上接收查询。

② Microsoft Active Directory 系统包括一个集成的 DNS 服务器，可以与企业环境中其他 Microsoft 风格的服务很好地融合在一起。但是，Active Directory 仅适合于内部使用。由于潜在的安全问题，绝不应该将其作为外部（面向 Internet）DNS 服务器。

③ 根据 2015 年 7 月的 *ISC Internet Domain Survey*。

16.2 DNS 的查询顺序

无论你是运行自己的名称服务器、使用托管 DNS 服务，还是由别人提供 DNS 服务，你肯定都得配置所有的系统，让它们使用 DNS 查找名称。

实现方法分为两步。首先，将系统配置为 DNS 客户端。其次，告诉系统在查找名称的时候，什么时候使用 DNS，什么时候使用其他查找方法（例如静态文件/etc/hosts）。

16.2.1 resolv.conf：客户端解析器配置

网络中的每台主机都应该作为 DNS 客户端。客户端解析器是在文件/etc/resolv.conf 中配置的。该文件中列出了主机所使用的名称服务器。

如果主机是从 DHCP 服务器获取的 IP 地址和网络参数，文件/etc/resolv.conf 会自动被设置妥当。否则，就必须手动设置了。文件格式为：

```
search domainname ...
nameserver ipaddr
```

最多只能列出 3 个名称服务器。

```
search atrust.com booklab.atrust.com
nameserver 63.173.189.1              ; ns1
nameserver 174.129.219.225           ; ns2
```

如果主机名不是全限定的形式（fully qualified），search 行列出了要查询的域。举例来说，如果用户发出命令 ssh coraline，解析器会使用搜索列表中的第一个域补全主机名。如果这样的名称不存在，解析器还会尝试其他网址。可以在 search 指令中指定的域的数量取决于具体的解析器，大多数是在 6～8 个，域名长度限制为 256 个字符。

必须配置 resolv.conf 中列出的名称服务器，允许主机提交查询。名称服务器还必须是递归的，也就是说，它们必须竭尽所能地答复查询，不能尝试将客户端引向其他名称服务器，参见 16.4.3 节。

DNS 服务器是按顺序查询的。只要第一个名称服务器能够答复查询，就忽略其他服务器。如果出现问题，查询超时，则尝试下一个名称服务器。每个服务器逐一尝试，最多 4 次。每失败一次，超时间隔就会增加。默认的超时间隔是 5 s，对于急性子的用户而言，这段时间久得就像一辈子。

16.2.2 nsswitch.conf：我得问谁查询名称

FreeBSD 和 Linux 都是用切换文件/etc/nsswitch.conf 指定如何完成主机名到 IP 地址的映射，以及 DNS 是该先尝试，还是后尝试，或者是干脆不尝试。如果切换文件不存在，默认行为是：

```
hosts: dns [!UNAVAIL=return] files
```

!UNAVAIL 子句意味着如果 DNS 可用，但是找不到名称，查找则以失败告终，不再继续到下一个条目（在本例中是文件/etc/hosts）。如果名称服务器没有运行（可能是在引导期间），查找过程会查询 hosts 文件。

所有的示例发行版都提供下列默认的 nsswitch.conf 条目。

```
hosts: files dns
```

该配置赋予了文件/etc/hosts 优先级，始终检查该文件。只有那些无法通过/etc/hosts 解析的名称才会查询 DNS。

查找过程确实没有最好的配置方法，它取决于站点的管理方式。一般而言，我们倾向于将尽可能多的主机信息保存在 DNS 中，但始终保留在引导过程中回退到静态 hosts 文件的能力。

如果名称服务由外部组织提供，那么设置好 resolv.conf 和 nsswitch.conf 之后就算是完成 DNS 配置了。如果是这样的话，你可以跳过本章的其余部分，或者是继续阅读以了解更多信息。

16.3 DNS 名称空间

DNS 名称空间是按照树的形式组织的，其中既包含正向映射（forward mapping），也包含反向映射（reverse mapping）。正向映射负责将主机名映射为 IP 地址（以及其他记录），反向映射负责将 IP 地址映射为主机名。每一个完整的主机名都是树中正向分支上的一个节点，每一个 IP 地址都是反向分支上的一个节点（理论上）。图 16.2 中展示了这棵命名树的一般布局。

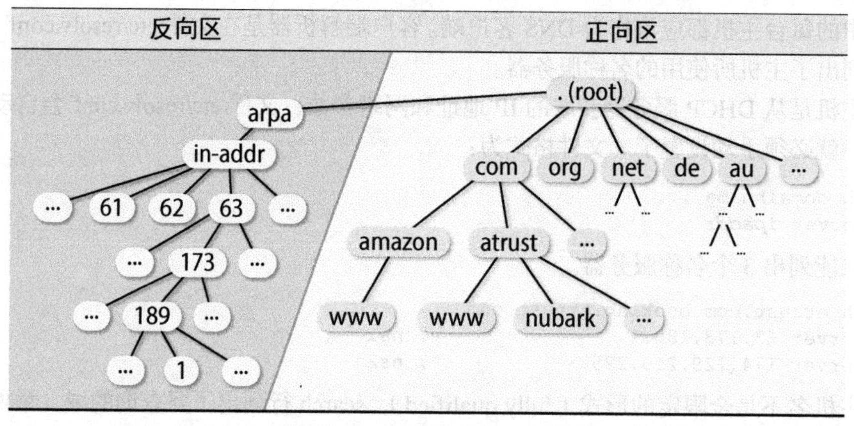

图 16.2 DNS 区树（zone tree）

为了让同一个 DNS 系统能够管理名称（最重要的信息在右侧）和 IP 地址（最重要的信息在左侧），名称空间中的 IP 分支是按照 IP 地址的反向形式出现的。举例来说，如果 nubark.atrust.com（虚拟网站）的 IP 地址是 63.173.189.1，那么正向分支上对应的节点就是“nubark.atrust.com.”，反向分支上的节点是“1.189.173.63.in-addr.arpa.”。[①]

在 DNS 语境之外，没有末尾的点号有时叫作“全限定主机名”（fully qualified hostname），但这只是一种日常口语而已。在 DNS 系统中，末尾的点号是否存在非常重要。

有两种顶级域：国家代码域（ccTLDs）和通用顶层域（gTLDs）。Internet 名称与数字地址分配机构（Internet Corporation for Assigned Names and Numbers，ICANN）授权各个机构成为其共享注册项目的一部分，负责在 gTLD 中注册名称（例如 com、net、org）。要注册 ccTLD 名称，请查看 IANA（Internet Assigned Numbers Authority，Internet 号码分配机构）的页面，查找负责特定国家注册事务的注册管理机构。

16.3.1 注册域名

要想获得二级域名，你必须向注册商申请相应的顶级域名。你必须选择尚未使用的名称，填写技术联系人、管理联系人以及至少两台作为域名服务器的主机，这样才能完成域注册表格的填写。注册商收取的费用各不相同，不过现在这些费用一般都挺便宜的。

16.3.2 创建自己的子域

除了中央权威（central authority）现在变成了本地（说的再准确些，是在组织内部），创建子

① 名称中的 in-addr.arpa 是固定后缀。

域的过程和创建二级域差不多。具体的步骤如下。

- 选择在本地范围内唯一的名称。
- 选择两台或更多的主机作为新的域服务器。①
- 与父域的管理员协调。

在进行授权之前，父域应该检查子域的名称服务器是否正常运行。如果服务器尚未准备妥当，将会导致“残缺授权”（lame delegation），你可能会收到烦人的电子邮件，要求整治 DNS 的行为。16.11.3 节将详细地介绍残缺授权。

16.4 DNS 的工作原理

全世界的名称服务器共同协作来答复查询。通常，它们分发由最接近查询目标的管理员所维护的信息。理解名称服务器的角色及其之间的相互关系对于日常操作和调试至关重要。

16.4.1 名称服务器

名称服务器执行下列一些任务。

- 回答有关站点主机名和 IP 地址的查询。
- 代表用户询问本地主机和远程主机。
- 缓存查询到的答案，提高下一次的答复速度。
- 与其他本地名称服务器通信，保持 DNS 数据同步。

名称服务器和“区”（zone）打交道，区本质上是将域的子域去掉之后剩下的部分。在本该指“区”的地方，你经常会看到采用了术语“域”（domain），在本书中也是如此。

名称服务器能够运行在多种模式之下。彼此之间的区别存在于多个方面，所以最终的分类往往不是那么清晰。让人更困惑的是，单台服务器可以在不同的区中扮演不同的角色。表 16.1 列出了一些用于描述名称服务器的形容词。

表 16.1 名称服务器分类

服务器类型	描述
权威（authoritative）	正式描述某个区
主（master）	某个区的主服务器；其数据从磁盘文件中获取
首要（primary）	主服务器的另一个名称
从（slave）	通过主服务器复制数据
辅助（secondary）	从服务器的另一个名称
存根（stub）	类似于从服务器，但只复制名称服务器数据（不包括主机数据）
分发（distribution）	仅在域内公布的服务器（也称为“隐形服务器”）
非权威（nonauthoritative）[a]	从缓存中获取查询的答复，并不清楚数据是否仍然有效
缓存（caching）	缓存之前查询的数据，通常不包括本地的区
转发器（forwarding）	代表多个客户端执行查询，创建一个大的缓存
递归（recursive）	代表客户端执行查询，直至返回答案或错误
非递归（nonrecursive）	如果无法答复查询，为客户端引荐其他服务器

注：a. 严格地讲，“非权威”是 DNS 查询响应的一种属性，并非指服务器。

① “两台以上的服务器”规则是一种策略，并非技术上的要求。在自己的子域中制定什么样的规则你说了算，如果愿意，一台服务器也没问题。

这些分类取决于名称服务器的数据来源（权威、缓存、主、从），所保存的数据类型（存根）、查询路径（转发器）、回答的完整性（递归、非递归）以及服务器的可见性（分发）。接下来的几节中会介绍这些区别中最重要的一些细节，其余的部分在本章的其他地方描述。

16.4.2 权威服务器与仅执行缓存的服务器

主服务器、从服务器以及仅执行缓存的服务器（caching-only）之间的差异在于两个特征：数据来自哪里，服务器对域是否权威。每个域通常有一个主名称服务器。[①]主服务器在磁盘上保存本区数据的正式副本。系统管理员通过编辑主服务器的数据文件来更改区数据。

从服务器通过“区传送”（zone transfer）操作从主服务器获取自身的数据。一个区可以拥有多台从名称服务器，但至少必须要有一台。存根服务器是一种特殊类型的从服务器，仅载入主服务器中的NS（name server）记录。同一台机器既可以作为某些区的主服务器，也可以作为其他区的从服务器。

仅执行缓存的名称服务器从启动文件中获得根域服务器的地址，通过缓存已解析的查询来积累其余的数据。这种服务器没有自己的数据，不具备任何区的权威性（可能除了localhost区）。

来自名称服务器的权威回答可以保证是准确的，非权威回答可能已过时。不过，其实绝大部分非权威回答也没有任何问题。主从服务器对于它们自己的区是权威的，但对于所缓存的其他区的信息就没有权威性了。说实话，如果系统管理员修改了主服务器的数据，但是忘记扩散这些变更（例如，没有修改区的序列号），哪怕是权威回答也靠不住。

每个区要求至少有一个从服务器。在理想情况下，起码应该有两个从服务器，其中一个位于没有和主服务器共享公共基础设施的位置。站点内的从服务器（on-site slave）应该处于不同的网络和电源线路中。如果名称服务停止，则所有正常的网络访问也会随之停止。

16.4.3 递归和非递归服务器

名称服务器要么是递归的，要么是非递归的。如果非递归服务器缓存了先前事务的查询结果，或者对所查询的域具有权威，那么它就能够提供正确的响应。否则，它并不会返回真正的答案，而是引荐更有可能知道答案的其他域的权威服务器。非递归服务器的客户端必须做好准备，接受并处理这些推荐的服务器。

尽管非递归服务器看起来可能挺懒的，但通常都有不承担额外工作的合理原因。权威服务器（例如，根服务器和顶级域服务器）都是非递归的，因为它们每秒钟可能要处理数万次查询，少干点别的活也是可以原谅的。

递归服务器只返回真正的答案和错误信息。它会跟随（follow）被引荐的服务器，减轻客户端的负担。在其他方面，解析查询的基本过程还是一样的。

出于安全的考虑，可以从组织外部访问的名称服务器应该总是非递归的。外界可见的递归名称服务器容易受到缓存投毒攻击。

注意：解析器程序库并不理解引荐。客户端的resolv.conf文件中列出的所有本地的名称服务器都必须是递归的。

16.4.4 资源记录

构成全球DNS系统的是一个分布式数据库，每个站点都维护着该数据库的一部分或几部分。你负责的那部分数据库是由多个文本文件组成的，其中包含了每台主机的记录，这些记录叫作“资

① 有些站点使用多个主服务器，或者没有主服务器。我们介绍单个服务器的情况。

源记录”。每条记录为一行，由名称（通常是主机名）、记录类型以及一些数据值组成。如果值和前一行相同，名称字段可以忽略不写。

例如“正向”文件中这些行。

```
nubark        IN   A      63.173.189.1
              IN   MX     10 mailserver.atrust.com.
```

以及“反向”文件（63.173.189.rev）中的这行。

```
1             IN   PTR    nubark.atrust.com.
```

将 nubark.atrust.com 与 IP 地址 63.173.189.1 关联在了一起。MX 记录将发往此计算机的电子邮件路由到主机 mailserver.atrust.com。

IN 字段指明了记录类型。在实践中，该字段内容一直都是 IN（代表 Internet）。

资源记录是 DNS 的通用语言，独立地控制着任何 DNS 服务器操作的配置文件。它也是在 DNS 系统中流转的数据的一部分，在各个位置上被缓存。

16.4.5 授权

所有名称服务器都要通过本地配置文件才能找到根服务器，或者直接将其信息内置到代码中。根服务器知晓 com、net、fi、de 以及其他顶级域的名称服务器。沿着这个链条继续往下，edu 知晓 colorado.edu、berkeley.edu 等。每个域都可以将其子域的权威授权给其他服务器。

下面来看一个真实的例子。假设我们想在主机 lair.cs.colorado.edu 上查找主机 vangogh.cs.berkeley.edu 的地址。主机 lair 会询问本地的名称服务器 ns.cs.colorado.edu，以求得到答案。图 16.3 展示了随后发生的事件。

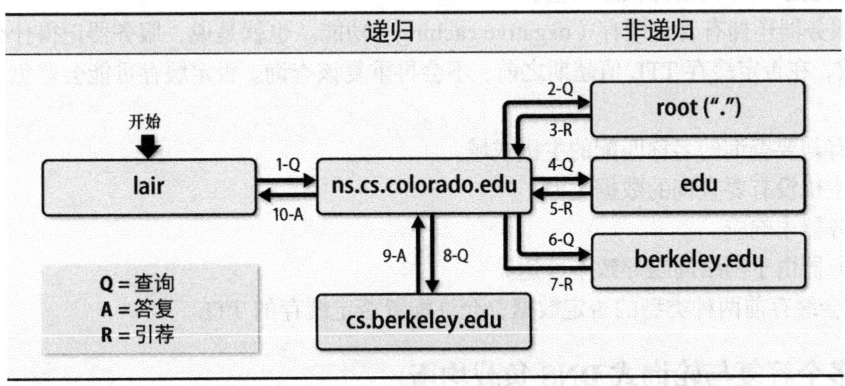

图 16.3 vangogh.cs.berkeley.edu 的 DNS 查询过程

服务器之间的箭头上的数字表示事件的顺序，字母指明了事务类型（查询、引荐、答复）。我们假设在发出查询之前，除了根域服务器的名称和 IP 地址之外，没有缓存过任何所需的信息。

本地服务器并不知道 vangogh 的地址。实际上，它连 cs.berkeley.edu、berkeley.edu，甚至是 edu 都一无所知。但它知道根域的服务器，所以会向根服务器查询 vangogh.cs.berkeley.edu，接收 edu 服务器的引荐。

本地的名称服务器是一个递归服务器。如果某个查询的答案包含对另一个服务器的引荐，那么本地服务器会向新的服务器重新提交查询。然后继续跟随引荐，直到发现拥有待查找数据的服务器。

在这个例子中，本地的名称服务器向 edu 域的服务器发出查询（询问 vangogh.cs.berkeley.edu），然后被引荐到 berkeley.edu 的服务器。本地的名称服务器在该服务器上重复同样的查询。如果服务器 berkeley 没有缓存过的回答，则返回服务器 cs.berkeley.edu 的引荐。这个服务器正是所请求信息的权威服务器，它在自己的区文件中找到答案，返回 vangogh 的地址。

一切尘埃落定之后，ns.cs.colorado.edu 便缓存了 vangogh 的地址。该地址同样也成为了 edu、berkeley.edu、cs.berkeley.edu 服务器的缓存数据。

详细的过程可以通过 dig +trace 或 drill -T[①]查看。

16.4.6 缓存与效率

缓存提高了查找效率：缓存过的答案几乎不用再花什么力气，往往也不会有什么问题，这是因为主机名和地址之间的映射关系变化并不频繁。答案被保留的这段时间叫作"存活时间"（Time To Live，TTL），具体时长是由相关数据记录的所有者指定的。

大多数查询针对的都是本地主机，可以迅速被解析。用户也能够帮助提升效率，不过这属于无心之举，因为他们会重复多次查询，除了第一次查询，其余的基本上就不费事了。[②]

在正常情况下，站点的资源记录使用的 TTL 时长应该介于 1～24 h。TTL 越长，Internet 用户获取全新的资源记录所消耗的网络流量就越少。

如果有一个跨多个逻辑子网的负载均衡服务（通常称作"全局服务器负载均衡"），则负载均衡供应商可能会要求你选择较短的 TTL，例如 10 s 或 1 min。较短的 TTL 使得负载均衡器在面对故障服务器以及拒绝服务攻击时能够做出快速响应。这种 TTL 不会影响系统正常工作，但是名称服务器就得受累了。

在上面那个 vangogh 的例子中，根域的 TTL 是 42 天，edu 域的是 2 天，berkeley.edu 域的也是 2 天，vangogh.cs.berkeley.edu 域的是 1 天。这些值都比较合理。如果你打算大规模地重新分配地址，记得先把 TTL 调整为较短的值。

DNS 服务器还拥有否定缓存（negative caching）功能。也就是说，服务器记得什么时候出现了查询失败，在否定缓存 TTL 值超期之前，不会再重复该查询。否定缓存可能会避免下列类型的回答。

- 没有与要查询的名称匹配的主机或域。
- 该主机没有要查询的数据类型。
- 服务器未响应。
- 服务器由于网络问题导致不可达。

BIND 会缓存前两种类型的否定数据，允许配置否定缓存的 TTL。

16.4.7 多个答复与轮询式 DNS 负载均衡

名称服务器经常会在查询响应中接收到多条记录。举例来说，查询根域名称服务器时返回的响应就包含了所有的 13 个根服务器。

你可以为一个域名分配多个不同的 IP 地址（对应不同的机器），让服务器利用这种均衡效果。

```
www             IN A     192.168.0.1
                IN A     192.168.0.2
                IN A     192.168.0.3
```

大多数名称服务器在接收到查询时会返回多条记录，记录的顺序以轮询的方式循环，每次都不相同。当客户端接收到包含多记录响应时，最常见的行为是按照 DNS 服务器返回的顺序尝试各

① dig 和 drill 都是 DNS 查询工具：dig 来自 BIND 发行版，drill 来自 NLnet Labs。

② 这是由于随后的查询结果都可以直接从缓存中得到。——译者注

个地址。[①]

这种方案通常叫作“轮询式 DNS 负载均衡”（round robin DNS load balancing）。但是这最多也只能算是一种粗糙的解决办法。大型站点会使用负载均衡软件（例如 HAProxy，参见 19.6 节）或是专门的负载均衡设备。

16.4.8 使用查询工具进行调试

BIND 包含了 5 个可用于查询 DNS 数据库的命令行工具：nslookup、dig、host、drill 和 delv。nslookup 和 host 用法简单，输出信息比较丰富，但要想获悉所有的细节，就得使用 dig 或 drill 了。drill 更适合于跟随 DNSSEC 签名链。dirll 是 dig（the Domain Information Groper）的一个双关语，暗示使用 drill 能比 dig 获取更多的 DNS 信息。[②]delv 是 BIND 9.10 中加入的新工具，最终将会取代 drill，用于调试 DNSSEC。

在默认情况下，dig 和 drill 会查询/etc/resolv.conf 中配置的名称服务器。这两个命令可以利用参数@nameserver 查询指定的名称服务器。只要能够查询特定的服务器，就可以进行检查，确保对区做出的改动已经传播到辅助服务器以及外部世界。如果你使用了视图（view）（DNS 分割），需要验证配置是否妥当，此功能尤其有用。

如果指定了记录类型，那么 dig 和 drill 就只查询该类型。伪类型 any 有点不敞亮：它返回的并不是与名称关联的所有数据，而是与该名称关联的所有已缓存的数据。因此，要想获得全部记录，必须先使用命令 dig domain NS，然后再使用 dig @ns1.domain domain any（在这里，权威数据算作缓存数据）。

dig 大概有 50 个选项，drill 的选项大概是 dig 的一半。两个命令均可接受-h，列出各种可用的选项。（你可以将输出通过管道传给 less）。-x 选项能够将 IP 地址颠倒过来，执行反向查询。dig 的+trace 标志或者 drill 的-T 选项可以显示出从根服务器开始向下解析的各个步骤。

如果是权威答复（例如，直接来自区的主服务器或从服务器），则 dig 和 drill 会在输出中加入 aa 标记。ad 标记表示答复是由 DNSSEC 认证过的。测试新配置时，一定要查找到本地和远程主机的数据。如果主机可以通过 IP 地址访问，但不能用名称访问，罪魁祸首可能就是 DNS。

dig 最常见的用法是确定特定名称返回的记录。如果只返回了 AUTHORITY 响应，则表明你被引向了其他名称服务器。如果返回的是 ANSWER 响应，则表明发出的查询被直接答复了（可能还包含其他信息）。

从根服务器开始手动跟随授权链，以此验证是否存在问题，这种做法通常很实用。接下来，我们来看一个处理域名 www.viawest.com 的例子。首先，我们查询根服务器，请求起始授权（Start-of-Authority，SOA）记录，查看谁对 viawest.com 是权威的。

```
$ dig @a.root-servers.net viawest.com soa
; <<>> DiG 9.8.3-P1 <<>> @a.root-servers.net viawest.com soa
; (1 server found)
;; global options: +cmd
;; Got answer:
;; ->>HEADER<<- opcode: QUERY, status: NOERROR, id: 7824
;; flags: qr rd; QUERY: 1, ANSWER: 0, AUTHORITY: 13, ADDITIONAL: 14
;; WARNING: recursion requested but not available

;; QUESTION SECTION:
;viawest.com.                    IN SOA
```

① 但是这种行为并不做要求。有些客户端可能并不会这样。

② “钻（drill）”显然要比“挖（dig）”更深入。——译者注

```
;; AUTHORITY SECTION:

com.                 172800  IN NS    c.gtld-servers.net.
com.                 172800  IN NS    b.gtld-servers.net.
com.                 172800  IN NS    a.gtld-servers.net.
...

;; ADDITIONAL SECTION:
c.gtld-servers.net. 172800  IN A     192.26.92.30
b.gtld-servers.net. 172800  IN A     192.33.14.30
b.gtld-servers.net. 172800  IN AAAA  2001:503:231d::2:30
a.gtld-servers.net. 172800  IN A     192.5.6.30
...

;; Query time: 62 msec
;; SERVER: 198.41.0.4#53(198.41.0.4)
;; WHEN: Wed Feb 3 18:37:37 2016
;; MSG SIZE rcvd: 489
```

注意，返回的状态是 NOERROR。这表明响应信息中没有明显的错误。其他常见的状态是 NXDOMAIN 和 SERVFAIL，前者表明所请求的名称不存在（或者没有注册），后者通常表明名称服务器本身的配置有错误。

AUTHORITY SECTION 告诉我们全球顶级域（global Top-Level Domain，gTLD）服务器是指定域名的授权链中的下一环。所以，我们从中随便挑出一个，重复同样的查询。

```
$ dig @c.gtld-servers.net viawest.com soa
; <<>> DiG 9.8.3-P1 <<>> @c.gtld-servers.net viawest.com soa
; (1 server found)
;; global options: +cmd

;; Got answer:
;; ->>HEADER<<- opcode: QUERY, status: NOERROR, id: 9760
;; flags: qr rd; QUERY: 1, ANSWER: 0, AUTHORITY: 2, ADDITIONAL: 2
;; WARNING: recursion requested but not available

;; QUESTION SECTION:
;viawest.com.                  IN SOA

;; AUTHORITY SECTION:
viawest.com.          172800 IN NS      ns1.viawest.net.
viawest.com.          172800 IN NS      ns2.viawest.net.

;; ADDITIONAL SECTION:
ns1.viawest.net.      172800 IN A       216.87.64.12
ns2.viawest.net.      172800 IN A       209.170.216.2

;; Query time: 52 msec
;; SERVER: 192.26.92.30#53(192.26.92.30)
;; WHEN: Wed Feb 3 18:40:48 2016
;; MSG SIZE rcvd: 108
```

这次响应的内容要简洁得多，我们知道了要查询的下一个服务器是 ns1.viawest.com（或者 ns2.viawest.com）。

```
$ dig @ns1.viawest.net viawest.com soa
; <<>> DiG 9.8.3-P1 <<>> @ns2.viawest.net viawest.com soa
; (1 server found)
;; global options: +cmd
;; Got answer:
;; ->>HEADER<<- opcode: QUERY, status: NOERROR, id: 61543
;; flags: qr aa rd; QUERY: 1, ANSWER: 1, AUTHORITY: 1, ADDITIONAL: 1
```

```
;; WARNING: recursion requested but not available

;; QUESTION SECTION:
;viawest.com.                    IN SOA

;; ANSWER SECTION:
viawest.com.        3600    IN SOA    mvec.viawest.net. hostmaster.
    viawest.net. 2007112567 3600 1800 1209600 3600

;; AUTHORITY SECTION:
viawest.com.        86400   IN NS     ns2.viawest.net.

;; ADDITIONAL SECTION:
ns2.viawest.net.    3600    IN A      209.170.216.2

;; Query time: 5 msec
;; SERVER: 216.87.64.12#53(216.87.64.12)
;; WHEN: Wed Feb 3 18:42:20 2016
;; MSG SIZE rcvd: 126
```

查询返回了 viawest.com 域的 ANSWER 响应。我们现在知道了权威名称服务器，可以查询所需要的 www.viawest.com 了。

```
$ dig @ns1.viawest.net www.viawest.com any
; <<>> DiG 9.8.3-P1 <<>> @ns1.viawest.net www.viawest.com any
; (1 server found)
;; global options: +cmd
;; Got answer:
;; ->>HEADER<<- opcode: QUERY, status: NOERROR, id: 29968
;; flags: qr aa rd; QUERY: 1, ANSWER: 1, AUTHORITY: 1, ADDITIONAL: 1
;; WARNING: recursion requested but not available

;; QUESTION SECTION:
;www.viawest.com.                IN ANY

;; ANSWER SECTION:
www.viawest.com.    60          IN CNAME hm-d8ebfa-via1.threatx.io.

;; AUTHORITY SECTION:
viawest.com.        86400       IN NS    ns2.viawest.net.

;; ADDITIONAL SECTION:
ns2.viawest.net.    3600        IN A     209.170.216.2

;; Query time: 6 msec
;; SERVER: 216.87.64.12#53(216.87.64.12)
;; WHEN: Wed Feb 3 18:46:38 2016
;; MSG SIZE rcvd: 117
```

最后这次查询显示出 www.viawest.com 的 CNAME 记录指向 hm-d8ebfa-via1.threatx.io，这意味着它是 threatx 主机的另一个名称（由基于云的分布式拒绝服务供应商操作的主机）。

当然，如果你查询的是一台递归式名称服务器，它会代替你跟随整个授权链。但是在调试时，检查授权链的每个环节通常更有帮助。

16.5 DNS 数据库

区数据库是由系统管理员在该区的主名称服务器上维护的一组文本文件。这些文本文件通常叫作区文件（zone file）。区文件中包含了两种条目：解析器命令（例如，$ORIGIN 和$TTL）和资源记录。只有资源记录才是数据库真正的组成部分，解析器命令只不过是提供了输入记录的一些便捷手段。

16.5.1 区文件中的解析器指令

用户可以在区文件中嵌入指令，提高其可读性和可维护性。这些命令要么影响解析器对后续记录的解释方式，要么自身扩展成多条 DNS 记录。只要区文件被读取并解释完毕，区数据中就不会再有任何指令了（至少不是以原先的形式出现）。

有 3 个指令（$ORIGIN、$INCLUDE、$TTL）属于所有 DNS 实现的标准命令，第 4 个指令 $GENERATE 只能用于 BIND。指令必须从第一列开始，独占一行。

按照自上到下的处理顺序，只用一遍就完成区文件的读取及解析。在名称服务器读取区文件的同时，它会将默认域（或“起始域”）添加到尚未完全限定的名称之后。域名默认的起始域是在名称服务器的配置文件中指定的。但是你可以在区文件中使用$ORIGIN 指令设置或更改起始域。

```
$ORIGIN domain-name
```

在要求使用全限定名称的地方使用相对名称省去了大量的输入工作，极大提高了区文件的可读性。

很多站点都在区文件中使用$INCLUDE 命令把有开销的记录（overhead record）与数据记录隔离开，把区文件分成多个逻辑部分，或是把密钥保存在有受限权限的文件中。其语法为：

```
$INCLUDE filename [origin]
```

在碰到$INCLUDE 指令时，指定文件会被读取到区数据库中。如果 filename 没有采用绝对路径，则将其解释为相对于名称服务器的主目录。

如果给出了 origin，就好像解析器在读取文件内容之前要先处理一个$ORIGIN 指令。注意：执行完$INCLUDE 指令之后，起始域的值就无法恢复到之前了。你可能需要在被包含文件的末尾或是$INCLUDE 命令的下一行重置起始域。

$TTL 指令可以设置跟随其后的资源记录中存活时间（time-to-live）字段的默认值。它必须是区文件的第一行。$TTL 值的默认单位是 s（秒），不过你也可以指定其他单位（h 表示小时，m 表示分钟，d 表示天，w 表示周）。例如，下面这几行都可以将$TTL 设置为 1 天。

```
$TTL 86400
$TTL 24h
$TTL 1d
```

16.5.2 资源记录

DNS 层级中的每个区都有一组与之相关的资源记录，其基本格式为：

```
[name] [ttl] [class] type data
```

字段之间以空白字符（制表符或空格）分隔，字段中可以包含表 16.2 中出现的特殊字符。

表 16.2 资源记录中的特殊字符

字符	含义
;	引入注释
@	当前区的名称
()	允许数据跨行
*	通配符（仅适用于 name 字段）[a]

注：a. 有些要注意的语句，参见 16.5.8 节。

name（名称）字段标识了资源记录所描述的实体（通常是主机或域）。如果多个连续的资源记录指的都是同一个实体，第一条记录后的 name 字段可以忽略，只要后续记录都是以空白字符开头即可。如果存在 name 字段的话，则该字段必须起始于第一列。

名称既可以采用相对形式，也可以采用绝对形式。绝对名是以点号结尾的完整域名。在内部，软件只处理绝对名，它会将当前起始域和点号添加到任何没有以点号结尾的名称之后。这种特性能够缩短名称长度，但也会引发错误。

举例来说，如果当前域名是 cs.colorado.edu，那么名称“anchor”可以被解释为“anchor.cs.colorado.edu.”。如果你漏掉了结尾的点号，把名称错写为“anchor.cs.colorado.edu”，该名称会被视为相对名，结果就是“anchor.cs.colorado.edu.cs.colorado.edu.”。这是一种常见的错误。

ttl（time to live，存活时间）字段指定了资源记录能够被缓存的时长（以 s 为单位），在此期间，该记录被认为是有效的。除了在根服务器的线索文件（hints file）中，通常会忽略这个字段。ttl 的默认值是由$TTL 指令设置的，后者必须是区数据文件的第一行。

把 ttl 的值增加到 1 周，这样会显著降低网络流量和 DNS 负载。一旦资源记录被外界（局域网之外）缓存，你是无法强制将其丢弃的。如果你计划进行大规模的重新分配地址，而且之前的 ttl 为 1 周，至少在实施计划 1 周前降低$ttl 的值（例如降低到 1 h）。这一准备步骤可以确保 ttl 为一周资源记录已过期，被替换为 ttl 为 1 h 的资源记录。于是就能肯定所有的更新会在 1 h 内传播出去。更新完成之后，就可以把 ttl 改回原先的值。

对于面向 Internet 的服务器，有些站点将其资源记录的 ttl 值设置得比较低，以便服务器出现问题时（网络故障、硬件故障、拒绝服务攻击等），管理员可以通过修改服务器的“名称-IP 地址”映射来做出响应。因为原先的 ttl 值不高，所以新的值会传播的很快。例如，Google 的 ttl 是 5 min，但是 Google 的名称服务器的 ttl 是 4 天（345 600 s）。

```
google.         300     IN A    216.58.217.46
google.         345600  IN NS   ns1.google.
ns1.google.     345600  IN A    216.239.32.10
```

这些资源记录是我们用 dig 获取到的，我们对命令输出进行了删减。

class（类别）指定了网络类型。默认类型 IN 表示 Internet。

有很多种不同类型的 DNS 资源记录，不过常用的不足 10 种。IPv6 又增加了几种新类型。我们将资源记录划分为 4 组。

- 区基础设施记录：标识域及其名称服务器。
- 基本记录：映射名称与地址，路由邮件。[①]
- 安全记录：为区文件加入认证和签名。
- 可选记录：提供有关主机或域的额外信息。

data（数据）字段的内容取决于资源记录类型。针对特定域和记录类型的 DNS 查询会从区文件中返回所有匹配的资源记录。表 16.3 列出了常见的资源记录类型。

表 16.3　DNS 资源记录类型

	类型	名称	功能
区	SOA	Start Of Authority（起始授权）	定义一个 DNS
	NS	Name Server（名称服务器）	标识服务器，授权子域

① MX 邮件路由记录既可以划归到区基础设施记录一组，也可以划归到基本记录一组，因为这种记录既可以指整个区，也可以指单个主机。

续表

类型		名称	功能
基本	A	IPv4 Address（IPv4 地址）	“名称-地址”转换
	AAAA	IPv6 Address（IPv6 地址）	“名称-IPv6 地址”转换
	PTR	Pointer（指针）	“地址-名称”转换
	MX	Mail Exchanger（邮件交换）	控制邮件路由
安全	DS	Delegation Signer（授权签名方）	已签名子区的 key-signing 密钥的散列（Hash of signed child zone’s key-signing key）
	DNSKEY	Public Key（公钥）	DNS 名称的公钥
	NSEC	Next Secure	和 DNSSEC 共同用于否定答复
	NSEC3	Next Secure v3	和 DNSSEC 共同用于否定答复
	RRSIG	Signature（签名）	签过名的已认证资源记录集
可选	CNAME	Canonical Name（规范名）	主机的昵称或别名
	SRV	Service（服务）	指出知名（well-known）服务的位置
	TXT	Text（文本）	注释或无记录类型的信息

有些资源记录类型要么已经过时，要么尚处于实验阶段，要么还没有被广泛应用。完整的列表可参见你所使用的名称服务器的实现文档。多数资源记录是手动维护的（编辑文本文件或是在 Web GUI 中将其输入），但是安全性资源记录要求加密处理，所以必须由软件工具管理。这类记录在 DNSSEC 一节有所描述。

资源记录在区文件中的顺序没有限制，但传统上，SOA 总是出现在第一个，接着是 NS 记录。每台主机的资源记录通常放在一起。通常的做法是按 name 字段排序，不过有些站点是按 IP 地址排序的，这样更容易识别未使用的地址。

我们会在接下来的几节中详细描述每种资源记录，对来自 atrust 域的数据文件的一些记录进行检查。这些记录的默认域是“atrust”，所以名为“bark”的主机实际上是“bark.atrust.com”。

IETF 在一系列 RFC 中给出了各种资源记录的格式以及含义。在下面的几节中，我们列出了与每种资源记录相关的 RFC（及其起始年份）。

16.5.3 SOA 记录

起始授权（Start of Authority，SOA）记录标识了一个区，也就是位于 DNS 名称空间中相同位置的一组资源记录。一个 DNS 域通常至少要包含两个区：一个用于将主机名转换成 IP 地址，这称为正向区（forward zone）；另一个用于将 IP 地址映射回主机名，这称为反向区（reverse zone）。

每个区都只有一条 SOA 记录。SOA 记录包括区名、该区的主名称服务器、技术联系人以及各种超时值。注释可以通过分号引入。下面是一个例子。

```
; Start of authority record for atrust
atrust.             IN SOA      ns1.atrust.com. hostmaster.atrust.com. (
        2017110200          ; Serial number
        10800               ; Refresh   (3 hours)
        1200                ; Retry     (20 minutes)
        3600000             ; Expire    (40+ days)
        3600 )              ; Minimum   (1 hour)
```

SOA 记录的 name 字段（在本例中是 atrust.com）经常会出现符号@，这是当前区名的简写。@ 的值就是文件 named.conf 中的 zone 语句所指定的域名。这个值可以在区文件中利用$ORIGIN 解析器指令更改（参见 16.5.1 节）。

这个例子中并没有出现 ttl 字段。class 字段的 IN 表示 Internet，type 字段是 SOA，剩下的几项都是 data 字段的内容。括号中的数值参数是超时值，不加注释的话，通常写在一行中。

“ns1.atrust.com.” 是该区的主名称服务器。①

“hostmaster.atrust.com.” 本来是作为技术联系人的电子邮件地址，它采用格式的是 “user.host”，而不是标准的 user@host。遗憾的是，由于垃圾邮件问题和其他原因，大多数网站不会更新此联系信息。

括号可以使 SOA 记录跨多行。

第 1 个数值参数是区配置数据的序列号。从服务器使用这个序列号决定什么时候获取新数据。序列号可以是任意的 32 位（32 bit）整数，每当区数据文件有变化时就要增加该值。很多站点会把区文件的修改日期编入序列号中。举例来说，2017110200 就表示区数据在 2017 年 11 月 2 日的第一次更改。

序列号不要求连续，但必须单调递增。如果你不小心在主服务器上设置了一个相当大的值，并且这个值已经被传到了从服务器，那么即便是更正主服务器上的序列号也于事无补。只有主服务器的序列号大于从服务器的序列号时，后者才会请求新数据。

解决这种问题的方法有两种。

- 一种解决方法是利用序列号所在的序列空间（sequence space）的属性。这个过程涉及将一个大数值（231）与过大的序列号相加，让所有的从服务器传送数据，然后将序列号设置为想要的值。在 O'Reilly 出版的 *DNS and BIND* 一书中，专门用例子讲解了这个奇特的算法。RFC1982 中描述了序列空间。
- 另一种比较偏门，但也更乏味的解决方法是修改主服务器上的序列号，杀死从服务器进程，删除从服务器的备份文件，迫使其从主服务器重新载入，然后重启从服务器。如果只是删除备份并重新装载是没用的，必须杀死并重启从服务器进程。如果你遵循最佳实践建议，将从服务器分散在不同的地理位置，这种方法实施起来就有难度了，尤其是在你还不是这些从服务器的管理员的情况下。

常见的错误就是修改了区数据文件，但是忘了更新序列号。这样导致的结果就是无法将变更传播到从服务器。

接下来的 4 项是以 s 为单位的超时值，它们控制着数据在全球范围的 DNS 数据库中的缓存时间。这些时间可以分别用后缀 m、h、d、w 代表分钟、小时、天、星期。举例来说，1h30m 表示 1 小时 30 分。超时值需要在效率（使用旧数据的成本要比获取新数据小）和准确性（新数据要更准确）之间谋求一种折中。这 4 个超时字段叫作 refresh（刷新）、update（更新）、expire（过期）、minimum（最小）。

refresh 字段指定了从服务器应该隔多久检查一次主服务器，看看区配置文件的序列号是否发生变动。只要有改动，从服务器就必须更新区数据的副本。从服务器会比较序列号。如果主服务器的序列号更大，则从服务器请求区传送，更新数据。refresh 字段的常见值从 1 h 到 6 h 不等（3 600～21 600 s）。

与其让从服务器被动地等待超时，安装了 BIND 的主服务器会在每次更新区时主动提醒从服务器。但是，更新提醒可能会因为网络拥塞而丢失，所以还是应该将 refresh 字段设置为一个合理的值。

如果主服务器长时间故障，从服务器将会多次尝试刷新自己的数据，但始终都不会成功。从

① 实际上，除非采用动态 DNS，否则该区所有的名称服务器都可以列在 SOA 记录中。在动态 DNS 情况下，SOA 记录中必须是主名称服务器。

服务器最后应该能够判断出主服务器已经没有响应，自身的数据肯定也过期了。expire 字段决定了在缺少主服务器的情况下，域数据的权威性还能在从服务器中维持多久，所以说这个值应该的比较大。我们推荐设置为 1～2 个月。

minimum 字段可以设置已缓存的否定答复的存活时间。肯定答复（也就是实际的资源记录）默认的存活时间是由区文件顶部的$TTL 指令设置的。根据经验，建议将$TTL 的值设置为数小时或几天，将 minimum 的值设置为 1 到数小时。BIND 会将任何大于 3 h 的 minimum 悄悄丢弃掉。

$TTL、expire、minimum 最终会强制 DNS 客户端丢弃旧数据。DNS 最初的设计依赖于这样一个事实：主机数据相对稳定，不会经常出现改动。但是，DHCP、移动主机以及 Internet 爆炸式的发展打破了这条规律。名称服务器竭力应对着数据的动态更新，随后我们会讲到增量区传送机制。

16.5.4 NS 记录

NS（Name Server，名称服务器）标识出了某个区的权威服务器（也就是所有的主服务器和从服务器）并将子域授权给其他组织。NS 记录通常直接放置在区的 SOA 记录之后。[①]

NS 记录的格式为：

```
zone [ttl] [IN] NS hostname
```

例如：

```
            NS    ns1.atrust.com.
            NS    ns2.atrust.com.
booklab     NS    ubuntu.booklab.atrust.com.
            NS    ns1.atrust.com.
```

前两行定义了 atrust 域的名称服务器。name 字段没有出现在其中的原因在于该字段的内容和之前的 SOA 记录中的 name 字段是一样的，因此可以将其省略掉。class 字段没有出现的原因在于 IN 是默认值，不需要明确写出。

第 3 行和第 4 行将子域 booklab.atrust.com 授权给了名称服务器 ubuntu.booklab.atrust.com 和 ns1.atrust.com。这两条记录实际上是 booklab 子域的一部分，但是为了授权能够生效，它们必须也出现在父域 atrust 之中。与此类似，在定义了子域 atrust 及其名称服务器的.com 域的区文件中也保存着 atrust 的 NS 记录。对于 atrust 内主机的查询，.com 域的名称服务器会将其引向该域内 atrust 子域的 NS 记录中所列出的服务器。

在父区中列出的名称服务器应该尽可能与这个区的名称服务器保持一致。如果父区中列出的某些服务器不存在，则将会延缓名称服务，尽管客户端到最后也能磕磕绊绊地找到一个正常的名称服务器。要是父区中列出的所有服务器在子区中全都不存在，这就会导致所谓的残缺授权，参见 16.11.3 节。

只要子区中至少有一个服务器在父区中仍有 NS 记录，多出的其他子区服务器就没有问题。偶尔使用 dig 或 drill 检查一下授权情况，确保其指定了正确的服务器，参见 16.4.8 节。

16.5.5 A 记录

A（address，地址）记录是 DNS 数据库的核心。[②]这类记录负责将主机名映射到 IP 地址。一台主机的每个网络接口通常都对应一条 A 记录，其格式为：

```
hostname [ttl] [IN] A ipaddr
```

例如：

---

① RFC1035（1987 年）规定了 NS 记录。

② RFC1035（1987 年）规定了 A 记录。

```
ns1          IN A      63.173.189.1
```

在这个例子中，name 字段的内容并没有以点号结尾，所以名称服务器会将默认域添加到其后，形成完全限定名“ns1.atrust.com.”。这条记录将该名称与 IP 地址 63.173.189.1 关联在了一起。

16.5.6 AAAA 记录

AAAA 记录是对应于 IPv6 的 A 记录。①这种记录与用于传递记录的传输协议无关，在 DNS 区域中发布 IPv6 记录并不意味着必须通过 IPv6 答复 DNS 查询。

AAAA 记录的格式为：

```
hostname [ttl] [IN] AAAA ipaddr
```

例如：

```
f.root-servers.net.           IN AAAA    2001:500:2f::f
```

由冒号分隔的每个地址块表示 4 个十六进制数位，为 0 的前导数位通常不写出来。两个连续的冒号代表“这里的 0 足够填满长度为 128 个二进制数位的 IPv6 地址”。地址中最多只能包含一个这样的双冒号。

16.5.7 PTR 记录

PRT（pointer，指针）记录负责将 IP 地址映射回主机名。②

PTR 记录的一般形式为：

```
addr [ttl] [IN] PTR hostname
```

举例来说，在 189.173.63.in-addr.arpa 区中与之前 ns1 的 A 记录相对应的 PTR 记录为：

```
1          IN PTR  ns1.atrust.com.
```

名称 1 没有以点号结尾，所以是相对名。但是相对于什么呢？并不是 atrust.com。为了使这条样例记录准确，默认区必须是“189.173.63.in-addr.arpa.”。

在设置区时，可以将每个子网的 PTR 记录放到单独的文件中。在名称服务器配置文件中设置与该文件关联的默认域。另一种实现反向映射的方法是包含默认域为 173.63.in-addr.arpa 的记录。

```
1.189          IN PTR  ns1.atrust.com.
```

有些站点将所有的反向记录放到了同一个文件中，使用$ORIGIN 指令（参见 16.5.1 节）指定子网。注意，主机名 ns1.atrust.com.是以点号结尾，避免了将默认域 173.63.in-addr.arpa 追加到其名称之后。

因为 atrust 和 189.173.63.in-addr.arpa 是 DNS 名称空间的不同区域，两者形成了两个独立的区。每个区必须有自己的 SOA 记录和资源记录。除了为每个真实的网络定义 in-addr.arpa 区，还应该定义一个负责环回网络（127.0.0.1）的区，如果你使用的是 BIND，这是起码的要求，参见 16.8 节中的例子。

如果子网定义在字节边界，那么一切都没问题。但如果碰上像 63.173.189.0/26 这样的子网，其中最后一个字节可以是 4 个子网中的任意一个：0～63、64～127、128～191 或者 192～255，这该如何处理反向映射？RFC2317 中给出了一个巧妙的手法，利用 CNAME 资源记录实现这种功能。

---

① RFC3596（2003 年）规定了 AAAA 记录。

② RFC1035（1987 年）规定了 PTR 记录。在 16.3 节中我们讲到过，反向映射记录位于 in-addr.arpa 域之下，采用 IP 地址倒写形式。比如说，本例中 189 子网对应的区是 189.173.63.in-addr.arpa。

A 记录要匹配其对应的 PTR 记录，这一点很重要。两者不匹配或者丢失了 PTR 记录会导致认证失败，使系统慢如龟爬。这个问题本身很烦人，对要求反向映射匹配 A 记录的应用而言，还容易引发拒绝服务攻击。

对于 IPv6 而言，对应于 AAAA 地址记录的反向映射信息是 ip6.arpa 顶级域中的 PTR 记录。

翻转 AAAA 地址记录的方法是将以冒号分隔的每个地址块扩展成完整的 4 位十六进制，然后颠倒这些数位的顺序，在其后添加上 ip6.arpa。例如，对应于先前的 AAAA 记录的 PTR 记录就是：

```
f.0.0.0.0.0.0.0.0.0.0.0.0.0.0.0.0.0.0.0.f.2.0.0.0.0.5.0.1.0.0.2.ip6.arpa.
    PTR f.root-servers.net.
```

该记录必须折行才能显示在页面中。对于需要输入、调试甚至是阅读记录的系统管理员而言，这种形式实在是非常不友好。当然，在实际的 DNS 区文件中，$ORIGIN 指令能够隐藏一些复杂性。

16.5.8 MX 记录

邮件系统使用邮件交换（Mail Exchanger，MX）记录更高效地路由邮件。①MX 记录优先于邮件发送方指定的目的地址。在大多数情况下，会将邮件引向接收方站点的邮件枢纽（hub）。这一特性将进入站点的邮件流置于本地系统管理员，而非发送方的控制之下。

MX 记录的格式为：

```
name [ttl] [IN] MX preference host ...
```

下面的 MX 记录经发往 user@somehost.atrust.com 的邮件路由到 mailserver.atrust.com（如果开机并能够接收邮件的话）。 要是邮件服务器不可用，邮件就会发给 mail-relay3.atrust.com。如果 MX 记录中列出的机器都不接收邮件，那就把邮件发往最初的地址。

```
somehost        IN MX   10 mailserver.atrust.com.
                IN MX   20 mail-relay3.atrust.com.
```

先尝试优先值低的主机：0 最先，65 535 最后。

MX 记录在很多场景下都能派上用场：

- 当你拥有一个负责处理入站邮件的中央邮件枢纽或服务提供商时；
- 当你在投递邮件之前想先过滤垃圾邮件或病毒时；
- 当目标主机停机时；
- 当目标主机没有与 Internet 直接相连时；
- 当本地系统管理员比通信方更清楚邮件应该往哪里发送时（从来都是如此）。

代表其他主机接收邮件的机器可能需要配置其邮件传输程序才能启用该功能。18.8.10 节和 18.10.4 节分别讨论了如何在 sendmail 和 Postfix 邮件服务器上完成这种配置。

DNS 数据库中有时候也会出现带有通配符的 MX 记录。

```
*               IN MX     10 mailserver.atrust.com.
```

乍一看，这种记录似乎能省下不少输入工作，同时还为所有主机添加了一条默认的 MX 记录。但是通配符记录并如你预想的那么有效。它可以匹配资源记录的 name 字段中尚未在其他资源记录内作为名称明确列出的内容。

因此，你不能使用星号为所有主机设置默认值。但是反过来说，你可以用它为非主机名称设置默认值。这样设置会使得大量只发送到邮件枢纽的邮件被拒收，因为匹配星号的主机名实际上

① RFC1035（1987 年）规定了 MX 记录。

并不属于你的域。所以说要避免使用带有通配符的 MX 记录。

16.5.9 CNAME 记录

CNAME 记录可以为主机分配其他名称。[1]这些昵称经常用来为主机关联某项功能或是缩短较长的主机名。主机的真实名称有时也叫作规范名（Canonical name，CNAME）。例如：

```
ftp         IN CNAME anchor
kb          IN CNAME kibblesnbits
```

CNAME 记录的格式为：

```
nickname [ttl] [IN] CNAME hostname
```

当 DNS 软件碰上 CNAME 记录时，会停止查询昵称，并重新查询真实名称。如果某台主机拥有 CNAME 记录，该主机的其他记录（A、MX、NS 等）必须使用真实名称，而不是昵称。[2]

CNAME 记录的嵌套深度可以达到 8 层。也就是说，一条 CNAME 记录可以指向另一条 CNAME，这条 CNAME 又可以指向第 3 条 CNAME，依此类推，最多 7 次。第 8 条的目标必须是真实的主机名。如果使用了 CNAME，则 PTR 记录应该指向真实名称，而不是昵称。

要想完全避开 CNAME，可以针对主机的真实名称和昵称各发布一条 A 记录。这种配置可以略微提高查询速度，因为避免了额外的间接层。

RFC1033 要求将区的"apex"（有时也叫作"根域"或者"裸域"）解析为一个或多个 A（以及/或者 AAAA）记录，但绝不能是 CNAME 记录。也就是说，你可以这样做：

```
www.yourdomain.com.         CNAME some-name.somecloud.com.
```

但不能这样做：

```
yourdomain.com.             CNAME some-name.somecloud.com.
```

这种限制可能会给人添乱，尤其是当你想将 apex 指向云供应商网络中的某个位置，并且服务器的 IP 地址可能会发生变化时。在这种情况下，静态的 A 记录并不是一种可靠的选择。

要解决这个问题，你得找一家已经研究出某种系统，能够克服 RFC1033 限制的托管 DNS 供应商(例如 AWS Route 53 或者 CloudFlare)。这些系统通常允许以类似于 CNAME 的方式指定 apex 记录，但它们向外界提供的其实是 A 记录。DNS 供应商负责保持 A 记录与实际目标之间的同步。

16.5.10 SRV 记录

SRV 记录指定了域内服务的位置。[3]例如，SRV 记录允许你查询其他域，了解其 FTP 服务器的名称。在没有 SRV 时，你只能寄望于对方的系统管理员遵循习惯做法，将"ftp"的 CNAME 添加到服务器的 DNS 记录中。

对于此类应用，SRV 记录要比 CNAME 更有意义，同时就系统管理员而言，这显然是一种移动服务并控制其使用的更好方法。但是，客户端必须明确地查找和解析 SRV 记录，所以这种记录无法用于所有可能的场合。Windows 中广泛用到了 SRV 记录。

SRV 记录和普通的 MX 记录相似，包含多个字段，可以让本地 DNS 管理员实现对外部连接的控制和负载均衡。其格式为：

① RFC1035（1987 年）规定了 MX 记录。

② CNAME 记录的规则明显针对 DNSSEC 放宽了，后者为每条 DNS 资源记录都增添了数字签名。CNAME 的 RRSIG 记录使用的就是昵称。

③ RFC2782（2000）规定了 SRV 记录。

```
service.proto.name [ttl] [IN] SRV pri weight port target
```

其中，service（服务）是在 IANA 分配的编号数据中定义的服务，proto（协议）可以是 tcp 或 udp，name（名称）是 SRV 记录所指的域，pri（优先级）是 MX 记录式样的优先级，weight（权重）是用于多台服务器之间负载均衡的权重，port（端口）是服务所在的端口，target（目标）是提供服务的服务器名称。为了避免二次查询，DNS 服务器通常会将 A 记录连同 SRV 查询的答复一并返回。

weight 参数如果为 0，则表示不进行负载均衡。target 参数如果为“.”，则表示站点并未运行该服务。

下面这个例子取自 RFC2782，并针对 atrust 进行了调整。

```
_ftp._tcp               SRV     0 0 21 ftp-server.atrust.com.

; 1/4 of the connections to old box, 3/4 to the new one
_ssh._tcp               SRV     0 1 22 old-slow-box.atrust.com.
                        SRV     0 3 22 new-fast-box.atrust.com.

; main server on port 80, backup on new box, port 8000
_http._tcp              SRV     0 0 80 www-server.atrust.com.
                        SRV     10 0 8000 new-fast-box.atrust.com.

; so both http://www.atrust.com and http://atrust.com work
_http._tcp.www          SRV     0 0 80 www-server.atrust.com.
                        SRV     10 0 8000 new-fast-box.atrust.com.

; block all other services (target = .)
*._tcp                  SRV     0 0 0 .
*._udp                  SRV     0 0 0 .
```

这个例子演示了 weight 参数（用于 SSH）和 pri 参数（用于 HTTP）的用法。这里用到了两个 SSH 服务器，二者分担工作。只有当主服务器不可用时，备用的 HTTP 服务器才出马。其他所有服务全部被阻止掉，不管是 TCP 还是 UDP。不过，事实上没有出现在 DNS 中的服务器并不意味着就没有运行，只是无法通过 DNS 对其定位而已。

16.5.11 TXT 记录

TXT 记录可以向主机的 DNS 记录中添加任意文本。[①]例如，有些站点就使用了自我标识的 TXT 记录。

```
        IN TXT   "Applied Trust Engineering, Boulder, CO, USA"
```

这条记录紧跟着 atrust 区的 SOA 记录和 NS 记录，所以从两者处继承了 name 字段。

TXT 记录的格式为：

```
name [ttl] [IN] TXT info ...
```

所有的 info（信息）项都必须引用。引号一定要成对出现，否则会对 DNS 数据造成严重破坏，因为从遗失的引号到下一个引号之间的所有记录都会神奇般地消失。

和其他资源记录一样，从服务器返回的 TXT 记录并没有固定顺序。要想编码像地址这样比较长的信息，应该使用长文本行，别用多条 TXT 记录。

因为 TXT 记录并没有固定格式，所以有时用它来添加其他用途的信息，这并不需要修改 DNS 系统本身。

---

① RFC1035（1987）规定了 TXT 记录。

16.5.12 SPF、DKIM、DRARC 记录

发送方策略框架（Sender Policy Framework，SPF）、域名密钥识别邮件（DomainKeys Identified Mail，DKIM）、基于域的消息验证、报告和一致性（Domain-based Message Authentication, Reporting, and Conformance，DMARC，这些标准试图阻止 Internet 中不请自来的商业电子邮件（Unsolicited Commercial Email，UCE 或者称为垃圾邮件），如今这类邮件的数量正日益增长。这些系统以 TXT 记录的形式，通过 DNS 分发反垃圾邮件信息，所以它们并非真正的 DNS 记录类型。[①]有鉴于此，我们将其留待第 18 章讲述。相关材料参见 18.4.2 节。

16.5.13 DNSSEC 记录

作为 DNS 的加密安全版，当前与 DNSSEC 相关的资源记录类型共计 5 种。

DS 和 DNSKEY 记录保存各种类型的密钥和指纹。RRSIG 记录包含了本区其他记录（记录集）的签名。最后，NSEC 和 NSEC3 记录使得 DNS 服务器可以对不存在的记录进行签名，将加密安全性扩展到了否定式查询答复（negative query responses）。这 6 种记录[②]与大多数记录的不同之处在于它们是由软件工具生成的，而非手动输入的。

DNSSEC 本身就是一个很大的话题，所以我们将这些记录和用法单独放在一节中，参见 16.10.6 节。

16.6 BIND 软件

BIND（Berkeley Internet Name Domain）是由 Internet 系统协会（Internet Systems Consortium，ISC）推出的一款开源软件，该软件在 Linux、Unix、macOS 以及 Windows 系统中实现了 DNS。BIND 有 3 种主流版本：BIND 4、BIND 8、BIND 9，ISC 目前正在开发 BIND 10。我们在本书中只涉及 BIND 9。

16.6.1 BIND 的组成

BIND 包含 4 个主要的组成部分：

- 名为 named 的名称服务器守护进程，负责回答查询；
- 解析器库，代表用户查询 DNS 服务器；
- DNS 的命令行接口，即 nslookup、dig、host；
- 称为 rndc 的 named 远程控制控制程序。

对系统管理员而言，和 BIND 相关的最难的活儿就是翻查 BIND 所支持的无数选项和特性，找出哪些适合自己的场景。

16.6.2 配置文件

named 守护进程的完整配置是由配置文件（named.conf）、包含所有主机地址映射的区数据文件和根名称服务器的线索文件组成的。权威服务器需要 named.conf 以及其作为主服务器的各个区的区数据文件；缓存服务器需要 named.conf 以及根名称服务器线索文件。

named.conf 有自己的格式。其他所有的文件都是 DNS 资源记录的集合，其格式我们在 16.5

① 这么说多少有点没实事求是。也有针对 SPF 定义的 DNS 记录类型。但是，TXT 记录还是首选。

② 这里是将 NSEC 和 NSEC3 记录作为两种记录统计了。——译者注

节中已经讨论过了。

named.conf 文件指定了该主机的角色（主服务器、从服务器、存根服务器或者仅执行缓存的服务器）以及获得其所服务的各个区数据副本的方法。它还是指定选项的地方，其中既包括与 named 整体操作相关的全局选项，也包括针对服务器或区的特定选项，后者仅影响部分 DNS 流量。

配置文件 named.conf 由一系列语句组成，具体的语法我们接下来会介绍。这种格式相当的脆弱，少一个分号或者引号就会造成严重破坏。

只要能够出现空白字符的地方就可以有注释。C、C++、shell 风格的注释都可以使用。

```
/* This is a comment that can span lines. */
// Everything to the end of the line is a comment.
# Everything to the end of the line is a comment.
```

语句起始处的关键字标识了语句类型。除了 options 和 logging，其他类型的语句可以多次出现。可以省略语句或部分语句，这样会调用缺失项的默认行为。

表 16.4 列出了可用的语句。位置一列给出了我们会在本书的哪一节讨论该语句。

在讲解这些语句及其配置方法之前，我们需要先描述一下很多语句都用到的一种数据结构：地址匹配列表。地址匹配列表概括了 IP 地址，可包括以下项目：

- IPv4 或 IPv6 地址（例如 199.165.145.4 或 fe80::202:b3ff:fe1e:8329）；
- 使用 CIDR①掩码（例如 199.165/16）指定的 IP 网络；
- 之前定义过的访问控制列表的名称（参见 16.6.5 节）；
- 加密认证密钥名称；
- 否定字符“!”。

表 16.4　named.conf 中用到的语句

语句	位置	功能
include	16.6.3 节	引入文件
options	16.6.4 节	设置全局配置选项/默认值
acl	16.6.5 节	定义访问控制列表
key	16.6.6 节	定义认证信息
server	16.6.7 节	指定单个服务器（per-server）选项
masters	16.6.8 节	为存根区和从区定义主名称服务器
logging	16.6.9 节	指定日志记录分类及其目的地
statistics-channels	16.6.10 节	以 XML 格式输出实时统计信息
zone	16.6.11 节	定义区
controls	16.6.12 节	定义使用 rndc 控制 named 时用到的通道
view	16.6.13 节	定义区数据视图
lwres	—	指定 named 也作为解析器

地址匹配列表可用作很多语句和选项的参数。下面是几个例子。

```
{ ! 1.2.3.13; 1.2.3/24; };
{ 128.138/16; 198.11.16/24; 204.228.69/24; 127.0.0.1; };
```

第一个列表排除了主机 1.2.3.13，但包括了网络 1.2.3.0/24 中剩余的所有主机。第二个列表定义了分配给科罗拉多大学的网络。花括号和结尾的分号并非地址匹配列表的组成部分，写在这里

① CIDR 网络掩码参见 13.4.4 节。

是为了演示之用。它们是地址匹配列表所属语句的一部分。

当 IP 地址和网络地址与匹配列表进行比较时，按顺序搜索列表，直到发现匹配为止。这种“首次匹配”（first match）算法使得表项的顺序显得非常重要。举例来说，如果第一个地址匹配列表中的两个表项颠倒位置，则无法取得预想的效果，因为 1.2.3.13 可以顺利匹配 1.2.3.0/24，否定表项（negated entry）根本没机会处理。

现在，接着讨论语句。有些语句短小惬意，有些几乎得花上一章的篇幅。

16.6.3 include 语句

要想分解或者更好地组织大型配置文件，你可以将不同的配置部分放入单独的文件中。include 语句能够将辅助文件引入 named.conf。

```
include "path";
```

如果 path 采用相对路径形式，则相对于 directory 选项中指定的目录进行解释。

include 的一种常见用法是引入不应该被所有人读取的加密密钥。有些站点并不禁止读取整个 named.conf 文件，其做法是将密钥放入只能由 named 读取的受限文件。然后使用 include 将这些文件包含到 named.conf 中。

很多站点把 zone 语句放在单独的文件中，通过 include 语句将其引入。这种方法有助于实现相对静止的部分配置和变化可能比较频繁的部分配置之间的分离。

16.6.4 options 语句

options 语句指定了全局设置，其中一些随后可能会被特定区或服务器的配置覆盖掉。该语句的一般格式为：

```
options {
    option;
    option;
    ...
};
```

如果 named.conf 中没有出现 options 语句，则采用默认值。

BIND 包含了大量的选项，实际上，多得过头了。9.9 版本中的选项超过了 170 个，对于系统管理员而言，这是个不小的学习负担。不幸的是，只要 BIND 开发人员考虑移除一些不合适或是没必要的选项，结果立马就会有站点出来反对，表示自己用得到这些晦涩的选项。在此我们并不打算介绍所有的 BIND 选项，我们转而只是讨论一些推荐选项，有所侧重。（我们也就应该介绍哪些选项征求过 BIND 开发人员的意见并采纳了他们的建议。）

更多的选项请参看本章结尾给出的 DNS 和 BIND 相关的图书。另外 BIND 自带的文档也是不错的选择。BIND 发行版的 doc 目录下有一个 ARM 文档，该文档描述了每个选项，展示了其语法以及默认值。文件 doc/misc/options 也包含了完整的选项列表。

我们大概会讲解四分之一的选项，所以在页面空白处添加了注解，作为一种小型索引项使用。每个选项旁边的中括号中列出了该选项的默认值。对于大多数站点来说，默认值就已经挺好了。接下来列出的选项在出现次序上并没有什么特别的用意。

1. 文件位置

```
directory "path";        [directory where the server was started]
key-directory "path";    [same as directory entry]
```

directory 语句会使得 named 切换到指定目录。只要在 named 的配置文件中出现了相对路径，都会将其解释为相对于该目录的路径。path 应该采用绝对路径形式。所有的输出文件（调试文件、统计文件等）也都会保存到这个目录中。key-directory 是加密密钥保存的位置，应该只对部分用户可读。

我们喜欢将所有与 BIND 相关的配置文件（除了 named.conf 和 resolv.conf）放在/var（或者保存其他程序配置文件的地方）的子目录中。我们选用/var/named 或/var/domain。

2. 名称服务器标识

```
version "string";              [real version number of the server]
hostname "string";             [real hostname of the server]
server-id "string";            [none]
```

字符串 version 标识了服务器上所运行的名称服务器软件版本，字符串 hostname 和 server-id 标识了服务器本身。这些选项并不要求使用真实的值。它们各自都会将数据放入 CHAOS 类别（并非默认的 IN 类别）的 TXT 记录中，好奇的用户可以通过 dig 命令进行搜索。

加入 hostname 和 server-id 参数的目的在于使用任播路由（anycast routing）复制根服务器和 gTLD 服务器的实例。

3. 区同步

```
notify yes | master-only | explicit | no;          [yes]
also-notify server-ipaddrs;                        [empty]
allow-notify address-match-list;                   [empty]
```

notify 和 also-notify 子句仅适用于主名称服务器。allow-notify 仅适用于从名称服务器。

BIND 的早期版本只会在区的 SOA 记录刷新时间过期之时才会在主名称服务器和从名称服务器之间同步区文件。如今，只要将 notify 设为 yes，一旦重载区数据库，主服务器上的 named 就会通知对方。从服务器然后同主服务器碰头，看看区文件是否有变化，如果有的话，就更新文件副本。

notify 既可以作为全局选项，也可以作为特定区的选项。这可以显著提高数据出现变动之后区文件的收敛速度。在默认情况下，每个权威服务器都会向其他权威服务器发送更新（Paul Vixie 称之为"散播"（splattercast）系统）。将 notify 设置为 master-only 能够限制散播行为，使其仅限于向将该服务器作为主名称服务器的那些区中的从名称服务器发送通知。如果 notify 设置为 explicit，那么 named 只会通知在 also-notify 子句中列出的服务器。

named 通常会通过查看区的 NS 记录弄清楚哪些机器是区的从名称服务器。如果指定了 also-notify，那么并未在 NS 记录中宣告的其他服务器也会被通知到。如果站点拥有内部服务器，这种设置有时是必要的。

also-notify 的值是一个 IP 地址（也可以选择加入端口号）列表。如果你希望通过主名称服务器之外的名称服务器通知这些 IP 地址所对应的机器，那么必须在该服务器的 named.conf 文件中使用 allow-notify 子句。

如果服务器配备了多个网络接口，还有一些选项可以指定用于对外通知的 IP 地址和端口。

4. 递归查询

```
recursion yes | no;                            [yes]
allow-recursion { address-match-list };        [all hosts]
```

recursion 选项指定了 named 是否应该代表用户处理递归查询。你可以在区的权威服务器上启用该选项，但不建议这么做。推荐的最佳做法是把权威服务器和缓存服务器分开。

如果客户端的名称服务器应该采用递归方式，那么就将 recursion 设置为 yes，同时加入 allow-recursion 子句，这样 named 就能够区分出来自站点的查询和远程查询了。named 会对前者采用递归方式，对后者采用非递归方式。如果不管是谁的递归查询，名称服务器都会答复，那么这种服务器就叫作“开放式解析器”（open resolver），它会成为某些攻击的反射器（reflector），参见 RFC5358。

5. 使用缓存

```
recursive-clients number;         [1000]
max-cache-size number;            [unlimited]
```

如果服务器处理的流量极大，则可能需要调整 recursive-clients 和 max-cache-size 选项。recursive-clients 控制着服务器能够同时处理的递归查询数量，每个查询大概需要占用 20 KB 的内存。max-cache-size 限制了服务器用于缓存查询答复的内存大小。如果缓存占用过多，则 named 会在记录的 TTL 过期之前将其删除，将缓存占用维持在限定之下。

6. IP 端口利用情况

```
use-v4-udp-ports { range begin end; };          [range 1024 65535]
use-v6-udp-ports { range begin end; };          [range 1024 65535]

avoid-v4-udp-ports { port-list };               [empty]
avoid-v6-udp-ports { port-list };               [empty]

query-source v4-address [port]          [any]   # CAUTION, don't use port
query-source-v6 v6-address [port]       [any]   # CAUTION, don't use port
```

由于 Dan Kaminsky 所发现的 DNS 协议缺陷，源端口在 DNS 系统中变得重要起来，如果名称服务器采用了可预测的源端口和查询 ID，这一缺陷会引发 DNS 缓存投毒。针对 UDP 端口的 use-和 avoid-选项（以及 named 软件自身的修正）能够缓解此类攻击。

有些系统管理员先前设置过特定的传出端口，所以可以配置防火墙识别这些端口并仅接受出现在其上的 UPD 分组。但是在 Kaminsky 被发现之后，这种配置就不再安全了。不要用 query-source 地址选项为 DNS 查询指定固定的传出端口，否则将会丧失大量随机端口所提供的 Kaminsky 保护（Kaminsky protection）。

use-*选项默认的端口范围就已经可以了，没必要改动。但要注意其含义：来自随机的高编号端口的查询，其答复仍会从同样的端口返回。所以，防火墙必须能够接受随机的高编号端口上的 UDP 分组。

如果防火墙阻止了该范围内的某些端口（例如，RPC 的端口 2 049），那你可就碰上小麻烦了。如果名称服务器发出查询，同时选用了某个被阻止的端口作为源端口，防火墙会阻止返回的答复。名称服务器最终会停止等待，重新发送查询。虽说算不上致命的问题，但也会惹得被夹在中间的用户一头火。

为了避免出现这种情况，BIND 可以使用 avoid-*选项避开被阻止的端口。所有被防火墙阻止的高编号 UDP 端口都应该被纳入该列表。[①]如果为了响应某些带有威胁的攻击而升级了防火墙，务必记得更新此处的端口列表。

query-source 选项可以指定用于发出查询的 IP 地址。举例来说，你可能需要使用特定的 IP 地址穿过防火墙或是区分内部和外部。

7. 转发

```
forwarders { in_addr; in_addr; ... }; [empty list]
forward only | first;                 [first]
```

你可以指派一个或多个服务器作为转发器，这样就不用让所有的名称服务器都自己执行外部

① 某些可维护状态（stateful）的防火墙也许能够聪明地识别出与先前的 DNS 查询所对应的答复。这种防火墙就用不着该选项了。

查询了。普通服务器可以在自已的缓存及其具备权威性的记录中查找。如果没有找到答复，就向转发器发送查询。这样一来，转发器就能够建立起缓存，受益的则是整个站点。这种指派是隐式的：转发器的配置文件中并不会明确表示“嗨，你就是转发器。”

forwarders 选项列出了那些作为转发器的服务器。这些服务器会被依次查询。正常的 DNS 查询是从根服务器开始，然后跟随引荐链（chain of referral），而转发器的运用则绕过了这一正常过程。注意，可别造成转发环路了。

forward only 服务器会缓存查询答复，也会向并仅向转发器发出查询。如果转发器没有响应，则查询失败。forward first 服务器优先和转发器打交道，如果无响应，那么 forward first 服务器自己完成查询。

因为 forwarders 选项并没有默认值，所以除非特别指定，否则不会进行转发。

你既可以在全局范围内启用转发，也可以在单独的 zone 语句中启用。

8. 权限

```
allow-query { address-match-list };              [all hosts]
allow-query-cache { address-match-list };        [all hosts]
allow-transfer { address-match-list };           [all hosts]
allow-update { address-match-list };             [none]
blackhole { address-match-list };                [empty]
```

这些选项指定了哪些主机（或网络）可以查询名称服务器或者其缓存、请求区数据的块传输或者动态更新区数据。这些匹配列表是一种廉价的安全手段，容易受到 IP 地址欺骗的影响，所以依赖它们的话，还是存在一些风险的。如果有人设法让你的服务器回答 DNS 查询，这可能也算不上什么大事，但是要避免使用 allow_update 和 allow_transfer 子句，而是采用加密密钥代替。

blackhole 地址列表中标识出了你压根就不想与之打交道的服务器，named 不接受由这些服务器发出的查询，也绝不会向其询问。

9. 分组大小

```
edns-udp-size number;     [4096]
max-udp-size number;      [4096]
```

Internet 上所有的机器都必须能够重组大小为 512 字节或者更小的 UDP 分组碎片。尽管这种保守的要求在 20 世纪 80 年代尚情有可原，但按照现代标准来看，这个值小得都可笑了。现代路由器和防火墙都能处理比这大得多的分组，但是只要有一段糟糕的链路，就足以毁掉整条 IP 路径。

因为 DNS 查询默认使用的是 UDP，而且 DNS 响应经常大于 512 字节，管理员不得不担心过大的 UDP 分组会被丢弃掉。如果 DNS 答复被分片，而防火墙只允许第一个碎片通过，那么接收方得到的就是一个被截断的答复，它会再转用 TCP 尝试查询。相较于 UDP，TCP 协议的成本更高。由于大家的防火墙都不完善，所以位于根域或 TLD 的繁忙服务器并不需要为此增加 TCP 流量。

edns-udp-size 选项可以设置名称服务器通过扩展 DNS 协议（EDNS0）宣告的重组缓冲区大小。max-udp-size 选项可以设置服务器实际发送的最大分组大小。这两个选项值的单位都是字节。512～4 096 字节是一个合理的取值范围。

10. DNSSEC 控制

```
dnssec-enable yes | no;                          [yes]
dnssec-validation yes | no;                      [yes]
dnssec-must-be-secure domain yes | no;           [none]
```

这些选项用于支持 DNSSEC。有关 DNSSEC 的一般性讨论以及如何在站点上设置 DNSSEC 的详细说明，参见 16.10.6 节。

权威服务器需要启用 dnssec-enable 选项。递归式服务器需要启用 dnssec-enable 和 dnssec-validation 选项。

dnssec-enable 和 dnssec-validation 选项默认就是开启的，这意味着：

- 已签名区的权威服务器在答复设置了 DNSSEC 感知位（DNSSEC-aware bit）的查询时会携带所请求的资源记录及其签名；
- 已签名区的权威服务器在答复未设置 DNSSEC 感知位（DNSSEC-aware bit）的查询时，其行为和 DNSSEC 出现之前一样，只携带所请求的资源记录；
- 未签名区的权威服务器在答复查询时只携带所请求的资源记录，其中并不包含签名；
- 递归服务器代替用户发出的查询中设置了 DNSSEC 感知位；
- 递归服务器在将数据返回给用户之前会验证已签名回复中的签名。

dnssec-must-be-secure 选项允许你指定究竟是只接受特定域的安全答复，还是都无所谓，不安全的答复也能接受。举例来说，你可能对 important-stuff.mybank.com 域选择 yes，对 marketing.mybank.com 域选择 no。

11. 统计

```
zone-statistics yes | no        [no]
```

该选项会使得 named 同时维护单个区的统计以及全局统计。运行 rndc state 可以把统计信息转储到文件中。

12. 性能调校

```
clients-per-query int;        [10]          # Clients waiting on same query
max-clients-per-query int;    [100]         # Max clients before server drops
datasize int;                 [unlimited]   # Max memory server may use
files int;                    [unlimited]   # Max # of concurrent open files
lame-ttl int;                 [10min]       # Secs to cache lame server data
max-acache-size int;          [ ]           # Cache size for additional data
max-cache-size int;           [ ]           # Max memory for cached answers
max-cache-ttl int;            [1week]       # Max TTL for caching positive data
max-journal-size int;         [ ]           # Max size of transaction journal
max-ncache-ttl int;           [3hrs]        # Max TTL for caching negative data
tcp-clients int;              [100]         # Max simultaneous TCP clients
```

这一长串选项可用于调整 named，使其在你的硬件上表现得更好。我们不打算对此进行详细讲解，但如果你碰到了性能问题，可以考虑从这些选项入手。

好了，总算是把选项讲完了。让我们继续介绍配置语句吧！

16.6.5 acl 语句

控制列表就是带有名字的地址匹配列表。

```
acl acl-name {
    address-match-list
};
```

你可以在任何需要地址匹配列表的地方使用 acl-name。

acl 必须是 named.conf 中的顶层语句，所以别试图把它放到其他的选项声明中。另外还要记住，named.conf 只读取一遍，所以访问控制列表一定要在使用之前定义。有 4 个预定义的访问控制列表。

- any：所有主机。
- localnets：本地网络中的所有主机。
- localhost：本机。

- none：没有任何主机。

localnets 包括该主机直接相连的所有网络。换句话说，这个列表是通过用主机的网络地址与其网络掩码求模得到的。

16.6.6 （TSIG）key 语句

key 语句定义了一个“共享密钥”（shared secret）（即密码），用于认证两个服务器之间的通信，例如，在进行区传输时的主服务器和从服务器之间，或者在服务器和控制其的 rndc 进程之间。16.10 节给出了有关 BIND 对于加密认证支持的背景信息。在这里，我们只简要描述一下整个过程的机制。

要建立 key 记录，你得指定要使用的加密算法和共享密钥（以 base-64 编码的字符串，参见 16.10.4 节）。

```
key key-id {
     algorithm string;
     secret string;
};
```

和访问控制列表一样，key-id 必须在使用之前通过 key 语句定义。只用将 key-id 包含在服务器的 server 语句的 keys 子句内，就可以将密钥与该服务器关联起来。该密钥用于验证服务器发出的请求并为其响应签名。

共享密钥属于敏感信息，不要把它保存在人人皆可读取的文件中。使用 include 语句将其引入 named.conf 文件。

16.6.7 server 语句

named 有可能会同多个服务器通信，这些服务器并非都运行着最新的 BIND 版本，也并非都是正常的。server 语句可以告诉 named 与其通信的另一方的特征。该语句能够覆盖特定服务器的默认设置，除非你打算配置区传输的密钥，否则用不着这个语句。

```
server ip_addr {
    bogus yes | no;                              [no]
    provide-ixfr yes | no;                       [yes]
    request-ixfr yes | no;                       [yes]
    keys { key-id; key-id; ... };                [none]
    transfer-source ip-address [port];           [closest interface]
    transfer-source-v6 ipv6-address [port];      [closest interface]
};
```

你可以使用 server 语句覆盖个别服务器的全局配置选项。只用把你不希望使用默认行为的选项列出来就行了。我们并没把所有服务器特定的选项给出来，只挑出了那些你可能用得着的。完整的选项清单可参见 BIND 文档。

如果你把某个服务器标记为 bogus，named 不会发送任何查询。对于那些确实为虚假（bogus）的服务器，该指令是为其保留的。bogus 与全局选项 blackhole 的不同在于它只是抑制向外的查询。相比之下，blackhole 选项会完全消除与所列出的服务器之间一切形式的通信。

BIND 名称服务器如果作为某个动态更新区的主服务器，在 provide-ixfr 被设置为 yes 的情况下，会执行增量区传输。与此类似，作为从服务器的名称服务器会在 request-ixfr 被设置为 yes 的情况下向主服务器请求增量传输。16.9.2 节详细讨论了动态 DNS。

key 子句标识出了之前在 key 语句中定义的密钥 ID，可用于事务签名（参见 16.10.4 节）。所有发往远程服务器的请求均使用该密钥签名。远程服务器产生的请求不需要签名，但如果签了，就要验证签名。

transfer-source 子句给出了接口的 IPv4 或 IPv6 地址（还有可选的端口号），该地址被作为区传输请求的源地址（端口）。如果系统拥有多个网络接口，而且远程服务器在 allow-transfer 子句中指定了具体的 IP 地址，这时候才需要用到 transfer-source 子句，两者中的地址必须一致。

16.6.8 masters 语句

masters 语句允许通过指定 IP 地址和加密密钥来命名一个或多个主服务器。你随后就可以在 zone 语句的 masters 子句中使用定义好的名称，再也不必重复地输入 IP 地址和密钥了。

如果有多个从服务器或存根服务器要从相同的远程服务器获取数据，masters 语句就能派上用场了。要是远程服务器的地址或加密密钥发生了改变，你只用更新 masters 语句即可，无须再去逐句更改 zone 语句。

该语句的语法为：

```
masters name { ip_addr [port ip_port] [key key] ; ... } ;
```

16.6.9 logging 语句

“地表最具可配置性的日志系统”这一奖项目前非 named 莫属。syslog 将日志消息的优先级安排交到了程序员的手中，这些消息如何处置，则由系统管理员负责。但是对于特定的优先级，系统管理员没办法说“我关心的是这条消息，对那条消息没兴趣。”BIND 加入了多种类别和渠道，前者能够按类型分类日志消息，后者能够拓宽消息处置方式的选择。程序员决定类别，系统管理员决定渠道。

因为日志记录解释起来颇费口舌，而且有些偏题，我们会在 16.11 节的调试部分对其展开讨论。

16.6.10 statistics-channels 语句

statistics-channels 语句可以将浏览器与运行的 named 相连接，以此查看 named 所累积的统计信息。因为名称服务器的状态可能比较敏感，你应该将这些数据的访问权限制在自己站点上的可信任主机。该语句的语法为：

```
statistics-channels {
    inet (ip-addr | *) port port# allow { address-match-list } ;
    ...
}
```

你可以在其中包含多个 inet-port-allow 序列。其默认行为是打开，所以得小心！IP 地址默认是 any，端口号默认是 80（普通的 HTTP），allow 子句默认允许所有人连接。要想使用统计通道，必须使用 libxml2 编译 named。

16.6.11 zone 语句

zone 语句是 named.conf 文件的核心所在。它负责告诉 named 其所具备权威性的区，设置适合于各个区的管理选项。缓存服务器也可以使用 zone 语句预装载根服务器线索（也就是根服务器的名称和地址，用于引导 DNS 查找过程）。

取决于 named 在区中扮演的角色，zone 语句的具体格式也不尽相同。区的类型包括 master、slave、hint、forward、stub、delegation-only。我们不打算讲 stub 区（仅 BIND 使用）和 delegation-only 区（用于停止在顶级区中使用通配记录宣告注册商的服务）。下面简要描述其他类型的区。

早先讲过的不少全局选项都可以作为 zone 语句的一部分，覆盖掉之前定义的值。除了那些被频繁用到的选项，我们不打算在这里再多做重复。

1. 配置区的主名称服务器

如果 named 是某个区的主名称服务器，则配置语法如下。

```
zone "domain-name" {
    type master;
    file "path";
};
```

zone 语句中的 domain-name 必须出现在双引号内。

区的数据以人类可读（并且可编辑）的形式保存在磁盘文件中。不存在默认文件名，所以在声明主区（master zone）时必须给出 file 语句。区文件就是一堆 DNS 资源记录的集合而已，资源记录的格式我们在 16.5 节已经讲过了。

其他服务器特定的属性也会频繁出现在 zone 语句中。例如：

```
allow-query { address-match-list };        [any]
allow-transfer { address-match-list };     [any]
allow-update { address-match-list };       [none]
zone-statistics yes | no                   [no]
```

访问控制选项不是必需的，但用上它们是个好主意。访问控制选项可以接受各种地址匹配列表，进行安全配置时，采用 IP 地址或 TSIG 加密密钥均可。通常，加密密钥要更安全。

如果该区使用了动态更新，allow-update 子句必须与地址匹配列表一起出现，限制可以进行更新的主机。动态更新仅适用于主域，allow-update 子句不能用于从区。确保这个子句中只包含你自己的机器（例如，DHCP 服务器），而不是整个 Internet。①

zone-statistics 选项可以使 named 跟踪"查询/响应"统计信息，例如作为引荐、导致错误或是要求递归的响应数量及百分比。

考虑到所有这些针对区的特定选项(还有另外 40 多个还没讲呢!),配置工作开始复杂起来了。不过，一个主区声明中除了指向区文件的路径名之外，别的什么都不包含，这也是完全说得过去的。这里有一个取自 BIND 文档中的例子，略微进行了修改。

```
zone "example.com" {
    type master;
    file "forward/example.com";
    allow-query { any; };
    allow-transfer { my-slaves; };
}
```

其中，my-slaves 是先前定义的访问控制列表。

2. 配置区的从名称服务器

从区的 zone 语句和主区的类似。

```
zone "domain-name" {
    type slave;
    file "path";
    masters { ip_addr [port ip_port] [key keyname]; ... };
    allow-query { address-match-list };                     [any]
};
```

从服务器通常维护着区数据库的完整副本。file 语句指定了存储数据库副本的本地文件。每次从服务器载入新的区数据副本，就会将其保存到该文件。如果服务器崩溃并重启，就可以从本地磁盘中重新装载这个文件，无须再通过网络传输。

不要编辑该缓存文件，它是由 named 负责维护的。但如果你怀疑主服务器的数据文件中有错误，

① 你还得在防火墙上进行入站过滤，参见 13.14 节。更好的选择还是使用 TSIG 进行认证。

倒是值得检查一下这个文件。从服务器的磁盘文件展示了 named 是如何解释原先的区数据的。尤其是其中的相对名称以及$ORIGIN 指令都已被扩展。如果你在数据文件中看到类似于这样的名称：

```
128.138.243.151.cs.colorado.edu.
anchor.cs.colorado.edu.cs.colorado.edu.
```

那就可以充分确定原因在于某个地方忘记了尾部的点号。

masters 子句列出了能够从中获取区数据的 IP 地址列表。它还可以包含之前的 masters 语句所定义的主服务器列表名。

我们之前说过，只有一台机器可以作为区的主服务器，那为什么还可以列出多个地址？原因有两个。首先，主服务器可能有多个网络接口，也就意味着有多个 IP 地址。也许会出现其中一个接口不可用（由于网络或路由问题），而其他接口仍可访问的情况。因此，列出主服务器所有在拓扑结构上不同的地址是一种很好的做法。

其次，named 并不关心区数据来自哪里。从主服务器或从服务器上拉取数据库的难度没什么两样。你可以利用这一特性，将一个连接良好的从服务器作为一种备份主服务器，因为 named 会按顺序尝试 IP 地址，直到找到一个正常工作的服务器。在理论上，你可以设计一种服务器层级结构，一个主服务器服务若干二级服务器，二级服务器接着再服务多个三级服务器。

3. 设置根服务器线索

另一种形式的 zone 语句将 named 指向一个文件，它可以从中将根名称服务器的名称以及地址预装载入自己的缓存。

```
zone "." {
    type hint;
    file "path";
};
```

所谓的“线索”（hint）就是一组列出了根域服务器的 DNS 记录。一个递归的、能够缓存的 named 需要用它作为搜索其他站点域名信息的起点。没有了线索，named 就只知道自己所服务的域及其子域的信息了。

当 named 启动时，会从其中一个根服务器中重新载入这些线索。只要线索文件中至少包含一个有效的、可抵达的根服务器，你就可以安心了。为了以防万一，也可以将根服务器线索编译进 named。

线索文件通常叫作 root.cache。它包含在根域中查询任何根服务器的名称服务器记录时所获得的响应。实际上，你也可以按照这种方法用 dig 生成线索文件。例如：

```
$ dig @f.root-servers.net . ns > root.cache
```

别忘了点号。如果 f.root-servers.net 没有响应，那么你可以在查询时不指定任何特定的服务器。

```
$ dig . ns > root.cache
```

输出结果都差不多。不过这次得到的根服务器列表来自本地名称服务器的缓存，而非权威来源。这应该也不是问题，即便是你一两年都没有重启过名称服务器，当根服务器记录的 ttl 过期时，一样会定期刷记录。

4. 设置转发区

forward 类型的区会覆盖 named 默认的域查询路径（先查询根服务器，然后跟随引荐逐步往下进行，如 16.4.5 节讲过的那样）。

```
zone "domain-name" {
    type forward;
    forward only | first;
```

```
    forwarders { ip_addr; ip_addr; ... };
};
```

如果你的组织与其他团体或公司有战略合作关系，希望绕过标准查询路径，将流量直接汇集到该公司的名称服务器，则可以使用转发区。

16.6.12 rndc的controls语句

controls语句可以限制named进程与rndc（系统管理员可以使用该程序控制named）之间的交互。rndc能够启动和停止named、转储其状态、将其置入调试模式等。rndc要通过网络操作，如果配置不当，则可能会被Internet上的用户把名称服务器搞砸。controls语句的语法为：

```
controls {
    inet addr port port allow { address-match-list } keys { key_list };
}
```

如果不指定其他端口，rndc通过端口953和named通信。

允许远程控制名称服务器既有便捷之处，也存在风险。需要通过allow子句中的key条目实施强身份验证，地址匹配列表中的密钥会被忽略，必须在controls语句中的keys子句里明确说明。

你可以使用rndc-confgen命令生成一个在rndc和named之间使用的认证密钥。该密钥的设置方法基本上有两种：可以让named和rndc查询同一个配置文件以获悉密钥（例如，/etc/rndc.key），或者将密钥包含在rndc和named的配置文件中（rndc的配置文件是/etc/rndc.conf，named的配置文件是/etc/named.conf）。后一种方法要更复杂，但如果named和rndc运行在不同的机器上，那就必须得用这种办法了。rndc-confgen -a可以设置供localhost访问的密钥。

如果不存在controls语句，则BIND默认将环回地址作为地址匹配列表，在/etc/rndc.key中查找密钥。因为强认证是强制性的，如果没有密钥，rndc命令则无法控制named。这种预防措施可能看起来很严苛，但考虑一下：即使rndc只能用在127.0.0.1，并且该地址在防火墙处与外部世界隔离，你仍然得信任所有的本地用户不会破坏你的名称服务器。任何用户都可以远程登录到控制端口，然后键入"stop"，这是一种相当有效的拒绝服务攻击。

下面的例子是请求256位密钥时，rndc-confgen在标准输出设备上的输出。我们选择了256位是因为这个长度适合本书的页面。你通常会选择更长的密钥，并将输出重定向到/etc/rndc.conf。命令输出底部的注释给出了要添加到named.conf中的行，以便named和rndc能够协同工作。

```
$ ./rndc-confgen -b 256
# Start of rndc.conf
key "rndc-key" {
    algorithm hmac-md5;
    secret "orZuz5amkUnEp52zlHxD6cd5hACldOGsG/elP/dv2IY=";
};

options {
    default-key "rndc-key";
    default-server 127.0.0.1;
    default-port 953;
};
# End of rndc.conf

# Use the following in named.conf, adjusting the allow list as needed:
# key "rndc-key" {
#   algorithm hmac-md5;
#   secret "orZuz5amkUnEp52zlHxD6cd5hACldOGsG/elP/dv2IY=";
# };
#
# controls {
```

```
#   inet 127.0.0.1 port 953
#   allow { 127.0.0.1; } keys { "rndc-key"; };
# };
# End of named.conf
```

16.7 DNS 分割与 view 语句

很多站点希望其网络的内部视图（view）和 Internet 视图有所不同。举例来说，你可能想向内部用户公开区中的所有主机，但却限制外界只能看到少数熟知的服务器。或者说，你想在两种视图下公开同一组主机，但是向内部用户提供额外的（或不同的）的资源记录。比如，邮件路由的 MX 记录可能指向域外的单个邮件枢纽机器，但从内部用户的角度来看，MX 记录指向的是一个个的工作站。

对于在内部网络中采用了私有 IP 地址（RFC1918）的站点而言，DNS 分割颇为有用。例如，查询与 IP 地址 10.0.0.1 关联的主机名根本不可能得到全球 DNS 系统的回应，但是同样的查询如果是放在本地网络环境中就有意义了。在发往根名称服务器的查询中，有 4%～5%要么是来自私有 IP 地址，要么是查询这类地址，不管是哪种情况，都不会得到答复。归其原因，都是设置不当造成的，问题可能在于 BIND 的 DNS 分割或者是 Microsoft 的“域”。

view 语句中包含了数个能够控制哪些用户可以看到哪些视图的访问列表、一些应用于视图中所有区的选项以及区本身。其语法为：

```
view view-name {
    match-clients { address-match-list } ;                [any]
    match-destinations { address-match-list } ;           [any]
    match-recursive-only yes | no;                        [no]
    view-option; ...
    zone-statement; ...
} ;
```

view 语句中必须有 match-clients 子句，该子句用于过滤 DNS 查询的源 IP 地址。它通常提供了站点 DNS 数据的内外部视图。要想进行更精细的控制，还可以过滤 DNS 查询的目的地址、要求递归查询。

match-destinations 子句查看 DNS 查询所发送到的目的地址。如果你想在多宿主（multihomed）机器上（也就是配备了多个网络接口）针对查询所到达的接口提供不同的 DNS 数据，就是这个子句发挥作用的时候了。match-recursive-only 子句要求 DNS 查询是递归的，而且要来自经过许可的客户端。迭代查询能够让你看到站点缓存中的内容，该子句可以防止这种情况。

视图是按照顺序处理的，所有要把限制最多的视图放在前面。不同视图中的区可以采用相同的名称，但其数据取自不同的文件。视图就是一种“要么有，要么没”（all-or-nothing）的命题，如果采用了视图，那么 named 配置文件中所有的 zone 语句就必须出现在 view 的上下文中。

下面这个简单的例子取自 BIND 9 的文档。两个视图定义的是同一个区，但是数据却并不相同。

```
view "internal" {
    match-clients { our_nets; };       // Only internal networks
    recursion yes;                     // Internal clients only
    zone "example.com" {               // Complete view of zone
        type master;
        file "example-internal.db";
    };
};

view "external" {
    match-clients { any; };            // Allow all queries
```

```
    recursion no;                   // But no recursion
    zone "example.com" {            // Only "public" hosts
        type master;
        file "example-external.db";
    }
};
```

如果把视图的顺序颠倒过来，那就没人能看到内部视图了。在到达内部视图之前，内部主机就已经先匹配到外部视图中 match-clients 子句内的 any 值了。

第二个 DNS 配置示例出现在 16.8.2 节，给出了视图的另一个例子。

16.8 BIND 配置示例

我们现在已经见识过了 named.conf 的各色配置，接着来看两个完整的配置示例。

- localhost 区。
- 一家采用了 DNS 分割的小型安全公司。

16.8.1 localhost 区

IPv4 地址 127.0.0.1 指向主机本身，应该被映射到名称“localhost.”。[①]有些站点将这个地址映射到了“localhost.localdomain.”，有些则两者皆顾。其对应的 IPv6 地址是::1。

如果你忘了配置 localhost 区，站点可能最终会向根服务器查询 localhost 信息。根服务器接收到的这种查询不在少数，以致运维人员都在考虑在根域中加上一条 localhost 与 127.0.0.1 之间的通用映射。在流行的“虚假 TLD”（bogus TLD）[②]类别中，其他一些不常见的名称包括 lan、home、localdomain、domain。

localhost 名称的正向映射可以定义在域的正向区文件（配合适应的$ORIGIN 语句）或者它自己的文件中。每个服务器，甚至包括缓存服务器，通常都是其反向 localhost 域的主服务器。

以下是 named.conf 中 localhost 的配置行。

```
zone "localhost" {                          // localhost forward zone
    type master;
    file "localhost";
    allow-update { none; };
};

zone "0.0.127.in-addr.arpa" {               // localhost reverse zone
    type master;
    file "127.0.0";
    allow-update { none; };
};
```

对应的正向区文件 localhost 中包含了下列配置行。

```
$TTL 30d
; localhost.
@   IN      SOA     localhost. postmaster.localhost. (
                    2015050801          ; Serial
                    3600                ; Refresh
                    1800                ; Retry
                    604800              ; Expiration
                    3600 )              ; Minimum
```

① 实际上，整个 A 类网络 127/8 指代的都是 localhost，不过大部分人只用 127.0.0.1。

② 参见 RFC 2606。——译者注

```
                NS      localhost.
                A       127.0.0.1
```

反向文件 127.0.0.1 中包含：

```
$TTL 30d
; 0.0.127.in-addr.arpa
@   IN          SOA     localhost. postmaster.localhost. (
                            2015050801          ; Serial
                            3600                ; Refresh
                            1800                ; Retry
                            604800              ; Expiration
                            3600 )              ; Minimum

                NS      localhost.
1               PTR     localhost.
```

localhost 的地址映射（127.0.0.1）永远不会改变，所以超时值可以设置得比较大。序列号中编入了日期信息，该文件最后一次改动是在 2015 年。另外还要注意的是，localhost 域只列出了主名称服务器。@在这里表示“0.0.127.in-addr.arpa.”。

16.8.2 小型安全公司

我们第二个例子针对的是一家专注于安全咨询的小型公司。这家公司在最新的 Red Hat Enterprise Linux 版本上运行 BIND 9，并使用视图实现了 DNS 分割，使得内外部用户可以看到不同的主机数据。他们在内部使用了私有地址空间，对于这些地址的查询可不能泄露到 Internet 上去，不然可就把全球 DNS 系统搞乱套了。下面是用到的 named.conf 文件，我们重新稍进行了点格式化和注释。

```
options {
    directory "/var/domain";
    version "root@atrust.com";
    allow-transfer { 82.165.230.84; 71.33.249.193; 127.0.0.1; };
    listen-on { 192.168.2.10; 192.168.2.1; 127.0.0.1; 192.168.2.12; };
};

include "atrust.key";                       // Mode 600 file
controls {
    inet 127.0.0.1 allow { 127.0.0.1; } keys { atkey; };
};

view "internal" {

    match-clients { 192.168.0.0/16; 206.168.198.192/28; 172.29.0.0/24; };
    recursion yes;

    include "infrastructure.zones";     // Root hints, localhost forw + rev

    zone "atrust.com" {                 // Internal forward zone
        type master;
        file "internal/atrust.com";
    };
    zone "1.168.192.in-addr.arpa" {     // Internal reverse zone
        type master;
        file "internal/192.168.1.rev";
        allow-update { none; };
    };
    ... // Many zones omitted
```

```
        include "internal/tmark.zones";      // atrust.net, atrust.org slaves

    }; // End of internal view

    view "world" {                           // External view
        match-clients { any; };
        recursion no;

        zone "atrust.com" {                  // External forward zone
            type master;
            file "world/atrust.com";
            allow-update { none; };
        };
        zone "189.173.63.in-addr.arpa" {     // External reverse zone
            type master;
            file "world/63.173.189.rev";
            allow-update { none; };
        };
        include "world/tmark.zones";         // atrust.net, atrust.org masters
        zone "admin.com" {                   // Master zones only in world view
            type master;
            file "world/admin.com";
            allow-update { none; };
        };
        ... // Lots of master+slave zones omitted
    }; // End of external view
```

文件 atrust.key 定义了名为 atkey 的密钥。

```
key "atkey" {
    algorithm hmac-md5;
    secret "shared secret key goes here";
};
```

文件 tmark.zones 包含了名称 atrust 的各种变化，既有不同的顶级域（net、org、us、info 等），也包括不同的拼写（applied-trust.com 等）。文件 infrastructure.zones 包含了根线索和 localhost 文件。

区是按照视图（internal 或 world）和类型（master 或 slave），区数据文件的命名约定也反映出了这种方案。该服务器在包括所有本地主机（其中不少使用了私有地址）的内部视图中是递归的，而在外部视图中则是非递归的，其中只包含从 atrust 选出的主机及其提供主或从 DNS 服务的外部区。

下面给出了文件 internal/atrust.com 和 world/atrust.com 的部分片段。首先是文件 internal。

```
; atrust.com - internal file

$TTL 86400
$ORIGIN atrust.com.
@     3600    SOA ns1.atrust.com. trent.atrust.com. (
                      2015110200 10800 1200 3600000 3600 )
      3600    NS  NS1.atrust.com.
      3600    NS  NS2.atrust.com.
      3600    MX  10 mailserver.atrust.com.
      3600    A   66.77.122.161

ns1           A   192.168.2.11
ns2           A   66.77.122.161
www           A   66.77.122.161
mailserver    A   192.168.2.11
exchange      A   192.168.2.100
secure        A   66.77.122.161
...
```

从 IP 地址范围可以看出，这个站点在内部使用了 RFC 1918 中规定的私有地址。另外要注意的是主机的昵称并不是通过 CNAME 分配的，站点中有多条 A 记录都指向了相同的 IP 地址。[①]这种方法效果还行，不过每个 IP 地址在反向区中应该只有一条 PTR 记录。

下面是相同域的外部视图，取自文件 world/atrust.com。

```
; atrust.com - external file
$TTL 57600
$ORIGIN atrust.com.
@                       SOA ns1.atrust.com. trent.atrust.com. (
                                2015110200 10800 1200 3600000 3600 )
                        NS  NS1.atrust.com.
                        NS  NS2.atrust.com.
                        MX  10 mailserver.atrust.com.
                        A   66.77.122.161
ns1.atrust.com.         A   206.168.198.209
ns2.atrust.com.         A   66.77.122.161
www                     A   66.77.122.161
mailserver              A   206.168.198.209
secure                  A   66.77.122.161

; reverse maps
exterior1               A   206.168.198.209
209.198.168.206         PTR exterior1.atrust.com.
exterior2               A   206.168.198.213
213.198.168.206         PTR exterior2.atrust.com.
...
```

和在内部视图中一样，昵称是通过 A 记录实现的。在外部视图中可见的只有少数主机（尽管从截取的文件片段中并非一目了然）。出现在两种视图中的机器（例如 ns1）既在内部拥有 RFC 1918 的私有地址，在外部还拥有公开注册的地址。

外部区的 TTL 被设为 16 h（57 600 s）。内部区的 TTL 被设置为 1 D（86 400 s）。

16.9 更新区文件

要想修改区的数据（例如，添加或删除主机），你得更新主服务器的区数据文件。一定还要记得增加该区 SOA 记录的序列号。最后，必须让名称服务器获取并分发这些变更。

第一步视你所使用的软件而定。对于 BIND，只用运行 rndc reload，指示 named 读取变更。你也可以杀死并重启 named，但如果服务器既是区的权威服务器，又是用户的递归服务器，这种方法会丢弃掉所缓存的其他域的数据。

由于 notify 选项默认是开启的，所以已更新的区数据会立刻传播到 BIND 主服务器的从服务器。如果通知功能尚未打开，从服务器就只能等到 refresh 时间过了之后才能读取到变更，这个时间在区的 SOA 记录中设置，通常是 1 h。

如果 notify 选项尚未开启，你可以在每个从服务器上运行 rndc reload，强制其更新自身。该命令会使得从服务器比对主服务器，检查数据是否发生变更，然后请求区传输。

修改主机名或 IP 地址之后，别忘了修改正向区和反向区。遗漏反向文件会造成一些不易察觉的错误：有些命令工作正常，而有些命令工作不正常。

只修改区数据，但是忘记修改序列号的结果就是变更只会在主服务器上生效（重新载入数据

① A 记录的解析速度一度可能比 CNAME 还快，因为客户端不用再执行第二次 DNS 查询以获取 CNAME 目标的地址。如今的 DNS 服务器更聪明了，可以自动在原始查询响应中包含目标的 A 记录（如果它们知道的话）。

之后），但对从服务器无效。

不要修改从服务器的数据文件。这些文件是由名称服务器维护的，系统管理员不应该插手。只要不进行变动，查看 BIND 数据文件就行了。

16.9.1 区传输

DNS 服务器之间的同步是通过区传输完成的。区传输的范围可以涵盖整个区（称为 AXFR）或者限于增量变更（称为 IXFR）。区传输默认使用 TCP 协议的端口 53。BIND 会使用类别 xfer-in 或 xfer-out 记录和区传输相关的信息。

想刷新数据的从服务器必须向主服务器请求区传输，然后在磁盘上生成区数据的备份。如果通过比对序列号（非实际数据）确定主服务器的数据没有变化，则不会进行更新，备份文件只是略进行改动。（也就是将文件的修改时间设置为当前时间。）

在区传输期间，发送和接收查询的服务器仍可以正常工作。只有在传输完成之后，从服务器才开始使用新的数据。

如果区的规模很庞大（例如 com）或者采用了动态更新（参见 16.9.2 节），其改动相较于整个区的数据量而言，通常比较小。如果使用 IXFR，只发送有变动的数据（除非这些数据量比整个区还多，在这种情况下，则采用常规的 AXFR 传输）。IXFR 机制类似于 patch 程序，它更改旧数据库，使其和新数据库保持一致。

在 BIND 中，如果区配置为动态更新，IXFR 是其默认的区传输方式，named 会维护一个名为 zonename.jnl 的事务日志。你可以在 server 语句中设置各个对等方（individual peer）的 provide-ixfr 和 request-ixfr 选项。对于该服务器作为主服务器的那些区，provide-ixfr 选项可以为其启用或禁用 IXFR 服务。对于该服务器作为从服务器的那些区，request-ixfr 选项可以为其请求 IXFR 服务。

```
provide-ixfr yes ;     # In BIND server statement
request-ixfr yes ;     # In BIND server statement
```

IXFR 也适用于那些手动编辑的区。ixfr-from-differences 选项就可以启用这一功能。IXFR 要求区域文件按规范顺序（canonical order）排序。不支持 IXFR 请求的服务器的会自动回退到标准的 AXFR 区传输方式。

16.9.2 动态更新

DNS 最初的设计基于这样一种假设：名称与地址之间的映射关系相对稳定，改动并不频繁。但是，采用了 DHCP 的站点会在机器引导和加入网络时动态分配 IP 地址，这种行为不断地打破着这一规则。有两种基本的解决办法：将通用（以及静态）条目添加到 DNS 数据库，或者提供某种方法对区数据进行小规模的、频繁的改动。

对于翻看过 PTR 记录，从中查找由负责大众市场（家庭）的 ISP 所分配给其的 IP 地址的用户而言，第一种办法并不陌生。这种 DNS 配置通常如下所示。

```
dhcp-host1.domain.  IN A  192.168.0.1
dhcp-host2.domain.  IN A  192.168.0.2
...
```

尽管这种解决方案很简单，但意味着主机名和特定 IP 地址的关联是永久性的，只要接收到新的 IP 地址，主机名就得改变。基于主机名的日志记录以及安全手段在这种环境下会碰到极大的困难。

RFC 2136 中描述的动态更新特性提供了另一种解决方案。它扩展了 DNS 协议，加入了一个更新操作，允许DHCP守护进程这样的实体能够将其分配的地址告知名称服务器。动态更新可以添加、删除或修改资源记录。

如果在BIND中启用了动态更新，那么named会维护一份动态变更日志（zonename.jnl），以便服务器崩溃时查询。named通过读取原始的区文件，然后重现日志中记录的变更来恢复区数据在内存中的状态。

你得先停止动态更新流才能手动编辑采用了动态更新的区。rndc freeze zone或者rndc freeze zone class view可以做到这一点。这些命令可以将日志文件同步到磁盘上的主区文件，然后删除日志。这样就能手动编辑区文件了。不幸的是，区文件的原始格式会被named搞坏，这个文件看起来类似于named为从服务器所维护的那些文件。

处于冻结状态的区是无法动态更新的。要想重新从磁盘载入区文件，恢复动态更新，可以使用rndc thaw，配合和当初冻结该区时一样的参数。

BIND 9自带的nsupdate程序提供了可用于进行动态更新的命令行接口。该程序运行在批处理模式中，从键盘或文件中接收命令。空行或者send命令表示更新内容结束，将变更发送到服务器。两个空行表示输入结束。这种命令语言包含了原始的if语句，可以表达诸如“如果DNS中没有这个主机名，就把它加进去”之类的含义。作为nsupdate操作的判断条件，你可以要求某个名称是否存在，或是要求某条资源记录是否存在。

例如，下面是一个简单的nsupdate脚本，可以添加一台新主机，还可以为现有主机添加昵称（如果该昵称尚未被占用）。尖括号提示符是nsupdate产生的，并非命令脚本的组成部分。

```
$ nsupdate
> update add newhost.cs.colorado.edu 86400 A 128.138.243.16
>
> prereq nxdomain gypsy.cs.colorado.edu
> update add gypsy.cs.colorado.edu CNAME evi-laptop.cs.colorado.edu
```

DNS的动态更新让人提心吊胆的。对于重要的系统数据，这种可能会造成不受控制的写访问。别用IP地址控制访问，太容易被伪造了。带有共享密钥的TSIG认证效果更好，它是现成的，也容易配置。这两种方式BIND都支持。

```
$ nsupdate -k keydir:keyfile
```

或者

```
$ nsupdate -y keyname:secretkey
```

在使用-y选项时，密码会出现在命令行中，只要有人在恰当的时机运行w或ps命令，就能看到密码。因此，用-k选项更为合适。有关TSIG更多的细节，参见16.10.4节。

区的动态更新可以通过named.conf中的allow-update或update-policy子句启用。allow-update能够根据基于IP或密钥的认证结果，授权更新任何记录。update-policy是BIND 9的扩展，允许根据主机名或记录类型施加更为精细的控制。它要是使用基于密钥的认证。这两种形式都只能用于zone语句，在特定的zone语句中，两者必须二选一。

对于包含动态主机的区，一种不错的默认行为是使用update-policy让客户端更新自己的A记录或PTR记录，但是不改动SOA记录、NS记录或KEY记录。

update-policy规则（可以有多个）的语法如下。

```
(grant|deny) identity nametype name [types] ;
```

identity是用于授权更新的加密密钥名称。nametype可以是以下4个值之一：name、subdomain、wildcard、self。其中特别好用的就是self选项，它可以使主机只更新自己的记录。可以根据情况使用该选项。

name 是待更新的区，type 是要被更新的资源记录的类型。如果没有指定类型，那么除 SOA、NS、RRSIG、NSEC、NSEC3 之外的记录都会被更新。

这里给出一个完整的例子。

```
update-policy { grant dhcp-key subdomain dhcp.cs.colorado.edu A } ;
```

该配置允许知道密钥 dhcp-key 的所有人更新 dhcp.cs.colorado.edu 子域的地址记录。这条语句出现在主服务器的 named.conf 文件中针对 dhcp.cs.colorado.edu 区的 zone 语句内。（在其他地方还得有一条定义 dhcp-key 的 key 语句。）

下面的片段取自科罗拉多大学计算机科学系的 named.conf 文件，其中使用了 update-policy 语句允许系统管理类的学生更新自己的子域，同时又不会弄乱其他的 DNS 环境。

```
zone "saclass.net" {
    type master;
    file "saclass/saclass.net";
    update-policy {
        grant feanor_mroe. subdomain saclass.net.;
        grant mojo_mroe. subdomain saclass.net.;
        grant dawdle_mroe. subdomain saclass.net.;
        grant pirate_mroe. subdomain saclass.net.;
        ...
    };
...
```

16.10 DNS 安全问题

尽管 DNS 一开始就是作为一种开放系统，但它已经逐步变得越来越安全，或者至少说，能够变得安全了。默认情况下，通过 dig、host、nslookup、drill 这样的工具发出的查询，Internet 上的任何人都可以检查域。在某些情况下，你还可以转储整个 DNS 数据库。

为了解决此类漏洞，名称服务器支持各种基于主机及网络地址或加密认证访问控制。表 16.5 总结了可以在 named.conf 中配置的安全特性。章节一栏显示了可以在本书中哪些地方找到更详细的内容。

在非特权 UID 下，BIND 可以运行在 chroot 环境中，以此降低安全风险。另外，还可以使用事务签名控制主名称服务器和从名称服务器、名称服务器及其控制程序之间的通信。

表 16.5　　BIND 安全特性

特性	所出现的上下文	章节	含义
acl	多种	16.6.4 节	访问控制列表
allow-query	options、zone	16.6.4 节	谁能查询区或服务器
allow-recursion	options	16.6.4 节	谁能发出递归查询
allow-transfer	options、zone	16.6.4 节	谁能请求区传输
allow-update	zone	16.11 节	谁能进行动态更新
blackhole	options	16.6.4 节	服务器完全忽略
bogus	server	16.6.6 节	服务器从不发出查询
update-policy	zone	16.11 节	谁可以进行动态更新

16.10.1 再谈 BIND 中的访问控制列表

ACL 是命名过的地址匹配列表，可以作为 allow-query、allow-transfer、blackhole 等语句的参数。16.6.4 节描述了其基本的语法。ACL 能够以多种方式增强 DNS 的安全性。

每个站点都应该至少有一条针对虚假地址的 ACL，一条针对本地地址的 ACL。例如：

```
acl bogusnets {          // ACL for bogus networks
    0.0.0.0/8 ;          // Default, wild card addresses
    1.0.0.0/8 ;          // Reserved addresses
    2.0.0.0/8 ;          // Reserved addresses
    169.254.0.0/16 ;     // Link-local delegated addresses
    192.0.2.0/24 ;       // Sample addresses, like example.com
    224.0.0.0/3 ;        // Multicast address space
    10.0.0.0/8 ;         // Private address space (RFC1918)①
    172.16.0.0/12 ;      // Private address space (RFC1918)
    192.168.0.0/16 ;     // Private address space (RFC1918)
} ;

acl cunets {             // ACL for University of Colorado networks
    128.138.0.0/16 ;     // Main campus network
    198.11.16/24 ;
    204.228.69/24 ;
};
```

在配置文件的全局 options 部分中，可以加入：

```
allow-recursion { cunets; } ;
blackhole { bogusnets; } ;
```

将区传输的对象限制在合法的从服务器范围内也是个不错的主意。一条 ACL 就可以让事情变得既美观又整洁。

```
acl ourslaves {
    128.138.242.1 ;              // anchor
    ...
} ;
acl measurements {
    198.32.4.0/24 ;              // Bill manning's measurements, v4 address
    2001:478:6:0::/48 ;          // Bill manning's measurements, v6 address
} ;
```

实际的限制是通过下面这行实现的。

```
allow-transfer { ourslaves; measurements; } ;
```

在这里，区传输被限制在我们自己的从服务器和 Internet 测量项目（Internet measurement project）的机器上，后者遍历反向 DNS 树，以此确定 Internet 的规模以及配置有误的服务器数量。以这种方式显示区传输使得其他站点无法使用像 dig 这样的工具（参见 16.4.8 节）转储你的整个 DNS 数据库。

当然，你仍可以通过路由器访问控制列表和每台主机上的标准安全机制在较低层面上保护网络。如果这些手段都不可行，除了你想要密切监视的网关之外，可以在其他机器上拒绝 DNS 分组。

① 如果你使用私有地址并配置了内部 DNS 服务器，请不要将其作为虚假地址！

16.10.2 开放式解析器

开放式解析器是一种递归的缓存名称服务器，可以接受并答复 Internet 上任何用户的查询。这种解析器可不怎么样。外界不需要许可，甚至可以在你不知晓的情况下耗费你的资源，如果碰上不怀好意的家伙，有可能会向解析器缓存中投毒。

更糟糕的是，恶意用户有时会使用开放式解析器来放大分布式拒绝服务攻击。攻击者向解析器发送带有虚假源地址的查询，而这个地址指向的则是受害者。解析器会尽职尽责地答复查询，向受害者发送一些块头颇大的分组。受害者其实根本没有发出过查询，但它仍得路由并处理这些网络流量。如果存在多个开放式解析器，那更是火上浇油，对于受害者而言，这的的确确是个头疼事。

统计显示，目前有 70%～75%的缓存名称服务器是开放式解析器。网站 DNS TOOLS 可以帮助你测试站点。进入页面，选择“open resolver test”，输入名称服务器的 IP 地址。你也可以输入网络号或 WHOIS 标识符，测试所有相关的服务器。

在 named.conf 中使用访问控制列表限制缓存名称服务器只答复自己用户的查询。

16.10.3 在 chroot 囚笼环境下运行

如果黑客破坏了你的名称服务器，他们有可能以运行名称服务器的用户身份作为伪装，获得系统的访问权。为了限制因此带来的破坏，你可以选择在 chroot 环境中运行服务器，或者以非特权用户的身份运行，也可以两者皆施。

named 的命令行选项-t 可以指定 chroot 的囚笼目录，-u 选项可以指定 named 应该以哪个 UID 运行。例如：

```
$ sudo named -u 53
```

一开始以 root 身份启动 named，等 named 完成所有必须以 root 才能完成的事务之后，解除权限，以 UID 53 运行。

很多站点兴师动众地使用-u 和-t 选项，但是当宣布新的漏洞出现时，他们必须赶在黑客发动攻击前升级。

chroot 囚笼（chroot jail）不能为空，其中必须包含名称服务器正常运行所需要的所有文件：/dev/null、/dev/random、区文件、配置文件、密钥、syslog 目标文件、syslog 的 UNIX 域套接字、/var 等。完成这些配置需用心。chroot 系统调用是在库被装载之后才被执行的，所以就不用再复制共享库了。

16.10.4 通过 TSIG 和 TKEY 实现服务器之间的安全通信

在开发 DNSSEC（16.10.6 节中介绍）期间，IETF 开发了一种更为简单的机制，叫作 TSIG（RFC 2845）[①]，可以利用“事务签名”（transaction signature）保障服务器之间的安全通信。通过事务签名实现的访问控制要比通过 IP 源地址实现的访问控制更为安全。TSIG 可以保护主服务器及其从服务器之间的区传输，还可以保护动态更新。

添加在消息上的 TSIG 可以认证对方的身份，验证数据是否被篡改。在接收到分组时检查签名，然后将其丢弃。签名不会被缓存，也不会成为 DNS 数据的一部分。

TSIG 采用的是对称加密。也就是说，加密密钥和解密密钥是一样的。这种单密钥的形式称为

① TSIG 是 Transaction SIGnature（事务签名）的缩写。——译者注

"共享密钥"。TSIG 规范允许使用多种加密算法，BIND 也实现了其中的不少加密算法。要想确保通信的安全性，为每一对服务器选用不同的密钥。

相较于公钥加密，TSIG 的计算量要少得多，但因为它需要手动配置，因此仅适用于通信的服务器数量较少的本地网络，无法扩展到全球 Internet。

16.10.5 为 BIND 设置 TSIG

首先，使用 BIND 的实用工具 dnssec-keygen 为两台服务器（比如 master 和 slave1）生成共享密钥。

```
$ dnssec-keygen -a HMAC-SHA256 -b 128 -n HOST master-slave1
Kmaster-slave1.+163+15496
```

选项-b 128 告诉 dnssec-keygen 生成 128 位密钥。我们之所以在这里使用 128 位只是为了保证密钥长度足够短，能够正好适合本书的页面宽度。在实际中，你也许想使用更长的密钥，密钥长度最多是 512 位。

以上命令会产生两个文件。

```
Kmaster-slave1.+163+15496.private
Kmaster-slave1.+163+15496.key
```

163 代表 SHA-256 算法，15496 是一个作为密钥标识符的数字，以防同一对服务器拥有多个密钥。①两个文件中包含的是相同的密钥，格式不同而已。

文件.private 的内容类似于：

```
Private-key-format: v1.3
Algorithm: 163 (HMAC_SHA256)
Key: owKt6ZWOlu0gaVFkwOqGxA==
Bits: AAA=
Created: 20160218012956
Publish: 20160218012956
Activate: 20160218012956
```

文件.key 类似于：

```
master-slave1.   IN  KEY   512 3 163 owKt6ZWOlu0gaVFkwOqGxA==
```

注意，dnssec-keygen 在.key 文件的文件名及其内容中出现的密钥名末尾都加上了一个点号。这种惯例的动机在于，当使用 dnssec-keygen 来生成用于添加到区文件中的 DNSSEC 密钥时，密钥名必须是全限定的域名，所以结尾必须有点号。或许应该有两个工具，一个生成共享密钥，另一个生成公钥的密钥对。

你实际上根本不需要.key 文件，这是 dnssec-keygen 用于两项不同工作时的产物。把它删掉吧。KEY 记录中的 512 并不是密钥的长度，而是一个标志位，标明该记录是一个 DNS 主机密钥。

绕了这一大圈之后，你可能失望地发现所生成的密钥不过是一个比较长的随机数字而已。你可以手动生成这个密钥：写一串 ASCII 字符，长度别搞错（能被 4 整除），假装这就是 base-64 编码后的结果；或者使用 mmencode 对一个随机字符串编码。用哪种方法创建密钥并不重要，重要的是它在两台机器上都得存在。

用 scp 把密钥从文件.private 中复制到 master 和 slave1，或者用剪切加粘贴的方法也行。别用 telent 或 ftp 复制密钥，就算是内部网络可能也不安全。

密钥必须出现在两台机器的 named.conf 文件中。因为 named.conf 通常人皆可读，但密钥可不

① 这个数字看起来像是随机的，但其实是 TSIG 密钥的散列值。

能如此，所以要把密钥放到单独的文件中，然后在named.conf中包含该文件。密钥文件的模式应该设为600，由用户named所有。

例如，你可以把下面的代码段放入文件master-slave1.tsig。

```
key master-slave1. {
    algorithm hmac-md5 ;
    secret "shared-key-you-generated" ;
} ;
```

在文件named.conf中，在靠近文件起始的位置加入下面这行。

```
include "master-slave1.tsig" ;
```

这部分配置只是简单地定义了密钥。要想将其用于实际的签名和验证更新，主服务器需要明确要求用密钥进行传输，而从服务器需要使用server语句和keys子句来标识主服务器。例如，你可以把下面这行加入到主服务器的zone语句中。

```
allow-transfer { key master-slave1. ;} ;
```

然后再把这行加入到从服务器的named.conf文件中。

```
server master's-IP-address { keys { master-slave1. ; } ; } ;
```

如果主服务器允许动态更新，也可以在zone语句的allow-update子句中使用密钥。

我们在示例中用到的密钥名都很普通。如果要在多个区中使用TSIG密钥，你可能会想在密钥名中加入区名，这样比较直观。

当你首次启用事务签名时，让named在1级调试模式（有关调试模式的更多信息参见16.11节）中运行一会，看看有没有出现错误信息。

在主服务器和从服务器之间使用TSIG密钥和事务签名时，记得通过NTP保持服务器的时钟同步。如果时钟相差太多（超过5分钟），签名验证就没法正常工作了。这种问题很难发现。

TKEY[①]是BIND的一种机制，可以让两台主机自动生成共享密钥，不用打电话，也不用搞安全副本，就可以完成密钥的分发。它采用了一种叫作Diffie-Hellman的密钥交换算法，在这种算法中，通信的每一方各生成一个随机数，对其执行某种数学运算，然后将结果发送给对方。各方将自己的数字与接收到的数字通过计算得到相同的密钥。窃密者可能会窃取到传输内容，但无法进行数学反推。[②]

Microsoft的服务器是按照非标准的方式使用TSIG，这种方式称为GSS-TSIG[③]，它通过TKEY交换共享密钥。如果你需要Microsoft的服务器同BIND通信，可以使用tkey-domain和tkey-gssapi-credential选项。

SIG(0)是用于在服务器之间或者动态更新一方与主服务器之间签署事务的另一种机制。它采用的是公钥加密，详见RFC 2535和RFC 2931。

16.10.6 DNSSEC

DNSSEC是一组DNS扩展，用于认证区数据的来源，并使用公钥加密技术核实其完整性。也就是说，该扩展允许DNS客户询问“这些DNS数据是不是真的来自区的所有者？”“这些数据是不是真的是区的所有者发送的？”。

---

① TKEY是transaction key（事务密钥）的缩写。——译者注

② 这里涉及的数学只是被称为离散对数问题（discrete log problem），它依赖于这样的事实：对于模运算来说，进行幂运算很容易，但是通过取对数来进行幂的逆运算几乎是不可能的。

③ GSS-TSIG是Generic Security Service Algorithm for Secret Key Transaction（密钥事务通用安全服务算法）的缩写。——译者注

DNSSEC 依赖于一条级联的信任链（cascading chain of trust）。根服务器验证顶级域的信息，顶级域验证二级域的信息，依此类推。

公钥加密系统利用两个密钥：一个用来加密（签名），另一个用来解密（核实）。信息发布方使用保密的“私”钥对数据签名。任何人都可以使用与之匹配的“公”钥核实签名的有效性，公钥是可以广泛分发的。如果公钥正确地解密了区文件，那就说明这个区一定是通过对应的私钥加密过的。诀窍在于要确保用于核实的公钥是可信的。公钥系统允许一个实体签署另一个实体的公钥，为密钥的合法性作担保，故称为“信任链”。

如果用公钥加密的话，DNS 区中涉及的数据量就太大了，加密过程会非常缓慢。考虑到数据并不需要保密，所以可以计算数据的安全散列，用区的私钥对散列结果进行签名（加密）。得到的散列就像是数据的指纹，被称之为数字签名。签名作为被签署的区文件中的 RRSIG 记录，被附加到其所要认证的数据上。

要核实签名，你得使用签名方的公钥将其解密，对数据使用相同的安全散列算法，将计算出的散列值与加密过的散列值进行比对。如果一致，那么你就通过了签名方的身份认证，证实了数据的完整性。

在 DNSSEC 系统中，每个区都有自己的公钥和私钥。实际上有两对密钥：一对 zone-signing 密钥，一对 key-signing 密钥。私有的 zone-signing 密钥对每个 RRset（用于同一主机相同类型的记录集）进行签名。公有的 zone-signing 用于核实签名，以 DNSKEY 资源记录的形式包含在区数据中。

父区包含着 DS 记录，后者是子区自签名 key-signing 密钥的 DNSKEY 记录的散列。名称服务器将子区的 DNSKEY 记录与父区的签名进行比对，核实其真实性。要想核实父区密钥的真实性，名称服务器可以检查父区的父区，一直回溯到根区。根区的公钥散布广泛，根的线索文件中包含的就有。

DNSSEC 规范要求，如果一个区拥有多个密钥，那么所有的密钥都会被逐个尝试，直到数据通过有效性检查。这种行为是必需的，以便可以在不中断 DNS 服务的情况下更替（改变）密钥。如果支持 DNSSEC 的递归式名称服务器查询某个未签名的区，所返回的未签名答复会被作为有效答复接受。但是当签名过期，或是父区和子区未就子区当前的 DNSKEY 记录达成一致时，问题就来了。

16.10.7 DNSSEC 策略

在开始部署 DNSSEC 之前，你应该明确（或者至少考虑一下）几项策略和规程。例如：

- 打算使用多长的密钥？密钥越长越安全，但是会形成更大的分组。
- 在没有发生安全事件期间，你多久会更改一次密钥？

我们建议保留一份密钥日志，记录生成每个密钥的日期、所使用的硬件和操作系统、分配的密钥标签、密钥生成器软件版本、采用的算法、密钥长度，还有签名有效期。如果加密算法日后被破解，则你可以检查日志，查看自己是否陷入被攻击的危险。

16.10.8 DNSSEC 资源记录

DNSSEC 使用了 5 种资源记录类型：DS、DNSKEY、RRSIG、NSEC、NSEC3。我们之前在 16.5 节中曾经提到过，但当时并没有细说。我们在此先对其进行一个概括，然后描述在区签名时所涉及的步骤。这 5 种类型的记录都是由 DNSSEC 工具创建，并非使用文本编辑器输入到区文件中。

指定签名方（Designated Signer，DS）记录仅出现在父区中，指明子区是安全的（已签名）。另外，它还标识出了子区用于自签名其自身的 KEY 资源记录集的密钥。DS 记录中包括一个密钥标识符（5位数字）、加密算法、摘要类型以及允许（或用于）对子区的密钥资源记录进行签名的公钥记录摘要。下面是一个例子。①

```
example.com.    IN DS  682 5 1 12898DCF9F7C2E89A1AD20DBCE159E7…
```

如何修改父区和子区现有的密钥是一个棘手的问题，似乎注定需要父区和子区之间的合作和沟通才能解决。创建 DS 记录、使用单独的 key-signing 密钥和 zone-signing 密钥、采用多对密钥都有助于解决这个难题。

DNSKEY 资源记录中的密钥可以是 key-signing 密钥（KSK）或者 zone-signing 密钥（ZSK）。一个叫作安全入口点（Secure Entry Point，SEP）的标志负责区分两者。对于 KSK，标志字段的第 15 位被设为 1；对于 ZSK，则设为 0。这种约定使得 KSK 的该字段值为奇数，ZSK 的该字段值为偶数（如果将这两个字段视为 10 进制数的话）。目前的值分别是 257 和 256。

DNSSEC 可以生成并签署多个密钥，这样就能够从一个密钥平滑过渡到下一个密钥。子区不用提醒父区就可以更改自己的 zone-signing 密钥。如果更改的是 key-signing 密钥的话，就必须同父区协作完成。随着密钥的更替，在一段时间内，旧密钥和新密钥都有效。一旦 Internet 上的缓存值过期，旧密钥也就不能再使用了。

RRSIG 记录是一组资源记录（也就是一个区内相同类型和名称的所有记录的集合）的签名。RRSIG 记录是由 zone-signing 软件生成的，并被加入到区文件的签名版本中。

RRSIG 记录中包含了丰富的信息：

- 带签名的记录集类型；
- 采用的签名算法，以小整数表示；
- 名称字段内的标签（以点号分隔）数量；
- 带签名的记录集的 TTL；
- 签名的过期时间（形如 yyyymmddhhssss）；
- 记录集的签名时间（形如 yyyymmddhhssss）；
- 密钥标识符（一个 5 位数字）；
- 签名一方的名字（域名）；
- 数字签名本身（base-64 编码）。

这里有一个例子：

```
RRSIG NS 5 2 57600 20090919182841 (
        20090820182841 23301 example.com.
        pMKZ76waPVTbIguEQNUojNVlVewHau4p…== )
```

NSEC 或 NSEC3 记录也是在进行区签名时产生的。但它们并不是对记录集签名，而是保证记录集名称之间的间隔，因此允许"no such domain"或者"no such resource record set"这样的签名答复。例如，面对名为 named bork.atrust.com 的 A 记录查询，服务器可能会使用 NSEC 记录响应，证实 bark.atrust.com 和 bundt.atrust.com 之间不存在任何 A 记录。

可惜的是，在 NSEC 记录中加入端点名称（endpoint names）会使得有人可以对区进行遍历，获得区内所有有效的主机名。NSEC3 修复该问题的方法是包含端点名称的散列，而不是端点名称本身，但由此带来的计算开销更大：提高了安全性，降低了性能。NSEC 和 NSEC3 目前都在使用，在生成密钥，对区进行签名时，你可以在其中任选其一。

除非避免区遍历对于你的站点而言极为重要，否则，我们推荐现阶段使用 NSEC。

---

① 为了节省页面空间，更好地演示记录结构，本节中采用 base-64 编码的散列和密钥全都被截短了。

16.10.9 调校 DNSSEC

在部署已签名区时，涉及两个独立的工作流程：一个是创建密钥并对区签名，另一个是为签名区的数据提供服务。这些任务并不需要在同一台机器上完成。实际上，更好的做法是将私钥和对 CPU 需求较高的签名过程隔离在一台无法从 Internet 访问到的机器中。（当然了，为区数据提供服务的机器必须在 Internet 上可见。）

设置 DNSSEC 的第一步是组织区文件，将区内的所有数据文件放到单个目录中。DNSSEC 区的管理工具希望采用这种组织形式。

接下来，利用下列 named.conf 选项在服务器上启用 DNSSEC，如果是权威服务器：

```
options {
    dnssec-enable yes;
}
```

如果是递归式服务器：

```
options {
    dnssec-enable yes;
    dnssec-validation yes;
}
```

dnssec-enable 选项告诉权威服务器，如果接收到的查询是来自支持 DNSSEC 的名称服务器，则在答复中加入 DNSSEC 记录集的签名。dnssec-validation 告诉 named 在接收到其他服务器发送的响应时，核实其中签名的合法性。

16.10.10 生成密钥对

你必须为所要签名的每个区各生成两对密钥：zone-signing（ZSK）密钥对和 key-signing（KSK）密钥对。每对密钥是由公钥和私钥组成的。KSK 的私钥对 ZSK 签名，为这个区创建一个安全入口点。ZSK 的私钥对区的资源记录签名。然后公钥会被公开发布，以便其他站点核实签名。

```
$ dnssec-keygen -a RSASHA256 -b 1024 -n ZONE example.com
Kexample.com.+008+29718
$ dnssec-keygen -a RSASHA256 -b 2048 -n ZONE -f KSK example.com
Kexample.com.+008+05005
```

上述命令为 example.com 生成了一对 1 024 位的 ZSK 密钥（采用的是 RSA 和 SHA-256 算法）和一对相应的 2 048 位的 KSK 密钥。[①]UDP 分组大小限制的突出问题意味着最好采用比较短的 zone-signing 密钥，并且经常要更改它们。你可以采用更长的 key-signing 密钥来帮助挽回一些安全性。

生成这些密钥得花上几分钟的时间。其中的限制因素通常并非 CPU 的处理能力，而是可用于随机化的熵（entropy）。在 Linux 中，你可以安装 havaged 守护进程，从其他源头收集熵，加快密钥生成速度。

dnssec-keygen 会向标准输出打印其所生成的密钥的基本文件名（base filename）。在这个例子中，example.com 是密钥名，008 是 RSA/SHA-256 算法族的标识符，29718 和 05005 是散列值，叫作密钥标识符、密钥足迹（key footprints）或者密钥标签。在生成 TSIG 密钥时，每次运行 dnssec-keygen，都会创建两个文件（.key 和.private）。

```
Kexample.com.+008+29718.key          # Public zone-signing key
Kexample.com.+008+29718.private      # Private zone-signing key
```

① 2 048 位的密钥肯定是位数多了。很多站点用的密钥长度是 1 500 位或者更少。

可用的加密算法有多种，每种算法都会生成一定范围的密钥长度。在运行 dnssec-keygen 时如果不用任何参数，可以输出所支持的加密算法清单。BIND 也可以使用其他软件生成的密钥。

取决于所使用的软件版本，有些算法名称之前或之后可能会有 NSEC3 的字样。如果打算用 NSEC3 记录代替 NSEC 记录为否定式答复签名，你必须使用一种针对 NSEC3 的算法生成兼容于 NSEC3 的密钥，可参见 dnssec-keygen 的手册页。

所有的.key 文件中都包含了 example.com 的单个 DNSKEY 资源记录。例如，下面就是 zone-signing 公钥（为了适应页面宽度，进行了裁剪）。你可以看出来这是一个 ZSK，因为标志字段的值是 256，而不是 KSK 的 257。

```
example.com.      IN  DNSKEY 256 3 8 AwEAAcyLrgENt8OJ4PIQiv2ZhWwSviA…
```

这些公钥必须通过$INCLUDE 指令引入或者将其直接插入到区文件中，要么放到文件末尾或者紧跟着 SOA 记录。要想把密钥复制进区文件，你可以使用 cat 命令[①]追加或者使用文本编辑器粘贴。

在理想情况下，任何一对密钥中的私钥都应该离线存放，或者至少保存在一台远离公共 Internet 的机器中。这种预防措施对于动态更新的区而言是行不通的，对于 zone-signing 密钥而言是不切实际的，但是对于 key-signing 密钥则完全可行，因为这种密钥假定的存在时间相当长。考虑一个无法从外部访问其 ZSK 的隐藏主名称服务器。把私有 KSK 打印出来或是保存到 U 盘中，然后把它锁进保险箱里，等下次用到时再拿出来。

尽管你把新的私钥藏了起来，这时候最好把它保存到密钥日志文件中。无须把密钥本身写进去，只用记下 ID、算法、日期、用途等就行了。

RRSIG 记录默认的签名有效期是 1 个月（资源记录集的 ZSK 签名），DNSKEY 记录默认的签名有效期是 3 个月（ZSK 的 KSK 签名）。目前的最佳实践建议采用 1 024 位长度的 ZSK，使用期为 3 个月到 1 年；1 280 位的 KSK，使用期为 1 年到 2 年。[②]由于建议的密钥保留期长于默认签名有效期，因此你必须在对区进行签名时指定更长的有效期或定期对区进行重签名，哪怕是密钥并未更改。

16.10.11 区签名

现在你已经得到了密钥，可以使用 dnssec-signzone 命令对区进行签名了，它可以为每个资源记录集添加 RRSIG 和 NSEC/NSEC3 记录。该命令读取原始的区文件，然后生成一个单独的、签过名的副本，名叫 zonefile.signed。

命令语法为：

```
dnssec-signzone [-o zone] [-N increment] [-k KSKfile] zonefile [ZSKfile]
```

其中，zone 默认为 zonefile，密钥文件默认为之前讲过的 dnssec-keygen 所生成的文件名。

如果区数据文件采用区的名称，同时保留原始密钥文件名，则命令可以精简为：

```
dnssec-signzone [-N increment ] zonefile
```

-N increment 选项会自动增加 SOA 记录中的序列号，省得你把这事给忘了。你也可以将选项值指定为 unixtime 或 keep，前者使用当前 UNIX 时间（从 1970 年 1 月 1 日至今的秒数）更新序列号，后者阻止 dnssec-signzone 修改原始的序列号。序列号在签名过的区文件中递增，在原始区

① 命令类似于 cat Kexample.com.+*.key >> zonefile。>>表示向 zonefile 中追加数据，而不是像>那样将原先的数据完全替换掉。（可别搞错了！）

② 网站 Keylength 列出了各种组织关于加密密钥长度的建议。

文件中不变。

下面这个例子中用到了之前生成的密钥。

```
$ sudo dnssec-signzone -o example.com -N increment
  -k Kexample.com.+008+05005 example.com Kexample.com.+008+29718
```

签名过的文件按照字母顺序排序，文件中包含我们手动添加的 DNSKEY 以及在签名过程中生成的 RRSIG 和 NSEC 记录。区的序列号也已经增加过了。

如果你的密钥是使用与 NSEC3 兼容的算法生成的，你也可以像上面那样对区进行签名，不过得用-3 salt 选项。表 16.6 展示了其他一些有用的选项。

表 16.6　dnssec-signzone 实用选项

选项	功能
-g	生成被加入到父区中的 DS 记录
-s start-time	设置签名生效时间
-e end-time	设置签名过期时间
-t	打印统计信息

有效的签名日期和时间可以采用绝对时间格式（形如 yyyymmddhhmmss）或者相对时间格式（相对于当前，形如+*N*，其中 *N* 代表秒数）。默认签名有效期是从过去的 1 小时到将来的 30 天。在这个例子中，我们指定签名应在 2017 年结束之前有效。

```
$ sudo dnssec-signzone -N increment -e 20171231235959 example.com
```

签名过的区文件个头通常是原始区文件的 4～10 倍，而且所有良好的逻辑顺序全部都会丢失。像下面这行：

```
mail-relay          A 63.173.189.2
```

就会变成多行：

```
mail-relay.example.com.   57600 A 63.173.189.2
    57600  RRSIG    A 8 3 57600 20090722234636 (
                        20150622234636 23301 example.com.
                        Y7s9jDWYuuXvozeU7zGRdFCl+rzU8cLiwoev
                        0I2TGfLlbhsRgJfkpEYFVRUB7kKVRNguEYwk
                        d2RSkDJ9QzRQ+w== )
    3600   NSEC     mail-relay2.example.com. A RRSIG NSEC
    3600   RRSIG    NSEC 8 3 3600 20090722234636 (
                        20150622234636 23301 example.com.
                        42QrXP8vpoChsGPseProBMZ7twf7eS5WK+4O
                        WNsN84hF0notymRxZRIZypqWzLIPBZAUJ77R
                        HP0hLfBDoqmZYw== )
```

实际上，签过名的区文件已经失去了可读性，由于 RRSIG 和 NSEC/NSEC3 记录的存在，也不能再手动编辑了。文件中都没有用户能编辑的地方了。

除了 DNSEKY 记录，每个资源记录集（同名的同类型资源记录）都会从 ZSK 处得到一个签名。DNSKEY 资源记录会由 ZSK 和 KSK 签名，所以拥有两个 RRSIG。因为签名采用的是 base-64 编码，所以需要很多等号才能使得签名长度是 4 的倍数。

区完成签名后，剩下的工作就是将名称服务器指向区文件的签名版本。如果你使用的是 BIND，在 named.conf 中查找对应于各个区的 zone 语句，将其中的 file 参数由 example.com 改成 example.com.signed。

最后，重启名称服务器守护进程，先后执行 sudo rndc reconfig 和 sudo rndc flush，重新读取其配置文件。

现在就有了 DNSSEC 签名的区了！要进行改动的话，可以编辑原始的未签名区或者签过名的区，然后对该区重新签名。编辑已签过名的区比重新签署整个区要快得多。务必删除与所更改记录对应的 RRSIG 记录。为了避免版本不一致，你可能会对未签名进行同样的改动。

如果你将已签名的区作为 dnssec-signzone 的参数，任何未签名的记录都会被签名，而签名快要到期的记录也都会被续签。“快要到期”（close to expiring）的意思是已经过了有效期的 3/4。重新签名通常会引发变更，所以务必确保增加区的序列号，既可以手动操作，也可以使用 dnssec-signzone -N increment 自动递增。

至此，DNSSEC 配置的本地部分就已经全部讲完了。剩下的棘手问题就是将你的 DNS 安全孤岛连接到 DNS 层次结构中其他受信的、已签名的部分。

16.10.12 DNSSEC 信任链

继续我们的 DNSSEC 设置，example.com 现在已经有了签名，其名称服务器也启用了 DNSSEC。这意味着在查询时会使用 EDNS0（扩展 DNS 协议），并在 DNS 分组头部中设置 DNSSEC 支持选项(DNSSEC-aware option)。如果接收到的查询中也有相应的 DNSSEC 支持设置，那么在答复中会加入签名数据。

接收到带签名回复的客户端可以使用相应的公钥检查记录签名，以此验证回复的有效性。但是这个公钥是从区自己的 DNSKEY 记录中得到的，如果你细想一下的话，那么这种行为就很可疑了。该怎样阻止冒名顶替的骗子提供用于验证的假记录和假密钥呢？

规范的解决方案是为父区提供一条 DS 记录，将其包含在区文件中。由于来自父区，DS 记录由父区的私钥来认证。如果客户端信任父区，那它也应该信任能够准确反映子区公钥的父区的 DS 记录。

父区然后再由其父区认证，这个过程依此类推，一直到根部。

16.10.13 DNSSEC 密钥续期

密钥续期（key rollover）一直都是 DNSSEC 的麻烦问题。实际上，原先的规范还专门为此进行过修改，以解决在创建、更改、删除密钥时，父区与子区之间的通信问题。新规范称为 DNSSEC-bis。

ZSK 轮转相对简单，并不涉及父区或其他信任锚点（trust anchor）问题。唯一玄妙的地方就在于时机。密钥是有过期时间的，所以续期必须发生在过期之前。但密钥还有 TTL，这是在区文件中定义的。为了演示，假设 TTL 是一天，密钥还有一周才过期。那么相关步骤如下：

- 生成一个新的 ZSK；
- 将其加入区文件；
- 使用 KSK 和旧的 ZSK 对该区签名或重新签名；
- 告知名称服务器重新装区，新密钥现在就有了；
- 等待 24 h（TTL）；现在所有人都有了旧密钥和新密钥；
- 使用 KSK 和新的 ZSK 对区重新签名；
- 告知名称服务器重新载入该区；
- 再等待 24 h，现在所有人都有了新签名的区；
- 抽空（比如下次该区发送变动之时）删掉旧的 ZSK。

这种方案叫作预公布（prepublishing）。显然，要想让所有人都用上新密钥，这个过程必须至少得提前两个 TTL 就开始。等待期保证了有缓存的站点总是缓存了对应于缓存数据的密钥。

影响这一过程的其他可变因素是最慢的从服务器在得到主服务器的通知之后，要花费多少时间更新区副本。所以无论是续期，还是对签名已经过期的区重新签名，都别等到最后一刻才动手。过期签名是无效的，会对 DNSSEC 签名进行核实的站点将无法为你的域提供 DNS 查询服务。

KSK 的续期机制称为双重签名，同样也很简单。但是需要把新的 DS 记录告诉父区。在切换到新密钥之前，确保已经得到了父区的确认。相关步骤如下：

- 创建一个新的 KSK；
- 将其加入区文件；
- 使用新旧 KSK 和 ZSK 对该区签名；
- 告知名称服务器重新装载区；
- 等待 24 h（TTL），现在所有人都有了新密钥；
- 确认之后，从区中删除旧的 KSK；
- 使用新的 KSK 和 ZSK 对区重新签名。

16.10.14　DNSSEC 工具

BIND 9.10 自带了一款新调试工具。域实体查找和验证（Domain Entity Lookup and Validation, DELV）引擎和 dig 看起来非常类似，但是能够更好地理解 DNSSEC。事实上，delv 使用的是与 BIND 9 named 相同的代码检查 DNSSEC 验证链。

除了 BIND 自带的 DNSSEC 工具，还有另外 4 种部署和测试工具集也许能派上用场：ldns、DNSSEC-Tools（先前的 Sparta）、RIPE、OpenDNSSEC。

1. ldns 工具

ldns 是 NLnet Labs 的工作人员创建的一个用于编写 DNS 工具的例程库，另外还包含一组使用了该库的样例程序。我们在下面列出了其中的各种工具及其用途。除了 drill 之外（它在发行版中有自己的目录），这些工具都位于 examples 目录之下。它们都有自己的手册页。工具根目录中的 README 文件给出了简单的安装步骤。

- ldns-chaos：显示保存在 CHAOS 类别中的名称服务器 ID 信息。
- ldns-compare-zones：显示两个区文件之间的差异。
- ldns-dpa：分析 tcpdump 跟踪文件中的 DNS 分组。
- ldns-key2ds：将 DNSKEY 记录转换为 DS 记录。
- ldns-keyfetcher：取回区的 DNSSEC 公钥。
- ldns-keygen：生成 TSIG 密钥和一对 DNSSEC 密钥。
- ldns-notify：让区的从服务器检查更新。
- ldns-read-zone：读取区数据，以各种格式将其打印出来。
- ldns-revoke：设置 DNSKEY 密钥 RR（RFC 5011）的撤销标志。
- ldns-rrsig：从 RRSIG 中打印出人类可读的过期时间。
- ldns-signzone：使用 NSEC 或 NSEC3 对区文件签名。
- ldns-update：发送一个动态更新分组。
- ldns-verify-zone：确保 RRSIG、NSEC、NSEC3 记录没有问题。
- ldns-walk：跟随 DNSSEC NSEC 记录遍历一个区。
- ldns-zcat：重组由 ldns-zsplit 分割的区文件。
- ldns-zsplit：将区文件分割成块，以便于并行签名。

这些工具多数很简单，只做一项和 DNS 相关的小任务。它们是作为 ldns 库的用法示例而编写的，演示了当你把所有的麻烦事交给库代为完成时，代码会变得多么简单。

2. DNSSec-Tools

DNSSec-Tools 是基于 BIND 工具构建的，包含下列命令：

- dnspktflow 跟踪由 tcpdump 所捕获的“DNS 查询/响应”序列中出现的 DNS 分组流，并生成一张很酷的图表；
- donuts 分析区文件并找出其中的错误和不一致的地方；
- donutsd 每隔一段时间运行 donuts 并对存在的问题发出警告；
- mapper 检查区文件，显示其中安全和不安全的部分；
- rollerd、rollctl 和 rollinit 利用 ZSK 的预公布方案以及 KSK 的双重签名实现密钥续期的自动化。详见 16.10.13 节。
- trustman 管理信任锚点，包含了密钥续期的 RFC 5011 实现；
- validate 在命令行上验证签名；
- zonesigner 生成密钥并对区签名。

DNSSec-Tools 的网站上包含了所有这些命令的文档和教程，质量都不错。源代码也可以下载，采用的是 BSD 授权。

3. RIPE

作为 BIND 的 DNSSEC 工具的前端，RIPE 专注于密钥管理。其运行时的信息更为友好，并将很多参数和命令打包为更简单直观的形式。

4. OpenDNSSEC

OpenDNSSEC 是一组工具，可以为未签名的区添加签名和其他 DNSSEC 记录，并将其传给该区的权威名称服务器。这种自动化能力极大地简化了 DNSSEC 的初始设置。

16.10.15 DNSSEC 调试

无论是签名区和未签名区，还是支持 DNSSEC 和不支持 DNSSEC 的名称服务器，DNSSEC 都能与之协作。因此，增量部署是可行的，通常也能工作。不过也并非总是如此。

DNSSEC 是一个带有大量活动部件（moving part）的分布式系统。服务器、解析器以及两者之间的路径有可能出现问题。看起来发生在本地的问题，其源头可能在很远的地方，所以像 SecSpider 和 Vantages 这样能够监视系统分散状态的工具就很实用了。它们以及上一节提到的那些工具，还有名称服务器日志都是主要的调试利器。

确保在 named.conf 中将 DNSSEC 的日志分类定向到本地文件中。这有助于分离出和 DNSSEC 相关的消息，所以就不要把其他日志分类再定向到该文件了。下面是 named 的日志规范样例。

```
channel dnssec-log {
    file "/var/log/named/dnssec.log" versions 4 size 10m ;
    print-time yes ;
    print-category yes ;
    print-severity yes ;
    severity debug 3 ;
} ;
category dnssec { dnssec-log; } ;
```

在 BIND 中，将调试级别设置为 3 或者更高，就可以查看到递归式 BIND 服务器在尝试验证签名时采取的验证步骤。在这种级别下，每个签名的核实过程会产生大概两页的日志输出。如果你监视的是一个繁忙的服务器，多个查询的日志数据有可能会混杂在一起。要想理清条例可不是件容易的事，枯燥乏味。

drill 有两个特别有用的选项：-T 可以从根域开始，沿着信任链跟踪到特定主机；-S 可以从特定主机开始，一直回溯到根域来跟踪签名。下面的一些drill的示例输出摘自NLnet Labs的DNSSEC HOWTO。

```
$ drill -S -k ksk.keyfile example.net SOA
DNSSEC Trust tree:
example.net. (SOA)
|---example.net. (DNSKEY keytag: 17000)
    |---example.net. (DNSKEY keytag: 49656)
    |---example.net. (DS keytag: 49656)
        |---net. (DNSKEY keytag: 62972)
            |---net. (DNSKEY keytag: 13467)
            |---net. (DS keytag: 13467)
                |---. (DNSKEY keytag: 63380)
                    |---. (DNSKEY keytag: 63276) ;; Chase successful
```

如果验证服务器无法核实签名，会返回 SERVFAIL 提示。背后的问题可能是信任链上的某个区出现了配置错误，入侵者留下的虚假数据，或者进行验证的递归式服务器本身的设置问题。试着用 drill 沿着信任链跟踪签名，看看问题出在哪里。

如果所有签名经核实无误，则可以尝试先后使用 dig 和 dig +cd（cd 标志可以关闭验证）来查询有问题的站点。在信任链上的每个区都这么做，看是否能找出问题所在。沿着信任链自下而上或者自上而下检查都可以。可能的结果是信任锚点过期或者签名过期。

16.11 调试 BIND

BIND 提供了 3 种基本的调试工具：logging（接下来描述）、一个控制程序（16.11.2 节）以及一个命令行查询工具（16.11.3 节）。

16.11.1 BIND 的日志记录

named 的日志记录功能灵活得令人震惊。BIND 最初使用 syslog 报告错误消息以及异常情况。最近的版本添加了另一个间接层，支持将日志直接记录到文件中，泛化了 syslog 的概念。在深入了解之前，先看一下表 16.7 中迷你版的 BIND 日志记录术语。

表 16.7　　BIND 日志记录术语表

术语	含义
category（类别）	named 能够产生的一类消息，例如，有关动态更新的消息或者有关查询答复的消息
module（模块）	产生消息的源模块名
severity（严重度）	错误消息的“糟糕程度”，syslog 将其称为“优先级”（priority）
channel（通道）	消息能够去往的地方：syslog、文件或者/dev/null [a]
facility（设施）	syslog 设施名。DNS 并没有自己专门的设施，但是你可以在所有的标准设施中选择

注：a. /dev/null 是一个伪设备，所有的输入都会被其丢弃。

BIND 的日志记录功能通过 named.conf 中的 logging 语句配置。首先定义通道和可能的消息目的地，然后将各种类别的消息引向特定的通道。

当生成一条消息时，系统会在源头为其分配类别、模块以及严重度，然后把它分发到所有与之类别和模块相关联的通道。每条通道都有一个严重度过滤器，指明哪种严重度级别的消息必须得放行。通向 syslog 的通道会给消息加上指派的设施名。进入 syslog 的消息也要根据/etc/syslog.conf

中的规则进行过滤。logging 语句的形式如下。

```
logging {
    channel-def;
    channel-def;
    ...
    category category-name {
        channel-name;
        channel-name;
        ...
    };
};
```

1．通道

根据是文件通道还是 syslog 通道，channel-def 的形式略有不同。你必须为每条通道选择 file 或 syslog，一条通道不能同时两者皆是。

```
channel channel-name {
    file path [ versions numvers | unlimited ] [ size sizespec ];
    syslog facility;
    severity severity;
    print-category yes | no;
    print-severity yes | no;
    print-time yes | no;
};
```

对于文件通道，numvers 告知要保存多少个文件的备份版本，sizespec 指定了允许文件在被自动轮替之前能够增长到多大（例如：2 048、100 k、20 m、unlimited、default）。如果文件通道名为 mylog，则轮替版本名为 mylog.0、mylog.1 等。

对于 syslog 通道，facility 指定了用来对消息做日志记录的 syslog 设施名称。它可以是任何标准设施。在实践中，只有守护进程和 local0～local7 是合理的选择。

channel-def 中剩下的部分都是可选的。severity 可选的值包括 critical、error、warning、notice、info、debug（包括一个可选的数值，例如 severity debug 3）。dynamic 这个值也可以识别，它与服务器当前的调试级别相符。

各种 print 选项可以增加或消除消息前缀。syslog 会在每条被记录的消息前面加上时间和提交报告的主机，但不包括严重度和类别。生成消息的源文件名（模块）也可以作为 print 的选项。启用 print-time 仅对文件通道有意义，syslog 会添加自己的时间戳，所以就不必再重复了。

表 16.8 中列出了默认定义的 4 条通道。对于大多数安装而言，它们应该是没问题的。

表 16.8　　BIND 中的预定义日志记录通道

通道名称	作用
default_syslog	发送到 syslog（设施为 daemon，严重度为 info）
default_debug	将日志记录到文件 named.run（严重度为 dynamic）
default_stderr	发送到 named 进程的标准错误（严重度为 info）
null	丢弃所有消息

2．类别

类别是由程序员在编写代码时决定的。他们按照主题或功能组织日志消息，而不是仅凭严重度。表 16.9 展示了目前的消息类别清单。

表 16.9　　BIND 日志记录类别

类别	所包含的内容
client	客户端请求
config	配置文件的解析和处理
database	和数据库操作相关的消息
default	没有明确日志记录选项的类别
delegation-only	仅有授权的区对 NXDOMAIN 的强制查询
dispatch	向服务器模块分发传入的分组
dnssec	DNSSEC 消息
edns-disabled	有关受损服务器的信息
general	所有未分类的消息
lame-servers	应该为区服务，但实际却并未如此的服务器[a]
network	网络操作
notify	有关“区已更改”（zone changed）通知协议的消息
queries	服务器所接收到的每个查询的简短日志消息（！）
resolver	DNS 解析，例如，客户端的递归查询
security	已批准/未批准的请求
unmatched	named 无法分类的查询（错误分类、没有视图）
update	有关动态更新的消息
update-security	批准或拒绝的更新请求
xfer-in	服务器正在接收的区传输
xfer-out	服务器正在发送的区传输

注：a. 父区和子区都可能出现故障，不检查的话，很难区分。

3. 日志消息

默认的日志记录功能配置为：

```
logging {
    category default { default_syslog; default_debug; };
};
```

在对 BIND 做出重大修改时，你应该观察日志文件，也许还要提高日志记录的级别。随后，在确认 named 运行稳定后，重新再进行配置，只记录那些严重的消息。

和查询相关的日志记录用处颇多。你可以核实 allow 子句是否有效、看看是谁发出的查询、确定有问题的客户端等。在对配置做出较大调整后，检查一下，是一种不错的做法，尤其是在你对于调整前的查询负载有着良好认识的情况下。

要想记录查询操作，只需要将 queries 类别指向一个通道就行了。写入 syslog 的效率不如直接写入到文件中，所以在记录查询时，选用本地磁盘上的文件通道。准备好大量的磁盘空间，一旦获得足够的数据，就停止记录查询。（rndc querylog 可以动态启用和关闭记录查询。）

视图调试很麻烦，不过好在和特定查询匹配的视图会和该查询一起被记录到日志中。

一些常见的日志消息如下。

- Lame server resolving xxx：如果某个区出现这条消息，说明配置有误。如果消息中涉及的并不是 Internet 上的区，那倒也无所谓，这是其他人的问题。丢弃这种消息的方法是将其引向 null 通道。

- ...query(cache) xxx denied：要么是由于远程站点配置错误，要么是由于你已经获得了某个区的授权，但是还没对其进行配置。
- Too many timeouts resolving xxx: disabling EDNS：这是由于防火墙存在错误，不允许大于 512 字节的 UDP 分组通过，或是不允许分组分片通过。它也表明特定主机有问题。先确认防火墙正常，然后可以考虑将这些消息重定向到 null 通道。
- Unexpected RCODE (SERVFAIL) resolving xxx：这可能是由于被攻击所致，更大的可能是有什么在反复查询残缺区。
- Bad referral：这条消息表明区名称服务器之间出现了通信错误。
- Not authoritative for：从服务器无法获得区的权威数据，既可能是它指向了错误的主服务器，也可能是主服务器在装载该区时遇到了麻烦。
- Rejected zone：named 拒绝了一个包含错误的区文件。
- No NS RRs found：区文件在 SOA 记录之后没有包含 NS 记录。可能是该记录丢失，也可能是记录没有以制表符或其他空白字符开头。在后一种情况中，这些记录没有附加到 SOA 记录所在的区中，因此会被误解。
- No default TTL set：设置资源记录默认 TTL 的首选方法是在区文件的顶部使用$TTL 指令。这种错误消息说明少了$TTL。BIND 9 要求要有$TTL。
- No root name server for class：服务器在查找根名称服务器时碰到了麻烦。检查线索文件和服务器的 Internet 连接。
- Address already in use：named 运行所需的端口被其他进程占用，有可能是 named 的另一个副本。如果你没发现有其他的 named，有可能是它已经崩溃，留下了一个打开的 rndc 控制套接字，你得找到并将其删除。解决这种问题的一个好方法是使用 rndc 停止 named 进程，然后重启 named：

```
$ sudo rndc stop
$ sudo /usr/sbin/named ...
```

- …updating zone xxx: update unsuccessful：尝试动态更新区，但是被拒绝，最有可能的原因是 named.conf 中该区的 allow-update 或 update-policy 子句。这种错误消息很常见，通常是由错误配置的 Windows 主机造成的。

4. BIND 日志记录配置示例

下面的配置片段摘自 ISC 的 named.conf 文件。该文件用于一台繁忙的 TLD 名称服务器，它展示了一套全面的日志记录方案。

```
logging {
    channel default-log { # Default channel, to a file
        file "log/named.log" versions 3 size 10m;
        print-time yes;
        print-category yes;
        print-severity yes;
        severity info;
    };
    channel xfer-log { # Zone transfers channel, to a file
        file "log/xfer.log" versions 3 size 10m;
        print-category yes;
        print-severity yes;
        print-time yes;
        severity info;
```

```
    };
    channel dnssec-log { # DNSSEC channel, to a file
        file "log/dnssec.log" versions 3 size 1M;
        severity debug 1;
        print-severity yes;
        print-time yes;
    };
    category default { default-log; default_debug; };
    category dnssec { dnssec-log; };
    category xfer-in { xfer-log; };
    category xfer-out { xfer-log; };
    category notify { xfer-log; };
};
```

5. BIND 的调试级别

named 的调试级别是用 0~100 的整数表示的。数字越大，输出越详细。0 级表示关闭调试。1 级和 2 级适合于调试配置和数据库。4 级以上的调试级别适合于代码维护人员。

在 named 命令行中使用-d 选项可以启用调试功能。例如：

```
$ sudo named -d2
```

该命令会以 2 级调试级别启用 named。在默认情况下，调试信息被写入 named 启动时所在的当前工作目录下的文件 named.run 中。这个文件增长得很快，所以在调试时可别离开现场，否则等你回来时，可能会面临更大的问题。

你可以在 named 运行时使用 rndc trace 来开启调试功能，该命令会将调试级别递增 1 级，或者也可以使用 rndc trace level，将调试级别设置为指定的值。rndc notrace 可以完全关闭调试功能。你也可以定义一条日志记录通道，在其中加入严重度，这样也可以启用调试功能。

```
severity debug 3;
```

该配置语句将包括 3 级在内的调试消息全都发送到特定的通道。通道定义中的其他配置行则指定了这些调试消息的目的地。严重度越高，要记录的信息就越多。

观察日志或者调试信息，就会发现 DNS 在现实中被配置错误的情况有多常见。名称结尾那个烦人的点号（或者更确切地说，漏写了点号）所引发的 DNS 流量令人触目惊心。

16.11.2 使用 rndc 控制名称服务器

表 16.10 中列出了 rndc 能够接受的一些选项。输入 rndc，不加任何参数化的话，会列出可用的命令以及简短的用途描述。早期的 rndc 采用信号，但是其命令就超过 25 个，BIND 的开发人员在很早之前就把信号用完了。会产生文件的命令会将文件放在 named.conf 所指定的 named 的主目录中。

rndc reload 会使 named 重新读取其配置文件并重新装载区文件。如果只有单个区发生改动，并且你不想重新装载所有的区（尤其是在繁忙的服务器上），reload zone 命令用起来就很方便。你也可以指定 class 和 view 来重新装载选定的区数据视图。

注意，rndc reload 并不足以添加一个全新的区，这要求 named 读取 named.conf 文件和新的区文件。对于新区而言，使用 rndc reconfig，该命令会重新读取配置文件、装载新区，同时不会干扰现有的区。

rndc freeze zone 可以停止动态更新，使动态更新的日志与数据文件保持一致。冻结指定的区之后，你可以手动编辑区数据。只要区保持冻结状态，就会拒绝动态更新。完成编辑工作之后，使用 rndc thaw zone 重新接受动态更新。

rndc dumpdb 会使 named 将其数据库转储到文件 named_dump.db。这个转储文件个头可不小，不仅包含了本地数据，还有名称服务器所累积的缓存数据。

表 16.10　　rndc 命令[a]

命令	功能
dumpdb	将 DNS 数据库转储到文件 named_dump.db
flush [view]	冲洗所有的缓存或指定 view 的缓存
flushname name [view]	从服务器的缓存中冲洗指定的 name
freeze zone [class [view]]	挂起对动态区的更新
thaw zone [class [view]]	恢复对动态区的更新
halt	终止 named，放弃写入未完成的更新
querylog	启用或禁止跟踪传入的查询
notify zone [class [view]]	重新向 zone 发送提醒消息
notrace	关闭调试功能
reconfig	重新装载配置文件，装载所有的新区
recursing	将当前的递归查询转储到 named.recursing
refresh zone [class [view]]	安排维护指定的 zone
reload	重新装载 named.conf 和区文件
reload zone [class [view]]	只重新装载指定的 zone 或 view
retransfer zone [class [view]]	从主服务器重新复制指定 zone 的数据
stats	显示 named 的当前运行状态
stop	保存尚未完成的更新，然后停止 named
trace	将调试级别递增 1 级
trace level	将调试级别调整为指定的 level
validation　newstate	动态启用/禁止 DNSSEC 验证

注：a. 这里的 class 参数和资源记录中的一样，通常用 IN 代表 Internet。

named 和 rndc 的版本必须一致，否则会收到错误信息，告知协议版本不匹配。两者在各个机器上通常都是一并安装的，但如果你尝试控制其他机器上的 named，那么版本不一致就是个问题了。

16.11.3　在命令行中查询残缺授权

在申请域名时，是在请求将 DNS 命名树的一部分授权给你的名称服务器和 DNS 管理员。如果你压根就没使用这个域，或者是在没有知会父区的情况下修改了名称服务器或其 IP 地址，就会导致“残缺授权”。

残缺授权造成的影响着实糟糕。如果某台服务器残缺，就会降低 DNS 系统的效率。如果一个域所有的服务器全都是残缺的，那就没人能访问到该域了。除非有缓存过的答复，否则所有的查询都要从根域开始，因此，残缺服务器和无法对 SERVFAIL 错误执行否定式缓存操作的不得力软件，都会增加从根域到残缺域之间所有服务器的负载。

doc（domain obscenity control）命令可以帮助识别残缺授权，不过单靠审查日志文件也可以做到。①下面是一个日志消息样例。

---

① 很多站点都把自己的 lame-servers 日志记录通道指向了/dev/null，并不担心其他地方出现残缺授权。只要你自己的域没什么毛病，同时也不是残缺授权的源头或者受害者，那就不用担心了。

```
Jul 19 14:37:50 nubark named[757]: lame server resolving 'w3w3' (in'w3w3'?)
    : 216.117.131.52#53
```

在.com 的其中一个 gTLD 服务器上用 dig 查询 w3w3 的名称服务器会产生如下结果。为了避免内容过多，我们对命令输出进行了裁剪。dig 的+short 标志可以进一步限制输出。

```
$ dig @e.gtld-servers.net w3w3 ns
;; ANSWER SECTION:
w3w3.com.    172800 IN NS ns0.nameservices.net.
w3w3.com.    172800 IN NS ns1.nameservices.net.
```

如果以此查询这些服务器，我们可以从 ns0 得到答复，但不包括 ns1。

```
$ dig @ns0.nameservices.net w3w3 ns
;; ANSWER SECTION:
w3w3.com.  14400  IN  NS  ns0.nameservices.net.
w3w3.com.  14400  IN  NS  ns1.nameservices.net.

$ dig @ns1.nameservices.net w3w3 ns
;; QUESTION SECTION:
;w3w3.com. IN NS

;; AUTHORITY SECTION:
com.    92152   IN  NS  M.GTLD-SERVERS.NET.
com.    92152   IN  NS  I.GTLD-SERVERS.NET.
com.    92152   IN  NS  E.GTLD-SERVERS.NET.
```

.com 服务器已经将 w3w3 授权给了服务器 ns1.nameservices.net，但是后者并未接受。这种错误的配置造成了残缺授权。试图查询 w3w3 的客户端会发现服务速度缓慢。如果 w3w3 要向 Nameservices 网站支付 DNS 服务费用，那可就得给人家退款了！

有时候，在权威服务器上使用 dig 命令尝试查找残缺授权时，dig 不会返回任何信息。不妨使用+norecurse 标志再试试，这样可以看到服务器究竟都知道些什么。

第 17 章　单点登录

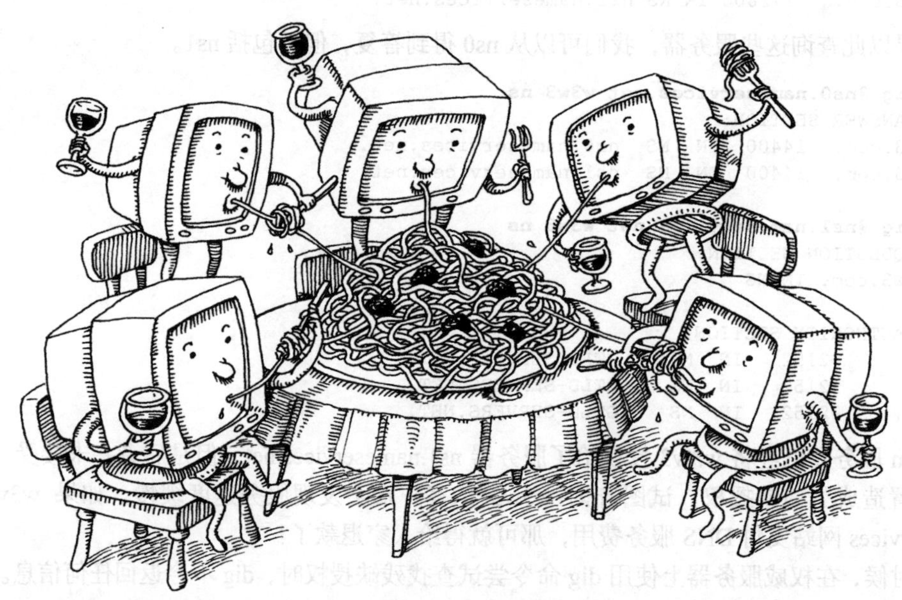

用户和系统管理员都想要账户信息神奇般地扩散到整个环境中的所有计算机，这样就可以使用同样的凭证登录任意系统了。这种特性通常称为“单点登录”（Single Sign-On，SSO），人人都想使用。

SSO 涉及两个核心的安全概念：身份（identity）和认证（authentication）。用户身份是对那些需要访问系统或应用程序的个体的抽象表述。它通常包括各种属性，例如用户名、密码、用户 ID、电子邮件地址。认证是一种行为，证明个体是某个身份的合法所有者。

本章聚焦的是单一组织中以 UNIX 和 Linux 系统组件形式存在的 SSO。对于跨组织的 SSO（可能需要将系统与“软件即服务”供应商集成），有多种基于标准的商业 SSO 解决方案可供选择。为此，我们建议你首先了解一下安全断言标记语言（Security Assertion Markup Language，SAML）。

17.1　SSO 的核心要素

尽管设置 SSO 的方法不止一种，但是在所有场景中，通常有 4 个要素是必不可少的。

- 包含用户身份和认证信息的集中式目录存储。最常见的解决方案是基于轻量目录访问协议（Lightweight Directory Access Protocol，LDAP）的目录服务。在混杂着 Windows、UNIX 以及 Linux 系统的环境中，广受欢迎的 Microsoft Active Directory 服务是一个不错的选择。Active Directory 包含了一个定制的非标准 LDAP 接口。
- 管理目录内用户信息的工具。对于原生的 LDAP 实现，我们推荐 phpLDAPadmin 或 Apache Directory Studio。两者都是基于 Web 的工具，用起来很容易，可用于导入、添加、修改、删除目录条目。如果你热衷 Microsoft Active Directory，可以使用 Windows 原生的 MMC

单元"Active Directory Users and Computers"来管理用户信息。

- 用户身份认证机制。你可以直接针对 LDAP 存储进行用户认证，但是使用基于票据的 Kerberos 认证系统（最初由 MIT 开发）也很常见。[①]在 Windows 环境中，Active Directory 提供了对于用户身份的 LDAP 访问，在认证方面，采用的是 Kerberos 的定制版本。

现代 UNIX 和 Linux 系统上的认证要通过可拔插认证模块（Pluggable Authentication Module），也称为 PAM。你可以使用系统安全服务守护进程（System Security Services Daemon，sssd）将用户身份和身份验证服务的访问聚合在一起，然后使 PAM 指向 sssd。

- 理解集中式身份及认证的 C 库例程会去查找用户属性。在以前，这些例程（例如 getpwent）读取平面文件（flat file）（如/etc/passwd 和/etc/group），答复有关这些文件内容的查询。如今，数据源是在名称服务器切换文件（/etc/nsswitch.conf）中配置的。

图 17.1 从高层角度上展示了在一个典型配置中各个组件之间的关系。这个例子采用 Active Directory 作为目录服务器。注意，时间同步（NTP）和主机名称映射（DNS）对于使用了 Kerberos 环境至关重要，因为认证票据上是要附带时间的，而且有效期也有限制。

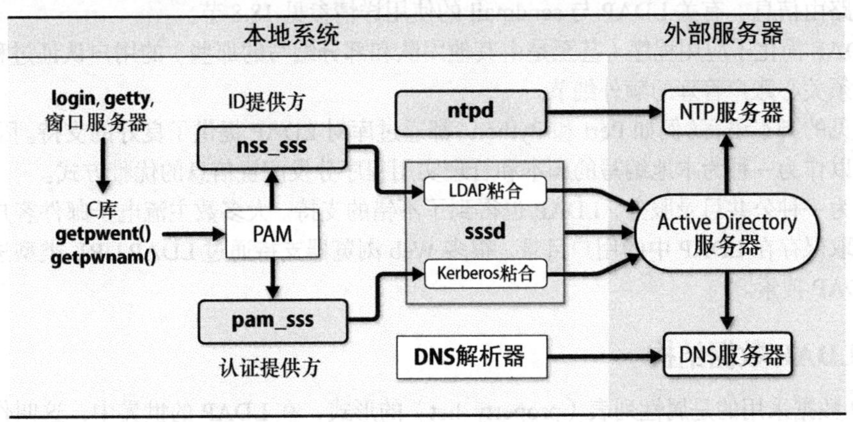

图 17.1 SSO 组件

在本章中，我们讲述了 LDAP 的核心概念，介绍了两种适用于 UNIX 和 Linux 的 LDAP 服务器。然后讨论了如何使用集中式目录服务器处理登录。

17.2 LDAP："轻量级"目录服务

目录服务就是一个数据库而已，不过对于该数据库有几个预先的假设。任何符合假设的数据都可以考虑放入目录。这些假设如下：

- 数据对象相对较小；
- 数据库会被广泛复制和缓存；
- 基于属性的信息；
- 数据经常被读取，但是不经常写入；
- 搜索作为一种常见操作；

目前符合这个角色的 IETF 标准协议是轻量级目录访问协议（Lightweight Directory Access

---

① 安全社区就在采用 LDAP 或 Kerberos 进行验证是否最安全这个问题上存在分歧。生命的道路上铺满了因犹豫不决而被压扁的松鼠。（The road of life is paved with flat squirrels that couldn't decide.）选一个吧，别再瞻前顾后了。

Protocol，LDAP）。[①]LDAP 起初是一种网关协议，允许 TCP/IP 客户端与陈旧的目录服务 X.500 通信，后者如今已经被废弃了。

Microsoft Active Directory（后作 Active Directory）是最常见的 LDAP 实现，很多站点都使用 Active Directory 实现 Windows 和 UNIX/Linux 认证。如果环境不适合 Active Directory，可以改用 OpenLDAP 作为标准实现。命名巧妙的 389 Directory Server（以前叫作 Fedora Directory Server 和 Netscape Directory Server）也是开源的。[②]

17.2.1 LDAP 的用法

除非你已经有了一些使用经验，否则 LDAP 就像是条抓在手里滑溜溜的鱼。LDAP 本身并不解决任何具体的管理问题。如今，LDAP 最常见的用法是作为登录名、密码以及其他账户信息的中央仓库。不过，除此之外，还有其他用法。

- LDAP 可以保存有关用户的其他信息，例如电话号码、家庭住址、办公地点。
- 包括 sendmail、Exim、Postfix 在内的大多数邮件系统都能够从 LDAP 中抽取各自大部分的路由信息。有关 LDAP 与 sendmail 的使用详情参见 18.8 节。
- LDAP 简化了应用程序（甚至是由其他团队和部分编写的那些）的用户认证过程，使后者无须关心账户管理的额外细节。
- 常见的脚本语言（例如 Perl 和 Python）都通过库对 LDAP 提供了良好的支持。因此，LDAP 可以作为一种为本地编写的脚本和管理实用程序分发配置信息的优雅方式。
- 作为一种公共目录服务，LDAP 也得到了不错的支持。大多数主流电子邮件客户端都可以读取保存在 LDAP 中的用户目录。很多 Web 浏览器支持通过 LDAP URL 类型进行简单的 LDAP 搜索。

17.2.2 LDAP 数据结构

LDAP 数据采用的是属性列表（property list）的形式，在 LDAP 的世界中，这叫作“条目”（entry）。每个条目包含一组具名特性（named attribute）（例如 description 或 uid）以及对应的特性值。特性可以拥有多个特性值。[③]Windows 用户可能会觉得这种结构类似于 Windows 的注册表。

作为示例，下面是一个典型的（但经过简化）以 LDAP 条目形式表示的/etc/passwd 行。

```
dn: uid=ghopper,ou=People,dc=navy,dc=mil
objectClass: top
objectClass: person
objectClass: organizationalPerson
objectClass: inetOrgPerson
objectClass: posixAccount
objectClass: shadowAccount
uid: ghopper
cn: Grace Hopper
userPassword: {crypt}$1$pZaGA2RL$MPDJoc0afuhHY6yk8HQFp0
loginShell: /bin/bash
uidNumber: 1202
gidNumber: 1202
homeDirectory: /home/ghopper
```

① 说起来也挺讽刺的，LDAP 跟“轻量”压根就不搭边。

② 所有的 LDAP 实现默认都采用 TCP 端口 389。

③ property 和 attribute 在同时出现并进行区分时，按照目前的翻译实践，将 property 译作“属性”，attribute 译作“特性”。除此之外，一般将两者都译作“属性”。——译者注

这种写法叫作 LDAP 数据交换格式（LDAP Data Interchange Format，LDIF），大多数 LDAP 相关的工具和服务器实现都在使用，非常简单。LDAP 能够成功的一部分原因要归功于可以在 LDAP 数据与纯文本之间非常方便地进行转换。

通过使用形成某种搜索路径的“专有名称”（distinguished name）（特性名称：dn），将条目组织成层次结构。和 DNS 中一样，“最高有效位”（most significant bit）位于右侧。在上面的例子中，DNS 名称 navy.mil 构建了 LDAP 层次结构的顶级。它被分解为两个域组件（dc）：navy 和 mil，但这只是几种常见惯例之一。

每个条目只有一个专有名称。条目之间是完全分离的，不存在层次关系，除非由 dn 特性隐式定义。这种方法强制实施了唯一性，并为如何实现数据的有效索引和搜索给出了提示。各种 LDAP 用户都使用 dn 特性所定义的虚拟层次结构，但这更多的只是一种数据结构化的惯例，并非 LDAP 系统的显式属性。不过，对于条目之间的符号链接以及对其他服务器的引用，存在着一些规定。

LDAP 条目通过使用 objectClass 特性形成了模式化（schematized）。对象类指定条目可以包含的特性，其中一些属性可能是处于有效性的需要。这种模式（schemata）还为每个特性分配了数据类型。对象类采用传统的面向对象方式嵌套和组合。对象类树的顶层是名为 top 的类，它仅规定条目必须具有 objectClass 特性。

表 17.1 展示了一些常见的 LDAP 特性，其含义可能并不那么一目了然。这些特性都区分大小写。

表 17.1　　LDAP 层次结构中一些常见的特性名称

特性	代表	含义
o	Organization	通常标识了站点的顶级条目[a]
ou	Organization Unit	一种逻辑上的细分，例如“marketing”
cn	Common name	描述条目最自然的名称
dc	Domain component	用于在站点中形成 DNA 层次结构
objectClass	Object class	该条目的特性所要符合的模式

注：a. 站点通常并不用它在 DNS 上形成自己的 LDAP 层次结构。

17.2.3　OpenLDAP：传统的开源 LDAP 服务器

作为密歇根大学最初工作成果的延伸，OpenLDAP 如今依然是一个开源项目。大多数 Linux 发行版自带了 OpenLDAP，不过未必包含在默认安装中。对于 OpenLDAP 的文档，可能最好的描述就是“轻快活泼”（brisk）。

在 OpenLDAP 中，slapd 是标准的 LDAP 服务器守护进程。如果环境中存在多个 OpenLDAP 服务器，slurpd 运行在主服务器上，通过向其他从服务器推送变更来处理复制操作。有一批命令行工具可以查询或修改 LDAP 数据。

OpenLDAP 的安装过程很简单。首先，创建/etc/openldap/slapd.conf 文件，这可以通过复制随 OpenLDAP 服务器安装的示例文件来完成。要注意下面这几行。

```
database bdb
suffix "dc=mydomain, dc=com"
rootdn "cn=admin, dc=mydomain, dc=com"
rootpw {crypt}abJnggxhB/yWI
directory /var/lib/ldap
```

默认的数据库格式是 Berkeley DB，它适用于 OpenLDAP 系统的内部数据。你可以使用各种其他的后端，包括一些临时方法（ad hoc method），例如即时（on the fly）创建数据的脚本。

suffix 是 LDAP 的"基础名称"(basename)。它是 LDAP 名称空间的根部，在概念上和 DNS 域名类似。这个例子实际上演示了将 DNS 域名作为 LDAP 基础名称的惯常用法。

rootdn 是管理员名，rootpw 是经过散列处理后的管理员密码。注意，还必须指定直至管理员名的域名各组成部分。可以使用 slappasswd 生成该字段的值，将其输出复制并粘贴到文件中即可。

因为管理员密码是以散列形式出现的，务必确保 slapd.conf 文件由 root 所有，而且文件权限为 600。

编辑/etc/openldap/ldap.conf，设置 LDAP 客户端请求的默认服务器和基础名称。这一步非常简单，只用将 host 条目设置成服务器的主机名，将 base 条目设置成和 slapd.conf 文件中的 suffix 一样的值就行了。确保这两行都没有被注释掉。

```
BASE    dc=atrust,dc=com
URI     ldap://atlantic.atrust.com
```

至此，只需运行不带任何参数的 slapd 就可以启动 slapd 了。

17.2.4 389 目录服务器：另一种开源 LDAP 服务器的替代方案

和 OpenLDAP 一样，389 Directory Server 也是对密歇根大学工作成果的延伸。但是，在回归开源项目之前，它在商业世界中（Netscape）已经经历过数年时间。

考虑将 389 Directory Server 作为 OpenLDAP 的替代方案有几个原因，但其卓越的文档是一个明显的优势。389 Directory Server 附带了多份专业级管理和使用指南，其中包括详细的安装和部署说明。

389 Directory Server 其他一些关键属性包括：

- 多主复制（multimaster replication）容错和出色的写入性能；
- Active Directory 用户及组同步；
- 可用于全方位管理用户、组、服务器的图形控制台；
- 在线、零停机、基于 LDAP 的模式更新、配置、管理以及树内（in-tree）访问控制信息（Access Control Information，ACI）。

相较于 OpenLDAP，389 Directory Server 的开发社区要活跃得多。如果是全新安装的话，我们一般更推荐 389 Directory Server。

从管理角度而言，这两种开源服务器的结构和操作惊人地相似。这一点可能并不太出人意料，因为二者都是在相同的代码基础上构建的。

17.2.5 LDAP 查询

要管理 LDAP，你得能够查看和操作数据库的内容。之前提到过的 phpLDAPadmin 工具就能够实现这一目标，它不仅美观，而且还免费，其图形化界面易于上手。如果不中意 phpLDAPadmin，ldapsearch（随 OpenLDAP 和 389 Directory Server 一起分发）是一个类似的命令行工具，可以生成 LDIF 格式的输出。ldapsearch 尤其适用于脚本以及采用 Active Directory 作为 LDAP 服务器的调试环境。

下面的查询示例使用 ldapsearch 查找其 cn 以"ned"起始的所有用户的目录信息。在这个例子中，结果只有一个。各种命令行选项的含义如下。

```
$ ldapsearch -h atlantic.atrust.com -p 389
    -x -D "cn=trent,cn=users,dc=boulder,dc=atrust,dc=com" -W
    -b "cn=users,dc=boulder,dc=atrust,dc=com" "cn=ned*"

Enter LDAP Password: <password>
```

```
# LDAPv3
# base <cn=users,dc=boulder,dc=atrust,dc=com> with scope sub
# filter: cn=ned*
# requesting: ALL
#
# ned, Users, boulder.atrust.com
dn: cn=ned,cn=Users,dc=boulder,dc=atrust,dc=com
objectClass: top
objectClass: person
objectClass: organizationalPerson
objectClass: user
cn: ned
sn: McClain
telephoneNumber: 303 555 4505
givenName: Ned
distinguishedName: cn=ned,cn=Users,dc=boulder,dc=atrust,dc=com
displayName: Ned McClain
memberOf: cn=Users,cn=Builtin,dc=boulder,dc=atrust,dc=com
memberOf: cn=Enterprise Admins,cn=Users,dc=boulder,dc=atrust,dc=com
name: ned
sAMAccountName: ned
userPrincipalName: ned@boulder.atrust.com
lastLogonTimestamp: 129086952498943974
mail: ned@atrust.com
```

ldapsearch 的-h 和-p 选项分别指定了要查询的 LDAP 服务器的主机名和端口号。

你通常需要向 LDAP 服务器验证自身。在这种情况下，-x 选项可以请求简单认证（非 SASL），-D 选项可以标识出拥有查询全向的用户账户的专有名称，-W 选项会使得 ldapsearch 提示相应的密码。

-b 选项告诉 ldapsearch 从 LDAP 层次结构中的哪个位置开始搜索。该选项称为 baseDN，因此选项名为 b。在默认情况下，ldapsearch 会返回 baseDN 下的所有匹配条目。你可以使用-s 选项调整这种行为。

最后的参数是一个"过滤器"，描述了你所要搜索的内容。这个参数可以直接写出，不用跟在选项之后。过滤器 cn=ned*会返回常用名（common name）以"ned"开头的所有 LDAP 条目。为了避免 shell 对星号执行扩展，要把过滤器用引号保护起来。

要想提取给定 baseDN 下的所有条目，只用将 objectClass=*作为搜索过滤器即可，或者干脆不写过滤器，因为这本来就是默认行为。

过滤器之后的任何参数都会选择要返回的具体特性。例如，如果你把 mail givenName 添加到上面的命令行中，ldapsearch 只会返回匹配该特性的值。

17.2.6 将 passwd 和 group 文件转换为 LDAP

如果你正在转向 LDAP，同时现有的用户和组信息还保存在平面文件中，你可能想将其一并迁移。RFC 2307 定义了将传统的 UNIX 数据集（例如 passwd 和 group 文件）映射进 LDAP 名称空间的标准方法。对于想在 UNIX 环境中使用 LDAP 的系统管理员而言，这篇参考文档至少能够提供理论上的帮助。在实践中，计算机要比人类更容易理解该规范，你最好还是看些例子。

Padl Software 提供了一组免费的 Perl 脚本，能将现有的平面文件或 NIS 映射迁移到 LDAP。脚本用起来很简单。它们既可以作为生成 LDIF 的过滤器，也可以直接向活跃服务器上传数据。例如，脚本 migrate_group 会把/etc/group 中的这行：

```
csstaff:x:2033:evi,matthew,trent
```

转换为下列 LDIF。

```
dn: cn=csstaff,ou=Group,dc=domainname,dc=com
cn: csstaff
objectClass: posixGroup
objectClass: top
userPassword: {crypt}x
gidNumber: 2033
memberuid: evi
memberuid: matthew
memberuid: trent
```

17.3 使用目录服务登录

设置好目录服务之后，完成下列步骤，系统就可以实现 SSO 了。

- 如果你打算将 Active Directory 与 Kerberos 一起使用，请配置 Kerberos，并将系统加入到 Active Directory 域。
- 配置 sssd，使其能够与相应的身份及认证存储（LDAP、Active Directory、Kerberos）通信。
- 配置 nsswitch.conf，使用 sssd 作为用户、组、密码信息的来源。
- 配置 PAM，使其通过 sssd 来处理认证请求。[①]

我们接下来依次介绍这些步骤。

17.3.1 Kerberos

Kerberos 是一种基于票据（ticket-based）的认证系统，采用了对称密钥加密。它近来的流行主要得益于微软的推动，后者将其作为 Active Directory 和 Windows 认证的组成部分。出于 SSO 的目的，我们将介绍如何在 Linux 和 FreeBSD 系统中与 Active Directory Kerberos 环境集成。如果你使用的是 Active Directory 以外的 LDAP 服务器，或者希望通过 LDAP 而不是 Kerberos 对 Active Directory 进行认证，则可以跳到 17.3.2 节的 sssd 讨论。

1. 用于 AD 集成的 Linux Kerberos 配置

系统管理员经常希望 Linux 系统成为 Active Directory 域的成员。在过去，这种配置复杂得让有些管理员只想去喝上一杯。幸好 realmd 的出现极大地简化了这项任务。realmd 可以作为 sssd 和 Kerberos 的配置工具。

在尝试加入 Active Directory 域之前，先确认以下事项。

- 待加入 AD 域的 Linux 系统中已经安装了 realmd。
- 已经安装了 sssd（见下面）。
- ntpd 已安装并运行。
- 知道 AD 域的正确名称。
- 拥有允许将系统加入域的 AD 账户凭证。此操作会向系统发出 Kerberos 票据授予票据（ticket-granting ticket，TGT），以便可以在无须管理员密码的情况下执行认证操作。

举例来说，如果 AD 域名为 ULSAH，且允许 AD 账户 trent 将系统加入该域，那么就可以使用下列命令。

```
$ sudo realm join --user=trent ULSAH
```

① 有些软件使用传统的 getpwent 系列库例程来查找用户信息，而现代服务通常直接调用 PAM 认证例程。配置 PAM 和 nsswitch.conf，确保具备功能完善的环境。

然后核实是否已经加入指定的 AD 域。

```
$ realm list
ulsah
  type: kerberos
  realm-name: ULSAH.COM
  domain-name: ulsah.com
  configured: kerberos-member
  server-software: active-directory
  client-software: sssd
  required-package: sssd
  required-package: adcli
  required-package: samba-common
  login-formats: %U@ulsah.com
  login-policy: allow-real logins
```

2. 用于 AD 集成的 FreeBSD Kerberos 配置

由于配置过程繁杂，特别是在服务器端，导致 Kerberos 的名声可不怎么样。可惜的是，FreeBSD 并没有像 Linux 中 realmd 那样灵巧的工具，只用一步就可以完成 Kerberos 的配置并加入 Active Directory 域。不过你只需要设置 Kerberos 的客户端就行了。配置文件为/etc/krb5.conf。

首先，再次检查系统的全限定域名是否已经包含在/etc/hosts 之中，NTP 是否已经配置并工作正常。然后，像下面的例子那样编辑 krb5.conf。用 ULSAH 替换掉站点的 AD 域。

```
[logging]
    default = FILE:/var/log/krb5.log
[libdefaults]
    clockskew = 300
    default_realm = ULSAH
    kdc_timesync = 1
    ccache_type = 4
    forwardable = true
    proxiable = true
[realms]
    ULSAH.COM = {
        kdc = dc.ulsah.com
        admin_server = dc.ulsah.com
        default_domain = ULSAH
    }
[domain_realm]
    .ulsah.com = ULSAH
    ulsah.com = ULSAH
```

注意例子中出现的几个值。即便时间是通过 NTP 设置的，5 min 的时间偏差（clock skew）也是允许的。这一余量使得系统即便是在 NTP 出现问题的情况下也能正常工作。默认范围（default realm）设置为 AD 域，密钥分发中心（或 KDC）设置为 AD 域控制器。krb5.log 在调试时可能会派上用场。

运行 kinit 命令从 Active Directory 控制器处请求票据。指定一个有效的域用户账户。通常用“administrator”账户测试就不错，不过其他账户也可以。出现提示时，输入域密码。

```
$ kinit administrator@ULSAH.COM
Password for administrator@ULSAH.COM: <password>
```

使用 klist 显示 Kerberos 票据。

```
$ klist
Ticket cache: FILE:/tmp/krb5cc_1000
Default principal: administrator@ULSAH.COM
```

```
Valid starting       Expires              Service principal
04/30/17 13:40:19    04/30/17 23:40:21    krbtgt/ULSAH.COM@ULSAH.COM
        renew until 05/01/17 13:40:19

Kerberos 4 ticket cache: /tmp/tkt1000
klist: You have no tickets cached
```

如果显示出票据，说明认证没有问题。在这个例子中，票据有效期为 10 h，可以续订 24 h。kdestroy 命令能够使票据失效。

最后一步是把系统加入 AD 域，如下所示。所使用的 administrator 账户（在本例中是 trent）必须在 Active Directory 拥有适合的权限，以便能够将系统加入到域。

```
$ net ads join -U trent
Enter trent's password: <password>
Using short domain -- ULSAH
Joined 'example.ulsah.com' to domain 'ULSAH.COM'
```

其他的配置选项参见 krb5.conf 的手册页。

17.3.2 sssd：系统安全服务守护进程

UNIX 和 Linux 通往 SSO 的道路着实不易。几年前，常见的做法是分别为每种服务或应用设置独立的认证。这种方法所带来的结果就是一片混乱：随着时间的推移，单独的配置和未经说明的依赖关系根本没法管理。这个应用中的用户密码不能在另一个应用中使用，搞得大家都很崩溃。

微软曾经推出过一些有助于在 Active Directory 中容纳 UNIX 用户和组的扩展（一开始叫作"Services for UNIX"，然后是"Windows Security and Directory Services for UNIX"，最后在 Windows Server 2012 中改为"Identity Management for UNIX"）。但是，把这些属性的管理权放在非 UNIX 系统中并不合适。考虑到诸多方面，微软在 Windows Server 2016 中不再提供这一属性。

这些问题需要某种更全面的解决方案，系统安全服务守护进程（System Security Services Daemon，sssd）于是应运而生。作为用户身份整理（user identity wrangling）、认证以及账户映射的一站式解决方案，sssd 可用于 Linux 和 FreeBSD 系统。它还可以脱机缓存凭证，这对于移动设备很有用。sssd 支持通过原生 LDAP 和 Kerberos 进行认证。

sssd 的配置文件是 sssd.conf。下面这个基础示例针对使用 Active Directory 作为目录服务的环境。

```
[sssd]
services = nss, pam
domains = ULSAH.COM

[domain/ULSAH.COM]
id_provider= ad
access_provider = ad
```

如果你使用非 AD 的 LDAP 服务器，那么 sssd.conf 文件可能看起来更像这样：

```
[sssd]
services = nss, pam
domains = LDAP

[domain/LDAP]
id_provider = ldap
auth_provider = ldap
ldap_uri = ldap://ldap.ulsah.com
ldap_user_search_base = dc=ulsah,dc=com
tls_reqcert = demand
```

```
ldap_tls_cacert = /etc/pki/tls/certs/ca-bundle.crt
```

出于显而易见的安全原因，sssd 不允许在未加密信道上验证，因此必须使用 LDAPS/TLS。将上例中的 tls_reqcert 属性设置为 demand，强制 sssd 额外验证服务器证书。如果证书有问题，sssd 则断开连接。

一旦 sssd 正常运行起来，你必须告诉系统用它作为身份及认证信息的来源。接下来就是配置名称服务切换和 PAM。

17.3.3 nsswitch.conf：名称服务切换

名称服务切换（Name Services Switch，NSS）是为了便于在各种配置数据库和名称解析机制之间进行选择。所有的配置都在/etc/nsswitch.conf 文件中完成。

配置语法很简单：对于特定的查找类型，只需要按顺序列出查询源即可。系统本地的 passwd 和 group 文件应该总是首先查询（由 files 指定），但是也可以通过 sssd（由 sss 指定）来查询 Active Directory 或其他目录服务。参考下列条目。

```
passwd: files sss
group:  files sss
shadow: files sss
```

nsswitch.conf 文件配置完成之后，可以使用命令 getent passwd 命令测试配置。该命令会以/etc/passwd 的格式打印出来自所有源中的用户账户。

```
$ getent passwd
root:x:0:0:root:/root:/bin/bash
daemon:x:1:1:daemon:/usr/sbin:/bin/sh
...
bwhaley:x:10006:10018::/home/bwhaley:/bin/sh
guest:*:10001:10001:Guest:/home/ULSAH/guest:/bin/bash
ben:*:10002:10000:Ben Whaley:/home/ULSAH/ben:/bin/bash
krbtgt:*:10003:10000:krbtgt:/home/ULSAH/krbtgt:/bin/bash
```

区分本地用户和域用户的唯一方法是通过用户 ID 和用户主目录路径，如上面输出中最后 3 行所示。

17.3.4 PAM：烹饪喷雾剂[①]或者认证奇才

PAM 代表“可插入式认证模块”（pluggable authentication module）。PAM 系统使得程序员不用再直接同认证系统打交道，让系统管理员可以灵活、模块化地控制系统的认证方法。其概念和术语均来自 Sun Microsystems（现已被 Oracle 公司收购）以及 SunSoft 的 Samar 和 Lai 于 1996 年发表的论文。

在遥远的过去，像 login 这样的命令所包含的认证代码都采用硬编码形式，这些代码负责提示用户输入密码、将密码与/etc/shadow（当时是/etc/passwd）中的加密版本进行比对、判断两个密码是否匹配。当然，其他命令（例如 passwd）的代码也与此类似。不通过源代码是无法更改认证方法的，管理员对于细节基本上或者一点都没有控制权（例如，系统是否应该将“password”视为有效密码）。PAM 改变了这一切。

PAM 将系统的认证例程放进了共享库，login 和其他程序均可调用。通过将认证功能分离到独立的子系统中，PAM 可以很容易地引入认证和加密方面新的研究成果。例如，在不修改 login 和 passwd 源代码的情况下就可以支持多因子认证（multifactor authentication）。

---

① PAM 是美国比较常见的烹饪喷雾剂（cooking spray）品牌之一。——译者注

对于系统管理员而言，设置正确的认证安全等级变成了一项简单的配置任务。程序员也得到了好处，因为他们再也不用非得编写乏味的认证代码了。更重要的是，他们的认证系统一次性就能正确实现。PAM 可以认证各种活动：用户登录、其他形式的系统访问、使用受保护的 Web 站点，甚至是应用程序配置。

1. PAM 配置

PAM 配置文件是由一些单行配置组成的，每行都命名了系统中要用到的某个模块。其一般格式为：

```
module-type control-flag module-path [ arguments ]
```

字段之间以空白字符分隔。

模块在 PAM 配置文件中出现的顺序很重要。例如，提示用户输入密码的模块必须位于密码有效性验证模块之前。一个模块可以通过设置环境变量或 PAM 变量将其输出传给下一个模块。

module-type 参数决定了模块的用途（auth、account、session、password）。auth 模块标识用户并授予其组成员身份。执行 account 杂项的模块会强加一些限制，例如将登录限制在特定时间、限制并发用户数或这限制登录端口。（例如，你将使用 account 类型的模块限制 root 只能从控制台登录。）session 杂项包括在授予用户访问权限之前或之后完成的任务。例如，挂载用户的主目录。最后，password 模块可以更改用户的密码或口令。

control-flag 指定了模块栈（stack）中的模块应该如何交互，以生成该栈的最终结果。表 17.2 中给出了常见的值。

表 17.2 PAM 的控制标志

标志	失败时是否停止	成功时是否停止	说明
include	—	—	在模块栈的这个位置引入另一个配置文件
optional	否	否	仅当这是唯一的模块时才起作用
required	否	否	如果失败的话，最终会造成整个模块栈失败
requisite	是	否	和 required 一样，但会立即导致模块栈失败
sufficient	否	是	这个名字有些名不副实；参见随后的说明

如果模块栈中的模块只要一出现失败，PAM 就立刻返回故障码的话，control-flag 系统会更简单。不幸的是，系统的设计使大多数模块都有机会运行，无论兄弟模块（sibling module）是否成功，这一事实造成了控制流程中的一些微妙之处。（其目的在于避免攻击者得知是 PAM 模块栈中的哪个模块导致了失败。）

required 模块必须要成功才行。多个 required 模块中只要有一个失败，都会使得模块栈作为一个整体最终失败。但是某个 required 模块的失败并不会打断模块栈的执行。如果你想要的正是这种效果，使用控制标志 requisite 代替 required。

sufficient 模块成功的话会立即中止模块栈。但是模块栈最终的执行结果未必就是成功的，因为 sufficient 模块无法覆盖之前 required 模块执行失败的结果。如果之前有 required 模块已经失败，那么随后成功的 sufficient 模块会中止模块栈的执行，并将失败作为整体结果返回。

在修改系统安全设置之前，确保对系统已经有了全面的理解，而且反复检查需要特别注意的地方。（PAM 不用天天配置。哪些模块是 requisite，哪些模块是 required，你能记住多久？）

2. PAM 示例

下面的示例文件/etc/pam.d/login 取自运行着 sssd 的 Linux 系统。为了更加清晰，我们展开了其中的包含文件。

```
auth     requisite  pam_nologin.so
auth     [user_unknown=ignore success=ok ignore=ignore auth_err=die
           default=bad] pam_securetty.so
auth     required   pam_env.so
auth     sufficient pam_unix2.so
auth     sufficient pam_sss.so use_first_pass

account  required   pam_unix2.so
account  [default=bad success=ok user_unknown=ignore] pam_sss.so
password requisite  pam_pwcheck.so nullok cracklib
password required   pam_unix2.so use_authtok nullok
password sufficient pam_sss.so use_authtok

session  required   pam_loginuid.so
session  required   pam_limits.so
session  required   pam_unix2.so
session  sufficient pam_sss.so
session  optional   pam_umask.so
session  required   pam_lastlog.so nowtmp
session  optional   pam_mail.so standard
session  optional   pam_ck_connector.so
```

auth 模块栈中包含了多个模块。在第一行，pam_nologin 模块检查文件/etc/nologin 是否存在。如果存在，除非用户是 root，否则该模块立即中止登录过程。pam_securetty 模块确保 root 只能在/etc/securetty 所列出的终端登录。这行用到了 pam.conf 手册页中描述过的 Linux 替代语法。在这个例子中，其效果类似于控制标志 required。pam_env 设置/etc/security/pam_env.conf 中的环境变量，pam_unix2 通过执行标准的 UNIX 认证来检查用户凭证，pam_sss 尝试通过 sssd 进行认证。如果有任意一个模块失败，auth 模块栈就会返回错误。

account 模块栈只包含 pam_unix2 和 pam_sss 模块。在这里，两者评估账户本身的有效性。如果账户已过期或者密码必须更改，模块会返回错误。对于后一种情况，相关模块会从用户处获得新的密码，将其传给 password 模块。

pam_pwcheck 模块调用 cracklib 检查新密码的强度。如果不符合要求，则返回错误。但由于存在 nullok 标准，它也允许出现空密码。pam_unix2 和 pam_sss 这两行负责更新实际的密码。

最后，session 模块栈执行一些内部杂务。pam_loginuid 模块将内核的 loginuid 进程属性设置为用户的 UID。pam_limits 从/etc/security/limits.conf 处读取资源用量限制，设置相应的进程参数施加限制。pam_unix2 和 pam_sss 记录下用户对系统的访问，pam_umask 设置初始的文件创建模式。作为安全检查，pam_lastlog 显示出用户最后一次登录的时间。pam_mail 会在用户收到新邮件时输出一则通知消息。最后，pam_ck_connector 提醒守护进程 ConsoleKit（系统级守护进程，负责管理登录会话）有新的登录活动。

在这个过程的最后，用户成功通过认证，PAM 将控制权交还给 login。

17.4 替代方案

尽管 LDAP 目前是最流行的组织内用户身份及认证信息集中化管理方法，但过去几十年间也涌现出了其他方案。NIS 和 rsync，尽管有点年代，但在一些小型团体中还在使用。

17.4.1 NIS：网络信息服务

NIS（Network Information Service）是由 Sun 公司于 20 世纪 80 年代发布的，那时正值管理数据库（administrative database）的第一个“黄金时代”。它最初叫作 Sun Yellow Pages，但由于法律

方面的原因，最终不得不更名。NIS 命令依然是以字母 yp 开头，所以想忘记它之前的名字也不是件容易的事。NIS 曾被广泛采用，FreeBSD 和 Linux 仍对其提供了支持。

但如今 NIS 已经日薄西山。不应该在新的部署中继续使用 NIS 了，现有的部署也应该迁移到时下的替代方案，例如 LDAP。

17.4.2 rsync：文件安全传输

由 Andrew Tridgell 和 Paul Mackerras 编写的 rsync 有点像是 scp 的加强版，在链接保留、文件修改时间以及权限方面更为严谨。因为会检查单个文件内部，只有在不同版本之间存在差异时才进行传输，因此网络利用效率更高。

分发文件（例如/etc/passwd 和/etc/group）的一种应急之法（quick-and-dirty approach）是设置 cron 作业，使用 rsync 从主服务器上传输。尽管这种方法易于设置，在紧要关头也能派上用场，但它需要将所有的变更（包括用户密码）直接应用于主服务器。

例如，下列命令：

```
# rsync -gopt -e ssh /etc/passwd /etc/shadow lollipop:/etc
```

会将文件/etc/passwd 和/etc/shadow 传到机器 lollipop。选项-gopt 可以保留文件的权限、所有权以及修改时间。rsync 使用 ssh 作为传输手段，因此连接是加密的。但如果你想在脚本中执行该命令的话，机器 lollipop 上的 sshd 必须配置为无须密码。当然，这种设置会有重大的安全影响。程序员要留心！

你可以通过--include 和--exclude 选项指定多个用于匹配文件名的正则表达式，以此设置一组复杂的传输条件。如果这样使得命令行过于杂乱，可以使用--include-file 和--exclude-file 选项从单独的文件中读取匹配模式。

配置管理工具（例如 Ansible）是另一种在系统之间分发文件的常用方式。详细内容参见第 23 章。

第 18 章　电子邮件

几十年前，做顿鸡肉晚餐可不单是把鸡肉煎好就完事了，你还得从鸡舍里挑只嫩鸡，宰掉、去毛等。今天，我们大多数人只用从杂货店或肉店买包鸡肉，其余的杂事就不用管了。

电子邮件也有着类似的发展道路。几年前，自己动手搭建组织的电子邮件基础设施，有时甚至还得预先决定严格的邮件路由，这些都是常事。如今，很多组织采用打包好的云托管电子邮件服务，如 Google Gmail 或 Microsoft Office 365。

即便是你的电子邮件系统运行在云端，作为管理员，你有时还是得理解、支持并跟它打交道。如果站点使用的是本地电子邮件服务器，那么工作范围会进一步扩展到配置、监控以及各种测试。

如果你发现自己符合其中某个实践场景，请阅读本章。否则，跳过这些内容，用花在电子邮件管理上的时间去答复那些拿着数百万美元，谋求更大回报的有钱人吧。①

18.1　邮件系统架构

邮件系统包含多个截然不同的组件。

- 邮件用户代理（Mail User Agent，MUA 或 UA），允许用户阅读和撰写邮件。
- 邮件提交代理（Mail Submission Agent，MSA），从 MUA 接收要发送的邮件，调整过后，将其提交给传输系统。
- 邮件传输代理（Mail Transport Agent，MTA），在机器之间路由消息。
- 投递代理（Delivery Agent，DA），将消息置于本地的消息存储（message store）中。②

---

① 当然，我们就是开个玩笑而已。

② 收件方的邮箱，有时候也可以是数据库。

- 可选的访问代理（Access Agent，AA），将用户代理连接到消息存储（例如，通过 IMAP 或 POP 协议）。

注意，这些功能划分有些抽象。真实世界中的邮件系统会将这些功能分散到不同的软件包中。其中部分功能对应的是用于识别垃圾邮件、病毒以及（出站）内部公司机密的工具。图 18.1 说明了当消息从发送方到接收方时，各个部分如何协同工作的。

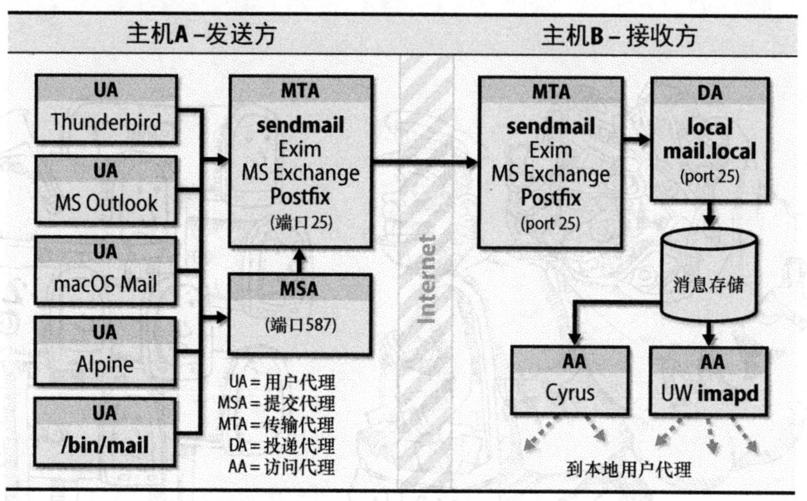

图 18.1 邮件系统组件

18.1.1 用户代理

电子邮件用户运行用户代理（有时候也叫作电子邮件客户端）来读取和撰写邮件。电子邮件消息最初只包含文本，但是一个叫作“多用途 Internet 邮件扩展”（Multipurpose Internet Mail Extensions，MIME）的标准可以将文本和附件（包括病毒）编入电子邮件。大多数用户代理支持该标准。因为 MIME 一般并不会影响邮件的寻址或传输，所以我们不打算再对其展开讨论。

/bin/mail 是最初的用户代理，如果在 shell 提示符下阅读纯文本的电子邮件消息，它仍旧是一款拿来就能用的好工具。因为 Internet 上的电子邮件早已跨越了文本时代，基于文本的用户代理对大多数用户来说也没什么实际意义了。不过也不应该抛弃/bin/mail，就脚本和其他程序而言，它还是一种方便的接口。

图 18.1 中所演示的一处优雅的特性就是用户代理不必非得和邮件系统的其余部分运行在同一个系统，甚至是相同的平台之上。不管是安装了 Windows 的便携式计算机还是智能手机，用户都可以通过代理协议（例如 IMAP 和 POP）访问自己的电子邮件。

18.1.2 提交代理

MSA 是后来才加入到电子邮件体系中的，它的出现是为了分担一部分 MTA 的计算任务。MSA 使得邮件枢纽服务器（mail hub server）能够轻松地区分收到的邮件和发出的邮件（例如在决定是否允许中继时），给用户代理提供了一套针对发出邮件的统一而简单的配置。

作为“接待员”，MSA 负责处理由本地用户代理送入系统的新消息。MSA 位于用户代理和传输代理之间，接管了一些之前属于 MTA 的工作。MSA 实现了与用户代理之间的安全通信（加密及认证），经常会对邮件头部略进行重写，清理收到的消息。在很多情况下，MSA 其实就是一个 MTA，只不过监听的是别的端口，采用了不同的配置。

MSA 使用的邮件传输协议和 MTA 一样，所以从用户代理的视角来看，两者没什么差别。然而，MSA 侦听的是端口 587，而 MTA 侦听的是标准端口 25。要想让这一方案奏效，用户代理必须连接端口 587，而不是端口 25。如果用户代理没法使用端口 587，你仍旧可以在端口 25 上运行 MSA，但可千万别在运行着 MTA 的系统上这么做，同一个端口一次只能由一个进程侦听。

如果你使用了 MSA，则务必配置好传输代理，避免重复已经由 MSA 完成过的邮件头部重写工作。这种重复并不会影响邮件处理的正确性，但这纯粹是额外的无用功。

因为 MSA 以 MTA 作为消息中继，那么 MSA 和 MTA 必须使用 SMTP-AUTH 认证彼此。否则，就会产生一个所谓的开放中继（open relay），垃圾邮件会利用这一漏洞，其他站点因此把你拉入黑名单。

18.1.3 传输代理

传输代理必须接受来自用户代理或提交代理的邮件、弄清楚收件方的地址、设法把邮件投递到正确的主机。传输代理使用的是简单邮件传输协议（Simple Mail Transport Protocol，SMTP），该协议最初是在 RFC 821 中定义的，现在已经由 RFC 5321 取代并扩展。其扩展版本叫作扩展 SMTP（Extended SMTP，ESMTP）。

作为邮件的发送方和接收方，MTA 的任务包括：

- 接收来自远程邮件服务器的电子邮件消息；
- 了解收件方的地址；
- 将地址改写为投递代理能够理解的形式；
- 将消息转发下一个负责的邮件服务器，或是将它传给本地投递代理，保存到用户邮箱中。

设置邮件系统所涉及的大部分工作与 MTA 的配置有关。在本书中，我们介绍了 3 种开源 MTA：sendmail、Exim、Postfix。

18.1.4 本地投递代理

投递代理，有时候也称为本地投递代理（Local Delivery Agent，LDA），接收来自传输代理的邮件，然后将其投递到对应收件方的本地邮箱。根据最初的规定，电子邮件可以投递给个人、邮件列表、文件，甚至是程序。不过，最后两类收件方会削弱系统的安全性。

为了便于投递，MTA 通常包括了一个内建的本地投递代理。procmail 和 Maildrop 这两种都可以在投递之前对邮件过滤和分类。有些访问代理（Access Agent，AA）也有内建的 LDA，既可以进行投递，也可以负责本地日常工作。

18.1.5 消息存储

当电子邮件消息完成了穿越 Internet 的旅途，被投递到收件方，它最后的栖息地就是消息存储。

邮件传统上是以 mbox 或 Maildir 格式保存的。mbox 格式将所有的邮件存放在单个文件中，通常是/var/mail/username，消息之间以一个特殊的 From 行分隔。Maildir 格式将每条消息保存在单个文件中。每条消息对应一个文件固然方便得多，但是会产生多个包含大量小文件的目录。有些文件系统可能不欢迎这种情况。

mbox 或 Maildir 格式中的平面文件仍然在广泛使用，但拥有数千或数百万电子邮件客户端的 ISP 通常已迁移到了其他消息存储技术，通常是数据库。可惜这也意味着消息存储变得越来越不透明。

18.1.6 访问代理

有两种协议可用于访问消息存储以及将电子邮件消息下载到本地设备中（工作站、便携式计算机、智能手机等）：Internet 消息访问协议第 4 版（Internet Message Access Protocol version 4，IMAP4）和邮局协议第 3 版（Post Office Protocol version 3，POP3）。这些协议的早期版本有安全问题。务必使用引入了 SSL 加密的版本（IMAPS 或 POP3S），以避免在 Internet 传输明文密码。

IMAP 明显优于 POP。它在投递邮件时，一次一条，而不是一次性全部发送，这种做法对网络更为友好（尤其是在慢速链接上），也更适合于到处旅行的人。IMAP 特别擅长处理有些人喜欢发送的大号附件：你可以浏览邮件的标题，但下载附件，直到准备好处理时再下载。

18.2 剖析邮件消息

邮件消息包含 3 个不同的部分：

- 信封（envelope）；
- 头部（header）；
- 消息主体（body of the message）。

信封决定了消息会被投往何处或者被返回给谁（如果消息未投递成功）。信封对于用户是不可见的，它也不属于消息本身，仅供 MTA 在内部使用。

如果发送方和接收方都是个人，信封地址和头部的 From 行以及 To 行通常是一致的。但如果消息是发往邮件列表或是由企图隐藏自己身份的垃圾邮件发送者生成的，那么信封和头部就未必一致了。

头部包含一系列遵循 RFC 5322 规定的“属性/值”（RFC 6854 对其进行了更新）。其中记录了与消息相关的各类信息，例如消息发送的日期和时间，在传输过程中要经过哪些传输代理，接收方和发送方。头部是邮件消息的真实组成部分，但是用户代理在向用户显示邮件消息时，一般会把这部分比较无趣的内容隐藏起来。

消息主体是要发送的内容。通常是由纯文本组成，但这些文本代表的是各种二进制或富文本内容经过邮件安全编码之后的形式。

剖析邮件头部，定位邮件系统问题，这是系统管理的基本技能。很多用户代理隐藏了邮件头部，不过总有办法看到这些信息，哪怕是使用编辑器浏览消息存储。

下面是从非垃圾邮件消息中提取的大部分头部（偶尔裁剪的部分用...表示）。我们删除了另外半页的头部信息，Gmail 用其作为垃圾邮件过滤器的一部分。

```
Delivered-To: sailingevi@gmail.com
Received: by 10.231.39.205 with SMTP id…; Fri, 24 May 2013 08:14:27
    -700 (PDT)①
Received: by 10.114.163.26 with SMTP id…; Fri, 24 May 2013 08:14:26
    -700 (PDT)
Return-Path: <david@schweikert.ch>
Received: from mail-relay.atrust.com
    (mail-relay.atrust.com [63.173.189.2]) by mx.google.com with
    ESMTP id 17si2166978pxi.34.2009.10.16.08.14.20; Fri, 24 May 2013
    08:14:25 -0700 (PDT)
Received-SPF: fail (google.com: domain of david@schweikert.ch does not
    designate 63.173.189.2 as permitted sender) client-ip=63.173.189.2;
Authentication-Results: mx.google.com; spf=hardfail (google.com: domain
```

① 本章最初是由 Evi 撰写的，我们在此保留了这个富有历史意义的例子，以表达对她的怀念之情。

```
    of david@schweikert.ch does not designate 63.173.189.2 as permitted
    sender) smtp.mail=david@schweikert.ch
Received: from mail.schweikert.ch (nigel.schweikert.ch [88.198.52.145])
    by mail-relay.atrust.com (8.12.11/8.12.11) with ESMTP id n9GFEDKA0
    for <evi@atrust.com>; Fri, 24 May 2013 09:14:14 -0600
Received: from localhost (localhost.localdomain [127.0.0.1]) by mail.
    schweikert.ch (Postfix) with ESMTP id 3251112DA79; Fri, 24 May 2013
    17:14:12 +0200 (CEST)
X-Virus-Scanned: Debian amavisd-new at mail.schweikert.ch
Received: from mail.schweikert.ch ([127.0.0.1]) by localhost (mail.
    schweikert.ch [127.0.0.1]) (amavisd-new, port 10024) with ESMTP id
    dV8BpT7rhJKC; Fri, 24 May 2013 17:14:07 +0200 (CEST)
Received: by mail.schweikert.ch (Postfix, from userid 1000)
    id 2A15612DB89; Fri, 24 May 2013 17:14:07 +0200 (CEST)
Date: Fri, 24 May 2013 17:14:06 +0200
From: David Schweikert <david@schweikert.ch>
To: evi@atrust.com
Cc: Garth Snyder <garth@garthsnyder.com>
Subject: Email chapter comments
Hi evi,

I just finished reading the email chapter draft, and I was pleased to see
...
```

要想搞明白这堆吓人的东西，先从 Received 行读起，不过阅读顺序是自底向上（从发送方那边）。这则消息是从 David Schweikert 家中那台位于 schweikert.ch 域的机器发往他的邮件服务器（mail.schweikert.ch），邮件在那里进行了病毒扫描。然后邮件又被转发到收件方 evi@atrust.com。但是接收主机 mail-relay.atrust.com 将它发送到了 sailingevi@gmail.com，邮件在这里才进入了 Evi 的邮箱。

在头部信息的中间位置，可以看到有一次发送方策略框架（Sender Policy Framework，SPA）验证故障，这表明该消息被标记为垃圾邮件。故障发生的原因在于 Google 会检查 mail-relay.atrust.com，然后将其与 schweikert.cn 处的 SPF 记录进行比对，两者当然不匹配。这是依靠 SPF 记录识别伪造邮件的固有弱点——无法处理被中继的邮件。

你经常能看到所使用的是什么样的 MTA（schweikert.ch 的 Postfix，atrust.com 的 sendmail 8.12），在本例中，你还可以看到在一台运行 Debian Linux 的机器的 10 024 端口上，通过 adavisd-new 执行病毒扫描。你可以一路跟踪邮件消息，从中欧夏令时区（CEST +0200）到科罗拉多（-0600），然后再到 Gmail 服务器（PDT -0700）。括号里的数字是本地时间和 UTC（Coordinated Universal Time，世界协调时间）之间的差异。大量信息隐藏在头部中！

下面的头部信息取自一则垃圾邮件消息，这次依然做了裁剪。

```
Delivered-To: sailingevi@gmail.com
Received: by 10.231.39.205 with SMTP id…; Fri, 19 Oct 2009 08:59:32
    -0700…
Received: by 10.231.5.143 with SMTP id…; Fri, 19 Oct 2009 08:59:31
    -0700…
Return-Path: <smotheringl39@sherman.dp.ua>
Received: from mail-relay.atrust.com (mail-relay.atrust.com
    [63.173.189.2]) …
Received-SPF: neutral (google.com: 63.173.189.2 is neither
    permitted nor denied by best guess record for domain of
    smotheringl39@sherman.dp.ua) client-ip=63.173.189.2;
Authentication-Results: mx.google.com; spf=neutral (google.
    com: 63.173.189.2 is neither permitted nor denied by best
    guess record for domain of smotheringl39@sherman.dp.ua)
    smtp.mail=smotheringl39@sherman.dp.ua
Received: from SpeedTouch.lan (187-10-167-249.dsl.telesp.net.br
```

```
    [187.10.167.249] (may be forged)) by mail-relay.atrust.com …
Received: from 187.10.167.249 by relay2.trifle.net; Fri, 19 Oct 2009
    13:59: …
From: "alert@atrust.com" <alert@atrust.com>
To: <ned@atrust.com>
Subject: A new settings file for the ned@atrust.com mailbox
Date: Fri, 19 Oct 2009 13:59:12 -0300 …
```

从 From 可以看出邮件消息的发送方是 alert@atrust.com。但根据 Return-Path（其中包含了信封发送方的副本），原始发送方为 smotheringl39@sherman.dp.ua，这是一个乌克兰的地址。处理该消息的第一个 MTA 的 IP 地址 187.10.167.249 位于巴西。发送垃圾邮件的一方可真够狡猾了。[①]

Google 的 SPF 检查再次失败，这次的结果是 "neutral"（中性），因为 sherman.dp.ua 域并没有能够与 mail-relay.atrust.com 的 IP 地址进行比对的 SPF 记录。

收件方信息也未必全都是真实的。To 行表明消息要被发送到 ned@atrust.com。但是，为了使邮件消息能够被转发到 sailingevi@gmail.com 进行投递，信封上的收件方地址必须包括 evi@atrust.com。

18.3 SMTP 协议

简单邮件传输协议（Simple Mail Transport Protocol，SMTP）及其扩展版 ESMTP 都已经在 RFC 系列中（RFC 5321，更新版为 RFC 7504）标准化，大多数邮件消息在邮件系统各部分之间移交（hand-offs）时也要用到该协议。

- 在消息被送入邮件系统时，是从 UA 到 MSA，或者 UA 到 MTA。
- 在消息开始投递时，是从 MSA 到 MTA。
- MAT/MSA 到反病毒/反垃圾邮件程序。
- 在消息从一个站点转发到另一个站点时，是从 MTA 到 MTA。
- 在消息被投递到本地消息存储时，是从 MTA 到 DA。

因为邮件消息格式和传输协议已经标准化，彼此的 MTA 并不一定非得相同，甚至无须知道对方的身份，只要大家都使用 SMTP 或 ESMTP 通信就行了。各种邮件服务器可以运行不同的 MTA，相互之间的协作都不会有问题。

SMTP 的名字没错，它的确简单。MTA 连上你的邮件服务器，然后说"这有一则邮件消息，请把它投递到 user@your.domain。"服务器说"好"。

要求严格遵循 SMTP 协议已经变成了一种对抗垃圾邮件和恶意软件的技术，对于邮件管理员来说，熟悉该协议非常重要。SMTP 协议只有少数命令，表 18.1 给出了其中最重要的几个命令。

表 18.1　　SMTP 命令

命令	功能
HELO hostname	如果使用的是 SMTP，则标识所连接的主机
EHLO hostname	如果使用的是 ESMTP，则标识所连接的主机
MAIL FROM: revpath	发起邮件事务（信封发送方）
RCPT TO: fwdpath [a]	标识信封收件方（可以是多个）
VRFY address	核实地址是否有效（可投递）
EXPN address	显示别名扩展和.forward 映射

① 值得注意的是，头部中包括 Received 在内的很多行都是可以伪造的。使用这些数据时一定要格外小心。

续表

命令	功能
DATA	消息主体开始（之前是头部）[b]
QUIT	交互结束，关闭连接
RSET	重置连接状态
HELP	打印 SMTP 命令汇总

注：a. 一则消息可以有多个 RCPT 命令。

b. 在单独一行中输入一个点号就可以终止消息主体。

18.3.1 EHLO

ESMTP 一方发起会话时使用的是 EHLO，而不是 HELO。如果另一端的进程能够理解，会以 OK 作为响应，然后双方协商所支持的扩展并就交互所要达到的最低标准达成一致。如果对方响应 EHLO 时返回错误，ESMTP 一方则回退到 SMTP。不过现在大家基本上都是用 ESMTP。

投递邮件消息的典型会话会经历以下步骤：HELO 或 EHLO，MAIL FROM:，RCPT TO:，DATA 以及 QUIT。发送方基本上主导了会话过程，收件方只返回错误代码及确认。

SMTP 和 ESMTP 都是基于文本的协议，在调试邮件系统时你可以直接使用它们。只需要 telnet 到 TCP 端口 25 或 587，然后输入 SMTP 命令即可。具体可参见 18.3.3 节的例子。

18.3.2 SMTP 错误码

定义 SMTP 的 RFC 还指定了一组临时错误码和永久错误代码。这些代码最初都是 3 位数字（例如，550），每位数字都被单独解释。第一个数字如果是 2，表示成功；如果是 4，表示临时错误；如果是 5，表示永久错误。

这种 3 位数字的错误代码系统无法扩展，因此 RFC 3463（随后由 RFC 3886、4468、4865、4954、5248 进行了更新）对其进行了改造，提高了灵活性。它定义了一套名为投递状态通知（Delivery Status Notification，DSN）的扩展错误代码。DSN 使用 X.X.X 的格式代替了之前的 XXX 格式，其中每个 X 都可以是多位数字。第一个 X 仍然必须是 2、4 或 5。第二个 X 指定了主题，第三个 X 提供了细节信息。新系统使用第二个数字区分主机错误和邮箱错误。表 18.2 列出了部分 DSN 代码。RFC 3463 的附录 A 中给出了所有的代码。

表 18.2 RFC 3463 投递状态通知

临时性	永久性	含义
4.2.1	5.2.1	邮箱被禁用
4.2.2	5.2.2	邮箱已满
4.2.3	5.2.3	消息过长
4.4.1	5.4.1	主机没有应答
4.4.4	5.4.4	无法路由
4.5.3	5.5.3	收件方过多
4.7.1	5.7.1	未授权投递，消息被拒绝
4.7.*	5.7.*	站点政策违规

18.3.3 SMTP认证

RFC 4954（更新版为RFC 5248）扩展了原始的SMTP协议，允许SMTP客户端向邮件服务器标识和验证自身。服务器然后可以让客户端通过自己中继邮件。该协议支持多种不同的认证机制。客户端和服务器之间的交互过程如下。

（1）客户端发出EHLO，宣布它使用ESMTP。

（2）服务器做出响应并通告其认证机制。

（3）客户端发出AUTH并指明希望使用的特定认证机制，可以选择加入认证数据。

（4）服务器接受通过AUTH发送的数据，或是发起与客户端的质询及响应。

（5）服务器可以接受或拒绝认证请求。

要查看服务器所支持的认证机制，你可以telnet到服务器的端口25，发出EHLO。例如，下面是与邮件服务器mail-relay.atrust.com之间经过裁剪的会话过程（我们输入的命令用粗体显示）。

```
$ telnet mail-relay.atrust.com 25
Trying 192.168.2.1...
Connected to mail-relay.atrust.com.
Escape character is '^]'.
220 mail-relay.atrust.com ESMTP AT Mail Service 28.1.2/28.1.2; Mon, 12
    Sep 2016 18:05:55 -0600
ehlo booklab.atrust.com
250-mail-relay.atrust.com Hello [192.168.22.35], pleased to meet you
250-ENHANCEDSTATUSCODES
250-PIPELINING
250-8BITMIME
250-SIZE
250-DSN
250-ETRN
250-AUTH LOGIN PLAIN
250-DELIVERBY
250 HELP
```

在这个例子中，邮件服务器支持LOGIN和PLAIN认证机制。sendmail、Exim、Postfix都支持SMTP认证，具体的配置细节分别参见18.8.14节、18.9.9节和18.10.5节。

18.4 垃圾邮件与恶意软件

spam（午餐肉）[①]是句行话，意思是垃圾邮件（junk mail），也指那些不请自来，未经用户许可就塞入邮箱的商业电子邮件（Unsolicited Commercial Email，UCE）。这是Internet最讨人厌的一个方面。只要到了某个时间点，曾几何时，系统管理员每周都要花费大量的时间手动调整黑名单，校正自制的垃圾邮件过滤工具的决策权重。可惜的是，垃圾邮件发送者已经变得既狡猾又商业化，这些手段已经不再有效了。

在本节中，我们介绍了各种MTA的基本反垃圾邮件特性。但是单凭一己之力就想对抗垃圾邮件无疑是徒劳的。你真的应该购买基于云的防垃圾邮件服务（例如McAfee SaaS Email Protection、Google G Suite或者Barracuda），把对付垃圾邮件的任务交给热衷于这项工作的专业人员。他们对全球电子邮件领域的状况有着更深刻的理解，对新信息做出反应要比你快得多。

① “SPAM”最初是一个罐装肉的牌子。对于这个品牌名的来源解释不一，官方版本说它是“Specially Processed Assorted Meat”，也就是经过特殊加工过的混合肉。这种SPAM在第二次世界大战后粮食短缺的欧美非常普及，已到了无处不在而令人厌恶的程度。巨蟒剧团（Monty Python）在1970年有一个喜剧小品就叫Spam，剧中两位顾客试图点一份没有SPAM的早餐，但却始终无法如愿。在Internet流行起来后，Spam被用来称呼Internet上遍布的垃圾邮件。——译者注

垃圾邮件已经成为了一个严重的问题，因为尽管绝对回复率（absolute response rate）不高，但是每支出一美元的所带来的回复可不低。（包含 3 000 万个电子邮件地址的列表大概值 20 美元。）如果它对垃圾邮件发送者没用的话，也就不会造成这样的问题了。调查显示，所有邮件中有 95%～98%是垃圾邮件。

甚至一些有风险资本资助的公司，其全部使命是以更低的成本和更高效的方式投放垃圾邮件（尽管他们通常称之为“营销电子邮件”而非垃圾邮件）。如果你在其中一家公司工作或购买过服务，我们不知道你晚上是如何安睡的。

不管在什么样的情况下，建议你的用户直接删除他们收到的垃圾邮件。许多垃圾邮件包含旨了如何将收件方从邮件列表中删除的说明。如果你照做的话，垃圾邮件发送者也许会把你从当前列表中删除，但他们会立即把你再添加到其他几个列表中，同时加上注释：“这个地址指向的是一个阅读过邮件的大活人”。随后，你的电子邮件地址甚至会更值钱。

18.4.1 伪造

伪造电子邮件容易得很，很多用户代理都允许在发送方的地址栏中填入任何内容。MTA 可以在本地服务器之间使用 SMTP 认证，但是这种形式无法扩展到 Internet 范围。有些 MTA 会在它们认为是伪造的本地消息中添加警告头部。

在邮件消息中可以假扮任何用户。如果电子邮件是你所在组织的一些物品（如大门钥匙、门禁卡、金钱）的授权工具，那就要小心了。使用伪造的电子邮件定位用户的做法称为“网络钓鱼”（phishing）。你应该警告管理人员这一现象，建议他们如果看到来自某位权威人士的可疑邮件，应该核实该邮件的有效性。如果邮件中要求为某个不寻常的人授予不合理的权限，那就更要加倍提防了。

18.4.2 SPF 与 Sender ID

对付垃圾邮件最好的办法就是堵住源头。这听起来简单，但做起来几乎是不可能的。Internet 的结构决定了很难跟踪到邮件的源头并验明正身。社区需要有一种万无一失的方法核实发送电子邮件的实体究竟是谁或者是否与其所宣称的身份相符。

解决该问题的提案有很多，但是其中影响力最大的就是 SPF 和 Sender ID。

发送方策略框架（Sender Policy Framework，SPF），它是由 IETF 在 RFC 7208 中所描述的一种方法。SPF 定义了一组 DNS 记录，组织可以通过这些记录标识其官方的发件服务器。对于那些声称是来自组织所在域的电子邮件，如果发现它们不是由官方发件服务器发出的，MTA 可以拒绝。当然，只有大部分组织公布了 SPF 记录，这种方法才能取得良好的效果。

从形式和功能上来看，发送方 ID（Sender ID）和 SPF 其实是一样的。但由于 Sender ID 的关键部分由微软拥有，因此饱受争议。在撰写本书之时（2017 年），微软仍竭力迫使业界采用其专有标准。IETF 的选择是不进行选择，它在 RFC 4406 中发布了 Sender ID，在 RFC 7208 中发布了 SPF。对于这种两头都不得罪的策略，组织在处理垃圾邮件时通常采用 SPF。

经过中继的消息会破坏 SPF 和 Sender ID，这是这两种系统的严重缺陷。接收方会查询原始发送方的 SPF 记录，了解其授权服务器列表。但是，这些地址与传输消息所涉及的任何中继机器都不匹配。请注意为响应 SPF 故障所做出的决策。

18.4.3 DKIM

域密钥识别邮件（DomainKeys Identified Mail，DKIM）是一种电子邮件消息加密签名系统。它可以让接收方核实发送方的身份，确保消息在传输过程中没有被篡改。DKIM 使用 DNS 记录公布域的加密密钥和消息签名策略。本章中讲到的所有 MTA 都支持 DKIM，但在实际部署中却是极少用到。

18.5 消息隐私与加密

在默认情况下，所有邮件都是未加密发送的。教育好你的用户，除非他使用了外部加密软件或者其所在组织提供了电子邮件的集中加密解决方案，否则绝不要通过电子邮件发送敏感数据。即便是经过了加密，电子通信也无法保证百分之百的安全。①那到底要不要加密，决定权在你，不过后果自负。②

从历史上看，常见的外部加密软件是 PGP、其 GNU 复制版 GPG 以及 S/MIME。S/MIME 和 PGP 在 RFC 系列文档中均有描述，其中 S/MIME 处于标准跟踪状态。大多数常见用户代理支持这两种解决方案的插件。

这些标准为电子邮件的机密性、认证、消息完整性保证以及出处的不可否认性提供了基础。③对于懂技术，又关心隐私的用户来说，PGP/GPG 和 S/MIME 都是可用的解决方案，但是对于不懂行的用户，它们显然太过麻烦了。两者都需要一些密钥管理功能，理解底层的加密策略。

大多数组织（尤其是与公众打交道的组织，例如医疗机构）在处理电子邮件中的敏感数据时，选择采用专有技术加密消息的集中式服务。这类系统可以使用部署在数据中心的本地（on-premises）解决方案（例如 Cisco IronPort），也可以使用基于云的服务（例如 Zix），根据所发出邮件的内容或其他规则对其加密。集中式电子邮件加密最好采用商业解决方案，就别自己动手了。

至少在电子邮件领域，数据丢失防护（Data Loss Prevention，DLP）和集中式加密大同小异（kissing cousin）。DLP 系统试图避免（或者至少是检测）专有信息泄露到从组织发出的电子邮件中。该系统在发出的电子邮件扫描可能的敏感内容。可疑邮件会被标记、阻止或是退回发送者。我们建议你选择一个包含 DLP 功能的集中式加密平台，这样可以减轻管理任务。

除了加密 MTA 之间的传输之外，重要的是保证用户代理到访问代理的通信始终是加密过的，强调这一点是因为该通道中常使用某种形式的用户凭证进行连接。确保访问代理仅允许使用 IMAP 和 POP 协议的安全 TLS 版本。（两者分别称为 IMAPS 和 POP3S。）

18.6 邮件别名

另一个对于 MTA 常见的概念是别名。别名允许系统管理员或个别用户重新路由邮件。④别名能够定义邮件列表、在机器间转发邮件、允许使用多个名称引用用户。别名的处理过程是递归的，所以一个别名指向另一个本身也是别名的目标完全没有问题。

系统管理员经常根据角色或功能性别名（例如 printers@example.com）将有关特定问题电子邮件路由给此类问题的当前负责人。其他示例还包括接收夜间安全扫描结果的别名或负责电子邮

---

① 计算机安全专家 Donald J. Trump 说过："我信不过电子邮件，一方面是因为我觉得这东西会被黑掉。但是当我发送电子邮件时——如果我发送——我几乎一封都没发过。我就是不相信电子邮件。（I don' t believe in it [email] because I think it can be hacked, for one thing. But when I send an email—if I send one—I send one almost never. I' m just not a believer in email.）"说的真是睿智。

② 这是美国总统特朗普于 2016 年 7 月 27 日在佛罗里达州多拉举行的一次活动中说过的一句话。——译者注

③ 专业建议：如果你用的是 PGP/GPG 或 S/MIME，可以通过确保提高公钥或证书过期和替换的频率来增加保持安全状态的概率。长期使用一个密钥会增加在无意识中泄露密钥的可能性。

④ 从技术上来说，别名只能由系统管理员配置。用户通过.forward 文件所控制的邮件路由其实并不是别名，不过我们把它们一并放在这里讨论了。

件的邮件管理员的别名。

配置别名最简单的方法是使用一个简单的平面文件，例如本节中随后要讲到的/etc/mail/aliases。这种方法最初是 sendmail 引入的，不过 Exim 和 Postfix 现在也支持了。

多数用户代理也提供了某种"别名"特性（通常叫作"我的群组""我的邮件列表"等诸如此类的名称）。但是，用户代理会在邮件抵达 MSA 或 MTA 之前扩展别名。这种别名只是在用户代理内部使用，不需要邮件系统其他部分支持。

别名还可以在用户主目录下的转发文件（forwarding file）（通常是~/.forward）中定义。其中的别名（采用的语法略有些不太标准）适用于发送给特定用户的所有邮件，常用来将邮件转发给其他账户或是实现自动回复"正在休假中"。

MTA 先后在全局 aliases 文件（/etc/mail/aliases 或/etc/aliases）和收件方的转发文件中查找别名。别名仅应用于那些传输代理认为是本地的邮件。

aliases 文件中的条目格式为：

```
local-name: recipient1,recipient2,...
```

其中，local-name 是要与传入消息进行匹配的原始地址，recipient 列表包含了收件方地址或其他别名。缩进行被视为上一行的延续。

从邮件的观点来看，aliases 文件取代了/etc/passwd，所以：

```
david: david@somewhere-else.edu
```

该条目会阻止本地用户 david 接收任何邮件。因此，管理员和 adduser 命令在选择新用户名时应该检查 passwd 文件和 aliases 文件。

aliases 文件始终应该包含名为"postmaster"的别名，用于将邮件转发给维护邮件系统的负责人。与此类似，如果组织外部有人需要就源自你所在站点的垃圾邮件或者可疑的网络行为与你取得联系，那么使用别名"abuse"是合适的。

遗憾的是，如今滥用邮件系统已经成了一种颇为普遍的现象，一些站点将其标准联系地址配置成了丢弃邮件，而不再是将邮件转发给真实用户（human user）。例如下面这些条目就很常见。

```
# Basic system aliases -- these MUST be present
mailer-daemon: postmaster
postmaster:    "/dev/null"
```

我们不推荐这种做法，因为通过电子邮件无法联系上站点的人会写信给 postmaster 这个地址。

更好的形式可以是：

```
# Basic system aliases -- these MUST be present
mailer-daemon: "/dev/null"
postmaster:    root
```

你应该把 root 的邮件重定向到站点的系统管理员或其他每天都会登录的用户。bin、sys、daemon、nobody、hostmaster 这些账户（以及其他站点特定的伪用户账户）全都应该拥有类似的别名。

除了用户列表，别名还可以指向：

- 包含地址列表的文件；
- 可以追加邮件消息的文件；
- 以邮件消息作为输入的命令。

最后两个指向目标应该会引发你对于安全性的考量，因为消息内容完全是由发送方所决定的。能把消息追加到文件或是将其作为命令输入听起来着实吓人。很多 MTA 要么禁止这种别名目标，要么严格限制可接受的命令和文件权限。

别名会导致邮件环路。MTA 尝试检测出这种造成邮件无休止地来回兜圈的环路并把出错的消息退回发送方。为了确定邮件何时陷入环路，MTA 会统计邮件消息头部中出现的 Received 行的数量，如果达到了某个预设的上限（通常是 25），就停止转发邮件。用电子邮件的行话来说，每访问一台新机器就叫作一"跳"（hop），退回消息给发送方叫作"回弹"（bouncing）。所以用更地道的话来总结环路处理过程就是"邮件在 25 跳之后被回弹"。[①]MTA 检测邮件环路的另一种方法是为邮件所转发到的每台主机添加 Delivered-To 头部。如果 MTA 发现自己要把邮件发送到一台已经在 Delivered-To 头部中出现过的主机，那它就知道邮件出现了环路。

18.6.1 从文件中获取别名

aliases 文件（或者用户的.forward 文件）中的:include:指令允许从指定文件中获取别名所指向的目标列表。这是让用户管理自己的本地邮件列表的好方法。包含文件可以由用户所有，修改文件也不用劳烦系统管理员。但这种别名也会变成一个绝佳的垃圾邮件放大器，所以不要把站点以外的电子邮件指向这里。

在使用:include:设置目标列表时，系统管理员必须将别名输入全局 aliases 文件，创建包含文件，然后使用 chown 命令将包含文件的所有权更改为维护邮件列表的用户。例如，aliases 文件可能包含：

```
sa-book: :include:/usr/local/mail/ulsah.authors
```

文件 ulsah.authors 应该位于本地文件系统，其写入权只能由属主拥有。除此之外，还要加入邮件列表所有者的别名，这样才能将错误（回弹）发送给列表的所有者，而不是向邮件列表送出消息的那些发送方（not to the sender of a message addressed to the list）。

```
owner-sa-book: evi
```

18.6.2 发送邮件到文件

如果别名的目标是一个绝对路径，那么邮件消息会被追加到指定的文件。该文件必须事先存在。例如：

```
cron-status: /usr/local/admin/cron-status-messages
```

如果路径中包含特殊字符，务必把路径放进双引号内。

能把邮件发送到文件中还是挺实用的，但是这种特性会引起安全监管人士的注意，因而受到了限制。这种语法只在 aliases 文件和用户的.forward 文件中有效（或是通过:include:指令插入这两个文件中的文件）。文件名无法作为普通地址理解，所以发送到/etc/passwd@example.com 的邮件会被回弹。

如果文件是在 aliases 文件中被引用的，该文件必须是全员可写（world-writable）（不建议）、设置过 setuid 但不可执行，或是由 MTA 的默认用户所有。至于说默认用户是谁，这是在 MTA 的配置文件中设置的。

如果文件是在.forward 文件中被引用的，它必须由原始的消息收件方所有，同时拥有该文件的写入权限，收件方得是在 passwd 文件中拥有对应条目的有效用户，还得拥有在/etc/shells 中列出的有效 shell。如果文件是 root 所有，文件模式使用 4644 或 4600，设置 setuid，但不用设置可执行位。

---

① 在本章中，我们有时将返回的消息称为"回弹"，有时候又称其为"错误"。其实我们真正的意思是指生成投递状态通知（Delivery Status Notification，DSN，一种特殊格式的电子邮件消息）。这种通知通常意味着邮件无法送达，因此会返回给发件人。

18.6.3 发送邮件到程序

别名也可以将邮件引向程序的标准输出。这种做法可以像这样来指定：

```
autolog: "|/usr/local/bin/autologger"
```

该特性要比向文件发送邮件更容易产生安全漏洞，所以只能用于 aliases、.forward、:include: 文件，另外还经常要求使用受限 shell。

18.6.4 构建散列化别名数据库

因为 aliases 文件中的条目是无序的，MTA 直接搜索该文件的话，效率并不高。因此，使用 Berkeley DB 系统构建了一个散列版本。散列显著提高了别名的查找速度，尤其是在文件变大的时候。

从/etc/mail/aliases 衍生出的文件叫作 aliases.db。如果你运行的是 Postfix 或 sendmail，只要更改了 aliases 文件，就必须使用 newaliases 命令重新构建散列化的数据库。Exim 能够自动检测到 aliases 文件的改动。如果自动运行 newaliases，记得保存错误信息——你可能在 aliases 文件中引入了格式错误。

18.7 电子邮件配置

电子邮件系统的核心是它的 MTA，即邮件传输代理。最早的 UNIX MTA 是 Eric Allman 多年前所编写的 sendmail，当时他还在就读研究生。自那时起，就涌现出了大量的 MTA。其中有些是商业产品，有些是开源实现。在本章中，我们将介绍 3 种开源的邮件传输代理：sendmail、由 IBM 研究院（IBM Research）的 Wietse Venema 所编写的 Postfix 以及由剑桥大学的 Philip Hazel 编写的 Exim。

MTA 的配置是系统管理员的一项重要任务。好在 MTA 自带的默认或样例配置基本上已经能够满足普通站点的需求了。在配置 MTA 时，无须再从头开始。

SecuritySpace 每个月做一次调查，确定各种 MTA 的市场份额。在 2017 年 6 月的调查中，有 200 万个 MTA 接受了调查，有 170 万个回复了一行标语，指明了正在使用的 MTA 软件。表 18.3 给出了调查结果，其中包括 SecuritySpace 在 2009 年的调查结果和 2001 年从其他调查中得到的一些结果。

表 18.3 邮件传输代理市场份额

MTA	默认的 MTA 平台	市场份额		
		2017 年	2009 年	2001 年
Exim	Debian	56%	30%	8%
Postfix	Red Hat,Ubuntu	33%	20%	2%
Exchange	—	1%	20%	4%
sendmail	FreeBSD	5%	19%	60%
其他	—	<3%ea	<3%ea	<3%ea

趋势非常明显地从 sendmail 转向了 Exim 和 Postfix，而微软几乎可以忽略不计了。别忘了，这些数据仅包含直接暴露于 Internet 的 MTA。

对于要介绍的每一种 MTA，我们都会包含大家共同感兴趣的相关细节。

- 简单的客户端配置。

- 面向 Internet 的邮件服务器配置。
- 出入邮件路由控制。
- 给来自中央服务器或域自身的邮件盖戳（stamping）。
- 安全。
- 调试。

如果你正在从头实现邮件系统，所在的站点对邮件系统也没有什么政治或偏好倾向，那么你可能会发现 MTA 很难挑。sendmail 很大程度上已经过时了，可能纯 FreeBSD 站点是个例外。Exim 功能强大，可配置性很高，但其复杂性是个问题。Postfix 更简单、运行速度更快，而且在设计之初就将安全性作为主要目标。如果你的站点或者系统管理员有特定 MTA 的使用经验，可能犯不着更换到其他的 MTA，除非你要用到旧的 MTA 所不具备的特性。

下一节中我们将介绍 sendmail 的配置。Exim 和 Postfix 的配置分别参见 18.9 节和 18.10 节。

18.8 sendmail

sendmail 的源代码可以从其他网站下载，但如今极少需要从头构建 sendmail。[①]如果非这么做不可，参考源代码包根目录下的 INSTALL 文件。要想调整构建默认值的话，在 devtools/OS/your-OS-name 下查找 sendmail 的预设。编辑 devtools/Site/site.config.m4 可以增添新特性。

sendmail 不仅在编译时要用到 m4 宏预处理器，在配置过程中也要用到。m4 配置文件通常命名为 hostname.mc，然后就被从对用户略微友好的语法翻译成无法理解的低层语言，对应于文件 hostname.cf，该文件接着成为/etc/mail/sendmail.cf。

要查看系统中安装的 sendmail 版本及其编译方式，可以尝试下列命令。

```
linux$ /usr/sbin/sendmail -d0.1 -bt < /dev/null
Version 8.13.8
 Compiled with: DNSMAP HESIOD HES_GETMAILHOST LDAPMAP LOG MAP_REGEX
    MATCHGECOS MILTER MIME7TO8 MIME8TO7 NAMED_BIND NETINET NETINET6
    NETUNIX NEWDB NIS PIPELINING SASLv2 SCANF SOCKETMAP STARTTLS
    TCPWRAPPERS USERDB USE_LDAP_INIT
============ SYSTEM IDENTITY (after readcf) ============
        (short domain name) $w = ross
    (canonical domain name) $j = ross.atrust.com
           (subdomain name) $m = atrust.com
                (node name) $k = ross.atrust.com
========================================================
```

该命令将 sendmail 置于地址测试模式（-bt）和调试模式（-d0.1），但却并没有给出测试地址（</dev/null）。这样做的副作用就是 sendmail 会告诉我们其版本号以及构建时使用的编译选项。只要知道了版本号，你就可以到其他官网上查看该版本是否有已知的安全漏洞。

要查找系统中的 sendmail 文件，可以查看已安装的/etc/mail/sendmail.cf 文件的开头部分。这里的注释提及了配置是在哪个目录中构建的。该目录可以带你找到作为配置最初来源的.mc 文件。

提供 sendmail 的大多数厂商不仅包括二进制文件，另外还包括 cf 目录，这些都隐藏在各种操作系统文件之中。表 18.4 可以帮助你找到它们。

---

① 截至 2013 年 10 月，sendmail 由上市公司 Proofpoin 提供支持和分发。

表 18.4 配置目录的位置

系统	目录
Ubuntu	/usr/share/sendmail
Debian	/usr/share/sendmail
Red Hat	/etc/mail
CentOS	/etc/mail
FreeBSD	/etc/mail

18.8.1 开关文件

大多数系统有一个“服务开关”（service switch）配置文件/etc/nsswitch.conf，其中罗列了能够满足各种标准查询（例如，用户和主机查询）的方法。如果特定类型的查询列出了不止一种解决方法，服务开关文件还可以决定各种方法的尝试顺序。

软件通常并不知道服务开关文件的存在。但是，sendmail 喜欢对查询施加精细控制，所以它忽略了系统开关文件，取而代之的是使用了自己的内部服务配置文件（/etc/mail/service.switch）。

开关文件中有两个字段会影响到邮件系统：aliases 和 hosts。hosts 服务的可能取值是 dns、nis、nisplus、files。对于 aliases，可能的取值是 files、nis、nisplus、ldap。对于所选用机制的支持（files 除外），必须在使用服务之前将其编译进 sendmail。

18.8.2 启动 sendmail

sendmail 不应该由 inetd 或 systemd 控制，所以必须明确地在引导期间启动。启动的相关细节参见第 2 章。

sendmail 的启动选项决定了其行为。你可以使用-b 选项使其运行在不同的模式中。-b 代表“be”或“become”，总是与其他选项配合使用，共同决定 sendmail 所扮演的角色。表 18.5 列出了合法选项，另外还包括-A 选项，它可以在 MTA 和 MSA 行为之间做出选择。

表 18.5 sendmail 主要模式的命令行选项

选项	含义
-Ac	使用配置文件 submit.cf 并充当 MSA
-Am	使用配置文件 sendmail.cf 并充当 MTA
-ba	运行在 ARPANET 模式（每行以 CR/LF 作为结尾）
-bd	运行在守护进程模式，在端口 25 上侦听连接
-bD	运行在守护进程模式，但是是在前台，而不是后台[a]
-bh	浏览最近的连接信息（等效于 hoststat）
-bH	清除磁盘上过时的连接信息副本（等效于 purgestat）
-bi	初始化经过散列处理的别名（等效于 newaliases）
-bm	作为邮寄程序（mailer）运行，按照寻常方式投递邮件（默认）
-bp	打印出邮件队列（等效于 mailq）
-bP	通过共享内存打印出队列中的条目数量
-bs	进入 SMTP 服务器模式（运行在标准输入之上，而非端口 25）
-bt	进入地址测试模式
-bv	仅核实邮件地址，不发送邮件

注：a. 将该模式用于调试，这样就能够看到错误以及调试信息了。

如果想让服务器可以接收来自 Internet 的邮件，那就在守护进程模式下（-db）运行 sendmail。在该模式下，sendmail 侦听端口 25，等待邮件到来。①通常也可以指定-q 选项，该选项会设置 sendmail 处理邮件队列的间隔。例如，-q30m 表示每 30 min 处理一次队列，-q1h 表示每小时处理一次。

sendmail 在正常情况下会尝试立即投递邮件消息，将消息保存在队列中只是暂时为了保证可靠性。但如果主机过忙或者目的主机不可达，sendmail 会将消息排队，随后尝试再次发送。sendmail 使用的持久队列运行器（persistent queue runner）通常在引导期间就会启动。它负责加锁，使得多个并发队列都能安全运行。你可以使用“queue group”（队列组）配置特性有助于较大的邮件列表和队列的投递。

sendmail 只有在启动时才读取其配置文件 sendmail.cf。因此，如果修改了配置文件，必须杀死并重启 sendmail，或者向 sendmail 发送 HUP 信号。sendmail 会创建一个 sendmail.pid 文件，其中包含了 sendmail 的进程 ID 和启动它的命令行。应该使用绝对路径启用 sendmail，因为在接收到 HUP 信号时，它会重新对自身调用 exec。sendmail.pid 文件允许使用下列命令向 sendmail 发送 HUP 信号。

```
$ sudo kill -HUP 'head -1 sendmail.pid'
```

PID 文件的位置视具体的操作系统而定。它通常位于/var/run/sendmail.pid 或/etc/mail/sendmail.pid，不过可以在配置文件中使用 confPID_FILE 选项设置。

```
define(confPID_FILE, '/var/run/sendmail.pid')
```

18.8.3 邮件队列

sendmail 至少用到了两个队列：/var/spool/mqueue（在端口 25 上用作 MTA 时）和/var/spool/clientmqueue（在端口 587 上用作 MSA 时）。②所有消息在发送之前至少都要在队列中进行短暂停留。

排队的消息被分成片段保存在不同的文件中。表 18.6 给出了 6 种可能的片段。每个文件名包含一个双字母的前缀，用于标识特定的部分，前缀之后跟着一个由 sendmail 进程 ID 所生成的随机 ID。

表 18.6 邮件队列中的文件前缀

前缀	文件内容
qf	消息头部和控制文件
df	消息主体
tf	升级 qf 文件时的临时 qf 文件
Tf	表明加锁操作已经失败了 32 次以上
Qf	表明消息被回弹，无法回复
xf	邮寄程序出错信息的临时抄本文件（transcript file）

如果队列目录中存在子目录 qf、df、xf，那么消息片段就会放进对应的子目录中。qf 文件中不仅包含消息头部，还包含信封地址、消息由于无法投递而被退回的日期、消息在队列中的优先级以及消息在队列中的原因。每行由单字母代码开头，字母标识出了该行其余的部分。

排队的消息必须都有 qf 文件和 df 文件。其他所有的前缀由 sendmail 在尝试投递的过程中使

① sendmail 所侦听的端口是由 DAEMON_OPTIONS 决定的；默认端口是 25。

② sendmail 可以在 mqueue 下使用多个队列以提高性能。

用。如果机器崩溃并重新引导，sendmail 的启动命令序列应该从每个队列中删除 tf、xf、Tf 文件。如果你是负责邮件的系统管理员，偶尔应该检查一下 Qf 文件，以免本地配置造成消息回弹。没事看看队列目录可以让你在引发灾难之前先发现问题。

邮件队列有可能会导致错误。举例来说，文件系统会被塞满（避免把/var/spool/mqueue 和/var/log 放在同一个分区内），队列会变得拥挤，无主的邮件消息会困在队列中。sendmail 的一些配置选项有助于改善其在繁忙机器上的性能表现。

18.8.4 sendmail 配置

sendmail 是由单个配置文件控制的，如果作为 MTA，这个文件通常是/etc/mail/sendmail.cf；如果作为 MSA，则是/etc/mail/submit.cf。sendmail 的启动选项决定了它使用哪个配置文件：-bm、-bs、-bt 使用 submit.cf（如果存在的话），其他选项则使用 sendmail.cf。你可以使用命令行选项或者配置文件选项修改所使用的配置文件名，但最好别这么做。

原始的配置文件格式是专门为了便于机器解析而设计的，并没考虑到人类用户。用于生成.cf 文件的 m4 源文件（.mc）算是一处改进，但其既挑剔又苛刻的语法在用户友好性方面也没赢得什么好评。幸运的是，你想要设置的很多范式（paradigms）已经由那些也有类似需求的人帮你搞定了，而且还以预装特性随发行版一并提供。

sendmail 配置涉及下列步骤。

（1）确定所配置机器的角色：客户机、服务器、面向 Internet 的邮件接收方等。

（2）选择实现该角色所需的特性，构建配置所需的.mc 文件。

（3）使用 m4 编译.mc 文件，生成.cf 配置文件。

我们会介绍常用于站点、面向 Internet 的服务器以及小型桌面客户机的特性。更详细的说明，我们推荐两份重要的 sendmail 管理文档：Bryan Costales 等人所著的 *sendmail*（O'Reilly 出版）和发行版中自带的文件 cf/README。

18.8.5 m4 预处理器

m4 原打算作为编程语言的前端，让用户能够写出可读性更高（也可能是更晦涩）的程序。现在的 m4 已经强大到足以用在很多输入转换场景中，处理 sendmail 的配置文件也不在话下。

m4 宏采用如下形式。

```
name(arg1, arg2, ..., argn)
```

name 和左括号之间不能有任何空格。作为参数的字符串要用左单引号和右单引号引用起来（也就是反引号和“正常的”单引号）。m4 的引用约定很怪异，左右引号采用的是不同的字符。引用也可以嵌套出现。

m4 有一些内建宏，用户也可以定义自己的宏。表 18.7 列出了 sendmail 配置中常见的内建宏。

表 18.7　　sendmail 常用的 m4 宏

宏	功能
define	定义名为 arg1，值为 arg2 的宏
divert	管理输出流
dnl	丢弃到下一个换行符之间的所有字符（包括换行符在内）
include	包含（插入）名为 arg1 的文件
undefine	丢弃之前定义过的宏 arg1

18.8.6 sendmail 配置

sendmail 发行版包含一个 cf 子目录，这个子目录中全都是用于 m4 配置所必需的文件。如果你没有通过源代码安装，而是依靠厂商自带的 sendmail，表 18.4 中给出了 cf 目录的位置。cf 目录中的 README 文件是 sendmail 的配置文档。表 18.8 中列出的子目录包含了各种样例和配置片段，你大可以拿来自己使用。

cf/cf 目录中包含了一些.mc 文件的例子。实际上，其中的例子实在是太多，有可能会把你给搞晕。我们建议你把自己的.mc 文件与发行版的 cf 目录内的.mc 文件分开。要么为站点创建一个新目录（cf/sitename），要么把 cf 目录改名为 cf.examples，然后再创建一个新的 cf 目录。如果你选择这么做的话，记得把脚本 Makefile 和 Build 复制到新目录中，以便 README 文件给出的操作步骤依然有效。还有另一种做法，将你自己所有的.mc 配置文件复制到一个集中位置，不要把它们放在 sendmail 发行版目录内。Build 脚本使用的是相对路径，如果要从不在 sendmail 发行版目录结构中的.mc 文件构建.cf 文件，则必须修改该脚本。

目录 cf/ostype 中的文件负责针对特定的操作系统来配置 sendmail。其中很多文件都是预先定义好的，但如果你对系统做过改动，可能得修改或创建一个新的配置文件。复制一个接近系统实际情况的文件，然后改个新名字。

表 18.8 sendmail 配置子目录

目录	内容
cf	.mc（master configuration，主配置）样例文件
domain	针对 Berkeley 的各种域的 m4 样例文件
feature	实现各种特性的配置片段
hack	其价值或实现尚未有定论的特殊特性
m4	基本配置文件和其他核心文件
mailer	描述常见邮寄程序（投递代理）的 m4 文件
ostype	与操作系统相关的文件的位置以及特殊之处（quirk）
sh	m4 使用的 shell 脚本

在 cf/feature 目录中，你可以挑选自己可能用得着的配置。只要是运行 sendmail 的站点，都可以在其中找到有用的特性。

cf 下的其他子目录基本上都是样板（boilerplate），用不着调整，甚至不用搞明白，只管用就行了。

18.8.7 从.mc 样例文件构建配置文件

在讨论 sendmail 配置中可能用到的各种配置宏、特性、选项之前，我们先颠倒一下顺序，创建一个基本版的配置来说明一般的配置过程。这个例子针对的是一个叶子节点 myhost.example.com，其主配置文件为 myhost.mc。下面是完整的.mc 文件。

```
divert(-1)
#### basic .mc file for example.com
divert(0)
VERSIONID('$Id$')
OSTYPE('linux')
MAILER('local')
MAILER('smtp')
```

除了转移（diversion）和注释，每一行都调用了预装的宏。前 4 行一成不变，它们在编译好的文件中插入注释，注明 sendmail 的版本、配置是在哪个目录中构建的等。OSTYPE 宏包括../ostype/linux.mp4 文件。MAILER 行允许本地投递（投递给在 myhost.example.com 上拥有账户的用户）以及 Internet 站点投递。

要构建实际的配置文件，只需要运行复制到新 cf 目录中的 Build 命令即可。

```
$ ./Build myhost.cf
```

最后，将 myhost.cf 安装到正确的位置，通常是/etc/mail/sendmail.cf，不过有些厂商挪动了这个位置。/etc 和/usr/lib 是厂商喜欢的两个地方。

在大型站点，你可能希望创建单独的 m4 文件来保存站点范围的默认值，然后将其放入 cf/domain 目录。个别主机可以使用 DOMAIN 宏包含这个文件的内容。并非每台主机都需要单独的配置文件，但是每组相似的主机（相同的架构和相同的角色：服务器，客户机等）也许会需要自己的配置。

.mc 文件中宏的次序并不是随意的。应该是：

```
VERSIONID
OSTYPE
DOMAIN
FEATURE
local macro definitions
MAILER
```

即便是使用 sendmail 易用的 m4 配置系统，你还是得做一些站点配置决策。在阅读随后描述的特性时，思考一下它们如何才能适应你站点的组织结构。小型站点可能只有一个枢纽节点（hub node）和若干叶子节点，因此只需要两种版本的配置文件即可。大型站点则可能需要为进出的邮件配置独立的枢纽节点，或许还得有独立的 POP/IMAP 服务器。

无论你的网站的复杂程度如何，也无论它在外界的眼中是什么样子（例如，完全暴露，处于防火墙背后，或是在 VPN 中），cf 目录中可能都有一些适合的现成配置片段，只用加以定制，就可以投入使用了。

18.8.8 配置原语

sendmail 配置命令区分大小写。按照约定，预定义宏的名称全部都是大写（例如，OSTYPE），m4 命令全都是小写（例如，define），配置选项名称通常是以小写的 conf 作为起始，随后是全部小写的变量名（例如，confFAST_SPLIT）。宏通常指向名为.../macroname/arg1.m4 的 m4 文件。例如，引用 OSTYPE('linux')会将文件../ostype/linux.m4 包含进来。

18.8.9 表和数据库

在深入具体的配置原语之前，我们必须先讨论表（有时也成为映射或数据库），sendmail 用它执行邮件路由或地址重写。大多数是与 REATURE 宏配合使用。

表就是路由、别名或者其他信息的缓存（通常就是一个文本文件），可以使用 makemap 命令将其转换为数据库格式，然后作为各种 sendmail 查询操作的信息源。尽管数据一开始多是文本文件形式，不过用于 sendmail 表的数据可以来自 DNS、LDAP 或者其他源头。集中式 IMAP 服务器减轻了 sendmail 跟踪用户和淘汰部分表的麻烦。

sendmail 定义了 3 种数据库映射类型。

- dbm：传统类型，采用可扩展的散列算法（dbm/ndbm）。
- hash：采用标准散列方案（DB）。

- btree：采用B树数据结构（DB）。

对于sendmail中的大部分表应用，最适合的数据库类型就是默认的hash。makemap命令可以从文本文件构建数据库文件，你只需要指定数据库类型和输出文件基础名称即可。数据库的文本格式版本应该作为makemap的标准输入。例如：

```
$ sudo makemap hash /etc/mail/access < /etc/mail/access
```

这条命令乍一看似乎不对，结果会导致输入文件被空的输出文件覆盖。实际上，makemap会加上一个对应的后缀，所以真正的输出文件是/etc/mail/access.db，不会出现任何冲突。只要文本文件有改动，就必须使用makemap重新构建数据库文件（不过不用向sendmail发送HUP信号）。

在生成映射的文本文件中可以有注释。注释以#开头，一直延续到行尾。

在大多数情况下，数据库的键采用的是最长的可能匹配（longest possible match）。和其他散列化的数据结构一样，作为输入的文本文件中的条目顺序并不重要。有些FEATURE宏希望使用数据库作为参数，数据库类型默认为hash，数据库文件名默认为/etc/mail/tablename.db。

18.8.10 通用宏与特性

表18.9列出了常用的配置原语、是否常用（是，否，可能）及其用途的简要描述。

1. OSTYPE宏

OSTYPE文件包含了各种厂商特定的信息，例如，邮件相关文件的预期位置、sendmail需要的命令路径、邮寄程序标记等。能够在OSTYPE文件中定义的所有变量可参阅cf/README。①

2. DOMAIN宏

DOMAIN指令可以让你在某个位置（cf/domain/filename.m4）指定全站的一般信息，然后使用DOMAIN('filename')将其包含在每台主机的配置文件中。

表18.9　sendmail的通用配置原语

原语	是否常用[a]	描述
OSTYPE	是	包含操作系统特有的路径和邮寄程序标记
DOMAIN	否	包含站点特有的配置和细节
MAILER	是	启用邮寄程序，通常是smtp和local
FEATURE	也许	启用各种sendmail特性
use_cw_file	是（S）	列出接收邮件的主机
redirect	也许（S）	当用户转移时妥善地弹回邮件
always_add_domain	是	如果UA没有使用全限定名称，则为主机名加上
access_db	也许（S）	设置可为之中继邮件的主机数据库
virtusertable	也许（S）	启用域别名（虚拟域）
ldap_routing	也许（S）	使用LDAP对传入的邮件进行路由
MASQUERADE_AS	是	使所有的邮件看似都来自同一个地方
EXPOSED_USER	是	列出不该被伪装的用户
MAIL_HUB	是（S）	为送入的邮件指定邮件服务器
SMART_HOST	是（C）	为送出的邮件指定邮件服务器

注：a. S＝服务器，C＝客户端。

① 那么OSTYPE宏本身的定义在哪里呢？在cf/m4目录中的一个文件里，当你运行Build脚本时，它会神奇般地出现在配置文件的开头。

3. MAILER 宏

所有要启用的投递代理都必须包含 MAILER 宏。你可以在目录 cf/mailers 中找到所支持的邮寄程序的完整列表，不过通常只需要用到 local 和 smtp。.mc 文件中的最后部分通常就是 MAILER 行。

4. FEATURE 宏

FEATURE 宏通过包含 feature 目录中的 m4 文件，启用了大量的常见方案（共计达 56 个）。其语法为：

```
FEATURE(keyword, arg, arg, …)
```

其中，keyword 对应于 cf/feature 目录中的文件 keyword.m4，arg 是传入宏的参数。一个 FEATURE 最多可以接受 9 个参数。

5. use_cw_file 特性

sendmail 的内部类别 w（class w）(因此名称为 cw）包含了该主机可接受并投递邮件的所有本地主机名称。这一特性指明了可以接受在/etc/mail/local-host-names 中列出的主机（每台主机占一行）的邮件。下面的配置行：

```
FEATURE('use_cw_file')
```

可以调用该特性。除非客户机有昵称，否则并不需要这项特性，不过用于收件的邮件中枢可是用得着。local-host-names 文件应该包含可以接受其邮件的所有本地主机和虚拟域，还有那些备份 MX 记录指向你的站点。

如果没有这项特性的话，只有当接收邮件的机器运行的也是 sendmail 时，sendmail 才会在本地投递邮件。

如果你的站点有了新的主机，必须要将它添加到 local-host-names 文件中，然后向 sendmail 发送 HUP 信号，使改动生效。

6. redirect 特性

当有人离职时，通常要转发其邮件，或是将其邮件连同错误信息回弹给发送方。redirect 特性提供了一种更为优雅的邮件回弹方式。

如果 Joe Smith 离开 oldsite.edu（登录名为 smithj），来到 newsite.com（登录名为 joe），先启用 redirect 特性：

```
FEATURE('redirect')
```

然后，将下面这行：

```
smithj: joe@newsite.com.REDIRECT
```

加入到 oldsite.edu 的 aliases 文件中，使得发给 smithj 的邮件连同错误消息被退回至发送方，告知应该将邮件发送到地址 joe@newsite.com。该消息本身并不会被自动转发。

7. always_add_domain 特性

always_add_domain 使得所有的电子邮件地址都成为全限定形式，应该始终使用该特性。

8. access_db 特性

access_db 特性控制着中继以及其他策略问题。一般来说，驱动该特性的原始数据要么来自 LDAP，要么保存在文本文件/etc/mail/access 之中。对于后者，必须按照 18.8.9 节的描述，使用 makemap 命令将文本文件转换成某种索引格式。如果要使用这种平面文件，在配置文件中写入 FEATURE（'access_db'）；对于 LDAP，则使用 FEATURE（'access_db', 'LDAP'）。[①]

① 这种形式采用的是定义在文件 cf/sendmail.schema 中的默认 LDAP 模式，如果你想用其他的模式文件，可以在 FEATURE 语句中使用额外的参数。

在这个访问数据库（access database）中的键（key）字段是IP地址或域名，可以加上可选的标签，如Connect:、To:、From:。值（value）字段指定了如何处理消息。

最常见的值就是OK，表明接受消息；REPLY表示允许被中继；REJECT表示使用一般错误提示拒收，也可以使用带有特定消息的ERROR:"error code and message"来拒收。其他可能的值都可以进行更精细的控制。下面的片段取自/etc/mail/access文件。

```
localhost       RELAY
127.0.0.1       RELAY
192.168.1.1     RELAY
192.168.1.17    RELAY
66.77.123.1     OK
fax.com         OK
61              ERROR:"550 We don't accept mail from spammers"
67.106.63       ERROR:"550 We don't accept mail from spammers"
```

9. virtusertable特性

virtusertable通过保存在/etc/mail/virtusertable中的映射支持传入邮件的域别名（domain aliasing）。该特性允许一台机器拥有多个虚拟域，常用于Web托管站点（web-hosting site）。这个表的键字段包含电子邮件地址（user@host.domain）或域名部分（@domain）。 值字段是本地或外部电子邮件地址。如果键是一个域，对应的值可以将user字段作为变量%1传递，也可以将邮件路由到其他用户。下面是几个例子。

```
@appliedtrust.com         %1@atrust.com
unix@book.admin.com       sa-book-authors@atrust.com
linux@book.admin.com      sa-book-authors@atrust.com
webmaster@example.com     billy.q.zakowski@colorado.edu
info@testdomain.net       ausername@hotmail.com
```

出现在数据映射左侧的所有主机键（host key）都必须在cw文件/etc/mail/local-host-names中列出，或者包含在VIRTUSER_DOMAIN列表。如果不是这样的话，sendmail就不知道要在本地接收邮件，会去尝试在Internet上查找目的主机。但是DNS MX记录又会将sendmail指回本服务器，结果就是收到一条回弹的“local configuration error”错误。可惜的是，sendmail并不知道此时的这条错误其实意思是“virtusertable key not in cw file”（cw文件中没有virtusertable的键）。

10. ldap_routing特性

无论是别名或者邮件路由信息，还是之前描述过的普通表格数据（tabular data），都可以使用LDAP作为数据源。LDAP在cf/README文件中占据了不少篇幅，另外还有大量的相关例子。

要想以这种方式使用LDAP，必须构建sendmail，加入LDAP支持。在.mc文件中添加以下行。

```
define('confLDAP_DEFAULT_SPEC', '-h server -b searchbase')
FEATURE('ldap_routing')
LDAPROUTE_DOMAIN('my_domain')
```

这些行告诉sendmail，你想使用LDAP数据路由地址为指定域的传入邮件。LDAP_DEFAULT_SPEC选项标识出了用于搜索的LDAP服务器和LDAP基础名称。LDAP默认使用端口389，如果需要指定其他端口，则可以在define中加入-p ldap_port。

sendmail要用到LDAP数据库中的两个标签的值：

- mailLocalAddress，用于传入邮件的地址；
- mailRoutingAddress，用于邮件应该发送到的目的地。

sendmail还支持标签mailHost，如果它存在，则将邮件路由到MX记录所指派的特定主机的邮件处理程序。接收地址仍然是mailRoutingAddress标签的值。

LDAP数据库条目支持通配符@domain ，可以将发往指定域中任何人的邮件重新路由（就像在 virtusertable 中所做的那样)。

在默认情况下，发往 user@host1.mydomain 的邮件会先触发对 user@host1.mydomain 的查询。如果查询失败，则 sendmail 会尝试@host1.mydomain，而不是 user@mydomain。加入下列行：

```
LDAPROUTE_EQUIVALENT('host1.mydomain')
```

会使得 sendmail 也尝试 user@mydomain 和@mydomain。该特性可以在复杂站点使用单个数据库路由邮件。你还可以从文件中获取 LDAPROUTE_EQUIVALENT 子句的条目，这大大提高了该特性的实用性。该形式的语法为：

```
LDAPROUTE_EQUIVALENT_FILE('filename')
```

ldap_routing 特性的其他参数允许你指定有关 LDAP 模式的更多详情，控制含有+detail 部分的收件方名称的处理。与往常一样，具体的细节请参阅 cf/README 文件。

11. 伪装特性

电子邮件地址通常由用户名、主机名、域名组成，但是很多站点并不希望内部主机的名称暴露于 Internet。MASQUERADE_AS 宏可以让你为其他机器指定一个可以隐藏在其后的身份。所有的邮件看起来均来自所指派的机器或域。这对于普通用户而言很好，但考虑到调试，系统用户(如 root)应该排除在伪装之外。

例如，下列伪装：

```
MASQUERADE_AS('atrust.com')
EXPOSED_USER('root')
EXPOSED_USER('Mailer-Daemon')
```

会将邮件标记为来自 user@atrust.com，除非邮件是由 root 或邮件系统发送的，对于后一种情况，邮件携带的是源主机的名称。

MASQUERADE_AS 实际上只是伪装功能的冰山一角而已，延伸着的变化和例外还有十几种。allmasquerade 和 masquerade_envelope 特性(与 MASQUERADE_AS 结合使用)隐藏了适量的本地信息。详情请参阅 cf/README。

12. MAIL_HUB 宏与 SMART_HOST 宏

伪装通过重写邮件头部和信封(可选)使得所有的邮件看起来(appear)都来自相同的机器或域。但是大多数站点希望所有的邮件真正地(actually)来自(或进入)某台机器，这样就能够控制病毒、垃圾邮件以及公司机密的流动。要想实现这种控制，就要配置 DNS 的 MX 记录，由 MAIL_HUB 宏负责传入邮件，SMART_HOST 宏负责传出邮件。

举例来说，在结构化的电子邮件实现中，MX 记录会将来自 Internet 的传入邮件引向网络非军事区中(demilitarized zone)的 MTA。在核实接收到的邮件没有病毒，也不是垃圾邮件，发往的是有效的本地用户，则使用下面的 define 将邮件中继到内部的路由 MTA(internal routing MTA)进行投递。

```
define('MAIL_HUB', 'smtp:routingMTA.mydomain')
```

类似地，客户机会将其邮件中继到由配置文件内的 nullclient 特性所指派的 SMART_HOST。接下来，SMART_HOST 过滤病毒和垃圾邮件，避免从你站点发出的邮件污染 Internet。

SMART_HOST 的语法和 MAIL_HUB 相似，默认的投递代理还是 relay。例如：

```
define('SMART_HOST', 'smtp:outgoingMTA.mydomain')
```

你可以使用同一台机器作为邮件收发服务器。SMART_HOST 和 MAIL_HUB 必须允许中继，第一个来自域内的客户端，第二个来自 DMZ 中的 MTA。

18.8.11 客户端配置

站点的大部分机器应该配置为客户端，只提交用户生成的要传出的邮件，完全不用接收邮件。nullclient，sendmail 的 FEATURE 之一，正好适合于这种情况。它创建出配置文件，将所有的邮件通过 SMTP 转发给中央枢纽（central hub）。整个配置文件在 VERSIONID 行和 OSTYPE 行之后都很简单。

```
FEATURE('nocanonify')
FEATURE('nullclient', 'mailserver')
EXPOSED_USER('root')
```

其中，mailserver 是中央枢纽的名称。nocanonify 特性告诉 sendmail 不执行 DNS 查询，也不实用全限定域名改写地址。所有的工作都由 mailserver 搞定。该特性类似于 SMART_HOST，假定客户端会 MASQUERADE_AS mailserver。EXPOSED_USER 子句将 root 用户排除在伪装之外，以便于调试。

邮件服务器必须允许从其空客户端（null client）进行中继。这一权限是在之前介绍过的 access_db 中授予的。空客户端一定得有指向 mailserver 的相关联的 MX 记录，另外它还得包含在该 mailserver 的 cw 文件（通常是/etc/mail/local-host-names）之中。这些设置允许 mailserver 替客户端接收邮件。

如果客户机上的用户代理使用端口 587 提交邮件，sendmail 就应该作为 MSA 运行（不使用-db 选项）。否则，可以让 sendmail 运行在守护进程模式（-db），但是要设置配置选项 DAEMON_OPTIONS，只在环回接口上侦听连接。

18.8.12 m4 配置选项

你可以使用 m4 的 define 命令设置配置文件选项。cf/README 文件中给出了能够以 m4 变量形式访问的完整的选项列表（及其默认值）。

对于那些对安全不过分较真，也不特别关切性能的典型站点而言，默认值就足够了。默认设置尝试通过关闭中继、要求使用全限定地址以及发件方域名必须能够解析为 IP 地址来保护你免受垃圾邮件的侵扰。如果你的邮件枢纽机器疲于为大量邮件列表提供服务，你可能需要调整一些与性能相关的选项值。

表 18.10 列出了一些你可能需要调整的选项（约占超过 175 种配置选项中的 10%）。括号中的是选项默认值。为了节省页面空间，显示的选项名称不包含前缀 conf，例如，FAST_SPLIT 选项的名称实际上是 confFAST_SPLIT。我们把表格划分成多个子区域，以便标识出其中的选项所解决的问题种类：资源管理、性能、安全与垃圾邮件、各种杂项。有些选项适合多种分类，但是我们只列出一次。

表 18.10 基本的 sendmail 配置选项

	选项名称	描述（默认值）
资源	MAX_DAEMON_CHILDREN	子进程的最大数量[a]（没有限制）
	MAX_MESSAGE_SIZE	以字节为单位的单条消息最大长度（无限）
	MIN_FREE_BLOCKS	接收邮件的最小文件系统空间（100）
	TO_*lots_of_stuff*	各类超时（各不相同）
性能	DELAY_LA	降低投递速度时要达到的平均负载（0= 没有限制）
	FAST_SPLIT	跨队列对收件方分类和拆分时，禁止 MX 查找（1= 真）

续表

	选项名称	描述（默认值）
性能	MCI_CACHE_SIZE	所缓存的 TCP 外向开放连接（open outgoing TCP connections）数量（2）
	MCI_CHCHE_TIMEOUT	已缓存的连接能够保持开放的时长（5 min）
	MIN_QUEUE_AGE	作业驻留在队列中的最短时间（0）
	QUEUE_LA	邮件无法立即投递，应该进入队列时的平均负载（8 × CPU 的数量）
	REFUSE_LA	拒绝邮件时的平均负载（12 × CPU 的数量）
安全与垃圾邮件	AUTH_MECHANISMS	SMTP 认证机制[b]
	CONNECTION_RATE_THROTTLE	限制连接接受率（没有限制）
	DONT_BLAME_SENDMAIL	覆盖安全和文件检查（safe）[c]
	MAX_MIME_HEADER_LENGTH	设置 MIME 头部的最大长度（没有限制）[d]
	MAX_RCPTS_PER_MESSAGE	减缓垃圾邮件的投递速度；推迟向额外的接收方发送邮件并发送一条临时错误信息（无限的）
	PRIVACY_FLAGS	限制 SMTP 发出的信息（authwarnings）
杂项	DOUBLE_BOUNCE_ADDRESS	捕获大量垃圾邮件；有些站点使用/dev/null，但这会隐藏严重的问题（postmaster）
	LDAP_DEFAULT_SPEC LDAP	数据库的映射规范，包括服务器运行在哪台主机、哪个端口（无定义）

注：a. 说的再具体些，就是可以一次性运行的子进程的最大数量。如果达到限制，sendmail 就会拒绝连接。该选项能够阻止（或造成）拒绝服务工具。

b. 默认值是 EXTERNAL GSSAPI KERBEROS_V4 DIGEST-MD5 CRAM-MD5；不要添加 PLAIN LOGIN，因为密码是以明文形式传送的。如果仅限于内部使用的话，可能也行，但在 Internet 上就行不通了，除非连接还通过 SSL 施加了安全保护。

c. 不要随便更改此设置！

d. 该选项能够阻止用户代理出现缓冲区溢出。"256/128"是个不错的取值，这表示每个头部 256 字节，每个头部参数 128 字节。

18.8.13 sendmail 中与垃圾邮件相关的特性

sendmail 拥有各种特性和配置选项，可以帮助你控制垃圾邮件和病毒。

- 控制第三方中继（也称为混杂中继、开放中继）的规则；也就是说，站外用户使用你的邮件服务器向其他站外用户发送邮件。垃圾邮件发送者经常用中继掩盖其邮件的真实源头，从而避免被 ISP 检测到。中继还可以让垃圾邮件发送者白用你的资源替他们干活。
- 可过滤收件方地址的访问数据库。这种特性更像是电子邮件防火墙。
- 黑名单，对开放中继和爱发垃圾邮件的已知站点进行登记，以供 sendmail 检查。
- 抑制措施，能够在检测到某些不良行为时减缓接收邮件。
- 借助通用邮件过滤接口 libmilter 检查邮件头部，过滤传入的邮件。它允许任意扫描邮件头部和内容，拒绝符合某种特征的邮件。libmilter 内容丰富，功能强大。

1. 中继控制

sendmail 接收传入的邮件，查看信封地址，决定邮件的去处，然后将其传送到适合的目的地。目的地既可以是本地，也可以是投递链（delivery chain）中距离更远的传输代理。如果传入的邮件消息中有本地收件方，那么处理该消息的传输代理就担当了中继的角色。

只有在访问数据库（参见 18.8.10 节）中带有 RELAY 标记的主机或是在/etc/mail/relay-domains 中列出的主机才允许中继邮件。有些类型的中继有用且合法。你怎么知道哪些邮件消息会被中继，哪些会被拒绝？实际上，只有在 3 种情况下中继才是必需的。

- 当传输中继作为其他主机（没有别的方法能够抵达）的网关时。例如，并非总是处于开机状态的主机（笔记本计算机、Windows 计算机）以及虚拟主机。在这种情况下，要中继的所有收件方都要处在相同的域中。
- 当传输代理作为其他不那么智能的主机的发件服务器时。在这种情况下，所有发送方的主机名或 IP 地址都得是本地的（或者至少可以列举出来）。
- 当你同意作为其他站点的备份 MX 目的地时。

其他任何看似需要中继的情况可能都只是表明了设计上的拙劣（支持移动用户也许是个例外）。你可以通过指定一台接收邮件的中央服务器（客户端访问使用 POP 或 IMAP）来避免中继的第一种用例（如上所述）。第二种用例应该始终允许，但仅适用于你自己的主机。你可以检查 IP 地址或主机名。对于第三种用例，你可以在访问数据库中列出其他站点，仅允许针对该站点所在的 IP 地址范围进行中继。

尽管 sendmail 的中继功能默认是关闭的，但有几项特性能够完全或以有限和受控的方式重新启用中继。出于完整性的考虑，我们在下面把这些特性全部列出，但建议你注意，这些特性不要打开过多。access_db 特性是允许有限中继的最安全方式。

- FEATURE（'relay_entire_domain'）：只允许对自己的域中继。
- RELAY_DOMAIN（'domain, ...'）：添加更多可被中继的域。
- RELAY_DOMAIN_FILE（'filename'）：功能如上，从文件中获取域列表。
- FEATURE（'relay_hosts_only'）：影响 RELAY_DOMAIN, accessdb。

如果使用 SMART_HOST 或 MAIL_HUB 借助特定的邮件服务器路由邮件，那就得破例了。该服务器必须设置为中继来自本地主机的邮件。配置语句如下。

```
FEATURE('relay_entire_domain')
```

如果你打算用别的方式启用中继功能，那么请参阅 cf/README 中的 sendmail 文档，确保自己不会意外地成为垃圾邮件发送者的帮凶。搞定之后，找个可以检查中继功能的站点，比如 spamhelp.org，确认没有不小心创建出一个开放中继。

2. 用户或站点黑名单

如果你想封锁本地用户或主机的邮件，可以这样：

```
FEATURE('blacklist_recipients')
```

它支持访问文件中以下类型的条目：

```
To:nobody@            ERROR:550 Mailbox disabled for this user
To:printer.mydomain   ERROR:550 This host does not accept mail
To:user@host.mydomain ERROR:550 Mailbox disabled for this user
```

这些行分别封锁了发往任何主机上的用户 nobody 的邮件、发往主机打印机的邮件以及发往一台机器上特定用户地址的邮件。To:标签可以让这些用户只能发送，但无法接收邮件消息，有些打印机就具备这种能力。

要想加入 DNS 风格的黑名单来处理传入的电子邮件，可以使用 dnsbl 特性。

```
FEATURE('dnsbl', 'zen.spamhaus')
```

如果站点的 IP 地址名列由 sp 所维护的 3 个已知的垃圾邮件发送者（SBL、XBL、PBL）[①]黑名单内，该特性会拒绝来自这些站点的邮件。其他黑名单中列出了运行开放中继的站点以及已是垃圾邮件发送者天堂的 IP 地址块。通过巧妙地调整 DNS 系统，这些黑名单得以分发，故得名 dnsbl。

你可以向 dnsbl 特性传入第 3 个参数，指定想要返回的错误信息。如果忽略该参数，sendmail 会从包含该记录的 DNS 数据库返回固定的错误信息。

你可以不止一次地加入 dnsbl 特性，以此检查多个滥发邮件者列表。

3. 抑制、速率、连接限制

表 18.11 列出了一些 sendmail 的控制选项，可用于当客户端行为异常时，减缓邮件处理速度。

表 18.11 sendmail 用于“减缓”（slow down）的配置原语

原语	描述
BAD_RCPT_THROTTLE	减缓垃圾邮件发送者收集地址的速度
MAX_RCPTS_PER_MESSAGE	如果邮件消息的接收方过多，则延迟投递
ratecontrol 特性	限制传入连接的速率
conncontrol 特性	限制并发连接数
greet_pause 特性	延迟响应 HELO，强制严格遵守 SMTP

如果“登录名不存在”（no-such-login）错误次数达到 BAD_RCPT_THROTTLE 选项所设置的上限，sendmail 就会在每次拒绝 RCPT 命令之后休眠 1 s，拖慢垃圾邮件发送者收集地址的速度。要将阈值设置为 3，则使用：

```
define('confBAD_RCPT_THROTTLE', '3')
```

设置 MAX_RCPTS_PER_MESSAGE 选项会使得发送方将额外的收件方排入队列，随后处理。这是灰名单的一种简易形式，可用于那些接收方数量多得令人生疑的邮件消息。

ratecontrol 和 conncontrol 特性允许对每台主机或每个网络分别限制接受传入连接的速率和并发连接数。两者均使用/etc/mail/access 文件指定限制及其要应用到的域。第一个在键字段采用标记 ClientRate:，第二个采用标记 ClientConn:。要想启用速率控制，在.mc 文件中插入类似于下面的行。[②]

```
FEATURE('ratecontrol', 'nodelay', 'terminate')
FEATURE('conncontrol', 'nodelay', 'terminate')
```

然后，将需要控制的主机或网络及其限制阈值加入/etc/mail/access 文件。例如，下列行：

```
ClientRate:192.168.6.17     2
ClientRate:170.65.3.4       10
```

将主机 192.168.6.17 和 170.65.3.4 分别限制为 2 个新连接/min 和 10 个新连接/min。下列行：

```
ClientConn:192.168.2.8     2
ClientConn:175.14.4.1      7
ClientConn:                10
```

将主机 192.168.2.8 和 175.14.4.1 的并发连接数分别限制为 2 个和 7 个，其他主机限制为 10 个。

另一个不错的特性是 greet_pause。当远程传输代理连接到 sendmail 服务器，在进行通信之前，SMTP 协议会强制传输代理等待服务器的欢迎问候语。不过，垃圾邮件发送程序的惯常做法是立刻发出 EHLO/HELO 命令。这种行为可以部分归咎于垃圾邮件工具差劲的 SMTP 协议实现，但也

① SBL 指代“Spamhaus Block List”，XBL 指代“Exploits Block List”，PBL 指代“Policy Block List”。——译者注

② FEATURE('access_db')必须也同时出现于此。

许也算是一种旨在节省垃圾邮件发送者时间的特性。不管真实原因如何，这种做法值得怀疑，被称之为“slamming”（拍击）。

greet_pause 特性会使 sendmail 在连接开始时等待一段指定的时间，然后再问候新朋友。如果在这段尴尬的等待时间里，远程的 MTA 在没有等到正常的问候的情况下就接着发出了 EHLO 或 HELO 命令，sendmail 会在日志中记录一条错误，拒绝该 MTA 随后的命令。

你可以在.mc 文件中启用问候暂停。

```
FEATURE('greet_pause', '700')
```

该行会使得在每个新连接开始前延迟 700 ms。你可以在访问数据库中通过 GreetPause:前缀设置单个主机或网络的延迟，不过多数站点都这个特性设为统一的值。

18.8.14 安全性与 sendmail

随着 Internet 的爆炸性增长，像 sendmail 这种能接受任意的用户输入并将其投递给本地用户、文件或 shell 的程序常常成为黑客发起攻击的途径。sendmail，还有 DNS，甚至包括 IP，都在尝试将认证和加密作为一些基本安全问题的内建解决方案。

sendmail 支持使用传输层安全（Transport Layer Security，TLS），以前叫作安全套接字层（Secure Sockets Layer，SSL）进行 SMTP 认证和加密。TLS 带来了 6 个用于证书文件和密钥文件的新配置选项。需要在访问数据库中进行匹配的新操作要求必须通过认证。

sendmail 在仔细检查文件权限之后才会信任该文件的内容（比如.forward 文件或 aliases 文件）。尽管人们普遍欢迎这种更严格的安全措施，但有时候也有必要放松一下这些硬性规定。为此，sendmail 引入了 DontBlameSendmail 选项，之所以如此命名，就是希望这个名称能提醒系统管理员，他们正在做的事情是不安全的。

该选项可取的值有很多，至少也有 55 种。默认值是 safe，这也是效果最严格的取值。完整的选项值列表，参见 sendmail 发行版中的 doc/op/op.ps 或是 O'Reilly 出版的 *sendmail* 一书。要么就还将选项设置留作 safe。

1. 所有权

在 sendmail 宇宙中，有 3 个重要的账户：DefaultUser、RunAsUser、TrustedUser。

在默认情况下，sendmail 所有的邮寄程序全都以 DefaultUser 身份运行，除非有选项另行指定。如果 passwd 文件中存在用户 mailnull、sendmail 或 daemon，那就是 DefaultUser。否则，其 UID 和 GID 默认均为 1。我们推荐使用 mailnull 账户和 mailnull 组。把它添加到/etc/passwd，使用星号作为密码，使用无效的 shell，不分配主目录，默认组采用 mailnull。你还得把 mailnull 条目添加到 group 文件中。mailnull 账户不应该有任何文件。如果 sendmail 没有以 root 身份运行，那么必须设置邮寄程序的 setuid 位。

如果设置了 RunAsUser，sendmail 会忽略 DefaultUser 的值，以 RunAsUser 的身份完成所有工作。如果你是以 setgid 的方式运行 sendmail，那么提交邮件的 sendmail 只是通过 SMTP 将消息传给了真正的 sendmail。真正的 sendmail 并没有设置其 setuid 位，但是要从启动文件以 root 身份运行。

sendmail 在端口 25 上打开套接字连接之后，RunAsUser 就是 sendmail 运行时所用的 UID。编号低于 1 024 的端口只能由超级用户打开，因此，sendmail 一开始必须以 root 身份运行。不过，打开端口之后，sendmail 就可以切换到其他 UID 了。如果 sendmail 被误入歧途，这种切换操作能够降低损坏或访问风险。不要在支持用户账户或其他服务的机器上使用 RunAsUser 特性，它仅适用于防火墙或堡垒主机。[①]

① 堡垒主机是特别加固过的主机，放置在 DMZ 内或防火墙外，专门用于抵御攻击。

默认情况下，sendmail 并不会切换身份，而是继续以 root 身份运行。如果你将 RunAsUser 更改为 root 之外的用户，那还必须修改其他一些地方。RunAsUser 必须拥有邮件队列，要能读取所有的映射和包含文件，还要能运行程序等。预计得花上几个小时的时间才能找出必须修改的所有文件和目录的所有权。

sendmail 的 TrustedUser 可以拥有映射和别名文件。允许 TrustedUser 启动守护进程或重建 aliases 文件。这种能力主要是为了支持 sendmail 的图形用户界面，这种界面需要具备对某些用户有限的管理控制能力。如果你设置了 TrustedUser，那么务必要保护好它所指向的账户，因为可以轻松利用此账户获取 root 访问权限。TrustedUser 与 TRUSTED_USERS 类别不同，后者决定了谁能够重写邮件消息的 From 行。①

2. 权限

文件和目录权限对于 sendmail 的安全性至关重要。使用表 18.12 中列出的设置，以确保万无一失。

表 18.12　　sendmail 相关目录的属主及权限

路径	属主	模式	所包含的内容
/var/spool/clientmqueue	smmsp:smmsp	770	初始提交队列
/var/spool/mqueue	RunAsUser	700	邮件队列目录
/, /var, /var/spool	root	755	到 mqueue 的路径
/etc/mail/*	TrustedUser	644	映射文件、配置文件、别名
/etc/mail	TrustedUser	755	映射文件的父目录
/etc	root	755	到 mail 目录的路径

如果目录路径导致.forward 文件的权限过于宽松，那么 sendmail 不会读取链接计数大于 1 的这些文件。Evi 就见识过这条规则，她有一个.forward 文件（通常硬链接到 .forward.to.boulder 或.forward.to.sandiego），结果从某个平时也没多少往来的小站点发来的信件悄无声息地就再也转发不到她手里了。直到几个月后，Evi 才意识到导致“我压根就没收到过你的邮件”的原因是由于自己的失误，但这也不能算是个能说得过去的理由。

你可以使用 DontBlameSendmail 选项关闭上面提到的不少文件访问限制规则。不过别这么做。

3. 向文件和程序更安全地发送邮件

我们推荐你使用 smrsh 取代/bin/sh 作为程序邮寄程序（program mailer），使用 mail.local 取代/bin/mail 作为本地邮寄程序（local mailer）。这两个程序都包含在 sendmail 发行版中。要把这些纳入到你的配置中，需要将下列行加入.mc 文件。

```
FEATURE('smrsh', 'path-to-smrsh')
FEATURE('local_lmtp', 'path-to-mail.local')
```

如果不明确写出路径，则假设两者都位于/usr/libexec。你可以使用 sendmail 的 confEBINDIR 选项修改其默认位置。表 18.13 可以帮助你把它们找出来。

表 18.13　　sendmail 的受限传输代理的位置

操作系统	smrsh	mail.local	sm.bin
Ubuntu	/usr/lib/sm.bin	/usr/lib/sm.bin	/usr/adm
Debian	/usr/lib/sm.bin	/usr/lib/sm.bin	/usr/adm

① TRUSTED_USERS 通常用于支持邮件列表软件。

续表

操作系统	smrsh	mail.local	sm.bin
Red Hat	/usr/sbin		/etc/smrsh
CentOS	/usr/sbin	—	/etc/smrsh
FreeBSD	/usr/libexec	/usr/libexec	/usr/adm

smrsh 是一种受限 shell，只执行一个目录中包含的程序（默认是/usr/adm/sm.bin）。smrsh 忽略用户指定的路径，尝试在自己已知的安全目录中查找用户所请求的命令。smrsh 还会禁止使用某些 shell 元字符，例如输入重定向符号<。sm.bin 中允许使用符号链接，所以用不着为允许使用的程序制作副本。vacation 程序可以很好地作为 sm.bin 的备选。别把 procmail 放在那里，它不安全。

下面是一些 shell 命令的例子以及 smrsh 可能对其做出的解释。

```
vacation eric                  # 执行/usr/adm/sm.bin/vacation eric
cat /etc/passwd                # 拒绝执行，sm.bin 中没有 cat 命令
vacation eric < /etc/passwd    # 拒绝执行，不允许使用<
```

当通过 aliases 或.forward 文件将电子邮件重定向到文件时，sendmail 的 SafeFileEnvironment 选项控制着可以将文件写入何处。sendmail 会因此执行 chroot 系统调用，使得文件系统的根目录从/改为/safe，或者是你在 SafeFileEnvironment 选项中指定的任何路径。例如，将邮件引向/etc/passwd 文件的别名实际上写入的是/safe/etc/passwd。

SafeFileEnvironment 选项还通过只允许写入普通文件来保护设备文件、目录以及其他特殊文件。除了提高安全性以外，此选项还能够改善用户错误所造成的影响。有些站点将该选项设置为/home，允许在保护系统文件的同时访问用户主目录。

邮寄程序也可以运行在经过 chroot 的目录内。

4. 隐私选项

sendmail 隐私选项还可以控制：

- 外部人员能够通过 SMTP 所确定的网站内容；
- 对 SMTP 连接另一端主机的要求；
- 用户是否能看到或运行邮件队列。

表 18.14 列出了隐私选项可能的取值（截止到撰写本书时），最新信息参见 sendmail 发行版中的文件 doc/op/op.ps。

表 18.14 PrivacyOption 的取值

取值	含义
authwarnings	如果传出的邮件消息像是伪造的，则添加警告头部
goaway	禁止所有的 SMTP 状态查询（EXPN、VRFY 等）
needexpnhelo	不扩展没有 HELO 的地址（EXPN）
needmailhelo	要求 SMTP HELO（标识远程主机）
needvrfyhelo	不核实没有 HELO 的地址（VRFY）
nobodyreturn	不在投递状态通知中返回邮件消息主体
noetrn [a]	不允许异步队列运行
noexpn	不允许 SMTP EXPN 命令
noreceipts	关闭成功返回回执的投递状态通知
noverb [b]	不允许 EXPN 的详细模式（verbose mode）

续表

取值	含义
novrfy	不允许 SMTP VRFY 命令
public	不做隐私/安全性检查
restrictexpand	限制-bv 和-v 选项显示的信息[c]
restrictmailq	只允许 mqueue 目录的属组查看队列
restrictqrun	只允许 mqueue 目录的属主运行队列

注：a. ETRN 是由拨号主机使用的 ESMTP 命令。它请求只对发往该主机的邮件消息运行队列。

b. 当给出 EXPN 命令时，详细模式会根据.forward 文件，报告有关用户邮件下落的更多信息。在暴露于外部世界的机器上，应该使用 noverb，或者 noexpn 更好。

c. 除非由 root 或 TrustedUser 执行。

sendmail 默认的隐私选项值是 authwarnings，上面的行会重置该值。注意有两组引号，有些版本的 m4 需要用它们保护隐私选项值列表中的逗号。

5. 运行经过 chroot 的 sendmail（针对那些真正的偏执狂）

如果你担心 sendmail 会访问你的文件系统，可以把它放在 chroot 囚笼中启动。在囚笼中创建一个最小化的文件系统，其中包括/dev/null、/etc 下必不可少的配置文件（passwd、group、resolv.conf、sendmail.cf、映射文件、mail/*）、sendmail 用到的共享库、sendmail 二进制文件、邮件队列目录以及所有的日志文件。你可能得折腾一阵子才能把各种文件准备齐。使用 chroot 命令启动放置在囚笼中的 sendmail。例如：

```
$ sudo chroot /jail /usr/sbin/sendmail -bd -q30m
```

6. 拒绝服务攻击

拒绝服务攻击难以避免，因为没有任何先验手段（a priori method）能够判定出一则消息是用于发动攻击，而不是合法的邮件。攻击者会尝试各种卑鄙的招数，包括使用伪造的连接淹没 SMTP 端口、使用巨长无比的消息填满磁盘分区、阻塞向外的连接、邮件炸弹。sendmail 有一些配置选项有助于缓解或限制拒绝服务攻击的影响，但这些选项也会干扰正常邮件的投递。

MaxDaemonChildren 选项可以限制 sendmail 进程的数量。它能防止系统被 sendmail 的工作量压垮。不过，它也使得攻击者轻而易举地就将 SMTP 服务关闭。

MaxMessageSize 选项有助于避免邮件队列目录被填满。但如果设置的值过小，合法邮件也会被回弹。你也许应该向用户说明这项限制，这样的话，当他们发现回弹的邮件时也不至于感到惊讶。我们建议设置一个足够高的值（比如 50 MB），因为有些合法邮件的个头也不小。

ConnectionRateThrottle 选项可以限制每秒钟所允许的连接数，不过会略微降低处理速度。最后，MaxRcptsPerMessage 选项控制着一则消息最多可以有多少个接收方，这可能会有所帮助。

根据系统的平均负载，sendmail 总是能够拒绝连接（REFUSE_LA 选项）或是将电子邮件加入队列（QUEUE_LA）。还有一个变体 DELAY_LA，可以在降低速率的情况下保持邮件继续流动。

尽管邮件系统有这些保护措施，但是邮件轰炸仍然会干扰合法邮件，这种行径讨厌得很。

7. TLS：传输层安全

RFC 3207 中描述的 TLS（Transport Layer Security，传输层安全）是一种加密/认证系统。它在 sendmail 中是以名为 STARTTLS 的 SMTP 扩展实现的。

强认证能以授权令牌的形式替换主机名或 IP 地址，用于邮件中继或在第一地点接受主机连接。例如在 access_db 中的如下条目：

```
TLS_Srv:secure.example.com  ENCR:112
TLS_Clt:laptop.example.com  PERM+VERIFY:112
```

表明使用的是 STARTTLS，发往 secure.example.com 的电子邮件必须采用至少 112 位（112 bit）的密钥加密。如果邮件来自 laptop.example.com 的主机，那么只有在客户端认证过自身之后才能接受。

尽管 STARTTLS 提供了强加密，但要注意，这种保护仅仅覆盖了到“下一跳”MTA（“next hop” MTA）这一段距离。一旦邮件消息到达了下一跳，有可能会被转发到另一个未使用安全传输手段的 MTA。如果你能控制路径上所有的 MTA，那就能创建出一个安全的邮件传输网络。如果办不到，那就得依赖基于 UA 的加密软件（例如 PGP/GPG）或者集中式电子邮件加密服务（参见 18.5 节）。

Sendmail 公司的 Greg Shapiro 和 Claus Assmann 在网上存放了另外一些有关安全和 sendmail 的文档（稍有点过时）。

18.8.15　sendmail 测试与调试

基于 m4 的配置在一定程度上是预先测试过的。如果要使用该配置，你可能并不需要进行低级（low-level）测试。但有一样东西是调试选项无法测试的，那就是你的设计方案。

在研究本章时，我们发现了多个配置文件和设计中的错误。错误的范围从调用某种特性时忘记了必要的宏（例如，启用 masquerade_envelope 没有使用 MASQUERADE_AS 打开伪装功能）到 sendmail 的配置设计与防火墙在控制是否允许以及在何种条件下允许邮件进入时的全面冲突。

邮件系统不能在真空中去设计。你必须使其与 DNS MX 记录以及防火墙策略同步（或者至少不要发生冲突）。

1. 队列监视

你可以使用 mailq 命令（等同于 sendmail -bq）查看排队消息的状态。在投递消息或投递消息失败时，它们就会被加入到队列中。

mailq 以用户可读的格式打印出/var/spool/mqueue 目录中的文件汇总信息。在判断消息为什么被延迟时，mailq 的输出很有帮助。如果从中发现邮件正在积压，那么可以监视 sendmail 的状态，尝试消除堵塞。

有两个默认队列：一个用于在端口 25 上接收消息，另一个用于在端口 587 上接收消息（客户端提交队列）。mailq -Ac 可以查看客户端队列。

mailq 的典型输出如下所示，从中可以看出有 3 则消息等待投递。

```
$ sudo mailq
/var/spool/mqueue (3 requests)
-----Q-ID----- --Size- ---Q-Time--- --------Sender/Recipient------
k623gYYk008732  23217  Sat Jul 1 21:42  MAILER-DAEMON
    8BITMIME (Deferred: Connection refused by agribusinessonline.com.)
                                        <Nimtz@agribusinessonline.com>
k5ULkAHB032374   279   Fri Jun 30 15:46  <randy@atrust.com>
    (Deferred: Name server: k2wireless.com.: host name lookup fa)
                                        <relder@k2wireless.com>
k5UJDm72023576  2485   Fri Jun 30 13:13  MAILER-DAEMON
    (reply: read error from mx4.level3.com.)
                                        <lfinist@bbnplanet.com>
```

如果你认为自己比 sendmail 更了解情况，或者只是希望 sendmail 立刻尝试重新投递队列中的消息，可以使用 sendmail -q 强制运行队列。如果使用 sendmail -q -v，sendmail 会实时显示每次尝试投递的结果，这些信息往往有助于调试。如果让 sendmail 自行处理的话，它会每隔一段时间（一般是 30 min）就会尝试投递所有队列。

2. 日志记录

sendmail 使用 syslog 记录错误和状态消息，采用的 syslog 设施（syslog facility）是“mail”，级别从“debug”到“crit”，状态消息都带有“sendmail”字符串标签。你可以使用命令行选项-L 覆盖日志记录字符串“sendmail”，如果你在调试 sendmail 其中的一个副本，同时其他副本仍在进行电子邮件的日常处理，这种功能非常方便。

在命令行或配置文件中指定的 confLOG_LEVEL 选项可以决定 sendmail 用作日志记录阈值的严重级别。日志级别越高，意味着严重级别越低以及更多的信息会被及记录。

表 18.15 给出了 sendmail 日志级别和 syslog 严重级别之间大致的对应关系。

表 18.15 sendmail 日志级别（L）vs. syslog 严重级别

L	syslog 严重程度	L	syslog 严重程度
0	不记录日志	4	notice
1	alert or crit	5～11	info
2	crit	≥ 12	debug
3	err or warning		

回想一下，记录在 syslog 某个特定级别的消息会报告给包括该级别及其以上级别。/etc/syslog.conf 或/etc/rsyslog.conf 决定了消息的最终去所。表 18.16 列出了 sendmail 日志的默认位置。

表 18.16 默认的 sendmail 日志位置

系统	日志文件位置
Debian	/var/log/mail.log
Ubuntu	/var/log/mail.log
Red Hat	/var/log/maillog
CentOS	/var/log/maillog
FreeBSD	/var/log/maillog

一些程序能够汇总 sendmail 日志文件，生成的结果既有简单的统计及文本表格（mreport），也有精美的 Web 页面（Yasma）。你可能需要限制对于此类数据的访问或是至少提醒用户正在收集数据。

18.9 EXIM

Exim 邮件传输及提交代理是由剑桥大学的 Philip Hazel 于 1995 年编写的，采用了 GNU 通用公共许可证（GNU General Public License）发行。目前最新的版本是 2017 年春季发布的 4.89 版。可用在线 Exim 文档不计其数，还有该软件作者亲自所著的几本书。

用 Google 搜索到的 Exim 问题的答案往往看起来都比较陈旧过时，有时还有些不合时宜的资料，所以先检查官方文档。发行版中已经包含了一份 400 多页的规范和配置文档（doc/spec.txt）。该文档在 exim.org 上也有 PDF 版本可供下载。这是 Exim 的权威参考，只要有新版本发布，就会进行细致的更新。

关于 Exim 的配置，存在着两种文化：Debian 和除 Debian 之外的。Debian 运行着自己的用户支持邮件列表，我们在这里不涉及特定于 Debian 的配置扩展。

和 sendmail 一样，Exim 也是以单进程的形式执行和电子邮件相关的所有工作。但是，Exim 并没有 sendmail 的历史包袱（支持古老的地址格式、需要把邮件送到主机而不是 Internet 等）。Exim

的很多行为可以在编译期间指定，其中主要的例子就是 Exim 的数据库和消息存储格式。

Exim 系统中的主力干将被称之为路由工具（router）和传输工具（transport）。两者在分类上都属于“驱动程序”（driver）。路由工具决定了消息该如何投递，传输工具决定了投递机制。路由工具是一个有序的尝试列表，而传输工具是一组无序的传输手段。

18.9.1 安装 Exim

从 Exim 官网或是你自己喜欢的软件包仓库中都能下载到最新版的 Exim。参考软件包根目录下的 README 文件和 src/EDITME 文件，其中描述了必须设置的安装位置、用户 ID 以及其他编译期参数。EDITME 文件的内容超过了 1 000 行，不过大多数都是注释，可以指导你完成编译过程，需要改动的地方，也都标记了出来。编辑完成之后，在运行 make 之前，将文件保存为../Local/Makefile 或者../Local/Makefile-osname（如果你要从同一个发行目录中为多种不同的操作系统构造配置文件）。

下面是 EDITME 文件中几个重要的环境变量（依照我们的管理）以及建议的取值（依照开发人员的观点）。前 5 个是必需的，其他的是推荐的。

```
BIN_DIRECTORY=/usr/exim/bin                # Where the exim binary should live
SPOOL_DIRECTORY=/var/spool/exim            # Mail spool directory
CONFIGURE_FILE=/usr/exim/configure         # Exim's configuration file
SYSTEM_ALIASES_FILE=/etc/aliases           # Location of aliases file
EXIM_USER=ref:exim                         # User to run as after rootly chores

ROUTER_ACCEPT=yes                          # Router drivers to include
ROUTER_DNSLOOKUP=yes
ROUTER_IPLITERAL=yes
ROUTER_MANUALROUTE=yes
ROUTER_QUERYPROGRAM=yes
ROUTER_REDIRECT=yes

TRANSPORT_APPENDFILE=yes                   # Transport drivers to include
TRANSPORT_AUTOREPLY=yes
TRANSPORT_PIPE=yes
TRANSPORT_SMTP=yes

SUPPORT_MAILDIR=yes                        # Mailbox formats to understand
SUPPORT_MAILSTORE=yes
SUPPORT_MBX=yes

LOOKUP_DBM=yes                             # DB lookup methods to include
LOOKUP_LSEARCH=yes                         # Linear search lookup
LOOKUP_DNSDB=yes                           # Allow near-arbitrary DNS lookups
USE_DB=yes                                 # Use Berkeley DB (from README)
DBMLIB=-ldb                                # (from README)
WITH_CONTENT_SCAN=yes                      # Include content scanning via ACLs

EXPERIMENTAL_SPF=yes                       # Include SPF support, needs libspf2
CFLAGS += -I/usr/local/include             # From www.libspf2.org
LDFLAGS += -lspf2

LOG_FILE_PATH=/var/log/exim_%slog          # Log files: file, syslog, or both
LOG_FILE_PATH=syslog
LOG_FILE_PATH=syslog:/var/log/exim_%slog
EXICYCLOG_MAX=10                           # Compress/cycle log files, keep 10
```

如果你打算使用路由工具和传输工具，那就必须将其编译进代码。如今机器的内存都不小，你可能会选择把两者都纳入进来。有些默认路径肯定不标准：例如，二进制文件在/usr/exim/bin，

PDI 文件在/var/spool/exim。你可以调整相应的值，使其与别的已安装软件一致。

可用的数据库查询方法大概有 10 种，包括 MySQL、Oracle、LDAP。如果包含有 LDAP，则务必要指定LDAP_LIB_TYPE变量，告诉Exim你使用的LDAP库是什么。另外可能还得指定LDAP的包含文件和库文件的目录。

EDITME 文件清楚地描述了所选择的数据库可能带来的依赖关系。在上述条目中，如果注释内含有"(from README)"，则表明并不是在 src/EDITME，而是在 README 中。

EDITME 还有很多额外的安全选项，例如对于 SMTP ATUTH、TLS、PAM 的支持，以及控制文件所有权和权限的选项，你可能也想将其一并纳入。你可以在编译期间禁止某些 Exim 选项，以限制软件被黑客攻破后可能造成的破坏。

在完成安装之前，建议先完整地阅读一遍 EDITME 文件。它可以让你全面认识到在 Exim 运行期间可以通过配置文件控制哪些方面。软件包根目录下的 README 文件有很多关于操作系统特定怪癖的详细信息，你可能也需要将其添加到 EDITME 文件中。

一旦修改好 EDITME 并把它安装为 Local/Makefile，就可以在发行版的根目录下运行 make，然后再运行 sudo make install。下一步就是测试新的 exim 可执行文件，看看能不能如期投递邮件。doc/spec.txt 中包含了优秀的测试文档。

只要你觉得 Exim 工作正常，就可以将/usr/sbin/sendmail 链接到 Exim，这样 Exim 就可以仿真很多用户代理所使用的传统命令行邮件系统接口了。另外，还必须让 Exim 在引导期间启动。

18.9.2 Exim 启动

在邮件枢纽机器上，Exim 通常是以守护进程模式在引导期间启动，然后持续运行，侦听端口 25，通过 SMTP 接收邮件消息。操作系统启动的细节参见第 2 章。

和 sendmail 类似，Exim 也是身兼数职，而且如果使用特定的选项或别的命令名启动，它会执行不同的功能。Exim 的模式选项和 sendmail 的差不多，因为当被用户代理和其他工具调用时，Exim 努力保持着与 sendmail 的兼容性。表 18.17 列出了几个常见的选项。

表 18.17 常见的 Exim 命令行选项

选项	含义
-db	以守护进程模式运行，在端口 25 侦听连接
-bf 或-bF	以用户或系统过滤器测试模式运行
-bi	重新建立散列过的别名（同 newaliases）
-bp	打印出邮件队列（同 mailq）
-bt	进入地址测试模式
-bV	检查配置文件中的语法错误
-d+-category	以调试模式运行，采用灵活的基于分类的配置
-q	启动队列运行器（同 runq）

配置文件中的任何错误都会在解析期间被 exim -bV 捕获到，但有些错误只能在运行时捕获。放置不当的花括号是一种常见的错误。

Exim 的手册页提供了有关 Exim 命令行标志和选项各方面的大量细节，其中还包括广泛的调试信息。

18.9.3 Exim 实用工具

Exim 发行版中包含了一批实用工具，可以帮助你对已安装的软件进行监视、调试以及健全性检查（sanity-check）。显示目前的工具清单以及各自简短的描述。更多细节参见发行版文档。

- exicyclog：轮替日志文件。
- exigrep：搜索主日志。
- exilog：跨多个服务器可视化日志文件。
- exim_checkaccess：检查来自给定 IP 的邮件地址接受情况。
- exim_dbmbuild：构建 DBM 文件。
- exim_dumpdb：转储线索数据库。
- exim_fixdb：给线索数据库打补丁。
- exim_lock：锁定邮箱文件。
- exim_tidydb：清理线索数据库。
- eximstats：从日志中抽取统计信息。
- exinext：提取重试信息。
- exipick：根据各种标准选择消息。
- exiqgrep：搜索队列。
- exiqsumm：汇总队列。
- exiwhat：列出 Exim 进程的当前操作。

Exim 工具套件中的另一件实用工具是 eximon，这是一个 X Window 应用程序，可以显示出 Exim 的状态、Exim 队列的状态，还有日志文件的末尾信息。和 Exim 主程序一样，你可以编辑 exim_monitor 目录下的 EDITME 文件，该文件有很清晰的注释，然后运行 make。不过，对于 eximon 而言，默认配置通常就已经不错了，所以你应该不用进行太多的配置就可以构建好这个应用。有些配置和队列管理也可以通过 eximon 的图形用户界面来完成。

18.9.4 Exim 配置语言

Exim 配置语言（或者说得更准确些，多种语言：一种用于过滤器，一种用于正则表达式，等等）有点像古老的（20 世纪 70 年代）Forth 语言。①如果是第一次阅读 Exim 配置，你可能会发现很难将关键字和选项名同变量名区分开来，前者是 Exim 固定就有的，后者是系统管理员通过配置语句定义的。

尽管 Exim 的宣传口号是易于配置、文档丰富，但对于新手，其学习曲线还是相当陡峭的。说明文档中的“How Exim receives and delivers mail”一节是新用户必读的。它可以让你很好地了解系统的底层概念。

在赋值时，Exim 语言的预定义选项有时会引发某种操作。大概 120 个预定义变量的值也可能会随之发生变化。这些变量可以出现在条件语句中。

在对 if 及类似语句进行判断时，这种配置语言也许会让你想起惠普计算器（Hewlett-Packard calculators）盛行时所使用的逆波兰式记法。下面来看一个简单的例子。在下列行中：

```
acl_smtp_rcpt = ${if ={25}{$interface_port} \
    {acl_check_rcpt} {acl_check_rcpt_submit} }
```

如果设置了 acl_smtp_rcpt 选项，会为 SMTP 交互中的所有收件方（SMTP RCPT 命令）都实

① 对于 CS（计算机科学）专家而言，这叫“图灵完备”（Turing-complete）；对于大众来说，理解成“既强大又复杂”就好了。

现一条 ACL。取决于 Exim 变量$interface_port 的值是否为 25，分配给该选项的值可以是 acl_check_rcpt 或 acl_check_rcpt_submit。

我们不打算在本章中再详述 Exim 配置语言了，不过你可以去参考更全面的文档。尤其是仔细阅读 Exim 说明中字符串扩展（string expansion）一节。

18.9.5 Exim 配置文件

Exim 的运行时行为是由单个配置文件控制的，通常叫作/usr/exim/configure。配置文件名是要在 EDITME 文件中指定的变量之一，会被编译进二进制文件。

发行版所提供的默认配置文件 src/configure.default 包含了良好的注释，对于刚开始配置 Exim 的站点，可以将其作为一个不错的起点。实际上，在彻底理解 Exim 的范式以及针对特定需求的默认配置之前，我们建议你还是先围绕着该文件来，步子别迈得太大。Exim 力求支持常见的场景并设置好合理的默认值。

坚持使用默认配置文件中的变量名也有好处。exim-user 邮件列表中的人们遵循的都是这套命名约定。如果有和配置相关的问题，他们也是你的良师益友。

如果配置文件中有语法错误，Exim 会向 stderr（标准错误）打印一则消息，然后退出。Exim 并不能立即捕获到所有的语法错误，因为它知道有需要的时候才会执行变量扩展。

配置文件中的配置项顺序不能太随意：全局配置选项区必须先出现，而且绝不能少。其他配置区是可选的，可以按照任意顺序出现。

可能出现的配置区包括以下几类。

- 全局配置选项（强制）。
- acl：用于过滤地址和邮件消息的访问控制列表。
- authenticators：用于 SMTP AUTH 或 TLS 认证。
- routers：用于确定邮件消息去向的有序序列。
- transports：定义负责实际投递工作的驱动程序。
- retry：处理有问题的邮件消息的策略设置。
- rewrite：全局地址重写规则。
- local_scan：提供灵活性。

除了第一个配置区之外，其他配置区都以 begin section-name 语句开头。例如，begin acl。不存在 end section-name 语句，下一个区的 begin 语句就表明上一个配置区的内容已经结束了。表示从属关系的缩进使配置文件更易读，但它对 Exim 并没有什么意义。

有些配置语句会命名随后用于控制邮件消息流向的对象。对象名必须以字母开头，而且只能包含字母、数字和下画线。如果某行中的第一个非空白字符是#，那么该行余下的部分被视为注释。注意，这意味着你不能把注释和语句放在同一行中，因为第一个字符并非#，注释是无法被识别的。

Exim 允许你在配置文件的任意位置包含文件。有两种包含形式。

```
.include absolute-path
.include_if_exists absolute-path
```

如果文件不存在，则第一种形式会产生错误。尽管包含文件可以让配置文件看起来挺整齐，但是在邮件消息的整个处理过程中，这些包含文件会被多次读取，所以最好还是把它们的内容直接放进配置文件中。

18.9.6 全局选项

在全局选项区中指定的内容可是不少，包括操作参数（限制、大小、超时、该主机上的邮件服务器属性）、列表定义（本地主机、用作中继的本地主机、用作中继的远程域）以及宏（主机名、联系信息、位置、出错信息、SMTP标语）。

1. 选项

选项的基本格式为：

```
option_name = value[s]
```

其中，value可以是布尔值、字符串、整数、十进制数、时间间隔。允许给选项赋多个值，多个值之间要用冒号分隔。

如果出现IPv6地址，用冒号作为值的分隔符就有问题了，因为冒号是IPv6地址的一部分。你可以用双冒号进行转义，但最简单、可读性最好的补救方法是在给选项赋值时使用字符<重新定义分隔符。例如，下面两行都设置了localhost_interface选项的值，分别指定的是IPv4和IPv6本地地址。

```
local_interfaces = 127.0.0.1 : ::::1
local_interfaces = <; 127.0.0.1 ; ::1
```

在第二种形式中，分隔符被定义为分号，这样可读性更好，也不易出错。

Exim的选项实在太多了，文档中的选项索引就有500多条。我们之前还说sendmail复杂呢！大多数的Exim选项有合理的默认值，所有选项都具有描述性的名称。在研究新选项的用法时，用你自己喜欢的编辑器打开Exim发行版中的doc/spec.txt文件会很方便。除了在示例配置片段中出现的选项，其他选项我们就不再进行介绍了。

2. 列表

Exim有4种列表，分别由关键字hostlist、domainlist、addresslist、localpartlist引入。下面是hostlist的两个用法示例。

```
hostlist my_relay_list = 192.168.1.0/24 : myfriend.example.com
hostlist my_relay_list = /usr/local/exim/relay_hosts.txt
```

列表成员既可以在行内列出，也可以从文件中获取。如果选择前者，成员之间要用冒号隔开。每种类型至多可以有16个命名列表。在上面的行内成员写法示例中，我们包含了本地/24网络中的所有机器以及一个特定的主机名。

符号@可以作为列表成员，表示本地主机名，这有助于帮助你写出能够适用于站点内大部分非邮件枢纽机器的通用配置文件。@[]记法也挺有用，它表示Exim正在其上监听的所有IP地址；也就是localhost的所有IP地址。

列表中可以引用其他列表，字符!表示否定。如果列表中引用了变量（例如，$variable_name），会降低处理速度，因为Exim无法缓存这种列表的求值结果，除此之外，结果默认都会被缓存。

要引用列表，只用在列表前面加上一个+，就可以匹配该列表的所有成员；如果加上!+，则不匹配其成员。例如，+my_relay_list。+与列表名之间的空格会被忽略。

3. 宏

你可以使用宏定义参数、错误消息等。Exim的解析功能比较原始，所以如果你定义了一个宏，它的名字是另一个宏的子集，无法保证不会出现不可预料的结果。

宏的语法为：

```
MACRO_NAME = rest of the line
```

举例来说，下面的第一行定义了一个名为 ALIAS_QUERY 的宏，用于在 MySQL 数据库中查找用户的别名记录。第二行展示了用于执行实际查询的宏，查询结果被保存在变量 data 中。

```
ALIAS_QUERY = \
    select mailbox from user where login = '${quote_mysql:$local_part}';
data = ${lookup mysql{ALIAS_QUERY}}
```

宏的名称并不要求全部是大写，但必须以大写字母开头。不过，全部采用大写字母有助于提高清晰性。配置文件中可以包含对宏进行求值的 ifdef，用于决定是否要包含配置文件的某部分。你能够想象到的形式，ifdef 全都支持，它们都以点号起始。

4. 访问控制列表

访问控制列表（Access Control List，ACL）可以过滤传入邮件消息的地址，然后要么接受，要么拒绝。Exim 将这种地址分为两部分：本地部分和域部分。前者代表用户，后者代表收件方的域。

ACL 可应用于 SMTP 会话的各个阶段：HELO、MAIL、RCPT、DATA 等。一般来说，ACL 在 HELO 阶段会强制严格遵守 SMTP 协议，在 MAIL 阶段检查发送方及其域，在 RCPT 阶段检查收件方，在 DATA 阶段扫描邮件消息。

大量名为 acl_smtp_command 的选项在 SMTP 协议中的 command 之后，指明该应用哪条 ACL。例如，acl_smtp_rcpt 选项指定了在消息收件方的所有地址上应用该 ACL。另一个常用的检查点是 acl_smtp_data，它在收到消息后针对其检查 ACL，例如扫描内容。

你可以在配置文件的 acl 区定义 ACL，也可以在 acl_smtp_command 选项引用的文件中定义，或是在指定该选项时直接在行内定义。

下面定义了一个名为 my_acl_check_rcpt 的示例 ACL。要想调用它，我们可以将其名称赋给配置文件全局选项区中的 acl_smtp_rcpt 选项。（如果这个 ACL 拒绝了 RCPT 命令中的地址，那么发件服务器就应该放弃，不要再尝试该地址了。）

这个 ACL 定义比较长，所以我们将它分解成几个容易理解的部分来分别讲解。

第一部分：

```
begin acl
    my_acl_check_rcpt:
        accept  hosts = :
                control = dkim_disable_verify
```

这个访问控制列表的默认名称是 acl_check_rcpt，你可能不应该像我们这样对其进行改动。我们采用非标准名称只是为了强调访问列表的名称是可以指定的，它并不是对 Exim 具有特殊意义的关键字。

第一个 accept 行只有一个冒号，这是个空列表。远程主机的列表为空，适用于这样的情况：本地 MUA 将邮件消息提交给 MTA 的标准输入。如果地址经测试符合该条件，那么 ACL 就接受这个地址并禁止默认启用的 DKIM 签名验证。如果地址不符合 address 子句，控制则落到 ACL 定义中的另一个子句。

```
deny    message = Restricted characters in address
        domains = +local_domains
        local_parts = ^[.] : ^.*[@%!/|]

deny    message = Restricted characters in address
        domains = !+local_domains
        local_parts = ^[./|] : ^.*[@%!] : ^.*/\\.\\./
```

第一段 deny 针对的是进入本地域的邮件消息。如果地址中的本地部分（用户名）以点号起始

或是包含特殊字符@、%、!或|，则拒绝。第二段 deny 针对由用户发出的邮件消息。它同样不允许地址的本地部分出现某些特殊字符和序列，以防用户的机器被病毒或其他恶意软件感染。在过去，这种地址被垃圾邮件发送者用来迷惑 ACL，或是和其他安全问题有关。

一般而言，如果你打算把$local_parts（可视为收件方的用户名）用在目录路径中（例如，保存邮件或是查找假期自动回复文件），要注意，ACL 会过滤掉任何会导致不良行为的特殊字符。（上面的例子会查找字符序列/../，如果这样的用户名被插入到路径中，就会引发问题。）

```
accept  local_parts = postmaster
        domains = +local_domains
```

accept 段保证发往本地域的邮件管理员的邮件总是能够通过，这有助于调试。

```
require verify = sender
```

require 检查是否有回弹消息被返回，但它只检查发件方的域。[①]如果发件方的用户名是伪造的，回弹消息仍然会失败，也就是说，回弹消息本身又会回弹。在这里可以调用其他程序进行更广泛的检查，但有些站点认为这属于滥用行为，可能会把你的邮件服务器加入黑名单或差誉列表中。

```
accept   hosts = +relay_from_hosts
         control = submission
         control = dkim_disable_verify
```

上面的 accept 段检查那些被允许通过该主机中继的主机，也就是向系统提交邮件的本地主机。control 行指定了 Exim 应该充当邮件提交代理，并在邮件消息从用户代理处到达时修复消息头部中可能存在的任何缺陷。收件方的地址不进行检查，因为很多用户代理会被返回的错误搞晕。（这部分配置仅适用于向智能主机中继的本地机器，不适合你可能愿意为之中继的外部域。）DKIM 验证被禁用的原因在于这些邮件消息都是你的用户或中继伙伴发出的。

```
accept  authenticated = *
        control = submission
        control = dkim_disable_verify
```

最后一段 accept 用于处理通过 SMTP AUTH 认证的本地主机。这些邮件消息再次被视为由用户代理提交的。

```
require message = Relay not permitted
        domains = +local_domains : +relay_to_domains
require verify = recipient
```

我们在这里检查了邮件消息去往的目的域，要求其要么位于 local_domains 列表中，要么位于我们允许中继到的域列表 relay_to_domains 中。（这些域列表是在 ACL 之外定义的。）不在上述域列表中的目的域都会以指定的错误信息被拒绝。

```
accept
```

最后，鉴于之前的所有要求都已满足，而且也没有再触发更具体的 accept 或 deny 规则，我们要核实收件方并接收该邮件消息。大多数发给本地用户的 Internet 邮件消息会落入这一类。

在上面的例子中，我们还没加入任何的黑名单扫描。要想访问黑名单，可以使用默认配置文件中的一个例子或是类似于下面的内容。

```
deny  condition = ${if isip4{$sender_host_address}}
      !authenticated = *
```

① require 意味着"如果不匹配就拒绝"（deny）。

```
        !hosts = +my_whitelist_ips
        !dnslists = list.dnswl.org
        domains = +local_domains
        verify = recipient
        message = You are on RBL $dnslist_domain: $dnslist_text
        dnslists = zen.spamhaus.org
        logwrite = Blacklisted sender [$sender_host_address] \
            $dnslist_domain: $dnslist_text
```

翻译成文字的话，意思就是上面的代码指明了如果邮件消息符合以下所有条件，就使用定制的错误信息将其拒绝并记录到日志中（还包括定制信息）：

- 来自 IPv4 地址（有些列表无法正确处理 IPv6 地址）；
- 与已认证的 SMTP 会话无关；
- 发件方不在本地的白名单中；
- 发件方不在全球（Internet）白名单中；
- 发往的是有效的本地收件方；
- 发送主机名列 zen.spamhaus.org 黑名单中。

变量 dnslist_text 和 dnslist_domain 都是通过向 dnslists 赋值来设置的，这会触发黑名单查询。deny 子句可以放置在检查过地址中的异常字符之后。

下面是另一个 ACL 的例子：如果远端没有正确地发出 HELO，则拒绝邮件。

```
acl_check_mail:
  deny    message = 503 Bad command - must send HELO/EHLO first
          condition = ${if !def:sender_helo_name}
  accept
```

Exim 使用 smtp_enforce_sync 选项解决了早期的会话者问题（talker problem）（一种更为具体的“没有正确地发出 HELO”的情况），该选项默认是开启的。

18.9.7 ACL 内容扫描

Exim支持在邮件系统处理邮件消息的若干个时间点上执行强大的内容扫描：ACL时刻（SMTP DATA 命令之后）；通过 transport_filter 选项投递邮件的时刻，或是在完成所有的 ACL 检查之后使用 local_scan 功能。你必须通过设置 EDITME 文件中的 WITH_CONTENT_SCAN 变量（它默认是被注释掉的）将对于内容扫描的支持编译进 Exim。该变量赋予了 ACL 额外的功能和灵活性，而且增加了两个新的配置选项：spamd_address 和 av_scanner。

在 ACL 时间扫描允许在 MTA 与发送主机的会话时直接拒绝邮件消息。消息压根就不会被接受进行投递，所以也不会出现回弹。这种拒收方式不错，避免了把消息回弹到伪造的发送方地址所造成的退信式垃圾邮件（backscatter spam）。

18.9.8 认证器

认证器（authenticator）属于驱动程序，它同 SMTP AUTH 命令的“质询-应答”过程打交道，确定客户端和服务器双方都能接受的认证机制。Exim 支持下列机制：

- AUTH_CRAM_MD5（RFC2195）；
- AUTH_PLAINTEXT，包含 PLAIN 和 LOGIN；
- AUTH_SPA，支持微软的安全密码认证（Secure Password Authentication）。

如果 Exim 是在接收邮件，则是作为 SMTP AUTH 服务器。如果是在发送邮件，则是作为客户端。在认证器实例定义中出现的选项都是以 server_或 client_前缀作为标记，从而根据 Exim 扮演的角色选择不同的配置。

认证器也可以出现在访问控制列表中，就像下面这样。

```
deny    !authenticated = *
```

下面的例子显示了客户端和服务器端的 LOGIN 机制。这个简单的例子采用了固定的用户名和密码，对于小型站点来说，这没什么问题，但对于更大的站点，可能就不合适了。

```
begin authenticators

    my_client_fixed_login:
        driver = plaintext
        public_name = LOGIN
        client_send = : myusername : mypasswd

    my_server_fixed_login:
        driver = plaintext
        public_name = LOGIN
        server_advertise_condition = ${if def:tis_cipher}
        server_prompts = User Name : Password
        server_condition = ${if and {{eq{$auth1}{username}} \
            {eq{$auth2}{mypasswd}}}}
        server_set_id = $auth1
```

认证数据的来源有多种：LDAP、PAM、/etc/passwd 等。上例中的 server_advertise_condition 子句要求在连接上采用 TLS 安全机制（通过 STARTTLS 或 SSL），避免客户端发送明文密码。如果你希望 Exim 在作为客户端系统时也这样做，那就在客户端子句中使用带有 tis_cipher 的 client_condition 选项。

其他可能的认证选项和示例细节参见 Exim 的文档。

18.9.9 路由工具

路由工具负责处理收件方电子邮件地址，或是重新分配地址，或是将其交给传输工具，然后发送。一个路由工具可以拥有多个实例，选项各不相同。

你可以指定一系列路由工具。邮件消息从第一个路由工具开始，逐个经过其余的路由工具，直到消息被接受或拒绝。接受消息的路由工具一般会将消息交给传输工具。路由工具既能处理传入消息，也能处理传出消息。它们有点像编程语言中的子程序。

路由工具可以返回的消息处置方法如表 18.18 所示。

表 18.18 Exim 路由程序状态

状态	含义
accept	路由工具接受该地址并将其交给传输工具
pass	路由工具无法处理该地址，继续进入下一个路由工具
decline	路由工具选择不处理该地址，交给下一个路由工具
fail	该地址无效，路由工具将其加入队列，弹回邮件消息
defer	将邮件消息留在队列中，稍后处理
error	路由工具说明中存在错误，推迟处理邮件消息

如果邮件消息从一系列路由工具中接收到的不是 pass 就是 decline，则说明其无法被路由。Exim 会根据具体情况将这类消息回弹或拒绝。

如果消息符合路由工具的预设条件，而且路由工具也没有以 no_more 语句结尾，那么不管当前路由如何处置该消息，它都不会再被交给其他路由工具。举例来说，如果远程的 SMTP 路由工具的预设条件是 domains = !+local_domains，并且设置了 no_more，那么只有发给本地用户的邮件消息会继续到达序列中的下一个路由工具。

路由工具有很多选项，一些常见的例子有预设条件、接受或失败条件、返回的错误消息以及要使用的传输工具。

接下来的几节将详细介绍名为 accept、dnslookup、manualroute 和 redirect 的路由工具。示例配置片段假定 Exim 在域名为 example.com 的本地机上运行。这些路由工具都非常简单，如果你想使用些更高级的路由工具，请参阅文档。

1. accept 路由工具

accept 路由工具将地址标记为 OK 并将相关联的邮件消息传给传输工具。下面的例子分别是名为 localusers 和 save_to_file 的 accept 路由工具实例，前者用于投递本地邮件，后者用于把邮件追加到归档文件中。

```
localusers:
    driver = accept
    domains = example.com
    check_local_user
    transport = my_local_delivery

save_to_file:
    driver = accept
    domains = dialup.example.com
    transport = batchsmtp_appendfile
```

localusers 路由工具实例检查目标地址的域名部分是否为 example.com，本地部分是否为本地用户的登录名。如果这两个条件的结果都是肯定的，路由工具就将该消息交给在 transports 配置区定义的传输工具实例 my_local_delivery。save_to_file 实例是专为拨号用户设计的，它将消息追加到由 batchsmtp_appendfile 传输工具定义所指定的文件中。

2. dnslookup 路由工具

dnslookup 路由工具通常处理发出的邮件消息。它查找收件方域的 MX 记录，然后将消息交给 SMTP 传输工具进行投递。下面是一个叫作 remoteusers 的实例。

```
remoteusers:
    driver = dnslookup
    domains = !+example.com
    transport = my_remote_delivery
```

上述代码查找收件方的 MX 记录。如果 MX 记录不存在，则尝试 A 记录。该路由工具的一个常见扩展会禁止向某些 IP 地址投递消息，这种地址主要就是 RFC 1918 中指定的无法在 Internet 中路由的私有地址。更多信息参见 ignore_target_hosts 选项。

3. manualroute 路由工具

灵活的 manualroute 路由工具可以让你灵活地将电子邮件路由到任何地方。路由信息可以是一张规则表，匹配收件方的域（route_list）；也可以是单条规则，应用于所有的域（route_data）。

下面的例子是两个 manualroute 实例。第一个例子实现了“智能主机”（smart host）的概念，在这个概念中，所有发出的非本地邮件都被送到中央（智能）主机处理。这个实例叫作 smarthost，应用于所有不在（字符!）local_domains 列表中的收件方域。

```
smarthost:
    driver = manualroute
    domains = !+local_domains
    transport = remote_smtp
    route_data = smarthost.example.com
```

下面的路由工具实例 firewall 使用 SMTP 将传入的邮件消息发送给防火墙内的主机（可能是在完成垃圾邮件和病毒扫描之后）。它在包含本地主机名称的 DBM 数据库中查找每个收件方域的路由数据。

```
firewall:
    driver = manualroute
    transport = remote-smtp
    route_data = ${lookup{$domain} dbm {/internal/host/routes}}
```

4. redirect 路由工具

redirect 路由工具负责地址重写，比如对系统范围的 aliases 文件或用户的~/.forward 文件。它通常并不将重写后的地址交给传输工具，这个任务留给链条中的其他路由工具。

下面的第一个实例 system_aliases 使用线性查找（lsearch）查找/etc/aliases 文件。这种方式对于小型的 aliases 文件没什么问题，但如果你的 aliases 文件很大，那就得换用数据库查找了。第二个实例 user_forward 首先核实邮件是否发往本地用户，然后检查该用户的.forward 文件。

```
system_aliases:
    driver = redirect
    data = ${lookup{$local_part} lsearch {/etc/aliases}}

user_forward:
    driver = redirect
    check_local_user
    file = $home/.forward
    no_verify
```

check_local_user 选项确保收件方是有效的本地用户。no_verify 意思是说不用去核实.forward 文件重新指向的地址是否有效，直接发过去就行了。

5. 用.forward 文件逐个用户过滤

Exim 不仅允许通过.forward 文件转发邮件，还允许根据.forward 文件实现邮件过滤。它不仅支持自己的过滤系统，还支持由 IETF 标准化的 Sieve 过滤。如果用户的.forward 文件的第一行是：

```
#Exim filter
```

或者

```
#Sieve filter
```

那么之后的过滤命令（大概有 15 条）能够决定邮件消息会被投递到何处。过滤功能不投递消息，它只会影响目的地。例如：

```
#Exim filter
if  $header_subject: contains sysadmin
then
    save $home/mail/sysadmin
endif
```

有许多选项可用于控制用户在.forward 文件中可以做什么和不可以做什么。其选项名以 forbid_或 allow_起始。它们的重要性在于能够阻止用户运行 shell、把库加载到二进制程序里或是访问本不该访问的嵌入式 Perl 解释器。在进行升级时，检查一下新的 forbid_*选项，确保用户不会在自己的.forward 文件中搞得太过头。

18.9.10 传输工具

路由工具决定邮件消息的去向，传输工具负责实际的传送。本地传输工具一般会把消息追加到文件、通过管道传给本地程序、使用 LMTP 协议[1]同 IMAP 服务器通信。远程传输工具在 Internet 上使用 SMTP 与其对应方（counterparts）通信。

共有 5 种 Exim 传输工具：appendfile、lmtp、smtp、autoreply、pipe，我们将详细讲解 appendfile 和 smtp。autoreply 传输工具常用于发送度假消息（vacation message），pipe 传输工具通过管道将消息作为命令的输入。和路由工具一样，你必须定义传输工具实例，相同类型的传输工具可以有多个实例。顺序对路由工具很重要，但对传输工具无所谓。

1. appendfile 传输工具

appendfile 传输工具将邮件消息以 mbox、mbx、Maildir 或 mailstore 格式保存在指定的文件或目录中。你必须在编译 Exim 时加入相应的邮箱格式支持，它们在 EDITME 文件中默认都被注释掉了。

下面的例子定义了 my_local_delivery 传输工具（appendfile 传输工具的实例），在 18.9.15 节中的路由工具实例 localusers 的定义中用到了它。

```
my_local_delivery:
    driver = appendfile
    file = /var/mail/$local_part
    delivery_date_add
    envelope_to_add
    return_path_add
    group = mail
    mode = 0660
```

各种*_add 行会给邮件消息加上头部。group 和 mode 子句确保了传输代理能够向文件写入。

2. smtp 传输工具

smtp 传输工具是邮件系统的主力干将。我们在这里定义了两个实例，一个用于标准 SMTP 端口（25），另一个用于邮件提交端口（587）。

```
my_remote_delivery:
    driver = smtp

my_remote_delivery_port587:
    driver = smtp
    port = 587
    headers_add = X-processed-by: MACRO_HEADER port 587
```

第二个实例 my_remote_delivery_port587 指定了端口，另外还指定了向邮件消息添加的头部，其中说明了发件端口。MACRO_HEADER 可以定义在配置文件的其他地方。

18.9.11 重试配置

配置文件中的 retry（重试）配置区必须存在，否则的话，Exim 在首次投递失败之后就再也不会重新尝试了。你可以指定 3 个时间间隔，频率依次降低。最后一个间隔过期之后，该邮件消息就被视为不可投递，回弹给发送方。retry 语句理解表示分、时、天、周的后缀 m、h、d、w。你可以为不同的主机或域指定不同的间隔。

retry 配置区类似于下面这样。

```
begin retry
    *    *    F, 2h, 15m; F, 24h, 1h; F, 4d, 6h
```

这个例子表示“对于任何域，暂时投递失败地址应该在 2 h 内每 15 min 重试一次，在接下来的 24 h 内每小时重试一次，在之后的 4 天内每 6 h 重试一次，到最后按邮件无法投递进行回弹处理。”

① LMTP 指的是“本地邮件传输协议”（Local Mail Transfer Protocol）。——译者注

18.9.12 重写配置

配置文件中的重写配置区以 begin rewrite 起始。它用于修改地址，而不是重新路由邮件消息。例如，你可以把它应用于发出邮件的地址。

- 使邮件看上去像是来自你的域，而不是来自个别主机。
- 将用户名映射为标准格式，例如 First.Last。

不应该把重写用在传入邮件的地址上。

18.9.13 本地扫描功能

如果想要进一步定义 Exim，比如过滤最新、最厉害的病毒，你可以编写一个执行扫描的 C 函数，将其安装在配置文件的 local_scan 配置区。可参阅 Exim 文档，了解具体的细节以及实例。

18.9.14 日志记录

Exim 默认会写入 3 个不同的日志文件：main、reject、panic。每条记录都包含邮件消息的写入时间。你可以在 EDITME 文件中指定日志文件的位置（在构建 Exim 之前），或是在运行期间的配置文件中，通过 log_file_path 选项指定。这些日志文件默认保存在/var/spool/exim/log 目录内。

log_file_path 选项最多能接受两个以冒号分隔的值。每个值必须是 syslog 或含有%s（可以替换成 main、reject、panic）的绝对路径。例如：

```
log_file_path = syslog : /var/log/exim_%s
```

会把日志写入 syslog（设施“mail”）和/var/log 目录下的 exim_main、exim_reject、exim_panic 文件。Exim 将日志记录 main、reject、panic 分别以优先级 info、notice、alert 提交给 syslog。

每一则收到和投递的邮件消息在 main 日志中都对应有一行。可以使用 Perl 脚本 eximstats 对其进行汇总，该脚本包含在 Exim 发行版中。

reject 日志记录了由于策略原因（恶意软件、垃圾邮件等）被拒绝的邮件消息的相关信息。其中包含了来自 main 日志的消息汇总行以及被拒绝消息的原始头部。如果你更改了策略，检查一下 reject 日志，确保一切仍旧正常。

panic 日志用于记录严重的软件错误，exim 在放弃之前会向其中写入记录。如果没出现问题的话，那么是不该有 panic 日志存在的。可以让 cron 帮你进行检查，如果发现有 panic 日志，先修正造成恐慌（panic）的问题，然后删除该日志。如果之后又出现引发恐慌的情况，那么 Exim 会再次创建 panic 日志。

在调试时，你可以通过 log_selector 选项增加被记录数据的数量和类型。例如：

```
log_selector = +smtp_connection +smtp_incomplete_transaction +...
```

能够由 log_selector 加入或排除的日志分类都在 Exim 说明中列出了，位置在接近末尾的“Log files”一节。包括+all 在内，共定义了 35 种分类，你的磁盘可真的会被填满！

exim 还为它处理的邮件消息各自都保留了一份临时日志。日志以消息 ID 为名，保存在/var/spool/exim/msglog。如果某个邮件目的地址上碰到了麻烦，则先查一下这里。

18.9.15 调试

Exim 的调试功能颇为强大。你可以配置各种调试形式下需要查看的信息量。exim -d 告诉 exim 进入调试模式，在这种模式下，exim 停留在前台，和终端不脱离关联。你可以为-d 添加特定的调试类别，在类别前面加上+或-可以增加或消除该类别的信息量。例如，-d+expand+acl 请求采用常规调试输出加上有关字符串扩展和 ACL 解析的额外信息（这两个类别是常出现问题的地方）。可调整的调试信息类别有 30 种以上，完整的列表参见手册页。

一种常见的邮件系统调试技术是在非标准端口上启动 MTA，然后通过 telnet 连接它。例如，要想在端口 26 上以守护进程模式启动 Exim，同时启用调试信息，可以这样做：

```
$ sudo exim -d -oX 26 -bd
```

然后使用 telnet 到端口 26，输入 SMTP 命令，尝试重现所调试的问题。

还有一种方法，你可以让 swaks 帮你完成 SMTP 会话。这是一个 Perl 脚本，能够更快、更简单地完成 SMTP 的调试工作。文档参见 swaks --help，jetmore.org/john/code/swaks 提供了完整的细节信息。

如果日志文件显示有大概 30 s 的超时，则表示是 DNS 的问题。

18.10 Postfix

Postfix 是另一种 sendmail 的流行替代品。Wietse Venema 于 1996 年开始了 Postfix 项目，他当时正在 IBM 的 T. J. Watson 研究中心（T. J. Watson Research Center）度过自己的休假年（sabbatical year），直到今天，他仍然积极投身其中。Postfix 的设计目标不仅包括安全性（头等目标！），还包括开源的分发策略、快速的性能、健壮性和灵活性。所有主要的 Linux 发行版都包括 Postfix，从 10.3 版开始，macOS 也已经自带了 Postfix，不再使用 sendmail 作为其默认邮件系统。

关于 Postfix 最重要的事情就是，首先，它几乎可以开箱即用（最简单的配置文件只有一两行）；其次，它利用正则表达式映射高效地过滤电子邮件，尤其是和 PCRE（Perl-Compatible Regular Expression，兼容 Perl 的正则表达式）库配合使用时。Postfix 与 sendmail 之间的兼容性体现在两者的 aliases 文件和.forward 文件拥有相同的格式和语义。

Postfix 使用 ESMTP 协议。虚拟域和垃圾邮件过滤也都支持。对于地址重写，Postfix 依赖于平面文件、Berkeley DB、DBM、LDAP、NetInfo 或 SQL 数据库的表查找。

18.10.1 Postfix 架构

Postfix 由多个相互协作的小程序组成，这些程序负责发送网络消息、接收消息、在本地投递邮件等。彼此之间通过本地域套接字或 FIFO 进行通信。这种架构与 sendmail 和 Exim 截然不同，后者采用单个大程序完成大多数工作。

master 程序启动并监视所有的 Postfix 进程。它的配置文件 master.cf 列出了所有的辅助程序及其启动方式信息。文件中所设置的默认值能满足大部分需要，一般不需要怎么调校。常做的一种修改是注释掉某个程序，例如，在客户端不应该侦听 SMTP 端口时，就把 smtpd 注释掉。

图 18.2 中展示了在投递电子邮件过程中所涉及的最重要的服务器程序。

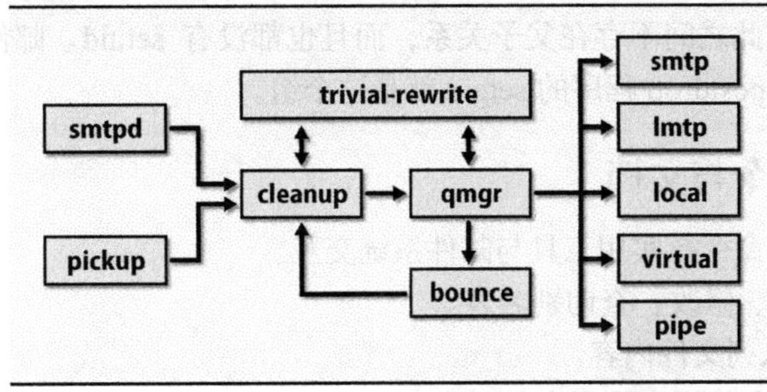

图 18.2 Postfix 的服务器程序

1. 接收邮件

smtpd 通过 SMTP 接收进入系统的邮件。它还要核实发出连接的客户端是否有权发送所尝试投递的邮件。如果通过兼容程序/usr/lib/sendmail 在本地发送邮件，则会在目录/var/spool/postfix/maildrop 下创建一个文件。pickup 程序会定期检查该目录，处理发现的任何新文件。

传入的所有邮件都要经由 cleanup，它根据 cononical 和 virtual 映射，添加缺失的邮件头部，重写邮件地址。在将邮件插入 incoming 队列之前，cleanup 会把其交给 trival-rewrite，由后者对邮件地址进行一些小的修正，例如将邮件域追加到非完全限定地址之后。

2. 管理邮件等待队列

qmgr 管理着 5 个队列，这些队列中都包含以下等待被投递的邮件。

- incoming：已到达的邮件。
- active：被投递的邮件。
- deferred：之前投递失败的邮件。
- hold：被管理员组织发送的邮件。
- corrupt：无法读取或解析的邮件。

队列管理器通常按照简单的 FIFO 策略选择要处理的下一则邮件消息，不过它也支持复杂的抢占式算法，优先处理接收方数量较少的邮件。

为了避免忙坏接收主机，尤其是已关机的那些，Postfix 采用了慢启动算法来控制投递电子邮件的速度。推迟投递的邮件会获得一个按照指数退避（exponentially backs off）的重试时间戳，省得在无法投递的邮件身上浪费资源。不可达的目的地会被放进状态缓存，避免不必要的投递尝试。

3. 发送邮件

trivial-rewrite 协助 qmgr 决定邮件消息的去处。查询表（transport_map）可以覆盖 trivial-rewrite 做出的路由决策。

smtp 程序使用 SMTP 向远程主机投递邮件。lmtp 程序使用的则是 RFC 2033 中定义的本地邮件传输协议（Local Mail Transfer Protocol，LMTP）投递邮件。LMTP 脱胎于 SMTP，但该协议进行了改动，使得邮件服务器不必管理邮件队列。这种邮寄程序对于向邮箱服务器（如 Cyrus IMAP 套件）投递电子邮件特别管用。

local 程序的工作是在本地投递电子邮件。它解析 aliases 表中的地址，按照收件方.forward 文件中的指示处理邮件。邮件消息可以被转发到其他地址、传给外部程序处理或是保存在用户的邮件目录中。

virtual 程序会将邮件投递到“虚拟邮箱”，这种邮箱与本地 UNIX 账户无关，但仍可以代表有效的邮件目的地。最后，pipe 通过外部程序投递邮件。

18.10.2 安全性

Postfix 在多个层面上实现了安全性。大多数 Postfix 服务器程序都能够运行在 chroot 环境。它们都是独立的程序，彼此之间不存在父子关系，而且也都没有 setuid。邮件放置目录的组写入权限由 postdrop 组拥有，postdrop 程序的 setgid 就是这个组。

18.10.3 Postfix 命令与文档

用户可以通过几个命令行实用工具与邮件系统交互。

- postalias：构建、修改、查询别名表。
- postcat：打印队列文件内容。
- postconf：显示和编辑主配置文件 main.cf。

- postfix：启动和停止邮件系统（必须以 root 身份运行）。
- postmap：构建、修改、查询查找表（queries lookup table）。
- postsuper：管理邮件队列。
- sendmail、mailq、newaliases：都是与 sendmail 兼容的替代品。

Postfix 发行版包含一组描述所有程序及其选项的手册页。Postfix 的在线文档介绍了如何配置和管理 Postfix 的方方面面。这些文档也包含在 Postfix 发行版的 README_FILES 目录下。

18.10.4 Postfix 配置

main.cf 文件是 Postfix 主要的配置文件。该文件负责配置服务器程序。它还定义了 main.cf 中引用到的各种查找表，提供了不同类型的服务映射。

手册页 postconf(5)描述了 main.cf 文件中可以设置的所有参数。另外还有一个程序也叫 postconf，所以如果你只输入 man postconf 的话，你看到的是这个程序的手册页，而不是 postconf(5)。使用 man -s 5 postconf 才能得到正确的内容。

Postfix 配置语言看起来有点像是由一系列 sh 注释和赋值语句组成的。在定义变量时，可以使用前缀$引用其他变量。变量定义按照原样保存在配置文件中，直到使用时才扩展，替换操作也是在这个时候发生的。

你可以通过给变量赋值的方式创建新的变量。挑选变量名时要小心，不要和已有的配置变量名冲突。

包括查找表在内的所有 Postfix 配置文件都将以空白字符起始的行视为延续行（continuation lines）。这种约定实现了具备良好可读性的配置文件，但新行必须从第一列开始。

1. main.cf 的内容

可以在 main.cf 文件中指定的参数超过了 500 个。不过对于普通站点来说，需要设置的只是其中的少数。Postfix 的作者强烈建议只在配置文件中包含采用非默认值的那些参数。这样的话，如果参数的默认值以后发生了改变，你的配置会自动采用新的值。

发行版中自带的 main.cf 样例文件包含了大量被注释过的参数，另外还带有一些简短的文档。这个原始版本最好留下来作为参考。用一个空文件开始你自己的配置，这样你所做的设置就不会被淹没在注释的汪洋大海中了。

2. 基本设置

一个空文件就可以作为最简单的 Postfix 配置。让人惊讶的是，这是一种非常合理的设置。结果就是邮件服务器会往本地（也就是与本地主机名相同的域内）投递邮件，将指向任何非本地地址的邮件直接发送到适合的远程服务器。

3. 空客户端

另一种简单的配置就是“空客户端”（null client），也就是说，这种系统并不向本地投递邮件，而是将对外邮件转发给一个专门的中央服务器。要实现这种配置，需要定义多个参数，先从 mydomain 开始，它定义了主机名的域名部分；然后是 myorigin，它定义了要给非限定邮件地址（unqualified email addresses）追加的邮件域。如果这两个参数相同，则你可以写成下面这样。

```
mydomain = cs.colorado.edu
myorigin = $mydomain
```

另一个要设定的参数是 mydestination，它指定了本地的邮件域。如果邮件消息的收件方地址使用的邮件域和 mydestination 一样，那么该消息会通过 local 程序提交到对应的用户（假设没有找到相关的别名或.forward 文件）。如果 mydestination 中包含了不止一个邮件域，这些域都会被视为同一个域的别名。

如果希望空客户端不向本地投递邮件，可以将这个参数留空。

```
mydestination =
```

最后，relayhost 参数告诉 Postfix 将所有的非本地邮件消息发送到指定的主机，而不是直接发送到字面上的目的地。

```
relayhost = [mail.cs.colorado.edu]
```

中括号告诉Postfix将其中指定的字符串视为主机名(DNS A记录),而不是邮件域名(DNS MX记录)。

因为空客户端不应该接收其他系统的邮件，所以空客户端配置的最后一件事就是注释掉master.cf 文件中 smtpd 那行。这就可以完全阻止 Postfix 运行 smtpd。只用这么几行，你就得到了一个功能完善的空客户端。

对于"真正的"邮件服务器，你还需要一些配置选项和映射表。我们会在随后几节中讲到。

4. 使用 postconf

postconf 是一个方便的 Postfix 配置辅助工具。运行时如果不指定参数，它会打印出当前已配置的所有参数。如果你在命令行中给出特定的参数，postconf 会打印出该参数的值。-d 选项可以让 postconf 打印出配置的默认值，而不是当前值。例如：

```
$ postconf mydestination
mydestination =
$ postconf -d mydestination
mydestination = $myhostname, localhost.$mydomain, localhost
```

另一个有用的选项是-n，它告诉 postconf 只打印出和默认值不同的参数。如果你在 Postfix 邮件列表中求助，应该在电子邮件中加上该选项输出的配置信息。

5. 查找表

Postfix 行为的很多方面都是通过查找表形成的，查找表可以将键映射到值，或是实现简单的列表。例如，alias_maps 表的默认设置为：

```
alias_maps = dbm:/etc/mail/aliases
```

数据源由 type:path 这样的记法指定。多个值之间可以用逗号、空格或者两者混用来分隔。表 18.19 列出了可用的数据源。postconf -m 也可以给出这一信息。

表 18.19 Postfix 查找表的信息源

类型	描述
dbm/sdbm	传统的 dbm 或 gdbm 数据库文件
cidr	CIDR 形式的网络地址
hash/btree	Berkeley DB 散列表或 B 树文件（代替 dbm）
ldap	LDAP 目录服务
msyql MySQ	数据库
pcre	兼容 Perl 的正则表达式
pgsql	PostgreSQL 数据库
proxy	通过 proxymap 访问，例如，逃脱 chroot 环境
regexp	POSIX 正则表达式
static	无论键如何，都返回 path 指定的值
unix	/etc/passwd 和/etc/group 文件[a]

注：a. unix:passwd.byname 是 passwd 文件，unix:group.byname 是 group 文件。

dbm 和 sdbm 类型只是为了与传统的 sendmail 别名表兼容。Berkeley DB（hash）是一种更为现代的实现，更安全，也更快速。如果兼容性不是问题，那么可以这样：

```
alias_database = hash:/etc/mail/aliases
alias_maps = hash:/etc/mail/aliases
```

alias_database 指定了由 newaliases 重建的表，应该对应于在 alias_maps 中指定的表。之所以把这两个参数分开，是因为 alias_maps 可能包含压根就用不着重建的非 DB 源，比如 mysql。

所有 DB 类的表（dbm、sdbm、hash、btree）都会将文本文件编译为可有效搜索的二进制格式。在注释和续行方面，这些文本文件的语法和配置文件类似。条目采用由空白字符分隔的“键/值”对，不过别名表是个例外，为了保持与 sendmail 的兼容性，该表在键之后使用的是冒号。例如，下列行在别名表中是没有问题的。

```
postmaster: david, tobias
webmaster: evi
```

来看另外一个例子，下面是一个访问表，用于中继那些以 cs.colorado.edu 作为主机名结尾的客户端发来的邮件。

```
.cs.colorado.edu     OK
```

要将文本文件编译成相应的二进制格式，对于普通表，使用 postmap 命令；对于别名表，使用 postalias 命令。表的说明信息（包括其类型）必须作为第一个参数给出。例如：

```
$ sudo postmap hash:/etc/postfix/access
```

postmap 也能够查询查找表中的值（没有匹配 = 没有输出）。

```
$ postmap -q blabla hash:/etc/postfix/access
$ postmap -q .cs.colorado.edu hash:/etc/postfix/access
OK
```

6. 本地投递

local 程序向本地收件方投递邮件，另外还处理本地别名。举例来说，如果 mydestination 设置为 cs.colorado.edu，收到发给 evi@cs.colorado.edu 的电子邮件，local 会先查询 alias_maps 表，然后以递归的形式替换所有匹配的条目。

如果没有能匹配的别名，local 会在用户 evi 的主目录中查找.forward 文件，如果该文件存在，就按照文件中的指示处理。（语法和别名映射的右侧一样。）最后，如果.forward 文件不存在，邮件会被投递给 evi 的本地邮箱。

在默认情况下，local 会在/var/mail 目录下创建标准的 mbox 格式的文件。你可以使用表 18.20 中的参数改变这种行为。

表 18.20　本地邮箱投递参数（在 main.cf 中设置）

参数	描述
home_mailbox	将邮件投递到指定的相对路径下的~user
mail_spool_directory	将邮件投递到面向所有用户提供服务的中央目录
mailbox_command	使用外部程序投递邮件，通常是 procmail
mailbox_transport	通过 master.cf 中定义的服务投递邮件 [a]
recipient_delimiter	允许使用扩展形式的用户名（参见下文）

注：a. 该选项与邮件服务器（例如 Cyrus 的 imapd）交互。

mail_spool_directory 和 home_mailbox 选项通常生成 mbox 格式的邮箱，不过 Maildir 格式也

没问题，这只需要在路径名结尾加上一个斜线就行了。

如果 recipient_delimiter 被设为+，则接收发给 evi+whatever@cs.colorado.edu 的邮件，投递到 evi 账户。有了这种功能，用户就能创建专用地址，按照目标地址分类邮件。Postfix 首先会尝试查找完整地址，只有在查找失败时才会去掉扩展的部分，退而使用基本地址。Postfix 还会查找相应的转发文件.forward+whatever，进行进一步的别名处理。

18.10.5 虚拟域

要在 Postfix 邮件服务器上托管邮件域，有 3 种选择。

在 mydestination 中列出域名。如上所述执行传递：扩展别名并将邮件传递到相应的账户。

- 在 mydestination 中列出该域。按照上面介绍过的方法投递：扩展别名，将邮件投递到相应的账户。
- 在 virtual_alias_domains 参数中列出该域。这个选项赋予了域自己的寻址空间，独立于系统的用户账户。该域中所有的地址都必须能够解析到（通过映射）之外的真实地址。
- 在 virtual_mailbox_domains 参数中列出该域。和 virtual_alias_domains 一样，域拥有自己的名称空间。所有的邮箱必须位于指定目录之下。

域只能出现在这 3 个地方中的其中一处。谨慎选择，因为很多配置元素都依赖于此。我们已经看过了 mydestination 的处理方式。接着来讨论其他选项。

1. 虚拟别名域

如果一个域被作为 virtual_alias_domains 参数的值列出，Postfix 会接收发往该域的邮件，而且必须将其转发到本地机器或别处的实际收件方。

虚拟域中地址的转发必须在 virtual_alias_maps 参数所包含的查找表中定义。表中条目的左侧是虚拟域中的地址，右侧是实际的目标地址。如果非限定名称出现在右侧，则将其解释为本地用户名。

下面的例子取自 main.cf，考虑一下：

```
myorigin = cs.colorado.edu
mydestination = cs.colorado.edu
virtual_alias_domains = admin.com
virtual_alias_maps = hash:/etc/mail/admin.com/virtual
```

在/etc/mail/admin.com/virtual 中，我们会有以下几行。

```
postmaster@admin.com    evi, david@admin.com
david@admin.com         david@schweikert.ch
evi@admin.com           evi
```

发给 evi@admin.com 的邮件会被重定向到 evi@cs.colorado.edu（追加了 myorigin），最终被投递到用户 evi 的邮箱，这是因为 mydestination 中包含了 cs.colorado.com。

允许采用递归定义：右侧的地址可以进一步在左侧定义。注意，右侧只能是地址列表。要想执行外部程序或使用:include:文件，可将邮件重定向到别名，然后根据需要扩展这个别名。

为了把所有的内容放在一个文件里，将 virtual_alias_domains 设置为和 virtual_alias_maps 一样的查找表，然后在表中加入一个特殊的条目，将其标记为虚拟别名域。在 main.cf 中：

```
virtual_alias_domains = $virtual_alias_maps
virtual_alias_maps = hash:/etc/mail/admin.com/virtual
```

在/etc/mail/admin.com/virtual 中：

```
admin.com               notused
postmaster@admin.com    evi, david@admin.com
...
```

邮件域（admin.com）条目的右侧从未实际使用过，admin.com 作为独立条目存在于表中足以使 Postfix 将其视为虚拟别名域。

2. 虚拟邮箱域

virtual_mailbox_domains 中列出的域类似于本地域，但是用户列表及其对应的邮箱必须独立于系统用户账户管理。

virtual_mailbox_maps 参数所指向的表中列出了该域所有的有效用户。映射格式为：

```
user@domain        /path/to/mailbox
```

如果路径以斜线结尾，则邮箱以 Maildir 格式保存。virtual_mailbox_base 的值总是作为指定路径的前缀。

你往往想要给虚拟邮箱域中的一些地址起个别名。virtual_alias_map 可以帮你实现。下面来看一个完整的例子。在 main.cf 中：

```
virtual_mailbox_domains = admin.com
virtual_mailbox_base = /var/mail/virtual
virtual_mailbox_maps = hash:/etc/mail/admin.com/vmailboxes
virtual_alias_maps = hash:/etc/mail/admin.com/valiases
```

/etc/mail/admin.com/vmailboxes 可能包含类似于下面的条目。

```
evi@admin.com              nemeth/evi/
```

/etc/mail/admin.com/valiases 可能包含：

```
postmaster@admin.com       evi@admin.com
```

即便是不在虚拟别名域中的地址，你也可以对其使用虚拟别名映射。虚拟别名映射能够重定向任何域的地址，不管是什么类型的域（规范域、虚拟别名或者虚拟邮箱）。因为邮箱路径只能放在虚拟邮箱映射的右侧，所有这种机制是在域中设置别名的唯一途径。

18.10.6 访问控制

邮件服务器应该仅代表可信的客户端中继第三方邮件。如果邮件服务器将未知客户的邮件转发到其他服务器，那就是所谓的开放中继，这可不是什么好事。详情参见 18.8.13 节。

幸运的是，在默认情况下，Postfix 不会充当开放中继。事实上，它的默认行为相当严格，你更有可能需要是放松权限而不是收紧权限。SMTP 事务的访问控制在 Postfix 中是通过“访问限制列表”（access restriction list）配置的。表 18.21 中显示的参数控制着在 SMTP 会话的不同阶段应检查的内容。

表 18.21 限制 SMTP 访问的 Postfix 参数

参数	应用时机
smtpd_client_restrictions	请求连接阶段
smtpd_data_restrictions	DATA 命令阶段（邮件主体）
smtpd_etrn_restrictions	ETRN 命令阶段[a]
smtpd_helo_restrictions	HELO/EHLO 命令阶段（发起会话）
smtpd_recipient_restrictions	RCPT TO 命令阶段（收件方说明）
smtpd_relay_restrictions	尝试中继到第三方域阶段
smtpd_sender_restrictions	MAIL FROM 命令阶段（发送方说明）

注：a. 用于重新发送队列中邮件消息的特殊命令。

最重要的参数是 smtpd_recipient_restrictions。这是因为在收件方地址已知，并且能够判断出是否为本地的情况下，访问控制最容易实施。表 18.21 中的所有其他参数在默认配置中都是空的。smtpd_recipient_restriction 的默认值是：

```
smtpd_recipient_restrictions = permit_mynetworks,
    reject_unauth_destination
```

所指定的每一项限制都会依次测试，直到找出关于如何处置邮件的明确决定。表 18.22 给出了常见的限制。

表 18.22 常见的 Postfix 访问限制

限制	功能
check_client_access	通过查找表检查客户机地址
check_recipient_access	通过查找表检查收件方邮件地址
permit_mynetworks	对 mynetworks 中列出的地址授予访问权
reject_unauth_destination	拒绝非本地收件方的邮件；不进行中继

可以针对这些限制测试所有的内容，不仅仅局限于像 smtpd_sender_restrictions 中发件人地址这样的特定信息。因此，简单起见，你可能希望将所有限制都放在单个参数之下。那么这个参数就只能是 smtpd_recipient_restrictions，因为它是唯一可以测试所有内容的参数（DATA 部分除外）。

smtpd_recipient_restrictions 和 smtpd_relay_restrictions 是测试邮件中继的地方。reject_unauth_destination 限制应该保留，谨慎选择在其之前的“permit”（允许）限制。

1. 访问表

每项限制都会返回表 18.23 所示的操作之一。访问表用于 check_client_access 和 check_recipient_access 这样的限制中，分别根据客户机地址或收件方地址选择操作。

表 18.23 访问表的操作

操作	含义
4nn text	返回临时错误代码 4nn 以及消息 text
5nn text	返回永久错误代码 5nn 以及消息 text
DEFER_IF_PERMIT	如果限制的结果是 PERMIT，那么将其修改为临时错误
DEFER_IF_REJECT	如果限制的结果是 REJECT，那么将其修改为临时错误
DISCARD	接收邮件，但悄悄地丢弃掉
DUNNO	装作没有找到键，测试更多的限制
FILTER transport:dest	让邮件通过过滤器 transport:dest
HOLD	阻止队列中的邮件
OK	接收邮件
PREPEND header	为邮件消息添加头部
REDIRECT addr	将邮件转发到指定的地址
REJECT	拒绝邮件
WARN message	在日志中记录下指定的警告消息 message

例如，假设你想为 cs.colorado.edu 域中的所有机器提供中继，并且只允许受信客户向内部邮件列表 newsletter@cs.colorado.edu 发布信息。你可以使用 main.cf 中的以下行实现这些策略。

```
smtpd_recipient_restrictions =
    permit_mynetworks
    check_client_access hash:/etc/postfix/relaying_access
    reject_unauth_destination
    check_recipient_access hash:/etc/postfix/restricted_recipients
```

注意，指定参数的值列表时，逗号是可选的。

在/etc/postfix/relaying_access 中：

```
.cs.colorado.edu              OK
```

在/etc/postfix/restricted_recipients 中：

```
newsletter@cs.colorado.edu    REJECT Internal list
```

REJECT 之后的文本是一个可选的字符串，会连同错误代码一并发给客户端。它告诉发送方邮件被拒绝的原因。

2. 客户认证与加密

对于从家中发送邮件的用户，最容易的做法就是通过家庭 ISP 的邮件服务器送出，不管发件人地址是否出现在邮件中。大多数 ISP 都信任他们的直接客户并允许中继。如果这种配置不可行，或者你使用的是像 Sender ID 或 SPF 这样的系统，那么要确保网络之外的移动用户能够通过认证，向你的 smtpd 提交邮件消息。

这个问题的解决方法是使用 SMTP AUTH 机制直接在 SMTP 层面认证。要想用这种法子，Postfix 必须在编译时加入 SASL 库的支持。然后就可以像下面这样配置该特性。

```
smtpd_sasl_auth_enable = yes
smtpd_recipient_restrictions =
    permit_mynetworks
    permit_sasl_authenticated
    ...
```

你还需要支持加密连接，以避免发送明文密码。在 main.cf 中加入下列几行。

```
smtpd_tls_security_level = may
smtpd_tls_auth_only = yes
smtpd_tls_loglevel = 1
smtpd_tls_received_header = yes
smtpd_tls_cert_file = /etc/certs/smtp.pem
smtpd_tls_key_file = $smtpd_tls_cert_file
smtpd_tls_protocols = !SSLv2
```

/etc/certs/smtp.pem 中要放入正确的签名证书。在向外的 SMTP 连接上启用加密也是个不错的主意。

```
smtp_tls_security_level = may
smtp_tls_loglevel = 1
```

18.10.7 调试

遇到 Postfix 问题时，先检查日志文件。问题的答案很可能就在那里，无非就是把它从中找出来。每个 Postfix 程序通常都会为其处理的每则邮件消息生成一条日志记录。例如，向外发出的邮件消息记录可能类似于下面这样。

```
Aug 18 22:41:33 nova postfix/pickup: 0E4A93688: uid=506
    from=<dws@ee.ethz.ch>
Aug 18 22:41:33 nova postfix/cleanup: 0E4A93688:
    message-id= <20040818204132.GA11444@ee.ethz.ch>
Aug 18 22:41:33 nova postfix/qmgr: 0E4A93688:
```

```
    from=<dws@ee.ethz.ch>, size=577,nrcpt=1 (queue active)
Aug 18 22:41:33 nova postfix/smtp: 0E4A93688:
    to=<evi@ee.ethz.ch>,relay=tardis.ee.ethz.ch[129.132.2.217],
    delay=0, status=sent (250 Ok: queued as 154D4D930B)
Aug 18 22:41:33 nova postfix/qmgr: 0E4A93688: removed
```

如你所见，值得注意的信息散布在多行中。注意，每一行都出现了标识符 0E4A93688：只要邮件消息进入了邮件系统，Postfix 就会为其分配一个绝不会改变的队列 ID。所以，在搜索邮件消息的历史记录时，首先要把注意力放在确定消息的队列 ID。只要知道了这个 ID，接下来使用 grep 找出所有相关的日志记录就很简单了。

Postfix 擅长于记录下它所注意到的问题的有用信息。但是，有时候很难在成千上万条正常的状态消息中定位到那些重要的行。这就可以考虑在 10.6 节讨论过的一些工具了。

1. 查看队列

另一个查找问题的地方是邮件队列。和在 sendmail 系统中一样，mailq 命令能够打印出队列的内容。你可以使用该命令查看邮件消息是不是被卡住了，原因是什么。

另一个有用的工具是 Postfix 近期版本自带的 qshape 脚本。它可以显示出队列内容的汇总信息。其输出如下。

```
$ sudo qshape deferred
                    T   5  10  20  40  80  160  320  640  1280  1280+
         TOTAL     78   0   0   0   7   3    3    2   12     2     49
      expn.com     34   0   0   0   0   0    0    0    9     0     25
   chinabank.ph     5   0   0   0   1   1    1    2    0     0      0
prob-helper.biz     3   0   0   0   0   0    0    0    0     0      3
```

qshape 汇总指定的队列（这里是 deferred 队列），按照收件方的域排序。各列报告相关邮件消息在队列中等待的时间。例如，你可以看到有 25 则发往 expn.com 的邮件消息在队列中已经待了超过 1 280 min 了。本例中所有的目的地都暗示出这些消息都是用户的休假应答脚本对垃圾邮件的回应。

qshape 的-s 选项也能够按照发件人的域进行汇总。

2. 软回弹

如果 soft_bounce 被设为 yes，在 Postfix 通常会发送永久性错误消息时，如“user unknown”或者“relaying denied”，则发送临时错误消息。这是一种挺不错的测试特性。它允许你在修改配置之后监视邮件消息的处置情况，无须冒着合法邮件一去不返的风险。你拒绝的一切最终回过头来都可以再重试一遍。别忘了在完成测试后关闭该特性，否则你将不得不一次又一次地处理被拒绝的每则邮件消息。

第 19 章　Web 托管

UNIX 和 Linux 是 Web 应用程序的主要服务平台。w3techs.com 的统计数据表明，排名前 100 万的网站中有 67%是由 Linux 或 FreeBSD 提供服务。在操作系统层面之上，开源的 Web 服务器软件统治了 80%以上的市场份额。

就规模而言，Web 应用程序不会只在单个系统上运行。相反，通过网状系统分布的软件组件合集相互协作，尽可能快速、灵活地答复请求。该体系的每部分都必须能够适应服务器故障、负载峰值、网络分区（network partition）以及针对性攻击。

云基础架构有助于满足这些需求。对于容量需求的快速供应能力很好地适应了网络上突然出现的，有时甚至是猝不及防的用户量高峰。此外，云供应商的附加服务包括各种便捷的解决方案，可满足常见的需求，极大地简化了 Web 系统的设计、部署和运维。

19.1　HTTP：超文本传输协议①

HTTP 是 Web 通信的核心网络协议。在看似简单的无状态请求和响应的外表之下，潜藏的是精雕细琢的设计，这些设计在提供灵活性的同时也带来了复杂性。全面了解 HTTP 可谓是所有系统管理员的核心竞争力。

就其最简单的形式而言，HTTP 是一个客户端/服务器、请求/响应协议。客户端（也称作用户

---

① 在目前的中文翻译实践中，“超文本传输协议”（Hypertext Transfer Protocol，HTTP），“传输控制协议”（Transmission Control Protocol，TCP），“传输层”（transport layer）中的“transfer”“transmission”“transport”普遍都被翻译成“传输”（谢希仁编著的《计算机网络》一书中将“transport layer”翻译为“运输层”）。关于这种译法是否准确，曾有过一些争论，本书仍旧选择采用最常见的译法。——译者注

代理）向 HTTP 服务器提交资源请求。服务器接收并处理传入的请求，处理方式包括从本地磁盘中检索文件、将请求重新提交给其他服务器、查询数据库或是执行其他可能的计算。一次典型的 Web 页面浏览需要数十或几百个这样的交互。

和大多数 Internet 协议一样，HTTP 自身也在随着时间发生着变化，尽管速度慢了些。协议对于现代 Internet 所占有的中心地位使得更新成了一种高风险的主张。官方修订是一场蹒跚之旅，其中充斥着委员会会议、邮件列表谈判、公共审查期以及不同利益方的各种手段。在以 RFC 形式记录的官方修订版之间的漫长空白期，各种非官方协议扩展的出现从不得已而为之，逐渐变得无处不在，最终被作为特性纳入下一个规范之中。

HTTP 1.0 版和 1.1 版都是以纯文本形式在网络上发送。爱冒险的管理员能够通过 telnet 或 netcat 直接同服务器交互。他们也可以使用通用的抓包工具（如 tcpdump）观察和收集 HTTP 的交互信息。

Web 正在接纳 HTTP/2，这是 HTTP 的一个重要修订版，它在保留前向兼容性的同时引入了各种性能改进。为了推进下一代 Web 普遍采用 HTTPS（安全、加密的 HTTP）主流浏览器，如 firefox 和 Chrome，已经选择在 TLS 加密的连接仅支持 HTTP/2。

为了简化解析并提高网络效率，HTTP/2 从纯文本格式变为了二进制格式。HTTP 的语义仍旧保持不变，但由于所传输的数据不再是人类能够直接读懂的，因此 telnet 这样的通用工具也就没用了。命令行实用工具 h2i 是 Go 语言联网仓库的一部分，用起来很方便，可以帮助恢复 HTTP/2 连接的部分交互性和可调试性。许多专门的 HTTP 工具（如 curl）也提供了 HTTP/2 的原生支持。

19.1.1 统一资源定位符（URL）

统一资源定位符（Uniform Resource Locators，URL）是一种标识符，能够指定资源的访问方式和位置。URL 并不仅限于 HTTP，也可以用于其他协议。例如，移动操作系统就使用 URL 来促进 APP 之间的通信。

有时你可能会看到缩写词 URI（Uniform Resource Identifier，统一资源标识符）和 URN（Uniform Resource Name，统一资源名称）。URL、URI 和 URN 之间的确切区别和分类关系模糊不清，而且也并不重要。本书中坚持使用“URL”。

URL 的一般模式是 scheme:address，其中，scheme（方案）标识出了协议或被作为访问目标的系统，address 是在该方案中具备某种意义的字符串。例如，URL mailto:ulsah@admin.com 封装的是一个电子邮件地址。如果作为 Web 页面上的链接目标被点击，大多数浏览器会启动一个已填好地址的邮件发送窗口。

与 Web 相关的方案是 http 和 https。在平时，你可能还会看到其他一些方案，比如 ws（WebSockets）、wss（WebSockets over TLS）、ftp、ldap。

Web URL 的地址部分包含了大量的内部结构。其完整的模式如下。

```
scheme://[username:password@]hostname[:port][/path][?query][#anchor]
```

除了 scheme 和 hostname 之外，所有的元素都是可选的。

在 URL 中使用 username 和 password 会启用“HTTP 基本认证”（HTTP basic authentication），大多数用户代理和服务器对此提供了支持。一般而言，把密码放进 URL 中可不是什么好主意，因为 URL 可以被记入日志、分享、收藏、通过 ps 命令的输出查看等。除了 URL，用户代理也能从其他来源获得其凭证，而且这通常也是更好的选择。不要在 Web 浏览器中保留凭证，让浏览器单独提醒你输入。

HTTP 基本认证本身并不安全，也就是说，只要有人在侦听该事务，就能够获得密码。所以，基本认证应该仅用于安全的 HTTPS 连接。

hostname 既可以是域名或者 IP 地址，也可以是实际的主机名。port 是所连接的 TCP 端口号。http 和 https 方案默认分别使用端口 80 和 443。

query（查询）部分可以包含多个以&符号分隔的参数。每个参数形如 key=value。例如，Adobe InDesign 用户也许会发现下面的 URL 非常熟悉

http://adobe.com/search/index.cfm?term=indesign+crash&loc=en_us

和密码一样，因为 URL 经常是以明文的形式被记录在日志中，所以敏感数据绝不应该作为 URL 查询参数出现。替代方案是将参数作为请求主体的一部分传输。（别人的 Web 软件如何处理这一点，你着实无能为力，但你可以确保自己的站点采用正确的处理方法。）

anchor（锚点）部分标识了特定 URL 的子目标（subtarget）。例如，Wikipedia（维基百科）就广泛地采用命名锚点作为小节的标题，允许直接连接到文章的特定部分。

19.1.2 HTTP 事务结构

HTTP 请求和响应在结构上类似。在初始行之后，接着是一系列头部，然后是一个空行，最后是称为有效载荷（payload）的消息主体。

1. HTTP 请求

HTTP 请求的首行指定了服务器要执行的操作。它包括请求方法（也叫作动词）、执行操作的路径以及所使用的 HTTP 版本号。例如，检索顶层 HTML 页面的请求类似于下面这样。

```
GET /index.html HTTP/1.1
```

表 19.1 展示了常见的 HTTP 请求方法。被标记为“安全”（safe）的动词（verb）不应该更改服务器的状态。但这更多只是一种约定，并非强制性要求。最终还是由处理请求的软件决定如何解释动词。

表 19.1 HTTP 请求方法

动词	是否安全	目的
GET	是	检索指定资源
HEAD	是	类似于 GET，但是不请求有效载荷，只检索元数据
DELETE	否	删除指定资源
POST	否	将所请求的数据应用于指定的资源
PUT	否	和 POST 类似，但是意味着替代现有的内容
OPTIONS	是	显示针对特定的路径，服务器支持哪些请求方法

GET 是目前最常用的 HTTP 动词，然后就是 POST。[①]REST API（在 19.2.6 节中介绍）更可能使用像 PUT 和 DELETE 这样比较少见的动词。

2. HTTP 响应

HTTP 响应的初始行称为状态行，指明了 HTTP 请求的处理结果。其形式类似于下面这样。

```
HTTP/1.1 200 OK
```

① POST 和 PUT 之间的微妙差别更多只是 Web API 开发人员才关心的。PUT 应该是幂等的（idempotent），意思就是 PUT 可以重复执行，不会引发任何不良影响。例如，会造成服务器发送邮件的事务不应该描述成 PUT。HTTP 的缓存规则在 PUT 和 POST 之间也大不相同。详见 RFC 2616。

重要的部分是 3 位数的状态码。之后的短语是可以帮助理解的英文翻译，软件通常会将其忽略。

代码中的第一个数字决定了类别，也就是处理结果的一般性质。表 19.2 展示了 5 种已定义的类别。在某个类别中，额外的细节信息是由余下的两个数字提供的。共有超过 60 种状态码，但常见的也就是那么几种。

表 19.2　HTTP 响应类别

代码	一般含义	例子
1xx	请求已接收到；继续处理	101 Switching Protocols
2xx	成功	200 OK 201 Created
3xx	需要进一步的操作	301 Moved Permanently 302 Found[a]
4xx	请求未能满足	403 Forbidden 404 Not Found
5xx	服务器或环境故障	503 Service Unavailable

注：a. 多用于（根据规范，这种做法并不妥当）临时重定向。

3. 头部与消息主体

头部指定了和请求或响应相关的元数据，比如，是否允许压缩；接受、期望或提供什么类型的数据；中间缓存应该如何处理数据。对于 HTTP 请求而言，唯一要求的头部就是 Host，Web 服务器软件使用该头部确定正在联系的站点。

表 19.3 展示了一些常见的头部。

表 19.3　常见的 HTTP 头部

头部名称：样例值	方向[a]	内容
Host: www.admin.com	→	所请求的域名和端口
Content-Type: application/json	⟷	需要或所包含的数据格式
Authorization: Basic QWx...FtZ==	→	HTTP 基本认证凭证
Last-Modified: Wed, Sep 7 2016...	←	对象已知的最后一次修改日期
Cookie: flavor=oatmeal	→	从用户代理处返回的 cookie
Content-Length: 423	⟷	主体长度（字节数）
Set-Cookie: flavor=oatmeal	←	用户代理所保存的 cookie
User-Agent: curl/7.37.1	→	提交请求的用户代理
Server: nginx/1.6.2	←	相应请求的服务器软件
Upgrade: HTTP/2.0	⟷	请求更改到其他协议
Expires: Sat, 15 Oct 2016 14:02:...	←	响应可以被缓存的时长
Cache-Control: max-age=7200	⟷	类似于 Expires，但允许更多的控制

注：a. 方向：→ 仅限于请求，← 仅限于响应，⟷ 请求和响应皆可。

表 19.3 绝不是权威的清单。实际上，HTTP 事务双方都可以包括它们希望的任何头部。双方都必须忽略自己不理解的头部。①

① 依照惯例，自定义和实验性头部最初以“X-”作为前缀。但是有些 X-头部（例如 X-Forwarded-For）已经成为了事实标准，现在再删除前缀是不可行的，因为会破坏兼容性。RFC 6648 现在不推荐使用 X-。

头部和消息主体之间相隔一个空行。HTTP 请求的消息主体可以包含参数（对于 POST 或 PUT 请求）或是要上传的文件内容。HTTP 响应的消息主体是所请求资源的有效载荷（例如，HTML，图像数据或是查询结果）。消息主体未必是人类可读的，因为其中可以包含图像或其他二进制数据。消息主体也可为空，对于 GET 请求或大部分错误响应便是如此。

19.1.3 curl：命令行上的 HTTP

curl（cURL）是一个方便的命令行 HTTP 客户端，可用于大多数平台。[①]在这里，我们利用 curl 来探究 HTTP 的交互过程。

下面调用了 curl，在 TCP 端口 80 上请求网站 admin 的根目录，请求默认是未加密的（非 HTTPS）。响应的有效载荷和 curl 自身的一些提示性信息可以通过-o /dev/null 和-s 选项隐藏。另外我们还加入了-v 选项，要求 curl 显示包括头部在内的详细输出。

```
$ curl -s -v -o /dev/null http://admin.com
* Rebuilt URL to: http://admin.com/
* Hostname was NOT found in DNS cache
*   Trying 54.84.253.153...
* Connected to admin.com (54.84.253.153) port 80 (#0)
> GET / HTTP/1.1
> User-Agent: curl/7.37.1
> Host: admin.com
> Accept: */*
>
< HTTP/1.1 200 OK
< Date: Mon, 27 Apr 2015 18:17:08 GMT
* Server Apache/2.4.7 (Ubuntu) is not blacklisted
< Server: Apache/2.4.7 (Ubuntu)
< Last-Modified: Sat, 02 Feb 2013 03:08:20 GMT
< ETag: "66d3-4d4b52c0c1100"
< Accept-Ranges: bytes
< Content-Length: 26323
< Vary: Accept-Encoding
< Content-Type: text/html
<
{ [2642 bytes data]
* Connection #0 to host admin.com left intact
```

以<和>起始的行分别表示 HTTP 请求和响应。在请求中，客户端告诉服务器，用户代理是 curl，它正在查找主机 admin.com，可以接受任何类型的响应内容。服务器将自身标识为 Apache 2.4.7，响应内容使用 HTML 类型，另外还包含各种其他的元数据。

我们可以使用 curl 的-H 选项明确设置头部。如果想绕过 DNS，则直接向 IP 地址发出请求，该特性尤为方便。例如，我们可以设置 Host 头部，检查服务器对于 www.admin.com 是否和对 admin.com 的响应完全一样。Host 头部告知远程服务器用户代理试图联系的域。

```
$ curl -H "Host: www.admin.com" -s -v -o /dev/null 54.84.253.153
```

<输出内容和上一个例子相同，但是 Host 头部不一样>

-O 选项可以下载文件。下面这个例子将 curl 的源代码压缩归档文件下载到当前目录。

```
$ curl -O http://curl.haxx.se/snapshots/curl-7.46.0-20151105.tar.gz
```

我们现在只是触及了 curl 的皮毛而已。它还能够处理其他请求方法（如 POST 和 DELETE）、保存和提交 cookie、下载文件、协助调试。

① 管理员还会碰到 libcurl，这是一个客户端库，开发人员可以用它为自己的软件赋予 curl 般的神力。

Google 的 Chrome 浏览器提供了一项叫作“Copy as cURL”的特性，可以创建 curl 命令，模拟包括头部、cookie 以及其他细节在内的浏览器行为。你可以轻松地尝试各种调整过的请求，查看和浏览器一模一样的结果。（在 Developer Tools 面板的 Network 标签下右键单击资源名就可以发现该选项。）

19.1.4 TCP 连接重用

TCP 连接代价不菲。除了维护连接所需要的内存，用于建立新连接的三次握手所增加的延迟相当于一次完整的往返时间（a full round trip），而这时候 HTTP 请求都还没发出呢。[①]

HTTP Archive 是一个跟踪 Web 统计信息的项目，根据其估算，普通站点加载单个页面会引发 99 个资源请求。如果每个资源都要求建立一个新的 TCP 连接，Web 性能可就实在是够呛了。实际上，Web 早期就是这个样子。

最初的 HTTP/1.0 规范没有提供任何连接重用的机制，但有些爱尝试的开发人员以扩展的形式加入了实验性的连接重用支持。Connection: Keep-Alive 头部被非正式地添加到了客户端和服务器，然后继续改进，并在 HTTP/1.1 中成为默认选项。有了 keep-alive 连接（也称为持久连接），HTTP 客户端和服务器可以在单个 TCP 连接上发送多个请求，节省了部分成本，降低了发起和结束多个连接时的延迟。

即便是启用了 HTTP/1.1 持久连接，TCP 的开销也无法忽视。为了提高性能，大多数浏览器会向服务器打开 6 个并行连接。繁忙的服务器因此必须维护数以千计、状态各异的 TCP 连接，导致网络出现拥塞，造成资源的浪费。

HTTP/2 引入了多路复用（multiplexing）作为解决方案，允许多个 HTTP 事务在单个连接上交错出现。由于每个客户端的开销降低了，HTTP/2 服务器因而可以为更多的客户端提供支持。

19.1.5 TLS 之上的 HTTP

HTTP 本身并没有提供网络层面的安全性。在客户端和服务器之间的任何位置上，URL、头部以及有效载荷都可能会被查看和修改。恶意渗透者可以拦截消息，改变消息内容或是将请求重定向到其他的服务器。

试试传输层安全（Transport Layer Security，TLS），它作为单独的一层，运行在 TCP 和 HTTP 之间。[②]TLS 仅提供连接的安全性和加密，它本身并不涉及 HTTP 层。

用户代理将核实服务器身份作为 TLS 连接过程的一部分，消除了被伪造的服务器欺骗的可能。建立好连接之后，其上传输的内容在连接期间受到保护，避免被窥探和篡改。攻击者仍旧能够看到 TCP 层使用的主机 IP 地址和端口，但是却无法访问到 HTTP 的细节内容，例如所请求的 URL 或是相关的头部信息。

关于 TLS 加密的更多细节，参见 27.6.4 节。

19.1.6 虚拟主机

在 Web 的早期时代，一个服务器通常只托管一个 Web 站点。举例来说，当向 admin 网站发出请求时，客户端执行 DNS 查询，找到与这个域名相关联的 IP 地址，然后向该地址的 80 端口

---

① TCP 快速打开（TCP Fast Open，TFO）就是一个专门为改进这种情况的提案，它运行 TCP 三次握手的 SYN 和 SYN-ACK 分组也携带数据。参见 RFC 7413。

② TLS 的前身是 SSL（Secure Sockets Layer，安全套接字层）。所有版本的 SSL 如今都已过时并已被正式弃用，不过 SSL 的名称仍然广泛使用。在加密语境之外，提到 SSL 时，其实指的是 TLS。

发送 HTTP 请求。对应的服务器知道自己专门托管的就是 admin 网站，因而也就根据要求提供服务。

随着 Web 的应用日益增加，管理员意识到，如果一个服务器可以同时托管多个站点，那就能够实现规模经济。但是，如果发往 admin 网站和 example 网站的请求都指向的是相同的网络端口，那该如何区分两者？

一种解决方法是定义虚拟网络接口，允许多个不同的 IP 地址和单个物理连接绑定。大多数系统都可以这么做，而且效果也不错，但是实施该方案是个手艺活，需要在数个层上进行管理。

另一种更好的解决方案是由 HTTP 1.1 在 RFC 2616 中所给出的虚拟主机。该方案定义了一个 HTTP 头部 Host，用户代理可以明确设置这个头部，指明想要访问的站点。服务器会对其检查并做出相应的操作。这种方法既节省 IP 地址，又便于管理，尤其是对于拥有成百上千个站点的服务器。

HTTP 1.1 要求用户代理提供 Host 头部，虚拟主机因此已经成为 Web 服务器和管理员处理服务器整合的标准方法。

将基于名称的虚拟主机与 TLS 结合起来使用就有点棘手了。TLS 证书颁发给特定的主机名，这是在生成证书之时就选定的。TLS 连接必须在服务器能够从 HTTP 请求中读取到 Host 头部之间建立，但是没有这个头部信息，服务器就不知道自己应该扮演哪个虚拟主机，选择哪个证书。

解决方法是服务器名称指示（Server Name Indication，SNI），在其中，客户端将所请求的主机名作为初始化 TLS 连接消息的一部分提交。现代服务器和客户端都会自动处理 SNI。

19.2 Web 软件基础

丰富的开源软件库有助于构建灵活、可容错的 Web 应用程序。表 19.4 列出了在 Web 应用栈中使用 HTTP 协议、执行特定功能的几种服务类别。

表 19.4　　HTTP 服务器类型（部分）

类型	目的	例子
应用服务器	运行 Web 应用代码，作为 Web 服务器的接口	Unicorn、Tomcat
缓存	加速访问频繁请求的内容	Varnish、Squid
负载均衡器	将请求中继到下游系统	Pound、HAProxy
Web 应用防火墙[a]	检查 HTTP 流量以抵御常见的攻击	ModSecurity
Web 服务器	提供静态内容，与其他服务器耦合	Apache、Nginx

注：a. 经常简写为 WAF。

Web 代理是一种中介，从客户端接收 HTTP 请求，有选择性地进行某些处理，然后将请求中继到最终目的地。客户端一般感觉不到代理的存在。负载均衡器、Web 应用防火墙、缓存服务器都是特殊类型的代理服务器。如果 Web 服务器将请求中继到应用程序服务器，那么也可以将其视为某种代理。

图 19.1 演示了各种服务在一次 HTTP 交互过程中所扮演的角色。如果所请求的资源能够满足，那么就在栈中尽早完成；如果出现了问题，则使用 4xx 或 5xx 代码拒绝。需要查询数据库的请求得经过每一层。

要想达成最大的可用性，每一层都应该同时运行在多个节点上。理想情况下，冗余应该跨越多个地域，以便整体设计不依赖于任何单个物理数据中心。如果选择云平台来实现这个目标，会容易得多，因为云平台所提供的良好的地域分布是其基本的构建块（大部分是如此）。

现实世界的架构通常并不像图 19.1 中那样直观。另外，大多数 Web 软件的组件要执行多种功能。Nginx 以 Web 服务器而闻名，但它也是一个功能强大的缓存和负载均衡器。启用了缓存功能的 Nginx Web 服务器要比运行在各个虚拟机上的单独服务器所形成的栈更有效。

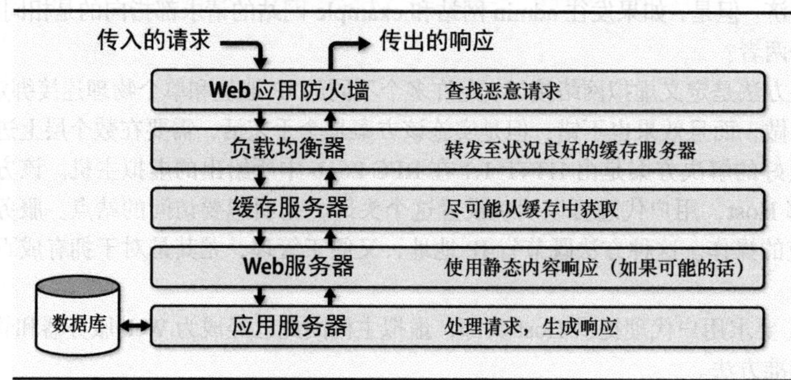

图 19.1 Web 应用栈的组成

19.2.1 Web 服务器和 HTTP 代理软件

大多数 Web 站点要么将 HTTP 连接代理到应用服务器，要么直接提供静态内容。Web 服务器提供的一些特性包括：

- 虚拟主机，允许多个站点在单个服务器中和平共处；
- 处理 TLS 连接；
- 跟踪请求和响应的可配置日志记录；
- HTTP 基本认证；
- 根据所请求的 URL，路由到不同的下游系统；
- 通过应用服务器执行动态内容。

开源 Web 服务器的领军者是 Apache HTTP Server，俗称 httpd，另外还有 Nginx，发音为“engine X”。

一家英国的 Internet 研究和安全公司 Netcraft，每月都会发布 Web 服务器的市场份额统计数据。截至 2017 年 6 月，Netcraft 显示约有 46%的活跃网站运行的是 Apache。Nginx 占了 20%，自 2008 年以来一直在稳步上升。

Apache httpd 最初是 Apache 软件基金会（Apache Software Foundation）的项目，后者如今以支持各种优秀的开源项目而闻名。httpd 的开发活动自 1995 年以来从未停歇，并被广泛视为 HTTP 服务器实现的参考。

Nginx 是一款专为速度和效率而设计的全能服务器。与 httpd 一样，Nginx 支持静态 Web 内容服务、负载平衡、下游服务器监控、代理、缓存以及其他相关功能。

一些开发系统，尤其是 Node.js 和 Go 语言，都在内部实现了 Web 服务器，很多 HTTP 工作流无须单独的 Web 服务器即可处理。这些系统结合了复杂的连接管理特性，其强健性足以满足生产工作负载。

H2O 服务器（h2o.examp1e.net，注意，“examp1e”中的是数字 1）是一个较新的 Web 服务器项目，它充分利用了 HTTP/2 的特性，甚至实现了比 Nginx 更好的性能。由于 H2O 于 2014 年首次发布，尚无法断言它能够取得 Apache 或 Nginx 的成绩。但是，它也不用向 Apache 那样受到历史实现决策的约束。在进行新部署时，倒是值得一试。

这些 Web 服务器的实现都非常优秀，我们实在是很难厚此薄彼。这么说吧，对于主流产品应用，我们推荐 Nginx。它提供了非同一般的性能表现，其配置系统也相对简单和现代。

19.2.2 负载均衡器

单个服务器无法支撑起高可用性的 Web 站点。这种配置不仅会把用户暴露在服务器每一个可能的小毛病之下，而且还使得你不关机就无法更新软件、操作系统或配置。

单个服务器也非常容易受到负载峰值的困扰和针对性的攻击。随着服务器的超载情况越来越严重，它花费在颠簸（thrashing）[①]上的时间就越多，无暇去完成其他有意义的工作。负载如果超出了某个阈值（这个值你得吃点苦头之后才能知道！），性能表现可就不再是有条不紊的退化，而是直接断崖式骤跌。

你可以使用负载均衡器来避免这些问题，负载均衡器是一种代理服务器，能够在一组下游 Web 服务器之间分发传入的请求。它还能监视这些服务器的状态，确保其能够提供及时正确的响应。

图 19.2 展示了负载均衡器在架构图中的位置。

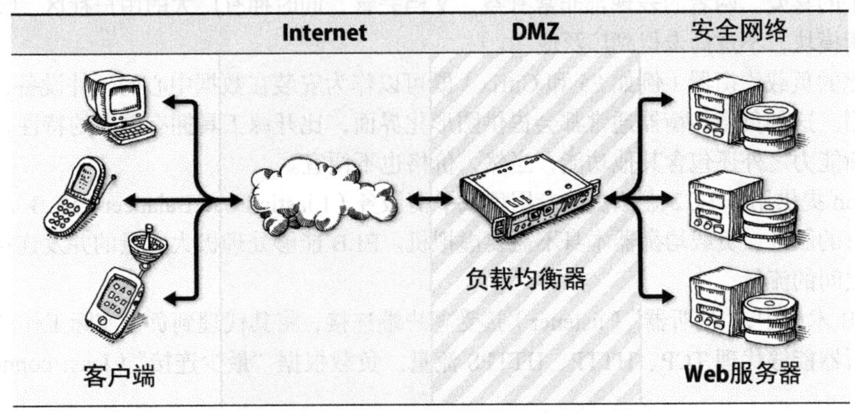

图 19.2 负载均衡器的角色

负载均衡器解决了单系统设计中很多固有的问题：

- 负载均衡器不处理请求，仅仅是将请求路由到其他系统。因而能够比典型的 Web 服务器处理多得多的并发请求；
- 如果 Web 服务器需要更新软件或是出于其他原因，不得不离线，可以很容易地将其从轮替（rotation）中移出；
- 如果其中某个服务器碰到了麻烦，负载均衡器的健康检查机制能够检测出问题，将有错误的系统从服务器池中删除，直至其恢复正常。

为了避免自身成为单一故障点，负载均衡器通常都是结对运行。依赖于具体的配置，要么其中一个负载均衡器在另一个工作时用作备胎，要么两者同时处理请求。

分发请求的方式通常是可以配置的。下面是几个常用的算法：

- 循环（round robin），这种方式以固定的顺序在活跃的服务器之间分发请求；
- 负载平衡（load equalization），在这种方式中，将新请求分发给目前处理连接或请求数量最少的下游服务器；
- 分区（partitioning），在这种方式中，负载均衡器根据客户端 IP 地址的散列选择服务器。

① 当系统内核发现可用物理内存变少时，就会通过换页来释放一部分物理内存。如果换页操作过于频繁，则会导致系统性能急剧下降，这种状态被称作“颠簸”。——译者注

这确保了来自相同客户端的请求总是能够到达同一个Web服务器。

负载均衡器一般操作在OSI模型的第4层，路由请求的时候仅凭请求的IP地址和端口号。但是也可以通过检查请求并根据目标的URL、cookie或其他HTTP头部来路由请求，从而实现在第7层操作。例如，对example.com/linux和example.com/bsd采用不同的处理方式，前者的请求可能会被路由到单独的一组服务器。

负载均衡器还能够提高安全性，这算是一个额外的福利。它们通常位于网络的DMZ之内[①]，代理对内部防火墙之后的Web服务器的请求。如果使用了HTTPS，负载均衡器还要执行TLS终止（TLS termination）：从客户端到负载均衡器的连接使用TLS，但是从负载均衡器到Web服务器的连接可以是普通的HTTP。这种安排减轻了Web服务器的一些处理开销。

除了HTTP之外，负载均衡器还可以分发其他类型的流量（也可以选择不分发HTTP）。一种常见的用法是增加负载均衡器，分发数据库（例如MySQL或Redis）请求。

UNIX和Linux下最常见的开源负载均衡器是Nginx和HAProxy，前者已经作为Web服务器介绍过了，后者是一款高性能TCP和HTTP代理，以其灵活的配置、稳定性以及强健的性能深受管理员老手的喜爱。两者的表现都非常有益，文档完善，同时拥有广大的用户社区。（Apache也有负载均衡模块，不过尚未得到广泛应用。）

商业化的负载均衡器（例如F5和Citrix）既可以作为安装在数据中心的硬件设备，也可以作为软件使用。这种负载均衡器通常都会提供图形化界面，比开源工具拥有更多的特性，除了基本的负载均衡能力之外还包含其他功能，当然，价格也不便宜。

Amazon提供用于EC2虚拟机的专用负载平衡服务（Elastic Load Balancer，ELB）。ELB是一个完全托管的服务，负载均衡器本身不需要虚拟机。ELB能够处理极大数量的并发连接，均衡多个可用区之间的流量。

在ELB术语中，"侦听器"（listener）接受客户端连接，将其代理到负责实际工作的后端EC2实例。侦听器能够代理TCP、HTTP、HTTPS流量。负载根据"最少连接"（least connection）算法分发。

ELB并不是最全能的负载均衡器，但我们推荐它作为AWS托管系统的解决方案，因为几乎不需要管理员操心。

19.2.3 缓存

Web缓存源自于一种现象：客户端经常在短时间内重复地访问相同的内容。缓存位于客户端和Web服务器之间，保存（有时在内存中）最频繁请求的内容。然后施加干预，回答它们知道正确响应内容的请求，降低权威Web服务器的负载，缩短用户的响应时间。

在缓存术语中，源头（origin）是原始内容的提供方，是内容的真实来源。缓存可以直接从源头或者其他上游缓存中获取内容。

多种因素决定了缓存行为：

- HTTP头部值，包括Cache-Control、ETag、Expires；
- 请求是否由HTTPS处理，这种情况下的缓存行为差别更为细微；[②]
- 响应状态码，其中一些不能被缓存（参见RFC 2616）；

---

① DMZ（demilitarized zone，隔离区）是位于企业内部网络和外部网络之间的一个缓冲地带，在其中可以放置一些不含机密信息的公用服务器，如Web服务器、FTP服务器等。

② 因为HTTPS的有效载荷是加密的，响应无法被缓存，除非缓存服务器终止TLS连接，解密有效载荷。从缓存服务器到源头的连接也许要用到单独的加密TLS连接（或者也可以不用，这取决于两者之间的连接是否可信）。

- HTML 标签<meta>的内容。[①]

由于极少发生改变，因此像图像、视频、CSS 样式表单、JavaScript 文件这样的静态内容非常适合于缓存。从数据库或其他系统实时获取到的动态内容则很难（不过也不是不可能）缓存。如果压根就不打算缓存那些变化非常频繁的页面，开发人员可以设置以下 HTTP 头部。

```
Cache-Control: no-cache, no-store
```

图 19.3 展示了在 HTTP 请求中，一些可能的缓存层所存在的位置。

图 19.3 在处理一次 HTTP 请求过程中涉及的各种缓存

1. 浏览器缓存

所有现代浏览器都会在本地保存最新用过的资源（图像、样式表单、JavaScript 文件以及一些 HTML 页面），用来更快地将之前访问过的内容返回给用户。在理论上，浏览器缓存应该严格遵循和其他 HTTP 缓存一样的缓存规则。[②]

2. 代理缓存

你可以在组织网络的边缘安装代理缓存，提高所有用户的访问速度。当用户访问 Web 站点时，请求首先到达代理缓存。如果所请求的资源已经缓存过，则立即将其返回给该用户，无须再访问远程站点。

代理缓存有两种配置方法：主动式和被动式，前者需要修改用户的浏览器配置，使其指向代理；后者使网络路由器通过缓存服务器发送所有的 Web 流量，这也称为拦截式代理（intercepting proxy）。还有另外一些方法，可以让用户代理（agent）自动发现相关的代理（proxy）。

3. 反向代理缓存

Web 站点运维人员通过配置“反向代理”缓存为其 Web 服务器和应用程序服务器减负。传入的请求首先被路由到反向代理，如果请求的资源可用，就可以立刻在这里满足请求。如果请求的资源未缓存，反向代理将请求传给相应的 Web 服务器。

站点使用反向代理的主要原因在于能够降低源头服务器的负载。另外可能还有一个好处：提高客户端的响应速度。

4. 缓存问题

Web 缓存对于 Web 性能极为重要，但同时也带来了复杂性。任何缓存层出现的问题都会引入对于源头服务器而言已经过时的陈旧内容。缓存问题给用户和管理员都带来了困扰，有时还很难调试。

检测陈旧的缓存记录的最佳方法是直接查询路径中的每一跳。如果你是网站运维人员，则可以尝试用 curl 直接从源头请求有问题的页面，然后再从反向代理缓存请求，如果可行的话，接着

① 各种缓存都没把这当回事，所以效果并不怎么样。

② 这就解释了为什么浏览器点击后退按钮会出现轻微的延迟，而不是立刻将你带往上一个页面。即便是渲染页面所需要的大部分资源已经缓存在本地，但页面顶层的 HTML 元素通常是动态的、不可缓存的，所以还是少不了一次到达服务器的往返时间。浏览器可以简单地重新渲染手头保存的上次访问的内容，有一两种浏览器曾经这么做过，但这种抄近路的方式会破坏缓存的正确性，导致各种微妙的问题发生。

是代理缓存和请求路径上的其他缓存。

你可以使用 curl -H "Cache-Control：no-cache"来客气地请求刷新缓存。[①]符合规范的缓存会照做，但如果仍然发现有陈旧数据，那就别想当然地认为所发出的重新加载请求已被满足，除非你能在服务器上证明这一点。

5. *缓存软件*

表 19.5 列出了几个开源缓存软件实现。其中，使用次数最多的就是 Nginx。它的缓存易于配置，而且通常已经被用作代理或 Web 服务器了。

表 19.5 开源缓存软件

服务器	注解
Squid	首批开源缓存实现之一 一般用作代理缓存 包括一些像反病毒和 TLS 这样的重要特性
Varnish	少见的配置语言 多线程 模块化，可扩展
Apache mod_cache	对于已经采用 httpd 的站点，是一个不错的选择
Nginx	对于已经采用 Nginx 的站点，是一个不错的选择，以优秀的性能闻名
Apache Traffic Server	适用于流量极高的站点
支持 HTTP/2	由 Yahoo!捐赠给 Apache 基金会

19.2.4 内容分发网络

内容分发网络（Content Delivery Network，CDN）是一种全球分布式系统，通过将内容移近用户来提高 Web 性能。CDN 中的节点分散在成百上千个地理位置。当客户端从采用了 CDN 的站点请求内容时，会被路由到位置最近的节点（称为边缘服务器），从而降低延迟，减少源头的拥塞。

边缘服务器和代理缓存类似。两者都在本地保存了内容副本。如果它们没有所请求资源的本地副本，或是本地内容副本已过期，则从源头检索资源，答复客户端，更新缓存。

CDN 利用 DNS 将客户端重定向到地理位置上最近的主机。图 19.4 解释了其工作原理。

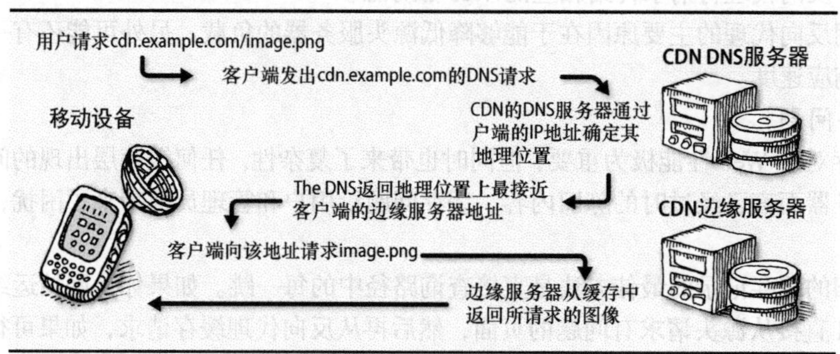

图 19.4 DNS 在内容分发网络中的角色

CDN 现在可以容纳动态内容，但在传统上，最适合的还是静态内容，例如图像、样式表单、

① 其效果和在浏览器中使用<Shift-Reload>一样。

JavaScript 文件、HTML 文件以及可下载对象。像 Netflix 和 YouTube 这样的流媒体服务使用 CDN 来服务大型媒体文件。

除了改进性能之外，CDN 还有其他价值。大多数 CDN 提供了安全服务（例如防范拒绝服务攻击）和 Web 应用防火墙。一些专业 CDN 还提供了其他创新，用于优化页面渲染，降低源头服务器的负载。

如今相当一部分 Web 内容都是由 CDN 提供的。如果你所在的是一家大型站点，那就掏钱购买快速性能的特权吧。如果你的服务规模不大，在转向 CDN 之前先优化本地的缓存层。

总部位于马萨诸塞州的 Akamai 是资历最老，也是最负盛名的 CDN 之一。Akamai 的客户中包括一些世界上最大的政府和商业部门。它拥有最大的全球网络以及最先进的 CDN 特性。没人会因为选择了 Akamai 而被解雇。

CloudFlare 是另一家流行的 CDN。和 Akamai 不同，CloudFlare 以往的销售目标是小型客户，不过最近已经将目标市场转向企业。其网站上清晰地列出了定价，另外还提供了一些最佳的安全特性。CloudFlare 是首批为其所有客户部署 HTTP/2 的大型提供商之一。

Amazon 的 CDN 服务称为 CloudFront。它与 S3、EC2、ELB 等其他 AWS 服务集成在了一起，但也适用于在 Amazon 云环境之外托管的站点。与其他 AWS 产品一样，其定价富有竞争力，而且按使用情况计量。

19.2.5 Web 语言

从早期的几乎静态，Web 已经演变出了丰富的互动体验。实现这一变化的 Web 应用采用了各种编程语言，每一种都有相应的工具链和独特的怪癖（quirk）。管理员需要管理软件库、安装应用服务器、根据每种语言的生态环境标准配置 Web 应用。

下面提及的所有语言都是如今常用的 Web 语言。它们各自都拥有开发人员社区、广泛的支持库、编写良好的最佳实践。站点通常会选择其团队觉得用起来最舒服的语言和框架。

1. Ruby

Ruby 由于在 Chef 和 Puppet 中的应用而在 DevOps 和系统管理圈子里广为人知。用户众多的 Web 框架 Ruby on Rails 采用的语言也是 Ruby。Rails 是快速开发过程的理想选择，通常用于新想法的原型设计。

Rails 以其平庸的性能和对单体应用（monolithic applications）[①]的促进而闻名。随着时间的推移，许多 Rails 应用往往会累积越来越多的功能，增加了修改的难度，最终的结果往往是性能逐渐下降。

Ruby 拥有一个名为 gems 的大型代码仓库，开发人员可以使用其中的代码简化自己的项目。其中大部分代码托管在 Ruby Gems 中。它们由社区策划，但不少代码的质量实在不尽如人意。管理系统安装的 Ruby 版本及其各种 gem 依赖关系既烦琐又麻烦。

2. Python

Python 是一种通用语言，不仅用于 Web 开发，还广泛用于科学学科。Python 代码的可读性不错，也易于学习。部署最广泛的 Python Web 框架是 Django，它具有许多与 Ruby on Rails 相同的优缺点。

3. Java

Java（现在由 Oracle 掌控）多用于开发流程较慢的企业环境。Java 提供了更好的性能，代价

① 通俗地讲，“单体应用”就是将应用程序的所有功能都打包成一个独立的单元，可以是 JAR、WAR、EAR 或其他归档格式。——译者注

是复杂冗长的工具链和多个抽象层。Java 具有挑战性的许可证要求和不高明的约定可能会让初学者感到沮丧。

4. Node.js

JavaScript 最初是以运行在 Web 浏览器中的客户端脚本语言而为人所知的。作为一门语言，由于其仓促的设计而被嘲笑，代码易读性差，还经常出现违反直觉的情况。如今，Node.js，一个可以在服务器端执行 JavaScript 的引擎，将其带入了数据中心。

平心而论，Node.js 拥有高并发性以及原生的实时消息传递功能。作为一种较新的语言，它目前避开了多年来在其他系统中积累下来的大量缺陷。

5. PHP

PHP 易于上手，因此往往能吸引到新手和经验不足的程序员。PHP 应用以难以维护而臭名昭著。过去的 PHP 版本使得开发人员轻而易举地就可以在他们的应用中捅一个大安全漏洞，不过最近的版本在这方面做出了改进。WordPress、Drupal 和其他几种内容管理系统采用的都是 PHP 语言。

6. Go

Go 是由 Google 开发的一种低级语言。由于其近年来在大型开源项目（例如 Docker）中的应用而受到欢迎。它非常适合系统编程，同时由于其强大的原生并发原语，因此也非常适合于 Web 应用。对管理员来说，一个好处就是 Go 软件通常编译为独立的二进制文件，部署起来很容易。

19.2.6 应用程序编程接口（API）

Web API（Application Programming Interface）面向的使用群体是软件代理，而不是人类用户。API 定义了一组方法，远程系统可以通过其使用应用程序的数据和服务。API 在 Web 上无处不在，因为它促进了大量不同客户端之间的协作。

API 并不新鲜。操作系统所定义的 API 允许用户空间的程序与内核打交道。几乎所有软件包都使用已定义的接口来促进代码基础库（code base）内部的模块化和功能分离。但是，Web API 有点特殊，这些 API 在公共网络上向全世界公开，旨在推进外部开发人员使用。

Web API 调用都是正常的 HTTP 请求。它们只是“API”，因为客户和服务器按照约定，对某些 URL 和动词在双方交互领域内具有的特定含义和效果达成了一致。

Web API 通常使用某种基于文本的序列化格式来编码所要交换的数据。这类格式相对简单，随便哪种编程语言编写的工具都能够解析。符合条件的格式有不少，不过目前用得最多的还是 JavaScript 对象记法（JavaScript Object Notation，JSON）[①]和可扩展标记语言（Extensible Markup Language，XML）。

讲解 HTTP API 最简单的方式就是通过实例。Spotify 音乐服务公开了描述其音乐库的 API。该 API 的客户端能够请求有关专辑、歌手、歌曲的信息，进行搜索，执行其他相关操作。Spotify 自己的客户端应用（浏览器、桌面、移动端）以及想要引入 Spotify 服务的第三方都可以使用这个 API。

因为 Web API 是由 HTTP 请求组成的，包括 Web 浏览器和 curl 在内的所有正常的 HTTP 工具都可以用来与其交互。例如，我们可以获得 Spotify 有关 The Beatles（披头士乐队）[②]的 JSON 记录。

---

① 作为 JSON 格式的命名人和推广者，Douglas Crockford 称 JSON 的发音和人名 Jason 差不多。但不知道怎么回事，“JAY-sawn”的发音似乎在技术社区中变得越来越普遍。

② 我们怎么知道 3WrFJ7ztbogyGnTHbHJFl2 是 The Beatles 的 Spotify ID？试着用 API 搜索一下就行了。

```
$ curl https://api.spotify.com/v1/artists/3WrFJ7ztbogyGnTHbHJFl2 | jq '.'
{
   "external_urls": {
      "spotify": "https://open.spotify.com/artist/3WrFJ7ztbogyGnTHbHJFl2"
   },
   "followers": {
      "href": null,
      "total": 1566620
   },
   "genres": [ "british invasion" ],
   "href": "https://api.spotify.com/v1/artists/3WrFJ7ztbogyGnTHbHJFl2",
   "id": "3WrFJ7ztbogyGnTHbHJFl2",
   "images": [ <removed for concision> ],
   "name": "The Beatles",
   "popularity": 91,
   "type": "artist",
   "uri": "spotify:artist:3WrFJ7ztbogyGnTHbHJFl2"
}
```

这里，我们将 JSON 输出通过管道传给 jq 来略微清理一下格式。①在终端中，jq 还会给输出加上颜色。

Spotify 的 API 也是"RESTful"API 的一个实例，这是当今的主流方法。（表述性状态转移 Representational State Transfer，REST）②是 Roy Fielding 在其博士论文中③引入的 API 设计的架构风格。这个术语最初的针对性非常强，但现在更为宽松地应用于两类 Web 服务：①明确使用 HTTP 动词来传达意图；②使用类似目录的路径结构来定位资源。大多数 REST API 都使用 JSON 作为数据的底层描述。

REST 与简单对象访问协议（Simple Object Access Protocol，SOAP）形成了鲜明对比，SOAP 是一种用于实现 HTTP API 的早期系统，它定义了系统间交互的严格且详尽的多级指南。SOAP API 使用基于 XML 的复杂格式，通过少数特定的 URL 汇集所有的调用，这带来的是庞大的 HTTP 有效载荷、低下的性能以及在开发、调试、部署过程中没完没了的麻烦。④

19.3 云环境中的 Web 托管

云供应商为 Web 应用托管提供了大量服务，而且服务目录每周都有变化。我们不可能在这里一一道来，但有几点可以说是 Web 管理员特别感兴趣的。

用户数量不多且能够容忍偶发性中断的小型站点可以选择单个虚拟云实例作为 Web 服务器（或者也可以在负载均衡器之后用两个实例增加可靠性）。但是，云提供了许多改进这些简单配置的可能性，同时不会显著增加管理成本和复杂性。

---

① jq 做的事情可远不止格式化那么简单，强烈推荐用它在命令行中解析和过滤 JSON。

② Roy Thomas Fielding 博士关于 REST 的论文 *Architectural Styles and the Design of Network-based Software Architectures* 的中文版《架构风格与基于网络的软件架构设计》已经由李锟主导翻译完成。本书中也采用了该中文版的术语译法。——译者注

③ Fielding 也是 HTTP 规范的主要作者。

④ SOAP 生态系统的发展是一个值得关注的案例研究，从中可以看到技术倡议是如何走偏的。特别是，它说明了试图为朦胧且不确定的未来设计系统的风险。SOAP 在保持平台、语言、数据、传输方面的中立性上投入了大量的精力，它的确也在很大程度上实现了这些目标，即便是基础数据类型（例如整数）也可以自由定义。可惜，最终的系统实在是太复杂了，无法很好地满足现实世界的需求。

19.3.1 自己动手还是掏钱购买

工作在云平台的管理员可以利用“原始”（raw）虚拟机构建自定义的自我管理 Web 应用（self-managed web application）。或者，他们也可以将部分设计转交给现成的云服务，降低所涉及的设计、配置和维护工作量，省得事事都得自己动手。考虑到效率，我们倾向于尽可能依赖供应商提供的服务。

负载均衡器就是这种权衡思路下的一个很好的例子。举例来说，在 AWS 中，你可以使用开源负载均衡软件运行 EC2 实例，也可以注册 AWS 提供的 ELB。前者可以获得更灵活的定制性，但需要你自己管理负载均衡器系统、配置负载均衡软件、调优性能、及时安装安全补丁。除此之外，优雅地处理软件或实例故障所需的手段也会更复杂一些。

而另外，几秒钟就可以创建好一个 ELB，然后就用不着你再管了。AWS 会在幕后处理好一切。除非 ELB 缺少你需要的某种特性，否则它显然是更好的选择。

说到底，需要你在自己动手构建服务和将服务外包给供应商之间做一个选择。明智的做法是避免自己构建，除非要实现的功能是你业务的核心竞争力。

19.3.2 平台即服务

平台即服务（Platform-as-a-Service，PaaS）消除了基础架构方面的顾虑，为开发人员简化了 Web 托管。开发人员将自己的代码打包成指定的格式，然后上传给 PaaS 供应商，后者提供适合的系统并自动运行代码。

尽管 PaaS 极大简化了基础设施管理，但这是以牺牲灵活性和可定制性为代价的。多数 PaaS 要么不允许使用 shell 进行管理，要么旗帜鲜明地不鼓励这种做法。PaaS 的用户必须接受厂商的某些设计决定。用户实现某些特性的能力可能会受到限制。

Google App Engine 是 PaaS 概念的先行者，目前仍旧是最杰出的产品之一。App Engine 支持 Python、Java、PHP、Go。另外还有很多辅助特性，例如类似于 cron 的作业调度执行、可编程的日志访问、实时消息收发、访问各种数据库。它被视为 PaaS 中的凯迪拉克（Cadillac）。①

来自 AWS 的竞品名为 Elastic Beanstalk。除了 App Engine 所支持的所有语言外，它还支持 Ruby、Node.js、Microsoft .NET、Docker 容器。Elastic Beanstalk 集成了 ELB 和 AWS 的 Auto Scaling 特性，利用了 AWS 生态系统的强大功能。

在实践中，我们发现 Elastic Beanstalk 是一个混合体。其定制可以通过专有且烦琐的扩展框架来实现。用户仍然负责运行托管着应用程序的 EC2 实例。 所以，尽管 Elastic Beanstalk 可能非常适合于原型设计，但我们认为该系统并不包含大量服务的生产工作负载（production workloads）。

Heroku 是该领域中另一个受人尊敬的供应商。Heroku 上的应用被部署到 dyno，这个词代表轻量级 Linux 容器。用户负责控制 dyno 的部署。Heroku 拥有强大的合作网络，能够提供数据库、负载平衡和其他集成。它的产品定价要高于其他一些产品，部分原因是其基础设施在底层是运行在 AWS 之上。

19.3.3 静态内容托管

运行一款操作系统仅仅就是为了托管静态网站，这似乎杀鸡用牛刀了。好在云供应商能帮你

① Cadillac 是美国通用公司（General Motors）旗下的豪华汽车品牌之一。这个词在非正式场合中还被用来形容“精品或一流名牌产品”。

托管。在 AWS S3 中，你可以为静态内容创建存储桶（bucket），然后配置你所在域中的 CNAME 记录，使其指向供应商内部的端点（endpoint）。在 Google Firebase 中，你可以使用命令行工具将本地内容复制到 Google，后者提供了 SSL 证书并托管你的文件。在这两种情况下，你都可以通过 CDN 提供内容，以获得更好的性能。

19.3.4 无服务器 Web 应用

AWS Lambda 是一种基于事件的计算服务。使用 Lambda 的开发人员编写代码，用于响应事件，例如消息到达队列、存储桶中出现的新对象，甚至是 HTTP 请求。Lambda 获取事件的有效载荷和元数据，作为用户自定义函数的输入，由该函数进行相关处理并返回响应信息。没有要管理的实例或操作系统。

为了处理 HTTP 请求，Lambda 和另一种叫作 API Gateway 的 AWS 服务（可以扩展到处理数十万并发请求的代理）结合使用。API Gateway 位于源头之前，用以添加访问控制、限速、缓存等特性。API Gateway 接收 HTTP 请求，当请求到达后，触发相应的 Lambda 函数。

配合 S3 的静态托管，Lambda 和 API Gateway 能够实现一套完整的无服务器平台，用以运行 Web 应用，如图 19.5 所示。

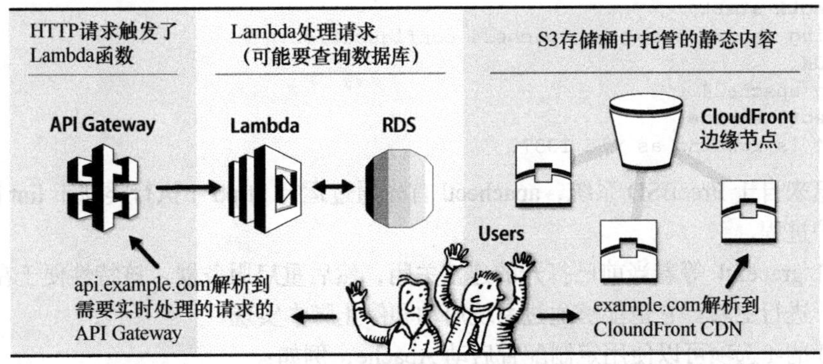

图 19.5 使用 AWS Lambda、API Gateway、S3 进行无服务器 Web 托管

这项技术尚不成熟，但它已经改变了 Web 应用的托管机制。我们预计未来几年内，相关的增强功能、框架、竞争服务和最佳实践会迅速成熟起来。

19.4 Apache httpd

在很多 UNIX 和 Linux 流派中能够看到 httpd 的身影。它能够移植到多种体系架构，所有的主流系统中都有其预构建好的软件包。不幸的是，操作系统厂商在 httpd 配置方面各自为政。

模块化架构是应用 Apache 的基础。通过配置启用动态模块，可替换的认证选项，安全性增强，支持运行大部分语言编写的代码，URL 重写等特性，不一而足。

出于历史原因，Apache 使用的是一种名为多处理模块（Multi-Processing Modules，MPM）的可插拔式连接处理系统来决定如何在网络 I/O 层管理 HTTP 连接。相较于 worker 和 prefork 模式，当前推荐选用 event MPM。[①②]

要想绑定到特权端口（1024 以下的端口，比如 HTTP 的 80 端口，HTTPS 的 443 端口），初

① 有一点要注意，event MPM 需要在支持 EPoll 的 Linux 系统（Linux 2.6+）中才能启用。——译者注

② 一些并非线程安全的遗留软件（例如 mod_php）应该使用 perfork MPM。它为每个连接使用进程而不是线程。

始的 httpd 进程必须以 root 身份运行。该进程在本地账户下衍生出其他权限较低的工作进程（workers）来处理实际的请求。不需要侦听端口 80 和 443 的站点完全可以在没有 root 权限的情况下运行。

httpd 通过纯文本文件中带有 Apache 风格语法的指令（directive）进行配置。尽管有数百条指令，管理员需要调优通常也只是少数。指令及其值已经直接在操作系统自带的默认配置文件以及 Apache 的官方站点中写明了。

19.4.1 httpd 用法

System V init、BSD init、systemd 都可以管理 httpd。系统的标准方法是哪种，你就应该默认使用哪种。如果要进行调试和配置的话，可以独立于启动脚本与守护程序交互。

管理员可以直接运行 httpd，也可以使用 apachectl。[①]调用 httpd 能够直接控制服务器守护进程，但记住（还有输入！）所有的选项可不是件容易事。apachectl 是一个在 httpd 基础之上的 shell 脚本包装程序。每家操作系统厂商都会定制 apachectl 以满足其 init 进程的一些约定。它能够控制 Apache 的启动、停止、重载，另外还能显示状态信息。

例如，下面是使用默认配置启动服务器的方法。

```
# apachectl start
Performing sanity check on apache24 configuration:
Syntax OK
Starting apache24.
# apachectl status
apache24 is running as pid 1337.
```

输出信息来自于 FreeBSD 系统，apachectl 首先通过运行 httpd -t 执行类似于 lint 的配置检查，然后启动守护进程。[②]

apachectl graceful 等着当前已打开的连接关闭，然后重启服务器。该特性便于在不中断活动连接的情况下进行更新。它也能够通过系统启动和停止脚本实现。

apachectl 的-f 选项可以使用定制配置启动 Apache，例如：

```
# apachectl -f /etc/httpd/conf/custom-config.conf -k start
```

一些厂商不赞成 apachectl 的这种用法，而是选择直接运行 httpd。

参阅第 2 章，学习如何配置 httpd 在引导期间自动启动。

19.4.2 httpd 配置逻辑

尽管 httpd 的所有配置都可以包含在单个文件中，操作系统维护人员通常使用 Include 指令将默认配置分割到多个文件和目录中。这种结构简化了站点管理，更适合于自动化。能够预见，配置层次结构的具体细节因系统而异。表 19.6 列出了每个样例平台的 Apache 配置的默认情况。

表 19.6 各个平台的 Apache 配置细节

	RHEL/CentOS	Debian/Ubuntu	FreeBSD
软件包名称	httpd	apache2	apache24
配置文件根目录	/etc/httpd	/etc/apache2	/usr/local/etc/apache24

① httpd 既是守护进程的二进制文件名，也是项目名。Ubuntu 自行将 httpd 改名成了 apache2，这倒是和 apt 软件包的名字保持了一致，但除此之外，把所有人都搞晕了倒是真的。

② lint 是一个 UNIX 程序，可以评估 C 代码，发现潜在的 bug。这个术语如今更为广泛地指代可用于检查软件和配置文件中所存在错误、bug 或其他问题的任何工具。

续表

	RHEL/CentOS	Debian/Ubuntu	FreeBSD
主配置文件	conf/httpd.conf	apache2.conf	httpd.conf
模块配置	conf/modules.d/	mods-available/ mods-enabled/	modules.d/
虚拟主机配置	conf.d/	sites-available/ sites-enabled/	Includes/
日志位置	/var/log/httpd	/var/log/apache2	/var/log/httpd-*.log
用户	apache	www-data	www

当 httpd 启动时，它会查询主配置文件（通常是 httpd.conf），将 Include 指令引用的所有文件全部包含进来。默认的 httpd.conf 中有大量的注释，可以作为快速参考使用。该文件中的各种配置选项可以分为 3 类：

- 全局设置，例如 httpd 配置文件根目录的路径、以什么用户和组的身份运行 httpd、激活的模块以及侦听的网络接口和端口；
- VirtualHost 配置区定义了如何为指定域提供服务（通常授权给子目录并通过 Include 指令包含在主配置中）；
- 与 VirtualHost 定义不匹配的请求的答复说明。

全局设置对于很多管理员而言已经足够了，他们只需要管理个别的 VirtualHost。

模块和 httpd 之间相互独立，通常都有自己的配置选项。大多数操作系统厂商都选择将模块配置分离到子目录中。

Debian 和 Ubuntu 处理 Apache 配置的方式比较独特。两者采用子目录、配置文件以及符号链接的结构创建了一套更为灵活的服务器管理系统，至少理论上如此。

图 19.6 尝试把该结构给搞清楚。主 apache2.conf 文件包含了/etc/apache2 中*-enabled 子目录内的所有文件。这些文件实际上是指向*-available 子目录内文件的符号链接。对于每组子目录，都提供了一对用于创建和删除符号链接的配置命令。

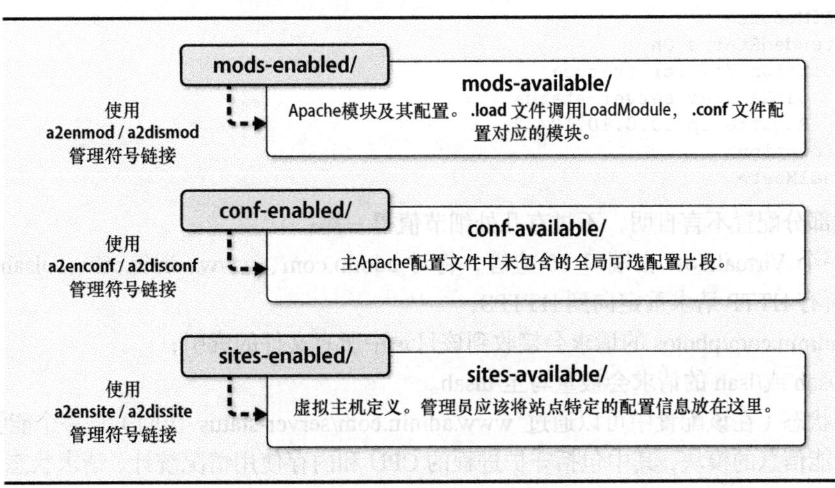

图 19.6　基于 Debian 的系统上/etc/apache2 的子目录

就我们的经验来看，Debian 系统实在是毫无必要的过分复杂了。简单的 site-configuration 子目录结构通常就已经足够了。如果你使用的是 Debian 或 Ubuntu，那还是坚持使用其默认的结构吧。

19.4.3 虚拟主机配置

占据 httpd 配置最多的部分就是虚拟主机定义。一般最好是为每个站点都创建一个文件。

当 HTTP 请求到达时，httpd 通过查询 HTTP Host 头部和网络端口来决定要选择的虚拟主机。然后将所请求的 URL 的路径部分与 Files、Directory 或 Location 指令进行匹配，以确定如何提供需要的内容。这个映射过程称为请求路由（request routing）。

下面的例子展示了 admin 网站的 HTTP 和 HTTPS 配置。

```
<VirtualHost *:80>
    ServerName admin.com
    ServerAlias www.admin.com
    ServerAlias ulsah.admin.com
    Redirect /  https://admin.com/
</VirtualHost>

<VirtualHost *:443>
    ServerName                admin.com
    ServerAlias               www.admin.com
    ServerAlias               ulsah.admin.com
    DocumentRoot              /var/www/admin.com/
    CustomLog                 /var/log/apache2/admin_com_access combined
    ErrorLog                  /var/log/apache2/admin_com_error
    SSLEngine                 on
    SSLCertificateFile        "/etc/ssl/certs/admin.com.crt"
    SSLCertificateKeyFile     "/etc/ssl/private/admin.com.key"
    <Directory "/var/www/admin.com">
        Require all granted
    </Directory>
    <Directory "/var/www/admin.com/photos">
        Options +Indexes
    </Directory>
    <IfModule mod_rewrite.c>
        RewriteEngine on
        RewriteRule ^/(usah|lsah)$ /ulsah
    </IfModule>
    ExtendedStatus On
    <Location /server-status>
        SetHandler server-status
        Require ip 10.0.10.10/32
    </Location>
</VirtualHost>
```

其中大部分配置不言自明，不过有几处细节值得一提：

- 第一个 VirtualHost 在端口 80 应答，将对 admin.com、www.admin.com、ulsah.admin.com 的所有 HTTP 请求重定向到 HTTPS；
- 对 admin.com/photos 的请求会接收到该目录中所有文件的索引；
- 对/usah 或/lsah 的请求会被重写至/ulsah。

服务器状态（在该配置中可以通过 www.admin.com/server-status 访问）是一个能够显示有用的运行期性能信息的模块，其中包括守护进程的 CPU 和内存使用情况统计、请求状态、每秒的平均请求数量等。监控系统可以利用该功能收集 Web 服务器的相关数据，用于预警、报告、可视化 HTTP 流量。在这里，只有 IP 地址 10.0.10.10 才能访问服务器状态。

1. HTTP 基本认证

在 HTTP 基本认证方案中，客户端通过 Authorization HTTP 头部传送经过 base-64 编码的用户名和密码。如果用户将用户名和密码包含在 URL 中（例如，https://user:pass@www.admin.com/

server-status），浏览器会自动将这些值编码并交给 Authorization 头部。

用户名和密码并没有经过加密，所以基本认证提供不了任何的机密性。只有和 HTTPS 配合使用时才安全。

在 Apache 中，基本认证是在 Location 或 Directory 配置区进行配置的。例如，下面的配置片段要求访问/server-status 时需要认证（不错的做法）并将访问权限制在某个子网中。

```
<Location /server-status>
    SetHandler server-status
    Require ip 10.0.10.0/24
    AuthType Basic
    AuthName "Restricted"
    AuthUserFile /var/www/.htpasswd
    Require valid-user
</Location>
```

注意，账户信息保存在配置文件之外。可以使用 htpasswd 创建账户。

```
# htpasswd -c /var/www/.htpasswd ben
New password: <password>
Re-type new password: <password>
Adding password for user ben
# cat /var/www/.htpasswd
ben:$apr1$mPh0x0Cj$hfqMavkdHfVRVscE678Sp0
# chown www-data /var/www/.htpasswd              # Set ownership
# chmod 600 /var/www/.htpasswd                   # Restrictive permissions
```

密码文件通常是名为.htpasswd 的隐藏文件，不过也可以选用其他的文件名。尽管密码经过了加密，还是要将.htpasswd 文件的权限设置为只能由 web-server 用户读取。此预防措施限制了攻击者通过破解软件来获取用户名和密码的能力。

2. 配置 TLS

SSL 可能已经更名为 TLS，但为了向后兼容，Apache 为其配置选项保留了 SSL 的名称（与许多其他软件包一样）。设置 TLS 只用几行配置就行了。

```
SSLEngine                on
SSLProtocol              all -SSLv2 -SSLv3
SSLCertificateFile       "/etc/ssl/certs/admin.com.crt"
SSLCertificateKeyFile    "/etc/ssl/private/admin.com.key"
```

在这里，TLS 证书和密钥位于 Linux 的中央系统位置/etc/ssl。任何人都可以读取公共证书，但密钥只能由 Apache 主进程用户访问，这通常是 root。我们喜欢把证书的权限设置为 444，把密钥的权限设置为 400。

所有版本的 SSL 协议（TLS 的前身）都不安全，应该像上面那样使用 SSLProtocol 指令将其禁用。

有些加密算法（cipher）存在缺陷。你可以使用 SSLCipherSuite 指令配置 Web 服务器所支持的加密算法。具体该使用哪种设置，并没有一劳永逸的做法。Mozilla Server Side TLS 指南是我们所知的目前有关 TLS 最佳实践的绝好资源。它还为 Apache、Nginx 和 HAProxy 提供了一套方便的配置语法参考。

3. 在 Apache 中运行 Web 应用

可以扩展 httpd，使其运行模块系统中那些用 Python、Ruby、Perl、PHP 等语言编写的程序。模块运行在 Apache 进程内部，因而能够访问 HTTP“请求/响应”的完整生命周期。

模块提供了额外的配置指令，可以让管理员控制应用在运行期间的特征。表 19.7 中列出了一些常见的应用服务器模块。

表 19.7 httpd 的应用服务器模块

模块	语言	
mod_php	PHP	不推荐使用；仅用于 prefork MPM
mod_wsgi	Python	Web 服务器网关接口（Web Server Gateway Interface），是一个 Python 接口标准
mod_passenger	多种	一个灵活的、具备商业支持的应用服务器，适用于包括 Ruby、Python 以及 Node.js 在内的多种语言
mod_proxy_fcgi	任意	任何语言都可以使用的标准服务器接口
mod_perl	Perl	居于 httpd 之内的 Perl 解释器

下面的例子（为 api.admin.com 配置 Python Django）用到了 mod_wsgi。

```
LoadModule wsgi_module mod_wsgi.so

<VirtualHost *:443>
    ServerName api.admin.com

    CustomLog /var/log/apache2/api_admin_com_access combined
    ErrorLog /var/log/apache2/api_admin_com_error

    SSLEngine on
    SSLCertificateFile "/etc/ssl/certs/api_admin.com.crt"
    SSLCertificateKeyFile "/etc/ssl/private/api_admin.com.key"

    WSGIDaemonProcess admin_api user=user1 group=group1 threads=5
    WSGIScriptAlias / /var/www/api.admin.com/admin_api.wsgi
    <Directory /var/www/api.admin.com>
        WSGIProcessGroup admin_api
        WSGIApplicationGroup %{GLOBAL}
        Require all granted
    </Directory>
</VirtualHost>
```

只要 Apache 载入 mod_wsgi.so 模块，就可以使用 WSGI 配置指令了。以上配置中的 WSGIScriptAlias 文件 admin_api.wsgi 包含了 WSGI 模块所需的 Python 代码。

19.4.4 日志记录

httpd 提供了一流的日志记录功能，可以精细地控制所记录的数据，能够分离虚拟主机生成的日志。管理员使用这些日志来调试配置问题、检测潜在的安全威胁、分析使用信息。

admin.com.access.log 的一则日志消息类似于下面这样。

```
127.0.0.1 - - [19/Jun/2015:15:21:06 +0000] "GET /search HTTP/1.1" 200
    20892 "-" "curl/7.38.0"
```

该消息显示出：

- 请求源，在这里是 127.0.0.1，也就是本地主机；
- 时间戳；
- 所请求资源的路径（/search）和 HTTP 方法（GET）；
- 响应状态码（200）；
- 响应大小；
- 用户代理（curl 命令行工具）。

mod_log_config 的文档中包含了有关如何定义日志格式的所有细节。

繁忙的 Web 站点所生成的大量请求日志会迅速塞满整个磁盘。管理员的责任就是要确保这种情况绝不能发生。将 Web 服务器的日志保存在专门的分区中可以避免庞大的日志文件影响系统的其他部分。

在大多数 Linux 发行版中，Apache 的默认安装包含了适合的 logrotate 配置。FreeBSD 并没有这种默认配置，所以管理员应该在/etc/newsyslog.conf 中添加用于 Apache 日志的配置项。

日志目录以及其中的文件应该只能由主 httpd 进程的用户写入，这通常是 root。如果非 root 用户也拥有写权限，他们就可以创建指向其他文件的符号链接，导致其被伪造的数据覆盖。系统默认设置的安全性没有问题，不要去自定义属主和属组。

19.5 Nginx

繁忙的 Web 服务器必须响应数千个并发请求。处理每个请求所需的大部分时间都花在了等待数据从网络或磁盘到达。相比之下，真正用于处理请求的时间并不长。

为了有效地处理这种工作负载，Nginx 采用了一种基于事件的系统，其中只有少数工人进程（worker process）负责同时处理多个请求。当请求或响应（事件）准备妥当之时，工人进程快速完成相关操作，然后返回，处理下一个事件。Nginx 最重要的目标是避免阻塞在网络或磁盘 I/O 上。

较新的 Apache 版本中所包含的 event MPM 也采用了类似的架构，不过对于高容量和强调性能的站点而言，Nginx 仍旧是首选。

运行 Nginx 的管理员会注意到至少存在两个进程：一个主进程，一个工人进程。主进程负责一些杂务，例如打开套接字、读取配置、保持其他 Nginx 进程运行。处理请求这种重活、累活大部分都交给了工人进程。有些配置使用额外的进程实现缓存。和 Apache 一样，主进程以 root 身份运行，因此能够打开 1 024 以下的端口。其他进程则以权限较低的用户身份运行。

工人进程的数量是可以配置的。一个不错的经验是让运行的工人进程数量等于系统的 CPU 核心数量。Debian 和 Ubuntu 就是这样配置 Nginx 的（如果是通过软件包安装的话）。FreeBSD 和 RHEL 默认使用单个工人进程。

19.5.1 Nginx 的安装与运行

尽管 Nginx 越来越流行，而且也已经成为了一些世界上最为繁忙的 Web 站点的顶梁柱，但是操作系统发行版在对 Nginx 的支持方面拖了后腿。Debian 和 RHEL 官方仓库中的 Nginx 版本通常都不是最新的，不过 FreeBSD 的表现还算是不错。Nginx 项目的主页上提供了针对 apt 和 yum 的软件包，一般要比发行版自带的更新。

系统正常的服务管理就能够满足 Nginx 的日常使用。你也可以在开发和调试期间运行 Nginx 守护进程。选项-c 能够制定自定义配置文件。选项-t 能够检查配置文件的语法。

Nginx 使用信号触发各种维护操作。表 19.8 中列出了这些信号。一定确保要选中 Nginx 主进程（通常是 PID 最小的那个）。

表 19.8　　Nginx 守护进程所能接受的信号

信号	功能
TERM 或 INT	立刻关闭
QUIT	结束并关闭当前所有连接，然后关闭
USR1	重新打开日志文件（用于协助日志轮替）

续表

信号	功能
HUP	重新载入配置[a]
USR2	在不中断服务的情况下优雅地（gracefully）替换掉服务器二进制文件[b]

注：a. 该功能会测试新配置的语法，如果语法没问题，则使用这套配置启动新的工人进程。然后优雅地关闭旧的工人进程。

b. 工作细节参见 Nginx 命令行文档。

19.5.2 配置 Nginx

Nginx 的配置语法风格类似于 C 语言，它使用花括号区分配置块，使用分号分隔配置行。主配置文件的默认名称是 nginx.conf。表 19.9 根据不同的系统，总结了 Nginx 配置最重要的几个方面。

表 19.9　Nginx 在不同平台中的配置细节

	RHEL/CentOS	Debian/Ubuntu	FreeBSD
软件包名称	nginx[a]	nginx	nginx
守护进程路径	/sbin/nginx	/usr/sbin/nginx	/usr/local/sbin/nginx
配置文件根目录	/etc/nginx	/etc/nginx	/usr/local/etc/nginx
虚拟主机配置[b]	conf.d/	sites-available/ sites-enabled/	没有预定义的位置
默认用户	ngix	www-data	nobody

注：a. 必须启用 EPEL 软件仓库。

b. 相对于配置文件根目录。

在 nginx.conf 文件中，被花括号环绕的配置块称为上下文。上下文中包含的都是针对该配置块的配置指令。例如，下面是一个小型的 Nginx 配置，其中拥有 3 个上下文。

```
events { }

http {
     server {
         server_name www.admin.com;
         root /var/www/admin.com;
     }
}
```

最外层的上下文（称为 main）是隐式的，负责配置核心功能。events 和 http 上下文都位于 main 之内。events 上下文用于配置连接处理。在本例中，该上下文为空，默认值是隐含的。好在这些默认值也都很合理：

- 运行一个工人进程（使用无特权的用户账户）；
- 如果以 root 身份启动，则侦听 80 端口；否则，侦听 8000 端口；
- 将日志写入/var/log/nginx（在编译期间选定）。

http 上下文包含了与 Web 和 HTTP 代理服务相关的所有配置指令。server 上下文嵌套在 http 上下文之内，负责定义虚拟主机。有多少个该上下文，就代表配置了多少个虚拟主机。

server_name 中可以包含别名，用于将 Host 头部与一组子域进行匹配。

```
http {
    server {
```

```
        server_name admin.com www.admin.com;
        root /var/www/admin.com;
    }
    server {
        server_name example.com www.example.com;
        root /var/www/example.com;
    }
}
```

server_name 的值也可以是正则表达式，设置可以捕获匹配结果并将其命名为变量以备后用。利用这个特性，你可以重构之前的配置。

```
http {
    server {
        server_name ~^(www\.)?(?<domain>(example|admin).com)$;
        root /var/www/$domain;
    }
}
```

正则表达式以波浪线起始，可以匹配以可选的 www 开头的 example.com 或 admin.com。匹配到的域名被保存在变量$domain 之中，随后用于决定选择服务器根目录。①

通过结合使用 listen 和 server_name 指令，可以将基于名称的虚拟主机与基于 IP 的主机区分开来。

```
server {
    listen 10.0.10.10:80
    server_name admin.com www.admin.com;
    root /var/www/admin.com/site1;
}
server {
    listen 10.0.10.11:80
    server_name admin.com www.admin.com;
    root /var/www/admin.com/site2;
}
```

这个配置展示了 admin.com 的两个版本，分别由不同的 Web 根目录服务。接收到请求的接口的 IP 地址决定了客户端将看到站点的哪个版本。

root 是保存虚拟主机的 HTML 文件、图像、样式表、脚本和其他文件的基础目录（base directory）。在默认情况下，Nginx 只服务根目录下的文件，但你可以使用 location 指令执行更复杂的请求路由（request routing）。如果 location 指定无法匹配给定路径，Nginx 则自动回退到 root。

下面的例子使用 location 配合 proxy_pass 指令，指示 Nginx 处理来自 Web 根目录的大部分请求，但是将对 http://www.admin.com/nginx 的请求转发到 Nginx 官网。

```
server {
    server_name admin.com www.admin.com;
    root /var/www/admin.com;
    location /nginx/ {
        proxy_pass http://nginx.org/;
    }
}
```

proxy_pass 指示 Nginx 充作代理并将客户的请求中继到另一个下游服务器。在我们描述如何把 Nginx 作为负载均衡器使用时会再讨论 proxy_pass 指令。

① 注意，使用这种语法会使得 Nginx 在每个 HTTP 请求上都进行正则表达式匹配。我们在这里只是用它来演示 Nginx 的灵活性，但在实践中，你大概只想用纯文本列出所有可能的主机名。在 nginx.conf 中使用正则表达式绝对合情合理，但要确保它们能够匹配到实际内容，同时尽量降低其在配置层次结构中出现的次数，使它们仅在特定情况下发挥作用。

location 可以使用正则表达式，根据请求的内容，对不同源执行强大的基于路径的路由。Nginx 的官方文档分析了 Nginx 是如何评估 server_name、listen、location 指令来对请求进行路由的。

发行版之间的一种常见做法是在全局 http 上下文中为很多配置指令设置好合理的值，然后使用 include 指令将站点特定的虚拟主机添加到最终配置中。例如，Ubuntu 的默认 nginx.conf 文件包含以下行。

```
include /etc/nginx/conf.d/*.conf;
```

这种结构有助于消除冗余，因为所有的子配置都会从全局配置中继承配置信息。在这种直观环境下，管理员需要做的可能也就是在 server 上下文中编写虚拟主机配置了。

19.5.3 为 Nginx 配置 TLS

尽管 Nginx 并没有从 Apache 的配置风格中借鉴太多，但两者的 TLS 配置方式几乎像是从一个模子里刻出来的。和 Apache 一样，配置关键字用的都是 TLS 之前的名字 SSL。

启用 TLS 并指向整数和私钥文件。

```
server {
    listen 443;
    ssl on;
    ssl_certificate /etc/ssl/certs/admin.com.crt;
    ssl_certificate_key /etc/ssl/private/admin.com.crt;
    ssl_protocols TLSv1 TLSv1.1 TLSv1.2;
    ssl_ciphers ECDHE-RSA-AES128-GCM-SHA256:ECDHE... # truncated
    ssl_prefer_server_ciphers on;

    server_name admin.com www.admin.com;
    root /var/www/admin.com/site1;
}
```

启用的只是实际的 TLS 协议（并非陈旧的 SSL），所有的 SSL 协议都已弃用。证书和密钥的权限设置应该遵循 19.4.3 节中有关 Apache TLS 部分的建议。

使用 ssl_ciphers 指令强制要求使用强加密算法套件（strong cipher suites）①并禁用弱加密算法。ssl_prefer_server_ciphers 和 ssl_ciphers 共同指示 Nginx 从服务器的列表中选择加密算法，不考虑客户端的选择。否则的话，客户端可以提议自己喜欢的任何机密算法。（因为版面的原因，上面的例子中并没有显示出完整的加密算法列表。可参考 Mozilla 的 Server Side TLS 指南。如果你偏好短一些的加密算法列表，可以参考 cipherli 网站。）

19.5.4 使用 Nginx 实现负载均衡

除了作为 Web 服务器和缓存服务器，Nginx 还是得力的负载均衡器。其配置风格很灵活但有点不好懂。

使用 upstream 模块创建服务器具名分组。例如，下面的子句将两个服务器的集合定义为 admin-servers。

```
upstream admin-servers {
    server web1.admin.com:8080 max_fails=2;
    server web2.admin.com:8080 max_fails=2;
}
```

可以在虚拟主机定义中引用 upstream 所定义的分组。尤其是，能够将其作为代理目的地，就

① 一个加密算法套件由 4 种算法组成：认证（authentication）算法、加密（encryption）算法、消息认证代码（Message Authentication Code，MAC）算法、密钥交换（key exchange）算法。——译者注

像主机名那样。

```
http {
    server {
        server_name admin.com www.admin.com;
        location / {
            proxy_pass http://admin-servers;
            health_check interval=30 fails=3 passes=1 uri=/health_check
                match=admin-health # line not split in original file
        }
    }
    match admin-health {
        status 200;
        header Content-Type = text/html;
        body ~ "Red Leader, Standing By";
    }
}
```

在这里，admin.com 和 www.admin.com 的流量以循环的方式（默认）分配给 web1 和 web2 服务器。

该配置还设置了后端服务器健康检查。每隔 30 s（interval=30）就对/health_check 端点（uri=/health_check）上的服务器检查一次。如果连续 3 次（fails=3）没有通过健康检查，Nginx 会标记出该服务器，但只要之后通过了一次检查（passes=1），就将其重新加入轮替行列。

match 关键字是 Nginx 特有的。它指定了在哪种情况下算是通过了健康检查。在这个例子中，Nginx 接收到的响应码必须是 200，Content-Type 头部必须设置为 text/html，响应主体中必须包含短语“Red Leader, Standing By”。

我们在 upstream 上下文中加入了另一个条件，将连接尝试失败的最大次数设置为 2。也就是说，如果 Nginx 在两次尝试中均无法连接到服务器，则放弃，并将该服务器从服务器池中移除。这是一种额外的连通性检查，完善了 health_check 子句，使检查过程更加结构化。

19.6 HAProxy

HAProxy 是应用最为广泛的开源负载均衡软件。它能够代理 HTTP 和 TCP、支持使用粘滞会话（sticky session）将指定的客户端固定在特定的 Web 服务器、提供了先进的健康检查功能。近来的版本还支持 TLS、IPv6 以及 HTTP。对于 HTTP/2 的支持尚在实现中，预计会在 HAProxy 1.7 版本中开始迅速成熟。

HAProxy 的配置通常包含在单个文件 haproxy.cfg 中。这个配置文件非常简单，操作系统厂商一般也不会把事情搞得过度复杂化，多是采用 HAProxy 项目所推荐的默认目录结构。

在 Debian 和 RHEL 系统中，配置文件位于/etc/haproxy/haproxy.cfg。FreeBSD 并不提供默认配置，因为实在是没有适合负载均衡的。这完全取决于你的设置。安装好 HAProxy 软件包之后，在 FreeBSD 的/usr/local/share/examples/haproxy 中可以找到一份样例配置。

下面这份简单的配置使 HAProxy 侦听端口 80，并在端口 8 080 上采用循环的方式在 Web 服务器 web1 和 web2 之间分发请求。

```
global
    daemon
    maxconn 5000
defaults
    mode http
    timeout connect   5000     # Milliseconds
    timeout client    10000
```

```
    timeout server      10000
frontend http-in
    bind *:80
    default_backend     webservers
backend webservers
    balance             roundrobin
    server     web1     10.0.0.10:8080
    server     web2     10.0.0.11:8080
```

这个例子中出现了 HAProxy 的关键字 frontend 和 backend，图 19.7 中给出了演示。

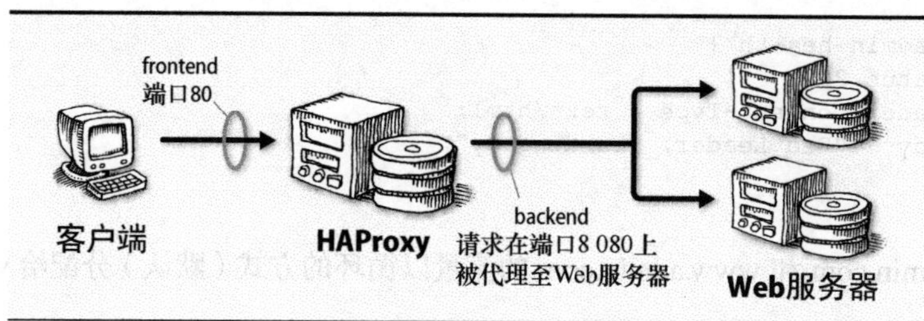

图 19.7 HAProxy 的 frontend 和 backend 说明

frontend 指定了 HAProxy 如何接收来自客户端的请求：使用哪些地址和端口、处理什么类型的流量以及其他针对客户端的考量。backend 负责配置处理需求的一组服务器。在单个配置文件中可以出现多对 frontend/backend，使得 HAProxy 能够为多个站点提供服务。

timeout 设置可以精细地控制系统在尝试与服务器建立新连接时应该等待多久以及连接建立后应该保持多久。仔细调整这些值对于繁忙的 Web 服务器非常重要。在本地网络中，timeout connect 的取值可以很低（500 ms 或者更少），因为新连接可以迅速建立好。

19.6.1 健康检查

尽管先前的配置已经提供了基本的功能，但它没有检查下游 Web 服务器的状态。如果 web1 或 web2 下线，有一半的传入请求都将无法处理。

HAProxy 的状态检查特性使用常规的 HTTP 请求来确定各个服务器的健康情况。只要服务器的 HTTP 响应代码是 200，就说明其正处于服务状态，可以继续从负载均衡器那里接收请求。

如果服务器没能通过状态检查（返回的响应代码不是 200），HAProxy 就将有问题的服务器从服务器池中移除。但是，HAProxy 会继续检查该服务器。如果发现又能够正常响应，就把它重新放回服务器池。

健康检查的具体内容，例如所使用的请求方法、两次检查之间的间隔、请求路径等，都可以调整。在这个例子中，HAProxy 每隔 30 s 就对各个服务器的/发起 GET 请求。

```
backend webservers
    balance roundrobin
    option httpchk GET /
    server web1 10.0.0.10:8080 check inter 30000
    server web2 10.0.0.11:8080 check inter 30000
```

知道可以连接到 Web 服务器固然令人放心，但这可不是说服务器健康就没别的什么事了。构造良好的 Web 应用都会公开一个健康检查端点（health-check endpoint），该端点对应用进行全面的检测，确定其真实的健康状况。这些检查可能包括核实数据库或缓存是否能够访问以及性能监视。如果可用的话，则不妨使用这些更复杂的检查手段。

19.6.2 服务器统计信息

HAProxy 提供了一个方便的 Web 界面，可以显示出服务器的状态，这和 Apache 的 mod_status 差不多。HAProxy 会在其中显示服务器池中各个服务器的状态，你可以根据需要手动启用或禁用这些服务器。

语法很简单：

```
listen stats :8000
    mode http
    stats enable
    stats hide-version
    stats realm HAProxy\ Statistics
    stats uri /
    stats auth myuser:mypass
    stats admin if TRUE
```

可以在特定的侦听器（listener）或 backend/frontend 块中配置服务器状态，以便将功能显示在该配置中。

19.6.3 粘滞会话

HTTP 是一种无状态协议，每个事务都是一次独立的会话。在协议看来，来自同一客户端的多个请求之间并没有什么联系。

同时，大部分 Web 应用需要使用状态来跟踪用户在一段时期内的行为。最典型的例子就是购物车。用户浏览商店，将物品添加到购物车，然后在准备结账时，提交支付信息。Web 应用需要设法跨页面跟踪购物车中的内容。

多数 Web 应用是用 cookie 跟踪状态。Web 应用为用户生成会话，将会话 ID 放入 cookie，然后再把 cookie 放入响应头部中传给用户。每次客户端向服务器发出请求时都会捎带上这个 cookie。服务器用它来恢复客户端的上下文。

理想情况下，Web 应用应该将其状态信息保存在持久性的共享存储中（如数据库）。但是，有些实现比较差劲的 Web 应用会选择在本地保存会话数据，要么是在服务器内存中，要么是在本地磁盘。如果置于负载均衡器之后，这些应用就要出问题了，因为取决于负载均衡器多变的调度算法，某个客户端的请求可能会被路由到多个不同的服务器。

为了解决这个问题，HAProxy 将自己的 cookie 插入到响应中，这种特性叫作粘滞会话。同一客户端随后发出的请求都会包含这个 cookie。HAProxy 利用它将请求路由到相同的服务器。

修改先前的配置，加入粘滞会话支持。注意 cookie 指令。

```
backend webservers
    balance roundrobin
    option httpchk GET /
    cookie SERVERNAME insert httponly secure
    server web1 10.0.0.10:8080 cookie web1 check inter 30000
    server web2 10.0.0.11:8080 cookie web2 check inter 30000
```

在该配置中，HAProxy 维护了一个名为 SERVERNAME 的 cookie，用以跟踪正在和客户端打交道的服务器。secure 关键字指定其只能通过 TLS 连接发送，httponly 告知浏览器只在 HTTP 上使用该 cookie。有关这些属性的更多信息，参见 RFC 6265。

19.6.4 TLS 终止

HAProxy 1.5 版以及后续版本加入了 TLS 的支持。一种常见配置是在 HAProxy 服务器处终止

TLS 连接，然后使用普通的 HTTP 与后端服务器通信。这种方法从后端服务器身上卸下了加密操作的开销，减少了需要私钥的系统数量。

对于特别注重安全性的站点，也可以在 HAProxy 到后端服务器这一段上使用 HTTPS。你可以使用相同的 TLS 证书或其他证书。无论哪种方式，你仍然需要在代理处终止并重新发起 TLS。

由于 HAProxy 终止了来自客户端的 TLS 连接，因此需要将相关配置添加到 frontend 配置块。

```
frontend https-in
    bind *:443 ssl crt /etc/ssl/private/admin.com.pem
    default_backend webservers
```

Apache 和 Nginx 要求将私钥和证书各自保存为 PEM 格式的文件[①]，但 HAProxy 要求两者存在于同一文件中。下列命令可以很方便地把单独的文件组合成一个复合文件。

```
# cat /etc/ssl/{private/admin.com.key,certs/admin.com.crt} >
    /etc/ssl/private/admin.com.pem
# chmod 400 /etc/ssl/private/admin.com.pem
# ls -l /etc/ssl/private/admin.com.pem
-r-------- 1 root root 3660 Jun 18 17:46 /etc/ssl/private/admin.com.pem
```

因为私钥是复合文件的一部分，所以要确保该文件由 root 拥有，其他用户均不可读取。（如果因为并没有访问特权端口而使得 HAProxy 未以 root 身份运行，则请确保密钥文件的所有权与 HAProxy 运行时的用户身份相匹配。）

所有常见的 TLS 最佳实践也都适用于 HAProxy：禁用 SSL 协议，明确地配置可接受的加密算法套件。

① PEM 即 Privacy-Enhanced Mail（隐私增强邮件）。——译者注

第三部分　存储

第 20 章　存储

数据存储系统越来越像巨大的一堆乐高积木，你可以拼装出无穷无尽的组合。不管是用于关键数据库的极速存储空间，还是保存包含所有数据的 3 份副本，并且可以回绕到过去任何时间点的大型归档库，一切都不在话下。

当容量是最重要的考量时，机械硬盘仍旧是最流行的存储介质，但对于对性能敏感的应用，固态盘（Solid State Drive，SSD）则更受青睐。软硬件形式的缓存系统有助于结合这两种存储类型的优点。

在云服务器上，通常可以选择存储硬件，不过 SSD 支持的虚拟磁盘得花更多的钱。另外还有多种专用存储类型可供选择，例如对象存储、可无限扩展的网盘、关系数据库即服务（relational databases-as-a-service）。

运行在这些真实和虚拟的硬件之上的是斡旋在原始存储设备和面向用户的文件系统层次之间的各色软件。这些软件包括设备驱动程序、分区约定、RAID 实现、逻辑卷管理器、网络化的虚拟磁盘系统以及文件系统实现本身。

在本章中，我们会讨论出现在其间各个层面上的管理任务和决策。我们先介绍向 Linux 或 FreeBSD 中添加普通硬盘的快捷方法。接着回顾与存储相关的硬件技术，了解存储软件的一般架构。然后沿着存储层次自下而上，从低级格式化讲到文件系统。在此期间，我们会涉及磁盘分区、RAID 系统以及逻辑卷管理器。

在单个机器的层面之上的是各种网络数据共享方案。第 21 章和第 22 章描述了两种常见的文件共享系统：用于 UNIX 和 Linux 系统之间本机原生共享系统 NFS，用于实现 Windows 和 macOS 系统间互操作的 SMB。

20.1 我就是想加块硬盘

在我们开始长篇大论地介绍存储架构及其理论之前，先来讨论一个最常见的场景：你想安装一块硬盘，让它能通过文件系统访问。没什么奇特的要求：不需要 RAID、所有的磁盘空间都在单个逻辑卷中、使用默认的文件系统。

第一步是连接驱动器。如果要安装硬盘的机器是一台云服务器，一般只用在云服务供应商的图形化管理界面（或通过其提供的 API）选择所需要的虚拟硬盘大小，然后再单独将其连接到已有的虚拟服务器。正常情况下不用重启服务器，因为云（以及虚拟化）内核能够动态识别这种硬件变动。

对于物理硬件，USB 硬盘只用直接插入到 USB 接口就行了。SATA 和 SAS 硬盘需要安装在托架、机箱或底座中。尽管有些硬件和驱动程序本身允许热拔插 SATA 硬盘，但该特性需要硬件支持，在面向大众市场的硬件中并不常见。重新引导系统可以确保操作系统在引导期间正确地识别新的配置。

如果你使用的是运行着 Windows 的桌面主机，并且一切顺利，系统可能会在连接好新硬盘时提供格式化操作，尤其当插入的是外置 USB 硬盘或 U 盘时。自动格式化选项通常效果都还不错，如果系统提供了该选项，不妨使用。但随后要检查详细的挂载情况（在终端窗口中运行 mount 命令），确保已挂载的设备没有不必要的限制（例如，执行权限或正常的所有权被禁止）。

如果你打算手动设置硬盘，识别并格式化正确的硬盘设备极为重要。数字最大的设备文件未必就代表新近添加的设备，而且在有些系统中，新设备会改变已有设备的设备名称（通常是在重新引导之后）。在执行任何有潜在破坏性的操作之前，复查新设备的制造商、容量大小以及型号编码，验明正身！随后两节中会介绍要用到的命令。

20.1.1 Linux 系统中的操作方法

首先，运行 lsblk，列出系统中的磁盘设备，从中识别出新硬盘。如果命令输出尚不足以得出肯定的答案，你可以使用 lsblk -o +MODEL,SERIAL，列出设备型号和序列号。

只要知道哪个设备文件代表新硬盘（假设是/dev/sdb），就可以创建硬盘分区表了。多种命令和实用工具都可以完成该操作，其中包括 partd、gparted、fdisk、cfdisk、sfdisk，用哪个都行，只要它能处理 GPT 形式的分区表。拥有图形用户界面的 gparted 可能是最简单的选择。我们接下来将展示 fdisk 的用法，这个命令适用于所有的 Linux 系统。（有些系统仍旧自带了一个无法处理 GPT 的 parted 版本。）

```
$ sudo fdisk /dev/sdb
  Welcome to fdisk (util-linux 2.23.2).

  Changes will remain in memory only, until you decide to write them.
  Be careful before using the write command.

  Command (m for help): g
  Building a new GPT disklabel (GUID:
      AB780438-DA90-42AD-8538-EEC9626228C7)

  Command (m for help): n
  Partition number (1-128, default 1): <Return>
  First sector (2048-1048575966, default 2048): <Return>
  Last sector, +sectors or +size{K,M,G,T,P} (2048-1048575966, default
```

```
    1048575966): <Return>
Created partition 1

Command (m for help): w
The partition table has been altered!

Calling ioctl() to re-read partition table.
Syncing disks.
```

子命令 g 可以创建 GPT 分区表。子命令 n 可以创建新分区，按下回车键（<Return>）确定 fdisk 提出的所有问题，将全部的空闲空间分配给新分区（分区 1）。最后，子命令 w 将新的分区表写入磁盘。

新创建分区的设备文件名和该硬盘的设备文件一样，另外在名称末尾还多了个 1。在上面的例子中，分区的设备文件是/dev/sdb1。

现在可以使用 mkfs 命令在/dev/sdb1 上创建文件系统了。-L 选项可以给文件系统分配一个简短的标签（这里是“spare”）。哪怕是包含该文件系统的磁盘随后在引导期间被分配了不同的设备名称，这个标签也会一直保持不变。

```
$ sudo mkfs -t ext4 -L spare /dev/sdb1
mke2fs 1.42.9 (28-Dec-2013)
Discarding device blocks: done
Filesystem label=spare
OS type: Linux
Block size=4096 (log=2)
...
```

接下来，创建一个挂载点，挂载新文件系统。

```
$ sudo mkdir /spare
$ sudo mount LABEL=spare /spare
```

你也可以指定/dev/sdb1 来标识分区，这和使用 LABEL=spare 的效果是一样的。不过，使用名称往后是否还奏效就不一定了。

要想在引导期间自动挂载文件系统，编辑/etc/fstab 文件，在其中复制一条现有的记录。将设备名称和挂载点修改成上面的 mount 命令那样。例如：

```
LABEL=spare    /spare    ext4    errors=remount-ro    0    0
```

也可以使用 UUID 标识文件系统，参见 20.10.6 节。

更多有关 Linux 硬盘设备文件的信息参见 20.4.2 节。分区划分信息参见 20.6.4 节。ext4 文件系统信息参见 20.10 节。

20.1.2 FreeBSD 系统中的操作方法

运行 geom disk list，列出内核识别的硬盘设备。遗憾的是，除了设备名称和大小之外，FreeBSD 并没有给出太多的相关信息。要想搞清楚谁是谁，运行 geom part list，查看现有分区属于哪块硬盘。未格式化过的硬盘是没有分区的。

只要知道了硬盘名称，就可以写入分区表，创建文件系统了。在这个例子中，我们假设硬盘名称是 ada1，你希望将新文件系统挂载到/spare。

```
$ sudo gpart create -s GPT ada1              # Create GPT partition table
ada1 created

$ sudo gpart add -l spare -t freebsd-ufs -a 1M ada1     # Create partition
```

```
ada1p1 added

$ sudo newfs -L spare /dev/ada1p1          # Create filesystem
/dev/ada1p1: 5120.0MB (10485680 sectors) block size 32768, fragment
    size 4096
    using 9 cylinder groups of 626.09MB, 20035 blks, 80256 inodes.
super-block backups (for fsck_ffs -b #) at:
 192, 1282432, 2564672, 3846912, 5129152, 6411392, 7693632,
    8975872, 10258112
...
```

gpart add 的-l 选项将文本标签应用于新分区。该标签使得分区能够通过路径/dev/gpt/spare 访问，不管内核给底层的磁盘设备分配的设备名称是什么。newfs 的-L 选项为新文件系统应用一个类似（但并不一样）的标签，以便分区能够通过/dev/ufs/spare 访问。

使用下列命令挂载文件系统。

```
$ sudo mkdir /spare
$ sudo mount /dev/ufs/spare /spare
```

要想在引导期间自动挂载文件系统，在/etc/fstab 文件中添加一条新记录即可（参见 20.10.6 节）。

20.2 存储硬件

即使在如今的后 Internet 世界中，计算机数据也只能通过几种基本方式存储：硬盘、闪存、磁带和光盘。后两种技术有着显著的局限性，使其不足以作为系统的主文件系统。不过，二者有时仍用于备份和“近线”（near line）存储，在后者中，即时访问和可重写性并非主要考量。

传统磁盘技术历经了 40 年之后，性能至上的系统建构者们终于接受了一个实用的替代方案：固态盘。这种基于闪存的设备所面对的是与标准硬盘不同的折中因素，它们将在未来几年内影响数据库、文件系统和操作系统的架构。

与此同时，传统硬盘继续在容量上保持指数型增长。30 年前，出现了 5.25 英寸硬盘（这种尺寸的设备如今还在使用），当时 60 MB 的硬盘价值 1 000 美元。现在，一块普通的 4 TB 硬盘只要 125 美元左右。同样的价钱，容量提升了 50 万倍还多，或者说每 1.6 年，TB/$就会翻一倍。同期，大众市场所销售硬盘的顺序吞吐量（sequential throughput）从 500 kB/s 提升到了 200 MB/s，差不多达到了 400 倍。而随机访问时间几乎没有变化。还真是万变不离其宗啊（The more things change, the more they stay the same）。

磁盘大小是按照 GB（gigabyte）来指定的，1 GB 就是 10 亿字节，与此对照的是内存，后者是按照 GiB（gibibyte）来指定的，1 GiB 是 2^{30}（1 073 741 824）字节。两种计算方式相差了大约 7%。在估算和比较容量时，记得检查一下计量单位。

硬盘和 SSD 非常相像，至少在硬件层面上，可以直接作为对方的替代品。两者使用相同的硬件接口和接口协议。不过它们各自的优势也差异很大，表 20.1 对此进行了总结。

表 20.1　　机械硬盘与固态盘技术的比对 [a]

特点	机械硬盘	固态盘
典型容量	<16 TB	<2 TB
随机访问时间	8 ms	0.25 ms
顺序读取	200 MB/s	450 MB/s
随机读取	2 MB/s	450 MB/s
IOPS [b]	150 ops/s	100 000 ops/s

续表

特点	机械硬盘	固态盘
价格	0.03 美元/GB	0.26 美元/GB
可靠性	差	差[c]
写入限制	无	理论上

注：a. 性能和价格数据取自 2017 年中期。

b. 每秒 I/O 操作。

c. 设备整体故障低于机械硬盘，但数据丢失率相对更高。

在接下来的几节中，我们将进一步了解这些技术以及最新的一类存储设备：混合硬盘。

20.2.1 硬盘

典型的硬盘驱动器包含数个涂有磁性薄膜的旋转盘片。它们由安装在金属传动臂上的微型滑动磁头进行读取和写入，传动臂通过来回摆动来完成磁头定位。磁头悬浮在紧贴盘片表面的位置，但两者并不发生实际接触。

单纯从盘片读取数据的速度其实并不慢，但定位到特定的扇区是需要机械动作的，这会降低随机访问的吞吐量。延迟有两个主要来源。

首先，磁头衔铁（head armature）必须摆动到正确的磁道上方。这部分称为寻道延迟。然后，系统必须等待正确的扇区随着盘片旋转从磁头经过。这部分称为旋转延迟。如果是最优的顺序读取，硬盘能够以每秒数百 MB 的速度源源不断地读取数据，但随机读取只能达到每秒数 MB 而已。

不同盘片上与转轴距离相同的一组轨道称为柱面。柱面上的数据无须任何额外的传动臂移动即可读取。尽管磁头的移动速度极快，但还是比盘片的旋转速度慢得多。因此，任何不需要磁头寻道的磁盘访问速度都要更快。

转轴速度各不相同。7 200 每分钟转数（Revolutions Per Minute，RPM）仍然是企业和性能导向产品的大众市场标准。高端市场上还可以找到少数 10 000 RPM 和 15 000 RPM 的硬盘，但廉价 SSD 的出现将这种硬盘限制在一个小型的且不断萎靡的市场。转速越高，延迟越低，数据传输率越高，但是硬盘也会变得越热。

1. 硬盘的可靠性

硬盘故障频发。2007 年，Google 实验室对 10 万块硬盘的研究让技术界大吃一惊，结果表明两年以上硬盘的平均年故障率（Average Annual Failure Rate，AFR）高于 6%，这要比生产厂商根据其短期测试推断出的预测故障率高得多。硬盘的整个生命期模式是这样的：先是几个月的早期故障期（infant mortality），然后是为期两年、年故障率只有几个百分点的蜜月期，接着 AFR 范围一下子就跳到了 6%～8%。总的来说，在 Google 研究的这批硬盘中，能撑过 5 年的概率不足 75%。

值得注意的是，Google 发现故障率和之前认为很重要的两个环境因素并没有关联：操作温度和硬盘活动。

最近，一家云存储供应商 Backblaze 在自己官网的博客发表了一篇常规更新，谈到了自家与各式硬盘打交道的体验。文章中的数据比 Google 最初的研究晚了 10 年，但揭示的基本模式却是相同的：高发的早期故障，紧跟着是两到三年的蜜月，随后年故障率急剧攀升。另外，绝对数字也非常接近。

2. 故障模式和指标

硬盘故障多是由于盘面缺陷（坏块）或机械故障造成的。对于前一种情况，硬盘会尝试悄无声息地修复错误，将恢复的数据重新映射到其他位置。如果坏块在操作系统层面已经可见（出现在日志中），那就意味着数据已经丢失了。这可不是好苗头，赶紧把硬盘取出来更换掉。

在发生故障后，硬盘的固件和硬件接口通常还是可操作的，尝试查询硬盘，了解一下故障细节（参见 20.4.6 节）还是挺有意思的。但是按照硬盘的便宜程度，除非你打算借机学点东西，否则极少值得你花时间去做这件事。

制造商通常会根据以小时为单位的平均故障间隔时间（Mean Time Between Failures，MTBF）来表示硬盘的可靠性。企业级硬盘的这个值多为 120 万小时左右。但是，MTBF 只是一种统计测量，不应被解读为意味着一块硬盘可以无故障的运行 140 年。

MTBF 被定义为硬盘在稳定状态期间（从投入使用到用坏之前）AFR 的倒数。制造商的 MTBF 为 120 万小时，相当于每年 0.7%的 AFR。这个值差不多（但不完全）与 Google 和 Backblaze 在其样本硬盘的蜜月期内观察到的 AFR 范围一致（1%～2%）。

制造商给出的 MTBF 值可能是准确的，但它们是从每块硬盘生命期中最可靠的阶段优选出来的。所以应该将 MTBF 值视为可靠性的上限，这个值不能预测实际的长期故障率。[①]根据上面引用的有限数据，不妨考虑将制造商提供的 MTBF 值除以 7.5 左右，更准确的估算出 5 年故障率。

3. 硬盘类型

目前市场上只剩下两家硬盘制造厂商了：希捷（Seagate）和西部数据（Western Digital）。你也许看到过其他一些在售品牌，但它们最终还都是由这两家公司制造，二者都经历了长达 10 年的收购狂潮。

品牌将其硬盘产品划分为几个常规分类。

- 实用型硬盘：这类产品以尽可能最低的价位提供大容量的存储空间。性能并不是优先考虑的，不过通常也还可以。如今的低端硬盘往往比 5～10 年前的高性能硬盘还要快。
- 面向大众市场的性能型硬盘：这类针对最终用户（通常是游戏玩家）的升级版产品具有比其对等的实用型产品更高的转速和更大的缓存。在大多数基准测试中，它们的性能优势尤为明显。与实用型硬盘一样，固件特别针对单用户访问模式（例如大量的顺序读写）进行了调校。运行起来比较热是性能型硬盘的常见现象。
- NAS 硬盘：NAS 是"网络附加存储"（network-attached storage）的简称，但是这类硬盘适用于各类服务器、RAID 系统以及阵列等需要同时放置并访问多块硬盘的场合。它们的设计目标就是不间断地工作，在性能、可靠性和低发热量之间取得平衡。

重复单独（stand-alone）访问模式的基准测试也许揭示不出太多实用型硬盘与其在性能方面的差异，但是由于调校过的固件，NAS 硬盘通常能够更智能地处理多个独立的操作流。NAS 硬盘的保修期通常也比实用型硬盘要久，价格则位于实用型硬盘和性能型硬盘之间。

- 企业级硬盘：就硬盘而言，"企业"这个词的含义很丰富，不过大多意味着一个字：贵。在这类硬盘中，你可以找到非 SATA 接口以及一些不常见的特性（例如 10 000 r/min 以上的转速）。划分到这种最高级别的硬盘的保修期也不短（通常是 5 年）。

这些硬盘分类之间的差别基本上一半是真的，一半是市场营销手段。不管哪种硬盘，应对各种应用都不在话下，只不过性能和可靠性各不相同。要想随时能够满足各种潜在需求，NAS 硬盘可能是最佳的万全之选。

硬盘是一种日常用品，不同品牌的特定尺寸、类别、转速的型号都颇为相似。如今，你需要一家具备专门资格的实验室才能区分出这些竞品之间的细微差别，至少在性能方面如此。

可靠性是另一个重要因素。Google 和 Backblaze 的数据显示出不同型号之间存在着显著差异。可靠性最差的型号和最好的型号在故障率方面差了一个数量级。可惜的是，产品不卖出去个一两

① 我们的技术评审员 Jon Corbet 将其称为"保证不会超出的可靠性"（reliability guaranteed not to exceed）值。

年，在市场上建立起自己的声誉，你真的不知道谁好谁差。[①]

无妨。就算是最好的硬盘也会发生故障。如果重要的数据面临风险，备份和冗余存储是免不了的。在设计基础设施时，要假定硬盘终会出错，然后弄清楚在这种情况下，可靠性更好的硬盘价值几何。

4. 保修与停用

由于硬盘要比其他类型的硬件更可能需要保修服务，因此保修时长就是一个重要的购买考量。行业标准已经缩短到了够呛的两年，这个时长正好接近于普通硬盘的蜜月期，实在是巧的令人生疑。许多 NAS 硬盘提供的 3 年保修可谓是一项重大优势。

如果可以证明硬盘未通过制造商提供的诊断测试，尚在保修期内的硬盘更换并不费什么事。测试程序通常只能在 Windows 下运行，不能有虚拟化环境以及诸如 USB 底座（USB cradle）之类的中间连接硬件。如果你用到的操作需要频繁的更换硬盘，可能会发现维护一台专用的 Windows 机器作为硬盘测试站还是值得的。

哪怕你无法完全证明损坏的硬盘满足了保修期内的更换条件，也应该积极主动地将涉及的硬盘停用。即便是看起来并不起眼的信号（例如，古怪的噪音或者临时文件中的块错误）都有可能表明硬盘快挂了。

20.2.2 固态盘

SSD 的读写操作分散在多个闪存记忆单元的存储阵列（banks of flash memory cell），就单个存储阵列而言，速度比现代硬盘要慢得多。但由于并行化操作，SSD 整体的带宽能和传统硬盘打成平手，甚至是胜出。SSD 最大的优势在于随机读写数据时，其表现依然良好，而这种数据访问模式恰恰是现实世界中的主流。

存储设备制造商喜欢在自家产品中援引顺序传输率，因为这个数字很大，令人印象深刻。但对于传统硬盘而言，顺序传输率几乎和随机读写的吞吐量没什么关系。[②]

SSD 的性能不是没有代价的。不仅每 GB 的成本要比传统硬盘贵，而且还给存储带来了一些新的问题和不确定因素。Anand Shimpi 在 2009 年 3 月发表了一篇有关 SSD 技术的文章，在其中对 SSD 的前景和风险进行了精彩的介绍。

1. 重写次数限制

SSD 中的每一页闪存（目前产品通常是 4 KiB）的重写次数是有限的（依赖于底层技术，这个数字大概是 10 万次）。为了限制页面的耗损，SSD 的固件维护了一张映射表，将写操作分散到所有的页面。这种重映射对于操作系统是不可见的，后者将 SSD 视为存储块的线性序列。可以把这想象成用于存储的虚拟内存。

闪存可重写性的理论限制可能并不像最初看起来那么严重。可以算一算，你必须以 100 MB/s 的速度将数据源源不断地写入到一块 500 GB 的 SSD，连续不停地超过 15 年才能开始满足重写限制。然而，SSD 的长期可靠性这一更普遍的问题目前尚未有答案。我们很清楚 5 年前生产的 SSD 依然能够保持良好的状态，但今天的产品无疑会有不同的表现。

2. 闪存和控制器类型

好几种类型的闪存都可以制造 SSD。不同类型之间的区别主要在于闪存的每个存储位置上保存了多少位的信息。单级记忆单元（Single-Level Cells，SLC）保存 1 位，这种类型速度最快，但

---

① 可以说，日立（Hitachi）（HGST，现在是西部数据的一部分）值得被视为一个可靠性特别高的品牌。在过去 10 年中，其产品在可靠性图表中一直名列前茅。然而，HGST 品牌的硬盘比竞争对手的产品具有更高的价格溢价。

② 了解工作负载是有益的。对于如果访问模式大部分都是顺序式的，传统硬盘依旧能和 SSD 匹敌，尤其是考虑到硬件成本时。

价格也最贵。另外常见的还有多级记忆单元（Multi-Level Cell，MLC）和三级记忆单元（Triple-Level Cell，TLC）。

SSD评论文章理所当然地热衷于描述这些实现细节，但消费者是否应该关心这些就不清楚了。有些SSD要比其他的更快，不过并不需要特殊硬件洞察力才能认识到这一点。标准基准测试则能够很好地捕捉到性能上的差异。

在理论上，SLC闪存在可靠性上优于其他几种闪存。而在实践中，与可靠性有关的似乎更多的是硬盘固件管理闪存的完善程度以及制造商预留了多少内存用来替换出现问题的记忆单元。

负责协调SSD各个组件的控制器仍然在不断发展。有些控制器的表现要更优秀，但如今所有的主流产品的水平都值得肯定。如果你打算花时间仔细检查SSD硬件，与其去研究各个品牌和型号的SSD，去考察用来实现SSD的闪存控制器的市场声誉通常会更有效。SSD制造商对于其所使用的控制器一般都不会藏着、掖着。如果他们不告诉你，产品评论员也肯定会说的。

3. 簇与预擦除

一个更复杂的问题是在重写闪存页面之前必须先将其擦除。SSD负责处理相关细节。但是，擦除是一个独立的操作，比写入的速度要慢。不可能去擦除单个页面，必须一次性擦除多个连续的页面（簇）（通常是128页或512 KiB）。如果预先擦除好的页面池（the pool of pre-erased page）被耗尽，SSD的写入性能会急剧下降，必须在执行写入操作的同时恢复页面。

重建页面池并不像看起来那么容易，因为针对传统硬盘所设计的文件系统实际上不会去擦除不再使用的数据块。存储设备并不知道文件系统现在已经将某个块视为空闲，它只知道有人很久以前让它把数据保存到那里。对于要维护页面池（意味着写入性能）的SSD，文件系统必须能提醒其有些页面已经用不着了。文件系统目前已经广泛地支持这种称为TRIM的操作。在我们的示例系统中，唯一尚未支持TRIM的文件系统是Linux上的ZFS。

4. SSD的可靠性

Bianca Schroeder等人在2016年发表的论文总结了来自Google数据中心与SSD相关的大量数据。主要结论如下。

- 内存技术与可靠性无关。不同型号之间的可靠性差异颇大，但与硬盘一样，只能进行回顾性评估。
- 大部分读取错误发生在二进制位这个层面，可以通过冗余存储编码来纠正。这些"原始的"（但可以纠正）的读取错误并不鲜见，也在预料之中。在大多数SSD的日常操作中都会出现。
- 最常见的故障模式是发现块中的坏位超出了编码系统的修复能力。这种错误能够检测出，但无法纠正，这必然会导致数据丢失。
- 哪怕是最可靠的SSD型号，有20%的设备至少经历过一次无法纠正的读取错误。对于可靠性最差的型号，这个数字是63%。
- 硬盘的使用时长和工作负载与不可纠正性错误率之间存在弱相关关系。特别是，该研究没有发现任何证据表明老旧的SSD注定会逐渐出现某些故障。
- 由于不可纠正性错误仅与工作负载有少量的关系，所以制造商引用的标准可靠性数据，也就是不可纠正的误码率（Uncorrectable Bit Error Rate，UBER），其实毫无意义。工作量对观察到的错误数量几乎没什么影响，因此不应将可靠性表征为一种比率。

这些发现中最值得注意的是不可读块是一种常见现象，通常都是孤立出现的。SSD的常见场景是报告了一个块错误，但是仍能继续正常工作。

当然了，不可靠的存储设备并不是什么新鲜事，不管你用的是什么硬件，备份和冗余都是必不可少的。然而，SSD故障比你已习惯处理的传统硬盘故障更不易察觉。不像传统硬盘，与硬盘不同，SSD 很少会以一种明确的故障失败而引起你的注意。它需要一种结构化和系统化的监控。

不管 SSD 的服役期如何，错误都会随着时间而滋生，因此 SSD 可能并非归档存储（archival storage）的好选择。相反，孤立的坏块并不表示 SSD 已经损坏或是要挂了。如果没有出现更大规模的故障，重新格式化，然后将其重新投入服务是没问题的。

20.2.3 混合硬盘

在充当了多年的雾件[1]之后，SSHD（使用内建闪存作为缓存的硬盘）终于日渐成形。目前的产品定位于消费级市场。

缩写词 SSHD 代表"solid state hybrid drive"（固态混合硬盘），多少是一种市场营销的成功产物，目的就是巴不得和 SSD 混淆起来。SSHD 就是在逻辑电路板上增加了一些额外功能的传统硬盘。实际上，它和普通的洗碗机一样，都是"固体"（solid state）。

目前的 SSHD 产品的基准测试成绩普标平淡无奇，即便是在基准测试中模拟真实的访问模式时也是如此。大部分原因是因为现有产品通常只包含了少量的闪存作为缓存。

尽管现阶段 SSHD 的性能乏善可陈，但多级缓存的基本思路值得肯定，而且已经在 ZFS 和 Apple Fusion Drive 等系统中得到了良好的运行。随着闪存的价格持续下跌，我们预计盘片式驱动器会加入越来越多的缓存。至于这种产品会不会明确地以 SSHD 销售，那就不得而知了。

20.2.4 高级格式化与 4 KiB 块

数十年来，硬盘数据块的标准大小一直固定在 512 字节。在大部分文件系统看来，这实在是太小了，一点都不实用，所以这些文件系统就自行将多个 512 字节的扇区聚合成大小在 1 KiB～8 KiB 的簇，一起进行读写。

没有哪个与存储硬件通信的软件有兴趣以 512 字节为单位读写，对于硬件而言，维护这么小的扇区，既低效，又浪费。在过去 10 年间，存储行业已迁移到了 4 KiB 的新标准块大小，这称为高级格式化（advanced format）。所有的现代存储设备在内部均使用 4 KiB 扇区，尽管其中的大多数仍继续在为用户模拟 512 字节的数据块。

目前，有 3 种不同的存储设备阵营。

- 512n（512-native）设备是那些沿用 512 字节扇区的老家伙。这种设备已经停产了，不过当然了，在现实生活中仍有不少还在服役。它们对高级格式化一无所知。
- 4Kn（4K-native）设备采用了 4 KiB 扇区（对于 SSD，则是页面）、支持高级格式化、能够向主机报告其块大小为 4 KiB。与该设备直接打交道的所有接口硬件和软件都必须知晓并准备好处理 4 KiB 数据块。

4Kn 是未来的潮流，但是因为要求软硬件的支持，其采用过程不会是一蹴而就。具备 4Kn 接口的企业级硬盘于 2014 年开始上市，但目前除非你去订购，否则是见不到这种设备的。

- 512e（512-emulated）设备在内部采用 4 KiB 数据块，但向主机报告的扇区大小则是 512 字节。这种设备的固件会将 512 字节的块操作聚合成针对 4 KiB 数据块的操作。

从 512n 到 512e 的过渡在 2011 年已经完成。在主机眼中，这两者没什么区别，所以，512e 设备在旧设备和操作系统中表现都很好。

关于 512e，有一件事得知道：这种设备对文件系统的簇和硬件的数据块之间的错位很敏感。

① 所谓雾件（vaporware），又称为（announceware），是一个具有讽刺意味的词，指那些开发完成前就开始作宣传的产品（也许这些产品根本就不会问世）。它们可以是软件、硬件，甚至可以是一种服务。——译者注

因为硬盘只能读写 4 KiB 的页面[①]（尽管它模拟了传统的 512 字节数据块），文件系统的簇边界和硬盘的块边界应该一致。你不会希望一个 4 KiB 数据块的一半对应于一个 4 KiB 的逻辑簇，另一半对应于另一个逻辑簇。在这种布局下，在处理特定数量的逻辑簇时，硬盘可能要读/写相当于其两倍数量的物理页面。

因为文件系统通常是从其所占据的存储空间的起始位置开始计算簇，所以只要让分区的边界对齐 2 的幂（大于硬盘页面和文件系统页面）（例如，64 KiB），就可以解决对齐问题。在现今版本的 Windows、Linux、BSD 上的分区工具都会自动强制实现这种对齐。但是，在遗留系统上未能正确分区的 512e 硬盘无法自动纠正，不要运行对齐工具调整分区边界并手动移动数据。或者，干脆清空整个设备，重新开始。

20.3 存储硬件接口

现在常用的接口标准并不多。如果系统支持多种不同的接口，选择一个最符合速度、冗余、移动性以及价格需求的接口即可。

20.3.1 SATA 接口

串行 ATA（Serial ATA，SATA）是存储设备的主流接口。除了支持高传输率（目前是 6 Gbit/s），SATA 天生就支持热交换和（可选的）命令排队，这两个特性最终使得 SATA 成为了服务器环境中 SAS 的可行替代方案。

SATA 线缆可以轻松地插入相应的连接器上，但也很容易脱落。可以使用带锁扣的线缆，但这种线缆有好处也有不尽如人意的地方。如果主板上的 6 个或 8 个 SATA 连接器挤在了一起，要是没尖嘴钳的话，很难把已经锁住插头拔下来。

SATA 还引入了一种叫作 eSATA 的外部布线标准。这种线缆与标准 SATA 具有相同的电气特性，但连接器略有不同。只用安装一个便宜的转换支架，就可以为只有内部 SATA 连接器的系统加入 eSATA 端口。

要留意只有一个 eSATA 端口的外置多驱动器设备，其中有些是需要专有驱动程序（极少支持 UNIX 或 Linux）的智能（RAID）设备，有些是内建了 SATA 端口复用器的哑设备。这些设备也许能用于 UNIX 设备，但由于并非所有的 SATA 主机适配器（SATA host adapter）都支持端口扩展器，所以要密切注意兼容性信息。带有多个 eSATA 端口的设备（每个驱动器托架对应一个端口），就不用担心啦。

20.3.2 PCI Express 接口

PCI Express（Peripheral Component Interconnect Express，PCIe）背板总线已经在 PC 主板上使用了十多年。现在已经是连接各种附加板卡，甚至是显卡的主流标准。

随着 SSD 市场的发展，即便是传输率已经达到了 6 Gbit/s，SATA 接口很快就会变得不足以应对最快的存储设备。高端固态盘已经放弃了传统的 6.35 厘米（2.5 英寸）便携式计算机硬盘的外形，开始采用直接插入系统 PCIe 总线的电路板形式。

PCIe 因其灵活的架构和快速的信令速率而颇具吸引力。现在主流的版本 PCIe 3.0，其信令速率达到了 8 GT/s。实际吞吐量取决于设备拥有多少信道（最少 1 条，最多 16 条）。信道最多的设

① 对于传统的机械硬盘，则是扇区。

备可以达到 15 GB/s 以上的吞吐量。[①]即将登场的 PCIe 4.0 标准将基本信令速率翻倍，提高到了 16 GT/s。

在对比 PCIe 和 SATA 时，记住，6 Gbit/s 的 SATA，其速度单位是 Gb（gigabit）。全信道 PCIe 的速度是 SATA 的 20 倍以上。

SATA 标准已经感受到了压力。可惜的是，过往的设计选择和要求对现有布线和连接器的支持，限制了 SATA 的生态环境。在未来的几年里，SATA 接口的速度不大可能有实质性的提高。

相反，近来的工作重点放在了尝试在互连层面上统一 SATA 和 PCIe。板卡（plug-in cards）的 M.2 标准可以在标准连接器上实现 SATA、PCIe（最多 4 个数据通道）以及 USB 3.0 之间的连通性。一到两个这种插槽已经是如今便携式计算机的标配，在桌面系统上也能找到它们的身影。

M.2 卡大约 1 英寸宽，最长可达 4 英寸左右。这种卡很窄，留给两侧元件的空间也就是几毫米。

U.2 是对 M.2 做出的最新调整，刚刚投入应用。不包括 USB，U.2 在 SATA 和 PCIe 之外还实现了对 SAS 的连通性。

20.3.3 SAS 接口

SAS 是 Serial Attached SCSI（串接 SCSI）的缩写，其中的 SCSI 指的是小型计算机系统接口（Small Computer System Interface），这是一种通用数据通道，曾用于连接多种不同类型的外设。如今，USB 已经霸占了外设连接市场，SCSI 只能以 SAS 的形式出现了，后者是一种用于连接大量存储设备的企业级接口。

SAS 和 SCSI 现在基本上就是同义词，不同的 SCSI 技术的悠久历史可追溯到 1986 年，但其中大多数只是让人徒增困惑。操作系统通过“SCSI 子系统”过滤所有的磁盘访问，不管是否涉及实际的 SCSI 设备，这样一来，把水给搅得更混了。我们的建议是所有这些历史都不要理会，把 SAS 单独视为一个系统。

和 SATA 一样，SAS 也是一种点对点系统：你可以通过线缆或者直接安装的背板（direct-mount backplane）将设备插入 SAS 端口。但是，SAS 允许使用“扩展器”将多个设备连接到单个主机端口。这类似于 SATA 端口复用器，但不管是否支持端口复用器，SAS 扩展器肯定没问题。

SAS 目前的运行速度是 12 Gbit/s，两倍于 SATA。

在本书之前的几版中，SCSI 是服务器应用显而易见的接口选择。它提供了最高的可用带宽、命令乱序执行（也称为标记命令排队）、更低的 CPU 占用率、便于处理大批量的存储设备、能够访问市面上最高级的硬盘。

SATA 的出现抹平或最大限度地弱化了其中大部分优势，所以 SAS 根本无法达到 SCSI 曾经所具有的那些显著优势。SATA 硬盘几乎在每个类别中都与同级的 SAS 硬盘展开竞争（某些情况下，表现还更优秀）。同时，SATA 设备以及用于连接设备的接口和线缆都更便宜，而且适用面更广。

SAS 手里仍然拥有几张王牌。

- 制造商仍然利用 SATA/SAS 的对立来划分存储市场的层次。为了证明其高价的合理性，速度最快、可靠性最好的硬盘还是只能使用 SAS 接口。
- SATA 受限于只有 32 个待处理操作的队列深度。SAS 则可以有数千个。
- SAS 能够在单个主机接口上应对多个存储设备（数百或数千）。但要记住，所有这些设备都共享到主机的单个通道，另外还受限于 12 Gbit/s 的汇集带宽。

SAS 与 SATA 之间的争论最终可能没什么意义，因为 SAS 标准包括对 SATA 驱动器的支持。

---

① 不足 16 GB/s，因为信令开销耗费了部分带宽。不过这部分开销非常小（大概 1.5%），可以放心忽略。

SAS 和 SATA 连接器也非常相似，单个 SAS 背板可以适用于这两种类型的驱动器。在逻辑层，SATA 命令可以直接通过 SAS 总线进行隧道传输。

这种统一是一项了不起的技术成就，但是其经济效益尚不明显。SAS 的安装成本主要在主机适配器、背板和基础设施，SAS 驱动器本身并不是贵得离谱。一旦在 SAS 配置上投资，可能会从头到尾都得坚持使用 SAS。（另一方面，SAS 驱动器适度的价格溢价可能是因为很容易用 SATA 驱动器替换它们。）

20.3.4　USB

通用串行总线（Universal Serial Bus，USB）是连接外置硬盘的流行选择。目前，USB 3.0 的速度是 4 Gbit/s，USB 3.1 提升到了 10 GB/s。①两种系统的速度都很快，除了最快的全速 SSD，其他设备都足以应对。但要注意 USB 2.0，它的峰值速度为 480 Mbit/s，这个速度太慢了，连机械硬盘都满足不了。

存储设备本身根本不会配备原生 USB 接口。市面上带有 USB 接口的外置驱动器无一例外的都是在机盒（enclosure）里安装了协议转换器的 SATA 驱动器。你也可以单独购买这种机盒，安装自己的硬盘。

USB 适配器也可以采用底座和线缆适配器（cable dongle）的形式。如果必须频繁更换磁盘，底座特别有用：只用把旧硬盘拉出来，然后插入一个新的即可。

U 盘是完全合法的存储设备。它提供了类似于其他硬盘的块接口，只是吞吐量通常表现一般。其底层技术与 SSD 差不多，但给 SSD 带来高速和稳健性的一些关键技术在 U 盘身上却缺席了。

20.4　硬盘的安装与低层管理

将硬盘安装到系统中的方式取决于设备所使用的接口。余下的工作就是装托架和连线了。好在如今的连接方法都简单得很。

SAS 采用了可热拔插接口，所以无须断电或重启系统就可以插入新设备。内核应该会自动识别出新设备并为其创建设备文件。SATA 接口理论上也支持热拔插。但是，SATA 规范并没有要求支持该特性，大众市场上的多数产品也未曾实现。

可以通过尝试热拔插 SATA 硬盘来证实热拔插功能是否在特定系统中有效。这么做不会有任何危害。最糟糕的结果也就是系统忽略该硬盘。②

20.4.1　硬件层面的安装核实

安装好新硬盘之后，检查一下，确保系统在最低层面上意识到了这个设备的存在。在实体 PC 机上，这很简单：BIOS 会显示出系统所连接的 SATA 和 USB 硬盘列表。SAS 硬盘可能也会出现其中（如果主板直接支持的话）。要是系统中安装了单独的 SAS 接口卡，你可能得调用该卡的 BIOS 设置，查看硬盘清单。

在云服务器和支持热拔插设备的系统中，你可能得费点事。检查内核在探测设备时的诊断输出。例如，我们的一个测试系统中有一块安装在 BusLogic SCSI 主机适配器上的旧 SCSI 硬盘，输出的对应信息如下。

---

① USB 3.0 的速度通常宣称的都是 5 Gbit/s，但由于强制性编码所带来的开销，实际传输率更多接近于 4 Gbit/s。

② 热拔插看似一记妙招，创造出了各种可能，例如可以直接更换有故障的硬盘，整个过程极少或者无须软件干预，但是让存储栈上层安全可靠地实现这些特性并非易事。我们不会在本书中讲述热插拔管理。

```
scsi0 : BusLogic BT-948
scsi : 1 host.
  Vendor: SEAGATE Model: ST446452W        Rev: 0001
  Type: Direct-Access                    ANSI SCSI revision: 02
Detected scsi disk sda at scsi0, channel 0, id 3, lun 0
scsi0: Target 3: Queue Depth 28, Asynchronous
SCSI device sda: hdwr sector=512 bytes. Sectors=91923356 [44884 MB]
    [44.9 GB]
```

你也可以在系统完成引导之后重新通过系统日志重新查看该信息。有关如何处理内核引导信息可参见 10.4 节。

有些命令能够打印出系统识别的硬盘列表。在 Linux 系统中，最佳选择通常是 lsblk 命令，这是所有发行版中的标准命令。要想输出更多的信息，可以查看设备型号和序列号。

lsblk -o +MODEL,SERIAL

在 FreeBSD 中，使用 geom disk list。

20.4.2 硬盘设备文件

新添加的硬盘由/dev 目录下的设备文件表示。有关这些设备文件的概况参见 5.4.4 节。

我们所有的示例系统都会自动创建设备文件，但你还是得知道到哪里查找这些文件，如何识别对应于新设备的文件。通往灾难的快速之路就是把错误的设备文件给格式化掉了。

表 20.2 总结了我们的示例系统中所采用的硬盘设备命名规则。在表中并没有显示抽象的设备命名模式，只是简单地给出了系统第一块硬盘的名称。

表 20.2 硬盘的设备命名标准

系统	硬盘	分区
Linux	/dev/sda	/dev/sda1
FreeBSD	/dev/ada0	/dev/ada0p1

硬盘的设备名由基础名称（取决于设备驱动程序）和序列号或字母（用于区分不同的硬盘）组成。举例来说，/dev/sda 在 Linux 系统中代表由 sd 驱动程序管理的第一个设备。下一个设备将是/dev/sdb，依此类推。FreeBSD 采用了另一种驱动程序名称，使用数字代替字母，不过套路都一样。

不要给硬盘设备文件中出现的驱动程序名称赋予过多的意义。现代内核通过一个通用的 SCSI 层来管理 SATA 和 SAS，所以如果看到伪装成 SCSI 设备的 SATA 硬盘，也犯不着惊讶。驱动程序的名称在云和虚拟化系统中亦不尽相同，虚拟 SATA 硬盘和真实 SATA 硬盘的驱动程序名称未必一致。

分区的设备文件名加入了用于指明分区号的额外部分。分区编号一般从 1 开始，而不是从 0。

20.4.3 临时设备名称

硬盘名称是在内核枚举系统各种接口和设备时按顺序依次分配的。添加新的硬盘会改变现有的硬盘名称。实际上，哪怕是重新引导系统有时候都会造成名称的变化。

这些事实给系统管理员提出了一些应该遵循的良好规则。

- 在没有核实清楚你所使用的硬盘之前，绝不要对硬盘、分区、文件系统做出改动，即便是在稳定的系统中。
- 绝不要在任何配置文件中提及硬盘设备，以免设备名称之后发生变化。

在设置/etc/fstab 文件时，后一个问题最为明显，该文件列出了系统在引导期间挂载的文件系统。通过/etc/fstab 中的设备文件来识别磁盘分区一度曾是很常见的做法，但如今已经不再十拿九稳了。替代方法参见 20.10.6 节。

Linux 有一些通用方法可以解决“临时设备名称”的问题。/dev/disk 下的子目录按照各种稳定特征（例如制造商 ID 或连接信息）列出了系统内的硬盘。这些设备名称（其实只是又链接到上级目录/dev 中的文件）是不变的，但就是又长又不方便。

在文件系统和磁盘阵列这个层面，Linux 使用唯一的 ID 字符串和文本标签来持久地标识对象。在多数情况下，这些冗长的 ID 都被巧妙地掩盖了起来，你并不需要直接跟它们打交道。

parted -l 可以列出系统中每块硬盘的大小、分区表、型号以及制造商。

20.4.4 格式化与坏块管理

人们通常使用“格式化”（formatting）表示“将分区表写入硬盘并建立分区的文件系统”。但是在本节，我们使用这个词代表硬件层面更基础的硬盘存储介质设置操作。我们更愿意将前一种操作称为“初始化”（initializing），但是在现实中，这两个术语或多或少都混用了，所以你得通过上下文辨别具体的含义。

格式化过程在盘片上写入用于界定每个扇区地址信息和时序标记。除此之外，还要识别导致无法可靠读写某些介质区域的坏块和缺陷。所有的现代硬盘都内建有坏块管理功能，所以用户和驱动程序都不用再操心缺陷问题。驱动器固件会使用硬盘中专门保留的备份区内的好块替换掉这些坏块。

所有硬盘预先都已经格式化过了，出厂格式化操作绝不会比你做得差。如果没有要求，最好别做低级格式化。别把重新格式化硬盘看作一件理所当然的事。

如果你碰上了硬盘读写错误，先检查线缆、终接器以及地址方面的问题，这些都会造成类似于坏块的症状。确定过这些地方之后，如果仍认为硬盘有问题，那最好还是更换一块新的吧，也别指望着格式化了半天之后问题就能消失了。

如果硬盘格式化之后仍出现的坏块有可能无法自动得到处理。如果硬盘确定能够重建受影响的数据，那么新发现的缺陷会被动态映射出去，将数据重新写入新的位置。对于更严重或不确定是否能够修复的错误，硬盘会中止读写操作，将该错误报告给主机操作系统。

SATA 硬盘并未设计为在工厂之外格式化。不过，你也许能从制造商处获得格式化软件（多是 Windows 版）。一定要确保软件匹配待格式化的硬盘并严格遵循制造商的操作方法。[①]

SAS 硬盘会响应用户从主机发出的标准命令，自行完成格式化操作。发送命令的过程随系统不同而异。在 PC 上，通常可以通过 SAS 控制器的 BIOS 发送命令。要想在操作系统中发送格式化命令，可使用 sg_format 命令（Linux 系统）或 camcontrol 命令（FreeBSD 系统）。

有各种实用工具可以通过向硬盘中随机写入数据，然后再回读的方式来核实硬盘的完整性。彻底的测试要耗费很久（数小时），可惜也没预测出什么有价值的东西。除非你怀疑硬盘坏了，但没法一换了之（或是你得按小时付费），否则可以跳过这些测试步骤。除此之外，可以在夜间运行测试。别担心过度使用或者太积极的测试会“磨损”硬盘。企业级硬盘就是专门针对持续操作而设计的。

20.4.5 ATA 安全擦除

从 2000 年开始，PATA 和 SATA 硬盘都实现了“安全擦除”命令，该命令使用制造商已经确

① 另一方面，一块 4 TB 的硬盘也就卖 100 美元，还费这事干嘛！

定能够防止数据恢复的安全方法覆盖硬盘数据。安全擦除通过了 NIST 认证[①]，能够满足大部分需求。按照美国国防部的分类，其获准的安全级别低于“保密”（secret）级别。

为什么需要这种特性？首先，文件系统一般并不会擦除自己的数据，所以对硬盘数据使用 rm -rf *并不会造成什么破坏，数据都可以通过软件工具恢复。[②]在处置硬盘时，不管你是把它放到 eBay，还是丢进垃圾桶，记住这一点至关重要。

其次，即使手动覆盖传统硬盘上的每个扇区，还是会留下磁痕，依然能够被意志坚定的攻击者在实验室里把数据恢复。安全擦除会反复执行多次覆盖操作，直至消除残留信息。对于大多数站点而言，磁性残余不是什么严重的问题，但是知道你没有将组织的机密数据带出到外界总是件好事。某些站点可能有相关的监管或业务要求，规定了如何擦除数据。

最后，安全擦除能够将 SSD 重置为完全擦除状态。在无法发出 ATA TRIM 命令（块擦命令）时（要么因为 SSD 使用的文件系统不知道如何发出，要么因为连接 SSD 的主机适配器或 RAID 接口不支持传送 TRIM），这种重置可以提高性能。

ATA 安全擦除命令受到驱动器级别的密码保护，以降低意外激活的风险。因此，你必须在调用该命令之前在驱动器上设置密码。不过用不着再去费心地记录密码，需要时重置就行了。不会出现驱动器被锁定的危险。

在 Linux 下，你可以使用 hdparm 命令激活安全擦除。

```
$ sudo hdparm --user-master u --security-set-pass password /dev/disk
$ sudo hdparm --user-master u --security-erase password /dev/disk
```

FreeBSD 中与此对应的命令是 camcontrol。

```
$ sudo camcontrol security disk -U user -s password -e password
```

SAS 的世界中并没有类似于 ATA 安全擦除的命令，不过 20.4.4 节中讲过的 SCSI“格式化单元”（format unit）命令是一个合理的替代。

很多系统都有一个实用工具 shred，该工具会尝试安全地擦除单个文件的内容。可惜的是，它依赖于一种假设：文件的数据块能够被就地（in place）覆盖。但在很多情况下（SSD 上的文件系统、具有快照的逻辑卷、ZFS 或 Btrfs 上的任何内容），这种假设都不成立，shred 的通用效力也因此存疑。

要想一次性清理整个 PC 系统，另一个选择是 Darik 的 Boot and Nuke。该工具通过自己的引导盘运行，所以并不属于日常工具。不过对于已经退役的老旧硬件来说，还是很方便的。

20.4.6 hdparm 与 camcontrol：设置硬盘及接口参数

hdparm（Linux）和 camcontrol（FreeBSD）能做的事情可不止发送安全擦除命令那么简单。它们提供了一种与 SATA 和 SAS 硬盘固件交互的通用方法。

由于这种工具的操作接近于硬件层，所以只能正常工作于非虚拟化系统。在传统的物理服务器上，这实际上是获取系统硬盘设备信息的最佳方式（hdparm -I 和 camcontrol devlist）。我们没在别的地方（例如，在本章的 20.1 节）提及它们的原因在于其无法在虚拟系统中使用。

---

① 美国国家标准技术研究所（National Institute of Standards and Technology，NIST）前身为国家标准局，是一家测量标准实验室，隶属于美国商务部的非监管机构。——译者注

② 大多数支持 TRIM 命令的文件系统现在都会通知 SSD，某些数据块系统已经不再需要，所以这个结论不再像曾经那么准确了。但是，TRIM 只是建议性的，SSD 并不一定非得以擦除数据作为响应。

hdparm 来自 IDE 的史前时代，逐渐发展到涵盖了 SATA 和 SCSI 的特性。camcontrol 最初是作为 SCSI 的管理工具，目前已经包含了一些 SATA 特性。两者的语法不同，但如今覆盖的功能区域大致相同。

除此之外，这些工具可以设置驱动器电源选项、启用或禁用降噪选项、设置只读标志、打印详细的驱动器信息。

20.4.7 使用 SMART 监控硬盘

作为一种容错系统，硬盘使用了纠错编码和智能固件来向主机操作系统隐藏缺陷。在某些情况下，驱动器被迫向操作系统报告的不可纠正的错误不过是那些尚且有救但已趋恶化的问题终于积累到顶点的最新表现罢了。在危机爆发前知道些征兆总是件好事。

SATA 设备实现了详细的状态报告，有时可以预测驱动器故障。这个名为 SMART 的标准，即“self-monitoring, analysis, and reporting technology”（自我监控、分析和报告技术），提供了 50 多个可供主机检查的操作参数。

20.2.1 节中提到的 Google 所发表的硬盘设备研究报告被媒体广泛总结为：SMART 并不能预测硬盘故障。这么说并不准确。事实上，Google 发现了 4 个可以高度预测故障的 SMART 参数，但是这几个参数值的变化并不总伴随着故障。在研究中出现故障的硬盘，其中有 56%并未在这 4 个最具预测性的参数上出现什么变化。另外，能预测出近一半的故障对我们来说已经很不错了！

这 4 个敏锐的 SMART 参数分别是：

- 扫描错误计数（scan error count）；
- 重分配计数（reallocation count）；
- 离线重分配计数（off-line reallocation count）；
- 试用扇区数（number of sectors on probation）。

这些值都应该是 0。根据 Google 实验室的研究，如果出现非零值的话，在未来的 60 天内，出现故障的可能性将分别提高 39 倍、14 倍、21 倍、16 倍。

为了利用 SMART 数据，需要有软件去查询并获得驱动器里的这些数据，然后判断当前结果是否严重到需要引起管理员的注意。遗憾的是，驱动器制造商的报告标准各不相同，所以解读过程可能并不简单。大多数 SMART 监控程序会收集基线数据，然后查找数据在“不良”方向上的骤变，而不是去解释绝对数值。（根据 Google 的研究，把这些“软性”SAMRT 指标连同 4 大参数一同考虑能够预测出 64%的故障。）

标准的 SAMRT 管理软件是 smartmontools 软件包。Red Hat、CentOS、FreeBSD 默认都安装了该软件，在其他系统的默认软件仓库中通常也能找到。

smartmontools 软件包由 smartd 守护进程和 smartctl 命令组成，前者负责持续监控驱动器，后者可用于交互式查询或编写脚本。守护进程只有一个配置文件，一般是/etc/smartd.conf，其中包含了大量的注释和丰富的示例。

SCSI 有自己的带外（out-of-band）状态报告系统，可惜该标准在这方面远不如 SMART 那么细致。smartmontools 也尝试加入 SCSI 设备，但是 SCSI 的预测值还不够清晰。

20.5 逐层剖析存储的软件面

如果你习惯了插上硬盘，让 Windows 系统询问你是否要对其进行格式化，那么对于 UNIX 和 Linux 系统在存储管理上显而易见的复杂性，你可能会感到有点吃惊。为什么一切都这么复杂？

首先，很多复杂性并不是必需的。在包含窗口管理器的 UNIX 和 Linux 系统中，你可以登录到自己的系统桌面，连接相同的 USB 驱动器，享受和 Windows 中差不多的体验。设置个人数据存储也很简单。如果这就是你所需要的，可以不用往下看了。

和本书中往常一样，我们的主要兴趣在于企业级存储系统：能够由大量用户或进程（本地和远程）访问的文件系统，可靠、性能优异、方便备份、易于适应未来的需要。这些系统需要更多的考量，而 UNIX 和 Linux 给予了你足够的思考余地。

20.5.1 存储系统元素

图 20.1 展示了一组典型的软件组件，负责在原始存储设备和最终用户之间进行协调。图中的架构适用于 Linux，但其他系统也包含类似的功能，不过未必是在同一个软件包中。

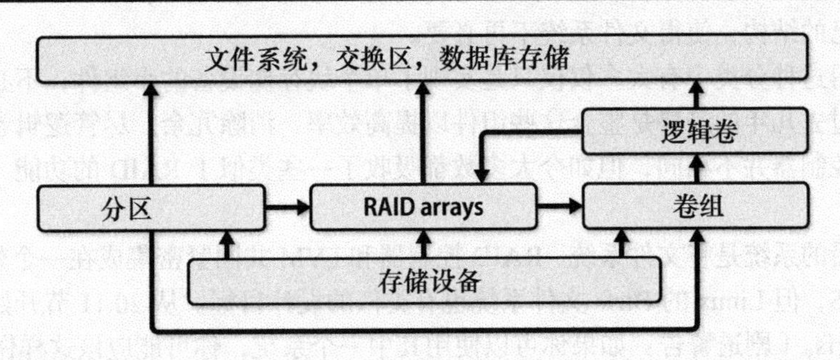

图 20.1 存储管理各层

图 20.1 中的箭头代表“可以建立在”（can be built on）。例如，Linux 文件系统可以建立在分区、RAID 或逻辑卷之上。由管理员负责建立模块栈，将各个存储设备连接到最终的应用。

眼尖的读者会注意到图示中出现了一处环路，但在现实世界中不应该出现这种配置。Linux 允许 RAID 和逻辑卷按任意顺序堆叠，但不管哪个组件都不应该多次使用（尽管在技术上可以做到）。

下面是图 20.1 中出现的各个部分。

- 存储设备是指任何看起来像磁盘的东西。它可以是硬盘、U 盘、SSD、以硬件形式实现的外部 RAID，甚至还可以是为远程设备提供块级访问的网络服务。具体的硬件并不重要，只要设备允许随机访问、能够处理块级 I/O、可以描述成设备文件即可。
- 分区是存储设备中大小固定的子区域。每个分区都有自己的设备文件，其行为表现和独立的存储设备差不多。出于效率上的考虑，实现分区的通常也是负责底层设备的驱动程序。分区方案要占用设备起始位置上的少量数据块，用于记录每个分区数据块的起止范围。
- 与逻辑卷管理器（Logical Volume Manager，LVM）关联的卷组和逻辑卷。这些系统将物理设备聚集成称为卷组（volume group）的存储池。管理员然后可以将池再进一步划分成逻辑卷，其方式与划分硬盘分区大致相同。例如，一块 6 TB 的硬盘和一块 2 TB 的硬盘可以聚集成一个 8 TB 的卷组，然后再划分成 2 个 4 TB 的逻辑卷。至少有一个卷将包括来自两块硬盘的数据块。

因为 LVM 在逻辑块和物理块之间又添加了一个间接层，它只需要简单地生成一份映射表的副本就能够冻结卷的逻辑状态。因此，逻辑卷管理器通常都具备某种形式的“快照”特性。卷的写入操作会被重定向到新的块，LVM 会保存新旧两张映射表。当然了，由于 LVM 必须存储原始镜像和所有修改过的块，如果一直不删除快照的话，最终会导致存储空间不足。

- 廉价/独立磁盘冗余阵列（Redundant Array of Inexpensive/Independent Disk，RAID）将多

个存储设备组合成一个虚拟设备。取决于阵列的设置方式，RAID 可以提高性能（通过并行读写磁盘）、增加可靠性（通过跨多磁盘进行复制或奇偶校验），或是两者皆得。操作系统或者各类硬件都能够实现 RAID。

顾名思义，RAID 通常被视为裸驱动器的聚合，但现代实现允许你使用任何像磁盘一样的东西作为 RAID 的组件。

- 文件系统周旋于分区、RAID、逻辑卷所提供的原始数据块和程序所需的标准文件系统接口之间：路径（例如/var/spool/mail）、UNIX 文件类型、UNIX 权限等。文件系统包括文件内容保存的位置和方式、如何在磁盘上描述和搜索文件系统名称空间、系统如何抵御破坏（或从中恢复）。

大多数存储空间最终都成为了文件系统的一部分，但在有些系统中（并非当前版本的 Linux），如果没有文件系统的“帮助”，交换空间和数据库存储的效率可能会略高一点。内核或数据库在存储上强加了自己的结构，使得文件系统不再必要。

如果你觉得这种分类中有太多仅仅只是实现了单个块存储设备的小组件，不必介意，很多人和你有同感。过去几年的趋势是整合这些组件以提高效率、消除冗余。尽管逻辑卷管理器最初的作用和 RAID 控制器并不相同，但如今大多数都吸收了一些类似于 RAID 的功能（尤其是条带化和镜像）。

当今最前沿的系统是将文件系统、RAID 控制器和 LVM 共同紧密集成在一个软件包中。最早的例子就是 ZFS，但 Linux 的 Btrfs 文件系统也有类似的设计目标。从 20.11 节开始，我们会详细讲述 ZFS 和 Btrfs。（剧透警告：如果你可以使用其中一个系统，你可能应该这样做。）

20.5.2 Linux 设备映射器

为了简单起见，我们在图 20.1 中略去了 Linux 存储栈中的一个核心组件：设备映射器。这个千变万化的小家伙在多处都有染指，主要的例子包括 LVM2 实现、用于容器化的文件系统层的实现（参见 25 章）以及全盘加密的实现（在网上搜索 LUKS）。

设备映射器抽象出了一种概念：一个块设备可以构建在另一组块设备之上。给定一张设备映射表，它能够实现块设备之间的持续转换，将每个块映射到其适当的目标位置。

在大多数情况下，设备映射器是 Linux 存储实现的一部分，你不会直接与其打交道。但是，每当访问/dev/mapper 下的设备时，你都会看到它的踪迹。你也可以使用 dmsetup 命令设置自己的映射表，不过需要这样做的情况可能相对稀少。

在接下来的部分中，我们将详细介绍存储配置中涉及的各个层：分区、RAID、逻辑卷管理和文件系统。

20.6 硬盘分区

分区和逻辑卷管理都可以将一块硬盘（在 LVM 中是硬盘池）划分成多个独立的部分，每部分大小已知。这两种方法 Linux 和 FreeBSD 都支持。

传统上，分区操作属于硬盘管理的最底层，而且只能对硬盘进行分区。你可以将单独的硬盘分区置于 RAID 控制器或逻辑卷管理器的控制之下，但你不能再去对逻辑卷或 RAID 卷分区。

只有硬盘能够分区的规则逐渐被取消，转而支持一种更为通用的模型：硬盘、分区、LVM 池、RAID 能够以任意次序或组合的形式相互生成。从软件架构的角度来看，这种模型美丽而优雅。但从实用性方面而言，它带来一种不幸的副作用，暗示除了作为硬盘之外，还有其他一些进行分区的合理原因。

事实上，在大多数方面，逻辑卷管理要比分区更为可取。分区不仅粗糙，而且不堪一击，缺乏诸如快照管理这样的特性。分区确定好之后，则很难改动。相较于逻辑卷管理，它唯一值得一提的优势就是简单性以及 Windows 和 PC BIOS 都理解并要求使用。有几个在专有硬件上运行的 UNIX 版本已经完全舍弃了分区，这些系统上的用户似乎也没人怀念它。

分区和逻辑卷都使备份变得更容易，避免用户侵占彼此的硬盘空间，限制了失控程序造成的破坏范围。所有系统都有一个根“分区”，其中包含了/以及本地主机的大部分配置文件。在理论上，所有用于将系统引导入单用户模式的文件都属于根分区的一部分。各种子目录（最常见的是 /var、/usr）都可以分开放入自己的分区或卷。另外，大部分系统至少都有一个交换区。

对于划分硬盘的最佳方法，意见不一，各种系统使用的默认方法也不尽相同。大多数设置都相对简单。图 20.2 展示了传统的分区和文件系统模式，你可能会在 Linux 系统上的几块硬盘上看到。（未显示启动盘。）

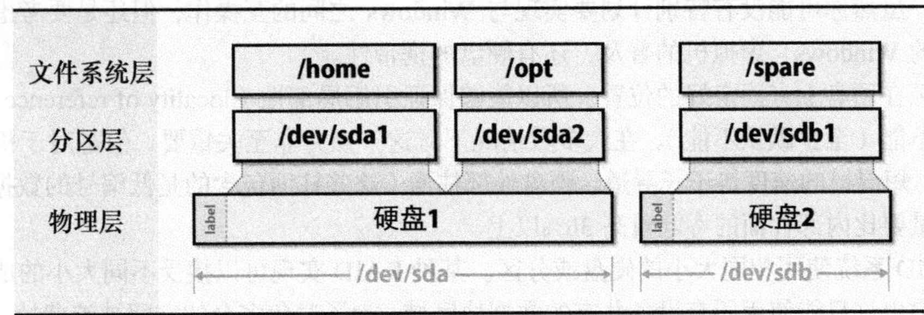

图 20.2　传统的硬盘分区方案（采用 Linux 设备名称）

下面是几个一般性的指导观点。

- 在遥远的过去，配备一个备份的根设备有时还是能派上用场的，如果正常的根分区出现问题，还可以用备份引导。如今，可引导 U 盘或者安装在 DVD 上的操作系统都是更好的恢复选择。备份根分区得不偿失。
- 将/tmp 放在单独的文件系统，可以将临时文件限制在有限的大小，避免再进行备份。有些系统为了提升性能，采用了基于内存的文件系统来存放/tmp。这种文件系统依然有交换空间作支撑，所以应用范围很广，效果良好。
- 日志文件都保存在/var/log，因此把/var 或/var/log 作为单独的分区是个不错的想法。如果让/var 作为一个比较小的根分区的一部分，很容易会把根分区塞满，导致系统挂起。
- 将用户主目录放在单独的分区或卷是一种有益的做法。即便是根分区被破坏或是挂掉，用户数据还有很大的幸存概率。相反，即便是用户的错误脚本把/home 给塞满了，系统也能正常工作。
- 将交换空间分割到几个不同的物理硬盘可能会提高性能，不过如今的内存便宜得很，完全不进行交换的话，效果往往会更好。这项技术也适用于文件系统：把繁忙的文件系统放在不同的硬盘上。该话题参见 29.2 节。
- 向机器中添加内存时，记得也要扩大交换空间大小。有关虚拟内存的更多信息参见 29.6.4 节。
- 尝试把频繁变化的信息集中在少数分区，经常对其进行备份。
- Internet 安全中心（center for Internet security）发布了各种操作系统的配置指南。这些文档是最佳实践意义上的“基准”（benchmark）。其中包含了有关分区和文件系统布局的有用建议。

20.6.1 传统分区

支持分区的系统会在硬盘起始部分写入“标签”，指明各个分区所包含数据块的起止范围，以此来实现分区。具体的细节各不相同。标签通常必须与其他启动信息并存（例如引导块），另外还包含其他信息，诸如标识整块硬盘的名称或唯一的ID。

设备驱动程序负责代表硬盘读取标签，使用分区表计算各个分区的物理位置。通常，一个设备文件代表一个分区，另外还有一个设备文件代表整个硬盘。

尽管逻辑卷管理器不管在哪里都能使用，但某些情况仍然要求或需要利用传统分区。

- 如今只有两种分区方案：MBR 和 GPT。我们随后会详细讨论这两者的细节。
- 在 PC 硬件上，引导盘必须得有分区表。2012 年之前的系统通常需要 MBR，有些新系统需要 GPT。大多数新系统两者都支持。
- 创建 MBR 或 GPT 分区表使得硬盘能够被 Windows 识别，即便是个别分区的内容未必如此。虽然你可能没有特别计划要实现与 Windows 之间的互操作，但还是要考虑到无处不在的 Windows、虚拟机的普及，还有硬盘的携带性。
- 分区在硬盘上有固定好的位置，所以能够保证引用局部性（locality of reference），但逻辑卷不能（至少默认不能）。在大多数情况下，这一点并非至关重要。但是对于机械硬盘而言，短寻道的速度快于长寻道，硬盘外部柱面（这些柱面包含的是低编号的数据块）的吞吐量要比内部柱面的吞吐量高 30%以上。
- RAID 系统使用相同大小的硬盘或分区。某种 RAID 实现可以接受不同大小的成员设备，但它也许只能使用所有设备共有的数据块区域。为了避免多余的空间被浪费掉，你可以将其纳入到单独的一个分区。如果真要这么做的话，把不频繁访问的数据放到这个空闲分区中，否则，涉及该分区的操作会降低 RAID 的性能。

20.6.2 MBR 分区

主引导记录（Master Boot Record，MBR）分区是微软的一种古老标准，可以追溯到 20 世纪 80 年代。这种格式本身有局限，设计上也有问题，大于 2 TB 的硬盘就没法支持了。不过谁能想到硬盘竟然能变得这么大?

MBR 相较于 GPT 唯一的优点就是老旧的 PC 硬件能通过其引导 Windows。除非被迫使用 MBR 分区，否则通常你是不会想用的。遗憾的是，MBR 仍旧是很多发行版安装程序通用的默认设置。

MBR 占据了一个 512 字节的硬盘块，其中大部分都是引导代码。剩下的空间只够定义 4 个分区。这些分区叫作“主”（primary）分区，因为它们是直接定义在 MRB 中的。

在理论上，你可以将其中一个主分区定义为“扩展”（extended）分区，这意味着该分区会包含它自己的辅助分区表。但是，扩展分区会导致各种细微的问题。在 MBR 的暮年，最好还是别用。

Windows 分区系统将一个分区标记为“活动”。引导装载程序会查找活动分区，尝试从中载入操作系统。

每个分区都有一个单字节的类型属性，用于指明分区内容。一般来说，这个编码要么代表文件系统类型，要么代表操作系统。这些编码并非集中分配的，但至今已经发展出了一些约定。Andries E. Brouwer 给出了一份总结。

给硬盘分区的 MS-DOS 命令叫作 fdisk。大多数支持 MBR 形式分区的操作系统都采用这个名字作为自己的分区命令，但这些 fdisk 之间有很多差异。Windows 本身也在变化：在近来的版本中，这个命令行工具叫作 diskpart。Windows 也有一个图形化界面的分区工具，可以通过 mmc 的 Disk Managment 插件使用。

不管是用 Windows 或其他操作系统分区，都没有关系。结果是一样的。

20.6.3 GPT：GUID 分区表

Intel 的可扩展固件接口（Extensible Firmware Interface，EFI）项目用更具现代化和功能性的架构取代了摇摇欲坠的传统 PC BIOS。[①]EFI 固件现在是新 PC 硬件的标准，EFI 的分区方案已获得了操作系统的普遍支持。

称为“GUID 分区表”或 GPT 的 EFI 分区方案消除了 MBR 那些显而易见的缺点。GPT 只定义了一种分区（不会再有“扩展分区内的逻辑分区”这种东西了），你可以创建任意多的数量。每个分区都有一个由 16 字节的 ID（全局唯一的 ID，即 GUID）所指定的类型，GUID 不要求统一仲裁。

值得一提的是，GTP 把 MBR 作为分区表的第一个块，以此保持与基于 MBR 的系统之间的原始兼容性。这种假的 MBR 使得硬盘看起来像是被一个大的 MBR 分区所占据（至少达到 2 TB 的 MBR 上限）。它本身并没有什么用，但这个假 MBR（decoy MBR）至少能够防止一些不成熟的系统重新格式化硬盘。

Vista 之前的 Windows 版本向前支持读写 GPT 硬盘中的数据，但只有配备了 EFI 固件的系统才支持从 GTP 硬盘中启动 Windows。Linux 及其引导装载程序就要好得多了：操作系统支持 GPT 硬盘，并且能够在任何系统上启动。基于 Intel 的 macOS 系统可以使用 EFI 和 GPT 分区。

尽管 GPT 已被操作系统内核广泛接受，但许多硬盘管理实用程序都缺少维护，无法支持 GPT。所以要确保运行在 GPT 硬盘上的实用程序都支持 GPT。

20.6.4 Linux 分区

Linux 系统提供了多种分区选择，但其中有一些并不能识别 GTP，这使得分区操作暗藏危险。默认的分区程序是 parted，这个命令行工具理解多种标签格式（包括 Solaris 的原生格式），除了创建和删除分区之外，还能够移动和重新调整分区大小。其图形界面版本 gparted 运行在 GNMOE 之下。

相较而言，我们一般推荐使用 gparted。两者都很简单，但是使用 gparted 可以指定所需分区的大小，而不是指定块的起止范围。在给引导盘分区时，大多数发行版的图形化安装程序是最佳选择，因为它通常会建议一个与特定发行版布局配合良好的分区计划。

20.6.5 FreeBSD 分区

和 Linux 一样，FreeBSD 也有多种分区工具。除了 gpart，其余的都可以忽略。它们的存在就是为了诱惑你犯大错。

在 gparted 的手册页中（还有 FreeBSD 其他涉及存储的地方），你会看到一个神秘的词：geom，它指的是 FreeBSD 的存储设备抽象。并非所有的 geom 都是硬盘设备，但所有的硬盘设备都是 geom，所以你可以在任何需要 geom 的地方使用通用的硬盘名称（例如 ada0）。

在 20.1.3 中就用到了 gpart 配置新硬盘的分区表。

---

① EFI 最近变成了 UEFI，由多家厂商共同支持的“unified”（统一）EFI。但在平时，用得更多的词还是 EFI。UEFI 和 EFI 基本上互换使用。

20.7 逻辑卷管理

想象有这样一个世界：你并不知道一个分区到底该有多大。分区创建好之后，过了 6 个月，你发现这个分区太大了，而邻近的分区又太小了。这个场景听起来是不是挺耳熟？逻辑卷管理器允许你动态地将存储空间从过大的分区重新分配给有需要的分区。

逻辑卷管理本质上是硬盘分区的加强及抽象版。它将单个的存储设备组织成“卷组”（volume group）。卷组中的块可以进行分配，形成“逻辑卷”（logical volume），逻辑卷由块设备文件描述，其行为就像分区一样。

但是，逻辑卷要比硬盘分区更灵活、更强大。下面是一些逻辑卷管理器能够完成的神奇操作：

- 在不同的物理设备之间移动逻辑卷；
- 动态地扩展和收缩逻辑卷；
- 生成逻辑卷的写时复制“快照”；
- 在不中断服务的情况下在线更换硬盘；
- 在逻辑卷中实现镜像或条带化。

逻辑卷的组成部分能够以多种方式组合在一起。串联（concatenation）将每个设备的物理块放在一起，依次使用各个设备。条带化（striping）将各部分交错分布，使得相邻的虚拟块实际上分布在多个物理硬盘上。通过降低单硬盘瓶颈，条带化往往可以带来更高的带宽和更低的延迟。

如果你之前接触过 RAID（参见 20.8 节），你可能会发现条带化会让人联想到 RAID 0。但是，LVM 的条带化实现往往比 RAID 更灵活。例如，LVM 可以自动优化条带化或允许不同大小的设备实现条带化，哪怕是读写操作并非总是条带化。LVM 和 RAID 之间的界限确实已经变得模糊，甚至像 RAID 5 和 RAID 6 这样的奇偶校验方案也会在卷管理器中频频出现。

20.7.1 Linux 逻辑卷管理

Linux 的逻辑卷管理（称为 LVM2）实际上是 HP-UX 卷管理器的复制版，后者本身是基于 Veritas 的软件。两种系统的命令本质上是一样的。表 20.3 汇总了 LVM 的命令集。

表 20.3 Linux 中的 LVM 命令

实体	操作	命令
物理卷	创建	pvcreate
	查看	pvdisplay
	修改	pvchange
	检查	pvck
卷组	创建	vgcreate
	修改	vgchange
	扩展	vgextend
	查看	vgdisplay
	检查	vgck
	启用	vgscan
逻辑卷	创建	lvcreate
	修改	lvchange
	调整大小	lvresize
	查看	lvdisplay

LVM 架构的最上层是由单个的硬盘和分区（物理卷）组成的存储池（称为卷组）。卷组然后被划分成逻辑卷，后者是用来存放文件系统的块设备。

物理卷需要使用 pvcreate 添加一个 LVM 标签。要想通过 LMV 访问该设备，这是第一步。除了簿记（bookkeeping）信息之外，标签还包括用于识别设备的唯一 ID。

"物理卷"这个词多少有些让人误解，因为物理卷不需要和物理设备有直接的对应关系。它们可以是硬盘，也可以是分区或 RAID。LVM 对此并不在意。

你可以使用一大堆简单命令（参见表 20.3），也可以使用单个 lvm 命令及其各种子命令来控制 LVM。不管采用哪种方式，效果都是一样的。实际上，这些单独的命令都是指向 lvm 的链接，lvm 会根据命令名执行相应的操作。man lvm 很好地介绍了 lvm 系统及其工具。

Linux 的 LVM 涉及几个截然不同的阶段：

- 创建（其实是定义）和初始化物理卷；
- 将物理卷添加到卷组；
- 在卷组中创建逻辑卷。

LMV 命令开头的字母可以清晰地表示出其所操作的抽象级别：pv 命令处理物理卷，vg 命令处理卷组，lv 命令处理逻辑卷。几个以 lvm 开头的命令（例如，lvmchange）在整个系统上执行。

在下面的例子中，我们安排了一块 1 TB 的硬盘（/dev/sdb）供 LVM 使用，并创建了一个逻辑卷。我们假设硬盘已经按照 20.1.2 节中的方法完成了分区，所有的硬盘空间都分配给了单个分区/dev/sdb1。我们可以完全跳过分区这一步，直接使用原始硬盘作为物理设备，但是这么做并不会有什么性能上的收益。分区能够使硬盘被广大的软件和操作系统所识别。

第一步是将 sdb1 分区标记为 LVM 物理卷。

```
$ sudo pvcreate /dev/sdb1
Physical volume "/dev/sdb1" successfully created
```

我们的物理设备现在已经准备好加入卷组了。

```
$ sudo vgcreate DEMO /dev/sdb1
Volume group "DEMO" successfully created
```

尽管在这个例子中我们只使用了单个物理设备，但肯定还可以添加其他设备。要想回头检查一下刚才的工作，可以使用 vgdisplay。

```
$ sudo vgdisplay DEMO
--- Volume group ---
VG Name               DEMO
System ID
Format                lvm2
Metadata Areas        1
Metadata Sequence No  1
VG Access             read/write
VG Status             resizable
Open LV               0
Max PV                0
Cur PV                1
Act PV                1
VG Size               1000.00 GiB
PE Size               4.00 MiB
Total PE              255999
Alloc PE / Size       0 / 0
Free PE / Size        255999 / 1000.00 GiB
VG UUID               n26rxj-X5HN-x4nv-rdnM-7AWe-OQ21-EdDwEO
```

PE 代表 physical extent，卷组根据这个分配单位进行划分。

最后一步是在DEMO中创建逻辑卷，然后在卷内创建文件系统。我们来生成一个100 GB的逻辑卷。

```
$ sudo lvcreate -L 100G -n web1 DEMO
Logical volume "web1" created
```

LVM中值得注意的大多数选项都集中在逻辑卷这个层面。如果我们要使用这些特性，那就要在这里请求条带化、镜像以及连续空间分配。

我们现在可以通过设备/dev/DEMO/web1访问该逻辑卷。要等到20.9节才开始讨论文件系统，但在这里先简单看一下ext4文件系统的创建，以便演示其他几个LVM技巧。

```
$ sudo mkfs /dev/DEMO/web1
...
$ sudo mkdir /mnt/web1
$ sudo mount /dev/DEMO/web1 /mnt/web1
```

1. 逻辑卷快照

我们可以为任何LVM逻辑卷创建写时复制（copy-on-write）副本，无论卷中是否包含文件系统。如果要想创建备份在别处的文件系统静态镜像，该特性很方便，但不同于ZFS和Btrfs快照，作为一种通用的版本控制方法的话，LVM2快照并不是特别有用。

问题在于逻辑卷的大小是固定的。创建逻辑卷时，存储空间提前就从卷组中分配好了。写时复制副本最初并不消耗空间，但随着数据块被修改，卷管理器得找到空间保存新旧两个版本。在生成快照时，必须为被修改的块预留空间，和任何LVM逻辑卷一样，所分配的存储空间大小固定。

注意，无论是修改原始卷还是快照（默认情况下可写）都无关紧要。无论哪种方式，复制块的开销都要算到快照头上。即使快照本身处于空闲状态，也可以通过源逻辑卷上的活动减少为快照分配的空间。

如果为快照分配的空间少于为其做镜像的逻辑卷所消耗的空间，有可能会出现快照空间不足的情况。这可比听起来要糟糕得多，因为卷管理器无法维护一致的快照镜像。需要使用额外的存储空间保持快照和逻辑卷相同。空间不足的结果就是LVM停止维护快照，从而导致快照损坏。

因此，按照常规的做法，LVM快照应该是短期性的，或者与源逻辑卷一样大。关于“量大又便宜的虚拟副本”就讲这么多吧。

要想将/dev/DEMO/web作为/dev/DEMO/web1的快照，我们可以使用下列命令。

```
$ sudo lvcreate -L 100G -s -n web1-snap DEMO/web1
Logical volume "web1-snap" created.
```

注意，快照有自己的名称，快照源必须以“卷组/逻辑卷”的形式指定。

在理论上，其实应该先卸载/mnt/web1，以确保文件系统的一致性。而在实践中，ext4会避免文件系统受到损坏，尽管可能会丢失少数最近的数据块更新。对于把快照用作备份而言，这算是一种合情合理的折中了。

lvdisplay可以检查快照的状态。如果lvdisplay告诉你某个快照的状态是“inactive”，这表示该快照空间不足，应该删掉了。如果快照处于这种状态，也就无能为力了。

2. 调整文件系统大小

文件系统溢出要比硬盘崩溃更常见，逻辑卷的优势之一就是它们比硬性分区更灵活、更易于调整大小。从用于个人视频存储的服务器到塞满电子邮件的各种部门，我们都有相关的经验。

逻辑卷管理器对逻辑卷的内容一无所知，所以你必须在逻辑卷和文件系统这两个层面上调整大小。调整顺序取决于具体操作。如果是减小操作，先在文件系统上执行；如果是扩大操作，则必须先扩大逻辑卷。用不着记忆这些规则：只用考虑实际情况，然后运用常识。

假设在我们的例子中，/mnt/web1 的增长超出了预期，需要再增加 100 GB 的空间。我们先检查卷组，确保有足够的空间可用。

```
$ sudo vgdisplay DEMO
--- Volume group ---
VG Name                DEMO
System                 ID
Format                 lvm2
Metadata Areas         1
Metadata Sequence No   4
VG Access              read/write
VG Status              resizable
Open LV                1
Max PV                 0
Cur PV                 1
Act PV                 1
VG Size                1000.00 GiB
PE Size                4.00 MiB
Total PE               255999
Alloc PE / Size        51200 / 200.00 GiB
Free PE / Size         204799 / 800.00 GiB
VG UUID                n26rxj-X5HN-x4nv-rdnM-7AWe-OQ21-EdDwEO
```

注意，已经使用了 200 GB 的空间，其中文件系统占用了 100 GB，快照占用了 100 GB。不过，仍有大量的空间可用。我们先卸载文件系统，然后使用 lvresize 为逻辑卷增加空间。

```
$ sudo umount /mnt/web1
$ sudo lvchange -an DEMO/web1
$ sudo lvresize -L +100G DEMO/web1
Size of logical volume DEMO/web1 changed from 100.00 GiB (25600
    extents) to 200.00 GiB (51200 extents).
Logical volume DEMO/web1 successfully resized.
$ sudo lvchange -ay DEMO/web1
```

需要使用 lvchange 命令来停用待调整大小的逻辑卷，调整完成后再重新启用该卷。之所以有这部分操作是因为我们上个例子中还留下了 web1 的一个快照。调整好大小之后，这个快照就能“看到”多出来的 100 GB 空间，但因为其中所包含的文件系统只有 100 GB，所以不影响快照的使用。

现在使用 resize2fs 调整文件系统的大小（数字 2 源自当初的 ext2 文件系统，不过该命令支持所有的 ext 文件系统）。因为 resize2fs 能够根据逻辑卷决定新文件系统的大小，并不需要我们明确指出。只有在收缩文件系统的时候才要指定大小。

```
$ sudo resize2fs /dev/DEMO/web1
resize2fs 1.43.3 (04-Sep-2016)
Resizing the filesystem on /dev/DEMO/web1 to 52428800 (4k) blocks.
The filesystem on /dev/DEMO/web1 is now 52428800 (4k) blocks long.
```

这就是了！再次检查 df 的输出，显示改动后的变化。

```
$ sudo mount /dev/DEMO/web1 /mnt/web1
$ df -h /mnt/web1
Filesystem              Size  Used Avail  Use% Mounted on
/dev/mapper/DEMO-web1   197G   60M  187G    1% /mnt/web1
```

调整其他文件系统的命令与此类似。对于 XFS 文件系统（Red Hat 和 CentOS 系统的默认文件系统），使用 xfs_growfs；对于 UFS 文件系统（FreeBSD 的默认文件系统），使用 growfs。XFS 文件系统必须挂载后才能扩展。从这些命令名可以看出，XFS 和 UFS 文件系统只能扩展，但不能收缩。如果你要减少空间，就得把文件系统的内容复制到另一个更小的新文件系统中。

值得一提的是，在云环境中，你所分配并连接到虚拟机中的“硬盘”其实就是逻辑卷，不过卷管理器自身位于云中的其他位置。这些逻辑卷通常可以通过云供应商的管理控制台或命令行实用工具调整大小。

调整云环境中的文件系统的过程和前面讲过的大同小异，不过要记住，这些虚拟设备模拟了硬盘，所以它们可能还会有分区表。你需要在 3 个独立层面上调整大小：云供应商层面、分区层面、文件系统层面。

20.7.2 FreeBSD 逻辑卷管理

FreeBSD 拥有自己完善的逻辑卷管理器。以前的版本是广为人知的 Vinum，但现在该系统已被重写，以符合 FreeBSD 通用的存储设备架构 geom，管理器名称已更改为 GVinum。与 LVM2 一样，GVinum 也实现了各种 RAID 类型。

FreeBSD 最近在 ZFS 身上投入了大量的精力，尽管并没有正式宣布弃用 GVinum，但开发人员已经公开表态，ZFS 今后是逻辑卷管理器和 RAID 的推荐方法。

20.8 RAID：廉价磁盘冗余阵列

即便是有备份，服务器硬盘故障所导致的后果也是灾难性的。廉价磁盘冗余阵列（Redundant Arrays of Inexpensive Disk，RAID）是一种可将数据分布或复制到多个磁盘上的系统。①RAID 不仅有助于避免数据丢失，还能够将硬件故障引发的停机时间降至最低（经常是 0），同时有可能改进性能。

RAID 可以由专门的硬件来实现，这种硬件可以让一组硬盘在操作系统看来就像是单个组合设备。它也可以简单地由操作系统按照 RAID 的规则读/写多块硬盘来实现。

20.8.1 软件 RAID vs.硬件 RAID

在 RAID 实现中，硬盘本身总是最突出的瓶颈，所以并没有理由认为基于硬件的 RAID 实现就一定快于基于软件或操作系统的 RAID 实现。硬件 RAID 在过去占据主导地位的主要原因有两个：缺少软件替代方案（没有操作系统直接支持 RAID），硬件可以在某种形式的非易失存储器中实现写缓冲。

后一种特性的确能提高性能，因为它使得写操作似乎可以立刻完成。另外还能避免一种称为“RAID 5 写漏洞”（write hole）的潜在损坏问题，我们会在 20.8.4 节详述。但是要注意：市面上销售的很多常用于 PC 的“RAID 卡”压根没有配备非易失性存储器，它们只不过是披着 SATA 接口的外衣，加带了一些板载的 RAID 软件而已。PC 主板上的 RAID 实现也属于这一类。对于这种系统，最好使用 Linux 或 FreeBSD 提供的 RAID 功能。（或者更好点的，使用 ZFS 或 Btrfs。）

我们在重要的生产服务器上遭遇过磁盘控制器故障。尽管数据分散复制在多个物理硬盘上，发生故障的硬件 RAID 控制器还是毁掉了所有的数据。接下来就是漫长难耐的数据恢复过程。灾后重建的服务器现在依赖内核软件管理其 RAID 环境，消除了其他 RAID 控制器故障的可能。

20.8.2 RAID 级别

RAID 能做两件基本的事情。首先，它通过在多块硬盘上“条带化”数据，使得这些硬盘同

---

① RAID 有时也被称为“独立磁盘冗余阵列”（redundant arrays of independent disk）。这两种说法在历史上都没错。

时工作来提供或读取单个数据流，以此提高性能。其次，它能够将数据分散复制到多块硬盘，降低了单个硬盘故障所造成的风险。

复制有两种基本形式：镜像，数据块在多块硬盘上逐位复制；奇偶校验方案（parity scheme），在一块或多块硬盘上存放其他硬盘上数据块的纠错校验和。镜像速度快，但占用硬盘空间更多。奇偶校验方案的硬盘空间利用率更高，但性能较低。

在传统上，RAID 采用术语“级别”（level）来描述，指定了阵列所实现的并行化和冗余的具体细节。这个术语或许有点让人误会，因为级别“越高”未必代表“越好”。级别只是代表不同的配置，使用能满足需要的级别即可。

在下面的图示中，数字表示条带，字母 a、b、c 表示条带内的数据块。标记为 p 和 q 的块代表奇偶校验块。

- “线性模式”，也称为 JBOD（Just a Bunch Of Disk，一堆硬盘而已），这甚至不能算是真正的 RAID 级别。然而，所有的 RAID 控制器还都实现了该模式。JBOD 将多块硬盘的块地址串联在一起，创建了一个更大的虚拟硬盘。数据冗余或者性能收益一概不存在。如今，JBOD 的功能最好通过逻辑卷管理器实现，而不是靠 RAID 系统。
- RAID 0（见图 20.3）提高了性能。它将两块或多块相同大小的硬盘组合在一起，但并非以串联的形式，而是将数据按条带分散到存储池中的各个硬盘。顺序读写操作因此也就发生在多块硬盘上，降低了读写时间。

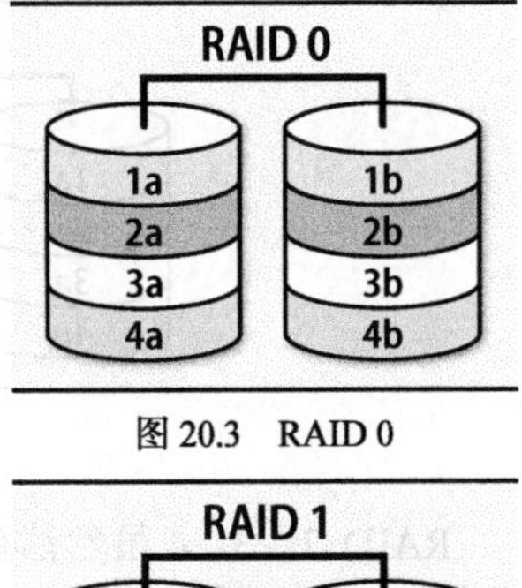

图 20.3　RAID 0

注意，RAID 0 的可靠性要明显低于单独的硬盘。两块硬盘组成的阵列，其故障率大概是单块硬盘的 2 倍，依此类推。

- RAID 1（见图 20.4）俗称为镜像。写操作同时被复制到多块硬盘。这种安排使得写操作略慢于在单个硬盘上的写入速度。但是，它提供了与 RAID 0 相当的读取速度，因为可以在多个重复的硬盘中读取。

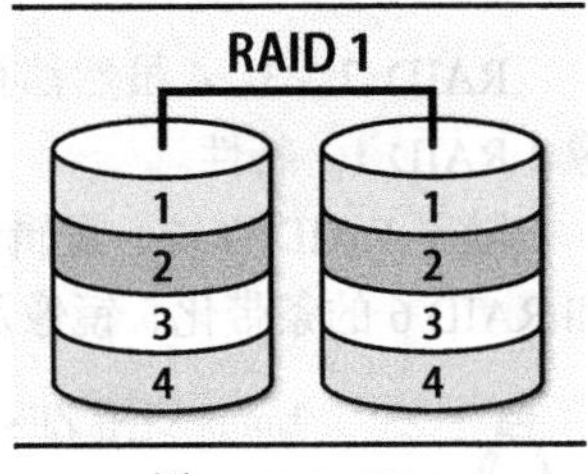

图 20.4　RAID 1

- RAID 1+0（见图 20.5）和 RAID 0+1（见图 20.5）分别为镜像条带（stripes of mirror）和条带镜像（mirrors of stripe）。从逻辑上讲，两者都是 RAID 0 和 RAID 1 的联结，但很多控制器和软件实现都给予了直接支持。两种模式的目标都是同时获得 RAID 0 的性能和 RAID 1 的冗余性。其配置至少需要 4 块硬盘。

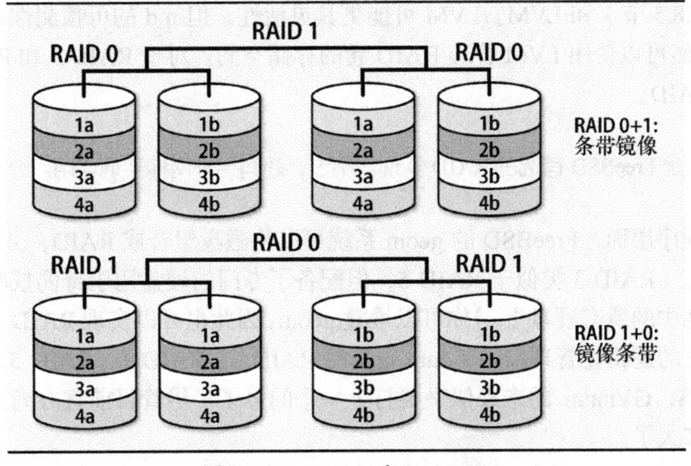

图 20.5　RAID 1+0 和 RAID 0+1

- RAID 5（见图 20.6）将数据和奇偶校验信息都进行了条带化处理，在提高读取性能的同时增加了冗余性。除此之外，RAID 5 在硬盘空间利用率方面也要比 RAID 1 更好。如果阵列中有 *N* 块硬盘（至少需要 3 块），其中 *N*−1 块用于存储数据。RAID 5 的空间效率因此至少可以达到 67%，而镜像的空间效率不会超过 50%。

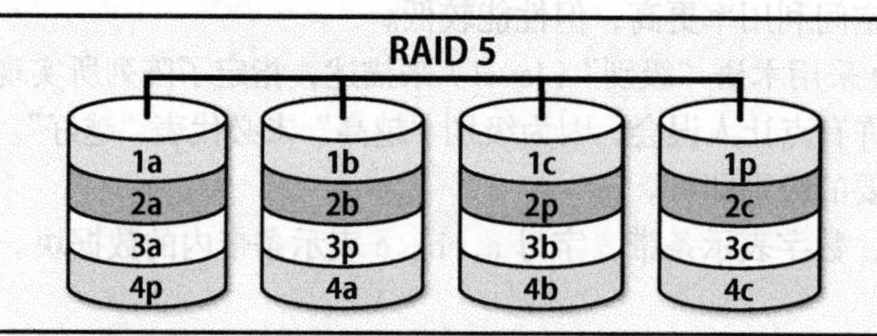

图 20.6 RAID 5

- RAID 6（见图 20.7）类似于带有两块奇偶校验盘的 RAID 5。RAID 6 能够承受两块硬盘的彻底故障而不丢失数据。它需要至少 4 块硬盘。

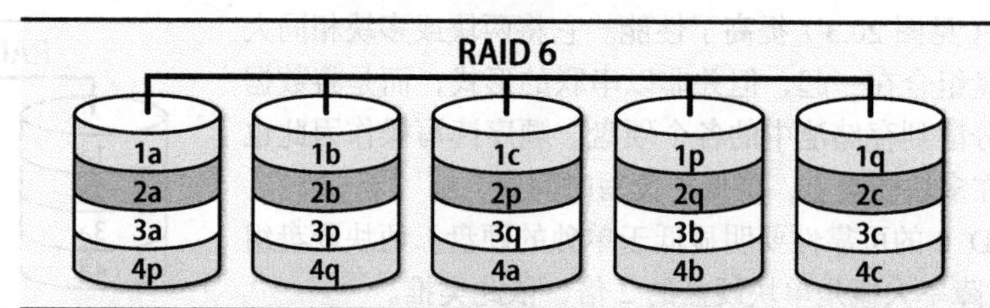

图 20.7 RAID 6

RAID 2、3、4 虽然都有定义，但极少用到。逻辑卷管理器通常包含条带化（RAID 0）和镜像（RAID 1）特性。

随着 RAID 系统、逻辑卷管理器、文件系统都合为一体，ZFS 和 Btrfs 都支持类似于 RAID 5 和 RAID 6 的条带化、镜像及配置。有关这些选项的更多详细信息参见 20.11 节。

Linux 支持 ZFS 和 Btrfs，不过你可能需要单独安装 ZFS。Btrfs 的 RAID 5 和 RAID 6 支持尚未准备好正式投入生产使用。

对于这些文件系统之外的简单的条带化和镜像配置，Linux 给出了两种选择：专用 RAID 系统（md，参见 20.8.5 节）和 LVM。LVM 可能更具灵活性，但 md 的可预测性也许更好点。如果你选择了 md，仍然可以使用 LVM 管理 RAID 卷的存储空间。对于 RAID 5 和 RAID 6，必须使用 md 来实现软件 RAID。

ZFS 是 FreeBSD 首选的 RAID 实现。不过，还有另外两种实现可用。

在硬盘驱动程序层面，FreeBSD 的 geom 系统可以将磁盘组合成 RAID，并且支持 RAID 0、RAID 1、RAID 3。（RAID 3 类似于 RAID 5，但配备了专门的硬盘用于奇偶校验，而不是将奇偶校验分布在存储池中的所有硬盘上。）你可以堆叠 geom，因此也可以实现 RAID 1+0 和 RAID 0+1。

FreeBSD 自己的逻辑卷管理器 GVinum 也支持 RAID 0、RAID 1、RAID 5。但随着 FreeBSD 开始全面支持 ZFS，GVinum 的未来似乎要打上一个问号了。尽管目前官方尚未宣布放弃，但看起来也活跃不了多久了。

20.8.3 硬盘故障恢复

20.2.1 节引用的 Google 磁盘故障研究算得上是颇有说服力的证据，证明在大多数生产环境中需要采用某种形式的存储冗余。按照每年 8%的故障率，你所在的组织只需要投入 150 块硬盘就可以保证平均每个月只有一块硬盘出现故障。

当碰到硬件问题时，JBOD 和 RAID 0 是无计可施的，你必须手动从备份中恢复数据。其他形式的 RAID 则会进入降级模式，引发问题的设备被标记为有故障。从存储器客户的角度来看，RAID 仍旧能正常工作，但其实性能可能已经受到了影响。

故障硬盘必须尽快换新，以便恢复磁盘阵列的冗余性。RAID 5 或双硬盘的 RAID 1 只能够承受单硬盘故障。一旦故障发生，RAID 容易遭受二次故障。

具体过程通常十分简单。用相似或更大的新硬盘替换掉故障硬盘，然后将更换结果告知 RAID 实现。接下来就是一段比较长的时间，这期间奇偶校验或镜像信息会被重写入新的空白硬盘。这个过程一般得花上一整夜。在此阶段，RAID 仍能正常使用，只不过性能有可能不怎么样。

为了降低停机时间，避免 RAID 遭受二次故障，大多数 RAID 实现允许指定一块或多块硬盘作为热备（hot spare）。当故障发生时，故障硬盘会自动切换成热备盘，然后立即开始重新同步。如果 RAID 支持热备，显然应该使用该特性。

20.8.4 RAID 5 的不足之处

RAID 5 是一种流行的配置，但它也有一些缺点。下列问题同样适用于 RAID 6，但为了简单起见，我们把讨论范围限制在 RAID 5。

首先，RAID 5 并不能取代常规的离线备份，这一点至关重要。它能保护系统免受单硬盘故障，但也仅限于此了。RAID 5 不能防止意外删除文件，不能防止控制器故障，火灾、黑客或者任何其他风险都无能为力。

其次，RAID 5 的写入性能并不突出。RAID 5 将数据块写入 $N-1$ 个硬盘，将奇偶校验块写入第 N 个硬盘。[①]无论什么时候随机写入一个块，那么就至少要更新一个数据块和该条带的奇偶校验块。而且，RAID 系统只有在读取了旧的奇偶校验块和旧数据之后，才知道新的校验块应该包含什么。因此，每次随机写入都会扩展为 4 个操作：两次读取操作和两次写入操作。（如果 RAID 实现够聪明，顺序写入可能会更好。）

最后，RAID 5 在某些情况下容易损坏。对奇偶校验数据进行增量更新要比读取整个条带，然后根据原始数据计算条带的校验值来得更有效率。另外，这也意味着压根不会验证或重新计算校验数据。如果条带中有数据块没有和校验块同步，在正常的使用过程中是发现不了这一情况的，读取这些数据块仍旧能返回正确的数据。

只有当硬盘发生故障时，问题才会显现出来。从一开始未同步成功之后，奇偶校验块有可能会被多次重写。因此，在替换硬盘上重新构建的数据块中包含的基本上都是些随机内容。

数据块与奇偶校验块之间的这种非同步现象是有可能发生的。硬盘不属于事务设备（transaction devices）。没有额外措施的话，要想保证不同硬盘上的两个数据块或全零数据块能够被正确更新并非易事。在错误时刻出现的崩溃、电源故障、通信问题都极有可能造成数据或奇偶校验混乱。

这种问题被称为 RAID 5“写漏洞”，它在过去 10 年左右期间里受到越来越多的关注。ZFS 文

---

① 奇偶校验数据分布在磁盘阵列中的所有硬盘，每个条带的奇偶校验存储在不同的硬盘上。由于没有专门的奇偶校验盘，所以单个硬盘不大可能成为瓶颈。

件系统的实现人员宣称，由于ZFS采用了可变宽度条带，所以不会受到该问题的影响。这也是为什么ZFS称其RAID实现为RAID-Z，而不是RAID 5，尽管实际上概念是差不多的。

另一种可能的解决方案是“刷洗”（scrubbing），这种方法在磁盘阵列相对空闲时逐个验证奇偶校验块。大多数RAID实现都包含了某种形式的刷洗功能。你只用记得定期激活该功能即可（通过cron或systemd定时器启动）。

20.8.5 mdadm：Linux的软件RAID

Linux的标准软件RAID实现叫作“多磁盘”驱动程序（“multiple disks” driver）。其前端是mdadm命令。md支持包括RAID 4在内的所有RAID配置。早期系统raidtools现在已经不再使用了。

逻辑卷管理器（LVM2）、Btrfs，或是其他内建了卷管理和RAID特性的文件系统也都可以用来在Linux上实现RAID。我们在20.7.1节讲过LVM，随后会在20.11节讨论下一代文件系统。一般而言，这些实现代表了软件开发的不同时代，mdadm属于元老，而ZFS/Btrfs则是新人。

所有这些系统目前都处于积极维护中，选择你自己喜欢的就行了。没有安装过的站点最好直接选择像Btrfs这种一体化系统。

1．创建磁盘阵列

下面我们要配置一套由3块相同的1 TB硬盘组成的RAID 5。尽管md也可以使用原始磁盘来组成RAID，但出于一致性考虑，我们更偏向于为每块硬盘创建分区表，所以我们先运行gparted创建GPT分区表，将所有的硬盘空间分配给类型为“Linux RAID”的单个分区。并不是非得设置分区类型，不过以后如果有人检查分区表的话，这也算得上是一种有益的提醒。

下列命令为3个占据了整块硬盘空间的分区构建RAID 5。

```
$ sudo mdadm --create /dev/md/extra --level=5 --raid-devices=3
    /dev/sdf1 /dev/sdg1 /dev/sdh1
mdadm: Defaulting to version 1.2 metadata
mdadm: array /dev/md/extra started.
```

虚拟文件/proc/mdstat总是包含了md以及系统中所有RAID的状态汇总信息。添加新硬盘或替换过故障硬盘之后，密切关注/proc/mdstat文件尤其有用。（watch cat /proc/mdstat是一种很方便的惯用方法。）

```
$ cat /proc/mdstat
Personalities : [linear] [multipath] [raid0] [raid1] [raid6] [raid5]
    [raid4] [raid10]
md127 : active raid5 sdh1[3] sdg1[1] sdf1[0]
    2096886784 blocks super 1.2 level 5, 512k chunk, algo 2 [3/2] [UU_]
    [>....................] recovery = 0.0% (945840/1048443392)
        finish=535.2min speed=32615K/sec
    bitmap: 0/8 pages [0KB], 65536KB chunk

unused devices: <none>
```

md系统并不会跟踪磁盘阵列使用了哪些块，所以必须手动同步与数据块所对应的所有奇偶校验块。md称这种操作为“恢复”（recovery），因为这和替换故障硬盘时的做法是一样的。对于较大的阵列，该操作耗时不短。

系统日志中（通常是/var/log/messages或/var/log/syslog）同样会出现一些有用的提醒。

```
kernel: md: bind<sdf1>
kernel: md: bind<sdg1>
kernel: md: bind<sdh1>
```

```
kernel: md/raid:md127: device sdg1 operational as raid disk 1
kernel: md/raid:md127: device sdf1 operational as raid disk 0
kernel: md/raid:md127: allocated 3316kB
kernel: md/raid:md127: raid level 5 active with 2 out of 3 devices,
    algorithm 2
kernel: RAID conf printout:
kernel: --- level:5 rd:3 wd:2
kernel: disk 0, o:1, dev:sdf1
kernel: disk 1, o:1, dev:sdg1
kernel: created bitmap (8 pages) for device md127
mdadm[1174]: NewArray event detected on md device /dev/md127
mdadm[1174]: DegradedArray event detected on md device /dev/md127
kernel: md127: bitmap initialized from disk: read 1 pages, set 15998 of
    15998 bits
kernel: md127: detected capacity change from 0 to 2147212066816
kernel: RAID conf printout:
kernel: --- level:5 rd:3 wd:2
kernel: disk 0, o:1, dev:sdf1
kernel: disk 1, o:1, dev:sdg1
kernel: disk 2, o:1, dev:sdh1
kernel: md: recovery of RAID array md127
kernel: md: minimum _guaranteed_ speed: 1000 KB/sec/disk.
kernel: md: using maximum available idle IO bandwidth (but not more than
    200000 KB/sec) for recovery.
kernel: md: using 128k window, over a total of 1048443392k.
mdadm[1174]: RebuildStarted event detected on md device /dev/md127
```

一开始的创建命令还用于“激活”磁盘阵列（使其可用）。随后重新引导时，多数发行版（包括本书中的所有示例系统）都会自动发现并激活已有的阵列。

注意，在运行 mdadm --create 时，要为阵列指定一个设备路径名。旧式的 md 设备路径形似/dev/md0，但如果你像本例中那样指定了一个/dev/md 目录下的路径，mdadm 会将你选择的路径名写入阵列的超级块中。这种措施确保了你总是能够通过其逻辑路径定位到该阵列，哪怕是阵列自动重启后被分配了不同的阵列号。就像在上面的日志记录中看到的，这个阵列也有一个传统名称（/dev/md127）。/dev/md/extra 只是指向实际阵列设备的符号链接。

2. mdadm.conf：记录磁盘阵列配置

mdadm 在技术上并不需要配置文件，但如果你提供的话（通常是/etc/mdadm/mdadm.conf 或/etc/mdadm.conf），它也乐于接受。我们推荐在创建新磁盘阵列时，在配置文件中加入 ARRAY 记录。像这样在标准位置记录下 RAID 配置，就可以为管理员在出现问题时提供一个显著的信息排除之所。

mdadm --detail --scan 能够以 mdadm.conf 所要求的格式转储当前的 RAID 设置。例如：

```
$ sudo mdadm --detail --scan
ARRAY /dev/md/extra metadata=1.2 name=ubuntu:extra UUID=b72de2fb:60b30
    3af:3c176048:dc5b6c8b
```

有了这一行，mdadm 就能够在启动或关闭时读取 mdadm.conf，轻松地管理该磁盘阵列。例如，要想停用之前创建的阵列，可以运行：

```
$ sudo mdadm -S /dev/md/extra
```

要想再次启用：

```
$ sudo mdadm -As /dev/md/extra
```

第一条命令即便是没有 mdadm.conf 文件也能正常执行，但第二条就不行了。

我们之前建议你将磁盘阵列中各个组件的 DEVICE 条目添加到 mdadm.conf 之中。这句话我们收回。如今，设备名的有效期更短，mdadm 在查找和识别阵列组件方面的表现比以往更好。我们认为DEVICE条目不再是最好的做法了。

mdadm有一个--monitor模式，在该模式下，它以守护进程的形式持续运行，如果检测到RAID出现问题，则会发出警告。一定要使用这个特性！设置这个模式时，要在mdadm.conf文件中加入MAILADDR或PROGRAM行。MAILADDR通过发送电子邮件提醒出现的问题，PROGRAM运行所提供的外部报告工具（其作用体现在与监控系统集成起来时，参见第28章）。

你还需要安排监控守护进程在引导期间运行。所有的示例发行版中都有一个init脚本帮你完成这项任务，只不过名称和用法略有差异。

```
debian$ sudo update-rc.d mdadm enable
ubuntu$ sudo update-rc.d mdadm enable

redhat$ sudo systemctl enable mdmonitor
centos$ sudo systemctl enable mdmonitor
```

3. 模拟故障

如果硬盘真出现了故障，会发生什么？让我们来看看！mdadm提供了一个方便的选项，可以用来模拟有故障的硬盘。

```
$ sudo mdadm /dev/md/extra -f /dev/sdg1
mdadm: set /dev/sdg1 faulty in /dev/md/extra

$ sudo tail -1 /var/log/messages
Apr 10 16:18:39 ubuntu kernel: md/raid:md127: Disk failure on sdg1,
    disabling device.#012md/raid:md127: Operation continuing on 2
    devices.

$ cat /proc/mdstat
Personalities : [linear] [multipath] [raid0] [raid1] [raid6] [raid5]
    [raid4] [raid10]
md127 : active raid5 sdh1[3] sdf1[0] sdg1[1](F)
    2096886784 blocks super 1.2 level 5, 512k chunk, algo 2 [3/2] [UU_]
unused devices: <none>
```

因为RAID 5是一种冗余配置，阵列能够在降级模式下继续工作，所以用户未必能够察觉出了问题。

要从RAID配置中移除设备，可以使用mdadm -r。

```
$ sudo mdadm /dev/md/extra -r /dev/sdg1
mdadm: hot removed /dev/sdg1 from /dev/md/extra
```

一旦硬盘从逻辑上被移除，你就可以关闭系统、更换设备了。热插拔驱动器硬件在更换时无须关闭系统或重新引导。

如果RAID组件是原始硬盘，用相同的硬盘替换即可。基于分区的组件，可以使用类似大小的分区替换，这是一个利用分区而非原始硬盘构建磁盘阵列的好理由。为了匹配带宽，如果底层驱动器硬件相仿的话，那是最好不过了。（当然了，如果你的RAID配置建立在分区之上，在替换之前，必须先运行分区工具划分正确的分区。）

我们的例子中只是模拟了故障，所以不用更换任何硬件就可以把驱动器重新放回磁盘阵列中。

```
$ sudo mdadm /dev/md/extra -a /dev/sdg1
mdadm: hot added /dev/sdc1
```

md会立刻启动重建阵列。你可以像往常一样在/proc/mdstat中看到重建进度。这个过程得花上数个小时，所以在灾后恢复（还有测试！）计划中考虑到这一点。

20.9 文件系统

即便硬盘在概念上已经被划分成分区或逻辑卷之后，仍旧是无法存放文件的。第 5 章所描述过的各种抽象和益处都必须以原始的磁盘块来实现。文件系统就是实现这一切的代码，它需要增加一点自己的开销和数据。

早期系统将文件系统实现纳入到内核中，但是支持多种文件系统类型很快就成为了一个重要的设计目标。UNIX 系统开发了一个定义良好的（well-defined）内核接口，允许同时启用多种文件系统。文件系统接口还抽象了底层硬件，所以文件系统看到存储设备接口和其他 UNIX 程序通过/dev 中设备文件看到的硬盘接口差不多。

支持多种文件系统类型最初的动机是为了支持 NFS 和可移动介质的文件系统。但水闸一旦打开，“看看怎么样”（what if）的时代就到来了，大量团体开始着手改进文件系统。其中有些针对特定的系统，而有些（例如 ReiserFS）不与任何特定的操作系统关联。

大多数操作系统选择一到两种文件系统作为主流的默认设置。在操作系统的稳定版发布之前，这些文件系统与系统其他部分经过了严格的测试。

操作系统普遍采用的模式是正式支持一种传统风格的文件系统（UFS、ext4、XFS）和一种包含卷管理及 RAID 特性的下一代文件系统（ZFS 或 Btrfs）。对后一种选择的支持通常最好是在物理硬件上，云系统可以将其用于数据分区，但有时不适用于引导盘。

尽管其他文件系统实现经常只是打包好的安装文件，附加的文件系统会引发风险和潜在的不稳定性。文件系统是根基，无论在任何情况下都必须是 100%稳定和可靠的。文件系统开发人员竭力实现这种级别的强健性，但风险是无法根除的。[①]

除非你为特定的应用设置了存储池或数据盘，我们建议你坚持使用系统支持的文件系统。这也是文档和管理工具最有可能假定的。

接下来的部分将更详细地讲述最常见的文件系统及其管理。我们首先讨论传统的文件系统 UFS、ext4 以及 XFS，然后是下一代文件系统 ZFS（20.12 节）和 Btrfs（20.13 节）。

20.10 传统文件系统：UFS、ext4、XFS

UFS、ext4、XFS 都有各自的代码基础和历史，但随着时间的推移，在管理员看来，它们彼此都差不多。

这些文件系统代表了将卷管理和 RAID 与文件系统自身分开实现的老派做法。文件系统将自身局限为块设备上的单纯的文件存储。其功能或多或少地局限于第 5 章中描述过的那些。

这类中较旧的文件系统如果在写操作过程中碰上断电，容易遭受不易察觉的损坏，因为数据块中会包含不一致的数据结构。fsck 命令用于在引导期间检查文件系统中的这种问题并自动修复其中的大部分。

现代文件系统都包含了一种叫作日志化（journaling）的特性，可以避免此类损坏的可能。在进行文件系统操作时，所需的改动先被记入日志。一旦日志更新完毕，写入一条“提交记录”（commit record），标记该日志记录结束。直到这时才修改文件系统。如果在更新文件系统的过程

① 苹果公司最近将全球的 iOS 设备（超过 10 亿台）转换为一个名为 APFS 的全新文件系统。这种转变在不知不觉间就完成了，而且没有造成明显的问题，这确实是一项历史性的工程壮举。

中发生崩溃，文件系统随后可以按照日志记录再重建出一模一样的文件系统。[①]

日志化将用于检查各个文件系统一致性（参见 20.10.4 节）的时间降低了大概一半。除了一些硬件故障，几乎可以立即评估并恢复文件系统的状态。

由 McKusick 等人在 20 世纪 80 年代实现的 Berkeley 快速文件系统（Berkeley Fast File System，BFFS）作为早期标准，扩散到了很多 UNIX 系统。经过一些细小的调整，最终成为了 UNIX 文件系统（UNIX File System，UFS），并形成了包括 Linux 的 ext 系列在内的其他文件系统的实现基础。UFS 至今仍是 FreeBSD 默认的文件系统。

第二个扩展文件系统（second extended filesystem，ext2）长期以来都是主流的 Linux 标准。它的主要设计者和实现者是 Rémy Card、Theodore Ts'o、Stephen Tweedie。尽管 ext2 是针对 Linux 编写的，但其功能类似于 Berkeley 快速文件系统。

ext3 添加了日志化功能，而 ext4 是一个相对适度的更新，它加大了一些大小限制，提高了某些操作的性能，并允许使用“extent”（块范围）进行存储分配，而不再仅是个别的块。ext4 是 Debian 和 Ubuntu 的默认文件系统。

XFS 是由 Silicon Graphics 公司开发的，后者也称为 SGI。它是 IRIX（UNIX 的 SGI 版）的默认文件系统，也是第一批基于 extent 的文件系统之一。这使其尤其适合于处理大型媒体文件的站点，很多 SGI 的客户也正是如此。XFS 是 Red Hat 和 CentOS 的默认文件系统。

20.10.1 文件系统术语

很多文件系统都会共用一些描述性术语，这主要是因为其共同的历史。底层对象的实现经常发生改动，但管理员仍旧使用这些术语来表达基本概念。

“inode”是固定长度的表项，其中保存了和单个文件相关的信息。这个术语可能是“index node”（索引节点）的缩写，不过尚不清楚具体的语源出自何处。[②]inode 最初是在创建文件系统时预分配的，但现在有些文件系统是按需动态创建的。不管采用哪种方式，inode 通常都有一个标识数字，使用 ls -i 就可以看到。

目录项指向的就是 inode。如果你为已有文件创建了一个硬链接，那就创建了一个新的目录项，但并没有创建新的 inode。

超级块是一个描述文件系统特征的记录。其中的信息包括数据块的长度、inode 表的大小和位置、块映射表及其使用情况、块组的大小以及其他一些重要的文件系统参数。如果超级块遭到破坏会造成关键信息的丢失，所以在不同的位置保存了多个超级块的副本。

内核会缓存数据块以提高效率。包括超级块、inode 块、目录信息在内的所有类型的数据块都可以被缓存。缓存通常并不是“直写”（write through），因此在应用程序认为已经将数据写入了块到真正将块保存到磁盘上的这两个时间点之间可能存在一些延迟。应用程序可以请求获得更具可预测性的文件行为，但代价是会降低吞吐量。

系统调用 sync 会将修改过的数据块冲洗（flush）到其在磁盘上的永久区域，可能瞬间就能使文件系统完全一致。如果机器崩溃时还有很多未保存的数据块，这种定期保存行为能够将由此可能导致的数据损失降至最低。文件系统可以自己安排什么时候调用 sync，也可以交给操作系统来处理。具备日志机制的现代文件系统能够最小化或者消除由崩溃引起的结构性损坏的可能性，因此，sync 的使用频率如今主要与崩溃中可能丢失的数据块的数量有关。

---

① 在大多数情况下，只有元数据的改动才被记录到日志中。要保存的实际数据直接写入到文件系统。有些文件系统也实现了数据的日志化，但性能代价颇高。

② 维基百科的 inode 页面中的 Etymology 一节讨论了 inode 的语源。——译者注

文件系统的块映射表是一张该文件系统所包含的空闲块的表格。当写入新文件时，会检查此映射表以得出有效的布局方案。块使用情况汇总记录了正在使用的块的基本信息。

20.10.2 文件系统的多态化

文件系统是包含多个组成部分的软件。一部分居于内核（在 Linux 下，甚至有可能是在用户空间；搜索一下“FUSE”），负责实现将标准的文件系统 API 转换成磁盘块读写的细节。其他部分是用户级命令，用于将新卷初始化成标准格式、检查文件系统的破损情况、执行其他特定格式的任务。

很久以前，标准的用户级命令了解系统所使用的文件系统，只用实现相应的功能即可。mkfs 或 newfs 可以创建新文件系统，fsck 可以纠正问题，mount 基本上只是调用对应的底层系统调用。

如今出现了大量的文件系统，系统不得不决定如何解决这种选择上的泛滥。长期以来，Linux 通过包装程序的形式，试图将所有的文件系统都纳入 mkfs 和 fsck 的模型。这些包装程序根据要操作的文件系统类型调用单独命名的命令，例如，mkfs.fsname 或 fsck.fsname。文件系统之间这种伪装的同质性现在已经撑不下去了，大多数系统当下都建议用户直接调用特定的文件系统命令。

20.10.3 文件系统格式化

创建一个新的 Linux 文件系统的一般方法是：

```
mkfs.fstype [ -L label ] [ other_options ] device
```

在 FreeBSD 中，创建 UFS 文件系统的过程类似，只不过使用的是 newfs 命令。

```
newfs [ -L label ] [ other_options ] device
```

mkfs 和 newfs 的-L 选项可以为文件系统创建卷标，例如“spare”“home”或者“extra”。该选项只是众多选项之一，但却是我们建议在所有文件系统都使用的选项。卷标可以省却你跟踪文件系统安装在哪个设备上的烦恼。考虑到硬件调整后硬盘设备名称可能会发生变化，这一点尤为方便。

other_options 是特定于文件系统的，但一般并不使用。

20.10.4 fsck：文件系统的检查与修复

有鉴于块缓冲以及硬盘设备并非真正的事务设备这一现实，文件系统的数据结构有可能会出现自身不一致的情况。如果这些问题不能迅速纠正，则会越演越烈。

最初的解决方法是使用 fsck 命令（“filesystem consistency check”，要么拼读，要么发音为“FS check”或“fisk”），该命令会仔细检查所有的数据结构，遍历每个文件的存储分配树。它依赖于一组启发式规则，这些规则事关更新过程中各个时间点发生故障后文件系统可能的状态。

最初的 fsck 方案的工作效果好得出人意料，但因为要读取硬盘上所有的数据，对于大容量设备，得花上数个小时。早期的优化措施是当文件系统没有正确卸载时，在超级块中设置“文件系统干净”（filesystem clean）位。如果系统重启后发现有清洁位，就知道可以跳过 fsck 检查了。

如今，文件系统日志能够让 fsck 准确地确定故障发生时的活动。fsck 可以简单地将文件系统回滚到上一个已知的一致状态。

如果硬盘出现在/etc/fstab 文件中的话，会在引导期间自动进行 fsck。fstab 文件中包含遗留的“fsck 顺序”（fsck sequence）字段，用于实现文件系统检查时的排序和并行化。但是现在 fsck 的速度已经很快了，唯一真正需要在意的事情就是要先检查根文件系统。

你可以手动运行 fsck 来执行类似于最初的 fsck 那样的深度检查，不过要注意需要的时间。

对于 Linux 的 ext 系列文件系统，可以设置当文件系统被挂载了一定次数或超过一定时长之后，强制对其重新检查，即便是每次卸载都是“干净”的。这种预防措施可能是一种不错的卫生习惯（good hygiene），而且在大多数情况下，默认值（通常是挂载 20 次左右）是可以接受的。但是在像桌面工作站这种会频繁挂载文件系统的系统中，这样的默认设置就比较烦人了。可以使用 tune2fs 命令将间隔设置为 50 次。

```
$ sudo tune2fs -c 50 /dev/sda3
tune2fs 1.43.3 (04-Sep-2016)
Setting maximal mount count to 50
```

如果文件系统出现受损的现象，而且 fsck 也无法自动修复，那么在制作一份牢靠的备份之前，就别再用 fsck 尝试了。最保险的办法就是使用 dd 命令将整块硬盘镜像到备份文件或是备份盘中。

大多数文件系统都会在文件系统的根目录下创建一个 lost+found 目录，以供 fsck 存放无法确定父目录的文件。lost+found 目录有一些预先分配好的额外存储空间，这样一来，fsck 不必在不稳定的文件系统中再分配目录项就可以保存孤立文件了。不要删除该目录。①

由于给文件指定的名称只在文件的父目录中记录，所以孤立文件的名称不可用，因此放置在 lost+found 中的文件是用它们的 inode 编号命名的。inode 表记录了文件所有者的 UID，因此将文件返回到其原始所有者相对比较容易。

20.10.5 挂载文件系统

文件系统在可供进程使用之前必须先挂载。任何目录都可以作为文件系统的挂载点，但是当文件系统挂载好之后，该目录下原先的文件和子目录无法访问了。更多信息参见 5.2 节。

新硬盘安装好之后，手动挂载新文件系统，确保一切工作正常。例如：

```
$ sudo mount /dev/sda1 /mnt/temp
```

该命令将设备文件/dev/sda1（设备名称视操作系统而定）所代表分区的文件系统挂载到/mnt 的子目录，/mnt 是一个用于容纳临时挂载点的传统路径。

你可以使用 df 命令验证文件系统的大小。下面的例子中用-h 选项请求以“易读格式”（human readable）输出。可惜大多数系统的 df 默认采用的是“磁盘块”这种没什么帮助的单位，不过通常有选项可以使 df 输出更具体的单位，例如 KB 或 GB。

```
$ df -h /mnt/web1
Filesystem              Size  Used  Avail  Use%  Mounted on
/dev/mapper/DEMO-web1   197G   60M   187G    1%  /mnt/web1
```

20.10.6 设置自动挂载

人们一般都希望让系统能够在引导期间挂载本地文件系统。/etc/fstab 文件列出了系统中所有磁盘（还有其他）的设备名称和挂载点。

mount、umount、swapon、fsck 全都要读取 fstab 文件，如果文件数据正确且完整，自然会有帮助。如果只在命令行中指定了分区名或挂载点，mount 和 umount 使用类别（catalog）来推断你的意图。例如，使用随后给出的 Linux 的 fstab 配置，下列两条命令的效果是相同的。

```
$ sudo mount /media/cdrom0
$ sudo mount -t udf -o user,noauto,exec,utf8 /dev/scd0 /media/cdrom0
```

① 有些系统提供了 mklost+found 命令，可以用来重建被删除的 lost+found 目录。

命令 mount -a 会将文件系统类别中列出的普通文件系统全部挂载，这通常是由启动脚本在引导期间执行的。[①]选项-t fstype 可以将操作限制在特定类型的文件系统。例如，下列命令可以挂载所有的本地 ext4 文件系统。

```
$ sudo mount -at ext4
```

mount 命令按顺序读取 fstab。因此，在 fstab 文件中，在其他文件系统之后挂载的文件系统必须跟在其父分区之后。举例来说，如果/var 是单独的文件系统的话，挂载到/var/log 的配置行必须跟在/var 这行之后。

用于卸载文件系统的 umount 命令接受类似的语法。如果某个进程正在使用某个文件系统中的目录作为其当前目录，或是打开了其中的文件，该文件系统不能被卸载。有一些命令可以识别干扰 umount 的进程，参见 5.2 节。

FreeBSD 的 fstab 文件是所有示例系统中最传统的。下面的示例所取自的系统除了 root 之外，只有一个真正的文件系统（/spare）。

```
# Device           Mountpoint  FStype   Options  Dump  Pass#
/dev/gpt/rootfs    /           ufs      rw       1     1
/dev/gpt/swap-a    none        swap     sw       0     0
/dev/gpt/swap-b    none        swap     sw       0     0
fdesc              /dev/fd     fdescfs  rw       0     0
proc               /proc       procfs   rw       0     0
/dev/gpt/spare     /spare      ufs      rw       0     0
```

每行包含 6 个由空白字符分隔的字段。一行对应一个文件系统。考虑到可读性，各个字段在传统上是对齐的，不过这并非强制要求。

第 1 个字段给出了设备名称。fstab 文件还可以从远程系统上挂载，在这种情况下，该字段中包含的是一个 NFS 路径。其记法 server:/export 表示名为 server 的机器上的/export 目录。

第 2 个字段指定了挂载点，第 3 个字段指定了文件系统类型。用于标识本地文件系统的确切类型名称视系统而定。

第 4 个字段指定了默认采用的 mount 选项。可用选项有很多，可参阅 mount 的手册页，了解所有文件系统类型通用的选项。单独的文件系统通常会引入自己的选项。

第 5 个和第 6 个字段属于残留字段。它们分别代表“转储频率”和“fsck 并行化控制”。两者对于现代系统而言并不重要。

为/dev/fd 和/proc 所列出设备都是伪条目（dummy entry）。这些虚拟文件系统都是针对特定任务的，不需要额外的挂载信息。其他设备由其 GPT 分区标签标识，这种方式比采用实际的设备名称更为健全。要想知道现有分区的标签，可以使用下列命令打印出指定硬盘的分区表。

```
gpart show -l disk
```

要想设置分区的标签，可以使用：

```
gpart modify -i index -l label disk
```
[②]

UFS 文件系统也有自己的标签，这些标签显示在/dev/ufs 目录之下。UFS 标签和分区标签是相互独立的，不过两者的值可以（可能也应该）相同。在本例中，/dev/ufs/spare 和/dev/gtp/spare 的效果一样。要想查找文件系统的当前标签，可以使用下面命令。

```
tunefs -p device
```

① noauto 挂载选项可以将指定的文件系统排除在 mount -a 自动挂载的范围之外。

② 警示：分区表有时候也被称为“硬盘标签”（disk label）。在阅读文档时，一定要区分单个分区的标签和硬盘本身的标签。重写硬盘分区表的结果可能是灾难性的。

要设置标签，可以使用下面命令。

```
tunefs -L label device
```

在设置标签之前要先卸载文件系统。

下面是另外一些从 Ubuntu 系统的 fstab 中挑选出来的例子。基本格式相同，但 Linux 系统使用了其他方法来避免命名磁盘设备。

```
# <file system> <mount point> <type>        <options>                  <d> <p>
proc            /proc         proc          defaults                    0   0
UUID=a8e3…8f8a  /             ext4          errors=remount-ro           0   1
UUID=13e9…b8d2  none          swap          sw                          0   0
/dev/scd0       /media/cdrom0 udf,iso9660   user,noauto,exec,utf8       0   0
```

第一行提到了/proc 文件系统，它实际上是由内核驱动程序提供的，并没有实际的支撑存储（backing store）。和上面的 FreeBSD 示例一样，第一列中列出的 proc 设备只是占个位置罢了。

第 2 行和第 3 行并没有使用设备名称标识卷，而是采用了文件系统 ID（UUID[①]，出于可读性的考虑，我们将其截短了）。UUID 类似于 FreeBSD 所用的 UFS 标签，只不过标识符是一长串随机数字，并非文本字符串。blkid 命令可以查看特定文件系统的 UUID。

也可以为文件系统分配标签。e2label 或 xfs_admin 可用于读取或设置文件系统标签。如果你想在 fstab 中使用标签（这样更整洁），只需要用 LABEL=label 替换 UUID=long-random-number 即可。

GPT 硬盘分区既可以有 UUID，也可以有自己的标签，后者独立于 UUID 和其所包含的文件系统标签。要想在 fstab 文件中用这两种方式标识分区，可以写作 PARTUUID=以及 PARTLABEL=。不过，惯常的实践似乎是使用文件系统 UUID。

你可以采用/dev/disk 目录下的路径名来标识设备。像/dev/disk/by-uuid 和 /dev/disk/by-partuuid 这样的子目录由 udev 自动维护。

20.10.7 挂载 USB 设备

USB 存储设备有多种形式：个人 U 盘、数码相机、大容量外部硬盘等。UNIX 将其中大多数作为数据存储设备提供支持。

在过去，要想管理 USB 设备，那可得花点心思。但如今，动态设备管理已经成为了操作系统的一项基本要求，USB 设备无非就是另一种随时可以拔插的设备而已。

从存储管理的角度而言，有两个问题：

- 让内核识别设备并为其分配设备文件；
- 找出所分配的设备文件。

第一步往往是自动完成的。只要分配好设备文件，就可以按照 20.4.2 节中描述的方法查找了。有关动态设备管理的更多信息参见第 11 章。

20.10.8 与交换相关的建议

原始分区或逻辑卷（非结构化的文件系统）通常用作交换空间。内核并不使用文件系统跟踪交换区域的内容，而是自己维护了一个内存块到交换空间块的简单映射。

在有些系统中，是可以交换到文件系统分区中的某个文件。对于比较旧的内核，这种配置的速度要慢于专门的交换分区，不过在必要时还是挺方便的。不管如何，有了逻辑卷管理器，基本上就没有什么理由拒绝交换卷（swap volume），而再去使用交换文件了。

① 即全局唯一标识符（Universally Unique IDentifier）。——译者注

交换空间越大，进程能够分配的虚拟内存就越多。当交换区域分散在多块硬盘上时，虚拟内存的性能表现最好。当然了，最好的选择是不交换，如果你发现需要优化交换性能的话，可以考虑增加 RAM。

究竟该分配多少交换空间合适，取决于机器的用途。就算是配给过量，也不会有什么不良后果，无非就是损失了一些硬盘空间。根据经验，我们建议交换空间的容量等于 RAM 的一半，但在物理服务器上绝不能少于 2 GB。

如果系统打算休眠（往往是个人计算机），除了保存正常操作中交换的所有页面，还要将整个内存的内容保存下来。在这些机器上，建议交换空间要大于 RAM 总量。

云和虚拟化实例在交换空间方面有其独特之处。分页始终是性能杀手，所以有人建议完全不使用交换空间，如果你需要更多的内存，那就得使用更大的实例。另一方面，小型实例分配到的 RAM 往往比较少，在没有交换区域的情况下几乎无法启动。一般的规则是：实例可以拥有交换空间，只要你在稳定状态下用不着它就行（或是为其支付额外费用）。不管用哪种方法，请检查基础镜像（base image）来查看其设置方式。有些预先配置了交换空间，而有些并没有。

某些 Amazon EC2 实例拥有本地“实例存储”（instance store）。这实质上是位于运行 hypervisor 机器上的本地硬盘的一部分。实例存储的内容只能维持在实例启动到停止期间。实例的价格中已经包含了实例存储，所以如果没什么选择的话，你也可以将其用作交换空间。

在 Linux 系统中，使用 mkswap 初始化交换区域，该命令需要使用交换卷的设备名称作为参数。mkswap 会在交换区域中写入一些头部信息，其中就包括 UUID，这就是/etc/fstab 会将交换分区视为“文件系统”的原因及其为何可以通过 UUID 来标识。

你可以使用 swapon device 手动允许交换到特定的设备。不过，人们一般都希望在引导期间自动实现这项功能。只用在普通的 fstab 文件中列出交换区域并将其文件系统类型指定为 swap 即可。

要想查看系统当前的交换配置，在 Linux 系统中执行 swapon -s，在 FreeBSD 系统中执行 swapctl -l。

20.11 下一代文件系统：ZFS 与 Btrfs

尽管 ZFS 和 Btrfs 通常也被称为文件系统，但它们代表的是垂直集成的存储管理方法，包含了逻辑卷管理器和 RAID 控制器的功能。虽然两者的当前版本还有一些限制，但大多数属于“尚未实施”的范畴，而不是“出于架构原因无法做到”这一类。

20.11.1 写时复制

ZFS 和 Btrfs 都避免现场重写数据，转而采用了一种称为“写时复制”的方案。举例来说，为了更新元数据块，文件系统先修改内存中的副本，然后将其写入之前空置的磁盘块。当然了，这个数据块可能有一个指向它的父块，所以也得重写该父块，还有父块的父块，依此类推，直到文件系统的顶层。（在实践中，至少在短期内，缓存和精心设计的数据结构能够将这些写操作中的大部分优化掉。）

这种体系结构的优点是文件系统的磁盘副本始终保持一致。在更新根块之前，文件系统和上次更新根时一模一样。一些“空”块已被修改，但没有任何内容指向它们，所以没有任何区别。整个文件系统从一种一致性状态直接转到另一种一致性状态。

20.11.2 错误检测

相较于传统的文件系统，ZFS 和 Btrfs 对待数据的完整性要重视得多。两者会存储每一个磁盘块的校验和，验证所有的块读取操作，以确保能够检测出错误。在包含镜像或奇偶校验的存储池中，能够自动通过已知的良好副本重建错误数据。

磁盘驱动器实现有自己的错误检测和错误纠正层，尽管出错频繁，但必须向主机回报错误。然而，有时候会在没有错误提示的情况下返回错误的数据。

一个经常被引用的经验法则是预计每读取 75 TB 的数据会出现一次静默数据损坏（silent data corruption）。Bairavasundaram 等人在 2008 年主持过一项研究，检查了 NetApp 服务器中超过 150 万个磁盘驱动器的服务记录，发现有 0.5%的驱动器在每年的服务中都出现了静默读取错误。①

这些错误率都很低，但是所有迹象都表明，即便是磁盘容量和其中保存的数据量呈指数增长，错误仍维持在同样的水平。很快就会出现容量足够大的硬盘，以致在碰上静默错误之前都无法读取完所有的硬盘内容。由 ZFS 和 Btrfs 完成的额外验证开始变得非常重要。②

奇偶校验 RAID 解决不了这个问题，至少在正常使用情况下。奇偶校验只有读取了整个条带的内容才能进行检查，如果将每一次磁盘访问都扩展成读取完整的条带，那就太低效了。刷新有助于发现潜在的错误，但前提是这些错误是可重现的。

20.11.3 性能

在常见用途方面，所有的传统文件系统都保持着相似的性能表现。设计出一种在某个文件系统上具有优势的工作负载不是没有可能，但通用的基准测试极少能够显现出太多的差异。

写时复制文件系统在访问存储介质时与传统的文件系统有些不同，将老牌的文件系统打造成如今的辉煌，靠的是长达数十年的反复精雕细琢，这一点是它们所缺少的。通常，传统文件系统设立了文件系统的性能标杆。

在很多基准测试中，ZFS 和 Btrfs 表现出了与传统文件系统比肩的性能。但在最坏情况下，其速度只能达到后者的一半。

根据在 Linux 上所做的基准测试来看（这是唯一能够进行直接对比的平台，因为 Btrfs 只能在 Linux 上使用），Btrfs 在性能上略胜 ZFS。但是，最终结果因访问模式而异。文件系统在某种基准测试中表现良好，而在其他测试中远远落后的情况并不少见。

由于每种文件系统都有一些潜在的技巧来提高性能，性能表现因此变得更为复杂。基准通常不考虑这些。ZFS 允许将用作缓存的 SSD 添加到存储池，它会自动地将频繁读取的数据复制到缓存中，避免全部从硬盘中读取。对于 Btrfs，可以使用 chattr +C 来禁用特定文件（通常是较大或经常修改的那些）中数据的写时复制语义，从而避开一些常见的低性能场景。

对于根文件系统和用户主目录存储这种一般用途，ZFS 和 Btrfs 表现良好，而且提供了很多优势。两者也能很好地用于特定服务器工作负载的数据存储。但对于后一种情况，值得花些时间仔细检查其在特定环境中的行为。

20.12 ZFS：解决所有的存储问题

ZFS 是在 2005 年作为 OpenSolaris 的一个组件引入的，然后迅速被纳入了 Solaris 10 以及各种

---

① 值得注意的是，该研究有一项重要的发现：企业级硬盘出现这类错误的可能性要低一个级别。

② 一个相关且尚未被充分认识到的问题是 RAM 中的随机位错误（random bit error）所带来的风险。尽管不常见，但的确会发生。所有的生产服务器都应该使用（以及监控！）ECC 内存。

基于 BSD 的发行版。在 2008 年，ZFS 可以用作根文件系统，自那时起，它一直是 Solaris 的首选文件系统。UFS 仍旧是 FreeBSD 默认的根文件系统，不过从 FreeBSD 10 开始，ZFS 也正式获得了支持。

ZFS 不仅仅是文件系统、RAID 控制器以及卷管理器的整合。正如最初为 OpenSolaris 所设想的那样，它是对存储相关管理的全面反思，解决了从文件系统的挂载到将文件系统通过 NFS 和 SMB 导出到其他系统的所有问题。

现代 BSD 和 Linux 系统需要适应各种文件系统，所以不得不有点背离了 ZFS 最初的全面性方法。然而，ZFS 仍旧是一种经过深思熟虑设计出的系统，它并没有通过累加特性，而是借助自身的体系架构解决了大量的管理问题。

20.12.1 Linux 上的 ZFS

尽管 ZFS 是自由软件，但在 Linux 上的使用却受碍于 Sun Microsystems 的通用开发和分发许可证（Common Development and Distribution License，CDDL）所涵盖的源代码。自由软件基金会坚称 CDDL 与 GNU 公共许可证（GNU Public License）不兼容，后者涵盖了 Linux 内核。尽管 OpenZFS 项目早已提供了 Linux 的 ZFS 附加版本，但 FSF 不鼓励 Linux 发行版将 ZFS 捆绑到其基础系统中。

在这个问题陷入近十年的僵局之后，FSF 的立场终于受到了 Ubuntu 开发商 Canonical Ltd.的挑战。经过法律审查，Canonical 正式就 FSF 关于 GPL 的解释提出异议，并以可加载内核模块的形式将 ZFS 包含在 Ubuntu 16.04 之中。到目前为止（2017 年中期），尚未招致任何诉讼。如果 Canonical 仍然安然无事，那么 Ubuntu 可能会完全支持 ZFS 作为根文件系统，其他发行版或许也会加入到支持的行列。[①]

20.12.2 ZFS 架构

图 20.8 展示了 ZFS 系统中主要对象的原理图以及彼此之间的关系。

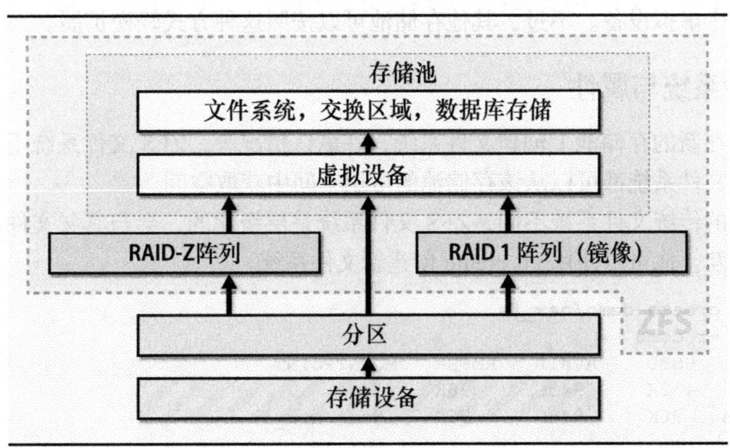

图 20.8 ZFS 架构

ZFS 的“存储池”类似于其他逻辑卷管理系统中的“卷组”。每个池都是由“虚拟设备”组成的，这些虚拟设备可以是原始存储设备（硬盘、分区、SAN 设备等）、镜像组、RAID。ZFS RAID

① 如果不出意外，ZFS 的故事会是一个值得关注的案例，GPL 在其中主动妨碍了开源软件包的开发，同时阻止了用户和发行商的使用。如果你对法律细节感兴趣，Richard Fontana 在 2016 年的开源法律新闻摘要中包含了一则有用的总结。

在原理上和RAID 5相仿，也使用了一个或多个奇偶校验设备实现阵列的冗余性。不过，ZFS称这种方案为RAID-Z，采用了可变大小的条带消除了RAID 5的写漏洞。所有向存储池的写入都会按条带分摊到池中的各个虚拟设备上，所以只包含独立存储设备的池实际上实现的是RAID 0，不过这种配置中的设备并不要求都是一样的大小。

遗憾的是，当前的ZRF RAID还有点脆弱：阵列定义好之后就不能再添加新设备了，也不能永久性地删除某个设备。和大多数RAID实现一样，RAID中各个设备的大小必须一样。你可以强制ZFS接受不同大小的设备，但是最小的那个卷的大小决定了整个阵列的大小。为了在ZFS RAID中有效地使用不同大小的硬盘，必须先给硬盘分区，然后把剩余的部分定义成单独的设备。

ZFS的大部分配置和管理都是通过两个命令来完成的：zpool和zfs。zpool用于构建和管理存储池。zfs用于创建和管理存储池中的实体，主要是文件系统和作为交换空间、数据库存储或支撑SAN卷的原始卷。

20.12.3 例子：添加硬盘

在开始ZFS的细节之前，先来看一个高层的例子。假设你向FreeBSD系统中添加了一块新硬盘，该硬盘显示为/dev/ada1（确定正确设备的一个简单的方法是执行geom disk list）。

第一步是将硬盘添加到新的存储池中。

```
$ sudo zpool create demo ada1
```

第二部是……好吧，并没有第二步了。ZFS创建了名为“demo”的存储池，在其中建立一个文件系统的根（filesystem root），然后将该文件系统挂载为/demo。当系统重新引导时，这个文件系统会自动重新挂载。

```
$ ls -a /demo
. ..
```

如果我们可以简单地将新硬盘添加到根硬盘（root disk）现有的存储池中会更加令人印象深刻，在FreeBSD上，这默认称为“zroot”。（命令为sudo zpool add rpool ada1。）可惜的是，根存储池只能包含一个虚拟设备。不过，其他存储池可以按照这种方式轻松扩展。

20.12.4 文件系统与属性

ZFS会自动在新的存储池上创建文件系统，在默认情况下，ZFS文件系统不占用任何空间。存储池中的所有文件系统都可以从该存储池的可用空间中获取空间。

和相互独立的传统文件系统不同，ZFS文件系统是层级化的，会与其父文件系统和子文件系统以多种方式交互。你可以使用zfs create创建新文件系统。

```
$ sudo zfs create demo/new_fs
$ zfs list -r demo
NAME          USED    AVAIL   REFER   MOUNTPOINT
demo          432K     945G     96K   /demo
demo/new_fs    96K     945G     96K   /demo/new_fs
```

zfs list的-r选项使其递归子文件系统。大多数其他的zfs子命令也都理解-r。新文件系统创建好之后，ZFS会立即自动将其挂载，这一点更有帮助。

要模拟固定大小的传统文件系统，你可以调整文件系统的属性，添加“reservation”（预留）（存储池中为文件系统使用的保留空间）和“quota”（配额）。调整文件系统属性是ZFS管理的关键之一，对于习惯于其他系统的管理员来说，这多少算是一种范式上的转换。这里，我们将两个值都设置为1 GB。

```
$ sudo zfs set reservation=1g demo/new_fs
$ sudo zfs set quota=1g demo/new_fs
$ zfs list -r demo
NAME          USED  AVAIL  REFER  MOUNTPOINT
demo         1.00G   944G    96K  /demo
demo/new_fs    96K  1024M    96K  /demo/new_fs
```

新的配额反映在/demo/new_fs 的 AVAIL 列中。与此类似，预留显示在/demo 的 USED 列中。因为/demo 的下级文件系统的预留空间都要算到自己的账上。[①]

这两个属性的改动纯粹就是簿记项（bookkeeping entry）上的变化。对实际存储池做出的唯一修改就是更新一到两个块以记录新设置。不需要再去格式化为/demo/new_fs 所保留的 1 GB 空间。包括创建新存储池和新文件系统在内的大多数 ZFS 操作都是类似的轻量级操作。

利用这种层级化的空间管理系统，你可以轻松地将多个文件系统分组，保证其总的大小不超出某个阈值，不需要在单个文件系统上指定限制。

要想正确地模拟固定大小的传统文件系统，必须要设置 reservation 和 quota 属性。[②]reservation 属性只是确保文件系统有足够的可用空间能够至少增长到那么大。quota 属性限制了文件系统大小的最大值，但并不保证这些空间能用于文件系统的增长。其他对象可能会占光存储池的可用空间，不给/demo/new_fs 留下扩展的空间。

另一方面，在现实中几乎没什么理由这样设置文件系统。我们在此展示这些属性只是为了演示 ZFS 的存储空间记账系统，强调 ZFS 能够与传统模型兼容（如果你想强制其这样的话）。

20.12.5 属性继承

很多属性可以被子文件系统自然而然地继承下来。例如，如果我们想将存储池 demo 的根挂载到/mnt/demo，而非/demo，只用设置根的 mountpoint 属性。

```
$ sudo zfs set mountpoint=/mnt/demo demo

$ zfs list -r demo
NAME          USED  AVAIL  REFER  MOUNTPOINT
demo         1.00G   944G    96K  /mnt/demo
demo/new_fs    96K  1024M    96K  /mnt/demo/new_fs

$ ls /mnt/demo
new_fs
```

设置 mountpoint 属性可以自动重新挂载文件系统，挂载点的变化能够以一种可预测且直观的方式影响子文件系统。不过，有关文件系统活动的常见规则仍然适用，参见 5.1 节。

zfs get 可以查看特定属性的有效值；zfs get all 可以输出所有属性的有效值。SOURCE 列给出了每个属性为什么具有当前值的原因：local 表示该属性是明确设置的，连字符（dash）表示该属性是只读的。如果属性值是从祖先文件系统处继承的，SOURCE 列也会显示出继承细节。

```
$ zfs get all demo/new_fs
NAME         PROPERTY     VALUE                    SOURCE
demo/new_fs  type         filesystem               -
demo/new_fs  creation     Mon Apr 03  0:12 2017    -
demo/new_fs  used         96K                      -
```

---

① REFER 列给出了每个文件系统的活跃副本（active copy）所引用的数据量。/demo 和/demo/new_fs 的 REFER 值相似，原因在于两者都是空文件系统，并不是因为有什么数字上的继承关系。

② reservation 和 quota 属性要将文件系统所有的存储开销考虑在内，包括快照所消耗的存储空间。要想限制文件系统活跃部分的大小，请改用 refreservation 和 refquota 属性。“ref”前缀表示活跃文件系统所“引用的数据量”，总量和 zfs list 命令输出中的 REFER 列相同。

```
demo/new_fs   available        1024M          -
demo/new_fs   referenced       96K            -
demo/new_fs   compressratio    1.00x          -
demo/new_fs   mounted          yes            -
demo/new_fs   quota            1G             local
demo/new_fs   reservation      1G             local
demo/new_fs   mountpoint       /mnt/new_fs    inherited from demo
demo/new_fs   checksum         on             default
demo/new_fs   compression      off            default
... <many more, about 55 in all>
```

警觉的用户大概注意到了 available 和 referenced 属性与 zfs list 输出的 AVAIL 和 REFER 列之间相似得让人生疑。实际上，zfs list 只是显示文件系统属性的另一种方法而已。如果我们在上面显示了 zfs get 命令的全部输出，还会有一个 used 属性。可以使用-o 选项指定需要 zfs list 显示的属性。

给 used 以及其他表示大小的属性赋值并没有什么意义，所以这些属性都是只读的。如果计算 used 属性的规则不符合你的需要，其他属性（例如 usedbychildren 和 usedbysnapshots）也许能够让你更好地洞悉存储空间的使用情况。

你可以为文件系统设置额外的非标准属性，以供自己和本地脚本使用。设置过程和标准属性一样。例如，很多用于 ZFS 的备份和快照使用工具就会从文件系统属性中读取自身的配置信息。

自定义属性的名称必须包含冒号，用以区别于标准属性。

20.12.6 每个用户一个文件系统

因为文件系统既不消耗存储空间，也不用花时间创建，其最佳数量接近于“大量”（a lot）而不是“少数”（a few）。如果你想把用户的主目录保存在 ZFS 存储池中，你也许会发现让每个主目录都是一个单独的文件系统会更有帮助。

这么做的好处如下。

- 如果你需要设置磁盘用量配额，主目录是完成这一操作的自然粒度。你可以在单个用户的文件系统和包含所有用户的文件系统上设置配额。
- 快照是针对单个文件系统的。如果每个用户的主目录都是单独的文件系统，用户可以通过~/.zfs 访问旧快照。①单是这个特性就能够为管理员节省大量的时间，因为这意味着用户大部分的自有文件恢复工作都可以自己完成了。
- ZFS 可以让你授权执行各种操作（例如制作快照或者将文件系统回滚到先前的状态）。如果你愿意，可以授予用户在自己的主目录执行这些操作的控制权。不过，我们没有在本书中描述 ZFS 权限管理的细节，请参阅 zfs allow 的手册页条目。

20.12.7 快照与复制

像逻辑卷管理器一样，ZFS 允许创建即时快照，从而将写时复制带入了用户层面。但有一个重要的差别：ZFS 快照是按照文件系统，而不是按照卷实现的，所以具备任意的粒度。

在命令行中，使用 zfs snapshot 创建快照。例如，下面的命令序列演示了创建快照、通过文件系统的.zfs/snapshot 目录使用快照以及将文件系统恢复到先前的状态。

```
$ sudo touch /mnt/demo/new_fs/now_you_see_me
$ ls /mnt/demo/new_fs
now_you_see_me
$ sudo zfs snapshot demo/new_fs@snap1
```

① 该目录在默认情况下是隐藏的，不会出现在 ls -a 的输出中。你可以使用 zfs set snapdir=visible filesystem 使其可见。

```
$ sudo rm /mnt/demo/new_fs/now_you_see_me
$ ls /mnt/demo/new_fs
$ ls /mnt/demo/new_fs/.zfs/snapshot/snap1
now_you_see_me
$ sudo zfs rollback demo/new_fs@snap1
$ ls /opt/demo/new_fs
now_you_see_me
```

你可以在创建快照时为其分配名称。完整的快照名称通常采用的形式为 filesystem@snapshot。

zfs snapshot -r 可以递归地创建快照。其效果等同于为所包含的每一个对象执行 zfs snapshot：各个子部分都获得了自己的快照。所有快照的名称都一样，但由于 filesystem 部分不同，所以彼此在逻辑上并不相同。

ZFS 快照是只读的，尽管能够拥有属性，但并非真正的文件系统。不过，你可以通过“复制”，将一个快照实例化成功能完善的、可写的文件系统。

```
$ sudo zfs clone demo/new_fs@snap1 demo/subclone
$ ls /mnt/demo/subclone
now_you_see_me
$ sudo touch /mnt/demo/subclone/and_me_too
$ ls /mnt/demo/subclone
and_me_too now_you_see_me
```

作为复制基础的快照不会受到干扰，而且依然是只读的。但是，新文件系统（在本例中是 demo/subclone）保留了指向快照及其所基于的文件系统的链接，只要复制还存在，这些实体都不能被删除。

复制并非常见操作，但却是在文件系统演变过程中创建分支的唯一方法。上面演示的 zfs rollback 只能将文件系统返回到其最近的快照，因此要使用该操作，你必须永久删除（zfs destroy）在作为还原目标的那个快照之后所创建的任何快照。复制能够在不影响访问近期变化的情况下返回到过去的状态。

举例来说，假设你发现了一个在上周某个时刻出现的安全漏洞。出于安全起见，你打算将文件系统返回到一周前的状态，以确保文件系统中没有黑客安插的后门。同时，你又不想丢失最近的工作或用于取证分析的数据。解决方法是将一周前的快照复制成一个新的文件系统，使用 zfs rename 重命名旧文件系统，然后再通过 zfs rename，用复制代替原先的文件系统。

另外，还要对复制执行 zfs promote，该操作会反转复制与原始文件系统之间的关系。完成提升操作之后，主线文件系统就可以访问到所有旧文件系统的快照，而被移到一旁的文件系统则成为了“被复制的”（cloned）分支。

20.12.8　原始卷

zfs create 可以创建交换区域和原始存储区域，就像创建文件系统一样。选项-V size 使得 zfs 将新对象视为原始卷，而不是文件系统。size 可以采用任何常见的单位，例如，128 MB。

因为卷不包含文件系统，所有不能被挂载。它会出现在/dev/zvol 目录中，可以像硬盘或分区那样被引用。ZFS 在这些目录中镜像了存储池的层级结构，所以 sudo zfs create -V 128m demo/swap 所创建的 128 MB 的交换卷就位于/dev/zvol/demo/swap。

你可以像文件系统那样创建原始卷的快照，但是因为没有文件系统层级结构可以放置.zfs/snapshot 目录，生成的快照会出现在与作为快照源的卷相同的目录中。和你预想的一样，复制操作也没有问题。

默认情况下，原始卷会获得与其指定大小相同的一部分预留空间。你可以减少预留量或者干脆完全不预留，但要注意的是，这样会造成向该卷写入时返回“out of space”（空间不足）错误。

原始卷的客户程序可能不知道如何处理这种错误。

20.12.9 存储池管理

我们现在已经了解到一些 ZFS 在文件系统和块客户程序（block-client）层面上所提供的一些特性，接下来可以继续畅游 ZFS 的存储池了。

到目前为止，我们一直使用的是在 20.12.2 节从单块磁盘上创建的存储池“demo”。从 zpool list 的输出中可以看到：

```
$ zpool list
NAME    SIZE  ALLOC   FREE  EXPANDSZ   FRAG    CAP  DEDUP  HEALTH  ALTROOT
demo    976M   516K   976G         -     0%     0%  1.00x  ONLINE  -
zroot  19.9G  16.3G  3.61G         -    24%    81%  1.00x  ONLINE  -
```

名为“zroot”的存储池包含了可引导的根文件系统。可引导存储池目前有几处局限：只能包含单个虚拟设备，该设备必须是镜像阵列或单个磁盘驱动器；不能是条带阵列或 RAID-Z 阵列。（这可能是因为实现上的限制，也可能是要强力推进根文件系统的强健性。我们也不确定是哪个原因。）

zpool status 会增添更多与组成存储池的虚拟设备相关的细节信息并报告其当前状态。

```
$ zpool status demo
  pool: demo
 state: ONLINE
  scan: none requested
config:

    NAME      STATE     READ WRITE CKSUM
    demo      ONLINE       0     0     0
      ada1    ONLINE       0     0     0

errors: No known data errors
```

现在该和这个存储池 demo 说再见、搞点更复杂的东西了。我们把 5 个容量为 1 TB 的驱动器接入了示例系统。我们先创建一个名为“monster”的存储池，其中包含了 3 个驱动器，采用 RAID-Z 单奇偶校验（RAID-Z single-parity）的配置。

```
$ sudo zpool destroy demo
$ sudo zpool create monster raidz1 ada1 ada2 ada3
$ zfs list monster
NAME      USED  AVAIL  REFER  MOUNTPOINT
monster  87.2K  1.84T  29.3K  /monster
```

ZFS 也可以接受 raidz2 和 raidz3 作为双重和三重奇偶校验配置。最小磁盘数总是要比奇偶校验设备数多一个。在这里，3 个驱动器中的一个用于奇偶校验，因此文件系统可用的存储空间大概为 2 TB。

为了说明，我们接着将剩余的两个驱动器作为镜像添加进来。

```
$ sudo zpool add monster mirror ada4 ada5
invalid vdev specification
use '-f' to override the following errors:
mismatched replication level: pool uses raidz and new vdev is mirror
$ sudo zpool add -f monster mirror ada4 ada5
```

zpool 一开始会阻止这种配置，因为两个虚拟设备采用了不同的冗余方案。这种特殊配置其实是可以的，因为这两个虚拟设备具备冗余性。在实际使用中，不要混用冗余虚拟设备和非冗余虚拟设备，这样无法预测哪些块可能存储在哪些设备上，只有部分冗余是没什么用处的。

```
$ zpool status monster
```

```
   pool: monster
  state: ONLINE
   scan: none requested
 config:

        NAME          STATE     READ  WRITE  CKSUM
        monster       ONLINE       0      0      0
          raidz1-0    ONLINE       0      0      0
            ada1      ONLINE       0      0      0
            ada2      ONLINE       0      0      0
            ada3      ONLINE       0      0      0
          mirror-1    ONLINE       0      0      0
            ada4      ONLINE       0      0      0
            ada5      ONLINE       0      0      0

 errors: No known data errors
```

ZFS 在存储池的所有虚拟设备之间分发写入操作。就像之前的例子中演示过的那样，虚拟设备的容量并不是非得一样。[①]但是，冗余组中各个组件的容量应该差不多。否则的话，每个组件上只能使用彼此之间最小的容量。在存储池中共同使用的多个普通磁盘实质上是 RAID 0 配置。

你可以随时向存储池中添加额外的虚拟设备。然而，已有的数据不会被重新分发，所以这部分数据无法利用并行化的优势。遗憾的是，目前无法将其他设备添加到现有 RAID 或镜像中。Btrfs 在这一点上具有明显优势，它能够以相对简洁和自动的方式适应各种重组。

ZFS 的读缓存实现特别不错，很好地利用了 SSD。在设置这种配置时，只用将 SSD 作为 cache 类型的虚拟设备添加到存储池即可。缓存系统使用 IBM 开发的自适应替换算法，该算法比普通的最近最少使用（Least Recently Used，LRU）缓存更智能。它知道块被引用的频率及其最近的使用情况，因此读取大文件应该不会清除（wipe out）缓存。

热备是以 spare 类型的虚拟设备来处理的。你可以将同一块磁盘添加到多个存储池，不管是哪个存储池，谁先碰上磁盘故障，谁就先启用备用盘。

20.13 Btrfs：Linux 的“简化版 ZFS”

由于许可证的问题，ZFS 似乎有可能要与 Linux 失之交臂，Oracle 的 Btrfs 文件系统项目（“B-tree filesystem”，正式发音为“butter FS”或“better FS”，不过很难不让人联想成“butter face”（奶油脸））的目标是在这段漫长的空档期间，在 Linux 平台上复制 ZFS 的多项先进功能。

尽管 Btrfs 仍处于积极开发中，但它自 2009 年以来就一直是 Linux 内核主干的标准组成部分。Btrfs 几乎可用于所有 Linux 系统，SUSE Enterprise Linux 甚至已经支持其作为根文件系统。由于其代码库发展飞快，所以最好避免在面向稳定性的发行版（例如 Red Hat）上使用 Btrfs；旧版本存在一些问题。

20.13.1 Btrfs vs. ZFS

因为 Btrfs 和 ZFS 共享了一些技术基础，所以两者之间的比较可能在所难免。但是，Btrfs 并非 ZFS 的复制，它也不打算复制 ZFS 的架构。 例如，你可以像其他文件系统那样挂载 Btrfs 卷，这只需要执行 mount 命令或将它们列在/etc/fstab 文件中就行了。

尽管 Btrfs 卷及其子卷存在于一个统一的名称空间之中，但它们之间并没有层级关系。要想更改一组 Btrfs 子卷，你必须逐个修改。Btrfs 命令不会递归操作，卷属性也不具备可继承性。这并非遗漏，

① 在这个例子中，各个磁盘的大小都是相同的，但虚拟设备就不相同了（2 TB vs. 1 TB）。

而是一个设计选择：为什么要加载原本可以用 shell 脚本模拟的文件系统特性呢（开发人员发问）？

Btrfs 以各种方式反映了这种对于简单性的偏好。例如，Btrfs 的存储池只能包含采用一种特定配置的一组磁盘（例如，RAID 5），而 ZFS 工具可以包括多个磁盘组以及缓存磁盘、意向日志（intent log）、热备盘。

正如在软件领域中经常见到的那样，关于 ZFS 和 Btrfs 之间谁好谁坏的争论往往会变得激烈起来，然后重点就集中在了风格差异上。但是，除了吹毛求疵和个人喜好之外，两者存在一些重要的区别。

- 在更改硬件配置时，Btrfs 是显而易见的赢家，ZFS 甚至没机会出现台面上。你可以随时添加或删除磁盘，甚至是更改 RAID 类型，Btrfs 会在保持在线状态的同时重新分发现有数据。在 ZFS 中，如果不把数据转储到外部存储然后重启，这种更改通常无法完成。
- 即便没有启用内存密集型特性（例如，重复数据删除），也必须配备大量的内存才能发挥出 ZFS 的最佳表现。推荐最少也得是 2 GB 的内存。对于虚拟服务器来说，这个数量可不低。
- ZFS 能够将频繁读取的数据缓存在单独的 SSD 中，这是许多用例的一个杀手级特性，而 Btrfs 目前对此无解。
- 截至 2017 年，Btrfs 的奇偶校验 RAID（RAID 5 和 RAID 6）尚无法投入生产使用。这可不是我们说的，这是来自开发人员的官方消息。这是一个重大的缺失特性。

20.13.2 设置与存储转换

在本节中，我们将演示几个类似于之前 ZFS 那样的常见的 Btrfs 设置过程。我们首先设置 Btrfs，将其用于配置为 RAID 1（镜像）的两块 1 TB 硬盘。

```
$ sudo mkfs.btrfs -L demo -d raid1 /dev/sdb /dev/sdc
Label:              demo
UUID:
Node size:          16384
Sector size:        4096
Filesystem size:    1.91TiB
Block group profiles:
  Data:             RAID1               1.00GiB
  Metadata:         RAID1               1.00GiB
  System:           RAID1               8.00MiB
SSD detected:       no
Incompat features:  extref, skinny-metadata
Number of devices:  2
Devices:
   ID        SIZE  PATH
    1   978.00GiB  /dev/sdb
    2   978.00GiB  /dev/sdc
$ sudo mkdir /mnt/demo
$ sudo mount LABEL=demo /mnt/demo
```

我们可以在 mount 命令行中命名任意的组成设备，不过最简单的就是使用分配给该组的标签“demo”。

命令 btrfs filesystem usage 显示出这些磁盘当前使用了多少存储空间。

```
$ sudo btrfs filesystem usage /mnt/demo
Overall:
    Device size:             1.91TiB
    Device allocated:        4.02GiB
    Device unallocated:      1.91TiB
    Device missing:            0.00B
    Used:                    1.25MiB
```

```
    Free (estimated):        976.99GiB    (min: 976.99GiB)
    Data ratio:                   2.00
    Metadata ratio:               2.00
    Global reserve:          16.00MiB     (used: 0.00B)

Data,RAID1: Size:1.00GiB, Used:512.00KiB
   /dev/sdb         1.00GiB
   /dev/sdc         1.00GiB

Metadata,RAID1: Size:1.00GiB, Used:112.00KiB
   /dev/sdb         1.00GiB
   /dev/sdc         1.00GiB

System,RAID1: Size:8.00MiB, Used:16.00KiB
   /dev/sdb         8.00MiB
   /dev/sdc         8.00MiB

Unallocated:
   /dev/sdb         975.99GiB
   /dev/sdc         975.99GiB
```

这里值得注意的一个地方是在 RAID 1 中有一小部分用于 Data（数据）、Metadata（元数据）、System（系统块）的初始化分配。大多数磁盘空间保留在没有内部结构的未分配存储池中。我们所请求的镜像并不是作为整体强加在磁盘上，只是应用在实际使用的块上。它并不是什么严格的结构，而是一种在块组层面实施的策略。

这种区别对于理解 Btrfs 如何适应不断变化的需求和硬件配给来说至关重要。下面来看看当我们将一些文件存储到新文件系统，然后添加第三块磁盘时会发生什么。

```
$ mkdir /mnt/demo/usr
$ cd /usr; tar cf - . | (cd /mnt/demo/usr; sudo tar xfp -)
$ sudo btrfs device add /dev/sdd /mnt/demo
$ sudo btrfs filesystem usage /mnt/demo ①
Overall:
    <omitted from this output>

Data,RAID1: Size:3.00GiB, Used:2.90GiB
  /dev/sdb        3.00GiB
  /dev/sdc        3.00GiB

Metadata,RAID1: Size:1.00GiB, Used:148.94MiB
  /dev/sdb        1.00GiB
  /dev/sdc        1.00GiB

System,RAID1: Size:8.00MiB, Used:16.00KiB
  /dev/sdb        8.00MiB
  /dev/sdc        8.00MiB

Unallocated:
  /dev/sdb        973.99GiB
  /dev/sdc        973.99GiB
  /dev/sdd        978.00GiB
```

新的磁盘/dev/sdd 已经可以用于存储池了，现有的块组还和之前一样，并不会去引用新磁盘。之后的分配将自动利用新磁盘。如果我们愿意，可以强制 Btrfs 在所有磁盘之间调整数据。

```
$ sudo btrfs balance start --full-balance /mnt/demo
Starting balance without any filters.
```

① btrfs 的子命令可以缩写成任何唯一的前缀。例如，也可以通过 btrfs f u 来了解 Btrfs 文件系统的使用情况。为了清晰恰当地表述，我们没有采用缩写。

```
Done, had to relocate 5 out of 5 chunks
```

RAID 级别之间的转换也是某种形式的均衡。我们现在已经有了 3 块可用的磁盘，可以将其转换为 RAID 5。

```
$ sudo btrfs balance start -dconvert=raid5 -mconvert=raid5 /mnt/demo
Done, had to relocate 5 out of 5 chunks
```

如果在转换过程中看到了使用数据，会发现 RAID 1 和 RAID 5 的块组同时处于活跃状态。移除磁盘的工作方式也类似：Btrfs 逐步将所有的块复制到其他还保留的磁盘中，直到搬空数据。

20.13.3 卷与子卷

快照和配额在 Btrfs 中属于文件系统层面的实体，因此如果能够将文件树的各个部分也定义为不同的实体一定会有所帮助。Btrfs 将其称为“子卷”。子卷很像普通的文件系统目录，而且实际上，它仍然可以作为其父卷的子目录访问，如下所示。

```
$ sudo btrfs subvolume create /mnt/demo/sub
Create subvolume '/mnt/demo/sub'

$ sudo touch /mnt/demo/sub/file_in_a_subvolume
$ ls /mnt/demo/sub
file_in_a_subvolume
```

子卷并不会被自动挂载，它作为父卷的一部分是可见的。不过，你可以使用 subvol 挂载选项独立于其父卷挂载子卷。例如：

```
$ mkdir /sub
$ sudo mount LABEL=demo -o subvol=/sub /sub
$ ls /sub
file_in_a_subvolume
```

当挂载父卷时，无法阻止子卷出现在其父卷之中。要想创建出一种多个独立的、非交互卷的假象，只用使其成为根的子卷，然后使用 subvol 选项分别单独挂载。根本不需要挂载在任何地方。实际上，当没有请求 subvol 时，Btrfs 允许指定根以外的卷作为默认的挂载目标，可参阅 btrfs subvolume set-default。

如果要在这种配置下查看或处理完整的 Btrfs 层级结构，只需使用 subvol=/，将根挂载在一个临时目录上。可以多次挂载并通过多个路径访问这些卷。

20.13.4 卷快照

Btrfs 的卷快照和 cp 很像，只是这些快照都属于浅快照（shallow），而且一开始与父卷共享存储。

```
$ sudo btrfs subvolume snapshot /mnt/demo/sub /mnt/demo/sub_snap
Create a snapshot of '/mnt/demo/sub' in '/mnt/demo/sub_snap'
```

和 ZFS 快照不同，Btrfs 的快照默认是可写的。实际上，在 Btrfs 中并没有“快照”这种东西，所谓的快照只是一个碰巧与其他卷共享存储的卷而已。

```
$ sudo touch /mnt/demo/sub/anther_file
$ ls /mnt/demo/sub
another_file  file_in_a_subvolume
$ ls /mnt/demo/sub_snap
file_in_a_volume
```

如果想要一个不可变（immutable）的快照，只需要将-r 选项传给 btrfs subvolume snapshot 就行了。Btrfs 并不像 ZFS 那样区分只读快照和可写副本。（在 ZFS 中，可写副本都是“复制”。要想生成一个副本，可以先生成只读快照，然后基于该快照再创建副本。）

在定义子卷和快照时，Btrfs 并不强加任何特定的命名或位置约定，由你来决定如何组织和命名这些实体。Btrfs 文档给出了几条相关的建议。

Btrfs 也没有能够将卷重置为特定快照状态的“回滚”操作。取而代之的是只需要将原始卷移走，然后使用 mv 或复制一个快照到相应的位置。

```
$ ls /mnt/demo/sub
another_file  file_in_a_subvolume
$ sudo mv /mnt/demo/sub /mnt/demo/sub.old
$ sudo btrfs subvolume snapshot /mnt/demo/sub_snap /mnt/demo/sub
Create a snapshot of '/mnt/demo/sub_snap' in '/mnt/demo/sub'
$ ls /mnt/demo/sub
file_in_a_subvolume
```

注意，这种改变会把直接挂载的子卷搞糊涂。随后需要重新挂载这些子卷。

20.13.5 浅复制

Btrfs 快照和 cp 之间的相似并非只是个巧合。你不能为文件或非子卷根的目录创建快照。但有意思的是，你可以使用 cp --reflink 创建任意文件或目录的浅复制（shallow copy），即便是跨子卷也没问题。

选项--reflink 激活了 cp 内部针对 Btrfs 的魔法，它直接与文件系统协商，设置写时复制的副本。其语义与普通 cp 的语义相同，也极为接近快照的语义。

Btrfs 不像快照那样跟踪浅拷贝，也不一定保证主动修改的目录层次结构具备完美的实时一致性（point-in-time consistency）。但在其他方面，这两种操作非常相似。浅拷贝的一个不错的特性是不需要特殊的权限，任何用户都可以加以利用。

如果你是以--reflink=auto 的形式指定了 cp 的选项，在可能的情况下，cp 会执行浅拷贝；除此之外，则按照正常行为操作。这使其成为~/.bashrc 中别名设置的诱人目标。

```
alias cp="cp --reflink=auto"
```

20.14 数据备份策略

在美好的日子里，你在存储环境中的主要关注点是确保性能表现持续良好，有足够的可用存储空间。可惜啊，并不是每天都是那么美好。随着 Google 实验室的研究发现，磁盘驱动器能存活 5 年的概率不足 75%，情况对我们并不利。始终都要建立应对系统，保护有价值的数据免受灾难损失，同时准备好在短时间内启动数据恢复规程。

RAID 和其他数据复制方案能够避免单个设施或部分硬件故障。但还有其他很多方式也会导致数据丢失，这些技术并不能全都解决。举例来说，如果你碰上过安全漏洞或是受到勒索软件的感染，即便是物理层没有任何问题，但数据也可能已经被更改或损坏了。将受损数据自动复制到多块磁盘或其他站点只会雪上加霜。你需要对关键数据执行不可变的实时备份，将其作为后备的数据恢复选项。

在过去的几十年间，像磁带这种介质一直是用于离线备份的流行存储方法。然而，这些介质的容量已经被证明无法跟上硬盘和 SSD 呈指数级增长的大小。容量问题、磁带的运输和保存、维护挑剔的机械磁带驱动器，这些实实在在的难题使得磁带介质最终沦落到了 5 mm 相机胶卷的境地：它的技术仍未必市场淘汰，但你不得不好奇究竟谁会去买这些东西。

如今，大多数云平台都允许你以快照的形式获取实时备份，通常是以自动计划的形式。你得按月为各个快照所消耗的存储空间付费，还可以设置自己的保留策略（retention policy）。

不管你用哪种具体技术实现备份，都需要制定计划，至少能够回答下列问题。

总体战略：

- 哪些数据要备份？
- 采用哪种系统或技术进行备份？
- 备份过的数据保存到哪里？
- 备份是否要加密？如果加密的话，加密密钥保存到哪里？
- 随着时间的推移，保存备份的成本有多高？

时间线：

- 多久执行一次备份？
- 备份的验证频率和恢复测试频率？
- 备份保留多久？

人员：

- 谁能访问备份数据？
- 谁能访问保护备份数据的加密密钥？
- 谁负责核实备份过程？
- 谁负责备份的验证和恢复测试（restore-testing）？

使用和保护：

- 如何在紧急情况下访问或恢复备份数据？
- 如何确保黑客和伪造进程都无法破坏、修改或删除备份？（也就是说，你将如何实现不变性？）
- 如何保护备份数据，使其免遭有敌意的云供应商、厂商或政府的挟持？

这些问题的最佳答案依组织、数据类型、监管环境、技术平台和预算而异，这里仅举出几个潜在因素。

今天就花些时间为你所在的环境制订出备份计划，或者复审一下现有的备份计划。

第 21 章　网络文件系统

网络文件系统（Network File System，NFS）协议允许你在计算机之间共享文件系统。对用户而言，NFS 接近于透明，如果 NFS 服务器崩溃，也不会丢失什么信息。客户端只用等待服务器重新上线，然后继续之前的工作，就好像什么事都没发生过一样。

NFS 是由 Sun Microsystems 在 1984 年引入的。它最初只是作为无盘工作站的代理文件系统，但事实证明了该协议不仅设计优秀，而且还实用，可作为一种通用文件共享解决方案。如今，所有的 UNIX 厂商和 Linux 发行版都提供了某种版本的 NFS。NFS 协议是一个开放标准，记录在多份 RFC 中（尤其是 RFC 1094、RFC1813、RFC7530）。

21.1　认识网络文件服务

网络文件服务的目标是对存储在远程系统磁盘上的文件和目录授予共享访问权限。用户应用程序必须能够使用和本地文件相同的系统调用读写远程文件，应用程序不需要知道这些文件在网络上的位置。如果多个网络客户端或应用程序试图同时修改某个文件，文件共享服务必须解决由此产生的冲突。

21.1.1　竞争

NFS 并不是唯一的文件共享系统。服务器消息块（Server Message Block，SMB）协议是 Windows 和 macOS 内置文件共享功能的基础。但是，UNIX 和 Linux 也可以通过运行附加软件包 Samba 来使用 SMB。如果你运行的是一个包含各种不同操作系统的混合网络，你也许会发现选择 SMB 能够将兼容性问题降至最低。

在 UNIX 和 Linux 占主导地位的场合，用得最多的就是 NFS。在这些环境中，它提供了更自然的适应性和更高的集成度。但即使是在同样的环境中，SMB 也不失是一种合理的选择。有些仅由 UNIX 和 Linux 系统组成的站点依赖于 SMB 作为其主要文件共享协议，这种事情尽管不常见，倒也不是没听说过。

在网络上共享文件看似简单，但其实是一个相当复杂的问题，其中充斥着各种边缘情况和微妙之处。很多协议问题只有通过罕见情况下出现的 bug 才能够浮现出来。回顾数十年的开发和广泛应用，在维持安全性、性能以及可靠性的战斗中，NFS 和 SMB 各自都是伤痕累累。如今的管理员可以信心满满地确信这些协议不会三天两头地损坏数据或是在其他方面激怒用户，但要想实现这一点，也并非一朝一夕的事情，需要大量的实践和经验。

存储区域网络（Storage Area Network，SAN）系统是网络高性能存储管理的另一种选择。SAN 服务器不需要理解文件系统，因为它们只服务于磁盘块，这一点不像 NFS 和 SMB，后者并不和原始存储设备打交道，而是在文件系统和文件层面上操作。SAN 提供了快速的读/写访问，但如果没有集群文件系统的帮助，它无法管理多个客户端的并发访问。

对于大数据项目，常用的有几种开源分布式文件系统。GlusterFS 和 Ceph 实现了兼容于 POSIX 的文件系统和分布在节点集群之间的 RESTful 对象存储，以实现容错。这两种系统的商业版本由 Red Hat 销售，后者还同时得到了其系统开发人员。GlusterFS 和 Ceph 都是可直接用于生产、功能强大的文件系统，值得像大数据处理和高性能计算这样的用例考虑。

基于云的系统还有其他选择。参见 9.3.5 节。

21.1.2 状态问题

在设计网络文件系统时，要做出的决策之一就是确定系统的哪个部分去跟踪各个客户端所打开的文件，这种信息一般称为“状态”。记录文件和客户端状态的服务器被认为是状态化的，服务器也可以是无状态的。两种方法都沿用了多年，各有利弊。

状态化服务器跟踪通过网络打开的所有文件。这种操作模式引入了很多层面的复杂性（比你预想的还要多），大大提高了故障恢复的难度。当服务器恢复中断之后，客户端和服务器之间必须进行协商，在该连接最后的已知状态问题上达成一致。状态化允许客户端对文件持有更多的控制，并有助于对以读/写模式打开的文件进行强健的管理。

对于无状态服务器，每个请求都独立于之前的请求。不管是服务器或客户端哪个崩溃，都不会丢失什么信息。在这种设计中，服务器崩溃或是重启并没有什么影响，因为其自身不维护任何上下文。但是，这也使得服务器无从得知哪个客户端打开了文件进行写入，因而也就无法管理并发。

21.1.3 性能考虑

网络文件系统应该为用户提供无缝的体验。通过网络访问文件应该与访问本地文件没什么不同。遗憾的是，广域网的高延迟使得操作行为缺乏规律，而低带宽又降低了大文件的传输性能。包括 NFS 在内的大多数文件服务协议，引入了各种技术，以求将局域网和广域网性能问题降至最低。

大多数协议都试图最小化网络请求的数量。例如，预读缓存会将一部分文件提前加载到本地内存缓冲区中，以此避免在读取文件的新内容时出现延迟。为了避免与服务器之间多出现一次完整的往返延迟，这会额外消耗点网络带宽。

与此类似，有些系统会在内存中缓存写入，然后批量发送更新，以减少将写入操作传送到服务器时所带来的延迟。这种批量操作通常称为请求合并（request coalescing）。

21.1.4 安全性

任何提供方便地访问网络文件的服务都很有可能导致安全问题。本地文件系统实现了复杂的访问控制算法，并采用细致的权限保护文件。在网络上，由于存在机器之间的配置差异，以及诸如竞争条件、文件服务软件中的错误 bug、文件共享协议中未解决的边缘情况等各种变化莫测的问题，使这些任务变得颇为复杂。

目录和集中式认证服务的兴起提高了网络文件系统的安全性。最重要的是，任何客户端都不可信，不能进行自我认证，受信的中央系统必须验证客户端身份并批准对文件的访问。大多数文件共享服务可以与各种身份验证程序集成在一起。

隐私和完整性问题通常不是文件共享协议能解决的，或者至少说，它们并不会直接去解决。与身份认证一样，这项任务通常外包给其他层，例如 Kerberos、SSH 或 VPN 隧道。不过，最近 SMB 版本添加了强加密和完整性检查功能。由于没有简单高效的解决方案，许多在受信的局域网上运行 NFS 的站点都放弃了加密。

21.2 NFS 之道

NFS 的最新协议经过改善，增强了平台独立性，提高了在广域网（例如 Internet）上的性能表现，添加了强有力的模块化安全特性。大多数实现还包含有诊断工具，可以帮助调试配置和性能问题。

NFS 是一种网络协议，所以在理论上是可以像其他多数网络服务一样在用户空间内实现。但是，传统的做法是将 NFS 的部分实现（服务器端和客户端）放在内核中，这主要是为了提高性能。这种一般模式甚至继续在 Linux 上沿用，其中锁定功能和某些系统调用已被证明很难导出到用户空间。不过好在 NFS 的内核驻留部分不需要配置，对管理员来说基本上是透明的。

NFS 并不是一个可以立竿见影地解决所有文件共享问题的方案。高可用性只能通过热备份来实现，但 NFS 没有可以用于同步备份服务器的内建功能。如果 NFS 服务器突然从网络中消失，可能会导致客户端持有过时的文件句柄，只有通过重启才能清除。强安全性不是不可能，但实现过于复杂。尽管有这样那样的缺点，NFS 仍然是 UNIX 和 Linux 在局域网中共享文件的最常见选择。

21.2.1 协议版本与历史

NFS 协议的第一个公开版本是 1989 年的第 2 版。最初的协议为了维持性能的一致性，做出了一些昂贵的折中，随后很快就被替代了。如今没什么可能还会碰到有人使用这个版本。

NFS 版本 3 可以追溯到 20 世纪 90 年代早期，该版本通过允许异步写入的一致性方案消除了性能瓶颈。它还更新了协议中被发现导致性能问题的几个方面，改进了大文件的处理。最终结果是 NFS 版本 3 比版本 2 要快得多。

2003 年诞生的 NFS 版本 4 直到 10 年后才得以广泛应用，这一重大革新的版本包含了大量修正和新特性。重点要强调的增强如下：

- 实现了与防火墙和 NAT 设备的兼容和互操作；
- 在核心 NFS 协议中集成了加锁和挂载协议；
- 状态化操作；
- 强大的模块化安全；
- 支持复制和迁移；
- 支持 UNIX 和 Windows 客户端；

- 访问控制列表（ACL）；
- 支持 Unicode 文件名；
- 即使是在低带宽连接上也有出色的性能表现。

不同版本的 NFS 协议无法相互通信，但 NFS 服务器（包括本书中所有示例系统中的 NFS 服务器）通常都实现了所有 3 个协议版本。在实践中，NFS 客户端和服务器的所有组合都可以与某些版本的协议实现互操作。如果双方都支持的话，坚持使用版本 4 协议。

NFS 目前仍处于积极开发和广泛应用当中。4.2 版本是由原先 Sun 公司全盛时期的一些利益相关者所编写的，在 2015 年初达到了 RFC 草案状态。2016 年中期推出的 AWS 的弹性文件系统（Elastic File System）服务添加了可供 EC2 实例使用的 NFSv4.1 文件系统。

尽管版本 4 在很多方面都取得了长足的进步，不过 NFS 的配置和管理过程并没有太多变化。从一些方面来看，这是一种特性，例如，你仍然可以使用相同的配置文件和命令管理所有版本的 NFS。但在另一些方面，这是一个问题。配置过程的某些方面有种凑数的感觉（尤其是在 FreeBSD 上），有些选项要么变得模棱两可，要么承担了太多的任务，依赖于所使用的 NFS 版本，其含义或配置格式也不尽相同。

21.2.2 远程过程调用

当 Sun 公司在 20 世纪 80 年代开发第一版 NFS 时，就已经认识到 NFS 所需要解决的很多和网络相关的问题也同样适用于其他基于网络的服务，于是就开发了一套更为通用的远程过程调用框架，被称为 RPC（Remote Procedure Call）或 SunRPC，在其之上构建了 NFS。这项成果为各种应用程序打开了一扇大门，使之可以像在本地那样调用远程系统上的过程。

Sun 公司的 RPC 系统比较原始，有些考验技巧。如今有一些非常优秀的系统填补了这方面的需要。[①]然而，NFS 中很多功能仍旧依赖于 Sun 风格的 RPC。读写文件、挂载文件系统、访问文件元数据、检查文件权限，这些操作全都是以 RPC 的形式实现的。NFS 协议是按照一般性规范编写的，在技术上不需要不同的 RPC 层。但是，我们知道在这方面所有的 NFS 实现都没有偏离最初的体系结构。

21.2.3 传输协议

NFS 版本 2 最初使用的是 UDP，因为这种协议在局域网和 20 世纪 80 年代的计算机上表现最好。尽管 NFS 自己实现了分组序列重组和错误检查，但 UDP 和 NFS 都缺少拥塞控制算法，而这对于大型 IP 网络的良好性能是必不可少的。

为了弥补这些问题（还有其他方面的），NFS 版本 3 中可以选择 UDP 或 TCP，在版本 4 中只能使用 TCP。[②]TCP 一开始是为了帮助 NFS 穿过路由器，使其能够在 Internet 上使用。随着时间的推移，当初在 UDP 和 TCP 之间更倾向于前者的大部分理由在快速的 CPU、廉价内存以及高速网络面前已经烟消云散了。

21.2.4 状态

客户端在使用 NFS 文件系统之前必须先将其挂载，这就像要先挂载本地磁盘文件系统一样。但是 NFS 版本 2 和版本 3 都是无状态的，服务器并不去跟踪哪个客户端挂载了文件系统。相反，服务器只是在挂载协商达成之后透露出一个私密的“cookie”。这个 cookie 标识了 NFS 服务器上

---

① 同时也远比 SunRPC 恐怖得多；可以了解一下 SOAP。

② 从技术上来说，只要是实现了拥塞控制的传输协议都可以使用，但 TCP 是如今唯一合理的选择。

已被挂载的目录，从而为客户端访问其中的内容提供了途径。cookie 在服务器重启之间仍然存在，所以即便发生崩溃，也不会使客户端陷入无法恢复的困境。客户端可以等到服务器恢复之后重新提交请求。

另一方面，NFSv4 是一种状态化协议：客户端和服务器都维护了有关打开文件和锁的信息。如果服务器出现故障，客户端可以向服务器发送崩溃前的状态信息，协助其恢复。重新上线的服务器会等待一段预先定义好的宽限期，待之前的客户端报告自己的状态信息之后，再允许新的操作和锁。NFSv4 不再使用版本 2 和版本 3 的 cookie 管理。

21.2.5 文件系统导出

NFS 服务器维护了一个客户端可以在网络上访问的目录列表（称为“导出目录”或“共享目录”）。根据定义，所有服务器至少要导出一个目录。客户端挂载这些导出目录，然后将其添加到各自的 fstab 文件。

在版本 2 和版本 3 中，每一个导出目录都被视为独立的实体，需要单独导出。在版本 4 规范中，服务器可以导出单个具备层次化的伪文件系统，所有的导出目录都被纳入其中。实际上，这个伪文件系统是服务器自己经过精简后的文件系统名称空间，去掉了所有没有被导出的内容。

例如，考虑下面的目录列表，被导出的目录以粗体显示。

/www/domain1
/www/domain2
/www/domain3
/var/logs/httpd
/var/spool

在 NFS 版本 3 中，每一个导出的目录都必须单独配置。客户端需要执行 3 次不同的挂载请求才能访问到服务器导出的所有内容。

在 NFS 版本 4 中，伪文件系统将目录结构中互不联系的各部分组织起来，为 NFS 客户端创建了一个单独的视图。客户端不需要再单独挂载/www/domain1、/www/domain2、/var/logs/httpd，只用简单地挂载服务器的整个伪根目录，然后浏览其层次结构即可。

在浏览过程中，没有导出的目录/www/domain3 和/var/spool 是看不到的。除此之外，包含在/、/var、/www、/var/logs 中的个别文件对于客户端也是不可见的，因为该层次结构的伪文件系统部分只包含目录。所以，NFSv4 导出的文件系统在客户端眼中是下面这样的。

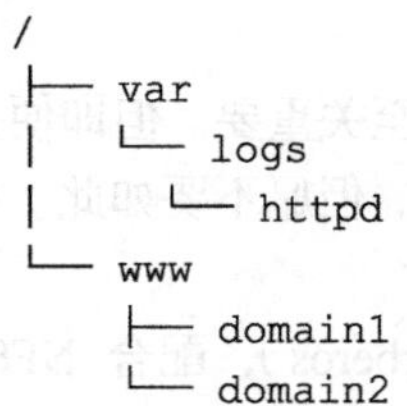

服务器在名为 exports 的配置文件中（通常位于/etc）指定了所导出文件系统的根目录。纯 NFSv4 客户端无法一一阅读远程服务器上的挂载列表。相反，它们只是简单地挂载伪文件系统的根目录，然后所有的导出目录就可以通过这个挂载点访问了。

这是根据 RFC 规范得来的故事。但在实践中，真实情况可不像故事里那样泾渭分明。Solaris 的实现符合规范。Linux 在早期的 NFSv4 代码中曾经敷衍地尝试过支持伪文件系统，不过后来做出了修改，更全面地支持该方案，现今的版本看起来遵循了 RFC 的意图。FreeBSD 并没有实现 RFC 中所描述的伪文件系统。FreeBSD 的导出语义基本上与版本 3 相同，导出目录中的所有子目录都可供客户端使用。

21.2.6 文件加锁

文件加锁（由系统调用 flock、lockf、fcntl 来实现）长期以来都是 UNIX 系统的痛处。在本地文件系统中，其效果就难称完美。在 NFS 环境中，根基更是不稳。从设计上来看，NFS 服务器的早期版本是无状态的：服务器并不知道特定文件是由哪台机器在使用。然而，要想实现加锁，状态信息是必不可少的。怎么办？

传统的回答是在 NFS 之外单独实现文件加锁。在大多数系统中，有两个不同的进程 lockd 和 statd 负责进行加锁。遗憾的是，出于各种微妙的原因，这项任务并非易事，用 lockd 和 statd 对 NFS 文件加锁一般也不可靠。

NFSv4 将加锁机制（意味着状态化及其所暗含的效果）纳入了核心协议，因此也就不再需要 lockd 和 statd 了。这种变化带来了显著的复杂性，但同时避免了 NFS 早期版本的许多相关问题。遗憾的是，如果您的站点还支持版本 2 和版本 3 客户端，还是少不了 lockd 和 statd。我们的示例系统都附带了早期版本的 NFS，所以默认情况下仍会运行这两个守护进程。

21.2.7 安全问题

在很多方面，NFS 版本 2 和版本 3 都是对 UNIX 和 Linux 安全造成（或曾经造成过）问题的典型代表。该协议设计之初基本上没有考虑安全性，这种省事不是没有代价的。NFSv4 通过强制支持强安全服务和建立更好的用户识别方法，解决了早期版本的安全问题。

所有版本的 NFS 协议旨在将安全机制独立出来，大多数服务器都支持多种形式的安全性。其中一些常见的形式包括：

- AUTH_NONE，无认证。
- AUTH_SYS，UNIX 风格的用户和组访问控制。
- RPCSEC_GSS，一种更为强大的形式，采用了灵活的安全方案。

历史上，大多数站点使用的都是依赖于 UNIX 的用户和组标识符的 AUTH_SYS 认证。在该方案中，客户端只是简单地发送请求访问服务器的用户的本地 UID 和 GID。服务器将值与其自己的/etc/passwd 文件[①]中的值进行比对，确定用户是否应该具有访问权限。因此，如果用户 mary 和 bob 在两个不同的客户端上共享相同的 UID，他们就可以访问彼此的文件。此外，在系统上具有 root 访问权限的用户可以使用 su 切换到任何希望的 UID，服务器然后会授予其访问相应用户文件的权限。

在使用 AUTH_SYS 的环境中，在系统之间强制 passwd 文件的一致性至关重要。但即便是如此，也只是安全性的一块遮羞布而已；任何流氓主机（或者 Windows 机器，但愿不要如此）可以“认证”成它想要的用户，破坏 NFS 安全性。

为了防止此类问题，大多数站点可以使用更强健的安全机制（如 Kerberos），配合 NFS 的 RPCSEC_GSS 层。这种配置要求客户端和服务器都加入 Kerberos 域。 Kerberos 域对客户端集中认证，避免上述的自我识别（self-identification）问题。Kerberos 还可以为通过网络传输的文件提供强加密和完整性保证。所有符合协议的 NFS 版本 4 系统必须实现 RPCSEC_GSS，但在版本 3 中这是可选的。

NFS 版本 4 要求使用 TCP 作为传输协议并在端口 2049 上通信。因为版本 4 并不依赖其他端口，透过防火墙开放访问只需要打开 TCP 端口 2049 就行了，非常简单。和所有的访问列表配置一样，除了端口号之外，务必要制定源地址和目的地址。如果你的站点不需要在 Internet 上向其

---

① 或是与其等同的网络数据库，例如 NIS 或 LDAP。

他主机提供 NFS 服务，可以通过防火墙或本地的分组过滤器阻止访问。

由于 RPC 协议长久以来的 bug 和强安全机制的欠缺，故不推荐使用 NFSv2 和版本 3 在广域网上提供文件服务。如果服务器采用的是 NFS 版本 3，管理员应该阻止访问 TCP 和 UDP 端口 2049，还有 portmap 端口 111。

鉴于 AUTH_SYS 的安全性存在无数显而易见的缺陷，我们强烈建议彻底停止使用 NFSv3。如果你所使用的古老的操作系统无法更新到兼容 NFSv4，那么至少要使用分组过滤器限制网络连接。

21.2.8 NFSv4 的身份映射

在开始接下来的讨论之前，我们应该先提醒你：我们认为所有的 AUTH_SYS 实现或多或少的都无法满足安全目的。我们强烈建议使用 Kerberos 和 RPCSEC_GSS 认证，这是唯一合理的选择。

我们在第 8 章中讲过，UNIX 通过本地 passwd 文件或 LDAP 目录中的 UID 和 GID 共同识别用户。另一方面，NFSv4 将用户和组描述为形如 user@nfs-domain 和 group@nfs-domain 的字符串标识符。NFSv4 的客户端和服务器运行身份映射守护进程，将 UNIX 标识符翻译成符合该格式的字符串。

当版本 4 客户端执行会返回身份信息的操作时，例如使用 ls -l 列出一组文件的属主（底层操作是一系列 stat 调用），服务器的身份映射守护进程使用本地的 passwd 文件将每一个文件的 UID 和 GID 转换成字符串，例如 ben@admin.com。客户端的身份映射守护进程再执行相反的处理过程，将 ben@admin.com 转换成本地 UID 和 GID，这未必和服务器的一样。如果字符串转换后不匹配任何本地用户身份，则使用 nobody 用户顶替。

此时，远程文件系统调用（stat）已完成，并将 UID 和 GID 值返回给其调用者（这里是 ls 命令）。由于 ls 命令使用了-l 选项，需要显示文本名称而不是数字。因此，ls 反过来使用 getpwuid 和 getgrgid 库例程将 ID 重新转换成文本名称。这些例程再次查询 passwd 文件或等同的网络数据库。这实在是一个漫长奇异的过程。

让人困惑的是，身份映射守护进程仅用于检索和设置文件属性（通常是所有权）。它并不参与认证或访问控制，这两处依然是按照传统的 RPC 方式处理的。相较于底层的 NFS 协议，身份映射守护进程在映射方面做得可能要更好，这就造成了文件表面上的权限与 NFS 服务器实际强制的权限之间的冲突。

考虑一个例子，在一个 NFSv4 客户端执行下列命令。

```
[ben@nfs-client]$ id ben
uid=1000(ben) gid=1000(ben) groups=1000(ben)

[ben@nfs-client]$ id john
uid=1010(john) gid=1010(john) groups=1010(john)

[ben@nfs-client]$ ls -ld ben
drwxr-xr-x   2    john  root     4096 May 27 16:42     ben

[ben@nfs-client]$ touch ben/file
[ben@nfs-client]$ ls -l ben/file
-rw-rw-r-- 1      john  nfsnobody    0       May 27 17:07          ben/file
```

首先，ben 和 john 所显示的 UID 分别是 1000 和 1010。NFS 导出的主目录 ben 的权限为 755，由 john 所有。但是，尽管 ls -l 的输出显示 ben 不具备写权限，但他仍然可以在该目录中创建文件。

在服务器上，john 的 UID 是 1000。因为 john 在客户端上的 UID 是 1010，身份映射守护进程会按照之前所述执行UID转换，结果就是“john”看起来成为了该目录的属主。然而，身份映射守护进程并不参与访问控制。对于文件创建操作，ben的值为1000的UID被直接发送到服务器，在此处，该值被解释为john的UID，进而得以授权。

你怎么知道哪些操作映射过身份，哪些操作没有？很简单：只要UID或GID出现在文件系统API中（就像stat或chown那样），就执行映射。只要用户的UID或GID被用于暗中进行访问控制，就需要转而通过专门的认证系统。

正因为如此，强制一致的passwd文件或依赖于LDAP对于使用AUTH_SYS的用户是必不可少的。

对于管理员而言就不幸了，身份映射守护进程在不同的系统之间并不统一，所以其配置过程可能也不尽相同。本书所采用的示例系统的配置方法参见21.5节。

21.2.9 root访问与nobody账户

尽管一般来说，用户不管在哪里都应该得到同样的权限，但传统上是不允许在通过NFS挂载的文件系统上随意使用root的。默认情况下，NFS服务器会拦截UID 0所发出的传入请求，并将请求更改为好像是来自其他用户一样。这种改动被称为“root挤压”（squashing root）。root账户不会被彻底禁用，但限制其只拥有普通用户的权限。

被特别定义的替代账户“nobody”是一个伪用户，它是远程root在NFS服务器上的伪装身份。nobody的传统UID是65534（UID -2的16位补码）。[①]你可以在exports文件中更改root的默认UID和GID映射。有些系统可以使用all_squash选项将所有客户端的UID映射到服务器上同一个伪用户UID。这种配置消除了用户之间的所有差别，形成了一种公共访问文件系统。

这些预防措施背后的动机不错，但是最终的效果并不如预想的那么好。记住，NFS客户端上的root可以通过su使用它想要的任何UID，因此用户文件永远不会受到真正的保护。root挤压的唯一真正效果是阻止访问root拥有的文件，而不是所有人都可读写的文件。

21.2.10 版本4中的性能考虑

NFSv4旨在广域网上实现良好的性能。相较于局域网，大多数广域网的延迟更高、带宽更低。NFS通过以下改进来解决这些问题：

- 名为COMPOUND的RPC将多个文件操作集中到一个请求中，从而减少了多个远程过程调用所产生的开销和延迟；
- 授权机制允许客户端缓存文件。客户端可以维持对于文件的本地控制，包括那些打开进行写入的文件。

这些特性是NFS核心协议的一部分，并不需要系统管理员过多关注。

21.3 服务器端的NFS

当NFS服务器使得目录可供其他机器使用时，我们就说它“导出”了一个目录。导出目录通过伪文件系统，以单个文件系统层次结构的形式呈现给NFSv4客户端。

在NFS版本3中，客户端挂载文件系统和访问文件是两个不同的过程。这两种操作分别使用

---

① 尽管Red Hat的NFS服务器默认采用的是UID -2，但passwd文件中的nobody账户使用的UID是99。你不用进行改动，在passwd文件中为UID -2添加一项，或是如果愿意的话，将anonuid和anongid修改成99。这真的没什么关系。有些系统还拥有一个nsfnobody账户。

各自的协议，由不同的守护进程来服务请求：mountd 用于挂载发现和请求，nfsd 用于实际的文件服务。在有些系统中，这些守护进程叫作 rpc.nfsd 和 rpc.mountd，以此提醒它们依赖于 RPC 作为底层机制（因而需要运行 portmap 守护进程）。在本章中，出于可读性的考虑，我们忽略掉前缀 rpc。

NFSv4 根本不使用 mountd。如果你必须运行仅支持 NFSv3 的客户端，那么 mountd 就一定要保持运行。

mountd 和 nfsd 应该在系统引导时启动，只要系统没有关闭就应该一直处于运行状态。如果你启用了 NFS 服务，Linux 和 FreeBSD 会自动运行这两个守护进程。

NFS 只使用了单个访问控制数据库来告知哪个文件系统应该导出、哪个客户端能够将其挂载。该数据库的操作副本通常保存在名为 xtab 的文件中，另外在内核的内部表中也有保存。xtab 是一个二进制文件，需要进行维护，以供服务器守护进程使用。

手工维护二进制文件可不是什么让人愉悦的事情，所以大部分系统假定你更愿意维护文本文件（通常是/etc/exports），该文件中列举出了系统所导出的目录及其访问设置。系统会在引导期间查询这个文本文件，自动创建 xtab 文件。

/etc/exports 是导出目录的权威清单，人类用户可以直接阅读。在 Linux 上，可以使用 exportfs -a 读取其内容；在 FreeBSD 上，只用简单地重启 NFS 服务器即可。因此，当你编辑/etc/exports 时，要想激活所做出的改动，运行 exportfs -a（Linux 系统）或是 service nfsd restart（FreeBSD 系统）。如果你向 FreeBSD 的 V3 客户端提供服务，还要重启 mountd（service mountd reload）。

NFS 处理文件系统的逻辑层。任何目录都可以导出，导出的目录不必是挂载点或物理文件系统的根。但安全起见，NFS 特别注意文件系统之间的界限，并且要求单独导出每个设备。例如，在将/chimchim/users 设置为单独分区的机器上，可以导出/chimchim，而不必隐式地导出/chimchim/users。

如果客户端愿意，通常可以挂载导出目录的子目录，尽管协议并不要求这一特性。例如，如果服务器导出了/chimchim/users，客户端可以只挂载/chimchim/users/joe，忽略 users 目录的其他内容。

21.3.1 Linux 的 exports 文件

在 Linux 中，exports 文件的最左边一列是导出目录的列表，随后是允许访问指定目录的主机，最右边是相关的选项。文件系统与客户端列表之间以空白字符分隔，每个客户端之后紧跟着一对括号，其中是由逗号分隔的多个选项。可以使用反斜线续行。例如：

```
/home     *.users.admin.com(rw) 172.17.0.0/24(ro)
```

该行允许 users.admin.com 域中的所有机器以读/写权限挂载/home，允许 C 类网络 172.17.0.0/24 中的所有机器以只读权限挂载/home。如果 user.admin.com 域中的系统属于网络 172.17.0.0/24，那么该客户端将被授予只读访问权限。这是由最小权限规则决定的。

exports 文件中列出的文件系统如果没有指定一组主机，那么所有的主机都可以将其挂载。这可算是个不小的安全漏洞。

如果不小心把空格放错了地方，也会造成同样严重的安全漏洞。例如：

```
/home    *.users.admin.com (rw)
```

该行授予了除*.users.admin.com 之外的所有主机读/写权限，users.admin.com 域中的主机只有默认的只读权限。哎呀！

遗憾的是，无法为一组选项列出多个客户端规格。你必须为所有的客户端重复这些选项。表 21.1 列出了可以出现在 exports 文件中的客户端规格类型。

表 21.1　　Linux 的/etc/exports 文件中的客户端规格

类型	语法	含义
主机名	hostname	单个主机
网络组	@groupname	NIS 网络组（很少使用）
通配符	*和?	带有通配符的 FQDN[a]；*不匹配点号
IPv4 网络	ipaddr/mask	CIDR 形式的规格（例如，128.138.92.128/25）
IPv6 网络	ipaddr/mask	采用 CIDR 形式的 IPv6 地址（例如，2001:db8::/32）

注：a.　全限定域名（fully qualified domain name）。

表 21.2 中给出了 Linux 能够接受的最常用的导出选项。

表 21.2　　Linux 中常用的导出选项

选项	描述
ro	以只读形式导出
rw	以读写形式导出（默认）
rw=list	以只读形式为主导出。list 列举出允许以可写形式挂载的主机；其他主机必须以只读形式挂载
root_squash	将 UID 0 和 GID 0 映射（"挤压"）为 anonuid 和 anongid 指定的值。这是默认选项
no_root_squash	允许 root 正常访问。该选项很危险
all_squash	将所有的 UID 和 GID 都映射到其匿名版本 [a]
anonuid=xxx	指定远程 root 应该被挤压成的 UID
nongid=xxx	指定远程 root 应该被挤压成的 GID
noaccess	阻止访问该目录及其子目录（配合嵌套导出使用）
wdelay	延迟写入，希望能够合并多个更新操作
no_wdelay	尽快将数据写入磁盘
async	使服务器在实际写入磁盘之前应答写操作请求
nohide	揭示在导出的文件树中所挂载的文件系统
hide	和 nohide 的效果相反
subtree_check	核实所请求的每个文件都在已导出的子树内
no_subtree_check	仅核实指向已导出文件系统的文件请求
secure_locks	要求所有的加锁请求均要有授权
insecure_locks	指定较为宽松的加锁条件（支持较老的客户端）
sec=flavor	列出已导出目录所采用的安全方法 [b]
pnfs	启用用于直接客户端访问的 V4.1 并行 NFS 扩展
replicas=path@host	向客户端发送该导出的备用位置列表

注：a. 该选项对于支持 PC 和其他不受信任的单用户主机非常有用。

b. 取值包括 sys（UNIX 身份认证，默认值）、dh（DES，不推荐）、krb5（Kerberos 身份认证）、krb5i（Kerberos 身份认证和完整性）、krb5p（Kerberos 身份验证、完整性及隐私）、none（匿名访问，不建议）。

subtree_check 选项（默认选项）会核实客户端访问的每个文件是否都位于导出的子目录中。如果关闭了此选项，则仅核实文件是否位于导出的文件系统中。如果所请求的文件在客户端打开它时被重命名了，子树检查偶尔可能会导致问题。 如果预计会出现许多此类情况，可以考虑设置

no_subtree_check。

async 告诉 NFS 服务器忽略协议规范，在实际写入磁盘之前就回复请求。这也许会略微提升性能，但如果服务器意外重启，也可能导致数据损坏。默认行为是 sync。

replicas 选项仅仅可帮助客户端在服务器离线时发现镜像的便利手段。文件系统实际的复制（replication）必须通过其他一些机制，如 rsync 或 DRBD（Linux 下的一款复制软件），实行带外处理。NFSv4.1 中添加了副本引用特性。

Linux NFSv4 的早期实现版本要求管理员在/etc/exports 中使用 fsid=0 来指定伪文件系统的根目录。如今已经不用了。要创建符合 RFC 描述的伪文件系统，只需要正常列出导出目录，然后由 NFSv4 客户端在服务器上挂载。挂载点下的子目录就是导出的文件系统。如果将导出指定为 fsid=0，则会将文件系统及其所有子目录都导出给版本 4 客户端。

21.3.2 FreeBSD 的 exports 文件

为了与长久以来的 UNIX 传统保持一致，FreeBSD 所使用的 exports 文件格式与 Linux 的完全不同。该文件中的每一行（除了以#起始的注释行）均由 3 部分组成：要导出的目录列表、应用于这些导出目录的选项、可以使用这些导出的若干主机。和在 Linxu 上一样，反斜线表示续行。

```
/var/www -ro,alldirs www*.admin.com
```

上面这行将/var/www 及其所有子目录以只读形式导出给符合模式 www*.admin.com 的所有主机。要想为不同的客户端实现不同的挂载选项，只需要重复该行并指定不同的值。例如：

```
/var/www -alldirs,sec=krb5p -network 2001:db8::/32
```

这行允许指定的 IPv6 网络中的所有主机以读/写模式访问。Kerberos 用于认证、完整性以及隐私。

在 FreeBSD 中，导出是按照服务器文件系统进行的。从同一文件系统向同一组客户端主机的多个导出必须出现在同一行。例如：

```
/var/www1 /var/www2 -ro,alldirs www*.admin.com
```

假定 www1 和 www2 位于同一文件系统，如果两者分别出现在不同的行，而且指定的是相同的主机，那就会报错。

要启用 NFSv4，指定根时必须在行前加上 V4:，例如：

```
V4: /exports -sec=krb5p,krb5i,krb5,sys -network *.admin.com
```

以 V4:起始的行实际上并不会导出任何文件系统。它只是为 NFSv4 客户端选择一个要挂载的基础目录。要想真正启用，将导出在根目录下列出。

```
/exports/www -network *.admin.com
```

尽管指定了 V4 根目录（V4 root），但 FreeBSD NFS 服务器并没有实现 RFC 所描述的伪文件系统。如果 V4 根目录被指定并且在该根下至少有一个导出，那么版本 4 客户端就能够挂载这个根目录，然后访问其中所有的文件和子目录，不管其导出状态如何。这些信息在 exports(5)文档中并不清楚，由此引发的模糊性是非常危险的。不要将服务器自己的文件系统根目录（/）指定为 V4 根目录，否则，服务器的整个根文件系统都会开放给客户端。

因为 V4 根目录，版本 2 和版本 3 客户端具有与版本 4 客户端不同的挂载路径。例如，考虑以下导出。

```
/exports/www -network 10.0.0.0 -mask 255.255.255.0
V4: /exports -network 10.0.0.0 -mask 255.255.255.0
```

位于 10.0.0.0/24 网络中的版本 2 或版本 3 客户端可以挂载/exports/www，但由于伪文件系统是在/exports 上指定的，版本 4 客户端必须将导出挂载为/www。或者，版本 4 客户端可以挂载/并访问该挂载点下的 www 目录。

如果要向大量客户端导出，使用网络范围的记法以获得最佳性能。对于 IPv4，可以使用 CIDR 表示法或子网掩码。对于 IPv6，必须使用 CIDR，不允许使用-mask 选项。例如：

```
/var/www -network 10.0.0.0 -mask 255.255.255.0
/var/www -network 10.0.0.0/24
/var/www -network 2001:db8::/32
```

FreeBSD 的导出选项要比 Linux 少。表 21.3 汇总了这些选项。

表 21.3 FreeBSD 中的常见导出选项

选项	描述
alldirs	允许挂载到文件系统中的任何位置
ro	以只读形式导出（默认是读/写模式）
o	和 ro 同义；以只读模式导出
maproot=xxx	使用用户名或 UID 来映射来自远程 root 用户的访问
mapall=xxx	将所有的客户端用户映射为指定用户（类似于 maproot）
sec=flavor	指定允许的安全方法 [a]

注：a. 按优先顺序在以逗号分隔列表中指定多种安全方法。可能的取值包括 sys（UNIX 身份认证，默认值）、dh（DES，不推荐）、krb5（Kerberos 身份认证）、krb5i（Kerberos 身份认证和完整性）、krb5p（Kerberos 身份验证、完整性及隐私）、none（匿名访问，不建议）。

21.3.3 nfsd：提供文件服务

只要客户端的挂载请求通过验证，就可以请求各种文件系统操作了。这些操作都是由服务器端的 NFS 操作守护进程 nfsd 负责处理的。[①]nfsd 并不需要运行在 NFS 客户端，除非客户端也导出了自己的文件系统。

nfsd 没有配置文件，选项都是通过命令行参数传入的。你可以使用系统的标准服务机制启动和停止 nfsd（在运行 systemd 的 Linux 系统上执行 systemctl，在 FreeBSD 系统上执行 service）。如果要修改传给 nfsd 的参数，表 21.4 中给出了要调整的文件和选项。

表 21.4 nfsd 启动选项的设置位置

系统	配置文件	要设置的选项
Ubuntu	/etc/default/nfs-kernel-server	RPCNFSDOPTS [a]
Red Hat	/etc/sysconfig/nfs	RPCNFSDARGS
FreeBSD	/etc/rc.conf	nfs_server_flags

注：a. 某些版本的 nfs-kernel-server 软件包错误地建议用户通过编辑 RPCMOUNTDOPTS 来设置一些 nfsd 选项。可别被骗了。

为了使 nfsd 配置改动生效，在 Linux 系统中，执行 systemctl restart nfs-config.service nfs-server.service；在 FreeBSD 中，执行 service nfsd restart 和 service mountd restart。

nfsd 的选项-N 会禁用指定的 NFS 版本。例如，要想禁止 NFSv2 和版本 3，可以将-N 2 -N 3 添加到表 21.4 中指定的相应文件和选项。如果你确定不需要支持旧客户端，这是种不错的做法。

① 事实上，nfsd 只是向嵌入在内核中的 NFS 服务器代码发出非返回系统调用（nonreturning system call）。

nfsd 接受一个数值参数，指定要衍生出（fork）多少个服务器线程。选择一个合适的值非常重要，可惜的是，这个数字可不好拿捏。不管是过大还是过小，NFS 的性能都会受到影响。

nfsd 线程的最佳数量取决于操作系统以及所使用的硬件。如果你发现 ps 的输出中 nfsd 经常处于 D 状态（不能中断的休眠状态），而且 CPU 还有一些空闲，可以考虑增加线程数；如果你发现随着 nfsd 线程数的增加，系统的平均负载（uptime 所示）也随之攀升，那说明调整得过头了，得从这个阈值再往下降低一些。

定期运行 nfsstat 检查可能与 nfsd 线程数量相关的性能问题。nfsstat 的更多细节参见 21.6 节。

在 FreeBSD 中，nfsd 的--minthreads 和--maxthreads 选项可以在指定范围内自动管理线程数。阅读 FreeBSD 的 rc.conf 手册页，参考其中前缀为 nfs_的选项以了解更多 NFS 服务器设置。

21.4 客户端 NFS

NFS 文件系统的挂载方式和本地磁盘文件系统差不多。mount 命令理解 hostname:directory 这种记法，知道它表示主机 hostname 上的路径 directory。和本地文件系统一样，mount 将远程 host 上的 directory 映射到本地文件树中的某个目录。完成挂载之后，你就可以像本地文件系统那样访问所挂载的 NFS 文件系统了。mount 命令及其关联的 NFS 扩展涵盖了 NFS 客户端的系统管理员最关心的方面。

在挂载 NFS 文件系统之前，必须先将其正确地导出。在 NFSv3 客户端中，你可以使用 showmount 命令核实服务器是否正确导出了文件系统。

```
$ showmount -e monk
Export list for monk:
/home/ben harp.atrust.com
```

这个例子中报告服务器 monk 的/home/ben 目录被导出到了客户端 harp.atrust.com。

如果 NFS 挂载没有效果，先核实文件系统是否已在服务器上正确导出。确定更新了服务器的 exports 文件后，执行 exportfs -a（Linux），或 service nfsd restart 和 service mountd reload（FreeBSD）。接下来，重新检查 showmount 的输出。

如果目录在服务器上已经正确地导出，但 showmount 返回错误或空列表，请再次检查服务器是否运行了所有必要的进程（portmap 和 nfsd，加上 mountd、statd，如果是版本 3 的话，还有 lockd）。确保 hosts.allow 和 hosts.deny 文件允许访问这些守护进程并且你位于正确的客户端系统上。

showmount 显示的路径信息（例如上面的/home/ben）仅对采用 NFSv2 和版本 3 的服务器有效。采用 NFSv4 的服务器导出的是单个统一的伪文件系统，不使用挂载协议。单独挂载点的传统 NFS 概念不符合版本 4 的模型，因此 showmount 根本不适用于版本 4 的世界。

遗憾的是，showmount 在 NFSv4 中并没有很好的替代者。在服务器上，命令 exportfs -v 可以显示出现有的导出，当然了，这只适用于本地。如果你无法直接访问服务器，可以尝试挂载服务器的版本 4 根目录，然后手动遍历目录结构。你也可以挂载已导出的根文件系统的任何子目录。

要在 NFSv2 和 NFSv3 中挂载该文件系统，可以使用下列命令。

```
$ sudo mount -o rw,hard,intr,bg server:/home/ben /nfs/ben
```

要想在 Linux 系统上的 NFSv4 中完成同样的操作，可以输入：

```
$ sudo mount -o rw,hard,intr,bg server:/ /nfs/ben
```

在这个例子中，-o 之后的标志分别指定了以读/写模式（rw）挂载文件系统、操作可以中断（intr）、重试操作在后台（bg）完成。表 21.5 给出了最常见的 Linux 挂载选项。

表 21.5 Linux 的 NFS 挂载标志和选项

标志	描述
rw	以读/写模式挂载文件系统（必须也以该方式导出）
ro	以只读模式挂载文件系统
bg	如果挂载失败（服务器没有响应），在后台继续尝试并接着进行其他挂载操作
hard	当服务器宕机时，阻塞需要访问该服务器的操作，直到服务器重新上线
soft	当服务器宕机时，使需要访问该服务器的操作失败并返回错误，避免进程在不重要的挂载操作上挂起
intr	允许用户中断被阻塞的操作（这些操作会返回错误）
nointr	不允许用户中断
retrans=n	指定在软挂载（soft-mounted）文件系统上返回错误之前可以重复请求多少次
timeo=n	设置请求的超时时间（以十分之一秒为单位）
rsize=n	将读缓冲区大小设置为 *n* 字节
wsize=n	将写缓冲区大小设置为 *n* 字节
nfsvers=n	设置 NFS 协议版本
proto=proto	选择一种传输协议；NFSv4 必须使用 tcp

NFS 的客户端通常会尝试自动协商适合的协议版本。你可以通过-o nfsvers=n 来指定特定的版本。

FreeBSD 中的 mount 是一个包装程序，通过调用/sbin/mount_nfs 实现 NFS 挂载。这个包装程序设置 NFS 选项并调用 nmount 系统调用。下列命令可用于在 FreeBSD 上挂载 NFSv4 服务器。

```
$ sudo mount -t nfs -o nfsv4 server:/ /mnt
```

如果你没有明确指定版本，mount 会按照降序自动协商版本。实际上，一条简单的命令 mount server://mnt 就可以解决这个棘手的问题，因为 mount 可以从格式中推断出你所指的文件系统是 NFS。

当服务器宕机时，以 hard 标志（默认）挂载的文件系统会造成进程挂起。如果挂起的进程是标准守护进程，这种行为就很烦人了，所以我们不推荐在 NFS 上对关键的系统进程提供服务。一般来说，intr 标志减少了与 NFS 相关的麻烦。[①]自动挂载方案，例如 21.8 节讨论的 autofs，也提供了一些针对此类挂载问题的补救方法。

读缓冲区和写缓冲区的大小会协商为客户端和服务器双方均支持的最大值。你可以将其设置为 1 KiB 和 1 MiB 之间的任何值。

使用 df 能够看到 NFS 挂载上的可用空间，就像你在本地文件系统那样。

```
$ df /nfs/ben
Filesystem        1k-blocks    Used  Available  Use% Mounted on
leopard:/home/ben  17212156 1694128   14643692   11% /nfs/ben
```

umount 可以像在本地文件系统上那样用于 NFS 文件系统。如果要卸载正处于使用中的 NFS 文件系统，你会得到类似于下面的错误信息。

```
umount: /nfs/ben: device is busy
```

① 作为我们的技术评论员之一的 Jeff Forys 这样说道："多数挂载应该采用 hard、intr 以及 bg，因为这些选项标志最大程度上保留了 NFS 最初的设计目标。soft 是一种可憎的、丑陋的、邪恶的伎俩！如果用户想要中断，请冷静。否则，就等着服务器，最终一切都会恢复正常，不会有数据丢失。"

使用 fuser 或 lsof 查找在该文件系统上打开文件的进程。将其杀死，或者更改目录（能使用 shell 的情况下）。如果所有其他方法都无效，或者服务器已宕机，尝试运行 umount -f，强制卸载文件系统。

21.4.1 在引导期间挂载远程文件系统

你可以使用 mount 命令建立临时网络挂载，但是应该在/etc/fstab 中列出属于系统永久配置的那部分挂载，以便在引导时自动挂载它们。或者，也可以通过自动挂载服务（例如 autofs）来处理。

下面的 fstab 条目从服务器 monk 上挂载/home 文件系统。

```
# filesystem mountpoint  fstype flags                         dump  fsck
monk:/home   /nfs/home   nfs    rw,bg,intr,hard,nodev,nosuid  0     0
```

你可以运行 mount -a -t nfs 使改动立刻生效（无须重新引导）。

/etc/fstab 的 flags 字段指定了 NFS 挂载选项，这些选项与你在命令行中指定的一样。

21.4.2 限制导出到特权端口

在连接 NFS 服务器时，NFS 客户端可以自由选择自己喜欢的任何 TCP 或 UDP 源端口。但是，有些服务器可能会坚持请求只能来自特权端口（编号低于 1024 的端口）。其他服务器允许将这种行为作为一种选项。使用特权端口对实际安全性的作用微乎其微。

尽管如此，大多数 NFS 客户端默认还是采用特权端口的传统方法（仍然推荐）以避免可能的冲突。在 Linux 下，你可以使用 insecure 导出选项接受来自非特权端口的挂载。

21.5 NFSv4 身份映射

我们在 21.2.8 节介绍了 NFSv4 身份映射系统背后的概念。在本节中，我们将讨论身份映射守护进程的管理。

所有参与 NFSv4 网络的系统都应该处于相同的 NFS 域。在大多数情况下，使用 DNS 域作为 NFS 域是合情合理的。例如，admin.com 是服务器 ulsah.admin.com 的 NFS 域的直接选择。子域中的客户端（例如 books.admin.com）未必想使用相同的域名（例如，admin.com）来促进 NFS 通信。

对于管理员而言，不幸的是，NFSv4 的 UID 映射并没有标准实现，所以具体的管理细节因系统不同而略有差异。表 21.6 中给出了 Linux 和 FreeBSD 中的映射守护进程的名称及其配置文件的位置。

表 21.6　　NFSv4 身份映射守护进程及其配置文件

系统	守护进程	配置文件	手册页
Linux	/usr/sbin/rpc.idmapd	/etc/idmapd.conf	nfsidmap(5)
FreeBSD	/usr/sbin/nfsuserd	/etc/rc.conf 中的 nfsuserd_flags	idmap(8)

除了设置 NFS 域，身份映射服务基本上就不用管理员帮忙了。守护进程在引导期间由负责管理其他 NFS 守护进程的脚本启动。如果配置发生了变化，需要重启身份映射守护进程。诸如详尽日志和 nobody 账户的替代管理这类选项通常都有。

21.6 nfsstat：转储 NFS 统计信息

nfsstat 可以显示出 NFS 系统所维护的各种统计信息。nfsstat -s 用于显示服务器端统计，nfsstat

-c 用于显示客户端操作信息。默认情况下，nfsstat 会给出所有协议版本的统计信息。例如：

```
$ nfsstat -c

Client rpc:
  calls  badcalls  retrans  badxid  timeout  wait  newcred   timers
  64235     1595        0       3     1592     0       0      886

Client nfs:
  calls  badcalls   nclget  nclsleep
  62613        3    62643        0
  null    getattr  setattr  readlink  lookup  root     read
    0%        34%       0%       21%     30%    0%       2%
  write   wrcache   create    remove  rename  link  symlink
     3%        0%       0%        0%      0%    0%       0%
  mkdir   readdir    rmdir    fsstat
     0%        6%       0%        0%
```

这个例子取自一个相对健康的 NFS 客户端。如果超过 3%的 RPC 调用超时，那说明你的 NFS 服务器或网络可能存在问题。通常可以检查 badxid 字段发现原因。如果 badxid 的值接近于 0，timeout 的值高于 3%，则表明进出服务器的分组在网络上丢失了。你可以通过降低 rsize 和 wsize 这两个挂载参数（读/写块大小）解决这个问题。如果 badxid 的值接近于 timeout，那么表明服务器虽然能够响应，但响应速度过慢。要么更换服务器，要么提高 timeo 挂载参数的值。

偶尔运行 nfsstat 和 netstat 并熟悉其输出有助于先于用户发现 NFS 存在的问题。我们建议将此数据作为网站监控和警报系统的一部分。

21.7 专有 NFS 文件服务器

快速、可靠的文件服务是生产计算环境的基本要素。尽管你可以用工作站和现成的硬盘组建自己的文件服务器，但这样做往往不是最佳或最易于管理的解决方案（虽然它通常是最便宜的）。

专有 NFS 文件服务器产品已经在市场上出现多年了。相较于自力更生的方式，这种产品提供了不少潜在的优势。

- 它们专门为文件服务优化，通常能够实现最佳的 NFS 性能。
- 随着存储需求的增长，它们能够平滑扩展以支持数 TB 的存储和数百个用户。
- 由于其简化的软件、冗余硬件以及磁盘监控的应用，它们往往比单机更可靠。
- 它们通常可以为 UNIX 和 Windows 客户处理文件服务。多数甚至还集成了 HTTPS、FTP、SFTP 服务器。
- 它们多提供了比普通的 UNIX 系统更为优秀的备份和检查功能。

一些我们心仪的专有 NFS 服务器是由 NetApp 制造的。这家公司的产品从小型到特大型，全方位覆盖，而且价格也合适。EMC 是高端服务器市场的另一家厂商。他家的产品还不错，但要做好准备，别被价格吓到了，另外还得学会为其营销推广培养耐心。

在 AWS 环境中，弹性文件系统服务是一种可扩展的 NFSv4.1 SaaS（Server-as-a-Service，服务器即服务），可将文件系统导出到 EC2 实例。每个文件系统都能够支持数 GiB/s 的吞吐量，具体取决于文件系统的大小。

21.8 自动挂载

在/etc/fstab 中列出文件系统，使其在引导期间挂载，这会在大规模网络上产生管理问题。首先，即使是在脚本和配置管理系统的帮助下，在数百台机器上维护 fstab 文件也让人不胜其烦。每台主机的需求可能都略有不同，所以要个别关注。其次，如果从许多不同的主机挂载共享文件系统，那么客户端将依赖于大量下游服务器。只要其中一台服务器崩溃，就会引发混乱。访问该服务器挂载点的所有命令都会被挂起。

你可以使用自动挂载器缓解这些问题，自动挂载器是一种守护进程，当文件系统被引用时，将其挂载；不再使用时，将其卸载。除了将挂载推迟到必须的时候之外，大多数自动挂载器还可以接受文件系统的“副本”（相同的备份副本）列表。即便主服务器不可用，这些备份也能使网络继续正常运行。

正如 FreeBSD 自动挂载器的作者 Edward Tomasz Napierała 所言，这种魔法需要若干个相关软件的协作才能实现。

- autofs，这是一个驻留在内核的文件系统驱动程序，用于监视文件系统的挂载请求、暂停发起调用的程序、在将控制权返回给调用者之前调用自动挂载器来挂载目标文件系统。
- automountd 和 autounmountd，两者读取管理配置、挂载或卸载文件系统。
- autumount，实用管理工具。

在大部分情况下，用户是察觉不到自动挂载器的。自动挂载器不会镜像实际的文件系统，而是根据其配置文件中给出的规范“组成”（makes up）一个虚拟文件系统层次结构。当用户引用了自动挂载器的虚拟文件系统中的目录时，automountd 会拦截该引用并挂载用户尝试访问的实际的文件系统。NFS 文件系统以正常的 UNIX 方式挂载在 autofs 文件系统之下。

自动挂载器的想法最初来自 Sun 公司。Linux 版本在功能上就模仿了 Sun 的自动挂载器，尽管其实际上完全是独立的实现。而 FreeBSD 维护了另一种实现，在 FreeBSD 10.1 发行版中牺牲了一度广泛使用的自动挂载器 amd。

各种 automount 实现能够理解的配置文件（称为“映射”）有 3 种：直接映射、间接映射和主映射。[①]直接映射和间接映射包含与待自动挂载的文件系统相关的信息。主映射中列出了 automount 应该注意的直接映射和间接映射。一次只能激活一个主映射。在 FreeBSD 中，默认主映射保存在/etc/auto_master；在 Linux 中，保存在/etc/auto.master。

在大多数系统上，automount 是一个单独的命令，它读取配置文件，设置必要的 autofs 挂载，然后退出。对自动挂载的文件系统的引用是由另外的守护进程 automountd 处理的（通过 autofs）。这个守护进程默默无闻地工作，无须额外配置。

该守护进程在 Linux 中并不叫 automountd，而是 automount，配置功能是由系统启动脚本执行的（对于现代发行版则是 systemd）。具体细节参见 21.8.8 节。在接下来的讨论中，我们将设置命令称为 automount，守护进程称为 automountd。

如果更改主映射或其引用的某个直接映射，则必须重新运行 automount 以获取更改。automount 的-v 选项会显示它对其配置所做出的调整。你可以添加-L 选项，先预演一下效果（dry run），便于检查配置和调试问题。

automount（FreeBSD 上的 autounmountd）接受-t 选项，告诉自动安装的文件系统在被卸载之

① 直接映射也可以作为 NIS 数据库或者在 LDAP 目录内管理，不过这么做需要一些技巧。

前可以保持多久（以秒为单位）的未使用状态。默认时长为300 s（10分钟）。如果服务器崩溃，NFS挂载会导致对其有引用的程序挂起，因此清理不再使用的自动挂载是一种很好的卫生习惯，不要过多地增加超时值。[①]

21.8.1　间接映射

间接映射会自动挂载公共目录下的多个文件系统。但是，公共目录的路径是在主映射中指定的，而不是由间接映射自身指定。例如，一个间接映射类似如下。

```
users    harp:/harp/users
devel    -soft harp:/harp/devel
info     -ro harp:/harp/info
```

第一列给出了每个自动挂载应该被安装到的子目录，后一列给出了挂载选项和文件系统的NFS路径。这个例子（可能保存在/etc/auto.harp中）告诉automount它可以挂载服务器harp上的目录/harp/users、/harp/devel、/harp/info，其中，info采用只读模式挂载，devel采用软挂载。

在这个配置中，harp上的路径和本地主机路径相同。不过，这种一致性并不是必需的。

21.8.2　直接映射

直接映射列出没有共同前缀的文件系统，例如/usr/src和/cs/tools。描述这两个要自动挂载的文件系统的直接映射如下。

```
/usr/src    harp:/usr/src
/cs/tools   -ro monk:/cs/tools
```

因为两者没有共同的父目录，所以其自动挂载需要分别通过单独的autofs挂载来实现。这种配置需要更多的开销，但优点是挂载点和目录结构总是可以被像ls这样的命令访问。在满是间接挂载的目录上执行ls命令会让用户摸不着头脑，因为automount只有在其中的子目录内容被访问过之后才会显示它们（ls并不查看自动挂载目录中的内容，所以也不会造成这些目录被挂载）。

21.8.3　主映射

主映射中列出了automount应该关注的直接映射和间接映射。对于每一个间接映射，还指定了定义在映射中的挂载所使用的根目录。

引用了上例中所示的直接映射和间接映射的主映射如下所示。

```
# Directory Map
/harp        /etc/auto.harp -proto=tcp
/-           /etc/auto.direct
```

第一列给出了用于间接映射的本地目录名或是用于直接映射的特殊记号/-。第二列给出了保存映射的文件。每种类型可以有多个映射。如果在行尾指定了挂载选项，这些选项将成为该映射内所有挂载的默认选项。Linux管理员应该总是为NFSv4服务器指定-fstype=nfs4挂载选项。

在多数系统中，在主映射条目上设置的默认选项不会与它所指向的直接或间接映射中指定的选项混为一谈。如果映射条目有自己的选项列表，则忽略默认值。然而，Linux将两者合并了。如果在两个位置都指定了相同的选项，则映射条目的值将覆盖默认值。

---

① 该问题的另一方面是挂载文件系统所需的时间。如果不持续重新挂载文件系统，系统的响应会更快、更流畅。

21.8.4 可执行映射

如果映射文件是可执行的，则假定它是能够动态生成自动挂载信息的脚本或程序。自动挂载程序不再读取文本文件形式的映射，而是执行带有参数（称为“键”）的映射文件，该参数指明了用户尝试访问的子目录。脚本打印一个适合的映射条目，如果指定的键无效，则脚本打印任何内容，直接退出。

该特性非常强大，它弥补了自动挂载器相当怪异的配置系统中的很多缺陷。实际上，你能够轻而易举地选择一种自己的格式定义一个适用于全站范围的自动挂载配置文件。用户可以编写一个简单的脚本来解码每台机器上的全局配置。有些系统自带了一个方便的可执行映射/etc/auto.net，它将主机名作为键，在该主机上挂载所有导出的文件系统。

由于自动挂载脚本会根据需要动态运行，因此不必在每次更改后分发主配置文件，或是将其预先转换为自动挂载器的格式。实际上，全局配置文件可以永久地保存在NFS服务器上。由于自动安装脚本根据需要动态运行，所以不必在每次更改后分发主配置文件或将其预先转换为自动挂载程序格式。实际上，全局配置文件可以永久保留在NFS服务器上。

21.8.5 自动挂载的可见性

当你要列出自动挂载的文件系统的父目录时，会发现其中空无一物，无论有多少文件系统已经自动挂载到了这里。在图形界面的文件系统浏览器中，你看不到自动挂载的内容。

例如：

```
$ ls /portal
$ ls /portal/photos
art_class_2010      florissant_1003            rmnp03
blizzard2008        frozen_dead_guy_Oct2009    rmnp_030806
boston021130        greenville.021129          steamboat2006
```

文件系统photos安然无恙地挂载在/portal之下。它可以通过其完整路径访问。但是，如果浏览/portal目录，并不会发现它的存在。如果你是通过fstab文件或手动使用mount命令挂载的该文件系统，它的行为会像任何其他目录一样，而且可以作为父目录的成员出现。

解决浏览问题的一种方法是创建一个影子目录，在其中包含指向自动挂载点的符号链接。例如，如果/automounts/photos是指向/portal/photos的链接，那么就可以使用ls /automounts命令看出photos是一个自动挂载的目录。访问/automounts/photos仍然要通过自动挂载器处理，并且一切正常。

可惜，这些符号链接需要维护，除非由脚本定义重建链接，否则可能会出现与实际的自动挂载内容失去同步的情况。

21.8.6 复制文件系统和自动挂载

在某些情况下，像/usr/share这样的只读文件系统可能在多个不同的服务器上都是一样的。如果是这样，你可以把这几处可能的文件系统来源都告诉automount。automount随后就可以自行根据哪个服务器距离最近、特定的网络路由、NFS协议版本、初始查询的响应时间来选择某个服务器。

尽管automount本身并不查看或者关心它所挂载的文件系统是被如何使用的，但是复制的挂载应该代表只读文件系统（例如/usr/share或/usr/local/X11）。automount无法跨多个服务器同步写操作，所以复制可读写的文件系统没什么实际用处。

您可以明确指定优先级，用以确定首先选哪个副本。优先级由整数表示，数字越大，优先级越低。默认优先级是最高的 0。

将/usr/man 和/cs/tools 定义为副本文件系统的 auto.direct 文件如下。

```
/usr/man      -ro harp:/usr/share/man monk(1):/usr/man
/cs/tools     -ro leopard,monk:/cs/tools
```

注意，如果每个源路径都相同，可以将服务器名称列在一起。第一行的 monk 后面的(1)设置该服务器相对于/usr/man 的优先级。harp 没有指定优先级，表明其隐含的优先级是 0。

21.8.7　automount 自动化（V3；除 Linux 之外）

你可以告诉 automount 一些有关文件系统的命名约定，让它自己解决问题，而不是在直接或间接映射中列出所有可能的挂载。这样做之所以可行的关键原因是可以查询运行在远程服务器上 mountd，找出服务器导出的文件系统。在 NFSv4 中，导出目录始终为/，就没必要进行自动化处理了。

“automount 自动化”可以通过多种方式配置，其中最简单的方法是 FreeBSD 上的-hosts 挂载类型。如果在主映射文件中将-hosts 列为映射名称，则 automount 会将远程主机的导出映射到指定的自动挂载目录。

```
/net          -hosts -nosuid,soft
```

例如，如果 harp 导出了/usr/share/man，该目录可以通过位于路径/net/harp/usr/share/man 处的自动挂载器访问。

-hosts 的实现不会枚举出所有能够从其上挂载文件系统的主机，这是不可能做到的。相反，它等待单个的子目录名被引用到，然后运行，从请求的主机挂载导出的文件系统。

间接映射文件中的通配符*和&也能够实现类似但更精细的效果。另外，还有大量的宏可用于映射中，可以扩展成当前主机名、架构类型等。具体细节参见 automount(1)。

21.8.8　Linux 的特定细节

automount 在 Linux 中的实现与 Sun 最初的标准略有偏差。这些变化多数与命令和文件的命名有关。

首先，automount 是实际负责挂载和卸载远程文件系统的守护进程。它的位置与其他系统上的 automountd 守护程序相同，通常不需要手动运行。

默认的主映射文件是/etc/auto.master。其格式，以及间接映射文件的格式和之前描述过的一样，但相关文档不容易找到。主映射的格式在 auto.master(5)，间接映射的格式在 autofs(5)。留心点，可不是 autofs(8)，这里面是 autofs 命令的语法。（正如其中一个手册页所说的那样：“文档还有许多不足之处。”）要使主映射的改动生效，执行命令/etc/init.d/autofs reload，这相当于 Sun 中 automount。

在 automount 自动化中，Linux 实现不支持 Solaris 风格的-hosts 子句。

第 22 章 SMB

第 21 章讲述了 UNIX 和 Linux 系统间最流行的文件共享系统。但是，UNIX 系统也需要与其他没有对 NFS 提供原生支持的系统（例如 Windows）共享文件。该 SMB 登场了。

在 20 世纪 80 年代早期，Barry Feigenbaum 发明了 BAF 协议，提供了对于文件和资源的共享网络访问。在发布之前，其名称从作者的姓名首字母缩写改为了服务器消息块（Server Message Block，SMB）。因为该协议能够“像本地操作那样”（just like local）访问远程系统上的文件，它很快就获得了微软和 PC 社区的认可。

1996 年，微软发布了一个名为通用 Internet 文件系统（Common Internet File System，CIFS）的版本，基本上就是一种营销手法。[1]CIFS 修改了（通常少不了 bug）最初的 SMB 协议。自然，微软在 2006 年发布了 SMB 2.0，接着在 2012 年发布了 SMB 3.0。虽然在行业中常将 SMB 文件共享称为 CIFS，但其实 CIFS 很久以前就被弃用了，留下来的只有 SMB。

如果你的工作环境中混杂的都是 UNIX 和 Linux，本章可能并不适合你。但如果你需要在 UNIX 和 Windows 系统之间共享文件，继续往下读吧。

22.1 Samba：UNIX 的 SMB 服务器

Samba 是一款流行的软件包，采用了 GNU 公共许可证（GNU Public License），它在 UNIX 和

① Sun Microsystems 也在 1996 年凭借其产品 WebNFS 加入了竞争行列，微软发现了将实现和名称都更讨好用户的 SMB 推向市场的机会。

Linux 主机上实现 SMB 协议的服务器端。Samba 最初是由 Andrew Tridgell 编写的，他首次对 SMB 协议进行了逆向工程并于 1992 年公开了最终的代码。我们在本章将注意力放在 Samba 版本 4。

Samba 得到了良好的支持，目前处于积极的功能扩展开发之中。它在 UNIX 和 Windows 系统之间提供了稳定的、工业强度的文件共享方法。Samba 真正的优美之处在于你只需要在服务器端安装一个软件包就够了，Windows 端不用什么特殊的软件。

在 Windows 世界中，“共享”意指使文件系统或目录在网络上可用。在 UNIX 用户的耳朵里，这种叫法听起来有点陌生，不过在谈及 SMB 文件系统时，我们还是沿用这种惯用称谓。

尽管本章中我们只讨论文件共享，Samba 还可以实现其他各种跨平台服务，其中包括：

- 认证和授权；
- 网络打印；
- 名称解析；
- 服务宣告（文件服务器和打印机“浏览”）。

Samba 也能够完成 Windows Active Directory 控制器的基本功能。不过，这种配置有些自大了，我们认为最适合 AD 控制器工作的还是 Windows 服务器。

将 UNIX 和 Linux 系统作为客户端加入 AD 域肯定是能派上用场的。这种布置允许你在站点范围内共享身份和身份验证信息。详细信息参见第 17 章。

同样，我们也不推荐采用 Samba 作为打印服务器。CUPS 可能是你最佳的选择。有关使用 CUPS 在 UNIX 和 Linux 中进行打印的详细信息参见第 12 章。

Samba 的大部分功能是由 smbd 和 nmbd 这两个守护进程实现的。smbd 实现了文件和打印服务，以及认证和授权。nmbd 负责 SMB 其他的主要组成部分：名称解析和服务宣告。

Samba 不像 NFS 那样需要内核层面的支持，它不用驱动程序，也不用修改内核，完全以用户进程运行。它和用于 SMB 请求的套接字绑定，等待客户端请求访问资源。只要请求通过验证，smbd 就会衍生出一个自身的实例，该实例以发出请求的用户身份运行。因此，遵循所有正常的文件访问权限（包括组权限）。smbd 在此之上添加的唯一特殊功能就是文件锁定服务，它为 Windows 系统提供了其惯用的加锁语义。

如果你想知道为什么选择 SMB，而不是 UNIX 集成的远程文件系统（如 NFS），那么答案就是“普遍性”（ubiquity）。几乎所有的 OS 都在一定程度上支持 SMB。表 22.1 总结了 SMB 和 NFS 之间的一些主要差异。

表 22.1　　SMB 与 NFS 之间的对比

SMB	NFS
用户空间的服务器和进程	带有线程的内核服务器
每用户（per-user）服务器进程	对所有客户端都采用同样的服务器（单个进程）
使用底层的操作系统实现访问控制	拥有自己的访问控制系统
挂载方：通常是个人用户	挂载方：通常是系统
性能优秀	性能最佳

第 21 章详细讨论了 NFS。

22.2 Samba 的安装与配置

Samba 可用于本书中所有的示例系统。大多数 Linux 发行版默认都自带了 Samba。补丁、文档，以及其他相关信息都可以从 Samba 官网处获得。确保你使用的是最新的 Samba 软件包，因为很多更新都修复了安全漏洞。

如果系统中尚未安装 Samba，在 FreeBSD 上，可以使用 pkg install samba44 来安装；在 Linux 系统上，使用软件包管理器获取 samba-common 软件包。

Samba 的配置文件是/etc/samba/smb.conf（在 FreeBSD 上是/usr/local/etc/smb4.conf）。该文件指定了共享目录、目录的访问权限，以及 Samba 的一般操作参数。Linux 的 Samba 软件包颇为友好，提供了一个包含大量注释的实例配置文件，可以以此作为全新设置的一个不错的起点。

Samba 的配置选项所采用的默认值都很合理，大多数站点只需要一个小配置文件就够了。运行命令 testparm -v 可以列出 Samba 所有的配置选项及其当前值。这个列表中包括 smb.conf 或 smb4.conf 文件中的设置，以及没有被覆盖的默认值。注意，一旦 Samba 运行起来，它会每隔几秒检查一次配置文件并加载任何更改，连重启都不用!

Samba 最常见的用法是和 Windows 客户端共享文件。要想访问这些共享文件，必须通过用户账户完成认证，具体方式有两种，你可以二选一。第一种使用本地账户，用户可以为其指定与他们的其他账户（例如域登录）分开管理的密码；第二种是集成 Windows Active Directory 认证，这样可以依赖用户的域登录凭证。

22.2.1 使用本地认证共享文件

要想认证访问 Samba 共享资源的用户，最简单的方法就是为其在 UNIX 或 Linux 服务器上创建本地账户。

因为 Windows 密码和 UNIX 密码的工作机制大相径庭，Samba 无法通过用户现有的账户密码控制访问 SMB 共享，所以，为了使用本地账户，你必须为每个用户保存（以及维护）单独的 SMB 密码散列。

但有时候，简单性比用户的便利性更重要，而且这种认证系统的确很简单。下面是采用了该认证的 smb.conf 文件的起始部分。

```
[global]
workgroup = ulsah
security = user
netbios name = freebsd-book
```

security = user 告诉 Samba 使用本地的 UNIX 账户。要确保工作组名称的设置符合你所在的环境。如果你处于 Windows 环境中，这通常是 Active Directory 域。如果不是这样，可以忽略该设置。

Samba 有自己的命令 smbpasswd，可用于设置 Windows 风格的密码散列。例如，下面我们添加了用户 tobi，为其设置密码。

```
$ sudo smbpasswd -a tobi
New SMB password: <password>
Retype new SMB password: <password>
```

在尝试设置 Samba 密码之前，该 UNIX 账户必须已经存在。用户可以运行不带任何选项的 smbpasswd 来修改自己的 Samba 密码。

```
$ smbpasswd
New SMB password: <password>
Retype new SMB password: <password>
```

这个例子修改了当前用户在 Samba 服务器上的 Samba 密码。遗憾的是，Windows 用户必须登录到服务器的 shell 提示符下才能修改自己的共享密码。远程登录功能必须另行设置，大多都是通过 SSH。

22.2.2 与通过 Active Directory 认证的账户共享文件

这和基本认证过程一样简单，在如今这个高度集成的世界里，再使用 smbpasswd 维护一个单独的、用于共享的认证数据库看起来也太古董了。在大多数情况下，我们希望用户通过某种形式的集中式授权（例如 Active Directory 或 LDAP）进行认证。

近几年，UNIX 和 Linux 在此领域已经有了长足的发展。第 17 章已经涵盖了必要的组件，其中包括目录服务、sssd[①]、nsswitch.conf 文件、PAM。只要你部署好这些组件，配置 Samba 来利用其功能就是小事一桩了。

下面是一个 smb.conf 文件的起止部分，该文件适用于使用 Active Directory 进行用户认证（通过 sssd）的环境。

```
[global]
   workgroup = ulsah
   realm = ulsah.example.com
   security = ads
   dedicated keytab file = FILE:/etc/samba/samba.keytab②
   kerberos method = dedicated keytab
```

在这个例子中，realm 参数的值应该和本地的 Active Directory 域名相同。dedicated keytab file 和 kerberos 参数使得 Samba 能够与 Active Directory 的 Kerberos 正常工作。

22.2.3 配置共享

配置完 Samba 的一般设置和认证之后，就可以在 smb.conf 文件中指定要通过 SMB 共享哪些目录了。所公开的每个共享都需要在配置文件中有单独的一节。该节的名称将成为向 SMB 客户端公布的共享名称。

下面是一个例子。

```
[bookshare]
   path = /storage/bookshare
   read only = no
```

在这里，SMB 客户端会看到一个名为\\sambaserver\bookshare 的可挂载共享。通过它可以访问服务器上位于/storage/bookshare 的文件树。

1. 共享主目录

你可以在 smb.conf 文件中使用一个神奇的节名[homes]将用户的主目录转换成独特的 SMB 共享。

```
[homes]
comment = Home Directories
browseable = no
valid users = %S
read only = no
```

举例来说，该配置允许用户 janderson 在网络上任意的 Windows 中，通过路径\\sambaserver\janderson 访问自己的主目录。

在有些站点，主目录的默认权限可以让用户浏览彼此的文件。由于 Samba 依赖于 UNIX 文件权限实现访问控制，通过 Samba 进入的用户也就能够读取彼此的主目录。但经验表明，这种行为会对 Windows 用户造成困惑，使他们有一种被暴露的感觉。

---

① winbind 曾经集成 Active Directory 和 Samba。如今，sssd 是首选的方法。

② 如果你按照第 17 章的方法设置，那么该 keytab 文件由 sssd 创建。

上例中，出现在 valid users 的值里面的变量%S 会扩展成与每个共享关联的用户名，因而限制了对主目录属主的访问。如果你不想这么做，忽略掉这一行。

Samba 使用其神奇的[home]作为最后生效的配置（as a last resort）。如果特定用户的主目录在配置文件中有明确定义的共享，则在那里设置的参数将覆盖通过[homes]设置的值。

2. 共享项目目录

Samba 能够将 Windows 访问控制列表映射为传统的 UNIX 文件权限或 ACL（如果底层文件系统支持的话）。但是在实践中，我们发现 ACL 对于大多数用户来说还是太复杂了。

我们通常为需要集体工作区的每个用户组设置一个特殊的共享，而不是使用 ACL。当用户尝试挂载此共享时，Samba 会在允许访问之前检查发出申请的用户是否在相应的 UNIX 组中。在下面的示例中，用户必须是 eng 组的成员才能挂载共享，访问文件。

```
[eng]
comment = Group Share for engineering
; Everybody who is in the eng group may access this share.
; People will have to log in with their Samba account.
valid users = @eng
path = /home/eng

; Disable NT ACLs since we do not use them here.
nt acl support = no

; Make sure that all files have sensible permissions and that dirs
; have the setgid (inherit group) bit set.
create mask = 0660
directory mask = 2770
force directory mode = 2000
force group = eng

; Normal share parameters.
browseable = no
read only = no
guest ok = no
```

此配置并不要求创建伪用户作为共享目录的属主。你只需要有一个 UNIX 组（在这里是 eng），其中包含了想要访问该共享用户就行了。

用户以自己的账户挂载共享，但为了有助于合作，我们希望在共享中创建的文件都归组 eng 所有。这样的话，其他组的成员默认就可以访问新创建的文件了。

确保该效果的第一步是使用 force group 选项强制 effective group ID 为 eng（该 UNIX 组控制着共享资源的访问）。不过仅凭这一步并不足以确保将新文件和目录分配给属组 eng。

我们在 5.5.2 节中曾经解释过，目录的 setgid 权限会使得在其中新创建的文件继承该目录的属组。[①]我们通过将共享资源的根目录的属组设为 eng，然后在目录上启用 segtid 权限位，从而确保了新文件归 eng 所有。

```
$ sudo chown root:eng /home/eng
$ sudo chmod u=rwx,g=rwxs,o= /home/eng
```

这些措施足以管理在共享资源根目录下创建的文件。但是，为了让系统能够处理复杂的文件层次结构，我们还得确保设置好新创建的目录的 setgid 权限位。在上面的配置示例中，使用了选项 force directory mode 和 directory mask 实现这一要求。

① 或者至少说，它在 Linux 上是这样做的。FreeBSD 并没有把目录上的 setgid 权限位当回事。不过，其默认行为就是继承该组，效果和 Linux 启用了 setgid 权限位一样。即便如此，在 FreeBSD 上设置 setgid 也不会有什么坏处。

22.3 挂载 SMB 文件共享

SMB 文件共享的挂载与其他网络文件系统的挂载方式大不相同。尤其在于，SMB 卷是由特定用户挂载，而不是由系统本身挂载的。

你需要有本地权限才能执行 SMB 挂载。除此之外，还要拥有远程 SMB 服务器允许挂载共享的身份密码，典型的 Linux 命令行如下。

```
$ sudo mount -t cifs -o username=joe //redmond/joes /home/joe/mnt
```

等价的 FreeBSD 命令为：

```
$ sudo mount -t smbfs //joe@redmond/joes /home/joe/mnt
```

Windows 将网络挂载概念化为由某个特定用户所建立的（也就是上面的 username=joe 选项），而 UNIX 更多认为其属于整个系统。Windows 服务器一般不支持多个不同的用户同时访问一个已挂载好的 Windows 共享。

从 UNIX 客户端的角度来看，已挂载目录中的所有文件似乎都属于挂载该目录的用户。如果你是以 root 身份挂载共享，那么其中所有的文件都属于 root，普通用户可能无法写入 Windows 服务器上的文件。

挂载选项 uid、gid、fmask、dmask 可以调整这些设置，使得所有权和权限位更符合共享资源的访问策略。挂载选项的更多信息参见手册页 mount.cifs（Linux）或 mount_smbfs（FreeBSD）。

22.4 浏览 SMB 文件共享

Samba 包含了一个命令行实用工具 smbclient，可以在不用执行实际挂载的情况下浏览共享文件。该工具还拥有一套类似于 FTP 的界面，可用于交互式访问。在进行调试或者需要用脚本访问共享时，这一特性就能派上用场了。

例如，下面给出了如何列出用户 dan 在服务器 hoarder 上的共享。

```
$ smbclient -L //hoarder -U dan
Enter dan's password: <password>
Domain=[WORKGROUP] OS=[Unix] Server=[Samba 3.6.21]

        Sharename     Type    Comment
        ---------     ----    -------
        Temp          Disk    Temp Storage
        Programs      Disk    Various Programs and Applications
        Docs          Disk    Shared Documents
        Backups       Disk    Backups of all sorts
```

要想连接某个共享并传输文件，去掉-L 选项，加入共享名称即可。

```
$ smbclient //hoarder/Docs -U dan
```

建立好连接之后，输入 help，了解可用的命令。

22.5 确保 Samba 的安全

了解在网络上共享文件或其他资源所带来的安全隐患非常重要。对于典型的站点，要想确保基本层面的安全，有两件事要做。

- 明确指出哪些客户端能够访问 Samba 的共享资源。这部分配置是由 smb.conf 文件中的 hosts allow 子句控制的。确保其中只包含所允许访问的 IP 地址、IP 地址范围或者主机名。

你也可以在 smb.conf 文件中使用 hosts deny 子句，但要注意，拒绝操作会优先处理。如果在 hosts deny 子句和 hosts allow 子句中包含了同一个主机名或地址，那么该主机是无法访问共享资源的。

- 阻止从组织外部访问服务器。Samba 只在密码认证时使用加密，并没有对传输的数据加密。在绝大多数情况下，你都应该阻止外部访问，避免用户不小心在 Internet 上下载明文文件。

阻止外部访问通常是在网络防火墙层面实现的。Samba 使用了 UDP 端口 137～139，TCP 端口 137、139、445。

从 Samba 版本 3 发布以来，Samba 的维基页面提供了出色的安全文档。

22.6 Samba 调试

Samba 运行时通常不需要过多的关注。如果你碰到了问题，可以从两个地方查阅主要的调试信息：smbstatus 命令和 Samba 的日志。

22.6.1 使用 smbstatus 查询 Samba 的状态

smbstatus 可以显示出当前的活跃连接和已锁定的文件，它是在出现故障时首先要查看的地方。在跟踪加锁问题时（例如，哪个用户以独占方式打开了文件 xyz 进行读/写？），这些信息尤为有用。

```
$ sudo smbstatus
Samba version 4.3.11-Ubuntu
PID      Username        Group           Machine
---------------------------------------------------------------------
6130     clay            atrust          192.168.20.48
23006    dan             atrust          192.168.20.25

Service      pid     machine         Connected at
---------------------------------------------------------------
admin        6130   192.168.20.48   Wed Apr 12 07:25:15 2017
swdepot2     6130   192.168.20.48   Wed Apr 12 07:25:15 2017
clients      6130   192.168.20.48   Wed Apr 12 07:25:15 2017
clients      23006  192.168.20.25   Fri Apr 28 14:32:25 2017

Locked files:
Pid      Uid    DenyMode   R/W     Oplock SharePath          Name
---------------------------------------------------------------------------------
6130    1035   DENY_NONE  RDONLY  NONE   /atrust/admin      New Hire Proces...
6130    1035   DENY_ALL   RDONLY  NONE   /home/clay         .
23006   1009   DENY_NONE  RDONLY  NONE   /atrust/clients    Acme_Supply/Con...
```

命令输出的第一部分列出了已建立好连接的用户。第二部分的 Service 列显示了这些用户所挂载的共享。最后一部分（为了节省版面空间，我们删除了其中几列）列出了当前生效的文件锁。

如果你杀死了与某个用户关联的 smbd，该用户所有的文件锁都会消失。有些应用能够得体地处理这种情况，重新获取所需要的锁。而另一些应用会停止响应，死得很难看，在 Windows 端要点击好大一阵子鼠标才能把这个倒霉的应用关掉。虽然听起来很戏剧化，不过我们还没有看到任何由此导致的文件损坏。

当 Windows 声称文件已被其他应用锁定时要小心，Windows 往往是正确的。应该通过关闭违规应用在客户端解决问题，而不是在服务器上暴力破解锁。

22.6.2 配置 Samba 日志记录功能

在 smb.conf 文件中配置日志记录参数。

```
[global]
# The %m causes a separate file to be written for each client.
log file = /var/log/samba.log.%m
max log size = 10000

# If you want Samba to log only through syslog then set the following
# parameter to 'yes'.
syslog only = no

# We want Samba to log a minimal amount of information to syslog.
# Everything should go to /var/log/samba/log.{smbd,nmbd} instead.
# If you want to log through syslog, increase the following parameter
syslog = 7
```

日志级别越高，产生的信息就越多。日志记录是要占用系统资源的，所以除非你在进行调试，否则别要求过多的细节信息。

下面的例子展示了由失败的连接尝试所生成的日志记录。

```
[2017/04/30 08:44:47.510724, 2, pid=87498, effective(0,
    0), real(0, 0), class=auth] ../source3/auth/
    auth.c:315(auth_check_ntlm_password)
 check_ntlm_password: Authentication for user [dan] -> [dan] FAILED
    with error NT_STATUS_WRONG_PASSWORD
[2017/04/30 08:44:47.510821, 3] ../source3/smbd/
    error.c:82(error_packet_set)
 NT error packet at ../source3/smbd/sesssetup.c(937) cmd=115
    (SMBsesssetupX) NT_STATUS_LOGON_FAILURE
```

成功的连接尝试产生的日志记录类似于下面这样。

```
[2017/04/30 08:45:30.425699, 5, pid=87502, effective(0,
    0), real(0, 0), class=auth] ../source3/auth/
    auth.c:292(auth_check_ntlm_password)
 check_ntlm_password: PAM Account for user [dan] succeeded
[2017/04/30 08:45:30.425864, 2, pid=87502, effective(0,
    0), real(0, 0), class=auth] ../source3/auth/
    auth.c:305(auth_check_ntlm_password)
 check_ntlm_password: authentication for user [dan] -> [dan] -> [dan]
    succeeded
```

smbcontrol 命令不用修改 smb.conf 文件就可以方便地更改正在运行的 Samba 服务器的调试级别。例如：

```
$ sudo smbcontrol smbd debug "4 auth:10"
```

该命令将全局调试级别设置为 4，与认证相关的调试级别设置为 10。smbd 参数指定应该设置系统中所有的 smbd 守护进程的调试级别。要想调试某个已建立的连接，可以使用 smbstatus 命令确定处理该连接的是哪个 smbd 守护程序，然后将其 PID 传给 smbcontrol 即可。如果日志级别超过 100，你会在日志中看到加密过的密码。

22.6.3 管理字符集

从版本 3.0 开始，Samba 对所有的文件名都使用了 UTF-8 编码。如果服务器的 locale 设置为

UTF-8（这也是我们推荐的），自然是相得益彰。[①]如果你在欧洲，仍在服务器上使用某种 ISO 8859 的 locale，你也许会发现在执行 ls 命令时，Samba 所创建的一些包含声调字符（例如，ä、ö、ü、é、è）的文件名无法正确显示。解决方法就是告诉 Samba 使用和服务器相同的编码。

```
unix charset = ISO8859-15
display charset = ISO8859-15
```

确保一开始就采用正确的文件名编码。否则，错误编码的文件名会越积越多。事后再去修补，那可就复杂得多了。

① 输入 echo $LANG，查看系统是否使用的是 UTF-8。

第四部分　运维

第 23 章 配置管理

长期以来，系统管理的一个原则就是改动应该是结构化、自动化、能够在机器之间一致应用。但是在面对大量异构系统和健康状况各异的网络时，你就知道什么叫作知易行难了。

配置管理软件在网络上实现操作系统管理的自动化。管理员编写规范（specification），描述如何配置服务器，然后由配置管理软件依此实现。广泛使用的开源的配置管理系统实现有好几种。在本章中，我们将介绍配置管理的基础知识，描述一些主流系统。

作为一种自动化工具，配置管理与 IT 运维的 DevOps 理念紧密相关，后者我们会在 31.1 节中详述。人们有时候将 DevOps 和配置管理混为一谈，因此你可能偶尔会听到大家交换使用这两个术语。然而，这两者是截然不同的。在本章中，我们将展示几个示例，演示配置管理如何促成了（但并不等同于）DevOps 的几个要素。

“配置管理系统”（configuration management system）读写起来有点麻烦，所以我们经常会将这个术语简写成“CM 系统”（或者干脆是 CM）。（可惜的是，CMS 这个简写已经广泛用于“内容管理系统”（content managment system）了。）

23.1 配置管理概述

系统管理自动化的传统实现方法是一系列自行编写的复杂脚本，辅以脚本失效时的临时补救方案。这种方案的效果你大概也能预料到。随着时间的推移，以此管理的系统往往会退化成一堆混乱的残骸，充斥着无法可靠再现的软件包版本和配置。有时称其为“系统管理的雪花模型”，因为没有哪两个系统是相似的。

配置管理是一种更好的方法。它以代码的形式获取所需的状态。在版本系统中跟踪之后的改动和更新，以创建审计线索和参考点。这些代码还可以作为网络的非正式文档。管理员或开发人员都能够阅读代码，确定系统的配置方式。

当站点所有的服务器都处于配置管理之下时，CM 系统实际上就充作了该网络的清单数据库（inventory database）和指挥中心。CM 系统还提供了一种“编排”（orchestration）特性，允许远程做出变更和运行临时命令。你可以定位主机名匹配特定模式或其配置变量匹配给定值的主机组。托管客户端向中央数据库报告自身的信息以进行分析和监控。

大多数配置系统“代码”的写法都是声明式（declarative），而非过程式（procedural）。不用写脚本告诉系统要做出什么改动，只需要描述你想达到什么样的状态就行了。配置管理系统会按照自己的逻辑对目标系统做出必要的调整。

最终，CM 系统的工作是将一系列配置规范（即操作）应用于各个机器。操作的粒度各异，但通常比较粗糙，足以对应到可能出现在系统管理员待办事项列表中的事项：创建用户账户、安装软件包等。像数据库这种子系统可能需要 5～20 个操作才能完全配置好。从头配置好一个新系统可能需要数十或几百个操作。

23.2 配置管理的危险

配置管理是对临时方法（ad hoc approach）的重大改进，但它并不是魔法棒，能够化腐朽为神奇。有几个危险之处对于管理员而言尤为重要，要提前留意。

尽管所有的主流 CM 系统采用了类似的概念模型，但在描述模型时使用的词汇却并不相同。不幸的是，特定 CM 系统的术语通常更多地是为了迎合市场营销，而不是尽可能清晰地描述概念。

结果就是系统之间普遍缺乏一致性和标准性。大多数管理员在整个职业生涯中会遇到不止一种 CM 系统，会根据使用经验发展出自己的偏好。可惜的是，在一个系统中积累的知识却无法直接迁移到另一个系统。

随着站点的增长，用于支持其配置管理系统的基础设施也必须有相应的增长。拥有数千台服务器的站点需要配备少量专门用于运行 CM 工作负载的系统。这种开销以硬件资源和持续维护的形式算在了直接和间接成本头上。CM 系统升级本身也是一件不小的工程。

一个站点要想完全实现配置管理，一定程度的运维成熟性和严格性是必不可少的。主机一旦处于 CM 系统控制之下，就绝不能再手动修改，否则就立即又退回到雪花系统（snowflake system）的状态了。①

尽管有些 CM 系统比另外一些更容易上手，但所有的 CM 系统都以陡峭的学习曲线而名声不佳，尤其是对于缺乏自动化经验的管理员而言。如果你符合此描述，考虑先在虚拟机实验室里磨炼一下技艺，然后再处理生产网络。

23.3 配置管理要素

在本节中，我们将回顾 CM 系统的组件，以及用于对其进行更详细配置的概念。然后，从 23.4 节开始，我们考察 4 种最常用的 CM 系统：Ansible、Salt、Puppet、Chef。

我们不采用任何特定 CM 系统的用语，而是选择我们认为最清晰的、最能够直接描述每个概

① 我们不止一次碰到过心急的（或是懒惰的）管理员手动更新由配置管理系统负责的主机，而且还将改动设置为不可变的，这样就改写了预期状态，使得 CM 系统无法应用未来的变更。当管理员的同事不能快速确定预期配置无法应用的原因时，这种取巧的做法会导致极大的混乱。在一个案例中，它造成了重大的服务中断。

念的术语。表 23.2 给出了我们和 4 种 CM 系统所使用的词汇之间的对应关系。如果你熟悉其中一种 CM 系统，在阅读下面的内容时会发现这张表很有参考价值。

23.3.1 操作与参数

我们已经介绍了操作（operations）的概念，它是一种小规模的行为和检查，CM 系统用其实现特定的状态。每种 CM 系统都包含了大量可支持的操作，每次发布新版本时还会添加更多。

下面是所有的 CM 系统都能够立刻处理的一些操作示例：

- 创建或删除用户账户，设置账户属性；
- 在配置好的系统之间复制文件；
- 同步目录内容；
- 提供配置文件模板；
- 向配置文件中添加新行；
- 重启服务；
- 添加 cron 作业或 systemd 计时器；
- 运行任意的 shell 命令；
- 创建新的云服务器实例；
- 创建或删除数据库账户；
- 设置数据库操作参数；
- 执行 Git 操作。

这只是举了几个例子。大多数 CM 系统都定义了数百种操作，包括很多可能比较复杂的不常见操作，例如设置特定的数据库、运行时环境，甚至是硬件。

如果操作看起来类似于 shell 命令，你的直觉很准确。它们都是脚本，通常是用 CM 系统本身的实现语言编写的，而且利用了系统的标准工具和库。在很多情况下，作为实现的一部分，它们会在底层运行标准的 shell 命令。

多数操作能够像 UNIX 命令一样接受参数。例如，软件包管理操作可以通过参数指定软件包名称、版本、安装或删除该包。

不同的操作有不同的参数。方便起见，它们通常具有适用于最常见情况的默认值。

CM 系统允许使用变量值（参见 23.3.2 节）定义参数。它们也会根据系统环境推断参数值，例如其所在的网络、特定的配置属性是否存在、系统的主机名是否匹配给定的正则表达式。

行为良好的操作对于其最终要应用于的主机一无所知。这种实现相对通用，独立于具体的操作系统。将操作与特定系统绑定出现在配置管理层级的高层。

尽管 CM 系统的重点在于声明式配置，但操作最终还是得像其他命令那样运行。操作的执行有始有终，执行的结果有成有败，必须要向调用环境返回最终状态。

但是，操作和典型的 UNIX 命令存在几点重要的不同。

- 大多数操作旨在重复应用的同时不造成任何问题。后一种属性有时叫作“幂等性”（idempotence），这是一个取自线性代数的术语。
- 操作知道自己何时改变了系统的实际状态。
- 操作知道何时需要改变系统状态。如果当前配合符合规范，操作则退出，不进行任何改动。
- 操作会将结果报告给 CM 系统。所报告的数据要比 UNIX 风格的退出码更丰富，有助于调试错误。
- 操作力求能够跨平台。它们通常会在其支持的所有平台上定义一组受限的通用功能，然后根据本地系统解释请求。

如果没有更了解上下文环境的系统管理员的帮助，有些操作无法实现幂等性。例如，如果某个操作运行一条普通的UNIX命令，CM系统无法直接知道该命令会对系统产生什么样的影响。

你也可以编写自己的操作。操作无非就是脚本而已，CM 系统通常会提供便利的条件，帮助你将定制操作与标准操作集成在一起。

23.3.2 变量

变量是命名过的值，会影响到配置如何应用于单个机器。变量通常用于设置参数值并填充配置模板中的空白。

CM系统通常拥有非常丰富的变量管理，有几点要注意。

- 变量通常可以在配置库的多个不同位置和上下文中定义。
- 每个定义都有决定其可见性的作用域。作用域类型因CM系统不同而异，有可能涵盖单个机器、一组机器，或是特定的一组操作。
- 在特定的上下文中，可以有多个作用域处于活跃状态。作用域能够嵌套，不过更常见的只是共同有效。
- 因为多个作用域能够为相同的变量赋值，必须有某种形式的冲突解决方案。有些系统会合并值，不过大多是使用优先级规则或是定义出现的先后顺序来挑选有效值。

变量并不仅局限于保存标量值，数组和散列在所有的CM系统中也都可以使用。有些操作可以直接接受非标量参数，不过这种值更多用于比单独操作更高的层面。例如，可以在循环中遍历数组，将相同的操作多次应用于不同的参数。

23.3.3 事实数据

CM系统检查每个配置客户端以确定可描述的事实数据（fact）[①]，例如主网络接口的IP地址、操作系统类型。然后这类信息可以通过变量值在配置基础库中访问。和其他变量一样，这些值可用于定义参数值或在模板中扩展。

确定与特定系统相关的所有事实数据可不是一时半会儿的事。因此，CM 系统一般会将事实数据缓存起来，每次运行时不必非得重建缓存。如果你发现特定配置中出现了陈旧的配置数据，可能需要明确地使缓存失效。

所有CM系统都允许目标机器向事实数据库中添加自有值，采用的方法要么是引入包含声明的静态文件，要么是在目标机器上运行定制代码。无论是对可通过事实数据库访问的信息类型进行扩展，还是将静态配置数据移动到客户机，该特性都能发挥作用。

客户端的提示对于云和虚拟服务器的管理尤为重要。你只需要在创建实例时应用云层面的标记（cloud-level markers）（例如EC2标签），然后配置管理系统就可以通过检查标记来形成相应的配置。但请记住这种方法的安全隐患：客户端控制着其所报告的事实数据，因此要确保受损的客户端无法利用配置管理系统获取额外的权限。

取决于 CM 系统，在探查变量或事实数据时，你也许能够超越（transcend）本地上下文。除了访问当前主机的配置信息，你还可以访问其他主机的数据，甚至可以内省（introspect）配置库本身的状态。该特性对于协调分布式系统（如服务器集群）很有帮助。

23.3.4 变更处理程序

如果你修改了 Web 服务器的配置文件，最好重启 Web 服务器。这就是处理程序（handler）

① facts这个术语目前并没有统一的翻译（在中文资料中普遍都是直接采用原词），本书中选择将其翻译为“事实数据”。

背后的基本概念，它是一种响应某种事件或情况的操作，并非基准配置的一部分。

在大多数系统中，只要指定的一组或多组操作报告它已修改了目标系统，处理程序就会运行。处理程序并不知道有关此次改动的具体性质，但由于操作与其处理程序之间的关联非常具体，所以并不需要其他信息。

23.3.5 绑定

绑定（binding）通过将特定的操作集合与特定主机或主机组关联，完善了基本配置模型。你也可以将操作绑定到由事实数据或变量定义的客户端动态集合。CM 系统还可以通过在本地清单系统中查找信息或通过调用远程 API 来定义主机组。

除了扮演基本的链接（linking）角色，绑定在大多数 CM 系统中还可作为变量作用域。该特性允许你通过为目标客户端定义或定制变量值来自定义要分配的操作行为。

给定主机能够符合许多不同的绑定标准。例如，节点可以存在于某个子网中，由特定部门管理，或者充当特定的角色（例如，Apache Web 服务器）。CM 系统会考虑所有这些因素并激活与每个绑定相关联的操作。

只要为主机设置好绑定，你就可以调用 CM 系统顶层的“全面配置”（configure everything）机制，使 CM 系统识别应该运行在目标上的所有操作并依次运行这些操作。

23.3.6 操作集与操作集仓库

操作集（bundle）是完成特定功能（例如安装、配置及运行 Web 服务器）的一系列操作。CM 系统允许将操作集打包成适合分发或重用的格式。在大多数情况下，操作集是由目录定义的，目录名也就定义了操作集的名称。

CM 厂商维护着公共仓库，其中包含由官方支持以及用户自发贡献的操作集。你可以“照搬”（as is）或是根据需要做出修改。大多数 CM 系统都提供了用于同仓库交互的原生命令。

23.3.7 环境

把处于配置管理下的客户端隔离成多个“世界”（world）（例如传统分类：开发、测试、产品）通常很有用。大型安装甚至可以创建更精细的区分来支持流程，例如逐步（阶段化）将新代码部署到生产中。

在配置管理上下文的内部和外部，这些不同的世界通常被称为“环境”。这似乎是唯一一个所有配置管理系统都没有异议的术语。

如果能够正确实现，环境就不仅仅只是客户端的分组，而且可以作为另一个能够影响配置多个方面的维度。例如，开发环境和产品环境也许都包含有 Web 服务器和数据库服务器，但是两者具体的角色该如何定义就要视环境而定了。

举例来说，数据库和 Web 服务器运行在开发环境中的同一台机器上是很常见的事。但是，生产环境中各个类型的服务器可能不止一个。生产环境还可以定义开发环境中不存在的服务器类型，例如进行负载平衡或充当 DMZ 代理的服务器类型。

环境系统通常被视为一种配置代码的管道。试想一下，固定的客户端分组运行开发、测试和生产环境。在验证给定的配置库时，它会从一个环境传播到下一个环境，确保在变更到达最重要的生产系统之前对其进行适当的审查。

在大多数 CM 系统中，不同的环境仅仅就是同一个配置基础库的不同版本而已。如果你是 Git 用户，可以将其视为 Git 仓库中的标签：开发标签指向配置基础库的最近版本，产品标签可能指向几周前的提交。随着发布通过测试和部署，标签也会随之向前移动。

不同的环境能够向客户端提供不同的变量值。例如，用于开发环境的数据库凭证可能与生产环境中的不同，网络配置细节以及授权访问的用户和组也可能不一样。

有关环境的更多信息参见第26章。

23.3.8 客户端清单与注册

由于CM系统定义了大量划分客户端类别的方法，所以必须定义好处于配置管理下的所有机器。托管主机的清单（inventory）可以存在于平面文件或者适合的关系数据库中。在某些情况下，甚至完全可以是动态的。

分发、解析、执行配置代码的具体机制根据CM系统而各异。大多数系统在这方面提供了多种选择。下面是几个常见的方式。

- 在每个客户端上持续运行守护进程。该守护进程从指定的CM服务器（或服务器组）拉取配置代码。
- 中央CM服务器向每个客户端推送配置数据。该过程会定期进行，也可以由管理员发起。
- 每个受管节点都会运行定期唤醒的客户端，从配置基础库的本地复制中读取配置数据并将相关配置应用于自身。这种方式没有中央配置服务器。

配置信息带有敏感性，往往包含了如密码之类的私密内容。为了包含这些数据，所有的CM系统都为客户端和服务器提供了一些认证彼此，以及加密信息的方法。

将新客户端加入配置管理的过程可以像安装客户端软件一样简单。如果环境已经配置好了自动引导，新的客户端会自动联系其配置服务器、完成自我认证、发起配置过程。操作系统特定的初始化机制通常在客户端第一次引导时启动该事件链。具体流程如图23.1所示。

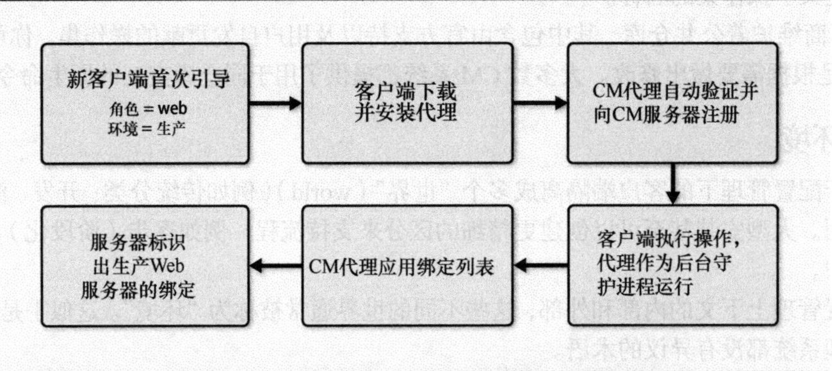

图23.1 全新的CM托管客户端的初始化过程

23.4 流行的CM系统对比

目前，有4名主要选手：Ansible、Salt、Puppet、Chef占领着UNIX和Linux系统的配置管理市场。表23.1给出了一些相关信息。

表23.1 主流配置管理系统

	语言和格式			守护进程	
系统	实现	配置	模板	服务器	客户端
Ansible	Python	YAML	Jinja	无	无

续表

系统	语言和格式			守护进程	
	实现	配置	模板	服务器	客户端
Salt	Python	YAML	Jinja	可选	可选
Puppet	Ruby	custom	ERB[a]	可选	可选
Chef	Ruby	Ruby	ERB	可选	有

注：a. 嵌入式 Ruby（Embedded Ruby，ERB）是用于在模板中嵌入 Ruby 代码的基本语法。

所有这些系统都相对比较年轻。其中年代最久的 Puppet 首次出现在 2005 年。它目前仍旧占据了最大的市场份额，很大程度就是因为其取得了先机。Chef 发布于 2009 年，Salt 发布于 2011 年，Ansible 发布于 2012 年。

Mark Burgess 的 CFEngine 在 1993 年开创了配置管理软件这一类别的先河。CFEngine 现在仍在积极开发之中，但其大部分用户群已经被新系统吸引走了。

微软也以 PowerShell Desired State Configuration 的形式推出了自己的 CM 解决方案。虽然它起源于 Windows 世界，主要用于配置 Windows 客户端，但微软还发布了用于配置 Linux 系统的扩展。值得注意的是，表 23.1 中的所有 4 个系统也可以配置 Windows 客户端。

许多项目关注于配置管理的特定子域，特别是新系统供给（new-system provisioning）（例如，Cobbler）和软件部署（例如，Fabric 和 Capistrano）。这些系统背后的一般观点是，通过对特定的问题域建立更贴切的模型，它们就可以提供一个简单、更具有针对性的特征集。

取决于需求，这些专有系统未必能够为你的学习投资提供合理的回报率。表 23.1 中的那些通用配置管理系统并非百分百地适合所有可能的活动。

表 23.1 中的系统能够很好地适用于当代任何类型的 UNIX 兼容客户机，尽管在支持上总会有一些空白地带。Chef 在兼容性方面比较有优势，它甚至还支持 AIX。

操作系统对配置服务器端（对于那些采用配置服务器的系统）的支持限制更多。例如，Chef 要求其服务器使用 RHEL 或 Ubuntu。不过，服务器的容器化版本可以随处运行，所以这也并没有看起来那么多的障碍。

23.4.1 术语

表 23.2 中给出了每种示例 CM 系统所采用的术语，分别对应于 23.3 节中所描述的各个实体。

表 23.2 配置管理术语解读①②

我们使用的术语	Ansible	Salt	Puppet	Chef
operation（操作）	task（任务）	state（状态）	resource（资源）	resource（资源）
op type（操作类型）	module（模块）	function（功能）	resource type（资源类型），provider（提供方）	provider（提供方）
op list（操作列表）	tasks（多个任务）	states（状态集）	class（类），manifest	recipe（配方）

① 此处原文为“Configuration management Rosetta Stone”（配置管理的罗塞达石碑）。罗塞达石碑于 1799 年发现于罗塞达，上刻埃及象形文字、通俗字和希腊文，从而成为解读埃及文字的钥匙。——译者注

② 表中很多术语目前并没有统一的译法，有些甚至没有对应的翻译。对于表中的这类术语，译者尽可能根据其实际表达的含义或当前的翻译实践给出贴近的中文，少数实在难以处理的，选择保留原文。在后续正文中，根据实际情况，选择使用中文术语或保留英文术语。——译者注

续表

我们使用的术语	Ansible	Salt	Puppet	Chef
parameter（参数）	parameter（参数）	parameter（参数）	property（特性），attribute（属性）	attribute（属性）
binding（绑定）	playbook（剧本）	top file（配置管理入口文件）	classification（类别），declaration（声明）	run list（运行列表）
master host（控制主机）	control（控制）	master（主控）	master（主控）	server（服务器）
client host（客户机）	host（主机）	minion（受控）	agent（代理），node（节点）	node（节点）
client group（客户组）	group（组）	nodegroup（节点组）	role（角色）	
variable（变量）	variable（变量）	variable（变量）	parameter（参数），variable（变量）	attribute（属性）
fact（事实数据）	fact（事实数据）	grain	fact（事实数据）	automatic attribute（自动属性）
notification（通知）	notification（通知）	requisite（必要条件）	notify（通知）	notifies（通知）
handler（处理程序）	handler（处理程序）	state（状态）	subscribe（签署）	subscribe（签署）
bundle（操作集）	role（角色）	formula	module（模块）	cookbook（操作手册）
bundle repo（操作集仓库）	galaxy	GitHub	forge	supermarket

23.4.2 商业模型

我们讨论的这些系统都属于免费增值模式（freemium-model）软件包，这意味着其基本系统是开源的，也不用花钱，但每个系统背后都有公司支持，提供付费支持、咨询服务，以及附加软件包。

从理论上讲，厂商有可能把有用的功能从系统的开源版本中去除，借此刺激附加销售。但是，这种情形在配置管理领域并不明显。开源版本的功能覆盖比较全面，对大多数网站来说完全足够了。

对附加服务感兴趣的主要是大型组织。如果你的站点属于此类别，则可能需要就全栈产品的功能和价格对配置管理系统进行评估。增销内容主要是支持、定制开发、培训、各种图形用户界面，以及报告和监控解决方案。在本书中，我们仅讨论免费的基础版本。

23.4.3 架构选项

在理论上，CM 系统不需要服务器。软件可以只运行在配置过的机器上。你把配置基础库复制到每台目标主机，然后简单地运行一条命令，“就是这儿，按照这些规范把自己配置妥当”。

在实践中，最好是不必过分关注于将配置信息推送到客户端并执行的细节。CM 系统总是会为集中控制提供某些配备，哪怕是控制主机被定义为“不管你在哪里登录，都可以得到一份配置基础库的复制”。

Ansible 根本就不使用守护进程（除了 sshd），这种简化颇具吸引力。当服务器的管理员（或 cron 作业）运行 ansible-playbook 命令时，会进行配置。ansible-playbook 通过 SSH 执行相应的远程命令，完成配置后不会在客户机上留下任何痕迹。对客户机的唯一要求就是安装了 Python 2 并可以通过 SSH 对其访问。①

Salt、Puppet、Chef 包括控制端和客户端守护进程。典型的部署场景是在两端都运行守护进程，这是你会在大多数文档中看到的环境。在没有服务器的情况下，运行每一个守护进程也是可以的，但这种配置不太常见。

人们很容易认为带有守护进程的 CM 系统肯定要比没有守护进程的 CM 系统（例如 Ansible）更笨重，也更复杂。这可未必。在 Salt 和 Puppet 中，守护进程起到协助和提速的作用。尽管其的确能发挥功用，提供一些高级特性，但并不是必须的，也不会改变系统的基本架构。如果你乐意，完全可以在不使用守护进程的情况下运行这些系统，并手动复制配置基础库。Salt 甚至有一个和 Ansible 类似的基于 SSH 的工作模式。

有鉴于此，那为什么还要跟一堆可选的守护进程纠缠呢？有以下几个原因。

- 速度更快。Ansible 努力克服由于 SSH 和缺乏客户端缓存所带来的性能限制，但它仍然明显要比 Salt 缓慢。在你阅读一本系统管理的图书时，10 s 听起来微不足道。但在解决服务中断问题时，给人的感觉却像是没有尽头一样，特别是在数十个或成百个客户端不断出现问题的时候。
- 有些特性如果缺少集中协调的话则无法实现。例如，Salt 允许客户端通知配置主服务器所发生的各种事件（例如磁盘已满）。你可以通过常规配置管理工具响应这些事件。采用中央连接点有助于各种客户端之间的数据共享功能。
- 只有主服务器端（master-side）的守护进程才是管理复杂性的潜在源头。无论有没有守护进程，CM 系统都会努力使客户端启动上线。
- 活跃在客户端和服务器端的代理提供了各种架构选项，而这些选项在单侧（one-sided）配置中是无法实现的。

在架构方面，Chef 是配置管理系统中的异类，因为它的服务器守护程序是概念模型中的顶级实体（top-tier entity）。Salt 和 Puppet 直接从磁盘上的纯文本文件提供配置数据，要更改的话，只用编辑文件就行了。相比之下，Chef 服务器是配置信息权威且不透明的来源。配置变更必须通过 knife 命令上传到服务器，否则客户端无法使用。（不过，Chef 以 chef-solo 的形式提供了无服务器操作模式。）

我们提到这一切并不是在推销服务器化系统本身（serverful systems per se），而只是指出 CM 系统之间的主要断层就出现在 Chef 和其他系统之间。Ansible、Salt、Puppet 的整体复杂度大体相同，较为适度。Chef 明显需要更多的投资来维护和掌握，尤其是当添加了大量的附加模块时。

由于其无服务器模型，Ansible 往往被打上了“易用”的标签。但实际上，Salt 和 Puppet 的基本架构也同样易于使用。②不要以为它们属于高级选项。

反过来也是如此：Ansible 不仅仅是一个供那些只有三分钟热度的系统管理员使用的尚不完善的入门系统。它也是复杂站点的合理选择，尽管在这种环境下，其迟缓的性能表现会变得愈发明显。

23.4.4 语言选项

Ansible 和 Salt 都是 Python 编写的。Puppet 和 Chef 是用 Ruby 编写的。但除了 Chef，这些信息可能并不像一开始看起来那么有相关性。

---

① 依赖于系统，你可能还需要一两个 Python 附加包。例如，Fedora 就需要 python-dnf 软件包。

② 如果抛开高级功能和多少有些奇特的文档，Salt 可以说是最简单的 CM 系统。

在普通的 Ansible 或 Salt 配置中并不会出现 Python 代码。这两种系统均使用 YAML[①]（JavaScript 对象记法的一种替代语法）作为其主要的配置语言。YAML 只是结构化的数据，并非代码，所以除了配置管理系统指定的解释之外，并没有什么固有的行为。

下面是 Salt 的一个简单示例，它可以启用并运行 SSH 服务。

```
ssh.server.run_ssh:
  service:
    - name: sshd
    - running
    - enable: true
```

为了使 YAML 文件更具动态表现力，Ansible 和 Salt 均使用 Jinja2 模板系统作为预处理器来增强自身。[②]Jinja 源于 Python，但它不仅仅是一个简单的 Python 包装程序。在实际使用中，它更像是模板系统，而非真正的编程语言。即便是比 Ansible 更依赖 Jinja 的 Salt，也警告不要在 Jinja 代码中加入过多的逻辑。

除非是编写自己的定制操作类型或明确要使用 Python，否则，在 Ansible 和 Salt 的世界里，你是碰不到太多 Python 代码的。[③]（使用自己的代码扩展 CM 系统其实非常简单，也非常有用。）

Puppet 和 Chef 使用基于 Ruby 的领域特定语言（domain-specific language）作为其主要的配置系统。Chef 的版本很像是 Web 开发领域中 Rails 的配置管理的仿制版。也就是说，它扩展了一些旨在促进配置管理的概念，但它仍然能看出来是 Ruby。例如：

```
service 'sshd' do
  supports :restart => true, :status => true
  action [:enable, :start]
end
```

大多数配置管理并不用深入 Ruby 表面之下就能够完成，但如果你需要的话，仍可发挥出 Ruby 的全部威力。随着对 Ruby 和 Chef 接触的增加，您会越来越多地认识到这种隐藏的深度。

相比之下，Puppet 竭力使自身在概念上独立于 Ruby，仅将其用作实现层。尽管底层语言仍然是 Ruby，而且也可以插入 Ruby 代码，但 Puppet 语言采用了自己特殊的结构，相较于编程语言，倒更像是 YAML 这样的声明式系统。

```
service {
"ssh":
  ensure => "running",
  enable => "true"
}
```

以我们之见，Puppet 的这种架构并没有讨得管理员的欢心。Puppet 无法让你利用到现有的 Ruby 知识（或者将你的 Puppet 经验变成对 Ruby 的更常规的熟悉），它只是定义了自己的一个独立的世界。

23.4.5 依赖管理选项

不管你使用的管理配置系统如何结构化数据，客户端要做的工作事项最终还是要归结于由客户端执行的一系列操作。其中一些操作依赖于执行顺序，另一些则没有。

---

① YAML（Yet Another Markup Language）。——译者注

② 公平的说，Salt 实际上是与格式和预处理器无关的，直接支持多种输入管道（包括原始的 Python）。但是，如果少了 Jinja 的铺路和 YAML，就意味着离开了文档和支持。在你对 Salt 游刃有余之前，最好先别这么做。

③ 作为我们的技术评审之一的 Jon Corbet，对此也表示赞同："在事情变得一塌糊涂之前，这些 CM 系统并不会展现出太多的 Python……等到达某个阶段的时候"，他补充道，"熟悉 Python 的回溯和数据结构描述能够帮上大忙。"

例如，考虑下列添加 www 用户账户的 Ansible 任务，可用于持有 Web 应用的文件。

```
- name: Ensure that www group exists
  group: name=www state=present

- name: Ensure that www user exists
  user: name=www group=www state=present createhome=no
```

我们希望用户 www 拥有自己专属的组 www。Ansible 的 user 模块不会自动创建用户组，所以必须另行处理。必须在创建 www 账户之前创建组，在 user 操作中指定不存在的 group 会出错。

Ansible 按照配置文件中的顺序执行操作，所以上面的配置片段没有问题。Chef 的工作方式也是如此，部分原因在于相较于数据，重新安排代码的难度要大得多。即便是想这样做，Chef 也无法可靠地重新划分代码，然后将认为合适的部分重新组合。

相比之下，Puppet 和 Salt 允许明确地声明依赖关系。例如，Salt 中的等效配置如下。

```
www-user:
  user.present:
    - name: www
    - gid: www
    - createhome: false
    - require:
      - www-group
www-group:
  group.present:
    - name: www
```

为了追求引人注目的效果，我们颠倒了操作顺序。但由于 require 声明，操作仍旧以正确的顺序运行，无论它们在源文件中的出现方式如何。下列命令应用了该配置。

```
$ sudo salt test-system state.apply order-test
test-system:
----------
          ID: www-group
    Function: group.present
        Name: www
      Result: True
     Comment: Group www is present and up to date
     Started: 23:30:39.825839
    Duration: 3.183 ms
     Changes:
----------
          ID: www-user
    Function: user.present
        Name: www
      Result: True
     Comment: User www is present and up to date
     Started: 23:30:39.829218
    Duration: 27.435 ms
     Changes:

Summary for test-system
------------
Succeeded: 2
Failed:    0
------------
Total states run:     2
```

require 参数可以添加到任何操作（Salt 中的“state”），以确保命名的先决条件在当前操作之前运行。Salt 定义了多种依赖关系类型，声明可以出现在关系的任意一侧。

Puppet 的处理方式也类似。在某些情况下，它能够自动推导依赖关系，缓解了依赖声明的烦恼。例如，命名了特定组的用户配置会自动依赖于配置该组的资源。干得漂亮！

那么，当配置顺序看起来简单自然时，为什么还要明确声明依赖关系呢？显然，不少管理员一直有这个疑问，因为 Salt 和 Puppet 已经转向了混合依赖模型，表述顺序（presentation order）在该模型中非常重要。但这只是特定配置文件中的一个因素；文件之间的依赖关系仍必须明确声明。

声明依赖关系的主要好处在于使得配置拥有更好的可容错性和明确性。CM 系统不是非得一碰到问题就中止配置过程，因为它知道哪些后续操作可能会受到故障的影响。它可以中止一个依赖链，同时允许其他依赖链继续执行。不错，但在我们看来，对于声明依赖关系所做出的额外工作而言，这算不上多好的回报。

在理论上，知晓依赖关系信息的 CM 系统能够并行执行特定主机上独立的操作链。不过，Salt 和 Puppet 都没尝试实现这一特性。

23.4.6 点评 Chef

我们见识过在各种规模的企业中部署主线 CM，它们多少都表现出了熵的趋势。23.5.14 节给出了一些如何保持有序化的建议。不过，一条根本中的根本原则就是只承担那些对所处环境有帮助的复杂性。

在实践中，这意味着你得清楚自己是否处于 Chef 的领域之中。Chef 可谓是雄心勃勃。要想充分利用 Chef，你应该拥有：

- 数百或数千台处于配置管理之下的机器；
- 具备不同特权和经验的行政人员（Chef 的内部权限系统和多接口这时就发挥出巨大作用了）；
- 强制实施的特定报告、合规或监管要求；
- 耐心培训没有任何 Chef 使用经验的新团队成员。

你可以在单台机器上独自运行 Chef，这肯定没问题。没人会拦着你！但你仍然得为很多用不着的企业级特性花费心思。它们已经融入了架构和文档之中。

我们喜欢 Chef。它功能完备、强健、可伸缩，比其他替代品有更多的优点。但就其本质而言，它只不过是另一种配置管理系统，所做的基本事务和 Ansible、Salt、Puppet 一样。对 Chef 保持观望，别只是“因为它的功能最强大”（或者“因为它使用了 Ruby”）就贸然采用，一定要克制住这种冲动。

我们发现要想用 Chef 把新手带上路实在是颇具挑战，尤其是对于那些之前没有任何配置管理经验的人。相较于其他配置管理系统，Chef 对开发人员的心智要求更高。如果有编程经验的话会派得上用场。

Chef 的属性优先级系统功能强大，但也是令人沮丧的源头。其结合了美食家（foodie）和网络迷因（Internet-meme）[①]的独特命名法，既讨厌又让人摸不着头脑。解决各种操作之间的依赖性也不是件易事，有时候某个上游依赖性破裂，除非你记得将所有的依赖关系固定到特定版本，否则所有系统都会产生问题。

23.4.7 点评 Puppet

Puppet 在这 4 种 CM 系统中资格最老，装机量也最大。其用户多，模块多，还有免费的 Web GUI。尽管如此，面对新近的竞争对手，它的市场份额也大量流失。

---

① “Internet meme”是指短时间内在 Internet 上被大量宣传及迅速传播，一举成为备受瞩目的事物。——译者注

作为一个牢固的中间选择，Puppet 面临来自市场两端的压力。它因服务器端瓶颈而闻名，在管理数千台主机时这些瓶颈会造成问题，而且在过去几年中，几个主要的 Puppet 部署已经选择了放弃（最广为人知的就是 Lyft，它改用了 Salt）。如今，这种大规模场景看起来用分层化的 Chef 或 Salt 网络能够处理得更好。

在小规模部署的竞技场上，Ansible 和 Salt 由于其相对较低的门槛，正面临着严峻的挑战。正如 23.4.3 所讨论过的，Puppet 的本质并不复杂。 但它确实背负着一些会阻碍新手的历史包袱。例如，Puppet 核心内置的操作相对较少。大多数站点都需要去探索第三方模块才能完成其基本配置。

我们的主观印象是 Puppet 在其设计和开发的早期选择了一些错误的出发点。尽管 Puppet 竭力纠正这些问题，但历史和向后兼容性对当前产品造成了难以避免的不良影响。

Puppet 把 Ruby 的黄金宝藏变成了作为其自身配置语言的原材料，这并没起到什么作用。时间倒退到 2005 年，这也许是一个合理的决定，当时的 Ruby 晦涩难懂，Rails 也尚未登上助其大红大紫的舞台。如今，Puppet 的配置语言似乎毫无道理可言。

这些问题都不足以坏事，但 Puppet 看起来没有任何明确的和引人注目的优势能够抵消这些担忧。我们目前还不知道在这几年里有哪些对比评测文章中将 Puppet 作为过推荐选项。

当然，如果你接手了现有的 Puppet 安装，不必立刻开始寻找替代品。Puppet 工作得很好，这些系统之间的区别主要在于风格和边际优势。

23.4.8　点评 Ansible 与 Salt

Ansible 和 Salt 都是不错的 CM 系统，对于大多数站点，我们推荐你选择其中一种。

我们将分别在 23.5 节和 23.6 节深入了解这两种系统。每一节都会回顾该系统的配置语法和日常用法。

Ansible 和 Salt 在表面上看起来颇为相似，这主要是因为两者均使用 YAML 和 Jinja 作为其默认格式。但在底层，它们几乎差不多。因此，我们在对 Ansible 和 Salt 进行进一步的详细讨论之后再进行面对面的直接比较。

不过，在研究系统本身之前，我们先来专门看看 YAML。

23.4.9　YAML

之前提到过，YAML 只不过是另一种语法的 JSON。例如，下面这段是用于 Ansible 的 YAML。[①]

```
- name: Install cpdf on cloud servers
  hosts: cloud
  become: yes
  tasks:
    - name: Install OCAML packages
      package: name={{ item }} state=present
      with_items:
        - gmake
        - ocaml
        - ocaml-opam
```

可以映射到下面这段 JSON：

```
[{
  "name": "Install cpdf on cloud servers",
  "hosts": "cloud",
  "become": "yes",
```

① 在理论上，YAML 本身应该以占据了一行的 3 个破折号开始，Ansible 文档通常也沿用了这一惯例。然而，这个“YAML 文档起始行”已经是老古董了。就我们所知，不管在什么时候，都可以放心地将其忽略。

```
  "tasks": [{
    "name": "Install OCAML packages",
    "package": {
      "name": "{{ item }}",
      "state": "present",
    },
    "with_items": [ "gmake", "ocaml", "ocaml-opam" ]
  }]
}]
```

在 JSON 中，中括号内是列表，花括号内是散列。冒号用于分隔散列的键与值。这些分隔符可以直接出现在 YAML 中，不过 YAML 也理解用于指示结构的缩进，这点和 Python 很像。YAML 使用前导破折号标记列表中的项。

花点时间确认你是否理解上面的 YAML 示例是如何映射到 JSON 的，因为 Ansible 和 Salt 实际上还是基于 JSON 的世界。YAML 只是一种简写形式而已。我们在下面选择 Ansible，因为它的 YAML 版本有点特殊，但大多数一般要点也适用于 Salt。[①]

显然，YAML 版本的可读性要优于 JSON 版本。问题不在于 YAML 本身，而是源于试图强行将配置管理系统中出现的复杂数据转换成 JSON 模型。

YAML 擅长描述简单的数据结构，但它并非能够很好地伸缩以适应任意复杂性的工具。如果该模型出现了裂缝，那就不得不使用各种临时方法修修补补。

上面的例子中就有这样一个补丁。你察觉到没有？

```
package: name={{ item }} state=present
```

忽略{{ item }}部分，这只是一个 Jinja 扩展。这里的元凶是 name=value，该语法其实只是定义子散列（sub-hash）的一种不标准的简写形式。

```
package:
  name: {{ item }}
  state: present
```

是这样吗？实际上不是的，因为 Ansible 不允许出现以 Jinja 扩展为起始的散列值。这个 Jinja 扩展必须放进引号里。

```
package:
  name: "{{ item }}"
  state: present
```

如果操作接受一个“形式不限”（free form）的参数会怎样？

```
- name: Cry for help
  shell: echo "Please, sir, I just want the syntax to be consistent"
  args:
    warn: no
```

从表面上看也没有多糟糕。但是考虑一下实际所发生的：shell 是操作类型，warn 是 shell 的参数，这就和上个例子中 state 是 package 的参数一样。那么，多出来的 args 目录在这儿是干吗的？

好吧，shell 通常会有一个复杂的字符串作为其主参数（要运行的 shell 命令），这就成了一种特殊的操作类型，它可以接受字符串，而不是参数散列作为值。args 目录实际上是任务项（task-item）包装程序的一个属性，并非 shell 操作。其内容被暗地里放入 shell 操作，使整个工作得以完成。

没问题，冷静，继续往下进行。但这个令人困惑的细微之处把一个相对基础的例子给搞混乱了。

问题并不在于该具体场景。将配置数据强制转换成 JSON 格式少不了会带来这种绵绵不绝的

① 再一次，Salt 的拥护者发出抗议，表示 Salt 不应该因为 YAML 和 Jinja 受到指责，因为它其实并没有依赖于这些系统。你可以随意选用其他替代方案。说的都没错。同时，这很像是说因为你没有投票，所以不对该国政府负责。

极端情况、模糊性，以及妥协。这个特定的参数会进入到操作吗？会进入状态吗？会进入绑定吗？它只是一个庞大的 JSON 层级结构，所以答案很难明确。

回头再看一下 23.4.9 节中的 Install cpdf on cloud servers 代码。是不是明显能看出来 with_items 应该是和 package 处于相同层级，和 name 及 state（两者实际在逻辑上位于 package 下方）不处于相同层级？可能未必。

YAML 方法背后的潜在意图值得称道：使用人们已经了解的现有格式，将配置信息描述成数据而不是代码。尽管如此，这些系统仍然存在一些可能在真实的编程语言中不允许出现的语法瑕疵。①

23.5 Ansible 简介

Ansible 没有服务器守护进程，也不在客户端安装自己的软件，所以它实际上就是一组命令（其中最值得注意的是 ansible-playbook、ansible-vault，以及 ansible），安装在你希望用于管理客户端的系统上。

标准的操作系统层面的 Ansible 软件包很容易就能找到，不过软件包名称因系统而异。在 RHEL 和 CentOS 上，确保在主系统中启用了 EPEL 仓库。和大多数情况一样，操作系统特定的软件包相较于主干往往有些过时。如果你不介意抛开软件包管理，Ansible 可以很方便地从 GitHub 仓库（ansible/ansible）或通过 pip 安装。②

Ansible 的主配置文件的默认位置位于/etc/ansible/ansible.cfg。（和多数附加软件一样，FreeBSD 将 ansible 目录移到了/usr/local/etc。）默认的 ansible.cfg 文件短小喜人。我们推荐所做的唯一改动就是将下列行添加到文件末尾。③

```
[ssh_connection]
pipelining = true
```

这两行启用了 SSH 的流水线特性（pipelining），能够显著提高性能。该特性要求客户端上的 sudo 不能配置成要求交互式终端，不过，这就是默认配置。

如果你把配置数据保存在/etc/ansible 下面，需要使用 sudo 进行更改，这也就把你自己与一台特定的服务器捆绑在了一起。或者，你也可以轻松地设置 Ansible，供自己的账户使用。服务器只运行 ssh 来到达其他系统，因此除非你需要在服务器端运行特权命令，否则用不着 root 权限。

幸运的是，Ansible 能够轻松地将系统范围的配置和个人配置结合起来。不要删除系统配置，只需通过创建~/.ansible.cfg 并设置清单文件和角色目录的位置来覆盖它。

```
[defaults]
inventory = ./hosts
roles_path = ./roles
```

清单是客户端系统的列表，角色是将客户端配置的各个方面进行抽象的操作集。我们很快就会回过头来讨论这两个话题。

这里，我们将两处位置定义为相对路径，假设你要用 cd 切换到配置基础库的复制，并且遵循所述的命名约定。如果你喜欢使用固定路径的话，Ansible 也理解 shell 用于表示主目录的~记法。（Ansible 也允许~出现在几乎其他任何地方。）

① 尽管用于配置管理系统中的 YAML 并不严格，但是其规范其实相当冗长。事实上，它比 Go 编程语言的全部规范都长。

② pip 是 Python 的软件包管理器。尝试使用 pip install ansible 从 PyPI（Python Package Index）中拉取最新版本。你可能需要先从发行版的软件包系统中安装 pip。

③ 让人好奇的是 ansible.cfg 采用了.ini 格式，而非 YAML，其他一些 Ansible 配置文件也是如此。我们也不知道这是为何。

23.5.1 Ansible 示例

在我们深入大量细节内容之前，先来看一个演示了一些 Ansible 基本操作的小例子。

下列步骤将在新系统上设置 sudo（例如 FreeBSD 可能会要求这么做，因为该系统默认不包括 sudo）。

（1）安装 sudo 软件包。

（2）从服务器复制标准的 sudoers 文件，将其安装到本地。

（3）确保 sudoers 文件拥有合适的权限和所有权。

（4）创建名为“sudo”的 UNIX 组。

（5）将本地机上拥有账户的所有系统管理员添加到 sudo 组。

下面的 Ansible 代码实现了这些步骤。因为代码旨在演示 Ansible 的一些要点，所以看起来未必地道。

```
- name: Install sudo package
  package: name=sudo state=present

- name: Install sudoers file
  template:
    dest: "{{ sudoers_path }}"
    src: sudoers.j2
    owner: root
    group: wheel
    mode: 0640

- name: Create sudo group
  group: name=sudo state=present

- name: Get current list of usernames
  shell: "cut -d: -f1 /etc/passwd"
  register: userlist

- name: Add administrators to the sudo group
  user: name={{ item }} groups=sudo append=true
  with_items: "{{ admins }}"
  when: "{{ item in userlist.stdout_lines }}"
```

这些语句就像在脚本中一样按顺序应用。

双花括号中的表达式（例如，{{admisn}}）是变量扩展。Ansible 使用类似的方式进行事实数据插值（interpolates facts）。这种灵活的参数管理是配置管理系统的一个共同特征，也是相较于原始脚本的主要优势之一。你可以在一个地方定义一般过程，在其他地方定义配置细节。CM 系统然后合并全局规范并确保将适当的参数应用于各个目标主机。

sudoers.j2 文件是一个 Jinja2 模板，扩展后会成为目标主机上的 sudoers 文件。该模板可以由静态文本构成，也可以拥有自己的内部逻辑和变量扩展。

模板通常与配置共同保存在相同的 Git 仓库，允许在应用配置时一并使用。用不着为复制模板而配置单独的文件服务器。配置管理系统使用其对目标主机现有的访问来安装模板，所以凭证管理只用设置一次。

我们必须解决几处不完善的地方。Ansible 的用户模块（这里用于将系统管理员添加到 sudo 组）通常确保特定的账户存在，如果不存在的话，负责创建该账户。在这种情况下，我们只想影响已经存在的账户，因此在允许用户做出修改之前，不得不手动检查每个账户是否存在。[①]

① 在更典型的场景中，配置管理系统要负责设置管理员账户以及 sudo 访问权限。这两种功能的配置规范可能都会引用相同的 admins 变量，因此不会发生冲突，也不需要验证每个账户名。

为了实现这一点，配置运行 shell 命令 cut -d: -f1 /etc/passwd，以获得现有账户的列表，然后获取（register）命令输出到 userlist。其原理类似于下列 shell 语句。

```
userlist=$(cut -d: -f1 /etc/passwd)
```

在变量 admins 中（with_items: "{{ admins }}"）列出的每个账户会单独考虑。账户名被分配给变量 item。（名称采用 item 是 Ansible 的一种约定，配置并不具体指定。）对于在 cut 命令输出中找到的每个账户（when 子句），调用 user 子句。

还有一点额外的黏合功能我们尚未展示，它可以将此配置绑定到一组特定的目标主机，告诉 Ansible 以 root 身份做出改动。当我们激活该绑定时（通过运行 ansible-playbook example.yml），Ansible 开始并行配置多个目标主机。如果有任何操作失败，Ansible 会报告错误并停止处理发生错误的主机。其他主机则继续进行，直到配置完成为止。

23.5.2 客户端设置

Ansible 需要每个配置管理客户端做 3 件事：

- SSH 访问；
- sudo 权限；①
- Python 2 解释器。

如果客户端是 Linux 云服务器，可能立刻就能使用 Ansible。像 FreeBSD 这样默认并没有安装 sudo 或 Python 的系统要费点事，不过你可以通过 Ansible 的 raw 操作（不需要惯常的 Python 包装程序就可以远程执行命令）完成一些初始化引导。或者是编写自己的引导脚本。

有些选择必须在设置 Ansible 客户端时决定。在 23.5.14 节中，我们提出了一个合理的策略，但就目前而言，不妨假设你在客户端上创建了专门的“ansible”用户，默认设置中已经有了相应的 SSH 密钥，并且愿意手动输入 sudo 密码。

客户端并不会向 Ansible 自报家门，所以你要将其添加到 Ansible 的主机清单中。在默认情况下，清单是一个名为/etc/ansible/hosts 的文件。

Ansible 的一个漂亮的特性是你可以用同名目录替换任何平面配置文件（flat configuration file）。Ansible 然后会合并目录中的文件内容。该特性有助于结构化配置基础库，但它也是 Ansible 合并动态信息的方式：如果特定文件是可执行的，Ansible 会运行它并获取其输出，而不是去直接读取该文件。②

这种聚合（aggregation）特性非常有用，经常会用到，我们推荐绕过大多数配置文件初期的平面文件阶段，直接跳到目录形式。例如，我们可以通过向/etc/ansible/hosts/static（或是个人配置基础库中的~/hosts/static）中添加下列行来定义一个 Ansible 客户端。

```
new-client.example.com ansible_user=ansible
```

FreeBSD 客户端中的 Python 位置不太常见，你得告诉 Ansible。

```
freebsd.example.com ansible_python_interpreter=/usr/local/bin/python
    ansible_user=ansible
```

上面的内容在 hosts 文件中应该全都放在一行里。（在 23.5.4 节中，我们给出了一种更好的方法来设置这些变量，不过那种方法只是该思路的泛化形式而已。）

---

① Ansible 本身其实不要求 sudo 权限。仅当你想运行特权操作时才需要。不过通常都会用得着。

② 实际上，Ansible 甚至比这还要聪明。它会完全忽略某些文件类型，例如，.ini 文件。所以你不仅可以放入脚本，还可以加入脚本的配置文件。

运行 setup 操作，检查新主机的连通性，该操作会返回客户端的事实数据编目。

```
$ ansible new-client.example.com -m setup
new-client.example.com | SUCCESS => {
  "ansible_facts": {
    "ansible_all_ipv4_addresses": [
      "172.31.25.123"
    ],
    ...
<200+ more lines omitted>
```

“setup”这个名字起得实在是糟糕，因为并不需要明确设置什么。如果你愿意的话，可以直接进入实际的配置操作。另外，只要你想审查客户端的事实数据编目，随时都可以运行 setup 操作。

检查以确保通过 sudo 的权限提升也一切正常。

```
$ ansible new-client.example.com -a whoami --become --ask-become-pass
SUDO password: <password>
new-client.example.com | SUCCESS | rc=0 >>
root
```

这里，command 操作（执行 shell 命令）是默认的。我们可以明确地写出-m command 来得到同样的结果。-a 选项引入操作参数，在这里，就是要执行的实际命令。

“变成”（becoming）是 Ansible 用于表示权限提升的一个奇怪的惯用语；你“变成”了其他用户。“其他用户”默认是 root，不过你也可以使用-u 选项指定其他用户。遗憾的是，你必须强制 Ansible 向你询问 sudo 密码（使用--ask-become-pass），无论远程系统是否提示输入密码，它都会这样做。

23.5.3 客户组

组也是在 hosts 目录中定义的，只不过语法有点让人尴尬。

```
client-four.example.com

[webservers]
client-one.example.com
client-two.example.com

[dbservers]
client-one.example.com
client-three.example.com
```

如果这看起来还不算糟，那是因为我们已经避开了主要问题。.ini 格式是平面化的，如果你想要定义层级化分组或直接向 hosts 文件添加额外内容（例如，用于组的变量赋值），那就得花上点技巧了。不过这些特性在实践中其实并不重要。

注意，我们必须在文件顶部列出 client-four，因为该主机不属于任何组。我们不能把它放在 hosts 文件末尾，这会使其成为 dbservers 组的成员，哪怕加上空行作为分隔符也不行。

这就是为什么配置目录能够发挥作用的另一个原因。在实践中，我们可能会把各个组的定义放入单独的文件中。

Ansible 允许在命令行和配置基础库中随意混合客户端名称和组名称。两者都没有特殊标记，均可以使用扩展匹配（globbing）。正则表达式匹配也同样适用，只需要在模式前加上~即可。另外还有一套用于以各种方式组合客户群的代数符号。

例如，下列命令使用扩展匹配表达式选择了 webservers 组，对组中的每个成员执行 Ping 操作。

```
$ ansible 'web*' -m ping
client-one.example.com | SUCCESS => {
```

```
    "changed": false,
    "ping": "pong"
}
client-two.example.com | SUCCESS => {
    "changed": false,
    "ping": "pong"
}
```

23.5.4 变量赋值

我们在 23.5.2 节中看到过，可以在清单文件中对变量赋值。但这种方法太笨拙，别这么做。

每个主机和组都拥有各自以 YAML 格式定义的一组变量。默认情况下，这些定义保存在/etc/ansible/host_vars 和/etc/ansible/group_vars 目录下以主机或组命名的文件中。如果需要，可以使用.yml 作为文件名后缀，Ansible 都会找到相应的文件。

和其他 Ansible 配置一样，如果你想添加一些额外的结构或者脚本，可以将这些文件转换成目录的形式。Ansible 通常会忽略配置文件，运行脚本，将所有结果合并到最终的包中。

Ansible 自动为你定义了一个名为“all”的组。和其他组一样，“all”拥有自己的组变量。例如，如果你使用客户端账户“ansible”来标准化配置管理，那这是一个放入全局配置（在这里是 group_vars/all/basics）的好时机。

```
ansible_user: ansible
```

如果一个变量存在多处赋值声明，Ansible 根据优先级规则（并非声明顺序）选择最终的变量值。Ansible 目前共有 14 种不同的优先级分类，不过在这个例子中，相关点是主机变量优于组变量。

重叠组（overlapping group）之间的冲突是随机解决的，这会导致行为不一致，给调试过程增加了难度。尝试结构化变量声明，以避免出现重叠的可能。

23.5.5 客户组的动态化与推算

当加入动态脚本时，Ansible 的分组系统才真正发挥作用。例如，与云提供商一起使用的动态清单脚本不会简单地列出所有可用的服务器。它们还会根据云中的元数据将这些服务器划分到临时分组中。

例如，Amazon 的 EC2 允许你为每个实例分配任意标签。你可以将标签 webserver 分配给需要 Nginx 栈的所有实例，将标签 dbserver 分配给需要 PostgreSQL 的所有实例。动态清单脚本 ec2.py 继而将创建名为 tag_webserver 和 tag_dbserver 的组。就像任何其他组一样，这些组可以拥有自己的组变量，还能够在绑定中（playbooks）命名。

当根据 Ansible 的内部标准（例如，事实数据的值）对客户分组时，情况会变得更加模糊不清。你没法直接这么做。你能做的是将剧本（playbook）目标指向更广泛的组（例如“all”），并将条件表达式应用于单个操作，如果条件不符合，该操作则会被跳过。

举例来说，下面的剧本确保了/etc/rc.conf 中有一行用于在每个 FreeBSD 客户端上配置主机名。

```
- name: Set hostname at startup on FreeBSD systems
  hosts: all
  tasks:
    - lineinfile:
        dest: /etc/rc.conf
        line: hostname="{{ hostname }}"
        regexp: ^hostname
      when: ansible_os_family == "FreeBSD"
```

如果最后一行看似需要{{}}，说明你的直觉力不错。这其实只是 Ansible 用来保持配置整洁的一点语法糖。when 子句之后的内容总是 Jinja 表达式，所以 Ansible 会自动帮你加上双花括号。

这个特性很有用，但它只不过是 Ansible 的 YAML 解析中存在的诸多不规则之处中的一处。

在这个例子中，清单中的每个主机都被视为 lineinfile 操作的目标。但多亏了 when 子句，只有 FreeBSD 主机才会运行该操作。这种方法效果不错，但它并没有使 FreeBSD 主机成为一个真正的组。例如，这些主机不能拥有正常的 group_vars 条目，尽管你可以通过应急方法模拟相同的效果。

一种在结构上更优但略显啰唆的替代方法是使用 group_by 操作，该操作在本地运行并根据你为其指定模板的任意键值对主机进行分类。

```
- name: Group hosts by OS type
  hosts: all
  tasks:
    - group_by: key={{ ansible_os_family }}

- name: Set hostname at startup on FreeBSD systems
  hosts: FreeBSD
  tasks:
    - lineinfile:
        dest: /etc/rc.conf
        line: hostname="{{ hostname }}"
        regexp: ^hostname
```

基本策略类似，但分类是在单独的“剧集”（play）（这是 Ansible 用来表示绑定之意的术语，参见 23.5.11 节）中进行的。然后我们开启新的剧集，这样就能够指定不同的目标主机集，这次使用第一个剧集中定义的 FreeBSD 组。

group_by 的优势在于只用进行一次分类。接着就可以放心地将任意数量的任务交给第二个剧集，并且确信针对的只是目标客户。

23.5.6 任务列表

Ansible 将操作称之为“任务”（task），将单个文件中的任务集合称之为任务列表（task list）。和大部分 Ansible 配置一样，任务列表也都是 YAML，所以文件名后缀为.yml。

将任务列表与特定主机绑定的任务是在被称为剧本的高层对象中完成的，可参见 23.5.11 节。目前，我们将注意力集中在操作本身，先不管操作是如何应用于特定主机的。

例如，我们回顾一下 23.5.1 节那个“安装 sudo”的例子，只不过重点和实现略有不同。这次我们从头创建管理员账户，给每个管理员分配与其同名的 UNIX 组。然后设置 sudoers 文件，在其中明确列出所有的管理员（不再只是将权限分配给“sudo”组）。①

这些操作需要有一些输入数据驱动：尤其是 sudoers 文件的位置和管理员的姓名及用户名。我们应该将这些信息放入单独的变量文件中，比如说，group_vars/all/admins.yml。

```
sudoers_path: /etc/sudoers
admins:
  - { username: manny, fullname: Manny Calavera }
  - { username: moe, fullname: Moe Money }
```

admins 的值是一个散列数组，我们通过迭代该数组来创建所有账户。下面是完整的操作列表。

```
- name: Install sudo package
  package: name=sudo state=present

- name: Create personal groups for admins
  group: name={{ item.username }}
  with_items: "{{ admins }}"
```

① 任务或状态文件通常应该具有明确的定义域和清晰的目标，而这种安排有点混乱。我们选择这些操作只是来说明一些通用要点，并非作为恰当的配置基础库结构的示例。

```
- name: Create admin accounts
  user:
   name: "{{ item.username }}"
   comment: "{{ item.fullname }}"
   group: "{{ item.username }}"
   groups: wheel
  with_items: "{{ admins }}"

- name: Install sudoers fle
  template:
    dest: "{{ sudoers_path }}"
    src: templates/sudoers.j2
    owner: root
    group: wheel
    mode: 0600
```

从 YAML 和 JSON 的角度来看，各项任务形成了一个列表。左侧空白处的每个破折号表示开始了一项新任务，任务本身用散列描述。

在这个例子中，每项任务都有一个 name 字段，用英语描述了任务目的。从技术上来说，name 字段是可选的，但如果你忽略了该字段，在进行配置时，Ansible 基本上不会告诉你当前正在做什么（除了列出模块名称：package、group 等）。

在每项任务所包含的散列键中，必须有一个是操作模块的名称。这个键的值本身是一个枚举了操作参数的散列。没有明确设置的参数假定为默认值。

下列写法是 YAML 的 Ansible 扩展。

```
- name: Install sudo package
  package: name=sudo state=present
```

其等价于下面的写法。

```
- name: Install sudo package
  package:
    name: sudo
    state: present
```

如果像 shell 这样具有"形式不限"参数的操作，可能会出现一些怪异之处，不过我们就不在这里重新讨论了。参见 23.4.9 节。

单行格式不仅更紧凑，而且可以让你在不使用引号的情况下指定值为 Jinja 表达式的参数，就像在为管理员创建个人组的那项任务中一样。按照正常的语法，Jinja 表达式不能出现在一个值的起始部分，除非该值整个被引号引用起来。引用没什么危害，但它增添了视觉干扰。不管看起来是什么样子，引号并不会强制将值变成字符串。

现在，我们准备在下面几节中展示此示例任务列表中另一些更值得注意的地方。

23.5.7 state 参数

在 Ansible 中，操作模块经常根据你所请求的 state 执行不同的任务。例如，对于 package 模块，state=present 会安装该软件包，state=absent 会删除该软件包，state=latest 确保该软件包存在且是最新的。操作通常根据被调用的 state 查找不同的参数集。

在少数情况下（例如，带有 state=restarted 的 service 模块，它可以重启守护进程），这个模型有点偏离我们一般所认为的"状态"（state），不过整体工作良好。可以省略 state（如创建 sudo 组时所示），在这种情况下，它通常是采用像 present、configured 或者 running 这样带有肯定及赋权意义（positive and empowering）的默认值。

23.5.8 迭代

with_items 是一种迭代构造，它为所提供的每个元素重复执行某项任务。作为快速参考，下面是我们的示例中使用 with_items 的两项任务。

```
- name: Create personal groups for admins
  group: name={{ item.username }}
  with_items: "{{ admins }}"

- name: Create admin accounts
  user:
    name: "{{ item.username }}"
    comment: "{{ item.fullname }}"
    group: "{{ item.username }}"
    groups: wheel
  with_items: "{{ admins }}"
```

注意，with_items 是任务的属性，并不是任务执行的操作。

在每次循环中，Ansible 将 item 的值设置为提供给 with_items 的诸多项中的一个。在本例中，我们给变量 admins 分配的值是一个散列列表，所以 item 的值始终是散列。item.username 是 item['username']的一种简写法。你喜欢用哪种写法就用哪种。

每项任务都会单独循环处理 admins 数组。一个循环创建 UNIX 组，另一个循环创建用户账户。尽管 Ansible 的确定义了任务的分组机制（称为块），可惜这种构件不支持 with_items。

如果你的确需要能够依次执行多项任务的单循环效果，可以把循环体放入单独的文件中，然后将其包含到主任务列表。

```
- include: sudo-subtasks.yml
  with_items: "{{ admins }}"
```

with_items 不是 Ansible 中唯一可用的循环。还有一些循环形式专门用于迭代散列（在 Python 中称为“词典”）、文件列表，以及扩展匹配模式（globbing patterns）。

23.5.9 与 Jinja 交互

Ansible 文档并没有特别详细地描述 YAML 和 Jinja 之间的交互方式，但理解细节非常重要。正如像 with_items 这样的构件演示的那样，Jinja 不仅仅是一个在文件传递给 YAML 之前对其进行处理的预处理器（就像 Salt 中的情况一样）。实际上，Ansible 原封不动地使用 Jinja 表达式解析 YAML。然后在使用前立即由 Jinja 扩展每个字符串值。迭代操作的参数会在每次迭代期间重新评估。

Jinja 拥有自己的控制结构，其中包括循环和条件。但它们生来就与 Ansible 的延迟求值架构（delayed-evaluation architecture）不兼容，因而不允许出现在 Ansible 的 YAML 文件中（尽管可用于模板）。像 when 和 with_items 这样的 Ansible 构件只不过装饰等价的 Jinja 而已。它们代表了一种截然不同的配置结构化方法。

23.5.10 模板渲染

Ansible 使用 Jinja2 模板语言为 YAML 文件添加动态特性，充实由 template 模块安装的配置文件模板。我们在这个例子中通过一个模板来设置 sudoers 文件。下面是作为参考的变量定义。

```
sudoers_path: /etc/sudoers
admins:
  - { username: manny, fullname: Manny Calavera }
```

```
- { username: moe, fullname: Moe Money }
```

还有任务代码如下所示。

```
- name: Install sudoers file
  template:
    dest: "{{ sudoers_path }}"
    src: templates/sudoers.j2
    owner: root
    group: wheel
    mode: 0600
```

文件 sudoers.j2 混合了纯文本和用于动态部分的 Jinja2 代码。例如，下面是赋予每个管理员“sudo ALL”权限的框架示例。

```
Defaults env_keep += "HOME"

{% for admin in admins %}
{{ admin }} ALL=(ALL) ALL
{% endfor %}
```

{% %}中的 for 循环是 Jinja2 语法。遗憾的是，你不能根据常识，像在真正的编程语言中那样缩进循环体，这样做的话，会使得模板的输出也产生缩进。

扩展后的版本如下。

```
Defaults env_keep += "HOME"

manny ALL=(ALL) ALL
moe ALL=(ALL) ALL
```

请注意，变量值会自动进入模板。这些值可用于变量定义与文件同名的配置文件，不用强制添加前缀或其他层级结构。自动发现的事实数据变量也位于名称空间的顶层，但为了防止潜在的名称冲突，它们都以前缀 ansible_开头。

用于安装静态文件的 Ansible 模块称为 copy。但是，你也可以将所有的配置文件都视为模板，即便其内容最初包含的都是静态文本。你以后可以再添加自定义内容，不需要跟配置代码打交道，只用编辑模板就行了。将 copy 保留用于二进制文件和永远无须扩展的静态文件（例如公钥）。

23.5.11 绑定：剧集与剧本

任务可以通过绑定机制与一组客户机关联起来。Ansible 的绑定对象称为剧集。下面是一个简单的例子。

```
- name: Make sure Nginx is installed on web servers
  hosts: webservers
  tasks:
    - package: name=nginx state=present
```

就像多项任务可以形成任务列表，多个剧集也可以依次形成“剧本”。

与其他系统一样，绑定的基本元素是一组主机和一组任务。但是，Ansible 允许在剧集层面指定一些附加选项。这些选项参见表 23.3。

表 23.3 Ansible 的剧集元素

键	格式	指定的内容
name	字符串	执行剧集时要输出的名称，可选
hosts	列表，字符串	执行相关联的任务和角色的客户端系统
vars	散列	在该剧集作用域内设置的变量值

续表

键	格式	指定的内容
vars_files	列表	包含变量值的文件
become*	字符串	提权（例如，sudo）选项
tags	列表	选择性执行的分类；参见 23.5.12 节
tasks	列表	要执行的操作；可能包括单独的文件
handlers	列表	响应 notify 而执行的操作
roles	列表	为主机调用的操作集（角色）；参见 23.5.12 节

这里最重要的是与变量相关的选项，这么说不是因为它们本身出现在了剧集中，而是因为它们几乎随处可用，即便是在执行 includes 时。Ansible 能够使用不同的变量值一次又一次地激活同一个任务列表或剧本。这很像定义一个函数（例如，“创建用户账户”），然后用不同的参数调用。

Ansible 在其操作集的实现中（称为“角色”）形式化了该系统，我们将在 23.5.12 节展开讨论。角色的功能很强大，但究其底层，其实只是一组执行包含功能（doing include）的标准化约定，所以并不难理解。

下面是一个简单的剧本，演示了处理程序（handler）的用法。

```
- name: Update cow-clicker web app
  hosts: clickera,clickerb
  tasks:
    - name: rsync app fles to /srv
      synchronize:
        mode: pull
        src: web-repo:~sites/cow-clicker
        dest: /srv/cow-clicker
        notify: restart nginx
  handlers:
    - name: restart nginx
      service: name=nginx state=restarted
```

该剧本在主机 clickera 和 clickerb 上运行。它通过运行 rsync（使用 synchronize 模块）从中央（本地）仓库镜像文件，如果存在更新的话，则重启 Nginx Web 服务器。

如果带有 notify 子句的任务修改了系统，Ansible 会运行所请求名称的处理程序。处理程序本身也只是任务，只不过是在剧集的单独部分中声明的。

剧本是 Ansible 中的主要执行单元。你可以使用 ansible-playbook 执行剧本。

```
$ ansible-playbook global.yml --ask-sudo-pass
```

Ansible 采用在多主机上逐个执行任务的方法。当它读取剧本时，在多个目标主机上并行执行任务。当所有主机都完成了某项任务，Ansible 再继续执行下一项任务。默认情况下，Ansible 最多在 5 台主机上同时执行任务，不过你可以使用-f 选项指定不同的上限。

在调试问题时，加入-vvvv 选项来增加调试信息输出量通常很有帮助。你将看到在远程系统上执行的确切命令及其详细的响应。

23.5.12 角色

正如我们从 23.3.6 节开始描述的那样，操作集（我们所用的术语）是 CM 系统所定义的打包机制，用于促进配置片段的重用和共享。

Ansible 称其操作集为“角色”（role），所谓角色，实际上就是 include 操作和变量优先级的结构化系统。它们可以轻松地将与配置关联的变量定义、任务列表和模板放入单个目录中，使其便于重用和共享。

每个角色都是名为 roles 目录（一般位于配置基础库的顶层）的子目录。你还可以通过在 ansible.cfg 中设置 roles_path 变量来添加站点范围的角色目录，如 23.4.9 节末尾处所示。只要你将角色加入剧本，就会搜索所有已知的角色目录。

角色目录能够包含的子目录如表 23.4 所示。

表 23.4　Ansible 角色的子目录

子目录	内容
defaults	变量的默认值（可覆盖）
vars	变量定义（不可覆盖，但是可以引用覆盖）
tasks	任务列表（操作集合）
handlers	用于响应通知的操作
files	数据文件（通常用作 copy 操作的操作源）
templates	在安装前由 Jinja 处理的模板
meta	准备此操作集时要执行的操作集列表

角色只能通过剧本调用。Ansible 在每个角色的子目录中查找名为 main.yml 的文件。如果文件存在，其内容会自动并入调用该角色的剧本。例如，下列剧本。

```
- name: Set up cow-clicker app throughout East region
  hosts: web-servers-east
  roles:
    - cow-clicker
```

粗略等价于下列语句。

```
- name: Set up cow-clicker app throughout East region
  hosts: web-servers-east
  vars_files:
    - roles/cow-clicker/defaults/main.yml
    - roles/cow-clicker/vars/main.yml
  tasks:
    - include: roles/cow-clicker/tasks/main.yml
  handlers:
    - include: roles/cow-clicker/handlers/main.yml
```

但是，default 目录中的变量值不会覆盖已设置的值。此外，Ansible 可以轻松地引用 files 和 templates 目录中的文件，并且它能够进一步包含在 meta/main.yml 文件中，作为依赖项提及的任何角色。

除 main.yml 之外的文件都会被角色系统忽略，所以你可以将配置划分成多个适合的部分，并使用 include 将各部分包含在 main.yml 之中。

Ansible 允许你向特定的角色实例传递一组参数。实际上，这使得角色成为了某种参数化函数（parameterized function）。例如，你可能定义一个用于部署 Rails 应用的操作集。你可以在剧本中多次调用该操作集，每次调用的时候提供不同的参数。

```
- name: Install ULSAH Rails apps
  hosts: ulsah-server
  roles:
    - { role: rails_app, app_name: ulsah-reviews }
    - { role: rails_app, app_name: admin-com }
```

在这个例子中，rails_app 角色可能依赖于 Nginx 或其他 Web 服务器的角色，因此没有必要明确提及 Web 服务器角色。如果想自定义 Web 服务器安装，只需在 rails_app 调用中包含相应的变量值即可，这些值会向下传播。

Ansible 的公共角色仓库在其官网中有。你可以使用 ansible-galaxy 命令搜索角色，但最好还是去访问 Ansible 网站。你从中可以按评级或下载次数排序，轻松地进入托管每个角色实际代码的 GitHub 仓库。通常可以使用多种角色来应对大多数常见场景，因此有必要检查代码以确定最符合需求的版本。

一旦确定了角色实现，运行 ansible-galaxy install，将文件复制到 roles 目录。例如：

```
$ ansible-galaxy install ANXS.postgresql
- downloading role 'postgresql', owned by ANXS
- downloading role from https://github.com/ANXS/postgresql/v1.4.0.tar.gz
- extracting ANXS.postgresql to /etc/ansible/roles/ANXS.postgresql
- ANXS.postgresql was installed successfully
```

23.5.13 关于配置基础库结构化的建议

大多数配置基础库都采用了层级化组织。也就是说，不同部分的配置被送入控制着全局状态的主剧本。不过，你也可以定义与全局方案无关的特定任务剧本。

尝试把任务列表和处理程序保存在剧本文件之外。将它们放入单独的文件中，使用 include 对其进行插值。这种结构在绑定和行为之间达成了清晰的分离，将所有任务置于平等地位。完全避免独立的任务列表并实现角色的标准化，这是额外的风格加分项。

有时候我们建议单个剧本应该覆盖与每个逻辑上不同的主机组相关的所有任务。例如，与 Web 服务器相关的所有角色和任务都应包含在单个的 webserver.yml 剧本中。这种方法避免了复制主机组，并为每个主机组提供了清晰的控制点。

另一方面，遵循该规则意味着无法直接运行全局配置的某个部分，即便是在调试时。Ansible 只能运行剧本，没有哪条简单的命令可以在指定机器上执行特定的任务列表。

该问题的官方解决方案是打标签（tagging），其效果不错，不过需要做一些设置。你可以在任意任务内或上方加入标签来对其分类。在命令行中，使用 ansible-playbook 的-t 选项指定想要运行的标签子集。在多数调试时，你可能也需要使用-l 选项来限制在指定测试主机上执行。

在配置层级中选择尽可能高的层级来分配标签。在正常情况下，不应该试图给单个任务分配标签。（如果你这么做了，这也许说明特定的任务列表应该拆分了。）

将标记附加到 include 或 roles 子句中，由后者将特定任务列表或角色并入配置中。然后标记将涵盖所有被包含的任务。

或者，你也可以只构建临时剧本（scratch playbook），根据测试主机运行部分配置。设置这些临时剧本有些小烦人，不过打标签也是如此。

23.5.14 Ansible 访问选项

Ansible 需要在每个客户端系统上进行 SSH 和 sudo 访问，这听起来既简单又熟悉，直到你意识到配置管理系统保管着整个组织的重中之重。基于守护进程的系统比配置服务器上的 root 账户更加安全，但如果辅以周详的计划，Ansible 的表现可能会更好。

简单起见，最好是通过每个客户端上都同名的专用账户（例如“ansible”）来汇集 SSH 访问。该账户应该使用简单的 shell 并拥有最小化的点号配置文件（dot-file configuration）。

在云服务器上，你可以使用标准引导账户（例如 EC2 上的 ec2-user）进行 Ansible 控制。只需要确保账户在初始化设置之后被正确锁定，并且不允许，例如 su 在无密码的情况下切换到 root。

关于实际的安全设计，你可以在一定程度上灵活掌控。但是记住以下要点。

- Ansible 需要两个凭证，一个（密码或私钥）用来获得远程系统的访问权，另一个用来使用 sudo 提升权限。正确的安全卫生建议是两者应该分离。单个受损的凭证不应该授予入侵者访问目标机器的 root 权限。[①]
- 如果这两个凭证采用同样的保护形式（加密，文件权限）保存在同一个地方，它们实际上还是相当于单个凭证。
- 凭证可以在处于对等关系（peer）（例如，农场中的 Web 服务器）的机器上重用，但是绝不应该出现使用一个服务器的凭证就可以访问另一个敏感性更高（或者甚至是截然不同）的服务器。
- Ansible 通过 ansible-vault 命令提供对于数据加密的透明支持，但是仅限于包含在 YAML 或.ini 文件中的数据。
- 管理员只能记住少数几个密码。
- 对于指定的操作，要求一个以上的密码是不合理的。

站点仍然可以有自己的权衡，但我们建议采用以下系统作为符合这些指南的稳健但可用的基准。

- 由仅有 Ansible 才能使用的密钥对来控制 SSH 访问。
- 在客户端系统上禁止使用基于密码的 SSH 访问（在/etc/ssh/sshd_config 中设置 PasswordAuthentication no）。
- SSH 私钥由口令保护（使用 ssh-keygen -p 设置）。所有的私钥都采用相同的口令。
- SSH 私钥保存在 Ansible 主控机器（master machine）的已知位置。它们并不在配置基础库中，管理员同意不将其复制到其他地方。
- 远程账户（“ansible”账户）采用随机 UNIX 密码（以加密形式在配置基础库中列出）。所有的密码都使用相同的口令加密，但不同于 SSH 私钥的口令。你需要加上一些 Ansible 的黏合功能（Ansible glue），以确保正确的密码用于正确的客户机。

在该方案中，两组凭据都经过了加密，这使得它们能够抵御简单的文件权限违规。这个间接层还允许你在不更改基础密钥的情况下轻松地修改主口令。

管理员只需要记住两个口令：用于访问 SSH 私钥的口令和 Ansible 保险库（Ansible vault）的口令，后者允许 Ansible 解密特定主机的 sudo 密码（还有其他包括在配置基础库内的凭证信息）。

如果你需要更多粒度的管理员权限（这是有可能的），可以使用不同的口令加密多组凭证。如果这些凭证组是累积（cumulative）的（并非不相交），那么管理员不需要记住两个以上的口令。

假定在该系统中，管理员使用 ssh-agent 来管理对私钥的访问。所有私钥都可以使用单个 ssh-add 命令激活，而且每个会话只需输入一次 SSH 密码。为了在通常的 Ansible 主控（Ansible master）之外的系统上工作，管理员可以使用 SSH 的 ForwardAgent 选项将密钥通过隧道传给要处理的机器。所有其他安全信息都包含在配置库本身中。

的确，ssh-agent 和密钥转发的安全性取决于它们运行的机器。（真的就是这个程度了，就像有宽限期的 sudo，其安全程度仅等同于你的个人账户。）不过，可以通过限定时间和上下文来降低风险。使用 ssh-agent 的-t 选项或 ssh-add 来限制已激活密钥的生存期，终止访问转发密钥的连接（如果不再使用转发密钥）。

如果可能，永远都不要将私钥部署到客户端系统。如果客户端需要受控资源的特权访问（例

---

① 有些站点在 sudoers 文件中使用 NOPASSWD 选项设置客户端“ansible”账户，这样一来，ansible 账户运行 sodo 时就不用密码了。这种配置极其不安全。如果你不愿意输入密码，至少也要安装 PAM SSH 代理模块，要求使用转发的 SSH 密钥（forwarded SSH key）进行 sudo 访问。有关 PAM 的更多信息参见 17.3.4 节。

如，复制受控的 Git 仓库），可以使用 SSH 和 Ansible 内置的代理功能，或者通过 ssh-agent，在不用复制的情况下，使客户端能够临时使用私钥。

出于某些原因，Ansible 目前无法识别配置基础库中的加密文件，也不会提示你输入解密口令。你只能强制使用 ansible-playbook 的 --ask-vault-pass 选项和 ansible 命令来手动完成。--vault-password-file 选项可用于非交互式用途，不过，这会降低安全性。如果你决定使用密码文件，该文件应该只能由专用的 ansible 账户访问。

23.6 Salt 简介

你可能在外界会看到 Salt 被称为 Salt、SaltStack 或 Salt Open。这些术语基本上可以互换使用。软件厂商叫作 SaltStack，他们使用 SaltStack 作为通用术语来指代完整的产品系列，其中包括一些我们未在本书中讨论的企业附加软件。但是，很多人也称开源系统为 SaltStack。

Salt Open 是最近出现的名称，专门指代 Salt 的开源部分。不过就目前来看，除了 saltstack.com 之外，并没有别的地方使用这个词。

SaltStack 在 SALTSTACK 网站中维护着自己的软件包仓库，其中保存着可用于所有 Linux 软件打包系统的最新软件包。参见站点的操作指南，了解如何将仓库添加到配置中。有些发行版包含了自己的 Salt 软件包，不过一般最好还是直接去源头下载。

配置服务器（master）上需要安装 salt-master 软件包。如果你还要跟云供应商打交道，就要安装 salt-cloud 软件包。它将各种云供应商包装到一个标准接口中，简化了创建要通过 Salt 管理的新云服务器的过程。它基本上类似于云提供商的原生 CLI 工具，但其能够在 Salt 层和云端层上管理机器。新机器会自动被引导、注册和批准。已删除的计算机将从 Salt 以及供应商的云中移除。

SaltStack 没有包含 FreeBSD 的软件包仓库，但并非不支持该平台。SaltStack 的 Web 安装程序是能够识别 FreeBSD 的（FreeBSD aware）。

```
$ curl -L https://bootstrap.saltstack.com -o /tmp/saltboot
$ sudo sh /tmp/saltboot -P -M
```

默认情况下，Web 安装程序会安装客户端软件和主服务器。如果你不想这么做，使用 saltboot 的-N 选项。

无论是在主服务器还是客户端（minion），Salt 的配置文件都位于/etc/salt。在理论上是能够以非特权用户身份运行服务器守护进程的，但是这需要手动修改一大堆 Salt 要处理的系统目录的所有权。如果你打算选择这条路，那最好使用服务器的容器化版本或是将配置保存在预制好的机器镜像中。

Salt 有一套简单的访问控制系统，你可以进行配置以允许非特权用户在 minion 端发起 Salt 操作。但是，你必须要像非 root 操作所要求的那样手动调整权限。考虑到 master 对所有的 minion 拥有直接的 root 访问权，从安全角度来看，我们认为该特性相当存疑。如果你的确要这么做，务必严格限制授予的权限。

Salt 在设置变量值的配置文件（pillar）和定义操作的配置文件（states）之间保持分离。这种区分一直延伸到顶层：你必须为这两个配置层级结构安排不同的位置。两者默认位于/srv 之下，后者相当于/etc/salt/master 文件。

```
file_roots:
  base:
    - /srv/salt
```

```
pillar_roots:
  base:
    - /srv/pillar
```

在这里，base 是一个必需的公共环境（common environment），其他的环境（例如，development）可以逐层建立在该环境之上。/srv/pillar 下面是变量定义，其他内容位于/srv/salt。

注意，路径本身是列表元素，因为它们以破折号作为前缀。你可以包含多个目录，这使得 salt-master 守护程序可以为受控端提供所列目录的合并视图。在组织大型配置基础库时，这是一个有用的特性，因为它允许你添加 Salt 原本并不理解的结构。

你通常希望采用包含 salt 和 pillar 子目录的单个 Git 仓库的形式管理配置基础库。这并不适合默认布局，因为由此意味着/srv 会是仓库的根目录，考虑将所有内容都向下移动一层到/srv/salt/salt 和/srv/salt/pillar。

Salt 的文档并没有很好地解释为什么 pillar 和 states 非要完全分离，但事实上，这种区分是 Salt 架构的关键。salt-master 守护进程压根就不关心状态文件，它只是使其可用于受控端，后者负责这些文件的解析和执行。

pillar 则完全不同。它在 master 端求值，然后作为单个统一的 JSON 层级结构传递给 minion。每个 minion 看到的都是不一样的 pillar 视图，但是均看不到这些视图背后的实现机制。

在某种程度上，这是一项安全措施：Salt 强有力地保证了 minion 无法访问彼此的 pillar。它也是一种数据来源的区分，因为动态的 pillar 内容总是来自 master。这与 grain（事实数据的 Salt 版本）形成了良好的互补，后者源于 minion。

Salt 的通信总线（communication bus）在服务器端使用 TCP 端口 4505 和 4506。确保位于服务器和客户端之间的防火墙或分组过滤器允许这些端口上的流量通过。客户端本身不接受网络连接，所以这一步只需要在服务器上设置一次就行了。

第一次研究 Salt 时，你可能会发现在终端窗口中运行 salt-master -l debug（不作为系统服务）会提供相关的信息。该命令使得 salt-master 在前台运行并打印出 Salt 通信总线上所发生的活动。

23.6.1 minion 设置

和在 master 端一样，你可以选择使用 SaltStack 仓库中的原生软件包或是通用引导脚本。在 minion 端上就犯不着再用仓库了，所以我们推荐采用后者。

```
$ curl -o /tmp/saltboot -sL https://bootstrap.saltstack.com
$ sudo sh /tmp/saltboot -P
```

引导脚本可以工作在所有受支持的系统中。哪怕系统中没有 curl、wget、fetch 也没问题。有关具体的安装场景和源代码，参见 GitHub 上的仓库 saltstack/salt-bootstrap。①

在默认情况下，salt-minion 守护进程会尝试在名为“salt”的 master 端注册自身。（这种“魔法名称”系统最初是经由 Puppet 流行起来的。）你可以利用 DNS 技巧使名称得以正确解析，也可以在/etc/salt/minion（在 FreeBSD 中是/usr/local/etc/salt/minion）中明确地设置 master。

```
master: salt.example.com
```

修改完文件后重启 salt-minion（通常使用命令 service salt_minion restart，注意命令中是下画线，不是破折号）。

salt-master 可以接受来自任意机器的客户端注册，只要这些机器能够访问到它，但是你必须

① 对于自动启动的生产系统，下载引导脚本的本地缓存版，最大程度地降低暴露给外部事件的几率。也可以从本地缓存中安装特定版本的 Salt 客户端，或是在机器镜像上预先将其载入。运行引导脚本时加入-h 选项，可以查看所支持的所有选项。

在主配置服务器上使用 salt-key 命令批准之后，各个客户端才能变为活动状态。

```
$ sudo salt-key -l unaccepted
Unaccepted Keys:
new-client.example.com

# If everything looks good, accept all pending keys

$ sudo salt-key -yA
The following keys are going to be accepted:
Unaccepted Keys:
new-client.example.com
Key for minion new-client.example.com accepted.
```

现在可以使用 test 模块检测服务器的连通性。

```
$ sudo salt new-client.example.com test.ping
new-client.example.com:
    True
```

在这个例子中，new-client.example.com 看起来挺像是个主机名，但其实并非如此。它只是机器的 Salt ID，该 ID 是一个字符串，默认和主机名一样，但你可以在/etc/salt/minion 文件中将其设置为你喜欢的任何内容。

```
master: salt.example.com
id: new-client.example.com
```

ID 和 IP 地址彼此没有任何关系。举例来说，即便 52.24.149.191 是客户端实际的 IP 地址，你也不能使用 Salt 命令直接将其作为目标。[①]

```
$ sudo salt 52.24.149.191 test.ping
No minions matched the target. No command was sent, no jid was assigned.
ERROR: No return received
```

23.6.2 minion 的变量值绑定

正如我们在服务器设置一节中所见，Salt 对状态绑定和变量值绑定（pillar）分别采用了独立的文件系统层级结构。每个目录树的根目录都有一个 top.sls 文件，该文件将 minion 组与树中的文件绑定。这两个 top.sls 文件都使用相同的布局。（.sls 只是 Salt 的 YAML 文件的标准扩展名。）

例如，下面是一个简单的 Salt 配置基础库的布局，展示了 salt 和 pillar 的根目录。

```
$ tree /srv/salt
```

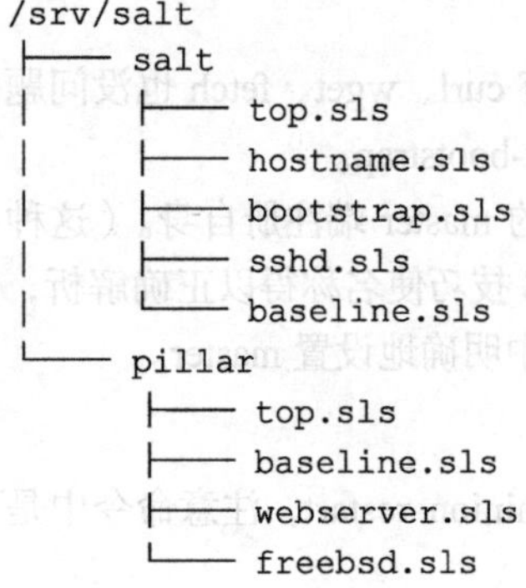

```
/srv/salt
├── salt
│   ├── top.sls
│   ├── hostname.sls
│   ├── bootstrap.sls
│   ├── sshd.sls
│   └── baseline.sls
└── pillar
    ├── top.sls
    ├── baseline.sls
    ├── webserver.sls
    └── freebsd.sls
```

```
2 directories, 9 files
```

① 当然了，你可以进行基于 IP 的匹配。不过必须明确表示。参见 23.6.3 节。

要想将 pillar/baseline.sls 和 pillar/freebsd.sls 中定义的变量绑定到我们的示例客户端，可以在 pillar/top.sls 中加入下列几行。

```
base:
  new-client.example.com:
    - baseline
    - freebsd
```

与 master 文件中一样，base 是必需的公共环境，可以在更复杂的设置中对该环境进行叠加（overlaid）。更多的相关信息参见 23.6.4 节。

baseline.sls 和 freebsd.sls 中可以出现一些同名的变量值。对于标量和数组值，最后出现在 top.sls 中的那个就是有效值。但是散列值会进行合并。

例如，如果 minion 绑定了两个变量文件，其中一个如下所示。

```
admin-users:
  manny:
    uid: 724
  moe:
    uid: 740
```

另一个如下：

```
admin-users:
  jack:
    uid: 1004
```

那么，Salt 会合并这两个版本。

提交给 minion 的 pillar 数据如下所示。

```
admin-users:
  manny:
    uid: 724
  moe:
    uid: 740
  jack:
    uid: 1004
```

23.6.3 minion 匹配

在上述场景中，我们想做的可能是将 baseline.sls 应用于所有的客户端，将 freebsd.sls 应用于所有运行 FreeBSD 的客户端。下面演示了我们如何在 pillar/top.sls 文件中使用选择模式来实现该需求。

```
base:
  '*.example.com':
    - baseline
  'G@os:FreeBSD':
    - freebsd
```

其中，星号匹配 example.com 中的所有客户端 ID。这里可以只用‘*’，但我们想强调这是一个扩展匹配模式。前缀 G@用于匹配 grain 值。所要检查的 grain 名为 os，所要查找的值为 FreeBSD。此处也可以使用扩展匹配。

FreeBSD 的匹配表达式还有另一种比较直观的写法。

```
'os:FreeBSD':
  - match: grain
  - freebsd
```

用哪一种，你自己决定。不过@的写法能够清晰地扩展成涉及括号和布尔操作的复杂表达式。表 23.5 列出了大部分常见的匹配类型，不过省略了一小部分。

表 23.5 Salt minion 匹配类型

代码	目标	匹配类型	匹配	示例
[a]	ID	扩展匹配	glob	*.cloud.example.com
E	ID	正则表达式	pcre	E@(nw|wc)-link-\d+
L	ID	列表	list	L@hosta,hostb,hostc [b]
G	grain	扩展匹配	grain	G@domain:*.example.com
E	grain	正则表达式	grain_pcre	E@virtual:(xen|VMWare)
I	pillar	扩展匹配	pillar	I@scaling_type:autoscale
J	pillar	正则表达式	pillar_pcre	J@server-class:(web|database)
S	IP 地址	CIDR 块	ipcidr	S@52.24.9/20
[c]	复合	复合	compound	not G@os_family:RedHat

注：a. 默认。不需要指定（或定义）匹配类型代码。

b. 注意没有空格，单独的表达式不能包含它们。

c. 用于标记单独的短语（terms）。

如果表 23.5 看起来复杂得吓人，记住，这些只是选项而已。现实中的选择器和上述简单例子中的差不多。

如果你想知道所有你可以进行匹配的 grain 或 pillar 值都是些什么，答案很简单。只需要使用：

```
$ sudo salt minion grains.items
```

或者：

```
$ sudo salt minion pillar.items
```

就能够获得一份完整的清单。

你可以在/etc/salt/master 文件中定义命名组。这种组被称为节点组（nodegroup），有助于将复杂的组选择器移出 top.sls 文件。但是，它们并非真正的分组机制，甚至算不上是一种能够实现模式重用的命名方法。其行为因此有点怪异。它们只能依照复合类型的选择器来定义（例如，不能通过简单的客户端列表来定义，除非使用 L@子句），而且你必须明确地使用 nodegroup 类型进行匹配。不存在通用的简写法。

23.6.4 Salt 状态

Salt 操作被称为“状态”。和 Ansible 一样，它们以 YAML 格式定义，实际上粗看起来与 Ansible 任务类似。然而，更细微之处则大不相同。你可以在.sls 文件中放入一系列状态定义。

在位于配置基础库 salt 根目录下的 top.sls 文件中，状态与特定的 minion 绑定在一起。该文件的内容和功能与用于变量绑定的 top.sls 文件一模一样，参见 23.6.2 节中的例子。

下面观察我们之前在 23.5.1 节中使用 Ansible 展示的那个例子的 Salt 版本：安装 sudo 并创建对应的 sudo 组，将应该拥有 sudo 权限的管理员分配到该组；然后，创建一组管理员账户，其中每个账户都有自己的同名 UNIX 组；最后，从配置基础库中复制 sudoers 文件。

我们可以在 Salt 中使用与 Ansible 相同的变量文件。

```
sudoers_path: /etc/sudoers
admins:
  - { username: manny, fullname: Manny Calavera }
  - { username: moe, fullname: Moe Money }
```

为了使这些定义可用于所有的 minion，我们将其放入位于 pillar/example.sls 的配置基础库中并添加到 top.sls 的绑定。

```
base:
  '*':
    - example
```

下面是操作的 Salt 版本。

```
install-sudo-package:
  pkg.installed:
    - name: sudo
    - refresh: true

create-sudo-group:
  group.present:
    - name: sudo

{% for admin in pillar.admins %}

create-group-{{ admin.username }}:
  group.present:
    - name: {{ admin.username }}

create-user-{{ admin.username }}:
  user.present:
    - name: {{ admin.username }}
    - gid: {{ admin.username }}
    - groups: [ wheel, sudo ]
    - fullname: {{ admin.fullname }}

{% endfor %}

install-sudoers-file:
  file.managed:
    - name: {{ pillar.sudoers_path }}
    - source: salt://files/sudoers
    - user: root
    - group: wheel
    - mode: '0600'
```

这个版本以最规范的形式展示了各种操作，以便于同 23.5.6 节中等价的 Ansible 任务列表进行对比。我们可以做出一些额外的改动，使其更为整洁，但首先，来看这个较长的版本。

23.6.5 Salt 与 Jinja

要注意的第一件事是包含 Jinja 循环的文件是以{%和%}作为分隔符的。这种分隔符类似于{{和}}，除了{%和%}不会返回值。循环的内容会根据循环执行的次数，多次插值到 YAML 文件中。

尽管 Jinja 使用的语法类似于 Python，但是 YAML 在.sls 文件中已经“占用”了缩进，所以 Jinja 被迫定义了一些形如 endfor 这样的块终止标记。在正常的 Python 中，块是通过缩进定义的。

Slat 在其基础 YAML 方案中只定义了基本的迭代构件（参见 23.6.8 节关于 names 的注释）。条件判断和强大的迭代功能只能通过 Jinja 或者.sls 文件运行的模板语言来提供。（事实上，Salt 也并不关心 YAML。它只是通过指定的管道扩展配置文件，使用最终必须完全是字面量的 JSON 输出。）

一方面，这种方法干干净净。处理过程不存在概念上的歧义，很容易检查扩展后的.sls 文件，以确保其符合意图。另一方面，意味着你要使用 Jinja 提供配置所需要的任何逻辑。模板代码和 YAML 的混合很容易让人眼花缭乱。这有点像只使用 HTML 模板编写 Web 应用逻辑。

有几条经验有助于保持 Salt 配置的整洁。首先，Salt 拥有可用且定义明确的变量值叠加

（variable-value overlay）实现机制。利用这些能够在数据域而不是代码中保留尽可能多的配置。

Salt 文档中的很多例子在并非最适合的情况下使用了 Jinja 的条件判断。[1]下面的.sls 文件负责安装 Apache Web 服务器，对应的软件包名称在不同的发行版中各不相同。

```
# apache-pkg.sls
apache:
  pkg.installed:
    {% if grains['os'] == 'RedHat' %}
    - name: httpd
    {% elif grains['os'] == 'Ubuntu' %}
    - name: apache2
    {% endif %}
```

这种不一致性可以通过 pillar 更优雅地处理。

```
# apache-pkg.sls
{{ pillar['apache-pkg'] }}:
  pkg.installed

# pillar/top.sls
base:
  '*':
    - defaults
  'G@os:Ubuntu':
    - ubuntu

# pillar/defaults.sls
apache-pkg: httpd

# pillar/ubuntu.sls
apache-pkg: apache2
```

尽管乍看起来用 4 个文件去替换 1 个文件似乎并不像是一种简化，但它立刻就成为了一个可扩展的无代码系统。多操作系统环境会碰到很多这种变数，所有一切都可以在一个地方处理。

如果某个值必须通过动态计算得到，考虑是否能够将相关代码置于.sls 文件的顶部，将值保存在变量中以备后用。例如，上面的 Apache 软件包安装还有另一种写法。

```
{% set pkg_name = 'httpd' %}
{% if grains['os'] == 'Ubuntu' %}
  {% set pkg_name = 'apache2' %}
{% endif %}

{{ pkg_name }}:
  pkg.installed:
```

将 Jinja 逻辑与实际配置分离，这至少算是一个优点。

如果你必须混合 Jinja 和 YAML，考虑是否能够将一些 YAML 片段分离出来，放入单独的文件中。然后可以对这些片段进行相应的插值。再一次的，这个想法只是将代码和 YAML 分开，而不是在它们之间来回替换。

对于那些繁重的计算，你可以完全放弃 YAML，将其替换为纯 Python，或者是使用 Salt 默认包含的某种基于 Python 的领域特定语言。更多信息，参见 Salt 的“renderers”文档。

23.6.6 状态 ID 与依赖关系

回到 23.6.4 节那个 sudo 的例子，下面是前两个状态，以供参考。

① 公平地说，这些例子通常旨在演示除整洁之外的一些要点。

```
install-sudo-package:
  pkg.installed:
    - name: sudo
    - refresh: true

create-sudo-group:
  group.present:
    - name: sudo
```

你可以看到各个状态并非列表中的项（和 Ansible 中的那样），而是散列元素。每个状态的散列键是称为 ID 的任意字符串。和散列一样，ID 必须是唯一的，否则会发生冲突。

但是等一下！潜在的冲突域可不仅限于这个文件，其范围是整个客户端配置。状态 ID 必须全局唯一，因为 Salt 最后会将所有的状态全都合并到一个更大的散列中。

不过这个散列有点意思，因为它保留了键的顺序。在枚举标准散列时，键是以随机顺序出现的。这也是 Salt 过去工作的方式，所以，状态之间的全部依赖关系必须明确声明。如今的散列默认保留了其呈现顺序（order of presentation），不过如果明确声明了依赖关系（或者在 master 中关闭了此行为），默认顺序会被覆盖掉。

尽管如此，还是有一些棘手之处。在没有其他限制的情况下，执行顺序和原始的.sls 文件一致。但是，除非你说明白，否则 Salt 仍然认为各个状态在彼此之间没有逻辑上的依赖。如果某个状态执行失败，Salt 会指出错误，然后继续运行下一个状态。

如果想要一个有依赖关系的状态在其祖先状态运行失败时停止运行，你需要明确做出声明。例如：

```
create-sudo-group:
  group.present:
    - name: sudo
    - require:
      - install-sudo-package
```

在该配置中，除非 sudo 软件包已经成功安装，否则 Salt 不会尝试创建 sudo 组。

当要对来自多个文件中的状态进行排序时，必要条件（requisite）也能发挥作用。和 Ansible 不同，Salt 不会在出现 include 的位置上展开 include 文件的内容。它只是简单地将文件添加到待读取列表中。如果多个文件试图包含相同的源，在最终结果中只会出现该源的唯一副本，而且状态的顺序可能和你的预期并不一样。有序执行只在单个文件中才能保证，如果存在依赖于外部定义操作的状态，必须明确声明其必要条件。

必要条件这种机制也可以实现类似于 Ansible 通知的效果。实际上，require 的一些替代方法在语法上可以与其互换使用，但对行为会有细微的影响。如果需要在其他状态对系统做出更改时执行相关操作，其中之一的 watch 就特别有用。

例如，下面的配置会设置系统时区和要传递给 ntpd 的启动参数。该配置总是会确保 ntpd 处于运行状态并将其配置为在引导期间启动。另外，如果系统时区或 ntpd 标志被更新，它会重启 ntpd。

```
set-timezone:
  timezone.system:
    - name: America/Los_Angeles

set-ntpd-opts:
  augeas.change:①
    - context: /files/etc/rc.conf
    - lens: shellvars.lns
    - changes:
```

① Augeas 是一款理解多种不同的文件格式并促进自动化变更的工具。

```
      - set ntpd_flage '"-g"'①

ntpd:
  service.running:
    - enable: true
    - watch:
      - set-ntpd-opts
      - set-timezone
```

23.6.7 状态与执行函数

在.sls 文件中，出现在状态 ID 下面的是这些状态应该执行的操作名称。在我们给出的示例中，具体的名称包括 pkg.installed 和 group.present。

这些名称由两部分组成："模块"（module）和"函数"（function）。组合在一起，差不多类似于 Ansible 的模块名加上 state 的值。例如，Ansible 使用 package 模块和 state=present 来安装软件包，而 Salt 使用的是 pkg 模块中专门的 pkg.installed 函数。

Salt 对两种操作做出了明确区分：以幂等形式（idempotently）强制应用特定配置的操作（状态函数），对目标系统进行处理的操作（执行函数）。当状态函数（state function）需要做出改动时，通常会调用与之关联的执行函数（execution function）。

一般的思路是只有状态函数应该出现在.sls 文件中，命令行上只应该出现执行函数。Salt 呆板地强制实施这些规则，有时候产生的效果令人困惑。

状态函数和执行函数存在于单独的 Python 模块中，但相关模块通常共享相同的名称。例如，既有 timezone 状态模块，也有 timezone 执行模块。但是，两个模块之间的函数名称不能有任何重叠，否则会产生歧义。最终结果是要想在.sls 文件中设置时区，必须使用 timezone.system。

```
set-timezone:
  timezone.system:
    - name: America/Los_Angeles
```

但是要想在命令行上设置 minion 的时区，你得使用：

```
$ sudo salt minion timezone.set_zone America/Los_Angeles
```

如果碰到了错误，需要查询文档，你会发现时区的两部分内容分别位于手册的不同部分。而且，从行为中并不总是能够清楚地知道究竟是哪种类型的函数。例如，git.config_set（用于设置 Git 仓库选项）是一个状态函数，而 state.apply（以幂等形式强制应用配置）则是一个执行函数。

最终，你得知道确切的函数和其所属的上下文。如果你需要在"错误的"上下文中调用函数（有时候是必需的），你可以使用适配器函数（adapter function）module.run（在状态上下文中运行执行函数）和 state.single（在执行上下文中运行状态函数）。例如，上面的时区调用可以调整为：

```
set-timezone:
  module.run:
    - name: timezone.set_zone
    - timezone: America/Los_Angeles
```

以及：

```
# salt minion state.single timezone.system name=America/Los_Angeles
```

23.6.8 参数与名称

这里再一次给出 23.6.4 节的前两个状态，以作为参考。

① 正如这行中所见，YAML 的引用问题实在是不易觉察。

```
install-sudo-package:
  pkg.installed:
    - name: sudo
    - refresh: true

create-sudo-group:
  group.present:
    - name: sudo
```

每个操作名称（也就是 module.function 构件）下面的缩进是其参数列表。在 Ansible 中，某个操作的参数构成了一个大号的散列。Salt 想要的是一个一个参数列表，每个列表项前面都有一个破折号。说得再具体些，Salt 想要的是一个散列列表，尽管通常每个散列只有一个键。

大多数参数列表中都包含一个名为 name 的参数，它是一个标准标签，代表“该操作所要配置的内容”。或者，你也可以在名为 names 的参数中提供目标列表。例如：

```
create-groups:
  group.present:
    - names:
      - sudo
      - rvm
```

如果你提供了 names 参数，Salt 会重复执行该操作，在每次重复时将 names 列表中的一项替换成 name 参数。这是一个机械的过程，操作本身并不知道存在迭代。这是一个运行时（而不是解析时）操作，很像 Ansible 的 with_items 构件。但由于 Jinja 扩展已经完成，因此没有机会根据 name 生成其他参数的值。如果你需要调整多个参数，可以忽略 names，只使用 Jinja 循环进行迭代。

有些操作能够一次性处理多个参数。例如，pkg.installed 可以一次将多个软件包名称传给低层的操作系统软件包管理器，这可能有助于提高效率或解决依赖性问题。因为 Salt 隐藏了 names 迭代，迫使此类操作使用单独的参数名实现批量操作。例如，以下状态：

```
install-packages:
  pkg.installed:
    - names: [ sudo, curl ]
```

以及如下所示。

```
install-packages:
  pkg.installed:
    - pkgs: [ sudo, curl ]
```

两者都能够安装 sudo 和 curl。第一个版本通过两个不同的操作来实现，第二个版本则一气呵成。

我们之所以强调这个看似不起眼的点，是因为容易在 names 上犯错。由于是机械式的，names 甚至会迭代根本不理会 name 参数的操作。在审查 Salt 日志时，你会发现有多个执行已成功运行，但不知何故目标系统似乎仍未正确配置。所以，了解来龙去脉是有帮助的。

如果你没有为某个状态明确指定 name，Salt 会将状态 ID 复制到该字段。你可以利用该行为略微简化状态定义。例如：

```
create-sudo-group:
  group.present:
    - name: sudo
```

就变成了：

```
sudo:
  group.present
```

甚至是：

```
sudo: group.present
```

YAML 不允许出现没有对应值的散列键，所以 group.present 现在没有任何列出的参数，其成为了一个简单的字符串，不再是使用参数列表作为值的散列键。这没问题，Salt 会明确做出检查。

这种简写风格往往比冗长的写法更清晰。在理论上，单独的 ID 字段可以作为注释或讲解，但在现实中看到的大多数 ID 只是在重述已经显而易见的行为。如果你打算注释，那就直接添加注释。

但是存在一个潜在的问题：因为状态 ID 必须全局唯一，公共系统实体的短 ID 更容易受到 ID 冲突的影响。这是个挺大的麻烦事，但 Salt 会检测并报告冲突，所以结果其实更加烦人。但如果你要编写 Salt formula，打算在多个配置基础库中重用或是计划在 Salt 社区中共享，坚持采用那些不易冲突的 ID。

Salt 允许单个状态中包括多个操作。因为之前的两个操作的 name 字段相同，所以我们可以将其组合成一个状态，而不用明确声明任何 names。但是，还有另外一个 YAML 的陷阱在等着我们。

```
sudo:
  pkg.installed:
    - refresh: true
  group.present: []
```

sudo 键的值现在必须是散列，但它不能是添加有字符串 group.present 的散列。因此，我们只能将 group.present 视为散列键，明确提供一个参数列表作为值，哪怕是个空列表。即便是我们丢弃了 pkg.installed 中的 refresh 参数，也是如此。

```
sudo:
  pkg.installed: []
  group.present: []
```

正如我们合并了这两个状态，我们也可以合并负责用户账户管理的那两个状态。23.6.4 节中的状态列表还有一种更地道的版本。

```
sudo:
  pkg.installed: []
  group.present: []

{% for admin in pillar.admins %}
{{ admin.username }}:
  group.present: []
  user.present:
    - gid: {{ admin.username }}
    - groups: [ wheel, sudo ]
    - fullname: {{ admin.fullname }}
{% endfor %}

{{ pillar.sudoers_path }}:
  file.managed:
    - source: salt://files/sudoers
    - user: root
    - group: wheel
    - mode: '0600'
```

23.6.9 绑定到 minion 的状态

有关 Salt 的状态绑定其实没太多可说的。其工作方式和 pillar 绑定一模一样。在状态层级结构的根目录下有一个 top.sls 文件，它将 minion 组映射到状态文件。下面是一个框架示例。

```
base:
  '*':
    - bootstrap
    - sitebase
```

```
  'G@os:Ubuntu':
    - ubuntu
  'G@webserver':
    - nginx
    - webapps
```

在这个配置中，所有的主机都应用了 bootstrap.sls 和状态层级结构根目录下 sitebase.sls 中的状态。Ubuntu 系统还运行了 ubuntu.sls，Web 服务器（也就是在 grain 数据库的顶层拥有 webserver 条目的 minion）运行了相应的状态来配置 Nginx 和本地 Web 应用。

top.sls 中的顺序对应于在每个 minion 上的执行顺序。但是像往常一样，状态中明确声明的依赖关系信息会覆盖默认顺序。

23.6.10 highstate

Salt 将 top.sls 中的绑定称为 minion 的“highstate”。[①]你可以通过告知 minion 运行不带参数的 state.apply 函数来激活 highstate。

```
$ sudo salt minion state.apply
```

state.highstate 函数等价于无参数的 state.apply。这两种形式我们都会用到。

尤其是在调试新状态定义时，你可能希望 minion 只运行单个状态文件。使用 state.apply 可以很容易实现。

```
$ sudo salt minion state.apply statefile
```

Salt 会自动添加省略的状态文件名后缀.sls。另外还要记住，状态文件的路径与当前目录无关。它始终是相对于 minion 的配置文件中定义的状态根来解释的。该命令不会以任何方式重新定义 minion 的 highstate，它只是运行指定的状态文件。

salt 命令接受各种选项，用于定位不同类型的 minion 组，不过最简单的就是记住-C 表示“compound”（复合的）并采用表 23.5 中的速写形式。

例如，要想 highstate 所有的 Red Hat minion，使用如下所示的命令行。

```
$ sudo salt -C G@os:RedHat state.highstate
```

默认的匹配类型是 ID 扩展匹配（ID globbing），因此下例命令可用于“验证整个站点的配置”。

```
$ sudo salt '*' state.highstate
```

为了与 Salt 以 minion 为中心的模型保持一致，所有并行执行都会同时开始，在全部完成之前，minion 不会返回报告。只要接收到报告，salt 命令会立即打印每个 minion 的结果。在状态文件执行时无法逐步显示结果。

如果你有大量的 minion 或是复杂的配置基础库，那么 salt 命令的默认输出可有你看的了，因为它会报告每一个 minion 的每一个操作。添加选项-state-output=mixed，将那些执行成功或未造成改动的操作的输出减少到一行。选项--state-verbose=false，则会完全禁止未改动操作的输出，但是 salt 还是会打印出每个 minion 的头部和汇总信息。

23.6.11 Salt formulas

Salt 称其操作集为“formulas”（嗯，真的是“formula”）。和 Ansible 的角色一样，它们只是一个文件目录，不过 Salt formulas 还有一个包含了部分元数据和版本化信息的外部包装。在实际使用中，你只需要内部的 formula 目录。

---

① 这里可能存在点术语上的混淆：Salt 还使用“highstate”来表示“经过解析和组装的状态 JSON 树”，然后经过处理，形成“lowstate”（同样也是 JSON 树），这是执行引擎的低级输入。

formula 目录位于 master 文件中所定义的某个 salt 根目录中。如果你愿意，可以只为 formulas 创建一个根目录。formulas 有时候会包含作为示例的 pillar 数据，不过你得自己负责安装。

Salt 对 formulas 并没有什么特别的支持，除了如果你在 top.sls 文件或 include 语句中命名了一个目录，Salt 会在该目录中查找并读取 init.yml 文件。这种约定为 formula 提供了清晰的默认路径。很多 formulas 还包括独立的状态，你可以通过制定目录和文件名来引用。

Salt 中没什么能多次出现在配置中，其中也包括 formulas。你可以创建多个包含请求，但这些请求会被合并。因此，formulas 无法像 Ansible 的角色那样被多次实例化。

这没关系，因为除了将变量值放入 pillar 中之外，Salt 没有别的方法将参数传给 formula。（Jinja 表达式能够设置变量值，但是这些设置仅存在于当前文件的上下文内。）

要想模拟重复调用 formula 的效果，你可以采用列表或散列的形式提供 formula 能够自行迭代的 pillar 数据。但要记住，formula 必须明确地以这种结构编写。你不能事后再强加。

用于社区所贡献的 formulas 的中央 Salt 仓库目前仅有 GitHub。可查找用户名 salt-formulas。每个 formula 都是一个单独的项目。

23.6.12 环境

Salt 也做出了一些明确支持环境（例如，开发、测试，以及生产领域的分离）的姿态。可惜的是，其环境功能有些奇特，而且无法直观地映射到大多数常见的现实用例。用点心，再加上 Jinja 的黏合功能，还是可以把环境运行起来的，但是我们发现在实践中，很多站点只是简单地为每个环境投资并运行单独的主服务器。这与要求在网络层分离环境的安全性与合规性标准非常吻合。

我们之前在 23.6 节中已经看到过，/etc/salt/master 文件会枚举能够保存配置信息的各种位置。另外还会将环境与各个路径集关联起来。

```
file_roots:
  base:
    - /srv/salt
pillar_roots:
  base:
    - /srv/pillar
```

这里，/srv/salt 和/srv/pillar 是默认环境的状态和 pillar 根目录，称为 base。为了简单起见，我们在下面的讨论中不再提及 pillar 数据，环境管理的工作方式对于配置基础库的双方都是一样的。

拥有一个以上环境的站点通常会向配置目录层级结构中再增添另外一层以表达这一现状。

```
file_roots:
  base:
    - /srv/base/salt
  development:
    - /srv/development/salt
  production:
    - /srv/production/salt
```

（显然，这些示例没有测试环境。别在家尝试！）

一个环境可以列出多个根目录。如果根目录不止一个，服务器会悄悄地合并其内容。但是，每个环境都是各合并各的，最终的结果仍旧保持分离。

在 top.sls 文件中（将 minion 与特定的状态和 pillar 文件关联在一起的绑定），顶层的键始终是环境名称。到目前为止，我们只看到了使用 base 环境的例子，但只要是有效的环境都可以出现，这是当然的事。例如：

```
base:
  '*':
```

```
  - global
development:
  '*-dev':
    - webserver
    - database
production:
  '*web*-prod':
    - webserver
  '*db*-prod':
    - database
```

在 top.sls 文件中确切导入什么样的环境依赖于你是如何配置 Salt 的。无论如何，环境必须在 master 文件中已经定义过，top.sls 文件无法创建新环境。另外，状态文件需要源自于其所被提及的环境上下文。

在默认情况下，Salt 不会将 minion 与任何特定环境关联，minion 能接收来自 top.sls 中任意或所有环境的状态分配。 例如，在上面的代码片段中，所有的 minion 运行的都是来自基础环境的 global.sls 状态。根据其 ID，单个的 minion 也可以接收生产或开发环境中的状态。①

Salt 文档鼓励使用这种环境配置方法，但我们对此持部分保留态度。有一个潜在的问题是，minion 最终会成为从多个环境中拉取配置元素的弗兰肯服务器（frankenserver）②。在某个特定时刻，你没法回溯到任何 minion 配置的源头环境，因为每个 minion 都拥有多个父环境。

这个差别很重要，因为单个基础环境必须在所有其他环境之间共享。那应该是哪一个？基础环境的开发版本？生产版本？一个完全独立的阶段化配置基础库？具体什么时候应该将基础环境迁移到新的发布？

表面之下还潜伏着其他一些复杂性。每个环境都是一个完整的 Salt 配置层级结构，所以在理论上，环境可以拥有自己的 top.sls 文件。每个 top.sls 理论上都可以引用多个环境。如果面对这种情况，Salt 会尝试将所有的 top 文件合并成一个复合的弗兰肯配置（composite frankenconfiguration）。③环境可以要求执行其他环境的状态，这些状态它们既不拥有，也没有控制权，更不了解。如果不是这样糊里糊涂的话，那可就吓人了。

并不是非常清楚这种架构试图支持哪些用例。尽管 top 文件合并属于默认行为，而文档中却一再警告不要采用这种方式设置。它鼓励你指定单个 top.sls 文件（最有可能是在 base 中）来控制所有环境。

如果你这么做的话，很快就会发现这个“外部的”top 文件和其他环境之间出现了一些组织方面的摩擦。top 文件是环境配置的组成部分，所以状态文件和 top 文件通常都是共同开发的。一方出现了改动往往也要修改另一方。采用单独的 top 文件，你实际上必须将每个环境分成两部分，手动保持彼此之间的同步。除此之外，主 top 文件还必须与所有其他环境共享、同步、兼容。举例来说，如果你想将测试环境提升至生产环境，必须确保调整主 top.sls 以反映新生产发布的特定版本的正确设置。

或者，你也可以通过设置 minion 的/etc/salt/minion 文件中的 environment 或是在 salt 命令行中加入 saltenv=environment，将 minion 硬编码到给定的环境。在这种形式下，minion 只能看到其指定环境的 top.sls 文件。在该 top 文件中，其视图还被进一步限制于在该环境下出现的条目。

---

① 当你设置了一个 minion 的 ID 来匹配开发环境或生产环境模式时，从功能上而言，是将其与对应的环境关联在了一起。但是，Salt 本身并不会进行显式的关联，至少不会在配置中。

② Franken-取自 Mary Shelley（玛丽• 雪莱）于 1818 年出版的小说 Frankenstein（弗兰肯斯坦），如今已经成为了一个万能前缀，代表任何被视为不自然或怪异的东西，或者指原本不相干的事物胡乱地组合在了一起。——译者注

③ 合并发生在 YAML 层面，所以你最好希望多个 top 文件不会尝试将状态分配给同一环境中的同一匹配模式。否则，有些状态会被悄无声息地丢弃掉。

例如，被限定（pinned）在开发环境中的机器可能看到的是采用下列简写形式的 top.sls（假设该文件位于开发状态树的根目录）。

```
development:
  '*-dev':
    - webserver
    - database
```

这种操作模式比默认模式更接近于传统的环境概念。环境之间不会发生意外的串扰，这就限制了出现非预期行为的可能性。它还具有一个优点：当配置库的特定版本通过环境链提升时，top.sls 文件的不同部分会自动将自身应用于客户端。

主要缺点在于你无法将通用于多个环境的那部分配置提取出来。不存在能够“看到”当前环境上下文之外的内置方法，因此必须把基准配置的各种元素复制到每个环境中。

按此方法重写先前的 top.sls 文件。

```
development:
  '*':
    - global
  '*-dev':
    - webserver
    - database
production:
  '*':
    - global
  '*web*-prod':
    - webserver
  '*db*-prod':
    - database
```

基础环境本身现在已经不完善了，所以我们将其从 top.sls 中删除，将密钥先前的内容直接复制到开发环境和生产环境。

记住，我们现在面对的是一个每个环境都拥有自己的 top.sls 文件的世界。对于这个例子，我们假设 top.sls 文件在两个环境之间没有什么差异，因此相同的内容会出现在 top.sls 的两个副本中。

在每个环境中手动重现通用配置元素肯定容易出错。更好的方法是将通用配置定义为 Jinja 宏，以便能够自动重复。

```
{% macro baseline() %}
  '*':
    - global
{% endmacro %}
development:
  {{ baseline() }}
  '*-dev':
    - webserver
    - database
production:
  {{ baseline() }}
  '*web*-prod':
    - webserver
  '*db*-prod':
    - database
```

我们假设在该场景中所有的 minion 都被限定在特定的环境中，所以我们是可以从 minion ID 中删除环境指示符的。但出于安全性的考虑，最好还是留着。

问题是 minion 控制着自己的 environment 设置。举例来说，如果开发环境中的某个 minion 遭到破坏，它可以宣称自己是生产服务器，并且有可能访问到生产环境中使用的密钥和配置。[①]（这可能也是为什么 Salt 文档看起来对于推荐使用环境限定有一丝不安的原因。）

使特定环境的配置随环境设置和 minion ID 而定能够避免这种攻击。如果某个 minion 更改了自己的 ID，master 则不再将其视为经过批准的客户端并忽略掉它，直到管理员使用 salt-key 命令批准此改动。

如果你不喜欢以这种方式使用 ID，还有一种方法是使用 pillar 数据作为交叉检查。不管你做什么，都不能只删除后缀，将'* -dev'改成'*'，这是因为配置的共享部分已经使用'*'作为键。环境中出现重复的模式术语 YAML 违规。

在调试环境时，你会发现有几个特别有用的执行函数。config.get 可以显示特定 minion（或者一组 minion）正在使用的某个配置选项值。

```
$ sudo salt new-client-dev config.get environment
new-client-dev:
  development
```

这里，我们看到 ID 为 new-client-dev 的 minion 被限定在了开发环境中，就像其 ID 所暗示的那样。要知道 top.sls 配置在 minion 的眼中是什么样子，可以使用 state.show_top。

```
$ sudo salt new-client-dev state.show_top
new-client-dev:
  ----------
  development:
    - global
    - webserver
    - database
```

输出中仅显示那些对于目标 minion 来说已激活且被选中的状态。换句话说，如果你在该 minion 上调用 state.highstate，这些状态就会运行。

注意，显示的所有状态均来自开发环境。因为该 minion 已被限定，所以结果总是如此。

23.7 比较 Ansible 与 Salt

我们喜欢 Ansible 和 Salt。但它们各自都有些不讨人爱的地方，我们建议将其用于不同的环境。接下来的几节评论了一些在两者之间进行选择时可能要考虑的因素。

23.7.1 部署灵活性与可伸缩性

Salt 所覆盖的部署环境比 Ansible 更广。它用起来很简单，你完全可以用来管理单个服务器，但 Salt 也可以轻松地进行扩展，基本上没有什么限制。如果您想学习一个涵盖最广泛用例的系统，Salt 是一个不错的选择。

在某种程度上，这是因为 Salt 的架构对 master 服务器的需求相对较少。minion 接收指令，执行完成之后，立刻返回所有的状态信息。minion 向服务器请求获取配置数据，但除了提供 pillar 数据之外，服务器本身执行的计算相对很少。

一旦站点发展到不再适合单个 Salt master 时，你可以将基础设置转换成分层的（tiered）或复制的（replicated）服务器方案。我们不会在本书中讨论这些内容，不过它们很容易设置，效果也不错。

---

① 问题其实不在于状态配置，因为 minion 可以随意访问所有状态文件。关键是在 pillar 数据上，它是在 master 一侧组装的，通常应该保持安全。

相较起来，大规模部署是 Ansible 的短板。它的确包含了一些有助于实现多层服务器系统的特性，但是向此模型的转换并不像在 Salt 中那样透明。

Ansible 比 Salt 慢了一个数量级，由于其架构，它必须分批处理客户端。不过，大多数服务器可以处理远超默认数量（5 个）的并发客户端。你还可以更改 Ansible 的执行策略，使得客户端彼此之间不必保持严格的先后顺序。Ansible 系统就算是经过调整，也达不到 Salt 的速度，但绝对超出你的预期。

23.7.2 内建模块与可扩展性

配置管理软件之间的评测有时会比较各种系统直接支持的操作类型数量。但由于底层结构的不同，这种比较很难说靠谱。例如，Ansible 中涉及多个模块的功能在 Salt 中可能只用一个模块就搞定了。一个系统中的原子操作也许对应着另一个系统中的多个操作。

目前，Salt 和 Ansible 在这方面差不多旗鼓相当。除了丰富的标准库，两种系统都采用了相应的结构，用于将社区编写的模块吸收进核心，或是形成一个易于使用的附加包。

不管怎么说，模块总量基本上与站点实际使用的系统和软件的覆盖范围无关。所有的 CM 系统都很好地涵盖了基本操作，但随着你步入长尾效应，所要提供的内容会出现急剧的变化。

最终有可能出现你想要处理的任务在 CM 系统中没有现成的解决方案。好在 Salt 和 Ansible 都可以使用用户自己编写的 Python 代码轻松扩展。尽早拥抱这种可扩展性，将其纳入你的武器库。

23.7.3 安全性

如 23.5.14 节所述，Ansible 差不多可以实现任意程度的安全性。唯一的限制因素就是你愿不愿意重输密码，处理安全方面的繁文缛节。

Ansible 的保险库系统能够以加密形式保存配置数据。这可是相当了不得，因为这意味着 Ansible 服务器和配置基础库都不需要特别高的安全性了。（Salt 的模块架构可能很容易加入该特性，但也并不是拿来就管用的。）

相比之下，Salt 的安全性取决于 master 服务器上 root 账户的安全性。尽管 master 守护进程本身很容易设置，但其运行所在的服务器应该受到站点最高的安全保护。在理想情况下，master 应该是一台专门用于此任务的机器或者虚拟服务器。

在实践中，管理员像其他人一样讨厌侵入式安全协议（intrusive security protocol）。大多数现实世界中的 Ansible 安装，其安全性都相对松散。Ansible 能有多安全，也就能有多不安全。

就算是你竭力将 Ansible 保持在密不透风的安全状态，一旦站点发展到了其配置管理再也无法指望管理员在终端窗口输入命令就能搞定的时候，还靠这种方法可能就会有麻烦了。例如，在 cron 之外运行的内容都不能依赖管理员来输入密码。要解决这种限制就不可避免地最终将安全性降低到 root 账户的层面。

安全底线是 Ansible 给了你更多的选项，也给了你更多的机会搬起石头砸自己的脚。能够更安全未必代表着就一定更安全。对于普通站点，这两种系统都不错。在对其做出评估时，牢记自己的需求和限制。

23.7.4 杂项

表 23.6 和表 23.7 总结了 Ansible 和 Salt 的另外一些优缺点。

表 23.6 Ansible 的优劣

优点	缺点
只要求 SSH 和 Python，不需要守护进程	运行速度颇慢
清晰简洁的文档	服务器密集（server-heavy），难以扩展
内建了循环和条件判断，最小化的 Jinja	大量文件的名称都一模一样
以非 root 用户身份也工作得很好	奇特的 YAML 语法
操作可以使用彼此的输出	手动管理客户端清单
配置目录的用法清晰灵活	最小化的分组设施
安全的通用加密设施	很多不同的变量作用域
角色能够被重复实例化	缺少守护进程意味着更少的选择
用户基数比 Salt 更大	缺少对环境的真正支持

表 23.7 Salt 的优劣

优点	缺点
运行速度快	严重依赖于 Jinja
本质上要比 Ansible 更简单	文档组织形式怪异
灵活、一致的绑定	对非 root 用户的支持不佳
集成了对云服务器的支持	不能实例化 formula
简洁的配置语法	缺少内建的加密解决方案
多层服务器部署	无法访问操作结果
结构化的事件监控	对变量默认值只提供了最低的支持
执行日志易于导出	要求明确声明依赖关系
执迷于模块化	执迷于模块化

23.8 最佳实践

如果你从事过软件项目，可能会发现配置管理系统所解决的很多问题在软件开发领域中并不陌生。软件开发环境同样变幻莫测：多种平台，从同一代码库中衍生出多个产品，多种类型的构建和配置，以及通过开发、测试和生产这些连续步骤的部署。

这些都是复杂的问题，开发环境只是工具而已。开发人员还要使用各种额外的控制（包括开发指南、设计评审、编码标准、内部文档，以及清晰的架构边界）来限制一步步滑向无序。

遗憾的是，漫步进配置管理世界的管理员往往没有身披开发人员的铠甲。乍一看，配置管理似乎挺直观的，就像是用一种稍微更通用和复杂的方式处理日常的脚本化任务。配置管理厂商也在努力强化这种印象。他们的站点上净是些塞壬之歌，各自都对应着一篇教程，在其中你只需要运行 10 行配置代码就能够部署好一个 Web 服务器。

在现实中，深渊的边缘也许比看起来更近，尤其是当多名管理员在一段时期内向同一个配置基础库中添加内容。即便是单一用途服务器的实际规范也有数百行代码，需要被划分成多个不同的功能角色。没有协作的话，很容易把 CM 系统引入冲突或并行代码的混乱中。

最佳实践随配置管理系统和环境而异，但其中有一些规则适用于大多数情况。

- 将配置基础库置于版本控制之下。这不是最佳实践，而是 CM 健全性的基本要求。Git

不仅提供了变更跟踪和历史，而且已经解决了跨管理边界的协作项目所涉及的很多机制问题。

- 配置基础库本质上是层级化的，至少在逻辑上如此。有些标准应用于站点范围，有些应用于特定部分或地区的所有服务器，有些则针对特定的主机。除此之外，在某些情况下，你很可能需要具备生成异常的能力。取决于站点的运维情况，你也许还得维护多个独立的层级结构。

提前计划好所有的这些结构，考虑如何管理不同的组控制配置基础库中不同部分的场景。至少，有关主机分类（例如，EC2 实例、连接 Internet 的主机、数据库服务器）的约定应该在站点范围内协调好并始终如一地遵守。

- CM 系统允许配置基础库的不同部分保存在不同的目录或仓库中。但是，这种结构并没带来什么实际好处，而且还把日常配置工作搞复杂了。我们建议使用一个大型的集成配置库。在 Git 层管理层级结构以及协调。
- 除非经过加密，否则不应该把敏感数据（密钥、密码）置于版本控制之下，即便是在私有代码仓库也不行。Git 本就不是为维护安全性而设计的。你所使用的 CM 系统可能有一些内建的加密特性，如果没有的话，自己动手，丰衣足食。
- 因为配置服务器实际上拥有访问很多其他主机的 root 权限，因而也就成为了组织里最集中的安全风险源之一。为该角色专门安排一台服务器合情合理，同时应该对其进行最严格的安全加固。
- 配置运行时不应该报告虚假变更。脚本和 shell 命令通常是最大的症结所在。查看 CM 系统的文档，了解该主题的相关建议，因为这是用户遇到的最常见问题之一。
- 不要在生产服务器上测试。但测试还是要做的！在云端或 Vagrant 中很容易启动测试系统。Chef 甚至以 Kitchen 的形式提供一套精心设计的测试和开发系统。使用相同的机器镜像和网络配置，确保你的测试系统符合真实系统。
- 阅读从公共仓库中得到的附加操作集的代码。并不是说其来源尤其可疑，只是因为系统和惯例存在很大的差异。在很多情况下，都需要做一些本地调校。如果你能够绕过 CM 系统的软件包管理器，直接从 Git 仓库复制操作集，那么就可以在不丢失自定义选项的情况下轻松升级到更高的版本。
- 坚持细分配置。每一个文件的作用都应该清晰和单一。（Ansible 用户可能想选择一个文本编辑器，以便能够很好地处理 50 个全都叫作 main.yml 的不同文件。）
- 配置管理服务器应该处于完全管理之下。也就是说，不应该出现手动执行或是无人知晓如何重复的管理工作。这种问题主要出现在将现有服务器转移到配置管理上时。[①]
- 不要让自己或你的团队“临时禁用”某个节点上的 CM 系统或是使用粗暴的方法覆盖 CM 系统（例如，在通常由 CM 控制的配置文件上设置不可变属性）。这些改动不可避免地会被遗忘，随之而来的是混乱或运行中断。
- 从现有的管理数据库打开一扇进入配置管理系统的门并不难，这样做的价值有很多。CM 系统就是为这种接口所设计的。例如，你可以在站点范围的 LDAP 数据库中确认系统管理员及其活动区域，通过门户脚本（gateway script）使得这些信息在配置管理环境中可用。在理想情况下，每一部分信息都应该具备单一的权威来源。
- CM 系统擅长于管理机器状态。它们不适合于有状态的协调活动，例如软件部署操作，尽

① 将现有的“雪花”服务器转换为配置管理时，你可能会发现复制原始系统作为比对基础很有用。需要多个配置管理和测试周期才能纳入所有的系统细节。

管文档甚至还有一些例子可能会让你认为它们可以。根据我们的经验，专用的持续部署系统更适合这种工作。

- 在弹性云环境中，算力会根据实时需求而增加，通过配置管理来引导新代码所需要的时间慢得恼人。优化的方法为：将软件包和长期运行的配置项包含在基准机器镜像中，而不是在引导期间下载并安装。如果你使用配置管理设置应用程序的配置参数，确保设置步骤在引导过程的早期完成，以便应用程序能够更快上线。我们尝试将动态缩放节点的 CM 运行时间限制在 60 s 以下。
- 作为使用 CM 系统的管理员，你会花费大量时间来编写 CM 代码、针对一组有代表性的系统测试改动、向仓库提交更新，以及以分阶段的方式将变更应用于站点。为了实现效率最大化，你应该先投入时间来学习所选用系统的最佳实践和技巧，以完善上述过程。

第 24 章 虚拟化

服务器虚拟化使得在同样的物理硬件上同时运行多个操作系统实例成为可能。虚拟化软件划分 CPU、内存，以及 I/O 资源，将其在多个“guest”（客）操作系统之间动态分配并解决资源冲突。从用户的角度来看，虚拟服务器用起来就像完善的物理服务器一样。

硬件与操作系统的这种分离提供了众多堪称奢侈的好处。虚拟化服务器比其“裸机”形式更加灵活。既能够移植，也可以通过编程来管理。底层硬件的使用效率也更高，因为可以同时服务于多个 guest。如果这些好处还不够的话，云计算和容器的底层支撑也是虚拟化技术。

多年来，虚拟化的实现已经不同于当初，但核心概念对于该行业来说并不陌生。蓝色巨人 IBM 在 20 世纪 60 年代研究分时共享概念时就在早期的大型机上使用了虚拟机。该技术贯穿了 20 世纪 70 年代的大型机全盛时期，直到 20 世纪 80 年代的客户端/服务器模式兴盛起来，当时由于难以实现 Intel x86 架构的虚拟化而导致了一小段时间的相对休眠期。

不断增长的服务器农场（server farm）的规模重新点燃了人们对现代系统虚拟化的兴趣。VMware 和其他供应商克服了 x86 的挑战，实现了轻松的自动配置操作系统。这些设施最终促成了按需的、接入 Internet 的虚拟服务器的兴起，也就是我们现在称之为云计算的基础设施。最近，操作系统层面的虚拟化技术的进步带来了以容器为形式的操作系统抽象的新时代。

在本章中，我们首先阐明理解 UNIX 和 Linux 虚拟化所需的术语和概念，然后介绍了示例操作系统中所采用的先进的虚拟化解决方案。

24.1 大话虚拟化

用于描述虚拟化的术语有些模糊，这在很大程度上是因为技术的演进方式。竞争厂商在没有参照标准的情况下独立研发，产生了一系列含糊不清的用词和缩写，令人眼花缭乱。[①]

还有更让人犯晕的，“虚拟化”本身就是一个过载的术语，它不仅仅只描述上述那些 guest 操作系统（guest Operating System，guest OS）运行在虚拟化硬件上下文中的场景。操作系统层面的虚拟化（更多称之为容器化）是一组相关但又截然不同的工具，如今已经像服务器虚拟化一样无处不在。对于那些没有亲身体验这些技术的人来说，通常很难抓住其中的差异。我们将在本节后续部分对比这两种方法。

24.1.1 hypervisor

hypervisor（也称为虚拟机监控器）是一个软件层，它在虚拟机（VM）及其所运行在的底层硬件之间进行协调。hypervisor 负责 guest OS 之间的系统资源共享，guest OS 彼此隔离并且仅通过 hypervisor 访问硬件。

guest OS 是独立的，所以不用都一样。例如，CentOS 可以和 FreeBSD 及 Windows 在一起运行。VMware ESX、XenServer、FreeBSD bhyve 都属于 hypervisor。Linux 基于内核的虚拟机（Kernel-based Virtual Machine，KVM）将 Linux 内核变成了 hypervisor。

1. 全虚拟化

第一种 hypervisor 完全仿真了底层硬件，定义了所有的基本计算资源的替代：硬盘、网络设备、中断、主板硬件、BIOS 等。这种模式被称为全虚拟化（full virtualization），它可以不经修改地运行 guest，但是会带来性能损失，这是因为 hypervisor 必须不断地在系统的实际硬件和呈现给 guest 的虚拟硬件之间进行转换。

模拟整个 PC 可不是件容易事。大多数提供全虚拟化功能的 hypervisor 都分离了维护多个环境（虚拟化）和模拟每个环境的硬件（仿真）这两项任务。

这些系统中最常使用的仿真包是一个名为 QEMU 的开源项目。你可以在 QEMU 官网找到更多信息，但在大多数情况下，管理员并不需要过多地关注仿真器。

2. 半虚拟化

Xen hypervisor 引入了“半虚拟化”，在该模式中，经过修改的 guest OS 会检测其虚拟化状态并主动与 hypervisor 协作以访问硬件。该方法至少提高了一个数量级的性能。但是，guest OS 需要大量更新才能以这种方式运行，具体的改动取决于所使用的特定 hypervisor。

3. 硬件辅助虚拟化

在 2004 年至 2005 年，Intel 和 AMD 推出了能够促进 x86 平台上的虚拟化的 CPU 特性（Intel VT 以及 AMD-V）。这些扩展催生了“硬件辅助虚拟化”（hardware-assisted virtualization），也称为“加速虚拟化”。在这种方案中，CPU 和内存控制器由硬件虚拟化，尽管是在 hypervisor 的控制之下。其性能表现非常优秀，guest OS 无须知道它们是在虚拟 CPU 上运行。如今，硬件辅助虚拟化是最起码的要求。

尽管 CPU 是硬件与 guest OS 之间一个主要的联系点，但它只是系统的一个组件。hypervisor 仍需要一些方法描述或仿真系统的其他硬件。全虚拟化或半虚拟化都可以用来完成这项任务。在

---

① 康威定理（Conway's Law）这样说道：“设计系统的组织被迫创作设计，而这些设计就是组织的通信结构副本。”（Organizations which design systems are constrained to produce designs which are copies of the communication structures of these organizations.）

某些情况下，可以两种模式混用，这要取决于 guest 的虚拟化感知（virtualization-awareness）。

4. 半虚拟化驱动程序

硬件辅助虚拟化的一大优势是在很大程度上将对半虚拟化支持的需求限制在了设备驱动程序层面。所有的操作系统都允许附加的驱动程序，所以使用半虚拟化的硬盘、显卡、网卡来设置 guest 就像安装相应的驱动程序一样简单。驱动程序知道如何私下获取 hypervisor 的半虚拟化支持，guest OS 对此一无所知。

PC 体系结构中有一些令人讨厌的地方，例如中断控制器和 BIOS 资源，既不属于 CPU，也不属于设备驱动程序的负责范围。在过去，主要的方法是通过全虚拟化来实现这些剩余的组件。例如，Xen 的硬件虚拟机（Hardware Virtual Machine，HVM）模式将对 CPU 层面虚拟化扩展的支持与 QEMU PC 仿真器的副本相结合。半虚拟化 HVM（ParaVirtualized HVM，PVHVM）模式在 guest OS 上添加了这种半虚拟化驱动程序，大大减少了用于保持系统运行所需的全虚拟化量。但是，hypervisor 仍然需要为每个虚拟机提供一份活跃的 QEMU 副本，以便其能够覆盖半虚拟化驱动程序无法解决的犄角旮旯。

5. 现代虚拟化

最新版本的 Xen 和其他 hypervisor 或多或少地消除了仿真遗留硬件的需求。它们依赖的是 CPU 层面的虚拟化特性、半虚拟化的 guest OS 驱动程序以及 guest 内核中的其他一些半虚拟化代码。Xen 将该模式称为半虚拟化硬件（ParaVirtualized Hardware，PVH），它被认为是一种接近理想的混合体，能够达成最佳的性能，但对 guest 内核会有一些最低的要求。

你在平日里或者阅读文档时可能碰到过上述的各种虚拟化。但也犯不着记住所有的分类或是过于担心虚拟化模式。这些模式之间的界限并不分明，而且 hypervisor 一般会为给定的 guest 提供最佳选择。如果你保持软件更新，就能自动从最新的增强功能中受益。不选择默认操作模式的唯一原因就是支持陈旧的硬件或古老的 hypervisor。

6. 1 型与 2 型 hypervisor

很多参考资料在“1 型”（type 1）和“2 型”（type 2）hypervisor 之间划分出了一条令人存疑的界线。1 型 hypervisor 直接运行在硬件之上，不需要操作系统支持，出于此原因，有时候也将其称为裸 hypervisor（bare-metal hypervisor）或原生 hypervisor（native hypervisor）。2 型 hypervisor 是运行在其他通用操作系统之上的用户空间应用程序。图 24.1 演示了这两种模型。

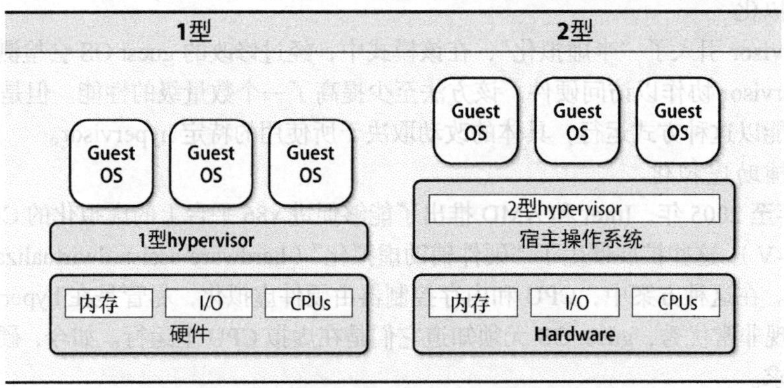

图 24.1 1 型与 2 型 hypervisor 之间的比对

VMware ESXi 和 XenServer 均被视为 1 型，FreeBSD 的 bhyve 被视为 2 型。与此类似，像 Oracle VirtualBox 和 VMware Workstation 这种面向工作站的虚拟化软件也属于 2 型。

1 型和 2 型是不一样的，这没错，但是两者之间的界线并非总是泾渭分明。举例来说，KVM 是一个 Linux 内核模块，可以让虚拟机直接访问 CPU 的虚拟化特性。区分 hypervisor 的类型更多的是一种学术活动，并非实践观点。

24.1.2 动态迁移

虚拟机可以在运行于不同物理硬件上的 hypervisor 之间实时移动，在有些情况下，不会中断服务或丢失连接性。这种特性被称为动态迁移（live migration）。其背后的魔力在于源主机和目标主机之间内存的闪转腾挪。hypervisor 将变更从源复制到目标，只要两者的内存内容一模一样，迁移过程就算是完成了。动态迁移有助于高可用性负载均衡、灾难恢复、服务器维护，以及一般系统灵活性。

24.1.3 虚拟机镜像

虚拟服务器创建自镜像，后者是配置好的操作系统模板，hypervisor 能够载入其并执行。镜像文件的格式视 hypervisor 而异。大多数 hypervisor 项目都维护了一个镜像集合，你可以从中下载镜像并以此作为自己的定制化基础。你也可以通过生成虚拟机快照来创建镜像，或是作为重要数据的备份，或是作为创建更多虚拟机的基础。

由于 hypervisor 所提供的虚拟机硬件是标准化的，因此即使系统的实际硬件有所不同，镜像也可以在其之间移植。而镜像则是特定于某种 hypervisor 的，不过有转换工具可以在 hypervisor 之间移植镜像。

24.1.4 容器化

操作系统层面的虚拟化，或者说是容器化，是一种不使用 hypervisor 的不同隔离方法。这种方法依赖于内核特性来实现进程与系统其他部分的隔离。每个进程“容器”（container）或“囚笼”（jail）都拥有一个私有的根文件系统和进程名称空间。其中所包含的进程共享宿主操作系统的内核和其他服务，但它们无法访问其容器之外的文件或资源。图 24.2 演示了这种架构。

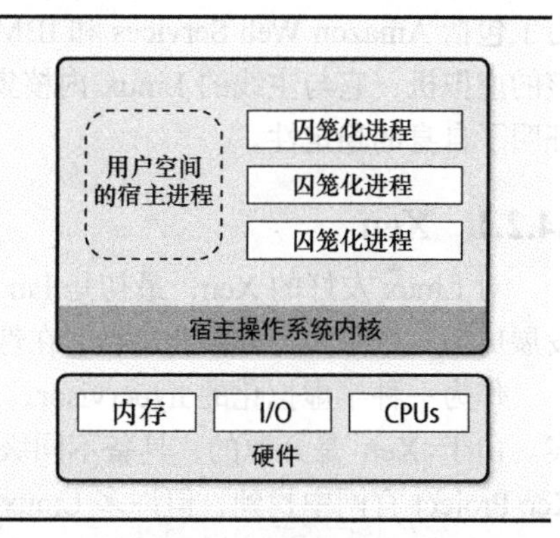

图 24.2 容器化

因为不需要硬件虚拟化，操作系统层面的虚拟化所带来的资源开销并不高。大多数实现都可以达到接近于原生的性能。但是，这种类型的虚拟化无法使用多个操作系统，因为宿主内核是由所有容器共享的。[①]Linux 的 LXC、Docker 容器、FreeBSD jails 都属于容器的实现。

容器与虚拟机很容易混淆。两者均定义了可移植的隔离执行环境，而且无论是看起来还是用起来都像是拥有根文件系统和运行进程的完整操作系统。但它们的实现却完全不同。

一个真正的虚拟机拥有操作系统内核、init 进程、与硬件交互的驱动程序，以及能够完全陷入 UNIX 操作系统。而容器只是徒有操作系统之表。它使用之前介绍的策略为各个进程提供适合的执行环境。表 24.1 给出了一些实际的差异。

表 24.1 虚拟机与容器之间的对比

虚拟机	容器
通过 hypervisor 共享底层硬件的完整操作系统	由共享内核管理的隔离进程组

① 这并不完全正确。FreeBSD 的 Linux 仿真层允许 Linux 容器存在于 FreeBSD 主机上。

续表

虚拟机	容器
需要完整的引导过程来初始化，启动时间在 1～2 分钟	进程直接由内核运行；不需要引导；启动时间小于 1 s
长期存活	频繁替换
拥有一个或多个通过 hypervisor 挂接的专用虚拟磁盘	文件系统视图是由容器引擎所定义的分层结构
镜像大小以 GB 计算	镜像大小以 MB 计算
每个物理主机数十个或更少	每个虚拟或物理主机数量众多
guest 之间完全隔离	操作系统内核和服务是共享的
多个独立的操作系统一起运行	必须使用和宿主一样的内核（操作系统发行版也许会有不同）

容器与虚拟机结合使用是一种常见的用法。虚拟机是将物理服务器细分为可管理组块（chunk）的最佳方式。然后，你可以在虚拟机之上的容器中运行应用程序，以此实现最佳系统密度（这个过程有时称为“bin packing”）。这种虚拟机之上的容器（containers-on-VMs）架构是需要在公有云上运行的容器化应用程序的标准。

在本章余下的部分中，我们重点关注虚拟化。有关容器化的更多内容参见第 25 章。

24.2 Linux 虚拟化

Xen 和 KVM 都是 Linux 的开源虚拟化项目的领头羊。Xen 如今属于 Linux 基金会的项目，助力了包括 Amazon Web Services 和 IBM SoftLayer 在内的一些最具规模的公有云。KVM 是基于内核的虚拟机，它与主线的 Linux 内核集成在一起。Xen 和 KVM 通过诸多在大型站点的生产安装证明了自身的稳定性。

24.2.1 Xen

对 Linux 友好的 Xen，最初是 Ian Pratt 在剑桥大学作为一个研究项目而开发的，如今它已经发展成为一个强大的虚拟化平台，在性能、安全性，尤其是成本方面，甚至敢和商业巨头叫板了。

作为一种半虚拟化的 hypervisor，Xen 声称仅有 0.1%～3.5%的开销，远低于全虚拟化解决方案。由于 Xen 是开源的，具备不同级别特性支持的各色管理工具应有尽有。Xen 源代码可以在 Xen Project 官网中找到，但许多 Linux 发行版都加入了对其的原生支持。

Xen 是直接运行在物理硬件上的裸 hypervisor。所运行的虚拟机被称为域（domain）。自始至终至少会有一个域，称为零域或 dom0。dom0 拥有完全的硬件访问权，负责管理其他域，运行所有 hypervisor 的自有设备驱动程序。非特权域被称为 domU。

dom0 通常运行 Linux 发行版。它看起来就像是其他 Linux 系统，但是包含了用于完善 Xen 架构的守护进程、工具，以及库，使得 domU、dom0、hypervisor 之间能够相互通信。

hypervisor 负责整个系统的 CPU 调度和内存管理。它控制着包括 dom0 在内的所有域。但是，hypervisor 本身又接受 dom0 的控制和管理。这实在是够乱了。

表 24.2 中列出了 Linux dom0 中最值得注意的部分。

表 24.2 dom0 中的 Xen 组件

路径	内容
/etc/xen	主配置目录
auto	在引导期间自启动的 guest OS 配置文件

续表

路径	内容
scripts	用于创建网络接口等的实用工具脚本
/var/log/xen	Xen 日志文件
/usr/sbin/xl	Xen 的 guest 域管理工具

/etc/xen 目录中的每个 Xen 的 guest 域配置文件都指定了可用于 domU 的虚拟资源，这包括磁盘设备、CPU、内存、网络接口。每个 domU 都有单独的配置文件。文件格式非常灵活，管理员可以精细地控制应用于每个 guest 的限制。如果将指向 domU 配置文件的符号链接添加到 auto 子目录，则该 guest OS 会在引导时自动启动。

24.2.2 安装 Xen guest

在 Xen 下启动并运行 guest 服务器需要好几步设置。我们推荐使用像 virt-manager（virt-manager.org）这样的工具来简化设置过程。virt-manager 最初是 Red Hat 的一个项目，但现在已不再属于 Red Hat，大多数 Linux 发行版都可以使用。其命令行形式的操作系统配给工具（OS provisioning tool）virt-install 接受各种安装源，其中包括 SMB 或 NFS 挂载、物理 CD 或 DVD、HTTP URL。

guest 域的磁盘通常存储在 dom0 中的虚拟块设备（Virtual Block Devices，VBD）中。VBD 可以被连接到专用资源，例如物理磁盘驱动器或逻辑卷。它也可以是使用 dd 创建的环回文件（称为 file-backed VBD）。如果使用专用磁盘或卷，性能会更好，文件更灵活，而且还可以在 dom0 中使用普通 Linux 命令（例如 mv 和 cp）进行管理。备份文件是可以根据需要增长的稀疏文件（sparse files）。

除非系统出现性能瓶颈，file-backed VBD 通常是最佳选择。如果你改变了主意，把 VBD 转换成专用磁盘也很简单。

guest 域的安装类似于下面这样。

```
$ sudo virt-install -n chef -f /vm/chef.img -l http://example.com/myos
    -r 512 --nographics
```

这是一个名为“chef”的典型的 Xen guest 域，其磁盘 VBD 的位置是/vm/chef.img，安装介质通过 HTTP 获取。该实例拥有 512 MiB 的内存，在安装过程中不使用 X Windows 图形支持。

virt-install 下载安装所需要的文件，然后启动安装过程。

屏幕清空后，通过标准的基于文本的过程安装 Linux，其中包括网络配置和选择软件包。完成安装后，重新引导 guest 域就可以使用了。要从 guest 控制台断开并返回 dom0，只需按下<Control-]>即可。

值得一提的是，尽管这个例子中使用的是基于文本模式的安装，但也可以通过虚拟网络计算（Virtual Network Computing，VNC）实现基于图形界面的安装。

virt-install 将域的配置保存在/etc/xen/chef。其内容类似于下面。

```
name = "chef"
uuid = "a85e20f4-d11b-d4f7-1429-7339b1d0d051"
maxmem = 512
memory = 512
vcpus = 1
bootloader = "/usr/bin/pygrub"
on_poweroff = "destroy"
on_reboot = "restart"
on_crash = "restart"
vfb = [ ]
```

```
disk = [ "/vm/chef.dsk,xvda,w" ]
vif = [ "mac=00:16:3e:1e:57:79,bridge=xenbr0" ]
```

你可以看到 NIC 默认为桥接模式。在这种情况下，该 VBD 是一个“block tap”文件，能够提供比标准的环回文件更好的性能。可写的磁盘映像文件以/dev/xvda 的形式呈现给 guest。

xl 工具便于虚拟机的日常管理。它可以用来启动和停止虚拟机、连接虚拟机控制台、检查虚拟机当前状态。接下来，我们展示了正在运行的 guest 域，然后连接到 chef domU 的控制台。在创建 guest 域时，ID 会按照递增顺序分配，主机重新引导时重置这些 ID。

```
$ sudo xl list
Name        ID   Mem(MiB)   VCPUs    State     Time(s)
Domain-0    0    2502       2        r-----    397.2
chef        19   512        1        -b----    12.8
$ sudo xl console 19
```

要想更改 guest 域的配置（例如，挂接另一块磁盘或是将网络从桥接模式更改为 NAT 模式），可以编辑/etc/xen 中的 guest 配置文件，然后重启 guest。

24.2.3 KVM

基于内核的虚拟机 KVM 是大多数 Linux 发行版默认的全虚拟化平台。和 Xen 的 HVM 模式一样，KVM 利用了 Intel VT 和 AMD-V CPU 扩展，依赖于（在典型设置中）QEMU 实现了全虚拟化硬件系统。尽管该系统是 Linux 原生的，不过也以可装载内核模块的形式移植到 FreeBSD 了。

因为 KVM 默认是全虚拟化，所以支持包括 Windows 在内的很多 guest OS。半虚拟化的以太网、磁盘、显卡驱动程序都可用于 Linux、FreeBSD，以及 Windows。其使用是可选的，但出于性能考虑，建议选用。

在 KVM 下，hypervisor 的角色由 Linux 内核本身担任。内存管理和调度通过宿主的内核处理，虚拟机都是普通的 Linux 进程。这种独特的虚拟化方法带来了巨大的好处。例如，多核处理器所带来的复杂性交给内核处理，不需要修改 hypervisor 来支持它们。像 top、ps、kill 这样的 Linux 命令可以显示和控制虚拟机，就像它们处理其他进程一样。与 Linux 之间的集成可以说是无缝对接。

24.2.4 安装 KVM guest

尽管 Xen 和 KVM 背后的技术存在根本上的不同，用于安装和管理 guest OS 的工具却颇为相像。在 Xen 下，你可以使用 virt-install 来创建新的 KVM guest，使用 virsh 命令对其进行管理。

传给 virt-install 的选项与安装 Xen 时使用的略有不同。首先，--hvm 选项表示 guest 应该采用硬件虚拟化，而不是半虚拟化。另外，因为 virt-install 支持多种 hypervisor，--connect 选项保证选择正确的默认 hypervisor。最后，推荐使用--accelerate，以便利用 KVM 中的加速功能。综上所述，从 DVD-ROM 安装 Ubuntu 服务器 guest 的完整命令看起来应该像下面这样。

```
$ sudo virt-install --connect qemu:///system -n UbuntuYakkety
    -r 512 -f ~/ubuntu-Yakkety.img -s 12 -c /dev/dvd --os-type linux
    --accelerate --hvm --vnc

Would you like to enable graphics support? (yes or no)
```

假设已经插入了 Ubuntu 的安装盘，该命令会运行安装程序并将 guest 保存在文件~/ubuntu-Yakkety.img，允许文件增长到 12 GB。因为我们没有指定--nographics 或--vnc，virt-install 会询问是否要启用图形化界面。

virsh 实用程序会生成自己的 shell，你可以从中运行命令。要想打开 shell，输入 virsh --connect qemu:///system。下面一系列命令演示了 virsh 的一些核心功能。在 shell 中输入 help 以查看完整的列表，或是查看手册页，了解进一步的细节信息。

```
$ sudo virsh --connect qemu:///system
virsh # list --all
     Id       Name                      State
--------------------------------------------------
     3        UbuntuYakkety             running
     7        CentOS                    running
     -        Windows2016Server         shut off

virsh # start Windows2016Server
Domain WindowsServer started

virsh # shutdown CentOS
Domain CentOS is being shutdown

virsh # quit
```

24.3 FreeBSD bhyve

bhyve 是 FreeBSD 的虚拟化软件，它是一个相对较新的系统，首次出现在 FreeBSD 10.0。bhyve 能够运行的 guest 包括 BSD、Linux，甚至是 Windows。但是，它只能运行在有限的一组硬件上，缺少一些其他实现中的核心功能。

市场上已经有很多支持 FreeBSD 的虚拟化平台，不清楚为什么 bhyve 才开始发力。除非你正在研发需要嵌入式 FreeBSD 虚拟化的自定义平台，否则我们建议在该项目成熟之前，选择其他解决方案。

24.4 VMware

VMware 是虚拟化行业中最大的一方，也是第一家在难搞的 x86 平台上开发出虚拟化技术的供应商。VMware 是一家商业实体，不过其部分产品是免费的。如果你要选择站点范围的虚拟化技术，VMware 完全值得考虑。

UNIX 和 Linux 管理员感兴趣的主要产品是 ESXi，①它是用于 Intel x86 架构的裸 hypervisor。ESXi 是免费的，但其中一些有用的功能仅限于付费用户才能使用。②

除了 ESXi 之外，VMware 还提供了一些功能强大的高级产品，以促进虚拟机的集中部署和管理。VMware 还拥有我们所见过的最成熟的动态迁移技术。 不过，深入介绍 VMware 完整的产品线已经超出了本章的范围。

24.5 VirtualBox

VirtualBox 是一种消费级的跨平台 2 型 hypervisor。它通常为个人用户实现“可能是恰到好处”的系统虚拟化功能。由于其免费、易于安装、使用简单，而且常常简化了测试环境的搭建和管理，所以在开发人员和最终用户中广受欢迎。但是性能和硬件支持都是它的薄弱之处。VirtualBox 通常不适合“生产级”的虚拟化应用。③

---

① ESXi 代表“Elastic Sky X, integrated.”

② 像一箱子不要钱的小狗。

③ VirtualBox 网站的确声称自己是授权于“企业”使用的“专业”解决方案。事实上，对 Oracle 操作系统来说也许是这样，它是唯一可用的预建虚拟机。

VirtualBox 历史悠久，而且不怎么体面。它最初是 Innotek GmbH 的一款商业产品，但是在 2008 年 Innotek 被 Sun Microsystems 收购之前，被作为开源产品发布。Oracle 于 2010 年吞并 Sun 之后，该产品被重新命名为 Oracle VM VirtualBox。VirtualBox 目前尚存（在 GPLv2 开源许可下获得），且仍在 Oracle 的积极开发中。

VirtualBox 可运行在 Linux、FreeBSD、Windows、macOS、Solaris 之上。Oracle 并没有发布或支持 FreeBSD 版的 VirtualBox，不过有社区移植版可用。所支持的 guest OS 包括 Windows、Linux、FreeBSD。

默认情况下，你通过 VirtualBox 的 GUI 和虚拟机打交道。如果你对于在没有 GUI 的系统上运行虚拟机感兴趣，不妨试试 VBoxHeadless，它是 VirtualBox 命令行工具，名字听起来不怎么健康。可以从 VirtualBox 官网下载 VirtualBox 并了解其更多的信息。

24.6 Packer

来自受人尊敬的开源公司 HashiCorp 的 Packer 是一款用于从规范文件中构建虚拟机镜像的工具。它可以为各种虚拟化和云平台构建镜像。将 Packer 集成到你的工作流程中可以或多或少地摆脱对虚拟化平台的依赖。你可以轻松地为将来要使用的任意平台构建自定义镜像。

要想创建镜像，Packer 会从你所选择的源镜像运行一个实例。然后运行脚本或调用其他指定的配给步骤来定制化该实例。最后，将该虚拟机的状态副本保存为新的镜像。

此过程尤其有助于支持“基础设施即代码”（infrastructures as code）的服务器管理方式。你可以修改以抽象术语描述镜像的模板，不用再手动应用镜像变更。然后你可以像使用传统源代码那样将规范检入仓库。这种技术为你提供出色的透明性、可重复性，以及可逆性。另外还形成了清晰的审计跟踪。

Packer 使用 JSON 文件作为配置。大多数管理员都赞同 JSON 是一种糟糕的格式选择，因为其对于引号和逗号的挑剔实在是声名狼藉，而且还不允许出现注释。幸运的是，HashiCorp 很快就会把 Packer 转换为经过其大量改进的自定义配置格式，但在此之前，你还是得跟 JSON 打交道。

在模板中，“builders”定义了如何创建映像，“provisioners”为镜像配置和安装软件。builders 可用于 AWS、GCP、DigitalOcean、VMware、VirtualBox、Vagrant 等。provisioners 可以是 shell 脚本、Chef 操作手册、Ansible 角色或者其他配置管理工具。

下面的模板 custom_ami.json 演示了 AWS 的 amazon-ebs builders 和 shell provisioners。

```
{
    "builders": [{
        "type": "amazon-ebs",
        "access_key": "AKIAIOSFODNN7EXAMPLE",
        "secret_key": "wJalrXUtnFEMI/K7MDENG/bPxRfiCYEXAMPLEKEY",
        "region": "us-west-2",
        "source_ami": "ami-d440a6e7",
        "instance_type": "t2.medium",
        "ssh_username": "ubuntu",
        "ssh_timeout": "5m",
        "subnet_id": "subnet-ef67938a",
        "vpc_id": "vpc-516b8934",
        "associate_public_ip_address": true,
        "ami_virtualization_type": "hvm",
        "ami_description": "ULSAH AMI",
        "ami_name": "ULSAH5E",
        "tags": {
            "Name": "ULSAH5E Demo AMI"
        }
```

```
    }],
    "provisioners": [
        {
            "type": "shell",
            "source": "customize_ami.sh"
        }
    ]
}
```

就像命令行工具需要某些参数来运行实例一样，amazon-ebs 也需要一些数据，例如 API 凭证、实例类型、新镜像所基于的源 AMI、实例应该位于的 VPC 子网。Pakcer 使用 SSH 来执行配给步骤，所以我们要确保实例拥有公网 IP 地址。

在这个例子中，provisioners 是一个名为 customize_ami.sh 的 shell 脚本。Packer 使用 scp 将该脚本复制到远端系统并运行。脚本并没有什么特殊之处，它能做到的和平时没有什么两样。例如，可以添加新用户、下载和配置软件，或是执行安全加固操作。

要想创建 AMI，可调用 packer build。

```
$ packer build custom_ami.json
```

packer build 会在控制台中提醒创建过程中的每一步。amazon-ebs 执行下列步骤。

（1）自动创建密钥对和安全组。

（2）启动实例，等待其能够在网络上访问。

（3）使用 scp 和 ssh 执行所请求的配给步骤。

（4）通过调用 EC2 CreateImage API 创建 AMI。

（5）终止实例，进行清理。

如果一切顺利，只要 AMI ID 可用，Pakcer 立即会将其打印出来。如果在构建过程中出现了问题，Packer 会打印出洋红色的错误信息，将自身清理完毕后退出。

packer build 的-debug 选项会暂停构建过程中的每一步，帮助你调试故障。你也可以使用 type 为 null 的 builders 来修复任何错误，这样不需要在每次尝试构建时都要启动实例。

24.7 Vagrant

依然是由 HashiCorp 研发，Vagrant 是一个位于虚拟化平台（VMware、VirtualBox、Docker）之上的包装程序。但它本身并非虚拟化平台。

Vagrant 简化了虚拟化环境的配给和配置。它的任务是简单快速地创建出贴近于生产环境的一次性预配置开发环境。这种黏合功能使开发人员能够在系统管理员或运营团队最少介入的情况下编写和测试代码。

Vagrant 与 Packer 是可以结合使用的（但并非必需）。例如，你可以通过 Packer 实现用于生产平台的基础映像的标准化，然后将该镜像的 Vagrant 构建版本分发给开发人员。开发人员接下来就可以在自己的便携式计算机或者所选用的云供应商那里启动带有必要定制的镜像实例。这种方法平衡了集中化管理生产映像的需要和开发人员访问可直接控制的相似环境的需要。

第25章 容器

近年来，很少有什么技术能像不起眼的容器那样引发如此多的关注和炒作，其受欢迎程度的爆棚正好与2013年开源Docker项目的发布撞在了一起。系统管理员对容器特别感兴趣，因为它实现了软件打包的标准化，这可是长久以来求之不得的夙愿。

为了说明容器的实用性，考虑一个使用任意现代语言或框架开发的典型Web应用。要想安装和运行该应用程序，至少涉及下列组成部分：

- 用于实现Web应用及其正确配置的代码；
- 库和其他依赖，有可能会有数十个之多，每个都对应着兼容性已知的特定版本；
- 执行代码的解释器（例如，Python和Ruby）或运行时（JRE），同样也有相应的版本；
- 本地化相关，例如用户账户、环境设置、由操作系统提供的服务。

典型的站点运行着几十或数百个这样的应用。即便是借助第23章和第26章中介绍的工具，在多个应用部署中保持这些方面的一致性从来都不是件容易的事。不同应用程序所需的不兼容依赖导致系统未能物尽其用，因为它们无法共享。除此之外，对于那些软件开发人员和系统管理员各司其职的站点，还需要在两者之间细心协调，因为要想搞清楚谁负责操作环境的哪些部分并不总是件容易的事。

通过将应用及其必备条件打包成标准的可移植文件，容器镜像简化了这个问题。任何具有兼容的容器运行时引擎的主机都可以使用映像作为模板来创建容器。数十或数百个容器可以同时运行，彼此不会发生冲突。镜像通常只有几百兆字节左右，在系统中进行复制也是可行的。这种简单易行的可移植性可能是容器得以流行的主要原因。

本章重点在于Docker。Docker背后的同名业务在将容器带入主流应用的过程中扮演着主要角色，作为系统管理员，Docker的生态系统是你最有可能遇到的。Docker,Inc.提供了与容器相关的多种产品，但我们将讨论限制在主要的容器引擎和 Swarm 集群管理器。

还有另外一些可用的容器引擎。其中来自 CoreOS 的 rkt 是功能最完备的。其进程模型比 Docker 更为清晰，默认配置更加安全。rkt 与 Kubernetes 编排系统很好地集成在了一起。来自 systemd 项目的 systemd-nspawn 是另一个轻量级容器选择。它并没有 Docker 或 rkt 那么多的特性，但在某些情况下，这未尝不是一件好事。rkt 可以配合 systemd-nspawn 来配置容器名称空间。

25.1 背景知识与核心概念

容器的快速上位更多归因于时机，而非任何单一技术的出现。它融合了多种现有的内核特性、文件系统技巧，以及网络秘技。容器引擎就是将其结合在一起的管理软件。

本质上，容器是一组独立的进程，被限制在一个私有根文件系统和进程名称空间之中。其中的进程共享宿主操作系统的内核和其他服务，但在默认情况下，它们无法访问其所在容器之外的文件或系统资源。在容器内运行的应用程序不知道其所处的容器化状态，不用进行修改。

等到阅读完后续章节之后，你就会明白容器并没有什么魔法。实际上，容器所依赖的一些 UNIX 和 Linux 特性早已存在多年。关于容器与虚拟机之间的差异，参见第 24 章。

25.1.1 内核支持

容器引擎使用多种对于隔离进程而言必不可少的内核特性。尤其是以下特性。

- 名称空间（namespace）从多个操作系统设施的角度隔离容器化进程，其中包括文件系统挂载、进程管理，以及网络。例如，挂载名称空间（mount namespace）向进程呈现了一个经过定制的文件层次结构视图。[①]容器能够以各种集成级别与主机操作系统共同运行，具体取决于名称空间的配置方式。
- 控制组（control group）（在上下文中缩写为 cgroup）限制了系统资源的使用，为某些进程设置优于其他进程的优先级。cgroup 可防止失控容器耗尽所有可用的 CPU 和内存资源。
- 能力（capability）允许进程执行某些敏感的内核操作和系统调用。例如，进程可能拥有修改文件所有权或设置系统时间的能力。

安全计算模式（通常缩写为 seccomp）限制用户对系统调用的访问。与 do 功能相比，它的细粒度控制更精细。

这些特性的开发，一部分是由 Google 于 2006 年启动的 Linux 容器项目（Linux Containers project，LXC）推动的。LXC 是 Google 的内部虚拟化平台 Borg 的基础。LXC 提供了创建和运行 Linux 容器所需的原始功能和工具，但是包括了超过 30 个命令行工具和配置文件，实在是太复杂了。Docker 起初发布的几个版本其实就是对用户更为友好的包装程序，目的就是使 LXC 更易于使用。

Docker 现在依赖的是经过改进的、基于标准的容器运行时 containerd。另外还依赖于 Linux 名称空间、控制组和能力来隔离容器。

25.1.2 镜像

容器镜像就像是容器的模板。镜像依赖于联合文件系统挂载（union filesystem mount）来实现性能和可移植性。联合文件系统叠加（overlay）了多个文件系统来创建单一的、一致的层次结构。

---

① 这和 chroot 系统调用的原理类似，它不可逆地设置进程所能看到的根目录，从而禁止访问该根目录之外的文件和目录。

容器镜像是联合文件系统[①]，其组织类似于典型 Linux 发行版的根文件系统。目录布局和二进制文件、库，以及支持文件的位置都符合标准的 Linux 文件系统层次结构规范。专门的 Linux 发行版已经开发出来以作为容器镜像的基础。

为了创建容器，Docker 指向只读的联合文件系统并添加一个容器能够更新的读/写层。如果容器化进程修改了该文件系统，其变更会被毫无察觉地保存在读/写层。基础层不会有改动。这叫作写时复制策略。

多个容器可以共享相同的不可变的基础层，因而提高了存储效率，降低了启动时间。图 25.1 演示了该方案。

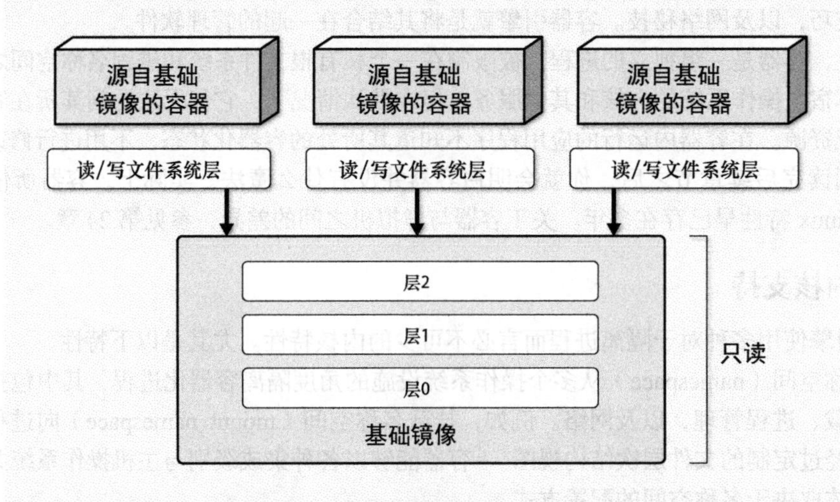

图 25.1 Docker 镜像和联合文件系统

25.1.3 连网

将容器连入网络的默认方法是使用网络名称空间和主机内的网桥。在该配置中，容器拥有私有 IP 地址，无法到达主机之外。主机充当穷人的 IP 路由器，在外部世界和容器之间代理流浪。这种架构可以让管理员控制哪些容器端口可以暴露给外界。

也可以放弃私有的容器寻址方案，将整个容器直接暴露在网络上。这称为主机模式网络（host mode networking），意味着容器可以不受限制地访问主机的网络栈。这在某些情况下也许可行，但也存在安全风险，因为容器并没有被完全隔离。更多信息参见 25.2.7 节。

25.2 Dcoker：开源的容器引擎

Docker,Inc.的主要产品是构建和管理容器的客户端/服务器应用。采用 Go 语言编写的 Docker 容器引擎具备高度的模块化。独立的单个项目管理可拔插存储、连网及其他特性。

Docker,Inc.并非没有争议。其工具趋于快速演进，新版本有时与现有部署不兼容。一些站点担心对 Docker 的生态系统的依赖会导致被绑死在一棵树上。和任何新技术一样，容器也会带来复杂性，需要通过一些学习才能理解。

① LWN.net 中一篇名为“A brief history of union mounts”的文章描述了有关的背景知识。其他相关文章也值得一看。

为了应对这些阻力，Docker,Inc.成为了开放容器计划（Open Container Initiative）的创始成员之一，该联盟的使命是指导容器技术在健康竞争的方向上发展，促进标准和协作。2017 年，Docker 创建了 Moby 项目并为其提供了主要的 Docker Git 仓库，以协助社区开发 Docker 的执行引擎。

我们的讨论是基于 Docker 的 1.13.1 版本。Docker 保持着极快的开发速度，最新特性在不断变化。我们关注的是基本要素，但请务必使用 Docker 的参考资料作为补充。你也可以尝试一下 Moby 沙箱和 Docker 实验室环境。

25.2.1 基础架构

docker 是一个可执行命令，负责处理 Docker 系统的所有管理任务。dockerd 是一个持续运行的守护进程，负责实现容器和镜像操作。docker 可以和 dockerd 运行在相同的系统之上，通过 UNIX 域套接字进行通信，也可以在远程主机上通过 TCP 与 dockerd 通信。图 25.2 描述了该架构。

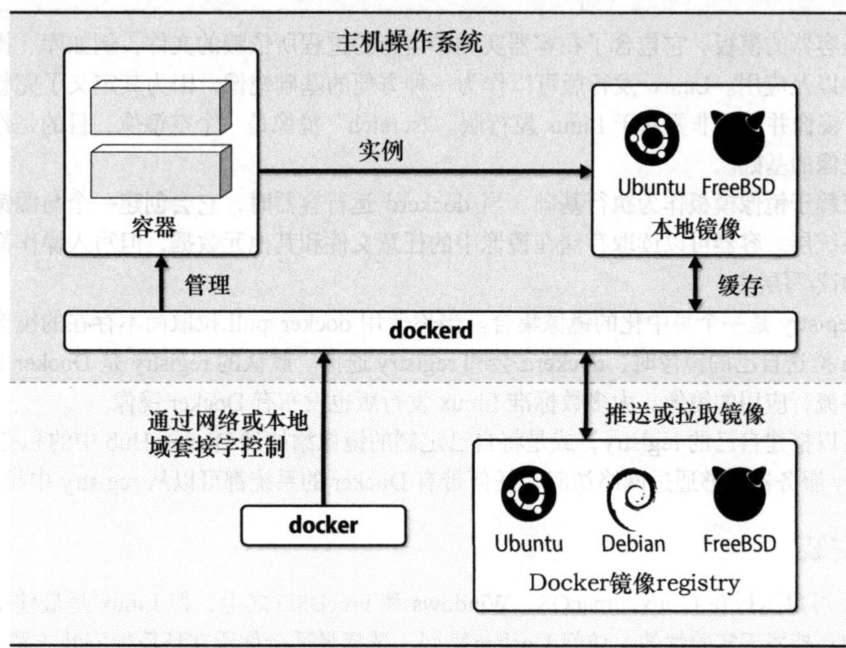

图 25.2 Docker 架构

dockerd 具备运行容器需要的所有的脚手架。它创建虚拟网络通道，维护保存着容器和镜像的数据目录（默认是/var/lib/docker）。它负责调用相应的系统调用、设置联合文件系统、启动进程来创建容器。一句话，它就是容器管理软件。

管理员通过在命令行中运行 docker 客户端子命令同 dockerd 打交道。例如，你可以使用 docker run 来创建容器，或是使用 docker info 查看服务器信息。表 25.1 汇总了一些常用的子命令。

表 25.1 常用的 docker 子命令

子命令	作用
docker info	显示守护进程的汇总信息
docker ps	显示正在运行的容器
docker version	显示有关服务器和客户端的扩展版本信息

续表

子命令	作用
docker rm	删除容器
docker rmi	删除镜像
docker images	显示本地镜像
docker inspect	显示容器的配置（JSON 格式输出）
docker logs	显示容器的标准输出
docker exec	在现有容器中执行命令
docker run	运行新容器
docker pull/push	从远程 registry 中下载或上传镜像
docker start/stop	启动或停止现有容器
docker top	显示容器化进程的状态

镜像是容器的模板。它包含了在容器实例中运行的进程所依赖的文件，例如库、操作系统二进制文件，以及应用。Linux 发行版可以作为一种方便的基础镜像，因为其定义了完整的操作环境。但是，镜像并不是非要基于 Linux 发行版。"scratch"镜像是一个空镜像，目的是作为创建其他更实用镜像的基础。

容器依赖于镜像模板作为执行基础。当 dockerd 运行容器时，它会创建一个与源镜像分离的可写文件系统层。容器可以读取存储在镜像中的任意文件和其他元数据，但写入操作都被限制在容器自己的读/写层中。

镜像 registry 是一个集中化的镜像集合。当你使用 docker pull 拉取尚不存在的镜像或是使用 docker push 推送自己的镜像时，dockerd 会和 registry 通信。默认的 registry 是 Docker Hub，其中保存了很多流行应用的镜像。大多数标准 Linux 发行版也发布有 Docker 镜像。

你也可以搭建自己的 registry，或是将自己定制的镜像添加到 Docker Hub 中的私有 registry。只要 registry 服务器能够通过网络访问，任何带有 Docker 的系统都可以从 registry 中拉取镜像。

25.2.2 安装

Docker 可以运行在 Linux、macOS、Windows 和 FreeBSD 之上，但 Linux 是最佳平台。对于 FreeBSD 的支持属于实验性的。访问 Docker 官网，选择最适合你所在环境的安装方法。

docker 组中的用户可以通过其套接字来控制 Docker 守护进程，这相当于赋予这些用户 root 权限。这是一个重大的安全风险，因此我们建议你不要把用户添加到 docker，而是使用 sudo 来控制对 docker 的访问。在下面的示例中，我们以 root 用户身份运行 docker 命令。

安装过程未必立即启动守护程序。如果没有运行的话，可以通过系统的 init 将其启动。例如，在 CentOS 上运行 sudo systemctl start docker。

25.2.3 客户端设置

如果你要连接本地的 dockerd，而且归属于 docker 组或拥有 sudo 权限，那么不需要什么客户端配置。docker 默认通过本地套接字连接 dockerd。可以通过设置环境变量修改客户端的默认行为。

要想连接远程 dockerd，设置 DOCKER_HOST 环境变量。该守护进程常用的 HTTP 端口号是 2375，TLS 版本是 2376。

例如：

```
$ export DOCKER_HOST=tcp://10.0.0.10:2376
```

坚持使用 TLS 与远程守护进程通信。如果你使用普通的 HTTP，会把 root 权限不加限制地分发给网络上的任何人。有关 Docker TLS 配置的额外细节可参见 25.3.2 节。

我们还建议启用内容信任。

```
$ export DOCKER_CONTENT_TRUST=1
```

该特性会认证 Docker 镜像的完整性和发布人。启用内容信任避免了客户端拉取不受信任的镜像。

如果是通过 sudo 运行 docker，可以使用-E 选项避免 sudo 清除环境变量。你也可以在/etc/sudoers 中设置 env_keep 变量的值，将特定环境变量列入白名单。例如：

```
Defaults env_keep += "DOCKER_CONTENT_TRUST"
```

25.2.4 体验容器

要想创建容器，你需要一个镜像作为模板。镜像拥有运行程序所需的所有文件系统。新安装的 Docker 并不包含镜像。可以使用 docker pull[①] 从 Docker Hub 下载镜像。

```
# docker pull debian
Using default tag: latest
latest: Pulling from library/debian
f50f9524513f: Download complete
d8bd0657b25f: Download complete
Digest: sha256:e7d38b3517548a1c71e41bffe9c8ae6d6...
Status: Downloaded newer image for debian:latest
```

十六进程字符串就是联合文件系统层。如果多个镜像使用了相同的层，Docker 只需要一个副本即可。我们并没有请求带有特定便签（或是特定版本）的 Debian 镜像，所有 Docker 默认下载 “latest” 标签的镜像。

使用 docker images 检查可用的本地镜像。

```
# docker images
REPOSITORY    TAG         IMAGE ID          CREATED         SIZE
ubuntu        latest      07c86167cdc4      2 weeks ago     187.9 MB
ubuntu        wily        b5e09e0cd052      5 days ago      136.1 MB
ubuntu        trusty      97434d46f197      5 days ago      187.9 MB
ubuntu        15.04       d1b55fd07600      8 weeks ago     131.3 MB
centos        7           d0e7f81ca65c      2 weeks ago     196.6 MB
centos        latest      d0e7f81ca65c      2 weeks ago     196.6 MB
debian        jessie      f50f9524513f      3 weeks ago     125.1 MB
debian        latest      f50f9524513f      3 weeks ago     125.1 MB
```

这台机器上有多个 Linux 发行版镜像，其中也包括刚刚下载好的 Debian 镜像。同一个镜像可以多次打标签。注意，debian:jessie 和 debian:latest 共享相同的镜像 ID，它们是同一镜像不同的名字。

有了镜像，运行基本的容器就简单得很了。

```
# docker run debian /bin/echo "Hello World"
Hello World
```

发生了什么？Docker 根据 Debian 基础映像创建了一个容器，并在其中执行命令/bin/echo “Hello World”[②]。当命令结束，容器停止运行。在该例中，echo 完成后就立即停止。如果 “debian”

① 你可以浏览 dockerhub 网站，查看可用的镜像。

② 这是 GNU 中的 echo，不要将其与大部分 shell 内置的 echo 命令混淆。但它们做的是一样的事情。

镜像在本地尚不存在，守护进程会尝试在执行命令之前自动下载镜像。我们没有指定标签，因此默认使用“latest”镜像。

我们使用docker run的-i和-t选项启动交互式shell。下面的命令在容器内启动了一个bash shell并将其连接到“外部”shell的I/O通道。我们还给容器分配了一个主机名，这有助于在日志中识别该容器。（否则，我们在日志消息中看到的就是容器的随机ID。）

```
ben@host$ sudo docker run --hostname debian -it debian /bin/bash
root@debian:/# ls
bin  dev  home  lib64  mnt  proc  run  srv  tmp  var
boot  etc  lib  media  opt  root  sbin  sys  usr
root@debian:/# ps aux
USER       PID  %CPU %MEM    VSZ    RSS TTY     STAT  START   TIME  COMMAND
root         1   0.5  0.4  20236   1884 ?       Ss    19:02   0:00  /bin/bash
root         7   0.0  0.2  17492   1144 ?       R+    19:02   0:00  ps aux
root@debian:/# uname -r
3.10.0-327.10.1.el7.x86_64
root@debian:/# exit
exit
ben@host$ uname -r
3.10.0-327.10.1.el7.x86_64
```

感觉和访问虚拟机出奇的相似。有一个完整的根文件系统，但是进程数基本是空的。/bin/bash的PID是1，原因在于这是Docker在容器中启动的命令。

uname -r的结果在容器内外都一样，永远都是如此。我们将其显示出来是为了提醒你，内核是共享的。

由于PID名称空间的划分，容器中的进程看不到系统中运行的其他进程。但是，在主机上的进程可以看到容器化的进程。容器中的进程PID不同于主机中的PID。

在实际工作当中，你需要长期存在的容器运行在后台，接受网络连接。下列命令在后台运行（-d）了一个名为“nginx”的容器，该容器由官方的Nginx映像生成。我们将主机的80端口通过隧道连到容器内的同一端口。

```
# docker run -p 80:80 -hostname nginx -name nginx -d nginx
Unable to find image 'nginx:latest' locally
latest: Pulling from library/nginx
fdd5d7827f33: Already exists
a3ed95caeb02: Pull complete
e04488adab39: Pull complete
2af76486f8b8: Pull complete
Digest: sha256:a234ab64f6893b9a13811f2c81b46cfac885cb141dcf4e275ed3
    ca18492ab4e4
Status: Downloaded newer image for nginx:latest
0cc36b0e61b5a8211432acf198c39f7b1df864a8132a2e696df55ed927d42c1d
```

由于本地没有“nginx”镜像，Docker必须从registry拉取。下载完镜像之后，Docker启动容器并打印出其ID，这是一个长度为65个字符的十六进制字符串。

docker ps显示正在运行的容器的汇总信息。

```
# docker ps
IMAGE   COMMAND                      STATUS         PORTS
nginx   "nginx -g 'daemon off"   Up 2 minutes   0.0.0.0:80->80/tcp
```

我们并没有告诉docker要在容器内运行什么，所以使用在创建镜像时指定的默认命令。输出中显示的是nginx -g 'daemon off'，该命令将nginx作为前台进程而非后台守护进程运行。容器没有init来管理进程，如果nginx服务器作为守护进程启动，容器开始运行，但是当nginx进程衍生（forked）并退出进入后台时则立即结束。

很多服务器守护进程都提供了命令行选项，可以强制其运行在前台。如果你的软件不运行在前台，或是需要在容器中运行多个进程，你可以为容器安排一个进程控制系统（如 supervisord）作为轻量级的 init。

Nginx 运行在容器内，使用从主机那里映射的端口 80，我们使用 curl 向容器发出 HTTP 请求。Nginx 默认提供通用的 HTML 登录页面。

```
host$ curl localhost
<!DOCTYPE html>
<html>
<head>
<title>Welcome to nginx!</title>
...
```

我们可以使用 docker logo 浏览容器的 STDOUT，在这个例子中是 Nginx 的访问日志。其中唯一的流量就是我们所发出的 curl 请求。

```
# docker logs nginx
172.17.0.1 - - [24/Feb/2017:19:12:24 +0000] "GET / HTTP/1.1" 200 612
    "-" "curl/7.29.0" "-"
```

我们也可以使用 docker logs -f 获得容器的实时输出流，就像在不断增长的日志文件上执行 tail -f 一样。

docker exec 会在现有容器中创建新进程。例如，为了调试或排错，我们可以在容器中启动一个交互式 shell。

```
# docker exec -ti nginx bash
root@nginx:/# apt-get update && apt-get -y install procps
root@nginx:/# ps ax
  PID TTY    STAT   TIME  COMMAND
    1 ?      Ss     0:00  nginx: master process nginx -g daemon off;
    7 ?      S      0:00  nginx: worker process
    8 ?      Ss     0:00  bash
   21 ?      R+     0:00  ps ax
```

容器镜像要尽可能小，因而常常缺少常用的管理工具。在上面的命令序列中，我们先更新了软件包索引，然后安装了 ps（procps 软件包的组成部分）。

进程列表中包含 nginx 主守护进程、nginx 工人进程，以及 bash shell。当我们退出 docker exec 所创建的 shell，容器仍可以继续运行。如果在 shell 处于活动状态时，PID 1 退出，那么容器将会终止，shell 也随之退出。

我们可以停止和启动该容器。

```
# docker stop nginx
nginx
# docker ps
IMAGE  COMMAND                       STATUS          PORTS
# docker start nginx
# docker ps
IMAGE  COMMAND                       STATUS          PORTS
nginx  "nginx -g 'daemon off"        Up 2 minutes    0.0.0.0:80->80/tcp
```

docker start 启动容器，其参数与 docker run 创建容器时使用的参数一样。

当容器退出时，它们仍以休眠状态保留在系统中。你可以使用 docker ps -a 列出所有容器（包括已停止的）。保留不需要的旧容器也没多大坏处，但并不是一种良好的卫生习惯，如果重用容器名的话，还有可能会导致名称冲突。

容器用完后，我们可以将其停止并删除。

```
# docker stop nginx && docker rm nginx
```

docker run --rm 运行容器，当该容器退出后自动将其删除，但仅适用于那些没有使用-d 成为守护进程的容器。

25.2.5 卷

大多数容器的文件系统层由静态应用程序代码、库和其他支持或操作系统文件组成。读/写文件系统层允许容器在本地修改这些层。 但是，对于像数据库这样的数据密集型应用来说，严重依赖于叠加文件系统并不是最佳的存储解决方案。针对此类应用程序，Docker 引入了卷（volume）的概念。

卷是容器内一个独立的可写目录，与联合文件系统分开维护。如果删除了容器，卷内的数据仍然存在，可以从主机访问。卷也可以在多个容器之间共享。

我们使用 docker 的-v 选项向容器中添加一个卷。

```
# docker run -v /data --rm --hostname web --name web -d nginx
```

如果容器内已经有了/data，其中的任何文件都会被复制到卷里。我们可以使用 docker inspect 查找主机上的卷。

```
# docker inspect -f '{{ json .Mounts }}' web
...
 "Mounts": [
    {
      "Name": "8f026ebb9c0cda27441fb7fd275c8e767685f260...f5fd1939823558",
      "Source": "/var/lib/docker/volumes/8f026ebb9c0cda...93823558/_data",
      "Destination": "/data",
      "Driver": "local",
      "Mode": "",
      "RW": true,
      "Propagation": ""
    }
  ]
```

inspect 子命令返回详细输出。我们应用了一个过滤器，以便只打印出已挂载的卷。如果容器终止或需要删除，我们可以在主机上的 Source 目录中找到数据卷。Name 看起来更像 ID，如果随后需要识别该卷，会用得着它。

如果想从更高层面上了解系统中的卷，可以使用 docker volume ls。

Docker 也支持“绑定挂载”（bind mount），它能够同时在主机和容器中挂载卷。例如，我们可以使用下列命令将主机中的/mnt/data 绑定挂载到容器中的/data。

```
# docker run -v /mnt/data:/data --rm --name web -d nginx
```

当容器向/data 中写入时，所做的改动在主机上的/mnt/data 中也可以看到。

对于采用绑定挂载的卷，Docker 并不会把容器的挂载目录中的已有文件复制到卷中。和传统的文件系统挂载一样，卷的内容取代了容器的挂载目录中原有的内容。

在云端运行容器时，我们建议将绑定挂载和云供应商提供的块存储选项结合起来。例如，AWS 的 Elastic Block Storage 卷给予了 Docker 绑定挂载很好的后备存储（backing store）。其内置了快照功能，能够在 EC2 实例之间移动。另外还可以在节点之间复制，这使得其他系统能够直截了当地检索容器数据。你可以利用 EBS 的原生快照功能来创建简单的备份系统。

25.2.6 数据卷容器

根据实践得出的一种有用的模式是纯数据容器（data-only container）。其目的在于代表其他容器保存卷配置信息，以便于轻松地重启和替换其他容器。

使用普通的卷或是主机上绑定挂载的卷都可以创建数据容器。数据容器实际上从来不会运行。

```
# docker create -v /mnt/data:/data --name nginx-data nginx
```

现在就可以在 nginx 容器中使用数据容器的卷了。

```
# docker run --volumes-from nginx-data -p 80:80 --name web -d nginx
```

容器“web”能够读写纯数据容器“nginx-data”的/data 卷。可以重启、删除或替换容器“web”，但只要它在启动时使用了--volumes-from 选项，/data 中的文件就会被持久保留。

实际上，把数据持久化和容器搭配在一起有点阻抗失衡（impedance mismatch）。容器的目的是在响应外部事件时立即创建和删除。理想的情况是拥有一批相同的服务器，全都运行 dockerd，容器可以部署到任何服务器。可是一旦添加了持久数据卷，容器就会和特定的服务器捆绑在一起。尽管我们都想生活在理想的世界中，但许多应用的确需要持久数据。

25.2.7 Docker 网络

我们在 25.1.3 节讨论过，将容器连接到网络的方法不止一种。在安装期间，Docker 创建了 3 种连网选项。可以使用 docker network ls 将其列出。

```
# docker network ls
NETWORK ID          NAME                DRIVER
6514e7108508        bridge              bridge
1a72c1e4b230        none                null
e0f4e608c92c        host                host
```

在默认的“bridge”连网模式中，容器居于主机内的私有网络。网桥将主机网络接入容器的名称空间。当你使用 docker run -p 创建容器并映射主机端口时，Docker 会创建 iptables 规则，将主机公共接口的流量路由到桥接网络上的容器接口。

“host”连网模式不使用单独的网络名称空间。相反，容器与主机共享包括其所有接口在内的网络栈。容器暴露的端口也暴露在主机的接口上。有些软件在使用主机网络时表现得更好，但该配置也可能会导致端口冲突和其他问题。

“none”连网模式表明 Docker 不应采取任何步骤来配置网络。它适用于具有自定义连网要求的高级用例。

使用 docker run 的--net 选项来选择容器的连网模式。

1. *名称空间和桥接网络*

网桥是 Linux 内核的一项特性，用于连接两个网段。在安装过程中，Docker 会悄悄地在主机上创建一个名为 docker0 的网桥。Docker 为网桥的另一端选择一个经过计算的 IP 地址空间，确保不会与主机能够访问到的任何网络出现地址冲突。每个容器都会获得一个命名空间内的虚拟网络接口，其 IP 地址位于桥接网络地址范围内。

这种地址选择算法尽管实用，但难称完美。你的网络可能具有主机不可见的路由。如果发生冲突，主机将无法再访问地址空间重叠的远程网络，但它能访问到本地容器。如果你发现自己处于这种情况，或者出于其他原因，需要自定义网桥的地址空间，可以使用 dockerd 的--fixed-cidr 选项。

网络名称空间依赖于虚拟接口（成对创建的奇怪构件），其中一侧在主机的名称空间中，另一侧在容器的名称空间中。数据流从一侧进，另一侧出，从而将容器连接到主机。在大多数情况下，容器只有一对这样的虚拟接口。图 25.3 演示了这个概念。

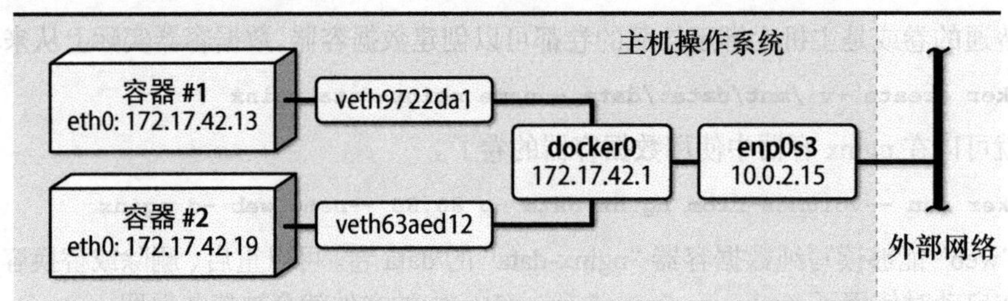

图 25.3 Docker 桥接网络

在主机的网络栈中可以看到每对虚拟接口的其中一半。例如，下面是运行了一个容器的 CentOS 主机上可见的网络接口。

```
centos$ ip addr show
2: enp0s3: <BROADCAST,MULTICAST,UP,LOWER_UP> mtu 1500 qdisc pfifo_fast
    state UP qlen 1000
    link/ether 08:00:27:c3:36:f0 brd ff:ff:ff:ff:ff:ff
    inet 10.0.2.15/24 brd 10.0.2.255 scope global dynamic enp0s3
       valid_lft 71368sec preferred_lft 71368sec
    inet6 fe80::a00:27ff:fec3:36f0/64 scope link
       valid_lft forever preferred_lft forever
3: docker0: <BROADCAST,MULTICAST,UP,LOWER_UP> mtu 1500 qdisc noqueue
    state UP
    link/ether 02:42:d4:30:59:24 brd ff:ff:ff:ff:ff:ff
    inet 172.17.42.1/16 scope global docker0
       valid_lft forever preferred_lft forever
    inet6 fe80::42:d4ff:fe30:5924/64 scope link
       valid_lft forever preferred_lft forever
53: veth584a021@if52: <BROADCAST,MULTICAST,UP,LOWER_UP> mtu 1500 qdisc
    noqueue master docker0 state UP
    link/ether d6:39:a7:bd:bf:eb brd ff:ff:ff:ff:ff:ff link-netnsid 0
    inet6 fe80::d439:a7ff:febd:bfeb/64 scope link
       valid_lft forever preferred_lft forever
```

输出中显示了主机的主接口 enp0s3 和虚拟以太网网桥 docker0，后者的地址范围为 172.17.42.0/16。veth 接口是主机一侧的虚拟接口，负责将容器接入桥接网络。

如果不对网络栈进行低层检查，主机无法看到容器一侧的虚拟接口。这种不可见性只是网络名称空间工作方式的副作用而已。不过，我们可以通过检查容器本身来找出这个接口。

```
# docker inspect -f '{{ json .NetworkSettings.Networks.bridge }}' nginx
    "bridge": {
      "Gateway": "172.17.42.1",
      "IPAddress": "172.17.42.13",
      "IPPrefixLen": 16,
      "MacAddress": "02:42:ac:11:00:03"
    }
```

该容器的 IP 地址是 172.17.42.13，其网关是 docker0 的网桥接口。（见图 25.3 中的桥接网络。）

在默认的网桥配置中，所有的容器彼此之间都能够通信，因为它们全都在相同的虚拟网络中。但是，你可以创建额外的网络名称空间来隔离其他容器。按照这种方法，就能够在同一组容器实例中提供多个隔离环境。

2. 网络叠加

Docker 还拥有很多其他的连网灵活性，可用于协助高级用例。例如，你可以创建自动具备容器链接的用户定义私有网络。配合网络叠加软件，运行在单独主机上的容器能够通过私有网络地址空间在彼此之间路由流量。在 RFC 7348 中描述的虚拟可扩展局域网（Virtual eXtensible LAN,

VXLAN）可以与容器结合，实现高级连网功能。详情参见 Docker 的连网文档。

25.2.8 存储驱动程序

UNIX 和 Linux 系统提供了多种方式来实现联合文件系统。在这方面，Docker 是技术中立的（technology-agnostic），它通过你选择的存储驱动程序过滤所有的文件系统操作。

存储驱动程序是作为 docker daemon 运行选择的一部分进行配置的。存储引擎的选择对于性能和可靠性有着重要的影响，尤其是在支持大量容器的生产环境中。表 25.2 显示了当前可选的驱动程序。

表 25.2 Docker 存储驱动程序

驱动程序	描述及评论
aufs	原始的 UnionFS 的二次实现 最初的 Docker 存储引擎 Debian 和 Ubuntu 的默认驱动程序 因为不属于主流 Linux 内核的组成部分，如今已过时
btrfs	采用 Btrfs 写时复制文件系统（参见 20.13 节） 稳定，属于主流 Linux 内核的组成部分 在部分发行版中采用，带有点实验性质
devicemapper	RHEL/CentOS 6 的默认驱动程序 强烈推荐直接 LVM 模式（direct LVM mode），但要做一些配置 好好研究 Docker 的 devicemapper 文档
overlay	基于 OverlayFS 被视为 AuFS 的替代品 如果加载了 overlay 内核模块，则作为 CentOS 7 的默认驱动程序
vfs	并非真正的联合文件系统 速度慢但是稳定，适合于某些生产环境 适合于验证概念或作为测试之用
zfs	采用 ZFS 写时复制文件系统（参见 20.12 节） FreeBSD 的默认驱动程序 在 Linux 上被视为实验性的

VFS 实际上禁用了联合文件系统。Docker 为每个容器都创建了完整的镜像副本，导致了更多的磁盘占用量和更长的容器启动时间。但这种实现既简单又稳健。如果你的用例涉及长期存在的容器，VFS 是一种靠得住的选择。不过我们还没碰到过在生产环境中使用 VFS 的站点。

Btrfs 和 ZFS 也不是真正的联合文件系统。但是，它们有效且可靠地实现了叠加，这是因为其原生支持写时复制文件系统复制。Docker 对于 Btrfs 和 ZFS 的支持目前仅限于少数特定的 Linux 发行版（还有 FreeBSD，适用于 ZFS），但这些都是在以后值得关注的不错选择。针对容器系统的文件系统魔法越少越好。

存储驱动程序选择是一个微妙的话题。除非你或你团队中有人对其中某个文件系统了如指掌，我们建议你坚持使用发行版的默认选择。更多信息参见 Docker 存储驱动程序文档。

25.2.9 dockerd 选项编辑

对 dockerd 的设置做一些修改是铁定少不了的。调整选项包括存储引擎、DNS 选项，以及保存镜像和元数据的基础目录。执行 dockerd -h 以查看完整的参数列表。

你可以使用 docker info 检查正在运行的守护进程的配置。

```
centos# docker info
Containers: 6
  Running: 0
  Paused: 0
  Stopped: 6
Images: 9
Server Version: 1.10.3
Storage Driver: overlay
  Backing Filesystem: xfs
Logging Driver: json-file
Plugins:
  Volume: local
  Network: bridge null host
Kernel Version: 3.10.0-327.10.1.el7.x86_64
Operating System: CentOS Linux 7 (Core)
OSType: linux
Architecture: x86_64
```

这是个检查定制配置是否生效的好地方。

Docker 管理守护进程的方法和标准输出原生的 init 系统一致，包括设置启动选项。例如，在使用 systemd 的发行版中，下列命令用于编辑 Docker 服务单元，设置了非默认的存储驱动程序、一组 DNS 服务器，以及用于桥接网络的自定义地址空间。

```
$ systemctl edit docker
[Service]
ExecStart=
ExecStart=/usr/bin/docker daemon -D --storage-driver overlay \
  --dns 8.8.8.8 --dns 8.8.4.4 --bip 172.18.0.0/19
```

多出来的那个 ExecStart=并不是错误。这是 systemd 风格的写法，用于清除默认设置，确保新定义和所示的一模一样。编辑完成之后，使用 systemctl 重启守护进程，检查变更。

```
centos$ sudo systemctl restart docker
centos$ sudo systemctl status docker
  docker.service
     Loaded: loaded (/etc/systemd/system/docker.service; static;
       vendor preset: disabled)
  Drop-In: /etc/systemd/system/docker.service.d
           └─override.conf
   Active: active (running) since Wed 2016-03-09 23:14:56 UTC; 12s ago
 Main PID: 4328 (docker)
   CGroup: /system.slice/docker.service
           └─4328 /usr/bin/docker daemon -D --storage-driver overlay
     --dns 8.8.8.8 --dns 8.8.4.4 --bip 172.18.0.0/19
...
```

对于运行着 upstart 的系统，在/etc/default/docker 中配置守护进程选项。对于采用 SysV 风格的 init 的旧系统，使用/etc/sysconfig/docker。

默认情况下，dockerd 在位于/var/run/docker.sock 的 UNIX 域套接字上侦听来自 docker 的连接。要想将守护程序设置为侦听 TLS 套接字，使用守护程序选项-H tcp://0.0.0.0:2376。有关如何设置 TLS 的更多详细信息，参见 25.3.2 节。

25.2.10 构建镜像

你可以通过构建包含应用程序代码的镜像实现自有应用的容器化。构建过程的第一步是先有一个基础镜像。添加应用程序时，将改动作为新的叠加层提交，然后保存镜像到本地镜像数据库。

接下来可以从镜像中创建容器。你也可以将镜像推送到 registry，使其他运行 Docker 的系统也能够访问到。

镜像的每一层是由其内容的加密散列来标识的。作为一种验证系统，散列能够让 Docker 确认镜像内容没有遭到损坏或恶意修改。

1. 选择基础镜像

在创建自定义镜像之前，先选择一个适合的基础镜像。关于基础镜像选择的经验是个头越小越好。基础镜像中应该仅包含软件运行所需的内容。

许多官方镜像都是基于一款名为 Alpine Linux 的发行版，其大小仅为 5 MB，但其中所包含的库可能与某些应用程序不兼容。Ubuntu 镜像比较大，有 188 MB，不过相较于典型的服务器安装还算是小了。你也许能找到已经配置好应用程序运行时组件的基础映像。最常见的程序设计语言、运行时和应用平台都有默认的基础映像。

在做出最终决定之前，全面审查你的基础镜像。检查其 Dockerfile（参见下一节）和任何不明显的依赖关系，以免出现意外。基础镜像可能有一些出人意料的要求或包含易受攻击的软件版本。在某些情况下，你可能得复制基础镜像的 Dockerfile 并根据需要重新构建。

dockerd 下载镜像时只会下载还没有的那些层。如果所有的应用使用的基础层都一样，那么 dockerd 就不用下载那么多的数据，容器首次运行的启动速度就更快。

2. 根据 Dockerfile 构建镜像

Dockerfile 是镜像的构建操作清单。它包含了一系列指令和 shell 命令。docker build 命令读取 Dockerfile，按顺序执行指令，将结果提交为镜像。拥有 Dockerfile 的软件项目通常将其保存在 Git 仓库的根目录下，以便于构建包含该软件的新镜像。

Dockerfile 中的第一条指令指定了基础镜像。后续的每条指令提交对新的叠加层的改动，新层又作为下一条指令的基础。每个层都只包含前一层的更改。联合文件系统合并这些层，创建出容器的根文件系统。

下面为 Debian 构建官方 Nginx 映像的 Dockerfile。

```
FROM debian:jessie
MAINTAINER NGINX Docker Maintainers "docker-maint@nginx.com"
ENV NGINX_VERSION 1.10.3-1~jessie
RUN apt-get update \
    && apt-get install -y ca-certificates nginx=${NGINX_VERSION} \
    && rm -rf /var/lib/apt/lists/*
# forward request and error logs to docker log collector
RUN ln -sf /dev/stdout /var/log/nginx/access.log \
    && ln -sf /dev/stderr /var/log/nginx/error.log
EXPOSE 80 443
CMD ["nginx", "-g", "daemon off;"]
```

Nginx 使用 debian:jessie 镜像作为基础。在声明过维护人员之后，文件设置了环境变量（Nginx_VERSION），该变量可用于 Dockerfile 中所有后续指令以及该镜像被构建和实例化之后，运行在容器内的所有进程。重活儿都是第一条 RUN 指令完成的，它负责从软件包仓库中安装 Nginx。

在默认情况下，Nginx 将日志发送到/var/log/nginx/access.log，但容器的惯例是将日志发送到 STDOUT。在最后的 RUN 指令中，维护人员使用符号链接将 access.log 重定向到 STDOUT 设备文件。同样，error.log 被重定向到容器的 STDERR。

EXPOSE 命令告诉 dockerd 容器侦听的端口。所侦听的端口可以在容器运行时使用 docker run 的-p 选项做出更改。

Nginx Dockerfile 中最后一条指令是 dockerd 启动容器时应该执行的第一条命令。在这个例子中，容器将 Nginx 作为前台进程运行。

有关 Dockerfile 常见指令的概述，参见表 25.3。Docker 的参考手册是这方面的权威文档。

表 25.3 Dockerfile 指令的缩写列表

指令	作用
ADD	将构建主机（build host）的文件复制到镜像[a]
ARG	设置可在构建期间引用但不能从最终镜像中引用的变量，并非为了保密
CMD	设置在容器中执行的默认命令
COPY	类似于 ADD，不过仅用于文件和目录
ENV	设置环境变量，可用于后续所有的构建指令和从该镜像生成的容器
EXPOSE	告知 dockerd 容器所侦听的网络端口
FROM	设置基础镜像，必须是第一条指令
LABEL	设置镜像标签（使用 docker inspect 查看）
RUN	运行命令并将结果保存在镜像中
STOPSIGNAL	指定在使用 docker stop 退出时发送给进程的信号，默认为 SIGKILL
USER	设置运行容器和后续构建指令要使用的账户名
VOLUME	指定用于存储持久性数据的卷
WORKDIR	设置后续指令的默认工作目录

注：a. 复制源可以是文件、目录、归档文件或远程 URL。

3. 编写 Dockerfile

我们可以使用一个非常简单的 Dockerfile 来构建一个衍生版的 Nginx 镜像，向其中添加自定义的 index.html，替换官方镜像中的默认文件。

```
$ cat index.html
<!DOCTYPE html>
<title>ULSAH index.html file</title>
<p>A simple Docker image, brought to you by ULSAH.</p>
$ cat Dockerfile
FROM nginx
# Add a new index.html to the document root
ADD index.html /usr/share/nginx/html/
```

除了自定义的 index.html，我们的新镜像和基础镜像一模一样。下面我们来构建这个自定义镜像。

```
# docker build -t nginx:ulsah .
Step 1 : FROM nginx
 ---> fd19524415dc
Step 2 : ADD index.html /usr/share/nginx/html/
 ---> c0c25eaf7415
Removing intermediate container 04cc3278fdb4
Successfully built c0c25eaf7415
```

我们使用带有-t nginx:ulsah 的 docker build 创建镜像，其名称为 nginx，标签为 ulsah，以便能和官方的 Nginx 镜像区分开。末尾的点号告诉 docker build 到哪里去搜索 Dockerfile（在这个例子中是当前目录）。

现在我们可以运行镜像，看看自定义的 index.html。

```
# docker run -p 80:80 --name nginx-ulsah -d nginx:ulsah
$ curl localhost
```

```
<!DOCTYPE html>
<title>ULSAH index.html file</title>
<p>A simple Docker image, brought to you by ULSAH.</p>
```

可以通过运行命令 docker images 来检查我们的镜像是否在本地镜像中。

```
# docker images | grep ulsah
REPOSITORY     TAG         IMAGE ID        CREATED           SIZE
nginx          ulsah       c0c25eaf7415    3 minutes ago     134.6 MB
```

要想删除镜像，运行 docker rmi。只有在停止镜像并删除其所使用的容器之后才能删除镜像。

```
# docker ps | grep nginx:ulsah
IMAGE          COMMAND                    STATUS           PORTS
nginx:ulsah    "nginx -g 'daemon off"    Up 37 seconds    0.0.0.0:80->80/tcp
# docker stop nginx-ulsah && docker rm nginx-ulsah
nginx-ulsah
nginx-ulsah
# docker rmi nginx:ulsah
```

docker stop 和 docker rm 都会回显各自所影响到的容器的名称，这就是为什么“nginx-ulsah”会显示两次的原因。

25.2.11　registry

registry 是 dockerd 能够通过 HTTP 访问到的 Docker 镜像索引。如果所请求的镜像在本地磁盘上不存在，dockerd 会从 registry 拉取。docker push 可以将镜像上传到 registry。尽管镜像操作是由 docker 命令发起的，但实际上只有 dockerd 能够接触到 registry。

Docker Hub 是 Docker,Inc.运营的托管 registry 服务。它托管了众多发行版和开源项目的镜像，其中包括我们所有的示例 Linux 系统。这些官方镜像的完整性通过内容信任系统进行验证，确保了你所下载的镜像的确是由所示的供应商提供的。你还可以将自己的镜像发布到 Docker Hub 以供其他人使用。

任何人都可以从 Docker Hub 下载公共镜像，但订阅用户还可以创建私有仓库。拥有 Docker Hub 的付费账户之后，使用 docker login 从命令行登录来访问私有 registry，以便推送和拉取自己的定制映像。只要 GitHub 仓库检测到提交，就能够触发镜像构建。

Docker Hub 并不是唯一的基于订阅的 registry。其他还包括 quay.io、Artifactory、Google Container Registry、Amazon EC2 Container Registry。

Docker Hub 为更大的镜像生态系统做出了慷慨捐助，如果没有特殊需求，选用其作为默认 registry 肯定没错。例如：

```
# docker pull debian:jessie
```

该命令首先会查找镜像的本地副本。如果没有可用的本地镜像，下一步就是 Docker Hub。可以在镜像规范中加入主机名或 URL，以此告诉 docker 使用其他 registry。

```
# docker pull registry.admin.com/debian:jessie
```

与此类似，当构建镜像，向自定义的 registry 推送时，你必须使用该 registry 的 URL 作为标签，在推送之前还得进行认证。

```
# docker tag debian:jessie registry.admin.com/debian:jessie .
...
# docker login https://registry.admin.com
Username: ben
Password: <password>
# docker push registry.admin.com/debian:jessie
```

Docker 将登录的细节信息保存在主目录下名为.dockercfg 的文件中，这样一来，当你以后再跟私有 registry 打交道时就无须再登录了。

出于性能或安全原因，你可能更喜欢运行自己的镜像 registry。registry 项目是开源的，一个简单的 registry 很容易作为容器运行。①

```
# docker run -d -p 5000:5000 --name registry registry:2
```

registry 服务现在运行在端口 5000。你可以加上要查找的镜像名称，从中拉取镜像。

```
# docker pull localhost:5000/debian:jessie
```

registry 实现了两种认证方法：token 和 htpasswd。token 将认证授权给外部程序，这可能需要定制开发。htpasswd 更为简单，允许使用 HTTP 基本认证访问 registry。或者，也可以设置代理（例如，Nginx）来处理认证。一定要自始至终使用 TLS 运行 registry。

默认的私有 registry 配置并不适合大规模部署。生产用途要考虑存储空间、认证和授权、镜像清理，以及其他维护任务。

随着容器化环境的扩展，registry 将会被新镜像所淹没。对于在云端工作的用户，像 Amazon S3 或 Google Cloud Storage 之类的对象存储是存储所有数据的一种可能方式。registry 对这两种服务提供了原生支持。

还有更好的，你可以将 registry 功能外包给所选择的云平台中内置的 registry，这样就省了一份心。Google 和 Amazon 都运营着托管容器 registry 服务。存储，以及上传和下载镜像所消耗的网络流量是要付费的。

25.3　容器实践

一旦你对容器的一般工作方式感到满意，你就会发现在容器化的世界里，某些管理事务需要用不同的方式来处理。例如，如何管理容器化应用的日志文件？有哪些安全事项？如何排错？

下面给出了一些经验法则，帮助你调整容器的用法。

- 当任务需要运行调度作业时，不要在容器中使用 cron。使用主机中的 cron 守护进程（或者 systemd 计时器）来调度短期容器，由其运行指定作业，然后退出。容器的本意就是一次性的。
- 需要登录检查进程在做什么？别在容器内运行 sshd。使用 ssh 登录主机，然后使用 docker exec 打开一个交互式 shell。
- 如果可能，设置软件可以从环境变量接收其配置信息。使用 docker run 的选项-e KEY=value 将环境变量传给容器。或者使用--env-file filename 在单独的文件中一次性设置多个变量。
- 忽略通常已经无用的建议“一个容器一个进程。”这种说法完全是无稽之谈。仅在有意义的情况下才将多个进程拆分到单独的容器中。例如，分别在单独的容器中运行应用及其数据库服务器是个不错的主意，因为两者有着明确的架构分界。但只要合适，在单个容器中出现多个进程也完全没问题。善用常识来判断。
- 专注于为所在环境自动创建容器。编写脚本来构建映像并将其上传到 registry。确保软件部署过程涉及更换容器，而不是就地更新。
- 注意，避免维护容器。如果你手动访问容器来修复问题，确定问题所在，在镜像中将其解决，然后替换掉容器。如有必要，立即更新你的自动化工具。

---

① registry:2 标签将最新的 registry 与先前版本区分开来，后者实现的 API 与当前版本的 Docker 不兼容。

- 搞不定了？到 Docker 用户邮件列表、Docker Community Slack 或者 freenode 的#docker IRC 频道上提问。

应用程序正常工作所需要的一切应该都能在其容器中找到：文件系统、网络访问、内核工具。在容器中运行的进程仅限于你启动的那些。运行普通的操作系统服务（如 cron、rsyslogd、sshd）的容器并不常见，不过这么做也是完全可以的。不过这些活儿最好还是留给主机操作系统去做。如果你发现需要在容器中使用这些服务，重新考虑一下你的问题，看看是否能够以更加容器友好（container-friendly）的方式来解决。

25.3.1 日志记录

UNIX 和 Linux 应用传统上都是用 syslog（现在是 rsyslogd 守护进程）来处理日志消息。syslog 处理日志过滤、排序、路由到远程系统。有些应用不使用 syslog，而是直接向日志文件写入。

容器并不运行 syslog。相反，Docker 通过日志记录驱动程序来收集日志。容器只用将日志写入 STDOUT，将错误写入 STDERR。Docker 收集这些消息并将其发送到可配置的目的地。

如果软件只支持向文件中写入日志，采用和 25.2.10 节中 Nginx 示例相同的技术：在构建镜像时创建日志文件到/dev/stdout 和/dev/stderr 的符号链接。

Docker 将接收到的日志转发到可选择的日志记录驱动程序。表 25.4 列出了一些比较常见和有用的日志记录驱动程序。

表 25.4 Docker 日志记录驱动程序

驱动程序	作用
json-file	将 JSON 日志写入守护进程的数据目录（默认）[a]
syslog	将日志写入可配置的 syslog 目的地[b]
journald	将日志写入 systemd 日志[a]
gelf	以 Graylog 扩展日志格式（Graylog Extended Log Format）写入日志
awslogs	将日志写入 AWS CloudWatch 服务
gcplogs	将日志写入 Google Cloud Logging
none	不收集日志

注：a. 以该方式保存的日志项可以通过 docker logs 命令访问。

b. 支持 UDP、TCP、TCP+TLS。

如果使用 json-file 或 journald，你可以在命令行中通过 docker logs container-id 访问日志数据。

你可以使用 dockerd 的--log-driver 选项设置默认的日志记录驱动程序。也可以在容器运行时使用 docker run --logging-driver 分配日志记录驱动程序。有些驱动程序接受额外的选项。例如，--log-opt max-size 选项可以为 json 文件驱动程序配置日志文件轮替。该选项能够避免日志文件把磁盘塞满。完整的细节信息可参见 Docker 日志记录文档。

25.3.2 安全建议

容器安全依赖于容器内的进程无法访问其所在沙盒之外的文件、进程，以及其他资源。能够让攻击者逃脱容器的漏洞（称为突破攻击），非常严重，但也很少见。至少从 2008 年开始，容器隔离的支撑代码就一直位于 Linux 内核之中，成熟且稳定。与裸机或虚拟化系统一样，相较于隔离层的漏洞，危害更多来自于不安全的配置。

Docker 维护了一个能够通过容器化和不能通过容器化缓解的已知软件漏洞列表，值得关注。

参见 Docker 官方文档。

1. 限制访问守护进程

保护 docker 守护进程是重中之重。因为 dockerd 运行时必须提升权限，对于能够访问该守护进程的用户来说，可以轻而易举地得到访问主机的完整 root 权限。

下面的命令序列演示了这种风险。

```
$ id
uid=1001(ben) gid=1001(ben) groups=1001(ben),992(docker)
# docker run --rm -v /:/host -t -i debian bash
root@e51ae86c5f7b:/# cd /host
root@e51ae86c5f7b:/host# ls
bin   dev  home  lib64  mnt  proc  run   srv  test  usr
boot  etc  lib   media  opt  root  sbin  sys  tmp   var
```

结果表明 docker 组的任何用户都能将主机的根文件系统挂载到容器中，而且完全可以控制其中的内容。这还只是通过 Docker 提权的众多可能方式中的一种。

如果使用默认 UNIX 域套接字与守护进程通信，仅将可信用户添加到能够访问套接字的 docker 组。更好的做法是通过 sudo 控制访问。

2. 使用 TLS

我们之前就说过，在这里还要再说一遍：如果 docker 守护进程必须接受远程访问（dockered -H），要求使用 TLS 加密网络通信并相互认证客户端和服务器。

设置 TLS 涉及由证书授权机构（certificate authority）向 docker 守护程序和客户端颁发证书。只要密钥对和证书授权机构到位，为 docker 和 dockerd 启用 TLS 其实只用提供正确的命令行参数即可。表 25.5 列出了基本设置。

表 25.5　　docker 和 dockerd 常见的 TLS 参数

参数	含义
--tlsverify	要求认证
--tlscert [a]	已签名证书的路径
--tlskey [a]	私钥路径
--tlscacert [a]	受信机构的证书路径

注：a. 可选。默认位置是~/.docker/{cert,key,ca}.pem。

TLS 的成功运用依赖于成熟的证书管理过程。证书的颁发、撤销和到期只是需要注意的其中一小部分问题。重担都在具备安全意识的管理员肩上。

3. 以非特权用户身份运行进程

容器中的进程应该像在完整的操作系统中那样以非特权用户身份运行。这种做法限制了攻击者发起突破攻击的能力。在编写 Dockerfile 时，使用 USER 指令以指定的用户账户身份运行镜像中后续的命令。

4. 使用只读根文件系统

为了进一步限制容器，可以指定 docker run --read-only，以此限制容器只能使用只读根文件系统。对于从来不需要写入操作的无状态服务来说，这种方式效果不错。你也可以挂载进程能够修改的可读/写卷，但同时保留根文件系统为只读。

5. 能力限制

Linux 内核定义了 40 种可分配给进程的不同能力。默认情况下，Docker 容器可被授予其中一大部分能力。你甚至能够在启动容器时使用--privileged 选项获得更多能力。但是，该选项会禁用

Docker 所带来的许多隔离优势。你可以使用--cap-add 和--cap-drop 选项调整可用于容器化进程的特定能力。

```
# docker run --cap-drop SETUID --cap-drop SETGID debian:jessie
```

你也可以丢弃掉所有的能力，只添加所需要的那些。

```
# docker run --cap-drop ALL --cap-add NET_RAW debian:jessie
```

6. 安全镜像

Docker 内容信任特性验证 registry 中镜像的真实性和完整性。镜像的发布者使用密钥对镜像签名，registry 使用相应的公钥对其进行验证。该过程可确保镜像的确是由预期的创建者生成。你可以使用内容信任来签名自己的镜像或验证远程 registry 中的镜像。该特性可用于 Docker Hub 和某些第三方 registry，例如 Artifactory。

遗憾的是，Docker Hub 中的大部分内容都未经过签名，不应该被视为可信。的确，Docker Hub 的多数镜像从未以任何方式打过补丁、更新或是审查过。

很多 Docker 镜像缺少与之关联的正确的信任链，这代表了 Internet 上普遍可悲的安全现状。软件包所依赖的第三方库极少或根本没考虑过内容可信性，这已经是司空见惯的事情了。有些软件仓库根本没有加密签名。积极鼓吹放弃验证的文章也不少见。负责的系统管理员应该对未知和不可信的软件仓库持高度怀疑的态度。

25.3.3 调试与排错

伴随容器而来的是晦涩难懂的调试技术，着实令人发指。当应用被容器化后，其症状会变得更难以表征，根源更加扑朔迷离。很多应用不用修改就能运行在容器中，但在某些场景下，也许会出现不同的行为。你可能还会碰上 Docker 自身的 bug。本节将帮助你渡过这些险滩。

错误往往会在日志文件中现身，所以第一个要查找线索的地方就是日志。使用 25.3.1 节中的建议来配置容器日志记录，如果碰到问题，自始至终记得审查日志。

如果运行的容器出现问题，尝试使用下列命令打开一个交互式 shell。

```
docker exec -ti containername bash
```

然后可以尝试重现问题，检查文件系统的证据，查找配置错误。

如果你发现错误与 docker 守护进程有关或是启动该守护进程有麻烦，请在 GitHub 网站的 moby 页面中搜索问题列表。也许其他人已经遇到过同样的问题，他们中可能有人已经给出了修正或解决方法。

Docker 不会自动清理镜像或容器。如果置之不理，这些遗留产物可能会消耗过多的磁盘空间。如果能够预测出容器的工作负载，运行 docker system prune 和 docker image prune 来配置 cron 作业进行清理。

一个相关的烦人事是“悬空”（dangling）卷，这种卷曾经附着在某个容器上，但是该容器后来被删除了。卷独立于容器，因此卷中的文件将继续占用着磁盘空间，直到卷被销毁。你可以使用下列命令清除掉这些孤立的卷。

```
# docker volume ls -f dangling=true # List dangling volumes
# docker volume rm $(docker volume ls -qf dangling=true) # Remove 'em
```

你所依赖的基础镜像在其 Dockerfile 中可能会有 VOLUME 指令。如果你没注意到，在运行了该镜像的几个容器之后，搞不好会把整个磁盘都给填满了。docker inspect 可以显示出与某个容器相关联的卷。

```
# docker inspect -f '{{ .Volumes }}' container-name
```

25.4 容器集群与管理

容器化的一大承诺就是能够将众多应用聚集到相同的主机上，同时避免相互之间的依赖和冲突，提高服务器的使用效率。这听起来挺有吸引力，但是Docker引擎只负责单个容器，如何以高可用配置在分布式主机上运行大量容器，它无法回答这种宽泛的问题。

像Chef、Puppet、Ansible、Salt这样的配置管理工具全都支持Docker。它们可以确保主机按照声明的配置运行一组容器。另外还支持镜像构建、registry接口、网络和卷管理，以及其他与容器相关的杂务。这些工具实现了容器配置的集中化和标准化，但无法解决跨服务器网络部署多个容器的问题。（注意，虽然配置管理系统有助于各种与容器相关的任务，但极少需要在容器内部使用配置管理。）

对于网络范围的容器部署，需要使用容器编排软件，也称为容器调度或容器管理软件。有一整套的开源和商业工具可用于处理大批量的容器。这种工具对于在生产环境中大规模运行容器尤为重要。

要想理解这些系统的工作原理，不妨将网络上的服务器想象成算力农场（a farm of compute capacity）。农场中的每个节点向调度器提供CPU、内存、磁盘，以及网络资源。如果调度器接收到运行容器（或一组容器）的请求，它会将容器放置在拥有能够充分满足容器资源需求的节点上。因为调度器清楚容器被放置的位置，因而也能够帮助将网络请求路由到集群中正确的节点。管理员和容器管理系统打交道，不处理任何单独的容器引擎。图25.4演示了这种架构。

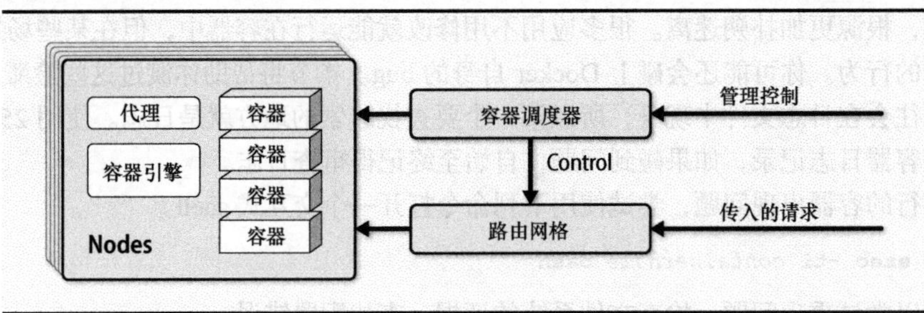

图25.4 容器调度器的基本架构

容器管理系统提供了一些有用的特性。

- 调度算法根据作业所请求的资源和集群的利用率选择最佳节点。例如，具有高带宽需求的作业可能会被放置在配备了10 Gbit/s网络接口的节点上。
- 正规的API允许程序向集群提交作业，为集成外部工具打开了方便之门。很容易将容器管理系统与CI/CD系统结合起来，简化软件部署。
- 容器放置能够适应高可用性配置的需求。例如，应用可能需要在多个不同地理区域中的主机节点上运行。
- 内建了健康监控。该系统能够终止并重新调度健康状态不佳的作业，使作业离开不健康的节点。
- 易于增减算力。如果农场没有足够的可用资源满足需求，只用增加节点即可。这种功能尤其适合云环境。
- 容器管理系统能够配合负载均衡器对外部客户端的网络流量进行路由。该功能避免了手动配置容器化应用的网络访问时的复杂管理过程。

分布式容器系统最具挑战性的任务之一就是将服务器映射到容器。别忘了，容器在本质上大多都是临时性的，可能还会有动态分配的端口。你该如何将一个友好的、持久的服务名称分配给多个容器，尤其是在节点和端口频繁变化的情况下？这个问题被称为服务发现，容器管理系统有各种解决方案。

在深入编排工具之前，熟悉底层容器执行引擎是有帮助的。我们知道的所有容器管理系统全都依赖 Docker 作为默认的容器执行引擎，不过有些系统也支持其他引擎。

25.4.1 容器管理软件简介

尽管相对年轻，我们下面要讨论的这些容器管理软件可谓是少年老成，可视为生产级别。事实上，其中不少已经用于知名的大型科技公司的生产中。它们大多数都是开源软件，坐拥用户数量可观的社区。根据最近的趋势，我们预计未来几年内该领域将取得实质性的发展。

在接下来的几节中，我们重点介绍使用最为广泛的系统的功能和特性，另外还提及了它们的集成点和常见用例。

25.4.2 Kubernetes

Kubernetes（有时候简称为“k8s”，因为首字母“k”和尾字母“s”之间共有 8 个字母）已经成为了容器管理领域的领头羊。它源自 Google，由 Borg（Google 内部的集群管理器）的部分开发人员一手打造。Kubernetes 于 2014 年作为开源项目发布，如今已经有超过千名的活跃贡献者。在我们所知的系统中，它的特性最多，开发周期最快。

Kubernetes 由几个单独的服务组成，这些服务集成在一起形成了一个集群。基本构建块包括：

- API 服务器，用于操作员请求；
- 调度器，用于放置任务；
- 控制器管理器（controller manager），用于跟踪集群状态；
- Kubelet，在所有集群节点上运行的代理（agent）；
- cAdvisor，用于监控容器指标；
- 代理（proxy），用于将传入请求路由到适合的容器。

该列表中的前 3 项运行在 master 节点上（也可以作为普通节点，承担双重责任），以实现高可用性。Kubelet 和 cAdvisor 进程运行在各个节点上，处理来自控制器管理器的请求，报告其任务的健康状态统计。

在 Kubernetes 中，容器被作为“pod”（其中包含一个或多个容器）进行部署。pod 中的所有容器保证共同位于相同的节点。Pod 所分配到的 IP 地址在集群范围内是唯一的，出于标识和放置的目的，还会对其进行标记。

pod 并未打算长期存在。如果节点死亡，控制器会在其他节点上使用新的 IP 地址安排其他替换 pod。因此，你不能使用 pod 的地址作为持久的名称。

服务是相关 pod 的集合，其地址保证不会更改。如果服务中的某个 pod 死亡或未能通过健康状况检查，服务会从其轮替中删除该 pod。你也可以使用内置 DNS 服务器为服务分配可解析的名称。

Kubernetes 集成了对于服务发现、私密管理、部署，以及 pod 自动扩展的支持。它具有连网可选项，能够启用容器网络叠加。Kubernetes 能够根据需要在节点之间迁移卷，以此支持状态化应用。其命令行工具 kubectl 是我们用过的最直观的工具之一。长话短说，它还有更多的高级特性，我们无法在这短短的一节中逐一介绍。

尽管 Kubernetes 拥有最活跃、最投入的社区，以及最高级的特性，但伴随这些资源的是陡峭的学习曲线。近来的版本已经改善了新手的体验，但是功能完善的定制化 Kubernetes 部署可是需要勇气的。生产环境的 k8s 部署施加了巨大的管理和运维负担。

Google Container Engine 服务是通过 Kubernetes 实现的，它为那些希望运行容器化工作负载，同时又无须集群管理运维开销的团队提供了最佳体验。

25.4.3 Mesos 与 Marathon

Mesos 是完全不同的一类。它作为一个通用的集群管理器于 2009 年左右诞生于加州大学伯克利分校。Mesos 迅速在 Twitter 获得了一席之地，它如今运行在数千个节点上。今天，Mesos 是 Apache 基金会的顶级项目，拥有为数众多的企业用户。

Mesos 的主要概念实体包括 master、agent、framework。master 是 agent 和 framework 之间的代理（proxy）。它将系统资源的契约（offer）从 agent 中继到 framework。如果框架有任务要运行，则选择一份契约并指示 master 运行该任务。master 将任务详情发送给 agent。

Marathon 是一个 Mesos framework，负责部署和管理容器。它包括用于管理各种应用的漂亮的用户界面和一个简单的 RESTful API。要想运行应用，需要编写 JSON 格式的请求定义，然后通过 API 或 UI 将其提交给 Marathon。因为 Marathon 是一个外部 framework，所以部署非常灵活。为方便起见，Marathon 可以在与 master 相同的节点上运行，也可以在外部运行。

Mesos 最大的差异化因素就是支持多个 framework 共存。大数据处理工具 Apache Spark 和 NoSQL 数据库 Apache Cassandra 都提供了 Mesos framework，因此允许将 Mesos agent 作为 Spark 或 Cassandra 集群中的节点。Chronos 是一个用于预定作业的 framework，它和 cron 颇为相似，只不过前者运行在集群而非单个机器上。能够在同一组节点上运行如此多的 framework 是一项很不错的特性，有助于为管理员创建统一的集中式体验。

与 Kubernetes 不同，Mesos 可没有自带干粮。例如，负载平衡和流量路由是可选项，取决于你青睐的解决方案。Marathon 包含了实现该服务的工具 Marathon-lb，你也可以选择自己的工具。我们已经使用 HashiCorp 的 Consul 和 HAProxy 取得了成功。具体解决方案的设计和实现就留给管理员作为练习了。

像 Kubernetes 一样，Mesos 需要下功夫思考才能理解并使用。Mesos 及其大多数 framework 依赖 Apache Zookeeper 进行集群协调。Zookeeper 不太容易管理，并且以复杂的故障案例而闻名。除此之外，高可用的 Mesos 群集至少需要 3 个节点，对于某些站点，这也许是个不小的负担。

25.4.4 Docker Swarm

Docker 也不甘人后地推出了 Swarm，这是一个直接内建在 Docker 中的容器集群管理器。Mesos、Kubernetes，以及其他集群管理器在底层都使用 Docker 容器，作为对其日益流行的回应，在 2016 年出现了如今的 Swarm。容器编排现在是 Docker,Inc. 主要的关注点。

Swarm 比 Mesos 或 Kubernetes 容易上手。只要是运行着 Docker 的节点都可以作为 worker 节点加入 Swarm，其他 worker 节点也可以作为管理器。不需要运行单独的节点作为 master 节点。[①] 启动 Swarm 很简单，运行 docker swarm init 即可。无须额外的管理和配置过程，也不用跟踪状态。直接就管用了。

你可以使用熟悉的 docker 命令在 Swarm 上运行服务（和 Kubernetes 中一样，也是容器的集合）。声明你想要达成的状态（用 3 个容器运行我的 Web 应用），Swarm 会在集群上调度任务。它自动处理故障状态并零停机更新。

---

① 严格来说，Kubernetes 和 Mesos 也可以这样做，但我们发现在高可用性配置中将 master 与 agent 分开是一种惯常的做法。

Swarm 内建了负载均衡器，当添加或删除容器时会自动进行调整。Swarm 的负载均衡器并不像 Nginx 或 HAProxy 那样功能完备，不过从另一方面来看，它也不用管理员操心。

Swarm 默认提供安全的 Docker 使用体验。Swarm 中节点之间的所有连接都经过了 TLS 加密，不用管理员进行任何配置。这是 Swarm 相较于竞争对手的一大区别。

25.4.5 AWS EC2 容器服务

AWS 提供了面向 EC2 实例（AWS 的原生虚拟服务器）的容器管理服务 ECS。AWS 推出的 ECS 功能最少，但随着时间的推移稳步增强，这种方式不禁让人联想到很多其他的 Amazon 服务。

ECS 是一种“近乎托管”（mostly managed）的服务。集群管理器组件由 AWS 运营。用户运行已经安装好 Docker 和 ECS 代理的 EC2 实例。代理连接到中央 ECS API 并注册其资源可用性。要想在 ECS 集群上运行任务，通过 API 提交 JSON 格式的任务定义。ECS 然后会在你的其中一个节点上安排任务。

因为服务近乎托管，入门门槛很低。只用几分钟就能上手 ECS。该服务可以很好地扩展到至少数百个节点和数千个并发任务。

ECS 集成了其他 Amazon 服务。例如，多任务之间的负载均衡以及必要服务发现（requisite service discovery）都是由 Application Load Balance 服务处理的。你可以利用 EC2 的自动扩展功能为你的 ECS 集群添加资源容量。ECS 还集成了 AWS 的 Identity and Access Manager 服务，可以授权容器任务与其他服务交互。

ECS 的最亮点之一就是包含了 Docker 镜像 registry。你可以将 Docker 映像上传到 EC2 Container Registry，镜像存储在其中，并且可用于任何 Docker 客户端，无论它是否在 ECS 上运行。如果你在 AWS 上运行容器，请在与实例相同的区域中使用容器 registry。你可以获得远超于其他 registry 的可靠性和性能。

尽管 ECS 的用户界面也能用，但存在和其他 AWS 界面一样的限制。AWS 命令行工具完全支持 ECS API。对于 ECS 上的应用管理，我们建议使用 Empire 或 Convox 等第三方开源工具，以获得更流畅的体验。

第 26 章　持续集成与交付

在过去十年左右的光景中，更新软件是一件费时费力、令人抓狂的活儿。发布过程通常涉及以神秘莫测的顺序调用的临时自制脚本，夹杂着过时的残缺文档。测试（如果存在的话）是由远离开发周期的质量保证团队执行的，而它往往又成为了代码发布的主要障碍。管理员、开发人员、项目经理要为更新发布的最后阶段计划一场长达数日的马拉松。服务中断通常会提前几周安排好。

鉴于这种烦人的场面，一些聪明绝顶的人们站出来去努力改善这种状况也就不足为奇了。毕竟，有人只看到问题，有人看到的却是机会。

首先要提及的就是软件行业的神谕，也是颇具影响力的开发商 ThoughtWorks 的首席科学家 Martin Fowler。在一篇富有洞见的文章中，Fowler 将持续集成（continuous integration）描述为“一种软件开发实践，其中团队成员经常整合他们的工作”，从而消除了软件工作的一个主要痛点，也是一项枯燥的任务：协调在长期独立开发过程中出现明显偏离的代码片段。持续集成的实践如今已经在软件开发团队中普遍存在。

紧随这项创新的是持续交付（continuous delivery），两者在概念上类似，但其指向的目标不同：可靠地将更新的软件部署到工作系统（live system）。持续交付迎合了 IT 基础架构的小型增量更改的发布。如果出现中断（也就是，如果引入了“回归”），那么隔离并解决问题就是一种直截了当的选择了，因为版本之间的改动很小。在极端情况下，有些站点旨在每天多次向用户部署新代码。错误和安全问题数小时内就能解决，再也用不着好几周了。

将两者结合起来，持续集成和持续交付（以后简写为 CI/CD）包含了促进软件和配置频繁增量更新所需的工具和过程。

CI/CD 是 DevOps 哲学的支柱。它是将开发人员和运维人员凝聚在一起的黏合剂。它既是技术创新又是商业资产。一经引入，CI/CD 就将成为 IT 组织的基石，因为它在先前混乱不堪的发布过程中强行施加了逻辑性和组织性。

系统管理是 CI/CD 系统的设计、实现，以及持续管理的中心。管理员安装、配置、操作使 CI/CD 正常运行的工具。他们负责确保软件构建过程快速、可靠。

测试是 CI/CD 的重要元素，尽管管理员可能并不编写测试（虽然有时候也得写！），但他们通常负责设置进行测试所在的基础设置和系统。也许最重要的是，最终还是要靠系统管理员实施部署，即 CI/CD 组件交付。

有效的 CI/CD 系统不是靠单个工具实现的，而是靠一组配合默契的软件来形成一个具有内聚性的环境。数不胜数的开源和商业工具可用来协调 CI/CD 的各种元素。这些协调工具依赖于其他软件包来完成实际工作（例如，编译代码或者设置特定配置中的服务器）。的确，可供选择的实在是太多了，初次接触 CI/CD 的话，直接就会被搞蒙了。别的不说，近来该领域中的工具数量激增，也是 CI/CD 对于行业日益重要的明证。

在本章中，我们尝试在 CI/CD 概念、术语、工具的迷宫中为你指引方向。我们涵盖了 CI/CD 流水线（pipeline）的基础知识、各种类型的测试及其与 CI/CD 的相关性、并行化运行多个环境的实践，以及若干最流行的开源工具。在本章的结尾，我们剖析了一个 CI/CD 流水线示例，其中用到了一些最流行的工具。阅读完本章后，你应该能够理解一些用于创建强大灵活的 CI/CD 系统的原则和技术。

26.1 CI/CD 基础

很多与 CI/CD 相关的术语听起来都差不多，含义也有重叠。所以让我们先仔细了解一下持续集成、持续交付、持续部署之间的区别。

- 持续集成是在共享代码库上进行协作，将不同的代码变更合并到版本控制系统以及自动创建和测试构建的过程。
- 持续交付是在持续集成过程完成后自动将构建部署到非生产环境的过程。
- 持续部署在没有操作人员的干预下，通过部署到服务于真实用户的工作系统来完成闭环。

在没有任何人工监督的情况下进行持续部署有些吓人，但这正是关键所在：其理念在于通过尽可能频繁的部署来减少恐惧因素，消除越来越多的问题，直到团队对测试和工具有足够的信心来实现自动化发布。

持续部署未必非得是所有站点的终极目标。流水线中的任意位置都可能因为合规或风险原因被暂停。如果情况如此，让过程的每个阶段对决策者尽可能的简单，这样的话你仍可以从中受益。每个组织都应该选择自己的边界。

26.1.1 原则与实践

业务敏捷性是 CI/CD 的关键效益之一。持续部署有助于在数分钟或几小时内（不再是几周或几个月）将经过良好测试的特性发布到生产中。因为每一次变更都要立即构建、测试、部署，版本与版本之间的差异要小得多。同时降低了部署风险，在出现问题时缩小错误根源的可能范围。你可能会发现自己每周或者甚至是每天都要发布数次新代码，而不再是每年策划那么几次兴师动众的部署。

CI/CD 强调发布更多的特性，更频繁地发布。只有当开发人员以更小的块编写和提交代码时才能实现这个目标。为了实现持续集成，开发人员需要在运行完本地测试之后，每天至少推送一次代码变更。

对于管理员而言，CI/CD 过程大大减少了在准备工作和完成发布上所花费的时间。另外还减少了当部署无可避免地失败时的调试时间。没有什么事能比看到新特性在无人干预的情况下发布为产品更让人满足了。

下面几节介绍了在制定 CI/CD 过程时要记住的一些基本经验法则。

1. 使用版本控制

应该在源代码控制系统（source control system）中跟踪所有代码。我们推荐 Git，不过还有很多其他选择。大多数软件开发团队都将使用源代码控制视为理所应当的事情。

对于接受“基础设施即代码”概念（如我们在 26.4 节所示）的站点，你可以跟踪与应用并存的基础架构相关代码。甚至还可以在源代码控制系统中存储文档和配置设置。

确保版本控制是单一可信数据源（Single Source Of Truth）。凡事都不要手动管理或是不记录在案。

2. 一次构建，多次部署

CI/CD 流水线始于构建。构建的输出（制品）自生成那刻起就被用于测试和部署。确认特定构建是否已经准备好投入生产的唯一方法就是运行所有针对该构建的测试。将相同的制品（artifact）至少部署到一到两个尽可能符合生产的环境中。

3. 端到端自动化

要想更新可靠且可重现，关键是在没有手动干预的情况下构建、测试、部署代码。哪怕你不打算不断地将代码部署到生产环境中，最终的生产部署步骤也应该在操作人员触发后以完全无人值守的方式运行。

4. 构建每一次集成提交

集成会合并由多个开发人员或开发人员团队做出的变更。产品是一个复合代码库，融合了所有人的更新。

集成不会随意地从开发人员的手中抢走正在进行的工作并将其加入主线代码库，这是自找麻烦。各个开发人员负责管理自己的开发流。当准备妥当时，由开发人员发起集成。集成要尽可能地频繁发生。

通过源代码控制系统进行集成。具体的工作流不尽相同。各个开发人员可能负责将其工作成果合并回主干，或者指定的发布监督人员有可能会一次性集成多个开发人员或团队。合并过程很大程度上是自动化的，不过出现两组变更发生冲突也是常事。这种情况就需要人工干预了。

持续集成背后的理念是向版本控制系统的集成分支发起的提交自动会产生构建。“集成分支”部分很重要，因为源代码控制的用途不止一种。除了作为协作和集成的工具之外，它还可以作为备份系统、正在进行的工作的检查点，以及允许开发人员处理多个更新，同时保持与这些更新相关的变更在逻辑上彼此分离的系统。因此，只有集成分支上的提交才会产生构建。

对于失败的构建，频繁的集成很容易能够跟踪到产生问题的那些行代码。版本控制系统能够确定相关负责人的身份。但是注意：构建失败并不是丢人的事。目标在于再次运行构建。在你的团队中鼓励不抱怨（blame-free）的文化。

5. 分担责任

当出现错误时，需要修复流水线。之前的问题解决后再推送新代码。这相当于挂起工厂中的装配线。在恢复开发工作之前修复构建是整个团队的责任。

CI/CD 不应该是运行在后台，出岔子时偶尔发送电子邮件的神秘系统。每位团队成员都应该能够访问 CI/CD 界面、浏览仪表板（dashboard）和日志。有些站点会创建些幽默的小部件，例如 RGB 照明灯具，用作流水线当前状态的可视化指示器。

6. 快速构建，快速修复

CI/CD 旨在将代码推送到源代码控制系统之后尽快产生反馈，数分钟内最为理想。这种快速响应保证了开发人员关注结果。如果构建失败，开发人员也许能够快速修复问题，因为他们刚刚提交的变更在脑子里还清晰着呢。而缓慢的构建过程适得其反。努力消除掉多余和耗时的步骤。确保构建系统拥有足够的代理（agent），并且有充足的系统资源可供代理快速构建。

7. 审计与核实

CI/CD 系统的组成部分包括每个软件发布的详细历史记录，其中包含从开发到生产的全过程。这种可审计性有助于确保只有授权过的构建才能被部署。能够无可否认地核实每个与环境相关的设置和事件时间线。

26.1.2 环境

应用并不是封闭运行的。它们依赖于各种外部资源，例如数据库、缓存、网络文件系统、DNS 记录、远程 HTTP API、其他应用，以及外部网络服务。执行环境包括所有这些资源和应用运行所需的其他东西。建立和维护这样的环境要耗费大量管理注意力。

大多数站点至少采用了 3 种环境，下面依照重要程度依次递增的顺序列出了这些环境。

- 开发环境（简称“dev”），用于集成来自多个开发人员的更新、测试基础设施改动，以及检查明显的故障。
- 预发布环境（stage），用于手动和自动化测试以及进一步审查变更和软件更新。有些组织称其为“测试”环境。测试人员、产品所有方和其他业务参与人使用阶段化环境来复审新特性和修复错误。该环境还可以用于渗透测试和其他安全检查。
- 生产环境（prod），用于为真实用户实现服务。生产环境通常包括广泛的措施以确保高性能和强健的安全性。生产中断是一种必须立即解决的紧急情况。

典型的 CI/CD 系统连续地逐个通过这些环境来推进软件，同时过滤出错误和软件缺陷。你可以信心满满地将软件部署到生产环境，因为你知道每一处变更都已经在其他两个环境中经过了测试。

环境平等（environment parity）对于管理员而言是一个有些复杂的主题。 非生产或“下游”（lower）环境的目的是在投入生产之前准备和仔细检查所有类型的变更。环境之间的实质性差异会导致无法预见的不兼容性，最终可能造成性能下降、停机甚至数据损坏。

举例来说，假设开发环境和预发布环境升级了操作系统，但是产品环境仍旧运行的是旧版本的操作系统。好了，该部署软件了。新软件在开发环境和预发布环境中经过全面测试，看起来工作得还不错。但是，在首次进入生产环境时就出现了意外的不兼容性，因为某个库的旧版本缺少新代码使用的功能。

这种场景司空见惯。这也是为什么管理员必须时刻警惕、保持环境同步的原因之一。下游环境与生产环境的匹配程度越接近，维持高可用性以及顺利交付软件的概率就越高。

满载运行多个环境既昂贵又耗时。因为生产环境比下游环境服务的用户数量多得多，通常必须在生产环境中运行大量更昂贵的系统。生产数据集往往更大，需要相应地扩大磁盘空间和服务器规模。

即便是环境之间的这种差异也会造成想不到的问题。在开发环境或预发布环境中无关紧要的负载均衡器配置错误也许会暴露出缺陷，或者是在开发环境和预发布环境中运行速度飞快的数据库查询，当应用于产品规模的数据时，结果可能要慢得多。

匹配下游环境的生产能力是一个棘手的问题。努力创建一个下游环境，使其在所有与生产环境相同的位置上都具备冗余（例如，多个 Web 服务器、全复制的数据库，以及匹配的集群系统失效备援策略)。尽管用于检查性能而进行的任何测试都不会反映生产数量，预发布服务器的规模小一些也没问题。

为了得到最好的结果，下游环境的数据集在大小和内容上应该和生产环境中的类似。一种策略是创建所有生产相关数据的夜间快照，将其复制到下游环境中。为了合规性和良好的安全卫生，在实施该策略之前，敏感的用户数据必须先进行匿名化。对于大得实在无法复制的数据集，可以导入小一些但仍然有意义的样本。

不管你如何竭尽全力，下游环境都不可能和生产环境一模一样。有些配置设置（例如，凭证、URL、地址、主机名）不会相同。使用配置管理跟踪环境间的配置项。当 CI/CD 系统运行部署时，查询你的可信数据源，找出该环境的相关配置，确保以相同的方式部署所有环境。

26.1.3 特性标志

特性标志可以根据配置设置的值来启用或禁用某种应用特性。开发人员能够将特性标志支持构建到软件中。你可以使用特性标志在特定版本中启用某些特性。例如，为预发布环境启用某特性，同时在生产环境中保持禁用，直到该特性经过全面测试并可供用户使用。

举个例子，考虑一款具备购物车功能的电子商务应用。该业务希望举办一次促销活动，需要对代码做些改动。开发团队可以构建出对应的功能并提前将其发布到所有 3 个环境中，但仅在开发环境和预发布环境中启用。当业务已经做好宣传准备并开放了促销，启用该功能无非就是一件简单而又低风险的配置改动而已，不再需要发布软件。如果功能有 bug，很容易在不更新软件的情况下将其禁用。

26.2 流水线

CI/CD 的流水线由一系列依次运行的步骤（称之为“阶段”）组成。每个阶段其实就是一个脚本，负责执行软件项目的特定任务。

在最基本的层面上，一条 CI/CD 流水线：

- 可靠地构建和打包软件；
- 运行一系列自动化测试，以此查找 bug 和配置错误；
- 将代码部署到一个或多个环境，最终在生产环境结束。

图 26.1 演示了一条简单（但也成熟）的 CI/CD 流水线中的各个阶段。

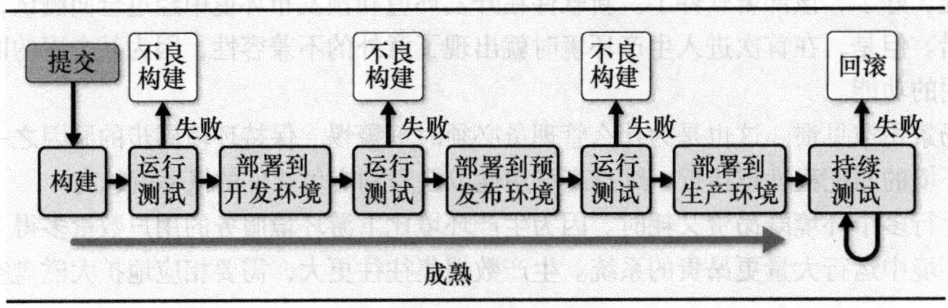

图 26.1 一条基本的 CI/CD 流水线

下面几节中进一步详细分解了这 3 个阶段。

26.2.1 构建过程

构建是软件项目当前状态的快照。它通常是 CI/CD 流水线的第一个阶段，也可能位于监控代码质量和查找安全风险的代码分析阶段之后。构建步骤将代码转换为可安装的软件。向代码仓库的集成分支提交可以触发构建，也可以按照定期安排或按需运行构建。

每条流水线在运行时都是从构建开始，但并不是所有构建都能到达生产。一旦构建通过测试，就变成了“候选发布”（release candidate）。如果候选发布被部署到生产，它就成为了“发布”（release）。如果你持续部署，所有的候选发布也都是发布。图 26.2 演示了这些分类。

图 26.2 构建，候选发布，发布

构建过程的准确步骤依赖于语言和软件。对于采用 C、C++或 Go 编写的程序，构建过程就是由 make 发起的编译过程，结果得到一个可执行的二进制文件。对于不需要编译的语言，例如 Python 或 Ruby，构建阶段可能涉及使用所有相关的依赖和资源（asset），其中包括库、图像、模板，以及标记文件。有些构建可能只涉及配置更改。

构建阶段的输出是“构建制品”（build artifact）。制品的性质依赖于流水线上其余的软件和配置。表 26.1 列出了一些常见的制品类型。无论是什么样的格式，制品都是整个流水线剩下部分的部署基础。

表 26.1 常见的构建制品类型

类型	用途
.jar 或.war 文件	Java 归档或 Java Web 应用归档
静态库	静态编译的程序，通常是用 C 或 Go 编写的
.rpm 或.deb 文件	用于 Red Hat 或 Debian 的操作系统原生的软件包
pip 或 gem 软件包	打包形式的 Python 或 Ruby 应用
容器镜像	在 Docker 下运行的应用
机器镜像	虚拟服务器，尤其适用于公有云或私有云
.exe 文件	Windows 可执行文件

构建制品被保存在制品仓库中。仓库类型取决于制品的类型。最简单的仓库可以是远程服务器上可通过 SFTP 或 NFS 访问的目录。它也可以是 yum 或 APT 仓库、Docker 镜像仓库或者云端中的对象存储（例如 AWS S3 存储桶）。在部署期间，该仓库必须可用于所有需要下载和安装制品的系统。

26.2.2 测试

为了揪出有 bug 的代码和不良构建，使得进入生产的代码没有缺陷（或者至少说来，尽可能没有），CI/CD 流水线的每个阶段都要运行测试。测试是这个过程的关键。它让我们确信发布已经做好了部署的准备。

如果构建没有通过测试，流水线中剩下的阶段也就没有什么意义了。团队必须确定构建失败的原因，解决底层的问题。因为每一次代码推送都会产生构建，所以将问题隔离到最近一次提交并不难。两次构建之间改动的代码量越少，就越容易隔离问题。

故障并非总是源于软件 bug。需要管理员注意的网络状况或基础设施错误也会导致故障。如果应用依赖于外部资源，例如第三方 API，则外部资源中可能出现上游故障。有些测试是隔离运行的，但有些测试需要与生产环境相同的基础设施和数据。

考虑在你的 CI/CD 流水线中增添下列类型的测试。

- 静态代码分析检测代码中的语法错误、重复代码、有违编码指南的地方、安全问题、过度复杂的代码。这些检查很快，不会执行实际的代码。
- 单元测试是由编写应用代码的开发人员所写的测试。这种测试反映了在开发者眼中，代码应该如何工作。其目的在于测试代码中各个方法和函数（单元）的输入和输出。“代码覆盖率”是一种（有时带有误导性）度量，它描述了哪部分代码正在进行单元测试。①
- 通过在预期的环境中运行应用，集成测试使单元测试更进一步。集成测试运行应用时使用的是该应用的底层框架以及外部依赖，例如外部 API、数据、队列、缓存。
- 验收测试模拟了典型用法。相较于单元测试，验收测试反映了用户的观点。对于基于 Web 的软件，该阶段可能包括通过工具（如 Selenium）远程控制浏览器页面加载。对于移动软件，构建制品可能会进入设备农场（device farm），在大量不同的移动设备上运行应用。不同的浏览器和版本使得创建验收测试充满了挑战，但最终，这些测试都会产生有意义的结果。
- 性能测试查找由最近的代码所引入的性能问题。为了识别瓶颈，这些所谓的压力测试应该在和生产环境一模一样的复制环境中使用真实的流量模式调用应用。如 JMeter 或 Gatling 这样的工具能够以可编程的模式模拟数千个与应用交互的并发用户。要想最大化地利用性能测试，一定要确保监控和图形化工具就位。这些工具能够理清应用的典型性能表现及其在新构建下的行为。
- 基础设施测试与以可编程方式配给的云基础设施密切相关。如果你创建了临时的云基础设施作为 CI/CD 流水线的一部分，你可以编写测试用例来核实基础设施本身的正确配置和操作。系统是否顺利地通过配置管理运行？是不是只有预期的守护进程在运行？Serverspec 是这方面值得注意的一款工具。

取决于项目特点，有些测试要比另一些测试更重要。例如，实现了 REST API 的软件不需要进行基于浏览器的验收测试。你可能应该把重点放在集成测试上。另一方面，对于购物车软件，对所有重要的用户路径（分类、产品页、购物车、结账）进行浏览器测试是必须的。考虑项目需求并实现相应的测试。

这些工作流未必非得是线性的。实际上，因为目标之一是尽可能快地得到反馈，尽可能多地进行并行测试是个不错的想法。但是记住，有些测试可能依赖于其他测试的结果，有些测试也许会彼此影响。（在理想情况下，测试不应该交叉依赖。）

不要企图置之不理或忽视失败的测试。很容易养成对失败原因表示理解的习惯，认为它没什么危害或是不相干，从而拒绝测试。但是，这种想法很危险，会导致系统的可靠测试不足。记住 CI/CD 的黄金规则：首要任务是修复出问题的流水线。

① 有时候，难以测试的代码也是最有可能存在缺陷的代码。你的代码可能有 85%的代码覆盖率（按照业界标准，这个数字已经相当高了），但如果最复杂的那部分代码没有测试到，也许会遗留下 bug。仅代码覆盖率并不足以衡量代码质量。

26.2.3 部署

部署是安装软件并准备在服务器环境中使用的活儿。完成的具体细节取决于技术栈。部署系统必须明白如何检索构建制品（例如，从软件包仓库或容器镜像 registry 中）、如何将其安装在服务器上，以及需要哪些设置步骤（如果有的话）。当新版本的软件运行起来且旧版本已被禁用之时，部署宣告结束。

部署可能就像更新磁盘上的一些 HTML 文件那样简单。不用重启或是进一步配置！但在大多数情况下，部署至少要牵扯到安装软件包和重启应用。复杂的大规模生产部署可能包括在不中断服务的情况下处理实时流量，同时还要在多个系统上安装代码。

系统管理员在部署过程中扮演着重要的角色。他们通常负责创建部署脚本、在部署过程中监视重要的应用健康指标、确保满足其他团队成员对于基础设施和配置的需要。

以下列表仅介绍了少数一些部署软件的可能方法。

- 运行一个基本的 shell 脚本，从中调用 ssh 登录到每个系统，下载并安装构建制品，然后重新启动应用。这种脚本通常是自制的，只能应对少数系统，不具备可扩展性。
- 使用配置管理工具在一组托管系统中编排安装过程。相较于使用 shell 脚本，这种策略更具有组织性和可扩展性。大多数配置管理系统并非专门为促进部署而设计的，尽管它们也可以用于此目的。
- 如果构建制品是容器镜像以及运行在容器管理平台（例如 Kubernetes、 Docker Swarm、AWS ECS）上的应用，那么部署过程可能就是对容器管理器调用 API 而已。容器服务自行管理剩下的部署过程。参见 26.5 节。
- 少数开源项目实现了部署的标准化和简易化，Capistrano 是一款基于 Ruby 的部署工具，它扩展了 Ruby 的 Rake 系统，以便于在远程系统上运行命令。Fabric 是另一款用 Python 编写的类似工具。这些由开发人员为开发人员编写的工具其实都是精心制作的 shell 脚本。
- 对于公有云用户而言，软件部署是一个经过充分探讨的问题。大多数的云生态系统都包括了集成的和第三方部署服务，可供 CI/CD 流水线使用。这些例子包括 Google Deployment Manager、AWS CodeDeploy、Heroku。

调整部署技术，使其适合于站点的技术栈和服务需要。如果你所在的环境很简单，服务器和应用都不多，一款配置管理工具可能就够用。如果站点在多个数据中心之间散布着大量服务器，则需要专门的配置工具。

“不可变”部署规定了这样一条原则：服务器一旦初始化，就不应该再被修改（或者说“突变”）。要部署新发布，CI/CD 工具会创建全新的服务器，在映像中包含更新过的构建制品。在这个模型中，服务器被认为是一次性的（disposable）和临时的（temporary）。该策略基于可编程的基础架构，例如公有云或私有云，其中实例可通过 API 调用进行分配。公有云的一些最大的用户选择了不可变部署。

在 26.4 节中，我们将介绍一个简单的不可变部署，它使用 HashiCorp 的 Terraform 工具创建和更新基础架构。

26.2.4 零停机部署技术

对于有些站点，服务必须持续运行，哪怕是要进行服务升级或重新部署，这要么是因为中断服务带来的风险无法接受（健康护理，政府服务），要么是因为带来的金融成本太高（高量的电子商务或金融服务）。在不中断服务的情况下实时更新软件是软件部署的世外桃源（Xanadu），它也是不少焦虑和剪牦牛毛（yak-shaving）[①]的源头。

实现零停机发布的一种常见方法是“蓝/绿”（blue/green）部署。其概念很直观：在备用系统（或者一组备用系统）上预发布新软件，运行测试，确认其功能性，一旦测试完成，就将流量从活跃系统（live system）切换到备用系统。

当流量通过负载均衡器代理时，该策略的效果尤为显著。在备用系统做准备的同时，活跃系统处理所有的用户连接。待时机成熟，备用系统被加入到负载均衡器并移除先前的活跃系统。待所有的旧系统都已经被移出轮替，并且由其处理的全部事务都已告结，部署就算完成了。

“滚动”（rolling）部署以阶梯式（stepwise）更新现有系统，一次修改一个系统上的软件。从负载均衡器中删除每个系统，更新，然后再添加回轮替以接受用户流量。如果应用不能接受同时运行的两个不同版本，这种部署就会导致问题。

“蓝/绿”部署和“滚动”部署这两种策略都可以考虑采用“金丝雀”（canary），作用和矿坑中不幸的金丝雀类似。首先将少量流量分配给运行新发布的单个系统（或一小部分系统）。如果这个新发布版本有问题，将其撤回并修正问题，结果只会影响到少数用户。当然，金丝雀系统需要精确的遥测技术（telemetry）和监控，以便确定是否出现问题。

26.3 Jenkin：开源的自动化服务器

Jenkins 是一个用 Java 编写的自动化服务器。到目前为止，它是用于实现 CI /CD 的最流行的软件。凭借广泛的采用和丰富的插件生态系统，Jenkins 非常适合各种用例。

Jenkins 很容易上手，只用在 Docker 容器中运行即可。

```
$ docker run -p 8080:8080 --name jenkins jenkinsci/jenkins
```

只要容器启动，你就可以在 Web 浏览器中通过端口 8080 访问 Jenkins 的用户界面。你可以在容器输出中找到初始的管理员密码。在实践中，需要立刻修改该密码！

单容器配置适合入门，但在生产环境中，你可能需要更强大的解决方案。Jenkins 的下载页面上有安装说明，我们就不在这里重复了。参阅 Linux 和 FreeBSD 的安装文档。Jenkins 的制造商 CloudBees 也提供了名为 Jenkins Enterprise 的高可用性版本。

只要你能想到的任务，Jenkins 都有对应的插件。利用插件将构建外包给不同类型的代理、发送提醒、协调发布、执行调度好的作业。插件可以与开源工具以及所有主要的云平台和外部 SaaS 供应商集成在一起。插件赋予了 Jenkins 无比强大的威力。

大多数 Jenkins 配置是通过 Web 用户界面完成的，考虑到你的注意力范围，我们不打算去讲述用户界面。我们将介绍 Jenkins 的基础知识和一些最为重要的特性。

26.3.1 Jenkins 基本概念

就本质而言，Jenkins 是一个协作服务器，将一系列工具连成一个链条，或者用 CI/CD 的话来说，就是一条流水线。Jenkins 是一种组织工具和推进工具（organizer and facilitator），所有的实际工作都依赖于外部服务，例如源代码仓库、编译器、构建工具、测试工具和部署系统。

Jenkins 作业（job），或者说项目（project），是相互关联的各个阶段（linked stage）的集合。进行全新安装时，首先就是创建一个项目。你可以将该项目的步骤（step）连在一起，使其能够串行或并行运行。甚至还可以设置条件步骤，依据先前步骤的结果进行不同的处理。

每个项目都应该连接到一个源代码仓库。Jenkins 对几乎所有的版本控制系统都提供了原生支

① yak-shaving 是指那些看起来没什么意义的小任务，但是在完成更大的任务之前，必须先将其搞定。——译者注

持：Git、Subversion、Mercurial，甚至还有像 CVS 这样古老的系统。另外还有用于更高级版本控制服务的集成插件，例如 GitHub、GitLab、BitBucket。你得为 Jenkins 提供适合的凭证，以允许它从仓库中下载代码。

“构建上下文”（build context）是执行构建的 Jenkins 系统的当前工作目录。源代码连同构建所需要的支持文件被一并复制到构建上下文中。

只要 Jenkins 连上了版本控制仓库，就可以创建触发器了。这是告诉 Jenkins 复制当前源代码并启动构建过程的信号。Jenkins 能够在源仓库中轮询新的提交，只要找到就开始构建。它还可以按计划启动构建，或是由 Web 钩子（Web hook）触发，GitHub 支持该特性。

设置好触发器之后，生成构建步骤，也就是创建构建的特定任务。步骤可以特定于代码库，也可以是通用的 shell 脚本。例如，Java 项目通常使用名为 Maven 的工具构建。Jenkins 插件直接支持 Maven，所以你只用添加 Maven 构建步骤即可。对于用 C 编写的项目，第一个构建步骤可能只是运行 make 的 shell 脚本。

其余的构建步骤取决于你的项目目标。最常见的构建包括启动在 26.2.2 节中讨论过的测试任务步骤。你可能需要一个步骤来创建自定义构建制品，例如归档文件、操作系统软件包或容器镜像。你还可以包括触发管理员通知、执行与部署相关的操作或是与外部工具协调的这些步骤。

对于 CI/CD 项目，构建步骤能够搞定流水线的各个阶段：构建代码、运行测试、将制品上传到仓库、启动部署。

流水线中的每个阶段就是 Jenkins 项目中的一个构建步骤。Jenkins 的界面给出了每一个步骤的状态概貌，所以一眼就能看出流水线中发生了什么。

拥有大量应用的站点应该为每个应用配备单独的 Jenkins 项目。每个项目都有不同的代码仓库和构建步骤。Jenkins 系统需要所有工具和依赖项来为其任意的项目运行构建。例如，如果你配置的有 Java 项目和 C 项目，则 Jenkins 系统必须同时安装 Maven 和 make。

项目可以依赖于其他项目。通过将项目结构化成通用的可继承目标来利用这一点。举例来说，如果你有各种构建方式不同，但部署方式相同的应用（例如，在服务器集群上运行的容器），你可以创建一个通用的“deploy”项目，管理公共部署阶段。单个应用程序项目可以执行 deploy 项目，从而消除当前冗余的构建步骤。

26.3.2 分布式构建

在支持多种应用的站点上，每个应用都有自己的依赖关系和构建步骤，因为有太多的流水线在同时运行，一不小心就会产生依赖冲突和瓶颈。为了解决这个问题，Jenkins 可以升级到分布式构建架构。该操作模型中使用了“build master”和“build agent”，前者是一个跟踪所有项目及其状态的中央系统，后者执行项目的实际构建步骤。如果你大量使用 Jenkins，很快你就会转向这种配置形式。

build agent 运行在与 build master 不同的主机上。master 登录到 slave（一般是通过 SSH），在其中启动代理进程并添加表明 slave 能力的标签（label）。例如，你可能要通过相应的标签来区分具备 Java 能力（Java-capable）和 C 能力（C-capable）的 agent。

为获得最佳效果，请在能够按需扩展的容器、远程 VM 或临时云实例中运行 agent。如果你拥有容器群集，则可以使用 Jenkins 插件，通过容器管理系统在集群中运行 agent。

26.3.3 流水线即代码

迄今为止，我们描述了通过在 Web UI 中将各个构建步骤串联起来设置 Jenkins 项目的过程。

这是上手 Jenkins 最快的方法，但从基础架构的角度来看，也有点模糊。“代码”（在该上下文中，就是每个构建步骤的内容）由 Jenkins 管理。你没法将图形化的构建步骤检入到代码仓库中，如果失去了 Jenkins 服务器，将其替换可不是件容易事，你得从最近的备份中恢复项目。

Jenkins 版本 2 引入了一个叫作流水线（Pipeline）的重大新特性，它为 CI/CD 流水线提供了一类（first-class）支持。Jenkins 流水线使用一种基于 Groovy 的声明式领域特定语言对项目步骤进行编码。你可以提交 Jenkins 流水线代码（称为 Jenkinsfile）以及与该流水线关联的代码。

下面的 Jenkinsfile 演示了一个基本的“构建/测试/部署”周期。

```
pipeline {
    agent any
    stages {
        stage('Build') {
            steps {
                sh 'make'
            }
        }
        stage('Test') {
            steps {
                sh 'make test'
            }
        }
        stage('Deploy') {
            steps {
                sh 'deploy.sh'
            }
        }
    }
}
```

agent any 指示 Jenkins 任何可用的 build agent 上为该流水线准备工作空间（workspace）。[①] Build、Test 和 Deploy 阶段与 CI/CD 流水线的阶段概念类似。在这个例子中，每个阶段对应一个步骤，在其中调用 shell（sh）来执行命令。

Deploy 阶段运行了一个定制脚本 deploy.sh，该脚本负责处理整个部署过程，其中包括将构建制品（由 Build 阶段产生）复制到一组服务器，并重启服务器进程。在实践中，通常将部署划分成多个阶段，这样做可以为整个过程提供更好的可见性和控制性。

26.4 CI/CD 实战

下面用一个示例来演示迄今为止所有的概念。我们设计了一个简单的应用 UlsahGo，它比你在现实世界中要管理的任何东西都简单得多。该应用完全是自包含的，不依赖于其他应用。

这个例子包含下列组成部分：

- 只有一个小功能的 Web 应用 UlsahGo；
- 用于该应用的单元测试；
- 用于 DigitalOcean 的虚拟机镜像，其中包含了该应用；
- 按需创建的单服务器开发环境；
- 按需创建的带有负载均衡的多服务器预发布环境；
- 将所有部分串联在一起的 CI/CD 流水线。

---

① 工作空间和构建上下文一样：它是 agent 本地磁盘上的某个位置，其中包含了构建所需的全部文件，包括源文件和依赖项。每个构建都有自己的私有工作空间。

我们在例子中使用了一些流行的工具和服务：

- GitHub 作为代码仓库；
- DigitalOcean 虚拟机和负载均衡器；
- HashiCorp 的 Packer，用于提供 DigitalOcean 镜像；
- HashiCorp 的 Terraform，用于创建部署环境；
- Jenkins，用于管理 CI/CD 流水线。

你的应用可能使用不同的技术栈，但抛开工具不谈，一般性的概念都是相似的。

图 26.3 描述了示例流水线的前几个阶段。图中显示了该流水线轮询 GitHub，查找 UlsahGo 项目的新提交。发现有提交后，Jenkins 运行单元测试。如果测试通过，Jenkins 构建二进制文件。如果构建成功，流水线继续创建部署制品，也就是包含二进制文件的 DigitalOcean 机器镜像。如果有任何阶段出现失败，流水线则报告错误。

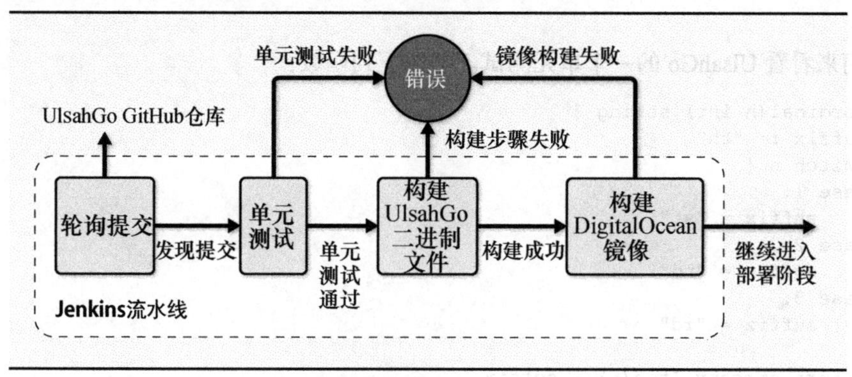

图 26.3　流水线演示（第 1 部分）

我们随后会详细描述部署阶段。不过我们应该先来看看这些起始阶段。

26.4.1 一个简单的 Web 应用 UlsahGo

示例应用是一个只有单个功能的 Web 服务。它以 JSON 格式返回本书特定版本的作者信息。例如，下列查询显示了第 5 版的作者。

```
$ curl ulsahgo.admin.com/?edition=5
{
    "authors": [
        "Evi",
        "Garth",
        "Trent",
        "Ben",
        "Dan"
    ],
    "number": 5
}
```

我们做了一些健全性检查，以确保用户不会太离谱，例如，请求不存在的版本。

```
$ curl -vs ulsahgo.admin.com/?edition=6
< HTTP/1.1 404 Not Found
< Content-Type: application/json
{
    "error": "6th edition is invalid."
}
```

我们的应用还具备健康检查点。健康检查是监控系统询问应用的一种简单方法："嘿，一切工作还好吧？"

```
$ curl ulsahgo.admin.com/healthy
{
    "healthy": "true"
}
```

开发人员通常会紧密配合管理员来创建 CI/CD 流水线的构建及测试阶段。在本例中，因为该应用是用 Go 编写的，我们可以在流水线中使用标准的 Go 工具（go build 和 go test）。

26.4.2 对 UlsahGo 进行单元测试

单元测试是要运行的第一套测试，因为是在源代码层面上进行的。单元测试会以尽可能细微的粒度测试应用的功能性：其函数和方法。大多数语言都具备测试框架，提供了单元测试的原生支持。

让我们来看看 UlsahGo 的一个单元测试。考虑下列函数：

```
func ordinal(n int) string {
    suffix := "th"
    switch n {
    case 1:
        suffix = "st"
    case 2:
        suffix = "nd"
    case 3:
        suffix = "rd"
    }
    return strconv.Itoa(n) + suffix
}
```

该函数接收一个整数作为输入并确定其对应的序数表达方式。例如，如果传入的是 1，该函数返回"1st"。UlsahGo 使用这个函数格式化无效版本的错误消息中的文本。

单元测试尝试证明对于给定的某些输入，函数会返回预期的输出。下面是一个使用该函数的单元测试。

```
func TestOrdinal(t *testing.T) {
    ord := ordinal(1)
    exp := "1st"
    if ord != exp {
        t.Error("expected %s, got %s", exp, ord)
    }

    ord = ordinal(10)
    exp = "10th"
    if ord != exp {
        t.Error("expected %s, got %s", exp, ord)
    }
}
```

这个单元测试分别在 1 和 10 这两个值上执行该函数，确认了输出符合预期。[①]我们可以通过 Go 内建的测试框架来运行测试。

```
$ go test
PASS
ok    github.com/bwhaley/ulsahgo   0.006s
```

---

① ordinal()函数实现了 3 种特殊情况和一般情况。一套完整的单元测试将通过代码执行每一条可能的路径。

如果部分应用在未来发生了变化，例如，更新了 ordinal()函数，测试能够报告与预期输出之间的差异。开发人员负责在调整代码时更新单元测试。有经验的开发人员会设计编写易于测试的代码。他们的目标是完全覆盖到每种方法和函数。

26.4.3 Jenkins 流水线的第一步

随着代码已经做好发布准备，单元测试也已就位，CI/CD 之旅的第一步就是在 Jenkins 中配置项目。GUI 界面会引导我们完成整个过程。下面是我们的选择。

- 我们的新项目是一个 Pipeline 项目，由代码定义，这和构建步骤基本上是通过用户界面元素所定义的传统“自由式”项目不同。
- 我们想在 Jenkinsfile 中跟踪流水线和源代码仓库，所以选择“Pipeline script from SCM”作为流水线定义。
- 通过在 GitHub 中轮询提交来触发构建。我们添加了凭证，以便 Jenkins 能够访问 UlsahGo 仓库，配置 Jenkins 每隔 5 分钟就轮询 GitHub，看看有没有变化。

初始设置只需要很短的时间。在现实中，我们会使用 GitHub Web 钩子来提醒 Jenkins 有可用的新提交，从而避免了轮询，也不用再毫无必要地调用 GitHub API 了。

按照这种设置，只要有新提交被推送到 GitHub，Jenkins 就会执行仓库中由 Jenkinsfile 描述的流水线。

考虑一下仓库的组织方式。在这个项目中，我们选择将 CI/CD 和应用代码放入相同的仓库，所有与 CI/CD 相关的文件放在 pipeline 子目录内。UlsahGo 仓库的布局如下。

```
$ tree ulsahgo
ulsahgo
├── pipeline
│   ├── Jenkinsfile
│   ├── packer
│   │   ├── provisioner.sh
│   │   ├── ulsahgo.json
│   │   └── ulsahgo.service
│   ├── production
│   │   ├── tf_prod.sh
│   │   └── ulsahgo.tf
│   └── testing
│       ├── tf_testing.sh
│       └── ulsahgo.tf
├── ulsahgo.go
└── ulsahgo_test.go
```

集成结构非常适用于像这样的小型项目。Jenkins、Packer、Terraform 等工具会在流水线的子目录中查找其配置文件。修改部署流水线只用更新仓库就行了。对于多个项目共享通用基础设施的复杂环境，有必要采用专有的基础设施仓库。

只要项目就位，就可以提交我们的第一个 Jenkinsfile 了。在任何流水线中的第一步都是检出源代码。下面是实现该操作的完整 Jenkinsfile 流水线脚本。

```
pipeline {
  agent any
  stages {
    stage('Checkout') {
      steps {
        checkout scm
      }
```

```
    }
  }
}
```

checkout scm 这一行指示 Jenkins 从 scm（software configuration managment，软件配置管理）中检出代码，这是一个指代源代码控制的业内通用术语。

随着 Jenkins 轮询 GitHub 以及检出阶段的结束，我们可以继续进入设置测试和构建阶段。我们的 Go 项目没有外部依赖。构建和测试代码的唯一要求就是要有二进制文件 go。我们已经在 Jenkins 系统中安装了 go（使用 apt-get -y install golang-go），所以只用把测试阶段和构建阶段加入 Jenkinsfile 就行了。

```
stage('Unit tests') {
  steps {
    sh 'go test'
  }
}
stage('Build') {
  steps {
    sh 'go build'
  }
}
```

等我们提交过变更之后，Jenkins 会发现新的提交并执行流水线。Jenkins 显示出友好的日志输出，表明自己做了什么。

```
Mar 30, 2017 4:35:00 PM hudson.triggers.SCMTrigger$Runner run
INFO: SCM changes detected in UlsahGo. Triggering #4
Mar 30, 2017 4:35:11 PM org.jenkinsci.plugins.workflow.job.WorkflowRun
    finish
INFO: UlsahGo #4 completed: SUCCESS
```

Jenkins GUI 使用天气来喻指最近构建的健康状况。太阳图标表示构建成功的项目，暴风雨云图标表示失败。可以通过检查终端输出（位于构建详情之下）来调试失败的构建。输出中显示了构建的某部分向 STDOUT 打印出的内容。

以下片段取自流水线的 go test 和 go build 步骤。

```
[Pipeline] stage
[Pipeline] { (Unit Tests)
[Pipeline] sh
[UlsahGo] Running shell script
+ go test
PASS
ok    _/var/jenkins_home/workspace/UlsahGo  0.006s
[Pipeline] }
[Pipeline] // stage
[Pipeline] stage
[Pipeline] { (Build)
[Pipeline] sh
[UlsahGo] Running shell script
+ go build
[Pipeline] }
[Pipeline] // stage
[Pipeline] }
[Pipeline] // node
[Pipeline] End of Pipeline
Finished: SUCCESS
```

仔细检查日志，通常都能找出构建失败的原因。查找标识了失败步骤的错误消息。你也可以添加自己的日志消息，用以提供有关系统状态的线索，例如变量的值或是在执行过程中特定点上的脚本内容。为调试编写输出是一项历史悠久的编程传统。

我们的构建输出是一个单独的二进制文件 ulsahgo，它包含了整个应用。（顺便说一下，这是Go 程序的主要优点之一，也是 Go 之所以流行于系统管理员之间的原因之一：很容易创建出能够在多个体系结构上运行的静态二进制文件，而且没有外部依赖。安装 Go 应用通常很简单，只用将其复制到系统中即可。）

26.4.4 构建 DigitalOcean 镜像

UlsahGo 已经准备好发布了，接下来要构建一个用于 DigitalOcean 云的虚拟机镜像。我们使用一个普通的 Ubuntu 16.04 镜像，安装最新的更新，然后安装 UlsahGo。最终获得的镜像将作为部署制品，用于流水线余下的阶段。

如果你不熟悉虚拟机镜像创建工具 packer，在继续阅读之前请先阅读 24.6 节。

packer 从模板中读取其镜像配置，模板分为两个主要部分：builders 和 provisioners，前者与远程 API 交互以创建机器与镜像，后者运行自定义的配置步骤。

我们的 UlsahGo 镜像模板只有 builders 部分。

```
"builders": [{
    "type": "digitalocean",
    "api_token": "rj8FsrMI17vqTlB8qqBn9f7xQedJkkZJ7cqJcB105nm06ihz",
    "region": "sfo2",
    "size": "512mb",
    "image": "ubuntu-16-04-x64",
    "snapshot_name": "ulsahgo-latest",
    "ssh_username": "root"
}]
```

builders 告诉 packer 在哪个平台上构建镜像，如何认证 API，还有其他和提供方相关的具体细节。

3 个配置步骤如下。

```
"provisioners": [
    {
        "type": "file",
        "source": "ulsahgo",
        "destination": "/tmp/ulsahgo"
    },{
        "type": "file",
        "source": "pipeline/packer/ulsahgo.service",
        "destination": "/etc/systemd/system/ulsahgo.service"
    },{
        "type": "shell",
        "script": "pipeline/packer/provisioner.sh"
    }
]
```

前两步将文件添加到镜像。第一个文件是 UlsahGo 应用本身，被上传到/tmp，以备后用。第二个文件是 systemd 的单元文件，用于管理服务。

最后一步是在远程系统上执行自定义的 shell 脚本 provisioner.sh。该脚本负责更新系统并设置应用。

```
#!/usr/bin/env bash
app=ulsahgo

# Update the OS and add a user
apt-get update && apt-get -y upgrade
```

```
/usr/sbin/useradd -s /usr/sbin/nologin $app

# Set up the working directory and app
mkdir /opt/$app && chown $app /opt/$app
cp /tmp/$app /opt/$app/$app
chown $app /opt/$app/$app && chmod 700 /opt/$app/$app

# Enable the systemd unit
systemctl enable $app
```

除了 shell 脚本，packer 还允许你使用所有流行的配置管理工具作为配置步骤。可以使用 Puppet、Chef、Ansible 或 Salt 以更为结构化和可扩展的方式配置你的镜像。

最后，将镜像构建阶段加入我们的 Jenkinsfile。

```
stage('Build image') {
  steps {
    sh 'packer build pipeline/packer/ulsahgo.json > packer.txt'
    sh 'grep ID: packer.txt  | grep -E -o \'[0-9]{8}\' > do_image.txt'
  }
}
```

先是调用 packer 并将输出保存为 packer.txt，该文件位于构建所使用的工作目录之中。输出末尾包含新镜像的 ID。

```
==> digitalocean: Gracefully shutting down droplet...
==> digitalocean: Creating snapshot: ulsahgo-latest
==> digitalocean: Waiting for snapshot to complete...
==> digitalocean: Destroying droplet...
==> digitalocean: Deleting temporary ssh key...
Build 'digitalocean' finished.
==> Builds finished. The artifacts of successful builds are:
--> digitalocean: A snapshot was created: (ID: 23838540)
```

然后在 packer.txt 中使用 grep 搜索 ID，将其保存到构建上下文中的新文件里。该镜像是部署制品，我们需要在流水线的后续阶段引用其 ID。

26.4.5 配置用于测试的单个系统

现在，我们已经拥有了一个持续运行单元测试、构建应用、创建虚拟机镜像作为构建制品的过程。余下的构建阶段关注于部署制品以及在实际环境中对其进行测试。图 26.4 承接 26.4 节中的图 26.3。

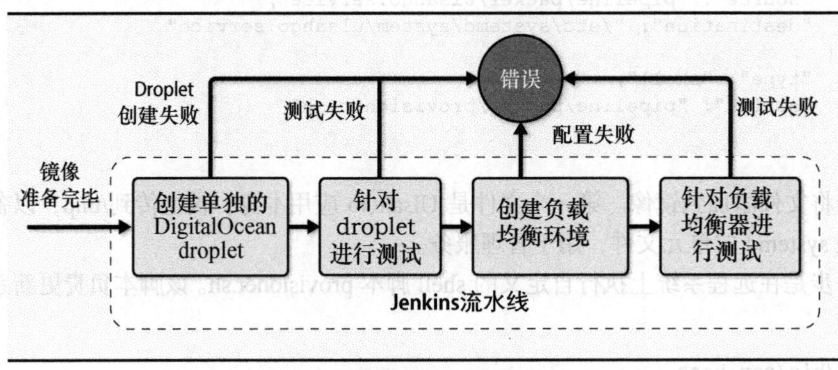

图 26.4 流水线演示（第 2 部分）

我们选择使用 HashiCorp 的另一个招牌工具 terraform 来创建和管理 UlsahGo 基础设施。terraform 从“执行计划”（plans）（类似于 JSON 的配置文件，描述了所需的基础架构配置）中读取其配置。然后通过调用一系列对应的 API 创建符合执行计划要求的云资源。terraform 支持多家云供应商以及各种服务。

下列所示是 terraform 的配置 ulsahgo.tf，它要求一个单独的 DigitalOcean droplet 以运行我们在流水线先前阶段中创建的镜像。

```
variable "do_token" {}
variable "ssh_fingerprint" {}
variable "do_image" {}

provider "digitalocean" {
  token = "${var.do_token}"
}

resource "digitalocean_droplet" "ulsahgo-latest" {
    image = "${var.do_image}"
    name = "ulsahgo-latest"
    region = "sfo2"
    size = "512mb"
    ssh_keys = ["${var.ssh_fingerprint}"]
}
```

大多数内容一看就能明白：指定 DigitalOcean 作为 provider，使用所提供的 token 进行认证。根据给出的镜像 ID 在 sfo2 区域中创建 droplet。

在 26.4.4 节的 Packer 模板中，我们直接在 builder 部分的配置里嵌入了参数（例如，API token）。这种方法有一个（严重的）问题：API 密钥是被保存在源代码仓库中的，哪怕它属于私密信息。这个密钥可以用来访问云供应商的 API，如果被不怀好意的人得到，那就危险了。在版本控制系统中保存私密信息不是一种安全的做法，其原因我们在 7.8.2 节讲过。

在这个例子中，我们从变量中读取参数。这 3 个变量分别是：

- DigitalOcean API token；
- 用于访问 droplet 的 SSH 密钥指纹；
- 用于新系统的镜像 ID，我们在流水线的先前阶段中已经得到了。

Jenkins 能够将诸如 API token 这种私密信息保存在“凭证存储”（credential store）中，这是一个加密区域，专门用于这种敏感数据。流水线可以从凭证存储中读取相应的值并保存为环境变量。随后就可以在流水线中访问这些值，无须再将其保存在版本控制系统中。

下面是在 Jenkinsfile 中的设置方法。

```
pipeline {
  environment {
    DO_TOKEN = credentials('do-token')
    SSH_FINGERPRINT = credentials('ssh-fingerprint')
  }
...
```

回想一下，我们之前把 DigitalOcean 的镜像 ID 保存在了构建区域内的文件 do_image.txt 之中。新的流水线阶段（用于创建实际的 DigitalOcean droplet）要用到这个 ID。新阶段的代码只是运行项目仓库中的一个脚本。

```
stage('Create droplet') {
  steps {
    sh 'bash pipeline/testing/tf_testing.sh'
  }
}
```

就像我们在这里做的那样，将复杂脚本的代码与流水线的其余部分分开更易于维护。

tf_testing.sh 包含以下行。

```
cp do_image.txt pipeline/testing
cd pipeline/testing
terraform apply \
  -var do_image="$(<do_image.txt)" \
  -var do_token="${DO_TOKEN}" \
  -var ssh_fingerprint="${SSH_FINGERPRINT}"
terraform show terraform.tfstate \
  | grep ipv4_address | awk "{print $3}" > ../../do_ip.txt
```

该脚本把已保存的镜像 ID 复制到临时目录 pipeline/testing，然后运行目录中的 terraform。terraform 在当前目录中查找扩展名为.tf 的文件，所以我们不用明确地命名执行计划文件。（它与我们之前看到的 ulsahgo.tf 文件相同。）

下面做几点解释。

- 环境变量 DO_TOKEN 和 SSH_FINGERPRINT 可用于流水线中的任意 shell 命令。取决于你希望的作用域，上面的 environment 子句可以出现在整个流水线层面，也可以出现在某个特定阶段中。
- $(<do_image.txt)从上一阶段保存的文本文件中读取 DigitalOcean 镜像 ID。
- 脚本 tf_testing.sh 的最后一行检查 terraform 创建的 droplet，获取其 IP 地址并将地址保存在文本文件中，以备下一阶段使用。文件 terraform.tfstate 是 terraform 的系统状态快照。这就是 terraform 跟踪资源的方式。

和 packer 一样，terraform 也会向 Jenkins 控制台输出页面发送有用的输出。下面是 terraform apply 命令的部分输出。

```
[Pipeline] { (Create droplet)
[Pipeline] sh
[UlsahGo] Running shell script
digitalocean_droplet.ulsahgo-latest: Creating...
  disk:                    "" => "<computed>"
  image:                   "" => "23888047"
  ipv4_address:            "" => "<computed>"
  ipv4_address_private:    "" => "<computed>"
  name:                    "" => "ulsahgo-latest"
  region:                  "" => "sfo2"
  resize_disk:             "" => "true"
  size:                    "" => "512mb"
  ssh_keys.#:              "" => "1"
  ssh_keys.0:              "" => "****"
  status:                  "" => "<computed>"
digitalocean_droplet.ulsahgo-latest: Still creating... (10s elapsed)
digitalocean_droplet.ulsahgo-latest: Still creating... (20s elapsed)
digitalocean_droplet.ulsahgo-latest: Still creating... (30s elapsed)
digitalocean_droplet.ulsahgo-latest: Creation complete (ID: 44486631)
Apply complete! Resources: 1 added, 0 changed, 0 destroyed.
```

当这个阶段完成时，droplet 就已经启动并运行 UlsahGo 了。

26.4.6 测试 droplet

我们对代码的功能性还是有些自信的，因为代码已经通过了单元测试步骤。但是。我们还需要确保它能够作为 DigitalOcean droplet 的一部分成功运行。该层面上的测试被视为一种集成测试。我们希望每次创建新映像时都运行集成测试，所以向 Jenkinsfile 添加了一个新阶段。

```
stage('Test and destroy the droplet') {
  steps {
```

```
        sh '''#!/bin/bash -l
        curl -D - -v \$(<do_ip.txt):8000/?edition=5 | grep "HTTP/1.1 200"
        curl -D - -v \$(<do_ip.txt):8000/?edition=6 | grep "HTTP/1.1 404"
        terraform destroy -force
        '''
    }
}
```

有时候，正确的干活工具并不轻巧。这一对 curl 命令在远程 droplet 端口 8000 上查询 UlsahGo，这是 UlsahGo 的默认端口。我们检查第 5 版的查询是否返回 HTTP 代码 200（成功），第 6 版的查询是否返回 HTTP 404（失败）。之所以知道该查找这些特定的状态码，原因在于我们熟悉该应用。

在测试结束时，我们销毁了该 droplet，因为再也用不着它了。每次流水线运行时都会创建、测试、销毁 droplet。

26.4.7 在 droplet 和负载均衡器上部署 UlsahGo

流水线的最后一项任务是部署我们的生产环境，该环境由两个 DigitalOcean droplet 和一个负载均衡器组成。又该 Terraform 上阵了。

可以重新使用单 droplet terrafrom 执行计划文件中的部分配置。我们仍需要相同的变量和 droplet 资源。这一次，我们加入了第二个 droplet 资源。

```
resource "digitalocean_droplet" "ulsahgo-b" {
    name      = "ulsahgo-b"
    size      = "512mb"
    image     = "${var.do_image}"
    ssh_keys  = ["${var.ssh_fingerprint}"]
    region    = "sfo2"
}
```

另外还加入了负载均衡器资源。

```
resource "digitalocean_loadbalancer" "public"
{
    name = "ulsahgo-lb"
    region = "sfo2"

    forwarding_rule {
        entry_port = 80
        entry_protocol = "http"
        target_port = 8000
        target_protocol = "http"
    }

    healthcheck {
        port = 8000
        protocol = "http"
        path = "/healthy"
    }

    droplet_ids = [
        "${digitalocean_droplet.ulsahgo-a.id}",
        "${digitalocean_droplet.ulsahgo-b.id}"
    ]
}
```

负载均衡器侦听端口 80 并将请求转发到位于端口 8000 上的所有 droplet，UlsahGo 负责侦听该端口。我们告诉负载均衡器使用/healthy 端点确认服务的每个副本都在运行。如果负载均衡器在查询此端点时接收到 200 状态码，则会向轮替中添加一个 droplet。

我们现在将生产配置作为一个新阶段添加到流水线中。

```
stage('Create LB') {
  steps {
    sh 'bash pipeline/production/tf_prod.sh'
  }
}
```

负载均衡阶段和单实例阶段基本上差不多。就连外部脚本也是大同小异，所以我们这里就不再显示其内容了。重构这些脚本，用单一版本来处理两种环境并不是什么难事，但就目前来说，我们还是保持脚本独立。

我们也可以加入测试阶段，这次针对负载均衡器的 IP 地址来运行。

```
stage('Test load balancer') {
  steps {
    sh '''#!/bin/bash -l
      curl -D - -v -s \$(<do_lb_ip.txt)/?edition=5 | grep "HTTP/1.1 200"
      curl -D - -v -s \$(<do_lb_ip.txt)/?edition=6 | grep "HTTP/1.1 404"
    '''
  }
}
```

其中的 curl 命令和之前的类似，不过目标端口是负载均衡器侦听的 80 端口。

26.4.8 结束流水线演示

这次的 CI/CD 流水线演示抓住了现实世界中流水线的一些关键要素。

- 前两个阶段（单元测试和构建）演示了持续集成。开发人员每次提交代码，Jenkins 都会运行单元测试并尝试构建项目。
- 第三个阶段（创建 DigitalOcean 镜像作为构建制品）是持续交付的开始。在部署到每个环境时，我们可以使用相同的镜像。
- 部署到单个 droplet 被视为一个“开发”或“测试”环境。
- 最后阶段将 ulsahgo 部署到类似于生产的高可用环境，从而结束了在持续部署流水线上的循环。
- 不管流水线上哪个阶段失败，后续阶段会被全部跳过。在这种情况下，控制台输出可用于帮助调试问题。

这条流水线自始至终依赖于开源工具。所有的部署代码都可以在少数几个文本文件中找到，这些文件与该应用的源代码保存在相同的仓库中。

机智的读者会考虑对这些步骤做一些改进。下面仅列举几处。

- 采用“蓝/绿”部署来确保在生产阶段不停机。
- 通过电子邮件或聊天室通知每个阶段的状态。
- 使用钩子帮助监控系统注意出现了新的部署。
- 在阶段之间传播数据（例如，镜像 ID）的更好方法。

持续改进是 CI/CD（以及一般的系统管理）的组成部分。随着时间的推移，一系列逐步的改进将产生一套高效的自动化软件交付系统。

26.5 容器与 CI/CD

大多数软件都有外部依赖，例如第三方库、特定的文件系统布局、某些环境变量的可用性，以及其他的本地化内容。所要求的依赖项之间冲突经常使在单个虚拟机上运行多个应用变得困难。

更复杂的是，构建应用和运行应用所要求的资源并不相同。例如，构建过程可能需要编译器和一套测试，但这些东西在运行期间并不需要。

容器为这些问题提供了一种优雅的解决方案。从操作角度来看，环境只要能运行容器即可。你可以在任何与容器兼容的系统上激活任何容器，不用再进行进一步的配置，因为应用的所有依赖项和本地化都居于其容器之内。多个容器可以同时运行在相同的系统上而不会发生冲突。

你可以利用容器在多方面简化 CI/CD 环境。

- 在容器内运行 CI/CD 系统本身。
- 在容器内构建应用。
- 使用容器镜像作为部署的构建制品。

第一点是显而易见的：你可以在容器内运行 CI/CD 软件（包括 master 和任何 agent），从而避免将系统专门用于 CI/CD 基础设施的开销。

另外两个场景得多费点口舌。接下来我们会详细介绍。

26.5.1 容器作为构建环境

构建应用的具体环境是特定于项目的，有时候相当复杂。你不用在 CI/CD 代理系统上安装所有必需的工具、构建软件，以及依赖项，在容器中构建软件即可，同时使 CI/CD 代理保持干净且通用的状态。接下来的构建过程就具备了可移植性，独立于特定的 CI/CD 代理。

考虑一个依赖 PostgreSQL 数据库和 Redis “键/值”存储的典型应用。如果以传统设置方式构建和测试该应用，你得为每个组件安排单独的服务器：应用本身、Redis 守护进程、PostgreSQL。在不得已时，你也许会在一个系统上运行所有这些组件，但你大概不会使用相同的服务器区构建和测试具有不同依赖关系的其他服务。

相反，你可以为各个组件使用短期容器。一个容器可以构建和运行应用。它能连接其他用于 PostgreSQL 和 Redis 的单独容器（位于相同的主机或其他主机）。一旦完成构建，就可以停止容器，将其丢弃掉。你能够使用相同的 CI/CD 代理构建具有其他依赖关系的应用，不会有任何冲突的风险。

用于构建软件的容器镜像应该不同于运行软件的容器镜像。构建镜像通常要比运行期镜像大，因为它包含了例如编译器和测试工具这些额外的组件。

大多数当前的 CI/CD 工具都提供了对容器的原生支持。Jenkins 的 Docker 插件与流水线的集成非常好。另外可以了解一下 Drone，这是一个围绕容器所设计的 CI/CD 平台。

26.5.2 容器镜像作为构建制品

构建出的产品可以是能够通过容器编排系统部署的容器镜像。容器不仅量级轻，而且可移植性非常好。利用镜像 registry 在系统之间移动容器镜像既简单又快速。任何 CI/CD 工具都可以采用生成容器（producing container）的策略。

基本的工作流变成了下面这样。

（1）在针对特定构建的容器中构建应用。

（2）创建包含应用及其依赖的容器镜像。

（3）推送镜像到 registry。

（4）将该镜像部署到可使用容器（container-ready）的执行环境。

通常最好使用 Docker Swarm、Mesos/Marathon、Kubernetes 或 AWS EC2 Container Service 等

容器管理平台将镜像部署到生产环境中。流水线的部署阶段可以调用相应的 API，特定的内容交给平台来处理。图 26.5 说明了该过程。

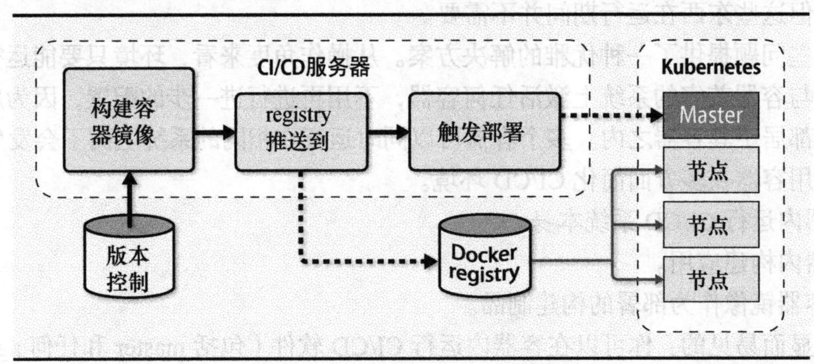

图 26.5　基于容器的部署过程

我们发现容器与成熟的 CI/CD 流水线完美契合。容器极快的周期时间使其易于部署新代码，以及在出现问题时恢复到先前版本。相较而言，虚拟机和配置管理系统的速度都慢了一个数量级。

第 27 章 安全

计算机安全目前的状态令人感到遗憾。与其他计算领域可见的发展相反，安全缺陷变得越来越可怕，安全性不足的后果也更加严重。计算机安全问题直接影响和威胁着全球社会各界。

风险从未如此之高。我们认为在有所好转之前，情况只会越来越糟糕。

部分挑战在于安全问题并不纯粹是技术方面的。你没法靠从第三方购买特定的产品或服务来解决这个问题。实现可接受的安全水平需要耐心、警惕性、知识，以及坚持，这不仅仅是指你和其他系统管理员，还包括全部用户和管理团体。

身为系统管理员，你肩上的担子可不轻。你必须推行保护组织系统和网络的议程，确保对其严格监控，并对用户和员工正确地开展培训。熟悉当前的安全技术，与专家合作，识别和解决站点的漏洞。安全事项应该作为每项决策的一部分。

在安全性和可用性之间取得平衡。记住下面的原则。

$$安全性 = \frac{1}{(1.072)(便利性)}$$

引入的安全措施越多，你和你的用户受到的限制也越多。对于本章中所建议的安全措施，只有在仔细考虑了对用户的影响后，才能去实施。

UNIX 安全吗？当然不安全。UNIX 和 Linux 都不安全，其他在网络上通信的操作系统也不安全。如果你必须获得绝对、完全、无法被破坏的安全性，那需要在你的计算机和其他设备之间采用气隙(air gap)。[①②]有些人认为还得把计算机关进一个能够阻绝电磁辐射的特殊房间里(搜索“法拉第笼”)。搞笑了吧?

本章探讨了复杂的计算机安全领域:攻击来源、保护系统的基本方法、行业工具,以及额外的信息源。

27.1 安全要素

信息安全领域的涉及面非常广泛,但通常最佳的描述方式是“CIA 三元组”(CIA triad)。这个缩写代表:

- 机密性(Confidentiality);
- 完整性(Integrity);
- 可用性(Availability)。

机密性涉及数据隐私。获取信息应该仅限于被授权访问的人。认证、访问控制、加密属于机密性的几个组成部分。如果黑客闯入系统窃取了客户联系信息数据库,则出现了机密性泄露。

完整性与信息的真实性有关。数据完整性技术确保了信息的合法性以及不会出现未经授权的改动。它还解决了信息源的可信性问题。当安全网站提供签过名的 TLS 证书时,它不仅向用户证明了其发送的信息经过了加密,而且还证明了可信的证书颁发机构(例如 VeriSign 或 Equifax)已核实了信息源的身份。PGP 等技术也可以提供一定的数据完整性保障。

可用性传达了这样一种概念:授权用户在需要时必须能够访问到信息。否则的话,数据毫无价值。并非由入侵者造成的服务中断(例如,管理性错误或断电)也属于可用性问题。遗憾的是,往往只有在出事时,才会想起来可用性。

在设计、实现、维护系统和网络时,别忘了 CIA 原则。正如一则古老的安全格言所言:“安全是一个过程。”

27.2 安全是如何被破坏的

在本节中,我们会对现实世界中安全问题发生的原因进行一个一般性的了解。大多数安全过失都可以归咎于以下类别之一。

27.2.1 社交工程

计算机系统的人类用户(还有管理员)是安全链条中最薄弱的一环。即便是在如今安全意识已经提高的世界里,毫无提防之心的善良用户很容易被说服,泄露敏感信息。没有技术能防得住人这一元素,你必须确保用户群体有着高度的安全威胁意识,使其能够成为防线的一部分。

这个问题有多种表现形式。攻击者冷不防地拨通受害者的电话,假扮成满腹困惑的用户,试图请求帮助以访问系统;有人在解决问题时,无意间把敏感信息发布到了公共论坛中;当看似合法的维护人员对网络机柜重新布线时,会导致物理泄密。

术语“网络钓鱼”(phishing)描述的是尝试从用户处收集信息或诱使用户做一些如安装恶意软件之类的傻事。网络钓鱼以欺骗性电子邮件、即时消息、文本信息或社交媒体联系人开始。指

---

① 在网络安全领域,气隙是指在一台或多台计算机上使用的一种网络安全手段,确保安全的网络与不安全的网络(例如,公共 Internet 或不安全的局域网)在物理上是隔离的。——译者注

② 有时候,就算是气隙也不够用。在 2014 年的一篇论文中,Genkin、 Shamir、Tromer 描述了一种通过分析在解密文件时所发出的高音调频率来从便携式计算机中提取 RSA 加密密钥的技术。

向攻击（所谓的“鱼叉式网络钓鱼”）尤其难以防范，因为通信通常包括受害者特定的信息，给人一种真实的感觉。

社交工程是一种强大的黑客技术，是最难消除的威胁之一。你的站点安全策略应包括新职员培训。定期在组织范围内展开交流是向员工告知社交媒体威胁、物理安全、电子邮件网络钓鱼、多重验证，以及良好密码选择的有效方式。

要想衡量组织对于社交工程的防御力，你或许可以尝试自己发起一些社交工程攻击，从中一探究竟。不过要先确保你的主管的确允许你这么做。如果在没有明确授权的情况下就开始动手，这种做法看起来就非常可疑了。这也是一种内部刺探，如果不能坦率处理，有可能会引发不满。

告诉用户管理员绝不会向其讨要密码，不少组织发现这种方法挺管用。如果发现有这种行为，让用户立刻向 IT 部门报告。

27.2.2 软件漏洞

多年来，计算机软件中发现过不计其数的安全漏洞。通过利用微小的编程错误或者上下文依赖性，黑客能够将系统操纵在股掌之中。

缓冲区溢出是一种具有复杂的安全影响的编程错误。开发人员通常会分配一块事先确定好大小的临时内存空间，用于保存特定信息，这部分空间叫作缓冲区。如果代码没有仔细检查其中容纳的数据大小，邻接缓冲区的内存中的内容会有被覆盖的危险。技艺高超的黑客可以输入精心构造的数据，从而导致程序崩溃，在最糟糕的情况下，还能够执行任意代码。

缓冲区溢出属于更大一类软件安全 bug 中的一个子类，称为输入验证漏洞。几乎所有的程序都要接受某种类型的用户输入（例如，命令行参数、HTTP 请求参数）。如果代码在处理这类数据时没有严格检查其格式和内容，那可就要倒霉了。

在某些方面，开源操作系统在安全性上要领先一步。每个人都能访问到 Linux 和 FreeBSD 的源代码，数以千计的人可以（也确实）仔细检查每行代码，查找其中可能存在的安全威胁。普遍认为这种方式要比封闭操作系统更安全，因为只有一部分人有机会检查后者的代码缺陷。

身为管理员，你能做些什么来阻止此类攻击？这取决于具体应用，但有一个显而易见的方法是降低应用的运行权限，最大限度地减少安全 bug 造成的影响。以非特权用户身份运行的进程所带来的危害要比以 root 身份运行的进程更少。对于偏执狂，可以在这种方法中加入强制的访问控制系统，例如 SELinux。具备有限能力的容器也能在这方面派上用场。

随着时间的推移，开源社区已经发展出了一套解决软件缺陷的标准化流程。初始报告应该直接报送给软件开发人员，使其在黑客们想出利用方法之前研制并发布出对应的补丁。稍后，公开该安全问题的详细信息，以便管理员了解情况并让问题和修补程序接受大众审查。因此，时刻关注补丁和安全公告是大多数管理员工作的重要组成部分。幸运的是，现代操作系统努力使软件更新变得直观并易于自动化。

27.2.3 分布式拒绝攻击（DDoS）

DDoS 攻击的目的在于中断服务或恶意影响服务性能，使用户无法使用服务。这通常是通过利用网络流量向站点泛洪，以此耗尽站点所有的可用带宽或系统资源。DDoS 攻击可能是受到金钱利益驱动（在这种情况下，攻击者挟持站点、索要赎金），也可能是出于政治或报复性原因。

为了发动这样一场攻击，攻击者会在受害者网络之外的无保护设备上植入恶意代码。这些代码可以让攻击者远程指挥这些中间系统，形成一个“僵尸网络”（botnet）。在大多数常见的 DDoS 场景中，僵尸网络的成员被指示使用网络流量攻击受害者。

近些年，僵尸网络的组成包括了连入 Internet 的设备，例如 IP 数码相机、打印机，甚至还有婴儿监视器。这些设备不具备什么安全性，拥有者往往都不知道自己的设备已经中招了。任何人都能在暗网中买到用于管理僵尸网络的复杂的命令及控制工具。其中有些工具甚至还提供了免费的客户服务！

2016 年秋天，僵尸网络 Mirai 把目标指向了安全研究员和博主 Brian Krebs，从数万个源 IP 地址向其站点倾泻了 620 Gbit/s 的流量。不用说，他的托管服务供应商要求他搬到别的地方去。僵尸网络 Mirai 自那时起就开放了源代码。

防止和缓解 DDoS 攻击的大部分责任落在了网络管理层。目前有可用的软件和硬件能够检测和抵御这种攻击，同时保持合法的服务不掉线。公有云供应商和一些托管设备都配备了该技术。然而，缓解措施并不是十全十美的，威胁也在不断变化。

27.2.4 内部人员滥用

雇员、承包商、顾问都是组织可信的代理，会获得一些特殊权限。这些权限有时候会被滥用。内部人员会窃取或泄露数据，破坏系统以谋求经济利益，或者出于政治原因制造破坏。

这种攻击最难被发现。大多数安全措施防范的都是外部威胁，无法有效地阻止有权限的用户。通常一开始并不会去怀疑内部人员，只有最严苛的组织才会系统化地监察自己的雇员。

系统管理员绝不能明知故犯地在环境中安装后门供自己使用。这种便利手段很容易被他人误解或利用。

27.2.5 网络、系统或应用配置错误

软件配置可以安全，也可以不那么安全。软件被开发出来是为了有用，而不是去烦人，因此，不那么安全的配置基本上是常态。黑客经常利用在不太危险的情况下被视为实用方便的一些特性来获取访问权限：无密码账户、规则过于宽松的防火墙、毫无保护的数据库等，不一而足。

主机配置缺陷的一个典型例子是允许不使用引导装载程序密码来引导 Linux 系统，这算得上是一种标准做法了。可以在安装阶段配置 GRUB，要求输入引导密码，但几乎没有管理员这么做过。这种疏忽使系统对物理攻击敞开了大门。

但是，这个例子也极好地说明了需要在安全性和可用性之间取得平衡。要求密码意味着如果系统被无意间重启（例如断电之后），管理员必须亲临现场才能让机器重新运行。

保护系统最重要的步骤之一就是确保不会不小心引狼入室。这是最容易找出并修复的一类问题，尽管数量可能还不少，而且也未必总是很清楚该检查什么。本章随后介绍的端口和漏洞扫描工具可以帮助有需要的管理员在问题暴露之前将其识别出来。

27.3 基本安全措施

大多数系统的安全性并不是与生俱来的。在安装期间和安装之后进行的自定义操作会更改新系统的安全配置文件。管理员应该加固新系统，将其集成到本地环境中并为其规划长期的安全维护方案。

当审计人员登门时，能够证明你已经遵循了某种标准规程是有帮助的，尤其是如果该规程符合所在行业的外部建议以及最佳实践。关于系统加固标准选择方面的建议，可参见 27.10.2 节。

在最高层面，牢记以下几条经验，以此提高站点的安全性。

- 运用最小权限原则，为每个实体、个人或角色分配所需的最低权限。该原则适用于防火墙规则、用户权限、文件权限，以及其他用到访问控制的情况。
- 利用层安全（layer security）措施实现深度防御。例如，不要仅依靠外部防火墙来保护网

络。否则，你搭建起来的结构就像一根 Tootsie Pop 棒棒糖：外表坚硬、内部柔软。

- 将攻击面最小化。接口、暴露出来的系统、不必要的服务、未使用或利用率低的系统越少，潜在的缺陷和安全弱点就越小。

自动化是这场安全战争中的紧密盟友。使用配置管理和脚本创建可复用的安全系统及应用。自动化的安全步骤越多，人为犯错的空间就越小。

27.3.1 软件更新

保持使用最新的补丁更新系统是管理员所做的最具价值的安全工作。大多数系统都会预先配置为采用厂商的软件包仓库，这使得应用补丁修补程序就像运行几条命令一样简单。大型站点可以使用厂商仓库的本地镜像，从而节省外部带宽、提高更新速度。

合理的打补丁方法应该包括下列要素。

- 定期安装日常补丁。在设计该计划时考虑补丁对于用户的影响。按月更新通常就足够了，不过要准备好在短时间内应用关键补丁。
- 变更计划要记录下每组补丁的影响，概括安装补丁后的测试步骤，描述在出现问题时如何撤销更改。将此计划传达给所有的相关方。
- 理解哪些补丁与环境有关。管理员应该订阅厂商特定的安全邮件列表和博客，另外也不要错过一般性的安全论坛，例如 Bugtraq。
- 你所在环境所使用的应用和操作系统的准确清单。这种调查有助于确保完整的覆盖面。使用汇报软件跟踪现有安装。

软件补丁有时候会引入全新的安全问题和自身的弱点。不过，大多数攻击的目标都是已广为人知的旧缺陷。从统计学上来说，定期更新的系统要省心得多。确保更新过程有条不紊、始终如一。

27.3.2 不必要的服务

库存系统（stock system）默认会运行大量的服务。禁用掉（有可能的话，将其删除）那些不必要，尤其是作为网络守护进程的服务。可以使用 netstat 命令查看有哪些服务在使用网络。下面是该命令在 FreeBSD 系统上的部分输出。

```
freebsd$ netstat -an | grep LISTEN
tcp6       0      0 *.22              *.*                 LISTEN
tcp6       0      0 *.2049            *.*                 LISTEN
tcp6       0      0 *.989             *.*                 LISTEN
tcp6       0      0 *.111             *.*                 LISTEN
```

Linux 正在转向使用 ss 命令实现该功能，不过目前 netstat 仍然管用。

各种命令都能帮助准确定位正在使用某端口的服务。例如，你可以使用 lsof。

```
freebsd$ sudo lsof -i:22
COMMAND PID    USER  FD   TYPE SIZE/OFF NODE NAME
sshd    701    root  3u   IPv6      0t0  TCP *:ssh (LISTEN)
sshd    701    root  4u   IPv4      0t0  TCP *:ssh (LISTEN)
sshd    815    root  3u   IPv4      0t0  TCP 10.0.2.15:ssh->10.0.2.2:54834
    (ESTABLISHED)
sshd    817 vagrant  3u   IPv4      0t0  TCP 10.0.2.15:ssh->10.0.2.2:54834
    (ESTABLISHED)
```

只要有了 PID，然后就能使用 ps 来确定具体的进程。如果服务不需要，将其停止并确保不会在引导期间重新启动。如果 lsof 不可用的话，也可以使用 fuser 或 netstat -p。

限制系统的总体大小。软件包越少，软件缺陷就越少。整个行业开始通过减少默认安装中包含的软件包数量来解决这个问题。一些特定的发行版（如 CoreOS）更是将此发挥到了极致，强制几乎所有内容都运行在容器中。

27.3.3 远程事件日志记录

syslog 服务可以将日志信息转发到文件、特定用户或者网络上的其他主机。考虑设置一台安全的主机作为中央日志记录主机，负责解析转发过来的事件并适当响应。单个集中式日志聚合器能够获取来自各种设备的日志，在出现有意义的事件时向管理员发出警报。远程日志记录还可以防止黑客通过重写或删除被入侵系统中的日志文件来掩饰其行踪。

很多系统默认采用 syslog，但你仍然要通过自定义配置来设置远程日志记录。

27.3.4 备份

定期测试的系统备份是站点安全计划必不可少的部分。这属于 CIA 三元组中的“可用性”一类。确保定期复制所有的文件系统并保存一些场外备份。如果出现严重的意外，你就有了一个没有受到污染的查核点（checkpoint），可以从中恢复。

但是，备份也是一种安全风险。通过限制（和监控）访问以及加密备份文件来保护备份。

27.3.5 病毒与蠕虫

UNIX 和 Linux 几乎对病毒免疫。存在的病毒只有一小撮（其中大多数属于学术性质），而且都不会造成在 Windows 世界中司空见惯的那种损失惨重的破坏。尽管如此，某些防病毒软件厂商可不会因此就预测恶意软件将不复存在。当然，除非你以特别低的价格购买其防病毒产品。

尚不清楚缺乏恶意软件的具体原因。有些人宣称只是因为 UNIX 的市场份额没有其桌面竞争对手那么多，所以病毒制造者对其没有什么兴趣。另一些人则坚持认为是 UNIX 的访问控制环境限制了能够自我蔓延的蠕虫和病毒造成的破坏。

后一种论点有些道理。因为 UNIX 在文件系统层面限制了对于系统可执行文件的写入操作，无特权的用户账户无法感染除自身以外的环境。除非病毒代码是以 root 运行的，否则其感染范围会受到显著的限制。从中传达出来的中心思想就是不要使用 root 账户从事日常活动。有关该问题的详情参见 3.2 节。

可能和直觉相反的是，在 UNIX 服务器上运行防病毒软件的一个合理的理由是保护站点中的 Windows 系统免受 Windows 特定的病毒侵害。邮件服务器会扫描接收到的电子邮件附件以查找病毒，文件服务器会扫描共享文件，看看有没有被病毒感染。

Tomasz Kojm 的 ClamAV 是一款流行的免费防病毒产品，适用于 UNIX 和 Linux。ClamAV 广泛使用了 GPL，是一个完备的防病毒工具包，其中包含数千种病毒的签名。你可以从 ClamAV 官网下载最新版本。

当然，有一派观点认为反病毒软件本身就是适得其反的（counterproductive）。其检测率和防范率表现平平，授权和管理成本也不轻松。反病毒软件经常造成系统其他方面的损伤，导致各种技术支持问题。有些破坏甚至是由于攻击防病毒基础设施本身而造成的。

Microsoft Windows 的最近版本中包含了一款名为 Windows Defender 的基础防病毒工具。在检测新类型的恶意软件方面，它并不是最快的，但效率不错，相对而言不大可能干扰系统其他部分。

27.3.6 Root kits

技艺最高超的黑客尝试掩盖自身踪迹并躲避检测。他们往往希望继续使用你的系统非法分发软件、探测其他网络或是对其他系统发起攻击。帮助其隐匿踪迹的方法通常是使用"root kits"。Sony 公司由于在其数百万张音乐 CD 的版权保护软件中加入了类似于 root kit 的功能而臭名昭著。

root kits 是一种可以隐藏重要系统信息（例如，进程、磁盘或网络活动）的程序和补丁。其种类众多，复杂程度也不一，从简单的应用程序替换（例如，被黑过的 ls 和 ps 命令）到近乎不可能被检测到的内核模块。

像 OSSEC 这种基于主机的入侵检测系统是监控系统是否存在 root kits 的有效方法。文件完整性监控工具（例如 Linux 版的 AIDE）能够提醒你被意外改动的文件。root kits 查找脚本（例如 chkrootkit）能够识别出已知的 root kits。

尽管有可用的程序可以帮助管理员从受损系统中删除 root kits，但执行全面清理所花费的时间可能也就比保存数据并擦除系统稍好点。最厉害的 root kits 能察觉出常见的删除程序，还会尝试对其反杀。

27.3.7 分组过滤

如果你将系统接入能够访问 Internet 的网络中，一定要在系统和外部世界之间安装一个带有分组过滤功能的路由器或防火墙。分组过滤器只会传递你特别感兴趣的服务流量。限制系统公开曝光是第一道防线。很多系统并不需要直接访问公共 Internet。

除了在 Internet 网关处为系统搭建防御，你还可以用基于主机的分组过滤器，例如 FreeBSD 中的 ipfw 和 Linux 中的 iptables（或 ufw），再加上一道保险。确定有哪些服务运行在主机上，只开放这些服务的端口。在有些情况下，你还可以限制允许哪些源地址连接到各个端口。很多系统只需要一两个端口能访问就行了。

如果系统是在云端，那就不需要物理防火墙了，使用安全组即可。在设计安全组规则时，尽可能细化。另外考虑加入出站规则，限制攻击者从你的主机向外发起连接。有关该主题的其他讨论参见 13.15 节。

27.3.8 密码与多重认证

我们都是简单的人，要求的规则也很简单。下面就是规则之一：每个账户都必须有一个密码，密码内容不能被轻易猜到。密码复杂性规则可能是个麻烦事，不过其存在是有原因的。可猜测的密码是损害的主要来源之一。

近些年来，一个值得欣喜的趋势是对于多重认证（MultiFactor Authentication，MFA）系统的支持度激增。这些方案通过某些你了解的东西（密码或口令）和你拥有的东西（例如物理设备，通常是收集）来验证你的身份。从 UNIX shell 账户到银行账户，MFA 可以保护几乎所有的接口。启用 MFA 是安全性方面的一场垂手可得但却意义非凡的胜利。

出于各种原因，对于任何能够获取到管理权限的 Internet 连接门户（Internet-facing portal），如今 MFA 是绝对的最低要求。这包括 VPN、SSH 访问、Web 应用的管理接口。可以得出一种观点：单一（仅密码）认证对于任何用户认证都是不可接受的，你至少也得使用 MFA 保护所有的管理接口。好在，可以使用一些不错的基于云的 MFA 服务，例如 Google Authenticator 和 Duo。

27.3.9 警惕性

为确保系统的安全性，定期监视其健康情况、网络连接、进程表，以及整体状态（通常每天一次）。使用本章随后讨论的强力工具定期进行自我评估。安全性损害往往都是从一个小处开始扩大的，越早找出异常之处越好。这说起来容易，做起来就难多了。

你可能会发现与外部公司合作进行全面的漏洞分析是有好处的。这种项目能够让你注意到之前没有考虑过的问题。至少，他们可以对你所暴露最多的领域建立起基本的了解。此类活动经常会发现黑客已经在客户的网络中安营扎寨了。

27.3.10 应用渗透测试

除了一般的系统和网络卫生，暴露在 Internet 上的应用还需要有自己的安全预防措施。由于漏洞数据及其利用工具的广泛蔓延，最好是对所有的应用进行渗透测试，核实其在设计时是否考虑过安全性，以及是否具备相应的控制措施。

安全链条的坚固程度取决于它最弱的那个环节。如果你的网络和基础设施都挺安全，但是运行在该基础设施上的应用无须密码就能访问敏感数据（举例而言），那结果只能是赢得了战役，却输掉了战争。

渗透测试是一门定义不明确的学科。许多推销自家渗透测试服务的公司主要关注的是烟雾和镜子。青少年们待在没有窗户的地下室，里面摆满了 20 世纪 80 年代的计算机终端，好莱坞的这些场景并非完全失实。消费者要小心。

好消息是，开放 Web 应用安全项目（Open Web Application Security Project，OWASP）发布了有关常见应用程序漏洞的信息以及在应用中探测这些问题的方法。我们的建议是，聘请专业的第三方机构（专门从事应用渗透测试）进行渗透测试，并在应用的整个生命周期内定期开展。确保其严格遵守 OWASP 方法。

27.4 密码与用户账户

除了通过多重认证保护有 Internet 连接的特权访问，安全地选择和管理密码也很重要。在 sudo 的世界里，管理员的个人密码与 root 密码一样重要。尤其在于：使用频率越高的密码，就越有机会通过暴力解密以外的方法将其窃取。

从狭义的技术角度来看，最安全的特定长度密码由一系列随机字母、标点符号，以及数字组成。多年来的宣传和挑剔的网站密码表格让大多数人相信这就是他们应该使用的那种密码。但是当然了，用户根本不会照做，除非他们使用密码保险库帮助自己记住密码。那种能够抵挡暴力破解的随机密码长度（12 个字符或更长）根本是记不住的。

因为密码的安全性是随着长度指数增加的，最保险的办法就是使用一个非常长的密码（口令），这个密码不大可能出现在其他地方，但又要容易记忆。你可以加入拼写错误或是改动过的字符，这都是加分项，不过一般的思路都是借助长度来增加难度。

例如，“six guests drank Evi’s poisoned wine”就是一个挺不错的密码。（或者至少说，在它出现在本书中之前。）事实的确如此，尽管该密码基本上由常见的、小写形式的字典里的单词组成，而且这些单词在逻辑上是相关的，也符合语法顺序。

所有管理员和用户必须牢记的另一个核心概念就是特定的口令只能专项专用。出现大规模泄密，用户名及其密码暴露在光天化日之下，这种事情太常见了。如果这些用户名还用在了其他地方，那这些账户现在也全都完蛋了。绝对不要将相同的密码跨越管理边界使用（例如，个人银行站点 vs. 社交媒体）。

27.4.1 更改密码

更改 root 和管理员密码：

- 至少每 6 个月一次；
- 每当有能够接触到这些密码的人离职；

- 只要对安全性是否出现了问题产生了怀疑。

过去的传统观点认为应经常更改密码以防止未检测到的可能的泄密。但是，更新密码的行为本身也有风险，而且会扰乱管理员的生活。够水平的黑客一旦渗透入站点，立刻就会布置一套备用访问机制，更新密码所带来的帮助并没有乍看起来那么有用。

仍然建议定期进行更改，但也别过头了。如果你真的想提高安全性，多关心密码质量，效果会更好。

27.4.2 密码保管库与密码托管

经常有人说"绝不要把密码写下来"，但也许更准确的说法应该是绝不要让密码能被不良分子接触到。安全专家 Bruce Schneier 说过：相对而言，管理员钱包里的碎纸片都比大多数接入 Internet 的存储更安全。

密码保险箱是一种软件（或者软硬件的结合），用于保存组织密码，其保存方式要比"你是否愿意让 Windows 帮你记住密码？"安全得多。

有一些发展现状使得密码保险箱几乎成了必选项。

- 密码数量激增，不仅登录计算机需要密码，访问 Web 页面、配置路由器、防火墙、管理远程服务也都要用到。
- 随着计算机的运行速度越来越快，弱密码很容易被破解，对于强密码的需求日益强烈。
- 要求对某些数据的访问要能够被追溯到个人，不能存在共享登录，例如 root。

随着美国法律开始对诸如政府、金融、医疗保健等部门施加额外的要求，密码管理系统变得越来越流行。在有些情况下，该立法还要求多重认证。

密码保险箱也是系统管理支持公司的一大福音，这些公司必须要安全地、可追溯地为自己的机器和客户的机器管理密码。

密码保险箱会加密其所保存的密码。每个用户通常都有单独的保险箱密码。（就在你觉得自己的密码难题要告结时，现在，你有了甚至更多的密码要管理和操心！）

有不少可用的密码保险箱实现。用于个人的免费实现（例如，KeePass）在本地保存密码，对密码数据库提供"全有或全无"（all-or-nothing）的访问，而且没有日志记录。适用于大型企业（例如，CyberArk）的应用得花费数万美元。许多商业产品是按照用户或者能够保存的密码数量来收费。

我们尤为喜欢的保险箱系统是 AgileBits 的 1Password。1Password 来自大众市场，因此包括了精美的跨平台 UI 以及与常见 Web 浏览器的集成。1Password 有一个"teams"层，可以将个人密码管理的基础扩展到组织机密领域。

另一个值得一试的系统是 Thycotic 的 Secret Server。该系统基于浏览器，专门设计用于满足各种组织需要。它包括广泛的管理和审计特性以及基于角色的访问控制（参见 3.4.3 节）和细致的权限选项。

密码管理系统中有一个有用的特性是"break the glass"（打碎玻璃）选项，这个名字是为了致敬酒店的火灾报警站，它告诉你在紧急情况下打碎玻璃并拉下大红色杠杆。在这里，"打碎玻璃"的意思是获得你通常无法接触到的密码，同时将警报转发给其他管理员。这是在吝啬的密码共享（parsimonious password sharing）（一种正常的最佳实践）和处理紧急事件的现实状况之间的一种良好的妥协。

差劲的密码管理是一种常见的安全缺陷。在默认情况下，/etc/passwd 和/etc/shadow 文件（在 FreeBSD 中是/etc/master.passwd 文件）的内容决定了谁能够登录，所以这些文件是系统抵御入侵者的第一道防线。必须对其一丝不苟地维护，不能有错误、安全隐患，以及历史包袱。

UNIX 允许用户选择自己的密码，尽管这种做法很是方便，但带来了很多安全问题。27.4 节的论述同样适用于用户密码。

定期核实（最好是每天）所有登录是否都有密码，这一点很重要。/etc/shadow文件中描述伪用户（例如，拥有文件但从不登录的“daemon”）的条目在其加密密码字段中应该有一个星号或惊叹号。这与任何密码都不匹配，因此可以禁用对应的账户。

同样的逻辑也适用于采用了集中式认证方案（例如LDAP或Active Directory）的站点。在几次登录尝试失败后，强制执行密码复杂性要求并锁定账户。

27.4.3 密码老化

大多数具有shadow密码的系统允许强迫用户定期更改密码，这种机制称为密码老化。该特性乍一看似乎挺吸引人，但它有几个问题。用户对于不得不更改密码往往是心存不满的，因为不想把新密码忘了，所以他们会选择一些容易输入和记忆的简单密码。许多用户在每次被迫更改密码时就会在两个密码之间来回切换，或者把密码中的某个数字递增一下，这就失去了密码老化的目的。PAM模块（参见17.3.4节）可以帮助实施强密码，避免这种陷阱。

在Linux系统中，chage程序控制密码老化。管理员可以使用chage强制密码改动的最短间隔时间和最长间隔时间、密码何时到期、提前几天警告用户密码将要到期、自动锁定账户前允许的不活动天数等。以下命令将更改密码的最小间隔天数设置为2，最大间隔天数设置为90，到期日期设置为2017年7月31日，并在到期前的14天警告用户。

```
linux$ sudo chage -m 2 -M 90 -E 2017-07-31 -W 14 ben
```

在FreeBSD系统中，pw命令管理密码老化参数。下面的命令将密码有效期设置为90天，到期日期设置为2017年9月25日。

```
freebsd$ sudo pw user mod trent -p 2017-09-25 -e 90
```

27.4.4 组登录与共享登录

只要是多人使用的登录就不是什么好事。组登录（例如，“guest”或“demo”）是黑客安营扎寨的必选之地，在许多情况下被HIPAA等联邦法规禁止。在你的站点内不要使用。但是，技术方面的控制也拦不住用户之间共享密码，因此教育是最好的实施策略。

27.4.5 用户shell

理论上，你可以将用户账户的shell设置成包括自定义脚本在内的任何程序。在实践中，使用标准shell（例如bash和tcsh）之外的其他shell是一种危险的做法。如果你发现自己想这么做，也许可以考虑使用无口令的SSH密钥对。

27.4.6 root权限条目

root登录的唯一区别就是它的UID为0。因为/etc/passwd文件中可以有多个表项使用这个UID，所以以root登录的方式也不止一种。

黑客在获得了root shell之后，安插后门的常见套路就是在/etc/passwd中编辑一个新的root登录。诸如who和w这样的程序引用的是保存在utmp中的名称，而不是拥有登录shell的UID，所以它们无法暴露那些貌似正常用户，但实际上是以UID 0登录的黑客。

不要允许root远程登录，哪怕是通过标准的root账户。对于OpenSSH，你可以将/etc/ssh/sshd_config文件中的PermitRootLogin配置选项设置为No，以此强制实施该限制。

由于有了sudo（参见3.2.2节），即便是在系统控制台中，你也极少需要以root登录。

27.5 强力安全工具

之前提到的一些耗时的事务可以通过免费工具实现自动化。下面将介绍其中部分你会用得着的工具。

27.5.1 Nmap：网络端口扫描器

Nmap 的主要功能是检查一组目标主机，查看哪些 TCP 和 UDP 端口上有服务器在侦听。[①]因为大多数网络服务都与“熟知”端口关联在一起，由此得到的信息可以告诉你大量有关机器上所运行软件的信息。

要想知道系统在试图闯入其中的外人眼里是个什么样子，运行 Nmap 是种不错的方法。例如，下面是来自 Ubuntu 生产系统的报告。

```
ubuntu$ nmap -sT ubuntu.booklab.atrust.com

Starting Nmap 7.40 ( http://insecure.org ) at 2017-03-01 12:31 MST
Interesting ports on ubuntu.booklab.atrust.com (192.168.20.25):
Not shown: 1691 closed ports
PORT        STATE    SERVICE
25/tcp      open     smtp
80/tcp      open     http
111/tcp     open     rpcbind
139/tcp     open     netbios-ssn
445/tcp     open     microsoft-ds
3306/tcp    open     mysql

Nmap finished: 1 IP address (1 host up) scanned in 0.186 seconds
```

默认情况下，nmap 的-sT 选项会尝试以正常方式[②]连接目标主机上的每个 TCP 端口。一旦建立连接，nmap 就立即断开，尽管不礼貌，不过对于正确编写的网络服务器也没什么危害。

从上面的例子中我们可以看到该 ubuntu 主机运行了两个可能并没有用到的服务，而且历来都有与之相关的安全问题：portmap（rpcbind）和一个电子邮件服务器（smtp）。攻击者最有可能探测这些端口以获取更多信息，以此作为信息收集过程的下一步。

nmap 输出中的 STATE 列将有服务器侦听的端口显示为 open，没有服务器侦听的端口显示为 closed，状态未知的端口显示为 unfiltered，由于分组过滤器介入而无法探测的端口显示为 filtered。除非运行 ACK 扫描，否则 nmap 不会将端口归类为 unfiltered。下面的结果取自一台更安全的服务器 secure.booklab.atrust.com。

```
ubuntu$ nmap -sT secure.booklab.atrust.com

Starting Nmap 7.40 ( http://insecure.org ) at 2017-03-01 12:42 MST
Interesting ports on secure.booklab.atrust.com (192.168.20.35):
Not shown: 1691 closed ports
PORT       STATE   SERVICE
25/tcp     open    smtp
80/tcp     open    http

Nmap finished: 1 IP address (1 host up) scanned in 0.143 seconds
```

---

① 如 13.3.4 节所述，端口是一个编号的信道。IP 地址标识了一台机器，IP 地址加上端口号则标识了这台机器上的特定服务器或网络会话。

② 实际上，默认只检查特权端口（编号 1 024 以下的端口）和其他熟知端口。-p 选项可以明确指定要扫描的端口范围。

在这个例子中，该主机显然启用了 SMTP（email）和 HTTP 服务器。其他端口都被防火墙阻挡了。

除了简单的 TCP 和 UDP 探测，nmap 还有不少不易被察觉的端口探测方法，无须发起实际连接。在大多数情况下，nmap 使用看起来像是来自 TCP 会话期间（而非会话伊始）的分组进行探测，等待诊断分组被送回。这些隐匿探针也许可以有效地穿过防火墙或是躲开戒备着端口扫描器的网络安全监控程序。如果你的站点使用了防火墙（参见 27.8 节的防火墙），最好使用这些备用扫描模式对其进行探测，了解运行情况。

nmap 有一项神奇的实用能力：通过查看远程系统 TCP/IP 实现的某些特别之处，猜测对方使用的操作系统。有时候甚至还能识别出运行在开放端口上的软件。-O 和-sV 选项可以启用该功能。

```
ubuntu$ sudo nmap -sV -O secure.booklab.atrust.com

    Starting Nmap 7.40 ( http://insecure.org ) at 2017-03-01 12:44 MST
    Interesting ports on secure.booklab.atrust.com (192.168.20.35):
    Not shown: 1691 closed ports
    PORT      STATE   SERVICE  VERSION
    25/tcp    open    smtp     Postfix smtpd
    80/tcp    open    http     lighttpd 1.4.13
    Device type: general purpose
    Running: Linux 2.4.X|2.5.X|2.6.X
    OS details: Linux 2.6.16 - 2.6.24

    Nmap finished: 1 IP address (1 host up) scanned in 8.095 seconds
```

这一特性对于获取本地网络的清单非常有用。不幸的是，它对黑客也很有用，黑客可以根据目标操作系统和服务器的已知缺陷展开攻击。

记住，大多数管理员并不会因为你帮助他们扫描网络并指出其中的漏洞而承你的情，不管你是否出于善意。不要在没有获得网络管理员许可的情况下在人家的网络上使用 nmap。

27.5.2 Nessus：下一代网络扫描器

Nessus，最初由 Renaud Deraison 在 1998 年发布，是一款强大实用的软件漏洞扫描器。目前，它使用了超过 31 000 个插件来检查本地及远程系统的安全缺陷。尽管 Nessus 现在还是闭源的专有产品，但仍可以免费使用，而且定期会发布新的插件。它是最被广泛接受，也是最完备的漏洞扫描器。

作为安全扫描器，Nessus 不将任何东西视为理所当然，它也以此为荣。例如，并不假设 Web 服务器运行在端口 80，而是在所有端口上扫描 Web 服务器并检查其漏洞。它也不依赖于连接的服务所报告的版本号，Nessus 会尝试利用已知的漏洞来看看服务是否有问题。

尽管得下大功夫才能让 Nessus 运行起来（它需要一些在典型系统中没有安装的软件包），但绝对值得一试。Nessus 系统包括客户端和服务器。服务器作为数据库，客户端负责呈现 GUI。Nessus 服务器和客户端在 Windows 和 UNIX 平台上都有相应的实现。

Nessus 的一大优势就是模块化设计，这使第三方很容易加入新的安全检查模块。感谢活跃的用户社区，Nessus 可能会成为接下来几年中的一件利器。

27.5.3 Metasploit：渗透测试软件

渗透测试是指在获得所有者许可的情况下，出于发现安全缺陷的目的而侵入计算机网络的行为。Metasploit 是一个用 Ruby 编写的开源软件包，可以实现该过程的自动化。

Metasploit 由美国安全公司 Rapid7 掌控，但其 GitHub 项目有数百名贡献者。Metasploit 包含一个数据库，其中有数百个针对现有软件漏洞的现成的利用工具。如果你既有需要又有技能，可以向数据库中添加自己编写的漏洞利用插件。

Metasploit 采用下面的基本工作流程：

（1）扫描远程系统，了解相关信息；

（2）根据发现的信息，选择并执行漏洞利用工具；

（3）如果渗透目标成功，使用附带的工具从被攻陷的系统转移到远程网络中的其他主机；

（4）记录结果；

（5）清理现场，恢复对远程系统所做的改动。

Metasploit 有多种接口：命令行、Web 界面，以及纯 GUI 客户端。它们在功能上都一样，选择你最喜欢的形式即可。

27.5.4 Lynis：安全审计

如果想找出旧的木制谷仓墙壁上的洞，你可能会先走到谷仓外面，查找那些大号的窟窿。像 Nessus 这种基于网络的漏洞扫描工具给予你的就是这种系统安全视角。对于墙上那些针孔大小的洞，得找个晴天，到谷仓里重点排查。要想像这样检查系统，你得在系统上运行像 Lynis 这样的工具。

这款威力强大的安全工具会对系统配置、修补、加固状态进行一次性和预定审计。该开源工具能够运行在 Linux 和 FreeBSD 系统上，执行数百次自动化的合规性检查。

27.5.5 John the Ripper：找出不安全的密码

阻止不良密码选择的一种方法是自己攻破密码，然后强制用户更改已经被攻破的密码。John the Ripper 是由 Solar Designer 开发的一款复杂工具，在单一工具中实现了各种密码破解算法。它取代了本书以前版本中介绍的工具 crack。

即使大多数系统使用 shadow 密码文件来避免加密后的密码公之于众，但依旧核实用户的密码是否能够抵挡破解不失为明智之举。[①]了解用户密码非常有用，因为人们往往反复使用相同的密码。单个密码可以授予访问另一个系统，解密保存在用户主目录中的文件，允许访问 Web 上的财务账户。（不用多说，以这种方式重用密码在安全上并不聪明。但没有人想记住数百个密码。）

考虑内部的复杂性，John the Ripper 是一个用起来极其简单的程序。告诉 john 要破解哪个文件（通常都是/etc/shadow），接下来就是见证奇迹的时刻。

```
$ sudo ./john /etc/shadow
Loaded 25 password hashes with 25 different salts (FreeBSD MD5 [32/32])
password      (jsmith)
badpass       (tjones)
```

在这个例子中，从 shadow 文件中读出了 25 个不重样的密码。 随着密码被破解，john 将其输出到屏幕并保存到名为 john.pot 的文件中。输出的左边一列是密码，右边一列的括号里是登录名。要想在 john 结束后重新输出密码，使用-show 选项运行相同的命令。

在本书编写期间，John the Ripper 的最新稳定版是 1.8.0。因为 John the Ripper 的输出中包含了已经被破解的密码，注意保护输出内容，检查完哪些用户的密码不安全之后就将其删除掉。

和多数安全监控技术一样，重要的是在使用 John the Ripper 破解密码之前，先获得明确的管理许可。

① 尤其是拥有 sudo 权限的系统管理员的密码。

27.5.6 Bro：可编程的网络入侵检测系统

Bro 是一个开源的网络入侵检测系统（Network Intrusion Detection System，NIDS），能够监视网络流量，查找可疑的活动。它最初是由 Vern Paxson 编写的，可以从 Bro 官网下载。

Bro 检查所有进出网络的流量。它可以操作在被动模式下，出现可疑活动时发出警报；也可以在主动模式下，通过注入流量来破坏恶意活动。两种模式可能都需要修改站点的网络配置。

和其他 NIDS 不同，Bro 监视流量，而不仅仅是匹配单个分组内的模式。这种操作方法意味着 Bro 能够通过观察谁和谁会话来检测可疑活动，甚至都不用去匹配任何特定的字符串或模式。例如，Bro 能够：

- 通过关联进站和出站的流量，检测被用作“跳板”（stepping stones）的系统；
- 通过观察进站连接之后立刻出现的意外的出站连接，检测被安插了后门的服务器；
- 检测运行在非标准端口上的协议；
- 报告被正确猜测出的密码。

其中部分特性需要大量的系统资源，不过 Bro 包括了集群支持，可以帮助你管理一组传感器机器。

Bro 的配置语言复杂，需要具备相当的编程经验才会用。遗憾的是，并没有可供新手安装的简单的默认配置。大多数站点都需要中等程度的定制。

Bro 在一定程度上得到了国际计算机科学研究所（International Computer Science Institute，ICSI）的网络研究小组（Networking Research Group）的支持，但主要还是由 Bro 用户社区维护。如果你想找现成的商业 NIDS，Bro 可能会让你失望了。但是，Bro 能够做一些商业 NIDS 无法做到的事情，可以作为你网络中某些商业解决方案的补充或替代。

27.5.7 Snort：流行的网络入侵检测系统

Snort 是一个开源的网络入侵预防和检测系统，最初由 Marty Roesch 开发，现在由商业实体 Cisco 维护。它已成为自行部署的 NIDS 的事实标准，也是许多商业和“托管服务”NIDS 实现的基础。

Snort 本身可以作为开源软件包自由分发。但是，如果想获取到最新的检测规则集，需要向 Cisco 支付订阅费。

许多第三方平台引入或扩展了 Snort，其中一些项目是开源的。一个出色的例子是 Aanval，它在 Web 控制台中汇集了多个 Snort 传感器的数据。

Snort 从网络上捕获原始分组，将其与一组规则（即签名）进行比对。如果 Snort 检测到一个被定义为值得注意的事件时，它会提醒系统管理员，或是联系网络设备阻拦这种不希望出现的流量。

尽管 Bro 非常强大，但 Snort 要简单得多，更易于配置，这使其成为“入门级”NIDS 平台的不错选择。

27.5.8 OSSEC：基于主机的入侵检测

OSSEC 是一款自由软件，在 GNU 通用公共许可证下可以获得其源代码。OSSEC 可以提供如下服务：

- 检测 Root kit；
- 检查文件系统完整性；
- 分析日志文件；

- 基于时间的警告；
- 主动响应。

OSSEC 运行在需要关注的系统上，监视其活动。它能够发送警告或是根据配置好的规则集采取相应操作。例如，OSSEC 可以监视系统中出现的未经授权的文件并发送电子邮件提醒。

```
Subject: OSSEC Notification - courtesy - Alert level 7
Date: Fri, 03 Feb 2017 14:53:04 -0700
From: OSSEC HIDS <ossecm@courtesy.atrust.com>
To: <courtesy-admin@atrust.com>

OSSEC HIDS Notification.
2017 Feb 03 14:52:52

Received From: courtesy->syscheck
Rule: 554 fired (level 7) -> "File added to the system."
Portion of the log(s):
New file
'/courtesy/httpd/barkingseal.com/html/wp-content/uploads/2017/02/hbird.
    jpg'
added to the file system.

--END OF NOTIFICATION
```

通过这种方式，OSSEC 可以全年无休地充当你的耳目。我们建议在所有的生产系统上运行 OSSEC。

1. OSSEC 的基本概念

OSSEC 有两个主要组成部分：管理器（服务器）和代理（客户端）。网络中需要有一个管理器，这部分应该先安装。管理器保存着“文件完整性检查”数据库、日志、事件、规则、解码器、主要配置选项，以及整个网络的系统审计条目。管理器能够连接任何 OSSEC 代理，不管代理使用什么样的操作系统。另外，管理器还能监视某些没有专门的 OSSEC 代理的设备。

代理运行在你想要监视并向管理器汇报情况的系统上。按照设计，代理占用的空间都不大，以最小权限运行。大多数代理的配置都是从管理器处获得的。两者之间的通信经过了加密和认证。你得为管理器上的每个代理创建认证密钥。

按照严重程度，OSSEC 将警告分为 0～15 级，15 级最高。

2. 安装 OSSEC

从 OSSEC 的 GitHub 仓库中可以获得用于大多数发行版的 OSSEC 软件包。

在你想要作为 OSSEC 管理器的系统上安装服务器，然后在其他你想要监视的系统上安装代理。安装脚本会询问其他一些问题，例如应该将警告发送到哪个电子邮件地址，启用哪些监视模块。

安装完成之后，启动 OSSEC。

```
server$ sudo /var/ossec/bin/ossec-control start
```

接下来，使用管理器注册各个代理。在服务器上运行。

```
server$ sudo /var/ossec/bin/manage_agents
```

你会看到一个类似于下面的菜单。

```
****************************************
* OSSEC HIDS v2.8 Agent manager.
* The following options are available:
****************************************
    (A)dd an agent (A).
```

```
    (E)xtract key for an agent (E).
    (L)ist already added agents (L).
    (R)emove an agent (R).
    (Q)uit.
Choose your action: A,E,L,R or Q:
```

选择 A 选项来添加代理，然后输入代理的名称和 IP 地址。接下来，选择 E 选项来提取代理的密钥。输出如下。

```
Available agents:
    ID: 001, Name: linuxclient1, IP: 192.168.74.3
Provide the ID of the agent to extract the key (or '\q' to quit): 001
Agent key information for '001' is:
MDAyIGxpbnV4Y2xpZW50MSAxOTIuMTY4Ljc0LjMgZjk4YjMyYzlkMjg5MWJlMT
...
```

最后，登录代理系统，运行 manage_agents。

```
agent$ sudo /var/ossec/bin/manage_agents
```

在客户端，你会看到一个包含不同选项的菜单。

```
****************************************
* OSSEC HIDS v2.8 Agent manager.
* The following options are available:
****************************************
    (I)mport key from the server (I).
    (Q)uit.
Choose your action: I or Q:
```

选择 I 项，然后复制粘贴之前提取出来的密钥。代理添加完成之后，必须重启 OSSEC 服务器。对于每个想要连接的代理，重复生成、提取、安装密钥的过程。

3. OSSEC 配置

安装好并运行 OSSEC 之后，你打算对其进行调校，以便获得数量恰到好处的信息。配置的主要部分保存在服务器上的/var/ossec/etc/ossec.conf 文件中。这个采用 XML 风格的文件包含清晰的注释，内容非常直观，其中的选项数量不少。

一个你可能想要配置的常见项是检查文件完整性时的文件忽略列表。例如，如果你有一个定制应用，会将日志文件写入/var/log/customapp.log，那么可以将下面一行加入 ossec.conf 文件的<syscheck>部分。

```
<syscheck>
    <ignore>/var/log/customapp.log</ignore>
</syscheck>
```

做出改动之后，重启 OSSEC 服务器，以后如果日志文件出现变化，OSSEC 就不会再警告你了。很多 OSSEC 配置选项都记录在了 ossec.net/main/manual/configuration-options。

要想运行并调整好 HIDS 系统，得花上一些时间和工夫。但过了几周之后，你就能过滤掉噪声，系统也会开始为你生成有关环境变化情况的有价值信息。

27.5.9 Fail2Ban：蛮力攻击响应系统

Fail2Ban 是一个用于监视日志文件（例如，/var/log/auth.log 和/var/log/apache2/error.log）的 Python 脚本。它会查找出现的可疑事件，例如多次失败的登录尝试或者少见的长 URL 查询。然后 Fail2Ban 采取行动、解决威胁。例如，它可能会暂时阻止来自特定 IP 地址的网络流量或向事件响应团队发送电子邮件。

27.6 密码学入门

大多数软件在设计时考虑到了安全性，这意味着要涉及大量的密码学知识。安全标准和法规严格规定了关于加密算法选择和必须由密码技术来保护的数据类型。如今几乎所有的网络协议在安全方面都依赖于密码学。简而言之，密码学是计算机安全的支柱，系统管理员每天都要跟它打交道。非常值得花时间去理解这方面的基础知识。

密码学将数学应用于通信保护问题。加密算法（称为 cipher）就是一系列用于保护消息的数学运算。这些算法是由全世界各地代表学术、政府、研究方向的专家委员会设计的。接受新算法是一个漫长而又乏味的过程。在它进入到大众视野之前，就已经通过了全方位的审查。

加密就是使用加密算法将明文消息转换成不可读的密文的过程。解密则是该过程的逆过程。密文具有下列有利属性。①

- 保密性（confidentiality）：除了指定的接收方，其他人都不可能读取消息。
- 完整性（integrity）：不经检测就不可能修改内容。
- 不可否认性（non-repudiation）：消息的真实性能够被验证。

换句话说，加密可以让你在不安全的信道上进行私密通信，同时还能够证明消息的正确性以及发送方的身份。颇具价值。

强加密算法在数学上已经被证明具备可靠的安全性。但是，实现算法的软件可能会有缺陷，保护密钥的系统自身的安全性也可能有漏洞，导致算法回天无力。因此，保护好你的密钥并选择设计良好、易于更新的加密软件至关重要。

密码学家一直都在用几个传统的人名来指代参与到某个简单消息交换过程中的三方：希望私下交流的 Alice 和 Bob，想要窃取两人的秘密、破坏两人之间的交流或是假扮某一方的坏人 Mallory。我们也沿用这个惯例。

在接下来的几节中，我们介绍了一些密码原语及其相关的加密算法，还有各自的常见用例。

27.6.1 对称密钥加密

对称密钥加密有时也被称为“传统”或“古典”加密，因为其原理早已经出现了。很简单：Alice 和 Bob 共同持有用于加密和解密消息的密钥。他们必须找到一种方法私下交换共享的密钥。只要两人都知道了密钥，就可以随时根据需要重复使用。如果 Mallory 也知道了该密钥，她只能查看（或干扰）信息。

在 CPU 使用率和加密载荷大小方面，对称密钥加密相对高效。因此，对称加密多用于强调加密和解密效率的应用中。但是，需要提前分发共享密钥的要求严重阻碍了其在许多场景下的应用。

AES 是美国国家标准与技术研究院（NIST）的高级加密标准（Advanced Encryption Standard），可能是使用最广泛的对称密钥算法。由密码学家和安全专家 Bruce Schneier 设计的 Twofish 及其前身 Blowfish，也可以作为另外的选择。这些算法在包括 SSH、TLS、IPsec VPN、PGP 在内的所有网络协议的安全性中都发挥着作用。

27.6.2 公钥加密

对称密钥的局限在于需要安全地交换密钥。唯一安全的实现方法就是在没有任何干扰的情况下亲自见面，这是一个很大的不便之处。几个世纪以来，这个要求限制了密码学的实用性。因而，

① 有些加密算法只具备其中部分属性。经常结合多种加密算法来得到所有这些属性，因此形成了一种混合加密系统。

解决了此问题的公钥加密在19世纪70年代出现时可谓是一次非凡的突破。

该方案的工作方式如图27.1所示，Alice生成一对密钥。私钥自己私下保存，而公钥可以公之于众。Bob也生成一对密钥并公开他自己的公钥。当Alice要给Bob发送消息时，她就使用Bob的公钥对其加密。而持有私钥的Bob是唯一能够解密该消息的人。

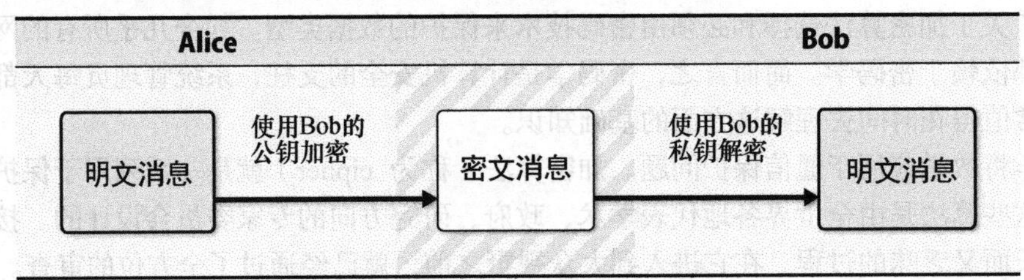

图27.1 使用公钥加密发送密文消息

Alice还可以用自己的私钥对消息进行签名。Bob使用Alice的签名以及她的公钥验证身份的真实性。这个过程（考虑到清晰性，这里进行了简化）被称为数字签名。它证明了是Alice，而不是Mallory，发送了该消息。

Diffie-Hellman-Merkle密钥交换方法是第一个公开可用的公钥加密系统。 此后不久，由现今著名的团队Ron Rivest、Adi Shamir、Leonard Adleman推出了RSA公钥加密系统。这些技术奠定了现代网络安全的基础。

公钥加密算法，也叫作非对称加密算法，依赖于数学上的陷门函数（trapdoor function）的概念，其中，很容易计算出某个值，但是推导出生成该值的步骤则很困难且代价高昂。非对称加密算法的性能特点使其通常不适合于加密大量数据。它们通常配合对称加密算法实现双赢：公钥建立会话并共享对称密钥，对称密钥加密正在进行的对话。

27.6.3 公钥基础设施

组织一种值得信赖且可靠的方法来记录和分发公钥是件麻烦事。如果Alice想要向Bob发送私人消息，她必须相信她所拥有的公钥的确属于Bob，而不是Mallory的。在Internet规模内验证公钥的真实性是一项艰巨的挑战。

PGP采用的是一种叫作信任网（web of trust）的解决方案。 它归结为一个实体网络，其中各个实体不同程度地彼此信任。沿着在个人网络之外的间接信任链，你可以在合理程度上确信公钥值得信赖。遗憾的是，大众的兴趣在于加入密钥签名方，对于建立密码伙伴网络（network of cryptofriend）的热情不大，PGP一直以来的默默无闻就是证明。

用于在Web上实现TLS的公钥基础设施（Public Key Infrastructure）通过信任称之为证书颁发机构（Certificate Authority，CA）的第三方作为公钥担保来解决这个问题。Alice和Bob可能互不认识，但两人都信任CA，也知道CA的公钥。CA使用自己的私钥为Alice和Bob的公钥签发证书。Alice和Bob然后可以检查CA的签注（endorsement），确保密钥合法。

主要的证书颁发机构（如GeoTrust和VeriSign）的证书与操作系统发行版捆绑在一起。当客户端发起加密会话时，它会发现为对方证书签名的机构已经在客户端的本地信任存储中列出了。因此，客户端可以信任CA的签名，也可以相信对方的公钥是有效的。图27.2演示了该方案。

证书颁发机构要对签名服务收费，其价格会根据CA的声誉、市场情况和证书的各种特性来制定。有一些变体，例如用于整个子域的通配型证书（wild card certificate）或者对请求实体进行更为严格的背景检查的“扩展验证证书”（extended validation certificates），其价格更加昂贵。

在这个系统中，对于CA的信任是隐式的。一开始，只有少数受信任的CA，但随着时间的推移，越来越多的CA陆续加入。现代的桌面及移动操作系统默认有数百个信任的证书颁发机构。因此，CA本身就成为了颇具价值的攻击目标，攻击者想要拿CA的私钥签署他们自己设计的证书。

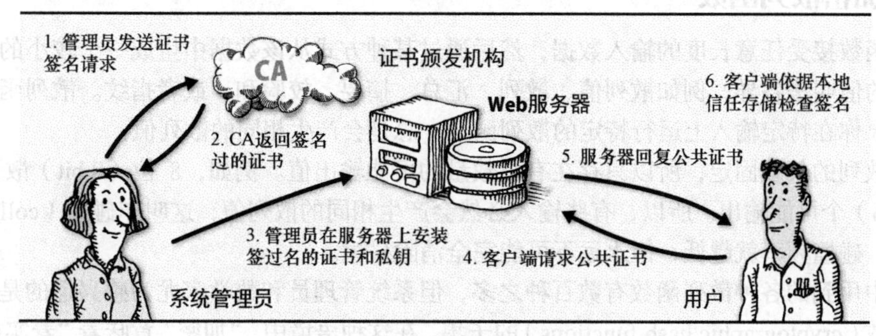

图 27.2 Web 的公钥基础设施过程

如果某个证书颁发机构被黑，整个信任系统就崩坏了。目前所知的已经有数家CA被黑客攻陷，而在其他坊间讨论的事件中，确知有些CA与政府私下里串通一气。我们鼓励读者在购买签名服务时谨慎选择签发CA。

2016年，Let's Encrypt以免费服务的形式推出（由包括电子前线基金会、Mozilla基金会、Cisco Systems、斯坦福法学院、Linux 基金会在内的多个组织资助），它通过自动化系统颁发证书。在2016年底，该服务已经颁发了超过2 400万个证书。鉴于一些商业CA的广为人知的操作问题，我们推荐将Let's Encrypt作为“可能同样安全”（probably just as secure）的免费替代方案。

自己充当证书颁发机构也不难。你可以使用OpenSSL创建CA，将CA的证书导入到整个站点的信任存储中，然后以此机构颁发证书。这是在Intranet上保护服务的一种常见做法，组织对于受信任的证书存储拥有完全的控制权。详细信息参见27.6.4节。

决定在公司配备的机器上实现组织自己的信任机构时要小心。除非你具备和专业CA一样严格且经过审核的安全性，否则你可能只是在所在的环境中开了一个口子。因此，如果你所工作的组织在你计算机的信任存储中安装了自己的证书，那就要怀疑你的安全可能已经受到损害并采取相应措施。

27.6.4 传输层安全

传输层安全（Transport Layer Security，TLS）使用公钥加密和PKI保护网络节点之间的消息安全。它是安全套接字层（Secure Sockets Layer，SSL）的后继者，你会经常看到SSL和TLS这两个缩写交换使用，即使旧的SSL已经过时并且被弃用。HTTP搭配TLS被称为HTTPS。

TLS作为单独一层运行，包裹着TCP连接。它只提供连接的安全性，本身不介入HTTP事务。凭借这种清洁的架构（hygienic architecture），TLS不仅可以保护HTTP，还可以保护SMTP等其他协议。

只要客户端和服务器建立好了TLS连接，双方交换的内容，包括URL和所有的协议头部在内，全部都经过加密保护。攻击者只能知道主机名和端口号，因为这些细节可以通过解封装TCP连接看到。在OSI模型中，TLS位于第4层和第7层之间。

尽管典型用法是单向TLS加密，其中由客户端验证服务器，但双向TLS（有时称为相互认证）也不是没可能，而且这种用法如今日益普遍。在该方案中，客户端必须向服务器提供能够证明其身份的证书。例如，这正是Netflix客户端（机顶盒以及其他任何来自Netflix流媒体视频）完成Netflix API身份验证的方法。

TLS的最新版本是1.2。由于已知的一些缺陷，请禁用所有版本的SSL以及1.0版本的TLS。

TLS 1.3 正处于积极开发中，该版本引入了一些将对某些行业产生重大影响的大变化。[①]

27.6.5 加密散列函数

散列函数接受任意长度的输入数据，然后通过某种方式从该数据中生成一个较小的固定长度值。输出的值叫法各异，例如散列值、散列、汇总、摘要、校验和，或者指纹。散列函数是确定性的，如果你在特定输入上运行特定的散列函数，总是会产生相同的散列值。

因为散列的长度固定，所以只存在有限数量的可能输出值。例如，8 位（8 bit）散列只有 2^8 个（即 256）个可能输出。所以，有些输入必然会产生相同的散列值，这叫作碰撞（collison）。散列值越长，碰撞频率就越低，但永远不可能完全消除碰撞。

软件中用到的各种散列函数有数百种之多，但系统管理员和数学家尤为感兴趣的是被称为加密散列函数（cryptographic hash functions）的子集。在这种语境中，"加密" 意味着 "着实出色（real good）"。你想要从散列函数中得到的特性，这些散列函数几乎都具备。

- 纠缠（entanglement）：散列值的每一位（bit）都依赖于输入数据的每一位（bit）。就平均而言，改变一位输入应该会改变50%的散列位。
- 伪随机（pseudo-randomness）：散列值应该和随机数据没有区别。当然了，散列值并不随机。从输入数据中生成的散列值是确定的、可重现的。不过它们应该看起来仍然像是随机数据（应该没有能检测到的内部结构，应该与输入数据没有明显的关系，应该能够通过所有已知的随机性统计测试）。
- 不可逆性（nonreversibility）：给定一个散列值，应该不可能通过计算找出另一个可以产生相同散列值的输入。

利用足够高质量的散列算法和足够长的散列值长度，我们可以大胆假设生成相同散列值的两个输入实际上是相同的。当然，这在理论上无法确定，因为所有的散列都会出现碰撞。但是，通过增加散列值的长度，数据上所需的任意程度的佐证都有可能给出。

加密散列能够核实事物的完整性。它们可以保证给定的配置文件或命令二进制文件未被篡改，或者电子邮件通信人签名的邮件在传输过程中没有被修改。例如，要核实 FreeBSD 系统和 Linux 系统是否使用一样的 sshd_config 文件，可以使用下列命令。

```
freebsd$ sha256 /etc/ssh/sshd_config
SHA256 (/etc/ssh/sshd_config) = 3ef2d95099363d...8c14f63c5b9f741ea8d5

linux$ sha256sum /etc/ssh/sshd_config
3ef2d95099363d...8c14f63c5b9f741ea8d5 /etc/ssh/sshd_config
```

为了简单起见，我们省略了部分散列值。和多数用例一样，输出值在这里以十六进制记法表示。但是记住，实际的散列值只是一堆二进制数据，可以用多种方式描述。

现有的加密散列算法不少，但目前我们推荐作为一般用途的只有安全散列算法 SHA-2 和 SHA-3（secure hash algorithm）系列，这是 NIST 经过广泛审查选出的。[②]

这些算法中的每一种都存在不同散列值长度的各种变体。例如，SHA3-512 和 SHA-3 算法能够配置生成 512 位（512 bit）的散列值。不带版本号的 SHA 算法，例如 SHA-256，总是指代 SHA-2 系列中的成员。

另一种常见的加密散列算法 MD5 仍然受到加密软件的广泛支持。但就目前所知，它容易遭

---

① 金融服务行业的一位代表试图影响 TLS 开发邮件列表上的技术决策，但他足足晚了差不多两年。该想法在一份有趣的电子邮件主题中被立刻毙掉了。

② SHA-1 已经被攻破，不要再用了。

受精心策划的碰撞攻击，其中多个输入会产生相同的散列值。尽管 MD5 在密码学中已经不再被视为安全的，但它还是一个表现不错的散列函数，在理论上可以用于安全要求不高的应用。但是干吗要这么麻烦呢？直接用 SHA 就行了。

开源软件项目通常会将其发布的文件散列公开到社区。例如，OpenSSH 项目就分发了其归档文件的 PGP 签名（依赖于加密散列函数）以作核实之用。要想核实下载的真实性和完整性，你可以计算实际下载文件的散列值，将其与公开的散列值比对，确保你接收到的副本完整且安然无恙。

散列函数也可以作为消息认证码（Message Authentication Codes，MAC）的组成部分。MAC 中的散列值使用私钥签名。验证 MAC 的过程会检查 MAC 自身的真实性（使用对应的公钥解密）和内容的完整性（根据内容的散列来检查）。MAC 方案通常在 Web 应用安全中扮演着重要角色。

27.6.6 随机数生成

加密系统需要一个随机数源来从中产生密钥。但是算法可不是以随机性和不可预测行为著称的。那该怎么办？

随机性的黄金标准是数据来自物理随机过程，例如放射性衰变和来自银河核心的 RF 噪声。这些来源确实存在：一些实际的随机数据及其生成原理的解释可参见 RANDOM 官网。这很有意思，但遗憾的是对于日常加密没什么直接帮助。

传统的“伪随机”数生成器使用类似于散列函数的方法生成看似随机的数据序列。但是，该过程是确定性的（deterministic）。一旦知道了随机数生成器的内部状态，就可以准确地重现输出序列。因此，这通常并不是加密的好选择。当你生成一个随机的 2048 位（2048 bit）的密钥时，你想要的是 2048 位的随机性，而不是 128 位（128 bit）的数字生成器状态，通过算法使其占满 2048 位。

幸运的是，内核开发人员在记录系统行为的细微变化上耗费了大量心血，并使用这些作为随机源。其中包括分组出现在网络上的时间、出现硬件中断的时间、与硬件设备（例如硬盘）进行通信时各种变化莫测的信息。即便是在虚拟服务器和云服务器上，环境中仍然有足够的熵可用于生成合理的随机数。

所有的随机源都前馈（feed forward）进辅助伪随机数生成器，确保输出的随机数据流具备合理的统计特性。这些数据流随后就可以通过设备驱动程序使用了。在 Linux 和 FreeBSD 中，是以 /dev/random 和/dev/urandom 形式出现的。

关于随机数，有两件主要的事情要知道。

- 内核的随机数生成器的质量不是运行在用户空间中的任何同类程序能比肩的。坚决不要让加密软件生成自己的随机数；始终确保使用取自/dev/random 或/dev/urandom 的随机数据。大多数软件默认都是这么做的。
- /dev/random 与/dev/urandom 之间的选择是一个有争议的话题，不幸的是，这些论点过于微妙且数学味太浓，无法在此总结。精简版的结论是，如果内核认为系统没有积累足够的熵，那么 Linux 中的/dev/random 完全无法保证生成随机数据。要么了解现状，二选一；要么只使用/dev/urandom，完全不操心这个问题。大多数专家似乎都推荐后一种方法。FreeBSD 用户没有选择的烦恼了，因为 BSD 内核中的/dev/random 和/dev/urandom 是相同的。

27.6.7 加密软件的选择

有充分的理由对所有的安全软件，以及提供最为重要的加密服务的软件保持高度怀疑态度。也就是说，相较于闭源软件，我们对于开源软件要信任得多。像 OpenSSL 这样的项目在历史上出现过严重的漏洞，但是这些问题都是在透明开放的论坛中被披露、缓解和发布的。项目的历史和源代码被数千人检查过。

绝对不要依赖任何种类的自制加密工具。单单是正确使用库就已经够难的了！定制加密系统注定会出现漏洞。

27.6.8 openssl 命令

openssl 是管理员的多功能 TLS 工具。你可以用它生成公钥/私钥、加密和解密文件、检查远程系统的加密属性、创建证书颁发机构、转换文件格式，以及各种其他加密操作。

1. 准备密钥和证书

openssl 最常见的管理功能之一是准备由 CA 签名的证书。先创建一个 2048 位的私钥。

```
$ openssl genrsa -out admin.com.key 2048
```

使用该私钥创建一个证书签名请求。openssl 提示输入要包括在请求中的元数据（称为可分辨名称[Distinguished Name，DN]）。也可以把这些信息放在答案文件中，不用在行内输入，如下所示。

```
$ openssl req -new -sha256 -key admin.com.key -out admin.com.csr
Country Name (2 letter code) [AU]:US
State or Province Name (full name) [Some-State]:Oregon
Locality Name (eg, city) []:Portland
Organization Name (eg, company) [Internet Widgits Pty Ltd]:ULSAH5E
Organizational Unit Name (eg, section) []:Crypto division
Common Name (e.g. server FQDN or YOUR name) []:server.admin.com
```

将 admin.com.csr 的内容提交给 CA。CA 将执行验证过程以确认你与要获取证书的域相关联（通常是通过向该域中的地址发送电子邮件），随后返回签名过的证书。接下来，你就可以在 Web 服务器配置中使用 admin.com.key 和 CA 签名的证书了。

大多数字段都相当随意，但是 Common Name 字段非常重要。它必须和你要提供服务的子域名一致。举例来说，如果你想为 www.admin.com 提供 TLS 服务，就将其作为你的 Common Name。你可以为单个证书或匹配子域中所有名称的通配符请求多个名称，例如，*.admin.com。

一旦有了证书，就可以检查它的属性了。下面是*.google.com 的通配型证书的一些细节信息。

```
$ openssl x509 -noout -text -in google网址.pem
depth=2 /C=US/O=GeoTrust Inc./CN=GeoTrust Global CA
...
        Signature Algorithm: sha256WithRSAEncryption
        Issuer: C=US, O=Google Inc, CN=Google Internet Authority G2
        Validity
            Not Before: Dec 15 13:48:27 2016 GMT
            Not After : Mar  9 13:35:00 2017 GMT
        Subject: C=US, ST=California, L=Mountain View, O=Google Inc,
    CN=*.google.com
```

有效期是从 2016 年 12 月 15 日到 2017 年 3 月 9 日。在此日期范围之外连接的客户端会看到该证书无效的错误信息。跟踪和管理证书的过期日期是系统管理员的常见职责。

2. 调试 TLS 服务器

使用 openssl s_client 检查远程服务器的 TLS 细节。在调试碰到证书问题的 Web 服务器时，这些信息非常有用。例如，检查 Google 官方网站的 TLS 属性（出于清晰性考虑，截去了部分输出）。

```
$ openssl s_client -connect google网址:443
---
New, TLSv1/SSLv3, Cipher is AES128-SHA
Server public key is 2048 bit
```

```
Secure Renegotiation IS supported
Compression: NONE
Expansion: NONE
SSL-Session:
    Protocol  : TLSv1
    Cipher    : AES128-SHA
    Session-ID: 4F72DC56EE4E80568F7E0EF9F59C8D7855C87F366B49BF1D9808...
    Session-ID-ctx:
    Master-Key: 095C6D8AF9B6B81E3E16BA05C0C9ACFACD72EF3335A32B86F3D3...
    Key-Arg   : None
    Start Time: 1484163220
    Timeout   : 300 (sec)
    Verify return code: 0 (ok)
---
```

你可以使用 openssl s_client 检查服务器支持哪个 TLS 协议版本。openssl s_server 可以启动一个通用的 TLS 服务器，在测试和调试客户端时会很方便。

27.6.9 PGP：Pretty Good Privacy

Phil Zimmermann 的 PGP 软件包提供了一个主要用于电子邮件安全的实用加密工具箱。它可以加密数据、生成签名、验证文件和消息的来源。

PGP 的历史包括了诉讼、刑事起诉、原始 PGP 套件的部分私有化，很难不令人注意。最近，PGP 因其在最常见的使用模式中暴露过多的元数据而受到严厉的批评。所暴露的消息长度、收件人，以及明文形式的草案存储（以及其他内容）都是可能被攻击者利用的缺陷，特别那些手握丰富资源的民族国家成员（nation-state actor）。也就是说，PGP 仍然明显好过用纯文本形式发送信息。

PGP 的文件格式和协议都已经由 IETF 以 OpenPGP 为名实现了标准化，所提议的标准存在多种实现。GNU 项目提供了一个优秀的、免费的、被广泛应用的实现：GnuPG。为了清晰起见，我们将所有的系统统称为 PGP，尽管各个实现都有自己的名称。

遗憾的是，UNIX 和 Linux 版本涉及的具体细节实在是太多了，你必须具备大量的密码学背景知识才能上手。尽管你可能发现 PGP 对你的工作有帮助，但我们并不建议你对其提供用户支持，因为都知道它会引发众多的疑惑。我们发现 Windows 版本要比拥有几十种不同操作模式的 gpg 命令容易使用得多。

在 Internet 上分发的软件包通常都带有 PGP 签名文件，该文件的目的在于保证软件来源及其纯净度。然而，如果不是 PGP 死忠用户，一般人很难，或者说没能力去验证这些签名。用户必须从他们亲自验证过身份的人那里收集公钥库。下载单个公钥以及签名文件和软件发行版差不多与单独下载发行版一样安全。

有些电子邮件客户端增加了一个简单的 GUI，用于加密接收到和发送出去的消息。Google Chrome 用户可以安装“end to end”扩展来为 Gmail 添加 PGP 支持。

27.6.10 Kerberos：网络安全的大一统方法

由 MIT 设计的 Kerberos 系统试图以一种一致且可扩展的方式来解决网络安全中的一些问题。作为一种认证系统，Kerberos“保证”用户和服务的确是其所声称的身份。除此之外，它不提供任何额外的安全或加密功能。

Kerberos 使用对称加密和非对称加密建构被称为“票据”（ticket）的嵌套证书集。票据在网络中传递以证明你的身份并提供网络服务的访问权限。每个 Kerberos 站点必须维护至少一个物理上安全的机器（认证服务器），在其之上运行 Kerberos 守护进程。该守护进程向用户或服务发放票据，作为请求认证时的凭证。

实质上，Kerberos 仅在两处改进了传统密码的安全性：一方面，绝不会在网络上传递未经加密的密码；另一方面，用户不用再重复输入密码，使得网络服务的密码保护工作更轻松。

Bill Bryant 的“Designing an Authentication System:a Dialogue in Four Scenes”可谓是有史以来关于密码系统最清晰、阅读体验最舒适的文档之一，Kerberos 社区以其而倍感自豪。尽管有点年头了，但对于任何对密码学感兴趣的读者来说，它都是必读的文章。

Kerberos 提供了比“完全忽略网络安全”模型更好的网络安全模型，但它既不是无懈可击，安装和运行也没那么容易。Kerberos 并不会取代本章中描述的其他安全措施。

遗憾的是（可能也是预料之中的），Kerberos 系统是作为 Windows 的 Active Directory 的组成部分分发的，它使用了该协议专有的、未公开的扩展。因此，其无法很好地与其他基于 MIT 代码的发行版互操作。幸好 sssd 守护进程可以让 UNIX 和 Linux 系统与 Kerberos 的 Active Directory 版进行交互。更多信息参见 17.3 节。

27.7 SSH：The Secure SHell

由 Tatu Ylönen 发明的 SSH 系统是一种用于远程登录以及在不安全网络上保护网络服务的协议。SSH 的功能包括远程执行命令、shell 访问、文件传输、端口转发、网络代理服务、VPN 隧道。它是一款不可或缺的工具，是系统管理员手中名副其实的瑞士军刀。

SSH 是一种客户端/服务器协议，使用加密技术实现认证、机密性，以及两台主机之间通信的完整性。它在设计之时就考虑到了算法上的灵活性，允许随着行业的发展，更新和弃用底层加密协议。SSH 作为一组相关协议，记录在 RFC 4250～4256 之中。

在本节中，我们要讨论 SSH 的开源实现 OpenSSH，在几乎所有的 UNIX 和 Linux 版本中都能发现它的身影，而且还是默认启用的。另外，我们还为愿意尝鲜的用户提及几个替代方案。

27.7.1 OpenSSH 基础

OpenSSH 是由 OpenBSD 项目于 1999 年开发的，一直以来都是该组织在维护。该软件族包含下列命令。

- ssh：客户端。
- sshd：服务器守护进程。
- ssh-keygen：生成公钥和私钥。
- ssh-add 和 ssh-agent：管理认证密钥。
- ssh-keyscan：从服务器中检索公钥。
- sftp-server：用于在 SFTP 上传输文件的服务器进程。
- sftp 和 scp：文件传输客户端实用工具。

在最常见和最基本的用法中，客户端建立与服务器的连接、认证自身，然后打开 shell 执行命令。认证方法根据双方的支持情况以及客户端和服务器的偏好进行协商。多个用户可以同时登录。为每个用户分配一个伪终端，将其输入和输出连接到远程系统。

该过程的第一步是用户调用 ssh，使用远程主机作为首个参数。

```
$ ssh server.admin.com
```

ssh 尝试在端口 22 上建立 TCP 连接，这是 IANA 分配的标准 SSH 端口。建立连接之后，服务器发送自己的公钥用于核实身份。如果服务器尚不可知且并不可信，ssh 会显示服务器的公钥（称为密钥指纹）的散列，提示用户进行确认。

```
The authenticity of host 'server.admin.com' can't be established.
ECDSA key fingerprint is SHA256:quLdFoXBI6OpU6HwnUy/K50cR9UuU.
Are you sure you want to continue connecting (yes/no)?
```

目的在于服务器管理员可以提前将主机密钥交给用户。然后在首次连接时，用户可以将从管理员那里得到的信息与服务器所提供的指纹进行比较。如果两者匹配，就可以证明主机的身份。

一旦用户接受了密钥，指纹就被添加到~/.ssh/known_hosts，以备后用。ssh 不会再提示服务器的密钥，除非密钥发生变化，如果真出现这种情况，ssh 会显示一条烦人的警告消息，告知服务器的标识已更改。

在实践中，这套核实服务器的步骤往往都被忽略掉了。管理员极少会向用户发送主机密钥，用户也是不经核实地盲目接受主机密钥。新的主机密钥就这样被草草通过，使得用户容易受到中间人攻击。幸运的是，这个过程可以实现自动化和简化。该问题我们留待 27.7.9 节讨论。

一旦接受了主机密钥，服务器就会列出它所支持的认证方法。OpenSSH 实现了 SSH RFC 所描述的所有方法，包括简单的 UNIX 密码认证、可信主机、公钥、用于与 Kerberos 集成的 GSSAPI，以及一套灵活的、可支持 PAM 和一次性密码的“质询/回应”（challenge/response）方案。其中，公钥认证是最常用的方法，也是我们推荐大多数网站使用的方法。它在强大的安全性和便利性之间提供了最佳平衡。我们将在 27.7.3 节中更详细地讨论使用 SSH 的公钥。

可以对 ssh 和 sshd 进行调校，以适应各种需求和安全类型。配置文件可以在/etc/ssh 目录中找到，这个位置在所有的 UNIX 和 Linux 版本中都非常标准。表 27.1 列出了该目录中的文件。

表 27.1 /etc/ssh 中的配置文件

文件	权限	内容
ssh_config	0644	站点范围的客户端配置
sshd_config	0644	服务器配置
moduli	0644	用于 DH 密钥交换的素数和生成器
*_key	0600	服务器所支持的每种算法的私钥
*_key.pub	0644	用于匹配每个私钥的公钥

除了/etc/ssh，OpenSSH 使用~/.ssh 保存公钥和私钥、每个用户的客户端优先配置，以及其他一些用途。~/.ssh 的权限必须设置为 0700，否则该目录会被忽略。

OpenSSH 在安全漏洞跟踪记录方面的表现值得尊敬，但也并非完美无缺。根据 CVE 数据库显示，在 OpenSSH 早期版本中发现过一些严重的漏洞。其中最后一次记录是在 2006 年。偶尔还会发布些拒绝服务和旁路（bypass）漏洞，但大多数的风险相对较低。尽管如此，将更新 OpenSSH 软件包作为常规修补计划的一部分还是明智之举。

27.7.2 ssh 客户端

ssh 很容易上手，但其威力和变化蕴含在众多选项之中。通过配置，你可以选择加密算法和密码、创建方便的主机别名、设置端口转发等。

基本语法为如下所示。

```
ssh [ options ] [ username@ ]host [ command ]
```

例如，要检查/var/log 的磁盘空间。

```
$ ssh server.admin.com "df -h /var/log"
```

如果你指定了 command，ssh 会向主机认证自身，然后在不开启交互 shell 的情况下运行命令并退出。如果你没有指定 username，ssh 则在远程主机上使用你的本地用户名。

ssh 从站点范围的文件/etc/ssh/ssh_config 中读取配置选项，并根据~/.ssh/config 处理基于单个用户的额外选项和优先选项。表 27.2 列出了一些值得进一步关注的选项，可以在这些文件中对其进行调校。我们将在本章后续部分进一步讨论其中的一些选项。

当 ssh 组合最后的配置时，命令行参数的优先级高于~/.ssh/config 中的配置项。/etc/ssh/ssh_config 中的全局设置项优先级最低。

如果没有指定其他值，ssh 发送当前用户名作为登录名。你可以使用-l 选项或@语法提供不同的用户名。

```
$ ssh -l hsolo server.admin.com
$ ssh hsolo@server.admin.com
```

不能作为 ssh 直接参数的客户端选项仍可以在命令行中使用-o 选项设置。例如，禁用主机检查服务器。

```
$ ssh -o StrictHostKeyChecking=no server.admin.com
```

-v 选项会打印出调试消息。多次指定（最多 3 次）可以增加详细程度。该选项在调试认证问题时颇为有用。

表 27.2　　有用的 SSH 客户端配置选项

选项	含义	默认值
AddKeysToAgent	自动向 ssh-agent 添加密钥	no
ConnectTimeout	连接超时（以秒为单位）	各异[a]
ControlMaster	允许连接复用	no
DynamicForward	设置 SOCK4 或 SOCK5 代理	—
ForwardAgent	启用 ssh-agent 转发	no
Host	标记一个新的主机别名	—
IdentityFile	认证私钥路径	~/.ssh/id_rsa[b]
Port	连接端口	22
RequestTTY	指定是否需要 TTY	auto
ServerAliveInternal	用于服务器连接的 ping	0（禁用）
StrictHostKeyChecking	要求（yes）或忽略（no）主机密钥	ask

注：a. 默认值是由内核 TCP 的默认设置决定的，后者各不相同。

b. 准确的名称取决于认证算法。默认情况下，所有密钥都以 id_开头。

出于便利，ssh 会返回远程命令的退出码。如果是在脚本中调用 ssh，可以利用这种行为检查出错情况。

参考 man ssh 和 man ssh_config，熟悉可用的选项和特性。运行 ssh -h 可以获得一份简明的摘要。

27.7.3　公钥认证

OpenSSH（以及一般的 SSH 协议）可以使用公钥加密来认证远程系统的用户。作为用户，先创建一对公钥和私钥。然后将公钥交给服务器管理员，后者将其添加到文件~/.ssh/authorized_keys 中的服务器。接下来，你就可以通过运行带有远程用户名和匹配私钥的 ssh 登录到远程服务器。

```
$ ssh -i ~/.ssh/id_ecdsa hsolo@server.admin.dom
```

使用 ssh-keygen 生成密钥对。你可以指定要用哪种加密算法，还可以指定位长度（bit length）和其他特征。例如，生成 384 位（384 bit）椭圆曲线大小的 ECDSA 密钥对。

```
$ ssh-keygen -t ecdsa -b 384
Generating public/private ecdsa key pair.
Enter file in which to save the key (/home/ben/.ssh/id_ecdsa): <return>
Enter passphrase (empty for no passphrase): <return>
Enter same passphrase again: <return>
Your identification has been saved in /home/ben/.ssh/id_ecdsa.
Your public key has been saved in /home/ben/.ssh/id_ecdsa.pub.
The key fingerprint is:
SHA256:VRh6raUfpn3YdtMm7GURbIoyfcp/npbwhsmvsdrlhK4 ben
```

公钥文件（~/.ssh/id_ecdsa.pub）和私钥文件（~/.ssh/id_ecdsa）都是 base64 编码的 ASCII 文件。绝不要共享私钥！ssh-keygen 为公钥和私钥分别设置了正确的权限 0644 和 0600。本例中使用的是 ECDSA，也可以使用-t rsa 设置 2048 或 4096 位。

ssh-keygen 会提示一个可选的口令来加密私钥。如果你使用了口令，在 ssh 能够读取私钥之前，必须输入口令解密私钥。口令提高了安全性，因为认证过程因此又多了一个额外的核实步骤：在认证之前，你必须拥有密钥文件并知道解密该密钥文件的口令。

我们建议对所有的特权账户（也就是具备 sudo 权限的用户）设置口令。如果你想在不用口令的情况下，使用密钥启用自动化过程，一定要限制对应的服务器账户的权限。

如果是服务器管理员，需要为新用户添加公钥，按照下列步骤操作。

（1）确保该用户是拥有有效 shell 的活跃账户。

（2）从用户处获取公钥副本。

（3）创建该用户的.ssh 目录，权限设置为 0700。

（4）将公钥添加到文件~user/.ssh/authorized_keys，设置该文件权限为 0600。

例如，如果用户 hsolo 的公钥被保存在/tmp/hsolo.pub，则该操作过程如下。

```
$ grep hsolo /etc/passwd
hsolo:x:503:503:Han Solo:/home/hsolo:/bin/bash
$ mkdir -p ~hsolo/.ssh && chmod 0700 ~hsolo/.ssh
$ cat /tmp/hsolo.pub >> ~hsolo/.ssh/authorized_keys
$ chmod 0600 ~hsolo/.ssh/authorized_keys
```

如果你不止一次这么做过，你几乎肯定会发现将该过程脚本化更稳妥。像 Ansible 和 Chef 这样的配置管理系统可以清晰地完成这项任务。

27.7.4 ssh-agent

ssh-agent 守护进程会缓存已解密的私钥。将私钥载入代理（agent），当 ssh 随后连接到新服务器时会自动提供这些密钥，简化连接过程。

使用 ssh-add 命令载入新的密钥。如果密钥需要口令，会提示你输入。如果要列出目前已载入的密钥，输入 ssh-agent -l。

```
$ ssh-add ~/.ssh/id_ecdsa
Enter passphrase for ~/.ssh/id_ecdsa: <passphrase>
Identity added: ~/.ssh/id_ecdsa (~/.ssh/id_ecdsa)
$ ssh-add -l
384 SHA256:VRbIoyfcp/npbwhsmvsdrlhK4 ~/.ssh/id_ecdsa (ECDSA)
```

你可以同时有多个激活的密钥。使用 ssh-add -d path 删除密钥，或是使用 ssd-add -D 清空载入的所有密钥。

奇怪的是，要从代理中删除私钥，公钥必须也位于相同的目录中，而且除了.pub 扩展名之外的文件名还要一样。如果公钥不可用，你可能会收到一条令人困惑的错误消息，指出密钥不存在。

```
$ ssh-add -d ~/.ssh/id_ecdsa
Bad key file /home/ben/.ssh/id_ecdsa: No such file or directory
```

解决这个问题的方法很简单：使用 ssh-keygen 提取公钥，将其保存为预期的文件名。（这种提取操作是可行的，因为私钥文件中除了包含私钥之外，还有公钥的副本。）

```
$ key=/home/ben/.ssh/id_ecdsa
$ ssh-keygen -yf $key > $key.pub
Enter passphrase: <passphrase>
```

当利用其密钥转发功能时，ssh-agent 的用处更大，这使得在 ssh 登录远程主机时，后者也可以使用已加载的密钥。你可以使用该特性从一台服务器跳转到另一台服务器，同时无须将私钥复制到远程系统。参见图 27.3。

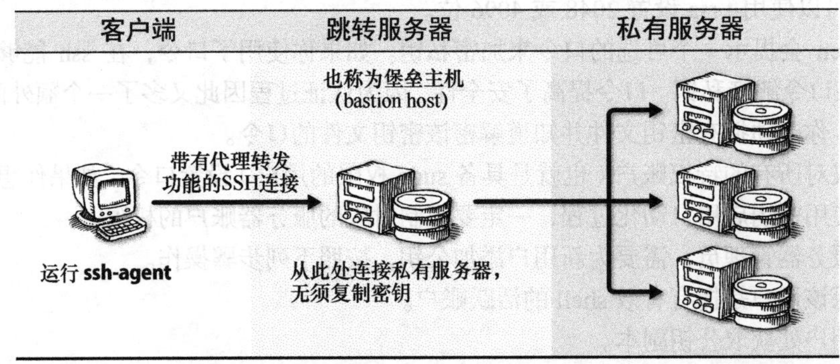

图 27.3　ssh-agent 转发

要想启用代理转发功能，要么将 ForwardAgent yes 加入你的~/.ssh.config 文件中，要么使用 ssh -A。

仅在你所信任的服务器上使用密钥转发。只要有人控制了转发服务器，就能够冒充你的身份，访问远程系统。他们无法直接读取你的私钥，但是通过转发代理可以得到的东西，他们都能使用。

27.7.5　~/.ssh/config 中的主机别名

如果你接触或管理过大量的服务器，那肯定碰到过很多不同的 SSH 配置。为了让你轻松些，~/.ssh/config 文件允许你为个别主机设置别名和优先配置。

举例来说，考虑两个系统。一个是 IP 地址为 54.84.253.153 的 Web 服务器，其中 sshd 侦听端口 2222。你在该服务器上的用户名是 han，并且拥有用于认证的私钥。另一个是 debian.admin.com，你在该系统的用户名是 hsolo。 你希望彻底禁用密码认证，但是 Debian 服务器需要它。

要想通过命令行连接这些服务器，可以使用下列命令选项。

```
$ ssh -l han -p 2222 -i /home/han/.ssh/id_ecdsa 54.84.253.153
$ ssh -l hsolo debian.admin.com
```

在这种情况下，你的客户端必须启用密码身份验证（默认），一直输入 -o PasswordAuthentication=no 很麻烦。

下面的~/.ssh/config 为这些主机设置了别名并禁用了默认开启的密码认证。

```
PasswordAuthentication no
Host web
    HostName 54.84.253.153
    User han
```

```
    IdentityFile /home/han/.ssh/id_ecdsa
    ForwardAgent yes
    Port 2222
Host debian
    Hostname debian.admin.com
    User hsolo
    PasswordAuthentication yes
```

现在，你就可以使用更为简单的命令 ssh web 和 ssh debian 来连接这两个主机了。客户端会读取别名并为每个系统自动设置选项。

ssh 也理解一些简单的主机匹配模式。例如：

```
Host *
    ServerAliveInterval 30m
    ServerAliveCountMax 1
Host 172.20.*
    User luke
```

这个例子告诉 ssh 为所有的服务器保持 30 分钟的空闲连接。另外，在连接网络 172.20/16 中的主机时，设置用户名“luke”。

如果再结合 OpenSSH 的其他技巧，主机别名的功能要比你想象得更强大。

27.7.6 连接复用

ControlMaster 是一个很棒的 ssh 特性，能够实现连接复用，从而显著提高 SSH 在 WAN 链路上的性能表现。启用该特性后，与主机的第一个连接会创建一个可复用的套接字。后续连接共享此套接字，但需要单独认证。

在 Host 别名中，使用 ControlMaster、ControlPath、ControlPersist 选项开启复用。

```
Host web
   HostName 54.84.253.153
   User han
   Port 2222
   ControlMaster auto
   ControlPath ~/.ssh/cm_socket/%r@%h:%p
   ControlPersist 30m
```

ControlMaster auto 启用该特性。ControlPath 在指定位置创建一个套接字。对于可以在 ControlPath 中使用的文件名替换，参见 man ssh_config。在本例中，文件是根据远程登录名、主机 IP 地址和端口命名的。连接到该主机会产生一个类似于下面这样的套接字。

```
$ ls -l ~/.ssh/cm_socket/
srw------- 1 ben  ben  0 Jan  2 15:22 han@54.84.253.153:22
```

这种模式保证了每个套接字的文件名都是唯一的。ControlPersist 会在指定时间段内保留套接字，即便是首个连接（主连接）已经断开。

花上 30 s 把这几步搞定，然后给 OpenBSD 基金会捐些款吧，感谢他们实现了复用功能，为你节省了时间。

27.7.7 端口转发

SSH 的另一个有用的辅助特性是能够通过加密通道安全地实现 TCP 连接隧道，从而允许连接远程站点上不安全或位于防火墙之后的服务。图 27.4 显示了 SSH 隧道的典型用法，应该有助于阐明其工作原理。

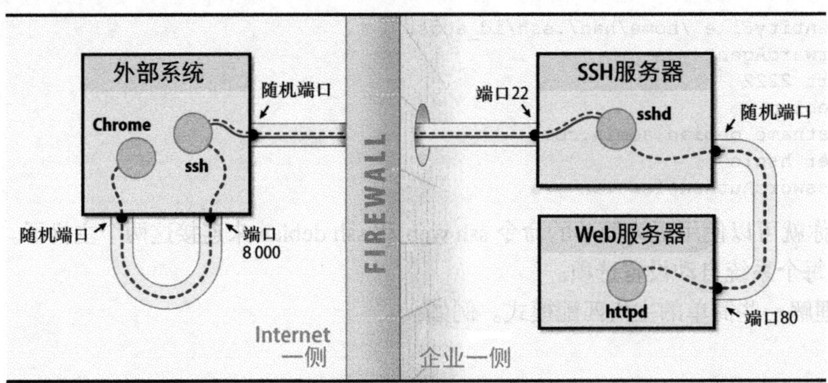

图 27.4 HTTP 的 SSH 隧道

在这个场景中，远程用户（我们称之为 Alice）想要与位于企业网络中的 Web 服务器建立 HTTP 连接。对于该主机或其端口 80 的访问都会被防火墙阻止，但只要有 SSH 访问权，Alice 就可以通过 SSH 服务器来选择连接路线。

在实现时，Alice 使用 ssh 登录到远程 SSH 服务器。在 ssh 命令行中指定一个任意的本地端口（具体在本例中为 8000），通过安全隧道，ssh 将该端口转发到远程 Web 服务器的端口 80。

```
$ ssh -L 8000:webserver:80 server.admin.com
```

本例中所有的源端口都被标记为随机端口，因为程序会选择一个任意端口，然后从该端口发起连接。

要访问 Web 服务器，Alice 现在可以连接她自己机器上的端口 8000。本地 ssh 接受连接并在现有的 SSH 连接上将 Alice 的流量通过隧道传送到远程 sshd。接着，sshd 再将连接转发到 Web 服务器的端口 80。

自然，这种隧道也会有意或无意地成为后门。谨慎使用隧道，留意用户未经授权使用这项功能。你可以使用 AllowTCPForwarding no 配置选项在 sshd 中禁用端口转发。

27.7.8 sshd：OpenSSH 服务器

OpenSSH 服务器守护进程 sshd 在端口 22（默认）上侦听客户端连接。其配置文件 /etc/ssh/sshd_config 包含了大量的选项，其中一些可能需要针对你的站点进行调校。

sshd 以 root 身份运行。它为每个已连接的用户衍生出一个非特权子进程，其权限与连接的用户相同。如果你改动了 sshd_config 文件，需要向父进程发送 HUP 信号，强制 sshd 重新载入该文件。

```
$ sudo kill -HUP $(sudo cat /var/run/sshd.pid)
```

在 Linux 中，你也可以运行 sudo systemctl reload sshd。改动会在新连接上生效。现有连接依然保留，不会被中断，不过使用的还是以前的设置。

下面的示例 sshd_config 中包含了一些常见的调整选项，用于平衡服务器安全性和用户便利性。

```
# Set to inet for IPv4-only or inet6 for IPv6-only
AddressFamily any

# Allows only the named users and groups to log in
# Somewhat draconian. Adding/removing users requires reload
AllowUsers foo bar hsolo
AllowGroups admins

# TCP forwarding is convenient but can be abused
AllowTcpForwarding yes
```

```
# Display a message before users authenticate
# Important for inane legal reasons and compliance requirements
Banner /etc/banner

# We prefer to allow public key authentication only
ChallengeResponseAuthentication no
PasswordAuthentication no
RSAAuthentication no
GSSAPIAuthentication no
HostbasedAuthentication no
PubkeyAuthentication yes

# Disconnect inactive clients after 5 minutes
ClientAliveInterval 300
ClientAliveCountMax 1

# Allow compression at all times
Compression yes

# Do not allow remote hosts to use forwarded ports
GatewayPorts no

# Record failed login attempts
LogLevel VERBOSE

# Reduced from the default of 6
MaxAuthTries 3

# Do not allow root to log in (encourages use of sudo)
PermitRootLogin no

# Prevent users from setting their environment in an authorized_keys file
PermitUserEnvironment no

# Use the "auth" facility for syslog messages
SyslogFacility AUTH

# Kill the session if a TCP connection is lost
TCPKeepAlive no

# Do not allow X forwarding if your site does not use X
X11Forwarding no
```

我们建议你明确列出可接受的密码和密钥交换算法。具体细节就不在这里给出了，因为名称很长，而且随时都会发生变化。详细内容可参照 Mozilla 的 OpenSSH 配置指南。

27.7.9 使用 SSHFP 核实主机密钥

回想一下，本节之前说过，SSH 服务器的主机密钥经常会被服务器管理员和用户忽略。云实例更是加剧了这个问题，因为即便是管理员，在登录前对主机密钥也是一无所知。

好在已经研发出来了一种叫作 SSHFP 的 DNS 记录来解决这个问题。前提是将服务器的密钥存储为 DNS 记录。当客户端连接到未知系统时，SSH 去查找 SSHFP 记录，验证服务器的密钥，不再要求用户验证。

可以下载 sshfp 实用程序，SSHFP DNS 资源记录可以通过扫描远程服务器（-s 选项）或是从 known_hosts 文件中解析之前接受过的密钥（-k 选项，同样也是默认的）来生成。当然了，不管选择哪一种方式，都意味着假定密钥来源是正确的。

例如，下列命令会为server.admin.com生成与BIND兼容的SSHFP记录。

```
$ sshfp server.admin.com
server.admin.com IN SSHFP 1 1 94a26278ee713a37f6a78110f1ad9bd...
server.admin.com IN SSHFP 2 1 7cf72d02e3d3fa947712bc56fd0e0a3i...
```

将这些记录添加到该域的区文件中（注意名称和$ORIGIN），重新载入域，然后使用dig核实密钥。

```
$ dig server.admin.com. IN SSHFP | grep SSHFP
; <<>> DiG 9.5.1-P2 <<>> server.admin.com. IN SSHFP
; server.admin.com. IN SSHFP
server.admin.com.   38400   IN   SSHFP 1 1 94a26278ee713a37f6a78110f...
server.admin.com.   38400   IN   SSHFP 2 1 7cf72d02e3d3fa947712bc56f...
```

默认情况下，ssh不会去查询SSHFP记录。向/etc/ssh/ssh_config文件中加入VerifyHostKeyDNS选项以启用检查。和大多数SSH客户端选项一样，你也可以在首次访问新系统时在ssh命令行上传入-o VerifyHostKeyDNS=yes。

可以将生成SSHFP记录这一步放入服务器的初始化脚本中，实现该过程的自动化。使用动态DNS或你喜爱的DNS供应商的API来生成记录。

27.7.10 文件传输

OpenSSH有两个文件传输实用工具：scp和sftp。在服务器端，sshd运行名为sftp-server的独立进程来处理文件传输。SFTP与陈旧且不安全的文件传输协议FTP没什么关系。

你可以使用scp在本地系统和远程主机之间，或是不同的远程主机之间复制文件。其语法和cp一样，另外带有一些用于指定主机和用户名的修饰。

```
$ scp ./file server.admin.com:
$ scp server.admin.com:file ./file
$ scp server1.admin.com:file server2.admincom:file
```

sftp的交互体验和传统的FTP客户端类似。你也可以找到适用于大多数桌面操作系统的图形化SFTP。

27.7.11 安全登录的替代方案

大多数系统和站点都依赖于OpenSSH实现安全的远程访问，但是这并非唯一的选择。

Dropbear是个短小精悍的SSH实现。它被编译成一个大小为110 KiB的静态链接文件，非常适合于消费级路由器和其他嵌入式设备。Dropbear包含了一些和OpenSSH相同的特性，例如公钥认证和代理转发。

Gravitational的Teleport是另一种SSH服务器替代方案，它具有了若干优点。其认证模型依赖于过期证书，这消除了分发和配置用户公钥的问题。Teleport令人印象深刻的特性包括可选的连接审计跟踪和允许多个用户共享会话的协作系统。相较于OpenSSH，Teleport相对较新且尚未证明自身，不过到目前为止还没有漏洞报告。我们期望着Gravitational继续快速发展。

由MIT的杰出团队开发的Moash是SSH的替代方案。和SSH不同，Moash处理的是经过加密和认证的UDP数据报（datagram）。其设计目的有两个，一是为了在WAN连接上实现更好的性能，二是漫游。例如，如果你从一个IP地址切换到另一个IP地址或者掉线，可以重新恢复连接。Moash于2012年首次发布，发展历史要比OpenSSH短得多，但在其最初的几年间，没有报告出任何安全漏洞。和Dropbear一样，它的个头要比OpenSSH小得多。

27.8 防火墙

除了保护单个机器，你也可以在网络层面实现安全预防措施。网络安全的基本工具就是防火墙，这是一种阻止未经许可的分组访问网络和系统的设备或软件。如今防火墙无处不在，无论是桌面系统和服务器，还是消费级路由器和企业级网络设备，都能够发现它的身影。

27.8.1 分组过滤防火墙

分组过滤防火墙根据分组头部信息显示能够通过 Internet 网关（或是分隔组织内各区域的内部网关）的流量类型。这很像你驾车穿过国际边境处的海关检查站。你指定可以接受的目标地址、端口号、协议类型，网关直接就会丢弃掉（有些情况下还会做日志记录）不符合要求的分组。

包含在 Linux 系统中的分组过滤软件是 iptables（及其更加易用的前端 ufw），在 FreeBSD 中是 ipfw。更多信息参见 13.14 节。

尽管这些工具能够执行复杂的过滤，带来额外的安全性，但我们一般不鼓励使用 UNIX 和 Linux 系统作为网络路由器，尤其是企业防火墙路由器。相较于针对特定任务的设备，通用操作系统的复杂性使其安全性和可靠性天生不足。像 CheckPoint 和 Cisco 制造的专用防火墙设备是保护站点网络的更佳选择。

27.8.2 服务过滤

大多数熟知服务都是在/etc/service 文件或特定厂商等效文件中与网络端口关联在一起。负责这些服务的守护进程与对应的端口绑定，等待来自远程站点的连接。多数熟知服务的端口都是“特权端口”，意味着端口号位于 1～1023 范围内。这些端口只能由以 root 身份（或是具备相应的 Linux 能力）运行的进程使用。1024 及以上端口被称为“非特权端口”。

过滤特定服务基于一种假设：客户端（发起 TCP 或 UDP 会话的机器）使用非特权端口连接服务器的特权端口。例如，如果你只想允许到地址 192.108.21.200 的入站 HTTP 连接，可以安装一个过滤器，允许目标为该地址端口 80 的 TCP 分组，允许从该地址发往任何地方的出站 TCP 分组。[①]这种过滤器的具体安装方法取决于你所使用的路由器种类或过滤系统。

具备安全意识的现代站点采用了两阶段的过滤方案。一个过滤器是连接 Internet 的网关，另一个过滤器位于外部网关和本地网络其余部分之间。其思路是终结处于这两个过滤器之间的系统上的所有入站 Internet 连接。如果这些系统在管理上是与网络其他部分相互分离的，那么就可以在降低风险的同时处理各种 Internet 服务。这种部分安全的网络通常叫作非军事区（demilitarized zone）或 DMZ。

分组过滤防火墙最安全的用法是先使用一套不允许任何入站连接的配置。然后随着发现该用的东西没法用时，一点点地放宽过滤器的限制，最后（希望）将任何可以通过 Internet 访问的服务移入 DMZ 中的系统上。

27.8.3 状态检查防火墙

状态检查防火墙背后的理论是，如果你仔细聆听和理解在拥挤的飞机场中发生的所有对话（所有语言），你就能确定某人晚些时候没打算把飞机给炸了。状态检查防火墙旨在检查流经防火墙的流量，将实际的网络活动与“应该”出现的活动进行比对。

---

① 端口 80 是/etc/services 中所定义的 HTTP 标准端口。

例如，如果在 H.323 视频序列中交换的分组指定了一个随后要用于数据连接的端口，防火墙应该期待仅在那个端口上会出现数据连接。远程站点尝试连接其他端口都可能是伪造的，应该被丢弃掉。

所以，当厂商宣称能够提供状态检查功能时，葫芦里到底卖的什么药？他们的产品或是能够监控有限数量的连接或协议，或是能够找出某些“不良”状况。这没什么不对。显然，能够检测到流量异常的技术肯定有好处。但在这种特定情况下，记住，诸如此类的宣称大多都是市场炒作。

27.8.4 防火墙安全吗

防火墙不应该是抵御入侵者的唯一手段。它只是经过深思熟虑的多层安全策略中的一个组成部分。防火墙往往会带来虚假的安全感。如果防火墙使你放松了其他安全措施，那么它对站点安全性带来的就是负面影响。

组织中的每台主机都应该使用诸如 Bro、Snort、Nmap、Nessus、OSSEC 这样的工具单独进行修补、加固、监控。与此类似，你需要教育整个用户群体有关安全卫生的基本知识。

在理想情况下，本地用户应该能够连接他们喜欢的任何 Internet 服务，但是在 Internet 上的机器应该只能够连接位于 DMZ 中的部分本地服务。例如，你可能希望允许 SFTP 访问本地的归档服务器，SMTP 连接到接收传入电子邮件的服务器。

为了实现 Internet 连接价值的最大化，我们建议你在决定如何设置网络时把重心放在便利性和可访问性上。在一天结束的时候，守护了网络安全的是系统管理员的警觉性，而不是那个花哨的防火墙硬件。

27.9 虚拟私有网络（VPN）

就其最简单的形式而言，VPN 是一种连接，使远程网络好像是直接相连的一样，即便是在地理上相隔了数千米之远和为数不少的路由器跳数。为了提高安全性，连接不仅以某种方式进行认证（一般是口令这种“共享密钥”），而且端到端流量也是加密的。这种配置通常被称为“安全隧道”。

下面是一个体现 VPN 便捷之处的场景。假设公司在芝加哥、博尔德、迈阿密设有办事处。如果每个办事处都有本地 ISP 的连接，那么公司就可以使用 VPN 在不受信的 Internet 上透明地（而且在大部分情况下也是安全地）连接办事处。公司也可以租用专用线路来连接这 3 个办事处，效果也差不多，但成本可就高昂多了。

另一个很好的例子是公司雇员要在家里远程办公。VPN 可以让这些用户享受高速廉价的有线调制解调器所带来的福利，同时自己又好像直接连入了公司网络。

由于这项功能的方便和流行，各家厂商都提供了某种类型的 VPN 解决方案。你可以从路由器厂商那里以操作系统插件或者专用 VPN 设备的形式购买。取决于你的预算和可扩展性需求，你可能需要考虑从众多商业 VPN 解决方案中挑选一种。

如果你没有预算，赶着救急，SSH 也可以实现安全隧道。参见 27.7.7 节。

27.9.1 IPsec 隧道

如果你热衷于 IETF 标准（或者节省成本），需要一个真正的 VPN 解决方案，不妨试试 Internet 协议安全（Internet Protocol security，IPsec）。IPsec 最初视为 IPv6 开发的，但现在也已广泛用于 IPv4。IPsec 是 IETF 批准的端到端认证和加密系统。几乎所有像样的 VPN 供应商都提供了至少具有 IPsec 兼容模式的产品。Linux 和 FreeBSD 包括了对 IPsec 的原生内核支持。

IPsec 使用强加密来实现认证和加密服务。认证确保了分组来自正确的发送方，在传输过程中未被改动，加密防止了未经授权查看分组内容。

在隧道模式中，IPsec 对传输层头部进行了加密，其中包括源端口号和目的端口号。遗憾的是，这种方案与大多数防火墙产生了冲突。基于此原因，现今的 IPsec 实现基本上采用的都是传输模式，在该模式中，只加密分组的载荷（所传输的实际数据）。

有一个涉及 IPsec 隧道和 MTU 大小的陷阱。你必须保证只要分组经过了 IPsec 加密，在隧道所经过的网络路径中，该分组不能被分片。要想实现这一点，你可能得减少隧道前端（in front of the tunnel）设备的 MTU 大小（在实践中，1 400 字节通常就可以了）。有关 MTU 大小的更多信息参见 13.2.4 节。

27.9.2 VPN 在手，万事无忧?

可惜的是，VPN 也有缺点。尽管它可以在不受信的网络上建立两个端点之间的（基本）安全隧道，但却往往无法解决端点自身的安全问题。例如，如果你在公司骨干网和 CEO 家里之间设置了 VPN，那么有可能无意中为 CEO 的 15 岁女儿创建了一条可以直接访问公司网络中所有内容的路径。

最低要求：将来自 VPN 隧道的所有连接均视为外部连接，仅在必要时，经过深思熟虑之后才授予其额外权限。考虑在站点的安全策略中增加特殊的一部分，在其中写明应用于 VPN 连接的规则。

27.10 专业认证与标准

如果你觉得本章的主题令人望而生畏，不用烦躁。计算机安全本来就是一个复杂而广泛的话题，无数的图书、网站和杂志都可以为证。幸运的是，人们已经做了大量的工作来帮助量化和组织可用的信息。目前有数十种标准和专业认证，有心的系统管理员应该认真思考他们的职业发展方向。

27.10.1 专业认证

大型公司通常会雇用大量的员工，他们的工作就是保护信息安全。要想在该领域中得到认可，保持自己的知识与时俱进，这些专业人员就要参加培训课程，获得专业认证。

最广为认可的安全专业认证之一是信息系统安全认证专家（Certified Information Systems Security Professional，CISSP）。该认证由国际信息系统安全认证联盟（International Information Systems Security Certification Consortium，(ISC)2)(你把全称快速读 10 遍试试！)负责管理。CISSP 的主要亮点之一就是（ISC）2 的“通用安全专业知识体系”（Common Body of Knowledge，CBK）概念，它实质上是一套业界范围的信息安全最佳实践指南。CBK 涵盖了法律、密码学、认证、物理安全等内容。它是安全从业人员的极好参考。

CISSP 为人诟病的一点就是在强调知识广度的同时缺乏深度。所以，尽管 CBK 包含的主题众多，但分配到每个主题上的时间就寥寥无几了。为了解决这个问题，（ISC）2 发布了专注于架构、工程化、管理的集中计划。这些特定的专业认证为更为一般的 CISSP 增加了深度。

SANS 协会（SANS Institute）于 1999 年创建了全球信息保障认证（Global Information Assurance Certification，GIAC）系列。三十多个单独科目考试，共分为 5 大类，涵盖了信息安全领域的方方面面。根据难度，认证的范围从中等的 GISF（包含两门考试）到专家级别的 GSE（23

小时）。GSE是业内最难考的认证之一，这一点让它声名狼藉。其中许多考试都侧重于技术细节，需要相当多的经验。

最后，注册信息系统审计师（Certified Information Systems Auditor，CISA）属于审计和过程的专业认证。它侧重于业务连续性、规程、监控，以及其他管理内容。有些人认为CISA是一种中级认证，适合于组织中的安全官角色。该认证只涉及一次考试，这是其最吸引人的一个方面。

尽管专业认证属于个人的努力，但其在商业中的用途是不能否认的。越来越多的公司现在已经将认证视为专家的标志。很多商家也为通过认证的员工提供了更高的待遇和晋升的机会。如果你决定考个证，请与你所在的组织密切沟通，让其帮助你支付相关费用。

27.10.2 安全标准

由于对数据系统日益增长的依赖，相关的法律法规应运而生，用于控制敏感的、业务关键信息的管理。主要的美国法律，如HIPAA、FISMA、NERC CIP和Sarbanes-Oxley Act（SOX）都包含了IT安全性的部分。尽管实现这些要求有时代价高昂，但它们有助于为一度被忽视的技术方面给予适当程度的关注。

遗憾的是，法规中充斥着法律措辞，难以理解。多数都没有包含如何实现这些要求的具体做法。于是，就有了标准，以帮助管理员达到崇高的法律要求。这些标准并不针对特定法规，但遵循这些标准通常能够确保合规。同时面对所有标准的各种要求实在是可怕，所以通常最好还是先搞定其中一个。

1. ISO 27001:2013

ISO/IEC 27001（前身是ISO 17799）标准可能是世界上最广泛接受的标准。它最初是在1995年作为英国标准推出的，共34页，分为11个部分，涵盖了从政策到物理安全再到访问控制的方方面面。各部分的目标都定义了具体要求，每个目标下的管理部分描述了建议的最佳实践。该文档每份大概200美元。

要求都是非技术性的，组织可以采用最符合自身需要的方式来实现。缺点在于，标准的一般性措辞给用户一种灵活性很大的感觉。批评者抱怨缺乏具体细节会使得组织易于遭受攻击。

尽管如此，该标准仍是信息安全行业最有价值的文档之一。它弥合了管理和工程之间经常切实存在的鸿沟，并帮助双方集中精力将风险降至最低。

2. PCI DSS

支付卡行业数据安全标准（Payment Card Industry Data Security Standard，PCI DSS）则是另一番截然不同的景象。它的产生源自于在一系列戏剧性的曝光之后，人们意识到需要提高信用卡处理行业的安全性。例如，2013年，经美国政府披露，包括JCPenney在内的多个Visa授权商的1.6亿信用卡号码被泄露。这是美国历史上最大的网络犯罪案件，估计损失超过了3亿美元。

PCI DSS标准是Visa和MasterCard共同努力的成果，目前由Visa负责维护。与ISO 27001不同的是，任何人都可以免费下载该标准。它完全专注于保护持卡人数据系统，共分为12个部分，定义了各种保护要求。

因为PCI DSS关注的是卡处理器，如果商家不和信用卡数据打交道，那就不适合了。但对于相关商家来说，必须严格遵循标准，以避免巨额罚款和可能的刑事起诉。

3. NIST 800系列

NIST的优秀员工创建了Special Publication（SP） 800系列文档，报告了他们在计算机安全方面的研究成果、指南，以及拓展。这些文档多用于评测那些负责美国联邦政府数据处理的组织是否遵循了 FISMA①。更一般地说，它们都是公开可用的标准，内容精良，已被业界广泛采纳。

SP 800 系列包含了 100 多份文档。全部都可以从 CSRC 官网中获取。表 27.3 中列出了其中几份你可能会优先考虑阅读的文档。

表 27.3　　NIST SP 800 系列推荐文档

文档	标题
800-12	An Introduction to Computer Security: The NIST Handbook
800-14	Generally Accepted Principles and Practices for Securing IT Systems
800-34	R1 Contingency Planning Guide for Information Technology Systems
800-39	Managing Risk from Information Systems: An Organizational Perspective
800-53	R4 Recommended Security Controls for Federal IT and Organizations
800-123	Guide to General Server Security

4. 通用标准

信息技术安全评估通用标准（The Common Criteria for Information Technology Security Evaluation）（常称为“通用标准”）是评估 IT 产品安全级别的标准。这些指导方针是由一个来自各行各业的成员组成的国际委员会制订的。

5. OWASP: 开放 Web 应用安全项目

OWASP（Open Web Application Security Project）是一个非营利的世界范围的组织，专注于提高应用软件的安全性。它以其 Web 应用安全风险“top 10”排行榜而闻名，该榜单有助于提醒所有人在保护应用安全时应该将精力放在哪里。可以在 OWASP 官网上找到当前榜单和其他很多不错的资料。

6. CIS: Internet 安全中心

CIS（Center for Internet Security）为管理员提供了出色的资源。可能其中最有价值的就是 CIS 基准（benchmarks），这是一系列用于保护操作系统的技术配置建议。我们使用的所有 UNIX 和 Linux 示例系统都可以在此找到对应的基准。CIS 还拥有针对云供应商、移动设备、桌面软件、网络设备等的基准。

27.11 安全信息来源

保卫系统安全的这场战争有一半是在保持与全球安全相关的发展同步。站点被攻破，这可能并不是通过全新的技术做到的。更有可能的是你防线上那条裂缝其实是一个众所周知的漏洞，已经在厂商的知识库、安全相关的新闻组，以及邮件列表中被广泛讨论过。

27.11.1 SecurityFocus、BugTraq 邮件列表、OSS 邮件列表

SecurityFocus 专注于安全相关的新闻和信息。新闻包括有关一般议题和特定问题的最新文章。站点中还有一个规模庞大的技术库，其中包含了各种优秀实用的论文，并且按照主题做了很好的排序。

SecurityFocus 的安全工具归档包含适用于各种操作系统的软件，以及简介和用户评级。它是我们所知道的最全面和最详细的工具来源。

BugTraq 列表是一个讨论安全漏洞及其修复的主持论坛。不过，该列表中的内容非常多、信噪比很差。站点还提供了 Bug Traq 漏洞报告数据库。

① 2002 年的联邦信息安全管理法案（Federal Information Security Management Act）。

oss-security 邮件列表是开源社区安全花边新闻的绝佳来源。

27.11.2 Schneier 说安全

Bruce Schneier 的博客涵盖了计算机安全、密码学、squid 的各种有价值的信息，有时还颇具娱乐性。Schneier 是备受推崇的图书 *Applied Cryptography* 和 *Secrets and Lies* 等的作者。该博客的信息也以每月简报（称为 Crypto-Gram）的形式出现。

27.11.3 Verizon 数据泄露调查报告

该报告每年发布一次，其中包含有关数据泄露的成因和来源的统计数据，这是一份有趣的阅读材料。在分析了 3 141 起事件的基础上，2016 年度报告指出大约 80%的数据泄露是出于财务动机，遥遥领先于位居第二的间谍活动。报告还对各种实际的攻击类型进行了划分。

27.11.4 SANS 协会

SANS（SysAdmin，Audit，Network，Security）协会是一个专业组织，负责赞助与安全相关的会议和培训计划，发布各种安全信息。其网站 sans.org 是一处有用的资源，定位在 SecurityFocus 和 CERT 之间。它既不像前者那样狂热，也不像后者那样平淡无奇。

SANS 每周和每月都会提供一些电子邮件公告，你可以在其站点上注册接收。每周的 NewsBites 都有干货，但每月的摘要里面似乎包含了不少套文。两者都不是获取最新安全新闻的好来源。

27.11.5 特定发行版的安全资源

由于安全问题有可能会产生大量不良的报道，所以厂商通常都很乐意帮助客户保持系统安全。多数大型厂商都有官方邮件列表，会在其中发布安全相关的公告，不少厂商还专门维护着有关安全问题的站点。安全相关的软件补丁通常都是免费发放，即便是需要收取软件支持费用的厂商也不例外。

Web 上的安全门户站点中包含了特定厂商的信息以及指向最新的厂商官方公告。

Ubuntu 维护的安全邮件列表。

RHEL

有关 Red Hat 的安全信息，可以订阅“enterprise watch”（企业观察）列表以获取有关 Red Hat 产品线安全性的公告。

尽管 CentOS 的公告通常（一直？）都是照搬 Red Hat 的，但订阅 CentOS 的列表可能还是值得的。

FreeBSD 有一个活跃的安全小组。

27.11.6 其他邮件列表与站点

上面列出的获取地址只是网上可用的众多安全资源中的一小部分。鉴于现有的可用信息量和资源出现与消失的快速性，我们认为最有帮助的是指向一些元资源。

一个不错的起点是 LinuxSecurity 网站，它每天都会记录一些和 Linux 安全问题有关的帖子。另外还维护了一个不断更新的 Linux 安全公告、即将发生的时间，以及各种用户组的合集。

(IN)SECURE 杂志是一本免费的双月刊杂志，刊登有关当前安全趋势、产品公告，以及知名安全专家访谈的新闻。有些文章不可尽信，应该始终仔细甄别。在许多时候，作者只是在推销自己的产品。

Linux Weekly News（LWN）可谓是一道美味的大餐，其中包括有关内核、安全性、发行版和其他主题的定期更新。LWN 的安全相关部分可以参见 LWN 相关文档。

27.12 如果你的站点遭受攻击

处理攻击的关键很简单：别慌。很可能在你发现被入侵时，大部分破坏已经造成了。实际上，整个过程可能已经持续了数周或是数月。恰巧在侵入之前被你发现的机率几乎没有。

有鉴于此，智慧的猫头鹰会说：深呼吸，然后制定一套经过深思熟虑的策略来应对入侵。你要避免对外宣告入侵事件或是开展其他任何在别人看来不正常的活动（人家可能已经盯着你站点的动静好几周了），否则会惊动入侵者。提示：这时候执行系统备份通常是一个好主意，对于入侵者来说这看起来也是一个正常的活动。（希望如此！）①

这也是一个提醒自己的好时机：一些研究表明 60%的安全事件涉及内部人员。在确定掌握所有事实之前，与人讨论该事件时要格外留心。

下面有 9 个快速步骤，也许能在危机时刻助你一臂之力。

（1）别慌。在很多情况下，问题是在发生了数小时或数天之后才被注意到。再多个几小时或几天也不会对结果再造成什么影响。但惊慌失措的应对和冷静理性的应对，这两者之间的差异可是会影响到结果。在最初慌乱期间造成的重要日志、状态、跟踪信息的损坏会加剧很多恢复工作的难度。

（2）确定适当的响应级别。过度渲染的安全事件不会带来任何好处。冷静处理。确定必须参与的人员和资源，让其他人在事件全面结束后协助进行事后工作。

（3）囤积所有可用的跟踪信息。检查记账文件和日志。尝试确定最初入侵发生的位置。备份所有系统。如果你要将可移动存储连接到活动系统（live system），务必确保对其进行物理写保护。

（4）评估暴露程度。确定哪些关键信息（如果有的话）已经“离开了”公司，并制定适当的缓解策略。确定未来的风险级别。

（5）拔插头。如果合适且有必要，将受损计算机的网络连接断开。堵住伤口止血。CERT 给出了建议的入侵分析步骤。

（6）制订恢复计划。召集富有创造力的同事，在附近的白板上制订恢复计划。在该过程中离键盘远点，这样执行效率才最高。把重点放在灭火上，同时最大限度地减少伤害。不要去指责或是引发激动情绪。在所制订计划中，不要忘记对用户社区可能造成的的心理影响进行干预。用户发自内心地信任他人，公然破坏了这种信任使许多人感到不安。

（7）沟通恢复计划。对用户和管理人员展开教育，使其了解入侵造成的后果、未来可能会出现的问题，以及初步的恢复策略。坦诚相待，开诚布公。安全事件是现代网络化环境生活的一部分。它既不反映你作为系统管理员的能力，也不是什么值得尴尬的事情。大大方方地承认你出现了问题就解决了 90%的战斗，只要你能证明你有补救当前局面的计划。

（8）实施恢复计划。你比任何人都更了解自己的系统和网络。遵循计划，相信直觉。与同行交流（最好是比较了解你的人），不要让自己偏离正确的轨道。

（9）向权威部门汇报该事件。如果事件涉及外部各方，请向 CERT 报告此事。尽可能包含更

① 如果系统备份不属于站点的“正常”活动，那你的问题可比安全入侵大得多了。

多的信息。

CERT 官网提供了一份标准表格以帮助你唤起相关的记忆。以下是一些更有用的信息，你可以将其也写进表格：

- 受损计算机的名称、硬件、操作系统版本；
- 事件发生时已经应用过的补丁列表；
- 已知被泄露的账户列表；
- 涉及的所有远程主机的名称和 IP 地址；
- 远程站点管理员的联系信息（如果知道的话）；
- 相关日志条目或审计信息。

如果你认为可能涉及以前未公开过的软件问题，请将此事件同时报告给软件厂商。

第 28 章　监控

承诺进行监控是专业系统管理员的显著特征。缺乏经验的系统管理员往往将系统置于不受监控的状态之下，导致当沮丧愤怒的用户因为无法完成手头的任务而把电话打到服务台时才“检测到”故障。略微知晓一些的管理组会建立监控平台，但禁用业余时间通知，因为这种通知太烦人了。不管哪种情况，随之而来的都是先灭火再庆祝。这些方法对企业产生了不良影响，使恢复工作复杂化，同时使得系统管理员团队名声扫地。

专业系统管理员将监控视为信仰。在每个系统上线之前都将其添加到监控平台，定期执行成套的检查和调校。主动评估指标和趋势，在问题对用户产生影响或是对数据造成威胁之前将其找出。

你也许听说过对于主业为在视频流的服务来说，遥测系统的价值太大了，以致其宁可出现服务中断，也不愿意监控中断。没有了监控，就无法知道发生了什么。

监控优先的哲学（以及相关的工具）使你成为了系统管理员中的超级英雄。你能够更好地了解软件和应用，防微杜渐，在小问题变得不可收拾之前将其扼杀在萌芽状态，而且在查找错误、调试故障、理解复杂系统性能方面变得更加高效。监控还可以提高生活质量，让你在方便的时候修复大部分问题，再也不用在感恩节的凌晨 3 点爬起来了。

28.1　监控概览

监控的目的在于确保整个 IT 基础设施按照预期运行，并以可访问且易于处理的形式编制有助于管理和规划的数据。简单吧？但这种高屋建瓴的描述涵盖的是一个潜在的广阔领域。

现实中的监控系统规模各异，但都共同采用相同的基础结构。

- 从感兴趣的系统和设备中收集原始数据。

- 监控平台检查数据，决定适合的操作方法，这通常是通过应用管理员设置的规则来实现的。
- 原始数据和由监控系统决定的操作进入后端，完成实际的处理。

现实中的监控系统从小儿科级的到极端复杂的，应有尽有。例如，下面的 Perl 脚本就包含了以上列出的所有要素。

```
#!/usr/bin/env perl

$loadavg = (split /[\s,]+/, 'uptime')[10];

# If load is greater than 5, notify sysadmin
if ($loadavg > 5.0) {
  system 'mail -s "Server load is too high" dan@admin.com < /dev/null'
}
```

该脚本执行 uptime 命令来获得系统的平均负载。如果一分钟的平均负载超过了 5.0，则向管理员发送邮件。数据（data）、评估（evaluation）、反应（reaction），如此而已。

曾经，一次“精心设计的”监控设置涉及数个类似的脚本，这些脚本通过 cron 运行并使用调制解调器向系统管理员的寻呼机发送消息。如今，在监控流水线的每个阶段都有多种选择可用。

当然，你仍旧可以编写单个监控脚本，然后通过 cron 来运行。如果你需要的就是这些，那么一定要保持简单化。但除非你只负责一两台服务器，否则这种临时起意的方法通常是不够的。

后续各节会更加详细地介绍监控流水线的各个阶段。

28.1.1 仪表化

对组织可能有用的数据范围很宽泛，其中包括性能数据（响应时间、利用率、传输率）、可用性数据（可达性和运行时长）、容量、状态变化、日志条目，甚至还有像购物车平均价值或点击转化率这样的商业指标。

因为任何可以在计算机上操作的事情都可能是监控感兴趣的对象，所以监控系统通常并不挑剔数据源。它们往往内置了各种输入支持。哪怕是缺少直接支持的数据源一般也可以通过几行适配器代码或单独的数据网关（例如 StateD，参见 28.4.1 节）将其引入。

需要采集的数据如此之多，采集系统的设计难点在于知道要忽略什么。避免采集那些没什么明确和可操作用途的数据。过度采集数据会拖累监控系统和受监控的实体。往往还会模糊真正重要数据的价值，使其淹没在噪声的海洋中。

遗憾的是，区分有用和没用的数据通常不是件容易的事。你必须不断重新评估受监控的对象，反复思考数据在整个系统的生命周期中是如何作用的。

28.1.2 数据类型

从最高层面来看，监控数据一般可以划分为 3 种类别。

- 实时指标，描述环境的运行状态。通常是数字或布尔值。一般来说，监控系统负责根据预期测试这些指标，在当前值超出预定义范围或阈值时生成警报。
- 事件，通常采用日志文件条目或者子系统“推送”通知的形式。这些事件（有时称为基于模式的指标）可以指示已发生的状态变化、警报条件或其他操作。事件经过处理可以形成数字指标（例如，总量或速率），也可以直接触发监控响应。[①]

---

① 由应用程序监控软件采集的很多数据点（data point）都可以归为“事件”类别，有时候还附带有定量数据。事件之间的相互关系（例如，“用户查看了 Setting 页面，但没有做任何改动就取消了”）通常有助于调查。通用监控平台往往并不是特别擅长于这种交叉引用，这也是为什么应用程序监控有其自己的类别。

- 聚合和汇总的历史趋势，这通常是实时指标的时间序列集合。它们允许分析和可视化一段时期内的变化。

28.1.3 摄入与处理

大多数监控系统都围绕着一个集中式的监控平台，后者从监控系统中获取数据，执行相应的处理并应用管理规则来确定响应中应该如何处理。

Nagios 和 Icinga 等第一代平台专注于检测和响应已发生的问题。这些系统在当时是革命性的，是它们引领我们进入现代监控世界。然而，随着业界逐渐认识到所有的监控数据都属于时间序列数据，这些平台便黯然失色了。如果值没有变化，那就不用去监控。

显然，我们需要一种更加面向数据的方法。但是，监控数据通常数量巨大，无法简单地将其全部转储到传统数据库并任其日积月累。这种做法只会带来低下的性能和被填满的磁盘。

现代的做法是围绕针对专门处理时间序列数据的数据存储组织监控。所有数据都只在初始阶段存储，但随着数据的老化，逐渐将存储应用于高层面的汇总，以此限制存储要求。例如，存储可以以一秒钟为单位保存一小时的数据，以一分钟为单位保存一周的数据，以一小时为单位保存一年的数据。

历史数据不仅对于仪表盘演示有用，而且还可以作为对比的基准。网络当前的错误率是否达到其历史平均值的 25%或以上？

28.1.4 通知

一旦监控框架就位，就该好好想想如何处理监控结果了。通常首当其冲的就是提醒管理员和开发人员需要引起注意的问题。

通知必须是可操作的（actionable）。组织好监控系统的结构，使得接收到特定通知的每个人都能在响应通知的时候做点什么，哪怕所做的操作只是普通的“随后检查，确保需要注意”，用纯信息化的通知告诉员工可以忽略通知。

在大多数情况下，通知要想达到最佳效果，就不要局限于电子邮件的形式。对于关键问题，向管理员的手机发送短信既简单又有效。如果需要的话，收件人可以设置手机铃声和音量，这样就算在午夜也能被叫醒。

通知也应该与团队的 ChatOps 集成在一起。可以将一些不那么关键的通知（例如，作业状态、登录故障、信息通知）发送到一个或多个聊天室，让感兴趣的各方能够主动接收自己可能关注的那部分警报。

这些基本通道之外，还存在无穷的可能性。例如，根据系统状态改变颜色的 LED 照明系统可作为数据中心或网络操作中心醒目的状态指示。用于应对监控系统所指示状况的其他选择包括：

- 自动操作，例如转储到数据库或日志轮替；
- 拨打管理员的电话；
- 将数据发送到墙上的屏幕，公开显示；
- 将数据保存在时间序列数据库中，以供后续分析；
- 什么都不做，运行之后通过系统自身来审查。

28.1.5 仪表盘与 UI

除了警示明显的特殊情况之外，监控的主要目标之一就是用一种比一堆原始数据更结构化，也更易于理解的方式展示系统状态。这种显示方式通常被称为“仪表盘”（dashboard）。

仪表盘由管理员或其他对环境特定方面感兴趣的利益相关人员（stakeholder）设计。他们使用多种不同的技术将原始数据转换成有价值的信息图表。

首先，挑选要呈现的内容。他们专注于给定领域中最重要的指标，也就是那些指示健康状况或性能的指标。其次，他们为要显示数据的重要性和含义提供了上下文线索。例如，有问题的数字和状态通常用红色显示，主要指标用大字体显示。各个值之间的关系通过分组显示。再次，仪表盘以图表形式显示数据系列，使其一目了然，易于评估。

当然了，大多数采集到的数据压根就不会出现在仪表盘中。如果你的监控系统具备通用 UI，那就能派上用场了，它能够促进检查和修改数据模式，允许你发起任意的数据库查询，还可以动态绘制自定义的数据序列。

28.2 监控文化

本章主要谈论的是工具，但文化也同样重要。当你踏上监控之旅时，请接收下列信条。

- 如果有人关心或依赖于某个系统或服务，那就必须将其纳入监控。就这样做。服务或用户所依赖的环境中的一切都要处在监控之中。
- 如果生产设备、系统或是服务表现出可监控的属性，那么这些属性就应该被监控。别让服务器耗费数周的时间，徒然无功地试图用炫目的“熄灯”（light out）式硬件管理界面提醒你有个风扇坏掉了。
- 必须监控所有的高可用性构件（construct）。主服务器只有在备份服务器出现故障之后才会挂掉，了解到这一点实在是让人感到遗憾。
- 监控不是可选项。每位系统管理员、开发人员、运维人员、经理和项目经理的工作计划都应包括监控方面的规定。
- 监控数据（尤其是历史数据）对每个人都有用。使数据易于访问和显示，以便所有人都能用其协助分析、制定计划、进行生命周期管理，以及改进架构。把精力和资源投入到仪表盘的创建和推广之中。
- 每个人都应该响应警报。监控不仅仅是一个运维问题。所有技术角色都应该接收到通知，齐心协力解决问题。这种方法鼓励由最适合修复底层问题的人来分析真正的问题根源。
- 正确地实施，监控能够改进生活质量。一套可靠的监控方案可以让你不用再担心系统处于何种状态，能够提高他人对你的支持度。如果没有监控和相应的文档，你就得全年无休地随时待命了。
- 培训响应人员去解决警报，而不仅仅是将其压下来。评估误报或嘈杂警报并对其进行调整，避免以后再不合时宜地被触发。假警报是在鼓励每个人都不把监控系统放在眼里。

28.3 监控平台

如果你计划监控多个系统和大量指标，值得花点时间研究一下全服务监控平台的部署。这些通用系统从多个来源采集数据，帮助显示和汇总状态信息，建立定义操作和警报的标准方法。

好消息是有多种选择可用。不太好的消息是没有哪个平台是完美无缺的。从中进行选择的时候，考虑下列问题。

- 采集数据的灵活性。所有平台都能够从各种来源采集数据。但是，这并不意味着所有平台在这方面是势均力敌的。考虑你实际要使用的数据源。你需要从 SQL 数据库中读取数据吗？还是从 DNS 记录？或是从 HTTP 连接？

- 用户界面质量。很多系统都提供了可定制的 GUI 或 Web 界面。目前，大多数市场表现不错的软件包都能够理解用于数据呈现的 JSON 模板。用户界面可不仅仅是营销炒作，你需要一个能够清晰、简单、易懂地传递信息的界面。你是否需要为组织内不同的分组采用不同的用户界面？
- 成本。一些商业化管理软件包价格不菲。很多公司发现如果宣称自己在使用高端的商业化系统管理站点，能够从中体现价值。如果这对于你的组织来说并不重要，可以看看像 Zabbix、Sensu、Cacti、Icinga 这样的免费选择。
- 自动发现。许多系统都提供了网络“发现”功能。通过结合广播 ping、SNMP 请求、ARP 表查找，以及 DNS 查询，系统可以识别所有的本地主机和设备。我们目前看到过的所有网络发现功能效果都挺不错的，但在复杂的或被防火墙层层保护的网络中准确率较低。
- 报告功能。许多产品都可以发送警报电子邮件、与 ChatOps 集成、发送短信、为流行的故障跟踪系统自动生成票据。确保你选择的平台具备这些灵活的报告形式。谁知道接下来的几年里你要处理什么样的电子设备？

28.3.1 开源实时平台

尽管本节中介绍的 Nagios、Icinga、Sensu Core 这些平台什么活都能干一点，但它们的优势还是在于处理瞬时（或基于阈值）指标方面。

这些系统都有各自的支持者，但是作为第一代监控工具，它们逐渐落后于时间序列系统，后者我们会在 28.3.2 节描述。建议大多数从头开始的站点选择时间序列系统。

1. Nagios 与 Icinga

Nagios 和 Icinga 专注于错误情况的实时通知。尽管两者无法帮你确定上个月带宽利用率提高了多少，但是当你的 Web 服务器断线时，它们能协助你追查到底。

Nagios 和 Icinga 最初是同一个源代码树的分叉，而如今的 Icinga 2 已被完全重写。不过，它在大多数方面仍然与 Nagios 兼容。

这两个系统除了包含大量用于监控各种服务的脚本，还具备广泛的 SNMP 监控能力。其最大的优势可能就是模块化以及高度可定制的配置系统，允许你编写自定义脚本来监控任何可感知的指标。

你可以使用 Perl、PHP、Python 快速地写出新的监控程序，如果你一腔热情、不怕折腾，甚至还可以用 C 语言。很多标准通知方法都已经内建了，例如电子邮件、Web 报告、短信等。和监控插件一样，编写自己的通知及操作脚本也不是什么难事。

Nagios 和 Icinga 非常适合于少于一千台主机和设备的网络。它们易于定制和扩展，还包括如冗余、远程监控、通知升级（notification escalation）这样强大的特性。

如果你打算从头部署全新的监控基础设施，相较于 Nagios，我们更推荐 Icinga 2。它的代码库通常更清晰，而且已经迅速吸引到了粉丝和社区的支持。从功能的角度来看，Icinga 2 的 UI 更明快，还能够自动构建服务依赖关系，这在复杂环境中是必不可少的。

2. Sensu

Sensu 是一个全栈监控框架，既可以作为开源版（Sensu Core），也带有付费的商业支持附件。其 UI 颇具现代风格，可以运行任何传统的 Nagios、Icinga 或 Zabbix 监控插件。它在设计之初就是为了取代 Nagios，因此插件兼容性是其最具吸引力的特性之一。Sensu 可以轻松地与 Logstash 和 Slack 通知集成在一起，安装过程特别简单。

28.3.2 开源时间序列平台

监控和响应当前问题只是监控的一个方面。了解数值是如何随时间变化以及数值之间的相互关系往往也同样重要。有 4 种流行的时间序列平台旨在解决这个痛点：Graphite、Prometheus、InfluxDB、Munin。

这些系统将数据库置于监控生态系统的前端和中心。作为独立的监控系统，其完备程度各不相同，而且一般设计用于比传统系统（例如 Icinga）更具模块化的领域。你可能需要提供一些额外的组件来构建起一个完整的监控平台。

1. Graphite

Graphite 可以说是新一代时间序列监控平台的领导者。其核心是一个灵活的时间序列数据库，附带有简单易用的查询语言。#monitoringlove 运动以及 Graphite 对前端 UI 的巨大影响的原因就在于它聚合和汇总指标的方式。Graphite 已经开始从分钟级监控向亚秒级监控迈进。

从名称中你大概也能猜到，Graphite 包含了用于 Web 可视化的图形特性。但是，和 Grafana 比起来，Graphite 在这方面多少已经有些黯然失色了。Graphite 如今更多的是以其组件 Carbon 和 Whisper 而闻名，两者形成了数据管理系统的核心。

Graphite 可以与其他工具结合起来创建一个可扩展的、分布式、集群化监控环境，能够采集和报告数十万种指标。图 28.1 所示为这种实现的架构图。

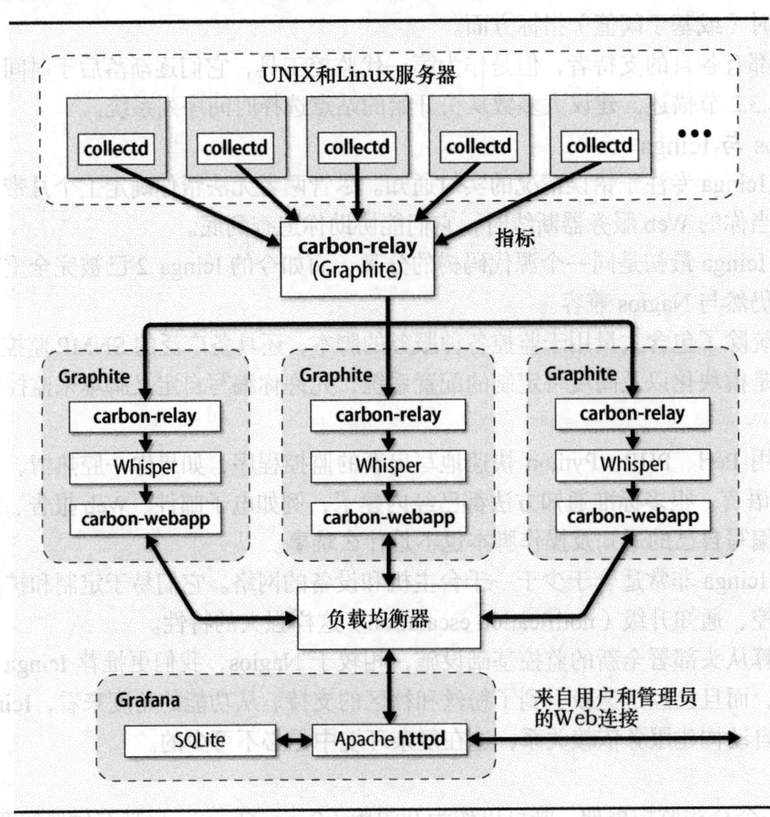

图 28.1 集群化 Graphite 架构

2. Prometheus

我们如今最爱的时间序列平台就是 Prometheus。它是一个包括集成化采集、趋势、警报组件在内的全方位平台。这些组件对系统管理员和开发人员都很友好，这使其成为 DevOps 商店的绝佳选择。但由于不支持群集，这意味着它可能不适合要求高可用性的站点。

3. InfluxDB

InfluxDB 是一个非同寻常的时间序列监控平台，对开发人员友好，支持多种编程语言。和 Graphite 差不多，InfluxDB 其实只是一个时间序列数据库引擎。你需要使用外部组件（如 Grafana）对其进行补充，以形成一个包括警报等特性的完整监控系统。

InfluxDB 的数据管理特性要比前面列出的那些替代方案丰富得多。但是，InfluxDB 额外的特性也给典型安装增添了不受欢迎的复杂度。

过去的 InfluxDB 充斥着 bug 和不兼容性，多少有些麻烦缠身。但目前的版本看起来已经稳定了，如果你在寻找独立的数据管理系统，它可能是 Graphite 的最佳替代方案。

4. Munin

Munin 在历史上相当受欢迎，特别是在斯堪的纳维亚（scandinavia）。它建立在一个巧妙的架构之上，在该架构中，数据采集插件不仅提供数据，还会告诉系统应该如何呈现数据。尽管 Munin 仍旧老当益壮，但是新的部署应该考虑使用 Prometheus 等现代替代方案。在某些情况下，Munin 依然适用于特定应用的监控。参见 28.7.2 节。

28.3.3 开源图表平台

创建仪表盘和图表有两种主要选择：Graphite 内建的绘图特性和比较新的 Grafana。

Graphite 可以绘制 Whisper（Graphite 的原生数据存储组件）以外的存储数据，但这未必是一种屡试不爽的方式。

作为一种与数据库无关的软件包，Grafana 能够很好地适应外来数据存储，包括上一节中所介绍过的那些。根据最新统计，目前支持超过 30 种后端。Grafana 最初是为了改善 Graphite 的绘图功能而出现的，所以在 Graphite 环境中也没有任何问题。

Graphite 和 Grafana 都提供了类似于仪表盘的图形界面，能够产生发人深思且有利于管理的可视化效果。无论是低级系统指标，还是业务层面指标，你都可以用其来显示。由于出色的 UI 和更漂亮的图表，大家通常更喜欢 Grafana。

图 28.2 展示了一个简单的 Grafana 仪表盘。

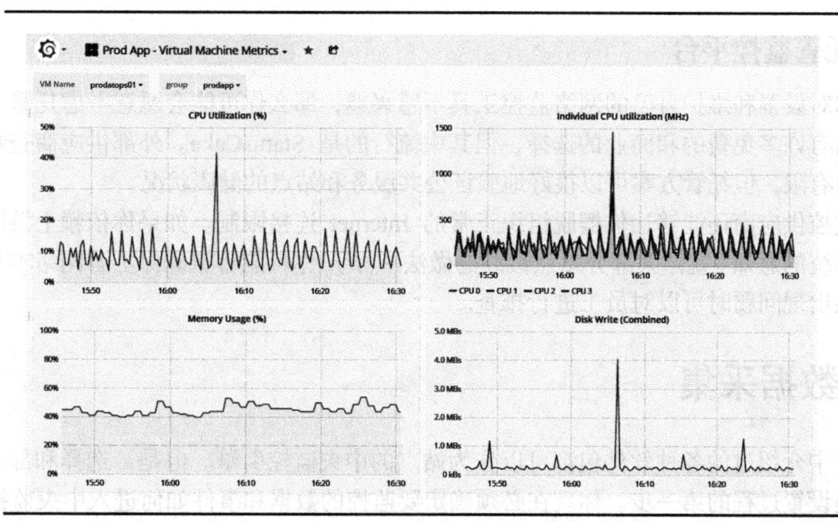

图 28.2　Grafana 仪表盘示例

28.3.4 商业化监控平台

销售监控软件的公司数以百计，每周都有新的竞争者进入这个市场。如果你正在寻求商业化解决方案，那么至少应该考虑一下表28.1中列出的备选方案。

表28.1 流行的商业化监控平台

平台	注释
Datadog	基于云的应用监控平台，支持海量的系统、应用，以及服务
Librato	与现有的开源插件即插即用
Monitus	电子商务平台监控
Pingdom	基于SaaS的监控平台[a]
SignalFx	包含大量云集成的SaaS平台
SolarWinds	网络监控领域的老兵
Sysdig Cloud	特别之处在于Docker监控和警报。易于跨服务关联事件
Zenoss	Icinga的替代方案，极其复杂

注：a. 不用安装软件。非常适合于纯Web应用。

不管他们的系统是居于云间，还是在数据中心的hypervisor之上，或是在机柜里，大多数商家都不应该构建自己的监控栈。外包是一种更便宜，也更可靠的做法。因此，如果你需要为一组常见的应用或服务器搭建监控栈，不妨考虑Datadog、Librato、SignalFx或Sysdig Cloud。

在调查商业化监控平台时，你通常首先考虑的就是价格。但是也不要忘记研究操作细节。

- 将其集成进你的配置管理系统的难度如何？
- 系统如何将新的插件部署到主机？推送还是拉取？
- 它是否能和现有的通知平台（如果有的话）很好地集成在一起？
- 你的环境是否允许基于云的监控解决方案所需的外部连接类型？

这只是在研究平台时要询问的一小部分问题而已。归根结底，易于配置、符合预算、能够让用户欣然接受的才是最适合站点的平台。

28.3.5 托管监控平台

如果你对设置和维护自己的网络监控工具不感兴趣，那么你可能会愿意考虑托管（云）解决方案。目前有许多免费的和商业的选择，但其中流行的是StatusCake。外部供应商查看网络内部细节的能力有限，但托管方案可以很好地验证公共服务和站点的健康状况。

托管监控供应商还能够让你摆脱组织正常的Internet连接限制。如果你依赖上游网络来传送内部监控系统的通知（就像大部分站点最终的做法一样），你可能希望确保上游网络本身也受到监控，以便在出现问题时可以对员工进行排查。

28.4 数据采集

前几节中介绍过的各种软件包都可以作为站点的中央监控引擎。但是，选择和部署其中某一个系统只是设置过程的第一步。你现在必须确定要监控的数据和事件如何进入中央监控平台。

确定过程的具体细节取决于你想要监控的系统和所采用的监控平台的设计哲学。在很多情况下，你需要编写一些简单的胶水脚本，将状态信息转换为监控平台能够理解的形式。有些平台（例如 Icinga）自带了大量插件，可以从常见的监控系统中获取标准指标。而另一些平台（例如 Graphite 和 InfluxDB）完全没有得到数据输入的真正方式，必须由担任此角色的前端部分进行补充。

在下面几节中，我们首先来看一个通用的数据采集前端 StatsD，然后回顾若干用于协助一些常见监控系统的工具和技术。

28.4.1 StatsD：通用数据提交协议

StatsD 是 Etsy 的工程师所开发的，用于跟踪他们自己环境中的方方面面。StatsD 是一个基于 UDP 的前端代理，可以将你扔给它的任何数据转储到监控平台，以供使用、计算和显示。StatsD 的超强之处在于它能够接收和执行任意统计数据的计算。

Etsy 的 StatsD 守护进程是使用 Node.js 编写的。但如今，"StatsD" 更多指代的是协议，而不再是实现该协议的某种软件。（实话实说，即便是 Etsy 的版本也并非原创，它是受到与其名称类似的 Flickr 项目的启发而诞生的。）有多种不同语言写成的实现，但在这里我们把重点放在 Etsy 版本上。

StatsD 依赖于 Node.js，所以先确保 Node.js 已经安装并配置好之后，再安装 StatsD。大多数操作系统厂商的软件包仓库中并不包含 Etsy 的实现，更多的是其他版本，所以可别搞混了。最简单的方法就是直接从 GitHub 复制 Etsy 版本。

StatsD 极具模块化，能够将传入数据送入各种后端和客户端。让我们来看一个使用 Graphite 作为后端的简单例子。

为了确保 Graphite 和 StatsD 正常通信，你必须修改 Graphite 的存储组件 Carbon。编辑 /etc/carbon/storage-schemas.conf，添加类似于下面的小节。

```
[stats]
pattern = ^stats.*
retentions = 10s:12h,1min:7d,10min:1y
```

此配置告诉 Carbon 以 10 s 为间隔，保留时长为 12 小时的数据。Carbon 以 1 分钟为间隔，汇总过期数据，并将该汇总信息保留 7 天。类似的，以 10 分钟为粒度的数据保持一整年。这些值的选择没什么神奇可言，你需要确定哪些是适合组织的留存需求以及所要采集的数据。

"汇总" 时间序列数据的确切定义因数据类型而异。例如，如果你正在统计网络错误，则可能需要通过将值累加来进行汇总。如果你要查看表示负载或利用率的指标，那可能需要平均值。你可能还需要指定处理缺失数据的适当方法。

这些策略在/etc/carbon/storage-aggregation.conf 文件中指定。如果已经有可用的 Graphite 安装，你可能会发现 Graphite 的样例配置是一个不错的入手点。

```
/usr/share/doc/graphite-carbon/examples/storage-aggregation.conf.example
```

下面是 storage-aggregation.conf 文件中一些合理的默认设置。

```
[min]
pattern = \.lower$
xFilesFactor = 0.1
aggregationMethod = min

[max]
pattern = \.upper(_\d+)?$
xFilesFactor = 0.1
aggregationMethod = max

[sum]
pattern = \.sum$
```

```
xFilesFactor = 0
aggregationMethod = sum

[count]
pattern = \.count$
xFilesFactor = 0
aggregationMethod = sum

[count_legacy]
pattern = ^stats_counts.*
xFilesFactor = 0
aggregationMethod = sum

[default_average]
pattern = .*
xFilesFactor = 0.3
aggregationMethod = average
```

注意，每一个配置块中都有一个尝试匹配数据序列名称的正则表达式模式。配置块按照顺序读取，第一个匹配的块会变成各个数据序列的控制规范。例如，名为 sample.count 的序列能够匹配[count]块的模式。值通过累加数据点（aggregationMethod = sum）来汇总。

xFilesFactor 设置确定获得有意义的指标所需的最小采样数量。它以 0～1 之间的数字表示，代表为了在汇总层（rollup layer）得到非空值，更细粒度的层（more granular layer）上必须存在的非空值的百分比。例如，上面的[min]和[max]的 xFilesFactor 设置为 10%，因此，按照我们在 storage-schema.conf 文件的设置，即使单个数值也能满足此条件。默认值为 50%。这个数字如果没有谨慎设置，数据会不准确，甚至错失！

我们使用 netcat（nc）向 StatsD 发送一些测试数据。

```
$ echo "sample.count:1|c" | nc -u -w0 statsd.admin.com 8125
```

该命令将值 1 作为计数指标（由 c 所示）提交给 sample.count 数据集。分组被发送到 statsd.admin.com 的端口 8125，这是 statsd 默认的侦听端口。如果此数据显示在 Graphite 的仪表盘中，你就可以通过众多 StatsD 客户端中的某一个采集各种监控数据了。StatsD GitHub wiki 页面中列出来了一些能够与 StatsD 通信的客户端。或者你也可以自己编写！协议并不复杂，一切皆有可能。

28.4.2 从命令输出中获取数据

如果你可以在命令行中检查某些内容，那也可以在监控平台中对其进行跟踪。你所需要的就是几行胶水脚本，将感兴趣的数据提取出来，然后将数据整理成监控平台能够接受的格式。

例如，uptime 命令可以显示系统运行时长、已登录用户的数量，以及过去 1/5/15 分钟内的平均负载。

```
$ uptime
07:11:50 up 22 days, 10:13, 2 users, load average: 1.20, 1.41, 1.88
```

作为人类，你一眼就能解析命令输出，看出来当前平均负载是 1.20。如果你想编写脚本定期检查这个值或是将其传给其他监控进程，可以使用文本处理命令分离出需要的值。

```
$ uptime | perl -anF'[\s,]+' -e 'print $F[10]'
1.20
```

在这里，我们使用 Perl 在空格序列和逗号处分割输出，然后打印出第 10 个字段的内容（1 分钟内的平均负载）。瞧吧！

尽管 Perl 在大多数领域已经被 Python 和 Ruby 等现代语言盖过了风头，但要论快而糙（quick-and-dirty）的文本处理，它依然是无可置疑的王者。可能犯不着就为了这些去学 Perl，但用单行命令搞定复杂的文本转换的能力用起来确实方便。

我们可以很容易地将上面这一行扩展成一个短小的脚本，完成确定平均负载并将其提交给 StatsD 的工作。

```
#!/usr/bin/env perl

use Net::Statsd;
use Sys::Hostname;

$Net::Statsd::HOST = 'statsd.admin.com';

$loadavg = (split /[\s,]+/, `uptime`)[10];
Net::Statsd::gauge(hostname . '.loadAverage' => $loadavg);
```

比较该脚本与先前的单行 StatsD 测试命令和单行 uptime 输出解析。在这里，Perl 必须运行 uptime 命令，然后将其输出作为字符串处理，所以这部分看起来不太一样。（单行 Perl 脚本依赖于 Perl 的自动分割模式。）

我们不再使用 nc 处理数据到 StatsD 的网络传输，而是转用在 CPAN[①]下载的一个简单的 StatsD 包装程序。这通常是首选方法，库的安全性更好，同时也表明了代码的意图。

很多命令都能生成多种输出格式。在尝试解析命令输出之前，先查看命令的手册页，看看有哪些可用的选项。有些格式比其他格式更容易处理。

少数命令支持某种专门用于帮助解析的输出格式。还有些命令拥有可配置的输出系统，你可以要求只输出需要的字段。另外有一种常见的选项能够阻止输出描述性的标题。

28.5 网络监控

在传统上，是网络状态监控将很多站点首次带入了监控和仪表盘的广阔世界，因此，它是我们要深入研究的第一种监控类型。在后续几节中，我们还会看到操作系统层面的监控、应用和服务监控，以及安全监控。

网络监控的基本单元是 ping，也称之为 ICMP 回应请求（ICMP Echo Request）分组。我们在 13.12.1 节详细讨论过其技术细节，另外还有 ping 和 ping6 命令，这两者可以从命令行发出 ping。

概念很简单：你向网络上的另一台主机发送一个回应请求分组，该主机的 IP 实现会返回一个分组作为响应。如果你接收到了该响应，那就知道位于你和目标主机之间的所有网关和设备运行正常。你也能从中得知目标主机已启动，其内核也正在运行中。但是，因为 ping 是由 TCP/IP 协议栈处理的，并不能对运行在目标主机上的高层软件状态做出任何保证。

ping 不会对网络带来过多的开销，所以频繁发送也没问题，比如说，每 10 秒钟发送一次。在设计 ping 策略时要全面考虑，使其能够覆盖到所有重要的网关和网络。记住，如果 ping 无法通过网关，报告 ping 故障的监控数据也不会返回。你至少需要一组 ping 是由中央监控主机本身发出的。

并没有要求网关非得回应 ping 分组，所以繁忙的网关可能会将其丢弃掉。即便是正常的网络也会时不时地出现分组丢失的情况。所以，不要刚发现有问题就触发警报。合理的做法是将 ping 数据作为二元事件记录（通过/没通过）采集，将其累计得出长期的分组丢失百分比。

① Comprehensive Perl Archive Network。

你可能发现测量网络上两点之间的吞吐量也很有意思。可以使用 iPerf 来完成，详见 13.13.2 节。

大多数网络设备都支持简单网络管理协议（Simple Network Management Protocol，SNMP），这是命名和采集操作数据的业界标准化方式。尽管 SNMP 的应用范围已经远远超出了其最初的网络领域，但除了基本的网络监控之外，对于其他用途而言，我们认为 SNMP 已经过时了。

SNMP 自身是一个相当庞大的话题，我们会在本章的随后部分进一步讨论。详见 28.9 节。

28.6 系统监控

内核控制着系统的 CPU、内存、I/O、各种设备，因此你可能想监控的大多数值得关注的系统级状态信息都存在于内核中的某个地方。不管是手动检查特定系统，还是设置自动化监控平台，都要有正确的工具来提取和展现这些状态信息。大多数内核定义了导出此类信息的正式渠道。

遗憾的是，内核和其他类型的软件一样，错误检查、监测、调试特性往往都是事后话。尽管近年来在透明度上已经有了提高，但找出和理解你想要监控的确切参数并非易事，有时甚至是不可能的。

获得特定值的方法往往不止一种。例如，对于平均负载，你可以直接从/proc/loadavg（Linux）或使用 sysctl -n vm.loadavg（FreeBSD）得到。uptime、w、top 命令的输出中也包含了平均负载（不过对于非交互式用法，top 可不是个好选择）。如果可以的话，通常最简单，也是最有效的方式是直接从内核（通过 sysctl 或/proc）访问。

Nagios 和 Icinga 等监控平台包含了大量由社区开发的监控插件，你可以使用其来获取常用的监控元素。这些插件通常也只是一些运行命令并解析结果输出的简单脚本，但它们经过了测试和调试，而且通常能运行在多个平台上。如果你找不到能够产生你所感兴趣值的插件，那就自己编写一个。

28.6.1 系统监控命令

表 28.2 列出了一些常用的监控命令。其中不少命令能够根据所提供的命令行参数产生形式迥异的输出，详情参见命令手册页。

表 28.2 能够产生常用监控参数的命令

命令	可用信息
df	空闲和已使用的磁盘空间和 inode
du	目录大小
free	空闲内存，已占用的内存，交换（虚拟）内存
iostat	磁盘性能和吞吐量
lsof	打开的文件和网络端口
mpstat	多处理器系统上的单个处理器利用率
vmstat	进程、CPU、内存的统计信息

sar（“system activity report”的缩写）可谓是命令行数据提取的瑞士军刀。这个命令的历史不怎么光彩，它最初是于 20 世纪 80 年代在 System V UNIX 中引入的。[①]其主要吸引力在于各种系统上都有相应的实现，因此增强了脚本和系统管理员的可移植性。遗憾的是，BSD 版本已经不再维护了。

① 往往可以通过使用 sar 的流利程度来判断是不是老派系统管理员。

下面的例子在一分钟期间内，每两秒钟请求一份报告（共计 30 份报告）。DEV 参数是字面关键字，并不是指代某个设备或接口名称。

```
$ sar -n DEV 2 30
17:50:43 IFACE rxpck/s txpck/s rxbyt/s txbyt/s rxcmp/s txcmp/s rxmcst/s
17:50:45 lo        3.61     3.61  263.40  263.40    0.00    0.00     0.00
17:50:45 eth0     18.56    11.86 1364.43 1494.33    0.00    0.00     0.52
17:50:45 eth1      0.00     0.00    0.00    0.00    0.00    0.00     0.00
```

该示例取自一台配备了两个网络接口的 Linux 机器。输出包括以字节和分组为单位的接口利用率瞬时读数和平均读数。第二个接口（eth1）显然没有使用。

28.6.2 collectd：通用的系统数据获取器

随着系统管理工作从处理单个系统发展到管理大量的虚拟化实例，简单的命令行工具在监控世界中已经开始捉襟见肘了。尽管通过编写脚本来采集和分析参数是一种实用且灵活的方法，但在多个系统保持代码库的一致性很快就成了一件麻烦事。诸如 collectd、sysdig、dtrace 之类的现代工具提供了一种更具伸缩性的方法来采集这类数据。

系统统计信息的采集应该是一个持续的过程，UNIX 处理持续性任务的解决方法是创建一个守护进程来搞定。输入 collectd，启动系统统计信息采集守护进程。

这款流行的成熟工具可以运行在 Linux 和 FreeBSD 上。collectd 通常运行在本地系统，按照指定的间隔采集指标并保存结果。你也可以将 collectd 配置为客户端/服务器模式，在这种模式中，一个或多个 collectd 实例汇集来自一组服务器的数据。

待采集的指标规范以及保存指标的位置非常灵活，有超过 100 个插件可满足你的具体需求。一旦 collectd 运行，可以通过 Icinga 或 Nagios 等平台进行查询，实现即时监控，也可以将数据转发到 Graphite 或 InfluxDB 等平台，进行时间序列分析。

下面是一个 collectd 配置文件示例。

```
## /etc/collectd/collectd.conf

Hostname client1.admin.com
FQDNLookup false
Interval 30
LoadPlugin syslog
<Plugin syslog>
    LogLevel info
</Plugin>

LoadPlugin cpu
LoadPlugin df
LoadPlugin disk
LoadPlugin interface
LoadPlugin load
LoadPlugin memory
LoadPlugin processes
LoadPlugin rrdtool

<Plugin rrdtool>
    DataDir "/var/lib/collectd/rrd"
</Plugin>
```

这个基本配置每隔 30 秒就采集一次感兴趣的各种系统统计信息，然后写入到 /var/lib/collectd/rrd 中与 RRDtool 兼容的数据文件。

28.6.3 sysdig 与 dtrace：执行跟踪器

sysdig（Linux）与 dtrace（BSD）可以全面监测内核以及用户进程的活动。它们所包含的组件嵌入到了内核本身，不仅能够获取到深层的内核参数，而且还包括单个进程的系统调用和其他性能统计。这些工具有时也被冠以“内核和进程的 Wireshark”。[①]

这两种工具都很复杂。但绝对值得下功夫研究。花上一个周末的时间学习其中一款，你将会获得令人惊奇的全新武器，绝对让你成为系统管理员鸡尾酒吧台的座上宾。

sysdig 具备识别容器的能力（container-aware），因此能够为使用了 Docker 和 LXC 等工具的环境带来极好的可见性。sysdig 以开源形式发布，你可以将其与其他监控平台（例如 Nagios 或 lcinga）集成在一起。开发人员也提供了商业化的监控服务（Sysdig Cloud），拥有全面的监控和警报能力。

28.7 应用监控

在软件金字塔的顶部，我们发现了圣杯：应用监控。对于这种类型的监控，定义很模糊，但其总体思路是尝试验证软件的特定部分，而非整个系统或网络。在许多情况下，应用监控可以进入这些系统并分析其内部操作。

为了确保监控目标正确，需要业务部门和开发人员共同参与进来，告诉你更多有关他们的兴趣和关注点。举例来说，如果你的站点运行的是 LAMP 栈，你可能想要确保监控页面载入时长、标记严重的 PHP 错误、密切关注 MySQL 数据库、监控过多的连接请求等特定问题。

尽管在这个层面上进行监控是件复杂的活儿，但这也正是凸显监控魅力之处。想象监控（以及将其呈现在漂亮的 Grafana 仪表盘）你在过去一小时内卖出的产品数量或者物品在购物车中停放的平均时长。如果你向应用开发人员和流程负责人展示该功能，对方往往会立刻买单并要求添加更多的监控内容，甚至可能还会给予一些帮助来实现相应的功能。最终，该层面的监控会变成业务的无价之宝，你也开始被视为监控、指标和数据分析的优胜者。

应用层面的监控能够形成对环境中的其他事件额外的洞察。例如，如果产品销量锐减，这可能说明你的某个广告网络挂掉了。

28.7.1 日志监控

就其最基本的形式而言，日志监控涉及在多个日志文件中查找想要监控的数据，将这些数据提取出来，然后处理成可用于分析、显示、警报的格式。因为日志消息采用的文本格式并不固定，这种流水线式的处理过程的实现可易可难。

日志通常最好使用专门为此目的设计的综合汇集系统来管理。我们在 10.6 节讨论过此类系统。尽管这些系统主要侧重于日志数据的集中化，使其易于搜索和审查，但大多数汇集系统也支持阈值、警报，以及报告功能。

如果你出于某些特殊目的，需要自动化日志审查，犹豫该不该使用更为通用的日志管理解决方案，我们推荐你两款小型工具：logwatch 和 OSSEC。

logwatch 是一个灵活的、面向批量的日志汇总器。其主要用途是创建日志中所报告事件的每日汇总。你可以每天多次运行 logwatch，不过它毕竟不是专为实时监控而设计的。有鉴于此，你

① Wireshark 是一款著名的网络嗅探软件，能够捕获网络中的各种分组，并尽可能显示出最为详细的分组数据。这里以此类比 sysdig 和 dtrace。——译者注

可能需要看看 OSSEC，我们之前在 27.5.8 节已经有所讨论。OSSEC 被宣传成一款安全工具，不过其架构足够通用，对于其他种类的监控也用得上。

28.7.2 Supervisor + Munin：有限范围内的简单选择

诸如 Icinga 或 Prometheus 这种全能平台对于你的需求或环境可能大材小用了。如果你只对监控特定的应用进程感兴趣，觉得大而全的监控平台太让人头疼，那该怎么办？考虑将 Supervisor 和 Munin 结合起来使用。两者都很容易安装，稍作配置即可，配合效果也挺不错。

Supervisor 及其服务器进程 supervisord 可以帮助你监控进程，在进程退出或抛出异常时生成事件或通知。该系统在本质上类似于 Upstart 或 systemd 的进程管理部分。

28.3.2 节曾经提到过，Munin 是一个尤为擅长应用监控的通用监控平台。它是用 Perl 编写的，需要在所有被监控的系统上运行一个名为 Munin Node 的代理。设置新的 Node 很简单：只用安装 munin-node 软件包，编辑 munin-node.conf，使其指向主控机即可。

Munin 默认使用所采集到的数据创建 RRDtool 图形，这是一种在不需要过多配置的情况下，获得一些图形化反馈的不错方法。随 Munin 发布的有超过 300 种插件，其他近 200 种可作为贡献库（contributed libraries）使用。你应该能从中找到符合要求的插件。如果找不到，自己为 munin-node 写一个新脚本也不是难事。

28.7.3 商业化应用监控工具

如果搜索“application monitoring tool”，你会发现有很多页的商业解决方案。为了尽职尽责，你还得一个个去翻看最近有关应用性能监控（Application Performance Monitoring，APM）的讨论。

你会看到其中有不少都提到了 DevOps，这再正常不过了：应用监控和 APM 都是 DevOps 的关键宗旨。两者都提供了量化指标，团队可用于决定哪部分能从提高性能和稳定性中获得最大收益。

我们认为 New Relic 和 AppDynamics 都是该领域的佼佼者。两者功能在很多方面有重叠，但 AppDynamics 的目标通常更多是作为“全栈式”监控解决方案，而 New Relic 更多涉及的是应用层内部的分析。

不管你如何监控应用，关键是让开发团队始终参与其中。他们能够帮助确定所有的主要指标都处于监控之中。在监控方面的密切合作能够促进团队之间的关系，限制重复性的劳动。

28.8 安全监控

安全监控自成一片天地。这方面的运维实践有时也称为安全运维或 SecOps。

能够帮助监控环境安全的开源和商业工具以及服务有数十种之多。有时称为托管安全服务供应商（Managed Security Service Providers，MSSP）的第三方可提供外包服务。[①]尽管存在这些选择，安全漏洞依然司空见惯，经常数月或几年都发现不了。

有关安全监控的最重要的事情可能就是只靠自动化工具或服务是不够的。你必须实现全方位的安全程序，其中包括用户行为标准、数据存储、事件响应规程，不一而足。第 27 章介绍了这些基础知识。

有两个核心安全功能应该集成入你的自动化连续监控策略：系统完整性核实和入侵检测。

① 把安全运维外包出去的想法听起来总是很有吸引力。这样一来，确保你所在环境安全的任务就变成别人的了。但是这样想一下：你愿意给某人付钱，让他在人潮涌动的火车站帮你看管桌子上装满现金的钱包吗？而且这样的钱包另外还有 10 000 个。如果答案是肯定的，MSSP 可能挺适合你！

28.8.1 系统完整性核实

系统完整性核实通常叫作文件完整性监控或 FIM（File Integrity Monitoring），会根据一套已知的良好基准（a known-good baseline）来验证系统的当前状态。大多数情况下，该验证将系统文件内容（内核、可执行命令、配置文件）与经过强加密（如 SHA-512）的校验比较。[①]如果正在运行的系统中出现有文件的校验和与基准版本的校验和不同，系统管理员会收到通知。当然了，日常维护活动（例如计划好的改动、更新、打补丁）肯定也会触发通知，并不是所有的变化都是可疑的。

最常部署的 FIM 平台是 Tripwire 和 OSSEC，后者已经在 27.5.8 节详细介绍过。Linux 版本的 AIDE 还包括文件完整性监控，但遗憾的是，FreeBSD 版本缺少该组件。

越简单的往往越好。一个非常简单的 FIM 选择是 mtree，它是 FreeBSD 原生的，最近被移植到了 Linux。mtree 可以很方便地监视文件状态和内容变化，还能够轻松地集成到监视脚本中。下面就是一个使用了 mtree 的快速脚本示例。

```
#!/bin/bash
if [ $# -eq 0 ]; then
    echo "mtree-check.sh [-bv]"
    echo "-b = create baseline"
    echo "-v = verify against baseline"
    exit

## seed
KEY=93948764681464

## baseline directory
DIR=/usr/local/lib/mtree-check

if [ $1 = "-b" ]; then
    rm -rf $DIR/mtree_*
    cd $DIR
    mtree-c -K sha512 -s $KEY -p /sbin > mtree_sbin
fi

if [ $1 = "-v" ]; then
    cd $DIR
    mtree -s $KEY -p /sbin < mtree_sbin | \
        mail -s "`hostname` mtree integrity check" dan@admin.com
fi
```

使用-b 选项，该脚本会创建并存储基准。当再次使用-v 选项运行时，它会将/sbin 的当前内容与基准比对。

与系统管理的很多方面一样，设置 FIM 平台和操作该平台是两回事。你需要一个制订好的流程来维护 FIM 数据，响应 FIM 警报。我们建议将来自 FIM 平台的信息提供给你的监控和警报基础设施，避免其被无视或忽略。

28.8.2 入侵检测监控

目前在用的入侵检测系统（Intrusion Detection System，IDS）有两种形式：基于主机的（HIDS）和基于网络的（NIDS）。NIDS 系统检查网络流量，尝试识别意外或可疑的模式。最常见的 NIDS 系统基于 Snort，详见 27.5.6 节。

HIDS 作为一组进程，运行在每个系统中。通常 HIDS 会密切关注系统的方方面面，其中包括

① 可接受的散列算法会随着时间改变。例如，MD5 在密码学中已经不再被视为安全的，不应该继续使用了。

网络连接、文件修改时间和校验和、守护进程和应用日志、提权的使用，以及其他可能表明有工具在协助进行非授权访问（“root kits”）的线索。HIDS 并非一站式安全解决方案，但它是全面方法的重要组成部分。

两个最流行的开源 HIDS 平台是 OSSEC（Open Source SECurity）和 AIDE（Advanced Intrusion Detection Environment）。根据我们的经验，OSSEC 是更好的选择。尽管 AIDE 也是 Linux 上的一个不错的 FIM 平台，但 OSSEC 包含的功能要更多。它甚至可用于支持非 UNIX 客户端（例如 Microsoft Windows）和各种网络基础设施设备的客户端/服务器模式。

和 FIM 警报很相似，HIDS 数据只有关注才有用。HIDS 并不是一种“设置好就完事”（set it and forget it）的子系统，你需要将 HIDS 警报与整个监控系统集成在一起。我们发现解决该问题最有效的策略就是在故障报修系统（trouble ticketing system）中自动打开 HIDS 警报的任务。然后就可以添加监控检查，对任何未解决的 HIDS 任务发出警报。

28.9 SNMP：简单网络管理协议

多年前，网络行业认为创建一套用于采集监控数据的标准协议是有用处的。因此，简单网络管理协议（Simple Network Management Protocol，SNMP）应运而生。

抛开其名称，SNMP 其实相当复杂。它定义了一个层级化管理数据名称空间和读写每台网络设备数据的方法。SNMP 还为托管服务器和设备（代理）定义了一种向管理站发送事件通知消息（陷阱）的方法。

在深入探索 SNMP 的奥秘之前，我们应该特别指出，与 SNMP 相关的术语在某种程度上可以说是网络领域中最恼人的技术用词。在很多时候，SNMP 的概念和对象的标准名称会让你主动退避三舍，不愿再去了解它们到底是什么意思。

也就是说，协议本身并不复杂；SNMP 大部分的复杂性在于协议层之上的名称空间的构造约定以及像保护壳一样围绕着 SNMP 的那些毫无必要的繁杂词汇。只要你别一门心思的思考其内部机制，SNMP 用起来还是挺简单的。

SNMP 被设计为由专门的网络硬件（例如，路由器）来实现，在这种情况下，仍不失为一种合理的选择。SNMP 后来进行了扩展，加入了服务器和桌面系统的监控，但对其是否适用于此目的，始终存在疑问。今天，已经有了更好的替代品（例如，collectd，参见 28.6.2 节）。

我们建议将 SNMP 作为低层数据采集协议，以用于不支持其他功能的专用设备。尽快地从 SNMP 中获取数据，将其交给通用监控平台来存储和处理。SNMP 可以是一位有趣的邻居，值得一探，但你是不会想在那里常住的！

28.9.1 SNMP 组织

SNMP 数据以标准化层级结构安排。命名层级由“管理信息库”（Management Information Bases，MIB）组成，这是一种结构化的文本文件，描述了可通过 SNMP 访问的数据。MIB 包含特定数据变量的说明，这些变量可以使用叫作对象标识符（Object IDentifier，OID）的名称来引用。[①]当前所有的 SNMP 设备都支持 RFC1213 中定义的 MIB-II 结构。但是，各个厂商都可以进一步扩展 MIB，添加更多的数据和指标，他们也的确是这么做的。

OID 存在于层级化的命名空间中，其中的节点采用了编号而不是命名。但为了便于引用，节点也具有传统的文本名称。路径名的各个部分的分隔符是一个点。例如，引用设备运行时长的 OID

① OID 只是命名特定托管信息的一种奇特方式。

是1.3.6.1.2.1.1.3。这个OID也是人类可读的（尽管未必是“在没有额外文档的情况下人类可以理解的”）名称。

iso.org.dod.internet.mgmt.mib-2.system.sysUpTime

表28.3给出了一些OID节点示例，如果要评估网络可用性，应该注意监控这些节点。

除了统一支持的MIB-II，还有用于各种硬件接口和协议的MIB、厂商的MIB、不同snmpd服务器实现的MIB、特定硬件产品的MIB。

MIB只是命名管理数据的一种方案。要想发挥出作用，必须有代理端代码的支持，后者在SNMP命名空间和设备的实际状态之间进行映射。

运行在UNIX、Linux或Windows上的SNMP代理内建了MIB-II支持。大多数经过扩展后可以支持增补的MIB以及与负责实际获取和存储MIB相关数据的脚本结合。你会看到很多这样的软件，都是在当年SNMP还是新热点时遗留下来的。但这没什么实质作用。如今，你不应该在UNIX系统上再运行SNMP代理，除非是要回复最基本的网络配置查询。

表28.3　MIB-II的部分OID

OID	类型	内容
system.sysDescr	string	系统信息：厂商、型号、操作系统类型等
interfaces.ifNumber	int	网络接口数量
interfaces.ifTable	table	每个接口的infobits表
ip.ipForwarding	int	如果该系统是网关，值为1；否则，则值为2
ip.ipAddrTable	table	IP寻址数据表（子网掩码等）
icmp.icmpInRedirects	int	接收到的ICMP重定向数量
icmp.icmpInEchos	int	接收到的ping数量
tcp.tcpInErrs	int	接收到的TCP错误数量

28.9.2 SNMP协议操作

只有4种基本的SNMP操作：get、get-next、set、trap。

get和set是读写由特定OID所标识节点的基本操作。get-next遍历MIB层级结构，还可以读取表内容。

陷阱是从服务器（代理）到客户端（管理器）的自发异步通知，报告出现了值得注意的事件或情况。有一些已经定义过的标准陷阱，包括“我刚出现”（I've just come up）通知、网络链接失败或恢复报告、各种路由和认证问题的宣告。指定陷阱消息目标的机制取决于代理的实现。

由于SNMP消息可能会修改配置信息，因此需要一些安全机制。最简单的SNMP安全机制使用了SNMP“社区字符串”（community string）的概念，这其实就是“密码”（password）的一种晦涩至极的叫法。通常一个社区字符串用于只读访问，另一个社区字符串用于写入。[①]如今，设置SNMPv3管理框架更具意义，它提高了安全性，其中包括个人用户的授权和访问控制。

28.9.3 Net-SNMP：服务器工具

在Linux和FreeBSD上，最常见的SNMP实现是Net-SNMP。它包括一个代理（snmpd）、一些命令行工具、一个接收陷阱的服务器，甚至还有用于开发支持SNMP应用的库。

如今，关注Net-SNMP的主要原因在于其命令行工具和库，而不是它的代理。Net-SNMP已

① 许多系统都将默认的社区字符串设置为“public”。绝不要使用该默认设置，为只读和读/写社区字符串设置真正的密码。

经被移植到了很多类 UNIX 系统，因此可以作为一种一致性平台，在其之上编写脚本。因此，多数发行版只是将 Net-SNMP 代理分离成单独的一个软件包，以便更容易只安装命令。

在 Debian 和 Ubuntu 上，Net-SNMP 软件包叫作 snmp 和 snmpd。只安装命令的话，使用 apt-get install snmp。

在 Red Hat 和 CentOS 上，类似的软件包是 net-snmp 和 net-snmp-tools。使用 yum install net-snmp-tools 安装命令。

在 Linux 上，配置信息位于/etc/snmp，注意其中的 snmpd.conf 文件和 snmp.d 目录。运行 systemctl start snmpd，启动代理守护进程。

在 FreeBSD 上，所有内容都包含在一个软件包内：pkg install net-snmp。配置信息位于/usr/local/etc/snmp，我们必须自己动手创建该文件。可以使用 service snmpd start 手动启动代理，或者将

snmpd_enable="YES"放入/etc/rc.conf，在引动期间启动代理。

在所有需要运行 SNMP 代理的系统中，需要确认防火墙没有阻止 UDP 端口 162。

你可以使用 Net-SNMP 附带的命令熟悉 SNMP，它们也非常适合对特定 OID 进行一次性检查。表 28.4 中列出了最常用的工具。

表 28.4　Net-SNMP 软件包中的命令行工具

命令	功能
snmpdelta	监控 SNMP 变量的变化
snmpdf	通过 SNMP 监控远程主机的磁盘容量
snmpget	从代理处获得 SNMP 变量的值
snmpgetnext	按顺序获得下一个变量的值
snmpset	在代理上设置 SNMP 变量
snmptable	获得 SNMP 变量表
snmptranslate	搜索并描述 MIB 层级结构中的 OID
snmptrap	生成陷阱警报
snmpwalk	从特定的 OID 开始遍历 MIB

基本的 SNMP 检查通常要用到 snmpget 和 snmpdelta 的一些组合。如果你想从复杂的企业管理工具中识别要监视的新 OID，有些其他工具就能派上用场了。例如，snmpwalk 可以从指定的 OID（或者默认从 MIB 起始部分）开始，对代理重复发出“get next”调用。该过程会转储可用的 OID 及其相关值的完整列表。

例如，下面是取自主机 tuva（Linux 系统）的 snmpwalk 部分示例。社区字符串是“secret813community”，-v1 指定了简单认证。

```
$ snmpwalk -c secret813community -v1 tuva
SNMPv2-MIB::sysDescr.0 = STRING: Linux tuva.atrust.com 2.6.9-11.ELsmp #1
SNMPv2-MIB::sysUpTime.0 = Timeticks: (1442) 0:00:14.42
SNMPv2-MIB::sysName.0 = STRING: tuva.atrust.com
IF-MIB::ifDescr.1 = STRING: lo
IF-MIB::ifDescr.2 = STRING: eth0
IF-MIB::ifDescr.3 = STRING: eth1
IF-MIB::ifType.1 = INTEGER: softwareLoopback(24)
IF-MIB::ifType.2 = INTEGER: ethernetCsmacd(6)
```

```
IF-MIB::ifType.3 = INTEGER: ethernetCsmacd(6)
IF-MIB::ifPhysAddress.1 = STRING:
IF-MIB::ifPhysAddress.2 = STRING: 0:11:43:d9:1e:f5
IF-MIB::ifPhysAddress.3 = STRING: 0:11:43:d9:1e:f6
IF-MIB::ifInOctets.1 = Counter32: 2605613514
IF-MIB::ifInOctets.2 = Counter32: 1543105654
IF-MIB::ifInOctets.3 = Counter32: 46312345
IF-MIB::ifInUcastPkts.1 = Counter32: 389536156
IF-MIB::ifInUcastPkts.2 = Counter32: 892959265
IF-MIB::ifInUcastPkts.3 = Counter32: 7712325
...
```

在这个例子中，系统一般信息之后是主机网络接口的统计信息：lo0、eth0、eth1。取决于你管理的代理所支持的 MIB，一份完整的转储可以多达数百行。实际上，在 Ubuntu 系统上为所有 MIB 提供服务的完整安装会超过 12 000 行！

如果你在 Ubuntu 系统上查找最新版本 Net-SNMP 的 MIB①，你会发现表示 5 分钟内平均负载的 OID 是 1.3.6.1.4.1.2021.10.1.3.2。如果你对本地主机 5 分钟内的平均负载感兴趣（社区字符串为“public”），可以运行：

```
$ snmpget -v 2c -c public localhost .1.3.6.1.4.1.2021.10.1.3.2
iso.3.6.1.4.1.2021.10.1.3.2 = STRING: "0.08"
```

Perl、Ruby、Python 都有很多与 SNMP 相关的实用模块，可以从这些语言各自的模块仓库中找到。尽管你自己也能用 Net-SNMP 命令编写脚本，但使用你所选语言定制的原生模块通常更容易，也更整洁。

28.10 监控技巧

多年来，我们学会了一些如何最大限度地提高监控效率的技巧。主要思路如下。

- 不要置监控于不顾。确保在业余时间接收通知的系统管理员得到定期休息。这个目标最好通过一个轮替系统来实现，其中有一天或一周内有两个团队或多人随时待命，然后由下一个团队接管。如果不注意这个建议，会导致系统管理员火冒三丈，厌恶自己的工作。
- 定义哪些情况确实需要 24 × 7 的关注，确保把这些信息清晰地传达给监控团队、待命团队以及你所支持的客户或业务单位。你正在进行监控，单单是这一事实并不意味着应该在凌晨 3:30 这个不正常的时间点把管理员召集在一起。很多问题应该在正常的工作时间里解决。
- 消除监控噪声。如果非关键服务出现了误报或通知，腾出时间将其关闭并修复。否则，就像那个叫着狼来了的小男孩，最终所有的通知都不会再引起必要的注意了。
- 为所有一切创建运行记录簿。任何常见的重启、重置或纠正程序都应当以某种形式记录在案，以便不熟悉相关系统的响应人员能够采取适当的措施。缺失此类文档的代价是问题无法得到快速解决，错误还会复发，额外的工作人员要加班加点应对紧急情况。Wiki 非常适合维护这种类型的文档。
- 监控平台也得监控。只要你曾经因为监控平台出现故障，没有注意到一次至关重要的中断，这一点就显而易见了。从失败中汲取经验，确保监控之外还有监控。
- 因为某些内容没监控到而遗漏了中断？确保将其纳入监控，以便下一次能够捕获到问题。
- 最后，也可能是最重要的：服务器或服务必须先加入到监控系统之后才能进入生产环境。没有例外。

① 查看 mibDepot 官网或安装 snmp-mibs-downloader 软件包。

第 29 章 性能分析

性能分析和调校往往被视为某种形式的系统管理巫术。它们并非真的巫术，但确实有资格作为科学和艺术。“科学”部分涉及进行仔细的定量测量和应用科学的方法。“艺术”部分涉及以实际、清醒的方式平衡资源需求，因为针对一个应用或用户的优化会影响到其他应用或用户。就像生活中的许多事情一样，你经常会发现是无法取悦所有人的。

人们经常声称如今的性能问题已经和几十年前大不相同了。这种论断并不准确。系统确实变得更复杂了，但性能的基准决定因素和测量及管理性能的高层抽象仍一如既往。遗憾的是，系统性能的改进与社区创建能够榨取所有可用资源的新应用的能力紧密相关。

近年来又多出来的一种复杂性是通常位于服务器和云端物理基础设施之间的多层抽象。往往不可能确切地知道为服务器提供存储或 CPU 运算周期的都是什么硬件。

云所展现出的魔力和挑战是一个硬币的两面。抛开流行的观点，你不能仅仅因为服务器是虚拟的，就忽略了性能考量。事实上，云供应商采用的计费模型在运维效率和服务器成本之间产生了更为直接的联系。了解如何测量和评估性能变得比以往更加重要。

本章关注的是作为服务器的系统性能。桌面系统（以及笔记本）通常不会经历和服务器同样类型的性能问题。关于如何提高桌面系统性能的答案基本上总是“升级硬件”。用户喜欢这种回答，因为这意味着可以经常得到酷炫的新系统了。

29.1 性能调校的哲学

UNIX 和 Linux 不同于其他主流操作系统的地方在于有丰富的数据可用于描述其内在工作。

系统的各个层面都会生成详细的信息，管理员控制着各种可调校的参数。如果你无法通过现有工具确定性能问题的根源，通常可以检查源代码。出于这些原因，对性能敏感站点通常会选用 UNIX 和 Linux。

即便如此，性能调校也非易事。用户和管理员通常都认为只要自己知道了正确的“魔法”，他们的系统速度就会加倍。但这基本上不靠谱。

一种常见的幻想涉及对控制着分页系统和缓冲池的内核变量进行调优。时至今日，内核都已经经过了调校，能够在各种负载情况下实现合理的（不过得承认，并不是最优的）性能。如果你尝试根据某个特定性能指标（例如，缓冲区利用率）优化系统，则很有可能会扰乱相对于其他性能指标和负载情况的系统行为。

最严重的性能问题往往是在应用内部，和底层的操作系统几乎没什么关系。本章讨论的是系统层面的性能调校，基本上不涉及应用层面。作为系统管理员，你要明白，应用开发人员同样也是人。你自己说过，或者想过多少次“这肯定是网络的问题”？和你差不多，应用开发人员通常一开始也是假定问题肯定出在别人负责的子系统身上。

考虑到现代应用的复杂性，有些问题只能通过应用开发人员、系统管理员、服务器工程师、DBA、存储管理员、网络架构师之间合作才能解决。在本章中，我们会帮助你确定从这些人那里获得的哪些数据和信息有助于其解决性能问题——如果问题的确是在对方那里。这种方法远比只是一个劲儿说“一切看起来都挺好，这不是我的问题”更有成效。

无论是哪种情况，谨慎对待你在 Internet 上读到的一切。在系统性能领域，在各种话题下你都会碰到乍一看令人信服的论断。但是，这些理论的大多数支持者并没有所需的相关知识、训练、时间去设计有效的实验进行验证。光有人气说明不了什么。对于每一个轻率的提议，你都会看到希腊合唱团似的“我按照 Joe 所说的，把缓冲区缓存（buffer cache）大小增加了 10 倍，现在感觉系统快得像飞一样!!!”。没错。

下面给出了一些应该记住的规则。

- 采集并回顾系统的历史信息。如果系统在一周前还好好的，检查系统都进行过哪些变更，也许可以帮你找到根源。把基准和趋势牢记在心，以备不时之需。作为第一步，审查日志文件，看看底层硬件是否出现问题。
- 熟悉第 28 章讨论过的趋势采集和分析工具。这些工具对于性能评估至关重要。
- 调教系统的方式应该能够让你将当前的结果与系统之前的基准进行比对。
- 不要故意让系统或网络过载。内核给了每个进程拥有无穷资源的错觉。但是，一旦系统资源全部被占用，内核就不得不努力维持这种假象，造成进程延迟，往往还会消耗相当大一部分资源。
- 和离子物理一样，你使用系统监控工具采集的信息越多，所观察的系统受到的影响也就越多。最好是依赖于一些简单的轻量级程序，运行在后台（例如，sar 或 vmstat）进行日常观察。如果它们显现出一些重要的发现，你可以再使用其他工具进一步调查。
- 在做出改动时，一次只修改一样东西，将所做出的变更全部记录在案。在更改其他任何内容之前，观察、记录并考虑后果。
- 始终确保备有回滚计划，以免修复失败。

29.2 提高性能的方法

以下是一些可以提高性能的具体方法。

- 确保系统拥有足够的内存。在下一节你会看到，内存大小是影响性能的主要因素。如果你在云端运行系统，分配给实例的内存总量通常很容易调整（尽管它往往是和其他资源分配捆绑在一个完整的系统配置文件中）。

- 在可能出现机械操作的地方，消除存储资源对其的依赖。固态盘（SSD）如今已广泛可用，它能够产生巨大的性能提升，因为这种设备不需要通过盘片或电枢的物理移动来读取存储内容。SSD 易于安装（在云环境下，则是选择），可以很方便地替换掉已有的老式机械硬盘。
- 如果你使用 UNIX 或 Linux 作为 Web 服务器或某些其他类型的网络应用服务器，你可能想使用负载均衡器（物理的或虚拟的）将网络流量分散到多个系统。这样的设备根据多个用户可选算法中的某一种（例如“响应最快的服务器”或“循环”）来平衡负载。

如果服务器出现故障，这些负载平衡器还会增加有用的冗余。假如你的站点必须处理意外的流量峰值，那就非常有必要了。

- 仔细检查系统配置和单个应用的配置。很多应用经过调校之后，能够产生惊人的性能提升（例如，将数据分散在多块磁盘、不动态执行 DNS 查询、运行多个服务器实例）。
- 纠正使用问题，包括“实际工作”（同时运行过多的服务，编程实践效率低，批处理作业运行优先级过高，大型作业的运行时机不恰当）和系统引起的问题（例如，不需要的守护进程）。
- 组织硬盘和文件系统，使负载均衡，最大化 I/O 吞吐量。对于数据库等特定应用，你可以使用复杂得多磁盘技术（如条带化 RAID）来优化数据传输。向数据库厂商咨询建议。对于 Linux 系统，确保为磁盘选择了适合的 Linux I/O 调度器（详细信息参见 29.6.9 节）。

记住，不同类型的应用和数据库对于分散在多个磁盘上的响应也不尽相同。RAID 有很多形式，花些时间确定哪种形式（如果有的话）适合特定的应用。

- 监控网络，确保带宽未饱和，错误率保持在低位。可以通过 netstat（FreeBSD）和 ss（Linux）命令获得丰富的网络信息。
- 找出系统根本满足不了的需求。你对此是无能为力的。

这些步骤是根据有效性粗略排序的。添加内存、换用 SSD、跨多个服务器均衡流量通常会使性能产生巨大的差异。其他措施的有效性从明显到无。

分析和优化软件数据结构和算法几乎总是能够立竿见影。除非你拥有大量的本地软件，否则这种层面的规划设计通常不是你能控制的。

29.3 影响性能的因素

所感知到的性能是由系统资源的基本能力和这些资源的分配效率及共享效率决定的。“资源”（resource）一词的确切含义相当模糊。诸如 CPU 芯片中的缓存上下文和内存控制器的地址表项都可以称之为资源。但是，大致上来说，只有以下 4 种资源能够明显影响到性能。

- CPU 利用率（以及窃取 CPU 周期，参见 29.4 节）。
- 内存。
- 存储 I/O。
- 网络 I/O。

如果所有的活跃进程得到各自所需的资源之后，还有剩余资源可用，那么系统的性能表现就不会差。

如果没有足够的资源可供分配，进程就只能排队轮着来了。没法立即访问其所需资源的进程不得不无所事事地干等着。所花费的等待时间是性能下降的基本衡量标准之一。

从历史上看，CPU 利用率是最容易测量的资源之一，因为始终可以获得恒定的处理能力。如今，一些虚拟化或云环境可以更为动态地分配 CPU。使用超过 90%的已分配 CPU 的进程完全受到 CPU 的限制，基本上消耗了系统所有可用算力。

很多人以为 CPU 资源是影响系统整体性能的最重要因素。如果其他资源或某些类型的应用（例如，数值模拟）不限量，更快的 CPU（或更多的 CPU 处理核心）的确效果显著。但在现实世界中，CPU 其实相对而言并不重要。

磁盘带宽是一处常见的瓶颈。传统硬盘属于机械系统，它要花费很多的时间（毫秒级）来定位磁盘块，载入其内容，然后唤醒等待数据的进程。这种程度的延迟会掩盖导致性能下降的其他原因。每次磁盘访问都会造成数百万条 CPU 指令停滞。你可以使用固态盘来解决这个问题。

由于虚拟内存，如果物理内存供不应求，那么磁盘带宽和内存就产生了直接的联系。物理内存匮乏往往会导致内存页面被写入磁盘，这样就能收回内存，另作他用。在这种情况下，使用内存的代价和使用磁盘一样昂贵。当性能是重要考量时，避开此陷阱。确保所有系统都配备充足的内存。

网络带宽在很多方面都和磁盘带宽类似，因为牵扯到网络通信延迟。但是，网络的非典型性在于其涉及的是整个通信，而非单台计算机。带宽也特别容易受到硬件问题和服务器过载的影响。

29.4 窃取 CPU 周期

云（以及虚拟化）的承诺是服务器可以拥有取之不尽的资源。事实上，这种福利是通过障眼法创造出来的。即便是在大规模虚拟化环境中，资源争夺也会对虚拟服务器的性能造成无法忽视的影响。

CPU 是最常受影响的资源。有两种方法可以从虚拟机中窃取 CPU 周期。

- 运行 VM 的 hypervisor 根据你所签订的 CPU 算力合约，强制执行 CPU 配额。算力短缺的问题，可以通过在 hypervisor 层面分配更多资源或从云供应商处购买规模更大的实例来解决。
- 物理硬件可以超额认购（oversubscribed），那就意味着没有足够可用的物理 CPU 周期来满足所有 VM 实例的当前需要，哪怕是这些实例可能都尚未达到配额限制。在云供应商那里，解决这个问题的方法很简单：重启实例，为其重新分配新的物理硬件。对于你自己的数据中心，解决方法可能需要使用更多资源升级虚拟化环境。

尽管运行在虚拟化平台上的任何操作系统都可能发生 CPU 窃取（CPU stealing），但在 Linux 中，你可以通过 top、vmstat、mpstat 命令的 st（stolen）指标部分观察这一现象。

下面的示例取自 top 命令。

```
top - 18:36:42 up 3 days, 18:03,  1 user,  load average: 3.40, 2.25, 2.08
Tasks: 218 total,   4 running, 217 sleeping,   0 stopped,   0 zombie
%Cpu: 41.6 us, 42.2 sy, 0.0 ni, 0.0 id, 0.0 wa, 0.0 hi, 0.0 si, 16.2 st
```

在这个例子中，在 16.2%的时间里，系统万事俱备，可以投入工作，但因为 CPU 被 hypervisor 从 VM 中转移走了，所以什么都做不了。花费在等待上的时间直接就转化成了降低的吞吐量。仔细监控虚拟服务器上的这个指标，确保工作负载不会在无意中没有 CPU 可用。

29.5 分析性能问题

在复杂系统中，很难把性能问题隔离出来。作为系统管理员，你经常会收到一些问题报告，提出特定的原因或修复方法（例如，Web 服务器慢如龟速就是因为所有这些该死的 AJAX 调用）。

注意这种信息，但别认为这就是准确或可靠的，自己亲自动手调查。

严谨、透明地运用科学方法有助于你得出自己和所在组织中其他人员都能依赖的结论。这种方法可以让他人评估你的结果，提高你的可信度，增加你所建议的改动修复问题的可能性。

“科学化”并非意味着你要自己去采集所有的相关数据。外部信息往往能帮上大忙。别去做实验，把大量的时间花费在那些可以在 FAQ 中轻松找到答案的问题上。

我们建议遵循以下 5 个步骤。

（1）形成问题。在已定义好的功能区域提出具体问题，或是陈述你正在考虑的暂定结论或建议。对于技术类型、涉及的组件、正在考虑的替代方案，以及感兴趣的结果一定要具体说明。

（2）采集并分类证据。系统地搜索文档、知识库、已知问题、博客、白皮书、论坛，以及其他资源，找出与问题相关的外部证据。在你自己的系统上，捕获遥测数据，在有必要或可能的情况下，为特定的系统和感兴趣的应用领域配备仪器。

（3）批判性地评价数据。检查各个数据源的相关性并对其有效性进行批判。抽象出关键信息，注意来源的质量。

（4）以描述性和图形化的方式总结证据。将从多个来源处获得的发现综合成叙述性摘要，如果可能的话，加上图形化描述。在数字形式上看起来模棱两可的数据在绘制图表后，往往会变得一锤定音。

（5）形成总结陈述。准确地陈述结论（也就是回答你的问题）。给支持你结论的证据打个分数，表明其整体优势或不足。

29.6 检查系统性能

让我们看一些特定的工具和值得注意的地方。在动手测量之前，你要知道需要观察什么。

29.6.1 盘点设备

开始查询前先准备好自己的（物理或虚拟）硬件清单，尤其是 CPU 和内存资源。该清单有助于解释其他工具给出的信息，可以帮助你设置符合现实期望的性能上限。

在 Linux 系统中，在/proc 文件系统中可以找出操作系统所识别的硬件概况。（更详细的硬件信息可以在/sys 中找到，参见表 11.2。）表 29.1 列出了一些关键文件。关于/proc 的一般性信息参见 4.6 节。

表 29.1 Linux 中的硬件信息来源

文件	内容
/proc/cpuinfo	CPU 类型和描述
/proc/meminfo	内存大小和使用情况
/proc/diskstats	磁盘设备和使用统计

/proc/cpuinfo 中有 4 行内容可以帮助你识别系统究竟使用的是什么样的 CPU：vendor_id、cpu family、model、model name。其中一些取值的含义晦涩难懂，最好在网上查一下具体解释。

/proc/cpuinfo 中包含的具体信息视系统和处理器而定，下面给出一个代表性的示例。

```
$ cat /proc/cpuinfo
processor       : 0
vendor_id       : GenuineIntel
cpu family      : 6
```

```
model           : 15
model name      : Intel(R) Xeon(R) CPU E5310 @ 1.60GHz
stepping        : 11
cpu MHz         : 1600.003
cache size      : 4096 KB
physical id     : 0
cpu cores       : 2
siblings        : 2
...
```

操作系统所识别的每一个处理器核心在该文件中都有相应的条目。数据根据内核版本的不同略有差异。processor 的值唯一标识了每个核心。physical id 的值对于每个 CPU 插座（socket）都是唯一的，而 CPU 插座中的每个核心的 core id 值（上例中未显示）也是唯一的。支持超线程（复制 CPU 上下文，但不复制其他处理特性）的核心由 flags 字段中的 ht 标识（上例中未显示）。如果在实际中使用了超线程，则每个核心的 siblings 字段会显示特定核心上可用的上下文数量。

另一个可以在 FreeBSD 和 Linux 生成硬件信息的命令是 dmidecode。该命令会转储系统的桌面管理接口（Desktop Management Interface，DMI，也称为 SMBIOS）数据。最有用的选项是-t type，表 29.2 显示了有效的 type。

表 29.2　　dmidecode -t 的 type 取值

值	描述
1	系统信息
2	主板信息
3	机箱信息
4	处理器信息
7	缓存信息
8	端口连接器信息
9	系统插槽信息
11	OEM 字符串
12	系统配置选项
13	BIOS 语言信息
16	物理内存阵列（array）
17	内存设备
19	内存阵列映射地址
32	系统引导信息
38	IPMI 设备信息

下面的示例显示了典型的信息。

```
$ sudo dmidecode -t 4
# dmidecode 2.11
SMBIOS 2.2 present.

Handle 0x0004, DMI type 4, 32 bytes.
Processor Information
    Socket Designation: PGA 370
    Type: Central Processor
    Family: Celeron
    Manufacturer: GenuineIntel
    ID: 65 06 00 00 FF F9 83 01
```

```
Signature: Type 0, Family 6, Model 6, Stepping 5
...
```

网络配置信息分散在系统各处。各个已配置接口的 IP 和 MAC 信息的最佳来源是 ifconfig -a（FreeBSD）和 ip a（Linux）。

29.6.2 采集性能数据

多数性能分析工具都可以告诉你特定时间点上都发生了什么。但是，负载值及其特点在全天里可能是不一样的。确保在采取行动之前采集代表性数据。只有通过长期的（一个月或更长时间）数据收集，最佳的系统性能信息才会变得清晰。在使用高峰期采集数据尤为重要。通常只有机器处于高负载时，才能发现资源限制和系统错误配置。有关数据采集和分析的更多信息，参见第 28 章。

29.6.3 分析 CPU 使用情况

你想采集的 CPU 数据可能有 3 种：整体利用率、平均负载、每个进程的 CPU 占用。整体利用率能够帮助识别系统的瓶颈是否就是 CPU 速度本身。平均负载刻画了系统的整体性能。每个进程的 CPU 占用数据可以找出贪婪攫取资源的特定进程。

你可以使用 vmstat 命令获得汇总信息。vmstat 接受两个参数：监控系统多少秒之后输出一行信息、要输出的报告数量。如果你不想指定后者，vmstat 会一直运行，直到你按下<Control-C>。例如：

```
$ vmstat 5 5
procs -----------memory----------- -swap- ---io-- -system-- ---cpu---
 r b  swpd    free   buff  cache  si  so   bi bo    in   cs  us sy id wa
 1 0   820 2606356 428776 487092   0   0 4741 65  1063 4857  25  1 73  0
 1 0   820 2570324 428812 510196   0   0 4613 11  1054 4732  25  1 74  0
 1 0   820 2539028 428852 535636   0   0 5099 13  1057 5219  90  1  9  0
 1 0   820 2472340 428920 581588   0   0 4536 10  1056 4686  87  3 10  0
 3 0   820 2440276 428960 605728   0   0 4818 21  1060 4943  20  3 77  0
```

尽管具体的各列随系统不尽相同，不过 CPU 利用率统计在各个平台之间还是颇为一致的。用户时间、系统（内核）时间、空闲时间、I/O 等待时间分别位于最右侧的 us、sy、id、wa 列。如果 us 列的数值较大，通常表明计算量大；如果 sy 列的数值较大，则表明进程发出了大量的系统调用或是在进行大量的 I/O 操作。

对于通用计算服务器，有一条已经为我们良好服务多年的经验法则：系统应把约 50%的非空闲时间用于用户空间，50%用于系统空间；整体的空闲百分比应该不为零。

如果你专门将服务器用于单一的 CPU 密集型应用，那么大部分时间应该花费在用户空间。

cs 列显示了每个时间间隔内的上下文切换（即内核更改所运行进程的次数）。每个时间间隔内的中断数（通常由硬件设备或内核组件生成）显示在 in 列中。极高的 cs 或 in 值通常表示硬件设备工作不当或配置错误。其他列可以帮助分析内存和磁盘，我们留待本章后续部分讨论。

CPU 统计信息的长期平均值可让你确定 CPU 的算力是否够用。如果 CPU 经常在部分时间里处于空闲状态，也就意味着有多余的运算周期。去升级更快的 CPU 对系统的整体吞吐量并不会有多少效果，尽管可能会提高个别操作的速度。

就像你在这个例子中看到的，CPU 通常会在繁忙和空闲之间来回变化。因此，务必将这些数字解读为一段时期内的平均值。监控的间隔越短，结果越不一致。

对于多处理器机器，大多数工具描述的是所有处理器上的统计平均值。在 Linux 中，mpstat 命令会为各个处理器生成类似于 vmstat 的输出结果。-P 选项允许指定为哪个处理器生成报告。

mpstat 有助于调试支持对称多处理的软件。了解系统是如何高效（低效）的使用多处理器也能有所启发。下面的示例中显示了4个处理器的各自状态。

```
linux$ mpstat -P ALL
08:13:38 PM CPU %user %nice %sys %iowait %irq %soft %idle intr/s
08:13:38 PM   0  1.02  0.00 0.49    1.29 0.04  0.38 96.79 473.93
08:13:38 PM   1  0.28  0.00 0.22    0.71 0.00  0.01 98.76 232.86
08:13:38 PM   2  0.42  0.00 0.36    1.32 0.00  0.05 97.84 293.85
08:13:38 PM   3  0.38  0.00 0.30    0.94 0.01  0.05 98.32 295.02
```

只有单个用户的工作站，其CPU在大部分时间里都是空闲的。当你渲染Web页面或切换窗口时，CPU在短时间内会很繁忙。在这种情况下，有关CPU的长期平均使用情况是没什么意义的。

第二个有助于描述系统负担的CPU统计信息是“平均负载”，该指标说明了可运行进程的平均数量。它可以让你很好地了解到CPU这块大饼被划分成了多少份。uptime命令能够得到平均负载。

```
$ uptime
11:10am up 34 days, 18:42, 5 users, load average: 0.95, 0.38, 0.31
```

输出的3个值分别对应于1分钟、5分钟、15分钟内的平均负载。一般来说，平均负载越高，系统的总体性能就变得越重要。如果只有一个可运行的进程，该进程往往只会受到单一资源的限制（通常是磁盘带宽或CPU）。对该资源的峰值需求就成为了性能的决定性因素。

当多个进程共享系统时，负载未必会平均分布。如果系统上的进程都消耗了CPU、磁盘和内存，则单一资源的限制不大可能会决定系统的性能。在这种情况下，最重要的是要考虑平均消耗，例如总的CPU利用率。

系统的平均负载是一个非常好的指标，可以作为系统基准的一部分进行跟踪。如果你知道正常情况下的系统平均负载，并且出问题时的平均负载也处于相同的范围内，这就暗示了你应该在别的地方（例如，网络）查找性能问题。高于预期基准的平均负载说明你应该看看运行在系统上的进程。

另一种查看CPU使用情况的方法是运行ps -aux，从中能看到每个进程占用了多少CPU。通常在繁忙的系统中，至少有70%的CPU是被一两个进程占用的。推迟执行这些CPU占用大户或者降低其优先级，使CPU更多地用于其他进程。

一个不错的程序叫作top，可以代替ps。它可以呈现和ps一样的信息，但是以定期实时更新的形式显示系统状态。①

29.6.4 理解系统管理内存的方式

内核以页面为单位管理内存，页面大小通常为4 KiB或更大。内核根据进程请求的内存来分配虚拟页面。每个虚拟页面都会被映射到真实存储，要么是内存，要么是磁盘上的“支持存储”（backing store）。内核使用“页表”来跟踪虚拟页面和真实的内存页面之间的映射。

通过交换空间扩大真实内存，进程申请多少内存，内核就可以为其分配多少。因为进程希望自己的虚拟页面被映射入真实内存，随着访问不同的页面，内核可能得不停地在内存和交换空间之间来回移动页面。这种活动被称为分页（paging）。②

内核尝试管理系统内存，以便最近访问过的页面能够保留在内存中，将较少活动的页面换出到磁盘上。这种方案被称为LRU（Least Recently Used）系统，因为最近最少用到的页面会被转移到磁盘。

---

① 过于频繁地刷新top的输出本身也会占用大量的CPU，所以使用top时要审慎。

② 很久以前，第二个过程叫作“交换”（swapping），该过程发生时，进程所有的页面都会被同时换出到磁盘上。如今，不管在任何情况下，使用的都是按需分页（demand paging）。

如果内核跟踪所有的内存引用，那效率就太低了，所以它使用了一种类似于缓存的算法来决定将哪个页面保留在内存中。具体的算法视系统而异，但是其概念都差不多。这种方式的成本要比 LRU 更低，但效果相当。

当内存不足时，内核尝试猜测在非活跃列表中的哪些页面最近用到得最少。如果这些页面被进程修改过，则被视为“脏页”，在重用其所占用的内存之前必须换出到磁盘上。使用这种方式清洗过的页面（或者一开始就不是脏页）就是“干净的”，可以被回收重用。

当进程引用到位于非活跃列表中的页面时，内核将该页面的内存映射返回给页表，重置页面的寿命，将页面从非活跃列表放入活跃列表。如果内存中的页面被重新映射，在将其重新激活之前，必须将已写入磁盘的页面换入内存。如果进程引用了内存中的非活跃页面，则会出现“软故障”（soft fault）；如果引用了不在内存中的（已换出）页面，那就是“硬故障”（hard fault）。换句话说，硬故障需要从磁盘中读入页面，而软故障不用。

内核尝试走在系统内存需求之前，故运行进程的页面换出和页面分配之间未必一一对应。系统的目标是保持足够的空闲内存，这样进程就不必在每次申请分配内存时等待页面换出。如果分页操作在系统繁忙时剧增，那么内存越大越好。

你可以调校内核的“swappiness”参数（/proc/sys/vm/swappiness），告诉内核如何在交换空间所支持的页面（swap-backed）和文件所支持的页面（file-backed）之间进行平衡。如果将 swappiness 设置为 0，会强制完全回收文件所支持的页面。设置为 100 的话，则在两者之间取得一种均衡效果。在默认情况下，swappiness 参数取值为 60。（如果你想修改该参数，可能说明该去为系统多买点内存了。）

如果内核无法回收页面，Linux 采用一种叫作“out-of-memory killer”（OOM killer）的机制来处理这种情况。它选择并杀死某个进程来释放内存。尽管内核会尝试系统中最不重要的用户进程，但内存不足总不是什么好事，应该尽可能避免。在这种情况下，有可能相当一部分系统资源被用于内存管理（memory housekeeping），而不是有用的工作。

29.6.5 分析内存使用情况

有两个数字可以总结内存活动：活跃的虚拟内存总量和当前分页率。第一个数字告诉你内存的总需求量，第二个数字说明处于活跃使用状态的内存比例。你的目标是减少活动或增加内存，直到分页保持在可接受的水平。偶尔出现的分页不可避免，别试图完全消除它。

运行 swapon -s，确定当前使用的分页（交换）空间的总量。

```
linux$ swapon -s
Filename     Type       Size     Used  Priority
/dev/hdb1    partition  4096532  0     -1
/dev/hda2    partition  4096564  0     -2
```

swapon 以 KiB 为单位报告使用情况。这些程序所引用的大小并不包括核心内存（core memory）的内容，你必须自己计算虚拟内存的总量。

$$虚拟内存 = 真实内存大小 + 已使用的交换空间总量$$

在 FreeBSD 系统，使用 vmstat 获得的分页统计类似于下面这样。

```
freebsd$ vmstat 5 5
procs  memory        page                      disks      faults
r b w  avm   fre    flt  re  pi  po    fr   sr da0 cd0    in    sy
0 0 0 412M  1.8G     97   0   1   0   200    6   0   0    51   359
2 0 0 412M  1.8G      1   0   0   0     0    7   0   0     5    27
2 0 0 412M  1.8G      0   0   0   0     0    7   0   0     4    25
```

```
1 0 0 412M  1.8G     0   0   0    0   6   0   0    4    25
0 0 0 412M  1.8G     0   0   0    0   7   0   0    6    26
```

例子中已经移除了 CPU 信息。在 procs 标题下分别显示的是立刻可运行的进程、阻塞在 I/O 上的进程，以及已被交换的可运行进程的数量。如果 w 列出现过非零值，说明相较于当前负载，系统内存数量有可能已经不足了。

在 memory 标题下，你可以看到活跃虚拟内存（avm）、空闲虚拟内存（fre）。page 标题下的数据列给出了分页活动的相关信息。所有列中的数值都是每秒的平均值。表 29.3 显示了各列的含义。

表 29.3　　解读 FreeBSD 的 vmstat 分页统计

列	含义
flt	页面故障总数
re	回收的页面数量（从空闲列表中获取）
pi	换入的页面数量
po	换出的页面数量
fr	空闲列表中的页面数量
sr	时钟算法扫描的页面数量

在 Linux 系统中，使用 vmstat 获得的分页统计类似于下面这样。

```
linux$ vmstat 5 5
procs ---------memory-------- -swap- ---io-- -system-  -----cpu------
 r b  swpd  free  buff  cache si   so  bi   bo   in  cs  us  sy id wa st
 5 0     0 66488 40328 597972 0     0 252   45 1042 278   3   4 93  1  0
 0 0     0 66364 40336 597972 0     0   0   37 1009 264   0   1 98  0  0
 0 0     0 66364 40344 597972 0     0   0    5 1011 252   1   1 98  0  0
 0 0     0 66364 40352 597972 0     0   0    3 1020 311   1   1 98  0  0
 0 0     0 66364 40360 597972 0     0   0   21 1067 507   1   3 96  0  0
```

和 FreeBSD 的输出一样，立刻可运行的进程和阻塞在 I/O 上的进程数量都显示在 procs 标题下面。分页统计被压缩了两列：si 和 so，分别代表换入页面数和换出页面数。

任何内存相关的数据列之间出现的明显不一致多半是错觉。有些列统计页数，有些列统计 KiB。所有值均为舍入均值。此外，一些是标量平均值，另一些是平均增量（average deltas）。

使用 si 和 so 字段评估系统的交换行为。页面换入（si）代表页面从交换区域中恢复。页面换出（so）代表被内核强行逐出之后写入交换区域的数据。

如果系统持续不断地换出页面，增加更多的物理内存有助于提高性能。但要是分页只是偶有发生，并未造成恼人的卡顿或招致用户的抱怨，那就不用管了。如果你的系统不属于这两种情况，如何进一步分析取决于你是在尝试优化交互性性能（例如，工作站）还是为了优化类似于服务器的负载。

29.6.6　分析磁盘 I/O

你可以使用 iostat 命令监控磁盘性能。和 vmstat 一样，该命令接受可选的参数以指定间隔秒数和重复次数，其输出的第一行是自引导之时开始的汇总。iostat 在 Linux 上的输出类似于下面这样。

```
linux$ iostat
...
Device:       tps  kB_read/s  kB_wrtn/s  kB_read  kB_wrtn
```

```
sda          0.41        8.20        1.39     810865   137476
dm-0         0.39        7.87        1.27     778168   125776
dm-1         0.02        0.03        0.04       3220     3964
dm-2         0.01        0.23        0.06      22828     5652
```

每块硬盘都有 tps、kB_read/s、kB_wrtn/s、kB_read、kB_wrtn 这些列，分别表示每秒的传输量、每秒读取了多少 KiB、每秒写入了多少 KiB、总共读取了多少 KiB、总共写入了多少 KiB。

寻道时间是影响机械硬盘性能的最重要因素。大致来说，盘片的旋转速度和硬盘所连接的总线速度所带来的影响相对可以不计。现代机械硬盘在读取连续扇区时，数据传输量每秒钟能够达到数百 MB，但是每秒钟只能完成 100～300 次寻道。如果每次寻道传输一个扇区，吞吐量轻而易举地就会跌破峰值的 5%。SSD 与其机械前辈相比具有明显的优势，因为它们的性能与盘片旋转或磁头移动无关。

不管你用的是机械硬盘还是 SSD，都应该把用到的文件系统分别放在不同的磁盘上，以最大限度地提高性能。虽然总线架构和设备驱动程序会对效率有影响，但大多数计算机可以独立地管理多块磁盘，从而提高吞吐量。例如，把频繁被访问的 Web 服务器数据和 Web 服务器日志分离到不同的磁盘上，这种做法通常值得一试。

如果可能的话，将分页（交换）区域分散到多块磁盘上尤为重要，因为分页操作往往会拖慢整个系统。很多系统可以使用专门的交换分区和位于已格式化文件系统上的交换文件。

lsof 命令（列出打开的文件）和 fuser 命令（显示使用某个文件系统的进程）都有助于隔离磁盘 I/O 性能问题。这些命令能够显示出进程和文件系统之间的交互，其中有些也许并不如你所愿。例如，如果应用向某个设备写入日志，而该设备也用于数据库日志，那么可能会产生磁盘瓶颈。

29.6.7 fio：测试存储子系统性能

fio 能够测试存储子系统的性能，可用于 Linux 和 FreeBSD。它在部署了共享存储资源（例如 SAN）的大型环境中尤其有用。如果你关心存储性能，确定下列内容的定量值往往很有价值。

- 每秒 I/O 操作（I/O Operations Per Second，IOPS）的吞吐量（读、写、混合）。
- 平均延迟（读和写）。
- 最大延迟（读延迟或写延迟的峰值）。

作为 fio 的一部分，这些常见测试的配置文件 config（.fio）包含在 examples 子目录中。下面是一个简单的读/写测试的例子。

```
$ fio read-write.fio
ReadWriteTest: (g=0): rw=rw, bs=4K-4K/4K-4K/4K-4K, eng=posixaio, depth=1
fio-2.18
Starting 1 thread
Jobs: 1 (f=1): [M] [100.0% done] [110.3MB/112.1MB/0KB /s]
    [22.1K/28.4K/0 iops] [eta 00m:00s]
  read : io=1024.7MB, bw=91326KB/s, iops=20601, runt= 9213msec
    slat (usec): min=0, max=73, avg= 2.30, stdev= 0.23
    clat (usec): min=0, max=2214, avg=20.30, stdev=101.20
     lat (usec): min=5, max=2116, avg=22.21, stdev=101.21
    clat percentiles (usec):
    |  1.00th=[    4],  5.00th=[    6], 10.00th=[    7], 20.00th=[    7],
    | 30.00th=[    6], 40.00th=[    7], 50.00th=[    7], 60.00th=[    7],
    | 70.00th=[    8], 80.00th=[    8], 90.00th=[    8], 95.00th=[   10],
    | 99.00th=[  668], 99.50th=[ 1096], 99.90th=[ 1208], 99.95th=[ 1208],
    | 99.99th=[ 1256]
...
   READ: io=1024.7MB, aggrb=91326KB/s, minb=91326B/s, maxb=91326KB/s,
```

```
          mint=10671msec, maxt=10671msec
  WRITE: io=1023.4MB, aggrb=98202KB/s, minb=98202KB/s, maxb=98202KB/s,
          mint=10671msec, maxt=10671msec
```

和众多性能相关的指标一样，这些测试都没有什么普适的正确值。最后是建立一套基准，调整，再测试。

29.6.8　sar：随时间采集和报告统计数据

sar 命令是一款性能监控工具，尽管其命令行语法多少有些晦涩，但历经了多个 UNIX 和 Linux 时代，仍屹立不倒。该命令最初源于早期的 AT&T UNIX。

乍一看，sar 显示的大部分信息似乎和 vmstat 和 iostat 差不多。但是，有一处重要的不同：除了当前数据，sar 还可以报告历史数据。

如果不使用选项，sar 命令会从午夜，每隔 10 分钟报告当天的 CPU 利用率，如下所示。可以通过 sal 脚本实现该历史数据采集，这个脚本是 sar 工具集的一部分，必须通过 cron 定期运行。sar 将采集到的数据以二进制格式保存在/var/log 目录下。

```
linux$ sar
Linux 4.4.0-66-generic (nuerbull)   03/19/17   _x86_64_   (4 CPU)
19:10:01  CPU    %user  %nice  %system  %iowait  %steal  %idle
19:12:01  all     0.02   0.00     0.01     0.00    0.00  99.97
19:14:01  all     0.01   0.00     0.01     0.00    0.00  99.98
```

除了 CPU 信息，sar 还会报告诸如磁盘和网络活动的指标。sar -d 或 sar -n DEV 可以生成当天的磁盘活动或网络接口统计汇总。sar -A 会报告所有的可用信息。

sar 有一些局限，但如果用于获得应急的历史信息，还算不错。要是你认真考虑进行长期的性能监控，我们建议你搭建 Grafana 等数据采集和绘制平台。

29.6.9　选择 Linux I/O 调度器

Linux 系统使用 I/O 调度算法在竞争磁盘 I/O 操作的进程之间进行调解。I/O 调度器调整磁盘请求的顺序和时机，尽可能为应用或某些场景实现最佳的 I/O 整体性能。

当前的 Linux 内核有 3 种可用的调度算法。

- 完全公平队列（completely fair queuing）：这是默认的调度算法，通常最适合于机械硬盘或通用服务器。它尝试平均分配 I/O 带宽访问。（如果不出意外，该算法铁定能获得市场销售奖：谁会对一个完全公平的调度器说 no？）
- Deadline：该算法试图最小化每个请求的延迟。它会对请求进行重新排序，以提高性能。
- NOOP：该算法实现了一个简单的 FIFO 队列。它假设 I/O 请求已经被驱动程序优化或重新排序过了，或者随后会被驱动程序优化或重新排序（智能化的控制器是这么做的）。这可能最适合于某些 SAN 环境以及 SSD（因为 SSD 的检索延迟是固定的）。

你可以通过文件/sys/block/disk/queue/scheduler 查看或设置特定设备所使用的调度器。中括号内的是正在使用的调度器。

```
$ cat /sys/block/sda/queue/scheduler
noop deadline [cfq]
$ sudo sh -c "echo noop > /sys/block/sda/queue/scheduler"
$ cat /sys/block/sda/queue/scheduler
[noop] deadline cfq
```

通过确定哪种调度算法最适合运行环境（你可能需要对每个调度程序进行测试），我们可以有效提高 I/O 性能。

遗憾的是，用这种方式设置的调度算法重启之后无法保持。你可以使用内核参数 elevator=algorithm 在引导时为所有设备设置。该配置通常在 GRUB 引导加载程序的配置文件 grub.conf 中设置。

29.6.10 perf：详细分析 Linux 系统性能

Linux 内核 2.6 以上版本中包含了一个 perf_event 接口，允许在用户级访问内核的性能指标事件流（performance metric event stream）。perf 命令是一个功能强大的集成系统分析器，能够读取和分析事件流中的信息。系统的所有组件都在其分析范围之内：硬件、内核模块、内核本身、共享库，以及各种应用。

在使用 perf 之前，你要获得完整的 linux-tools 软件包。

```
$ sudo apt-get install linux-tools-common linux-tools-generic
    linux-tools-`uname -r`
```

安装好之后，阅读教程（goo.gl/f88mt），了解其中的示例和用例。（该链接深藏在 perf.wiki.kernel.org 之中。）

最快的上手方法是试试 perf top，它能够以类似 top 的方式显示出系统范围的 CPU 使用情况。当然了，下面的简单示例仅仅是展示了 perf 功能的皮毛而已。

```
$ sudo perf top
Samples: 161K of event 'cpu-clock', Event count (approx.): 21695432426
Overhead Shared Object                    Symbol
   4.63% [kernel]                         [k] 0x00007fff8183d3b5
   2.15% [kernel]                         [k] finish_task_switch
   2.04% [kernel]                         [k] entry_SYSCALL_64_after_swapgs
   2.03% [kernel]                         [k] str2hashbuf_signed
   2.00% [kernel]                         [k] half_md4_transform
   1.44% find                             [.] 0x000000000016a01
   1.41% [kernel]                         [k] ext4_htree_store_dirent
   1.21% libc-2.23.so                     [.] strlen
   1.19% [kernel]                         [k] __d_lookup_rcu
   1.14% find                             [.] 0x00000000000169f0
   1.12% [kernel]                         [k] copy_user_generic_unrolled
   1.06% [kernel]                         [k] kfree
   1.06% [kernel]                         [k] _raw_spin_lock
   1.03% find                             [.] 0x00000000000169fa
   1.01% find                             [.] 0x0000000000016a05
   0.86% find                             [.] fts_read
   0.73% [kernel]                         [k] __kmalloc
   0.71% [kernel]                         [k] ext4_readdir
   0.69% libc-2.23.so                     [.] malloc
   0.65% libc-2.23.so                     [.] fcntl
   0.64% [kernel]                         [k] __ext4_check_dir_entry
```

Overhead 列显示了在进行采样期间，相应函数所占用的 CPU 时间百分比。Shared Object 列是函数所在的组件（例如，内核）、共享库或进程，Symbol 列是函数的名称（在未剥离符号信息的情况下）。

29.7 救命！我的服务器实在是太慢了

在先前部分中，我们主要讨论了与系统平均性能相关的问题。这些长期问题的解决方案通常采用配置调整或升级的形式。

但是，你会发现即便是配置正确的系统有时也会比往常更迟钝。好在瞬态问题（transient problem）往往不难诊断。大部分时候，都是由贪婪的进程引发的，这种进程消耗了大量的 CPU 算力、磁盘或是网络带宽，影响了其他进程。有时，恶意进程会吞食可用资源，故意拖慢系统或网络的速度，这也被称为“拒绝服务”（Denial Of Service，DOS）攻击。

诊断的第一步是运行 ps auxww 或 top，查找失控进程。CPU 占用率超过 50%的进程都可能有问题。如果没有哪个进程过度占用 CPU，那就看看有多少进程的 CPU 占用率至少达到了 10%。如果发现了两三个（不包括 ps 本身），平均负载有可能也会很高。这就是性能不佳的原因。使用 uptime 检查平均负载，使用 vmstat 或 top 检查 CPU 是否空闲。

如果没有明显的 CPU 竞争，运行 vmstat，查看分页的情况。所有的磁盘活动都值得注意：大量的页面换出可能说明内存不足，在没有分页的情况下出现的磁盘流量也许意味着某个进程不断地在读取或写入文件，霸占着磁盘。

没有直接的方法能够将磁盘操作和进程联系在一起，但是 ps 能够缩小怀疑对象的范围。只要产生磁盘流量的进程必然要占用一定的 CPU 时间。通常你可以就哪个进程才是真正的元凶展开一番有理有据的猜测。①使用 kill -STOP 暂停进程并检验你的理论。

假设你发现了某个进程有问题，那接下来该怎么办？通常来说，什么都不干。有些操作就是需要大量的资源，注定会拖慢系统。这未必意味着这种进程是不合法的。不过有时候，对于那些 CPU 密集型的冒失进程，使用 renice 降低其优先级也是有帮助的。

有时候，经过调校后的应用能够显著降低程序对于 CPU 资源的需求。对于自定义的网络服务器软件（例如 Web 应用），这种效果可谓立竿见影。

那些贪婪攫取磁盘或内存的进程通常没那么容易搞定。renice 一般也无济于事。你可以选择杀死或停止这种进程，但如果局面尚不足以构成紧急事件的话，我们不建议你这么做。和 CPU 占用大户一样，你可以采用一种低技术含量的做法：要求所有者晚些再运行该进程。

Linux 可以使用 ionice 命令方便地处理消耗过多磁盘带宽的进程。该命令设置进程的 I/O 调度类别，至少有一个可用的类别支持数字化 I/O 优先级（也可以通过 ionice 设置）。最有用的调用是 ionice -c 3 -p pid，它允许命名进程仅在没有其他进程想要执行 I/O 的情况下才这么做。记住，别忘了。

内核允许进程通过调用 setrlimit 系统来限制自身对物理内存的使用。②通过内置的 ulimit 命令（FreeBSD 上的 limits），shell 中也可以实现该功能。例如，下列命令使得用户随后运行的所有命令都只能使用 32 MB 的物理内存。

```
$ ulimit -m 32000000
```

该特性大致相当于内存密集型进程的 renice。

如果系统性能不佳看来并非是失控进程造成的。那么，调查另外两个可能的原因。第一个是网络过载。很多程序和网络紧紧地捆绑在一起，很难知道哪里影响到的是系统性能，哪里影响到的是网络性能。

有些网络过载问题很难诊断，因为这些问题来得快，去得也快。举例来说，如果网络上的所有机器在每天的特定时间通过 cron 运行与网络相关的程序，那么会经常出现短暂却又显著的故障。网上的每台机器都会挂起 5 s，然后问题就没了，和它出现时一样迅速。

---

① 大型虚拟地址空间或驻留集（resident set）曾经是一个值得怀疑的信号，但共享库降低了这些数字的用处。ps 并不是很擅长从各个进程的地址空间中分离出系统范围的共享库开销。许多进程看起来错误地拥有几十或数百 MB 的活动内存。

② 通过基于类别的内核资源管理功能可以实现更细粒度的资源管理。

服务器相关的延迟是性能危机的另一个可能原因。UNIX 和 Linux 会不断地查询 NFS、Kerberos、DNS 等远程服务器。如果服务器挂了或是出现了其他问题，使得与其通信的成本变得高昂起来，那么这种效应会通过客户端扩散开来。

例如，在繁忙的系统上，某些进程可能每隔几秒钟就会用到 gethostent 库例程。如果 DNS 故障使得该例程需要 2 s 才能完成，你可能会感觉到整体性能的差异。DNS 正反向查找方面的配置错误导致了数量惊人的服务器性能问题。

第 30 章　数据中心基础

服务所在的数据中心有多可靠，服务就有多可靠。[①]对于那些有亲身体验的人而言，这是基本的常识。

云计算的拥护者有时似乎在暗示云可以神奇地打破联结物理世界和虚拟世界的链条。尽管云供应商提供了各种有助于提高容错性和可用性的服务，但所有的云资源最终还是要归根于俗世中的某处。

搞清楚你的数据究竟居于何处，是身为系统管理员的一项重要职责。如果你参与选择第三方的云供应商，要量化评估厂商及其设施。你可能会发现自己所在的地方涉及安全、数据主权或政治问题，这迫使你建立和维护自有数据中心。

一个数据中心包括：

- 一个物理安全的空间；
- 放置计算机、连网设备、存储设备的机架；
- 足以供给安装设备运行的电力（和备用电源）；
- 制冷系统，使设备保持在其工作温度范围内；
- 覆盖数据中心内部以及到外部各处（企业网、合作伙伴、厂商、Internet）的网络连通性；
- 支持设备和基础设施的现场操作人员。

数据中心的某些方面，例如其物理布局、电力、制冷系统，在传统上由“设施”（facility）或“厂房”（physical plant）工作人员负责设计和维护。但是，IT 技术快速发展的脚步和对于停机时间的越来越低的容忍度，迫使 IT 和设施工作人员在数据中心的规划和运营方面不得不结为伙伴关系。

① 至少来说，大致如此。当然了，可以将服务分布在多个数据中心，从而限制某一个中心造成的故障影响。

30.1 机架

传统的高架地板（raised-floor）数据中心的时代——电源、冷却、网络连接、电信线缆全都隐藏在地板之下——已经结束了。你是否曾经在地板下的迷宫里试着找出一条线缆？我们的经验是，尽管透过玻璃看起来挺不错，但这种“经典”的高架地板机房其实就是一个隐藏的老鼠窝。如今，你应该使用高架地板隐藏电力供应、散布冷气，仅此而已。网络布线（铜缆和光纤）应该在头顶上专门为此目的设计的线槽里走线。[①]

在专门的数据中心里，将设备上架（而不是放在桌上或地板上）是唯一可维护的、专业的选择。最佳的放置方案是使用通过悬轨布线系统相连的机架。这种方法给人以难以抗拒的高科技感，同时也不会牺牲组织性或可维护性。

我们所知道最好的悬轨系统是 Chatsworth Products 生产的。使用标准的 19 英寸单轨电信机架就可以为导轨式服务器和机架式服务器构筑起安乐窝。如果你需要在设备前后附加机架构件，两个 19 英寸背对背式电信机架就可以搭建出具有高科技范儿的“传统”机架。Chatsworth 公司的产品包括机架、布线槽、线缆处理工具，以及在建筑中进行安装所需要的所有硬件。因为线缆都布在可见的线槽中，查线时很容易操作，你自然也愿意把线缆理得整整齐齐。

30.2 电力

可能需要制订一些策略来为数据中心提供洁净的、稳定的、可容错的电力。常见的选择有下面这些。

- 不间断电源（Uninterruptible Power Supplies，UPS）：在正常的长期电力来源（例如，商业电网）中断时，UPS 可以提供电力。根据大小和容量，UPS 能够在任何地方提供几分钟到数小时的电力供应。如果出现长期电力中断，单凭 UPS 是无法支撑一个站点的。
- 现场发电：如果商业电网不可用，现场的备用发电机能够提供长期电力。发电机通常以柴油、液化石油气或者天然气作为燃料，只要有燃料，就能支撑站点的电力。习惯上，至少要在现场保存够用 72 小时的燃料，而且要从多家供应商处购买。
- 冗余电力供应：在有些地方，有可能从商业电网获得多个电力供应（也许来自不同的电厂）。

不管在哪种情况下，服务器和网络基础设施至少要配备一个 UPS。好的 UPS 还有以太网或 USB 接口，可以连接到接受供电的机器或是能发送高层响应的集中式监控基础设施。有了这种连接，UPS 就能够警告计算机或操作人员电力出现故障，应该在电池耗尽之前，妥善关闭系统。

UPS 的大小和容量各不相同，但即便是最强的型号也无法提供长期备用电力。如果 UPS 无法满足机构运营需要的备用电力，那除了 UPS 之外，还得在本地加上一台发电机。

备用发电机的选择面很大，容量为 5 kW～2 500 kW。Cummins Onan 生产的发电机系列是这一行的黄金标准。大多数组织选用的燃料类型都是柴油。如果在寒冷地带，要么在油箱里添加“冬季混合柴油”，或者用 Jet A-1 航空燃料作为替代，以避免燃油凝结。柴油的化学性质稳定，但是会滋生藻类，所以要考虑在延期保存的柴油里加入除藻剂。

发电机及其支持装置价格不菲，但是它们在某些方面也能帮着省钱。如果你安装了备用发电机，那么 UPS 的容量只要能够覆盖从断电到发电机投入工作的这段短暂间隙就够了。

如果 UPS 或者发电机是电力策略的一部分，那么制订一个定期检测计划极为重要。我们建议

① 现在电力供应通常也是开销。

至少每 6 个月测试一次备用电力系统的所有部件。另外，你（或者你的供货商）至少每年都应该对备用电力部件进行预防性维护。

30.2.1 机架供电要求

规划数据中心供电不是件容易事。一般而言，每 10 年左右才有机会构建一个全新的数据中心（或者全面改造现有的数据中心）。所以在规划电力系统时，高瞻远瞩很重要。

大多数建筑师都倾向于使用数据中心的建筑面积乘以一个系数来得出所需的总用电量。这种方法在大多数实际案例中都是效率不高，因为仅凭数据中心的大小，几乎无法反映出最终可能容纳的设备类型。我们的建议是使用每机架功耗模型并忽略占地面积。

从前，数据中心的设计功率是每个机架 1.5 kW～3 kW。但是现在，服务器制造商已经开始将服务器压缩到 1U 的机架空间内，制造出的刀片服务器机箱可容纳 20 个以上的刀片，因此支持装满了现代设备的机架所需的电力直线上升。

解决功率密度问题的一种方法是在每个机架中仅放置少量的 1U 服务器，让机架其余的地方全都空着。虽然这种技术确实不用再为机架提供更多的电力，但在空间上造成了巨大的浪费。更好的策略是对每个机架可能需要的功率形成务实的估计并据此提供相应的电力。

设备的功率需求各不相同，很难准确预测以后会出现什么样的设备。一个好方法是创建一种功率分级系统，为特定级别中的所有机架分配相同的功率。该方案不仅有助于满足当前的设备需求，还能为未来的使用做好规划。表 30.1 概述了每一级的基本起点。

表 30.1 数据中心内机架的功率分级估算

功率级别	瓦/机架
极高密度或“定制”	40 kW
超高密度	25 kW
较高密度（例如，刀片服务器）	20 kW
高密度（例如，1U 服务器）	16 kW
存储设备	12 kW
网络交换设备	8 kW
普通密度	6 kW

定义好功率级别之后，就得估算每一级的机架。在规划地板时，把同级的机架放到一起。这种分区的方式集中了高功率机架，以便于规划相应的冷却资源。

30.2.2 kVA vs. kW

IT 人员、设施人员和 UPS 工程师之间存在很多常见的脱节，其中一处就是他们各自使用不同的功率。UPS 提供的功率通常标记为 kVA（千伏安）。但是，支持数据中心的计算机设备和电气工程师通常以瓦特（W）或千瓦（kW）表示功率。你大概还记得 4 年级科学课上学过“瓦数=电压 × 安培”。遗憾的是，你的 4 年级老师可能没有提到瓦特是一个向量，对于交流电而言，除电压和安培外还有一个“功率因数”（power factor，pf）。

如果你正在为啤酒厂设计一条灌装线，其中涉及大量电机和其他重型设备，请忽略本节内容，去雇用合格的工程师，由对方确定计算过程中该采用的正确功率因数。但是对于现代计算机设备，你可以做个弊，使用常数来实现 kVA 和 kW 之间“可能够用”的转换。

$$kVA = kW / 0.85$$

最后要注意的是，在估算数据中心所需的电量（或 UPS 的容量）时，应该测量设备的实际功耗，而不是依赖于制造商在设备铭牌上的标称值。标称值通常代表最大功耗，具有误导性。

30.2.3 能效

能效成为了评估数据中心的常用操作指标。业内已经将一种名为“电力使用效率”（Power Usage Effectiveness，PUE）的简单比率标准化，作为表示工厂整体效率的一种方式。

$$PUE = \frac{\text{设施消耗的电功率}}{\text{IT设施消耗的电功率}}$$

一个假想的、完美的数据中心，其 PUE 为 1.0，也就是说，它所消耗的电量正好等于 IT 设备所需的电量，没有额外的开销。当然，在现实中是无法达到这个目标的。设备产生的热量必须被驱散，操作人员需要照明和其他环境设施等。PUE 值越高，数据中心的运行能效越低（也更昂贵）。

拥有合理能效的现代数据中心，其 PUE 比率一般为 1.4 或更低。作为参考，10 年前的数据中心，典型的 PUE 比率范围为 2.0～3.0。Google 以能效为重点，定期发布其 PUE 比率，截至 2016 年，Google 数据中心的平均 PUE 已经达到了 1.12。

30.2.4 计量

你计量的就是你能得到的。如果你看重能效，那么重要的是要了解哪些设备消耗的能源最多。虽然 PUE 比率可以让你对非 IT 开销所消耗的能源数量有一个总体印象，但它几乎无法说明服务器的实际能效（事实上，更换具有更高能效模型的服务器并不会减少 PUE，而是增加。）

数据中心管理员可以选择功耗最少的组件。一种显而易见的促成技术是在通道、机架和设备层面计量功耗。选择或构建能够轻松提供这方面关键数据的数据中心。

30.2.5 成本

曾经，位于不同地点的数据中心的电力成本大致相同。但如今，超大规模云行业（Amazon、Google、Microsoft 等）让数据中心设计人员在世界各个角落搜寻潜在的成本效益。一个成功的策略是将大型数据中心安置在像水力发电厂这类廉价电力源附近。

在决定是否运营自己的数据中心时，务必将电力成本计入评估。大企业在运营（以及其他）方面可能具备固有的成本优势。面对广泛覆盖的光纤和可用带宽，将数据中心安置在团队附近的传统建议在很大程度已经过时了。

30.2.6 远程控制

由于内核或硬件故障，你可能偶尔会发现自己需要定期关闭再打开服务器的电源（power-cycle）。（或者，如果你的数据中心内有非 Linux 服务器的话，可能更容易出现此类问题。）不管是哪种情况，你都可以考虑安装一个允许你远程解决服务器循环加电问题的系统。

American Power Conversion（APC）推出了一套合理的解决方案。其远程可管理产品在概念上类似于配电板，只不过可以使用 Web 浏览器进行控制，通过内置的以太网接口进入配电装置。

30.3 冷却与环境

和人类一样，如果环境舒适，计算机的工作效率更高，寿命也更长。维持安全的操作温度是这种舒适性的前提之一。

美国采暖、制冷和空调工程师协会（American Society of Heating, Refrigerating and Air-conditioning Engineers，ASHRAE）传统上建议数据中心温度（在服务器入口处测得）在 68℉～77℉（20℃～25℃）之间。为了支持企业的节能减排，ASHRAE 在 2012 年发布了指导，建议将温度范围放宽到 64.4℉～80.6℉（18℃～27℃）。虽然这个范围看起来实在是宽泛，但它确实表明了如今在各种环境下蓬勃发展的硬件。

30.3.1　估算冷却负荷

温度维护的第一步是准确估算冷却负载。用于数据中心冷却的传统教科书模型（即使是在 2000 年）已经与当今现实中的高密度刀片服务器机箱相差了一个数量级。因此我们发现，仔细检查 HVAC 人员估算出的冷却负荷是个不错的主意。

你需要确定下列部分的热负荷：

- 屋顶、墙壁、窗户；
- 电子设备；
- 照明器件；
- 操作人员。

其中，只有第一项应该留给你的 HVAC 人员。其他部分可以交给 HVAC 团队进行评估，但你也应该自己计算一下。确保在开始施工前彻底搞明白两种结果之间存在的任何差异。

1. 屋顶、墙壁和窗户

你的屋顶、墙壁、窗户（别忘记太阳能负荷）都有助于环境的冷却负荷。HVAC 工程师通常对此有大量的经验，应该能够做出很好的估算。

2. 电子设备

你可以通过确定服务器的功耗来估算其（以及别的电子设备）产生的热负荷。实际上，消耗的所有电力最终都会形成热量。

在规划功率处理能力时，直接测量耗电量是目前获得此信息的最佳方法。你身边友善的电气工程师也能帮上这个忙，或者也可以购买一台便宜的仪表，自己动手搞定。P3 制造的 Kill A Watt 电表是一个挺受欢迎的选择，价格大概 20 美元，但仅限于插入标准墙壁插座的小负载（15 A）。对于更大负载或非标准连接器，请使用 Fluke 902（也称为“电流钳”）等钳式电流表进行测量。

大多数设备都以瓦为单位标识出了其最大功耗。不过，通常的功耗要比最大值少得多。

你可以将功耗转换为标准热量单位 BTUH（乘以 3.413BTUH/W）（British Thermal Units per Hour，英国热单位每小时）。例如，如果你想在所建的数据中心容纳 25 台额定功率为 450 W 的服务器，那么计算方法如下所示。

$$(25台服务器)\left(\frac{450\ \text{W}}{服务器}\right)\left(\frac{3.412\ \text{BTUH}}{\text{W}}\right)=38\,385\ \text{BTUH}$$

3. 照明器件

和电子设备类似，你也可以根据功耗来估算照明器件的热负荷。典型的办公室照明器件包括 4 个 40 W 的荧光灯管。如果你的新数据中心有 6 个这样的照明器件，那么计算方法如下所示。

$$(6个照明器件)\left(\frac{160\ \text{W}}{照明器件}\right)\left(\frac{3.412\ \text{BTUH}}{瓦}\right)=3\,276\ \text{BTUH}$$

4. 操作人员

人们不时需要进入数据中心进行维护。每个人计入 300 BTUH。允许 4 个人同时出现在数据中心内。

$$(4个人)\left(\frac{300\,\text{BTUH}}{人}\right)=1\,200\,\text{BTUH}$$

5. 热负荷总量

计算好各个部分的热负荷后，将结果相加以确定热负荷总量。在这个例子中，假设我们的HVAC 工程师对屋顶、墙壁、窗户所估算出的热负荷为 20 000 BTUH。

20 000 BTUH（屋顶、墙壁、窗户）

38 385 BTUH（服务器和其他电子设备）

3 276 BTUH（照明器件）

1 200 BTUH（操作人员）

----

62 861 BTUH（总计）

冷却系统容量通常以吨为单位。你可以通过除以 12 000 BTUH/吨，将 BTUH 转换为吨。你还应该加上至少 50%的斜率因子（slop factor）来承担错误和未来的增长。

$$(62\,861\,\text{BTUH})\left(\frac{1吨}{12\,000\,\text{BTUH}}\right)(1.5)=需要7.86吨冷却$$

来看看你的估算与 HVAC 工程师的估算结果差别有多少。

30.3.2 冷热通道

如果多考虑些物理布局，你可以极大降低数据中心的冷却难度。最常见也是最有效的策略是交替布置冷热通道。

采用高架地板并通过传统 CRAC（计算机房空调）单元冷却的设施往往是这样搭建的：冷空气进入地板下方的空间，通过开孔地板中的孔洞上升，冷却设备，然后变成热气升到天花板，在那里被吸入回风管道。在以前，机架和开孔地板都是“随机”放置在数据中心周围，这种配置形式可以产生相对均匀的温度分布。最终形成的环境适合于人类，但对于计算机来说确实不是最优的。

一种更好的策略是在机架之间交替布置冷热通道。冷通道有带孔的冷却地板，而热通道没有。机架的摆放使设备从冷通道吸入空气，再将其排放到热通道。因此，相邻机架的排气侧是背靠背。图 30.1 说明了这个基本概念。

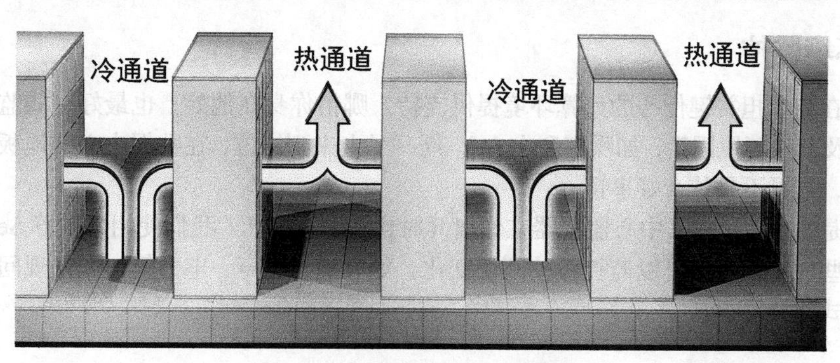

图 30.1　冷热通道，高架地板

这种布置优化了冷却流，如此一来，服务器的进气口吸入的总是冷气，而不是另一台服务器排出的热气。实施正确的话，交替布置横排机架的方法会让通道有明显的冷热之分。你可以使用红外测温仪测试冷却效果是否成功，例如 Fluke 62，它是现代系统管理员不可或缺的工具。这款 100 美元的傻瓜式设备可立即测出你所瞄准的任何物体的温度，最远可达 6 英尺。别把它带到酒吧。

如果必须在地板下布线，那么在冷通道下布电源线，在热通道布网线。

没有高架地板的设施可以使用行内冷却单元，例如由 APC 制造的产品。这种冷却单元很薄，放置在机架之间。图 30.2 展示该系统的工作原理。

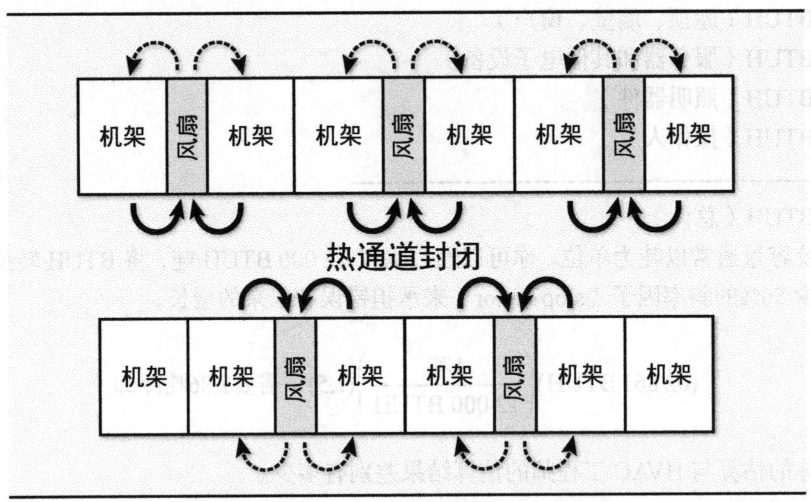

图 30.2 采用行内冷却方式的冷热通道（俯视图）

CRAC 和行内冷却装置都需要一种能向数据中心外散热的方法。一般使用能向室外传递热量的液态冷却剂循环（例如冷冻水，Puron/R410A 或 R22）就可以满足要求。为了简单起见，我们在图 30.1 和图 30.2 中省略了制冷剂循环，但大多数设施都需要安装。

30.3.3 湿度

根据 2012 ASHRAE 指南，数据中心湿度应保持在 8%～60%之间。如果湿度太低，静电就成了问题。最近的测试表明，8%与之前标准的 25%之间的操作差异很小，最低湿度标准因此也做出了相应调整。

如果湿度过高，会在电路板上形成冷凝并导致短路和氧化。

根据你所在的地理位置，你可能需要加湿器或除湿器来保持适当的湿度。

30.3.4 环境监控

如果你在为承担关键任务的计算环境提供支持，哪怕你身在他处，也最好是能监控数据中心的温度（以及其他环境因素，如噪声和电力）。周一早上来到岗位，在数据中心的地板上发现一堆融化的塑料，这可不是什么好事情。

幸运的是，自动化数据中心监视器在你离开时也能监视一切。我们使用并推荐 Sensaphone 产品系列。这些便宜的盒子可以监控各种环境变化，如温度、噪声、电力等，在发现问题时会以电话或短信形式通知用户。

30.4 数据中心可靠性分级

Uptime Institute 是一家对数据中心进行认证的商业实体。他们开发了一套用于对数据中心可靠性进行分类的 4 级系统，我们在表 30.2 中对此进行了总结。在该表中，*N* 表示某些东西（例如，UPS 或发电机）刚好满足正常需求。*N*+1 表示你有一个备件；2*N* 表示每个设备都有自己的备件。

表 30.2 Uptime Institute 的可用性分级系统

级别	发电机	UPS	供电来源	HVAC	可用性
1	无	*N*	单路	*N*	99.671%
2	*N*	*N*+1[a]	单路	*N*+1	99.741%
3	*N*+1	*N*+1[a]	双路，可切换	*N*+1	99.982%
4	2*N*	2*N*	双路，并行	2*N*	99.995%

注：a. 带有冗余件。

级别最高的数据中心必须“区域化”，这意味着将系统按组进行供电和冷却，这样一来，某一组的故障不会对其他组造成影响。

乍一看，即使 99.671%的可用性似乎也不错，但这意味着每年有近 29 小时的停机时间。99.995%的可用性相当于每年 26 分钟的停机时间。

当然，如果管理不善或架构不当，无论什么样的冗余电源或冷却都无法保持应用正常。数据中心是基础构件，从最终用户角度来看，它是确保整体可用性的必要条件，但非充分条件。

你可以从 Uptime Institute 的站点了解有关其认证标准（包括设计、构建和运营阶段认证）的更多信息。在某些情况下，组织可以使用这些分级概念，无须向 Uptime Institute 支付高额认证费用。名头不重要，重要的是使用通用词汇和评估方法来对比数据中心。

30.5 数据中心安全

可能不言而喻，但数据中心的物理安全最起码与其环境属性具备同样的重要性。务必仔细考虑自然（例如，火灾、洪水、地震）和人类（例如，竞争对手和罪犯）造成的威胁。分层的安全方法是确保单个错误或疏忽不会导致灾难性后果的最佳方法。

30.5.1 选址

尽可能不要把数据中心安置在易发生森林火灾、龙卷风、飓风、地震、洪水的地区。与此类似，建议避免人为危险区域，如机场、高速公路、炼油厂、油库。

由于你选择（或搭建）的数据中心可能会在很长一段时间里都是你的活动中心，所以在选址时花些时间研究一下可用的风险数据还是值得的。美国地质调查局发布过地震概率等统计数据，Uptime Institute 也制作了数据中心位置风险的综合地图。

30.5.2 周边

为了降低目标攻击的风险，应该用围栏把数据中心包围起来，围栏距离建筑物四周至少 25 英尺。进入围栏周边应该由安保或多重门禁系统（multifactor badge access system）控制。不应该允许在围栏周边出现的车辆进入建筑物 25 英尺范围内。

持续不断的视频监控必须覆盖 100%的外部周边区域，包括所有大门、进入干道的专用支路、停车场、屋顶。

不要对建筑物做标记。不要有任何表明该建筑属于哪家公司或者提及内部有数据中心的标牌。

30.5.3 设施访问

访问数据中心本身是由安保和多重门禁系统控制的，可能还包括生物识别因素。理想情况下，已获得授权方应在首次访问数据中心之前在物理访问控制系统中登记。如果这一点无法实现，现场安保应当遵循审核流程，包括确认每个人的身份和已授权的行为。

安保培训最棘手的一种情况是如何妥善处理“厂商”的出现，他们声称自己是来修复某部分基础设施（例如空调）。别搞错：除非安保能够确认有人授权过或要求该厂商到访，否则必须拒绝此类访客。

30.5.4 接触机架

大型数据中心通常是与他方共享的。这个方法很划算，但它带来了保护每个机架（或“机架笼”）安全的额外责任。这种情况下也需要多重门禁系统（例如，读卡器加上指纹机），确保只有已获得授权者才能接触你的设备。每个机架也应通过视频单独监控。

30.6 工具

工欲善其事，必先利其器。有一套专用工具箱是在紧急情况下最大限度地减少停机时间的关键。表30.3列出了一些要保留在工具箱中的家伙什儿，或者至少是在触手可及的范围内。

表30.3 系统管理员工具箱

普通工具	
内六角扳手套件	4盎司圆头锤
剪刀	电工刀或瑞士军刀
小型LED手电筒	十字头螺丝刀：0号、1号、2号
套筒扳手套件	尖嘴钳和普通钳
探测器	Ridgid SeeSnake微型检查相机
卷尺	平头螺丝刀：0.32cm（1/8英寸）、0.48cm（3/16英寸）、0.79cm（5/16英寸）
星型六角扳手套件	微型珠宝螺丝刀
镊子	
计算机专用工具	
PC固定螺丝	线缆扎带（以及Velcro的同类产品）
红外线测温仪	数字化万用表（Digital MultiMeter，DMM）
RJ-45接头压钳	便携式网络分析仪/便携式计算机
SCSI终结器	备用的5类和6A类RJ-45交叉线缆
备用的电源线	备用的RJ-45接头（硬芯和多股）
静电接地带	剥线钳（带有一体式剪线刀刃）
杂项	
棉签	伸缩式磁性拾取棒
手机	急救包，包括布洛芬和对乙酰氨基酚
绝缘胶带	随时待命的支持人员的家庭电话和呼机号码

续表

杂项	
压缩空气罐	紧急维修联系人名单[a]
牙医镜	6 扎上好的啤酒（建议的最低量）

注：a. 如果可以的话，再加上维修合同号。

第31章 方法论、策略与政治

在过去的40年间，信息技术在商业和日常生活中所扮演的角色已经发生了剧变。难以想象一个没有Internet搜索的世界是什么样子。

在其间的大部分时间里，IT管理的主流理念是通过将变化控制在最小程度来提高稳定性。在许多情况下，成百或数千个用户都依赖于单个系统。如果发生故障，硬件通常只能拿去维修，或者停机数小时才能重新安装软件和恢复状态。IT团队整天生活在恐惧之中，担心出问题，而他们又搞不定。

变化最小化存在不良的副作用。IT部门过去经常陷入困境，无法跟上业务需求。系统和应用迫切需要升级或替换，每个人都不愿意去碰，生怕弄坏了什么东西，“技术债务”就是这样逐渐积累而成的。从董事会会议室到度假派对，IT员工成了各种笑料和最不受欢迎的家伙。

谢天谢地，那些日子已经过去了。云基础架构、虚拟化、自动化工具和宽带通信的出现极大地减少了对一次性（one-off）系统的需求。这种服务器已经被作为大部队管理的复制大军所取代。反过来，这些技术因素也促成了一种称为DevOps的服务理念的发展，抱有该理念的IT组织对于变化的态度是推动和鼓励，而不是抵制。DevOps这个名称是开发（development）和运维（operations）的混合词，它将两个传统学科结合在了一起。

IT组织不仅仅是一群摆弄Wi-Fi热点和计算机的技术人员。从战略角度来看，IT是一组使用技术加速和支持组织使命的人员和角色。永远不要忘记系统管理的黄金法则：企业需要推动IT活动，而不是背其道而行。

在本章中，我们讨论了运营一家以DevOps作为其首要模式的成功IT组织的非技术面。其中大多数主题和理念并不针对特定的环境。它们一样适用于兼职系统管理员或是大量的全职专业人员。就像绿色蔬菜一样，无论你准备多大份的饭，都对你有好处。

31.1 大一统理论：DevOps

IT 中的系统管理员和其他运维角色在传统上是与其他领域（例如，应用开发和项目管理）分开的。这种理论认为，应用开发人员是专家，负责推出具有新特性和增强功能的产品。同时，固执守旧的运营团队将提供 24 × 7 的生产环境管理。这种安排往往会造成巨大的内部冲突，最终导致无法满足企业及其客户的需求。

DevOps 方法以紧密一体的方式将开发人员（程序员、应用分析人员、应用的所有者、项目经理）与 IT 运维人员（系统和网络管理员、安全监控人员、数据中心人员、数据库管理员）混合在一起。这种理念源于一种信念：作为一支协作团队，大家在一起工作能够打破障碍，减少指责，产生更好的结果。图 31.1 总结了其中一些主要概念。

图 31.1 什么是 DevOps

DevOps 是 IT 管理中相对较新的发展。21 世纪初，开发方出现了变化，从“瀑布式”发布周期转向以迭代开发为特色的敏捷方法。该系统提高了产品、功能，以及修复的创建速度，但在部署这些增强时却经常因为运维方没能像开发方那样快速推进而停滞不前。把开发团队和运维团队搭配在一起，使得所有人都能够以相同的速度沿着同一个方向加速前进，于是，DevOps 诞生了。

31.1.1 DevOps 就是 CLAMS

使用缩写 CLAMS 来描述 DevOps 的原则最为简单：文化（Culture）、精益（Lean）、自动化（Automation）、测量（Measurement）和共享（Sharing）。

1. 文化

人是任何成功团队的终极驱动因素，因此，DevOps 的文化原则是最重要的。尽管对于文化提示和技巧，DevOps 有自己的一套标准，但主要目标是让所有的人联合在一起并专注于全局。

在 DevOps 下，所有学科共同支持一个共同的业务驱动因素（产品、目标、社区等），贯穿其生命周期的所有阶段。实现这一目标可能最终需要改变报告结构（不再有独立的应用程序开发组）、座位布局，甚至是工作职责。如今，优秀的系统管理员偶尔会编写代码（通常是自动化或部署脚本），优秀的应用程序开发人员会定期检查和管理基础设施性能指标。

下面是 DevOps 文化的一些典型特性。

- 开发人员（Dev）和运维人员（Ops）对整个环境负有 24 × 7、同步（“每个人都会收到寻呼”）、随时待命的责任。这条规则有一个奇妙的副作用，无论它出现在哪里，都可以解决根源问题。[1]

- 如果没有在系统和应用层面开展自动化测试和监控，不能启动任何应用或服务。这条规则封装在功能之中，并在 Dev 和 Ops 之间创建了一份合同。同样，Dev 和 Ops 必须在任何发布前签字认可。
- 所有生产环境都采用相同的开发环境进行镜像。该规则创建了一条测试跑道，减少了生产事故。
- Dev 团队定期邀请 Ops 参与代码审查。代码架构和功能不再只是 Dev 的事。同样，Ops 也定期邀请 Dev 参与基础设施审查。Dev 必须了解底层基础设施的决策，并为其做出贡献。
- Dev 和 Ops 定期召开联合站立会议（stand-up meeting）。一般来说，应该尽量减少会议，但联合站立会议可作为一种促进沟通的权宜之计。
- Dev 和 Ops 应该都坐在一间专门讨论战略（架构、方向、规模）和运维问题的公共聊天室。这个交流渠道通常被称为 ChatOps，有几个不错的平台可以支持它。可以参考 HipChat、Slack、MatterMost 和 Zulip，其他还有很多，不再逐一列举了。

一种成功的 DevOps 文化能够将 Dev 和 Ops 彼此紧密地拉近，使其业务范围相互渗透，每个人都要学会适应这一点。在没有文化灌输的情况下，重叠的最佳水平可能高于大多数人自然倾向的水平。对于那些可能接受的是其他学科正规培训的同事，团队成员必须学会如何优雅地回应他们对自己工作的询问和反馈。

2. 精益

解释 DevOps 精益原则最简单的方法就是留意一下你是否每周都会在组织中安排会议，讨论 DevOps 的实现规划，如果答案是肯定的，那你注定要失败。

DevOps 是关于人员、流程、系统之间的实时交互和沟通。尽可能使用实时工具（例如 ChatOps）沟通，专注于一次解决一个组件的问题。始终自问“今天我们能做什么”，以此在解决问题上取得进展。不要好高骛远。

3. 自动化

自动化是 DevOps 最普遍认可的原则。自动化有两条黄金法则：

- 如果某个任务需要执行超过两次，应该将其自动化；
- 别去自动化你不理解的东西。

自动化带来了很多优势。

- 它能够防止员工陷入乏味的任务之中。他们的脑力和创造性可以用来应对全新的、更有难度的挑战。
- 降低了人类犯错的风险。
- 以代码形式获取基础设施，允许跟踪版本和结果。
- 在降低风险的同时促进了变革。如果改动失败，自动化回滚（也应该）很简单。
- 有助于使用虚拟化或云资源来实现扩展和冗余。不够用？多启用一些。太多了？终止一些。

工具有助于促进自动化过程的实现。诸如 Ansible、Salt、Puppet、Chef 之类的系统（参见第 23 章）作为前端和中心。Jenkins 和 Bamboo 等持续集成工具（参见 26.3 节）能够帮助管理可重复或被触发的任务。Packer 和 Terraform 等用于打包和启动的实用程序可实现底层基础设施任务的自动化。

根据所在的环境，你可能需要一种、多种，或者所有（？！）这些工具。新的工具和增强功能会被迅速开发出来，所以把注意力放在挑选适合自动化特定功能或流程的工具上，不要先挑工具，

① 人人有份的随时待命模型（shared on-call model），其中的前 6 周左右确实不好受。然后突然就峰回路转，柳暗花明了。相信我们。

然后再去找能够实现的功能。最重要的是，每到一两年就重新评估你的工具集。

你的自动化策略至少应该包含下列要素。

- 自动设置新机器：这不单是安装操作系统。还包括允许机器进入生产环境所需的所有附加软件和本地配置。站点支持多种类型的配置是不可避免的事情，因此从一开始就要在你的规划中加入多种机器类型。
- 自动配置管理：配置上的变动应该进入配置库并自动应用于所有同类型的机器。该规则有助于保持环境一致。
- 自动推广代码：新功能应该自动从开发环境传播到测试环境，从测试环境传播到生产环境。测试本身应该是自动化的，具备明确的评估和推广标准。
- 系统化修补和更新现有机器：当你发现有设置问题时，需要一种标准化且简单的方法将更新部署到所有受影响的机器上。因为服务器未必一直开启（即使应该如此），所以你要更新方案，必须正确处理发起更新时未上线的机器。你可以在引导时检查更新或是定期更新，详细信息参见 4.9 节。

4. 测量

虚拟化或云基础架构（参见第 9 章）的扩展能力将仪表和测量领域推向了新的高度。如今的黄金标准是采集整个服务栈中（业务、应用、数据库、子系统、服务器、网络等）亚秒级的测量结果。一些 DevOps-y 工具，例如 Graphite、Grafana、ELK（Elasticsearch + Logstash + Kibana 栈），加上诸如 Icinga 和 Zenoss 这样的监控平台，都对此提供了支持。

然而，拥有测量数据是一回事，让它发挥价值又是另一回事。成熟的 DevOps 环境会确保环境指标可见并将其传播给所有的相关方（包括 IT 内部和外部）。DevOps 为每个指标设定名义目标，追踪任何异常以确定其成因。

5. 共享

协同工作和能力的共享发展是成功的 DevOps 工作的核心。应该去鼓励和激励员工在内部（“午餐和学习”（lunch-and-learn）演示、团队“展示和讲述”（show-and-tell）、维基指南文章）和外部（见面会、白皮书、会议）分享自己的工作成果。这些努力将打破藩篱的理念扩展到本地工作组之外，帮助每个人学习和成长。

31.1.2 DevOps 世界中的系统管理

系统管理员一直都是 IT 世界里的万金油，哪怕是在更宽泛的 DevOps 环境下仍是如此。系统管理员角色负责监督系统和基础设施，通常要对以下范围负主要责任：

- 系统基础设施的构建、配置、自动化、部署；
- 确保操作系统和主要子系统的安全、经过修补并保持更新；
- 部署、支持和推广用于持续集成、持续部署、监控、测量、容器化、虚拟化和 ChatOps 平台的 DevOps 技术；
- 指导其他团队成员有关基础设施和安全的最佳实践；
- 监控和维护基础设施（物理化、虚拟化、云端），确保其符合性能和可用性要求；
- 响应用户资源或增强请求；
- 修复系统或基础设施方面的问题；
- 规划系统、基础设施和容量的未来扩展；
- 倡导团队成员之间的合作互动；
- 管理各色外部厂商（云、主机托管、灾难恢复、数据留存、连通性、实地厂房、硬件服务）；
- 管理基础设施组件的生命周期；

- 保管好布洛芬、龙舌兰酒和/或巧克力的紧急储备，以便在沉闷的日子和其他团队成员分享。

这仅仅只是涵盖了一位成功的系统管理员的一部分日常工作。为了保证一切运行顺畅，这个角色既是教官，又是老母鸡，也是内科急救专家，还得充当黏合剂。

最重要的是，记住，DevOps 建立在克服一个人正常的领土冲动基础之上。如果你发现自己与其他团队成员水火不容，请后退一步，别忘了，当你被视为帮助他人取得成功的英雄时，方能事半功倍。

31.2 工单与任务管理系统

工单与任务管理系统是所有正常运作的 IT 团队的核心。和 DevOps 一样，拥有一套覆盖所有 IT 规则的工单系统至关重要。尤其是，增强请求、问题管理、软件 bug 跟踪全都应该是同一系统的组成部分。

良好的工单系统有助于员工避开两种最常见的工作流陷阱：

- 每个人都认为有别人在操心，任务因此陷入困境；
- 多个人或小组在未经协调的情况下处理同一个问题，导致重复劳动，造成资源浪费。

31.2.1 工单系统的常见功能

工单系统通过各种接口（最常见的是电子邮件和 Web）接受请求，在发出请求到解决的过程中一直对其保持跟踪。经理可以给员工小组或员工个人派工单。员工可以查询系统，了解排队等待处理的工单，或许能解决其中一些。用户能够查到请求状态，看到是谁在处理这些请求。经理可以获取到总体信息，例如：

- 开出的工单数量；
- 关闭一个工单的平均时间；
- 员工的生产效率；
- 未解决工单（坏单）的百分比；
- 按照解决时间划分的工作负载分布。

保存在工单系统中的请求历史将成为 IT 基础设施的问题历史记录，同时保存的还有这些问题的解决方案。如果历史记录便于搜索，它将成为系统管理员的宝贵资源。

可以将已解决的工单提供给新手和实习生，加入到 FAQ 系统中，或者使其能够被搜索，以供之后查阅。新员工可以从已关闭的工单副本中受益良多，因为这些工单不仅包含有技术信息，还有适用于客户的语调和沟通风格实例。

和所有文档一样，工单系统的历史数据也有可能在法庭上对你的组织不利。遵循你的法务部门所设置的文档留存准则。

大多数请求跟踪系统会自动确认新请求并为其分配一个跟踪号码，提交人可以使用该号码跟进或查询请求的状态。自动回复消息应清楚地表明它只是一个确认。接下来应该紧跟一条来自真人的消息，解释说明处理该问题或请求的计划。

31.2.2 工单的所有权

工作可以分担，但根据我们的经验，责任就不太好划分了。每个任务都应该有一个明确的责任人。这个人不需要是监督人或经理，只要是愿意担当协调者的某个人即可——也就是愿意说“我负责保证完成任务”的人。

这种方法有一个重要的副作用：它明确了谁实现了什么或者谁做出了怎样的改动。如果你想弄清楚为什么某些事情是以某种方式完成，或者为什么某些事情的工作方式突然变得不一样或者无法正常工作，这种透明度就变得很重要了。

"负责"某项任务不应该等同于出问题时当替罪羊。如果组织规定，谁负责，谁挨批，你就会发现能用的项目负责人数量迅速减少。分配所有权的目的只是消除关于"谁应该解决这个问题"的模糊性。不要因为员工请求帮助而惩罚他们。

从客户角度来看，良好的分工系统是把问题派给一个有学识、能够快速彻底地解决问题的人。但从管理角度而言，分工必须要偶尔给接单人带来一些难度，这样员工才能在工作过程中不断地成长和学习。你的任务是在依赖员工的能力和挑战他们的能力之间维持一种平衡，同时还要让客户和员工都高兴。

较大的任务可以大到包含完整的软件工程项目。这种任务可能需要使用正规的项目管理和软件工程工具。我们不在此描述这些工具，但它们很重要，有时候不应该被忽略。

系统管理员有时候知道某个任务得完成，但他们就是不想做，因为这个任务让人不爽。如果有管理员指出某个被忽视、未分配或不受欢迎的任务，那这个任务有可能就会落到他头上。这样就产生了利益冲突，因为这等于是在促使管理员面对这种情况时保持沉默。别让这种事情在你的站点发生，要为管理员开辟指出问题的通道。你可以让管理员开出工单，但允许不分配责任人，或是把他们自己和这个问题扯上关系，要不就创建一个可以发送问题的电子邮件别名。

31.2.3 工单系统的用户接受程度

立刻就能收到真人的响应是决定客户满意度的关键因素，即使这种响应并不比自动响应多出什么信息。对于大多数问题，让提交者知道自己的工单已经有人审阅过了，这比马上解决问题更为重要。用户也能理解管理员会收到很多请求，在得到关注之前，他们愿意等待一段合理的时间，但他们不愿意被忽视。

用户提交工单的机制会影响到他们对于系统的感受。确保你理解了组织文化和用户偏好。他们想要的是 Web 界面？定制应用？电子邮件别名？也许他们只愿意打电话！

系统管理员花点时间确认自己明白用户的实际需求也很重要。这一点听起来显而易见，但回想一下过去 5 次你给客服或技术支持发邮件的情况。我们打赌，少说也有两次，得到的回应看起来和问题没什么关系。这不是因为这些公司能力不足，而是因为准确地分析工单要比看上去难多了。

一旦你把一张工单读得差不多了，清楚了客户的诉求，剩下的工单内容也就无足轻重了。接下来就搞定它吧！客户讨厌等着有人来处理自己的工单，但到头来却得知请求被曲解了，还得重新提交或从头再描述请求。一切又回到原点了。

不像系统管理员，提交者往往没有描述问题所需的技术背景，工单含糊不清或不够准确是常有的事。但这并不能阻止用户对问题做出自己的猜测。有时这些猜测完全正确。而其他时候，你必须先解读工单，确定用户所认为的问题究竟是什么，然后追溯用户的思路，凭直觉发现根本的问题。

31.2.4 工单系统示例

下面的表汇总了一些知名的工单系统的特点。表 31.1 中列出的是开源系统，表 31.2 中列出的是商业系统。

表 31.1 开源工单系统

名称	输入[a]	语言	后端[b]
Double Choco Latte	W	PHP	MP
Mantis	WE	PHP	M

续表

名称	输入[a]	语言	后端[b]
OTRS	WE	Perl	DMOP
RT: Request Tracker	WE	Perl	M
OSTicket	WE	PHP	M
Bugzilla	WE	Perl	MOP

注：a. 输入类型：W = Web，E = email。

b. 后端：D = DB2，M = MySQL，O = Oracle，P = PostgreSQL。

表 31.2　　商业工单系统

名称	规模
EMC Ionix（Infra）	大型
HEAT	中型
Jira	任意
Remedy（现为 BMC）	大型
ServiceDesk	大型
ServiceNow	任意
Track-It!	中型

表 31.2 中给出了一些可用于请求管理的商业选择。因为商业产品的站点里多数都是些市场宣传，实现语言和后端等细节都未在其中列出。

有些商业产品非常复杂，需要一到两个人专门进行维护、配置，以保持其运行。其他的（例如 Jira 和 ServiceNow）可作为“软件即服务”（software as a service）产品。

31.2.5　派发工单

在规模较大的小组里，即便是配备了功能强大的工单系统，仍旧有一个问题亟待解决：让好几个人把精力分散在手头正在处理的任务和客户请求队列上，这样效率可不高，尤其是请求还可能是直接发送到个人邮箱里。我们实验了两种解决该问题的方法。

我们第一种尝试是给系统管理员组的成员安排半天的轮班，处理故障队列里的任务。值班人员会在轮班期间尽可能多地回复客户发来的问题。这种方法的问题在于，并不是每个人都有回答所有问题和解决所有问题的技能。回答有时可能并不恰当，由于值班人员是新手，不熟悉客户及其环境，或是客户所涉及的具体支持合同。结果就是更多的资深人员不得不保持关注，因而无法专注于自己的工作。到头来，服务质量变得更差了，一无所获。

有了这次经历之后，我们创建了一个“调度员”（dispatcher）的角色，由一组高级管理员每月轮流担任。调度员负责检查工单系统，看是否有新单子并将任务分配给特定的员工。如有必要，调度员会联系用户，获取必要的额外信息，以便对请求划分优先级。调度员使用自主开发的员工技能数据库来决定支持团队中谁有适当的技能和时间来处理给定的工单。调度员还要确保请求得到及时解决。

31.3　本地文档维护

正如多数人都接受锻炼和绿叶蔬菜对健康的好处一样，大家也都欣赏良好的文档，对文档的重要性也有模糊的认识。遗憾的是，这未必代表他们会在没有敦促的情况下编写或更新文档。我们为什么要那么重视文档?

- 文档降低了单点故障的可能性。有工具能够立刻部署好工作站,用一条命令就能分发补丁,这样当然不错，但如果没有文档，而专家又出去度假或已经离职，那这些工具基本上也就没什么用了。
- 文档有助于可重现性。当实践和规程没有形成机构共识时，不可能得到始终如一的贯彻执行。如果管理员找不到操作指南，那他们就只能自由发挥了。
- 文档可以节省时间。编写时你不会这么觉得，但是当你花了好几天去解决一个以前已经搞定过，但是忘记了当时是如何解决的问题之后，大多数管理员都会相信这个时间花得值。
- 最后，也是最重要的，文档提高了系统的可理解性，使后续的修改都遵循系统应有的工作方式。如果修改仅基于片面的理解，往往不能很好地符合系统架构。熵随着时间的推移越积越多，甚至系统管理员也开始将系统视为杂乱无章的修补集合。最终的结果往往是推倒一切重来。

本地文档应保存在明确指定好的位置，例如内部 Wiki 或第三方服务（如 Google Drive)。一旦说服管理员将配置和管理实践付诸于文档，那么相关文档的保护也很重要。恶意用户可以通过篡改组织的文档来造成大量破坏。确保需要文档的人能够找到文档并阅读（使其可搜索)，每个维护文档的人都可以更改它。但要在可达性和保护之间取得平衡。

31.3.1 基础设施即代码

另一种重要的文档形式被称为“基础设施即代码”（infrastructure as code)。具体形式有多种，但最常见的是配置定义（如 Puppet 模块或 Ansible 剧本)，可以将其保存起来并使用 Git 等版本控制系统跟踪。配置文件中详细记录了系统及其改动，一次构建环境并定期与标准进行比对。该方法可确保文档和环境始终匹配并且是最新的，从而解决了传统文档中最常见的问题。更多信息参见第 23 章。

31.3.2 文档标准

如果你必须手动记录文档，我们的经验表明，维护文档最简单，也是最有效的方式就是以简洁、轻量的文档作为标准。不用为组织编写系统管理手册，你要做的是编写大量单页文档，每页涵盖单个主题。从总体开始，再细化为多个包含额外信息的部分。如果你必须详细介绍更多别的细节信息，那就再多写一页，专门介绍特别难或复杂的步骤。

这种方法有以下几个优点。

- 高层管理人员可能只对环境的总体设置感兴趣。回答上级的问题或者召开管理讨论，知道这些就足够了。不要提太多的细节，否则会引得老板干预其中。
- 以上对客户也适用。
- 新员工或在组织内担任新职务的人员需要对基础架构有一个全面的了解才能提高工作效率。让这些人淹没在各种信息中没有什么帮助。
- 使用正确的文档要比浏览长篇大论更有效。
- 你可以利用索引页使文档易于查找。管理员花费在信息查找上面的时间越少越好。
- 如果只用更新一页内容，保持文档处于最新状态就更容易实现。

最后一点尤为重要。使文档保持最新是一项巨大的挑战，时间不够时，首先放弃的就是更新文档。我们发现有几个方法可以保持文档持续更新。

首先，设定期望，要求文档言简意赅、切题、行文朴实。开门见山，重要的是把信息记录下来。没什么比指望把文档写成设计理论的毕业论文而使文档更快失效的事情了。别对文档要求得太多，否则你可能什么都得不到。考虑形成一种简单的表单或模板，以供系统管理员使用。标准结构有助于避免无从下手的焦虑，并能够指导系统管理员记录相关的信息，而不是一堆毫无价值的东西。

其次，将文档集成到流程中。配置文件中的注释就是一种最好的文档。哪里需要，它们就出现在哪里，而且几乎不花什么维护时间。大多数标准配置文件允许注释，即使那些不是特别喜欢注释的文件也可以有一些额外的信息隐藏在其中。

本地构建的工具要求将文档作为其标准配置信息的一部分。例如，设置新计算机的工具可能需要有关计算机所有者、位置、支持状态和计费等信息，即使这些实际情况不直接影响机器的软件配置。

文档不应造成信息冗余。例如，如果你维护全站的系统配置主列表，那就别在其他地方手动更新这些信息。在多个地方进行更新不仅浪费时间，而且随着时间的推移，不一致的情况也必然会逐渐显现。如果其他场合和配置文件需要此信息时，编写一个脚本，从主配置处获取（或更新）。要是不能彻底消除冗余，至少要清楚哪个来源是权威的。编写工具来发现不一致的地方，可以通过 cron 定期检查。

诸如 wiki、博客和其他简单的知识管理系统等工具的出现使得跟踪 IT 文档变得更加容易。设置一个位置，可以在其中找到并更新所有文档。但别忘了保持组织结构。一个 wiki 页面，却把 200 个子页面全都放在了一个列表中，这样的页面不仅冗长，还难以使用。请务必添加搜索功能，这样才能充分利用你的系统。

31.4 环境分离

编写和部署自有软件的组织需要独立的开发、测试、生产环境，这样一来，软件发布就可以通过结构化流程逐步进入到一般使用阶段。[①]也就是说，这些环境虽然独立，但是要等同。确保在更新开发系统时，其改动也会传播到测试环境和生产环境。当然，配置更新本身应该遵循与代码相同的结构化版本控制。“配置改动”包括操作系统补丁、应用程序更新、行政变更等方方面面的内容。

历史上，通过在整个推广过程中强制实施角色分离来“保护”生产环境一直是标准做法。例如，在开发环境中拥有管理权限的开发人员与在其他环境中拥有管理和提升权限的人并不相同。人们担心，一个心怀不满且拥有代码提升权限的开发人员完全可以在开发阶段插入恶意代码，然后将其提升到生产阶段。通过将批准和提升的职责分配给其他人，除非这些人相互勾结或集体犯错，问题才会进入生产系统。

可惜，这种严苛的手段极少能实现所预想的好处。代码提升人员往往没有审查的技能或时间，不能够审查出代码变更中有意而为之的恶作剧。所以说，分离的做法并没有带来什么帮助，反倒是产生了一种虚假的保护感，引入不必要的障碍，浪费资源。

在 DevOps 时代，这个问题有不同的解决方式。首选方法不是分离角色，而是在具有不可变审计痕迹（immutable audit trail）的仓库（例如 Git）中跟踪“作为代码”（as code）的所有变更。任何不希望的变更都可以追溯到是哪个人将其引入的，因此不需要严格的角色分离。由于配置变化会自动应用到所有环境，所以可以将相同的变更先在较低的环境（例如开发环境或测试环境）中评估，然后再将其提升到生产环境，以确保不会出现意外。如果发现问题，恢复过程很简单，就像识别有问题的提交并暂时将其绕过一样。

① 在许多情况下，这种说法也适用于运行复杂的现成软件（例如 ERP 或财务系统）的站点。

在完美的世界中，开发人员和运维人员在生产环境中都没有管理权限。所有变更都通过一套自动化的可跟踪流程完成，该流程自身拥有适合的权限。尽管这是一个值得追求的目标，但从我们的经验来看，这对于大多数组织而言还不现实。朝着这个乌托邦式的幻想努力，但别在它身上纠缠。

31.5 灾难管理

你的组织依赖于一个正常的 IT 环境。你不仅要负责日常运维，还必须有处理任何可预见事件的计划。为大规模问题做准备会影响到你的整体方案和制订日常运维的方式。在本节中，我们会讨论各种灾难、需要你细致恢复的数据，以及恢复计划中的重要组成部分。

31.5.1 风险评估

在设计灾难恢复计划之前，最好是集中做一次风险评估，帮助弄清楚你都有什么资产、资产面临的风险、你已经准备了哪些缓解步骤。NIST 800-30 特别版详细描述了一个全面的风险评估过程。

风险评估过程的一部分是编写一份清晰的书面类目，列出你想要防范的潜在灾难。灾难并非完全相同，你可能需要多种不同的方案来涵盖所有可能性。例如，一些常见的威胁类别包括：

- 外部和内部的恶意用户；①
- 洪水；
- 火灾；
- 地震；
- 飓风和龙卷风；
- 雷暴和功率尖峰；
- 短期和长期电力故障；
- 制热或制冷设备故障；
- 服务中断（ISP/电信/云）；
- 硬件设备故障（服务器停止工作，硬盘烧毁）；
- 恐怖主义；
- 僵尸来袭（zombie apocalypse）；
- 网络设备故障（路由器、交换机、线缆）；
- 用户的意外错误（删除或破坏了文件和数据库、弄丢配置信息、忘记密码等）。

对于每一种潜在威胁，都要考虑写下该事件可能造成的所有影响。

理解了威胁之后，就要给你的 IT 环境中的服务排列优先级。编制一张表，在里面列出各种 IT 服务，为每种服务分配一个优先级。例如，一家“软件即服务”公司可能会将它的外部 Web 站点作为优先级最高的服务，而对于只是拥有一个简单的外部信息化 Web 站点的公司而言，可能根本就不担心灾难期间这个站点的命运。

31.5.2 恢复计划

越来越多的组织将自己的关键系统设计为在发生问题时自动切换到备用服务器。如果你几乎或者完全不能容忍服务出现停止的话，这是个不错的想法。但是，不要因为你制作了数据镜像，

① 从历史上看，大约一半的安全漏洞源于内部人员。内部不端行为仍然是大多数站点最有可能出现的灾难。

所以就觉得用不着离线备份了，可不要成为这种想法的牺牲品。即便是你的数据中心相隔数千米，也肯定有可能全部挂掉。[①]确保在灾难计划中有数据备份的一席之地。

云计算通常是灾难计划中必不可少的部分。通过像 Amazon EC2 这样的服务，你可以在几分钟之内搭建起一个远程站点并投入正常使用，同时不用为专门的硬件付费。当你使用它的时候，你只需要为用到的东西付费。

灾难恢复计划应该包含下列部分（根据 NIST 灾难恢复标准 800-34）。

- 引言：该文档的目的和适用范围。
- 运营概念：系统描述、恢复目标、信息分类、接替计划、责任。
- 通知和启动：通知规程、损失评估规程、计划启动。
- 恢复：恢复遗失系统所需的事件和规程次序。
- 回到正常的运营：并发处理、测试重建系统、回到正常的运行、计划停止。

我们习惯了通过网络来通信和访问文档。不过，发生事故之后，这些设施可能就没法用了。离线保存所有相关的合同和规程。知道从哪里能得到最近的备份，以及如何在不干扰在线数据的情况下使用备份。

在所有的灾难场景中，都需要访问重要信息的在线副本和离线副本。如果可能，在线副本应该保存在一个自足环境中（self-sufficient environment），其中包含丰富的工具、重要的系统管理员环境、自己的名称服务器、完整的本地/etc/hosts 文件、没有文件共享依赖等。

以下是要在灾难支持环境中保留的一份便利数据清单。

- 灾难恢复规程大纲：打电话给谁，说什么。
- 服务合同里的联系电话和客户号码。
- 重要的本地电话号码：警察、火警、员工、老板。
- 云厂商的登录信息。
- 备份介质清单和生成备份的时间安排表。
- 网络图。
- 软件序列号、许可数据和密码。
- 软件安装介质的副本（可以保存为 ISO 文件）。
- 系统服务手册的副本。
- 厂商联系信息。
- 管理密码。
- 硬件、软件和云环境配置数据：操作系统版本、补丁级别、分区表等。
- 需要以特定顺序恢复系统上线的操作指南。

31.5.3 灾难处理人员的配备

你的灾难恢复计划中应该确定处理灾难性事件的人员。设置一条指挥链，离线保存负责人的姓名和电话号码。我们留了一张印有重要姓名和电话号码的微型卡片。不仅方便，而且也正好能放进你的钱包。

最适合的负责人可能是来自一线的系统管理员，而不是 IT 主管（通常不是这个角色的良好人选）。

负责人必须是具有权威和决断力的人，能够根据最少的信息做出艰难的决定（例如，决定将断开整个部门的网络连接）。做出此类决策，以合理的方式与员工沟通并带领他们度过危机，这种能力可能比理论上深入了解系统和网络管理更为重要。

---

① 恶意黑客和勒索软件能够轻而易举地毁掉没有维护只读离线备份的组织。

在大多数灾难计划中，一个重要但有时没有明说的假设是由现成的系统管理人员处理这种情况。遗憾的是，人们会生病、会去度假、会离职，在压力大时甚至可能会有敌对情绪。如果你需要额外的紧急求助，考虑一下要做什么。（如果系统脆弱或者用户水平不高，身边没有足够的系统管理员有时也会演变成紧急情况。）

你可以尝试与当地具有可共享系统管理人才的咨询公司达成一种 NATO 协议。当然了，如果你的合作伙伴碰到了麻烦，你必须要投桃报李。最重要的是，不要在日常例行工作中安排得太满。雇用足够的系统管理员，别指望他们一天能工作 12 个小时。

31.5.4 安全事件

系统安全已经在第 27 章中详细介绍过了。但是，这里也值得再提一下，因为安全性因素会影响绝大多数管理任务。站点管理策略的任何方面都不能在不考虑安全性的情况下进行设计。

第 27 章的大部分内容集中在如何防止出现安全事件。然而，考虑如何从安全相关事件中恢复和安全规划同样重要。

网站被劫持是一种让人特别尴尬的入侵。对于在提供 Web 托管服务的公司上班的系统管理员来说，劫持可以说是灾难性事件，尤其是涉及信用卡数据处理的站点。来自客户、媒体、刚刚在 CNN 看到劫持新闻的公司 VIP 的电话会蜂拥而至。谁去接听电话？那个人该怎么说？谁为此负责？大家各扮演什么角色？如果你身在一家高知名度的公司，绝对值得思考一下这种场景，提前计划好一些回答，甚至可能还要拟定具体的实施细则。

接受信用卡数据的网站在被劫持之后要依法处理。确保组织的法务部门参与到安全事件规划当中，确保在发生危机时能找到相关联系人的姓名和电话号码。

当 CNN 或 Reddit 宣布你的网站停机时，会引发 Internet 流量暴涨，其效果和高速公路上车流放缓，观望路边发生的事故一样，这往往会把你刚刚修复好的东西给破坏掉。如果你的站点无法处理增量在 25%或以上的流量，考虑让负载平衡设备将多余的连接导向另一台服务器，该服务器就显示一个页面，上述“抱歉，现在正忙，无法立刻处理您的请求”。当然，提前考虑容量规划，例如自动扩展到云端（参见第 9 章），也许能够完全避免这种情况的出现。

制订一份完整的事故处理指南，消除安全问题管理中的瞎猜。有关安全事故管理的更多详细信息，参见 27.12 节。

31.6 IT 策略与规程

全面的 IT 策略和程序是现代 IT 组织的基础。策略为用户和管理员设定标准，促进了所涉及人员的一致性。越来越多的策略要求以签名或其他证据的形式确认用户同意遵守其内容。虽然这也许对某些人来说过分了，但从长远来看，这的确是保护管理员的一种好方法。

ISO/IEC 27001:2013 标准是构建你自己的配套策略的良好基础。它将一般 IT 策略与其他要素（如 IT 安全性和人力资源部门的角色）结合起来。在接下来的几节中，我们将讨论 ISO/IEC 27001：2013 框架，并重点介绍其中一些最重要和最有用的地方。

31.6.1 策略与规程之间的区别

策略和规程截然不同，但两者经常被搞混，有时甚至还互换使用。但是，这种马虎造成了认识上的混乱。安全起见，这样来考虑它们。

- 策略是定义需求或规则的文档。需求通常在相对较高的层面上指定。举一个策略的例子：每天必须做增量备份，每周完成总量备份。

- 规程是描述如何满足需求或规则的文档。因此，与上述策略相关的规程可能会说“使用安装在服务器 backups01 上的 Backup Exec 软件执行增量备份……”

这种区别非常重要，因为策略不应经常更改。你应该每年复核一次，也许修改一两处。另一方面，规程会随着架构、系统和配置的改动而不断演变。

某些策略是由你所运行的软件或外部组织（例如，ISP）的策略决定的。如果要保护用户数据的隐私，那就需要强制执行某些策略。我们称其为“没有协商余地的策略”。

特别是，我们认为 IP 地址、主机名、UID、GID、用户名都应在站点范围内进行管理。有些站点（例如，跨国公司）的规模显然太大，无法实施这一策略，但如果你能够做一些适当的变动，站点范围内的管理会让事情变得简单得多。我们知道有一家公司对 35 000 个用户和 100 000 台机器实行了全站点管理，因此，如果要判断一家组织的规模已经达到无法进行全站管理，这个阈值必须设置得足够高。

其他一些涉及范围大于本地 IT 组的重要问题：

- 遭受入侵的处理；
- 文件系统导出控制；
- 密码选择准则；
- 有版权的材料（例如，MP3 和电影）；
- 软件盗版。

31.6.2　最佳策略实践

有几种策略框架，它们基本上涵盖了相同的范围。下面列举出一些主题通常都会包含在配套的 IT 策略中：

- 信息安全策略；
- 外方联系协议；
- 资产管理策略；
- 数据分类系统；
- 人力资源安全策略；
- 物理安全策略；
- 访问控制策略；
- 开发、维护和新系统的安全标准；
- 安全事件管理策略；
- 业务持久性管理（灾难恢复）；
- 数据留存标准；
- 用户隐私保护；
- 合规策略。

31.6.3　规程

核对表或处方形式的规程能够将现有的实践编制成条规。无论是对于新手还是老手，都很有用。如果规程中包含可执行的脚本或者可以在 Ansible、Salt、Puppet、Chef 等配置管理工具中获取，那就更好了。从长期来看，大多数规程都应该实现自动化。

标准规程有以下好处：

- 任务都是以相同的方式完成的；
- 核对表减少了出现错误和遗漏步骤的可能；

- 系统管理员根据处方进行管理的速度更快；
- 变更是自文档化的（self-documenting）；
- 书面规程提供了衡量正确性的标准。

下面是一些你想为之建立规程的常见任务：

- 添加主机；
- 添加用户；
- 机器的本地化处理；
- 为新机器建立备份（和快照）；
- 保护新机器；
- 移除旧机器；
- 重新启动复杂的软件；
- 恢复无响应或没有提供数据的站点；
- 升级操作系统；
- 给软件打补丁；
- 安装软件包；
- 升级关键软件；
- 备份和恢复文件；
- 作废旧备份；
- 执行紧急关机。

很多问题处于策略和规程之间。例如：

- 谁可以在网络中拥有账号？
- 这些人离开时怎么办？

这些问题的解决方案需要以书面形式记录下来，以便保持一致性，避免陷入 4 岁小孩子常玩的那套把戏“妈妈说不行，咱们去问问爸爸吧！”。

31.7 服务水平协议

为了让 IT 组织保持用户满意、符合企业需要，所提供服务的具体细节必须经过协商，取得一致，并以“服务水平协议”（Service Level Agreements，SLA）的形式记录下来。良好的 SLA 设置了合适的预期，在出现问题时可以作为参考。（但是记住，IT 提供的是解决方案，而不是制造障碍！）

如果有东西出了问题，用户只想知道什么时候能够修好。这就够了。他们其实并不关心哪块硬盘或是哪台发电机坏了，这些信息留在你的管理报告里就行了。

从用户的角度来看，没有消息就是好消息。系统要么工作，要么不工作，如果是后者，原因是什么并不重要。客户最幸福的时候就是根本没意识到我们存在的时候！听起来让人难过，不过这的确是事实。

SLA 有助于协调最终用户和支持人员。精心编写的 SLA 能够解决随后几节中讨论的各个问题。

31.7.1 服务范围与说明

本节是 SLA 的基础，因为它描述了组织能指望 IT 带来什么。它应该用非技术人员也能理解的用词来写。例如，可能包括下列服务：

- 电子邮件；

- 聊天；
- Internet 和 Web 访问；
- 文件服务器；
- 业务应用；
- 认证。

还必须规定清楚提供这些服务时 IT 将遵循的标准。例如，可用性部分规定了运行时长、双方商定的维护窗口、预期有 IT 人员可提供现场支持的时间。一个组织可能会决定在工作日上午 8 点至下午 6 点提供常规支持，但紧急支持必须以 24/7 提供。另一个组织可能会决定它需要随时可用的标准现场支持。

下面是一些在制订标准时要考虑到的问题：

- 响应时间；
- 周末和下班后的服务（和响应时间）；
- 上门服务（支持家庭环境）；
- 不常见（独特或专有）的硬件；
- 升级策略（年代久远的硬件、软件等）；
- 支持的操作系统；
- 支持的云平台；
- 标准配置；
- 数据留存；
- 专用软件。

在考虑服务标准时，请记住，如果软件未明确不让这么做，许多用户都想定制他们的环境（甚至是他们的系统）。IT 对此的老一套回应是禁止用户所做的一切修改，但是尽管这种策略让 IT 的事情变得更容易，但它未必是组织的最佳策略。

在 SLA 中解决此问题，尝试标准化出几种特定配置。否则，易于维护且能够随组织扩展的目标将遇到一些严重的障碍。鼓励有创造性、喜欢鼓捣操作系统的员工提出满足其工作所需的修改，别怕费事，将这些建议慷慨地纳入标准配置。如果不这样做，用户将努力破坏你的规则。

31.7.2 队列管理策略

用户除了知道提供了哪些服务之外，还必须了解用于管理工作队列的优先级方案。优先级方案总会留有回旋余地，但要尝试设计出一个涵盖大多数情况且很少或没有例外的方案。下面列出了一些与优先级相关的变量：

- 服务对于整个系统的重要性；
- 该情况的安全影响（是否有漏洞）；
- 客户已购买或签约的服务水平；
- 受影响的用户数量；
- 任何相关截止日期的重要性；
- 受影响用户的吵闹声大小（叽叽喳喳）；
- 受影响用户的重要性（这是一个棘手的问题，但实话实说吧：组织中的有些人就是比其他人更有影响力）。

虽然所有这些因素都会影响你的服务评级，我们建议你使用一套简单的规则以及处理例外情况的常识。我们使用以下基本优先级：

- 很多人无法工作；

- 某个人无法工作；
- 要求改进。

如果两个或以上请求具有最高优先级，而这些请求又不能并行处理，我们就要根据问题的严重性来决定先处理哪个（例如，电子邮件不工作会让几乎每个人都不高兴，而暂时不可用的 Web 服务可能只会影响少数人）。优先级较低的队列通常以 FIFO（先进先出）的方式处理。

31.7.3 一致性衡量

SLA 需要规定组织如何衡量你是否成功地履行了协议条款。目标（target）和目的（goal）使员工能够奔着共同的结果齐心协力，在整个组织中奠定合作基础。当然，你必须确保拥有工具来衡量商定的指标。

你至少应该跟踪 IT 基础设施的以下指标：

- 按时和按预算完成的项目比例或数量；
- 履行 SLA 要素的比例或数量；
- 系统的正常运行时间比例（例如，"第一季度的电子邮件可用率为 99.92%"）；
- 圆满解决的工单比例或数量；
- 工单的平均解决时间；
- 配置新系统的时间；
- 按照文档规定的事件处理流程所处理的安全事件比例或数量。

31.8 合规：规章与标准

现如今，IT 审计和治理可是大事。用于指定、衡量、认证合规性的法规和准标准产生了不计其数的缩写词：SOX、ITIL、COBIT、ISO 27001 等。遗憾的是，这一锅字母汤可没在系统管理员的口中留下什么好味道，而且从目前来看，对于近来法律所要求的全部控制措施，能给予实现的软件还很缺乏。

下面列出了可能适用于系统管理员的一些主要的咨询标准、指南、行业框架和法律要求。这些立法要求主要针对美国。

通常，你必须使用的标准是由你的组织类型或者所要处理的数据强制规定的。在美国以外的司法管辖区，你需要确定适用的法规。

- 刑事司法信息系统（Criminal Justice Information Systems，CJIS）标准适用于跟踪犯罪信息并将该信息与 FBI 数据库整合的组织。
- 信息及相关技术控制目标（Control Objectives for Information & related Technology，COBIT）是一种用于信息管理的框架，自愿采用，它试图树立行业的最佳实践。该框架由信息系统审计和控制协会（Systems Audit and Control Association，ISACA）和 IT 管理学会（IT Governance Institute，ITGI）共同开发。COBIT 的宗旨是"研究、开发、宣传和推广一套权威的、最新的、国际公认的信息技术控制目标，以供业务经理和审计人员日常使用"。

第一版框架于 1996 年公布，我们现在的版本为 2012 年公布的 5.0 版。最新版本受到 Sarbanes-Oxley 法案（萨班斯-奥克斯利法案）要求的很大影响。它包括 37 个高级流程，分为 5 个领域：调整（Align）、计划（Plan）和组织（Organize）（APO）；构建（Build）、获取（Acquire）和实施（Implement）（BAI）；交付（Deliver）、服务（Service）和支持（Support）（DSS）；监控（Monitor）、评价（Evaluate）和评估（Assess）（MEA）；评价（Evaluate）、指导（Direct）和监控（Monitor）（EDM）。

- 儿童在线隐私保护法（Children's Online Privacy Protection Act，COPPA），针对收集或存储 13 岁以下儿童信息的组织做出了相应的规定。收集某些信息需要获得家长许可。
- 家庭教育权利和隐私法案（Family Educational Rights and Privacy Act，FERPA）适用于所有受教育部部长给予的联邦政府补贴的机构。该法案保护学生信息，并赋予学生对其数据的特定权利。
- 联邦信息安全管理法案（Federal Information Security Management Act，FISMA）适用于所有政府机构及其承包商。这是一套庞大且相当模糊的要求，旨在强制落实国家标准与技术研究所（National Institute of Standards and Technology，NIST）推出的各种信息技术安全出版物的规定。无论你的组织是否属于 FISMA 的强制范围，NIST 文件都值得一看。
- 联邦贸易委员会（Federal Trade Commission，FTC）的 Safe Harbor（安全港）框架填补了美国和欧盟之间在隐私立法方面的空白，为同欧洲公司打交道的美国组织定义了一种展示其数据安全性的方法。
- 金融服务法现代化法案（Gramm-Leach-Bliley Act，GLBA）规定了金融机构对于消费者隐私信息的使用。如果你一直在想为什么全世界的银行、信用卡发卡机构、经纪公司和保险公司都在向你出具隐私声明，那就是因为该法案的作用。有关详细信息参见 ftc.gov。目前，最好的 GLBA 信息位于站点的 Tips & Advice 部分中的 business 一节。
- 健康保险便利和责任法案（Health Insurance Portability and Accountability Act，HIPAA）适用于传送或保存受保护健康信息（也称为 PHI）的组织。这是一项内容广泛的标准，最初旨在打击医疗保健服务和医疗保险中存在的浪费、欺诈和滥用现象，但它现在也用于衡量和改善健康信息的安全性。
- ISO 27001:2013 和 ISO 27002:2013 是针对 IT 组织的一套自愿采用（提供信息）的安全相关最佳实践集合。
- 关键基础设施保护（Critical Infrastructure Protection，CIP）是北美电力可靠性公司（North American Electric Reliability Corporation ，NERC）发布的一系列标准，旨在推进电力、电话和金融网等基础设施系统的强化，以抵御自然灾害和恐怖主义的风险。按照教科书中对于尼采（Nietzschean）有关组织的“权力意志”（will to power）概念的演示，结果就是，大多数经济都属于 NERC 的 17 个“重大基础设施和关键资源”（CI/ KR）部门，因此非常需要 CIP 的指导。这些部门的组织应该评估他们的系统并给予适当的保护。
- 支付卡行业数据安全标准（Payment Card Industry Data Security Standard，PCI DSS）由支付品牌联盟创建，其中包括 American Express、Discover、MasterCard、JCB 和 Visa。它涵盖了支付卡数据的管理，适用于任何接受信用卡支付的组织。该标准有两种形式：用于小型组织的自我评估和第三方审计，后者适用于受理更多交易的组织。
- FTC 的 Red Flag Rules 要求向消费者提供信贷的任何人（即任何发出账单的组织）都要实施一套正式的计划以防止和检测身份盗用。这些规则要求信用卡发卡机构开发出一种启发式方法，以识别可疑的账户活动，故此得名“Red Flag”（危险信号）。
- 在 20 世纪 90 年代和 21 世纪初，对于寻求全面 IT 服务管理解决方案的组织而言，信息技术基础设施库（Information Technology Infrastructure Library，ITIL）是一种行业标准（de facto standard）。许多大型组织都部署了正式的 ITIL 计划，配备了每个流程的项目经理、项目经理管理人员，以及项目经理管理人员的报告。在大多数情况下，结果并不尽如人意。烦琐的过程加上孤立的功能，导致了顽固的 IT“便秘”。这种繁文缛节为精益初创企业创造了从老牌公司窃取市场份额的机会，进而淘汰了许多职业 IT 从业者。我们希望我们已经看到了 ITIL 的落幕。有人说 DevOps 是一种反 ITIL 的方法。

- 最后，但同样重要的是，SOX 的 IT 总控制（IT General Control，ITGC）部分适用于所有上市公司，其设计旨在保护股东免受会计错误和欺诈行为的影响。

其中一些标准甚至对那些无须遵守它们的组织也提供了很好的建议。值得简单地翻看一下，看看是否包含你可能想要采用的最佳实践。如果没有其他限制，可以查看 NERC CIP 和 NIST 800-53。就彻底性和对多种情况的适用性而言，这两者是我们的最爱。

美国国家标准与技术研究院（National Institute for Standards and Technology，NIST）发布了大量有助于管理员和技术人员的标准。下面提到的这两种标准是最常用到的，但如果你已经感到厌倦，正在寻求标准，可以到他们的站点上看看。你不会失望的。

NIST 800-53（Recommended Security Controls for Federal Information Systems and Organizations，适用于联邦信息系统和组织的推荐安全控制）描述了如何评估信息系统的安全性。如果你的组织开发了一个内部应用程序，其中包含有敏感信息，NIST 800-53 可以帮助确保你已经切实保护了它的安全。但要注意：脆弱的人不适合踏上 NIST 800-53 合规旅程。你最终可能会得到一份差不多 100 页的文档，其中包含了令人难以忍受的细节。[①]

NIST 800-34（Contingency Planning Guide for Information Technology Systems，信息技术系统应急计划指南）是 NIST 的灾难恢复宝典。它针对政府机构，但任何组织都可以从中受益。遵循 NIST 800-34 规划流程需要时间，但它迫使你回答一些重要的问题，例如“最重要的是哪个系统？”，“没有这些系统我们能支撑多久？”，还有“如果我们的主要数据中心没了，我们该怎么恢复？”

31.9 法律问题

美国联邦政府和一些州已经颁布了有关计算机犯罪的法律。在联邦层面上，有 4 项立法可以追溯到 20 世纪 90 年代，最近又通过了 2 项，现有的相关法案如下所示。

- 电子通信隐私法案（The Electronic Communications Privacy Act）；
- 计算机欺诈和滥用法案（The Computer Fraud and Abuse Act）；
- 禁止电子盗窃法案（The No Electronic Theft Act）；
- 数字千年版权法案（The Digital Millennium Copyright Act）；
- 电子邮件隐私法（The Email Privacy Act）；
- 2015 年网络安全法案（The Cybersecurity Act of 2015）。

法律领域的几项主要问题是：系统管理员、网络供应商和公有云负有的责任；P2P 文件共享网络；版权问题；隐私问题。本节中的各个主题对上述问题以及系统管理相关的其他各类法律问题给予了说明。

31.9.1 隐私

隐私一直难以保护，随着 Internet 的兴起，这个问题比以往任何时候都更加危险。医疗记录一再从保护不力的系统、失窃的便携式计算机和放错地方的备份磁带中泄露出来；充满信用卡号码的数据库经常遭到破坏并在黑市上出售；声称提供防病毒软件的站点在使用时其实安装的是间谍软件；假邮件几乎每天都少不了，有些看起来像是你的银行发来的，声称你的账户有问题，需要你核实账户数据。[②]

技术手段永远无法对这些攻击提供行之有效的保护，因为其目标是你的站点中最脆弱的环节：

① 如果您打算与美国政府机构开展业务，不管你是否愿意，可能都得完成 NIST 800-53 评估。

② 这种情况下，你仔细检查电子邮件就会发现，数据并不是发送到你的银行，而是发送到不法黑客手中。这种攻击称为“钓鱼”。

用户。最好的防御就是受过良好教育的用户群。粗略地说，合法的电子邮件或站点绝不会：

- 提示你中奖了；
- 要求你"核实"账户信息或密码；
- 要求你转发一封电子邮件；
- 要求你安装并非你明确要找的软件；
- 通知你有病毒或其他安全问题。

当弹出窗口声称你赢得了免费的 MacBook 时，对这些危险有基本了解的用户更有可能做出合理的选择。

31.9.2　落实

日志文件可能最终向你证明某人做了坏事，但对法庭来说，这只是道听途说的证据。用书面政策保护自己。日志文件有时包含时间戳，这很有用，但不一定可以作为被采纳的证据，除非你还可以证明计算机运行了网络时间同步（Network Time Protocol，NTP），能够保持其时钟与参考标准同步。

要想起诉某人的滥用行为，你可能要用到安全政策。该政策应包括这样的陈述："未经授权使用计算系统不仅可能违反组织规定，还涉及违反州和联邦法律。未经授权的使用属于犯罪行为，可能受到刑事和民事处罚，我们将依法提起诉讼。"

我们建议你显示一个启动画面（splash screen），告知用户你的窥探政策（snooping policy）。你可以这样说"Activity may be monitored in the event of a real or suspected security incident."（如果发生真实或可疑的安全事件，用户活动可能会被监控。）

为了确保用户至少看到过一次通知，可以将其包含在为新用户提供的启动文件中。如果你需要使用 SSH 登录（你也应该这么做），可以配置/etc/ssh /sshd_config，让 SSH 始终显示这个启动画面。

务必规定，只要用户使用了自己的账户，就表示同意你的书面政策。说清楚用户从哪里可以获取政策文档的其他副本，并将重要的文档发布在相应的网页上。另外，还包括对违规行为的专门处罚（例如，删除账户）。

除了显示启动画面，在授予用户系统访问权之前，用户签署一份政策协议。与你的法务部门共同拟定可接受的使用协议。如果你没有与现有员工签署协议，那就四处找员工去补签，然后将协议签署作为新员工入职流程的标准部分。

你也许还可以考虑定期提供有关信息安全的培训课程。这是教育用户应对一些重要问题的大好时机，例如网络钓鱼诈骗、何时可以/不可以安装软件、密码安全以及影响环境的其他要点。

31.9.3　控制=义务

服务供应商（ISP、云等）通常都有一份由其上游供应商规定的合理使用政策（Appropriate Use Policy，AUP），而且它也要求履行该政策。这种"下放"的责任制将对用户行为的责任分摊给用户自己，而不是该服务供应商或该服务供应商的上游供应商。此类政策一直用于控制垃圾邮件，还有当客户在其账户中保存了非法或受版权保护的资料时，保护服务供应商免于处罚。检查你所在地区的法律，具体情况可能有所不同。

你的政策应明确声明用户不得将组织资源用于非法活动。但这的确还不够——如果你发现有用户不守规矩，你还得惩罚他们。了解违规行为，但不对其采取措施的团体，视为同谋，可以对其起诉。从实践和法律的角度来看，未强制执行或不一致的政策比没有政策更糟糕。

由于用户存在的不端行为，站点也会被视为同谋，因此某些站点会限制日志的数据量、日志留存的时长，以及备份磁带上保存的历史日志文件数。某些软件包帮助实现了这种政策，软件包括多级日志，既能协助系统管理员调试问题，又不侵犯用户隐私。但是，始终要了解当地法律或适用于你的任何监管标准需要的是哪种日志记录。

31.9.4 软件许可证

许多站点已经购买了某个软件包的 K 个副本，而日常工作中要使用 N 个副本，其中 $K<N$。陷入这种情况会对公司造成损害，其程度可能远大于购买 $N-K$ 个软件许可证的成本。其他一些站点得到了某款软件包的演示版并对其进行了破解（重置机器上的日期，查找许可证密钥等），使其在试用期结束后仍然可以使用。作为系统管理员，你该如何处理上述违反许可协议的请求，以及在未经许可的计算机上制作软件副本的情况？当发现你负责的机器正在运行盗版软件时，该怎么做？

不好办啊。把没有许可证的软件删除或是为其购买许可证，这种请求通常不会得到管理层的支持。往往是系统管理员签字同意在某个时间点之后删除试用版软件，但经理却决定不删除。

我们知道有这样的案例，系统管理员的直接上司不但不进行处理，还告诉系统管理员不要落井下石。随后管理员给老板写了一份备忘录，要求纠正这种情况，并记录了获得许可的软件副本数量和正在使用的数量。管理员引用了许可证协议中的一些条款并抄送给公司总裁和自己老板的上司。一种结果是，按照规程，系统管理员的上司被解雇了；另一种结果是，更高的管理层拒绝纠正，系统管理员辞职。在这种情况下，无论你做什么，都要写下来。要求得到书面答复，如果你得到的都是口头上的回应，那么写一份简短的备忘录，记录下你对指示的理解，然后把它发送给负责人。

31.10 组织、会议及其他资源

许多 UNIX 和 Linux 支持组织（既有一般性的，也有针对厂商的）能帮助你与其他使用相同软件的人展开沟通和交流。表 31.3 简要列出了一些此类组织，不过还有许多其他国家和地区组织未出现在其中。

表 31.3 系统管理员值得关注的 UNIX 和 Linux 组织

名称	说明
FSF	自由软件基金会（Free Software Foundation），GNU 的赞助方
USENIX	UNIX/Linux 用户组，技术性非常强[a]
LOPSA	专业系统管理员联盟（League of Professional System Administrators）
SANS	系统管理员和安全大会的主办方
SAGE-AU	澳大利亚的非营利系统管理员专业协会，每年在澳洲召开一次大会
Linux Foundation	非营利组织 Linux 联盟，举办 LinuxCon 等
LinuxFest Northwest	内容丰富的基层会议

注：a. LISA 特别兴趣小组的知名上级组织，于 2016 年关闭。

FSF 赞助了 GNU 项目（“GNU's Not Unix”，一个递归的缩写词）。FSF 名称中的“free”是“言论自由”（free speech）中的“free”，可不是“免费啤酒”（free beer）里的那个。FSF 也是 GNU 公共许可证（GNU Public License，GPL）的起源。GPL 现在有多个版本，涵盖了 UNIX 和 Linux 系统上使用的许多自由软件。

USENIX 是一个 Linux、UNIX，以及其他开源操作系统用户的组织，每年召开一次大会和几次专门（小型）会议或研讨会。年度技术会议（Annual Technical Conference，ATC）包含了各种 UNIX 和 Linux 的深入主题，是与社区建立联系的好地方。

专业系统管理员联盟（League of Professional System Administrators，LOPSA）有一段相当复杂和不太光彩的历史。它最初与 USENIX 相关联，旨在承担 USENIX 系统管理特别兴趣小组 SAGE 的职责。遗憾的是，LOPSA 和 USENIX 在不友好中分道扬镳，两者现在分别是独立的组织。

如今，LOPSA 赞助了各种与系统管理员相关的交流、辅导教师和教育项目，包括每年 7 月最后一个星期五的系统管理员感谢日（System Administrator Appreciation Day）等活动。这个节日的传统礼物是一瓶苏格兰威士忌。

SANS 提供了安全领域的课程和研讨会，另外还建立了一个认证计划：全球信息保障认证（Global Information Assurance Certification，GIAC），该认证在某种程度上是独立运作的。认证可用于各种一般和特定技能领域，例如系统管理、编码、事故处理和取证。

许多当地地区都有自己的区域性的 UNIX、Linux 或开放系统用户组。Meetup 是一个在你所在地区查找相关小组的绝佳资源。当地团体经常会有定期会议，与当地或来访的演讲者一起举办研讨会，多半在会前或会后共进晚餐。这是与其他系统管理员建立联系的好方法。

附录　系统管理简史

技术历史学家 Peter H. Salus 博士

在当代社会，大多数人对于系统管理员的工作至少还是有个模糊认识的：为了满足用户和组织的需要而不知疲倦地工作，规划和实现健壮的计算环境，还能使出许许多多化腐朽为神奇的绝招。尽管系统管理员往往被认为是报酬给的不够，表扬给的太少，可最起码大多数用户（在大多数情况下）找出自己身边关系好的系统管理员的速度，还是要比他们叫出自己上级的上级的名字要快。

以前可不是这样。在过去 50 年里（还有本书 30 年的历史），系统管理员的角色与 UNIX 和 Linux 携手演变。要想全面理解系统管理工作，就要知道我们是如何走到今天的，另外还有历史对于现状的影响。和我们一起回顾过去多年来的美好时光吧。

计算技术的曙光：系统操作员（1952—1960）

第一台商用计算机是完成于 1952 年的 IBM 701。在 701 之前，所有的计算机都是一次性的。在 1954 年，经过重新设计的 701 作为 IBM 704 发布了。704 拥有容量为 4 096 字节的磁芯内存和 3 个变址寄存器。它采用 36 位字长（相较而言，701 采用 18 位字长），可以进行浮点运算。它每秒能够执行 40 000 条指令。

不过，704 可不仅仅是一个升级产品：它和 701 不兼容。虽然 704 直到 1955 年末才开始交付使用，可当时现有的 18 名 701 操作员（现代系统管理员的前身）已经在担心了。他们能经受住这次“升级”的考验吗？在前面会有什么样的危险呢？

IBM 自己对于这次升级和兼容性问题也没有应对的办法。1952 年 8 月，IBM 为 701 的客户举办了一次“培训班”，不过却没有教材。有几个参加过培训班的人后来又在私下里聚在一起，讨论他们使用该系统的经验。IBM 鼓励操作员聚会，讨论他们碰到的问题，分享其解决方案。IBM 资助了这次集会，并且让与会的成员可以使用一个包含有 300 个计算机程序的库。这个叫作 SHARE 的小组（在 60 多年后的今天）仍然是 IBM 客户们聚在一起相互交流的地方。①

从单用途到分时（1961—1969）

早期的计算机硬件体积庞大而且极其昂贵。这些实际情况促使买主把他们的计算机系统当作专门用于某些单一、特定任务的工具：只有足够大和足够具体的任务，才配得上使用这台昂贵又不方便的计算机。

如果计算机是一个单用途的工具（比如说，一把锯子），那么维护那台计算机的人就是这把锯

① 尽管 SHARE 最初是一个厂商赞助的组织，但现在它是独立的。

子的操作员。早期的系统操作员更多地被视为“伐木工”，而不是“提供房屋建材的人”。直到计算机开始被当作多用途的工具以后，才开始了从系统操作员到系统管理员的转变。分时概念的出现是引发这种观念转变的主要原因。

早在 20 世纪 50 年代中期，John McCarthy 就已经开始思考分时机制了。不过，只是在麻省理工学院（MIT）的时候（1961—1962 年），他、Jack Dennis、Ferando Corbato 才认真地讨论了“让一台计算机的每个用户就好像是这台计算机的唯一操控者”的思想。

在 1964 年，麻省理工学院、通用电气（General Electric）和贝尔实验室（Bell Labs）启动了一个项目，打算开发一种雄心勃勃的分时系统，名为 Multics（Multiplexed Information and Computing Service，多路信息与计算服务）。5 年之后，Multics 不但超预算，而且远远落后于计划。贝尔实验室退出了这个项目。

UNIX 的诞生（1969—1973）

贝尔实验室放弃了 Multics 项目，把一些研究人员留在了新泽西的默里山（Murray Hill），可这些人却无事可做。其中的 3 个人，Ken Thompson、Rudd Canaday、Dennis Ritchie 挺喜欢 Multics 的某些方面，但又讨厌这个系统的规模和复杂性。他们常常聚在一块白板前面，深入讨论设计思想。贝尔实验室使用 GE-645 运行 Multics，Thompson “出于乐趣”，继续在其上开展工作。这个小组的负责人 Doug Ellroy 说道：“当 Multics 开始工作时，它能派上用场的头一个地方就是这儿。这 3 个人就能让它忙不过来。”

1969 年夏天，Thompson 的妻子 Bonnie 带着他们一岁大的儿子去见他在西海岸的亲戚们了。Thompson 回忆起来，“我给操作系统、shell、编辑器、汇编器各分配了一周的时间……按照看似操作系统的形式把它彻底重写了一遍，另外还包括大家都知道的那些工具，你知道的，就是汇编器、编辑器、shell，如果不是为了让它（几乎让它）完全和 GECOS[①]脱离关系……实际上也就一个人干了一个月。”

第二年加入贝尔实验室的 Steve Bourne 这样描述 Ritchie 和 Thompson 用的那台被遗弃的 PDP-7：“PDP-7 只带了一个汇编器和一个加载器。一次只能有一个用户使用这台计算机……环境很原始，很快有了单用户 UNIX 系统的一些影子……汇编器和基本的操作系统内核都是在 GECOS 上为 PDP-7 编写和交叉汇编的。UNICS 这个词显然是 Peter Neumann 在 1970 年造出来的，他是个特别爱说双关语的人。”最初的 UNIX 是个单用户系统，明显是“简化版的 Multics”。不过，即便是 UNICS/UNIX 有一些特性受到了 Multics 的影响，但是按照 Dennis Ritchie 的说法，两者有着“深刻的不同”。

“我们有点儿被大系统的思路给限制住了。”他说，“Ken 想做简单的东西。想必我们手里的东西都小得多的这一事实也起到了重要的作用。我们能得到的只是小机器，没有 Multics 那样的花哨硬件。于是乎，UNIX 并不是特别要和 Multics 对着干……我们再没有 Multics 了，不过我们喜欢它提供的交互式计算的感觉。对于怎样做出一个必须要搞出来的系统，Ken 有了一些想法……Multics 给 UNIX 的方案提供了素材，但它并没有支配 UNIX。”

Ken 和 Dennis 的这个“玩具”系统的简单状态并没有保持多久。到了 1971 年，用户命令就包括 as（汇编器）、cal（一个简单的日历工具）、cat（拼接和打印）、chdir（更改工作目录）、chmod（更改模式）、chown（改变属主）、cmp（比较两个文件）、cp（复制文件）、date、dc（桌面计算器）、du（磁盘使用情况汇总）、ed（编辑器），以及其他 20 多个程序。这些命令中的大

① GECOS：General Electric Comprehensive Operating System（通用电气综合操作系统）。

多数目前仍在使用。

到了1973年2月，已经有16个安装了UNIX的系统。这时候出现了两大创新。第一个创新是一种基于B语言的“全新”程序设计语言：C语言。C语言本身就是Martin Richards的基本组合程序设计语言（Basic Combined Programming Language，BCPL）的“简化”版。另一个创新是管道的概念。

管道的概念并不复杂：它是一种标准方法，可以把一个程序的输出连接到另一个程序的输入。Dartmouth分时系统（Dartmouth Time-Sharing System，DTSS）拥有通信文件（communication file），这种文件提前用到了管道的概念，但其用法太过于具体。将管道作为一种通用功能是Doug McIlroy提出的。在McIlroy的坚决主张下，Ken Thompson实现了管道的概念（“它是为数不多的让我险些行使UNIX管理权的地方之一”，Doug这样说）。

“很容易就会说到‘把cat的结果传给grep，把grep的结果传给……’或者‘把who的结果传给cat，把cat的结果传给grep’等等，”McIlroy评论道，“简直就是张口就来，显然从一开始你就会这么说。但是，所有这些都被当作了耳边风……我时常说‘做点儿像这样的东西怎么样？’”有一天，我想出了一种管道化的shell语法，Ken然后就说‘我来把它做出来！’”

经过一番疯狂的重写工作，Thompson在一夜之间更新了所有的UNIX程序。在第二天早上，就有了若干单行命令。这是UNIX真正开始发挥威力的时刻，这种威力不是来自于单个程序，而是源于程序之间的关系。UNIX现在有了属于自己的语言和一套自己的哲学思想：

- 程序只做一件事并把这件事做好；
- 写出的程序要能放在一起工作；
- 程序要以处理文本流作为统一的接口。

一种通用的分时操作系统就此诞生了，不过它还只是存在于贝尔实验室里。UNIX为项目、小组和组织之间轻松无缝地共享计算资源提供了保障。不过，在这种多用途的工具能够为世界所用之前，它必须先逃出实验室，到处开花结果才行。小心了，前面有麻烦！

UNIX大获成功（1974—1990）

1973年10月，ACM在位于纽约州约克城高地（Yorktown Heights）的新T.J.Watson研究中心召开了操作系统原理研讨会（Symposium on Operating Systems Principles，SOSP）。Ken和Demis向该会议投了一篇论文，在一个美丽秋日里，他们驱车赶到哈德逊河谷（Hudson Valley）做了论文的发言（实际上是由Thompson做的报告）。大约有200位听众，此次发言取得了巨大成功。

在接下来的6个月里，UNIX的安装数量翻了3倍。这篇论文发表在1974年“ACM通信”（Communications of the ACM）的7月号，反响空前。研究实验室和大学都把分时UNIX系统作为一种潜在的解决方案，满足其对计算资源日益增长的需要。

根据1958年反垄断法的条款，AT&T（贝尔实验室的上级）的活动仅限于运营全国电话系统以及代表联邦政府承担特殊项目。因此，AT&T不能把UNIX作为产品来销售，贝尔实验室不得不把它的技术授权给别人。为了回应人们的请求，Ken Thompson开始提供UNIX源代码的副本。据传言，每个软件包装上都会有一则个人签名“love，ken”。

有个人收到了Ken的磁带，他就是加州大学伯克利（Berkeley）分校的Robert Fabry教授。到了1974年1月，Berkeley UNIX的种子已经种下了。

世界各地的其他计算机科学家们也对UNIX产生了兴趣。1976年，John Lions（澳大利亚New South Wales大学的一位教员）发表了对V6版本内核源代码的详细注释。这份资料成为UNIX系统的第一份严肃文档①，它有助于其他人理解和扩充 Ken 和 Dennis 的成果。

Berkeley 的学生们为满足自己的需要，对他们从贝尔实验室获得的 UNIX 版本进行了增强。第一份 Berkeley 磁带（1BSD，是 1st Berkeley Software Distribution 的缩写）带有用于 PDP-11 机器的 Pascal 系统和 vi 编辑器。发布这个版本的学生是一位名叫 Biu Joy 的研究生。2BSD 在第二年推出，3BSD（这是第一个用于 DEC VAX 的 Berkeley 版本）则在 1979 年末发布。

1980 年，Fabry 教授与国防部高级研究计划署（Defense Advanced Research Project Agency，DARPA）达成协议，继续开发 UNIX。这份协定在 Berkeley 催生了计算机系统研究小组（Computer Systems Research Group，CSRG）。次年末，4BSD 发布了。该版本非常流行的原因多半在于它是唯一能够在 DEC VAX 11/750 上运行的 UNIX 版本，DEC VAX 11/750 在当时是一种常用的计算平台产品。4BSD 的另一项巨大成就是引入了 TCP/IP 套接口，这是一种孕育了 Internet 的通用网络抽象概念，目前大多数现代的操作系统仍然在使用它。到 20 世纪 80 年代中期，大多数主要的大学和研究机构起码都运行了一种 UNIX 系统。

1982 年，Bill Joy 带着 4.2BSD 的磁带创立了 Sun Microsystems 公司（现在属于 Oracle America）和 Sun 操作系统（SunOS）。1983 年，在法庭要求下，开始剥离 AT&T 的资产。这次资产剥离带来了一个始料未及的副作用：AT&T 现在能自由地开始把 UNIX 当作产品来销售了。于是，就出现了 AT&T UNIX System V，这是一种很有名但并不好用的 UNIX 商业实现。

既然各种机构都能获得 Berkeley、AT&T、Sun 和其他的 UNIX 发布，在 UNIX 技术上建立一种通用的计算基础设施就有了基础。天文系计算恒星的距离、应用数学系计算曼德博集合，用的都是同一种系统。而且，同样的系统还能同时向整个大学提供电子邮件服务。

系统管理员的出现

20 年前，管理通用计算系统需要一套不同的技能。系统操作员的任务主要集中在让一台计算机系统去执行某项专门的任务，他们的时代已经一去不复返了。到 20 世纪 80 年代初期，人们运行 UNIX 系统是为了满足非常广泛的应用和用户的需要，系统管理员则应运而生。

因为 UNIX 在大学里非常流行，加上大学里有很多渴望学习最新技术的学生，所以在形成有组织的系统管理小组的初期，大学走在了前列。像普渡（Purdue）大学、犹他（Utah）大学、科罗拉多（Colorado）大学、马里兰（Maryland）大学、纽约州立大学布法罗（SUNY Buffalo）分校等都成为了系统管理的温床。

系统管理员也开发了他们自己的规程、标准、最佳实践和工具（如 sudo）。这些产品大多都是出于实际需要才开发的。如果没了它们，系统不稳定，用户也不高兴。

Evi Nemeth 录用本科生担任系统管理员，支持 Colorado 大学工程学院的工作，因而得名“系统管理员之母”。她同 Berkeley、Utah 大学，以及 SUNY Buffalo 的同行们密切合作，创建了系统管理社区，在其中分享技巧和工具。她的工作人员经常被人称为“忙不停的人们”，他们参加 USENIX 和其他的会议，担任现场工作人员，以此换来在大会上学习知识的机会。

系统管理员非得成为厉害的“万金油”不可，这一点早有端倪。在 20 世纪 80 年代，系统管理员的普通一天是这样开始的：用一个绕线工具修理 VAX 机器背板上的一个中断跳线。上午的任务可能包括，从一台出毛病的第一代激光打印机里把洒出来的墨粉给吸掉。中午时间可能要花费在帮助一个研究生调试新的内核驱动程序，而下午则要写备份磁带，还要催促用户，就为了让

① 这份文档名为 Lions' Commentary on UNIX 6th Edition, with Source Code。我国于 2000 年引进出版的《莱昂氏 UNIX 源代码分析》一书就是其中译版。

他们清理干净自己的主目录，好给文件系统腾出地方。系统管理员就是一位“包揽一切，毫不留情”的护卫天使，过去是这样，现在也是如此。

20 世纪 80 年代也是一个硬件不靠谱的年代。当时的 CPU 并不是在一块硅芯片上，而是由数百个芯片组成的，这些芯片都很容易出故障。迅速找出并更换发生故障的硬件也是系统管理员的一项工作。不幸的是，让联邦快递（FedEx）送配件在那时候还是不存在的事情，所以从当地找到管用的配件往往也是个难题。

有一次，我们喜欢的 VAX 11/780 宕机了，整个学校都收不了电子邮件。我们知道街上有一家公司可以解决这个问题。实在是走投无路了，我们来到他们的仓库里，露出口袋里的大把钞票，在一番讨价还价之后，带着急用的板子离开了。[①]

系统管理文档和培训

越来越多的个人开始把自己视为系统管理员，而且当上系统管理员显然可以让自己过上体面的生活，对于文档和培训的需求于是也变得越来越普遍。对此，有些人，例如 Tim O'Reilly 及其团队（后来叫 O'Reilly and Associates，现名为 O'Reilly Media），开始出版 UNIX 文档，这些出版物基于实际经验，文字风格直观易懂。

作为一种人们可以面对面交流的载体，USENIX 联合会在 1987 年召开了第一次面向系统管理的大会——大型安装系统管理会议（Large Installation System Administration，LISA）。该会议主要面向西海岸人士。3 年以后，它成立了 SANS（SysAdmin、Audit、Network、Security，系统管理、审计、网络、安全）协会，以满足东海岸的需求。现如今，LISA 和 SANS 的大会服务于全美，而且两者仍然在继续发展壮大。

1989 年，我们推出了本书的第一版，当时书名为《UNIX 系统管理手册》（*UNIX System Administration Handbook*）。该书立刻受到了大家的欢迎，或许是因为当时缺乏代替品吧。那个时候，我们的出版商对 UNIX 都不熟悉，他们的产品部把所有出现“etc”的地方都替换成了“and so on”，导致出现了/and so on/passwd 这样的文件名。我们利用这个情况，从头至尾掌握了这本书的控制权，不过现在的出版商对 UNIX 可就太熟悉了。我们和同一家出版商保持了 20 年的合作关系，也发生别的一些有意思的故事。

UNIX 几乎被扼杀，Linux 诞生（1991—1995）

20 世纪 90 年代末，UNIX 似乎已经顺利地取得了全世界的主导地位。对于研究和科学计算，它是操作系统毫无疑问的选择，它也被 Taeo Bell 和麦当劳这样的主流商业公司采用。由 Kirk McKusick、Mike Karels、Keith Bostic，以及许多其他人组成的 Berkeley CSRG 小组发布了 4.3BSD-Reno，这个版本在早先的 4.3 版上加入了对 CCI Power 6/32 处理器（代号“TAOe”）的支持。

像 SunOS 这样的商业版 UNIX 也迎来了蓬勃发展，其成功原因，部分在于 Internet 的出现和电子商务的崭露头角。PC 硬件已经成为日常用品，可靠性不错、价格便宜，而且性能相对不俗。虽然确实有运行在 PC 上的 UNIX 版本，不过好的选择还是商业闭源版。这个领域对于开源的 PC UNIX 来说已经成熟了。

1991 年，一群曾经共事开发过 BSD 发行版的人们（Donn Seeley、Mike Karels、Bill Jolitz、Trent R. Hein）联合一些 BSD 的拥护者，共同创建了 BSDI 公司（Berkeley Software Design, Inc.）。

① Evi Nemeth 所在的 Colorado 大学就位于 Boulder。

在 Rob Rolstad 的领导下，BSDI 在 PC 平台提供了完整的商业版 BSD UNIX 的二进制文件和源代码。特别需要一提的是，这个项目证明，便宜的 PC 硬件是可以用于生产环境的。BSDI 引燃了早期 Internet 的爆炸性增长，因为早期 Internet 服务供应商（Internet service providers，ISP）都选择了他家的操作系统。

为了重新获得早在 1973 年就从自己手里失去的 UNIX，AT&T 向 BSDI 和加州大学董事会提起了诉讼，声称对方复制了代码，窃取了商业秘密。AT&T 的律师花了 2 年多时间来确定出被侵权的代码。当该说和该做的都结束了，这件法律诉讼案结案，（18 000 多个文件之中的）3 个文件从 BSD 代码库里被删除。

遗憾的是，这两年的不确定时期给整个 UNIX 世界、BSD 和非 BSD 的版本都造成了灾难性的影响。许多公司转投到 Microsoft Windows 门下，因为他们担心，既然 AT&T 把自己的孩子（UNIX）几乎都能掐死，自己到最后也难免倒霉。待尘埃落定之时，BSDI 和 CSRG 都受到了致命的伤害。BSD 的时代开始走向落幕。

与此同时，在赫尔辛基（Helsinki）的一名大学生 Linus Torvalds 一直在摆弄 Minix，他开始编写自己的 UNIX 复制版。[①]到了 1992 年，出现了各种不同的 Linux 发行版（包括 SUSE 和 Yggdrasil Linux）。1994 年，Red Hat 和 LinuxPro 也相继成立。

Linux 的成功可以归因于多种因素。这个系统赢得了一群颇有影响力的用户的支持，而且还从 GNU 那里引入了大量软件，这使得 Linux 如虎添翼。它在生产环境里也运行得不错，有些人坚称，在 Linux 构造的系统要比在其他任何操作系统上构造的系统更可靠，性能也更好。另外也要注意到，Linux 的成功，可能与 AT&T 起诉 BSDI 和 Berkeley 所形成的黄金机遇期有部分关系。这起不合时宜的诉讼出现在电子商务兴起，Internet 泡沫开始的时候，让 UNIX 拥护者的心中感到恐惧。

不过，谁又在乎呢？在所有这些疯狂的变革期间，对系统管理员的需求始终存在。UNIX 系统管理员积累的技能可以直接套用到 Linux，大多数系统管理员在 20 世纪 90 年代的惊涛骇浪中沉稳地指导着自己的用户。这就是一位优秀的系统管理员的另一个重要特点：临危不惧，处乱不惊。

Windows 的世界（1996—1999）

微软在 1993 年首次发布 Windows NT。这种“服务器”版的 Windows 也拥有流行的图形用户界面，它的发布让人们兴奋不已，而当时 AT&T 正忙着说服全世界的用户它可能会向每个人收取许可费。结果，在 20 世纪 90 年代后期，许多单位采用 Windows 作为其首选的共享计算平台。毫无疑问，微软的平台已经取得了长足的进步，对于有些组织来说，它的确是最好的选择。

遗憾的是，UNIX、Linux、Windows 的系统管理员打从一开始就以敌对的立场加入到这场市场竞争中。“用料少”（less filling）和“味道美”（tastes great）之间的争论在全世界的组织里甚嚣尘上。[②]许多 UNIX 和 Linux 系统管理员开始学习 Windows，因为他们认为，如果不学习的话，可能就得提前退休。毕竟，Windows 2000 就要来了。到千禧年临近之时，UNIX 的未来看上去不容乐观。

---

① Minix 是一种基于 PC 的 UNIX 复制系统，它是由 Andrew S.Tanenbaum 开发的，后者是阿姆斯特丹自由大学（Free University）的一位教授。

② 必须指出，Windows 才真是用料少。

UNIX 和 Linux 的繁荣（2000—2009）

随着 Internet 的繁荣发展，每个人都要争先恐后地确定什么是真实的，什么是靠风险投资（VC）支撑的海市蜃楼。当烟消云散的时候，有一点愈发明显，那就是许多组织采用了成功的技术策略，把 UNIX 或 Linux 与 Windows 结合使用，而不是非此即彼。

若干评估显示，Linux 服务器的总拥有成本（Total Cost of Ownership，TCO）大大低于 Windows 服务器，随着 2008 年经济崩溃的影响，TCO 变得比以往任何时候都重要。世界再次转向开源版本的 UNIX 和 Linux。

超大规模云中的 UNIX 与 Linux（2010—至今）

Linux 和基于 PC 的 UNIX 变种（例如，FreeBSD）继续扩大着自己的市场份额，Linux 是唯一在服务器市场份额不断增长的操作系统。别忘了，Apple 目前的全功能操作系统 macOS 也是 UNIX 的变种。[①]

UNIX 和 Linux 最近的大部分增长发生在虚拟化和云计算的背景下。有关这些技术的更多细节参见第 24 章和第 9 章。

通过发出 API 调用来创建虚拟基础设施（以及整个虚拟数据中心）的能力从根本上再次改变了故事的发展路线。手动管理物理服务器的日子已经一去不复返了。扩展基础设施不再意味着刷信用卡，然后设备出现在装货码头。感谢 Google GCP、Amazon AWS、Microsoft Azure 等服务，超大规模云时代已经到来。标准化、工具、自动化不再仅仅是新奇事物，而是每个计算环境的内在属性。

如今，对服务器群的有效管理需要广泛的知识和技能。系统管理员必须是训练有素的专业人员。他们必须知道如何构建和扩展基础设施、如何在 DevOps 环境中与对等方（peers）协作、如何编写简单的自动化和监控脚本、如何在上千台服务器同时宕机时保持冷静。[②]

UNIX 与 Linux 的明天

我们接下来要去往何处？在过去数十年间为 UNIX 提供良好服务的精益模块化范式（lean modular paradigm）也是即将到来的物联网（Internet of Things，IoT）的基础之一。

我们不免会像看待昔日那些未连网的消费电器一样（例如，烤箱或搅拌机）思考这些物联网设备：把它们插上电源，用上几年，如果坏了，就扔进垃圾堆。[③]它们不用“看管”或集中管理，对吗？

事实并非如此。很多这类设备处理的都是敏感数据（例如，从客厅的传声器中传来的音频）或是在执行关键任务功能，例如控制房屋的温度。

其中一些设备运行的嵌入式软件来自 OSS（Open Source Software）世界。但是不管设备内部有什么，大多数都会向运行在云端的（你猜对了）UNIX 或 Linux 报告。在早期的市场份额争夺中，许多设备已经部署并没有过多考虑过安全性或是其生态系统未来将如何运行。

IoT 的热潮不仅限于消费者市场。现代商业建筑布满了连网设备和传感器，用于照明、HVAC、

---

① 即使是 Apple iPhone 所运行的操作系统也和 UNIX 沾亲带故；Google 的 Android 操作系统同样基于 Linux 内核。

② 有一件事还未改变：威士忌仍然是很多系统管理员的密友。

③ 别真的这么做。应该把所有东西都回收。

物理安全，以及视频录制等。这些设备经常会在未经 IT 或信息安全部门协调的情况下出现在网络中，然后就被遗忘了，没有任何进行持续管理、修补、监控的计划。

网络系统的规模并不重要。系统管理员需要倡导的是物联网设备（以及支撑其的基础设施）的安全性、性能和可用性，无论其大小、位置或功能如何。

系统管理员将世界上的计算基础设施结合在一起，解决了效率、可扩展性、自动化等棘手问题，为用户和管理人员提供技术专家指导。

我们是系统管理员。倾听我们咆哮吧！